U0930026

2006

上海科技年鉴

SHANGHAI SCIENCE AND TECHNOLOGY YEARBOOK

《上海科技年鉴》编辑部

上海科学普及出版社

1 中共中央政治局常委、全国人大常委会委员长吴邦国（中）考察上海崇明生态岛建设（郭天中摄）

2 9月12日，中共中央政治局常委、全国政协主席贾庆林（中）视察中科院上海药物研究所

1 12月10日，中共中央政治局常委、国务院副总理黄菊宣布上海国际航运中心洋山深水港一期工程建成开港（郭天中摄）

2 7月4日，中共中央政治局常委、中央纪委书记吴官正（左1）考察浦东张江高科技园区（郭天中摄）

1 8月18日，中共中央政治局委员、中共上海市委书记陈良宇（左3），科技部部长徐冠华（左2），科技部副部长李学勇（左1），中共上海市委副书记、上海市市长韩正（右1）共同研究"部市合作"工作（张福康摄）

2 9月25日，国务委员陈至立（左3）在中共上海市委副书记殷一璀（左4）和上海市副市长严隽琪（右1）的陪同下，视察杨浦科技创业中心

上海國際工業博覽會

SHANGHAI INTERNATIONAL INDUSTRY FAIR

2005信息化与工业化（现代装备）

INFORMATIZATION & INDUSTRIALIZATION 2005 (Modern Equipment)

主办单位： Organizers:

国家发展和改革委员会 National Development and Reform Commission

商务部 Ministry of Commerce

SHANGHAI SCIENCE AND TECHNOLOGY YEARBOOK

1 11月4日，第七届上海国际工业博览会开幕，中共中央政治局委员、中共上海市委书记陈良宇（中）参观创新科技馆

2 中共上海市委副书记、上海市市长韩正（左2）在第七届上海国际工业博览会创新科技馆详细了解"基于网格计算的交通信息服务系统"项目

3 创新科技馆展区

2005年，上海中长期科技发展规划纲要编制完成。该规划纲要确立了以知识竞争力为衡量指标的城市创新体系建设目标，提出以应用为导向的自主创新发展思路，凝炼出上海中长期技术创新和科学创新任务。

1 2 中共上海市委、上海市政府听取上海中长期科技发展规划纲要编制工作汇报

3 上海市政府召开上海中长期科技发展规划纲要专家咨询会

4 上海市科委召开上海中长期科技发展规划纲要重大专项专家咨询会

1 火箭雄姿

2 10月12日9时整“神舟六号”载人航天飞船发射升空

3 10月17日4时33分“神舟六号”返回舱成功着陆

4 碳硒氧化产品在航天人舱上应用

中国“神舟六号”载人航天飞行获得圆满成功，上海航天承担了电源分系统、推进分系统、测控与通信分系统、推进舱、回收系统等关键系统和产品的研制工作。

国际合作与交流

1. 10月15日，上海伽利略导航有限公司投资加入中国伽利略卫星导航有限公司签约仪式在上海举行（张福康摄）
2. 3月9～11日，上海－法国罗纳·阿尔卑斯大区第九次科技合作与创新混合委员会会议在沪召开（张福康摄）
3. 10月13日，中国科学院－马普学会计算生物学伙伴研究所揭牌
4. 中英引进“零碳城市”活动

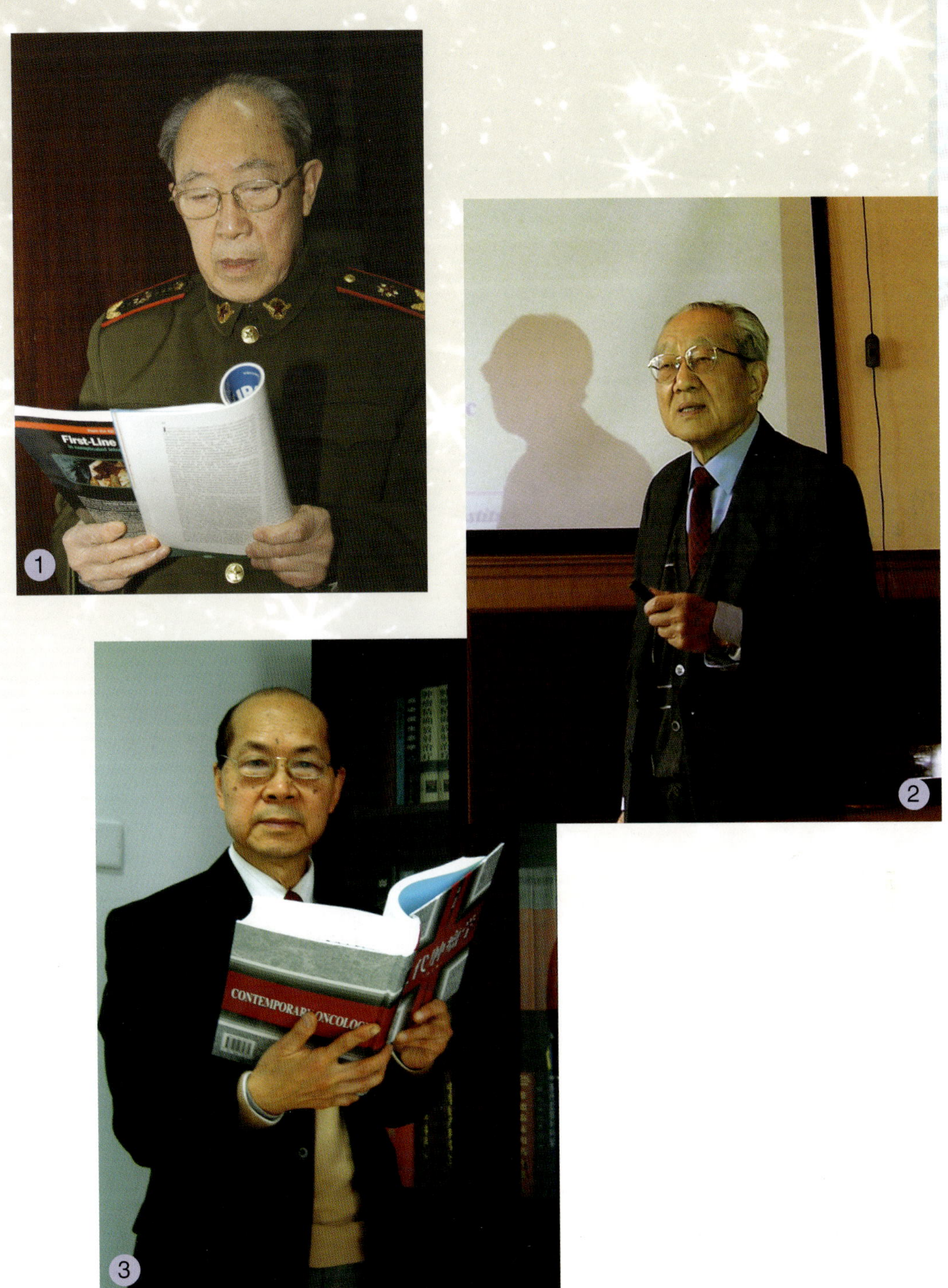

科技人物

1 吴孟超获2005年度国家最高科学技术奖

2 2005年度上海市科技功臣蒋锡夔

3 2005年度上海市科技功臣汤钊猷

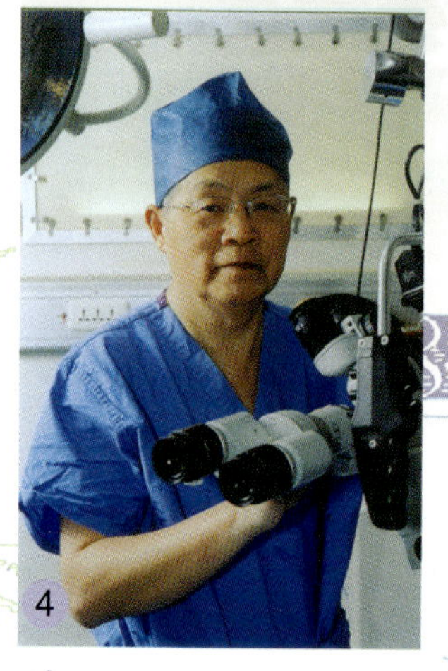

2005年上海地区新增中国科学院院士

1 江　明
2 麻生明
3 颜德岳
4 王正敏
5 王恩多
6 邓子新

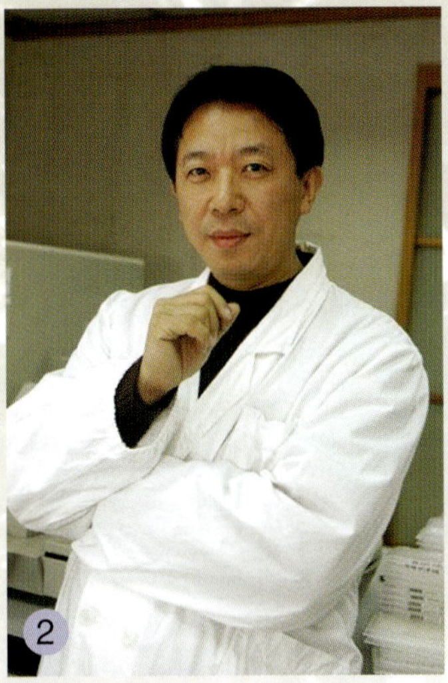

2005 年上海地区新增中国科学院院士

1 陈晓亚
2 贺　林
3 赵国屏
4 何积丰
5 褚君浩

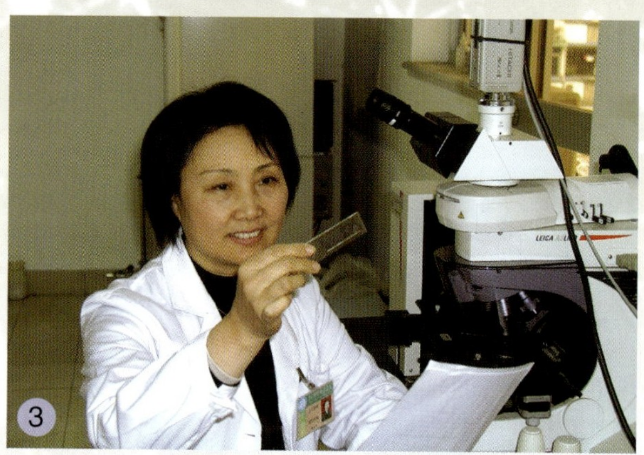

2005年上海地区新增中国工程院院士

1 沈祖炎
2 林元培
3 王红阳
4 曹雪涛

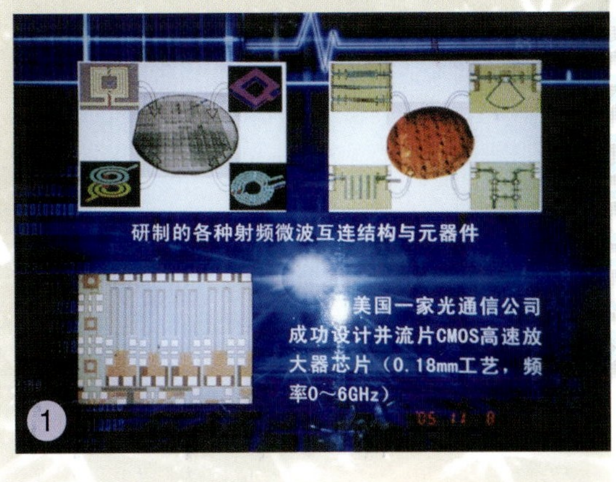

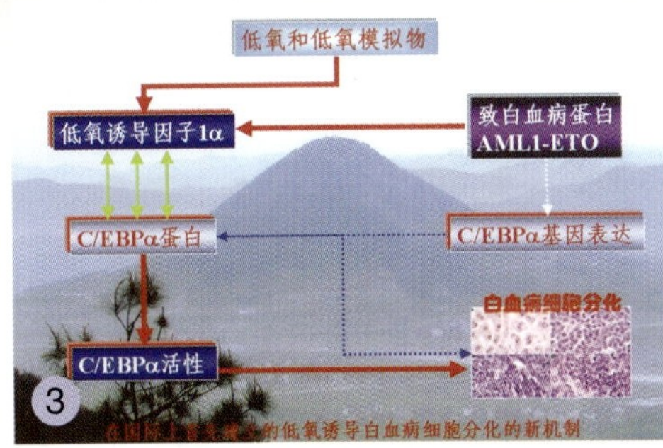

获奖成果

2005 年上海市科学技术进步一等奖
获奖成果选登

1 新型微波射频电路研究
2 活性多肽毒素结构与功能的研究
3 白血病细胞分化和凋亡新机制的提出与发展
4 纳米微粒和碳纳米管的分散及表面改性

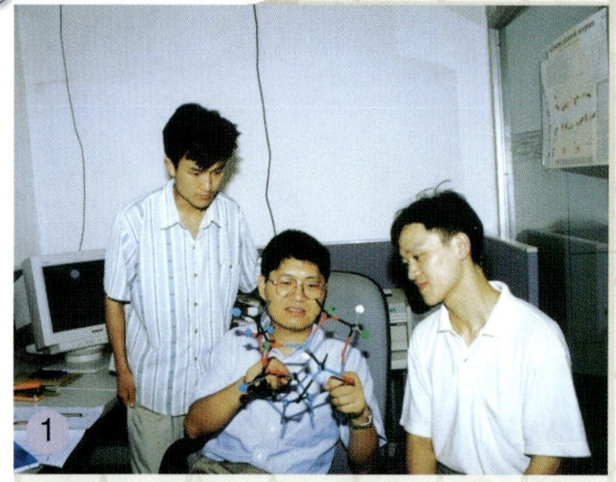

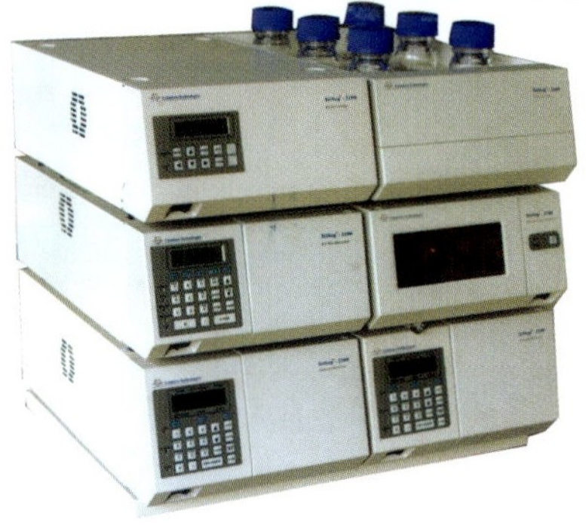

获奖成果

2005 年上海市科学技术进步一等奖

获奖成果选登

1. 氨基酸衍生物的反应、合成及性质研究
2. 光场时－频域精密控制的研究
3. 宇宙动力学及相关问题研究
4. 单核 C*－代数的分类
5. 2G/2.5G(GSM/GPRS)手机核心芯片 (SC6600) 关键技术的研制和开发
6. 多用加压毛细管电色谱系统

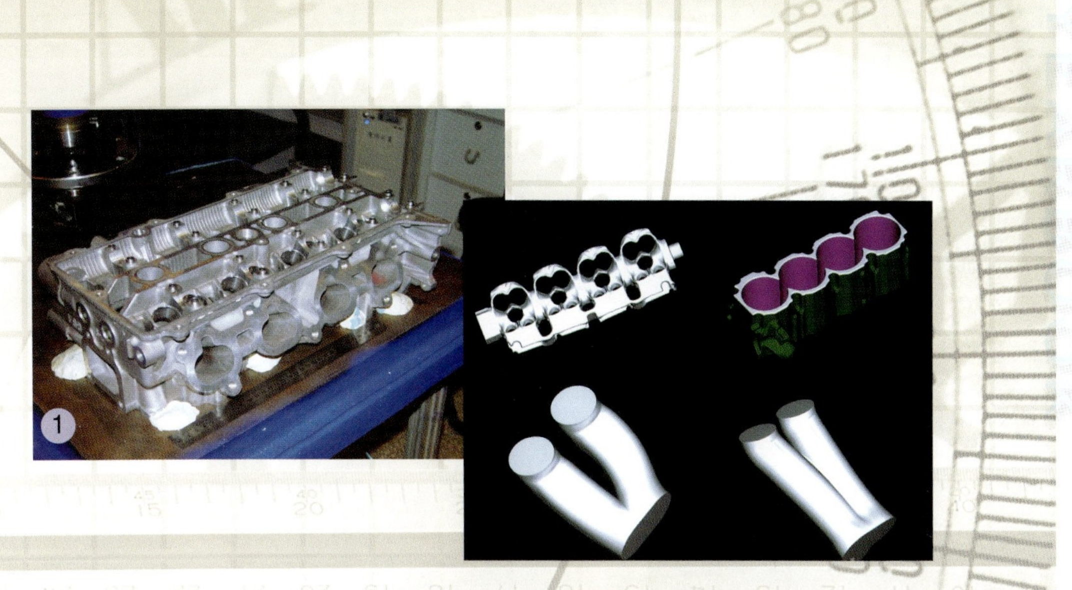

获奖成果

2005 年上海市科学技术进步一等奖

获奖成果选登

1. 基于CAD/RE/RP/RT技术集成的新产品快速开发应用系统及反求测量设备开发
2. 3S-Net 智能网络配电与控制系统
3. 大功率空冷汽轮机设计技术与系列产品研制
4. 溶葡萄球菌酶的复配技术开发、应用及产业化
5. 结晶头孢硫脒及其制备方法和用途

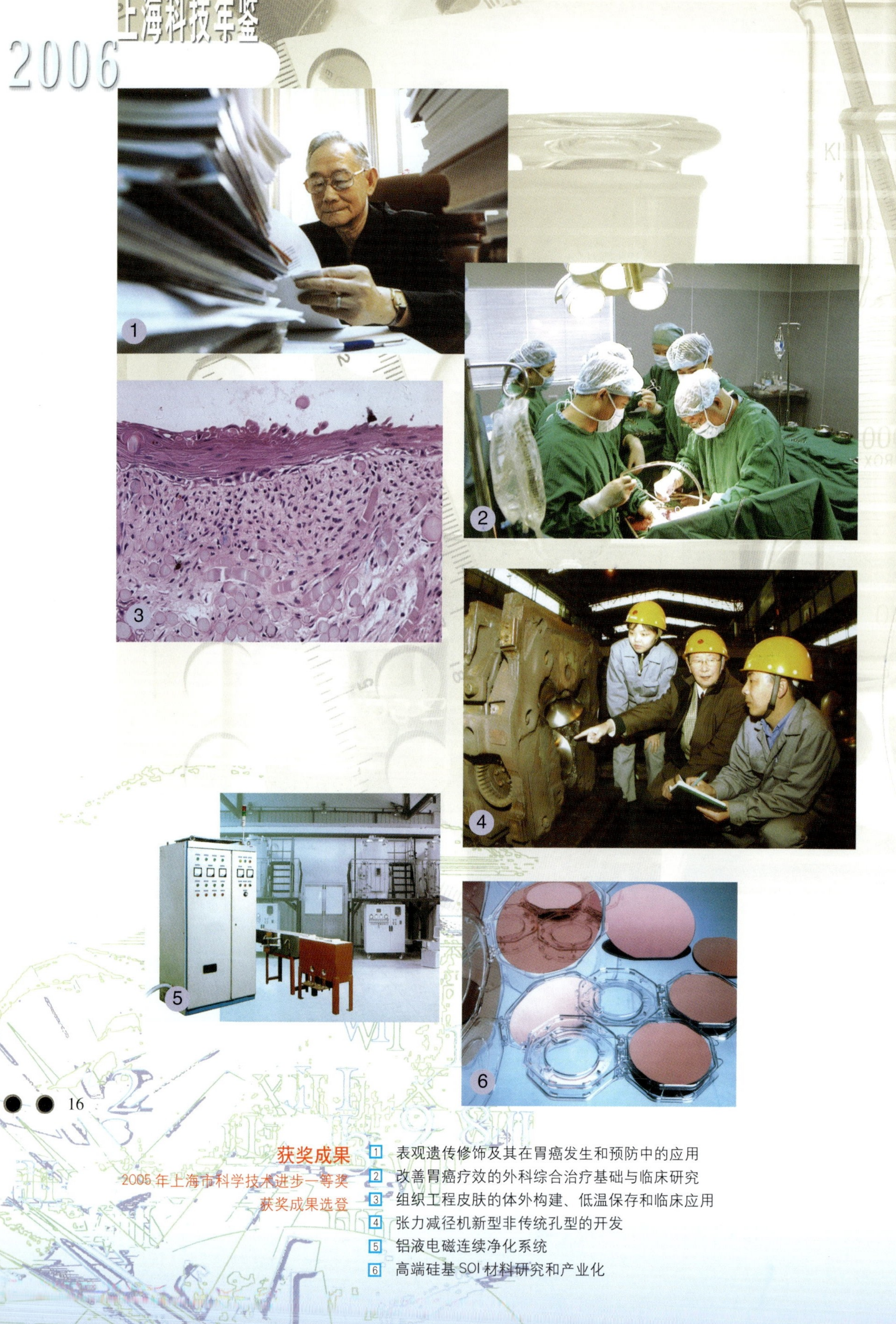

获奖成果

2005年上海市科学技术进步一等奖
获奖成果选登

1. 表观遗传修饰及其在胃癌发生和预防中的应用
2. 改善胃癌疗效的外科综合治疗基础与临床研究
3. 组织工程皮肤的体外构建、低温保存和临床应用
4. 张力减径机新型非传统孔型的开发
5. 铝液电磁连续净化系统
6. 高端硅基SOI材料研究和产业化

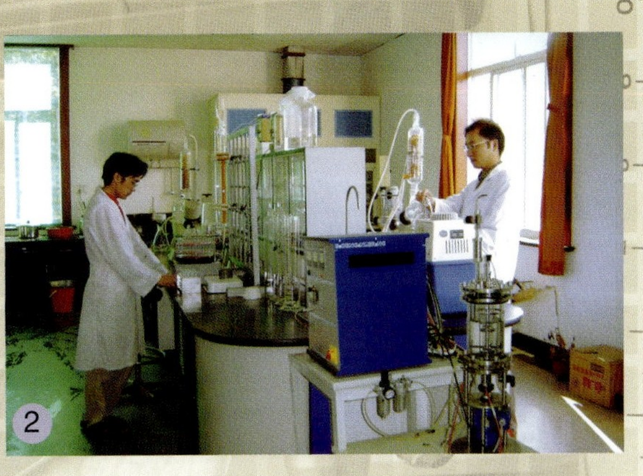

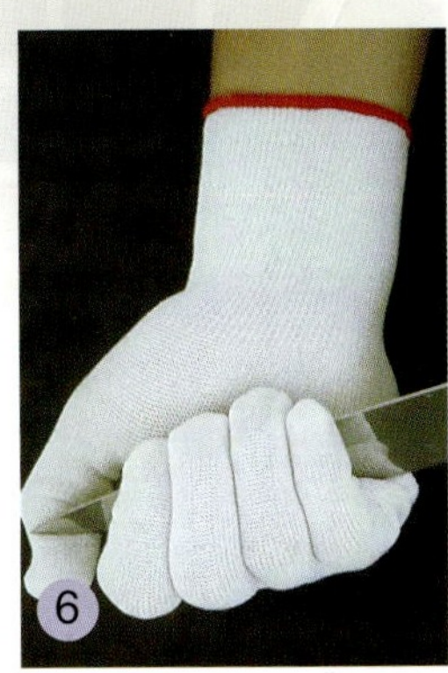

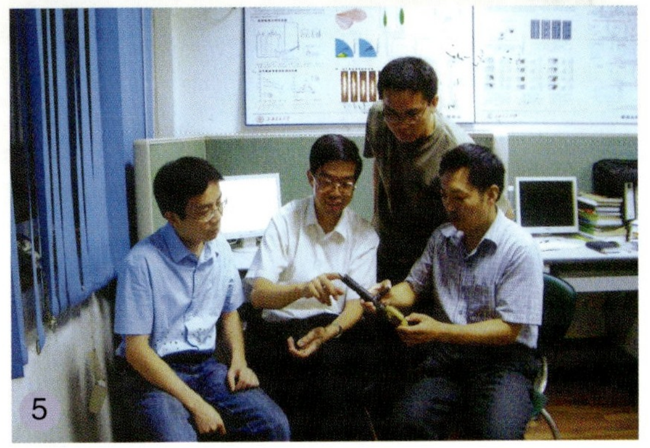

获奖成果

2005 年上海市科学技术进步一等奖

获奖成果选登

1. 纳米结构功能涂层的制备和规模化生产关键技术开发
2. 稳定性同位素 ^{15}N(高丰度) 的制备技术
3. 年产 10 万吨乙酸乙酯新型成套技术
4. 超灵便型多用途船系列开发设计
5. 燃油溶气雾化与燃烧新技术的基础研究
6. 高强高模聚乙烯纤维产业化

获奖成果

2005 年上海市科学技术进步一等奖

获奖成果选登

1 栽培稻节水抗旱种质评价、创新与新品种选育研究
2 中华绒螯蟹的营养学及其环保型全价饲料的研制开发
3 结构抗震防灾新理论、新技术研究
4 国家大剧院壳体钢结构安装工艺研究
5 上海东海大桥超大型跨海桥梁设计综合关键技术研究

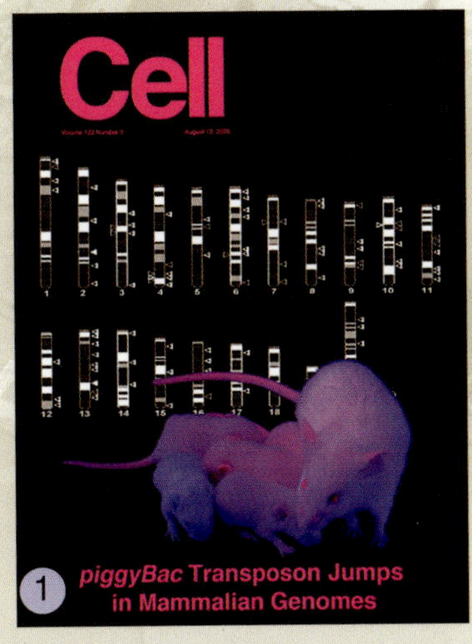

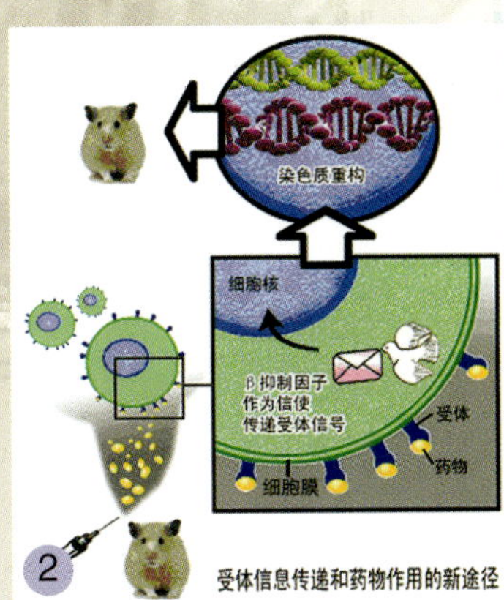

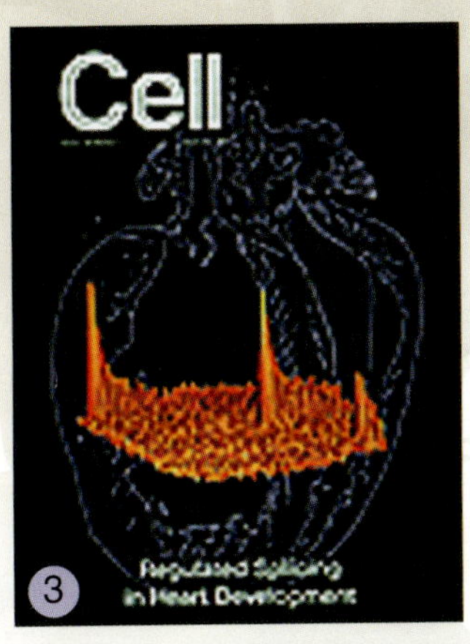

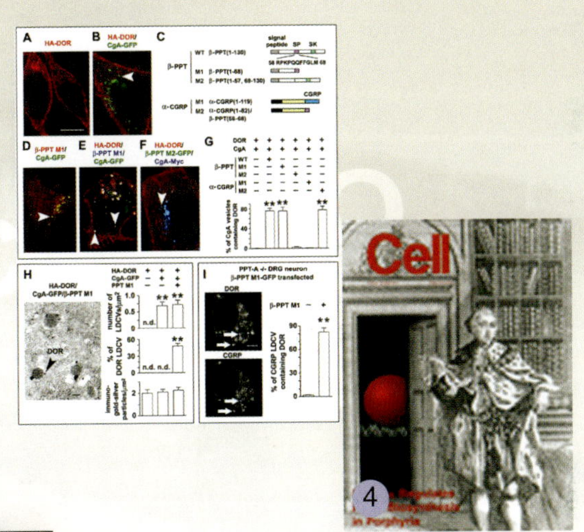

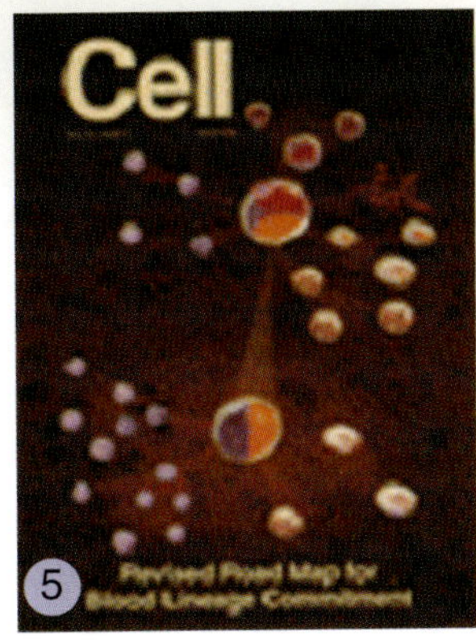

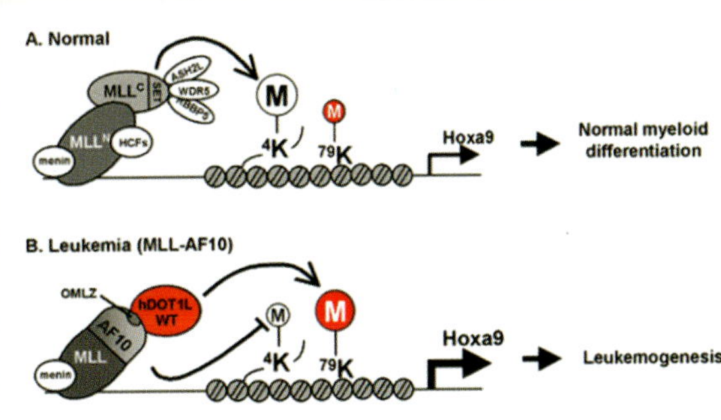

基础研究

1. 哺乳动物转座因子系统的研究成果发表在美国《细胞》(*Cell*) 杂志上
2. β抑制因子作为受体信息的新功能及其传递和药物作用新途径的研究成果发表在美国《细胞》(*Cell*) 杂志上
3. 发现GSK蛋白质活性对确定神经细胞极性起关键作用的研究成果发表在美国《细胞》(*Cell*) 杂志上
4. 发现调节阿片类物质镇痛作用新原理的研究成果发表在美国《细胞》(*Cell*) 杂志上
5. 发现染色质组蛋白H3-K79甲基化的调控机制和在白血病发生中的作用研究成果发表在美国《细胞》(*Cell*) 杂志上

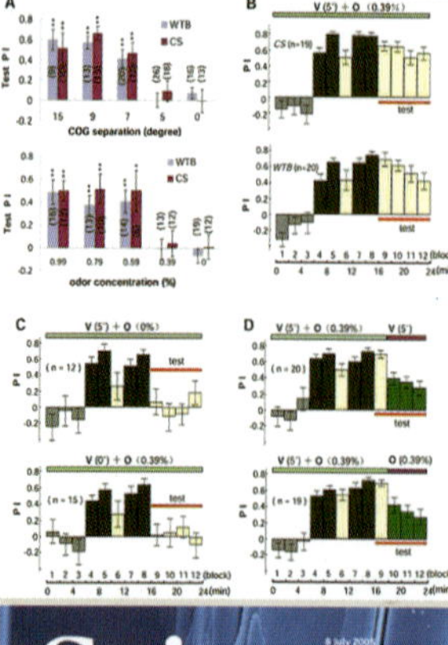

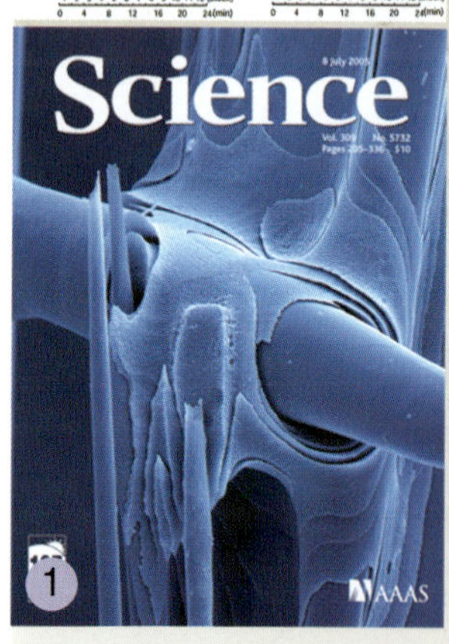

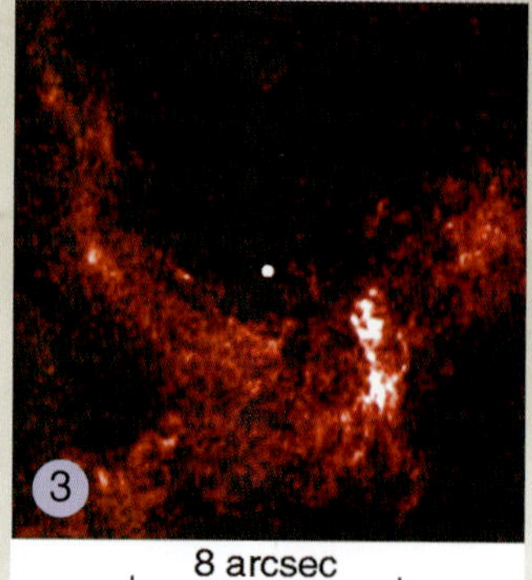

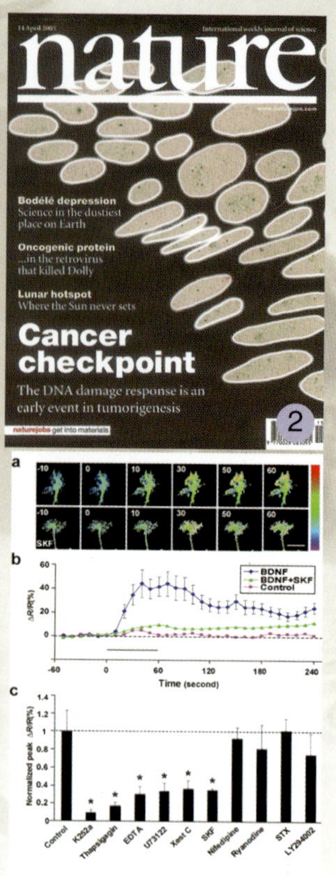

基础研究

1. 发现果蝇跨模态学习相互作用的研究成果发表在美国《科学》(*Science*) 杂志上
2. 发现引导神经生长方向的细胞膜离子通道机制的研究成果发表在英国《自然》(*nature*) 杂志上
3. 发现银河系中心存在超大质量黑洞的最新证据的研究成果发表在英国《自然》(*nature*) 杂志上
4. 探测银河系中最剧烈爆发的射电辐射取得重要进展的研究成果发表在英国《自然》(*nature*) 杂志上
5. 首次高精度测得银河系英仙臂距离的研究成果发表在美国《科学》(*Science*) 杂志上

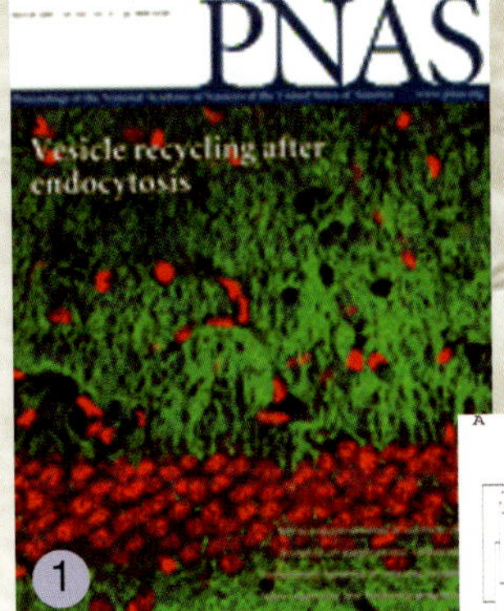

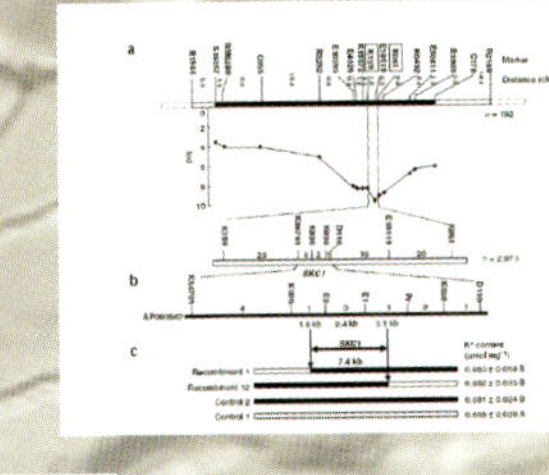

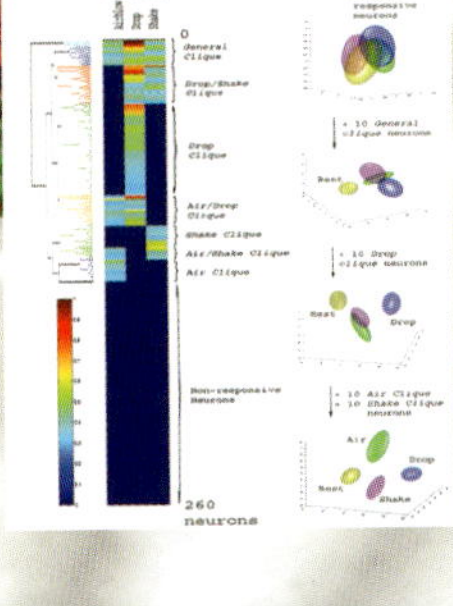

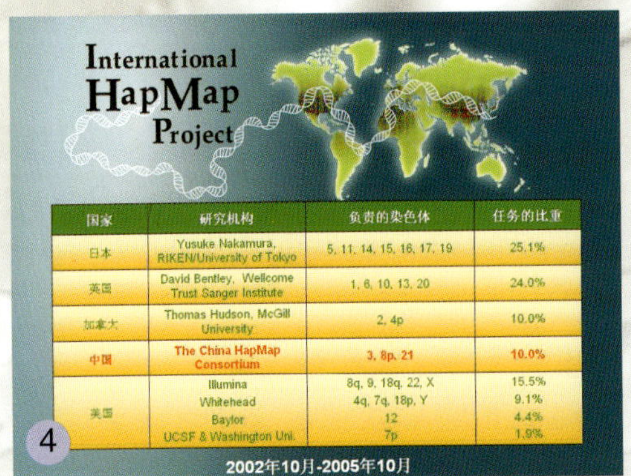

国家	研究机构	负责的染色体	任务的比重
日本	Yusuke Nakamura, RIKEN/University of Tokyo	5, 11, 14, 15, 16, 17, 19	25.1%
英国	David Bentley, Wellcome Trust Sanger Institute	1, 6, 10, 13, 20	24.0%
加拿大	Thomas Hudson, McGill University	2, 4p	10.0%
中国	The China HapMap Consortium	3, 8p, 21	10.0%
美国	Illumina	8q, 9, 18q, 22, X	15.5%
	Whitehead	4q, 7q, 18p, Y	9.1%
	Baylor	12	4.4%
	UCSF & Washington Uni.	7p	1.9%

2002年10月-2005年10月

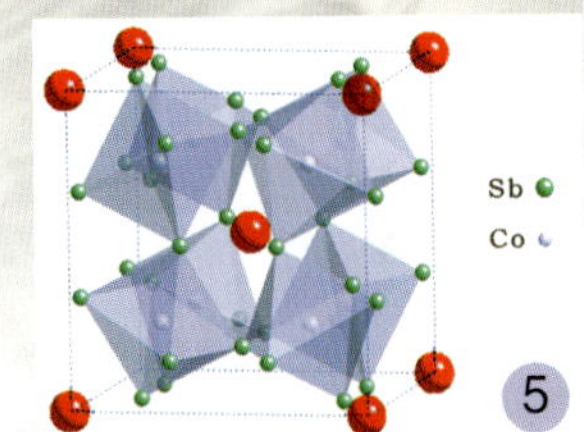

方钴矿类材料 $CoSb_3$ 的晶体结构图

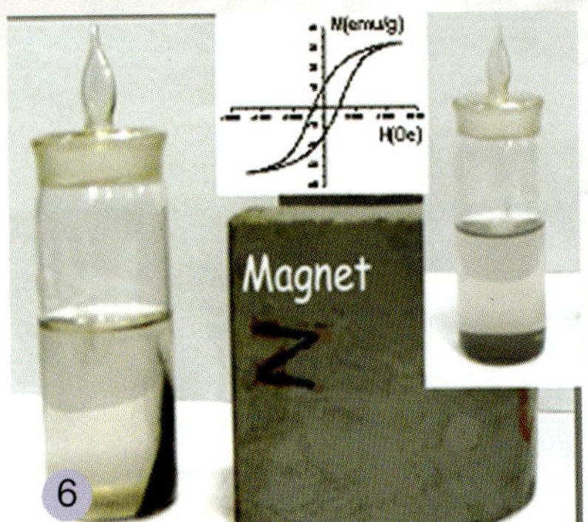

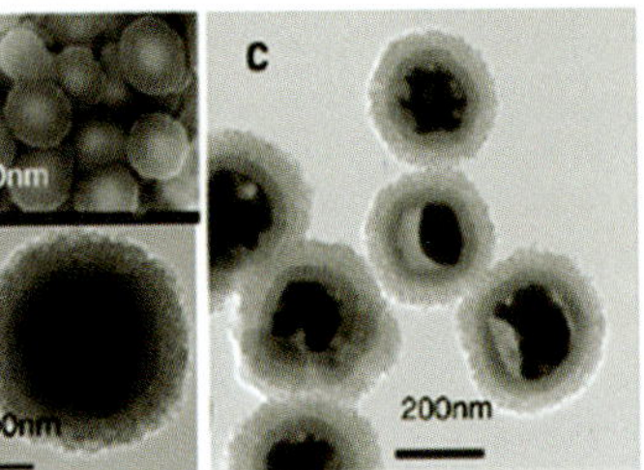

基础研究

1. 发现大脑记忆编码单元与大脑密码的解读方法的研究成果发表在《美国科学院院刊》(*PNAS*)上
2. 成功克隆与水稻耐盐相关的数量性状基因SKC1，并阐明该基因生物学功能和作用机理的研究成果发表在英国《自然遗传学》(*nature genetics*)杂志上
3. 发现大脑前扣带皮层神经元上的NR2B受体对恐惧记忆的形成至关重要的研究成果发表在美国《神经元》(*Neuron*)上
4. 国际人类基因组单体型图(HapMap)计划一期工作成果发表在英国《自然》(*nature*)杂志上，中国科学家完成了其中的中华人类基因组单体型图计划
5. 方钴矿类热电材料 $CoSb_3$ 的掺杂机理研究取得新进展的部分成果已发表在美国《物理评论快报》(*Phys. Rev. Lett.*)和《应用物理学杂志》(*J. Appl. Phys.*)上
6. 介孔氧化硅材料在生物医药领域的应用研究成果发表在德国《应用化学》(*Angew. Chem. Int. Ed.*)和《美国化学学会会志》(*J. Am. Chem. Soc.*)杂志上

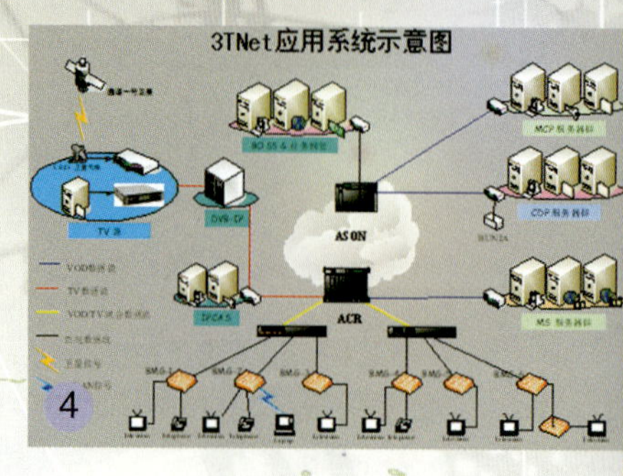

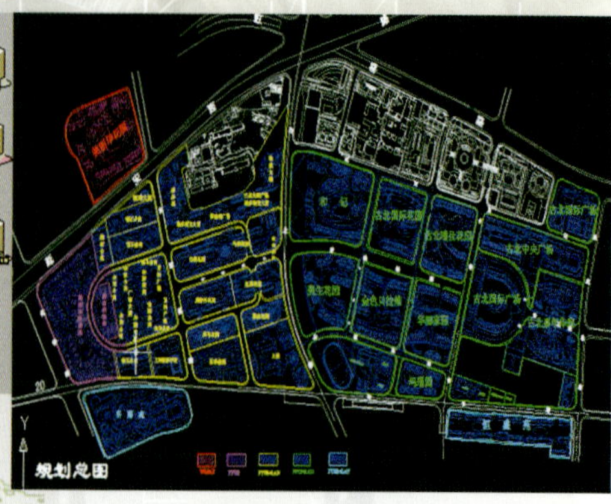

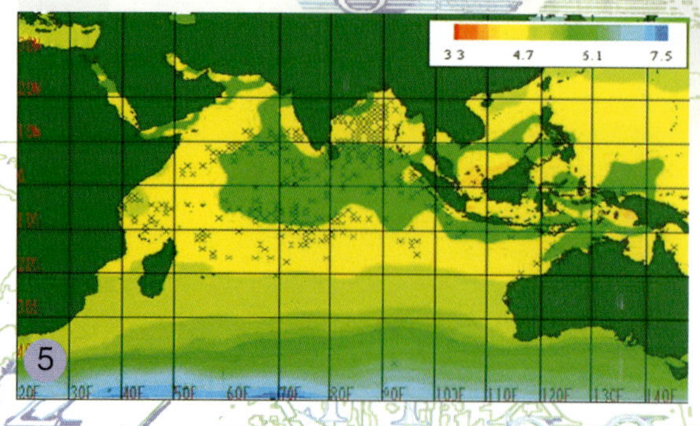

高技术研究

1 国家数字媒体技术产业化基地
2 上海多媒体产业化基地
3 上海光源国家重大科学工程加紧建设中
4 3TNet及宽带中心
5 卫星遥感在远洋渔业中的应用

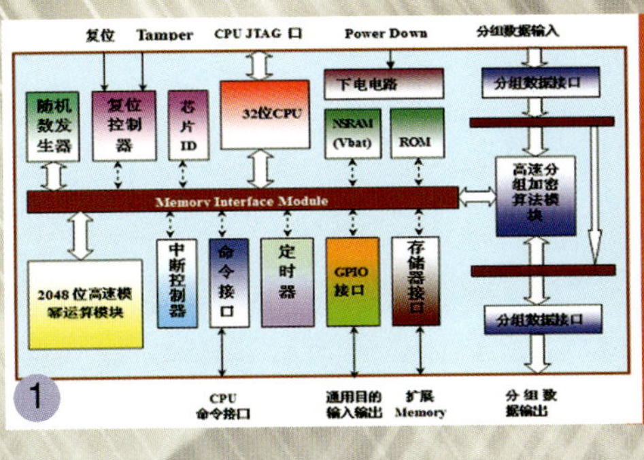

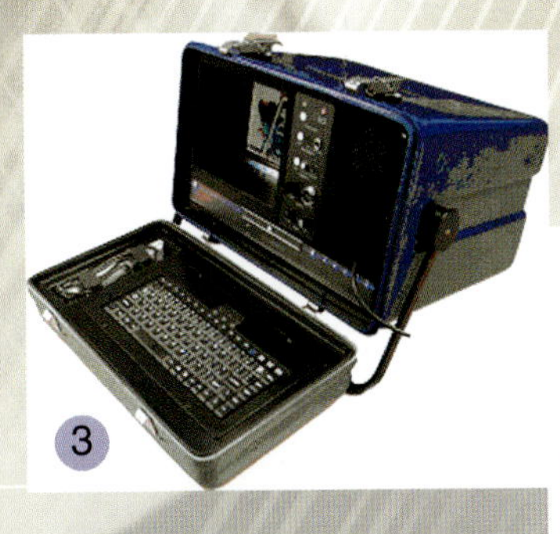

高技术研究

1. 高性能密码算法专用芯片填补国内高端信息安全芯片的空白
2. 嵌入生物识别技术的高安全性证照自动认证系统——自动认证一体机
3. 小型管道内窥影像记录系统
4. 发现碳纳米管可将光能量迅速转化为热能使细胞立刻崩溃
5. 利用激光技术生产的三维彩色内雕新产品已实现产业化

科技支撑城市建设

1 中国第一座真正意义的超大型跨海桥梁——东海大桥正式通车，取得了多项创新科技成果（常明摄）
2 洋山保税港区启用 （杨浦东摄）
3 多项施工新技术成功应用于上海南站
4 上海临港新城加快建设现代信息网

资源利用

1. 上海崇明50kW太阳光伏电站并网发电
2. 上海奉贤10kW并网光伏电站
3. 太阳能建筑示范楼
4. 太阳能庭院灯
5. 采用沼气发电技术，对填埋场沼气回收发电利用。图为2组国产400kW的增压内燃发电机和4组48kW的美国进口外燃机，形成了1MW的发电能力
6. 采用焚烧技术处理生活垃圾，进行能量转化利用。图为江桥生活垃圾焚烧厂全景

生态保护科技

1 科技支撑崇明生态岛建设
2 郊区污染河道的水环境治理技术研究与示范
3 生态保护科技改善居住环境

清洁能源汽车

1 MPV燃料电池车
2 零污染、节能高效、环保的新型电容公交车及充电站
3 "登程一号" 混合动力车
4 二甲醚（DME）城市大客车
5 "申新动1号" 混合动力大客车
6 电动游览车

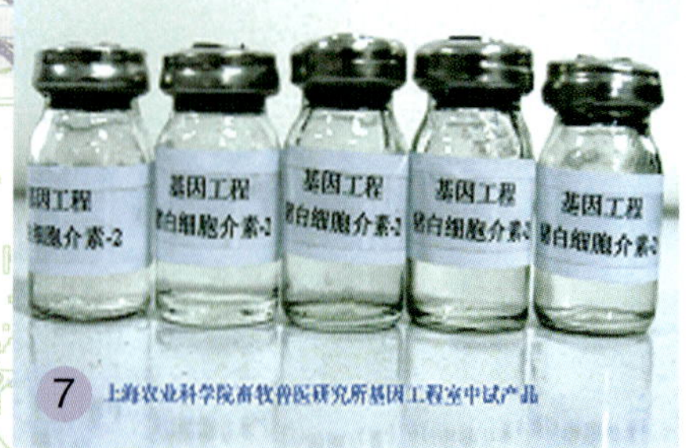

都市农业科技

1 矮生高羊茅草坪新品种——沪青矮
2 藤本月季布置的垂直绿化
3 分子标记肉鹅新品系培育及配套生产技术研究
4 全球定位系统GPS的智能变量播种、施肥、旋耕
5 设施农业数字化技术应用研究与开发
6 微载体技术用于兽用细胞疫苗产业化研究
7 重组牛羊白细胞介素-2(rbIL-2)下游处理技术研究及动物区域试验部分成果

南极科学考察

3月24日，“雪龙”号科学考察船完成了中国第二十一次南极考察任务返回上海。此次考察历时151天，航程26 500海里，完成了26项科学考察任务。

1 五星红旗在南极飘扬

2 中国第二十一次南极考察

3 考察队成功登上南极内陆冰盖海拔最高地区Dome-A

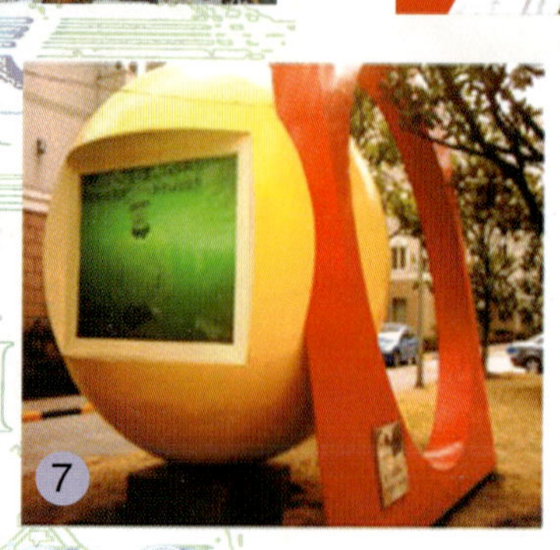

科学普及

1 2005 上海国际青少年科技博览会
2 5月14日，上海科技馆二期展示工程开放，图为小观众在“宇航天地”展区参与星球称重互动
3 上海国际科学和艺术展
4 2005 上海科技节开幕
5 第九届“挑战杯”全国大学生课外学术科技作品竞赛
6 上海邮政博物馆
7 电子科普画廊

《2006 上海科技年鉴》编委会名单

目　录

重要论述选摘

特　载

第一篇　基础研究与高技术研究

第一章　基 础 研 究

第一节　概　　况

第二节　生 命 科 学

第三节　数学、物理学、化学

第四节　天文学、地球科学

第二章 高技术研究

第一节 信息技术

第二节　生 物 技 术

第三节　纳 米 技 术

第四节 新材料技术

第五节 光电技术

第六节　航空航天、海洋技术与极地研究

第三章　重点学科与科研基地建设

第一节　重点学科建设

第二节　科研基地建设

第二篇　科技促进经济社会发展

第四章　先进制造业科技

第一节　电子信息

第二节　生 物 医 药

第三节　汽　　车

第四节　船　　舶

第五节　成套设备与装备

第六节　冶　金

第七节 化 工

第八节 轻 纺

第九节 建 材

第五章 现代服务业科技

第一节 信 息

第二节 现 代 物 流

第三节 金 融

第四节 商 贸

第六章 都市农业科技

第一节 概 况

第二节 种源农业

第三节 生态农业

第四节 装备农业

第七章 城市发展与生态保护科技

第一节 概况

第二节 建工、市政、房屋

第三节 交 通

第四节 公安、消防、地震、气象

第五节　资 源 利 用

第六节　生 态 科 技

第八章 医学卫生与文化体育科技

第一节 医 学 卫 生

第二节 生 殖 健 康

第三节 文 化

第四节 体 育

第三篇 科技管理与服务

第九章 科技计划与投入

第一节 科 技 计 划

第二节 科 技 投 入

第十章 企业技术创新体系

第一节 概 况

第二节 产学研结合

第三节 企业技术中心

第四节 高新技术企业

第五节 民营科技企业

第六节 科研院所改革

第十一章 研发公共服务平台

第一节 概 况

第二节 科学数据共享服务

第三节 科技文献资源服务

第四节 仪器设施共用服务

第五节　资源条件保障服务

第六节　试验基地协作服务

第七节　专业技术服务

第八节　行业检测服务

第九节　技术转移服务

第十节　创业孵化服务

第十二章　高新技术园区

第一节　概　　况

第二节　张江高科技园区

第三节　漕河泾新兴技术开发区

第四节　金桥现代科技园区

第五节　嘉定民营科技密集区

第六节　中国纺织国际科技产业城

第七节　上海大学科技园区

第八节　上海紫竹科学园区

第十三章　科技人才

第一节　人才培养与交流

第二节　优　秀　人　才

第三节　逝 世 人 物

第十四章　科技成果与科技奖励

第一节　科技成果管理

第二节　科技成果奖励

第三节 软科学研究与科技出版

科技出版

第十五章 科技合作与学术交流

第一节 国际科技合作

第二节　国内科技合作

第三节　院士咨询与学术交流

第十六章　知 识 产 权

第一节　概　　况

第二节　专　　利

第三节　商　　标

第四节 版 权

第十七章 科学普及和科技社团

第一节 科 学 普 及

第二节 群众创造发明

第三节 科 技 社 团

第十八章 区县科技

第一节 概 况

第二节 区县科技

第四篇　法规·统计·大事记

第十九章　科技政策与法规

第二十章　科 技 统 计

第二十一章　2005 年上海市科技工作大事记

附　录

IMPORTANT EXTRACTS
重要论述选摘

国家领导及中央部委领导谈科技工作

胡锦涛同志的讲话

当今世界,科学技术正成为经济社会发展的决定性力量,科技自主创新能力正成为国家竞争力的核心。我们一定要坚持以邓小平理论和"三个代表"重要思想为指导,全面落实科学发展观,大力实施科教兴国战略和人才强国战略,把提高自主创新能力摆在全部科技工作的突出位置,在实践中走出一条中国特色自主创新之路。

一是要进一步确立自主创新的战略目标。要坚持有所为有所不为,抓住具有基础性、战略性、前瞻性的重大课题集中攻关,着力解决制约经济社会发展的重大科技问题,力求实现关键技术和核心技术的新突破。二是要进一步加强国家自主创新体系建设。要继续深化科技体制改革,优化科技力量布局和科技资源配置,充分调动各方面的积极性,形成科技创新的整体合力,加速科技成果向现实生产力的转化。三是要进一步造就自主创新的人才队伍。要完善人才管理体制,健全人才激励机制,营造尊重劳动、尊重知识、尊重人才、尊重创造的社会氛围,使更多的优秀科技人才特别是年轻人才脱颖而出、发挥才干。

(2005 年 6 月 3 日在会见中国科学院院士座谈会代表时的讲话摘要)

能源资源问题是关系我国经济社会发展全局的一个重大战略问题。我们要从推动我国经济社会持续发展和人民生活水平不断提高的全局出发,全面分析能源资源形势,深入研究能源资源问题,全面做好能源资源工作,促进形成可持续的生产方式和消费模式,建立资源节约型国民经济体系和资源节约型社会,为实现全面建设小康社会的宏伟目标和我国的长远发展提供可靠的能源资源保证。

既积极做好开源工作,又优先做好节约工作,应该成为解决我国能源资源问题的基本思路。我们要继续坚持立足国内的基本方针,加大国内资源勘探力度,加强煤炭、石油、天然气的开发利用,积极开发水能资源,加快发展核电,鼓励发展新能源和可再生能源,优化能源结构。同时,要积极开展国际能源资源合作,充分利用国际国内两个市场、两种资源。

节约能源资源,走科技含量高、经济效益好、资源消耗低、环境污染少、人力资源优势得到充分发挥的路子,是坚持和落实科学发展观的必然要求,也是关系我国经济社会可持续发展全局的重大问题。我们必须立足当前、着眼长远,下更大的气力抓好节约能源资源的工作。一是要大力调整经济结构和转变经济增长方式,积极采用先进适用技术改造传统产业,加快发展高新技术产业,大力发展服务业,切实改变高投入、高消耗、高污染、低效率的增长方式。二是要加快建立能源资源技术支持体系,加大国家对能源资源技术开发资金的投入,加紧研究开发影响未来能源资源发展方向的重大技术,集中力量研究开发提高能源资源利用效率的技术,依靠科技进步增强节约能力。三是要注重优化消费结构,在消费领域全面推广和普及节约技术,合理引导消费方式,鼓励消费能源资源节约型产品,逐步形成节约型的消费方式。四是要推动发展循环经济,促进资源循环式利用,鼓励企业循环式生产,推动产业循环式组合,倡导社会循环式消费,大力推行清洁生产,努力实现废弃物的资源化、减量化、无害化。五是要建设促进能源资源节约的体制机制,实行能源资源效率和最低技术水平准入标准,实施高消耗落后技术、工艺和产品的强制性淘汰制度，促进建立市场化的能源资源节约体制机制，完善政府调控手段，形成有利于节约能源资源的市场环境和长效机制。六是要加强规划和政策引导，明确能源资源需求总量和能源资源效率的控制目标，研究制定有利于节约能源资源的财税、投资、价格和外贸政策，促进能源资源的节约和有效利用。七是要建立健全节约能源资源的法律法规和标准体系，认真实施有关法律，加大执法和监督检查力度，制定和实施强制性标准，推动生产、建筑、交通等方面的节约能源资源工作。八是要加强节约能源资源的宣传教育，开展形式多样的节约能源资源活动，提高人民群众特别是广大青少年的能源资源意识和节约意识，努力使节约能源资源成为全体公民的自觉行动。

（2005 年 6 月 27 日在中共中央政治局第二十三次集体学习时的讲话摘要）

高水平的大学是一个国家综合国力和科学文化水平的重要标志。希望复旦大学坚持以邓小平理论和“三个代表”重要思想为指导，认真落实科学发展观，大力实施科教兴国战略和人才强国战略，发扬优良传统，不断开拓创新，努力把复旦大学建设成为具有世界一流水平的社会主义综合性大学，努力为建设中国特色社会主义伟大事业培养更多德才兼备的高素质人才，为全面建设小康社会、实现中华民族的伟大复兴作出新的更大的贡献！

（2005 年 9 月 24 日庆祝复旦大学建校 100 周年贺信摘要）

我国航天事业的发展成就，充分显示出科学技术第一生产力的巨大作用。党和国家历来高度重视科学技术在革命、建设、改革事业中的重要地位和重大作用。新中国成立以来特别是改革开放以来，我们党始终把发展科技事业作为国家整体发展战略的重要组成部分。党的十六大以来，党中央、国务院为推动我国科技事业加快发展制定了一系列方针政策，作出了一系列工作部署，为新世纪新阶段我国科技事业加快发展指明了前进方向。当前，全面建设小康社会的新任务，向我国科技事业发展提出了新的要求。党的十六届五中全会描绘了今后 5 年我国经济社会发展的美好蓝图。要把这个蓝图变成美好现实，我们必须坚持以科学发展观统领经济社会发展全局，坚定不移地实施科教兴国战略和人才强国战略，更加注重科技进步和创新，更加注重科技运用和推广，努力实现经济社会又快又好发展，推动社会主义经济建设、政治建设、文化建设、社会建设全面发展。

第一，要始终坚持科学技术是第一生产力的战略思想，充分发挥科学技术推动经济社会发展的关键作用。发展是党执政兴国的第一要务。发展必须依靠科技进步和创新。当今世界，科技进步日新月异，知识创新迅速发展，高新技术成果向现实生产力转化越来越快，特别是战略高技术日益成为经济社会发展的决定性力量。我们必须认清中国和世界发展的大势，深刻认识科技进步对推动经济社会发展的关键作用，着力提高利用科技手段解决当前和未来我国经济社会发展重大问题的能力，充分发挥科学技术对发展我国先进生产力和先进文化、发展我国最广大人民根本利益的重要作用，努力实现我国科技事业的跨越式发展。要在全社会大力弘扬科学精神、普及科学知识、树立科学观念、提倡科学方法，努力形成全党全国共同促进科技进步和创新的良好氛围。

第二，要始终把提高自主创新能力摆在突出位置，显著提高我国的科技实力。科技实力是综合国力的重要内容和基础。自主创新能力是国家竞争力的核心。一个国家、一个民族要真正赢得发展、造福人类，必须注重自主创新。中华民族是富有创造精神的民族。五千多年来，我国人民的许多重大发现和发明为推动人类文明进步作出了不可磨灭的贡献。在科技进步突飞猛进的今天，我们要在日趋激烈的国际竞争中赢得主动，就必须显著增强自主创新能力。我们必须把建设创新型国家作为面向未来的重大战略，紧紧抓住经济建设这个中心任务，瞄准世界科技发展前沿,明确自主创新的战略目标,加快国家创新体系建设。要大力倡导自主创新精神,完善自主创新机制,提高原始创新能力、集成创新能力和引进消化吸收再创新能力,积极发展战略高技术,特别是要发展对经济增长有重大带动作用、具有自主知识产权的核心技术和配套技术,为加快调整经济结构、转变经济增长方式提供强大支撑,为保持我国经济长期平稳较快发展提供强大支撑,为提高我国的国际竞争力和抗风险能力提供强大支撑。

第三,要始终把科学管理作为推动科技进步和创新的重要环节,不断提高科学管理水平。我国现代化建设的实践表明,越是现代化,越是高技术,越是关系国民经济命脉和国家安全的重大建设项目,越要加强科学管理。我们必须适应社会主义市场经济的发展,不断强化质量效益观念,切实转变传统的人力密集型、数量规模型的管理模式,积极创新科学管理的体制机制,大力提高科学管理能力。要按照自主创新、重点跨越、支撑发展、引领未来的要求,加强战略筹划,着眼全局和长远确定切实可行的发展目标和思路,快速高效地推进科技进步和创新。要继续深化科技体制和管理体制改革,建立产学研相结合的技术创新体系,形成科技创新与经济社会发展紧密结合的机制,促进全社会科技资源的有效配置和综合集成,努力实现人力、物力、财力的最佳组合,产生最大效益。

第四,要始终树立人才资源是第一资源的观念,大力培养造就高素质的科技人才队伍。当今世界的综合国力竞争,本质上是一场人才竞争。科技竞争,说到底也是人才竞争。加快发展教育事业和科技事业,不断壮大人才队伍,是提高我国科技实力和国家竞争力的关键所在。实现我国科学技术的跨越式发展关键在人才,加快推进改革开放和现代化建设关键在人才,完成全面建设小康社会的宏伟目标关键也在人才。我们必须坚持把教育摆在优先发展的地位,大力发展教育事业和科技事业,大力加强人力资源能力建设,不断形成一支德才兼备、结构合理、素质优良的科技人才队伍。要坚持尊重劳动、尊重知识、尊重人才、尊重创造的方针,着眼于我国科技事业的长远发展,以培养造就战略科技专家和选拔凝聚科技尖子人才为重点,努力造就一大批具有世界先进水平的科学家、工程技术专家和各类专门人才,使他们成为新世纪我国科技事业发展的中坚力量。特别要重视培养青年科技人才,为他们积极营造生动、活跃、民主的创新氛围,使他们具有崇高的理想抱负、炽热的爱国热情、旺盛的创造活力。要用事业凝聚人才,用实践造就人才,用机制激励人才,用法制保障人才,努力把优秀人才集聚到党和国家的各项事业中来,形成推动我们事业发展的强大人才队伍。

(2005年11月26日在庆祝“神舟六号”载人航天飞行圆满成功大会上的讲话摘要)

吴邦国同志的讲话

本世纪头20年,是我国发展的重要战略机遇期。面对日益激烈的国际经济技术竞争,面对日新月异的世界科技进步,我们必须紧紧抓住和切实用好这个重要战略机遇期,牢固树立和认真落实科学发展观,把科技进步和创新作为经济社会发展的首要推动力,把提高自主创新能力作为调整经济结构、转变经济增长方式、提高国家竞争力的中心环节,把建设创新型国家作为面向未来的重大战略,依靠科技进步和提高劳动者素质来实现全面协调可持续发展,矢志不移地完成全面建设小康社会的历史任务,为实现中华民族的伟大复兴打下更加坚实的基础。

今年是党中央提出实施科教兴国战略10周年。教育是发展科学技术和培养人才的基础,在现代化建设中具有先导性、全局性作用。为了实现全面建设小康社会的宏伟目标和中华民族伟大复兴的壮丽蓝图,我们必须更加坚定地实施科教兴国战略、人才强国战略,切实把发展教育科技事业和培养德才兼备的高素质人才摆在更加突出的战略位置。高等院校承担着培养人才、创新科技、传承文明、服务社会等重要使命，在实施科教兴国战略、人才强国战略中具有十分重要的地位和作用。

经济全球化趋势深入发展，知识经济方兴未艾，人才竞争日趋激烈，一流大学越来越成为一个国家综合国力的重要体现。因此，建设中国自己的一流大学，是落实科教兴国战略、人才强国战略的重大举措，是关系国家发展、民族复兴的重大任务，是功在当代、利在千秋的大事，必须坚持不懈地抓紧抓好。

建设一流大学，必须从多方面进行努力，但关键在创新。要瞄准世界先进水平，围绕创新这个关键，加强规划，加强工作，努力实现一批高水平大学的跨越式发展。

一流大学应该成为基础研究和高技术前沿领域原始性创新的重要源头。要面向国民经济建设主战场，紧密结合我国经济社会发展的实际需要，选择事关经济社会发展、国家安全、人民生命健康、生态环境全局的若干战略领域，集中力量，整合队伍，统筹资源，努力实现重点突破、重点发展，勇攀世界科学高峰。同时，要大力加强应用技术的开发和推广，加快科技成果向现实生产力转化，为我国现代化建设提供强大科技支持。

一流大学应该成为理论创新和文化创新的重要力量。要坚持以马克思列宁主义、毛泽东思想、邓小平理论和“三个代表”重要思想为指导，坚持正确的世界观和方法论，继承和发扬中华民族的优秀文化传统，积极吸收和借鉴各国文化的有益成果，适应人民群众日益增长的精神文化需要，解放思想，与时俱进，推陈出新，努力创造和传播新知识、新理论、新思想，为我国社会主义经济建设、政治建设、文化建设与和谐社会建设全面发展不断提供创造性的理论成果和强大的智力支持。

一流大学应该成为汇聚优秀创新人才的重要平台和培养创新人才的重要基地。要坚持以培养中国特色社会主义事业的合格建设者和可靠接班人为己任，适应我国经济社会发展对高素质人才的大规模需要，精心培育，加强德育，提高素质，充分发挥大学高水平科学研究和高质量人才培养相结合的特有优势，为国家和社会源源不断地培养德才兼备的大批人才特别是创新人才。

（2005年9月24日在庆祝复旦大学建校100周年大会上的讲话摘要）

必须坚持以邓小平理论和“三个代表”重要思想为指导，全面贯彻落实科学发展观，坚定不移地实施科教兴国战略和人才强国战略，努力提高科技创新能力，大力推动经济结构的调整和经济增长方式的转变，走出一条具有中国特色的科技创新之路，实现国民经济社会持续、快速、协调、健康发展。

希望上海市抓住机遇，乘势而上，全面落实科学发展观，充分发挥人才、技术、资金和区位、产业优势，不断开创各项工作的新局面。

科学技术是第一生产力，科技进步和创新是经济社会发展的首要推动力。要大力实施科教兴国战略和人才强国战略，着力提高科技创新能力，为调整经济结构、转变经济增长方式和提高国际竞争力提供强有力的支撑和不竭的动力。

上海大专院校和科研院所多，科技力量雄厚，提高科技创新能力具有得天独厚的优势和巨大的发展潜力，完全是可以大有作为的。希望上海在科技对经济增长贡献率、发明和专利数量、科技投入、知名品牌和节能降耗等方面走在全国的前列。

提高科技创新能力关键在于体制创新和机制创新。一是整合资源。要建立以企业为主体、市场为导向、产学研相结合的科技创新体系，形成科技创新与经济发展紧密结合的机制，加快科技成果向现实生产力转化，实现资金变为技术、技术变为资金、资金变为更高层次技术的良性循环。二是明确目标。要坚持有所为、有所不为，面向国民经济主战场，抓住事关全局的战略性重大课题，确定科学合理的创新规划，集中力量、加大投入，并从政策上鼓励技术创新，努力实现跨越式发展。三是重视人才。要建立和完善培养人才、聚积人才、激励人才和人尽其才的机制和制度，为人才施展才华开辟空间、提供舞台，为人才的成长和使用提供机制和制度的保障，不断激发人才的创造性、主动性和积极性，形成优秀人才脱颖而出、人尽其才的良好环境。

（2005 年 9 月 23～25 日在上海考察工作时的讲话摘要）

温家宝同志的讲话

要推进产业结构优化升级，坚持走新型工业化道路。依靠科技进步，围绕提高自主创新能力，推动结构调整。加快开发对经济增长有重大带动作用的高新技术，以及能够推动传统产业升级的共性技术、关键技术和配套技术。抓紧制定若干重大领域关键技术创新的目标和措施，务求尽快取得新突破。完善鼓励创新的体制和政策体系。坚持引进先进技术和消化吸收创新相结合，增强自主开发能力。大力发展高新技术产业，积极推进国民经济和社会信息化。加快用高新技术和先进适用技术改造提升传统产业。以重大工程为依托，推动装备制造业振兴。在专项规划指导下，继续加强能源、重要原材料等基础产业和水利、交通、通信等基础设施建设。积极发展现代流通、旅游、社区服务等第三产业。既要加快发展资金技术密集型产业，又要继续发展劳动密集型产业。

要加快科技改革和发展。今年要发布国家中长期科学和技术发展规划纲要。继续推进国家创新体系建设。加强基础研究、战略高技术研究和重要公益性技术研究。继续实施一批重大科技专项，加大关键技术攻关力度。加强重大科技基础设施和国家重点科研基地建设。深化科技体制改革，加快建立与社会主义市场经济体制相适应的科技管理体制、创新机制和现代院所制度。充分发挥企业在技术创新中的主体作用。加强产学研结合，促进科技成果产业化。坚持社会科学和自然科学并重，进一步繁荣和发展哲学社会科学。

（2005 年 3 月 5 日在第十届全国人民代表大会第三次会议上所作政府工作报告的摘要）

当今世界，科学技术是综合国力竞争的决定性因素，自主创新是支撑一个国家崛起的筋骨。我们要引进和学习世界上先进的科技成果，但更重要的是要立足自主创新，真正的核心技术是买不来的。只有拥有强大的科技创新能力，拥有自主的知识产权，才能提高我国的国际竞争力，才能享有受人尊重的国际地位和尊严。必须把增强自主创新能力作为国家战略，贯彻到现代化建设的各个方面，贯彻到各个产业、行业和地区，努力将我国建设成为具有国际影响力的创新型国家。必须加强原始创新、集成创新和在引进技术基础上的消化吸收，在关键领域掌握更多的自主知识产权，在科学前沿和战略高技术领域占有一席之地。

解决我国经济社会发展中的突出问题，根本要靠科技进步和创新。要通过科技创新，促进产业结构优化升级，提高经济增长的质量和效益，实现经济增长方式由粗放经营向集约经营的转变；要通过科技创新，提高能源资源利用效率，实现从资源消耗型经济向资源节约型经济的转变；要通过科技创新，保护生态环境，治理环境污染，实现以生态环境为代价的增长向人与自然和谐相处的增长转变，促进经济社会全面、协调、可持续发展。

科技的灵魂在创新，科技的活力在改革，科技的根本在人才。要加快科技体制改革，进一步促进科技与经济的结合，使企业真正成为技术创新的主体，加快科技成果向现实生产力的转化，把科技工作者的聪明才智和创造能力充分发挥出来。国家重大科技项目和工程要成为凝聚人才、培养科学家的大熔炉，成为砺炼科技领军人物的主战场。要大力培养和积极引进科技人才，做到人才辈出、人尽其才。要改革科技投入机制，加大对自主创新的投入。

（2005年3月28日在国家科学技术奖励大会上的讲话摘要）

推进技术进步和增强自主创新能力，是继续办好国家高新技术产业开发区的一项重要工作。当前国家高新区的建设正步入一个崭新的发展阶段，必须承担起新的历史使命，要进一步发挥高新技术产业化重要基地的优势，努力成为促进技术进步和增强自主创新能力的重要载体，成为带动区域经济结构调整和经济增长方式转变的强大引擎，成为高新技术企业“走出去”参与国际竞争的服务平台，成为抢占世界高技术产业制高点的前沿阵地。

国家高新区要进行“二次创业”，必须始终坚持把发展高新技术产业作为根本任务，创造局部优化的环境，大力培育有竞争优势和发展前景的高新技术产业，同时注重发展高新技术产业与改造传统产业相结合。要以培育有国际竞争力的高新技术企业为目标，深化体制改革和加强软环境建设。要坚持合理和节约使用各种资源，走集约化发展道路。要在稳定现有政策的基础上，切实解决制约国家高新区发展的困难和问题。

（2005年6月17日在考察中关村科技园区时的讲话摘要）

推进自主创新，是科学技术发展的战略基点，是调整产业结构、转变增长方式的中心环节，是经济社会发展的有力支撑。要努力创造有利于自主创新的体制和环境，深化科技体制改革，加快科技基础设施建设，加强高素质科技人才的培养，大力提高我国的原始创新能力、集成创新能力和引进消化吸收再创新能力。

（2005年7月19日在国家科技教育领导小组第三次全体会议上的讲话摘要）

增强自主创新能力和加快科技教育发展。当前，人类社会正在经历一场全球性的科学技术革命。这给各国带来了难得的发展机遇，也带来了严峻挑战。最重要的，是要提高自主创新能力。自主创新是提升科技水平和经济竞争力的关键，也是调整产业结构、转变增长方式的中心环节。要把增强自主创新能力作为国家战略，致力于建设创新型国家。要大力开发具有自主知识产权的关键技术和核心技术，努力提高原始创新、集成创新和引进消化吸收再创新的能力。

提高自主创新能力，必须着力抓好以下几点：一要加快建立以企业为主体、市场为导向、产学研相结合的技术创新体系。二要改善技术创新的市场环境，加快发展创业风险投资，加强技术咨询、技术转让等中介服务。三要实行支持自主创新的财税、金融和政府采购等政策，完善自主创新的激励机制。四要利用好全球科技资源，继续引进国外先进技术，积极参与国际科技交流与合作。五要加强知识产权保护，这是需要特别强调的问题。保护知识产权，对鼓励自主创新、优化创新环境具有十分重要的意义，也有利于减少与国外的知识产权纠纷。要建立健全知识产权保护体系，加大保护知识产权的执法力度。

增强自主创新能力，必须深入实施科教兴国战略和人才强国战略。科学技术发展，必须坚持自主创新、重点跨越、支撑发展、引领未来的方针。要从增强国家创新能力出发，解决经济社会发展面临的重大科学技术问题，增强科技竞争力。要坚持有所为、有所不为，集中力量在一些重点领域、关键环节取得突破。要针对经济社会发展中的技术瓶颈，在能源、资源、环境、农业和信息等关键领域取得重要进展。要着眼长远，加强基础研究和前沿技术研究，在一些前沿高科技战略领域超前部署，培育新兴产业。实现科技发展的目标，必须继续深化科技体制改革，充分发挥各种科技资源的潜力。

从根本上说，加快科技发展，全面推动经济振兴和社会进步，都取决于劳动者素质的提高和大量高素质人才的培养。

（2005年10月8日作《关于制定国民经济和社会发展第十一个五年规划建议》说明时的讲话摘要）

培养造就现代化建设需要的高层次创新人才必须具备四个条件：第一，要有好的制度。博士后制度有两个优势：一是博士后研究人员自己找方向、找方法、找结果，可以面向更多的研究领域。二是博士后站能够流动，便于开阔视野，也更富有生气。第二，要有正确的培养方法。无论是大学生、研究生，还是博士后，都应当提倡培养创造性思维，就是培养独立思考和独立发现问题的能力。独立思考就是要不受既有理论和任何框框的束缚，用自己的想象力和创造力去发现问题和解决问题。想象力和创造力是获取知识的源泉，是科学进步的动力。第三，要有大批的优秀的教师队伍。要提倡院士、名师上课堂，名师要善于发现高徒。教师要把主要精力投入到教学上，对有才华的学生，包括博士后，要采取"一对一"的培养方法，每周拿出一天或半天时间和学生谈学习、谈研究，这样才能使人才脱颖而出。第四，要有活跃的学术气氛。继续提倡百家争鸣。我们要重视规划，但也要重视规划以外的科学发明和发现。许多新发明、新创造，往往不是在规划之中。要努力为博士后的成长创造良好的环境，希望在我们的博士后中能出现科技领军人物，能出现世界级的科学家。

（2005年10月21日在会见出席全国优秀博士后表彰大会代表时的讲话摘要）

贾庆林同志的讲话

提高自主创新能力，是调整经济结构、转变经济增长方式的重要支撑。要着眼于增强核心竞争力和国际竞争力，大力推动科技进步和创新，真正确立企业作为自主创新主体的地位，大力培育具有较强自主创新能力和国际竞争力的大企业、大集团，努力塑造世界知名品牌。要牢固树立人才资源是第一资源的观念，大力培养、积极引进人才，不断完善人尽其才的用人机制，为各级各类人才脱颖而出创造更好的条件。要着眼于经济社会可持续发展，牢固树立节约意识，大力发展循环经济，加快经济结构调整步伐，努力建设节约型社会。要着眼于体制机制创新，进一步深化经济体制改革，提高对外开放水平，加大对内开放力度，努力在更高的起点上实现快速发展。

（2005年9月11～15日在上海调研时的讲话摘要）

陈至立同志的讲话

要依靠科技进步和自主创新，推动区域优势产业发展。区域优势产业是区域和国家经济实力的重要支撑，科技创新是促进区域优势产业健康持续发展的关键。国家在制定中长期科学和技术发展规划中就区域创新体系建设问题进行了专题研究。各地要紧密结合经济结构调整和经济增长方式的转变，大力提高区域自主创新能力，不断提升优势产业的核心竞争力；应用先进适用技术，促进区域优势产业不断升级；大力发展高新技术，培育区域未来优势产业；充分发挥产业园区的辐射和带动作用，促进优势产业集聚发展。

各地方要抓住机遇，下大决心转变经济增长方式，下大决心加强自主创新，把依靠科技促进区域优势产业发展作为当前和今后一段时期科技工作的一项重要任务抓紧抓好。一要进一步加强区域创新体系建设，促进科技创新要素的整合集成；二要加强区域科技发展的统筹协调，促进区域优势产业发展；三要进一步突出企业的创新主体地位，探索科技促进区域优势产业发展的新机制；四要强化科技服务能力建设，努力营造依靠科技促进区域优势产业发展的良好环境和条件；五要加紧制定有利于科技促进区域优势产业发展的政策。

（2005年2月3日在科技促进区域优势产业发展座谈会上的讲话摘要）

坚持自主创新，主要依靠自己的力量发展现代科学技术，这是我们党领导科技事业一以贯之的重要方针。在当今日益开放的国际环境下，积极学习借鉴国外先进科技成果，这是我国加速科技进步的重要途径。同时，我们更应当认识到，我国科技进步必须牢牢建立在自主创新的基点之上，把提高自主创新能力摆在全部科技工作的突出位置。

充分认识加强自主创新的重大战略意义。第一，加强自主创新是推进结构调整的中心环节。第二，加强自主创新是提高国家竞争力的迫切要求。第三，加强自主创新是我国科技工作的首要任务。

把建立以企业为主体的技术创新体系作为加强自主创新的突破口。第一，要为企业技术创新提供体制、机制和政策保障。第二，大力扶持科技型中小企业的技术创新活动。第三，增强企业的技术集成与产业化能力。

高度重视原始创新和集成创新。第一，充分发挥科研院所和高等学校在科技创新中的重要作用，切实加强基础研究和高技术研究。第二，高度重视集成创新工作。在现代科技发展中，相关技术的集成创新以及由此形成的竞争优势，往往远远超过单项技术突破的意义。第三，认真分析我国产业核心竞争力形成的主要科技需求，把科技工作真正落实到这些需求上。

积极营造有利于自主创新的良好社会氛围。第一，提高自主创新能力要成为全党全社会坚定不移的意志和决心。第二，深化科技改革，优化自主创新资源的配置。第三，加强领导，落实政策措施，为提高自主创新能力创造良好条件。

（2005年4月1日在全国科技工作会议上的讲话摘要）

全面落实科学发展观，对科技事业发展提出了更高的要求。必须坚持把提高科技自主创新能力作为推进结构调整和提高国家竞争力的中心环节，实现经济增长方式的根本性转变；必须坚持把加强自主创新作为科技工作的首要任务，实现科学技术的大发展，大力推动以开放条件下的自主创新为特征的创新浪潮。

要把宣传和普及科学发展观作为科普工作的重要内容，通过举办科技活动周等多种有效形式，引导广大公众树立科学的世界观和发展观，建立健康文明的生产生活方式，形成珍惜资源、爱护环境、崇尚科学、追求创新的意识。要根据不同群体的需求，突出重点，有针对性地开展形式多样的科普宣传活动。要通过各级政府部门和社会各界的共同努力，全面提高人民群众的科学文化素养，促进公众对科学技术的理解，在全社会进一步形成讲科学、爱科学、学科学、用科学的良好风尚，全面兴起尊重劳动、尊重知识、尊重人才、尊重创造的热潮。

（2005年5月14日在全国科技活动周开幕式上的讲话摘要）

科协是党和政府联系科技工作者的桥梁与纽带，是中国特色国家创新体系的重要力量，是建设创新型国家的一支生力军。

中国发展面临的紧迫问题。第一，资源和环境瓶颈约束日益加剧。第二，技术瓶颈约束日益突显。第三，国际竞争压力日益严峻。

自主创新是国家重大战略抉择。第一，正确理解自主创新的基本内涵。一是加强原始性创新，努力获得更多的科学发现和技术发明；二是加强集成创新，使各种相关技术有机融合，形成具有市场竞争力的产品和产业；三是在引进国外先进技术的基础上，积极促进消化吸收和再创新。第二，自主创新具有重大战略意义。自主创新是破解结构不合理和增长方式粗放等国民经济重大瓶颈难题的必然战略选择，是破解关键技术受制于人难题的战略安排，是破解提升国家竞争力难题的重大部署。

把推动自主创新摆在全部科技工作的突出位置。胡锦涛总书记多次强调，“要坚持把推动自主创新摆在全部科技工作的突出位置”。前不久，中央政治局会议讨论通过了国家中长期科学和技术发展规划纲要。在本世纪头20年，我们要通过不懈努力使我国自主创新能力显著增强，科技促进经济社会发展和保障国家安全的能力显著增强，为全面建设小康社会提供强有力的支撑；基础科学和前沿技术研究综合实力显著增强，取得一批在世界具有重大影响的科学技术成果，进入创新型国家行列，为在本世纪中叶成为世界科技强国奠定基础。我们要努力使我国的制造业和信息产业技术水平进入世界先进行列，提高装备制造业和信息产业的国际竞争力；农业科技整体实力进入世界前列，促进农业综合生产能力的提高，有效保障国家食物安全；能源开发、节能技术和清洁能源技术取得突破，促进能源结构优化；主要产品单位能耗指标达到或接近世界先进水平；在重点行业和典型城市建立循环经济的技术发展模式，为建设资源节约和环境友好型社会提供科技支持；重大疾病防治水平显著提高，艾滋病、肝炎等重大疾病得到遏制，新药创制和关键医疗器械研制取得突破，具备产业发展的技术能力；拥有一批具有世界水平的科学家和研究团队，在科学发展的主流方向上取得一批具有重大影响的创新成果，信息、生物、材料和空天等领域的前沿技术达到世界先进水平；形成比较完善的中国特色国家创新体系，建成若干世界一流的科研院所、研究型大学以及企业研究开发机构，全社会研究开发投入占国内生产总值的比重大大提高；力争科技进步贡献率达到60%以上，对外技术依存度降低到30%以下，本国人发明专利年度授权量和国际科学论文被引用数均进入世界前五位。

一要立足于国情和国家发展的紧迫需求，在国民经济和社会发展的重点领域，突破一批重大关键技术，提升科技支撑能力。二要瞄准国家战略目标，实施若干重大专项，带动国家战略产业的发展。三要应对未来挑战，超前部署前沿技术和基础研究，提高科技引领经济社会发展的能力。四要深化体制改革，加强科技人才培养，推进国家创新体系建设，为我国进入创新型国家行列提供可靠保障。

要把发展能源、水资源和环境保护技术放在优先位置，下决心解决制约经济社会可持续发展的重大瓶颈问题；抓住信息技术更新换代和新材料技术迅猛发展的难得机遇，掌握装备制造业和信息产业核心技术的自主知识产权；把生物技术作为未来高技术产业迎头赶上的重点，加强生物技术在农业、工业、人口与健康等领域的应用；加快发展空天和海洋技术，为获取和利用战略资源开辟新的途径；加强基础科学和前沿技术的研究，特别是交叉学科的研究，提高科技持续创新能力。

广大科技工作者要为实现以上目标任务而努力奋斗。在此强调三个问题：第一，动员广大科技工作者投入自主创新的伟大洪流。要真正把提高自主创新能力摆在全部科技工作的核心位置，贯穿到科技工作的各个方面，贯穿到经济社会发展的各个方面，在实践中加以落实。同时，还必须深刻认识到，自主创新远不只是单纯的科学发现和技术发明，更重要的是科学技术第一生产力的实现程度，也就是科技成果产业化的程度和先进技术成果、产品在全社会的应用程度。只有全党全社会，尤其是科技工作者广泛参与和支持，才能建设创新型国家。

第二，进一步深化科技体制改革。一要把建立企业为主体、产学研有机结合的技术创新体系作为突破口，全面推进国家创新体系建设。二要大力加强基础研究，充分发挥基础研究在原始性创新、人才培养、发展先进文化方面的作用。三要改善科技活动的宏观协调管理，提高资金和资源的利用效益。四要建立寓军于民、军民结合的国防科研体系。五要大力培养创新人才、培育创新文化。

第三，抓紧研究制定激励创新的政策措施。主要是切实加大对研究和开发投入的政策，激励企业技术创新的财税金融政策，支持企业对引进技术的消化吸收和再创新的政策，促进自主创新的政府采购政策，加强知识产权保护的政策，有利于创新人才培养和发挥作用的政策等。还要根据我国可持续发展的紧迫要求，制定支持循环经济发展的投资和财税政策，完善资源综合利用的税收优惠政策，生态恢复和环境保护的经济补偿机制等等。

（2005年8月20日在中国科协学术年会上的讲话摘要）

当前，中国经济发展已经进入一个新的阶段，落实科学发展观，调整经济结构、转变经济增长方式、改善人民生活，建设和谐社会，是我们面临的主要课题和任务，也对科学技术提出了迫切需求。我们越来越认识到，中国作为一个发展中大国，只有依靠科技进步和提高劳动者素质，才能获得经济社会的持续协调发展，才能为世界做出更大的贡献。为此，中国政府提出了实施科教兴国战略及人才强国战略。发展生命科学和生物技术，积极推进生物经济，已经为中国人民带来了巨大的利益和福祉，这也将是我们依靠科技支撑和引领未来发展的战略重点之一。

中国人口众多，人均自然资源拥有量远低于世界平均水平。现代生物技术和生物经济的蓬勃发展将为中国的可持续发展提供新的支撑。

保障粮食安全，迫切需要发展生物技术。改造传统产业，迫切需要发展生物技术。改善生态环境，迫切需要发展生物技术。缓解能源压力，迫切需要发展生物技术。保障生物安全，迫切需要发展生物技术。

中国政府一贯高度重视生物技术的研究开发及产业化工作。当前，中国政府又采取了一系列重大措施，进一步推进生物技术研究开发及产业化工作。即将颁布的《国家中长期科学和技术发展规划纲要》已将生物技术纳入最优先、最重要的研究领域之一，从政策、经费、人才等方面予以支持，加速生物技术创新，力争在生物技术领域率先进入国际先进行列，使生物技术为经济社会的持续协调发展做出更大贡献。我们成立了“国家生物技术研究开发及促进产业化领导小组”，进一步协调和调动全社会力量发展生物技术及产业；我们正在研究制定《国家生物技术及产业化发展纲要》，将明确未来15年生物技术及产业化发展的原则、方针和重点；我们正在研究起草《生物安全法》，把保障生物安全，加强生物多样性的保护纳入法制化的轨道，确保生物技术及其产业的健康发展；我们还将深化经济体制改革，完善市场机制，加强企业管理，成立生物产业行业协会，为生物经济发展奠定良好的制度基础。

为了积极培育生物经济，中国政府还将把加速生物技术产业化，推动生物经济发展放在更加突出、更加重要的位置。我们将制定专门研究开发与产业化规划，出台优惠政策，提高企业的创新能力，加大科研投入，改善投资环境，建立生物技术与产业化的基地，大力推进生物技术研究开发与产业化，努力把我国建设成为生物技术强国和生物产业大国。

（2005年9月14日在首届国际生物经济高层论坛开幕式上的致辞摘要）

十六届五中全会明确提出了我国科学技术发展要坚持自主创新、重点跨越、支撑发展、引领未来的方针，这为我国中长期科学技术发展指明了方向，也对国家高新区和高新技术企业提出了新的要求。经过十多年的发展，国家高新区逐步走出了一条坚持自主创新、发展高科技产业、掌握核心技术和自主知识产权、聚集创新人才的道路。高新技术企业取得长足发展，一些技术已处于世界领先地位，在一些地方占据了国际市场的相当份额，在某些领域已成为发展趋势的引领者。

国家高新区要担负起带动经济结构调整和经济增长方式转变的使命，担负起服务高新技术企业参与国际竞争的使命，担负起抢占世界高技术产业制高点的使命，担负起增强自主创新能力的使命。要切实提高原始创新、集成创新和引进消化吸收再创新的能力，成为自主创新的典范，成为以企业为主体、市场为导向、产学研紧密结合的典范，成为掌握核心技术和自主知识产权的典范，成为高新技术产业化的基地和聚集创新创业人才的高地。还希望高新技术企业要抓住机遇，乘势而上，利用天时、地利、人和的特殊优势做大做强，做出自己的品牌，在国际市场上占有一席之地。

（2005年10月16～17日在上海考察工作时的讲话摘要）

徐冠华同志的讲话

当代科学技术发展日新月异，呈现出许多新的趋势，预示着社会经济结构的重大变革。以胡锦涛为总书记的新一届党中央领导集体深刻洞察国际国内形势，准确把握我国经济社会发展的新形势、新任务，提出全面建设小康社会的宏伟目标，充分发挥科学技术作为第一生产力的重要作用，走新型工业化道路，牢固树立和认真落实以人为本，全面、协调、可持续的科学发展观，为我国科技事业发展指明了方向。科技部一定要坚定不移地贯彻中央精神，深刻认识科技工作肩负的历史责任，认清科技发展的形势和任务，振奋精神，坚定信心，增强居安思危的忧患意识，完成科技工作在实现全面建设小康社会宏伟目标中的历史使命。

长期以来，科技战线的广大党员奋力开拓创新，勇攀科学高峰，取得了丰硕成果，造就了一支业务能力精、政治素质高的科技人才队伍，弘扬了“两弹一星”的优良传统，铸造了“载人航天”的时代精神，涌现出了一批先进模范。

要切实发挥科技进步和创新对经济社会发展的支撑引领作用，为党的长期执政提供重要保证。历史的发展已经证明，科技强，则经济强；科技兴，则国家兴。强大的科技实力，是我们党巩固执政地位，完成执政使命的重要保证。我们必须紧紧抓住科技发展的大好机遇，充分发挥社会主义集中力量办大事的制度优势，统筹规划，全面部署，力争在较短时间内使我国科技水平跃上新的台阶。

科技部作为主管科技工作的政府部门，其各级党组织和全体党员，要充分认识在党的执政能力建设中肩负的使命和责任，进一步强化立党为公、执政为民的意识，提高科学执政、民主执政和依法执政的水平，促进科技工作的全面发展。要充分认识新形势下加强科技宏观管理的必要性和紧迫性，抓住开展保持党员先进性教育活动的有利时机，深入开展“加强宏观管理、营造创新环境、落实规划纲要、促进自主创新”的主题实践活动，把加强宏观管理摆在科技部工作的显著位置，立足当前，着眼长远，研究制定科技发展战略和政策，加强统筹协调，完善科技管理体制，提高领导科技工作的能力和水平。

（2005年2月5日在科技部保持共产党员先进性教育活动专题报告会上的讲话摘要）

中国要在2020年实现全面小康社会的宏伟目标，建设创新型国家是中国未来发展的战略选择。未来中国科学技术的发展将在坚持以人为本、立足国情的基础上，更加突出自主创新、重点跨越、支撑和引领经济社会的持续协调发展，将在实施一批重大高技术战略产品和工程专项、确定一批重点领域发展重大技术、把握科学基础和技术前沿等几方面进行部署。

欧盟及其成员国是中国国际科技合作的重要伙伴。中欧科技合作之所以取得重要进展，其根本原因在于双方具有广泛的共同利益。欧盟是世界经济和科技的重要一极，在许多科技领域具有很强的优势。中国是世界上最大的发展中国家，为世界提供了巨大的市场潜力和发展机会。中欧科技合作的焦点就是给双方带来双赢，在相互之间积极的接触和合作的同时，共同提高技术创新能力和国家竞争力。

当前，欧盟启动了第七个框架计划制定的准备工作，中国也正在制定国家中长期科技发展规划和第十一个五年计划。以双方科技发展战略的制定与实施为契机，在今后将大力加强双方在科技发展战略方向、目标和政策等方面的相互了解，大力推动以企业为重点的中欧科技合作，有可能将中欧科技合作迅速推向新的阶段。

(2005 年 5 月 12 日在中欧科技战略高层论坛上所作的主题演讲摘要)

过去一年，科技部和上海市的合作取得了很大进展，希望此次工作会议以后对一些项目进一步聚焦和凝炼，并抓紧落实。中国科学技术的发展必须充分考虑中国国情，政府在支持信息、生物医药、新材料等高新技术发展的同时，要更加注重解决能源、水资源、环境等方面的问题。在深化科技体制改革的过程中，更进一步突出重点，把建立健全以企业为主体、产学研相结合的创新体系放到更加重要的位置上来，并不断加大对基地和人才队伍建设的支持力度。科技部将和上海市加深合作，加强研究，为提升我国的科技创新水平作出更大努力。

(2005 年 8 月 18 日在科技部与上海市“部市合作”委员会工作会议上的讲话摘要)

国家高新区已成为国家发展高新技术产业的重要基地，成为聚集高新技术企业、发展先进生产力的有效载体。十多年来，国家高新区始终高举创新的旗帜，围绕市场需求鼓励创新创业，重点扶持有自主知识产权的高新技术企业，大力发展科技型中小企业，促进了高新技术产业的快速发展，形成了 3.8 万家企业群体、448 万人的从业队伍和 2.7 万亿的市场规模。国家高新区内，年营业收入超亿元的高新技术企业达到2 844家，是 1991 年起步期的 400 多倍，其中上 10 亿元的 302 家，上 100 亿元的 31 家。目前，不论是高新技术企业或人员数量，还是产销规模，国家高新区均已占到全国高新技术产业的半壁江山，成为实实在在的根据地、大本营。有了这样的基地，我国高新技术产业就具备了快速腾飞的条件，具备了功能日益完善、动力日渐强大的发展平台。

随着建设创新型国家战略目标的提出，国家高新区将进入“二次创业”的全面提升期。在这一时期，国家高新区必须着力推进并持续深化“五个转变”：一是要加快实现从主要依靠土地、资金等要素驱动向主要依靠技术创新驱动的发展模式转变，坚持把自主创新作为立区之基、强区之本，成为国家创新体系建设的核心基地；二是要从主要依靠优惠政策、注重招商引资向更加注重优化创新创业环境、培育内生动力的发展模式转变，成为增强自主创新活力的重要载体；三是要推动产业发展由规模小而分散向集中优势发展特色产业和主导产业转变，重点建设孕育自主创新力量的特色产业化基地，形成规模化、特色化、国际化的高新技术产业集群，成为推动产业结构调整和技术升级的强力引擎；四是要从注重硬环境建设向注重优化配置科技资源和提供优质服务的软环境转变，形成规范高效、竞争有序、服务优良的管理体制和运行机制，营造优越的创业环境、优化的发展环境和优质的服务环境，成为有利于推进自主创新的体制、机制创新的先行区；五是要从注重引进来、面向国内市场为主向注重引进来与走出去相结合、大力开拓国际市场转变，以扶持自主创新，提升国家的综合竞争能力为宗旨，成为引导我国企业走出去参与国际竞争的重要平台。

(2005 年 8 月 25 日在国家高新技术产业开发区工作会议上的讲话摘要)

中国发展生物技术和产业,要实现四个根本转变:一是由积极跟踪为主转变为自主创新为主,切实提高自主创新能力;二是由单一技术突破为主转变为单一技术突破与多项集成技术相结合,加速集成创新;三是由立足国内市场为主转变为面向国内、国际两个市场,提高产业规模和市场规模;四是由研究开发技术积累为主,转变为研究开发与产业化协调发展,大幅度提高我国生物技术自主创新能力,提高生物产业的规模与效益,推动生物经济的发展。同时,通过技术积累、产业崛起、发展生物经济,使中国成为生物技术强国和生物产业大国。

(2005 年 9 月 14 日在首届国际生物经济高层论坛上的讲话摘要)

中国最近用了两年多的时间,组织了2 000多名科学家,规划和研究了未来 15 年中国科学技术的发展。在这个过程中,得出了一个非常重要的结论:中国在必需发展生物技术、信息技术和纳米等新材料技术的同时,要把解决能源、水资源和环境问题放在优先位置,这是中国科技发展的一个重大的方向性调整。中国在相当长的一段时期内,以煤为主的能源结构,不会发生根本的转变。如何在使用煤的同时,提高用煤效率和解决燃煤所带来的污染问题,是中国面临的一项很重要的问题。同时,中国也非常重视再生能源的研究,燃料电池和氢能的利用,也放在了越来越重要的位置。

中国认为,至少在今后 15 年或相当长的一段时间内,信息技术仍然是我们这个时代的主导技术。

(2005 年 11 月 15 日在中英签署能源和信息科技合作备忘录时的讲话摘要)

技术市场是我国科技体制改革的重要创新,开放技术市场,推动了我国研究开发市场化、技术成果商品化、高新技术产业化的进程,大大提高了成果转化的速度,促进了科技与经济的紧密结合,使科学技术第一生产力通过市场机制得以充分体现。技术市场在推动科技自主创新,建设国家创新体系方面扮演着不可替代的重要角色。加强原始性创新,尤其是集成创新和引进吸收基础上的再创新,以及加快建立以企业为主体的技术创新体系,实施知识产权和技术标准战略等举措,都在呼唤一个便捷、发达、充满活力的技术市场。技术市场的作用事关创新目标的最终实现,事关科技投入的产出效果。加强自主创新和建设创新型国家,要继续壮大和完善技术市场。

(2005 年 11 月 22 日在全国技术市场工作会议上的讲话摘要)

上海市领导谈科技工作

陈良宇同志的讲话

制定和实施知识产权战略，是落实科学发展观、转变经济增长方式、提升国家核心竞争力的重要举措，也是上海大力实施科教兴市主战略、提升城市综合竞争力、实现经济社会全面协调可持续发展的重要保障。本市各区县、各部门和各级领导干部要按照胡锦涛总书记在上海视察工作时提出的要求，进一步增强对实施知识产权战略重要性的理解和认识，不断增强紧迫感、危机感，尽快把实施知识产权战略化为各方实际行动。

要抓住重点、形成体系，推进实施知识产权战略。根据《上海实施科教兴市战略行动纲要》总体要求，本市出台了《上海知识产权战略纲要》。要紧紧抓住知识产权的创造、保护、运用和人才培养四个重点环节，逐步形成以人才高地为支撑的知识产权创新体系、行政司法并行运作的知识产权保护体系、社会共享的知识产权公共服务体系以及科学有效的知识产权管理体系，从而使上海成为创新活力强劲、转化渠道通畅、运作体制完善的现代化国际大都市。

实施知识产权战略的核心是要大力推进自主创新。自主创新包括自主知识产权和版权、专利、标准、商标，还有观念更新、体制创新等。大力推进自主创新，实现攀登、提升、超越，政府要发挥主导作用，履行建设平台、打通瓶颈、营造环境等主要职责，充分调动企业作为自主创新主体的积极性，着力培育一批具有自主知识产权的科技企业，形成一批具有核心竞争力的产业群和产业链，集聚一批具有科技产业成果的高端人才和团队，创造一批具有自主知识产权的核心技术。要通过项目实施，将科技创新、知识产权有机结合起来，发挥知识产权的激励作用和对创新成果的保护作用，大力培育具有自主知识产权的核心技术。

实施知识产权战略的关键是要形成合力。《上海知识产权战略纲要》确定了上海知识产权工作战略目标和主要举措，是今后一个时期实施科教兴市主战略的重要抓手之一。实施知识产权战略涉及方方面面，是一项综合性、长期性的工作任务。要不断增强全社会知识产权意识，确立企业主体地位，营造良好氛围和环境。正在开展的全国保护知识产权专项行动，把上海列为重点地区之一。各区县、各部门要充分利用这一契机，高度重视、相互配合，精心组织专项行动，切实解决当前本市知识产权保护中存在的管理职能分散、专业人才不足、中介服务缺乏等问题，齐心协力、共同推进，确保取得实效。

（2005 年 1 月 7 日在中共上海市委常委学习会上的讲话摘要）

实施科教兴市主战略，是上海贯彻落实科学发展观的核心举措和关键所在，是科学发展观的上海化、具体化，是实现上海经济社会全面协调可持续发展的惟一正确选择。上海的未来发展关键是要攀登、提升、超越，坚持走创新发展之路，不断攀登科技新高峰，不断提升产业能级，完善城市功能，实现发展阶段的新超越。市委、市政府把科教兴市确定为主战略，就是要推动经济增长方式、城市发展模式的根本转变，实现经济社会全面协调可持续发展。刚刚过去的一年，是贯彻科学发展观、推进科教兴市主战略的落实年。全市各条战线、各行各业对实施科教兴市主战略不断深化认识，形成广泛共识，并启动了技术创新等 5 个公共平台建设和首批 29 个科教兴市重大产业科技攻关项目，还修订了“科技十八条”政策，为进一步推进科教兴市奠定了较好基础。

科教兴市是“两个第一”思想兴市，是科学、技术、教育、人才兴市。实施科教兴市，目的是要充分发挥科技“第一生产力”、人才“第一资源”的作用，推动科技创新、制度创新，增强自主创新能力。科教兴市中的科学，不仅指自然科学，还包括社会科学。要进一步发挥社会科学的作用，对社会发展中的现象和课题作出科学分析，统一人们的思想认识，促进社会和谐健康发展。

科教兴市的核心是自主创新，通过实施科教兴市主战略，在提高科技自主创新上下苦功夫、下大功夫，力求聚焦突破，实现攀登、提升、超越，在激烈的国际竞争中取得竞争优势、赢得发展主动；科教兴市的主体是企业，要充分调动企业积极性，建立起以企业为主体的“产学研”战略联盟，不断培育和增强企业自主创新能力，采取一切办法引导、鼓励乃至逼迫企业攀登“华山天险一条路”，大力发展自主知识产权，不断做大做强；科教兴市的基础是市民的科学文化素质，要以创建学习型城市、构建学习型社会为抓手，建立和完善终身教育体系，全面提升市民群众的综合素质和城市的文明程度。

科教兴市主战略的作用是引领，要真正发挥这一主战略对全社会的引领作用，进一步形成社会共识、社会尊重和社会合力的氛围。社会共识就是要使“三百六十行”，行行都要充分认识大力实施科教兴市主战略的深远意义，充分激发各条战线、各行各业的创造活力，使一切有利于经济社会发展的创新活力得到支持和鼓励；社会尊重就是要倡导为科教兴市作贡献为荣，充分发挥新闻舆论的导向作用，大力宣传对科教兴市作贡献的人和事，真正形成时代之声；社会合力就是要全社会都行动起来，在各自岗位上大力实践科教兴市，形成支持攀登、提升、超越的强大合力，做到“人心齐、泰山移”，就能无往而不胜。

（2005年1月19日在上海市政协第十届第三次会议实施科教兴市主战略专题会议上的讲话摘要）

要以“三个代表”重要思想为指导，坚决贯彻“两个第一”思想，全面贯彻落实科学发展观，大力实施科教兴市主战略，率先转变经济增长方式和城市发展模式，不断优化产业结构，不断增强自主创新能力，不断实现“攀登、提升、超越”的重要使命，力争取得更多更高水平的科技成果，促进上海经济社会全面、协调、可持续发展。

近年来，以科学发展观为统领，市委、市政府高度重视科技进步，在组织、投入、政策、改革等各个环节大力推进科教兴市主战略，努力走“科学统领发展、创新实现跨越”的发展新路。通过全市上下共同努力，上海在科技创新方面取得了一系列重大进展，城市自主创新能力明显提高；企业创新意识与创新能力明显增强；创新人才根基明显厚实；创新创业环境明显优化。这些成绩是上海贯彻落实科学发展观、大力实施科教兴市主战略的重要成果，也是上海长期布局、精心培育，广大科技教育工作者和全市各行各业共同攀登“华山天险一条路”的必然结果。

要按照中央要求，坚持把推动自主创新摆在全部科技工作的突出位置，大力增强科技创新能力，大力增强核心竞争力，在实践中走出一条具有中国特色的科技创新新路。

要进一步激发人才的创新动力。全市各级党委和政府要牢固树立“两个第一”观念，大力实施“人才强市”战略，进一步创立一切为社会做出贡献的劳动与价值都得到承认和尊重的机制，进一步创立海内外各类投资者在上海创业受到鼓励的机制，进一步创立有利于吸引各类人才、调动各类人才积极性的用人机制，实现劳动、知识、资本、技术和管理等生产要素按贡献参与分配，使每个人的创造权益得到切实保障。要加大对创新创业人才先进事迹和精神的宣传力度，对攀登中的艰苦、提升中的辛劳、超越中的奉献以及各方面的支持进行大力宣传，在全社会营造鼓励创新创业的良好舆论环境。

要进一步强化企业的自主创新能力。要进一步发挥企业的技术创新主体作用，促进企业拥有自主知识产权核心技术;进一步整合、优化现有资源,建立以实现共享为核心、以研发公共服务平台为依托的制度体系,加强科技资源优化整合,为提升企业自主创新能力提供保障;建立有利于企业自主创新管理机制,大力促进产学研之间有机协同,形成合力推进企业自主创新良好局面;进一步做好科技创新前瞻性布局,推动战略高技术、共性技术、关键技术的自主创新与系统集成,帮助企业在优势产业和关键领域掌握一批自主知识产权,全面提升企业核心竞争力。

要进一步释放区县创新创业活力。要围绕区县的优势产业、特色产业,进一步健全投融资体制,完善扶植中小型民营科技企业发展的政策,使科教兴市主战略不断向纵深拓展。

(2005年5月10日在上海市科学技术奖励大会上的讲话摘要)

上海在全面贯彻落实科学发展观、大力实施科教兴市主战略、推进改革开放和现代化建设进程中,将紧紧围绕国家中长期科技发展规划纲要提出的战略目标及“十一五”科技发展规划,主动承接和参与国家重大科研任务,有效地支撑和引领区域经济社会协调发展,使科技在推动上海城市发展的同时更好地服务长三角、服务长江流域、服务全国。希望科技部今后在实施国家中长期科技发展战略中对上海工作继续予以指导,在现有基础上进一步深化和推进“部市合作”机制。

(2005年8月18日在科技部与上海市“部市合作”委员会工作会议上的讲话摘要)

上海要坚持以邓小平理论和“三个代表”重要思想为指导,更加自觉地以科学发展观统领经济社会发展全局,抓住机遇、乘势而上,不断开创各项工作新局面;要努力提高科技创新能力,走出一条具有中国特色、上海特点的科技创新之路,实现上海经济社会全面、协调、可持续发展。

吴邦国在考察期间强调,上海要充分发挥科教优势,不断提高创新能力,充分发挥人才、技术、资金和区位、产业优势,在提高科技对经济增长的贡献率、增加发明和专利数量、加强科技投入、创立知名品牌和节能降耗等方面不断取得新成绩。吴邦国的重要讲话精神对上海进一步落实科学发展观,大力实施科教兴市主战略,实现经济社会全面、协调、可持续发展具有重要指导意义。

要大力推进科教兴市主战略,不断提高科技创新能力。上海的工作千头万绪,实施科教兴市主战略是上海全面贯彻科学发展观的重要抓手,是做好各项工作的“牛鼻子”和重中之重,是一项长期而艰巨的任务。要统一思想,不断增强干部群众实施科教兴市主战略的紧迫感,进一步形成千军万马共同推进的局面,把科教兴市主战略渗透到经济社会发展的方方面面,为调整上海经济结构、转变经济增长方式和提高国际竞争力提供强有力的支撑和不竭动力。当前,要集中精力把提高科技创新能力作为突破口,通过完善和优化科技创新体系,在原创、消化吸收和再创新能力上提供相应的制度安排和创新环境,走出一条具有中国特色、上海特点的科技创新之路;要聚焦若干优势领域,推进重大产业科技攻关项目,在实施首批29个重大项目基础上,结合现阶段上海城市发展特点,按照“临门一脚”要求,突出科技成果转化,促进重大产业形成;要通过科技创新,引领经济社会发展进入更高层次,不仅为提高经济增长的质量和速度作贡献,而且为人口、资源、环境的协调发展作贡献。

要深入贯彻人才强国战略,把建设一流的高等教育作为上海发展的既定方针;要全面贯彻党的教育方针,坚持教育为社会主义现代化服务,为人民服务,与生产劳动和社会实践相结合,培养德智体美劳全面发展的社会主义建设者和接班人;要尽快形成有利于人才汇集和创新的体制机制,推进人才结构调整,优化人才成长环境,让人才活力竞相迸发,让一切创造社会财富的源泉充分涌流，为新时期上海经济社会全面发展提供坚强人才保证。

（2005年9月27日在中共上海市委常委会传达学习吴邦国在上海考察工作时的重要讲话精神的讲话摘要）

韩正同志的讲话

2004年，我们以改革为动力，推进科技创新和各项社会事业全面发展。贯彻落实《上海实施科教兴市战略行动纲要》，加快科技创新步伐。立足于完善科技创新环境，集中力量建设公共服务平台，研发公共服务平台开始发挥实效。启动了首批重大科技攻关项目。完善了加快科技成果转化的政策。瞄准国家重大科技攻关项目，结合上海经济社会发展的需要，明确了“部市合作”的科技攻关领域。制定并实施了知识产权战略纲要，加强了知识产权工作。以引进和培养紧缺人才为重点，努力吸引国内外高层次人才，加快海外留学人才集聚。

2005年，要大力推进科技创新，积极推动城市信息化。

进一步落实《上海实施科教兴市战略行动纲要》，增强科技创新能力。加快推进公共服务平台建设，注重完善机制，发挥功能。制定科技发展中长期规划，拓宽“部市合作”的领域和范围，积极参与国家重大科技项目攻关和国家级实验室、国家级工程研究中心建设，加强基础性、应用性科技研究，占领高科技发展的制高点。进一步完善重大科技攻关项目筛选、实施及后评估机制，已启动项目要早出成效。进一步落实促进高新技术成果转化的政策，加快科研成果产业化进程。以企业为主体，加强产学研战略联盟，推动科研院所体制机制改革，完善科技创新机制，增强企业自主创新能力。贯彻落实《上海市实施人才强市战略行动纲要》，注重对各级各类人才的引进、培养和使用，优化高层次人才和创新团队建设的环境，充分激发人才的活力。继续加强知识产权工作，加大知识产权保护力度。继续推进科普教育基地建设。

加强信息技术在经济社会各领域的广泛应用，充分发挥信息化对经济社会发展的推动作用。深入推进电子政务，促进各类政务信息资源的开发、整合、共享和利用。拓展社保卡、市民邮箱的服务功能，推进公共服务领域信息化。完善电子商务社会服务体系，促进企业信息化，继续推进银行卡应用。进一步完善城市地理信息系统基础数据平台，加快紧急处置、智能交通、土地房屋管理等信息系统建设，拓展空间地理信息的综合应用。加强信息基础设施规划，推进信息基础设施集约化建设，进一步提升超级计算中心、互联网络交换中心等功能性设施的服务能力。实行信息安全等级保护、信息安全测评等监管制度，加快应急防范中心等信息安全设施建设。进一步完善信息化政策、法规和标准，优化信息化发展环境。

（2005年1月18日在上海市第十二届人民代表大会第三次会议上所作政府工作报告摘要）

在新形势下推进上海的发展，必须把握重点，明确方向：实施科教兴市主战略要重在提高自主创新能力，要发挥企业在技术创新中的主体作用，同时强化政府的导向、协调和服务功能；发展要重在提高经济增长的质量和效益，扎扎实实地走集约化发展之路；改革要重在突破体制机制瓶颈，其中关键是突出重点，把握好时机和力度；构建和谐社会要重在切实解决老百姓最迫切需要解决的实际问题，努力维护社会公平；政府自身建设要重在转变职能，推进依法行政，努力建设服务政府、责任政府、法治政府。

（2005年2月5日在上海市企业党委书记工作研究会迎春形势报告会上的讲话摘要）

"部市合作"机制的建立、深化和发展,对推动上海深入实施科教兴市主战略、加快城市创新体系建设将产生深远的影响,发挥重要的作用。深化"部市合作",必须立足于服务国家战略,立足于增强自主创新能力,立足于突破体制机制瓶颈。下一步,上海将紧密围绕国家中长期科技发展战略的实施,做好与国家"十一五"科技发展规划的衔接,在现有基础上与科技部共同优化"部市合作"的谋篇布局,更好地聚合创新资源、完善创新环境、提高创新能力,为国家科技进步作出新贡献。

(2005 年 8 月 18 日在科技部与上海市"部市合作"委员会工作会议上的讲话摘要)

上海将坚持以科学发展观统领经济社会发展全局,坚定不移地实施科教兴市主战略,以信息化为基础,以金融、物流为重点,以现代服务业集聚区为突破口,以发展大型服务企业集团为龙头,提升上海现代服务业的层次、规模与能级,尽快形成以服务经济为主的产业结构,增强上海城市的国际竞争力。

发展服务经济,是确立经济中心城市基本经济形态的客观要求,是产业结构高度化的必然结果,是上海建设国际经济、金融、贸易、航运中心之一的重要载体,也是发挥上海优势、做好加快自身发展与服务全国两篇大文章的根本途径。

首先是以信息化为基础,实现现代服务业的跨越式发展。要依托信息基础设施建设,进一步推动信息技术在经济社会各领域的应用;其次是以金融、物流为基础,带动现代服务业集群的联动发展。上海将围绕建设国际金融中心这一国家战略,以积极发展为基调,以改革创新为动力,以强化监管为保障,以法制规范为基础,积极配合中央金融监管部门大力推进金融业的发展。同时充分依托功能性、枢纽型、网络化重大基础设施,推动上海国际航运中心建设,加快发展现代物流业,逐步确立上海在全球物流的重要节点地位。三是以现代服务业集聚区为突破口,加快构筑现代服务业体系。上海将在中心城区和郊区规划建设一批各具特色的现代服务业集聚区,加快功能集聚、产业融合,为服务经济的发展提供重要的空间载体,并不断完善促进服务业发展的政策措施。四是以大型服务企业集团为龙头,增强现代服务业的竞争力。上海将积极推动一批现有的传统企业实施战略转型,培育形成一批掌握先进技术、拥有新兴业态、具有国际竞争力的现代服务业龙头企业。上海将进一步扩大对外开放,放开市场准入,优化发展环境,增强上海现代服务业的整体竞争力。

(2005 年 10 月 30 日在上海市市长国际企业家咨询会议第十七次会议上的讲话摘要)

殷一璀同志的讲话

当今世界,科学技术正成为经济社会发展的决定性力量,科技自主创新能力正成为国家和地区竞争力的核心。当前上海正处在经济体制转轨、经济结构提升、社会结构转型、城市功能转换的关键时期,要保持上海经济持续健康发展,就必须大力推进科教兴市主战略,努力提高城市自主创新能力。全市方方面面要抓住当前重要战略机遇期,突破体制机制瓶颈障碍,确立城市自主创新的战略目标,加强城市自主创新体系建设,造就自主创新的人才队伍,建立以企业为主体、利益共享的产学研结合机制,激发全社会的创新热情,使创新理念、创新思维和创新活动贯穿于城市生产、生活的全过程,让城市更加富有发展活力。

(2005 年 6 月 18 日在上海科教兴市论坛主题报告会上的致辞摘要)

严隽琪同志的讲话

上海高新区经过十多年的发展,为上海经济、社会的发展发挥了很大的作用。园区以建设具有国际竞争力的高科技园区为目标,努力成为实施“科教兴国”和“人才强国”战略的重要基地,随着市委、市政府确定实施“聚焦张江”战略,园区日益成为我国重要的高新技术产业高地,主要体现在以下四个方面:(1)园区开发和建设呈现持续蓬勃发展态势。“聚焦张江”战略实施5年来,园区高科技产业开始呈现量的跨越和质的变化,引进高科技技术项目883个,是“聚焦”前7年的9倍;引进投资121亿美元,是“聚焦”前7年的10.5倍。2004年,园区实现工业总产值215.69亿元人民币,同比增长62.4%;工业增加值101.95亿元人民币,同比增长97%。(2)园区引进和培育高端产业集群形态初步显现。园区集成电路产业拥有150余家国内外知名企业,总投资超过100亿美元,呈现产业链完整、加工水平和生产能力最高,研发机构实力最强,高端设计企业最集聚等特点。(3)园区研发创新资源集聚效应显著。近两年,园区从业人员总数以每年约1.5万人的速度增长,2004年底从事科学研究人员约8 500人。园区培育出展讯通信、鼎芯半导体、泽生科技、微创医疗、迪赛诺等一批科技“小老虎”,涌现出一批具有国际、国内先进水平的科技创新成果。(4)园区体制改革机制不断深化。在中央有关部门的指导帮助下,园区在管理体制、运行机制以及产权制度、分配制度、劳动人事制度等方面,充分利用浦东先行先试的优势,进行深入有序的改革,努力为高新技术产业化的持续健康发展营造良好的环境,为上海乃至全国高新技术开发区的改革和发展提供了经验。

自主创新的关键在于人才集聚,重要的是制度安排,上海高新区必须抓住自主创新这个根本,凡是有利于“自主创新”的事就大胆地实践,凡是不利于“自主创新”的障碍都要坚决地突破。下阶段我们将重点做好以下几件事:

加强对自主创新的资源配置,增强园区内企业的自主集成创新能力和引进、消化吸收能力。政府的有关科技计划、产业计划、人才计划都要向高新区倾斜,都要充分体现企业的自主创新的需求,支持和引导园区内企业面向市场自主创新。

加快制定一批鼓励企业自主创新的政策,比如支持企业加大对研究开发投入的政策,支持企业对引进技术的消化吸收和再创新的政策等,使中国企业从适应性生存走向创造性生存,真正成为技术创新的主体。

实施科技小巨人计划,大力扶植科技中小企业的自主创新活动。目前,上海高新区已经涌现一批具有自主创新活力和良好的成长潜力的科技型中小企业,要通过创业投资,贷款贴息,税收优惠等方式支持他们的自主创新活动。

营造自主创新氛围,积极推进大学生创新创业,为高新区输送源源不断的自主创新后备军。设立大学生创新创业的专项基金,在高新区内建立研究生培养基地,实施大学园区、社区、高新区三区联动,不断完善自主创新的软环境建设,形成企业为主体,产学研联动的自主创新体系。

(2005年8月25～26日在国家高新技术产业开发区工作会议上的讲话摘要)

SPECIAL PUBLICATIONS

特　　载

2005年上海科学技术工作综述

上海市科学技术委员会主任　李逸平

2005年是上海科技工作全面完成"十五"科技任务，为"十一五"科技发展奠定基础的关键一年。上海科技工作坚持以科学发展观为指导，以开展保持共产党员先进性教育活动为契机，围绕科教兴市主战略的深入实施，加快提高自主创新能力，为上海经济社会全面协调可持续发展提供了强有力的科技支撑与保障。

着力推进前瞻布局，精心绘就科技蓝图

2005年，上海面向国家战略，着眼于国民经济与社会发展的重大需求，继续推进"部市合作"战略项目的布局和实施，"部市合作"先期提出的几项重点工作均取得了不同程度的进展，"世博会"与"生态岛"的相关科技工作全面启动，发布并实施了《世博科技行动计划(2005～2010)》和《崇明生态岛建设科技支撑方案(2005～2007)》，"清洁能源"、"食品安全"与"e-上海"完成方案，并对兆瓦级太阳能光电系统、煤气化多联产、高性能宽带信息网、B3G(第四代移动通信)和"流媒体"等进行了前瞻性布局。年度"部市合作"工作会议顺利召开，为科技部与上海市建立更加紧密互动和富有成效的合作创造了有利条件。会议明确将战略产品研发与产业化、重大工程科技应用示范以及科技体制改革综合试点，作为下一阶段"部市合作"三大核心任务。同时，为更好地服务国家战略，上海组织全社会力量编制中长期科技发展规划，精心绘就了一幅上海未来15年科技发展的蓝图。规划纲要明确了以"知识竞争力"为标竿的科技发展目标，形成了"以应用为导向的自主创新"基本思路，凝练出以"引领工程"为重点的科技创新任务，提出了以核心资源形成机制、企业动力激活机制、市场价值实现机制，以及科技统筹管理体制的建立为核心的创新体系建设任务。在此基础上，明确了"十一五"期间上海科技创新在战略产品研发、重大工程示范以及创新体系布局的具体任务。

聚焦科技发展前沿，提升原始创新能力

2005年，上海以优势领域为突破口，加强扶持和投入，集成优势资源，在若干国际科技前沿领域取得了显著成绩。在生命科学领域中，基因组学、细胞生物学等方面取得了重要突破。小鼠和人类细胞的基因功能、水稻重要农艺性状功能基因、基于克隆图谱的水稻全基因组序列完成图、亨廷顿氏病相关蛋白HYPB的鉴定、新建人胚胎干细胞系及其印迹基因表达等重要研究成果相继在国际顶尖杂志上发表，其中仅在《细胞》上就有5篇(全国共6篇)，这是自1980年以来时隔25年后中国科学家再次叩开这一国际顶尖期刊的大门。这是上海生命科学研究厚积薄发的结果，在凸显上海该领域国内优势的同时，进一步强化了我国在上述领域中的国际地位。与此同时，在物理学和化学领域中，介孔与低维纳米材料、热电材料$CoSb_3$的掺杂机理、非寻常条件下量子体系奇异特性的可检测遗留效应、干法深刻蚀高密度石英光栅与达曼光栅飞秒测量技术等研究领域均取得了重要进展。在天文学领域中，上海科学家与国外科学家通力合作，在天文观测上获得了世界领先的成果，拍摄到了迄今为止最接近该黑洞的"射电照片”,精确地测定了离地球约6 370光年的一个大质量分子云核的距离和运动速度。这些成果分别刊登在《自然》和《科学》杂志上。此外,在地学领域中,上海积极参与我国第21次南极考察任务,首次从地面登上南极内陆冰盖海拔最高地区Dome-A。据统计,2005年,全市专利申请和授权量分别为32 741件和12 603件,其中发明专利的申请和授权量分别为10 441件和1 997件,同比增长55.0%和18.4%。

实施产业科技攻关,夯实经济发展基础

2005年,上海围绕主导产业和新兴产业发展的关键技术,启动重大产业攻关项目,积极研发和推广共性技术,进一步增强科技对经济增长的带动力。2004年启动的首批29个科教兴市重大产业科技攻关项目已有部分项目取得阶段性成果。在信息技术领域,涌现出了3G手机核心芯片、国内第三代无线传感网络等一批重要成果。如上海展讯通信有限公司推出世界首颗为TD-SCDMA标准量身制作的3G手机核心芯片,采用系统半导体SoC芯片设计技术,将数字基带电路、模拟基带电路、电源管理电路高度集成在一颗芯片上。这颗“中国芯”的诞生,标志着我国通信核心芯片的关键技术达到了世界领先水平。在生物技术领域,H101、注射用基因工程重组双功能水蛭素、注射用重组人白细胞介素-11、抗肺纤维化创新药物F647、枫苓合剂等一批具有自主知识产权的重要成果相继推出,引起国内外同行的高度关注。在新材料领域中,高分子材料、生物材料、光电材料、纳米科技以及金属材料等领域的研究有了新的进展,尤其是在纳米科技与材料领域,相继产生了导电纳米气凝胶、多壁碳纳米管-镍铁氧体、Ti基金属有机化合物的合成等一批达到国际先进水平的成果。在空天技术方面,上海重点配合“神舟六号”飞船的推进舱、电源分系统、推进分系统和测控通信设备开展攻关并取得成果,为我国的航天事业做出了新贡献。此外,高技术的发展带动了上海传统产业的提升。汽车电子、汽车设计仿真技术领域的突破,提升了上海汽车产业的创新能力;百万千瓦级压水堆核电站主要设备及材料的研制、F级重型燃气轮机、四象限运行交流变频电牵引采煤机以及地铁土压平衡盾构等重要技术和产品的推出,增强了上海装备制造业的竞争优势;Lyocell纤维产业化、10万吨乙酸乙酯成套国产化技术、30万吨超大型浮式储油轮(FPSO)等一批创新成果加速了相关产业的升级。在都市农业方面,种子工程创新、生态农业科技推广和农业信息化工作全面展开,使上海农业综合竞争力提高到了一个新水平。2005年,全市高技术产品出口额达362.23亿美元,高技术产品出口占出口商品总额的比重达39.93%。

发挥科技支撑作用,推动和谐社会构建

2005年,上海以创建生态型都市和发展循环经济为契机,结合上海新一轮环境保护行动计划和能源结构调整规划,加强相关技术的研发,促进城市自然环境的生态化和可持续发展。在资源利用和生态科技方面,上海在废弃物“减量化、资源化、无害化”、新型能源汽车、太阳能利用、天然气与沼气利用等方面取得了一系列成果。垃圾焚烧灰渣的资源化再生循环利用成套技术与工程示范、老港垃圾填埋场热气机沼气发电、报废汽车处置关键技术与示范研究等项目的实施,将提高上海在固体废弃物资源化利用领域的技术水平;高效率晶体硅太阳能电池器件制备技术、大功率双面玻璃封装太阳能电池组件、生态建筑关键技术研究与系统集成等重要成果的取得,确立了上海在太阳能技术领域中的国内优势地位;在燃料电池以及电池发电系统等关键技术攻关基础上,又成功研制“超越3号”,在许多方面达到了国际先进水平。黄浦江、苏州河水环境治理生态修复关键技术研究及集成示范将为黄浦江综合治理、苏州河综合整治二期和三期工程以及世博会的水安全提供科技支撑。同时,针对重大市政建设和城市管理的需要,上海加大关键技术攻关,为城市建设现代化和管理信息化提供了科技支撑。洋山深水港的建设、高速磁浮列车、浦东国际机场国内首条 F 级机场跑道、中环线等工程无不闪烁着科技创新的光辉；基于网格计算的城市交通信息服务示范系统的构建、公共停车信息系统建成并试运行推动了上海智能交通系统的完善；电子标签在食品安全的应用、毒品快速检测技术的应用、“北斗一号”的应用为构建安全城市提供了保障。在医疗卫生方面，新型抗肿瘤靶向疫苗技术、血管内超声及多普勒技术、旋转型 Epi－LASIK 手术刀系统等创新成果将大大提高市民的健康水准。

增强公共服务能力，优化创新创业环境

2005 年，上海继续建立健全科教兴市相关政策法规，努力完善公共服务平台功能，积极营造跨学科、跨部门、跨地域的合作氛围，全面提升科技创新效率和产业化效益。充分发挥市区联动优势，积极推动“一区一新”特色产业的培育，通过建立“资金联动”、“信息沟通”、“对口扶持”、“绩效考核”四个机制，与闵行、长宁、崇明、浦东、杨浦等就航天、信息通讯、生态、知识创新等形成了完整工作计划，并推动实施重点工作，进一步释放区县的创新活力。在“十八条”政策落实方面，建立 32 个成果转化“工作联络站”，制定相关条款的实施细则，规范政策落实流程。在公共服务平台建设方面，通过建设平台呼叫中心，加快专业技术、成果转化、创业孵化等服务系统功能的提升，研发平台的公共服务能力和辐射能力不断增强。其中，“一个网两个库、三个子系统”的功能不断充实，大型科学仪器设备协作共用网拥有单台套价格 50 万元以上的大型仪器设施 900 台套，各类科技资源信息量已达 6TB 以上；科学数据共享系统涵盖化学化工、生命科学、资源环境和先进制造等领域的基础数据资源，可提供共享服务的科学数据量累计达 5.41TB；科技文献服务系统建立了文献城域联合目录，提供服务的科技文献已占本市资源的 60％以上。截至 2005 年底，研发公共服务平台三个子系统正式开通一年半以来，累计访问量、对外服务量、注册用户数分别达到 190.3 万余人次、22.2 万人次、53 196 人。

拓展科技服务功能，促进国际国内融合

2005 年，上海发挥科技优势和服务功能，加强与西部及长三角地区的合作，增强了上海科技的辐射力；同时抓住国际资本和技术转移的机遇，吸引跨国公司在沪建立或合作建立研发中心，积极参与国际科技合作项目，推进上海科技的全球化进程。在加快长三角科技联动发展方面，上海参加“国家科技基础条件平台”专项建设，牵头建设并开通“长三角大型科学仪器设施共用协作网”，包括上海、江苏、浙江、安徽等省市的 199 家成员单位的近1 500台(套)仪器设备入网。在参与西部开发和振兴东北老工业基地的科技合作方面，按照互惠互利、优势互补的原则，共同建设了“乌鲁木齐上海科技服务基地”、“上海云南技术转移基地”，并为西部和东北培训科技管理人才 850 余人次。在促进国际科技合作与交流方面，上海成立了伽利略导航有限公司并入股中国伽利略卫星导航有限公司，以此为契机参与伽利略国际合作计划项目，为提升上海空间技术水平创造良好条件。此外，上海还与德国、芬兰、意大利等国共建研发机构，与壳牌国际天然气有限公司签订合作协议，推动双方共同在众多科技领域的合作和研究。2005 年，在沪的外资研发机构达 170 家，比 2004 年新增 30 家。

塑造科技创新人才，强化人才集聚能力

2005 年，为进一步贯彻中共中央、国务院《关于进一步加强人才工作的决定》，全面落实《上海实施人才强市战略行动纲要》，上海针对创新创业的人才，实施了各类创新人才培育和培训计划，充分集聚国内外优秀人才。在培育研究开发骨干人才方面，在原有的启明星、优秀学科带头人、白玉兰科技人才基金、曙光计划、交叉学科创新团队等各类人才计划的基础上，针对企业人才队伍薄弱的现状,上海新增设了启明星和学科带头人"B"类计划,专门资助企业优秀工程技术人才。同时,启动实施"上海市浦江人才计划",资助来沪从事科研开发、科技创业、社会科学研究和特殊急需的海外留学回归人才 201 人。在新兴产业紧缺人才培育方面,培训集成电路设计、多媒体、软件质量、纳米材料测试等新兴产业紧缺人才3 016人,培训计划启动以来累计培训近8 500人。2005 年上海新增两院院士 15 人(其中,中国科学院院士 11 人,中国工程院院士 4 人),占全国新增院士总数的 14.9%。截至 2005 年底,上海两院院士达 162 人,占全国总数的 11.6%。新增"973"首席科学家 6 人,累计共有首席科学家 37 人次,占全国总数的 12.7%;新增 24 人获国家杰出青年基金资助,累计获国家杰出青年基金资助 191 人,占全国总数的12.69%。

推进科学技术普及,提高市民科学素养

2005 年,上海继续实施《上海科普工作"十五"后三年滚动发展计划》,通过建设特色设施、构筑传媒网络、创作科普精品、实施大型科学传播工程,积极推动上海科普事业由"科学普及"向"公众理解科学"的转变进程。上海科技馆顺利完成了二期扩建,实现了展示项目的整合;上海邮政博物馆、上海青少年科技探索馆、上海儿童博物馆等 9 个场馆列入第二阶段的新提升改造计划;新认定 15 家市级科普教育基地,使科普教育基地总数达到 132 家。成功举办"2005年全国科技活动周暨上海科技节"、"2005 上海国际青少年科技博览会"、"2005 上海国际科学与艺术展"、"郑和航海暨国际海洋博览会"以及"英特尔青少年科技创新大赛",进一步弘扬了科学精神。在构筑科普传媒网络方面,2005 年,电子科普画廊与电子科普触摸屏得到进一步推广,成为城市科学普及的一道亮丽的风景线;上海科普网完成了 20 余期名家科普讲坛及城市科普发展国际论坛、工博会院士圆桌会议、澳大利亚创新与艺术研讨会等市级重大活动的网上视频直播,收到了良好的社会效果。在繁荣科普创作方面,上海科普创作专项出版资金共资助 23 本科普原创著作的出版;由 150 多位著名科普作家花费两年心血完成的《原来如此》系列丛书正式出版发行,这是继《十万个为什么》之后我国又一大型原创科普图书。

中国"神舟六号"载人航天飞行获得圆满成功

由中国空间技术研究院和上海航天技术研究院为主研制的中国"神舟六号"飞船,于2005年10月12日9时整从酒泉卫星发射中心发射升空。飞船在太空预定轨道绕地球飞行77圈,115.5小时。期间,航天员费俊龙、聂海胜在脱去舱内航天服的状态下,交替从返回舱进入轨道舱,并在两舱内顺利完成了一系列空间科学实验。10月17日4时33分返回舱在内蒙古中部预定区域成功着陆。5时38分,航天员费俊龙、聂海胜健康出舱。从"神舟五号"的一人一天飞行到"神舟六号"的两人五天飞行,中国载人航天工程总体技术水平得到全面提升。"神舟六号"飞船的发射、测控、返回技术更趋成熟,空间应用技术成果显著,航天员队伍得到进一步锻炼。"神舟六号"飞船舱内环境控制和生命保障系统完全满足航天员在太空多天工作、生活的需要,为中国载人航天工程后续发展建立了必要的技术和工程储备。上海航天承担了"神舟六号"飞船的电源分系统、推进分系统、测控与通信分系统、推进舱(总装及结构和机构)、推进舱的供配电和电缆网、回收系统等关键系统和产品的研制工作。

(编辑部)

《上海中长期科技发展规划纲要》编制完成

2005年,《上海中长期科技发展规划纲要》(以下简称《规划纲要》)编制完成。该《规划纲要》确立了以知识竞争力为衡量指标的城市创新体系建设目标,提出以应用为导向的自主创新发展思路,凝炼出上海中长期技术创新和科学创新任务。其中,技术创新任务重点围绕对科技依赖较大的"健康上海、生态上海、精品上海、数字上海"建设四个方面,实施"引领工程",明确应用方向,部署战略产品或功能及关键技术的研发。科学研究任务围绕生命、材料等优势领域,确立研究的优先主题。同时,针对科技创新需求和上海的科技体制机制瓶颈,《规划纲要》提出以"三机制,一体制"为核心的上海科技创新体系的建设任务,即重点围绕核心资源形成机制、企业动力激活机制、市场价值实现机制以及科技统筹管理体制的建设,努力打造要素齐全、布局合理、运行高效、合作开放、互动充分并具有区域特色的上海科技创新体系。

作为上海中长期科技发展的重要节点,上海也对"十一五"期间的科技发展进行了规划,相应编制了《上海"十一五"科技发展规划纲要》,提出了重点研发电子标签、半导体照明、混合动力汽车等12个重大战略产品,建设科技世博园、崇明生态岛、智能新港城、张江生药谷等4个科技示范工程,建立"生命健康、城市生态、产业技术、计量标准"等创新基地的任务,力争为上海中长期科技发展目标的实现打下坚实基础。

(编辑部)

继续推进“部市合作”

2005年,上海面向国家战略,着眼于国民经济与社会发展的重大需求,继续推进“部市合作”战略项目的布局和实施。8月18日,上海市政府召开“部市合作”工作会议,明确将战略产品研发与产业化、重大工程科技应用示范以及科技体制改革综合试点作为下一阶段“部市合作”三大核心任务。先期提出的几项重点工作均取得较快进展,“世博科技”与“生态崇明”的相关科技工作全面启动。世博科技行动计划领导小组成立,聚焦展馆建设、环境保护、交通运输、食品卫生和安全保障的《世博科技行动计划(2005~2010)》全面启动实施;出台了《崇明生态岛建设科技支撑方案(2005~2007)》,上海交通大学、复旦大学等高校与崇明县共建的生态农业与食品安全、湿地科学与生态工程等5个实验室在崇明建立运行,太阳能、超级电容电动车等一批科技示范工程率先投入使用并取得良好效果;先期启动的“清洁能源”、“食品安全”与“e-上海”项目有序推进,兆瓦级太阳能光电系统煤气化多联产、高性能宽带信息网B3G(第四代移动通信)和“流媒体”等一批国家重大科技项目落户上海,相关技术的突破将为上海城市创新建设提供重要支撑。

(编辑部)

上海市科学技术奖励大会召开

5月10日,上海市科学技术奖励大会在上海展览中心隆重召开。大会表彰了2004年度为全市科技事业发展作出突出贡献的科技工作者。中共中央政治局委员、中共上海市委书记陈良宇作重要讲话。中共上海市委副书记、上海市市长韩正宣读了上海市人民政府的表彰决定。上海市人大常委会主任龚学平,上海市政协主席蒋以任,中共上海市委常委、市委秘书长范德官等出席会议。上海市副市长严隽琪主持会议。

2004年度上海市科技进步奖共授奖316项,其中一等奖41项、二等奖107项、三等奖168项(参见《2005上海科技年鉴》第363页)。陈良宇、韩正等为上海市科技进步一等奖获得者颁奖。会上,上海振华港机(集团)股份有限公司何钢和上海微小卫星工程中心杨根庆作了交流发言。各委、办、局、区、县的主要领导,上海市科技奖励委员会成员,上海市科技功臣、国家科技进步奖和2004年度上海市科技进步一、二、三等奖获奖代表,有关高校、科研院所和部分企业代表900余人参加了会议。

(编辑部)

吴孟超获国家最高科学技术奖

12月26日，国务院发布关于2005年度国家科学技术奖励的决定，其中，授予叶笃正、吴孟超院士2005年度国家最高科学技术奖。在2006年1月9日举行的全国科学技术大会上，中共中央总书记、国家主席、中央军委主席胡锦涛向叶笃正和吴孟超颁发了奖励证书和奖金。吴孟超为上海赢得了自1999年国家设立最高科学技术奖以来的首份殊荣。

吴孟超，中国科学院院士，肝脏外科学家，现为中国人民解放军第二军医大学东方肝胆外科医院院长、东方肝胆外科研究所所长。还担任中华医学会副会长、中国癌症基金会副主席、军队医学科学技术委员会常务委员、中德医学协会副理事长、首任中日消化道外科学会中方主席等学术职务。作为中国肝脏外科的创始人之一，吴孟超从1956年起从事肝脏外科事业。为了建立肝脏外科的基础，他进行了肝脏解剖的研究，在建立人体肝脏灌注腐蚀模型并进行详尽观察研究和外科实践的基础上，提出了"五叶四段"的解剖学理论；为了解决肝脏手术出血这一重要难题，在动物实验和临床探索的基础上，建立了"常温下间歇肝门阻断"的肝脏止血技术；为了掌握肝脏术后生化代谢的改变以降低手术死亡率，通过临床和肝脏生化研究，发现了"正常和肝硬化肝脏术后生化代谢规律"，并据此提出了纠正肝癌术后常见的致命性生化代谢紊乱的新策略；为了进一步扩大肝脏外科手术适应症，提高肝脏外科治疗水平，他率先成功施行了以中肝叶切除为代表的一系列标志性手术。建立了独具特色的中国肝脏外科理论和技术体系。

针对肝癌发现时晚期多、巨大且不能切除者居多的特点，吴孟超提出巨大肝癌先经综合治疗，待肿瘤缩小后再行手术切除，即"二期手术"的概念，为晚期肝癌的治疗开辟了一条新的途径；针对肝癌手术后复发多，但又缺乏有效治疗的特点，率先提出"肝癌复发再手术"的观点，显著延长了肝癌患者的生存时间；针对中国肝癌患者合并肝硬化多，术后极易导致肝功能衰竭的特点，提出肝癌的局部根治性治疗策略，使肝癌外科的疗效和安全性得到有机统一。上述研究使肝癌患者术后5年生存率由20世纪60～70年代的16.0%，上升到80年代的30.6%和90年代以来的48.6%。

吴孟超组建的国际上规模最大的肝脏外科专业研究所，牵头指导了一系列具有国际先进水平的基础研究工作，研制了细胞融合和双特异性单抗修饰两项肿瘤疫苗，发明了携带抗癌基因的增殖性病毒载体等，研究结果发表于美国的《科学》(Science)、英国的《自然医学》(Nature Med)、美国的《肝病学》(Hepatology)、法国的《致癌基因》(Oncogene)、美国的《肿瘤研究》(Cancer Research)等学术刊物上。吴孟超从事肝脏外科领域研究近50年来，发表学术论文796篇，主编《黄家驷外科学》、《Primary Liver Cancer》等专著15部，获得国家奖和省部级一等奖10项，各种荣誉26项，12次担任"国际肝炎肝癌会议"等重要学术会议的主席或共同主席。他领导的学科规模从一个"三人研究小组"发展到目前的三级甲等专科医院和肝胆外科研究所，成为国际上规模最大的肝胆疾病诊疗中心和科研基地。1996年2月，为表彰他的突出成就，中央军委主席签署命令，授予他"模范医学专家"称号(参见《1996上海科技年鉴》彩页第19页)。

(尹邦奇　吴洁敏)

2005上海科教兴市论坛

该论坛于6月18～21日在上海国际会议中心举行。由上海市科教兴市领导小组协调办公室、上海市科教兴市领导小组推进办公室和上海市科教党委共同主办。主题为"增强自主创新能力，提高上海城市核心竞争力"。中共上海市委副书记殷一璀出席开幕式并致辞(参见本年鉴第20页)，上海市副市长严隽琪、胡延照等10位市领导先后在论坛上讲话。举办论坛的目的是进一步提高全市各界对实施科教兴市主战略特别是加强自主创新的关注度，扩大社会影响力，营造举全市之力推进的良好氛围，并通过系列专题研讨活动，针对科教兴市主战略实施过程中特别是增强自主创新能力中遇到的瓶颈问题，集思广益，探索规律，形成对策建议，指导实际工作的开展。论坛由一个主题报告会和十个专题研讨会组成(详见下表)。

在主题报告会上，科技部副部长刘燕华结合国家中长期科技发展规划，作了"科技发展趋势与国家创新体系"的演讲，对上海实施科教兴市战略给予了指导。中国科学院院士、复旦大学副校长杨玉良从创办一流大学科技园、大学科技园是大学和企业联姻的重要界面，以及政府如何发挥作用等方面作了"大学与区域经济发展的点滴思考"的演讲。上海宝钢集团公司总经理徐乐江作"宝钢技术创新的思考与实践"的演讲，从宝钢的发展历程、宝钢技术创新战略的认识与实践，以及在新一轮发展中的思考与建议等方面，展示了宝钢在实施技术创新战略中取得的成就与进一步的探索。国务院发展研究中心技术经济研究部部长郭励弘从中国技术创新的现状、企业实验开发和成果转化面临的主要障碍以及上海突破"融资难"瓶颈的建议等方面作了"突破'融资难'瓶颈，增强技术创新能力"的演讲。

2005上海科教兴市论坛专题研讨会(10个)

产业发展

主　题	研　讨　内　容
自主品牌——未来上海汽车产业发展方向	如何加强自主品牌建设、发展具有自主知识产权和核心技术的自主品牌汽车的路径选择、机会和重点
自主创新与上海生物医药产业发展机遇	生物医药技术已经具备自主创新能力、生物医药产业具有巨大的市场潜力、发展生物医药产业需要增强自主创新能力
抓住机遇，加快3G产业化进程	3G技术的发展趋势、中国3G产业化发展状况和亟需解决的问题、3G产业联盟取得的成就及面临的新任务和使命、发挥上海整体优势推进移动通信产业发展
构筑上海装备制造业高端和前沿	装备制造业提升上海产业能级的关键所在、装备制造业的竞争态势与上海的战略选择、装备制造业若干重点领域及骨干企业发展战略

创新创业环境

主　题	研　讨　内　容
促进产学研结合，激活创新资源	全市产学研战略联盟的重大意义、显著进展、突出问题、如何进一步推进产学研合作
知识产权与企业自主创新	从中国制造到中国创造、从品牌产品到品牌经济、从专利策略到专利战略角度，如何加强品牌战略、自主知识产权和自主创新

（续表）

主　　题	研　讨　内　容
哲学社会科学与科教兴市战略	哲学社会科学在营造创新环境中的作用、哲学社会科学对人才开发和创新意识培养具有重要作用、努力打造具有中国标准和特色的创新体系
集聚创新人才，激发创新活力	如何建设上海人才高地、增强上海创新人才集聚能力和激发人才创新活力
促进校区、城区、园区三区联动发展	"三区联动"的理念与功能、发展所面临的问题、促进"三区联动"发展的建议对策
科教兴市——民营企业的发展机遇与使命	民营经济提高自主创新能力面临的良好机遇与严峻挑战、民营企业应该成为提高城市自主创新能力的重要方面军、民营经济自主创新的经验和需求

（王　震　郭天和）

2005年上海科技节

2005年5月14～20日，由上海市科普工作联席会议主办的"2005年上海科技节"在上海科技馆开幕。上海市副市长严隽琪，上海市政协副主席左焕琛等领导出席了开幕式。

该届科技节主题为"科技以人为本，全面建设小康"。按市、区县、街道乡镇三个层面展开，由科普论坛、科普展览、社区科普、青少年科技活动、评选表彰、网络科普等六大板块组成。全市共有303项科普活动，其中市级项目45项，区县项目186项，学会项目41项，企事业项目27项，引进国外项目4项，共有350多万人次参加。开幕式通过卫星与北京主会场和江西、重庆、辽宁、澳门分会场互动举行。"未来上海城市"、"建设资源节约"、"环境友好城市"等主题展也同时亮相展出。

（朱　慧）

第七届上海国际工业博览会

11月4～9日，由国家发展和改革委员会、商务部、科技部、信息产业部、教育部、中国科学院、中国国际贸易促进委员会和上海市政府共同主办，中国机械工业联合会协办，上海世博(集团)有限公司承办的第七届上海国际工业博览会(以下简称工博会)在上海新国际博览中心举行。中共中央政治局委员、上海市委书记陈良宇宣布开幕，中共上海市委副书记、上海市市长韩正致开幕词。

该届工博会以“信息化与工业化”为主题，突出现代装备制造业，发挥“展示、交易、评审、论坛”四大功能，促进“产品、技术、产权”三大交易。共设电子信息展、制造技术展、电力设备与控制技术展和科技创新展4个专业展，展览规模82 500m^2，展位达3 418个。1 306家参展商中，有境外展商240家，分别来自德国、日本、美国、韩国、意大利、法国、芬兰、俄罗斯等21个国家与地区，展位数达930个。全国各省市参展商共592家，其中上海市企业474家，展位数1 134个。该届工博会继续设立金、银、铜及创新奖和产权交易最佳策划奖。

(张春玮)

工博会创新科技馆引起关注

创新科技馆位于工博会科技创新展5号馆内，由上海市科委组织，上海科技会展有限公司承办。室内展示面积近3 000m^2。该馆围绕“自主创新”主题，分设上海科技自主创新中心展区、特色科技区县展区、技术交易展区和科技部展区4个板块。

以“自主创新——创造美好生活”为主题的中心展区，重点展示与人民生活密切相关的新能源、环保和智能交通项目，如“电容公交车快速充电站智能系统”、“基于网格计算的交通信息服务系统”、“清洁能源汽车”以及“太阳能(光电、光热)综合利用系统”等，体现了科技在构建节约型社会和营造和谐社会中发挥的重要作用。特色科技区县展区中，“创新浦东”设计了3个展示单元，分别是软件通讯展示群、生物医药展示群和动漫文化展示群。“数字长宁”和“知识杨浦”则展示了各区的特色优势技术。由上海技术交易所组织的技术交易展区，以及外国科技日活动和技术介绍活动，吸引了上万名希望寻求和转让项目的专业人士参与。此外，还接待了包括外省市市长代表团在内的团体观众20余批。科技部作为惟一一个直接组团参加博览会的主办单位，精心组织了“十五”期间全国优秀的先进制造与自动化技术项目参展。展示主题为“装备制造业自主创新”，展示内容着重围绕数控系统与装备、机器人技术与装备、数字化医疗装备以及微系统与器件等领域，展项多以实物和模型展出，其中防爆安全机器人、智能药丸以及彩色喷墨印花机等项目引人注目。

创新科技馆得到了各级领导和新闻媒体广泛的关注和好评。开幕式当天，上海市领导从创新科技馆开始参观，重点参观了科技部展区以及上海市科委中心展区的部分项目，并乘坐“超级电容公交车”抵达开幕式现场。科技部副部长马颂德也专程来“创新科技馆”指导工作。11月6日下午，中共上海市委副书记、上海市市长韩正再次来到创新科技馆，详细了解“基于网格计算的交通信息服务系统”项目情况，并当场表示要加快应用该系统以完善上海的交通服务体系，使百姓出行更顺畅。展览期间，10多家知名媒体连续数日对创新科技馆的亮点展项进行了图文并茂和细致深入的报道。“创新科技馆”成为现场参观人流最密集的展区之一。

（傅国庆　邹　霄）

高校系统参与工博会

复旦大学、上海交通大学(包括原上海第二医科大学)、同济大学、华东理工大学、华东师范大学、东华大学、上海大学、上海理工大学、上海中医药大学、上海师范大学、上海海事大学、上海工程技术大学、上海应用技术学院、上海电力学院和上海水产大学等15所上海高校，以及清华大学等10所全国名校参加了工博会科技创新展。150余个高新技术展品分布在生物与医药、电子与信息、环保与新能源、先进制造与新材料四大专业展区，吸引了海内外客商前来咨询洽谈与交易合作，中国高校首次以跨校联展的形式亮相“工博会”。在工博会评出的38个奖项中，中国高校揽下其中的9项(一金、二银、二铜和四个创新奖)，获奖比例达23.7%。复旦大学的“用于轨道交通单程票的超薄型非接触卡”获得银奖，上海师范大学的“绿色照明新光源——超大功率球型荧光灯”获铜奖，上海交通大学的“二甲醚城市客车”、同济大学的“生物质塑料——聚乳酸”项目、华东理工大学的“LPG汽车尾气稀土催化净化器”项目和上海大学的“高纯无氧铜超导热管”项目均获得创新奖。展会期间，中国高校展区交易成交额累计达3.173亿元，约为上届工博会的两倍。其中，上海高校交易成交额为2.13亿元，同比增长47.12%。来自苏州、南通、盐城、镇江、连云港、常州、无锡、嘉兴、湖州和上海有关区县等40多个团队2 000余名专业观众，受邀到中国高校展区寻找科技合作项目。展会期间，高校展区主会场举行了项目推介会，200余个科技难题得到承接攻关的初步意向。高校展区形成了高校向企业推项目与成果促转化，企业向学校设攻关难题以提高生产效率的双向互动的展示格局，促进了资本与智力的对接。

（陈　凯）

第七届上海国际工业博览会论坛科技论坛

科技论坛是第七届上海国际工业博览会论坛重要活动之一。秉承高层次、综合性、多学科的特色，围绕“信息化与工业化(现代装备)”的主题，科技论坛举办了三个部分共12项活动，于11月4日至12月2日分别在上海科学会堂、上海国际会议中心、同济大学等地举行。活动形式有圆桌会议、论坛和研讨会。中共上海市委和上海市政府等有关领导，20余位两院院士，以及来自美国、奥地利、德国、法国、新加坡、日本及中国等近15个国家和地区的2 000余位科技界及相关人士与会。

（张世君）

院士圆桌会议

11月15日，院士圆桌会议在上海科学会堂举行。会议由上海市科协主办，上海市中国工程院院士咨询与学术活动中心协办，上海教育电视台媒体支持。主题为“新型工业化道路中的自主创新”。上海市科协主席、中国科学院院士沈文庆主持会议。中国科学院院士、全国人大常委会原副委员长、中国科协主席周光召等13位两院院士，上海市人大常委会副主任张圣坤，上海市副市长严隽琪，上海市政协副主席谢丽娟和部分委办局负责人出席会议。约100名企业负责人、专家、科技工作者和上海的主要媒体记者与会。上海科普网作了网上直播。

出席会议的两院院士有：王礼恒、叶叔华、杨玉良、杨雄里、邹世昌、汪耕、汪品先、沈文庆、陈凯先、翁史烈、郭孔辉、郭重庆等。

院士们认为，中国正处在全面建设小康社会的关键时期，面对经济全球化进程日益加快的严峻形势，全面贯彻落实科学发展观，走新型工业化道路，加强自主创新是我们实现可持续发展的必由之路。为此，必须把提高自主创新能力作为科学技术发展的战略基点和调整产业结构、转变经济增长方式的中心环节，尤其是在推进产业结构优化升级中，更要全面增强自主创新能力，努力掌握核心技术和关键技术，增强科技成果转化能力，提升产业整体技术水平。院士们强调，要实现新型工业化道路中的自主创新，必须增强民族自信心，重视创新文化建设，优化自主创新环境。要走产学研结合的自主创新道路，要加强创新人才培养和要依靠科学技术实现自主创新。

（张世君）

CAE技术推广应用和发展论坛

CAE技术推广应用和发展论坛由上海市科委主办，上海科学院和大连理工大学承办，于11月4～5日在上海科学会堂举行。论坛围绕“建设CAE公共服务平台，完善创新支持体系”展开。中国科学院院士、大连理工大学教授钟万勰等出席会议并作报告。

（张世君）

专题学术研讨会

11月7日至12月2日，上海市科协所属学术团体主办或联合主办了10个专题学术研讨会（如表）。各项专题研讨活动根据不同的专业紧扣主题，研讨了相关行业或领域的发展问题。

第七届上海国际工业博览会科技论坛专题学术研讨会一览表（10个）

会议名称	主办学会
首届上海航天科技论坛暨“神舟六号”载人航天飞行圆满成功报告会——航天与科教兴市	上海市宇航学会
汽车工业与标准化国际研讨会——汽车工业与标准化	上海市标准化学会
长三角嵌入式系统专题论坛——打造产业联盟推动嵌入式应用	上海市计算机学会
数字化造船的关联技术和实施环境	上海市造船工程学会
现代设计法科技论坛	上海市现代设计法研究会
2005上海国际隧道工程研讨会——大直径隧道与轨道交通工程技术	上海市土木工程学会

(续表)

会议名称	主办学会
农业机械化促进法与农业经济发展关系研讨会	上海市农业机械学会
"工程与振动"科技论坛——以创新思维方式,信息化手段,全面推进制造工业的现代化	上海市振动工程学会、上海市造船工程学会、上海市力学学会、上海市机械工程学会、上海市土木工程学会、上海市航空学会、上海市宇航学会、上海市电机工程学会、上海市内燃机学会
长三角地区物探技术研讨会——工程物探技术及其在城市建设中的应用	上海市地球物理学会
2005 沪港澳台智能建筑工程与新技术研讨会	上海市电子学会

(张世君)

工博会评出 45 个奖项

由 8 个主办单位组成的评奖工作指导委员会及由上海市经委、上海市外经贸委、上海市科委、上海市信息委、上海市教委和中科院上海分院等 6 个部门组成的评审部,共评出第七届上海国际工业博览会金奖 3 项、银奖 9 项、铜奖 10 项、创新奖 16 项(详见下表),以及产权交易最佳策划奖 7 项。

第七届上海国际工业博览会获奖展品名单

金奖(3 项)

序号	展品名称	获奖单位
1	高性能炭/炭复合材料及航空制动副	中南大学
2	丙烯酸酯	上海华谊丙烯酸有限公司
3	全集成能源管理系统	西门子自动化与驱动集团

银奖(9 项)

序号	展品名称	获奖单位
1	高效填料塔应用技术及设备	天津市天大北洋化工设备有限公司
2	用于轨道交通单程票的超薄型非接触卡	上海复旦微电子股份有限公司
3	高纯度乙酸乙酯(Hp99.7)	上海吴泾化工有限公司
4	太阳电池组件在太阳能并网发电系统上的应用	上海太阳能科技有限公司
5	TK6920/120×45 型数控落地铣镗床	齐齐哈尔二机床(集团)有限责任公司
6	大功率低速船用柴油机半组合曲轴	上海船用曲轴有限公司、上海电气(集团)股份有限公司中央研究院
7	3S－Net 智能网络配电与控制系统	上海电器科学研究所(集团)有限公司
8	人脸识别出入控制系统	上海银晨智能识别科技有限公司
9	车用超级电容器	上海奥威科技开发有限公司

铜奖(10 项)

序号	展品名称	获奖单位
1	安全隔离与信息交换系统 Ferry Way V2.0	上海金电网安科技有限公司
2	LCD 液晶多媒体播放机	上海广电(集团)有限公司中央研究院
3	激光快速成型机及光固化树脂	西安交通大学恒通智能机器有限公司
4	SL 高效节能压缩机	上海日立电器有限公司
5	MG610/1400 - WD 型大功率电牵引采煤机	鸡西煤矿机械有限公司
6	XHZ2330/6 龙门式五面体加工中心	桂林机床股份有限公司
7	自动划片机	中国电子科技集团公司第四十五研究所
8	CASNUC2100 数控系统	北京航天数控系统有限公司
9	猎豹四驱变速器 SC5M4D	上海汽车股份有限公司汽车齿轮总厂
10	绿色照明新光源——超大功率球型荧光灯	上海师范大学、上海海龙光电科技有限公司

创新奖(16 项)

序号	展品名称	获奖单位
1	“CR - 01”6 000m自治水下机器人	中科院沈阳自动化研究所
2	紫外、深紫外非线性光学晶体制备和深紫外谐波光制备	中科院理化技术研究所
3	大屏幕全固态激光全色显示系统	中科院光电研究院
4	大功率全固态三基色激光器(DPL)	长春新产业光电技术有限公司
5	有机电致发光显示 OLED 全彩手机屏模块	上海广电电子股份有限公司
6	李家峡 400MW 蒸发冷却水轮发电机	中科院电工研究所
7	染料敏化纳米薄膜太阳电池	中科院合肥物质科学研究院等离子体研究所
8	SE300 开放式数控系统及其应用	上海电气(集团)股份有限公司中央研究院、上海明精机床有限公司、上海开通数控有限公司、株式会社池贝上海事务所
9	LPG 汽车尾气稀土催化净化器	华东理工大学
10	生物质塑料——聚乳酸	上海同杰良生物材料有限公司
11	数字家庭综合信息服务平台	东方有线网络有限公司
12	二甲醚城市客车	上海交通大学
13	29 吋数字立体电视	上海人众电器有限公司
14	交互式机器人柔性加工系统	廊坊智通机器人系统有限公司
15	高纯无氧铜超导热管	上海大学、上海上大众鑫科技发展有限公司
16	H405 - AA 数控凸轮磨床	上海机床厂有限公司

(顾蔚然　宋洪祥)

东方科技论坛

2005年东方科技论坛围绕上海科教兴市主战略,围绕国家和地方重点发展的生命科学、信息科学、材料科学等前沿与关键的科学问题,继续坚持百家争鸣的方针,充分发挥自身优势,成功召开了17次学术研讨会,约800位国内外著名科学家、专家和学者与会。

计算机支持的协同工作(CSCW)与信息共享学术研讨会

4月25日,东方科技论坛第五十四次学术研讨会在上海沪杏科技图书馆举行。会议由复旦大学信息科学与工程学院承办,主题为“计算机支持的协同工作(CSCW)与信息共享”。复旦大学信息科学与工程学院副院长顾宁教授和澳大利亚Griffith大学计算机与信息技术学院孙成政教授共同主持会议。中科院计算技术研究所、清华大学、复旦大学、上海交通大学等高校及上海软件技术开发中心、上海市公务网中心等单位的30多位专家、学者与会。东方科技论坛理事会理事长、上海市科委副主任丁文江指出,CSCW与信息共享具有重要意义,都是当今IT领域科研的重要方向,应用领域中有众多方向需要两者的结合。加强这方面的研究将有利于加快社会信息化及自主科技创新步伐,提高企业、政府机构乃至整个社会的整体效益和人民生活质量。

顾宁在作学术报告

在国际上,CSCW的研究经过20多年的发展,已经具有相当规模和影响力。国际知名高校、企业、研究机构都加入到CSCW的研究中来,并且大量研究成果已经得到了实际应用。由科技部牵头,国务院16个部门和单位共同参加的“国家科技基础条件平台建设”的组织工作已经全面启动。“中国可持续发展信息共享系统的研究开发”也被列入国家“十五”科技重点攻关项目。在上海,“上海研发公共服务平台”建设也已启动,并被列入“上海实施科教兴市战略行动纲要”的重要实施内容之一。成立了上海研发公共服务平台推进办公室,负责推进上海科技信息资源共享服务建设的各项工作。

会议讨论专题:(1)如何发挥单用户交互式应用软件在多用户实时协同环境中的推动作用。(2)语义与知识互联在互联网协同共享环境中的应用及挑战。(3)上海研发公共服务平台建设及第二代互联网技术。(4)协同信息关键技术及其应用。

丁文江在作大会发言

与会专家一致认为，当前协同信息领域急需解决的问题之一就是常用单机软件的协同化。其中的关键技术，如线性结构协同组操作理论、操作转换理论距实际应用还有一定距离，需要进一步完善。为此，呼吁政府重视协同信息领域的研究，进一步加大科研投入，针对协同信息领域现今存在的空白，尤其是协同组操作理论与技术方面开展相关基础理论、软件工具及产业化应用研究，尽快形成一套完整的理论和应用框架。并以此为契机，进一步推进上海科技界的跨学科研究和信息产业界的科技创新。同时，应该加强对协同信息领域的科普和宣传力度，制定出协同信息领域的长期发展计划，使上海在协同与信息共享领域的研究走在全国乃至世界的前列。

环境医学与系统生物学学术研讨会

4月29～30日，东方科技论坛第五十五次学术研讨会在上海沪杏科技图书馆举行。会议由复旦大学生命科学学院承办，主题为“环境医学与系统生物学”。复旦大学生命科学学院院长金力教授和美国 M. D. Anderson 癌症研究中心魏庆义教授共同主持会议。第二军医大学、第三军医大学、国家人类基因组南方中心、上海生物信息技术研究中心、北京师范大学生命科学学院、中国医学科学院肿瘤研究所、上海肿瘤研究所、南京医科大学等单位的40多位专家、学者与会。会议讨论专题：(1)组学理论和技术与环境医学研究，包括环境基因组学研究、蛋白质组学与环境医学、代谢组学与环境医学、毒理组学与环境医学。(2)营养组学与环境医学、表基因组学与环境医学。(3)系统生物学与环境医学、环境医学与生物信息学。(4)探索癌症危险因素的队列研究和基因组时代的流行病学。会议还就环境医学的发展进行了展望。

与会专家达成共识：(1)必须重视环境医学基础研究及其投入。当前中国环境问题十分严重，据全国人大环资委的估计，中国每年因环境污染造成的经济损失近5 000亿元，约占国民总产值的1/4。开展环境医学研究对于保障人民身体健康非常重要，必须加大支持力度。另一方面，我们已进入后基因组时代，基因组学、转录组学、蛋白质组学、代谢组学、生物学信息学等大规模高通量技术和理论体系的发展，形成了系统生物学的网络，已成为当代生命科学的热点。目前，国内外环境基因组学研究均刚刚起步，系统生物学与环境医学的结合可以说尚未真正开展，仍处于萌芽状态。我们必须及时抓住历史机遇，借鉴目前已经初步建立的各种组学的最新成果，应用系统生物学的理论和高新技术，大力推进环境医学研究的发展，使中国的环境医学尽快走上国际，并抢占学科制高点十分关键。(2)及时开展系统生物学理论和方法的前瞻性研究。大家认识到光有数据，没有系统生物学的结合是不够的。建议设立小“973”预研项目等，主要用于系统生物理论和方法方面的探索(即纯理论研究)，建立和完善生物系统网络的分析和模拟的公共技术平台，以后再应用于实践及指导实验研究，这对系统生物学与环境医学的结合，以及环境医学本身方法的发展和突破是十分重要的，需要上海市政府有关部门进一步的组织协调和增加支持强度。(3)应尽快发展和建立中国自己的队列研究系列。基因组学的进展使得大规模的纵向队列研究包括全人群研究也已成为可能并得到发展，而且应用前景很大(既有前瞻性又很快能看到效果)，必将有利于疾病病因的探讨和保护人民的健康。中国有着十分丰富的人类遗传资源可用于基因和疾病的相关研究，目前国际上疾病基因组研究发展迅猛，大量研究结果不断涌现，如果我们不大力建立自己的队列，加紧相关的开发利用研究，随着时间的推移，中国人群遗传资源的优势将荡然无存！上海地区有着各方面的优势力量和良好的工作基础，因此，在上海市政府等有关部门的领导和支持下，重点投入，将能作出应有的贡献。

生物能源的现状和发展战略学术研讨会

5月27～28日，东方科技论坛第五十六次学术研讨会在中科院上海生命科学院植物生理生态研究所和上海沪杏科技图书馆举行。会议由中科院上海生命科学院植物生理生态研究所承办，主题为“生物能源的现状和发展战略”。中国工程院院士、中科院上海生命科学院生物工程研究中心杨胜利研究员和中科院上海生命科学院植物生理生态研究所所长陈晓亚研究员共同主持会议。来自清华大学、南京工业大学、中国农业大学、首都师范大学、华东理工大学、河南农业大学、山东理工大学、哈尔滨工业大学、广西科学院、中科院微生物研究所、中科院植物研究所、中科院华南植物园、中科院昆明植物研究所、中科院广州能源研究所、中科院青岛海洋研究所、长沙天地绿色能源研究所、辽宁能源研究所等单位的40多位专家、学者与会。会议讨论专题：(1)生物能源的技术现状和发展战略。(2)生物炼制。(3)生物质能源开发的技术现状以及发展趋势，包括生物制氢、生物柴油以及纤维素乙醇等。(4)能源植物的选育及定向改造。生物能源是指通过绿色植物、藻类和光合细菌的光合作用，捕获太阳能，经代谢转换，贮存于生物质中的能量。生物能源来源于太阳能，是太阳能的有机贮存。生物质资源种类繁多，主要有农作物和农业有机剩余物、林木和森林工业剩余物、农副产品的有机废物和废水、动物排泄物和城市污水及垃圾等，还有水生植物、藻类和能进行光合作用的微生物等都是可以开发利用的生物质能资源。

人类文明的发展与能源的开发利用密切相关。人类目前开发利用的主要化石能源包括石油、天然气和煤炭三种。根据国际能源机构的统计，这三种能源可供人类开采的年限分别只有40年、50年和240年。另一方面，化石能源资源开发利用对环境影响，以及能源资源匮乏对社会经济发展的制约是目前世界各国面临的严峻问题之一。早在1984年，欧共体的专家们就估计过，全球近30年来消耗的能源等于这以前整个历史时期所消耗的能源总量，石油和天然气的消耗速度比它们自然形成的速度要快大约100万倍，而全球矿质燃料所释放的碳总量每年达60亿吨。随着我国经济的迅猛发展和人民生活水平的不断提高，化石能源的消费快速攀升。自1993年中国成为原油净进口国以来，进口依存度不断提高，2003年高达36.1%，而且还在不断增加。目前中国能源需求增长率为每年3.5%，预计在未来20年，这个数字将增加一倍，从而使中国成为与欧洲一样的能源消耗大户。能源短缺已成为中国经济发展的瓶颈。

与会专家达成共识：(1)生物能源作为新兴的产业，政府部门在制定长期规划时要有科学的发展观，制定科学有效的规划方案，而不能急功近利，只注意短期效应而忽略长期规划。在制定规划过程中要很好地借鉴国外先进国家的成功经验，避免重复投资。(2)中国已具备大规模发展生物能源的条件：①原料非常丰富，据估算，全国每年产生7亿多吨秸秆，可转化为1亿吨生物燃料酒精；②技术积累阶段已经完成，关键技术基本成熟或接近成熟，可边研究边产业化。通过转基因技术可以选育出大量抗盐、抗旱等能源植物，适合在恶劣的生态环境下生长。(3)发展生物能源与保障粮食安全并不冲突：①生物能源不是与人争粮，主要是利用农业和粮食加工废弃物——陈化粮。这类资源极其丰富，通常都弃置掉，浪费巨大；②不会与粮争地，主要利用荒山荒坡和盐碱地、荒滩、沙地。南方的0.2亿公顷(3亿亩)荒山、荒坡可种植油料作物，生产的生物能源相当于3个大庆的原油产量；北方的1亿公顷(15亿亩)盐碱地可种植抗盐碱植物，提供丰富的原料。此外，西部还有大片的戈壁滩和沙漠，也是种植生物能源所需植物的理想土地。(4)对于一些已有良好研究基础的项目，如纤维素乙醇、生物柴油等，可优先考虑发展，尽快实现产业化，以此带动其他相关产业的发展。生物能源产业的研究和发展强调单位之间的合作，在发展过程中针对重大问题进行联合攻关，要尽可能争取各级政府的支持。(5)在能源植物的栽培引种过程中要注意对生态环境安全性的影响。由国外直接引进的品种，必须经过国家安全性评价之后方可引进；部分大戟科、瑞香科的植物富含致癌作用的成分，在栽培研究过程中要注意生态安全。(6)中科院上海生命科学院植物生理生态研究所是中国微观植物学研究的发祥地，也是中国最早开展植物、微生物分子遗传学研究的单位之一。在光合及能量代谢、生物固氮、淀粉合成、微生物发酵、抗生素生物合成、酶工程和基因工程等方面均做出了具有重要影响的工作。在生物产氢领域，对当前在国际上研究最多的两种产氢光合细菌的分子遗传学特征均进行过深入研究，针对这两种菌建立了一系列转基因的方法，并获得了重要功能基因突变株，如吸氢酶基因突变株为生物能源化和光合细菌产氢的研究打下了良好基础。在中科院知识创新方向性项目支持下，该所系统开展了油菜突变群体、脂肪酸代谢的基因工程研究，为通过油料作物改良进行生物柴油生产提供了很好的基础。

力学生物学与医学工程学术研讨会

6月8～9日，东方科技论坛第五十七次学术研讨会在上海沪杏科技图书馆举行。会议由上海交通大学承办，主题为“力学生物学与医学工程”。中国工程院院士、上海第二医科大学附属第九人民医院临床医学院院长戴尅戎教授和上海交通大学医学院姜宗来教授共同主持会议。东方科技论坛理事会理事长、上海市科委副主任丁文江教授，上海交通大学副校长张文军教授，中国力学学会副理事长、上海市力学学会理事长沈为平教授出席了开幕式并分别致辞。他们表示希望通过此次论坛，加强海内外科学家的交流、合作，促进生物学、医学、力学和工程学科的交叉和融合，推动中国力学生物学与医学工程学科的发展。美国国家科学院院士、美国国家工程院院士、美国国家医学科学院院士、美国圣迭戈加利福尼亚大学生物工程系钱旭(Shu Chien)教授，中国工程院院士俞梦孙、陈亚珠，中国生物医学工程学会副理事长陶祖莱教授，以及来自美国佐治亚理工大学、香港理工大学、中科院力学研究所、北京大学、清华大学、中国中医研究院中药研究所、北京航空航天大学、北京工业大学、航空医学研究所、四川大学、重庆大学、第三军医大学、太原理工大学、长安大学、中山大学、华南理工大学、吉林大学、复旦大学、同济大学、上海第二医科大学、上海体育科学研究所、上海交通大学等单位的约40位专家、学者与会。

钱旭在作学术报告

力学生物学作为一门新兴的交叉学科，须深入到临床医学工程。生物力学不仅是力学的一个分支，而且是生物医学工程的一个重要组成部分。目前，生物医学工程的一些新生领域，如组织工程、生物功能材料、生物芯片、新型生物传感器等，也为力学生物学的发展提供了新机会、新导向。

钱旭教授在题为“心血管力学生物学的新进展与瞻望”的总评述报告中指出，力学生物学的发展需要综合化、一体化。这体现在生物学与力学的统一,实验与理论的统一,研究与教学的统一。力学生物学需要在生物系统的各个层面上整合,包括基因－分子水平、细胞－组织水平,进而达到器官－系统水平的整合,以及基础研究与应用于工业、临床医学领域的整合。他相信最终力学生物学会为疾病的诊断、治疗和预防提供新方法,改善人民健康,服务于全社会。

会上,10多位专家先后就力学生物学与医学工程领域的研究进展和发展趋势作了专题报告。同时,围绕力学生物学与医学工程中的新思维、新方法以及前瞻性的发展新方向展开了探讨。

专家建议:(1)政府有关部门应抓住当前发展力学生物学的有利时机,加大对该领域的支持力度,并在这一学科领域设置重点实验室,以利于集中优势重点发展,使之达到国际领先水平。(2)医学工程的研究在中国有着良好的基础,随着电子学、材料学、工程力学、信息科学等多种学科的进步并广泛应用于医学和生物学领域,形成了新的高技术产业领域,包括医学材料制品、人工器官、医学影像和诊断设备、医学电子仪器和监护装置、现代医学治疗设备、医学信息技术、康复工程技术和装置、组织工程等,是一个极具发展前途的朝阳产业,应大力推广。(3)目前急需具有医学、生物和工程学科交叉创新能力的力学生物学人才,在研究、教学、临床和开发新产品工作中发挥作用。而上海地区集中了中国医学、生命科学、数理、工程学科的优势力量,有着发展力学生物学与医学工程的优厚条件。希望政府加强资源整合和力量重组,突出重点,加大支持力度,寻找发展有中国特色的力学生物学与医学工程研究的突破口,为提高中国人民的医疗保健水平作出贡献,努力使中国成为国际生物医学工程研究中心。

新生儿合理营养支持学术研讨会

6月15日,东方科技论坛第五十八次学术研讨会在上海瑞金宾馆举行。会议由上海第二医科大学附属新华医院、上海儿童医学中心和上海市儿科医学研究所共同承办,主题为“新生儿合理营养支持”。上海第二医科大学副校长蔡威教授主持会议。来自美国佛罗里达州立大学、德国慕尼黑大学、中国医科大学、北京协和医院、北京儿童医院、首都儿科研究所、广州市儿童医院、中山医科大学第一附属医院、中南大学湘雅二医院、苏州大学附属儿童医院、浙江大学医学院附属儿童医院、复旦大学医学院儿科医院、天津市儿童医院、上海市儿童医院、四川大学华西医院、上海第二医科大学附属瑞金医院、武汉同济医院、中山大学附属第一医院、《临床儿科》杂志、《中国当代儿科》杂志、上海第二医科大学附属仁济医院等国内外大学、医院及研究所的约70位国内外著名专家、学者与会。

危重新生儿的治疗和干预水平的提高是一个国家医学水平提高的重要标志之一。对新生儿早期而有效的干预不仅可以取得长效结果,减少致残率,而且可以提高整个人口质量和生存者的生活质量。目前,已有大量研究发现,早期的营养状况与以后的脑发育和健康状况密切相关,早期不恰当的营养可导致其成年后某些慢性病提前出现,如心血管疾病、糖尿病和其他慢性代谢性疾病的发生。上海第二医科大学附属新华医院蔡威教授在题为“新生儿营养支持临床应用指南草案制定背景与概述”的报告中指出:随着医疗技术的不断发展,新生儿营养支持已在全国各级医院得到广泛应用,但仍存在一些不合理的应用现象。中国曾在1995年发表过一份有关新生儿胃肠外营养支持的常规建议,但无论从目标人群,针对的主要临床问题,还是证据来源,均已不能适应近年来的发展需要。迄今为止,国内外尚未发表专门针对新生儿的肠内和肠外营养支持临床应用指南。会议目的在于拟定《中国新生儿营养支持临床应用指南》草案,使之能够真正适用于临床,为全国各级医院相关专业医护人员提供临床实践的依据。

高能核物理的大型国际合作与中国的机遇学术研讨会

6月28～29日，东方科技论坛第五十九次学术研讨会在上海沪杏科技图书馆举行。会议由中科院上海应用物理研究所承办，主题为“高能核物理的大型国际合作与中国的机遇”。中科院上海应用物理研究所马余刚研究员和美国加州大学洛杉矶分校黄焕中教授共同主持会议。会议特邀中国原子能科学研究院张焕乔院士，以及美国著名大学的9位优秀华人专家参加，他们是美国加州大学洛山矶分校的黄焕中博士、美国马里兰大学的季向东博士、美国能源部劳伦斯－伯克里国家实验室的王新年博士和许怒博士、美国杜克（DUKE）大学物理系的高海燕博士、美国得克萨斯农工（TEXAS A&M）大学的柯治明博士、美国密歇根州立大学的TSANG博士、美国能源部布鲁克海文国家实验室的唐爱红博士、美国杜克大学的徐望博士，其中前5人获得了国家自然科学基金委的国家杰出青年的海外合作基金。此外，来自中国高等科学技术中心、中国科学技术大学、北京大学物理学院、清华大学、华中师范大学粒子物理研究所、上海高校及中科院高能物理研究所等单位的约40位国内专家与会。会议研讨专题：(1)国际高能核物理研究的现状和将来的发展趋势。(2)中国参与高能物理大型国际合作的现状和未来的发展战略。(3)国内高能物理方面的一些装置和基地建设的现状和发展方向。(4)讨论在上海举办第十九届国际超相对论核—核碰撞会议（2006夸克物质会议）的有关事项。

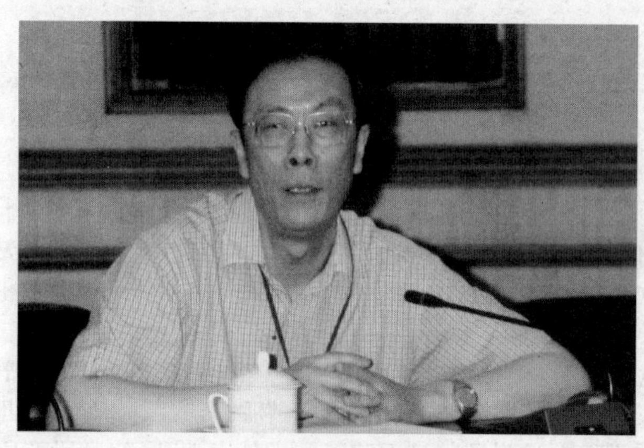

沈文庆院士在作大会发言

东方科技论坛理事会副理事长、国家自然科学基金委副主任、上海市科协主席沈文庆院士参加会议并讲话。

会议达成共识：(1)国际高能核物理研究的现状和将来的发展趋势，都是以大型的国际合作为主，如RHIC的STAR合作组成员有400多个，来自40多个研究所。中国目前不可能也没有必要建设类似RHIC和LHC的超大规模的高能核物理对撞装置，而是应该很好地抓住这个大型国际合作的机遇，充分利用那些已有的设备和装置，积极参与高能核物理的国际合作，从中作出中国的贡献。针对目前中国高能研究人才紧缺，这也是一个难得的全面组织队伍和培养人才的契机。(2)国内许多单位的科学家已经开始意识到，并有组织地参与了现有大型国际合作，包括与美国相对论重离子对撞机（RHIC）的STAR和PHENIX合作组的合作；与欧洲核子中心的大型强子对撞机（LHC）的ALICE、ATLAS、CMS和LHCb等合作，并作出许多重要的贡献。尤其是在活跃于国际舞台的华人科学家们的大力推动下，与美国RHIC的STAR合作取得了成功，中国组的贡献在STAR内部和外部都是有目共睹的，这为国内科学家参与国际合作提供了可借鉴的成功例子。(3)国内今后要进一步有选择地加强同RHIC和LHC的合作，国内的科学家小组要精诚团结、刻苦攻关，理论家与实验家之间要紧密结合，特别要加强研究所和大学的协作，研究所为大学提供一些实验条件，大学为研究所输送一批高素质的科研人才，形成一个开放的协作平台，联合起来解决一些突出的物理问题。(4)立足国内现有或拟建的一些装置，如兰州近物所的CSR、北京的BEPC、上海光源拟建的激光电子伽马源，建立一些国内的高能核物理研究的基地，从这些基地上衍生出国际合作。专家们希望国家有关部门及同行能从各方面给予这些基地有力的支持。(5)在开展一些RHIC、LHC等大型装置上的国际合作的同时，开展一些小规模的、灵活性比较强的国际合作也是必要和有学术意义的，比如与美国的连续电子束装置(CEBAF)的合作、与国际空间站上的AMS-2的合作、与韩国的暗物质探测的合作等。

计算生物学最新进展学术研讨会

7月2～3日，东方科技论坛第六十次学术研讨会在上海沪杏科技图书馆举行。会议由上海生物信息技术研究中心与复旦大学生命科学学院共同承办，主题为“计算生物学最新进展”。中科院上海生命科学研究院赵国屏研究员和新加坡国立大学陈宇综教授共同主持会议。来自美国加州大学河边分校、美国默克制药公司、新加坡国立大学、日本大阪产业大学、上海第二医科大学、中国疾病预防控制中心寄生虫病预防控制研究所、哈尔滨医科大学、北京大学生物信息中心、清华大学、暨南大学信息科学技术学院、上海生物信息技术研究中心等单位的30多位专家、学者与会。会议执行主席、中科院上海生命科学研究院赵国屏研究员在讲话中回顾了计算生物学和生物信息学在上海的发展历程，会议围绕主题，对当前计算生物学中的3个热点问题展开讨论：(1)计算机辅助药物设计。(2)生物大分子计算模拟。(3)计算生物学的发展及未来方向。会议对促进中国计算生物学、生物信息学及相关领域的研究，加速生命科学中复杂系统的研究进程，提高中国前瞻性、个性化生物医药的研发水平具有重要的意义。

会议达成共识：(1)在可以预见的未来很长一段时间里，计算生物学/生物信息学将是生命科学研究的重点发展方向。对生命现象系统层面的特性，科学家们将首先建立其计算模型，并将其作为实验和发现的基础。这对于疾病的预防和有效治疗、食品生产过程的优化以及环境保护等诸多方面都有着重要的意义。在过去10年里，计算生物学已经取得了长足的进展，如序列比对工具的发展、艾滋病毒感染计算模型的建立、疾病易感基因的识别和计算机辅助药物设计等。但同时也应该清醒地认识到，我们面临的任务仍然很多，如药物化合物的生物信息学筛选，根据复杂分子的结构预测其功能，提高蛋白结构预测的精度，建立更加准确、有效、综合的系统动态模型，基因组的完全注释等，这些都需要一大批从事生命科学和计算科学研究的专家学者投入更多的精力。(2)计算生物学是一门交叉学科，需要生物学家、计算机学家、数学家等来自不同背景的研究人员通力合作。对于海量的生物学数据，如何从中挖掘出最有用的信息，是对生命科学以及医药研究的巨大挑战。计算生物学家的任务，就是与生物学、药学等紧密结合，提出解决问题的方法学。因此，构建一个可以让不同专业背景的研究人员相互沟通交流的平台，形成不同团体相互协调合作的机制，对于计算生物学的发展，是非常重要的，需要不断地探索发展这样的平台和机制。(3)计算生物学代表了未来生命科学和生物技术研究的发展方向。中国要在生物科技领域占有一席之地，就必须在计算生物学方面有所作为。上海在生物科技上居于国内领先地位，并且已经在计算生物学的发展上有了一个良好的开端。上海应走在全国的前列。建议上海加强对不同院所之间的整合，加大对计算生物学和生物信息学的重视和投入，构建一个良好的计算生物学平台，充分发挥上海在生物研究方面的优势。

化学遗传学研究与药物发现学术研讨会

7月30～31日，东方科技论坛第六十一次学术研讨会在上海沪杏科技图书馆举行。会议由中科院上海有机化学研究所承办，主题为“化学遗传学研究与药物发现”。中科院上海生命科学研究院吴家睿研究员和中科院上海有机化学研究所马大为研究员共同主持会议。中科院基础科学局副局长黄勇、上海市科委副主任丁文江等出席会议并讲话。来自美国哈佛大学医学院、美国密执安大学医学院、美国威斯康星麦迪逊分校、美国约翰·霍普金斯大学药学院和来自国内中科院上海药物研究所、上海第二医科大学、华东理工大学、复旦大学医学院等单位的30多位国内外专家、学者与会。会上多位专家先后就细胞凋亡与信号传导通路功能基因组、药物作用新靶标、通路和网络、创新药物研究新策略和新方法、天然产物的化学遗传学研究等专题作了报告并展开讨论。同时，还就这一交叉学科领域目前的发展状况、工作预期达到的目的、新的研究途径、新任务提出了建设性的建议。

人类基因测序的初步完成和后基因组计划的启动表明，生命科学研究正孕育着新的突破。这是因为后基因组计划的主要目的就是发现并阐明更多基因以及相应的蛋白质的结构，并逐步了解其相应的功能，对其功能的研究也逐步由静态的水平发展到动态的水平，从对结果的研究发展到对过程的研究，由对个体现象的研究发展到对群体现象的研究。显然，这样研究的深入将大大促进人类对于生命过程机理的了解，同时其新成果将会进一步改变人类生活的方方面面，推进人类科学与文明的发展。中国的科学家已认识到化学遗传学的重要性并开展了一些初步的研究。在专家的呼吁下，科技部已经开始准备在化学遗传学方面进行立项，国家自然科学基金委员会也已考虑设立一个“生命体系中的化学过程”的重大研究计划，主要从事化学遗传学方面的研究。

专家建议：(1)利用我们的优势，建立天然产物化合物库，合成新的天然产物，从已知天然产物的先导化合物出发，进行活性筛选，更快地找到有活性的化合物来进行更深入的研究。(2)从活性好的天然产物来进一步深入、透彻地研究细胞水平的活性机理，从而找到活性靶点。(3)从筛选模型考虑，更应引进新技术，建立新的筛选模型，将医学和化学生物学很好地结合起来，多方向寻找作用靶点。(4)建立人才库，与国外专家的合作有利于我们在高起点上展开研究。同时，我们也要尽快建立自己的人才库，培养自己的化学生物学、化学遗传学、化学基因学方面的人才，对该交叉学科进行深入研究，促使该领域的研究水平快速发展。

肿瘤预防研究中的生物标记及分型技术应用学术研讨会

9月8～9日，东方科技论坛第六十二次学术研讨会在上海沪杏科技图书馆举行。会议由国家人类基因组南方研究中心和复旦大学共同承办，主题为“肿瘤预防研究中的生物标记及分型技术应用”。复旦大学生命科学学院院长金力教授、国家人类基因组南方研究中心黄薇副主任和美国国家肿瘤研究所 Wendy Wang、Ping Hu 教授共同主持会议。复旦大学医学院附属肿瘤医院等单位的30位专家、学者与会。

随着医学科学的发展，人类已可以通过化学、免疫、抗生素疗法三大防治手段，基本上控制以往主要威胁人类健康的传染病。然而，诸如肿瘤、心脑血管疾病等非传染性疾病却逐渐成为人类健康的主要敌人，其中尤以肿瘤的危害为甚。多年来，人们虽然对肿瘤防治投入了大量精力，也取得了不少进展，但迄今为止肿瘤的危害仍未能得到有效遏制，并且肿瘤发病率一直呈上升的趋势。据世界卫生组织(WHO)报告，1990 年全球肿瘤新发病数约 807 万例，比 1975 年的 517 万例增加了 35.9%。而 1997 年全球因癌症死亡人数约为 620 万人，并且按目前的趋势预测，至 2020 年随着世界人口的迅猛增长，将有2 000万例新发癌症病例，其中死亡人数将达1 200万人，且其中绝大部分将发生在发展中国家。中国在近 20 年间，恶性肿瘤的死亡率一直呈上升趋势，共增长了29.4%。在中国，胃癌、肝癌、肺癌及食管癌仍是死因中最主要的4种恶性肿瘤，占全部恶性肿瘤死亡的74.3%。由于各地生活环境及习惯均有差异，因此，各种肿瘤的发病及死亡率在不同地区及城乡之间均不相同，主要由以下几方面因素造成：(1)人口老龄化。(2)吸烟导致癌症发病上升。(3)生活方式城市化的影响。(4)工业化进程导致肿瘤发生率的变化。因此，现代医学的发展提出肿瘤发病率的控制应是以预防为主的医学。肿瘤的预防有三个层次概念：(1)维护机体，保持良好的健康状态，减少致癌性暴露或不受其害。目前主要是改变不良生活方式及保证合理的膳食结构。(2)已具有某种癌症的背景性疾病或癌前状态，须予以有针对性的干预，阻止其癌变的进程，也就是化学预防。(3)已发生了明确的癌前病变或早期癌症，但尚未浸润或转移，则早期发现后予以及时治疗，以获痊愈。

与会专家认为今后应结合中国的具体情况，充分利用高发区疾病的基因资源开展肿瘤易感基因多态性的筛查、SNP及其单倍型研究，结合DNA芯片技术和中国已有的肿瘤相关基因克隆技术，从基因组信息与外界环境相互作用的角度，阐明其功能以深化对肿瘤发病机制的认识，并详尽了解中国常见肿瘤的分子改变规律，为肿瘤这一多基因疾病的基因诊断和基因治疗奠定基础，为肿瘤的预防研究拓展新的视野，并建议：(1)产学研相结合，加强与医院临床的联系与合作，合理利用中国遗传资源，整合优势，进一步推动前期有较好基础的研究项目。(2)建立肿瘤研究样本数据库，收集并保存样本详细的临床资料和数据。(3)通过与美国肿瘤研究所在肿瘤预防研究方面的合作，引进1～2个国际合作项目，双方将侧重在肿瘤预防研究中的生物标记及其分型方面展开合作。(4)尽快建立上海基因分型研究中心，整合各研究院所的技术平台和资源，开展项目合作与技术服务。(5)培养一支年轻的科研队伍，包括技术型及研究型人才，保证项目的顺利开展和推进。

海洋生物多样性保护及其研究策略学术研讨会

9月21～22日，东方科技论坛第六十三次学术研讨会在上海沪杏科技图书馆举行。会议由第二军医大学承办，主题为“海洋生物多样性保护及其研究策略”。第二军医大学焦炳华教授、中科院上海生命科学研究院生物化学与细胞生物学研究所戚正武院士、厦门大学林鹏院士担任大会主席。中科院上海生命科学研究院生物化学与细胞生物学研究所研究员张友尚院士、国家“863”计划海洋生物技术主题组副组长张元兴教授，以及中国生化与分子生物学会海洋生化与分子生物学分会秘书长缪辉南教授分别主持学术报告会与专题研讨会。来自中科院（青岛）海洋研究所、中科院（广州）南海海洋研究所、中科院沈阳应用生态研究所、南京大学、厦门大学、中国海洋大学、中国药科大学、中国极地研究中心、上海水产研究所等单位的海洋生物与生物技术、生态

会议现场

学、天然产物、海洋药物领域的40多位专家、学者与会。

会议共分四个专题:(1)海洋生物多样性的保护。(2)海洋生物多样性与海洋生物资源利用和开发的可持续性发展策略。(3)海洋生物多样性与海洋创新药物的研究与开发。(4)海洋生物多样性与优质海洋生物新品种的培育。

根据联合国《生物多样性公约》,生物多样性的定义是指所有来源的活的生物体的变异性,包括陆地海洋和其他水生生态系统及其所构成的生态综合体。海洋生物多样性是海洋生物资源利用和开发的巨大宝库,海洋生物不但为人类提供食物、医药与休闲等多功能的需求,而且还由于在分解废弃物、调节气候、提供氧气等方面的作用,成为地球上最大的生命维持系统。据估计,到2020年人类对沿岸及海洋环境之需求,包括再生性资源、废弃物处理、生活空间及工业农业的发展等将会达到目前的两倍。因此,维护海洋生物和生态多样性是海洋生物资源利用和开发可持续发展的前提,是世界各国学者研究以及各国政府关心的一件大事。中国作为海洋大国,在海洋生物多样性保护方面编制了多个行动计划,有的已开始实施。如《中国海洋21世纪议程》中专有一章为“海洋生物资源保护和可持续利用”,还编制了《中国海洋生物多样性保护行动计划》、《中国湿地保护行动计划》等。

营养与健康——中美慢性疾病学术研讨会

10月12~14日,以“营养与健康——中美慢性疾病研讨会”为主题的东方科技论坛专题学术研讨会在中科院上海学术活动中心举行。会议由中科院上海生命科学研究院营养科学研究所和美国国立卫生研究院酒精滥用与酒精中毒研究所联合承办,上海营养科学研究所所长史香林教授、美国酒精滥用与酒精中毒研究所所长 Ting－Kai Li 教授共同主持会议。中国科学院副院长陈竺院士出席研讨会并致辞,中国科学院、上海市科委的有关领导及专家出席了开幕式。来自美国国立卫生研究院、斯坦福大学医学院、美国南加州大学、印第安那大学、中科院昆明动物研究所、中科院心理研究所、南京大学生命科学院、南京医科大学等单位的100多位专家、学者与会。中美相关领域的著名专家、学者分别在分子、细胞、动物、临床和人群五个研究层面上,就营养因素对肥胖症、糖尿病、肿瘤等疾病及并发症发生、发展的影响及其作用机制,酒精滥用对健康的危害等问题进行了交流。同时,还就食物中抗氧化剂等在维持细胞代谢与能量平衡、恢复胰岛素对代谢的调控功能中的作用及其机理等进行了研讨,为肥胖症、糖尿病等慢性疾病的预防和治疗提供新策略,为今后营养预防和干预相关疾病提供科学的依据与指导。

史香林在作学术报告

近年来,随着中国工业化、都市化以及国民经济的持续快速发展,中国城乡居民的膳食、营养状况有了明显改善,营养不良和营养缺乏性疾病的患病率持续下降。但与此同时,中国又面临着营养结构失衡的挑战,如脂肪等高热量食物摄入过多、体力活动减少、烟酒消费增加等,对人们的健康状况产生了极大的影响。肥胖症、高血压、高脂血症和糖尿病这四种对人类健康威胁很大的与营养相关的慢性非传染性疾病在中国正呈现高发态势。此外，酒精滥用对健康的危害正成为日益严重的社会问题。长期酗酒会造成机体功能损害，最常见的是肝脏受到损伤，导致肝硬化，并极大地提高了人体细胞、组织和器官对于毒素的敏感性，最终可能导致代谢紊乱、神经退行性疾病和癌症。因此，如何降低酒精对人体健康的损害，是目前国际医学和生物学领域研究的重要课题之一，许多国家都很重视酒精毒性及成瘾的研究。

陈竺院士与代表亲切交谈

专家共识：(1)中国人群的营养问题急需引起政府和社会的关注，目前由于营养问题导致的慢性疾病发病率急剧增加，已影响到中国人群的身体素质。(2)针对目前中国因酒精滥用等引发的肥胖症、糖尿病和心血管病等慢性疾病高发的现状，中美科学家应加强基础和临床各方面研究，找出检测和治疗的有效办法，以便早期发现和干预相关疾病的发生。(3)加强国际科研机构间的合作，利用双方各有的优势，在酒精滥用及酒精中毒等领域展开积极合作。中美双方应在慢性疾病机理研究、人群调查等方面互相协作。

脊柱畸形与脊柱微创外科学术研讨会

10月15～16日，东方科技论坛第六十四次学术研讨会在第二军医大学附属长海医院举行。会议由第二军医大学附属长海医院和上海科技启明星联谊会共同承办，主题为"脊柱畸形与脊柱微创外科"。中华医学会骨科分会主任委员、北京协和医院骨科主任邱贵兴教授与上海科技启明星联谊会理事、第二军医大学附属长海医院骨科李明教授共同主持会议。来自中华医学会骨科分会、全军骨科专业委员会、北京协和医院、解放军总医院(301医院、306医院)、《中华骨科杂志》编辑部、《中国脊柱脊髓杂志》编辑部、《脊柱外科杂志》编辑部、北京中日友好医院、四川大学华西医院、中山医科大学附属第一医院、南方医科大学南方医院、华中科技大学同济医学院附属同济医院、美国圣地亚哥儿童医学中心、美国 Thomas Jefferson 医学院等单位的50多位脊柱外科领域的著名专家、学者与会。会议分为6个专题：(1)脊柱侧凸的分型及支具治疗。(2)特发性脊柱侧凸诊治的最新进展及思考。(3)脊柱侧凸胸椎弓根螺钉技术及应用前景。(4)成人及老年退变性脊柱侧凸矫治的相关问题探讨。(5)胸腔镜技术在脊柱侧凸手术中的应用及展望。(6)脊柱微创外科。

与会专家一致认为，脊柱畸形与脊柱微创外科是目前脊柱外科最热的一个领域。可以预言，在未来的半个世纪里，它仍将是脊柱外科领域最活跃、最有发展潜力、最有前途的领域。与会专家呼吁：(1)进一步使脊柱畸形的诊治规范化、系统化，探索研究符合中国国情的诊疗模式与技术。在注重发展外科手术治疗的同时，更应重视脊柱畸形的病因、病理、生物力学等基础研究，才能从源头上控制发病率，从而造福人类。(2)政府有关部门应加大对该领域研究的支持强度。与此同时,更应积极发展相关的预防医学,建立和完善一整套脊柱畸形预防保健体系,做到早发现、早治疗,才能使早期病人得到及时诊治,获得更好的治疗效果。(3)在微创技术风靡全球的今天,决不能因赶“时髦”而追求微创手术。要求广大脊柱外科医师掌握好诊断和治疗适应症,具备扎实的解剖和病理知识及良好的外科技术,并经过一定的熟悉、训练。(4)应考虑仿照美国脊柱侧凸研究会(SRS),由政府资助,知名专家牵头,在国内建立相类似的研究会,定期召开学术研讨与交流,使之成为培训国内脊柱外科医师的平台,使中国的脊柱外科水平更上一个台阶。

干细胞研究——从实验台到病床学术研讨会

9月24～25日,东方科技论坛第六十五次学术研讨会在上海技贸宾馆举行。会议由中科院上海生命科学研究院/上海交通大学医学院健康科学研究所(以下简称健康科学研究所)承办,主题为“干细胞研究——从实验台到病床”。会议聘请健康科学研究所副所长徐国彤博士和加拿大多伦多大学教授李仁科博士担任大会主席,健康科学研究所干细胞中心研究员金颖博士、杨黄恬博士和刘爱莲研究员,美国约翰·霍普金斯大学医学院副教授程临钊博士分别担任大会执行主席,并共同主持会议。会议得到中国科学院、上海市科委和上海交通大学医学院的高度重视,中国科学院副院长陈竺院士和上海交通大学副校长兼医学院院长沈晓明教授在论坛前日会见了所有与会代表,并鼓励国内从事干细胞研究的科学家努力工作,加强合作,发挥优势,争取在国际上为中国争得荣誉和地位。来自美国约翰·霍普金斯大学医学院、加拿大多伦多大学、美国明尼苏达大学干细胞研究所、英国罗斯林研究所、新加坡国立大学、北京大学干细胞研究中心、北京大学第一医院、上海交通大学医学院发育生物学中心、上海交通大学干细胞研究中心、中科院昆明动物研究所、中科院北京遗传研究所、山东省干细胞工程技术研究中心、中科院上海生命科学院生化与细胞研究所、瑞金医院IVF中心、中山大学干细胞与组织工程中心、上海交通大学附属第一人民医院、复旦大学干细胞研究中心、第二军医大学、复旦大学附属华山医院、青岛市眼科研究所、健康科学研究所干细胞研究中心等单位的40多位国内外著名专家、学者与会。

会议共分5个专题:(1)人胚胎干细胞生物学和干细胞技术。(2)干细胞的自我更新与分化。(3)干细胞作为人类疾病的研究模型。(4)干细胞的治疗应用。(5)如何推进上海乃至中国的人胚胎干细胞研究。

与会专家通过报告和讨论,充分了解到国内外干细胞研究现状和发展战略。围绕该领域的动向,面向国家、人民生活和经济建设的重大需求,提出了中国干细胞研究重点发展方向。这不仅为中国重大基础性研究课题提供了理论储备和立项准备,而且有助于促进中国干细胞研究的健康和持续发展。

专家建议:(1)强强合作,凝聚优势;资源共享,提高效率。(2)加强建设一流的国际干细胞研究中心。(3)加强新兴学科建设和人才培养。(4)加强上海与其他地方的合作,特别是与北京的合作。(5)积极参加到干细胞研究、交流与合作的国际化大家庭中,不断发挥更大作用。

晶态和非晶态激光材料及其应用战略学术研讨会

11月15～16日,东方科技论坛第六十六次学术研讨会在上海技贸宾馆举行。会议由中科院上海光学精密机械研究所承办，主题为“晶态和非晶态激光材料及其应用战略”。中科院上海光学精密机械研究所干福熹院士和徐军研究员、山东大学蒋民华院士、天津大学姚建铨院士担任大会执行主席，并与中材人工晶体研究院沈德忠院士、中科院上海光学精密机械研究所范滇元院士和中科院理化技术研究所吴以成教授共同主持了学术报告会和专题讨论会。东方科技论坛理事会理事长、上海市科委副主任丁文江出席会议并致辞。来自山东大学、中科院上海硅酸盐研究所、中科院福建物质结构研究所、天津大学、中材人工晶体研究院、中科院理化技术研究所、中科院物理研究所、中国电子科技集团公司第十一研究所、复旦大学、南开大学等单位的40多位专家、学者与会。会上，10多位专家分别就“21世纪人工晶体的发展战略”、“传统激光晶体与激光玻璃的发展规律和趋势”、“具有微纳结构的微晶激光陶瓷”、“非晶态激光光纤”和“光子晶体光纤面临的研制难题和发展策略”、“国家重大激光工程对激光材料的需求和牵引”等专题作了报告，并展开了深入的讨论。

激光材料是激光技术发展的核心和基础，具有里程碑的意义和作用。目前，美国、德国、英国和日本分别在晶体、玻璃、光纤和陶瓷激光方面领先于世界各国。中国的激光技术总体上仍然没有摆脱“跟”的状态，基本没有原创性的新概念、新材料，导致中国激光技术产业和国防建设受制于人。成为世界先进制造业、信息产业强国是中国21世纪的发展战略目标，实现该目标的关键之一是必须能提供基础性的激光材料及其元器件。中国在科研、先进制造业、能源、医疗、国防等众多领域亦将拥有规模巨大的激光及其元器件的应用市场需求。然而中国目前所处的状况是：(1)高技术含量、高附加值的激光器基本从国外进口。(2)超短、超快和超强激光及其在科学技术中的应用。(3)半导体泵浦全固态激光等方向已分别列入中国《国家中长期科学和技术发展规划》，特别是“惯性约束聚变点火工程(2020年)”已确定为《国家中长期科学和技术发展规划》的16项重大专项之一。但已立项的百余项国家重点基础研究发展规划项目——国家“973”计划，至今没有一项关于激光材料的专项。

专家建议：(1)把激光材料的基础科学研究作为国家科技发展战略目标之一，重视材料的基础作用，争取列入2006年国家重点基础研究发展计划“973”计划指南。(2)“一代材料，一代器件”，材料对激光器件具有重大的推动作用，激光材料是固体激光技术的基础和制高点，特别是高功率、大能激光器。目前中国激光高技术产业落后于他国的根本和核心问题之一是缺乏高质量的激光基础材料。(3)改变一味地以应用带动基础材料研究的现状，“材料先行”，加大基础材料研究的资助力度，重视支持新现象、新效应、新概念的基础研究，使中国在21世纪中叶以后在晶态和非晶态激光材料上改变总体上“跟”的状态。(4)中长期激光材料领域必须解决的重要基础科学问题主要有：①全面建立各类激光材料的创新系统；②结合高完整大晶体的生长，深入研究晶体生长的缺陷和机理，在解决困扰大单晶生长的“尺寸效应”的过程中发展晶体生长理论；③研究离子的发光特性、能量传递及其与晶格相互作用的机理，设计和构建高效发光的结构环境，发展新的激光材料；④高功率密度下(10^4～$10^7 W/cm^2$)激光材料的热效应和激光损伤的微观机理；⑤微纳结构激光材料(陶瓷、光纤等)制备技术的基础理论。(5)在未来5～10年内中国激光材料发展的重点方向：①低散射透明陶瓷(微/纳米聚晶)的研究；②新型光纤、光子晶体光纤的研制；③面向人眼安全、遥感、光通讯、医疗等应用的激光材料。

研究性克隆与人胚管理的伦理和法律问题学术研讨会

11月18～19日，东方科技论坛第六十七次学术研讨会在上海沪杏科技图书馆和上海交通大学医学院举行。会议由国家人类基因组南方研究中心承办，主题为“研究性克隆与人胚管理的伦理和法律问题"。国家人类基因组南方研究中心执行主任赵国屏教授和世界卫生组织(WHO)前副总干事、上海交通大学医学院胡庆澧教授共同主持会议。中国科学院副院长陈竺院士和上海交通大学副校长印杰教授出席开幕式并致辞。来自中国社会科学院哲学部、中科院动物研究所、北京大学医学部、中国协和医科大学生命伦理研究中心、香港科技大学、台湾大学哲学研究所、复旦大学、上海交通大学、上海卫生局和上海交通大学医学院生命医学伦理研究中心等单位的30多位生命科学、医学、伦理学、法学学科的专家、学者与会。会上,共有10多位专家作了专题发言,并就研究性克隆研究的伦理问题和人类胚胎管理的伦理法律问题展开了研讨。

研究性或治疗性克隆研究,是指用核移植术将人的体细胞核移入去核卵细胞中,经体外培养形成囊胚,其中取得胚胎干细胞建立胚胎干细胞系,利用胚胎干细胞多能和多向分化的潜能,定向分化为治病需要的细胞和组织,用于人类严重疾病的治疗,具有良好前景,受到各国科学家和政府的重视。中国政府坚决反对克隆人,但支持治疗性克隆研究,因为它有利于人类健康事业,在严格管理和控制下可造福人类。

与会专家对生殖性克隆、治疗性和研究性克隆正反两方面的伦理观点,进行了充分的交流与论证,并对生命的观念、胚胎和胎儿的道德地位进行了充分地探讨,对国际胚胎管理的状况,特别是英国的胚胎管理经验,进行了具体的分析和研究。通过讨论,对研究性克隆和人胚管理达成共识:(1)从国家利益和人民健康的需求出发,应该支持研究性或治疗性克隆的研究和ES细胞研究,因为它对再生医学的发展、人类诸多疑难重症的治疗及生物医药的发展将产生突破性飞跃,前景非常可观。但科学研究无坦途,今后还要走很长的艰苦研究道路。(2)对国家人类基因组南方研究中心伦理学部报告的"治疗性克隆及人胚管理的伦理问题调查与讨论"认为可作为拟定胚胎研究与胚胎管理伦理准则的认知依据,对调查咨询的面可以扩大到非专业人员,并提出了一些建议。(3)对国家人类基因组南方研究中心提出的关于"胚胎研究和胚胎管理伦理准则"讨论稿,提出一些修改意见,希望中国尽快制订出"生命伦理法",但大多数专家认为目前中国制定"生命伦理法"条件尚不成熟,还是从生命科学的一些特殊领域和专项技术的立法做起,逐渐完善。(4)英国的胚胎管理法比较切合中国实际,可供参考。科学自由与伦理约束之间并无根本冲突,科学无禁区,但科学行为必须有规范,伦理、法规是会改变的,但为人类健康服务的基本价值和基本原则是不变的,关键问题是要在科学与伦理之间找出合理的平衡点,最终起到对科学研究既保护又监控的作用。

与会专家建议国务院成立国家级的生命伦理委员会,完善中国生命伦理委员会的体制化建设,制订生命科学伦理管理规程,对生命科学研究重大项目向国家提供管理监控措施等。

同步辐射在产业领域中的应用学术研讨会

12月23~24日,东方科技论坛第六十九次学术研讨会在上海沪杏科技图书馆举行。会议由中科院上海应用物理研究所承办,主题为"同步辐射在产业领域中的应用"。中科院上海应用物理研究所所长、上海光源总经理徐洪杰研究员主持会议。东方科技论坛理事会副理事长、国家自然科学基金委副主任、上海市科协主席沈文庆院士出席会议并致词。来自日本原子力研究开发机构关西光科学研究所、新加坡同步辐射光源、中石化上海石油化工研究院、中科院上海药物研究所、中科院地理科学和资源研究所、中科院上海技术物理研究所、上海交通大学材料科学与工程学院、浙江大学等单位的约50位同步辐射在产业应用领域的知名专家、学者与会。会上,10多位专家作了专题发言,并展开了广泛深入的研讨。

同步辐射装置能够提供从硬X射线到远红外波段的高亮度光束，具有连续波谱、高通量、高准直、部分相干性等优异特性，具有非常广泛的用途。自1990年以来，国际上已先后建成了10多台高亮度的第三代同步辐射光源，中国也在上海开工建造第三代同步辐射装置——上海光源。目前同步辐射在产业界的应用领域不断扩大，涵盖了微电子(半导体器件的表征)、微制造(MEMS)、制药(基于结构的药物设计)、石油化工(原油中石蜡的晶化、新型催化剂)、环保(绿色植物修复)、塑料(纺织纤维、结晶度)、金属(应变/应力分析、织构分析)、化妆品(化妆品对头发和皮肤的影响)、食品(食品的稳定和老化)等许多方面。在过去的十几年间，同步辐射的各种技术和应用取得了长足的发展，随着新的高性能同步辐射光源的涌现，可以预见，同步辐射的各种技术和应用仍将不断取得新的进展。中国在这方面的应用研究尚处起步阶段，随着上海光源的建成，同步辐射在产业领域的应用可望得到迅速发展。

专家共识：(1)上海光源的开工建造，无论对国内的基础研究还是应用研究都是一件大好事。经常举办这类会议有利于加强专家与广大用户，尤其是产业用户之间的沟通与交流，扩大宣传，吸引更多的国内外用户，充分发挥大科学装置的作用。(2)上海光源应在加速国内外合作上做得更好，既要强调宽广性，还要有深层次合作。在建线站中间尽可能把用户深层次的要求结合起来，吸引高水平的用户。建造装置和应用装置的人员应有机结合，长期合作，为解决用户提出的需求共同攻关，其中包括人才的共同培养，介入程度越高，成功率就越大。(3)在充分发挥上海光源在微/纳加工领域的应用潜力的同时，应该认真考虑周边配套的制造设备、观测设备的配备，这是提高效率、成品率必不可少的。(4)在建设上海光源的同时还要考虑重点发展的交叉学科建设。

模式生物与生物医药学术研讨会

12月24日，东方科技论坛第七十次学术研讨会在上海交通大学医学院举行。会议由上海南方模式生物研究中心、上海高校模式生物E研究院、上海市遗传协会共同承办，主题为“模式生物与生物医药”。国家“863”计划生物技术领域疾病动物模型研发基地暨上海南方模式生物研究中心主任王铸钢研究员主持会议。来自清华大学、南京大学、复旦大学、上海交通大学、上海第二军医大学、中科院上海生命科学研究院、中科院上海生物工程研究中心、上海市血液病研究所、上海中医药现代化研究中心、瑞金医院、长征医院、长海医院等单位的50多位著名院士、专家和学者与会。会议还吸引了众多科研人员前往旁听。

以肿瘤、糖尿病、心脑血管病和神经精神疾病为代表的慢性疾病已成为威胁中国居民生命健康的最大杀手。2003年上述四类疾病的死亡率占中国城乡居民总死亡率的60%以上，中国糖尿病患者已增至4 000万人。2004年，高血压患病率较1991年上升31%，达到18.8%。据估算，中国每年仅上述四类疾病的医疗市场规模就将超过1 000亿元。中国4 000万糖尿病患者如年人均医疗费用以9 000元人民币计算，潜在的糖尿病医疗市场规模将达到360亿元。这些数字从另一个方面折射出生物医药产业巨大的市场空间。面对如此严峻的挑战和诱人的市场空间，需要认真思考如何

王铸钢在作学术报告

利用模式生物为人类疾病的预防和治疗寻找新的突破口,并以此推动中国生物医药产业的发展。

模式生物对新药研发可以说是一个不可或缺的系统工具。在生物活体水平解析疾病相关基因的功能、研究疾病发病机制、药物作用靶点的识别、基因药物的发现、新药筛选、药代动力学毒理学及临床前研究,包括基因治疗在内的新疗法探索等都不同程度地依赖于模式生物。以系统论为主导的中医理论、以复方见长的中药研究更凸显模式生物整体动物水平研究的重要性。因此,模式生物技术在生物医药研发领域具有非常广阔的应用前景。

专家共识:(1)模式生物与生物医药产业的发展息息相关,必须加强技术协作,资源共享,科研合作,聚焦研究方向,加强国内模式生物研究力量,提高研发效率,使中国模式生物研究平台能够真正满足基础研究、药物研发和生物医药产业发展的需求。(2)进一步加强信息的交流、互动,将模式生物研究平台上已有的成果、模型等进行交流,使模式生物研究平台能够真正满足各高校、科研机构进行基础研究、药物研发的需求。(3)急待解决以下问题:①技术协作、科研合作、资源共享等运作模式;②如何加强国内模式生物研究力量,提高研发效率,充分发挥模式生物公共服务平台的支撑作用。

(开建伟)

第一篇

PART ONE
BASIC RESEARCH AND HIGH TECHNOLOGY RESEARCH

基础研究与高技术研究

第一章 基础研究

第一节 概 况

【上海基础研究工作取得长足进步】 2005年是科技"十五"计划工作的最后一年。围绕《上海实施科教兴市战略行动纲要》提出的工作要求和各项任务,上海市科委积极推进落实《科技创新登山行动计划》,基础研究工作取得长足进步,重大研究成果亮点纷呈,承担国家项目能力稳居全国前列,国际学术影响力稳步提升,基础研究竞争力持续增强。同时,全面完成上海市基础研究中长期发展规划纲要的编制工作。

基础研究投入持续增长。全年受理各类基础研究项目申请达1 874项,立项支持262项,经费投入总额7 350万元。其中,重大项目10项,重点项目92项,自然科学基金项目160项。通过基础项目的布局实施,为进一步凝练孕育国家项目,增强承担国家项目的能力,发展上海高新技术,提升产业竞争力打下坚实的基础。

承担国家级基础研究项目数量和经费增长迅速。获国家"973"计划项目6项,合计获经费1.59亿元,比2004年增加4 400万元,增长38.3%。6个项目分别是中科院上海微系统与信息技术研究所王跃林主持的"BNI融合的微纳传感器及其系统基础研究"、上海交通大学医学院曹谊林主持的"组织工程学重要基础科学问题研究"、上海交通大学任秋实主持的"视觉功能修复的基础理论与关键科学问题"、复旦大学杨玉良主持的"聚烯烃的多重结构及其高性能化的基础研究"、中科院上海生命科学研究院裴钢主持的"肿瘤和神经系统疾病的表观遗传机制"和复旦大学附属华山医院王明贵主持的"人类传染病病原体耐药性机制的基础研究"。迄今为止,上海已累计主持国家"973"项目37项,占全国(总计242项)的15.3%。

获国家自然科学基金项目和经费量再创新高。2005年度上海承担国家自然科学基金各类项目首次突破千项大关,总计达1 297项,比2004年增加345项,增长36.2%;获得经费总额达3.7亿元,比2004年增加了1.1亿元,增长42.3%。其中,重点项目增长率最高,获得38项,比2004年增长72.7%。承担项目的领域分布显示上海继续保持着生命科学领域的领先优势,有44%的项目属生命科学领域,其他领域项目所占比重依次为工程与材料科学15%,数理科学部12%,化学部和信息科学部均为11%,管理科学部4%,地球科学部3%。至此,上海地区"十五"期间获国家自然科学基金经费年均增长率达32.5%;五年中上海共获得项目总数达4 052项,累计获得经费11.3亿元。

科技部对2000年立项的27个"973"计划项目进行了结题验收工作,其中由上海地区科学家领衔的4个项目全部通过了验收,分别是中科院上海应用物理研究所沈文庆主持的"放射性核束物理和核天体物理"、中科院上海有机化学研究所麻生明主持的"创造新物质的分子工程学研究"、中科院上海生命科学院神经科学研究所郭爱克主持的"脑发育和可塑性的基础研究"和同济大学汪品先主持的"地球圈层相互作用中的深海过程和深海记录"。

在神经科学、模式生物、功能复合材料、天体物理、植物信号传导与发育、纳米医药、疾病治疗医学等方面获得诸多重大突破,引起国际学术界广泛关注,进一步扩大了上海在国际科学界的影响。上海科学家在美国《细胞》(*Cell*)杂志上发表论文5篇,占全国的5/6,成为2005年度中国生命科学界的耀眼亮点;在美国《科学》(*Science*)杂志上发表论文2篇;在英国《自然》(*Nature*)杂志上发表论文5篇,在英国《自然》(*Nature*)系列期刊《自然遗传学》(*Nature Genetics*)和《自然材料学》(*Nature Materials*)等杂志共发表论文9篇。

(施强华)

【开展基础研究国际化评估试点】 9月,上海市科委基础研究处组织了一个国际化的专家评估小组,按照有关国际标准,对上海干细胞建系方面的工作进行了全面评估。专家们一致认为上海成功地建立了中国人自己的胚胎干细胞系,并达到国际细胞系标准。这次干细胞研究的国际化评估工作,不仅准确反映了上海干细胞研究工作的整体水平和国际地位,而且也积累了国际化评估的经验,为今后上海开展重要研究工作的国际化评估奠定了基础。

（施强华）

【肿瘤和神经系统疾病的表观遗传机制列入国家"973"计划项目】　7月,该项目被批准列入国家"973"计划人口与健康领域2005年度项目(2005CB522400),由中科院上海生命科学研究院裴钢院士任首席科学家,设置8个课题,分别由中科院上海生命科学研究院、国家人类基因组南方研究中心、中国医学科学院基础医学研究所、北京大学、解放军总医院和上海交通大学医学院附属仁济医院等单位承担。

肿瘤和神经退行性疾病已成为威胁国民健康、影响经济发展的严重问题,有效防治这些疾病,是面临的一项迫切的国家人口与健康的战略需求,解决这些问题的关键是要在这些重大疾病发生、发展机制的基础研究上取得突破。该项目将探索和回答:细胞内DNA甲基化和染色质修饰的表观遗传谱式的建立及其动态平衡的维持机制;表观遗传信息对基因的选择性表达和对生命活动的调控机制;表观遗传失调在肿瘤和神经退行性疾病发生、发展中的作用机制。该项目(1)将采用模拟正常生理状态的细胞、动物模型,研究细胞建立和维持表观遗传谱式的机制。(2)从基础和病理两个方面研究DNA甲基化导致基因失活的机理、与肿瘤发生的关系及其临床意义,探讨肿瘤细胞染色质重塑与"组蛋白密码"变化的特点及其与基因表达和肿瘤发生发展的关系。(3)利用已有的老年痴呆症和精神活性药物影响学习记忆等细胞和动物模型,研究神经细胞生长、分化、再生及神经系统疾病发生、发展中重要功能基因DNA甲基化、组蛋白修饰及染色质重塑的调控机制。(4)以表观基因组平台技术为手段,规模化系统鉴定发生表观遗传调控异常的疾病相关基因,并进一步确定这些基因在药物筛选与诊断治疗方面的意义。

（李旭芬）

【组织工程学重要基础科学问题研究列入国家"973"计划项目】　7月,该项目被批准列入国家"973"计划人口与健康领域2005年度项目(2005CB522700),由上海交通大学医学院曹谊林教授任首席科学家,设置5个课题,分别由上海交通大学医学院、中科院上海生命科学研究院生物化学与细胞生物学研究所、中科院上海硅酸盐研究所、中科院化学研究所等单位承担。

该项目是在前期国家"973"计划项目研究显示可用组织工程技术构建出不同类型的组织基础上,拟阐明组织工程化组织形成过程中的演变规律并了解其与正常组织发育、再生及创伤修复等过程的异同。此外,探索影响组织工程化组织形成与成熟过程的主要相关影响因素及作用机制也是重要的研究内容,如组织微环境、生物力学、生物材料表面构型及三维结构,并深入研究这些因素对细胞分化、增殖、组织形成等的调控机制。该项目还将探索同种异体干细胞作为种子细胞的可行性及其机制,建立通用型同源双倍体胚胎干细胞库及作为种子细胞构建组织工程化组织的可行性。

（张廷翔）

【人类重要传染病病原体耐药机制的基础研究列入国家"973"计划项目】　7月,该项目被批准列入国家"973"计划人口与健康领域2005年度项目(2005CB523100),由复旦大学王明贵教授任首席科学家,设置5个课题,分别由复旦大学、浙江大学、上海交通大学医学院、中国人民解放军第二军医大学和中国疾病预防控制中心等单位承担。研究周期5年,总经费1 000万元。

该项目旨在明确中国重要传染病病原体耐药性的产生规律与主要机制,描绘国内当前重要传染病病原体耐药概况,在此基础上建立适用于中国国情的病原体快速诊断、监测平台与治疗新策略,从耐药机制环节实现对中国重要传染病的控制。要解决的关键科学问题是:建立系统的耐药病原体分子监测网络与完整的反映中国耐药情况的耐药基因谱,系统地了解新耐药基因或耐药位点的产生与演变规律,明确主要耐药机制,从而获得控制耐药性和治疗重要传染病耐药病原体的新途径。该项目将从:(1)中国重要传染病病原体的分子传播模式的研究及耐药基因谱的描绘。(2)中国重要传染病病原体关键分子耐药机制的研究及新耐药基因的发现。(3)在中国重要传染病耐药机制研究基础上的病原体耐药性快速检测。(4)中国重要传染病病原体新耐药靶位的发现与抗耐药性新途径的探索等四个方面对中国人类重要传染病的耐药机制展开较为全面的研究,并在此基础上制定相应的防治策略。

（郭建忠）

【聚烯烃的多重结构及其高性能化的基础研究列入国家“973”计划项目】 7月，该项目被批准列入国家“973”计划材料领域2005年度项目(2005CB623800)，由复旦大学杨玉良教授任首席科学家，设置8个课题，分别由复旦大学、浙江大学、四川大学、中科院长春应用化学研究所和中石化北京化工研究院等单位承担。研究周期5年，总经费3 200万元。

为了使中国国民经济重要支柱之一的通用高分子材料产业的技术水平得到迅速提高，摆脱多年来一直依赖进口技术的被动局面。该项目将主要针对通用塑料的高性能化开展基础理论和关键技术研究，从根本上保障中国高分子材料工业的持续稳定发展。研究对象重点放在聚乙烯、聚丙烯、聚苯乙烯的高性能化基础研究上。研究内容包括新的烯烃聚合体系及链结构的控制、高分子材料的形态结构控制、高分子材料加工流变学和新型加工成型方法的研究三个方面。力争在对聚丙烯和聚苯乙烯立规结构、聚乙烯分子量分布、侧链数量和分布的调控方面有重要突破；在多相多组分高分子体系的形态生成动力学理论及多元体系流变学性能关系的研究方面有重大突破。这些突破性成果将成为中国开发包括通用塑料在内的所有新型通用高分子材料高性能化品种的坚实基础。

（郭建忠）

【视觉功能修复的基础理论与关键科学问题列入国家“973”计划项目】 7月，该项目被批准列入国家“973”计划综合与前沿领域2005年度项目(2005CB724300)，由上海交通大学任秋实博士任首席科学家，设置7个课题，分别由上海交通大学、中科院上海微系统与信息技术研究所和北京大学人民医院等单位承担。

该项目围绕视觉功能修复这一重大前沿科学问题，通过分析视网膜神经节细胞拓扑结构和视觉信息传导路径，提出基于视神经刺激的新型视觉修复模型，采用多学科、交叉综合的研究方法对视觉功能修复的基础理论和相关科学问题进行深入研究。首先研究神经节单细胞和神经节群体在不同模式光刺激作用下的响应即动作电位时间序列和空间阵列，用信息学方法和统计学的方法，分析神经元放电时间序列及其群放电活动协同模式所携带的视觉信息，为视觉假体芯片的工作逻辑提供生物学依据。其次，利用神经网络的非线性，并行处理和易于硬件实现的特点，实现电刺激视神经时旁路的视网膜信息处理功能，得到具有一定空间－时间模式的刺激电极驱动脉冲阵列。然后，根据神经膜特性建立视神经电刺激的理论模型，将外加刺激电流和视神经纤维的动作电位响应联系起来，为刺激器的优化和驱动电流阈值的确定提供定量分析。为实现视觉功能的修复，要解决视觉假体中生物微光机电系统(Opto－MEMS)的基础问题，包括建立光电耦合器件、视觉信号处理单元、刺激器之间高效的信息传输；实现视觉假体无线控制与供能；发展视觉假体制造的全新工艺。最后，在临床上基于动物模型及其视觉电生理学、视觉行为学研究，确定视神经不同部位电诱发阈值、动态范围和饱和度，探索视觉假体植入的手术方案，并进行离体和在体实验，为视觉假体最终得以临床应用提供必要的临床医学支持。

（武雪萍）

【BNI融合的微纳传感器及其系统基础研究列入国家“973”计划项目】 7月，该项目被批准列入国家“973”计划信息领域2006年度项目(2006CB300400)，由中科院上海微系统与信息技术研究所王跃林博士任首席科学家，设置7个课题，分别由中科院上海微系统与信息技术研究所、中科院化学研究所、中科院固体物理研究所、中科院合肥智能机械研究所、东南大学、中国科学技术大学、浙江大学、上海交通大学、大连理工大学等单位承担。

该项目面向社会发展中的突发公共事件应急、环境监测、生化反恐等重大需求，以重要致病病原体（如炭疽杆菌）、有毒有害化学物质（如沙林）和烈性爆炸物（如TNT）等的超微量快速检测为突破口，系统地开展微纳传感器基础研究工作。总体目标为通过上述超微量快速检测微纳传感器的研究在两方面取得突破：(1)通过“生物—纳米—信息”(BNI，Bio－Nano－Informatics)的学科交叉融合，在纳米尺度效应、界面效应、纳米尺度下的特性表征和微纳制造等微纳传感器基础研究方面取得突破，为其他微纳器件的研究提供理论、设计、表征和制造基础，推动国内纳米科技从材料研究向器件研究发展。(2)针对突发公共事件应急传感预警监测网所急需的超微量快速检测传感器，研制出原型器件，促进国内公共安全从被动应付型向主动保障型转变。同时，还将带动一批高水平研究基地的建设，培养一批微纳器件研究的高水平中青年专业人才。

（周　萍）

第二节　生 命 科 学

【中科院上海生命科学研究院建立生命科学伦理委员会】　该委员会于7月8日成立，由从事生命科学和生物技术、基础及临床医学、药物及医疗器械、社会、伦理和法律工作的专家以及社会人士组成，马维骏教授担任委员会首届主任。中科院上海生命科学研究院副院长吴家睿向各位委员颁发了聘书。该委员会将本着坚持原则，实事求是，依靠专家，发扬民主，标准有序，客观公正，操作规范，审行统一的原则，切实开展生命科学研究的伦理审查管理工作，参照国际上通行的生命科学伦理基本原则，结合中国生物医药科技发展的现状与趋势，对上海生命科学研究院及其有关项目的研究人员在涉及人体和动物的生命科学研究方面进行伦理审查，并在相关的伦理和程序性问题上进行指导并给予帮助。

（赵如江）

【2005年中美生物医学前沿学术研讨会】　该研讨会由中国科学院、中科院上海生命科学研究院和纽约科学院共同主办，于10月19日在上海好望角大饭店举行，为期两天。中国科学院副院长陈竺、纽约科学院院长 Eills Rubinstein 出席了会议。会议期间，陈竺副院长、美国哈佛大学 Gregory Verdine 教授、美国公共健康研究所 David Perlin 教授和中科院上海生命科学研究院张旭教授应邀做了大会报告。此外，来自国内外的20多名生物医学专家做了学术报告，介绍了各自领域的最新研究情况，并就化学生物学、基因药物、传染性疾病和神经科学四个领域进行了专题研讨。英国《自然》(*Nature*)杂志社及辉瑞集团、阿斯利康等国际知名制药公司的代表出席了研讨会。该论坛以专业交流的形式，为中美两国的学者搭建一个相互交流与沟通的平台，两国科学家共同讨论生物医学的前沿领域学术问题，交流中美生物医药产业化进展情况，研讨中美生物医学技术及其应用发展趋势。

（赵如江）

【微生物系统生物学和元基因组学研讨会】　该研讨会由中科院上海生命科学研究院植物生理生态研究所主办，于11月20日在上海举行。中科院微生物研究所的东秀珠和刘双江研究员、上海交通大学赵立平教授、复旦大学全哲学博士、中科院青岛海洋研究所李富超以及中科院上海生命科学研究院植物生理生态研究所覃重军和周志华研究员分别就肠道、瘤胃、沼气池、工业废水处理生物反应器、海洋和中草药植物根系中复杂微生物群落结构解析及元基因组的研究进展做了专题报告，并介绍了元基因组的概念和原理及从元基因组到创新产品的应用前景。下午，专家们进行了热烈的讨论，并就国际上微生物系统生物学的发展趋势进行了交流，一致认为中国及时启动复杂微生物群落元基因组的研究项目对推动生物质能源的开发，保护和治理环境及保证人民健康等方面具有重要意义；还就研究项目的科学问题及关键技术进行了凝练。该研讨会为相关领域的科研人员提供了一个交流平台，为进一步合作打下了良好基础。

（赵如江）

【基因组医学国际研讨会】　该研讨会由复旦大学与美洲华人遗传学会(ACGA)联合举办，是献给中国"遗传学之父"——复旦大学著名教授谈家桢的特别礼物，于6月28日在上海张江集电港会展中心开幕，规模达500人左右。全国人大常委会副委员长韩启德向大会表示了祝贺。基因诊断之父、美国科学院院士简悦威，囊性纤维化基因克隆者、美国科学院院士、香港大学校长徐立志，美国科学院院士、中国科学院院士陈竺等在会上做学术报告。研讨会议题包括(1)遗传学与人类重大疾病(出生缺陷和遗传病、肿瘤和癌症、心脏和心脑血管疾病等)。(2)疾病的分子诊断和分子病理(分子诊断技术、预防与预后、药物遗传学、生物信息学)。(3)相关医疗、诊断、咨询和保健的质控、政策法规和继续教育等。

会上，来自海内外的华人专家们纷纷呼吁应该加快基因组医学领域的立法。随着基因组医学的发展，人类对于16 000多种遗传疾病逐渐有一些基因预测的能力，可以通过基因与某些疾病相关联的位点来预测或者预防疾病的发生。国外有严格的监管和质控制度，但国内并没有相关的检测机构以及有效的法律法规，至于基因疾病预测后的基因咨询和基因隐私的保护在国内更是一块空白。因此，加快人才的培养和法规的制订才能使基因组医学能够健康地发展。与会专家还建议,应建立科研网络,打破分割,加强全国各实验室的合作才能加快基因组医学的发展。

(郭建忠)

【2005年国际干扰素与细胞因子学会(ISICR)学术年会】 该学术年会是ISICR首次在发展中国家举办,由中科院上海生命科学研究院生物化学与细胞生物学研究所主办,于10月20~24日在上海光大国际会展中心举行。来自37个国家和地区的近400位专家教授与会,其中外籍专家300多人。中国科学院院士刘新垣教授担任大会主席。上海市副市长严隽琪、中国科学院副院长陈竺以及中科院上海分院、上海生命科学研究院等的领导出席了开幕式。陈竺院士作了学术报告。在四天的会议中,国内外的专家教授围绕信号转导、受体、基因调控、免疫学、癌症、炎症等不同领域的生物化学、分子生物学、细胞生物学、基因学等问题,分别以大会报告、分会报告、专题讨论、墙报展示和卫星会议等不同形式进行了学术探讨和交流。

该会议得到了ISICR组织和与会科学家一致肯定,显示了中国在生物化学领域的研究成果得到了国际的认可和重视,将推动和促进中国在分子信号转导、受体、基因调控、癌症、炎症等科学领域的进步和发展。

(徐基勐 李旭芬)

【中国科学院植物分子生物学前沿国际研讨会】 该研讨会由中科院上海生命科学研究院植物生理生态研究所主办,于10月成功召开。包括两名美国科学院院士在内的来自美国、澳大利亚、波兰、印度、新加坡、日本、中国等国家的60多位杰出的科学家与会并作学术报告,300多位国内外科研人员参加了会议。研讨会结合国内外植物科学发展趋势,从功能基因组学、表观遗传学、蛋白质组学、代谢组学、生物信息学等多角度就植物信号转导、抗病、抗逆、生长发育和代谢调节等方面进行广泛交流,为今后进一步的合作奠定了良好的基础,也得到了与会专家的一致认可,今后每年将定期召开,以期为植物科学的发展作出积极贡献。

(王世杰)

【完整的水稻基因组序列完成图绘成——中国大陆科学家贡献率达10%】 8月,英国《自然》(*Nature*)杂志发表了由国际水稻基因组测序计划完成的"基于克隆图谱的水稻全基因组序列完成图"的研究论文。中科院国家基因研究中心于1998年参加了国际水稻基因组测序计划,并承担水稻第四号染色体的精确测序工作(占全基因组10%),于2002年完成了水稻4号染色体精细序列测定和分析工作(参见《2003上海科技年鉴》第51页)以后,仍积极参与国际合作,不断完善空缺填补和部分序列修正工作。中科院国家基因研究中心在全基因组序列完成图的分析工作中主要贡献有3项:(1)承担并完成了水稻籼、粳全基因组12条染色体序列的比较分析,主要是比较分析了粳稻日本晴和籼稻93-11的基因组序列和撰写分析结果。(2)水稻基因组着丝粒序列的分析和撰写。(3)填补了水稻4号染色体序列5个物理空缺和近300个序列空缺,使得4号染色体仍然是测序最完整的染色体之一。

参加该项目的国内外研究单位有国家人类基因组南方中心、中科院遗传与发育生物学研究所、扬州大学、中国水稻研究所、华中农业大学、复旦大学、北京大学、中科院上海生命科学研究院、中科院上海分院、中科院上海生命科学研究院植物生理生态研究所以及美国Wisconsin大学、美国Arizona大学、美国TIGR和日本RGP等。

(黄咏华)

【国际人类基因组单体型图(HapMap)计划一期工作顺利完成】 国际人类基因组单体型图计划(简称HapMap计划)是由加拿大、中国、日本、尼日利亚、英国和美国共同资助和合作进行的项目,旨在建立一个将帮助研究者发现人类疾病和对药物反应相关基因的公众资源,为研究者提供相关信息使之能够将遗传多态位点和特定疾病风险联系起来,从而为预防、诊断和治疗疾病提供新的方法。一期工作的成果于10月27日发表在英国《自然》(*Nature*)杂志上。

由北京华大基因研究所、国家人类基因组南方研究中心、国家人类基因组北方研究中心、香港大学等7家单位组成的中华人类单体型协作组,分工完成了中国所承担的10%(3号染色体、21号染色体和8号染色体短臂)的任务,即HapMap计划的"中国卷"——中华人类基因组单体型图计划。

在国家"863"计划的支持下,国家人类基因组南方研究中心作为国际HapMap计划的参与单位之一,负责完成了整条21号染色体和部分3号、8p染色体区域的SNP单倍型图谱构建工作。由HapMap国际协作组统计数据反映,该课题组对21

号染色体所构建的SNP单倍型图谱在染色体覆盖率和SNP密度上均领先其他中心,名列第一名。

(王 艺)

【成功克隆与水稻耐盐相关的数量性状基因SKC1】

中科院上海生命科学研究院植物生理生态所植物分子遗传国家重点实验室林鸿宣研究员与美国加州大学伯克利分校栾升教授合作,在水稻重要农艺性状功能基因研究上取得突破性进展,在国际上首次成功克隆了与水稻耐盐相关的数量性状基因SKC1,并阐明了该基因的生物学功能和作用机理。研究成果发表在10月出版的英国《自然遗传学》(*Nature Genetics*)杂志上。

林鸿宣领导的研究组,多年来潜心于水稻耐盐数量性状基因的研究,成功克隆了盐胁迫下控制水稻地上部钾/钠离子含量的数量性状基因SKC1。该基因编码离子转运蛋白,耐盐品种与感盐品种之间存在四个氨基酸替换的自然变异,这是引起SKC1基因功能变化的分子基础。功能分析结果表明,该基因与离子长距离运输有关,控制盐胁迫下水稻地上部的钾/钠离子平衡,即维持高钾/低钠的离子平衡,从而增加水稻的耐盐性。

为了更深入探明该基因的功能,该研究组与栾升领导的研究组合作开展了SKC1的电生理功能分析研究,发现SKC1编码的蛋白是钠离子的特异性转运蛋白而不直接运输钾离子,钾离子含量的变化是由于钠离子竞争引起的;该蛋白定位于细胞膜上,在耐盐水稻品种中其功能活性明显强于感盐品种。为此,推测SKC1的作用机理是:当水稻受到盐胁迫时,稻株的地上部(叶、茎等)会积累大量的钠离子,而SKC1则能够把地上部分过量的钠离子回流到根部,从而减轻钠离子毒害,增强水稻耐盐性。

该项成果在作物抗逆性分子育种上将具有广泛的应用前景。国际同行评价为"该研究结果不仅会引起植物生物学家和农学家的兴趣,而且也会引起生物学家对离子转运系统如何进化出来并且在复杂真核生物中发挥功能感兴趣"。

(王世杰)

【创立解读基因的新方法——高效实用的哺乳动物转座因子系统】 复旦大学发育生物学研究所吴晓晖和许田博士将一种源于飞蛾的PB转座因子用于小鼠和人类细胞的基因功能研究,在世界上首次创立了一个高效实用的哺乳动物转座因子系统,为大规模研究哺乳动物基因功能提供了新方法。该项成果发表在8月出版的美国《细胞》(*Cell*)杂志,并作为封面报道。杂志审稿人评价该项工作"是里程碑式的发现,将可能在世界范围内改变小鼠遗传学研究,并有用于人类基因治疗的前景"。该发现还入选了2005年度"中国高等学校十大科技进展"。

该研究使在小鼠等哺乳动物中高效、大规模了解基因功能成为可能,为小鼠及其他哺乳动物建立了新的转基因技术体系。同时,由于PB转座因子可在人等哺乳动物的细胞株中高效导入基因并稳定表达,为体细胞遗传学研究和基因表达提供了一个高效、便捷的新系统。新方法可在大范围内快速寻找疾病相关基因,建立多种疾病模型,寻找疾病机理及药物靶点,从而发展创新的治疗手段和药物,也为人类疾病的基因治疗提供了新途径。2005年,以该技术体系为依托,大规模小鼠功能基因组计划已在复旦大学启动,将对人类自身的了解,疾病防治产生重要而深远的影响,也将为生物工程和生物医药产业提供巨大的机遇。

(郭建忠)

小资料

转座因子

转座因子是一类可以进入基因组内不同位置的基因载体。科学家们利用他们插入基因导致突变以了解基因功能,也利用他们培育转基因生物。由于绝大多数人类基因在小鼠中存在对应基因,因而小鼠成为研究哺乳动物和人类基因功能的模式生物。

(郭建忠)

【培育出新一代转基因动物模型"乙肝小鼠"】 7月,由复旦大学医学院闻玉梅院士领导的课题组与上海南方模式生物研究中心王铸钢教授等共同研究成功的中国新一代持续表达乙肝病毒表面抗原的转基因小鼠,已稳定繁殖7代以上,乙肝病毒表面蛋白表达稳定,较好地模拟了乙肝病毒携带者的状态。该项成果对研究和治疗中国为数巨大的乙肝病毒携带者具有重要意义。

除了身价不菲的黑猩猩,绝大多数动物都不会感染该种病毒。为此,科学家一直在寻找合适的"动物替身",用以模拟人类乙肝患者。乙肝病毒分为7种不同亚型,中国以B型、C型居多。该课题组从中国乙肝病毒携带者体内分离出的一株B型病毒的基因,"植入"几百枚小鼠的受精卵细胞内。

20 天后，经过筛选的小鼠诞生，经过近 3 年的持续合作，成功地完成了模拟的“乙肝病毒携带者”，并已供应给其他实验室应用，受到好评。

（王小华）

【发现大脑记忆编码单元与大脑密码的解读方法】

记忆编码研究的核心问题之一，就是要了解记忆信息在大脑神经元网络水平的实时编码原理。华东师范大学脑功能基因组学研究所林龙年副教授和该校长江讲座教授、美国波士顿大学教授钱卓（现任该校脑功能基因组学重点实验室主任），运用最新的多通道载体记录技术，通过巧妙的实验设计，对情景记忆在海马神经元网络的实时编码模式，以及这种编码模式的组织原理和内在机制进行了深入研究，发现在海马神经元网络中存在着编码多种惊吓刺激的神经元，一批特定功能的神经元组成了特定情景记忆的编码单元，或者说稳定的记忆是由一组神经元而不是单个神经元来完成的。根据这些记忆编码单元的激活状况，可以把任何一种惊吓刺激转化成标志这些记忆编码单元活动的一串二进制数字，这种数字化记忆编码方式所产生的记忆密码，有可能像遗传密码一样，跨越不同的个体和种类而具普遍性。这一发现使得科学家能够通过检测大脑记忆编码单元的活动状态去进一步解读大脑在学习记忆过程中的神经元编码规律。该项研究成果发表在 4 月出版的《美国科学院院报》（*PNAS*）上。

该实验以小鼠为对象，为记录小鼠海马的活动，研制了世界上最轻巧的精细微电极推进器，将 96 根比头发还细得多的微电极插入小鼠的海马区域，一次性同时成功记录了多达 260 个神经元的活动情况，而传统方法在小鼠上只能记录到几个至二十几个神经元的活动。

（梁宗禧）

【发现受体信息传递和药物作用的新途径】 12 月出版的美国《细胞》（*Cell*）杂志刊登了中科院上海生命科学研究院生物化学与细胞生物学研究所裴钢研究组和复旦大学药理研究中心马兰研究组在受体信息传递和药物作用机制研究领域合作研究获得的突破性的重要成果。该成果发现进入细胞核的 β 抑制因子能够引起染色体重构并诱导药物靶基因的激活，从而对细胞功能产生长期的调节作用，揭示了 β 抑制因子作为受体信使把信息传入细胞核的新功能以及受体信息传递和药物作用的新途径，即 β 抑制因子进入细胞核后，有选择地富集于一些具有特殊启动子的基因前，如 P27、C－fos，从而增强组蛋白乙酰化转移酶 P300，最终促进这些基因的转录。该研究首次证明了 β 抑制因子扮演了 GPCR 信号从胞浆到细胞核的浆—核信使，同时阐明了 GPCR 信号从胞膜—胞浆—胞核的信号传递的机制。该项成果已申请了发明专利，并为开发治疗各种复杂疾病的药物提供了新的策略和靶点，具有非常重要和广阔的应用前景。

（郭建忠　赵如江　李旭芬）

【发现大脑前扣带皮层神经元上的 NR2B 受体对恐惧记忆的形成至关重要】 不同类型的记忆由大脑不同的部位管理。每个人都会有某些挥之不去、刻骨铭心的记忆，这些记忆往往与悲欢或恐惧的事件密切相关。复旦大学神经生物学研究所卓敏和李葆明教授与韩国国立汉城大学姜奉钧通过合作研究，首次发现大脑前扣带皮层神经元 NR2B 受体活性降低或阻断后，实验鼠不能形成恐惧记忆，对曾经遭受过电击的实验环境一点也不害怕，而正常的老鼠则会显得惊恐万状。因此，大脑前扣带皮层神经元上的 NR2B 受体对恐惧记忆的形成至关重要。该研究成果发表在 9 月出版的美国《神经元》（*Neuron*）上。

该发现不仅增强了人们对记忆形成机制的进一步了解，而且有可能为开发治疗重大打击或恐怖事件导致的精神疾病提供新的思路，即对受过严重创伤后的精神障碍（如受重大打击引发的抑郁症等），通过阻断大脑前扣带皮层神经元上的 NR2B 受体，有可能阻止恐惧记忆的形成或缓解由此导致的症状。

（郭建忠）

【首次发现硝酸甘油有效性受基因突变影响】 复旦大学生命科学学院、国家人类基因组南方研究中心、上海交通大学医学院附属瑞金医院的科研人员，经过近 4 年的研究发现，人体细胞中的“线粒体乙醛脱氢酶 2”（ALDH2）是硝酸甘油的有效代谢物“一氧化氮”形成的关键，如病人“线粒体乙醛脱氢酶 2”基因中携带“Lys－504”的基因突变，就无法代谢硝酸甘油，从而无法产生一氧化氮，使药物不能发挥作用。研究还发现，中国汉族人群中，含服硝酸甘油无效的比例高达 25% 以上。该研究成果发表在美国《临床研究杂志》（*J. Clin. Invest.*）上。

值得注意的是，在亚洲人群中，30%～50% 的人都携有"Lys－504"基因突变，远远高于欧美人群。因此，今后医生在临床使用硝酸甘油的过程中，必须考虑病人的这一遗传因素。2005年，国家人类基因组南方研究中心开发了"硝酸甘油治疗急性心绞痛疗效检测方法和试剂盒"。

（王小华）

【发现GSK蛋白质的活性对确定神经细胞极性起关键作用】 1月14日，美国《细胞》(*Cell*)期刊发表中科院上海生命科学研究院神经科学研究所博士研究生蒋辉等的研究成果：发现GSK蛋白质的活性对确定神经细胞极性起关键作用，开拓了治疗神经损伤的新途径。

脑神经复杂的信息传导有赖神经细胞的特殊结构，神经细胞通常有两种结构，即接收讯号的树突、发送讯号的轴突。该研究揭示了神经细胞的这两个基本极性是如何形成的，GSK蛋白激酶在发育过程中的分布有极性，在轴突中的活性比树突中要低。如果其活性太高，神经细胞会没有轴突，太低则会把树突变成轴突。其活性由上游分子来调控，多个分子形成通路，控制着神经细胞的极性。该研究还发现，确定神经细胞极性的GSK还维持着极性。如果用药物改变GSK活性，就可以把树突变成轴突，表明了可以通过药物来增加轴突数量，这可能成为神经元损伤修复和退行性神经系统疾病治疗的新突破口。

（顾一希）

【发现调节阿片类物质镇痛作用的新原理】 8月26日，美国《细胞》(*Cell*)期刊发表中科院上海生命科学研究院神经科学研究所张旭研究员及其研究生管吉松等的研究成果：发现在传导痛觉的初级感觉神经元中新合成的P物质的前体分子与Delta阿片受体发生直接相互作用，并将该阿片受体带入可调控的分泌途径中，使Delta阿片受体在它的激动剂刺激下或在痛觉刺激下，能表达在这些感觉神经元的表面，与相应受体激动剂结合，产生镇痛作用；还观察到没有P物质基因的小鼠无法正常地运输Delta阿片受体到脊髓中痛觉传入神经纤维的终末，Delta阿片受体也无法有效地表达在细胞表面发挥作用，这种小鼠不产生吗啡耐受，说明P物质前体调控的Delta阿片受体转运原理在形成吗啡耐受中起重要作用。

（顾一希）

【发现果蝇跨模态学习的相互作用】 7月8日，美国《科学》(*Science*)期刊上发表中科院上海生命科学研究院神经科学研究所郭爱克院士与郭建增博士等的原创性研究成果：发现果蝇跨视觉和嗅觉模态的学习记忆的协同共赢和相互传递作用。该成果将单独的视觉和嗅觉模态的输入信息衰减到不再能引起果蝇单模态的学习/记忆效果，并分别定义为视觉和嗅觉阈值。然后，将阈值以下的两个模态输入，同步地提供给单只果蝇，实施双模操作条件化。在检测双模态复合记忆获取时，发现两者之间的"弱—弱"联合，竟然能导致跨模态的学习记忆达到(1＋1＞2)的非线性增强，即"协同共赢"的效果。进一步发现，在低于阈值的视嗅双模态信息同步呈现和共操作条件化之后，再来分别独立检验单模态的记忆获取时，视嗅各自都形成了有统计意义的记忆。这表明双模态之间的记忆不仅实现了"协同共赢"，而且还实现了"互利互惠"原则。

（顾一希）

【发现引导神经生长方向的细胞膜离子通道机制】 4月14日，英国《自然》(*Nature*)期刊发表中科院上海生命科学研究院神经科学研究所王以政研究员、袁小兵研究员等的研究论文。该研究发现神经生长锥中的一类非选择性阳离子通道TRPC在神经生长锥的导向中起到关键作用。应用生长锥转向分析的方法，观察到一种脑内重要的神经导向因子BDNF，通过受体TrkB激活胞内磷酯酶C，产生三磷酸肌醇，后者打开细胞内钙库，所产生的少量Ca^{2+}，进一步激活神经生长锥细胞膜上的非选择性阳离子通道TRPC3/6，触发大量Ca^{2+}内流，参与神经生长锥的转向长，帮助神经回路的发育。

（顾一希）

【发现酸敏感离子通道(ASICs)是介导缺血性神经细胞损伤的重要分子】 11月23日，美国《神经元》(*Neuron*)期刊发表中科院上海生命科学研究院神经科学研究所徐天乐研究员及其博士后研究员高隽等的研究论文。该研究发现ASICs不仅可以单独介导缺血性细胞损伤，而且还可以作为谷氨酸受体下游信号通路的一部分，被谷氨酸受体激活的钙调素依赖的蛋白激酶Ⅱ(CaMKⅡ)所磷酸化。ASIC1a－478和ASIC1a－479位的丝氨酸被磷酸化后，可以进一步放大ASICs的细胞毒效应。该论文得到了3位匿名审稿人高度的评价，认为"这是一项做得很完美的研究，大大拓展了我们对缺血过程中谷氨酸受体和ASICs协同作用的认识”。该发现揭示了 ASICs 是介导缺血性神经细胞损伤的重要分子，为发展新型神经保护药物提供了新的理论依据和分子基础。

（顾一希）

【发现 cAMP 调控 BDNF 突触功能的特殊机制和潜在的分子机理】 2 月，英国《自然·神经科学》（*Nature Neuroscience*）期刊发表中科院上海生命科学研究院神经科学研究所博士研究生季源源等的研究论文。该研究发现在中枢神经系统中，cAMP 调控 BDNF 突触功能的特殊机制和潜在的分子机理。在中枢神经系统中，细胞内 cAMP 的水平可以受到很多因素的调节，例如局部脑缺血可以升高细胞内 cAMP 水平。实验结果提示这种活性依赖的局部区域的 cAMP 水平的升高能增加树突中突触后致密带（PSD）区域内 TrkB 受体的量，从而选择性地调节活性突触。在海马突触结构中，有活性功能的 TrkB 受体同时分布于突触内和突触外。活性依赖性的 TrkB 受体向突触的转运对于突触功能的调节是很重要的。

（顾一希）

【发现 G 蛋白偶联受体的激活通过 Gβγ 和 PKC 调节嗜铬细胞中的量子大小】 9 月，英国《自然·神经科学》（*Nature Neuroscience*）期刊发表中科院上海生命科学研究院神经科学研究所博士研究生陈晓科等的研究论文。该研究发现 G 蛋白偶联受体的激活通过 Gβγ 和 PKC 调节嗜铬细胞中的量子大小。在大鼠肾上腺嗜铬细胞中钙离子浓度升高所导致的 ATP 型受体的激活减少了下游神经递质的释放。这种释放的减少是由一种百日咳毒素敏感的 G蛋白 βγ 亚基所造成的。此外，平行激活的另一个毒蕈碱型乙酰胆碱受体（muscarinic acetylcholine receptor）可以去除 ATP 对神经递质释放的抑制作用。这种逆行调节是通过一个蛋白激酶 C 激活通道完成的。这种 ATP 的抑制作用和蛋白激酶 C 的可逆作用机理也同样适用于阿片类物质（opioid）和生长激素抑制素（somatostatin）。因此，G 蛋白通路在钙离子激活的神经递质释放的特殊步骤——分泌孔道的形成中起到调节作用。

（顾一希）

【发现刺激的时间模式在知觉学习中的重要作用】

11 月，英国《自然·神经科学》（*Nature Neuroscience*）期刊发表中科院上海生命科学研究院神经科学研究所余聪研究员及其博士研究生蒯曙光等的研究论文。该研究发现知觉学习可以提高人对视觉刺激的属性（如对比度、空间频率和方向）的辨别能力。以往的研究更多关注刺激的空间因素在知觉学习中的影响，而对刺激时间因素的作用知之甚少。通过对对比度辨别和运动方向辨别的知觉学习研究发现：当被试同时训练多个刺激时，如果不同的刺激以固定的时间模式依次呈现，知觉学习有很好的效果；与此相反，若各个刺激随机呈现则几乎没有知觉学习效果。此外，时间模式促进知觉学习主要不是因为降低刺激的不确定性。该研究同时证明在固定时间模式训练下的学习效果可以得到长久保持，并可以迁移到随机模式或其它未训练的固定时间模式。因此，假定刺激的时间模式可以在时间上将不同的刺激组织起来，促进对刺激信息的编码和储存，而随机时间模式则会破坏这种编码。储存的刺激信息进一步指导对刺激特征的辨别。这种自上而下的指导和自下而上的感觉输入的相互作用最终导致辨别阈值的降低，产生知觉学习。

（顾一希）

【发现 Rho GTPases 活性可以被 Ca^{2+} 调节，引起神经生长锥转向】 3 月，美国神经科学会会刊《神经科学杂志》（*Journal of Neuroscience*）发表中科院上海生命科学研究院神经科学研究所袁小兵研究员及其博士研究生金明等的研究论文，并在同期杂志封面上做了标题介绍。钙离子（Ca^{2+}）是重要的细胞内信使。神经生长锥内 Ca^{2+} 的浓度梯度能够指导神经生长锥转向，使神经纤维朝钙离子浓度高的一侧生长。Rho 家族的小分子 GTP 酶（Rho GTPases）通过调节细胞骨架，在神经生长和导向中起到必不可少的作用。对于这两种在神经导向中扮演关键角色的信号分子（Ca^{2+} 和 Rho GTPases）之间究竟有怎样的关系？该研究应用生长锥转向分析的方法，结合生物化学、分子生物学和钙成像技术，发现在神经细胞中，Rho GTPases 活性可以被 Ca^{2+} 调节，作为 Ca^{2+} 的下游，触发神经生长锥内细胞骨架的重组，引起神经生长锥转向。而 Ca^{2+} 调节 Rho GTPases 可能的机制是通过 Ca^{2+} 的下游蛋白激酶 PKC 磷酸化 GEF、GAP 等 Rho GTPases 调节蛋白实现。

（顾一希）

【发现染色质组蛋白 H3－K79 甲基化的调控机制和在白血病发生中的作用】　组蛋白的甲基化主要是组蛋白 H3 和 H4 上的 Lys 和 Arg 甲基化，中科院上海生命科学研究院生物化学与细胞生物学研究所徐国良领导的研究组首先发现位于组蛋白 H3 的 79 位 Lys(H3－K79)也是一个甲基化位点，并找到其甲基化酶 hDOT1L，运用酵母双杂交的手段从小鼠的精巢 cDNA 库中筛选到了一个与 hDOT1L 相互作用的因子 AF10，并进一步证实了相互作用的真实性。在一些急性骨髓白血病人中已发现存在 AF10 与混合系白血病(MLL)蛋白的融合形式，且 AF10 的 OMLZ 区域是 MLL－AF10 介导白血病发生所必需的，该研究证实了这一区域也负责介导与 hDOT1L 的相互作用。然后，通过直接融合 hDOT1L 与 MLL，发现能导致依赖于 hDOT1L 甲基转移酶活性的白血病的发生，且由 MLL－hDOT1L 和 MLL－AF10 引起的白血病转化同样导致了相关基因的上调，如 Hoxa9 及 Hoxa9 序列处的 H3－K79 被高甲基化。因此，该研究显示把 hDOT1L 错误的表达带到 Hoxa9 序列处并甲基化 H3 的 79 位 Lys，在 MLL－AF10 引起的白血病转化中起着重要作用。该项成果对于治疗白血病和新药的筛选有很重要的意义，已发表在美国《细胞》(*Cell*)杂志上。

(李旭芬)

【阐明了免疫细胞在受到化学趋化物诱导的情况下产生细胞后端极性的分子机制】　中科院上海生命科学研究院生物化学与细胞生物学研究所李林和曾嵘研究员与美国康州大学吴殿青教授的合作研究成果，在国际上首次阐明了免疫细胞在受到化学趋化物诱导的情况下产生细胞后端极性的分子机制，产生了重要的影响。其实验结果表明：在存在趋化物浓度梯度的情况下，小 G 蛋白 Cdc42 和 RhoA 共同调节了磷酸酶 PTEN 的细胞后端定位；同时，RhoA 通过下游激酶 ROCK 引起了 PTEN 的磷酸化，激活了 PTEN 的磷酸酶活性，使得细胞后端 IP3 的量降低，调节了 Akt 的去磷酸化，从而产生了细胞的极性后端。该成果发表在美国《自然细胞生物学》(*Nature Cell Biology*)杂志上。

(李旭芬)

【古细菌 Aquifex aeolicus 中的亮氨酰－tRNA 合成酶含有合成酶进化的遗迹】　中科院上海生命科学研究院生物化学与细胞生物学研究所王恩多研究员领导的实验室，发现来源于超耐热菌 Aquifex aeolicus 的 LeuRS 的 CP1 结构域，对错误的误氨基酰化产物具有体外编校功能，并对古老形式的 tRNA 分子－小螺旋(minihelix)的误氨基酰化产物也具有编校功能。通过同源序列比较分析，发现在该 CP1 结构域中存在一个由 20 个氨基酸组成的特异的结构模式，该模式对于 CP1 结构域的体外编校功能至关重要，可赋予编校功能给原来不具有编校功能的大肠杆菌 CP1 结构域；超耐热菌 LeuRS 的 β 亚基也可以行使同样的功能。

该研究成果充分表明，来源于古老细菌 Aquifex aeolicus 的 LeuRS 具有进化的遗迹，其单独具有编校活力的 CP1 结构域的发现有力地支持了氨基酰－tRNA 合成酶通过纳入新的结构域以加速进化过程的理论，并从不同的方面为氨基酰－tRNA 合成酶/tRNA 共进化理论提供了可靠的依据。该成果发表于英国《欧洲分子生物学杂志》(*EMBO Journal*)上。

(李旭芬)

【发现 DNA 大分子上一种新的硫修饰】　中国科学院院士、上海交通大学 Bio－X 生命科学研究中心副主任邓子新联合英国和美国的科学家，在作为生命中枢的 DNA 大分子上首先发现了某些微生物基因组中硫的存在，并分离出与硫修饰有关的完整基因簇。该发现为从遗传学、生化学和化学领域协作攻关并从根本上揭示 DNA 硫修饰的本质提供了新思路。DNA 新结构的最终阐明将丰富分子生物学的基础理论，打开一个新的学科领域，也将为 DNA 损伤，甚至癌症治疗因子的作用机理提供理论基础。目前，已拥有的硫化修饰基因(簇)和一系列突变株，奠定了进行体外基因表达、研究酶学功能的条件，也为最终从分子水平上阐明修饰的化学本质和生物学意义奠定了良好的基础。相关论文发表在 9 月出版的英国《分子微生物学》(*Molecular Microbiology*)期刊上，并入选了 2005 年度“中国高等学校十大科技进展”。

小资料

DNA 分子研究

DNA 分子研究是生物科学最为引人注目的研究领域之一。DNA 是生命的物质基础，由五种元素——碳、氢、氧、氮、磷构成的四种核苷酸序列，编码着自然界千变万化的遗传现象，贮存着生物界无穷无尽的遗传信息资源。在基本的 DNA 骨架之外，DNA还会“自我修饰”。这是分子生物学科的一个专门领域，构成对DNA结构的重要补充，其中同样蕴涵神秘的遗传学意义，世界上为此类研究倾注毕生精力的科学家数以万计。

在DNA修饰研究领域，第一项重大发现是诞生于20世纪50年代的“DNA甲基化限制修饰系统”。该发现可以限制外来生物入侵，使生物体保护自身遗传稳定性；在后来分子生物学与基因工程的研究中发挥了重要作用。

DNA分子的硫修饰，是DNA甲基化修饰系统之外的又一项新发现。DNA分子的不稳定现象在实验中会经常遇到，却被普遍解读为因DNA提取操作不当造成。但邓子新院士最终发现DNA分子不稳定现象出在其自身，因为DNA分子产生了硫修饰。该发现为生物学研究打开了又一扇大门，DNA硫修饰后新结构及生物学意义的阐明，将丰富分子生物学的基础理论，也可能推动相关生物学领域的研究，如了解DNA损伤，癌症治疗因子的作用机理等。

（武雪萍）

【发现染色体上一个离子通道基因KCN2功能获得性突变可导致心房颤动】　1月，《美国人类遗传学杂志》（*American Journal of Human Genetics*）发表了同济大学陈义汉教授及其医学遗传研究所和附属同济医院心脏内科科研人员共同完成的最新研究成果：通过分子遗传学技术和细胞电生理学技术，发现了人类第21号染色体上一个离子通道基因KCN2功能获得性突变可导致心房颤动的发生。该成果揭示了人类心房颤动的新的遗传起源，进一步提升了中国科学家在心律失常研究中的国际地位。

心房颤动是心房快速无序激动和无效收缩，是临床上最常见的一种心律失常。约有5%具遗传背景，还有36%心房颤动原因不明，心房颤动可以引起致命或致残的心力衰竭和中风，是临床极为棘手的难题。

20世纪90年代末，中国学者开始寻找心房颤动致病基因。2003年初，陈义汉教授的科研团队及其合作者，发现了人类的第一个心房颤动致病基因，相关论文发表在美国《科学》（*Science*）杂志上（参见《2004上海科技年鉴》第50页），系拥有完整知识产权的原创性研究成果。5年的探索，先后发现两个心房颤动致病基因，实现了国际心房颤动分子遗传学研究领域的两次突破。

（许伟良）

【发现肌浆网在胚胎干细胞分化的心肌细胞钙瞬变和收缩调控中的作用】　中科院上海生命科学研究院/上海交通大学医学院健康科学研究所博士生傅继东，利用肌浆网（SR）上Ca^{2+}主要释放通道RyR2基因剔除的胚胎干细胞系和正常胚胎干细胞系，直接证明了SR在心肌细胞分化发育的早期就参与调控E－C耦联；揭示了胚胎干细胞分化的心肌细胞具有与成体心肌细胞相似的E－C耦联调控功能，在理论上进一步丰富了早期心肌细胞钙稳态的发育规律和调控机制，并为胚胎干细胞用于心肌细胞移植提供了有力的实验证据。2005年，该成果发表于美国《美国实验生物学会联合会会志》（*FASEB Journal*）上。

（黄咏华）

【发现骨桥蛋白在类风湿性关节炎中的病理机制】

由中科院上海生命科学研究院/上海交通大学医学院健康科学研究所研究员臧敬五经过多年研究，完成的“骨桥蛋白在类风湿性关节炎中的病理机制”发表在4月出版的美国《临床研究杂志》（*Journal of Clinical Investigation*）上。该项成果对类风湿性关节炎的发病机理和免疫调控作了深入探索，在国际上第一次阐明了骨桥蛋白在类风湿性关节炎发病中的作用，发现骨桥蛋白是引发类风湿性关节炎的顽凶，为治疗类风湿性关节炎找到了新的临床手段和药物靶点。

（黄咏华）

【脑发育与可塑性的基础研究通过验收】　该项目是2000年度国家“973”计划项目，由中科院上海生命科学研究院神经科学研究所承担，中国科学院院士郭爱克任首席科学家。9月21～22日，该项目组织课题评估验收专家组对项目的各个课题进行终期验收，认为5个课题都全面、超额、高质量地完成了任务书设定的5年研究目标，并在许多方面实现了突破性进展，取得了许多重要的研究成果，凝炼出很多重要的新生长点。10月22日，通过了科技部组织的项目结题评审，得到专家们高度赞赏。

5年执行期间，在国际学术期刊上共发表（在神经所的实验室完成的）重要的研究论文60余篇，包括美国的《细胞》（*Cell*）杂志上2篇、《科学》（*Science*）杂志上2篇、《神经元》（*Neuron*）杂志上6篇，英国的《自然》（*Nature*）杂志上1篇、《自然》（*Nature*）系列杂志上5篇等。1月14日出版的美国《细胞》（*Cell*）杂志发表了该项目神经细胞极性形成和维持原理的研究成果，是该杂志25年后再次发表中国内地学者的论文。

（顾一希）

【新建人胚胎干细胞系及其印迹基因表达的研究取得突破】 中科院上海生命科学研究院/上海交通大学医学院健康科学研究所发育生物学实验室研究员金颖在新建人胚胎干细胞系及其印迹基因表达的研究上取得突破，成功地建立了一株人胚胎干细胞系，命名为SHhES1。该株人胚胎干细胞已在体外连续传代70次，表达胚胎干细胞特异的分子标记，能在体内、体外分化为三胚层的细胞，是一株具有分化多能性的人胚胎干细胞。2005年，该株人胚胎干细胞各项检测指标均通过上海市科委组织的国内外专家验收。细胞系建成后，还深入研究了SHhES1细胞中印迹基因的表达模式，通过比较母亲外周血、干细胞、干细胞形成的类胚体的单核苷酸多态性研究，证明四个印迹基因H19、PEG10、NDNL1、KCNQ1的单等位表达在分化和未分化的人胚胎干细胞中都能维持稳定。该项发现证明了在体外培养的人类早期胚胎及其产生的干细胞在表观遗传方面具有一定的稳定性。同时，利用基因芯片技术，将数据与其他网上公开的数据进行比较，得出以下结论：不同株的人胚胎干细胞系的印迹基因表达模式上有很多相似性，但仍然具有各自特异的印迹基因表达，这可能和各自的遗传背景密切相关。人胚胎干细胞系SHhES1的成功建立，一方面增加了中国的干细胞资源库，另一方面对干细胞表观遗传的稳定性做了分析。该成果已发表在英国《人类分子遗传学》（*Human Molecular Genetics*）杂志上。

（黄咏华）

【果蝇先天免疫的分子机制研究取得突破】 P38 MAP激酶是真核细胞凋亡、增殖、分化和应激过程中起关键作用的激酶，但是对于p38活化的具体机制还不是很清楚。由中科院上海生命科学研究院/上海交通大学医学院健康科学研究所研究员戈宝学在果蝇先天免疫的分子机制研究中，利用果蝇S2细胞为研究平台，阐明了不同的刺激条件激活p38MAP激酶是通过不同的上游激酶分子实现的，该发现对MAP激酶激活机制的研究有很大的指导意义。另外，还对果蝇先天免疫进行了深入的研究，克隆了一个新的关键骨架蛋白分子dTAB2，研究发现dTAB2在果蝇先天免疫中起着非常重要的作用。2005年，以上成果以两篇论文的形式发表在英国《细胞信号发送》（*Cellular Signalling*）上。

（黄咏华）

【在多发性硬化的免疫病理机制研究中取得重大突破】 由中科院上海生命科学研究院/上海交通大学医学院健康科学研究所研究员臧敬五对用于治疗多发性硬化的小分子多肽免疫调节剂可伯松的作用机理进行了系统性的研究，发现可伯松通过激活T细胞的转录因子Foxp3，可将CD4+CD25−调节性T细胞转化成CD4+CD25+免疫调节细胞，从而纠正免疫调节紊乱，达到治疗的目的。在γ干扰素基因敲除的小鼠模型中进一步证实，上述作用是通过γ干扰素介导的。该成果为阐明多发性硬化的免疫病理机制及进一步研究有效的小分子多肽免疫调节剂提供了关键的理论依据，并发表在5月出版的《美国科学院院报》（*PNAS*）上 。

（黄咏华）

【在与老年痴呆形成相关的β淀粉样多肽构象变化机理研究取得重要进展】 中科院上海药物研究所药物发现与设计中心通过对β淀粉样多肽（Aβ）在水溶液和磷脂双层中的多次长时间分子动力学模拟，首次在原子水平上捕捉到Aβ在水溶液中，从a−螺旋到β−折叠的构象转变；通过残基突变找到导致这种构象转变的原因是疏水C端4个甘氨酸的有序排列，从而提出了Aβ的构象变化具有序列依赖性的研究结果。此外，还通过模拟Aβ在磷脂层中的构象变化分子动力学行为，发现Aβ从其前体蛋白水解后趋向生物膜表面运动，而且与水溶液中的构象变化不同，并在此基础上，对Aβ在不同环境中的不同构象变化以及导致其向折叠结构转变的关键因素进行了分析。该研究成果为阐述Aβ在老年痴呆致病过程中的作用机理以及阻止Aβ聚集的药物设计奠定了基础，并发表在4月出版的《美国科学院院刊》（*PNAS*）上。

（李　莉）

【播散性浅表性汗孔角化症致病基因的定位候选克隆研究达到国际领先水平】 该项目由复旦大学附属华山医院、国家人类基因组南方研究中心共同承担，于10月通过上海市卫生局鉴定，成果达到国际领先水平。

该项目采用定位候选克隆的策略，对二个六代播散性浅表性光线性汗孔角化症（DSAP）家系的致病基因进行全基因组扫描，通过连锁分析确定致病基因在染色体上的区域，并对该区域内的候选基因进行DNA测序和突变检测。结果显示二个六代DSAP的致病基因均位于12q23.2～24.1区域，与已报道的致病基因区域存在部分重叠，但对重叠区域内六个候选基因的编码区进行序列分析，在DSAP病人中未发现突变位点。该项目发现一号家系所有病人在重叠区域下缘约0.2－cM处SART3基因上存在着点突变；发现二号家系所有病人重叠区域下缘约0.5－cM处SSH1基因上存在着点突变，以及在ARPC3基因的启动子区域存在着一个特殊的SNP位点，SSH1基因与ARPC3基因共同参与表皮细胞骨架代谢通路；还发现另一个三代DSAP家系和散发病例在SSH1基因的f剪接本上分别存在着二个移码突变，首次提出角质形成细胞内细胞骨架代谢紊乱可能与DSAP发病相关。

该成果为研究一些复杂皮肤病的发病机制提供了借鉴，为DSAP的基因诊断和遗传咨询提供了依据，论文曾发表在美国《人类突变》(*Human Mutation*)等杂志上。

（王小华）

【基于生物信息学的药物新靶标的发现和功能研究项目通过中期评估】　该项目是国家“973”计划项目，由上海交通大学医学院陈国强教授任首席科学家，于1月通过了项目中期评估。该项目提出了一项关于低氧诱导白血病细胞分化的新理论，不仅对阐明传递白血病细胞分化信息的分子生物学基础具有重要原创意义，而且将在较大程度上推动对白血病细胞分化机制的认识，可望开拓新型学术生长点，为诱导分化治疗模式在白血病治疗中的突破奠定重要理论基础。

该项目应用现代生物学技术，致力于假说驱动的有关急性髓细胞性白血病(AML)细胞分化和凋亡机制的系列原创性研究。在国际上首先报道低氧、氯化钴和去铁胺诱导AML细胞分化，并首次应用白血病小鼠模型，发现一种新型衍生物在低浓度下即可诱导AML细胞凋亡；对其分子生物学机制进行深入研究，提出该化合物可能成为通过诱导细胞凋亡治疗AML的药物。在此基础上，该医院对低氧诱导AML细胞分化的机制进行了深入系统的研究，提出了低氧诱导白血病细胞分化的理论，证实了低氧环境通过抑制白血病细胞浸润和诱导分化能延长小鼠生存时间。该项研究已申报3项专利，曾在美国《血液》(*Blood*)、英国《肿瘤研究》(*Oncology Research*)和《白血病》(*Leukemia*)等刊物上发表10多篇论著。

（张廷翔）

【细胞因子神经调节作用的分子机制研究达到国际先进水平】　该项目由第二军医大学等单位承担完成，于2005年通过上海市卫生局组织的鉴定，达到国际先进水平。

该项目通过对α干扰素阿片样作用的研究，阐明了其神经调节作用的分子结构基础及受体机制，获得了既保留抗病毒活性又使作用于神经内分泌系统所致的发热等毒副作用减弱甚至消失的新型α干扰素，并获得国家发明专利，在国际SCI收录期刊发表论著5篇。该项目还进行白细胞介素－2的神经镇痛作用及戒毒功能研究，发现白细胞介素－2在吗啡耐受的小鼠中，其镇痛作用比吗啡还强很多，基因治疗则半衰期大大延长，可望应用于国际上一直未能解决的长期“慢性痛”的问题；研究还发现白细胞介素－2能与吗啡受体相结合产生戒毒功能，在国际SCI收录期刊发表论著5篇，“白细胞介素－2基因在慢性疼痛应用中的测试方法”获国家发明专利。根据以上研究结果，提出了细胞因子神经调节作用及神经内分泌与免疫系统间相互联系分子机制的假说，在SCI收录刊物发表综述3篇，并被收录于《中国生理学史》。

（秦若辉）

【恶性肿瘤细胞分化能力及人胚干细胞特性的研究达到国际先进水平】　该项目由第二军医大学基础部承担完成，于2005年通过上海市卫生局组织的鉴定，达到国际先进水平，对探明肿瘤发生的原因和肿瘤发展的机制，寻找肿瘤预防和治疗的有效途径具有重要理论意义和实用价值。

该项目运用细胞和分子生物学技术以及动物实验，发现生物大分子和细胞内信号分子可引起恶性肿瘤细胞向正常细胞分化，明确了肿瘤细胞增殖、迁移和转移与细胞黏附分子、金属蛋白酶及细胞异常转型关系密切，探明了恶性肿瘤细胞在细胞功能和结构分子等方面与组织干细胞存在相似性，从分子、细胞、器官和动物整体水平证实了肿瘤的发生和发展与细胞发育和成熟之间的联系。

该项目还在细胞和动物整体层面研究人干细胞的分化与细胞转型的关系。首先分离人胚表皮干细胞和人胚生殖嵴干细胞，并成功实现间充质干细胞向上皮细胞的转型及了解相关分子机制，证明了细胞转型过程中，细胞膜黏附分子的变化、骨架蛋白的重排以及细胞内相关信号分子的激活发挥了重要作用。

（秦若辉）

【神经干细胞分化、发育过程相关基因研究取得进展】 神经干细胞是一种可以分化为神经元和胶质细胞的前体细胞，对神经损伤、神经退行性疾病的治疗具有重要价值。上海大学文铁桥教授在国家“973”计划项目“脑功能和脑重大疾病的基础研究”的支持下，以SD大鼠胎脑纹状体神经干细胞为材料，研究了神经干细胞分化、发育过程相关基因的表达与调控关系，揭示了这一过程可能的基因调控网络，结果表明RhoGDI2在分化过程的核心作用，RhoGDI2等基因表达导致N－WASP、Calmodulin、LIM－Kinase等基因抑制，对于实现神经细胞定向分化提供了具有重要参考价值的借鉴。2005年，有关论文发表在荷兰《分子与细胞生物化学》（*Molecular and Cellular Biochemistry*）、美国《美国科学院院报》（*PNAS*）杂志上。

（王鸿章）

【首次分离拟南芥膜定位的甾类激素分子结合蛋白MSBP1】 在植物激素信号传导研究中，中科院上海生命科学研究院植物生理生态研究所薛红卫领导的课题组首次分离了一个拟南芥膜定位的甾类激素分子结合蛋白MSBP1，并发现MSBP1通过抑制细胞伸长基因的表达负调控下胚轴细胞的伸长，为进一步研究和阐明甾类激素作用机理提供了基础。在植物激素相互作用方面，该课题组进一步证明油菜素内酯通过调控生长素极性运输能力导致生长素分布的改变，从而调控植物向性建成。该研究成果分别发表在美国《植物细胞》（*Plant Cell*）杂志的2005年第1期和第10期上。

（王世杰）

【在高等植物蓝光受体作用机理和功能研究方面获得最新进展】 蓝光受体隐花色素（CRY）在植物、动物和昆虫生长发育过程中发挥极其重要的调控作用。中科院上海生命科学研究院植物生理生态研究所杨洪全研究员领导的课题组研究发现：(1) CRY1与光敏色素（PHY）相似（红光、远红光诱导产生pfr和pr两种构象的PHY），蓝光和黑暗导致两种不同构象的CNT1二聚体，从而分别导致两种具有活性和非活性的CRY1。(2)与果蝇CRY通过其N端功能区（CNT）直接与下游蛋白相互作用不同，高等植物CRY是通过光激发CNT正调控C端功能区（CCT）的活性的。该研究成果澄清了多年来一直认为CRY同光裂解酶一样以单体结构发挥作用的错误结论，并发表在5月出版的美国《植物细胞》（*Plant Cell*）杂志上。

该课题组还在CRY功能研究上取得新进展，发现拟南芥菜CRY和光形态建成的负调控因子COP1的新功能——介导蓝光诱导的气孔开放，从遗传上证明了COP1位于CRY和向光素（PHOT）的下游，即CRY和PHOT介导的蓝光信号都必须经过COP1来完成对气孔开放的调节。该研究成果作为封面论文发表在8月出版的《美国科学院院报》（*PNAS*）上。

（王世杰）

【发现微小RNA对植物的生长发育起重要的调控作用】 在表观遗传学方面，8月出版的美国《植物细胞》（*Plant Cell*）杂志上，同时发表了中科院上海生命科学研究院植物生理生态研究所的两篇研究论文。黄海研究员领导的研究组通过大量的遗传学研究，发现拟南芥RNA－依赖的RNA聚合酶（RdRPs）与转录因子AS1和AS2共同调控叶的发育，植物RDR6相关的表观遗传途径和AS1－AS2途径协同调控植物的正常发育。陈晓亚研究员领导的研究组通过在拟南芥根冠发育调控因子的分离与鉴定方面的研究，发现生长素反应因子ARF10和ARF16是控制根冠发育的关键因子，miRNA160通过调控这两个基因的表达水平影响根冠和侧根的发育。

（王世杰）

【成功构建家蚕高密度微卫星遗传连锁图】 中科院上海生命科学研究院植物生理生态研究所、国家人类基因组南方研究中心和中国农业科学院蚕业研究所等合作，以鳞翅目昆虫的代表、重要经济昆虫——家蚕的518个简单重复序列（SSR或微卫星），构建了一张家蚕第二代分子标记遗传连锁图谱，并作为国际鳞翅目昆虫基因组协作组中内容的一部分。该研究成果发表在11月出版的《美国科学院院报》（*PNAS*）上。

为了获得家蚕微卫星位点，该课题组构建了两个平均插入长度为7kb的基因组文库，并利用探针杂交的方法获得了2 500个可在家蚕基因组中进行PCR扩增的（CA）n和（CT）n重复序列；利用这些位点对6个家蚕的代表品系进行多态性分析。结果表明这些位点在家蚕品系间的多态性仅为17%～24%，显示出虽然经过5 000年的驯化，家蚕品系之间仍然具有高度同源性。

该课题组新构建的家蚕微卫星遗传连锁图，其28个连锁群上的标记数目从7到40个不等，全部的遗传图距约为3 431.9cm。根据对已知基因和未知基因的定位，表明这张图在基因型分析上具有非常高的效率和可用性。这些家蚕微卫星位点在其他鳞翅目昆虫中的同源性研究正在进行之中。

（王世杰）

第三节　数学、物理学、化学

【大规模的NP困难排序问题松弛策略的研究取得阶段性成果】　该项目为2003年立项的国家自然科学基金资助项目，由上海第二工业大学承担，于2005年取得阶段性成果。该项目突破了传统的纯组合(即离散)的研究框架，基于数学规划的松弛策略，对大规模的NP困难排序问题以及其他的组合最优化问题，从随机化算法、列生成技术、凸性及其最优性条件等三个方面进行理论研究和应用研究，是“离散”和“连续”的相互融合、“确定”和“随机”的相互交叉、经典方法和数学规划最新理论的相互渗透。解决这些问题，不但对排序论、组合最优化理论的发展有促进作用，对数学规划本身的发展也有促进作用。

该项目属于运筹学学科的前沿研究，代表学科的发展方向，具有可行性和前瞻性，对推动近似算法的研究，促进组合最优化学科和数学规划学科的发展具有重要的科学意义。该项目在国内外学术期刊上已发表论文10篇。

（曹佩清）

【上海光源国家重大科学工程建设取得实质性进展】　由中国科学院和上海市政府共同建造的上海光源(Shanghai Synchrotron Radiation Facility，简称SSRF)国家重大科学工程，是一台高性能的中能第三代同步辐射光源，项目总投资约12亿元，由电子直线加速器、光束线站、高性能电子储存环及增速器等组成，选址张江高科技园区，并被列入上海市首批科教兴市重大产业科技攻关项目。

该工程经国家发展和改革委员会批准，于2004年12月正式开工，成立了由中国科学院院长路甬祥任组长、上海市市长韩正任副组长的工程领导小组，以及由中国科学院副院长江绵恒任总指挥、上海市副市长杨雄任副总指挥的工程指挥部。该项目由中科院上海应用物理研究所承担，2005年取得了实质性进展。按照工程CPM计划，加速器各系统设计经过专家评审后，进入样机研制阶段，并开展了34项、2.25亿元的设备招标；首批7条光束线站的设计，在充分吸收用户和专家的意见和建议的基础上，经工程指挥部和工程科技委主任同意，完成了设计方案、技术指标等的优化调整；公用设施工程完成了工程设计和大部分设备招标；建筑安装工程攻克了抗微振动、控制不均匀沉降和异型屋面等设计与施工难关；主体建筑基础工程已完工，进入上部结构施工阶段，35kV变电站、动力中心、综合办公楼等已完成建筑安装工作；成立了上海光源用户委员会筹备工作组，积极开展用户拓展工作。

上海光源国家重大科学工程将于2009年正式建成投入试运行，届时将为生命科学、材料科学、环境科学、微细加工等领域的研究和创新提供强大研究支撑，为提高上海乃至全国科技创新基础能力发挥重要作用。

同时，作为主要依托大科学装置“上海光源”和“神光Ⅱ”的中科院多学科交叉研究上海基地也在酝酿建设中。11月，中科院上海分院在中科院上海应用物理研究所召开了该基地建设方案讨论会，研讨了该基地的战略定位、发展思路、战略目标和阶段目标、发展重点及科学目标、实现战略目标的主要举措、体制机制、科研队伍及经费需求、院校及国际合作等问题。

（徐子瑛　吕佳颖）

【上海激光电子伽玛源可行性方案通过专家论证】　由中科院上海应用物理研究所承担的中国科学院知识创新工程重要方向性项目“上海激光电子伽玛源(SLEGS)的预制研究”可行性方案于2005年初通过专家论证。该项目将完成在上海光源(SSRF)大科学装置上建立低能MeV量级γ束线站的具体的物理设计报告、激光电子康普顿背散射的蒙特卡罗模拟，以及SLEGS所需的分子气体激光器、激光反馈控制系统、γ射线探测系统等关键部件的研制工作；还将在中科院上海应用物理研究所已建成的高品质100MeV直线加速器上，利用CO_2激光器和分子气体激光器的电子束对撞产生γ光，来研究激光电子对撞机制及产生γ光的性质；同时，对上述SLEGS所需的关键部件进行检测，为在SLEGS上开展基础和应用研究做前期准备，也为将来在上海光源（SSRF）大科学装置上建立高能亚GeV量级γ束线站作科学准备。

（吕佳颖）

【THz理论及应用技术研究取得进展】 2005年，中科院上海应用物理研究所THz－TDS实验室在THz的理论研究方面，首次讨论了在远红外THz波段内单壁纳米管中可能存在的磁光Kerr效应，对单壁纳米管的磁光光谱的研究指出，由于其具有很高的Kerr转角，单壁纳米管可能成为潜在的磁记录材料。在THz技术应用研究方面，测量了ZrC、ZrN、ZrO_2和ZrF_4四个样品的太赫兹时域光谱；在0.1～2.0THz范围内实验测得了频率依赖的吸收系数、折射率及相应的介电函数；利用标准Drude－Lorentz模型对实验做出了很好的拟合；首次在不同的Zr化合物中观察到了低频振动模的平移，并证明此平移效应是由于阴离子不同引起的；相关工作发表于美国《应用物理学快报》（*Appl. Phys. Lett.*）杂志。

（吕佳颖）

【上海电子束离子阱（EBIT）实验装置顺利出光】 上海EBIT是由中科院上海应用物理研究所和复旦大学现代物理研究所共同研制的中国第一台高电荷离子实验装置（参见《2005上海科技年鉴》第59页），于5月首次出光。至年底，上海EBIT已经调试到100KeV/110mA，工作磁场3特斯拉；已进行了Ar、Kr、Xe的气体注入和测量实验；离子源台架实验引出Ge、Au、Fe等离子，束流1～2mA/40m。

（吕佳颖）

【RHIC－STAR国际合作研究进展顺利】 2005年，中科院上海应用物理研究所重离子反应课题组作为RHIC－STAR国际合作组的正式成员进行和完成了RHIC能区的φ介子的实验数据的系统性分析；在RHIC－STAR首次尝试使用事件混合重构的方法研究φ介子的椭圆流，发现两条子粒子的自关联对于椭圆流的影响极大；完成了一篇介绍φ介子实验数据分析的方法，以及较为系统研究φ介子的能量和系统依赖性的文章；在美国《物理评论快报》（*Phys. Rev. Lett.*）和《物理评论C》（*Phys. Rev. C*）分别发表STAR合作论文3篇和4篇，在Quark Matter（夸克物质）2005国际学术研讨会上报告1篇。

（吕佳颖）

【分子标记、核素分子显像技术基础平台初步建成】

2005年，中科院上海应用物理研究所初步建立一个以放射性核素标记、示踪技术为核心的标记平台，包括氚标记实验室、碳－14（^{14}C）标记实验室、产品分装室、产品贮存室、质量控制实验室、冷试验室、液体闪烁测量室和准备室8个实验室。该标记平台已开展了碘甲烷等重要^{14}C和^{3}H标记试剂的研制，常规供应的产品有TDR和L－亮氨酸。

（吕佳颖）

【丰质子核结构和核反应研究通过验收】 该项目是2000年度国家"973"项目"放射性核束物理与核天体物理"的子课题，由中科院上海应用物理研究所承担完成，于9月通过结题验收。该项目开展了丰质子晕核的寻找和晕核性质的研究以及核碎裂反应的同位依赖性等方面的研究。通过核反应总截面的实验测量，提供了^{23}Al和^{27}P可能是质子晕核的实验证据，理论计算表明^{23}Al晕核的可能成因是外层质子能级的倒转；通过动量分布的测量，发现^{29}P是质子皮核的候选核；在日本理化所开展了对A～30区质子晕核寻找和特性的实验研究，同时测量了反应总截面、碎裂反应产物动量分布和单或双质子的擦去反应截面；通过国际合作进行了核液气相变时存在着核碎片的等级分布律研究。在理论研究方面，预言了放射性核束发射的核子－核子动量关联函数与核的束缚能或核子分离能的关系，以及核的同位旋对碎片的产额的影响，对相关实验研究有启发意义；提出了超重核的性质共存观点，引起国际同行的关注。

（吕佳颖）

【100MeV高性能电子直线加速器通过专家鉴定测试】 由中科院上海应用物理研究所承担的上海同步辐射装置工程二期预制研究项目"100MeV高性能电子直线加速器"（参见《2005上海科技年鉴》第58页）于9月通过了专家鉴定测试。经专家组测定，直线加速器输出的电子束能量均超过100MeV，能散度小于1%，输出的电子束流发射度小于1π·mm·mrad。测试专家一致认为，加速器测试参数均

达到或超过考核指标；在整个测试过程中，机器运行正常稳定。

（吕佳颖）

【0.8MV/300mA 燃煤烟气脱硫脱硝用电子加速器工程机械设计全部完成】　1月，中科院上海应用物理研究所在已完成的自行设计研制的电子束烟气净化用大功率电子加速器样机（参见《2005 上海科技年鉴》第 60 页）的基础上，启动了与北京紫泉能源环境技术有限公司合作承建的山东利津热电厂烟气脱硫示范工程，设计建造 0.8MV/300mA 燃煤烟气脱硫脱硝用电子加速器示范样机。至年底，加速器工程机械设计已全部完成，即将进入全面加工阶段。

（吕佳颖）

【深紫外自由电子激光研究顺利进行】　该项目由中科院上海应用物理研究所承担（参见《2005 上海科技年鉴》第 59 页）。2005 年，完成了在 100MeV 直线加速器上更换光阴极注入器的技术方案设计，驱动激光器系统设计和激光实验室的搭建，光阴极注入器的 30MW 微波功率源的系统集成以及波荡器真空系统设计等工作。

（吕佳颖）

【X 射线相干性及其相关研究取得进展】　该项目由中科院上海应用物理研究所承担，其目标是利用 X 射线相干特性研究强相关体系内的团簇结构及其动力学；利用时间分辨技术研究超快过程；在上海光源上发展泵浦探测新方法。2005 年，该项目利用合肥同步辐射装置，采用透射式散斑观测方法，初步观测到驰豫铁电体 PMN－PT 相变温度附近的准周期空间结构分布，该结构分布与纳米尺度的极化团簇的存在密切相关。该项目的观测结果在国际上尚属首次，并为进一步直接观测纳米团簇奠定了基础。

（吕佳颖）

【X 射线激光干涉诊断等离子体电子密度实验取得重大进展】　在惯性约束聚变（ICF）研究中，等离子体临界面附近电子密度的空间分布是一个需要实验诊断的重要参数。利用光学激光作为探针，由于其波长比较长，只能诊断远离临界面的低密度等离子体，而 X 射线激光的波长短得多，是临界面附近电子密度诊断难以替代的重要手段，对认识有关的物理过程、校验相关的模拟程序具有十分重要的意义。由于这种诊断实施的技术难度很大，至今只有美国利弗莫尔等个别实验室进行了演示实验。

上海激光等离子体研究所 X 射线激光实验课题组在国家“863”计划、国家自然科学基金支持下，于 2005 年以类镍－银 X 射线激光为探针，采用马赫—贞德尔干涉法成功地获得了倍频激光驱动 CH 靶等离子体电子密度的空间分布，测得的最高电子密度 $Ne \sim 3.2\times10^{21}\ cm^{-3}$（临界面处的电子密度 $Ne \sim 4\times10^{21}\ cm^{-3}$），总体水平与美国利弗莫尔实验室相当。

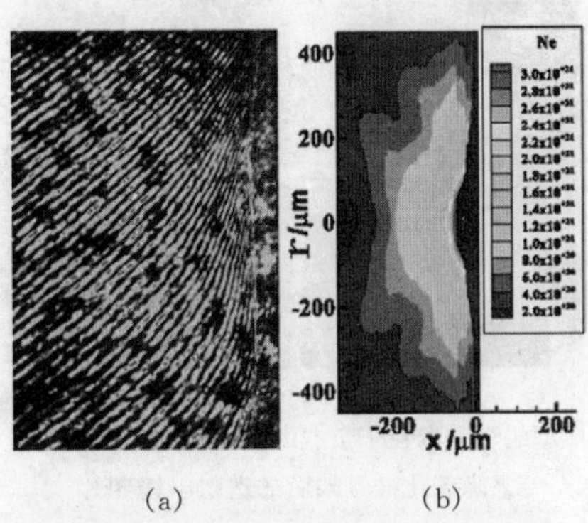

(a)　　(b)

(a)实验记录的动态干涉条纹，

(b)根据条纹移动处理的电子密度分布

X 射线激光诊断等离子体电子密度分布

（孙今人）

【飞秒激光诱导微纳功能结构研究取得多项进展】　2005 年，中科院上海光学精密机械研究所光子技术实验室在飞秒激光诱导微纳功能结构研究中取得新的重要进展，研究发展了一种新的计算全息方法。该方法利用飞秒激光直写在金属薄膜上形成

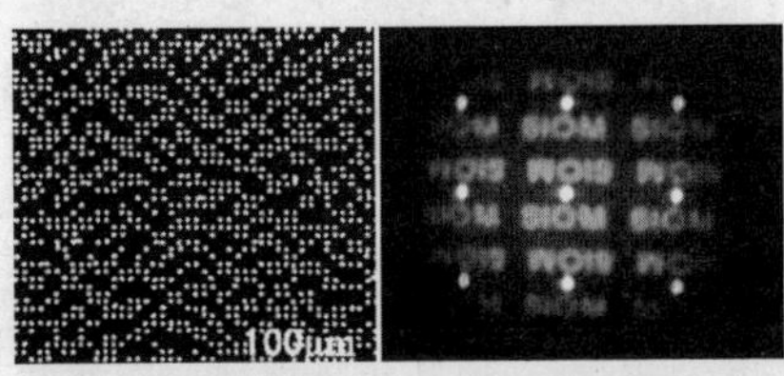

计算全息图，不需要掩模且不必对基体材料做清洗、刻蚀等特殊的前期及后期处理，通过模拟算法设计出 Fourier 型二元全息图。该方法克服了传统计算全息图工艺复杂、对环境要求严格等缺陷，有望在光学互联、空间滤波以及三维显示等领域带来革新，并得到广泛应用。

同时,该实验室还结合飞秒激光干涉技术以及脉冲激光转写技术,利用多光束飞秒激光干涉将周期微结构从镀有金属薄膜的支撑基体转写到另一接受基体上,实现了同时在支撑基体的金属薄膜上形成了与接受基体上正负相反的周期微结构。

(屈　炜)

【发现金属组装介孔薄膜具有超快的非线性响应速度和极高的三阶非线性极化率】　半导体和金属纳米材料具有许多传统材料无法媲美的奇异特性和非凡的特殊功能,特别是采用新型工艺制备的具有特殊构造和特定功能的复合有半导体、金属纳米颗粒的薄膜材料,由于兼具了纳米颗粒和薄膜的功能与结构的双重特性,使其在实现高速的光开关、光调制器以及光通讯领域具有光明的应用前景。孔径在2～30nm范围内可调、孔道排列有序的介孔材料为上述纳米粒子的负载提供了一个新的固体多孔基底,能够控制组装金属的形貌和尺寸,而且可以形成周期纳米粒子阵列,以发挥其协同效应,获得更加优异的性能。

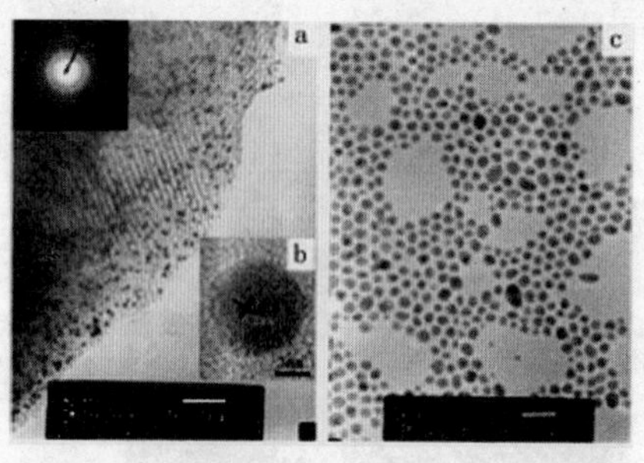

典型的金纳米粒子负载的介孔氧化硅薄膜以及去除氧化硅骨架后的透射电镜照片

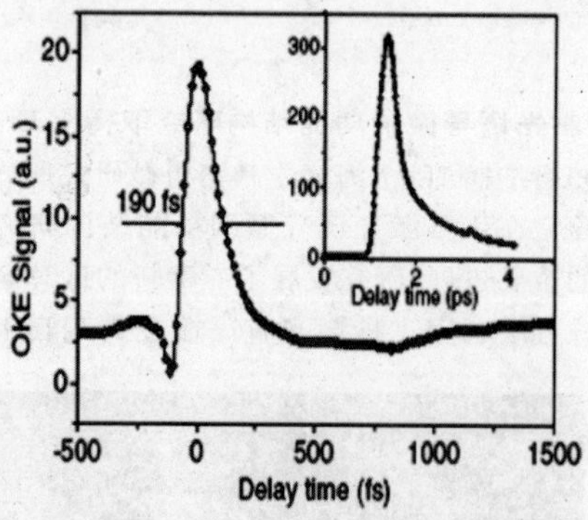

负载金纳米粒子介孔薄膜的飞秒光克尔曲线

2005年,中科院上海硅酸盐研究所通过对介孔材料的孔壁进行改性,利用改性剂和金属前驱体特异的作用,成功地获得纳米粒子均匀负载的介孔薄膜复合材料,并发现该材料具有超快的非线性响应速度(达到190fs)和极高的三阶非线性极化率(达到$5.62 \pm 1.19 \times 10^{-11}$esu)。相关研究成果发表在德国《先进材料》(*Advanced Materials*)杂志上。

(施剑林)

【方钴矿类热电材料$CoSb_3$的掺杂机理研究取得新进展】　中科院上海硅酸盐研究所的能源转换材料研究组、计算材料物理研究组和美国通用汽车公司合作,结合实验观察、第一原理电子结构计算和热动力学分析,系统研究了各种杂质原子在$CoSb_3$晶格空洞中的填充问题,建立了预言杂质填充量极限的理论方法。该理论不仅重复了已存在的实验测量结果,更重要的是揭示了决定杂质填充量极限的主要因素,并发现了一个寻找新的填充杂质的选择规则,预言了一些可能具有更高填充量的新杂质元素,其中Sr的结果已得到实验验证,K相关的实验工作正在进行中。该研究成果为寻找新型填充热电材料提供了理论上的指导和依据,对理解填充化合物的热力学稳定性和有关物理性能具有重要的科学意义,部分成果已发表在美国《物理评论快报》(*Phys. Rev. Lett.*)和《应用物理学杂志》(*J. Appl. Phys.*)上。

■ 小资料

热电转换技术

热电转换技术是利用热电半导体材料的塞贝克效应和帕尔帖效应将热能和电能进行直接转换的技术,包括热电发电和热电制冷。该技术具有系统体积小、可靠性高、不排放污染物质、适用温度范围广等特点,作为一种新型的清洁能源技术,近几年在国际上颇受关注。

以$CoSb_3$为代表的方钴矿化合物是一类优良的中温热电材料。在$CoSb_3$晶格中存在尺寸较大的空洞,科学家们发现$CoSb_3$的晶格空洞位可被一些杂质原子填充。填充杂质原子的局域振动可改变晶体的晶格振动模式,大幅度降低材料热导率而又不明显改变材料较好的电导特性,能够明显提高方钴矿类材料的热电转换性能。该新型热电材料的性能与晶格空洞中杂质原子的种类以及填充量的关系非常密切,实验上已经发现杂质原子在

$CoSb_3$中总存在一个填充量极限，但不同杂质的不同填充量及相关的掺杂机理问题却一直困扰着该领域的科学家们。

（张文清）

【小量子结构中的量子过程与调控机理研究立项】 该项目是上海市科委重大科研项目，于2005年立项，由复旦大学先进材料实验室承担。该项目针对未来量子通讯和空间光电技术的核心功能器件"单光子辐射源"和"单光子探测器件"，将深入研究其中单个或少数几个量子过程的若干新科学机理，通过理论—表征—结构设计与制备的综合研究，探索量子调控的新途径，最终在量子调控机理和途径上，围绕"量子放大"这一重要科学问题形成若干新理论观点与概念以及量子调控新途径。

具体研究内容：(1)实现直接反映单个或少数几个量子过程的小量子结构制备及其量子过程光谱特征的获取，重点突破小量子结构中"类原子"、耦合"类原子"及其单根量子线中量子过程及其光场、磁场及其电场的调控机理研究。(2)实现基于光子晶体结构的关于光子束缚特性操控的微腔制备及其与小量子结构中"类原子"的有效耦合，重点突破光子的相位特征和与表面等离子激元耦合等新效应研究，探索出光子-电子联合调控的新途径和新机理。(3)围绕小量子结构中的量子过程与调控机理面临的理论方法上的困难，突破电子-声子关联作用下的全电子势小量子体系及其相互间量子耦合理论分析新途径，发展自旋-轨道互作用对量子结构中自旋量子态的调控理论和强烈非线性条件下的超快强光与小量子结构材料的相互作用理论，提出若干小量子结构体系的量子调控新方案。(4)围绕单光子的辐射与探测基本功能，发展相关的功能结构原型，并将上述的量子过程与调控机理研究成果在这类新型功能结构上进行综合应用，形成若干原型器件的新方案，获得若干基于非统计性量子过程与调控机理应用的新功能。

（郭建忠）

【有机硅/二炔酸光功能复合材料研究开辟量子调控新途径】 由复旦大学承担的上海市重大基础研究项目"新型超均匀分布凝聚态及软凝聚态光功能量子点材料的合成及光学特性研究"取得突破。该项目与美国新墨西哥大学合作，通过溶胶-凝胶法成功地制备出能可逆温致变色，具有高强度和有序结构的硅/二炔酸复合材料，为有机材料的可逆量子调控开辟了新的途径，具有重要的理论价值。同时，为聚二炔这一热点材料（属智能型材料，具有自组装功能特性）的进一步应用奠定了基础。该研究成果的论文发表在8月出版的《美国化学学会会志》(*JACS*)上，并被美国化学学会评为具有高显示度的论文。

（施强华）

【含磷富勒烯二聚体的合成及生物效应研究取得突破】 该项目由中科院上海应用物理研究所承担。2005年，该项目发现了一种高效合成富勒烯二聚体的新路线，首次得到了单碳原子桥以非环结构相连的[C60][C70]富勒烯二聚体，并合成了10余个[C60][C70]富勒烯连接不同治疗药物的新化合物，经生物活性的初步测试，其中C60-氮芥显示出对动物模型胃癌及其淋巴转移抑制的优良效果。同时，该项目发明了一种利用γ射线辐射处理技术增加和控制碳纳米管表面功能基团浓度的化学修饰方法。相关研究结果发表于英国《化学通讯》(*Chem. Comm.*)杂志3041-3043(2005)。

（吕佳颖）

【创造新物质的分子工程学研究通过结题验收】 该项目是2000年度国家"973"计划项目，分为7个课题，由吉林大学教授裘式纶和中科院上海有机化学研究所麻生明院士任首席科学家，于2005年9月在吉林大学通过验收。该项目从单分子功能体系、高表界面簇基功能体系、分子有序组合体系和特殊结构的多孔体系，通过对基块的组装和自组装，有序化中的模板效应和机理探索，体系的功能化、电子效应与空间效应及化学键的形成和断裂等研究，探索创造新物质的分子工程学的建设，取得了一些成效。(1)合成了手性孔道及微孔-介孔协同催化材料。(2)合成了对手性分子和气体具有分离功能的高效分离材料。(3)以金属配合物和有机固体为基块建立了分子导体与磁体的锥形。(4)发展了一些新型光电材料，实现了光电转换效率在2%的聚合物光电伏器件，合成了一体化$ZnAl_2O_4$晶体纳米管列阵，用于激光空间约束的光子晶体激光器的成功研制。(5)合成了5个能解决不对称催化反应的高效手性诱导的光学活性配体及催化剂，并通过组合合成技术，建立了3个高效不对称催化体系。

该项目还建立了针对特殊孔道催化体系的功能、结构、合成数据库以及计算方法和软件；通过以功能为导向的逆向思维，初步建立了功能体系的分子工程学方法；通过基于不饱和烃或官能团的新型反应方法学的建立，实现了一些复杂生物活性分子的合成，并探索了新型番荔枝内酯和昆虫拒食剂茼蒿素类功能分子的分子工程学方法，找到了一些具有较好活性的新型活性分子；通过化学催化和生物催化两种模式，探索了有机功能分子中的手性传递模式以及手性模板剂在孔道材料中手性传递规律。

该项目在实施期间，获国家自然科学二等奖5项，省部级自然科学一等奖1项、二等奖1项，省部级科技进步奖一等奖6项、二等奖2项，其他奖25项，国际奖2项；在SCI收录的学术刊物发表论文1 399篇，其中美国《化学研究综述》(*Acc. Chem. Res.*)5篇、《美国化学学会会志》(*J. Am. Chem. Soc.*)40篇、《美国科学院院报》(*PNAS*)1篇和德国《应用化学国际版》(*Angew. Chem. Int. Ed.*)40篇、《先进材料》(*Adv. Mater.*)14篇；申请国家发明专利106项，已授权62项；培养博士228名、硕士98名、博士后35名。

（杨慧娜）

【手性与手性药物研究中的若干科学问题研究通过验收】　该项目是国家自然科学基金重大交叉项目，由中科院上海有机化学研究所承担，于2006年1月通过验收。该项目在两年内取得多项成果：(1)发展了构筑手性季碳中心及合成砌块的新方法，并用于合成了一系列具有药用价值的天然产物及类似物。(2)设计合成了硫代膦酰胺类手性配体和含有酚羟基的手性膦化合物，在Michael加成反应和Aza-Baylis-Hillman反应中取得了很好的结果，为前列腺素和头孢类药物基本骨架的合成提供了新方法。(3)在含有重氮基团负离子对亚胺加成反应中实现了高立体选择性，发展了合成光学活性的α-羟基-β-氨基酸的新方法。(4)发展的双功能手性催化剂在硅腈化反应中有良好的催化活性和对映选择性。(5)完成了具有自主知识产权的手性药物——抗艾滋病新药的临床前研究。(6)寻找羟腈化酶、糖苷化酶、腈水合酶和酰胺水解酶的新酶源，并对羟腈化酶和腈水合酶分离、纯化和酶结构进行了研究。(7)建立了几种手性配体及金属催化剂的负载化新方法以及“均相催化——液/液两相分离”催化剂分离回收新方法，发展了以水和聚乙二醇为反应介质的环境友好的不对称反应，将负载手性催化剂应用于羰基还原反应及抗抑郁症的手性药物的合成。(8)对苯环壬酯和戊乙奎醚光学异构体的合成进行了较系统的研究，建立了M受体各亚型特异性评价和筛选模型，研究了各个光学异构体的药理活性和毒性，并发现了两个目标药物的活性异构体，为进一步开发这类药物打下了基础。该项目共发表SCI论文241篇，其中在美国出版的《美国化学学会会志》(*J. Am. Chem. Soc.*)、《应用化学国际版》(*Angew. Chem. Int. Ed.*)、《美国科学院院报》(*PNAS*)、《有机快报》(*Org. Lett.*)、《有机化学杂志》(*J. Org. Chem.*)等重要国际学术刊物上发表论文84篇；获得授权专利5项。

（杨慧娜）

【非寻常条件下量子体系奇异特性的可检测遗留效应及相关研究取得重要成果】　华东理工大学近代物理研究所着重开展了在现有能区的实验中新量子理论的可检测低能遗留效应研究，于2005年取得重要成果。在非对易空间量子理论的研究方面，解决了文献中理论框架的不自洽性和不完备性，奠定了探索可检测效应的可靠理论基础，发现在空间非对易性特许的极限条件下，在特殊交叉电磁场中冷里德堡原子轨道角动量的零点值为约化普朗克常数的四分之一，获得理论的可检测信息。在超对称原子物理的研究方面，首创超对称量子力学的半幺正框架，解决了文献中角动量超对称伴子的带猜测性的困难，发现在零动能极限下冷里德堡原子超对称伴子的轨道角动量的零点值为约化普朗克常数的三分之二，获得超对称原子物理的可检测信息。在畸变量子理论的研究方面，发现了畸变量子理论自洽性判据，证明了畸变量子理论的微扰等价定理，奠定了可靠的理论基础，发现畸变测不准关系可小于海森堡最小测不准关系允许值的下切现象，这导致畸变压缩态的临界压缩现象的发现，获得畸变效应的可检测信息。该研究开拓了亚普朗克能区新量子理论的可检测低能遗留效应的研究方向，所得出理论预言可被现有能区的实验检测，若获证实，将是物理学中的重要事件。

（孙凯文）

【新结构高性能多孔催化材料创制的基础研究完成中期总结与评估】　该项目是国家“973”计划项目，由中国石化上海石油化工研究院和中科院大连化学物理研究所等五家单位共同承担，于5月完成了项目中期总结并接受了科技部组织的中期评估。

该项目针对乙烯、丙烯、对二甲苯、环氧丙烷等大宗化学品和高附加值精细化学品的重大需求，以催化材料的创新为突破点，从多孔催化材料合成的基础研究入手，开展催化材料合成的理论计算及分子设计研究，发展了多孔催化材料的合成方法学，解决了多孔催化材料的催化功能化、孔道尺寸调变、原位表征和分子设计的关键科学问题，推动了低碳烯烃裂解制乙烯和丙烯、甲苯歧化和烷基转移制对二甲苯、丙烯环氧化制环氧丙烷等几类大的石化催化过程的技术创新。通过中期评估，专家认为前两年该项目的各课题能围绕国家重大需求，在新结构高性能多孔催化材料研究开展了工作，在碳四烯烃催化裂解技术、第二代紫外—可见拉曼光谱表征技术、共结晶分子筛催化材料合成及芳烃转化技术、反应控制相转移催化材料及烯烃环氧化技术等方面取得了重要进展，为顺利完成项目研究目标奠定了良好的基础。

（潘　波）

【氟碳相硼烷的制备及其应用通过验收】 东华大学生物科学与技术研究所在上海市科委的资助下，研究了氟碳相硼酸酯在烯烃复分解反应、环丙环化反应和 Suzuki 偶联反应中的应用，取得了很好的效果，所有反应通过液—液相分离，给有机反应的后处理带来方便；制备出氟碳相频呐醇、氟碳相片那醇硼烷和氟碳相硼酸酯，成功地合成了氟碳相频呐醇锇酸酯，探索出氟碳相频呐醇锇酸酯在双羟化反应中的反应条件，结果表明氟碳相锇酸酯能反复使用，并能用于各种类型的烯烃。该项目于 2005 年通过上海市科委组织的验收，其论文引起了国内外学术界的关注，2004 年的欧洲《有机化学快报》（*Letters in Organic Chemistry*）曾作专门评论。

（陈　辉）

第四节　天文学、地球科学

【发现银河系中心存在超大质量黑洞的最新证据】

中科院上海天文台沈志强研究员领导的一个国际天文研究小组，通过对位于银河系中心被称为人马座 A*（Sgr A*）的神秘射电发射源的高空间分辨率观测，发现了支持“太阳系所在的银河系的中心存在超大质量黑洞”观点的迄今为止最令人信服的证据。该研究成果刊登在 11 月 3 日出版的英国《自然》（*Nature*）杂志上。

该研究小组及其合作者利用国际先进的甚长基线干涉阵（VLBA）于 2002 年 11 月 3 日成功地获得了 Sgr A* 在 3.5mm 波长上的首个图像，进而确定该源的真实直径与地球轨道半径相当。也就是说，这个至少 40 万倍于太阳质量的 Sgr A* 所占区域的直径只有 1.5 亿千米。由此推断出的最小质量密度比任何目前已知的黑洞候选者的密度都要大 1 万亿倍以上，强烈地支持 Sgr A* 是超大质量黑洞的物理解释。

更重要的是，这是天文学家第一次看到距离黑洞中心如此近的区域。根据爱因斯坦的广义相对论，超大质量黑洞的强引力场会致使经过其边缘的光线发生弯曲，使其中央出现一个相对于周围亮环状辐射显著变暗的阴影。对红外波段观测到的 Sgr A* 周围的年轻大质量恒星的轨道运动的研究表明，Sgr A* 的质量约相当于 400 万个太阳的质量。这样，Sgr A* 黑洞的阴影直径是其在 3.5mm 的辐射区域大小的一半。因此，未来在 1mm 或更短波长上的观测将很有希望触及与阴影直径可比拟的区域，这为检验广义相对论提供了有力的工具。

小资料

人马座 A*（Sgr A*）

Sgr A* 所在的银河系中心距太阳系约26 000光年，发出的射电波信号虽然能穿透遮挡可见光的尘埃，但却要受到星际等离子体介质的散射影响，使得直接测到的源的视大小比真实的要大。这与雨夜的街灯看上去比平时大是一个原理。从 1997 年开始，中科院上海天文台沈志强研究员领导的国际天文研究小组对 Sgr A* 开展了大量的 VLBA 观测研究，并发展了一套数据分析方法以提高测量的精确度，为最终测得 Sgr A* 的大小打下了基础。

黑洞概念的科学提出是在一个世纪前，如何从观测上证明黑洞的真实存在是现代天体物理学中最具挑战性的课题之一。近几年的空间天文卫星和地面大型天文仪器已经发现了很多黑洞候选者，其中 1974 年 2 月发现的位于银河系中心的致密射电源 Sgr A* 因其距离我们最近，而被公认为是研究黑洞物理的最佳目标。

（汪显坤）

【首次高精度测得银河系英仙臂的距离】　中科院上海天文台徐烨博士和南京大学天文系郑兴武教授与美国哈佛－斯密森天体物理中心 Mark Reid 博士和德国马普射电天文研究所 Karl Menten 教授合作，用世界上分辨率最高的射电望远镜，精确地测定了离地球约6 370光年的一个大质量分子云核的距离和运动速度，是迄今为止在天文学中精确测定的最远天体的距离。通过对这个分子云的距离和速度的精确测定，解决了在天文学里银河系漩涡结构中离太阳最近英仙臂距离的长期争论，有力地证明了银河系密度波理论。12 月 8 日，该成果率先在美国《科学》杂志网络版发表。2006 年 1 月 6 日出版的美国《科学》(*Science*)杂志登载了四位科学家的论文。

世界上分辨率最高的射电望远镜是甚长基线干涉仪，其等效口径约为8 000多千米。四位科学家使用甚长基线干涉仪，在 2003 年 7 月至 2004 年 7 月 5 次观测银河系英仙臂大质量分子云核中的甲醇分子宇宙微波激射。该辐射物理上非常类似熟悉的激光，因此称他为宇宙激光，其亮温度有几千亿度，有的甚至更高。四位科学家完全摒弃了通过建立某种模型来构架银河系的漩涡结构，采用了以太阳和地球的距离为基线的三角视差方法，解决了一系列具有挑战性的观测技术难题，测得银河系旋涡中离太阳最近英仙臂距离及这个臂中分子云核的三维运动。该分子云核在银河系中的运动与银河系旋涡结构密度波理论预计的速度场基本一致；距离的测量精度达百分之二，是有史以来天文学中精度最高的距离测量。

4 位科学家给出的结果意味着人类能够首次直接测量银河系的大小及其运动，对精确测量宇宙的大小和年龄具有重要的意义。另外，该项观测技术对精密射电天体测量的潜在意义也得到了天文学家的高度评价。

（汪显坤）

【探测银河系中最剧烈爆发的射电辐射取得重要进展】　2004 年 12 月 27 日，所有太空中的伽马射线探测器都记录到来自银河系人马座的软伽马射线再现源(SGR)1806－20 的特大爆发。爆发蔚为壮观，是在银河系发现的第三个 SGR 大爆发，是前两次强度总和的 100 倍。2005 年 7 月 10 日，中科院上海天文台宣布，该台天体物理研究室沈志强研究员的博士后宫崎敦史博士参与的一个国际研究小组利用大型射电望远镜阵，成功地观测到该特大爆发的余辉，并首次计算出该中子星与地球的距离。

该研究小组利用地面的大型射电望远镜阵，包括美国的 VLA、印度的 GMRT、澳大利亚的 ATCA、日本的 NMA 及西班牙的 IRAM，从 1 月 3 日到 2 月 24 日，对 SGR 1806－20 开展了多频率(0.2～250GHz)观测，成功地探测到该剧烈爆发对应的射电辐射的衰减轮廓。通过对多频光变曲线分析，发现射电辐射是由两个成份组成，一个是缓慢衰减成份，而另一个是快速衰减成份。后者(快速衰减的射电辐射)与伽马射线暴(GRB)余辉完全不同，可能是来自该 SGR 爆发期间喷射出来的残骸。该研究小组进一步根据 VLA 观测得到的高分辨率中性氢 21cm 谱线分析，首次直接给出了到 SGR 1806－20 的距离在 6.4～9.8 千秒差距(2～3 万光年)，小于先前间接测得的 12～15 千秒差距(4～5 万光年)。该项目的研究论文发表在 4 月 28 日出版的英国《自然》(*Nature*)杂志上。

（汪显坤）

【上海天文台马普小组绘出宇宙最精确"图像"】
宇宙"图像"是指在计算机内"塑造"出各种天体系统运动与演化的模型，再把理论预言与观测事实相互印证。上海天文台马普小组利用超级计算机，绘出一张全球精度最高的大尺度"虚拟宇宙"图片，浩瀚宇宙浓缩其中，璀璨星空清晰可见。3 月 14 日，在上海召开的国际天文学学术大会上，中科院上海天文台研究员景益鹏博士展示了这幅模拟"图片"，并首次提出了暗晕成团的精确公式，揭示了暗晕的构成规律，引起国际天文界瞩目。欧盟天文委员会主席西蒙·怀特在会上高度评价为"中国研究人员在数值模拟和天文理论方面，已具备参与国际竞争的能力"。

探寻"隐身"的暗物质是当今天文界的热点。根据现有理论，由于星系是在暗物质晕内形成的，要研究宇宙形成，必须首先研究暗物质晕。但由于暗物质晕内的密度是宇宙平均密度的几百倍，且通常是非球对称的，因此，很难用解析方法来计算暗晕的物理性质。同时由于宇宙的物质分布是在似线似面的网状结构上，没有简单的数学模型能够描述大尺度结构。为克服这些困难，景益鹏博士带领的课题组首先建立了宇宙学 N 体模拟和单个宇宙天体的模拟程序，并画出模拟样本，用于预言星系和暗物质的成团性质。这些样本在国际上同类模拟研究中精度最高、样本最全，意味着离宇宙起源的奥秘又近了一步。

相比真实的星空,“虚拟宇宙”并不逊色,从中可“看到”暗物质、暗能量,更能预言他们的性质、形成和演化过程。该“图像”非常巨大,以至于普通电脑根本放不下,所有计算和存储都必须在超级计算机上完成。

(汪显坤)

【上海天文台与多国联合记录探测器登陆土卫六全过程】 1月14日下午,中科院上海天文台对跟踪测量做最后调试。18点10分,该台25m口径射电望远镜与环太平洋地区的澳大利亚、中国、日本和美国的十几个射电望远镜联合记录了告别“母体”近20天的“惠更斯”号探测器勇闯土卫六的大气层,并最终登陆其表面的全过程。

造访土卫六是“卡西尼—惠更斯”号探测器土星之旅的压轴表演。1月中旬,土星恰好运行至亚太地区上空,包括上海在内的环太平洋地区成了最佳观测点。因此,一年前,中科院上海天文台收到了欧洲甚长基线干涉测量(VLBI)联合研究所的邀请,正式加入跟踪“惠更斯”项目(参见《2004上海科技年鉴》第63页)。1月14日,“惠更斯”号从开始降落的第一时刻,打开随身携带的信号发生器,向地球发送无线电信号,并被各国科学家记录在硬盘上。由于路途遥远,收到这些信号,科学家们至少等了70分钟。位于荷兰的欧洲VLBI联合研究所已将各国记录的数据进行分析汇总,由此反映出土卫六表面的大气温度、密度、压力成分及地面环境等第一手珍贵资料。

(汪显坤)

【漂移扫描CCD照相机研制项目通过验收】 该项目由中国科学院和上海市对外文化交流协会资助,自2004年4月启动以来,通过与乌克兰尼古拉耶夫天文台的密切合作,完成了漂移扫描CCD照相机的研制,于8月26日通过中科院上海天文台组织的专家验收。该项目完成了整套设备的硬件和控制软件的研制,在定位精度和探测暗目标方面达到了较高的水平。经过3个月的试验观测,该照相机已于9月正式投入观测,根据观测需要可配备在1.56m望远镜或20cm马克苏托夫望远镜上,在移动天体(如小行星、恒星、卫星)及快速测光等方面发挥作用。

(汪显坤)

【国际天文联合会第199次专题讨论会在上海天文台召开】 该讨论会主题是“利用类星体吸收线探测星系”,是中科院上海天文台近10年来第二次承办此类重要的天体物理国际学术会议,为期5天,于3月14日在中科院上海天文台召开,上海市科委主任李逸平博士到会致辞,中科院上海天文台副台长洪晓瑜研究员致欢迎词。100多位来自欧洲、美洲和亚洲近20个国家和地区的著名天体物理工作者出席会议。会议期间,与会者从观测、理论和数值模拟等方面,围绕类星体吸收线和星系之间的关系进行广泛的研讨。国内天文界有5位学者在大会上作邀请报告和口头报告,其中3位来自中科院上海天文台。该会议的顺利召开给中科院上海天文台的天体物理工作带来积极的影响,进一步加强相关课题组同国际同行的合作,提高研究工作的国际显示度。

(汪显坤)

【欧洲VLBI网(EVN)项目委员会工作会议在上海天文台召开】 该会议于3月15日在中科院上海天文台举行,来自七个国家的八位科学家参加了会议。中科院上海天文台佘山VLBI观测基地于1994年成为欧洲VLBI网的正式成员,使欧洲VLBI网的分辨本领提高了三倍。欧洲VLBI网(EVN)项目委员会工作会议在上海天文台召开,一方面是对EVN观测申请工作提供支持,另一方面是为中外天文学家提供交流机会。

(汪显坤)

【地球圈层相互作用中的深海过程和深海记录通过结题验收】 该项目是2000年度国家“973”计划项目,由同济大学教授汪品先任首席科学家,于2005年底通过验收。由五大系统11个实验室组成的项目组,开展了以“地球圈层相互作用”为主题的深海基础研究,表明热带驱动和碳循环在气候演变中的重要性,其正确认识是预测气候长期演变趋势的前提。

该项目以“热带碳循环”作为核心问题,依靠国际大洋钻探和国内“大洋专项”两大支柱,对西太平洋暖池和南海等海区进行深海过程和深海记录的研究。一方面在南海大洋钻探的基础上,围绕热带海洋在地球系统中的作用向纵深发展,在“热带碳循环”研究中取得了原创性的成果;另一方面依托国内大洋专项和国内外合作航次,在深海研究和圈层相互作用上朝横向发展,取得了一系列国际性成果，在国内形成了与国际接轨的深海研究力量。

该项目以“西太平洋暖池”为重点，通过地质资料和气候数值模拟的结合，揭示了“西太平洋暖池”和东亚季风发育的阶段性，发现了暖池海区冰消期表层水升温超前于北半球冰盖的融化。在南沙海区发现了碳同位素有 40～50 万年长周期，经过全球对比和对意大利上新世地层的实测与分析，证明是世界大洋碳储库对于地球运行轨道偏心率长周期的响应，并推测是通过浮游植物群改变有机碳在海洋碳沉积中的比例所致。

（许伟良）

【STseis 地震成像软件系统问世】　勘探地球物理学的本质是通过在地表或地下观测的数据反演地下地质结构及岩石性质，进而对一个区域的资源分布情况、地质历史和地质环境变迁作出解释及预测，地震勘探是其中最重要的技术，而地震勘探领域最核心的问题是复杂构造的精确成像。1999 年 9 月，同济大学海洋与地球科学学院和胜利油田物探研究院开始向波动方程叠前深度偏移成像这一世界性前沿课题攻关。2003 年 8 月，“复杂地质体波动方程深度成像软件系统开发与应用”通过成果鉴定，达国际先进水平。2004 年 1 月到 2005 年 9 月，二期研发工作进入实质性阶段，利用开发的软件在国内首次用波动方程深度偏移技术完成了 CB30、BS6、CX 等探区四百多平方千米以上的三维地震资料处理，取得了明显的效果，使得波动方程深度偏移技术由理论走向了实用。10 月 8 日，由同济大学海洋与地球科学学院和胜利油田联合研发的“STseis 地震成像软件系统工程与应用”项目通过了专家验收，为发展国内自己的地震深度成像软件提供了有益的软件开发平台，为提高复杂构造地区的油气勘探成功率提供有效的工具，达到了国际先进水平，并拥有自主知识产权。该软件系统缩小了中国与世界先进成像技术的差距，打破了国外公司的技术垄断，将大幅提高油田的勘探成功率。

（许伟良）

第二章　高技术研究

第一节　信息技术

【上海信息化整体水平保持国内领先地位】　2005年，按照科学发展观的要求，贯彻落实科教兴市主战略，紧贴中共上海市委、市政府的中心任务和社会市民的普遍需求，信息基础设施的综合服务能力得到进一步提升，信息产业继续保持平稳快速发展，信息技术应用深化拓展，信息化环境进一步优化，上海信息化整体水平保持国内领先地位，基本达到发达国家中心城市的平均水平。

科教兴市重大信息产业攻关项目获得较大进展。2004年的TD－SCDMA项目、桌面中文软件系统完成了中期评估，EOS中间件项目、优先数字电视广播两个项目正进行中期评估；2005年的开放式集成电路中试线、高端硅基材料、兼容IPV6的高端路由交换设备三个项目启动建设。

（郭中朝）

【参展第三届中国国际集成电路产业展览】　8月24～26日，第三届中国国际集成电路产业展览（IC China 2005）在北京隆重召开，吸引了国内外半导体企业及相关机构近300家参加。国家集成电路设计上海产业化基地共组织7家沪上知名的集成电路设计企业参展，形式包括多媒体演示、实物展出、宣传资料等。参展的芯片产品包括IC业界近期非常热门的2.4GHz射频芯片、H.264解码器等，吸引了众多国内外客户前来洽谈业务与合作。国家信息化领导办公室主任曲维芝、宋庆龄基金会主席胡启立等领导相继前来上海基地参观，并听取基地发展情况工作汇报。

（俞加鲜）

【“十五”国家“863”计划集成电路设计项目通过验收】　12月2日，由国家“863”计划集成电路设计专项专家总体组和国家“863”计划集成电路设计专项办公室等组成的验收组在上海对上海承担的国家“863”计划集成电路设计项目进行了验收。专家组分别听取了上海集成电路设计研究中心“深亚微米系统芯片CAD技术及开发环境”、大唐移动通信设备有限公司“第三代移动通信SoC平台”、上海华虹集成电路有限公司“射频电子标签核心芯片开发”、上海交通大学“高清晰度电视SoC平台”、复旦大学“家庭网络核心SoC平台”等项目完成情况的汇报并仔细审阅了相关汇报材料，一致认为：由上海地区承担的国家“863”项目均较好地完成了原计划所规定的指标，对推动上海乃至全国的集成电路设计业以及整个集成电路产业的发展起到了良好的示范作用并打下了坚实的基础。

（张力夭）

【多项目晶圆（MPW）服务稳步发展】　上海集成电路设计研究中心（ICC）实施的MPW服务稳步发展，已能够提供原型制造（Prototype Manufacturing）、小批量生产（Low Volume Production）、原型封装和测试（Prototype Assembly and Testing）等服务，已为国内集成电路设计单位和教育、研发机构服务600多项，量产成功率达到国际水平，在国际同类型服务计划中进入国际先进行列。

2005年，参加项目共计152个，其中教育研究类90余项，培养学生300余人次；在工艺分布上，0.35μm及更小线宽工艺的项目占总数的60%，表明了中国的集成电路设计已经进入了一个新的台阶。MPW服务持续得到国家“863”计划的支持，共为27个国家“863”计划超大规模集成电路设计专项提供了流片服务，其中18个芯片采用0.18μm CMOS工艺，9个采用0.35μm工艺。

上海集成电路设计研究中心非常注重MPW知识产权保护体系的完善，继2003年引入数据网络提交技术，提供MPW在线申请服务后，2005年还提供CIF在线数据证书加密服务，旨在提高客户数据在Internet网上传输的安全性。

（俞加鲜）

【积极推进硅知识产权（SIP）研发及产业化】　随着国内系统级芯片（SoC：System on chip）设计的迅速起步，知识产权（IP：Intellectual Property）核从技术上和市场上都显得越来越重要。SoC 的发展，需要各种各样的 IP 核支持，但是国内 IP 核的发展也刚刚开始，种类不多，技术上不成熟，技术服务不完善，使得许多国内的设计企业徘徊在使用国内 IP 核的门口。上海集成电路设计研究中心（ICC）针对国内 IP 核的状况，结合上海本地设计企业的研究方向和已具备的能力，在国家“863”计划项目“深亚微米系统芯片 CAD 技术及开发环境”（12 月通过验收）的支持下，借助于 ICC 的技术平台（EDA 工具、测试中心等）和 MPW 服务，推动开发出了一批有实用价值，有明确使用方向和产业化示范意义的 IP 核，涵盖了消费类（如机顶盒、高清晰数字电视中的核心芯片 IP 核）、通信类（如 3G 移动终端基带、关键通信接口 IP 核）、视频音频（如 H.264 的相关应用的核心芯片 IP 核）、信息安全领域核心芯片 IP 核等多个方面。2005 年，以上 IP 核共完成7 413万元销售额。

小资料

系统级芯片

系统级芯片（SoC：System on chip）指的是在单个芯片上集成一个完整的系统，对所有或部分必要的电子电路进行包分组的技术。所谓完整的系统一般包括中央处理器、存储器以及外围电路等。系统级芯片技术通常应用于小型的，日益复杂的客户电子设备。例如声音检测设备的系统级芯片是在单个芯片上为所有用户提供包括音频接收端、模数转换器（ADC）、微处理器、必要的存储器以及输入输出逻辑控制等设备。此外，系统级芯片还应用于单芯片无线产品，诸如蓝牙设备等。系统级芯片是替代集成电路的主要解决方案，已成为当前微电子芯片发展的必然趋势。

（葛　群）

【基于 H.264 国际标准的高清视频解码芯片代表世界最先进的视频编解码技术】　该项目由上海富瀚微电子有限公司承担完成。研究设计的具有自主知识产权的 H.264 解码芯片关键技术——基于 H.264 国际标准的高清视频解码芯片，代表着当前世界最先进的视频编解码技术；可以广泛应用于高清电视、高清 DVD、卫星电视机顶盒等产品领域，于 2005 年通过验收，技术水平达到国际先进。该项目完成了从系统设计、功能仿真到电路设计和版图设计的全流程研发工作，攻克了对复杂的专用视频流 Fast RISC 处理器设计、高带宽 Memory 访问控制、多时钟域交错问题处理等技术难点及创新点。其中，“基于上下文自适应二进制算术解码器”核心技术已申请发明专利，并被国家知识产权局受理。该芯片技术已经被国外某公司采用，至 2005 年底实现销售收入近百万美元。

（张力天）

【长三角地区交通联网收费机具专用芯片已获布图设计证书】　该项目由上海复旦微电子股份有限公司承担完成，于 2005 年通过验收。该芯片是一款符合 ISO 14443 Type A/Type B 及 ISO 15693 标准的专用芯片，可分别支持 MIFARE 和上海“城市轨道交通单程票非接触 IC 卡通用技术规范”（DJG08－1102－2005）的加密算法，且完全兼容国际主流公司的同类产品。该项目形成了具有自主知识产权的版图，且已获得了“集成电路布图设计登记证书”。项目开发的芯片自 2004 年底批量投入市场，至 2005 年底已累计销售约 30 万片，实现销售额 900 万元以上，市场占有率达 50% 以上，经用户使用，芯片性能稳定。随着该产品系列在出租车计价器、POS 机、IC 卡水表等读卡机具市场的进一步推广，将会产生更好的经济效益和社会效益。

（张力天）

【第二代身份证读写器芯片及 ID 卡芯片的大生产关键技术开发通过验收】　该项目由上海华虹集成电路有限公司自主研发成功，具有自主知识产权，于 2005 年通过验收。该项目在完成读写器芯片设计以及身份证卡芯片优化和大生产性关键技术研究中，形成了一套从可靠性设计、可靠性管理、可靠性生产和测试，包括可靠性试验与评估系统的保证措施。另外，制定了《二代证卡片噪声检测及标定方法》、《具有良好适应性的读写机具参数规范和检测方法研究》两份规范文件，“非接触智能卡噪声检测方法及其检测电路”申请了 1 项发明专利，其 ID 卡优化芯片已实现销售额 2.6 亿元。

（张力天）

【高性能密码算法专用芯片填补国内高端信息安全芯片的空白】　该项目是上海市科委重大科技攻关项目，由上海安创信息科技有限公司依托上海交通大学雄厚的研发实力，研制成功国内首款拥有完全自主知识产权的高性能信息安全 SoC 芯片（产品批号：SSX17 模幂乘密码算法协处理器），于 8 月 23 日通过了上海市科委组织的验收，填补了国内高端信息安全芯片的空白，其设计水平达到国际同类产品的先进水平。该项目掌握了自主的信息安全SoC芯片的体系结构设计，在密码算法的高速硬件实现及芯片的安全防护技术上取得了系列突破，申请了相关发明专利，形成了系列专有技术。

该芯片内含用户可编程的嵌入式ARM7TDMI，具有32Kbyte的安全RAM；片内实现多种加密算法；最高支持4 096bit的公开密钥算法加速，对模长和幂长均为1 024bit的RSA签名速度达到2 400次/秒；支持多种分组加密算法以及支持Hash算法MD5、SHA－1，分组加密算法的速度达到1Gbps。

该芯片已在兴唐通信科技股份有限公司、济南得安计算机技术有限公司等多家单位试用。同时，用该技术开发了高性能可信服务器芯片及基于该芯片之上的数字内容保护平台，并开拓其在IPTV数字版权保护、知识产权保护、防信息泄露等方面的应用，推动信息安全核心芯片技术及产品的产业化。

信息安全芯片是信息安全最底层的核心硬件技术，是信息安全产业可持续发展的基础，该芯片研究成功，将提高中国自主研制的信息安全产品的性能和安全防护能力，对实现国内信息安全技术和产业的跨越式发展起到重要支撑作用。

（武雪萍　沈蕴捷）

【用于数字电视/机顶盒的DVB－C有线信道解调芯片性能超过国际同类产品】　该芯片由上海微科集成电路有限公司研发成功，性能超过国际同类产品水平，在实际有线信道中接收数字电视广播清晰，并通过了现场测试。该芯片兼容DVB－C/ITU－TJ.83AnnexA数字电视传输标准，能接收4～256QAM调制的信号，内嵌10bit的ADC，支持36/44MHz IF直接采样；通过集成性能优化的载波恢复、自动增益控制以及盲均衡算法，能纠正大的载波频偏，在恶劣信道下性能稳定。该芯片具有完全自主知识产权，市场前景极佳，已应用于国际著名的电视机产品中。2005年，与美国泰鼎公司等签订合同，实现销售800万元。

（王　晔）

【数字证书SoC芯片打破国外产品垄断】　该项目是上海市科委重大科技攻关项目，由上海华虹集成电路有限公司承担，经历系统设计、模块电路设计及仿真、流片、测试验证、系统集成、示范应用等阶段，于8月完成并通过验收，取得一系列研究成果，发表论文31篇，申请专利10项，授权1项。

该芯片采用0.25mm CMOS工艺，基于公钥制密码体制——PKI体制，集成了RSA、ECC两种公钥制密码算法；内嵌具有完全自主知识产权的32位嵌入式CPU及其周边环境，构成一个完整而高效的32位嵌入式CPU平台；实现了各种数字签名与认证、数据的加密与解密等协议；具备防御攻击与分析的能力。

该公司与上海麦柯信息技术有限公司合作，在金融、地方CA市场、军队、企业及教育等领域取得了一定的市场突破，已成功地运用于上汽集团、上海现代建筑设计集团、上海七宝中学等CA系统中，打破了国外产品垄断的局面。

（沈蕴婕）

【信息安全SoC平台及其系列芯片开发成功】　为适应电子商务与电子政务等的飞速发展，复旦大学专用集成电路与系统国家重点实验室和上海微科集成电路有限公司等单位成功开发面向客户端应用的信息安全SoC平台及其系列芯片。该类芯片功能齐全，并具备防御各类功耗、时间与故障分析与攻击的能力，可高性能、高安全地实现数字签名与身份认证及数据加密与解密等功能。2005年，该类芯片已开始在电子商务、电子政务、可信计算、网络安全、数字版权保护等领域应用，市场前景广阔。

（王　晔）

【USB设备控制器IP核的开发达到国内先进水平】　该项目是上海市科委科技攻关项目，由华东计算技术研究所承担，于4月通过上海市科委组织的验收，达到国内先进水平。该项目研制开发了符合USB1.1规范和USB2.0规范的IP核，支持控制传输、块传输和中断传输，传输速率分别达到12Mb/s和480Mb/s。USB1.1硬核采用中芯国际SMIC的0.35μm工艺。该项目丰富了国内自主研发的集成电路IP库，开发的带微处理器的USB设备控制器芯片ECIUSB系列将部分替代Cypress的EZ－USB系列产品。

（张宪明）

【面向移动信息终端的嵌入式中间件平台达到国内领先水平】　该项目是上海市科委科技攻关项目，由华东计算技术研究所承担，于6月通过上海市科委组织的验收，达到国内领先水平。该项目研制开发了面向移动信息终端的嵌入式中间件平台软件，包括符合 J2ME CLDC/MIDP2.0 规范的嵌入式中间件运行环境、面向无线应用的移动中间件服务和应用支撑服务软件以及基于自主嵌入式中间件平台的典型移动信息服务。该软件产品已获得软件著作权登记证书，并正在数字电视、移动终端领域进行试用。

（张宪明）

【网格异构计算模型的语义分析与集成技术通过验收】　该项目是上海市科委重点基础研究项目，由同济大学承担，于4月8日通过了由上海市科委组织的专家验收。该项目在网格语义分析理论与集成技术方面做出了重要的创造性成果，提出了描述并发语义的抽象 PN 机模型，建立了适于过程语义描述的逻辑 PN 机理论及网格性能分析的时序 PN 方法，部分成果已在上海市交通信息网格平台和 NEC 公共信息管理平台等方面获得成功应用。该项目的研究成果不仅具有重要的理论意义，而且具有潜在的应用价值，是理论结合应用研究的一个很好案例。

（许伟良）

【B3G 移动通信系统测试与试验网组网关键技术项目通过验收】　该项目是国家“863”计划项目，由上海无线通信研究中心、中科院上海微系统与信息技术研究所等共同承担，于5月19日通过了国家“863”计划通信主题验收专家组的验收。同时，专家组还在上海宽申网络科技有限公司参观了 B3G 实验现场。该项目旨在瞄准标准化进程需求和产业化需求，构建完整的开放式 B3G 空中接口技术验证测试平台，能够在典型的移动通信仿真环境下，对第三方提交的 B3G 空中接口系统进行独立测试。研发的测试平台将对未来 B3G 预商用系统测试提供权威的技术参考，进一步促进下一代移动通信新技术的产业化与普及应用。

（周　萍　陈石灵）

【传感器及其应用系统研究通过验收】　2005 年，中科院上海微系统与信息技术研究所承担的上海市科委重大项目“传感器及其应用系统研究”中的三个子课题“网络传感器用普适无线网络平台技术”、“智能硅基压电薄膜生物传感器的研制”和“基于光纤光栅的分布式智能监测系统”通过上海市科委组织的项目验收，并形成了一系列的科研成果。

“网络传感器用普适无线网络平台技术”针对市民健康实施检测传感器网、公共安全实时检测传感器网、大型建筑实时监测传感器网三大实时检测传感网的实际应用，基于 CDMA 公网的普适无线传输技术，研发出了可以灵活扩充和伸缩，适应不同公共安全应急应用的技术平台。“智能硅基压电薄膜生物传感器的研制”研制成功可同时检定多种生物物质、高灵敏度、性能稳定可靠的多通道集成硅基压电薄膜生物传感器，是用于早期预警生化袭击的有力工具。“基于光纤光栅的分布式智能监测系统”成功研制通过可靠性试验的温度和应变光纤光栅传感器，并在上海市大型基础工程中建立了光纤光栅传感网络应用示范，是用于重大工程灾变行为的监控检测手段之一。中科院上海微系统与信息技术研究所以此为基础，面向社会发展中的突发公共事件应急、环境检测、生化公共安全等重大需求，系统开展微纳传感器研究工作，又先后争取到国家“973”计划、中国科学院等在该领域的重大课题，实现了科学研究的持续发展。

（周　萍　陈石灵）

【无线传感网技术平台加速市场应用】　无线传感网络是在微电子、微机电系统、传感技术、无线通信、计算机等技术发展的基础上产生的，由大量具有无线通信与一定计算能力的微小传感器节点构成的自组织分布式网络系统，可实现实时数据采集、监督控制和信息共享与存储管理等功能。中科院上海微系统与信息技术研究所在“十五”期间，大力开展无线传感网络技术平台的研发，形成了包括便携式移动基站、高速数据传输终端机、移动网接入终端机等在内的系列化产品。

2005 年，以该网络平台为基础，针对不同的应用模式灵活扩充和伸缩，形成多种应用系统：(1)针对浦东国际机场二期建设工程中的安全要求，以高速无线传感网组成的“电子围栏”取代了传统的物理围栏，具备全天时、全天候的工作能力，可有效地对多种情况进行探测、报警、跟踪和录像，并与技防系统连接，实现智能化的管理与控制。(2)根据宁波市北仑区建立政府综合信息网的需求，研制并提供了北仑区政府应急指挥车，作为北仑区全覆盖无线传感网城市应急指挥系统移动指挥平台，收集整理无线传感网微网监测终端传输来的多种信息。(3)配合嘉兴市长三角临港型工业新区和区域物流中心、嘉兴港口、河海联运等发展战略，参与嘉兴市港航局数字化航道的建设，在有关航道的基站塔和巡逻艇上安装了信号收发设备，完成了数据测试，成功地实现了航道信息化的前期试点。

（周　萍　陈石灵）

【石油勘探 MEMS 加速度计研究取得重要进展】 在国家“863”计划项目“微机电系统”重大专项的支持下，中科院上海微系统与信息技术研究所与南京石油物探研究所紧密合作，经过将近两年的努力，于 8 月研制成功以国产 MEMS 加速度计为核心的石油勘探地震检波器。该检波器克服了加速度计自身干扰信号，改进了封装工艺，从而在性能上有了较大改善，在实用化方面取得了重要进展。8 月 25 日凌晨，试验人员在东北敦化山区作了野外试验。试验数据表明该检波器接收的单炮记录接近于传统检波器串接收的记录；同相轴分辨率比传统检波器串高；迭加剖面图和传统检波器比较，目的层以上有效波组清晰，易分辨，深层波组也能分辨，并且基本能反映地下构造。因试验是在实际生产条件下完成，在较差环境中取得了较好的试验结果，因此，可以认为基于 MEMS 加速度计的地震检波器在频带、动态范围和轴向抗干扰性等性能指标上优于传统检波器，经过进一步性能改进和提高后，完全有能力应用于石油勘探行业并逐步替代传统检波器，这对于降低国内石油勘探成本和风险、提升石油勘探行业的技术水平具有重要的社会效益和经济效益。

（周　萍　陈石灵）

【上海高校网格——e－网格计算应用平台通过验收】 该平台由上海大学与上海超级计算中心共同完成，于 12 月通过上海高校网格技术 e－研究院验收。该平台由四个结点组成，每一个结点是一个高性能的集群式分布计算资源，是在网格 OGSI 规范和 Globus 网格核心中间件基础上实现的。四个高性能的集群式分布计算资源是上海大学的“上大自强 3000”，峰值21 542亿次/秒；上海超级计算中心的“曙光 4000A”，峰值110 000亿次/秒；上海大学的“自强 2000”，峰值4 500亿次/秒；华东理工大学的“SimFarm”，峰值1 468亿次/秒。

该平台的优点是：(1)形成了具有巨大计算能力的系统，产生规模效应。(2)任务按照其重要性分成不同的优先级，优先保证具有比较高优先级的任务运行，可以优化网格系统资源的利用。上述四台计算机系统中，有两台是现在上海最强大的高性能计算机系统，因此，该平台具有巨大的计算能力，形成了规模效应。同时，在该平台中实现了一个有创新性的调度算法，能保证在任何时候，较高优先级的用户首先使用较高优先级的资源，实现了系统资源的高效益使用，使上海在网格计算技术的研究与应用工作达到国际先进水平。

该项目实现了以新一代的信息基础设施——网格为平台，创造跨学科、跨地区科研交流的合作环境，促进解决重大科技项目的攻关，解决前沿学科领域的难题，推动基础理论研究的进展与创新。

（杨郭山）

【可变粒度的软件构件配置管理工具研究达到国际先进水平】 该项目是上海市科委科技攻关项目，由复旦大学承担，于 2 月通过上海市科委组织的验收，成果达到国际先进水平。该项目研究并开发了一个软件配置管理工具 FDSCM，为基于构件的软件开发(CBSD)提供了软件配置管理的支持，包含版本管理、变更管理、过程管理、构件和构架的描述与存储等配置管理要素。该项目提出了一种可变粒度的版本管理方法，引入了本地和服务器两级版本管理方式，满足了不同层次的开发需要，减少了版本冗余。FDSCM 把构件作为一类独立于特定项目的版本实体，支持构件演化管理，为构件开发者和复用者各自提供了开发视图和复用视图，从而支持了多层次的 CBSD。FDSCM 支持流程可定制的变更管理，提供变更情况统计功能，实现了和版本管理的无缝集成，具备较强的灵活性。FDSCM 可与上海构件库无缝集成，提高了使用构件库中构件的方便程度。

（王小华）

【基于速率平滑和缓冲区控制的主从式可扩展多请求跨平台流媒体服务器达到国际先进水平】 该项目由复旦大学和清华大学共同研究完成，于 5 月通过上海市教委组织的鉴定。该系统技术先进、结构合理、算法新颖；在缓冲区控制、速率平滑等重要技术上达到了国际领先水平；在多请求架构、单线程派发技术上属国内首创，达到国际先进水平；有望在视频点播、远程教育、IPTV、视频监控等多种网络视频领域具有广阔的应用前景。

该系统是主从式架构，由实时流协议(RTSP)通信模块、会话管理模块、播放板模块(包括微软 ASF 文件播放板、MPEG－4 文件播放板、IPTV 机顶盒播放板等模块)和网络地址映射模块等组成。系统设计思路新颖，系统资源使用率、可扩展性和可靠性较高。与同类国际代表性系统——微软公司的流媒体服务器系统(Media Server)的详细分析对比和测试对比,表明该系统在几项关键技术上有创新,并拥有自主知识产权,在综合集成和兼容性方面有特色。该系统具备以下功能和性能特点:(1)大并发情况下每个客户端的缓冲区可以根据设定值进行公平地实时反馈自组织控制,对提高客户终端缓冲区稳定性有重要意义,并可将启动缓冲减少到接近于零。(2)速率平滑功能对提高接入带宽利用率有重要意义。(3)多请求特性能同时支持 Media Player、Quick Time 和 IPTV 机顶盒等。(4)跨平台特性使该系统能在不同的软硬件平台上运行。(5)播放板可扩展和自主负载均衡特性。(6)网关 UDP 穿透特性。

(王小华)

【流媒体网络技术应用环境达到国内领先水平】 该项目由上海市计算技术研究所承担,于 11 月 10 日通过验收,总体达到国内领先水平,其"无线流媒体视频服务器"已申请实用新型专利。该系统的核心技术包括了基于 MPEG-4 的编解码技术、RTP/RTSP 和 RTSP/RSVP 流媒体协议、Windows Media 技术、视频加密技术和 WebService 等技术,体现了当前流媒体网络技术的发展趋势和最新成果。其创新点在于:(1)实现了无线技术在流媒体环境中的多种应用。(2)规范的接口标准,允许不同种类的流媒体视频服务器接入。(3)客户端实现多种方式监控。该项目实现的网络技术和方法能满足系统图像信息的远程浏览、传输及远程控制的需要,所采用的各种流媒体协议,使视频及音频数据在传输过程中更有效,播放过程更流畅。

(陆　櫄　袁达昌)

【无线局域网高精度定位技术的多媒体业务推送技术的研究达到国际先进水平】 该项目是上海市科委重大项目,由上海宽讯时代科技有限公司和中科院上海微系统与信息技术研究所共同承担,于 3 月通过验收,达到了国际先进水平,并申请了 4 项专利,其成果可应用于展会产业,提供大型会展的观众观展引导业务。该项目基于信号场强模型及特定定位算法,采用软硬件结合的方式,实现了对室内环境下的高精度定位,同时结合位置信息,可为用户提供个性化和层次化的信息推送服务。该成果在上海科技馆应用,取得了良好的示范效应,具有:(1)终端多样性。定位终端可以是掌上电脑、笔记本电脑、平板电脑。(2)系统完整性。从定位系统建立、管理、监控构建了完整的应用平台,包括信号地图采集任务生成工具、信号地图采集工具、定位数据分析工具、定位服务器程序、定位媒体管理程序、定位监控程序以及应用户要求定制的终端设备管理工具。(3)定位准确性。基于信号地图的无线局域网定位系统定位准确度控制在 3m 左右。

(徐　佳)

【生物特征识别系统及监测技术研究进展顺利】 该项目主要研究多生物特征融合识别方法、标准化制定与检测,以及智能生物特征证照系统,由中科院上海应用物理研究所承担。2005 年,该项目建设和完善了生物特征身份识别研究数据库(指纹和人脸),于 6 月完成了基于智能卡技术的指纹考勤系统联机式开发系统样机,并与公安部检测中心合作,完成了"指纹防盗锁标准"的起草和制订,于年底通过了公安部技术标准化委员会 SAC/TC100 组织的专家评审,待该委员会审批。

(吕佳颖)

【基于点模型的图形系统研究及其在大规模复杂场景中的应用达到国内先进水平】 该项目以点模型的建立及点渲染关键技术为研究目标,旨在开发高效的点渲染图形系统,以解决大规模复杂场景的高精度建模和高质量绘制的难题,由复旦大学承担,于 2005 年通过上海市科委组织的验收,达到了国内先进水平,并发表相关论文 17 篇。该项目开发了一套新的、基于点的渲染系统,包括点模型的多分辨率表示、点数据集的实时曲面重构、基于点模型上的纹理合成、基于光子映射的点模型渲染等关键技术。随着计算机科学的发展,人们正致力于在电脑中构建一个虚拟的世界。该系统能够实现用户与大规模场景的交互,在虚拟城市、虚拟博物馆、文物保护等诸多领域都有良好的应用前景。

(沈蕴婕)

【大规模人脸识别算法研究及应用为安全提供技术保障】 该项目是上海市科委重大科技攻关项目,由上海银晨智能识别科技有限公司承担,于 10 月通过结题验收。该项目是在自有知识产权的中小型人脸识别算法的基础上,以大型人脸图像数据库(百万量级)为目标,通过对大规模人脸图像库人脸特征提取及表示算法和大规模人脸图像库人脸识别算法的研究,实现人脸识别技术的重大突破,最终实现自有知识产权大规模人脸识别技术的实际应用。重点突破了 3 个关键技术:(1)针对大型的人脸图像数据库(百万量级),进行快速的特征提取及特征表示,以及快速而又准确的比对识别。(2)对光照、姿态、表情、饰物及化妆、背景等干扰因素进行量化,确定此类干扰因素对人脸识别算法的影响程度,在此基础上对算法进行优化以提高人脸识别算法的鲁棒性。(3)对不同年龄段若干对象(老、中、青、少、婴等)进行跟踪研究,确定不同年龄段的人脸随年龄而变化的规律,并在此基础上建立人脸的老化模型,提高人脸识别算法对年龄变化的鲁棒性。该项成果先后参与了一项国际算法评测和一项国内评测,分别获得 KDD2004:国际生物信息表征与分类竞赛第一名和 BVC2004:国家生物识别测评中心竞赛第一名。

该项目已创建了一个世界上最大、最完备的人脸识别基础数据库,规模已达到22 300人,平均每人 130 幅以上各种光照条件、姿态、表情和饰物等变化的人脸照片,为进一步的算法设计、测试提供了良好的资料基础,并已在网上向国内外研究机构公布了其中部分人脸图像,为促进人脸识别技术的发展做出贡献;已取得专利授权 3 项,受理 12 项;发表论文 35 篇;获 2003 年度上海市科学技术进步奖一等奖和 2005 年度国家科学技术进步二等奖;研制的"嵌入式人脸识别器"被评为 2004 年度上海市重点新产品,"E 面通出入控制系统"获第七届中国国际高新技术成果交易会优秀产品奖及第七届上海工业博览会银奖,"银晨人脸识别智能监控系统"被评为 2005 年度上海市重点新产品,并获得上海市高新技术成果转化项目。

基于该成果开发的"银晨人脸自动识别系统"已在云南省建设银行、海南省建设银行、重庆市交通银行等金融机构的近 800 个网点推广应用;"照片比对中心系统"已在上海市公安局刑侦总队和成都市公安局实施应用。同时,海南省作为公安部人脸识别技术试点省份试点推广该产品。

(沈蕴婕)

【互联网含隐藏信息的图像搜索核心技术研究和应用系统实现通过验收】 该项目是上海市科委项目,由复旦大学承担,于 10 月结题并通过验收。该成果具有自主知识产权,申请发明专利 3 项,发表论文 13 篇。

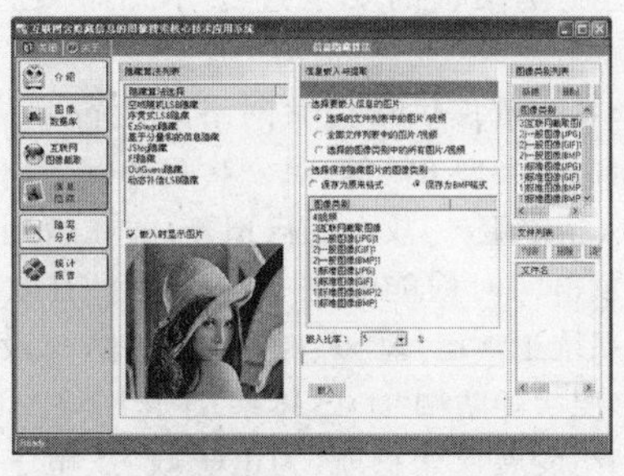

互联网上含隐藏信息的图像搜索
核心技术应用系统界面演示

该项目重点突破了互联网上图像自动截获、图像内容统计特性计算以及图像的基于内容的快速检索等多项关键技术。(1)在理论研究上发明了一个基于三次方程的样本抽样对分析(也称最小极值法—LSM)的空间域隐藏信息容量估计检测算法,其法虚警率小于 6%,容量估计误差 0.6%,检测性能指标显著超过国际同类算法,且检测的速度、灵敏度和正确性都达到了国际最高水平。(2)在抗几何攻击稳健图像的大容量隐藏通信体制设计上,提出的隐秘通信新体制能够对平移、旋转、缩放、剪切等几何攻击有很强的鲁棒性,解决了信息隐藏领域内关于几何同步的难题。该项目完成了包括国际上著名的 10 种检测方法的快速检测软件系统和图像自动检索下载软件,基本达到实用的程度。该系统支持包括 BMP/JPEG/GIF 图像和 MPEG－1/2 视频在内的多种媒体格式,已经分析和处理网上数十万幅图像,并给出了翔实的检测数据,检测性能良好。

(沈蕴婕)

【大规模 DDoS 防御技术提供安全可靠的网络环境】 该项目是上海市科委项目,由复旦光华有限公司承担,于 2005 年通过验收。该项目主要是通过对基于 NPU 的数据内容检测和转发技术、各种主流 DDoS(分布式拒绝服务)的攻击识别技术、七层高速交换技术和网络连接的实时管理和控制技术的研究,研制一套对网上的大规模 DDoS 攻击进行过滤防御的串入式平台系统,可适用于 10/100/

1 000M以太网络及10G以太网，能够在网上出现大规模DDoS攻击的情况下，有效地发现和缓解来自网络的DDoS攻击对服务的影响，使系统在网络通道没有被DDoS数据包完全拥塞的情况下，能基本正常运转。该项目的“基于网络处理器和CPU阵列的交换架构的安全过滤分流器”已获发明专利。

该系统可提供给公共网络的运行部门(如电信、教育网、大型ISP等)对公共服务网上出现的恶意DoS(拒绝服务)攻击进行预警，并在遭到DoS或DDoS攻击的时候能够在一定程度上有效抵御攻击，使系统正常运行。大规模DDoS防御设备可以建立多层次的防御DDoS体系，净化网络流量，为国内的网络发展保驾护航，为电子政务、电子商务等各种与人民生活息息相关的网络服务提供一个安全可靠的网络环境。

(沈蕴婕)

【高性能宽带信息网(3TNet)取得突破】 该项目是国家“十五”“863”计划重大专项，其核心目标是自主研制T比特级的传输、路由和交换设备。在上海地区，促进地方政府和运营公司自主建设下一代可运营级、能支持大规模并发流媒体业务和交互式多媒体业务的高性能宽带信息规模实验网。根据3TNet的组网技术要求，结合电信运营商、内容提供商、地方政府、业务和接入资源，用3TNet自主研发交换网和大规模汇聚路由器资源，开展一个国际先进、国内第一的以网络电视为核心业务的高性能宽带信息网规模试验。

作为专项落地上海的主体“上海宽带技术及应用工程研究中心(B－STAR)”是上海市科委为促进宽带通信技术和产业发展，于2004年9月在长宁区成立的企业性专业研究机构和公共技术服务平台，采用产学研集成攻关模式，集中国内相关高校、研究所、企业的研发力量，开展新一代宽带及应用技术的原始创新和集成创新。2005年，该中心承担着科技部和上海市下达的重大科技攻关项目和产业界的委托研制项目，开展宽带固定接入与应用技术的研究开发；国家“863”通信领域的集成试验示范；推广互动网络电视在上海地区的应用；与高校合作培养高层次专业人才等。已取得的成果有全球第一个采用电路与分组混合交换创新模式的宽带网、全球最大规模的基于IP的互动多媒体业务试验/示范网、全球首创的大规模汇聚路由器、全球第一个建成基于突发传输和组播交换的自动交换光网络、全球第三个建成基于单波长40Gbps密集波分复用系统。现正努力打造成为“中国通信产业试验床”和“上海宽带通信技术产业促进基地”，完善我国的通信产业链，进而促进通信产业发展和信息化建设。

(缪 军)

【汉峰MiniType字形技术研制成功】 3月19日，中国中文信息学会在北京主持召开了上海汉峰信息科技有限公司研制的汉峰MiniType字形技术鉴定会。专家组认为该字形技术具有创新性和实用性以及自主知识产权，是中国中文字形处理领域的一项突破，整体性能指标达到国际领先水平。MiniType™字库不仅已获得国家发明专利授权，还申请了美国、英国、法国、德国、日本、韩国、加拿大、芬兰等8个国家和地区的国外专利。

该字形技术是一种结构化矢量轮廓构字技术，MiniType™ GB18030字库含27 484个汉字，分为宋体、仿宋、楷体、黑体4种字体，可生成各种大小尺寸的汉字及其他语言字符。与同类字库相比，其占用的存储空间只有1/10，且字形更加优美。在存储量小的手机、PDA等嵌入、移动应用领域，有着广泛应用前景。国家公安部第一研究所已与该公司签订了《国家法定证件汉字技术应用合作开发协议》，第二代身份证地址追加机具将采用MiniType™字库。同时，该公司正将MiniType字形植入嵌入式中央处理器中，以研制字符发生器芯片，用于解决嵌入式设备的中文信息输出难题。

(刘 晶 鲍心洋)

【智能曲线系列汉字库芯片研制成功】 上海集通数码科技公司针对迄今尚无专业厂家供应字库芯片产品的市场空白，以国家汉字标准为依托，于4月研制成功从点阵到曲线全系列汉字库芯片成套产品，并获得多项国家发明专利和汉字领域专家认定。

该系列的高端产品是配合高分辨率IT产品(如高清数字电视、打印机等)研发的智能曲线系列字库芯片，具有自主的智能曲线汉字处理技术；自带32位缩减指令系统处理器，完全不占应用整机的内存和CPU资源；能在与应用系统软、硬件平台无关的情况下，快速、准确、平滑地还原汉字字形，并可实现字形大小无级缩放、多种字体自由转换、多种标准汉字代码的自动转换，字形标准美观。该字库芯片将处理器、存储器和汉字压缩数据以及处理程序，全部集成到一个集成电路芯片中，以类似存储器芯片的通用总线，单芯片提供给用户，方便简单，使得复杂的技术变成简单易用的产品，可应用到任何需要显示或打印汉字的领域，彻底解决汉字的输入和输出问题。

该系列的低端产品是配合低分辨率 IT 产品(如手机、税控收款机等)研发的标准点阵系列字库芯片，采用了最新版的标准点阵字形数据，字形规范美观，具有汉字标准主管机构授权的合法使用权，并含有 GB18030(27 533个汉字)的全部字形，以适应大字符集的发展趋势，使整机厂避免了将字库数据烧入空白 Flash 芯片所增加的额外工序，满足汉字库升级换代的市场需求。

（郭　宁）

【SOI 材料以及制备技术达到国家先进水平】 11月，上海新傲科技有限公司承担的国家“863”计划超大规模集成电路配套材料专项“大直径 SOI 技术研究及产业化”和国家特种关键设备引进项目“离子注入 SOI 材料”通过验收，达到国家先进水平。该项目重点研究开发了具有自主知识产权的 SLD－SOI 新技术，突破了大直径 SOI 材料产业化的关键技术，技术路线具有科学性、先进性；建成了国内 SOI 材料规模化生产基地，已达到批量生产能力，制备的 SOI 材料性能指标达到或超过国际 SEMI 标准；产品不仅满足了国内需要，还出口美国的英特尔(Intel)、韩国的三星(Samsung)、德国的英飞凌(Infinion)等国际著名公司，为中国硅基半导体材料走向国际市场取得了突破性的进展。该项目申请了国家发明专利 4 项，相关论文发表在美国《应用物理学快报》(*Appl. Phys. Lett.*)和《应用物理学杂志》(*J. Appl. Phys.*)上。

（周　萍）

【非硅 MEMS 加工技术及其应用研究通过验收】 该项目是国家“863”计划 MEMS(微电子机械系统)重大专项，由上海交通大学微纳科学技术研究院联合清华大学、哈尔滨工业大学和北京航空航天大学等国内 9 家教育、科研单位和公司共同承担，于 11 月通过了科技部组织的验收。该项目(1)用准 LIGA 技术开发了多层复杂三维微结构加工工艺和可动微结构一体化加工工艺，并形成了成套工艺。(2)提出微细冲压与微细电火花工艺结合的非硅 MEMS 加工方法，开发出批量低成本的微型双齿轮复合成形工艺。(3)提出了在金属基板上直接进行微模具制作的新方法“无背板生长法”，并用研制的 RYJ－Ⅱ型热压机和芯片自动对准系统及激光微加工技术，实现了多通道微流控检测芯片的批量制造，已销售微流控芯片6 000片。(4)在双晶薄膜压电驱动微机器人的移动、控制、探测与总体集成等方面进行了系统的研究。该项目开发出的 MEMS 惯性开关、微细阵列喷射型孔、微型钟表机构、微流控芯片和微机器人系统等 MEMS 产品已应用于国家安全、生物医药和传统产业改造等领域。

（武雪萍）

【一种新的用于信息安全的 MEMS 强链通过验收】 该项目是国家“863”计划 MEMS(微电子机械系统)重大专项，由上海交通大学微纳科学技术研究院承担，于 2005 年上半年通过了科技部组织的专家验收。专家组现场观摩了 MEMS 强链样机，对具有自主知识产权的光纤、光电、光耦合的三种型式的 MEMS 强链给予了肯定，认为 MEMS 强链用于信息安全具有独到的特点。该项目解决了 MEMS 强链设计、制造、控制等关键技术难题，提出的轴向磁场永磁微电机驱动器、全金属反干涉齿轮集鉴码机构具有创新性，并采用准 LiGA 等有关工艺，实现了 MEMS 强链的制造，为 MEMS 强链的实用化奠定了良好的基础。

MEMS 强链是一种用微机械设计、制造技术自行开发的微型密码锁，由微驱动器、鉴码器、耦合器及相关电路构成；置于受保护的内部信息系统与外部环境之间，一旦输入密码错误，MEMS 强链锁定，内外信息系统物理隔离；密码输入正确，MEMS 强链耦合器开启，内外部信息系统连通；可广泛用于金融、银行、机要部门的信息安全和重要计算机的物理认证等领域。

（武雪萍）

【电磁微机械继电器研究与应用通过验收】 该项目是国家“863”计划 MEMS(微电子机械系统)重大专项，由上海交通大学微纳科学技术研究院牵头，联合重庆大学、北京工业大学和中北大学共同承担，于 2005 年上半年通过了科技部组织的专家验收。专家组现场考察了微继电器样品及其示范应用演示，认为该项目提出的基于 MEMS 技术的永磁偏置单悬臂梁式、三维磁路支持的扭梁悬臂梁扭摆式和定子转子往复运动的摆臂式三种结构形式的电磁微机械继电器设计方案，具有创新性，并解决了磁性材料原位、平面绕组叠层加工等集成制造技术难题，研制出了相应的样机，为微型继电器产业化奠定了基础。

（武雪萍）

【基于毫米级移动机器人的微装配系统研究达到国际先进水平】 该项目是国家"863"计划MEMS（微电子机械系统）重大专项，由上海交通大学微纳科学技术研究院承担，于2005年上半年通过了科技部组织的专家验收，达到国际先进水平。专家组现场观看了基于移动微机器人的微装配操作演示，对具有自主知识产权、体积仅为1cm^3的移动微机器人样机给予了高度评价，认为移动微机器人在全方位定向机构、三轮稳定驱动机构、以微马达转子直接为驱动轮子的结构、电磁微马达步进运动与快速运动相结合的控制技术、移动机器人精确定位和工件作业平台定位结合实现微装配的方法以及基于SU8胶微细加工而成的微镊子结构具有创新性，为拓展微移动机器人在微系统领域中的应用奠定了基础。

该项目研究了毫米级移动微型机器人机构及其控制；基于压电陶瓷的微机器人微型操作手结构与控制；毫米级移动微机器人与其装备的微型操作手间传动机构与控制；适合微机器人运动控制的外部视觉系统；微部件力学特性研究及微部件装配规划。主要成果包括：(1)针对移动微机器人运动轮采用电磁型微马达转子直接作为驱动轮的特点，提出了基于PWM的平均转矩矢量合成细分方法，提高了电磁型微马达的定位精度，实现了电磁微马达的微步进控制，拓宽了电磁微马达的功能，解决了基于微细加工工艺研制的电磁微马达无微步进的缺陷。(2)扩展了基于电磁微马达的移动微机器人运动功能，使其既能快速运动又能微步进精确定位，步进定位达到了每步0.04mm。(3)实现了毫米级全方位微移动机器人的结构设计。

（武雪萍）

【敏捷制造车间项目通过技术验收】 该项目由上海第二工业大学承担完成，于8月通过了上海市教委组织的技术验收。该项目以多品种、小批量中小型服装机械制造企业为对象，探索国内大量以制造能力见长，但尚不具备开发能力的中小型制造类企业，在当前激烈市场竞争条件下，谋求生存发展的先进生产模式。

(1) 开发了"网络化敏捷制造车间"软件系统。该系统运用遗传算法对动态联盟中的合作伙伴进行选择并优化；对企业生产流程进行优化重组，企业的生产过程全部由计算机管理，合作伙伴之间的动态协作全部在网上进行（网上招投标、网上加工图纸的传递等）；解决了所组成的虚拟企业（动态联盟）利用Web进行通讯的机制和方法，为建立虚拟企业提供了标准化、规范化和敏捷化的平台。

(2) 建立了规范、可行、实用、易掌握的多视图（功能、信息、组织、设备和过程）建模方法，不仅为敏捷制造车间的分析与设计提供了有力支持，也为企业实现敏捷化制造提供了参考和帮助，为生产过程重组提供了优化的方法。

(3) 建立了敏捷制造车间敏捷度的评价体系。该体系指标全面、综合、可操作，对具体实施提供了有力的支撑和工具。

（曹佩清）

【全国第一个地区性的IPv6互联网——新一代上海教育与科研计算机网开通】 该网于1月15日在上海交通大学开通运行，标志着上海教育信息化水平又跃上了一个新的平台，并已跻身于世界前沿。上海市副市长严隽琪出席了开通仪式并启动开通按钮。新开通的IPv6新一代互联网的速率可达到2 500Mbps，具有全面覆盖、新老兼容、资源共享等优点，其所具有的海量IP地址、高传输速度、高图像清晰度、高管理安全性，使网上应用的规模和水平产生革命性的突破，如网格计算、高清晰度电视、强交互点到点视频语音综合通信、智能交通、环境地震监测等，将为建设和发展上海"数字城市"创造优越的信息化环境。上海市教委将首先把IPv6新一代上海教科网应用于高校的科研、网上远程教育、高速计算、远程医学和网络图书馆建设等方面，同时也将通过新的网络技术，培养和造就一大批新型网络技术和信息人才，努力构筑新型人才的高地。

小资料

IPv6

IPv6是Internet Protocol Version 6的缩写，也被称作下一代互联网协议，是由IETF设计的用来替代现行的IPv4协议的一种新的IP协议。IPv4采用32位地址长度，其有限的地址空间（约43亿个地址）将随着互联网的迅速发展被耗尽，势必影响互联网的进一步发展，而IPv6采用128位地址长度，几乎可以不受限制地提供地址。IPv6的主要优势体现在以下几方面：扩大地址空间、提高网络的整体吞吐量、改善服务质量(QoS)、安全性有更好的保证、支持即插即用和移动性、更好地实现多播功能。

(武雪萍)

第二节　生 物 技 术

【上海生物医药产业概述】 2005年,上海生物医药制造业实现销售收入275亿元,比2004年增长16.1%,排名全国第五位;产业规模不断扩大,逐步形成了相对集中的张江、徐汇的枫林及漕河泾等产业集聚区域,主要呈现以下特点:

(1) 龙头企业和拳头产品不断壮大。上海生物医药企业通过结构调整、产业整合、企业并购等途径,进一步夯实了上海医药(集团)有限公司、上海复星医药(集团)有限公司和上海实业(集团)有限公司等企业在研发和生产上的基础,并涌现出上海现代制药股份有限公司、上海迪赛诺医药发展有限公司、上海实业科华生物技术有限公司、上海生物制品研究所等10多家销售过2亿元的骨干企业,培育出一批疗效独特、自主创新的拳头产品。2005年,心血管药物支架、流感疫苗、培菲康等20个产品销售额均超过1亿元,上海海尼药业有限公司的"加替沙星"销售额达到2.6亿元。

(2) 生物医药研发及专业服务业初露端倪。利用上海丰富的生物医药创新资源,加快上海生物医药产业从单纯的生产制造向研发和专业服务的拓展。罗氏公司、诺华公司、礼莱公司等10多家外资研发机构入驻张江基地,浙江华海药业股份有限公司、江苏恒瑞医药股份有限公司、江西汇仁集团有限公司等国内大的制药企业也在上海设立研发中心。2005年,张江研发外包服务中心正式成立,上海药明康德新药开发有限公司、上海开拓者化学研究管理有限公司、上海睿星基因技术有限公司等40多家企业全面加盟,研发外包服务已成为上海生物医药产业发展新的亮点。与此同时,上海生物医药产业快速发展所派生出的专业服务需求,催生了包括上海新生源医药研究有限公司、上海法玛勤医药科技发展有限公司、精鼎医药研究开发(上海)有限公司等在内的20余家CRO(合同研发)服务机构的成长。

(3) 具产业潜力的高技术成果快速涌现。通过前瞻性的布局和持续的推动,上海在基因药物、组织工程、抗体工程领域取得重大突破,涌现了重组腺病毒抗肿瘤药物、肝癌细胞融合疫苗、肝炎病毒检测芯片、HLA基因芯片、组织修复等方面,涌现了一批极具产业潜力的高技术成果。

(4) 高技术含量的新药数量持续攀升。上海获得新药批文,尤其是一类新药数量稳步增长,2003～2005年累计获得一类新药生产和临床批文48个,是"八五"和"九五"期间总和的6倍多。

(5) 成果转化和产业化的整体环境日益优化。上海已逐步形成了一个相对完备的研发支撑体系,并面向全国输出服务。如国家新药筛选中心为全国29个省、市和自治区的近300家单位提供了筛选服务。在"硬设施"改善的同时,影响上海生物医药产业发展的政策、资金等"软约束"问题也逐步得到破解。通过实施"聚焦张江"战略,基地的品牌优势得到凸现,另外香港中信集团公司、新加坡淡马锡投资公司等一批投资机构在生物医药领域的投资也十分活跃,推动上海生物医药产业投融资平台加速形成。

(傅大煦)

【国家上海生物医药科技产业基地领导小组第七次会议】 该会议于2006年3月18日在上海举行,由上海市副市长严隽琪主持。上海市市长韩正、科技部副部长刘燕华、卫生部副部长蒋作君、国家食品药品监督管理局局长邵明立、中国科学院副院长陈竺、浦东新区区长张学兵等出席会议。领导小组办公室主任、上海市科委主任李逸平作了工作汇报。上海市有关部门领导及有关科研机构、企事业单位的领导出席了会议。

上海市市长韩正在会上明确提出,要把基地建设成为上海自主创新示范引领区,并提出要着力从产学研合作、创新成果产业化、平台建设和机制创新四个方面取得突破。会议还为"张江药谷"描绘了目标明晰的新蓝图,到2010年,将力争有20个自主知识产权的创新药物实现产业化,并形成80～100亿元的销售产值,30个自主知识产权的药物进入临床研究,涌现出15至20家年收入过10亿元的科技"小巨人"企业,形成2至3家年收入超百亿元的旗舰企业,全市生物医药产业年销售收入达到700亿元,成为在全球具有一定影响力的生物医药创新和产业化基地。

(傅大煦)

【国家上海生物医药科技产业基地建设取得阶段性进展】 “十五”期间，该基地在科技创新和高新技术“产业化”方面的能力得到了迅速提升，使张江“药谷”的形象和地位在国内外得以逐步确立，并对上海乃至全国生物技术的进步与医药产业的发展产生了积极的推动作用。主要表现在三个方面：(1)创新体系日趋完善，研发能力不断增强。该基地已研发进入临床或投入生产的创新药物 20 多个，形成由一所(中科院上海药物研究所)、一校(上海中医药大学)、一园(上海中医药创新园)和 30 多家中心组成的研究开发组织架构，已成为中国生物技术创新资源的高度密集区。(2)集聚效应开始显现，产业能级不断提升。通过引进和培育，一大批国内外药业巨子纷纷入驻基地，产业集聚效应开始显现，为提升上海生物技术产业和医药产业的竞争力作出了重要贡献。同时，生物医药投资逐年增加，产业规模以每年 30% 以上的速度不断攀升新高。(3)创业环境逐步优化，新企业不断涌现。随着基地孵化功能的逐步完善和服务环境的不断优化，基地对海内外生物技术与医药领域创新资源的“磁铁效应”愈发显著。到 2005 年底，基地内共有近 300 家生物医药企业，其中有相当部分为海外留学生创办的；从业人员 1 万人，其中具有硕士以上学位的研究人员超过千人。

(傅大煦)

【上海生物医药科技创新平台建设取得新突破】 “十五”期间，上海市科委结合生物医药创新资源布局，采取资源整合和多元投资，在国内率先基本形成了以国家新药筛选中心等国家级研究中心为核心的现代生物医药技术创新体系，实现了“从无到有、从有到完善、从完善到功能得到发挥”三大突破，涵盖了基础创新、临床研究、应用开发、工艺设计优化等研发的不同环节。

(1) 以国家级研发中心为主的生物医药创新体系架构已经形成。上海生物医药科技创新的组织架构已从最初的“一所六中心”的基础上得到了拓展和延伸。随着生物医药产业发展不断提出的新需求，相继建立了上海药物代谢研究中心、南方模式动物研究中心等，至 2005 年底已拥有 15 家生物医药研究中心，其中近半数为国家级中心，为生物技术和创新药物的研发提供了强大的技术支持和支撑。

(2) 中医药科技创新平台建设取得进展。按照中药现代化的重大需求，新建了上海市中医药科技产业促进中心、上海中药标准化研究中心、上海中药创新研究中心、上海中药现代化研究中心和上海针灸经络研究中心，涉及中药的提取、制剂、药理、标准等各个环节；新建了上海中医药创新园，吸引了国内外 10 多位知名科学家来园工作，集聚了中药标准化研究中心等 4 家中心入驻，对上海中药现代化研究起到了很好的推动作用。

(3) 上海生物医药创新体系的创新和服务能力得到提升。国家新药筛选中心、国家上海新药安全评价研究中心、上海中药标准化研究中心等一批生物医药公共服务平台在立足上海、服务全国方面做出了很大成绩。国家上海新药安全评价研究中心是国内首批通过 GLP 认证的新药非临床研究机构，建立了多项新的毒性检测模型，累计完成新药安全评价约 70 项，为国内 18 个省市提供过服务。上海中药标准化研究中心已完成了近 200 多个中药标准品的制备，为国家和企业建立了 30 多个中药材和中药饮片标准，同时为香港、澳门以及江西等 17 个省市的 37 家单位提供了标准品和标准化技术研究服务。

(傅大煦)

【上海南方模式生物研究中心建设取得阶段性进展】 “十五”期间，上海南方模式生物研究中心经过四年努力，建立起了国内最具规模、专业从事小鼠基因组改造的模式生物研发基地和相关核心技术平台，技术水平及研发效率达到国际先进水平；取得了一批较有价值的科研技术成果，成功地建立了 126 种遗传工程小鼠模型，签订并完成了 83 项技术开发和服务协议；合作和服务对象遍及沪上并拓展至北京、西安、四川、湖南、福建、广州、香港、哈尔滨等地区，为国家和地方重大科研及企业新药研发等项目提供了重要技术支撑，为人类新基因功能研究、人类疾病发病机制研究以及新药研发等创造了核心平台技术条件，促进了上海地区乃至全国功能基因组学、生物医学及药物的研究与开发。

2005 年，上海南方模式生物研究中心成功克隆了 hPLAG1 基因，建立了国际上第一例唾液腺多型性腺瘤转基因动物模型；此外，还建立了 OPG 基因剔除骨质疏松小鼠模型、转人乙型肝炎病毒转基因(TgHBV)小鼠模型以及 RIG－1 基因和 BPOZ 基因剔除小鼠等模型。这些模型的表型明确，在研究人类乙型肝炎的发病机制以及人类肿瘤的形成和骨质疏松等方面具有重要的应用价值。相关论文已被美国《分子和细胞神经科学》(*Molecular and Cellular Neurosciences*)和《国际癌症杂志》(*International*

Journal of Cancer)杂志接受,将于2006年发表。

（李积宗）

【在新型筛选模型建立、先导化合物发现方面取得重要成果】　国家新药筛选中心在新型筛选模型建立、先导化合物发现等基础研究方面取得一系列重要成果,在糖尿病、感染性疾病等方面建立了系统而完善的筛选评价体系,发现了一系列具有进一步开发价值的药物先导化合物,如新型非核苷类抗乙肝病毒先导化合物W28、胰高血糖素样肽-1受体小分子激动剂S4P、具有神经保护作用的新型非肽类Caspase-3抑制剂CH95等。这些新颖结构的化合物不仅有进一步开发的前景,而且为某些生理和病理过程的研究提供了探针工具。2005年,该中心在国内外发表学术论文38篇。其中,影响因子大于3的论文有2篇,分别发表在6月出版的美国《分子药理学》(*Molecular Pharmacology*)和8月出版的美国《抗微生物制剂和化学疗法》(*Antimicrobial Agents and Chemotherapy*)杂志上。

（李积宗）

【开展致畸试验体外替代实验模型研究】　2005年,国家新药安全评价研究中心开展了致畸试验体外替代实验模型研究,建立了基于小鼠胚胎成纤维细胞3T3多能干细胞模型和大鼠着床后体外全胚胎培养模型,用于新药安全性评价体外胚胎毒性和致畸筛检;进行了药代毒代动力学技术方法研究,完成了野黄芩苷、二氢吡啶同系物对大鼠肝微粒体CYP450酶的影响及其代谢研究,以及UTD1、9901对体外培养人肝细胞CYP450酶的影响研究;同时,还建立了转基因食品安全评价新方法。

（李积宗）

【开展中药皂苷药物的抗肿瘤药效筛选和机理研究】　2005年,上海中药创新研究中心利用中药功能基因组技术平台开展了中药皂苷药物的抗肿瘤药效筛选和机理研究,得到了相关领域诸专家的高度评价,同时也积累了较丰富经验。中药功能基因组技术平台在已有基础上,继续引进蛋白组学和代谢组学的先进技术,完善平台的生物样品检测系统;在检测和积累丰富的中医药作用信息的同时,加强生物信息系统建设,建立中药作用的基因表达谱、蛋白表达谱和代谢图谱,逐渐搭建和完善中医药系统生物组学平台。

（李积宗）

【新药研发应用网格技术平台进入试运行】　中科院上海药物研究所药物发现与设计中心建立的“新药研发应用网格”技术平台,安装了含有120万个化合物信息的数据库和各类药物靶标蛋白结构的数据库,并将开发的高通量虚拟筛选软件进行异机(不同型号的计算机之间)并行化。该平台采用网格格点内和格点间的双重负载平衡技术,最大限度地利用国家网格的空闲计算资源,为用户提供高吞吐量和安全的虚拟筛选服务。该网格是开放式的,可随时扩充和加入新的计算资源。2005年,该网格已进入试运行阶段,自主研发的药物分子筛选方法和程序、药物筛选应用软件已陆续推出。中科院上海药物研究所等单位已应用该网格进行创新药物研究,并获得多个活性化合物。

该网格的扩建工作也在进行之中。上海超级计算中心、中科院网络中心、大连理工大学、华东理工大学、华中理工大学和英国部分大学的计算资源将加盟到该网格系统。此外,韩国、中国和日本三国间的“亚洲计算机药物发现(AeDD)”合作计划正在洽谈之中,将以该网格为基础,整合韩、中、日三国的计算资源,并联合三国的制药公司,进行创新药物的研究。

（李　莉）

【黄芪毛状根培养体系与转基因技术平台的关键技术研究达到国际先进水平】　该项目是国家自然科学基金、上海市科委共同资助项目,由上海中医药大学胡之璧院士领衔主持,于10月31日通过上海市科委组织的成果验收。该成果具有原创性,用生物技术生产黄芪的毛状根等为国际首创,整体达到国际先进水平,为国内中药现代化作出了重要贡献。

该项目以中国常用重要中药黄芪为对象,应用生物技术和多学科交叉,进行了深入和系统的探索,取得了一系列重要的研究成果,具有普遍意义和示范作用。该项目的创新点:(1)成功地建立了30L培养规模的膜荚黄芪毛状根培养体系,并进行了培养条件的优化研究。其主要有效成分、药理和急性毒性与药用优质膜荚黄芪无显著差异。(2)首次利用基因工程技术对膜荚黄芪进行定向改良,提高了活性成分的含量。如将gbss基因转入黄芪毛状根中,使其多糖含量最高提高127%;将VHb基因转入黄芪毛状根,使其黄芪甲苷含量增加5倍;探讨了黄芪多糖合成的双基因调节及通过两种代谢途径关键酶共同调节来定向提高中药材中有效成分的含量,获得转多糖合成双基因(ugp和gbss)

的黄芪毛状根高产株系，该株系黄芪总多糖含量高1倍、黄芪甲苷含量高6倍，并具有稳定的代谢产物合成能力。(3)独立克隆了膜荚黄芪中的两个糖苷转移酶基因——gbss(ADP葡萄糖苷转移酶，又称淀粉粒结合淀粉合成酶)和ugp(尿苷二磷酸葡萄糖焦磷酸化酶)，并在GenBank进行了登录。(4)在进行黄芪药材化学成分研究中，首次从膜荚黄芪中分得5个新的黄酮类化合物，并确定了化学结构，以及首次确定了2种杂多糖的化学结构。

(孙为国)

【壳聚糖降解酶菌株的筛选与应用通过验收】　该项目是上海市曙光计划项目，由华东理工大学历时一年研究，于11月23日通过了上海市科委主持的专家验收。壳寡糖是壳聚糖的降解产物，在医药、农业、食品等领域具有广泛的应用价值，其生产技术的研究对国内壳聚糖类制品的开发与生产具有十分重要的意义。该项目在对20多株菌株进行筛选的基础上，成功地得到高产壳聚糖降解酶菌株解淀粉芽孢杆菌，并以壳聚糖为诱导物，优化了固体培养发酵工艺；建立了以壳聚糖和淀粉联合吸附复合酶提取工艺，所得酶制剂活力高，并应用于壳寡糖的工业化生产。与原酶制剂相比，工艺稳定，产品质量得到明显改善，以壳寡糖为原料配置的叶面肥产品用于农业生产，可显著提高产量。

(孙凯文)

【新型高灵敏纳米生物酶传感器开发成功】　华东理工大学超细材料制备与应用教育部重点实验室经过两年研究，成功地开发出一种新型的高灵敏纳米酶生物传感器。同时，“含树状大分子/金属纳米复合粒子的酶生物传感器的制备”项目于12月27日通过上海市科委组织的专家验收。该项目在树状大分子的合成与封装纳米金属粒子、生物传感器酶电极的设计与构造等方面具有着显著创新。

生物传感器是一种集现代生物技术与电子技术为一体的高科技产品，是当前研究的热点课题之一。该项目将纳米技术应用到生物传感器的构建中，将生物传感器的两大新技术，即纳米颗粒增强的生物传感技术和树状大分子与酶自组装多层膜传感技术巧妙地结合起来，制成树状大分子封装金属纳米粒子和酶自组装形成多层膜传感界面的酶生物传感器。既充分发挥了金属纳米粒子的纳米效应，又合理利用了树状大分子独特的分子结构，使两大优势得到了加强。经检测，该项目开发的纳米生物葡萄糖氧化酶生物传感器，具有灵敏度高($0.25mA/mM\cdot cm^2$)，线性范围宽($5.0\times10^{-6}\sim7.6\times10^{-3}mol/L$)和响应时间短(≤5s)的优异性能。

(孙凯文)

【生物催化与生物加工过程工程国际研讨会】　该研讨会由华东理工大学生物反应器工程国家重点实验室主办，美国生物工程学院协办，于10月16～18日在华东理工大学举行。10余个国家的近百名专家和学者参加研讨会，共收到12个国家的论文及论文摘要共93篇。德国、日本、荷兰和中国科学院的4位教授分别作了大会报告。随后在4个分会场，就生物催化剂的发现与开发、生物降解和环境生物技术以及最新国际研究动态等内容进行分组报告和交流讨论。

(孙凯文)

【组织工程皮肤的基础和应用研究达到国际领先水平】　该项目由上海交通大学医学院附属第九人民医院和上海市组织工程研究与开发中心共同完成，于3月8日通过专家验收，成果达到国际领先水平。

该项目从组织工程皮肤的种子细胞、生物材料、细胞－材料相容性及组织工程皮肤的冷冻保存、临床应用等多个方面，系统地进行了皮肤组织工程的研究与开发。在建立了人表皮角质形成细胞标准化体外培养扩增体系的基础上，研究了表皮角质形成细胞的体外扩增规律和皮肤种子细胞在材料表面的生物学特性，确立了皮肤组织工程材料指导性标准；在体外构建研究中，利用多种生物材料率先开展了组织工程皮肤替代物的构建，在国内首次利用PGA在体外构建双层、有活性的人工皮肤；并利用基于PGA构建的自体组织工程双层皮肤成功修复猪皮肤缺损。

该项目在完成动物皮肤缺损的实验后，进行了修复临床多类型的皮肤缺损的尝试，在上海交通大学医学院附属第九人民医院进行了组织工程皮肤治疗供皮区缺损20例，增殖性瘢痕6例，色素脱失症2例；在山东省烟台市毓璜顶医院共治疗供皮区及增殖性瘢痕患者10例。移植后组织工程表皮存活良好、结构较完整、长期随访无明显疤痕增生；2例色素脱失症采用组织工程皮肤修复后，色素脱失区皮肤色泽接近正常皮肤，修复效果满意，为产业化积累了宝贵经验。该项目还对组织工程皮肤的低温保存技术进行了深入研究，保存效果优于国外同类报道。在成功修复临床皮肤缺损的基础上，进行了项目的推广应用，具有重大的前瞻性与实际应用价值。

（董云霓）

【应用组织工程技术构建角膜组织的实验研究达到国际先进水平】 该项目由上海交通大学医学院附属第九人民医院和上海市组织工程研究与开发中心共同完成，于1月27日通过专家验收，成果达到国际先进水平。

该项研究以角膜基质构建为中心，进行了组织工程技术构建角膜组织可能性的探索性研究。(1)将体外培养的角膜基质细胞接种于聚羟基乙酸纤维，应用组织工程技术构建具正常组织学结构的角膜基质组织。(2)不同环境对构建的组织特性（如角膜透明度）具有重要影响。(3)应用转基因技术将绿色荧光蛋白标记体外培养的角膜基质细胞，示踪组织工程技术构建角膜基质组织。(4)应用角膜缘干细胞构建上皮组织，移植修复角膜上皮缺损。

通过组织工程构建技术即可获得足够大小的组织工程化角膜上皮组织修复动物角膜上皮缺损，而且修复后的角膜组织结构完整，并保持透明特性；同时，供体角膜组织未受到取材损伤所产生的影响，依赖组织自身修复机制，再生了完整的角膜上皮，再生角膜上皮的正常生理功能未受到任何影响；显示了组织工程技术应用少量组织修复大块组织缺损的优势，达到了无损伤治疗的目的。该项研究为组织工程技术研制角膜组织提供了重要的参数和理论依据。

（董云霓）

【白血病细胞分化新机制和凋亡诱导药物的实验研究达到国际领先水平】 该项目由上海交通大学医学院附属瑞金医院和上海交通大学医学院病理生理学教研室、中科院上海生命科学研究院—上海交大医学院健康医学中心共同完成，于1月20日通过专家验收，成果达到国际领先水平。

该项目应用现代生物学技术，致力于假说驱动的有关急性髓细胞性白血病（AML）细胞分化和凋亡机制的系列原创性研究。在国际上首先报道低氧环境下 $CoCL_2$ 和去铁胺诱导AML细胞分化，并首次应用白血病小鼠模型，发现低氧环境下通过抑制白血病细胞浸润和诱导分化延长小鼠生存时间。在这些重要原创性发现的基础上，对低氧诱导AML细胞分化的机制进行了深入研究，发现(1)低氧诱导因子(HIF)-1α是低氧诱导AML细胞分化的重要调节分子。(2)HIF-1α和C/EBPα的相互作用可增强C/EBPα的转录活性，参与细胞分化过程。(3)白血病相关融合基因AML1-ETO增加HIF-1α转录，但抑制C/EBPα的表达和低氧诱导的AML细胞分化。(4)低氧模拟物明显加强 As_2O_3 对APL细胞的诱导分化效应等。还在国际上首先报道蛋白激酶Cδ（PKCδ）调控磷脂爬行酶1(PLSCR1)的表达，并应用RNA干扰技术证明PLSCR1在AML细胞分化中的作用。以上研究结果不仅对阐明传递白血病细胞分化信息的分子生物学基础具有重要原创意义，而且为进一步研究白血病细胞分化的机制提高了新的重要线索。

该项目还在研究诱导白血病细胞凋亡机制方面取得原创性发现：(1)喜树碱衍生物NSC606985在低浓度下即可诱导AML细胞凋亡，并提出PKCδ的剪切激活是其诱导细胞凋亡的重要原因。(2)三价砷甲基化物具有很强的凋亡诱导效应。(3)As4S4和Imatinib在诱导慢性粒细胞性白血病凋亡和降低BCR-ABL蛋白/酶活性等方面具有协同效应。

（董云霓）

【药物和基因治疗对黑质多巴胺神经元的保护、损伤修复和安全性评价达到国际先进水平】 该项目分别得到国家“973”计划、国家自然科学基金、上海市卫生系统百名跨世纪优秀学科带头人培养计划的资助，由上海交通大学医学院附属瑞金医院承担，主要研究：(1)左旋多巴和多巴胺对DA能（多巴胺能）神经元的毒性作用以及部分抗PD（帕金森病）药物的神经保护作用。(2)基因治疗对PD的治疗和保护作用的系列研究。

该项目体外实验提示左旋多巴和多巴胺在没有胶质细胞保护的情况下存在神经毒性作用，而体内实验证实左旋多巴对PD大鼠模型黑质纹状体DA能系统无毒性作用，表明脑内胶质细胞和神经元共存时，左旋多巴对DA能神经元没有毒性作用。该项目还通过直接和间接途径，利用TH基因、TH+GCH双基因、微囊化转TH细胞以及GDNF基因，系统观察了基因治疗和保护作用，表明TH复合基因及微囊化转基因细胞是很有潜力的治疗PD的方法，GDNF（胶质细胞源性神经营养因子）在PD保护性治疗方面是一种有前途的研发药物。该项目为临床如何应用抗PD药物提供了有价值的实验依据，制订出了一套合理、完整的方案，为改善患者病情，提高生存质量，降低医疗费用，减轻社会负担做出了许多积极有益的工作。

该项目利用 C17.2 神经干细胞观察左旋多巴对神经元的毒性作用并检测培高利特和司来吉兰的保护作用，是国际上首次进行；利用 PD 大鼠模型研究长期应用左旋多巴对黑质 DA 能神经元的毒性作用，以及利用多种基因转移技术、多种靶细胞进行基因治疗 PD 的研究，在国内尚无系列研究或成文报道。该项目有效促进了国内 PD 的研究进展，提高了治疗水平，为中国的 PD 患者治疗带来福音，于 4 月 11 日通过上海市科委组织的专家验收，成果达到国际先进水平。

（董云霓）

【严重创伤早期全身性损害与组织修复的基础研究达到国际先进水平】 该项目是国家“973”计划项目的分课题，由上海交通大学医学院附属瑞金医院承担，于 12 月 27 日通过专家验收，成果达到国际先进水平。

该项目从探讨瘢痕形成的始动因素及其作用机制入手，研究瘢痕过度增生生物学机制，提出了瘢痕的增生程度与真皮组织的缺损程度密切相关，瘢痕的形成过程可通过真皮组织的补充回植来调节；真皮组织的三维结构对成纤维细胞具有“模板样”的引导作用，不仅可诱导成纤维细胞的长入，而且可改善创面皮肤组织的力学状态，调节成纤维细胞的功能，而真皮组织的完整性、连续性是其充分发挥“模板作用”的必要前提。因此，创伤引起的真皮组织完整性、连续性的破坏以致真皮“模板作用”的缺失是影响修复细胞功能、导致瘢痕形成的重要机制之一，由此提出了瘢痕形成的“模板缺损学说”。

“模板缺损学说”的提出和论证，把组织结构参与组织修复的观点引入瘢痕形成机制的研究范畴，不仅丰富了瘢痕形成的理论，而且拓展了瘢痕形成机制研究的视角，将对最终阐明瘢痕的形成机制有很大的推动作用；组织缺损是瘢痕形成的始动因素这一观点的提出及论证，为在始动环节上“预防性”瘢痕治疗的理念的形成及新型临床治疗手段的研究奠定了基础，对今后研制更有效的人工皮肤，以提高瘢痕的治疗效果等具有重要的指导意义，对相关产业的发展有很好的推动作用。

（董云霓）

【重组酶法生产 D－对羟基苯甘氨酸项目通过验收】 D－对羟基苯甘氨酸是生产阿莫西林、头孢立欣等半合成β－内酰胺类抗生素的重要原料之一，有化学合成和酶催化两类生产方法。酶法技术可使反应底物全部转化为产物，具有能耗低、少污染、效率高的优点，已成为国外制造该化合物的主要方法。国内经 10 余年努力，初步建立了工业规模生产 D－对羟基苯甘氨酸的“一菌两酶”工艺，但现有工业菌种所产 D－氨甲酰水解酶活性偏低，导致第二步酶反应成为限制因素，造成整个工艺的反应时间过长，反应底物浓度过低，影响生产效率。

中科院上海生命科学研究院植物生理生态研究所在原有菌种基础上，采用现代生物技术，构建了 D－氨甲酰水解酶基因工程菌株，完成了重组酶菌种发酵、产酶和转化工艺研究。中试放大结果显示，由于得到重组基因和酶的强化而使反应瓶颈被打破，大大加快反应进程，明显提高了转化效率。4 月，该项目通过中科院上海生命科学研究院组织的验收，总体技术达到国内领先和国际先进水平。

（王世杰）

【炎症免疫及血流动力学因素在动脉粥样硬化发生中的机制研究达到国际先进水平】 该项目得到国家“973”计划、上海市科技发展基金、高等学校博士学科点专项科研基金的支持，由复旦大学附属中山医院、上海交通大学医学院、复旦大学医学院共同完成，于 12 月通过上海市卫生局的鉴定，成果达到国际先进水平。

该项目系统观察了血管树突状细胞（DCs）在动脉硬化中的分布情况，从病理学角度证实 DCs 参与了动脉粥样硬化免疫反应的全过程；观察了 ox－LDL、糖基化终端产物、高浓度葡萄糖对 DCs 免疫成熟和功能的影响，并对其机制进行探讨；提出 DCs 可能是泡沫细胞的一个新来源；发现过氧化物酶体增生物激活受体 α（PPARα）和 γ（PPARγ）、他汀类药物可抑制 ox－LDL 诱导的 DCs 成熟，提出他汀类药物可通过上调 PPARγ 的表达，从而发挥抗动脉粥样硬化免疫炎症反应功能，为该类药物提出了新的药理作用机制，丰富了动脉粥样硬化防治的理论，对动脉粥样硬化的基础研究及其防治有较大的指导意义。

（王小华）

【发展了一种基于导电高分子材料的 DNA 生物检测新方法】 2005 年，中科院上海应用物理研究所通过导电高分子材料与磁性粒子相结合的方法，发现一种高灵敏度、高选择性的DNA生物检测新方法。该方法利用导电高分子材料的能量采集与分子导线特性显著提高了检测信号的强度，同时利用磁性粒子的快速分离特性避免了非特异性反应，可以直接在血清中检测靶基因。相关研究结果发表于英国《核酸研究》(*Nucleic Acids Research*)杂志上。

（吕佳颖）

【中药指纹图谱研究达到国际先进水平】 第二军医大学在上海市中药现代化专项的支持下，以色谱和光谱技术为分析手段，综合采用中药化学、分析化学和计算机化学等学科理论和技术，制备化学对照品，开发数据采集相关软硬件，并重点实施模型传递，辅以前处理和色谱优化，显著提高了数据的稳健性，为中药信息获取的可比性提供了化学、仪器和方法的整体保障。该课题组从指纹图谱和定量分析两个方面对信息挖掘和分析，在重叠色谱解析和峰位校正与匹配的基础上，开展了指纹图谱法、可视化、药材勾兑技术以及样品的多组分含量测定的研究，建立了信息获取、信息挖掘和分析、信息管理与共享三个层次的指纹图谱技术平台以及黄芪、知母等5味药材质控标准，并初步建立了指纹图谱数据库软件的构架。该成果得到国家药典委员会的采纳，并参与了国家药典委员会“指纹图谱软件”核心算法的编写。2005年，该专项通过了上海市科委组织的验收，整体研究达到国际先进水平，部分成果如模型传递、色谱峰分辨等处于国际领先水平。

（傅大煦）

【超广谱β-内酰胺酶肠杆菌科细菌的耐药性及其感染的防治研究部分达到国际先进水平】 该项目是国家自然科学基金项目，由复旦大学附属华山医院承担，于10月通过上海市卫生局鉴定，成果达到国内领先，部分国际先进水平。

该项目采用标准化的药物敏感性试验和CLSR推荐的超广谱β-内酰胺酶(ESBLs)确认方法，连续5年对上海地区14家大医院临床分离的18 199株大肠埃希菌和10633株克雷伯菌属菌中ESBLs产生菌进行了动态监测。资料显示ESBLs的检出率正在逐年上升；22种抗菌药物的药敏试验结果显示ESBLs产生菌为多重耐药菌株；PCR扩增、分子克隆、DNA测序及酶水解底物谱功能测定等分子生物学技术分析，结果显示细菌产生ESBLs是其耐药性产生的主要机制。上海地区ESBLs以CTX-M型为主，尤以CTX-M-3酶为多见(56%)；未发现TEM型的ESBLs；ESBLs基因可以水平和垂直的方式进行传播扩散，为一个＞23.1kb质粒所携带，可引起爆发流行。根据临床资料分析，产ESBLs菌株主要引起医院感染的主要菌株造成治疗困难，第三代头孢菌素的应用、腹腔、颅脑手术等大的外科手术和侵袭性操作为产ESBLs菌株感染的独立危险因素。因此，临床上要加强产ESBLs菌株的监测，提出了对于产ESBLs菌株感染的病人应根据其临床情况和药敏结果合理选用抗菌药物等防治措施。该成果对合理使用抗菌药及控制ESBLs菌株的医院感染有重要的指导意义。

（王小华）

【废次烟叶清洁提取高纯度茄尼醇技术对资源综合利用、环境保护起到积极作用】 茄尼醇(Solanesol)是存在于烤烟的烟叶中的天然化合物，化学名称为九聚异戊二烯伯醇，是一种重要的医药中间体，可用于合成辅酶Q10和维生素K2，还可作为某些抗过敏药、抗溃疡药、降血脂药和抗癌药物的合成原料。复旦大学经过多年的科技攻关和中试生产，开发了先进的废次烟叶清洁纯化工艺，成果已申请中国发明专利。用该技术生产的茄尼醇纯度高达98%以上，大规模生产可以保持在95%左右。该生产工艺过程采用毒性小或无毒性的有机溶剂，副产品和有机溶剂均可回收利用，无污染排放，产品得率高，纯度高，质量好，具有优良的环境效益。

2005年，复旦大学利用该技术，在福建建立茄尼醇产品的生产企业。可年处理5 000t茄尼醇含量为1%的废烟叶，生产35t 90%以上的茄尼醇产品。该项目属废弃资源综合利用，对地方经济增长起到促进作用，建成后可安排50～100人就业，可使5 000t废次烟叶得到利用，可增加收入约1 500万元，每年向地方财政上缴各种税金约4 000多万元。该项目对促进烟叶主产区的烟叶生产，农业经济结构战略性调整，资源综合利用、环境保护都起到积极的作用，具有显著的经济和社会效益。

（郭建忠）

【再生障碍性贫血TCRV基因表达及生血合剂的干预研究达国内领先水平】 该项目由上海中医药大学承担，于12月9日通过上海市教委组织的成果验收，总体水平达到国内领先，并在T细胞受体角度阐述生血合剂治疗再障的调控免疫、促进造血的疗效机理方面具有原创性。

再生障碍性贫血是血液系统的常见难治病。该项目在以往研究的基础上，采用生血合剂治疗再生障碍性贫血30例，总有效率达86.7%，治愈缓解率为46.7%，与环孢菌素(CsA)对照组的疗效基本相似($P>0.05$)，临床未见肝肾功能损害等毒副反应，生血合剂安全无毒，体现了中医药的优势和特色，而CsA组半数以上的病例出现肝肾功能损害等多种毒副反应。

该项目采用了现代免疫学和分子生物学新技术，通过多项免疫指标、细胞因子、TCRVβ基因表达等新技术、新方法的应用，分别从细胞因子、蛋白表达、基因表达等不同层面对再生障碍的免疫发病机制以及生血合剂治疗再生障碍的疗效机理进行了深入研究。该研究在国内首次从 $\alpha\beta TCR^+$、$\gamma\delta TCR^+$ 细胞百分率、T细胞Vβ亚家族谱型倾斜等角度阐述了再障的免疫发病机制以及生血合剂治疗再障调控免疫、促进造血的疗效机理，丰富了中医关于再障的发病机理和治疗学内容，为再障的治疗和研究提供了有价值的资料，具有科学发展的理论意义和推广应用价值。

(孙为国)

【中国癫痫患者卡马西平的群体药动学研究达到国际先进水平】 该项目是上海市卫生系统百人计划项目，由复旦大学附属华山医院、复旦大学附属儿科医院、上海长征医院和首都医科大学附属北京天坛医院共同承担，于11月通过上海市卫生局鉴定，成果达到国际先进水平。

该项目以口服卡马西平的中国癫痫患者为研究对象，收集了1998～2003年上海、南京和北京三地五所医院的门诊癫痫病例585余例，对中国癫痫患者卡马西平及其活性代谢产物环氧化卡马西平的群体药动学特征作了研究。该项目在国内率先建立了服用卡马西平的门诊癫痫患者的药历和药动学数据库，首次运用国际先进的非线性混合效应模型(NONMEM)对卡马西平及环氧化卡马西平清除率的影响因素作了考察，建立起群体药动学模型，并对模型作了验证。研究表明卡马西平及环氧化卡马西平的清除率和患者体重、剂量、年龄以及合并用药有关，并针对国内门诊癫痫患者，拟定了给药剂量表，为制定个体给药提供了参考。另外，在国际上首次发现在常用的卡马西平和丙戊酸联合用药中，当丙戊酸的剂量大于18～20mg/kg时，丙戊酸可加快卡马西平的代谢。该项目对于卡马西平的个体化用药和癫痫的药物治疗提供理论依据和指导。

(王小华)

【骨质疏松防治药物骨细胞药效试验方法与在骨质疏松防治药物药效评价中的应用达到国际先进水平】 该项目得到国家自然科学基金、“九五”国家科技攻关计划和卫生部科研基金的支持，由复旦大学承担，于10月通过上海市卫生局鉴定，成果达到国际先进水平。该项目经过十余年研究，成功地建立了成骨细胞、破骨细胞体外培养方法，并应用形态学、细胞化学、酶化学、电镜和形态计量等技术，建立成骨细胞骨形成和破骨细胞骨吸收功能定量检测指标，为建立骨质疏松防治药物骨细胞药效试验和评价方法奠定了坚实的基础。

该项目：(1)建立了甲瓒比色分析法、对硝基苯磷酸盐法，以及矿化结节诱导、茜素红染色、形态计量等指标，定量测定成骨细胞增殖、分化和矿化功能；建立了辐射诱导模拟衰老成骨细胞模型，并应用于中药锦鸡儿有效部位、补肾益精方中药、国产rhPTH(1－34)和密钙息等药物对成骨细胞骨形成促进作用的药效试验。(2)建立了TRAP阳性多核和单核破骨细胞计数、破骨细胞融合指数、骨片吸收陷窝形成计数和凋亡破骨细胞计数等指标，定量测定破骨细胞成熟、生存和骨吸收功能的体外培养破骨细胞方法，并应用于国产Ibandronate、益钙宁和补肾益精方、知柏地黄丸、金匮肾气丸等中药对破骨细胞骨吸收抑制作用的药效试验。

(王小华)

【活血扶正中药对大量蛋白尿加重早中期慢性肾衰的部分研究达到国际先进水平】 该课题由上海中医药大学承担，于1月25日通过上海市教委组织的成果验收。该课题采用的观察指标能客观地阐明活血扶正中药治疗早中期慢性肾衰的疗效和疗效机理，整体研究达到国内领先水平，在应用抗纤灵2号方对有大量蛋白尿的CRF动物的血液动力学、一氧化氮及合酶系统和体外肾小管上皮细胞分泌的细胞因子影响等的研究方面达到国际先进水平。

该课题选择早、中期慢性肾衰伴大量蛋白尿患者，分别给予福辛普利、抗纤灵2号、针刺配合内服抗纤灵2号临床治疗。动物实验选择给予5/6肾切除大鼠不同蛋白饮食喂养，建立CRF大鼠大量蛋白尿模型，从血液动力学、血管活性物质、一氧化氮及合酶系统、氧化抗氧化系统、细胞因子分泌、血脂代谢及肾脏病理等方面，研究高蛋白饮食及大量蛋白尿加重早中期 CRF 影响的机理及扶正活血作用的抗纤灵 2 号方干预早中期 CRF 大量蛋白尿药效学机理，并对其复方中单味药丹参、黄芪作平行观察。体外研究抗纤灵 2 号含药血清对毒素血清和 TNFα 刺激的肾小管上皮细胞分泌的 FN 和 TGF－βmRNA 表达的影响，对体外肾小球系膜细胞分泌的胶原蛋白及细胞因子 TNFα、PDGFmRNA 表达的影响。

临床研究提示抗纤灵 2 号方可显著提高早中期慢性肾衰的临床疗效，显著改善患者的血瘀症状，尤其是抗纤灵 2 号方结合针刺治疗总有效率达 86.67%，体内外试验进一步验证了该方有保护残余肾功能、减轻肾间质纤维化、肾小球硬化的作用。

（孙为国）

【疏肝饮治疗肝脾不和型肠易激综合征的临床与实验研究达到国内领先水平】 该项目由上海中医药大学承担，于 12 月 16 日通过上海市教委组织的成果验收，达国内领先水平。

该项目分临床和实验研究两部分。临床研究以疏肝饮治疗 IBS 患者 105 例，总有效率 85.0%，疗效与得舒特相近。实验研究中，疏肝饮煎剂及从疏肝饮中提取的中药黄酮、皂甙、挥发油对由 ACh 所致的离体结肠肠肌兴奋有不同程度的抑制作用，可以缓解由 ACh 引起的结肠痉挛，抑制 ACh 和 $CaCl_2$引起的平滑肌收缩，抑制 ACh 引起的细胞内钙离子释放，并对 CCh 刺激后 CLSM 肌条的收缩具有抑制作用。疏肝饮可调节下丘脑和组织中 CRH 和 NT 的含量，抑制应激或肝郁脾虚大鼠异常的结肠运动，降低 CCK 在结肠局部的含量，改善结肠收缩运动，缓解腹痛、腹泻等症状，明显抑制应激后大鼠血浆和局部结肠组织中的 VIP 和 SP 的含量。该研究证实了疏肝饮对 IBS 的疗效，并部分揭示了其机理。

（孙为国）

第三节　纳 米 技 术

【宝山纳米基地纳米功能材料中试技术公共平台建成】 该平台建设项目由上海大学和宝山区纳米园区办公室共同承担，于 2 月 25 日通过上海市科委的验收。该项目以纳米功能粉体为核心，开发面向应用的纳米粉体表面处理技术以及纳米粉体在应用体系中的微观分散技术；完成了 12 台关键设备设计、选型和安装，建立了年产 30t 纳米材料分散液生产装置；2 台双螺杆挤出机组，生产能力均大于 20t/a，并结合专用技术，制备了一系列高性能、功能性终端产品，多项成果已在实际生产中推广应用；申请国家发明专利 8 项。

在平台建设过程中，主要突破纳米二氧化钛、纳米氧化锌、纳米重晶石和新型无机抗菌剂等功能纳米粉体材料表面处理、过程放大和应用中涉及的多项关键技术，重点开发功能纳米粉体表面处理、分散液和分散母粒制备技术，以及适合的相关设备或装置，为纳米粉体制备和应用技术开发单位和研究者提供了一个理想的中试技术开发平台，能完成大部分纳米粉体表面处理技术、应用技术和评价技术开发，为最终实现材料产业化提供有力支持，特别能为上海市纳米科技领域重点发展的高性能功能涂料、塑料、化纤等开发提供配套产品，有利于推动上海市纳米产业的发展和传统产业的改造。

（杨郭山）

【2005 中国(上海)国际纳米技术与应用展览会】 该展览会由上海市纳米科技与产业发展促进中心和上海科技会展有限公司共同主办，于 6 月 13～15 日在上海新国际博览中心召开。该展览会立足长江三角洲地区，面向全球，围绕“产学研结合推动纳米技术成果的产业化”的主题，展示国内外纳米科技的最新成果和产品，促进纳米科技的产业化，共组织国内外参展单位 27 家，展出近百项纳米科技成果和产品。同期举办的还有“2005 国际粉体工业暨散装技术展览会暨会议”、“2005 中国(上海)国际先进无机材料应用、技术与设备展览会”和“上海颗粒学会年会”。

（李　萍）

【2005 中英自旋电子研讨会】 该研讨会由英国驻上海总领事馆与上海市纳米科技与产业发展促进中心共同举办，于 10 月 19 日在上海市纳米技术孵化基地召开。来自英国伦敦大学、诺丁汉大学、利兹大学的三位教授和来自上海的四位专家对双方

在自旋电子学领域的研究进行了报告交流，并就双方如何开展进一步的合作关系进行了深入探讨。双方一致认为，自旋电子的研究工作具有很强的前瞻性和发展潜力，应该充分发挥中英双方的优势，推动两国在该科技领域的深入合作。该研讨会是2005年中英“精英科技”年活动(参见本年鉴第十五章第一节 国际科技合作)之一，也是“2005世界物理年”活动的组成部分。

(沈　纯)

【芬兰—上海纳米科技合作交流研讨会】 该研讨会由芬兰中国创新中心与上海市纳米科技与产业发展促进中心联合举办，于9月22日在沪举行，共有50余人参加。该会议在介绍双方纳米科技发展现状的基础上，就纳米科技小企业如何成长、如何成功实现技术转移以及中芬纳米技术产业化合作的可能性等方面进行了深入的交流和探讨，对促进纳米科技成果的转化以及国际间的技术转移与交流具有积极的推动作用。

(沈　纯)

【纳米石墨相变储能材料储能密度高、导热效果优】 该项目是上海市纳米技术专项，由同济大学材料科学与工程学院承担，研制的纳米石墨相变储能材料具有储能密度高、导热换热效果优异、安全稳定、阻燃和环境友好等优点，与现有的相变储能材料相比，其导热系数提高1～2个数量级，相变温度在－40℃～＋70℃之间连续可调，储能密度可达150～200J/g左右，经1 000次循环后，性能劣化小于5%。该成果在建筑节能、现代农业温室、太阳能利用、生物医药制品及食品的冷藏和运输、物理医疗(热疗)、电子设备散热、运动员降温(保暖)服饰、老弱病人员冬季取暖服装、航天科技、电力调峰应用、工业余热储存利用等诸多领域具有明显的应用价值，已在上海生态建筑示范楼中进行试用和推广。2005年11月，在第七届上海国际工业博览会上，该成果获首届青年科技创新创业成果展“最具技术交易潜力奖”。

(费立诚)

【InGaN/GaN量子点高亮度蓝/绿发光二极管(LED)研究接近国际领先水平】 该项目是上海市科委纳米专项，由华东师范大学承担，通过对InGaN/GaN量子阱/点发光材料的结构、制备工艺反复实验，成功地研制出高亮度InGaN/GaN蓝/绿光LED芯片，蓝光芯片功率达3.0～5.5mW，绿光芯片功率达2.5～4mW，反向偏压可达25V，性能已达国内同类产品的最高水平，并接近国际领先水平。在研制过程中，该项目注重产学研的紧密结合，成立上海蓝光科技有限公司，使科研成果迅速产业化，2005年已取得数百万元的经济效益。这对于继白炽灯、荧光灯、气体放电灯后的第四代照明光源LED产业化、商品化具有重要意义。

(马剑雄)

【高性能纳米陶瓷材料达到国际先进水平】 2005年，由中科院上海硅酸盐研究所开发的高性能纳米复相陶瓷材料在强度、韧性，以及降低电阻率等方面的性能均达到国际先进水平。该材料是用几种陶瓷复合而成，并添加了具有磁性、光性能的其他材料，因而既拥有结构陶瓷的力学性能，又具备功能陶瓷的特殊功能。一般来说，高强度、高韧性的陶瓷在制备方面有很高的要求，传统的制备方法常会出现陶瓷粉体组分不均匀、烧结过程长而导致晶粒过大，破坏陶瓷材料的力学性能和可靠性，难以推广应用等问题。上海硅酸盐研究所研制的纳米复相陶瓷，有望突破国内陶瓷材料在应用上的瓶颈，加快高性能纳米陶瓷产业化的进程。

(费立诚　马剑雄)

【成功合成具有极高比表面积与孔容量、集介孔与大孔为一体的多级孔结构氧化锆材料】 新型稳定有序多级孔结构材料是近年来纳米材料领域引人注目的研究对象，在催化、分离、吸附等领域具有良好的应用前景。其中，氧化锆材料由于同时具有酸性与碱性表面中心，以及良好的离子交换性能，从而成为一种理想的多功能催化剂，特别在作为工业催化剂以及催化剂载体等方面具有重要的地位。

2005年，中科院上海硅酸盐研究所创新性地利用不同分子量大小的两种中性表面活性剂形成稳定的复合模板，成功地合成了一种具有极高比表面积与孔容量、集介孔(3～4nm)与大孔(250～500nm)为一体的多级孔结构氧化锆材料(如下图的扫描电镜照片及透射电镜照片所示)。该材料具有晶化的介孔墙体(如下图的XRD衍射图谱以及选区电子衍射环所示)、稳定性高(大于800℃)且有序性较好的大孔结构。相关成果发表在德国《先进材料》(*Advanced Materials*)杂志上。

(施剑林)

【介孔氧化硅材料在生物医药领域的应用研究取得进展】 近年来，介孔材料在生物医药领域的应用研究越来越受到重视，无定型的 SiO_2 介孔空心球具有空心核结构能够实现客体药物分子的高储藏量，介孔壳上的贯穿介孔孔道能够实现客体药物分子的内外传输。2005 年，中科院上海硅酸盐研究所创新性地利用空心球的空心核与介孔壳的贯穿孔道以及聚电解质具有环境响应的特点，通过层层自组装技术，使包裹在介孔空心球外层的聚电解质对 pH 值或者离子强度等条件产生结构性能的响应，实现对介孔孔道的封堵与开放，从而起到药物控制释放的“开关”作用。

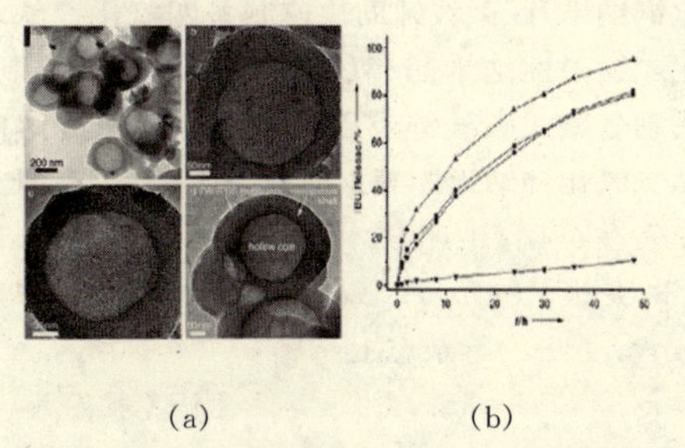

(a)　　　　　(b)

(a)介孔空心球试样在包裹聚电解质层前后的透射电镜照片

(b)组装有布洛芬的介孔空心球材料在不同 pH 值条件下布洛芬随时间的释放曲线

针对这种新型的药物控制释放体系，该研究所进一步进行了药物靶向传输方面的研究。成功地合成了一种以磁性氧化铁颗粒为核，以介孔氧化硅为壳，粒度可调的单分散介孔氧化硅核壳结构磁性纳米复合颗粒，可以有效地将装载有药物分子的氧化硅介孔材料包覆在单分散的具有铁磁性的四氧化三铁颗粒表面，实现了药物载体与磁性粒子的有效结合。该复合颗粒的饱和磁化强度达到 27.3 emu/g，在外磁场内可以实现有效分离，并且颗粒粒度均匀可调，在体液中高度分散。该材料既具有介孔材料特有的高比表面和高孔容，又具有很强的磁性，装载药物分子以后有望在外磁场作用下实现药物在人体内的靶向传输，同时在液体分离领域中也具有很好的应用前景。相关研究成果发表在德国《应用化学国际版》(*Angew. Chem. Int. Ed.*)和《美国化学学会会志》(*J. Am. Chem. Soc.*)杂志上。

（施剑林　李小丽）

【多壁碳纳米管－镍铁氧体复合材料有望作为优良的吸波材料和非均相催化材料】 碳纳米管是一种全新的纳米材料，具有高电导率、化学稳定性及超高的机械强度。但由于碳纳米管具有很高的化学惰性，与基体材料难于形成化学键，界面结合强度低，从而影响到碳纳米管各种优异性能的发挥。2005 年，中科院上海硅酸盐研究所采用先进的碳管表面处理工艺，并发展了先进的原位水热合成手段，成功地解决了这一问题，制备了具有优异性能的多壁碳纳米管－镍铁氧体($MWNTs/NiFe_2O_4$)复合材料。该复合材料加入了 10wt%的碳纳米管使得电阻率由纯 $NiFe_2O_4$ 的 1.46kΩ·cm 降低到0.0122 Ω·cm，降低了 5 个数量级；由于酸处理使碳纳米管的分散性大为改善，从而在镍铁氧体基质中形成良好的连接网络，作为导电通道使复合材料的导电率得到巨大的提高。因此，该复合材料有望作为优良的吸波材料和非均相催化材料而得到广泛应用。

（高　濂）

【发现碳纳米管/四氧化三钴纳米复合材料具有超级电容器的性能】 碳纳米管具有纳米尺寸的一维管状结构，比表面积大，导电性及化学稳定性好，是锂离子电池和电化学电容器理想的电极材料，但如何提高碳纳米管电极的容量是一个重要的问题。2005 年，中科院上海硅酸盐研究所以六水合硝酸钴、酸化处理的碳纳米管为原料制备了纳米 Co_3O_4 修饰碳纳米管的复合材料。经过电性能测试，发现碳纳米管/四氧化三钴纳米复合材料具有超级电容器的性能，可应用于锂离子电池负极材料。以碳纳米管、不同碳管含量的碳纳米管/四氧化三钴纳米复合材料、纯四氧化三钴电极分别作为锂离子电池负极材料进行电化学贮锂的循环稳定性实验比较。结果显示纯四氧化三钴电极具有较高的可逆贮锂容量，但其衰减快，循环稳定性差；纯碳纳米管电极虽然贮锂容量低，但是循环稳定性好；碳纳米管/四氧化三钴纳米复合材料电极综合了两者的优点，避免了二者的不足，所有的复合材料电极均表现出比纯碳纳米管电极大的贮锂容量，比四氧化三钴电极好的循环稳定性，特别是碳纳米管含量为 60%的复合电极不仅保持了较低的衰减速率，而且具有较高的可逆贮锂容量，其衰减率仅为 0.47%/循环，而平均可逆容量为 359.3mAh·g^{-1}，有望成为新型的锂离子电池电极材料。

（高　濂）

【高强度、高导电性 Al_2O_3－TiN 纳米复相陶瓷的研究取得进展】 在功能性纳米复相陶瓷中，由于纳米颗粒对基体晶粒生长的强烈抑制作用等原因，使得材料的强度产生大幅度的提高，并且功能性纳米颗粒的存在使普通的结构陶瓷表现出良好的功能性，如导电性、可切削性、磁性和高介电性等。

在上海市纳米专项的支持下，中科院上海硅酸盐研究所开展了高导电性纳米复相陶瓷研究。通过共沉淀结合氨气原位氮化工艺，创新性地制备了高度均匀混合的 Al_2O_3 - TiN 纳米复合粉体。将该粉体经热压烧结得到的 Al_2O_3 - TiN 纳米复相陶瓷，显微结构均匀，强度达 700～800MPa，且表现出良好的导电性。在 TiN 含量为 20～25vol% 时，其电阻率达到 $10^{-3}\Omega\cdot cm$ 数量级。

2005 年，该研究所还提出了利用基体晶粒选择性生长制备高导电性晶界层型纳米复相陶瓷的概念。利用放电等离子体烧结过程中呈二元分布的 Al_2O_3 基体颗粒的选择性生长，巧妙地制备了晶界层型 Al_2O_3 - TiN 纳米复相陶瓷。在该材料中纳米 TiN 颗粒在 Al_2O_3 晶界均匀分布，形成高度连通的导电通路，使材料的导电性得到了进一步的提高。在 TiN 含量为 12vol% 时，其电阻率即可达到 $8\times10^{-3}\Omega\cdot cm$。从而减少了导电性相同时材料中纳米 TiN 的用量，降低了材料制备成本，并且有利于材料抗氧化性的提高。

（高　濂）

【新型超大层间距规则的层结构无机－生物纳米复合物研制成功】 2005 年，中科院上海硅酸盐研究所将纳米尺度二维钛酸盐、铌酸盐、硅酸盐、锰酸盐等与生物酶复合后，研制成功具有类天然贝壳等的超大层间距规则的层结构无机 - 生物纳米复合物，是一种纳米仿生材料。该类材料具有酶负载量大的特点，无机层能够有效地抵御有机溶剂、酸碱、无机离子等侵蚀，复合材料还具有高的热稳定性，在环境污染净化、生物传感器和高性能生物复合材料中有着广泛的应用价值。

（高秋明）

【微波辅助离子液体法快速制备一维纳米材料取得进展】 中科院上海硅酸盐研究所发明了用于快速制备一维纳米材料的微波辅助离子液体法，具有快速、环境友好、简便、产率高等优点，通过控制实验条件可实现对纳米结构形貌和尺寸的控制，具有良好的应用前景。相关的代表论文曾发表在德国《应用化学国际版》(*Angew. Chem. Int. Ed.*)上。

2005 年，该研究所将微波辅助离子液体法成功地扩展到金属硫化物和含氧酸盐一维纳米材料的快速合成，以及快速制备草酸钴纳米棒、氧化铜纳米线和纳米片。以草酸钴纳米棒为模板通过热分解制备了四氧化三钴多晶纳米棒，研究论文发表在美国《物理化学杂志 B》(*J. Phys. Chem. B.*)、《晶体成长与设计》(*Crystal Growth & Design*)等杂志上。此外，在微波辅助层状前驱物转化法快速制备氧化铜纳米片、微波辅助快速制备四氧化三铁及三氧化二铁磁性纳米晶、氧化亚铜微晶形貌控制、超声法制备碱式碳酸铈及以自身为模板热分解制备多晶二氧化铈纳米棒等方面取得了新进展，研究论文发表在英国《纳米技术》(*Nanotechnology*)、日本《化学快报》(*Chem. Lett.*)、荷兰《材料快报》(*Mater. Lett.*)等杂志上。

（朱英杰）

【可见光催化剂的研制开发取得进展】 可见光型光催化剂可以直接和有效地利用太阳光。2005 年，中科院上海硅酸盐研究所以钛醇盐和硫尿为原料合成 Ti 基金属有机化合物，并以此为前驱物，于氨气中在适当温度下处理一定时间，原位生成 N 掺杂 TiO_2(TiO_2N_{2-x})粉体。该方法的特点是二氧化钛纳米晶粒的形成和氮元素的掺杂同时形成，氮原子有效地取代 TiO_2 晶格位的氧原子形成掺杂能级。用该方法所制备的掺氮的纳米二氧化钛粉体，颗粒间具有明显的堆积形成的介孔结构，最大孔径为 4.2nm，且比表面积达 $217m^2/g$；UV - vis 吸收光谱在 735nm 就开始吸收，也就是在整个可见光区都有吸收，大大提高了可见光的利用效率；用作光催化剂降解水中的污染物表现出很高的可见光催化活性，在光催化降解亚甲基兰的实验中，经过 4 个小时波长大于 400nm 的可见光照射，使 90% 的亚甲基兰得到降解。

氮掺杂的二氧化钛吸收带边界可拓展到 500nm 左右，但吸收系数不高，研发新的可见光型光催化剂仍有着十分重要的意义。该研究所还用 Ta_2O_5 纳米颗粒成功制备了窄能隙(带隙为 2.0eV，吸收带边界约为 600nm)的 Ta_3N_5 纳米颗粒，并考察了可见光下的光催化活性。研究结果表明 Ta_3N_5 纳米颗粒在亚甲基蓝的光催化降解反应中，晶粒尺寸为 18nm 的活性大大高于晶粒尺寸为 75nm 的活性，充分体现了纳米尺寸效应；也明显高于氮掺杂的二氧化钛纳米颗粒，具有潜在的应用价值。

（高　濂）

【导电纳米气凝胶的常压制备机理研究达到国际先进水平】 该项目是上海市科委纳米专项课题，由同济大学承担，于 3 月 31 日通过上海市科委组织的专家验收，成果达到国际先进水平。

该研究采用新型纳米导电多孔材料——碳气凝胶作为电极，设计出了具有放电比容量大、应用效率高等优点的新型锂电池。作为新型的碳素材料，碳气凝胶具有三维纳米级孔洞的网络结构；机械强度和电学性能类似于石墨，但比表面积远高于石墨，大于1 600m^2/g；成型性远好于目前的普通碳素材料——活性炭。因此，碳气凝胶是集力学、电学和光学等优越性能于一身的功能型纳米材料。该材料的吸附性是普通活性炭的 10 倍，而热导率仅为 0.01，几乎不导热，是理想的隔热材料。

该研究在多年理论和实验积累下，采用多种新技术实现了高比表面积碳气凝胶的低成本制备。作为锂离子电池负极材料后，首次充电容量超过了 700mAh/g，是目前应用型锂电池充电容量的两倍。碳气凝胶作为新型的导电纳米碳素材料仍处于研究阶段，但已在超级电容器、海水淡化和核能利用等领域显现出十分诱人的应用前景，成为当今纳米材料领域的研究热点之一。另外，由于该材料是典型的环保与能源材料，所以有利于保护环境与资源的合理利用。

（许伟良）

【超高压温热固结法制备块体高 Bs 铁基纳米软磁合金的研究和应用达到国际先进水平】 该项目是上海市科委纳米专项，由同济大学材料学院承担，于 1 月 25 日通过上海市科委组织的专家验收，成果达到国际先进水平。

该项目采用机械合金化和单辊急冷 + 机械球磨方法制备纳米晶或非晶铁基软磁合金粉末，通过超高压温热固结法成功地制备出纳米晶或非晶 + 纳米晶组织的块体合金。块体合金样品的直径约 20mm，厚约 10mm，经上海市黑色金属质监站检测，Bs 值达到 1.11～1.74T，达到了当前世界上同类产品的先进水平。该项目建立了铁基非晶、纳米晶软磁合金粉末及块体材料的制备新工艺，申请了 3 项发明专利；采用的超高压温热固结法具有新颖性和先进性，为进一步研究和应用铁基软磁材料打下了较好的基础。

（许伟良）

【低维纳米发光材料的集成组合制备与筛选通过验收】 该项目是上海市科技发展基金项目，由同济大学承担完成，于 2 月 1 日通过了上海市科委主持的验收。该项目在组建纳米材料组合制备技术平台和发光检测技术平台的基础上，首次实现了从纳米材料芯片的理、化方法制备到目标材料制备的全过程，研究出了一套纳米材料集成组合制备与筛选的新方法。该项目申请发明专利 9 项，发表学术论文 37 篇(其中 34 篇被 SCI 或 EI 收录)。

（许伟良）

【无机纳米阻燃剂复合聚烯烃电缆料研制成功】 该项目由华东理工大学超细材料制备与应用教育部重点实验室承担，于 12 月 25 日通过上海市科委组织的专家验收。该项目不仅使聚烯烃阻燃性能的解决实现了重要突破，而且为无卤阻燃电缆料国产化提供了创新技术。

随着环保和回收法规的日益严格，聚烯烃材料以质轻无毒、电绝缘好和耐化学腐蚀强的优点正逐渐取代聚氯乙烯材料。但是，聚烯烃的极限氧指数很低，阻燃性能差，遇热或在放电过程中极易燃烧，因此消防安全成了制约聚烯烃用于电缆材料的障碍。该项目开发出制备无机纳米阻燃剂(氢氧化铝和氢氧化镁)的技术，与聚烯烃复合使阻燃剂在基体中达到纳米级分散及增强阻燃剂与基体间的界面粘接，实现阻燃效率的提高。该项目开发出的无机纳米阻燃电缆材料比使用微米阻燃剂制备的电缆材料不仅阻燃剂用量降低 8%，而且阻燃性能从 33.2%提高到 36.2%，同时还解决了微米阻燃剂填充量大的加工困难和力学性能降低的问题，为无卤阻燃电缆料国产化提供了创新技术。

（孙凯文）

【聚苯胺/二氧化锰纳米杂化电极材料研制成功】 该项目是上海纳米科技专项，由华东理工大学承担，于 12 月 27 日通过上海市科委组织的专家验收。正极材料是锂电池的关键材料，决定着锂电池的容量大小和其他重要性能，但常用的正极材料存在资源少、价格昂贵、容量小、寿命短、电导率低等缺点，无法适应电子信息领域对大容量电池的需要。该项目经过两年多的刻苦攻关，采用层间交换、剥离/重新组装、原位插层聚合等纳米杂化技术，结合导电高分子和层状无机物两者的优势，制备出聚苯胺/二氧化锰纳米杂化电极材料，其电导率高达 3.89×10^{-3}S/cm，比容量达到 230mAh/g，具有容量大、成本低、环境友好等优点，有望成为新一代大容量动力型锂电池的正极材料。该成果不仅解决了层状无机物用于锂电池正极材料时导电率低以及电化学性能差的难题，也提高了国内在大容量锂电池有机—无机纳米杂化电极材料方面的自主创新能力。

（孙凯文）

【原位聚合－共混挤出加工制备无机纳米复合聚氯乙烯的新技术在浙江、安徽推广】　该项目是上海市纳米科技专项，由华东理工大学超细材料制备与应用教育部重点实验室会同上海氯碱化工股份有限公司、上海氯碱塑料有限公司开发成功，于1月通过上海市科委主持的专家验收。该研究建立了10L和50L规模的原位联合装置，千吨/年规模的硬质聚氯乙烯管生产线和万吨/年规模的异型材生产线，制备了低成本、高性能的无机纳米颗粒/PVC复合材料，实现了制品的工业化生产。该技术已在浙江、安徽等地推广。

（孙凯文）

【纳米材料在润滑油剂中的应用及其摩擦学机理的研究达到国际先进水平】　该项研究包括上海市科委纳米专项“纳米材料在润滑油剂中摩擦机理的研究”和上海市教委科技基金重点项目“纳米材料在润滑技术中应用的研究”，由上海海事大学承担完成，于3月通过上海市科委组织的专家验收，在润滑方面达到国际先进水平，与国内外同类技术相比，具有工艺简单、用作润滑油添加剂的纳米材料粒子适应性广、易于实施推广等优点。

该研究采用粒径小于100nm的纳米金属（n－Cu、n－Fe、n－Ni等）粒子、纳米碳酸钙粒子、纳米稀土材料（n－CeO_2、n－LaO_2等）粒子，或者他们的组合物作为润滑油添加剂，利用表面活性剂、促进剂，并经超声波振荡、加热搅拌等化学、物理共同作用的方法制备润滑油，使润滑油具有更优良的抗磨、减摩与极压性能。使用最佳配方纳米材料作为添加剂的润滑油与基础油相比，其最大无卡咬值 P_B 提高一倍、磨斑直径减至1/2。

该研究还利用原子力显微镜（AFM）、扫描电镜（SEM）、能谱分析（EDX）、X－射线光电子能谱分析（XPS）等测试分析工具，深入分析了含纳米材料粒子添加剂的润滑油中的纳米粒子形貌、化学状态与抗磨减摩机理等。通过实验观察，提出了纳米粒子添加剂在摩擦表面能通过“微抛光”、“微滚珠”、填充表面、渗扩强化表面等机理来提高摩擦学性能。

（顾卓明）

【新型结构纳米分子筛集砷净化材料开发综合技术达到国际先进水平】　该项目由上海化工研究院承担，于11月24日通过上海市科委的验收。该项目通过直接法和间接法，利用无机硅铝源及活性组份，成功地开发了新型结构纳米中孔分子筛集砷净化材料，在巴陵石油化工有限公司完成了工业化应用侧线试验，达到并超过了立项要求的技术指标。该技术通过组装高含量的集砷活性组份，利用新型中孔分子筛较大的比表面积分散活性组份和中孔分子筛的较大孔径，改善含砷液态石油烃介质的传输性能，获得了具有优良脱砷性能的液态石油烃常温脱砷剂，并申请了2项国家发明专利。经中科院上海科技查新咨询中心查新，该项目的相关技术具有新颖性，可构成自主知识产权，主要技术指标优于国外同类产品的先进指标，综合技术达到国际先进水平。

（黄晓平）

【常压等离子体实时聚合纳米涂层技术提高产品的使用性能与档次】　东华大学运用射流等离子体炬技术，从根本上解决了常压等离子体涂层方法难以避免的织物微放电损伤的难题，获得了均匀辉光放电。同时，应用气封技术，保证了等离子体涂层反应体系所需的气氛条件，并通过工艺控制，调控纳米涂层的物化结构与特性，首次获得了等离子体单晶聚合物纳米结构涂层。在整理加工过程中，纳米颗粒的聚合与涂层一步完成，具有生产过程与产品复合零污染的特点。利用该技术制造的具有拒水拒油功能的纳米结构涂层织物，对织物的手感与透气性无不良影响。该成果已申请国家发明专利3项，并在华丰环保纺织国际集团、上海康德莱企业发展集团有限公司等单位成功实施了产业化，用于生产防水防污织物、输液器用拒水无纺布空气滤器、低摩擦无痛导尿管、白细胞选择过滤血袋等，提高了产品的使用性能与档次。该项目于2005年通过验收，并获上海市科技进步二等奖。

（陈　辉）

【中药纳米球制备项目通过验收】　该项目是上海市纳米专项，由上海中医药大学中药学院和复旦大学高分子科学系合作完成。该项目围绕中药纳米球制备这一目标，对聚合物纳米胶束作为中药给药载体进行了探索性研究，并初步建立了相关实验室，于3月22日通过上海市科委组织的专家验收。专家组对课题研究给予了较高评价，认为将纳米技术应用于中药制剂对提高中药制剂质量、促进中药现代化有重要的理论意义和实用价值，建议课题组继续进行深入研究。

该项目采用聚乙二醇两端羟基引发己内酯单体开环聚合法合成了具有良好生物降解性能的PCL－PEO－PCL三嵌段共聚物；在常温下采用沉淀法制备了PCL－PEO－PCL共聚物纳米球；制备得到的抗癌中药冬凌草甲素载药纳米球在SEM下观察呈规整的球形，粒径分布均匀，载药量达到了14.9%，药物的包封率超过68%，体外释药试验显示载药纳米粒中药物的释放呈一级动力学过程，且释药维持24小时，有良好的缓释效果。

该项目已申请发明专利1项、发表论文3篇、国际会议论文2篇，培养研究生3名。

（孙为国）

【发现纳米水通道的新特性】 分子动力学模拟作为一种独立的研究手段，在生物分子中水的作用和性质的研究中发挥着巨大的作用。2005年，中科院上海应用物理研究所和浙江大学、浙江师范大学合作，通过对生物蛋白水通道的简化模型（具有合适半径的纳米碳管）的分子动力学模拟研究，发现该纳米水孔道具有极好的通道特性，即：在噪音信号下，其“通”或“关”的状态不受干扰；而在有效信号下，“通”或“关”的状态迅速响应。研究表明，该开关特性的主要原因是纳米碳管内分子的波形分布，其极大极小值出现的空间位置的移动，抵消了纳米碳管形变对内部水分子的作用，使内部水分子的平均个数、流量基本不变；当形变达到一定强度，依靠波形的空间位置移位不再有效时，形变迅速体现在对内部水分子的作用，通道关闭。该研究成果有助于理解生物单分子的信号传递机理。相关研究发表在《美国化学学会会志》（*J. Am. Chem. Soc.*）上。

（吕佳颖）

【发展了一种新型PCR方法——纳米粒子PCR】 聚合酶链式反应（PCR）是体外通过酶反应合成、扩增目标DNA片段的一种方法，是最常用、也最重要的分子生物学技术之一。2005年，中科院上海应用物理研究所与上海交通大学Bio－X生命科学中心合作，发展出一种新型PCR方法——纳米粒子PCR。该方法通过引入纳米领域的重要材料——纳米金粒子，有效地抑止了PCR中易出现的非特异性反应，从而显著提高了PCR这一经典生化反应的性能，在一定程度上解决了PCR应用的一个主要瓶颈问题。该成果发表在德国《应用化学国际版》（*Angew. Chem. Int. Ed.*）杂志44，5100（2005）上，且具有极大的应用价值，不仅将纳米领域中的重要材料纳米金和PCR发展结合起来，而且为分子生物学中最为重要的标准方法PCR开拓了进一步改进的途径。

（吕佳颖）

第四节 新材料技术

【环氧琥珀酸系列阻垢剂和新型水性环氧树脂涂料研制成功】 2月，同济大学研制成功环氧琥珀酸系列阻垢剂，并发明了新型水性环氧树脂涂料。

环氧琥珀酸系列阻垢剂是新型绿色环保型阻垢剂，也是一种低剂量多价螯合剂。阻垢性能高于HPMA和丙烯酸聚合物类稳定剂，可单独使用也可与有机磷酸、锌盐等复配使用，对抑制硫酸钙、磷酸钙、碳酸钙、硫酸锶等十分有效。主要用于敞开式循环冷却水系统和空调阻垢分散剂，应用领域甚广。

新型水性环氧树脂涂料由环氧树脂乳液和水性环氧树脂固化剂两个组分组成。环氧树脂乳液由环氧树脂经反应性乳化剂乳化制备获得，可为双酚A型低分子量或高分子量环氧树脂，以及聚醚二元醇包括聚乙二醇、聚丙二醇、聚丁醇或其共聚物等；水性环氧树脂固化剂由多乙烯多胺经封端、加成、成盐工艺改性而获得。该涂料具有良好的稳定性、耐磨性，且适用期长，涂膜硬度高，可作为地面涂料、金属防锈底漆、船舶涂料等。由于绝大多数环氧树脂涂料为溶剂型涂料，含有大量的可挥发有机化合物（VOC），有毒、易燃，因而该新型水性环氧树脂涂料在这方面具有重要意义。

（许伟良）

【玉米塑料（聚乳酸）进入了工业化试生产阶段】 “玉米塑料”学名为聚乳酸（PLA），是以重要农业经济作物（玉米等）经过现代生物技术生产出乳酸作为原料，再经特殊的聚合反应生成的一种可生物降解的新型高分子材料，也是一种能全部降解的生物环保材料，可全面取代传统的化工塑料，被视为继金属材料、无机材料、高分子材料之后的“第四类新材料”。该项目是上海首批科教兴市重大科技产业攻关项目，由同济大学承担，经过八年研发，已开始从实验室进入了工业化试生产阶段，于 2005 年底在上海建成了 100t/d 的聚乳酸生产线，并已申请国际专利。

聚乳酸不但具有一般高分子材料所具有的基本特性，而且特性更为优良，应用面十分广阔，涵盖包装材料、日用塑料制品、医药、人造骨骼、手术骨钉、手术缝合线、纺织面料、农用地膜、地毯、家用装饰品等。聚乳酸材料具有完全可降解性，在自然界微生物的作用下能彻底分解成水和二氧化碳，因而对环境没有危害，克服了化工塑料的最大弊病。

聚乳酸的开发形成了“玉米—L 乳酸—聚乳酸—共聚共混物—日常制品”一条完整的产业链，有利于解决农业大国的粮食特别是玉米的出路问题，提高农副产品附加值，提高农民收入，刺激、推动农业发展；产业链的形成有利于增加就业机会；同时将有利于节约石油资源，维护国家能源安全；改善生态环境，解决“白色污染”问题。所以聚乳酸产业对国民经济的发展具有重大的战略意义。

（许伟良　任　杰）

【骨组织工程支架新材料通过验收】　由同济大学纳米与生物高分子材料研究所承担的“骨组织工程支架材料的制备、表征及应用研究”于 1 月 25 日通过专家验收。聚乳酸及其共聚物材料是用于组织工程最理想的支架材料。该项目掌握了各种可降解聚乳酸共聚物生物材料的制备方法，并形成了中国组织工程材料的自主知识产权。

（许伟良）

【“左手材料”可避免电磁波对人体辐射】　10 月，同济大学物理实验室制造出新型“左手材料”，可让手机天线只对信号基站定向发射信号，而不对人脑方向发射，从而避免电磁波对人体的辐射。

手机辐射之所以可能对人体产生影响，是因为市场上应用的手机天线，都是全方向发射信号，向基站发射信号的同时也向人发射电磁波，对人的辐射无法避免。而新型的“左手材料”，通过人造结构来控制电磁波传播方向，制成定向天线，可智能寻找附近的电信信号发射基站，专向基站方向发射信号，并通过相关技术阻止信号向人脑方向的传播，避免电磁波对手机使用者造成辐射伤害。因此，“左手材料”的单个小天线，可实现高方向性或者波束扫描，轻松达到定向目的，并能大大降低能耗。

该项目在研制过程中走集成创新之路，受到固态物理、材料、集成等多学科融合帮助，还联合上海交通大学微纳米实验室、复旦大学等共同开展研究。2005 年初，获得国家自然科学基金资助并申请发明专利，还获上海市科委专项资助。

小资料

左手材料

左手材料，是具有奇异特性和重要应用前景的新型信息功能人造材料，由于其奇特的物理特性，可实现常规材料所不能实现的功能，对光波、电磁波等相关科技和应用将产生重要影响。1964 年，俄罗斯物理学家首次从理论上提出概念；2000 年，美国研制出工作在微波波段的左手材料；2003 年，美国《科学》杂志将左手材料评为当年十大科技进展之一。

（许伟良）

【抗静电复合涤纶纤维开发成功】　华东理工大学超细材料制备与应用实验室（教育部重点实验室）经过两年研究，开发成功抗静电复合涤纶纤维。“抗静电纳米复合涤纶聚酯原位聚合制备技术”项目于 12 月 23 日通过上海市科委组织的专家验收。该技术具有创新性，且成本低，简便可行，易于实现产业化。

涤纶聚酯纤维是合成纤维中最具代表性的品种，但静电问题已直接影响到涤纶纺织品的生产、加工和应用的安全性，甚至制约了涤纶向高档应用领域的发展。该项目采用化学共沉淀法，制备了锑惨杂二氧化锡（ATO）纳米导电粉体，建立了 2L 原位聚合 PET（涤纶）法合成复合涤纶聚酯的反应装置，开发了纳米 ATO/PET 复合聚合技术，制备得到了性能优良的纳米 ATO 颗粒复合涤纶聚酯，在涤纶基体中形成具有导电通路的网络结构。该项目利用原位聚合的 PET/ATO 复合聚酯纺丝得到抗静电复合涤纶纤维，在 ATO 添加量为 1%～2.5%时，纤维的比电阻达到 108Ω·cm，比传统涤纶纤维下降 6 个数量级，并具有良好的耐洗性能。

（孙凯文）

【超细生物材料“丝蛋白”通过验收】　该项目是上海市科委纳米专项，由华东理工大学生物工程学院经过两年协同攻关，于3月通过上海市科委主持的专家验收。该项目以中国资源丰富的蚕茧为原料，采用先进的制备工艺，获得了纳米尺度的丝素蛋白的溶液，并进一步开发了性能特殊的具有广泛用途、尤其可用于生物培养的新材料——丝素薄膜，创新地采用酸性成纤维细胞对所开发材料进行特殊的表面处理，从而使所制薄膜的细胞贴壁率提高了27倍，细胞生长密度提高2.4倍。同时，该项目还对成膜过程中丝素蛋白的构象变化进行了有益的探索。

（孙凯文）

【反应挤出超韧性工程塑料的研发通过验收】 该项目是上海市重点攻关项目，由华东理工大学承担完成，于1月20日通过上海市科委主持的验收。该项目采用双螺杆低温固相共混和反应挤出工艺，以回收聚酯(PET)瓶片为主原料，研制成功了一种新型高分子合金材料。该材料配方设计独特、成型工艺先进，超过合同规定的指标。该材料属高强度和高伸长率的超韧性工程塑料，具有可机械加工和低成本特点。用该材料已成功试制出轿车缓冲件和防护头盔，经用户使用和测试证明，防护头盔性能优良，具有良好的应用前景。

（郭卫红　孙凯文）

【锂离子导电高分子电解质材料研究通过验收】 该项目由上海市科委立项，由复旦大学承担，于2005年通过上海市科委组织的验收。该项目主要研究锂离子导电高分子凝胶态电解质材料，目的是研究当前聚合物电池电解质隔膜材料中普遍存在的问题，为聚合物锂离子电池寻求合适的隔膜材料。

该项目研究了三种方法制备聚合物电解质材料：(1)紫外光固化制备电解质膜，丙烯酸酯单体、交联剂、引发剂与碳酸酯类溶剂EC/DEC/DMC/PC/EMC、纳米添加剂及有机硅溶胶等相互溶混的混合物，在紫外线辐照下或加热情况下形成凝胶态电解质薄膜材料。(2)相分离方法制备微孔聚合物电解质膜，选用PVDF－HFP材料、表面处理的二氧化硅制备微孔聚合物电解质膜，对电导率、形貌及孔率进行研究，得到锂离子电导率直接10^{-4}S/cm的电解质材料。(3)热固化法制备凝胶态电解质材料，主要对丙烯酸酯单体、交联剂、引发剂与碳酸酯类电解质液材料体系进行摸索，同时对含氟聚合物热固化制备凝胶态聚合物材料进行研究。在研究过程中，申请了3项相关专利。

该项目发现电解质材料与正极和负极的化学兼容性非常重要，电极材料特别是负极材料同电解质的界面反应极大地影响了电池性能，有些电池尽管内阻不大(30～45mΩ)，但循环性能却很差，通过三电极阻抗测量分析，发现电极的界面阻抗很大(150～200mΩ)，其原因是聚合物或单体与电极材料在充电过程中发生了界面反应。通过筛选聚合物材料体系、二氧化硅纳米添加剂及含硫或含氟有机电解质材料添加剂的研究，得到了对正负极材料有稳定化学性能的电解质材料，并对聚合物电池通常存在的涨气问题作了解释。

该项目与TCL金能电池公司合作开展聚合物锂离子电池的试验，对近600个电池芯进行在位热交联制备聚合物电池。该电池1C充放电循环性能及2C充放电循环性，显示出良好的循环性能，循环20次后，容量普遍大于液态电解质锂离子电池，经300次循环后凝胶态电解质锂离子电池的保持容量仍大于液态电解质软包装锂离子电池。

（郭建忠）

【隐形纳米粒的肿瘤、脑、脾靶向研究通过验收】 包载活性药物的纳米粒“隐形”化后，可有效地规避网状内皮系统，如肝、脾的摄取，延长体内循环时间，分布至全身其他部位。该项目是上海市科委纳米专项，由复旦大学药学院承担，于2005年通过验收。

该项目合成了PEG化聚氰基丙烯酸烷基酯、阳离子化白蛋白、PEG－PLA嵌段共聚物三大类多种隐形化高分子材料，制备并优化了隐形纳米粒。经体外与在体试验表明隐形纳米粒可有效地规避补体吸附与吞噬细胞的吞噬；体内试验表明通过改变隐形纳米粒的表面理化特性，可分别达到较好的脾、脑、肿瘤靶向性，并建立了理化性质与体内靶向性之间的关系。该项目在表面特性与脾、脑、肿瘤关系的系统研究；隐形纳米粒作为脾靶向DNA递送载体；阳离子化白蛋白作为脑靶向载体等方面具有创新性，并在荷兰《国际制药学杂志》(*Int. J. Pharm.*)，英国《药物传送》(*Drug. Del.*)，德国《胶体与聚合体科学》(*Colloid. Polym. Sci.*)，美国《高分子科学杂志》(*J. Macromol Sci.*)等刊物上发表论文8篇，申请国家发明专利3项。

（郭建忠）

【用于组织工程学的新型天然高分子材料研究通过验收】 该项目是国家“863”计划项目，由中科院上海有机化学研究所承担，于10月通过专家验收。该项目完成了制备分别包容脂溶性和水溶性火星物质的直径100～2 000nm的微球，并进一步制成微球薄膜，对多种细胞株显示了良好的粘附性和增殖性；载药微球薄膜具有显著的抗凝血效果，可用作心血管医疗器械涂层。蛋白微球还可进一步制成三位多孔材料，通过复合其他成分，能大大改善材料本身的脆性。最大力学性能参数分别达到：压缩强度47Mpa，拉伸强度2MPa以上，三点弯曲强度14MPa以上。空隙率分布在60%～80%，最大达85%。孔径在40～400μm可调。国家权威检测机构按ISO 10993系列标准进行的生物学评价和试验显示溶血率、全身急性毒性试验、亚急性毒性试验、细胞毒性试验、皮内刺激试验、致敏试验、遗传毒性试验均符合要求；长达8个月的动物体内植入实验表明，材料3个月开始降解，且孔内有小血管形成，8个月完全降解。因此，该材料是完全满足组织工程各项要求的新材料。

（杨慧娜）

【超高分子量聚乙烯实验室建设及制备关键技术研发通过验收】　该项目由上海化工研究院承担，于12月6日通过上海市科委的验收。该项目开发出了具有高活性的新型超高分子量聚乙烯催化剂、分子量为200万左右的挤出级超高分子量聚乙烯树脂、分子量为600万左右的超耐磨超高分子量聚乙烯树脂以及适用于板材、管材后加工的超高分子量聚乙烯改性原料等4个新产品，并在产业化装置上实现了批量生产；依照国际标准形成了2项上海市企业标准；申请了2项国家专利。济南久创特塑料制品有限公司应用该产品制成的管材，性能优异、自滑性好、耐化学腐蚀。

（黄晓平）

【高磁能积稀土复相永磁材料的研究与开发项目通过验收】　该项目是上海市稀土计划项目，由核工业第八研究所和上海大学共同承担，于7月27日通过上海市稀土办主持的专家验收，技术水平达到国际先进，并具有自主知识产权，已申报国家发明专利。该项目通过合理调整纳米晶永磁材料各种元素的比例，优化材料的成分设计；调整快淬Nd－Fe－B永磁材料的快淬速度（指辊面线速度）、液体喷射压力等获得较高性能的磁粉；配制复合黏结剂与软金属复合的复合黏结剂，并应用温压工艺技术提高磁体密度和均匀性的双重效果，制备出高磁能积稀土复相永磁磁粉和磁体。

（谢惠梅）

【共混聚醚砜膜人工脏器国际首创】　东华大学材料学院在上海市科委的资助下，研究了铸膜液的热力学参数和成膜工艺条件对中空纤维膜的结构和性能的影响，为生产适用于高通量人工肾透析器、血液滤过器、腹水超滤浓缩回输器等人工脏器用膜提供依据。该项目已研制成功上述三种人工脏器用的中空纤维膜；设计并加工完成了年产1.5万～2万只人工脏器的中空纤维膜多功能纺丝生产线和上述三种人工脏器的组装设备；生产的产品技术指标不低于国家行业标准，并通过了国家食品药品监督管理局广州医疗器械检验中心的测试。2005年，该项目通过上海市科委组织的验收，研究成果已获两项国家发明专利，研制的共混聚醚砜原材料用于生产人工脏器属国际首创。

（陈　辉）

【新型大孔纤维膜在水处理中的研究应用达到国际先进水平】　世界上已有不少国家开发纤维膜技术在废水处理上的应用，但基本上属超滤范围，孔径小于0.1μm，能耗过大、成本高，作为回用的比较少。因此，开发设备价格低廉、运行成本低的工程技术十分迫切。东华大学在上海市科委支持下，选择价格低廉、成膜性能好的聚氯乙烯为膜材料制膜：(1)确定了最佳制膜条件，所制膜性能稳定，具有一定的应用前景。(2)分别采用聚砜、热塑性聚氨酯、聚偏氟乙烯对其进行共混改性，来改善膜的疏水性，并相应提高膜的其他性能。(3)确定了最佳溶剂、添加剂以及配方和纺丝工艺条件，首次开发通量大于超滤几十倍的大通量膜，并在环境工程中得到应用。2005年，该项目通过了上海市科委组织的验收，成果达到国际先进水平，并申请了国家发明专利5项。

（陈　辉）

【耐高温耐强腐蚀搪玻璃设备及管道总体水平达到国际先进】　东华大学玻璃搪瓷研究所采用高性能搪玻璃釉的技术路线，制造耐高温耐强腐蚀设备及管道取得成功。该项目研制成功的特种高性能搪玻璃釉是制造耐高温耐强腐蚀搪玻璃设备及管道的核心技术，具有釉浆流变性能好、烧成温度低、幅度大、烧成次数少等优良的工艺操作性能。研制的耐高温耐强腐蚀搪玻璃设备及管道，具有优良的耐酸耐碱性、耐温急变性和耐机械冲击性，可在200℃强腐蚀条件下工作，填补了普通搪玻璃设备和管道不能在高温强腐蚀条件下工作的空白，拓宽了搪玻璃设备及管道的应用领域。生产的2万多根管道在上海石油化工股份有限公司热电总厂使用情况良好。2005年，该项目通过上海市教委组织的专家验收，并经全国日用玻璃搪瓷科技信息中心查新检索，总体水平达到国际先进。

（陈　辉）

【高纯无氧铜超导热管新材料及其应用达到国内先进水平】　该项目是国家级火炬计划项目，由上海上大众鑫科技发展有限公司研发成功，具有极低的氧含量（<10ppm）、晶粒细化、组织致密、导热性佳等优点，于2005年通过国家创新基金项目验收。用该材料制备出的超导热管，具有响应速度快、触发温度低、传热功率高、传输距离长等特点，能实现热能的高效利用和传递。高纯无氧铜制备与超导热管集成技术拥有9项专利，已达到国际先进、国内领先水平，能与欧美等国家的同类产品媲美，但价格仅为进口的1/3。超导热管凭借其优越的能量传输性能，在太阳能、地热能、废热利用、生态人居、海水淡化、高效散热系统等领域具有广阔的应用前景，也是上述领域提高能源利用效率的关键组件。

（王鸿章）

【金属硅化物结构和功能应用的基础研究达到国际先进水平】　上海交通大学以硅系列化合物在功能领域和下一代动力系列中的超高温应用为背景，研究其高温形变特征和氧化膜形成规律，建立了高熔点硅化物体材料（单晶体和定向凝固材料）及薄膜材料的制备新技术，提出了具有超高温强度双相硅化物材料的组织设计原则，实现了双相组织材料中位向结构控制，首次发现了单晶体硅化物氧化行为具有晶体学各向异性的特征。在功能应用方面，计算了几类典型金属性和半导体性硅化物的能带结构，揭示了热－电实验现象中的物理本质，采用微波等离子处理抑制薄膜中亚稳相形成，综合了薄膜材料中的相变、组织、应力和物理性能变化等因素，探讨了硅化物薄膜材料电传导性能与热处理方法的相关性，开发出了一种具有高度稳定性的金属膜电阻材料。2005年，该项目用于溅射硅化物薄膜的铸造靶材已获得专利授权，并已自行生产供应国内市场。

（武雪萍）

第五节　光电技术

【X射线衍射技术交流会】　该交流会由华东理工大学分析测试中心与理学日本株式会社联合举办，于4月25日在华东理工大学分析测试中心举行。中日专家及江、浙、沪部分高校的代表共40多人出席了会议。会议听取了复旦大学资深专家马礼敦教授作的XRD技术报告；理学日本株式会社专家作的Ultima Ⅲ新型多功能X射线衍射仪的应用，以及TTR大功率样品水平测角仪、阳极转靶衍射仪和Rigaku仪器的研发介绍；华东理工大学黄家桢高级工程师作的X射线衍射的应用交流报告。与会代表还参观了分析测试中心。

（庄道钧　孙凯文）

【第十五届国际光伏科学与工程大会（PVSEC）及太阳能展览会】　该会议由中国太阳能学会主办、上海交通大学承办，于10月11～15日在上海国际会议中心召开，近千名国内外与会者交流了各国太阳能光伏发电科学与工程的新进展，展示了可再生能源的新技术新产品，研讨了光伏技术、产业和市场的发展。与大会同时召开的还有中欧材料学会光伏论坛、国际薄膜太阳电池技术发展战略研讨会、光伏系统（PVPS）研讨会、光伏产业及市场发展研讨会、薄膜硅太阳电池技术讲座和聚光太阳电池技术讲座等，内容丰富精彩。

该大会收录论文700余篇，其中国外论文400多篇，分9个专题进行科技交流。分别是：(1)太阳电池基础研究及新型太阳电池。(2)晶体硅太阳电池及材料。(3)薄膜太阳电池及材料。(4)化合物太阳电池及材料。(5)太阳能光伏建筑一体化及并网系统。(6)太阳电池组件、部件、系统及应用。(7)太阳电池生产技术装备及管理。(8)空间太阳电池材料、器件及空间光伏系统工程。(9)国家可再生能源发展计划、政策和太阳电池教育培训。大会还评选了PVSEC奖（光伏科学和工程奖）和PVSEC特别奖（光伏科学和工程特别奖）。

2005太阳能展览会分设上海东方明珠塔（3个

展场)和上海国际会议中心(2个展场)两个展区,面积近10 000m^2。国外展商比例达70%,吸引了19个国家和地区的180多家厂商参展,展出各国最先进的太阳能电池、材料、设备和系统应用。

(武雪萍)

【第七届国际光存储会议(ISOS2005)】 该会议由中科院上海光学精密机械研究所主办,于4月在广东召开,干福熹院士任大会主席。来自日本、韩国、新加坡、美国、德国、奥地利、荷兰和中国等国家的专家、学者共120余人参加会议。会议共收到学术论文105篇,涉及的内容包括:光存储材料、驱动技术和系统集成、测试方法和装置、光盘制造技术、光-磁混合存储、光盘标准、近场光学和超分辨近场结构、数字全息存储技术、多阶光存储、蓝光光盘和HD-DVD、光存储的新介质和新机制、光盘和光存储系统的应用以及消费用光盘产品和市场等。会议期间,中科院上海光学精密机械研究所和湛江华丽金音影碟有限公司签署了合作协议。

(屈 炜)

【特大口径高功率脉冲氙灯填补了国内技术空白】 该项目是国家"863"计划项目,由中科院上海光学精密机械研究所激光光源研究发展中心承担,于2005年取得突破性进展。该项目瞄准美国NIF技术标准,选用优化的封接技术工艺和新设计的灯头结构,实现特大口径石英灯管与储备式电极之间的无漏高强度封装,并采用具有自主知识产权的新型复合功能石英玻璃管作为管壁材料,解决了特大口径高功率脉冲氙灯制备过程中的一系列技术难题,成功制备出ø48mm×1 930mm特大口径高功率脉冲氙灯,并通过了性能测试和考核,其单位截面积电流密度达2 790j/cm^2,体能密度为56j/cm^3,瞬时电流达到32kA,作为激光光源领域的科研重点,填补了国内技术空白。

高功率脉冲氙灯是惯性约束核聚变(ICF)研究中光泵驱动器系统的核心部件,其技术指标和使用可靠性将直接关系到高功率激光装置的工程设计、实施和可靠运行。因此,该项成果将推进神光Ⅲ主机工程的建设,同时通过不断改进和完善,将最终达到和满足神光Ⅲ工程建设的技术要求。

(屈 炜)

【超宽带光放大材料领域研究取得进展】 2005年,在国家杰出青年基金和上海市科委专项支持下,中科院上海光学精密机械研究所在超宽带光放大材料研究方面取得进展。在对铋掺杂玻璃的研究中,于808nm半导体激光器的泵浦下,发现铋掺杂硅酸盐、锗酸盐、硼酸盐、磷酸盐等系统玻璃在室温下能产生横盖1.2～1.6μm区间的超宽带荧光,荧光寿命一般为几百微秒,荧光半高宽在200～400nm之间,并首次提出了基于低价铋的发光机理,受到重视。该类发光材料极有望用于光通讯领域中超宽带光放大器以及超宽带可调谐激光器的增益介质。该项目两年内共发表SCI收录的论文12篇,其中在美国出版的《应用物理快报》(*Appl. Phys. Lett.*)、《光学快报》(*Opt. Lett.*)等影响因子大于3的期刊上有6篇,并应邀在国际玻璃协会年会等作邀请报告2次。

(屈 炜)

【掺钕陶瓷激光器获得236W高功率输出】 2005年,中科院上海光学精密机械研究所研制成功236W高功率激光输出的掺钕陶瓷激光器。该激光器是国内首个超百瓦量级的陶瓷激光器,光效率达50%以上,高于日本电信大学报道的η_{o-o}=42%的国际最高水平,有望成为Nd:YAG单晶激光器的替代品。

该项目采用808nm,1khz输出的LD线列阵侧面抽运Nd:YAG陶瓷棒,获得1 064nm,236W高平均功率输出,实验结果优于同等条件下的Nd:YAG单晶。在实验过程中,未见饱和现象。同时,由于采用了九条脉冲LD线列阵组从九个方向(间隔40°)环绕陶瓷棒的紧凑设计系统,光学传输效率高、抽运均匀,通过对谐振腔进行优化,获得了最佳耦合输出。

(屈 炜)

【基于MOEMS(微型光机电系统)无阻塞16×16阵列光开关研究成功】 该项目是国家"863"计划项目,由中科院上海光学精密机械研究所信息光学实验室和上海交通大学微纳米技术研究院联合承担,于3月通过国家验收。该项目是在"多路对多路无阻塞机械光开关"等多项专利技术基础上,利用MEMS(微机电系统)技术制备微电磁执行器,采取优化的Benes网络结构,以2×2和4×4光开关为基本单元构成的16×16阵列光开关,具有运动部件少、可靠性高和稳定性强等特点。其性能达到了国际同类产品的先进指标,具备了产业化应用的工艺技术条件和能力。

(屈 炜)

【发现碳纳米管可将光能量迅速转化为热能使细胞立刻崩溃】 9月,中科院上海光学精密机械研究所生物光子学研究小组与上海应用物理研究所在对碳纳米管靶向药物传递细胞模型的合作研究中取得新发现:积聚在生物细胞中的碳纳米管对激光能量具有强烈吸收效应,并将光能量迅速转化为热能,产生的热效应导致了细胞的立刻崩溃。该发现显示了碳纳米管对生命体系具有光毒性,是纳米技术应用影响生态安全的又一证据;同时,提供了有别于光动力疗法治疗癌症和其他多种疾病的新方法。

该合作研究是在碳纳米管的表面包上一层蛋白质,被单细胞生物——梨形四膜虫误认作美食吞下,积聚在"胃"部;然后,用一束红色的半导体激光打向靶点,梨形四膜虫瞬间被炸得粉碎。

(屈　炜　卞志新)

小资料

碳纳米管

1991年被人类发现的碳纳米管是由石墨碳原子层卷曲而成的碳管,就像铁丝网卷成的一个空心圆柱状"笼形管",直径一般为几纳米到几十纳米,管壁厚度仅为几纳米,非常微小,肉眼根本无法看见,必须借助电子显微镜才能观察到。碳纳米管具有很多新奇性能,如韧性很高,导电性极强,兼具金属性和半导体性,强度比钢高100倍,比重只有钢的1/6,因此,被称为"超级纤维"。

(屈　炜)

【太阳能电池阵光照设备为航天事业及卫星研发作贡献】 该项目由中科院上海光学精密机械研究所激光光源研究发展中心研制,于6月通过了中国航天科技集团研究所的技术验收,各项技术指标均达到设计要求,在国内尚属首创,并为中国航天事业以及卫星研发工作作出了贡献。

太阳能电池阵光照设备是模拟外空间光照环境,用于检验卫星太阳能电池阵的工作特性和寿命。主要检测光照状态下卫星上太阳能电池阵各充电阵和供电阵输出功能的正确性、太阳能电池阵各子阵之间电缆连接的匹配性以及卫星上电源分系统各控制单机功能与卫星上负载工作状态输出的正确性。该设备的辐照面积达到30m²;在连续可调(工作距离3.2m)条件下,辐照强度超过0.35太阳常数;照明不均匀度为10%～15%;输入功率小于80 kV。

(屈　炜)

【国内首创的玻璃彩色内雕产品实现产业化】 中科院上海光学精密机械研究所继国内首次在无色玻璃中实现彩色内雕后,2005年,该所所属上海大恒精密机械有限公司玻璃彩色内雕事业部又相继开发出红、橙、黄、蓝、紫等系列色彩,并实现了规模化生产,产品已投放国内外市场。玻璃彩色内雕技术是利用激光与玻璃基质以及掺杂离子的非线性相互作用,开创的透明玻璃中实现三维彩色内雕的新技术,极大地提高了现有的单纯依赖激光诱导炸裂点的光散射形成的白色立体内雕的价值,在国内外产生了很大的反响,包括以色列、美国、加拿大、日本等多家公司提出了合作意向。9月,在长春召开的国际光学博览会上,玻璃彩色内雕产品引起了客户和参观人员的浓厚兴趣。该项目已获得国内外专利3项,另有多项专利在申请中。

(屈　炜)

【研制成功激射频率为2.9 THz的量子级联激光器】 太赫兹(THz)辐射源是THz技术应用的关键器件。基于半导体的THz辐射源有体积小、易集成等优点。中科院上海微系统与信息技术研究所信息功能材料国家重点实验室在完成上海市光计划科技专项行动计划项目"太赫兹半导体振荡源与探测器的研究"(参见《2005上海科技年鉴》第60页)基础上,与加拿大国家研究院微结构研究所合作,采用半导体共振光学声子设计和双面金属波导结构,于10月研制成功激射频率为2.9 THz的量子级联激光器。

(周　萍　陈石灵)

【TPa高压高精度激光状态方程实验研究达国际同类研究先进水平】 该项目是国家"863"计划项目804主题"十五"标志性实验之一,由上海激光等离子体研究所承担,经过4年多的工作,在高功率激光物理国家实验室的神光Ⅱ装置上,采用阻抗匹配方法,以铝作为标准材料,实验测定了铜样品中的冲击绝热线,最高压强达到2.3TPa(约2 300万大气压),冲击波速度测量的扩展不确定度达到2%。该项目所采用的技术途径和实验方法可靠,实验结果可信,测量误差分析全面,为激光驱动状态方程实验研究提供了重要的技术基础,于4月通过国家"863"计划804主题组织的专家评估,研究成果总体达到国际同类研究的先进水平。

(孙今人)

【瑞利－泰勒流体不稳定性实验取得重大进展】 瑞利－泰勒流体不稳定性的过度发展，将导致聚变的失败，因此，实验诊断这种不稳定性发展的规律，是惯性约束聚变研究的又一个重要课题。X射线激光由于其独有的优点，能在这种实验诊断中发挥独特的作用，只是因为实验难度很大，至今未见文献报道。2005年，上海激光等离子体研究所X射线激光实验课题组以类镍－银X射线激光为探针，分别采用阴影法和干涉法，率先进行了瑞利－泰勒流体不稳定性的实验观测，得到了与数值模拟定性一致的实验结果，为X射线激光在流体不稳定性实验研究中的应用创造了良好的开端。

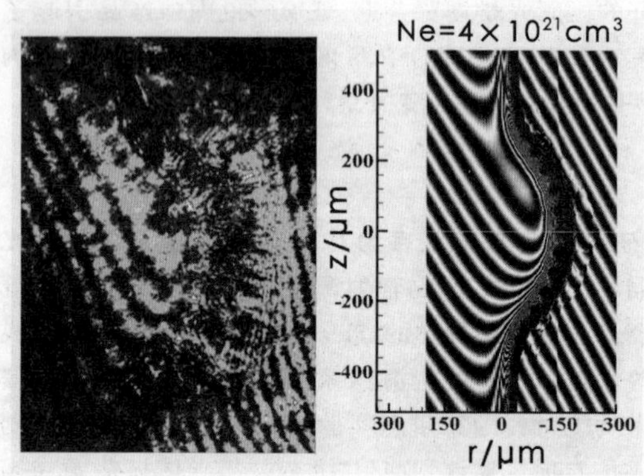

实验测量图像　　理论模拟图像

瑞利－泰勒流体不稳定性实验图像和数值模拟比较

（孙今人）

【卤化银光纤 CO_2 激光手术刀头】 中红外10.6 μmCO_2 激光在临床上具有创伤面积小、伤口深度浅及出血少等显著优点，是国内临床使用最多的激光器。但由于缺乏柔性传输的中红外光纤，临床采用关节式导光臂进行激光传导，手术部位只局限于人体的表面。2005年，中科院上海硅酸盐研究所研制成功卤化银光纤 CO_2 激光手术刀头，实现了 CO_2 激光进入口腔、咽喉等人体天然开口部位的临床治疗目标，完成了相关的临床应用研究，开拓了 CO_2 激光临床应用的新领域。

该项目突破了进入临床实用需要的两项关键技术，即光纤手术刀头的光学耦合技术和治疗端头的防污技术。在光学耦合技术方面，发明了“双镀层的空芯锥型光纤耦合器”，能自行修正因关节式导光臂旋转产生机械误差导致的光轴偏心。在防污技术方面，设计了由外型为多边形结构的聚焦透镜盖与护镜盖构成的气体护镜结构，解决了因激光手术产生的气化污染物溅射到聚焦透镜表面影响临床治疗的难题。以上两项关键技术均获得了国家发明专利。

（高建平）

【扫描式 CO_2 激光美容仪产业化研究达到国内领先水平】 该项目由上海市激光技术研究所承担，于6月28日通过了上海市科委主持的验收，达到国内领先水平。扫描式 CO_2 激光美容仪是一种新颖的智能化的激光医疗设备，使用时可根据实际需要，选择激光输出图形的形状、尺寸大小、扫描深度和激光输出功率大小。用于治疗各种皮肤色素异常性疾病、皮肤血管性疾病、各种斑痣和纹身、去毛发及毛发移植、创伤后的皮肤病变和良性皮肤赘生物、皮肤瘢痕等，还能拓展到生物活体打标领域。该项目集激光、光学、精密机械、计算机及自动控制等多学科技术，根据皮肤美容的临床需求，解决了实用化的关键技术和规模生产的工艺技术。(1)解决了光斑尺寸与扫描均匀性、光学扫描停振安全保护、避开激光起辉点的峰值功率以提高激光输出功率和激光电源的稳定度等关键技术，优化光学扫描系统设计，在软硬件上提高和完善控制性能。(2)采用二维激光扫描系统，进一步提升图形软件的处理功能，增加扫描图形种类。(3)小型化扫描头装置的设计，便于用户临床操作，并开发了数字电路控制驱动源及接口技术，人机对话界面良好。该设备激光终端输出功率1～35W(连续可调)，扫描范围2mm×2mm到20mm×20mm(分级变化)，具有10种以上的基本扫描图形。

（崔　瑛）

【激光柔性材料加工系统及关键技术研究项目通过验收】 该项目由上海市激光技术研究所承担，于8月9日通过了上海市科委主持的验收。激光柔性材料加工系统集激光、光学、精密机械、计算机及自动控制等多学科技术，研究了柔性材料的激光加工新工艺、光学时间扫描控制和采用前瞻算法的运动控制等关键技术。采用材料负压式固定，保证加工质量和精度，研制出特殊的柔性材料加工专用的载物支撑平台；研究柔性材料静态和动态激光加工特性及激光加工的实时性，以满足行业应用中的在线要求，提高加工效率和产能；开发了智能化软件，如速度优化和效果优先等方式，满足行业实用化技术和经济适用性需求。该系统的加工范围1 550mm

×850mm,加工速度15.9m/min,激光管输出功率52.0W,并具备智能化激光加工专用软件(PLT,BMP)和蜂窝结构的复压式定位承物台。该系统可广泛用于汽车安全气囊、内装饰材料的切割,医用无纺布的切割,PU、PV、EVA等人造革及真皮上的雕刻、切割,印刷线路板行业中的聚酰亚胺柔性薄膜电路板的精细微加工,促进了国内激光加工产业的发展,根本改变了皮革、纺织服装的加工方式。

(崔　瑛)

【高灵敏度核辐射仪及其无线监测系统的研制通过验收】　该项目是上海市科委重大攻关项目,由上海大学与华瑞科学仪器(上海)有限公司共同完成,于8月通过上海市科委验收。该项目成功地解决了CsI闪烁晶体的材料质量控制、表面加工处理、与半导体光电管的耦合及封装、低噪声高增益电荷灵敏放大器等关键技术,完成了新型高灵敏度闪烁晶体放射性传感器的设计与试制工作,并能批量生产传感器。此外,还配以无线网络和卫星定位系统建立了一套快速可靠的监测与反应机制,研发出了世界上首台固定式无线传输核放射性监测仪(AreaRAE),能对3.2km范围进行环境核辐射监测。

该项目的研究成果——便携式高灵敏度核辐射探测仪,是一种基于个人保护的环境辐射监测仪器,并配以无线网络和卫星定位系统来建立一套快速可靠的监测与反应机制,不仅可用作核安全防护,也为反核恐怖提供了有利武器,并在核能利用、环境保护、放射性安全监测等领域具有广阔的应用前景,在国内外具有很大的潜在市场需求。

(杨郭山)

【高红外吸收室温型铁电薄膜红外探测器结构研究成果具有创新性】　该项目是上海市启明星计划项目,由中科院上海技术物理研究所承担,于2月通过上海市科委验收,研究成果具有创新性,有利于国内的室温红外探测器的发展,有广阔的应用前景。该项目成功制备了8～14μm波段红外共振结构,最高红外吸收达到80%,实现了不同膜厚(35～180nm)的透明金属氧化物薄膜电极材料的红外光学常数研究。该项目的一项专利获得了第五届中国国际发明奖金奖。

(孙　迪)

【大规模材料设计平台的建立和红外光电子材料的优化设计通过评审】　该项目是上海市信息化专项基金项目,由中科院上海技术物理研究所和上海超级计算中心共同承担,于1月通过了由上海信息化委员会主持的专家评审。该项目实现了高性能第一性原理的材料设计软件在上海超级计算中心神威计算机上的移植和并行化,建立了大规模材料的设计平台,大量结果证实了该平台的广泛性;通过对空间气象卫星需求的碲镉汞材料的模拟,发现当碲镉汞材料的部分原子或键受到扰动,晶格结构将发生畸变;通过材料芯片技术,解决了不同掺杂技术对器件暗电流的影响,给出不同条件下p－n结深度和载流子寿命及分布的核心参数,建立了优化的工艺核心环节的数据库和物理模型的雏形,为红外光电子器件优化提供了重要的基本依据。同时,还在红外光电子材料方面开展了大量创新性工作。该项目对上海市和国家重大需求的功能材料设计和器件性能预测有着明显的应用价值,对上海超级计算中心在大规模材料设计领域的发展有积极的推动作用。

(孙　迪)

【蓝光大数值孔径超分辨率存储光学系统研制成功】　该系统是在蓝光技术之后,采用更大数值孔径物镜,并使用相移掩模技术进一步提高系统分辨率,从而提高光盘的存储容量;由上海理工大学于2005年研制成功,光学系统具有独创性、总体技术达到国际先进水平。

该系统采用了大数值孔径透镜设计技术,利用了不晕球的特性,设计了一个由四片透镜组成的光学结构,使NA＝0.95的蓝光聚焦透镜像差校正良好,接近衍射极限;使用了相移掩模技术,经实测直径为250nm的记录光斑,为实现蓝光大数值孔径超分辨率母盘刻录奠定了基础,也为实现单盘容量100GB的研究提供了依据和试验手段。与传统的光盘系统相比,系统结构改变不大,可与现有的标准光存储系统兼容,并且更容易实现实用化,为中国光盘母盘刻录产业发展开辟了一条具有自主知识产权的路线。

(季剑平　庄松林)

【高效晶体硅太阳电池关键技术使光电转换效率达到或超过15%】　该项目由上海交大泰阳绿色能源有限公司承担,于11月完成。高效晶体硅太阳电池关键技术是指使晶体硅太阳电池产业化光电转换效率达到或超过15%的关键制造工艺技术,包括:(1)绒面制备技术:采用酸或碱溶液在特定条件下的湿法化学腐蚀制作绒面，增加光在电池内光学路径，减少表面反射。(2)氧化扩散技术：采用浅结高浓度优化组合和浓磷、铝吸杂，在大面积的硅表面实现均匀的杂质分布，增加少子寿命和扩散长度，增加光电流密度。(3)热气流循环干燥技术：实现快速、低碎片的硅片烘干，大大降低功率消耗。(4)减反射薄膜技术：实现薄膜的耐化学腐蚀和高温稳定性。(5)二氧化硅和氮化硅的钝化技术：从气体流量、反应温度、反应压力、频率对折射率、少子寿命、电池效率的关系来探索最佳工艺条件。(6)一次性烧穿工艺技术：先生长氮化硅膜后烧结电极，使得主栅线电极在氮化硅之上，有利于电池组件的连接和大规模化生产。

利用该技术，在基本采用国产化的装备和仪器基础上，使单条生产线规模达到 20MW 以上，单晶硅电池光电转换效率最高接近 17%，产业化达到 15%～16%，其规模和效率达到和超过同期的引进生产线水平，投资额仅为进口同类生产线的 1/5～1/3。该项目在深入理解工艺技术基础上，根据工艺技术要求改造关键国产设备，培育了国产太阳电池设备制造商，为国产设备的应用起到良好的促进作用。

（孙铁囡）

第六节　航空航天、海洋技术与极地研究

【新一代 LORAN C 导航技术具有很好的安全性】 该项目是上海市科委重点科技攻关项目，由上海大唐天易通信导航技术有限公司承担，于 2006 年 1 月 20 日通过了专家验收。该项目在题为“LORAN C 在我国适用性及发展前景的研究报告”中，详尽地介绍和分析了国际上对 LORAN C 研究的最新动态、技术趋势及技术先进国家政府对 LORAN C 的技术政策，对中国发展自主产权的无线电定位导航系统有较高的参考价值。此外，该项目通过引进国际领先的 LORAN C 硬件电路与自主创新的导航软件相结合，研究成功硬件平台，在定位精度方面达到了国内领先水平。通过在渤海、东海和南海海域的大量试验，证明了新一代 LORAN C 接收机具有较先进的技术指标，定位精度可与民用 GPS 相接近，具有很高的民用价值，而且由于 LORAN C 系统是中国完全独立掌控的陆基无线电导航系统，在应用方面具有很好的安全性。

小资料

罗兰导航系统

LORAN(罗兰)导航系统是一种根据测量距离差来定位的系统，全名是远程式导航系统(LONG RANGE NAVIGATION SYSTEM)。在地面建立一系列的无线电发射台，每三个台(一主二辅)为一组，主台和辅台同时发射出脉冲信号，装在载体上的接收机接收每个信号并测量其时间差，其相当于载体距两发射台的距离差。根据解析几何可知，与此两台距离之差相等的各点构成以此两台为焦点的双曲线，因此，在此两导航台周围就形成了一个双曲线族，每条曲线对应不同的距离差或时间差。主台和另一辅台之间也有一组双曲线。因此，若在载体上测定这个时间差后，即能在绘有这些双曲线的罗兰导航图上找到相应的两条双曲线，他们的交点就是载体的位置。这种导航方法又称双曲线导航方法。目前使用的罗兰 C 导航系统作用距离可达2 000km，定位精度优于 300m。

（何　军）

【超小型飞行器实用系统开发总体研究达到国际先进水平】 该项目是上海市科技攻关“微机电系统”重大专项，由上海大学上海箭微机电技术有限公司承担，于 3 月 17 日通过上海市科委主持的验收，总体研究达到国际先进水平。

该项目：(1)对超小型定翼飞行器开展了结构构型、低雷诺数气动力、飞行控制与导航系统、数据链和地面站、发射与回收等方面的研究。(2)对超小型旋翼飞行器开展了机体与模态、飞行控制导航与动力学、自主飞行、悬停、基于 GPSd 地面天线伺服跟踪等方面的研究。(3)对小型可控艇开展了结构构型、软式囊题、遥控系统、动力学、飞行控制与导航系统等方面的研究。(4)对现场姿态立体监控系统进行了现场地形地貌数字模型的建立和优化、现场地形地貌模型和运动单元模型的动态合成、立体投影显示软硬件、大规模三维模型的平滑浏览、图形信息和图像信息的协调显示等方面的研究。

该项目综合了先进探测机器人技术、通讯与网络技术、虚拟现实(VR)技术和图像处理技术等，是一项具有创新的研究，已申请发明专利 7 项、授权

实用新型专利 2 项。研发的系统分别成功地参加了多次反恐演练,效果良好。

（杨郭山）

【上海拟研究空中监控执行系统】 9 月 25 日,由同济大学与上海飞机制造厂联合设计生产的水上超轻型飞机——"蜻蜓一号"在淀山湖面缓缓升起,在水面和周边公路上空盘旋数圈后,通过机载设备获得了地面有关建筑、交通状况等信息。"蜻蜓一号"可用于对地面和水面的交通、安全实施监控,疏导交通,还可对环境、地质、城建等多方面进行监测,在城镇和园林规划方面也可发挥作用。

当城市发生自然灾害、重大交通事故等突发性事件时,需要及时观察事态发展以便做出合理决策,而单纯依靠地面力量显然无法实现这一目的。为此,同济大学在此次试飞的基础上将联合上海工程技术大学、上海公安高等专科学校和上海飞机制造厂等单位展开合作,为上海规划空中监控执行系统。该系统将配备有多种机型的机队,其中约有 10 架轻型飞机用于巡逻,10 架直升机用于定点处理任务,还有 1～2 架飞艇和无人飞机;机上装载各种信息收集处理设备,地面上还要建设一个指挥中心及若干分布的起降点。该系统有望服务于 2010 年上海世博会。

（许伟良）

【"神舟六号"载人航天飞行获得圆满成功】 10 月 12 日上午 9:00,由中国空间技术研究院和上海航天技术研究院为主研制的"神舟六号"飞船,乘载费俊龙、聂海胜两位航天员,由长征二号 F 火箭发射,在酒泉基地发射升空。飞船升空后,顺利进入距离地球 343km 高度、倾角 42.4°的预定轨道。飞船在轨期间工作正常,两位航天员按照预定计划进入飞船轨道舱内,在太空中开展了有关科学实验活动,并在飞船上工作生活 5 昼夜。飞船在正常运行 115.5 小时、绕地球 77 圈后,于 10 月 17 日清晨 4:33成功返回内蒙古中部阿木古朗草原。两位航天员先后自主出舱,面带胜利的微笑,向前来迎接的人群挥手致意。5:45 载人航天工程总指挥陈炳德宣布:中国"神舟六号"载人航天飞行获得圆满成功。

"神舟五号"飞行成功实现了中国载人航天飞行的历史性突破,在中国载人航天工程"三步走"战略中,起着承上启下的作用。"神舟六号"飞行的三大任务是:第一,继续突破载人航天的基本技术,如多人多天太空飞行技术。第二,继续进行空间科学实验。在"神舟"二号到五号上,都开展了各种空间科学实验,涉及的领域很广,与前几次实验不同的是,"神舟六号"上进行的实验将是中国第一次有人参与的空间科学实验。有人参与,就可能有更多的发现。第三,继续考核和完善工程各系统的性能。"神舟"一号到五号飞行都成功了。但成功并不意味着成熟。像前五次飞行一样,"神舟六号"也具有考核各系统、发现不足从而进一步完善各系统性能的作用,这是为确保将来"神舟"七号、八号的成功做准备。

与"神舟五号"相比,"神舟六号"飞行任务有三个主要变化:一是航天员从一人增到两人;二是飞行天数从一天增到五天;三是航天员活动范围扩大到全船。也就是,在"神舟五号"飞行中,一名航天员一直待在返回舱中,飞行一天;而"神舟六号"由两名航天员组成飞行乘员组要飞行多天,并要脱下航天服,从返回舱进入轨道舱活动,还要完成空间科学试验的操作任务。

人是载人航天的核心,人的作用是任何机器设备所无法取代的,所以多人多天的太空飞行是整个载人航天工程中必须解决的基本技术之一,也是工程第二步计划的一项预定任务。因此,"神舟六号"的飞行成功,检验了"神舟"飞船的基本设计状态,即:多人多天飞行。所以,可以说"神舟六号"飞行的成功是创造性的挑战。

小资料

历次"神舟"号飞行

"神舟一号"试验飞船:1999 年 11 月 20 日 6:30 发射升空,11 月 21 日 3:41 返回。

"神舟二号"无人飞船:2001 年 1 月 10 日 1:00 发射升空,1 月 16 日 19:00 返回,历时 6 天零 18 小时,绕地球 108 圈。

"神舟三号"正样无人飞船:2002 年 3 月 25 日 22:15发射升空,4 月 1 日 16:51 返回,历时 7 天,绕地球 108 圈。

"神舟四号"正样无人飞船:2002 年 12 月 30 日 0:30发射升空,2003 年 1 月 5 日 19:16 返回,历时 6 天零 18 小时,绕地球 108 圈。

"神舟五号"载人飞船:2003 年 10 月 15 日 9:00 发射升空,首飞航天员杨利伟,10 月 16 日 6:23 返回,人船均无恙。历时 21 个小时,绕地球 14 圈。

"神舟六号"载人飞船:2005 年 10 月 12 日 9:00 发射升空,乘载费俊龙和聂海胜两位航天员,于 10

月 17 日清晨 4:33 着陆成功，历时 115.5 小时，绕地球 77 圈。

（顾永明）

【上海航天参与“神舟”飞船研制工作】 10月，中国“神舟六号”载人航天飞行获得圆满成功。与前几艘飞船一样，上海航天技术研究院承担了飞船上的推进舱、电源分系统、推进分系统和测控通信大部分设备等设计研制任务，都是飞船上的关键分系统和部件，对飞船进入预定轨道，在太空正常运行和安全返回，起到至关重要的作用。

测控通信系统确保话音图像万无一失。该系统是由上海航天 813 研究所负责研制，主要承担着“神舟”飞船上测控与通信分系统内的遥测、遥控、话音、图像、USB 通信、C 波段应答机、短波、超短波、天线等九个子系统研制任务。其任务要求是：测定飞船的轨道，记录并传输工程遥测数据和航天员生理遥测数据，接收地面向飞船发送的遥控指令和注入数据，实现地面和航天员的双向通话，将飞船内及航天员的图像向地面传输，返回舱着陆后发出信标号用于搜寻救援。该系统技术面宽，难度高，含许多新技术，如数字电视图像压缩编码技术、数字话音压缩技术等，属于飞船上关键的子系统。

控制驱动是由上海航天 812 研究所负责研制，主要承担着飞船上推进分系统控制驱动装置任务。如果把飞船控制系统比作人的大脑，执行系统比作手脚，那么推进分系统控制驱动装置就相当于人的神经系统。神经系统出现问题，会影响到人体动作的协调性，准确性，甚至会引起瘫痪。同样控制系统出现问题，就无法正确接收和识别控制系统的指令，无法实现实时控制并驱动执行系统，就会使飞船姿态和入轨失控，其后果不堪设想。该所在推进舱子系统增设了手控驱动器作为保险，确保当出现推进舱控制驱动器不能正常工作时，航天员可以通过手动控制系统对推进舱各种电磁阀进行控制，以确保飞船的姿态和准确入轨。

推进分系统是飞船上的动力之源，为飞船准确入轨、轨道机动、姿态控制和飞船返回提供高性能、高可靠动力保障，是飞船飞行全过程的关键系统。上海航天 801 研究所承担了“神舟”飞船上推进舱、返回舱、轨道舱三个舱段的推进分系统全部研制任务，包括 52 台发动机及控制部件的推进系统是国内最复杂的空间飞行器推进系统。

电源分系统是整个飞船的“血液”，是飞船上不可或缺的重要系统。电源分系统是由上海航天 805 所负责研制，包括先进的太阳电池阵高性能大容量镉镍电池和银锌电池电源控制系统以及多机组的电网等，是国内飞行器中最大的空间电源系统。

此外，还为飞船的推进电源、热控制、生命保障系统、测控系统、控制系统等提供可靠的工作平台，都采用了先进的计算机设计和制造技术。

（顾永明　施金苗）

【上海 4 家纺织企业获“神舟六号”配套单位荣誉证书】 2005 年，“神舟六号”载人航天飞船发射成功。上海纺织（集团）有限公司相关企业主要提供了飞船所用的线、带、绳、绸四大类产品，包括航天载人飞船的返回主伞、引导伞翼用纺织品及绳带、救生包外衣、导火索套用纤维材料和航天服内层等。在纺织配套企业中上海市纺织科学研究院、三带特种工业线带公司、铁链特种纺织品染整厂和宏卫特种绳带公司 4 家企业获得“神舟六号”配套单位荣誉证书。

上海纺织所提供的产品满足了历次航天载人飞船的技术要求。如降落伞的绳带，其强重比几乎达到极限，在高空打开降落伞的一瞬间，必须达到防灼、耐磨、抗冲击和防老化的要求；又轻又薄的伞翼用绸，每平方米的重量减轻了 10g 左右，但强牢度丝毫不减，整个主导伞面积达到1 200m^2，共节省了 10 余千克；专用纺织品做到了不漏水、不漏气、可充气、耐压力，而航天服内层的纺织品透气性能又十分良好。在生产研制过程中，科技人员克服了规格多、要求严、技术难、交货急等诸多困难，按照标准加工制作，严格把好质量关，按时按量完成了任务。

（张庭硕）

【承担两项国家微小卫星研制任务及其他微小卫星通信、导航定位等攻关项目】 2005 年，上海微小卫星工程中心承担了两项微小卫星研制任务，以及国家相关部门有关微小卫星通信、导航定位及空间科学等领域的重大技术攻关项目，在微小卫星平台、载荷、区域导航定位等技术攻关中取得了重大成果。同时，该中心在微小卫星空间科学国际合作中也取得了重大进展，微小卫星研制条件保障与基建工作基本完成，已成为中国微小卫星领域的一个重要创新研制基地。上海微小卫星工程中心研制的“创新一号”卫星荣获 2005 年度国家科技进步二等奖、中国科学院杰出科技成就奖、上海市科技进步一等奖，并申请发明专利 8 项。

（余金培）

【"嫦娥一号"探月卫星激光高度计进入正样研制阶段】 该项目由中科院上海技术物理研究所承担，是中国绕月探测工程首发卫星搭载的主动遥感有效载荷。该高度计利用主动激光遥感技术，用于测量星下点到月球表面的距离，其作用距离两百千米左右，测距精度正负 5m，距离分辨率 1m。测到的数据通过地面应用系统处理后，可获取月表地形高度数据，并为获取月球表面三维立体成像，分析月面有用元素含量及物质类型分布特点，探测月壤厚度和地球到月球间的空间环境提供技术支持。9月，该项目初样鉴定件产品达到了预定的技术指标，并通过力学、真空等空间环境试验，按期实现交付。11 月，该项目完成转正样评审，并已进入正样研制阶段。

（孙　迪）

【"风云三号"新一代气象卫星四项光学有效载荷转入正样研制阶段】 该四项光学有效载荷包括中分辨率成像光谱仪、红外分光计、十通道扫描辐射计和地球辐射探测仪，由中科院上海技术物理研究所承担，于 9 月通过初样研制评审，转入正样研制阶段，标志了"风云三号"有效载荷研制工作已完成了最重要的研制阶段任务。十通道扫描辐射计、中分辨率成像光谱仪是可见光—红外波段的高光谱、高分辨率的成像仪器；红外分光计和地球辐射探测仪是高精度、高光谱的地球辐射能量测量仪器。除十通道扫描辐射计尚有 FY－1 卫星的经验可供借鉴和部分继承外，其余三台光学遥感仪器均为国内首次研制，其技术指标则接近目前运行的国际同类产品的先进水平。

"风云三号"是中国新一代极轨气象卫星，是解决多种气象要素的全球、全气候、三维、定量、高精度资料的获取问题，将于 2007 年发射，届时将在气象、海洋、自然灾害和环境等方面发挥不可替代的作用。

（孙　迪）

【"风云二号"C 静止气象卫星的五通道扫描辐射计通过验收】 该五通道扫描辐射计是中国静止气象卫星的核心探测系统，由中科院上海技术物理研究所研制完成，于 12 月通过了中国科学院主持专家验收。该项成果研制难度大，体现了自主创新与集成创新，主要性能指标达到当前国际先进水平，对实现中国第一代静止气象卫星的业务应用起到了关键作用。

2004 年 10 月，首发业务卫星——"风云二号"C 静止气象卫星由长征 3 号甲运载火箭发射成功（参见《2005 上海科技年鉴》第 91 页）。2005 年 1 月，投入试运行。该五通道扫描辐射计在轨运行一年多来，经受了一年四季各种空间环境考验，没有发现污染现象；已获取五波段云图五万余幅，图象质量与日本、美国和欧洲联合体使用的静止气象卫星相当；夏季进行了每天 48 幅图的加密观测，向中国及周边国家和地区提供了丰富的气象信息；现在轨工作正常，每天所获取的气象信息对于提高卫星覆盖的国家和地区气象预报的能力，减少可能发生的灾难性天气所造成的损失，在社会和国民经济可持续发展中发挥了重要作用。

（孙　迪）

【机载高空间分辨力、高光谱分辨力多维集成遥感系统通过验收】 该项目是国家"863"计划项目，由中科院上海技术物理研究所承担，于 11 月通过国家"863"计划信息领域办公室组织的专家验收。

该项目提出了集成系统的创新设计思路，研制了由宽视场高光谱成像仪、线阵推帚式高空间分辨力全色立体和多光谱数字相机、激光测高装置、稳定平台和 POS 等组成的机载一体化综合集成系统；开发了多维信息处理软件，实现了高光谱、高空间、激光测高、POS 数据的融合处理，能生成数字地形模型、正射影像图、专题矢量图、三维透视图等数字产品；建立了系统性能综合检测系统，包括实验室光谱与辐射定标装置、外场光谱与辐射定标装置、同步地物光谱测量装置、镜头参数与光学传递函数的测试装置、像元级空间配准的测试装置。多次应用示范飞行表明，该系统的综合指标满足制作 1∶1 000专题图的要求，运行稳定可靠。

（孙　迪）

【高光谱与高空间集成关键技术研究达到国际水平】 该项目是上海市启明星计划项目，由中科院上海技术物理研究所承担，于 2 月通过上海市科委主持的验收。该项目以高光谱分辨力和高空间分辨力遥感系统集成的多项关键技术研究为核心，完成了从集成数据采集系统的总体实现方案，到小视场传感器的并行拼接实现宽视场高光谱成像技术、数据采集系统一体化设计以及数据分级矫正等多项关键技术的研究，并研制了高分辨率光谱成像系统，开发了专用数据处理软件。该成果在推动技术发展的同时，其应用潜力在一定程度上将促进中国机载高光谱成像技术产业化进程。

高分辨率光谱成像系统和专用数据处理软件在上海世博会区域进行的遥感示范飞行和数据处理中取得成功，并得到上海城市信息研究中心、国防科技大学的初步应用。高分辨率光谱成像系统作为中国第一套集高空间分辨力和高光谱分辨力的集成遥感系统，作出了创造性的拓展，达到国际水平。

（孙　迪）

【空间信息产业化技术支撑体系与运行机制研究通过验收】 该项目由中科院上海技术物理研究所承担，于2月通过上海市科委的验收，实现了多项创新，提出了一个高起点、大产业、集聚式空间信息产业化发展的新模式，对加速上海市空间信息产业化进程，促进空间信息应用、协调和高速发展具有重要的参考意义。

该项目在空间信息产业化框架中，创新性地提出了构建四大基础平台，即基础成果孵化平台、技术成果交易平台、空间数据交易平台和设备检测与标定平台，具有可操作性，对建立标准、实施知识产权保护、解决空间信息产业化过程中面临的共性问题、盘活政府和社会资源具有重要意义。该项目论证了标准建设在空间信息产业化发展过程中的重要性，制定了部分地方标准，研究并提出了空间数据交易平台方案、空间信息软件产业的发展模式和服务机制，将成为发展上海空间信息产业的新举措。

在实际应用上，该项目通过建设空间信息产业化基地，可以为上海、长江三角洲、全国各大中城市在市政规划、城市建设、城市管理、交通导航、生态环境、灾害防治、城市安全等领域提供产业支撑；创造良好的投资环境和生活环境，给投资者创造一个具有丰富可靠信息资源的经营环境；通过提供的空间信息服务，如移动终端地理信息服务、网络电子地图服务、空间数据处理与制图服务、卫星定位应用服务等带动信息服务业的发展。

（孙　迪）

【轻小新型平台（无人机）大面阵CCD相机系统填补国内空白】 该项目是上海市科委重点科技攻关项目，由中科院上海技术物理研究所承担，于7月29日通过了专家验收。该项目研制出一套完整的CCD数字相机与自动数据采集存储系统、自检系统和地面图像处理系统，使数字相机在尺寸、重量、功耗、工作模式、空间分辨率、覆盖度及成像质量方面达到中小型无人机或其他轻小型平台应用系统要求；为进一步建立满足区域应急动态监测和空间信息数据快速获取与更新应用目标的低空无人机遥感系统奠定坚实基础；填补了国内该项技术的空白。该系统配合无人机平台研制，进行了搭载飞行试验，获得了满意的效果。在技术创新方面，该系统对平台复杂振动引起的像移及成像质量进行了数值分析，研制了三维角位移减振器，使高分辨率图像质量得以保障，有着非常广阔的应用前景。

（何　军）

【中国海洋地质与地球物理学发展现状与展望学术研讨会】 该研讨会由国家自然科学基金委主办、同济大学海洋地质教育部重点实验室承办，于1月24日在同济大学举行。国家自然科学基金委地球科学部副主任柴育成及中国科学院孙枢院士、刘光鼎院士、汪品先院士、马在田院士出席会议，参加会议的还有来自国内外各高校和研究机构的专家学者共80余人。该会议旨在回顾过去10年海洋地质与地球物理学研究取得的成就，分析当前国际上该领域的动态和学科前沿，展望中国未来的发展方向和战略，为“十一五”国家自然科学基金优先资助领域的制定提供依据。

（许伟良）

【综合大洋钻探计划工业联络组（IODP－ILP）工作会议】 2月25～27日，综合大洋钻探计划（IODP）工业联络组（ILP）第3次工作会议在同济大学召开，来自美国、日本、英国、法国、德国、荷兰、加拿大、中国等国家的18位专家出席了会议。这是自2003年10月1日大洋钻探计划（ODP）转入综合大洋钻探计划（IODP）以来首次在中国召开的IODP科学工作会议，表明了中国海洋科学界正积极参与国际大洋钻探计划，在国际海洋科学学术界起到越来越重要的作用。该会议就IODP的中、短期学术航次计划、部分航次建议书、联络组的学术工作目标等进行了讨论，与会专家听取了中国、欧洲联合体（ECORD）和日本的IODP报告。中国IODP专家委员会副主任、同济大学汪品先院士在会议上作了中国IODP报告。根据第3次“科学规划与政策监督委员会（SPPOC）”的决定，从3月起将撤销ILP，组建“工业界－IODP科学计划工作组（Industry－IODP Science Program Planning Group，简称IS－PPG）”，因此，会议还重点讨论了IS－PPG的目标、任务、成员等具体工作组规则。

■ **小资料**

综合大洋钻探计划工业联络组

ILP(Industry Liaison Panel)是为了加强 IODP 与工业界的交流与合作,分享 IODP 科学与技术,并通过共享资源、科学和技术发展获得最大经济利益。与 ILP 有关的工业界包括石油天然气公司及其相关服务机构、采矿业、微生物工业等,以及这些工业领域的研究机构。即将成立的 IS－PPG 工作组将加强工业界和 IODP 的学术合作,在"IODP 初始科学计划"框架下促进有关 IODP 航次建议书的发展。中国自 2004 年 4 月正式加入 IODP 后(参见《2005 上海科技年鉴》第 92 页),在 ILP 中有一个完全成员席位,在即将成立的 IS－PPG 内至少有一个成员席位。

(许伟良)

【中国第 21 次南极考察队顺利完成任务返回上海】

3 月 24 日,"雪龙"号科学考察船完成了中国第 21 次南极考察任务返回上海,国家海洋局和上海市政府在上海民生码头举行了欢迎仪式,国家海洋局局长王曙光、副局长陈连增和上海市副市长杨雄等领导出席了仪式。领队兼首席科学家张占海、副领队袁绍宏、领队助理糜文明、冰盖队队长李院生等以及冰盖队员和考察队员乘船抵达上海。该次考察历时 151 天,航程26 500海里,完成了 26 项科学考察任务。包括开展中山站至南极冰盖最高点的内陆冰盖考察;在中山站和长城站开展南大洋生态环境及其生物多样性研究;开展首次普里兹湾—威德尔海4 000海里断面综合调查以及达尔克冰川动力学监测研究、氧观测、高空大气物理观测研究等。此外,内陆冰盖考察队成功登上南极内陆冰盖海拔最高地区 Dome－A,确定了 Dome－A 最高位置(80°22′00″S,77°21′11″E,海拔4 093m)。这是人类首次从地面进入 Dome－A。

11 月 18 日,中国第 22 次南极考察队乘"雪龙"号科学考察船,从上海国际港务公司民生分公司码头启程,开始"雪龙"船第 10 次南极之行。国家海洋局副局长陈连增亲临码头送行。

(桂元华)

第三章　重点学科与科研基地建设

第一节　重点学科建设

【继续推进高校E－研究院建设】　2003年，上海市教委正式启动实施E－研究院建设计划（参见《2004上海科技年鉴》第115页）。首批E－研究院有网格技术E－研究院、社会学E－研究院、免疫学E－研究院、模式生物E－研究院、科学计算E－研究院、都市文化E－研究院等6个。2004年，市教委对内分泌与代谢病学、中医内科学、水产养殖学3个教育部高等学校重点学科实施启动了E－研究院建设；于年底又启动了一氧化氮及炎症医学E－研究院建设。2005年，启动了音乐人类学E－研究院建设。各E－研究院经过一段时期的建设，取得了一定的进展和成效。

（1）在制订建设规划和管理章程的基础上，聘请了108位特聘研究员。其中，国外研究员18位，外省市研究员24位，上海市非依托学校研究员27位，依托学校研究员39位。

（2）规划内的研究工作进展顺利。至2005年10月底，首席及特聘研究员新承担各级各类研究项目共211项，获研究经费共18 863.8万元。其中，承担国家级项目93项，经费11 263.2万元。在国家级项目中，国家"973"计划项目13项，经费2 701.2万元；国家"863"计划项目9项，经费811万元；国家自然科学基金项目50项，经费2 292万元，其中重点项目10项，经费1 150万元。承担省市部委级项目共70项，获研究经费共4 498.5万元，其中重点项目19项，经费1 933.5万元。承担国际合作项目18项，获研究经费1 720.15万元。

特聘研究员共有183篇按要求署名的论文发表，其中在国外发表63篇，被三大检索收录59篇，被SSCI收录12篇；已出版著作10部，其中专著9部；撰写研究报告13份，其中提交有关部门10份。

（3）加强了对信息化设施的建设，建立了视频会议系统及网站等。

（4）开展学术交流活动，加强信息交流。主持举办了多次国内外学术会议、系列及专题讲座、特聘研究员学术研讨等。

（5）E－研究院的校外特聘研究员还为所依托学校培养博士研究生，充实了依托学校高层次人才培养的力量。

（刘唯聪）

【上海市重点学科（第二期）建设启动实施】　2005年，上海市教委在继续推进和资助以部属高校为主体的"985"和"211"工程建设的同时，启动实施了教育"十大行动计划"中针对市属高校的上海市重点学科（第二期）建设计划。上海市重点学科建设计划是一流学科建设的重要举措，也是推动高校内涵发展，率先基本实现教育现代化的重要载体。

通过专项建设经费的资助，在未来3年内对上海市属高校（市教委部门预算范围内本科以上普通高等学校）的学科分优势学科、特色学科、培育学科三个层次进行重点建设，同时对专科学校和部分民办高校的若干主干学科予以适当引导和扶持。努力使一批学科能够跻身国内一流水平，为上海实施科教兴市战略，提升上海综合实力和服务全国做出应有的贡献。

各校在制订学校学科发展整体规划的基础上，申报了第二期上海市重点学科。市教委组织专家组进行了评审，最终确定了17所高校的69个学科列入上海市重点学科（第二期）建设范围，其中优势学科15个（含4个以专项投入方式进行建设的第一期上海市"重中之重"学科），特色学科39个，培育学科15个。各学科正按建设规划积极开展学科的人才队伍建设、研究基地建设和科学研究工作。上海市重点学科（第二期）部分科技类学科名单如下：

一、优势学科

学校名称	学科名称
上海大学	钢铁冶金 先进机器人与现代制造系统 应用力学
上海交通大学医学院	医学基因组学 组织工程学 口腔颌面外科学 内分泌与代谢病学 消化疾病学
上海中医药大学	中药学 中医内科学
上海水产大学	水产养殖学

二、特色学科

学校名称	学科名称
上海大学	先进材料的制备与应用技术 信息与通信工程 仪电自动化 信息物理 环境污染与健康
上海交通大学医学院	肾脏病学 口腔修复与生物材料学 风湿病学 儿科学 发育生物学 医学免疫学
上海中医药大学	中医系统实验方剂学 针灸推拿学 中医骨伤科学 中医外科学
上海师范大学	科学计算与仿真技术 稀土功能材料
上海理工大学	光学工程 系统管理 制冷及低温工程
上海海事大学	港口机械电子工程 物流管理与工程 载运工具运用工程
上海体育学院	运动人体科学
上海水产大学	捕捞学 食品科学与工程

三、培育学科

学校名称	学科名称
上海理工大学	印刷出版 医疗器械工程
上海电力学院	现代电力系统与电站自动化 电力清洁生产与节能工程 电力企业信息化与决策支持 电厂应用化学及环境保护
上海工程技术大学	能源科学与工程 天然源农药化学工程 现代汽车运用工程 服装设计与工程
上海应用技术学院	应用化学 材料加工工程
上海第二工业大学	电子废弃物资源化环境功能材料

（刘唯聪）

【电子废弃物资源化及环境功能材料重点学科建设取得较大进展】 该重点学科是2005年6月经上海市教委批准的上海市(第二期)重点建设学科之一，由上海第二工业大学承担。该学科在电子废弃物资源化研究方面已具备电子废弃物拆解、物理分选及处理与处置等方面的研发和设计能力，可进行磁力分选、静电分离、电涡流分选、重力分选及重介质分选等工艺的可行性研究和工业化流程设计，同时可进行硒鼓处理、塑料再生、金属提炼等项目的工业转化、生产流程设计及技术开发和科技服务；在环境功能材料研究方面，学科组成员曾在瑞典和美国开展纳米材料研究达7年以上，创立了“二次晶化”方法，取得了多项研究成果，达到国内领先水平。该学科共承担国家自然科学基金青年基金项目1项、浦江人才计划项目1项、上海市教委项目2项，完成横向课题1项，参与国家标准制订2项；共计发表论文18篇，其中被SCI收录5篇。

（曹佩清）

第二节　科研基地建设

【“十五”期间上海市研发基地概述】 在沪的各类重点实验室和工程(技术)研究中心等是上海市科技原始性创新和关键技术集成的核心科研基地，是集聚、培养优秀科研人员的重要基地，也是进行国内外高层次学术交流活动的中心。这些科研基地为上海的科技地位提升和经济腾飞提供了强大的科技支撑和技术储备，是高技术与企业结合的重要技术平台。

截至2005年底，全市共有国家重点实验室27家，上海市重点实验室54家，其他省部级重点实验室38家，国家和市级工程(技术)研究中心63家，国家和市级企业技术研究中心130家。

(斯海雄)

【“十五”期间研发基地建设与管理方面的重要举措】 “十五”期间，通过机制体制创新、制定完善管理办法、推动原有实验室重组和开放交流、产学研合作等为抓手开展工作，取得了明显的成效。

(1) 成立了研发基地建设与管理处。“十五”期间，上海市科委为了加强上海研发公共服务平台建设和研发基地建设与管理，专门成立了该处室，统筹、协调和规划全市的各类研发基地工作，在机制体制上保证了研发基地建设和管理的工作。与此同时，还成立了上海市研发公共服务平台管理中心，统筹上海市研发公共服务平台的建设管理和日常运行服务等工作。两个机构的成立，有利于集聚优秀人才，以形成长效、稳定的管理机制，更有效快捷地协调、统筹研发公共服务平台的资源整合与建设，将大大提高日常的服务运行和维护，以促进服务平台资源的推广，加快中介服务市场的培育和建设进程。

(2) 明确上海市重点实验室的定位。市重点实验室的定位分为上海特色或优势的应用基础研究和应用开发两种。应用基础研究类的实验室应侧重通过培育，提高原始创新能力，逐步推到国家重点实验室层面上；应用开发类的实验室应侧重让高等院校、研究所和企业相互结合，提高成果转化和技术转移。

“十五”期间，市科委成立了重点实验室合作开放资金和产学研配套资金，旨在鼓励重点实验室进一步对外开放、合作与交流，开展与大型集团企业共建的形式，形成紧密合作的技术联盟，实验室承担企业提出的或与企业开展合作研究的项目，为企业培养技术骨干。通过征集课题、专家评审和择优选择，实验室的产学研工作得到了拓展，其中不乏与大型集团公司的合作，如中国证券监督委员会、上海电气(集团)总公司、上海有色金属总公司、上海建材(集团)总公司、宝钢(集团)有限公司等。

(3) 完善管理办法和评估规则。明确市重点实验室的定位后，根据两种实验室细化建设办法和评估规则，使规章制度更趋科学性、合理性和可操作性。“十五”期间，我们制定了《上海市重点实验室建设与管理办法》和《上海市重点实验室评估办法》，并制定下发了《关于进一步加强在沪重点实验室建设和管理工作的若干意见》，按照“统筹兼顾、重点支持、整合资源、开放竞争”的原则对上海市重点实验室、在沪国家和部委重点实验室进行建设与支持，最终形成互有分工、团结协作的科技创新有机整体。

(4) 加强对原有市重点实验室的调整和滚动支持的力度。通过评估，对那些缺少竞争力的市重点实验室采取摘牌或重组的方式，让现有从事检测、测试、计量和评定的实验室对外开放，加入到社会公共服务体系中去，坚决淘汰一批，调整一批，整合一批，同时加大对优秀实验室的支持力度，努力探索实验室的国际交流合作。通过调整，鼓励企业参与到高等院校或研究所的实验室中，使其参与到企业中去，如孙桥现代农业示范基地参与上海农业科学院的实验室建设、同济大学参与上海钢铁研究所的实验室建设等。

(5) 加大省部共建国家重点实验室培育基地(以下简称“培育基地”)的建设力度。培育基地是国家创新基地建设的重要组成部分，是科技部为加强和指导地方科技工作的一项重要举措，是扶持和激励地方实验室建设和管理工作，保持共同发展，提升国内和各地区基础研究和应用基础研究水平的有效载体，也是科技部尝试对国内实验室多种建设和运行机制的有效探索，并已经纳入国内的实验室建设体系。根据科技部对培育基地“省部共建，以省为主”和“基地、项目和人才有机结合”的建设原则，市科委在“十五”期间加大了对这两个培育基地的专项建设经费投入。

(斯海雄)

【“十五”期间重点实验室工作取得的成绩】 (1) 推动了重点实验室与大型集团企业之间形成技术联盟。如有机化学国家重点实验室(中科院上海有机化学研究所)和中石化、中石油、华谊集团等大型集团公司开展紧密的围绕产业发展和提升的产学研合作；红外物理国家重点实验室(中科院上海技术物理研究所)围绕国家重大战略项目，完成了技术集成工作，并连续3次被科技部评估为“优秀”类国家重点实验室等。“十五”期间，还通过以产学研联合的方式多元投资组建上海市重点实验室，突出实验室为全市经济建设提供强大的技术支撑为出发点，先后组建了上海市数字化汽车车身工程重点实验室(上海交通大学和上海汽车工业集团公司)、上海市智能信息处理重点实验室(复旦大学和宝钢集团)、上海市金融信息技术研究重点实验室(复旦金仕达计算机有限公司和上海财经大学等)、上海市信息安全管理技术重点实验室(格尔软件技术有限公司和上海交通大学)、上海市动物细胞工程技术重点实验室(张江生物技术有限公司和第二军医大学)等,已经显示出良好的开端。

(2) 围绕国家发展重点,进行先期布局,同时吸引在国际上学有所成的专家回沪,创造良好的工作环境,涌现一大批优秀科学家。以组建上海市重点实验室的方式吸引有成就的科学家回国开展工作,带动相关学科和研究团队的发展,如为陈竺院士组建了上海市人类基因组研究重点实验室,现已晋升为国家重点实验室;为曹谊林教授和盛慧珍教授(均为国家"973"首席科学家)分别组建了上海市组织工程学和发育生物学重点实验室;为钱卓教授组建了上海市脑功能基因组学重点实验室等。"十五"期间,通过国家重点实验室和上海市重点实验室的计划实施,在以上重点实验室中新增的两院院士15名,90%项目获得国家或地方各类科学技术进步奖、自然科学一等奖。

(3) 围绕国家和上海发展的重点开展基础和应用基础研究,推动先进技术的应用和对外服务。上海地区的各类重点实验室在"神六"、同步辐射光源建设等国家重大工程项目中均有建树,同时,重点实验室也是研发公共服务平台的重要组成部分,如上海市电磁兼容重点实验室的实验装备达到当代国际水平,拥有一座10m和3m法电波暗室、7间各种用途的屏蔽室,配备有自动控制的电磁干扰测量和抗扰度测试系统,除了对一般电子、电气产品的电磁兼容检测外,还可以对汽车零部件和通讯产品的测试。实验室通过多层次的交流合作,仅一年时间,就得到了多家国际上著名的认证机构和公司的认可,如ITS、TUV莱茵、挪威DNV、美国FCC等,初步建立起了我们自己的国际品牌。在此基础上,通过仪器设备的共享,提高了对全社会服务的功能和质量,目前,朗讯、阿尔卡特、摩托罗拉、惠普、大众、通用、松下、欧姆龙、华为等国际知名跨国公司驻沪企业来实验室寻求合作。

(斯海雄)

【教育部城市环境与可持续发展联合研究中心成立】 该中心将着重研究解决国内城镇化建设发展中日益突出的城市综合环境问题,于5月21日在同济大学成立。由于该研究属跨学科综合性重大课题,所以分别在同济大学、上海交通大学、南京大学、北京交通大学、吉林大学、中国地质大学等国内11所高校设立了各具特色的研究分中心,依托多所高校多学科的科技人力资源和重要科研设备资源,对单一城市、区域性城市实施环境评估,或对全国性城市环境重要问题进行综合研究,以此提供在城市可持续发展中与环境相关的高层次决策咨询。中国的城市化率不断提高,需要解决的科技问题会迅速增加,通过该中心的建立,可以更好地整合人才与科研资源,在城市发展中为处理好人口与资源、防灾与环境多方面的关系,实现城市现代化提供科学依据和决策建议。

(许伟良)

【高速磁浮交通技术综合试验研究平台在沪建设】

根据国家"十一五""863"高速磁浮交通技术重大专项计划,由上海磁浮交通工程技术研究中心牵头,集聚全国相关科研院所和企业集团,全面开展高速磁浮交通系统国产化研究,以"研制一辆车、一条试验线路和一套牵扯引供电和运行控制系统"(简称"三个一"试验线)为核心的试验系统为载体,建设完全自主知识产权的高速磁浮交通技术综合试验研究平台,开展高速磁浮核心技术和设备国产化研究,掌握系统集成技术、形成总体设计能力,建立中国磁浮交通系统的标准体系。"三个一"试验线选址于同济大学嘉定校区内,线路全长1.5km。至12月31日,土建工程全部完工,进入设备安装调试阶段。

(江　平)

【中科院上海生命科学研究院功能基因组研究中心成立】 7月6日下午,"中科院上海生命科学研究院功能基因组研究中心"暨"中科院上海生命科学研究院/生物芯片上海国家工程研究中心联合实验室"揭牌仪式在上海举行。揭牌仪式由中科院上海生命科学研究院副院长吴家睿主持,上海市科委、中科院上海生命科学研究院和生物芯片上海国家工程研究中心的领导为研究中心和联合实验室揭牌并讲话。中科院上海生命科学研究院功能基因组研究中心由中科院上海生命科学研究院和生物芯片上海国家工程研究中心共建,将致力于大规模研究基因功能的技术方法的建立、提升和整合,并提供生物芯片技术服务;近期,以高通量的基因表达谱芯片技术为重点,引进Affymetrix基因芯片系统,建立与基因芯片相关的技术,形成系统的研究基因转录水平的技术平台。

(赵如江)

【首家“体育运动材料研究应用推广中心”成立】　6月23日，国内首家“体育运动材料研究应用推广中心”在华东理工大学举行成立揭牌和共建签约仪式，同时点击开通“中心”网站，并与11家企业签订了联合共建的协议。该“中心”依托华东理工大学材料科学技术的优势，借助企业的力量，实行产学研合作，推动体育运动材料产业的发展。

华东理工大学在材料科学方面具备国内领先的学科优势，而且材料学院建有国内高校惟一认可的“中国田径协会场地合成面层检测实验室”。在体育系领导的组织推动下，借助材料学院和分析测试中心等相关单位的力量，并先后联合了上海三瑞化学有限公司、上海健生实业股份有限公司、上海申奥工程有限公司、上海五环体育竞赛设备有限公司、上海航伟科技发展有限公司、上海精联体育设施有限公司、上海膜结构有限公司、上海国澳体育设施有限公司、红双喜美联运动场地铺设有限公司、泰山人工草坪有限公司和MIE投资控股公司等11家高科技企业，成立了该“中心”。

（孙凯文）

【细胞分化与凋亡教育部重点实验室获准建立】　该实验室的建设计划于6月29日通过了由教育部科技司组织的专家论证，并获准建立，由上海交通大学医学院承担。

该实验室以上海交通大学医学院的两个“211工程”重点建设学科为主体，整合上海交通大学相关领域的重要骨干学科，建设基础扎实，具有高水平的学科带头人和科研团队。该实验室瞄准国际前沿和国家需求，以肿瘤细胞和干细胞为重点研究对象，开展细胞分化和凋亡的分子机理的基础和应用基础研究，研究起点高，建设目标明确，建设内容科学、合理，建设措施切实可行，符合生命医学领域的国家科技战略目标的要求。该实验室的建立将对进一步开展细胞分化和细胞凋亡领域的理论研究和技术创新，获取原始创新成果，开创学术新前沿，抢占学科制高点，建立重要的科技平台，培养高层次科技创新人才等具有重大意义。

（张廷翔）

【组织工程国家工程研究中心奠基】　11月9日，组织工程国家工程研究中心奠基典礼在闵行区紫竹科学园区隆重举行。上海市发改委、上海市科委、上海市建委、上海交通大学、闵行区紫竹科学园区等部门主要领导出席了奠基仪式。

该中心是国家重大科技项目，同时也是上海市科教兴市重大产业科技攻关项目；以曹谊林教授为首的技术研发团队为核心，以风险投资公司、上海创业投资有限公司、中信泰富有限公司为投资主体，与上海交通大学医学院、上海交通大学医学院附属第九人民医院、上海组织工程研究与开发中心等七家单位组成股份制实体；总投资为1.2亿，规划建设用地约2.5万平方米，其中用于研究开发的建筑面积约1万平方米，建有专门的“组织工程医院”；将以组织工程研发、生产及其临床应用为主要目的，并结合自身优势，力争在短时间内实现组织工程的规模化、产业化。

（张廷翔）

【中科院上海生命科学研究院生物化学与细胞生物学研究所抗体研究中心揭牌】　1月6日，该中心举行揭牌仪式。上海市科委领导、中科院上海生命科学研究院院长裴钢及中科院上海生命科学研究院生物化学与细胞生物学研究所所长李林出席揭牌仪式并为中心揭牌。该中心是在中科院上海生命科学研究院生物化学与细胞生物学研究所分子免疫实验室近两年多抗体平台建设的基础上组建而成，将瞄准科研及医疗领域日益增长的抗体需求，努力推进基础研究以及诊断试剂的开发和治疗性抗体的研制，为中科院上海生命科学研究院内外的科研人员及临床医务人员提供抗体制备及抗体相关技术的服务。

（李旭芬）

【上海系统生物医学研究中心成立】　该中心于11月6日成立，上海市副市长严隽琪与上海交通大学

上海市副市长严隽琪(左)与
上海交通大学党委书记马德秀共同为研究中心揭牌

党委书记马德秀共同为中心揭牌。中国科学院副院长陈竺任中心主任,中科院上海生物工程研究中心研究员杨胜利任中心学术委员会主任。该中心将以肿瘤、代谢综合症、神经变性疾病为重要对象,围绕理论体系和技术创新;重大疾病发生机理;重大疾病早期诊断和预测、预警;重大疾病创新治疗技术;中国传统医学理论体系与治疗方法的现代化等五个主要方向开展系统生物医学研究。该中心是国家为了发展系统生物医学所作的战略布局,建在上海交通大学闵行校区,依托上海交通大学并相对独立的研究实体,对上海乃至国内外研究者开放。

(武雪萍)

【上海海事大学航运仿真中心被确认为交通部重点实验室】 2005年,该中心经交通部专家组评审,被确认为交通部首批17个部重点实验室之一,隶属于上海海事大学。该中心以计算机控制和仿真为技术平台,以海洋运输、港口设备、电气与自动控制系统以及物流管理、港口管理、船队组织、航运企业营运为仿真对象,是一个集科学研究、模拟仿真、技术开发与人才培养为一体的大型开放性综合实验中心。

该中心设有船舶操纵模拟器、轮机模拟器、自动化机舱和GMDSS模拟器,以及电力系统仿真、集装箱港口仿真等实验室,拥有一个上海市重点学科。研制的"SMSC-2000型轮机模拟器"项目,是根据国际航运中心建设的需要,选择中国远洋运输船队中最先进的集装箱船舶作为研制的仿真母型船,以培养适应二十一世纪新一代高级船员为目标,综合了当代最新的航海技术、计算机技术、集成技术、网络化技术和智能化技术,可与该校研制成功的航海操纵模拟器、自动化机舱等联网,组成技术领先的驾机联网中心,是当前先进的船员培训设施,并获2005年上海市教学成果一等奖。该中心积极将科研成果转化为生产力,已向交通部和港航企事业单位推广船舶操纵模拟器、轮机模拟器、船舶电站模拟器、船港大型机电设备技术改造等100余项,获国家专利13项。

(郑华耀)

【华东师大的浙江天童森林生态系统国家野外科学观测研究站获科技部批准】 国家野外科学观察研究站是国家研究实验基地的有机组成部分,是国家科技基础条件平台建设的重要内容。12月14日,科技部批准了36个国家野外科学观察研究站,华东师范大学的"浙江天童森林生态系统国家野外科学观察研究站"是其中之一。

该站的前身是华东师范大学的"天童生态实验站",建于1992年,属浙闽山地常绿阔叶林生态区,拥有天童国家森林公园250ha的长期使用权,现有总建筑面积600m^2,工作和生活设施完备,试验和观测仪器先进。该站一直以常绿阔叶林为主要研究对象,开展常绿阔叶林生态系统定位观测和比较研究,在摸清中国东部亚热带常绿阔叶林特征、类型、分布和历史变迁基础上,定位开展常绿阔叶林生态系统的研究,从各阶段优势种的生理生态及土壤肥力变化揭示了群落演替的机制,阐明了主要种类种群生物学特征;开展的退化常绿阔叶林生态系统的恢复和重建试验获得成功并得到应用。该站的发展目标是建设成为东亚常绿阔叶林的研究基地、生态恢复的示范基地、大学生和研究生的教学基地以及面向中小学生的科普教育基地。

(梁宗禧)

【两高校2个实验室获省部共建教育部重点实验室】 2005年,教育部科技司首次在地方高校中开展省部共建教育部重点实验室建设工作。根据要求,上海市教委在组织上海市属高校有关学科申报的基础上,进行了认真的遴选,推荐了在学科基础、科学研究、学术队伍、实验条件等方面具有一定优势和特色的4个实验室申报省部共建教育部重点实验室。经教育部组织评审,上海中医药大学"中药标准化重点实验室"、上海水产大学"水产种质资源与创新重点实验室"列入省部共建教育部重点实验室建设。

中药标准化重点实验室主要在中药复杂体系中有限组分的分析及方法学评价、"有毒"中药的安全性评价与质量控制研究两方面进行重点建设;水产种质资源与创新重点实验室主要在重要水产动植物种质资源与遗传育种、重要水产动植物繁育调控与种苗工程两方面进行重点建设。两个省部共建教育部重点实验室的建设将推动上海地方高校的体制、机制创新和环境建设,加强科技资源的整合和学科交叉融合,增强承担重大科研任务的能力和竞争力,提高科技创新能力和为区域(地方)经济社会发展服务的能力。

(刘唯聪)

【上海中医药大学启动"名师传承研究工程"】 上海中医药大学全面启动"名师传承研究工程","名师工作室”、“名师研究室”于9月9日正式揭牌。

该工程旨在继承和研究名师学术思想、教学研究方法的基础上，致力于培养一支有扎实理论基础和人文学识功底，善于理论创新，并能在教育教学中发挥重要作用的学术团队和后备人才，通过特殊政策引导中青年教师潜心传统中医学术的整理研究及教学研究，培养出一批新一代名师，实现继承学术和培养人才双重目标的系统工程，并产生出一批有代表性的学术专著、高水平论文等成果；通过名师传承研究，形成一套用于中医名师学术整理继承、理论创新、教育教学的研究方法和研究方式，探索新时期中医基础理论研究、中医文献整理与研究、医学教育研究的方法和途径，构筑一个中医药学术传承研究的稳定平台。

该工程分为两个层面组织实施：一是围绕享誉全国的学术泰斗进行，名为“名师工作室”；二是围绕目前在岗或离岗不久、得到全国广泛公认的学术名家进行，名为“名师研究室”。两层面的第一传承人人选均要由名师提名，在符合入围条件的候选人员中选定，并经“名师传承研究工程”专家咨询委员会讨论确定，项目组成人员由名师与第一传承人共同确定。

裘沛然、凌耀星、柯雪帆、李鼎、叶显纯、钱伯文、胡之璧、赵伟康、严振国等9位中医药专家被确定为“名师工作室”名师。“严世芸教授的学术思想和教育思想继承与研究”等7个项目入选“名师研究室”项目。

（孙为国）

【上海城市水资源开发利用国家工程研究中心获批复】 2004年5月，根据国家发展改革委公布的领域重点，上海市发展改革委上报了上海城市水资源开发利用国家工程研究中心组建方案。2005年上半年，上海城市水资源开发利用国家研究中心组建方案通过专家评审。10月，城市水资源开发利用(南方)国家工程研究中心获得国家发展改革委正式批复，落户上海。该中心由上海市自来水市北有限公司、上海市政工程设计院、上海市城市排水有限公司、上海原水股份有限公司、同济大学、中科院生态研究中心等单位联合组建，主要任务是通过“产学研”紧密结合，共同建设面向全行业、开放高效的水资源利用公共研发平台，为全国提供水资源利用和保障的共性关键技术。该中心的建设将促进水资源利用关键技术的研发，为行业发展提供技术支撑。

（徐子瑛）

【上海系统科学研究院成立】 该研究院由中科院数学与系统科学研究所和上海理工大学发起组织，于1月22日在上海理工大学成立。上海市副市长严隽琪出席成立大会，并主持“上海系统科学研究院”网站开通仪式。中国科学院院士郭雷和上海理工大学校长许晓鸣共同为“上海系统科学研究院”揭牌。著名学者、两院院士钱学森的代表钱永刚教授宣读了钱学森的贺信并转达了钱老对上海系统科学研究院的殷切期望和嘱托：联合全国一切优势力量，走向全国，走向世界，用人类认识世界改造世界的整个知识体系去观察分析研究解决问题。

该研究院2005年组织编写了《复杂网络：理论与应用》专著；召开了“非均衡金融定价规范建模研讨会”；负责编辑《钱学森系统科学研讨文集》；与北京师范大学、西安交通大学联合举办“信息科学交叉研究学术研讨会”；与中国系统工程学会、中科院数学与系统科学研究所联合举办“钱学森系统科学思想报告会”；参与上海“世博会”系统工程研究。

（季剑平　严广乐）

【共建“绿色合成化学联合实验室”】 11月16日，中科院上海有机化学研究所与中国科学技术大学在安徽合肥签署了“共建《绿色化学联合实验室》”协议，共同创立“绿色合成化学联合实验室”。这是该所与中国科技大学在长期合作基础上，瞄准学科前沿，为谋求有机化学学科和社会的可持续发展进行的又一次合作。

与传统的通过治理污染来解决合成化学方法与合成化学工业对生态环境造成的严重污染和破坏的方法不同，绿色合成化学的目标是通过设计对环境友好的化学反应路线，全面考虑化学反应的原子经济性，减少副产物或废物的产生，从而能够将传统的化学工业改造为可持续发展的绿色化学工业，使化学反应和化工过程少产生或不产生污染，使化学产品既能为人类服务又不污染环境。

该所在绿色合成化学方面进行的创新研究已经取得了较好的进展，而中国科学技术大学是中国绿色化学的主要研究基地之一，此次双方合作共建“绿色合成化学联合实验室”，将有力地推动中国的绿色化学研究，促进人类与环境的协调发展。

（杨慧娜）

第二篇

PART TWO
SCIENCE AND TECHNOLOGY HELPS TO PROMOTE THE ECONOMIC AND SOCIAL DEVELOPMENT

科技促进经济社会发展

第四章　先进制造业科技

第一节　电子信息

【上海信息产业继续保持平稳快速发展】　2005年，信息产品制造业实现销售收入4 106.0亿元，比2004年增长21.8%。重点行业持续稳定发展，通信设备制造业实现销售收入622.3亿元，比2004年增长65%；电子计算机制造业实现销售收入1 878.1亿元，比2004年增长21.5%；重点产品产量大幅增长，移动通信基站产量达115万信道，比2004年增长99%；液晶电视机产量34.8万台，比2004年增长2.7倍；服务器产量308万部，比2004年增长1.3倍；笔记本电脑产量1 644万部，比2004年增长106%。张江高科技园区成为信息产业部认定的首批国家集成电路产业园。

2005年，软件产业实现经营收入455.17亿元，比2004年增长50.3%，连续五年保持50%以上增长速度。全市共有软件企业1 600家，软件从业人员11.8万人；27家企业被认定为国家规划布局内重点软件企业，享受国家特殊优惠政策。全年认定软件企业251家，登记软件产品821个；计算机系统集成资质认证累计251家；通过ISO 9000认证和CMM三级以上评估的企业300多家，其中通过CMM三级以上认证的企业56家。软件自主创新能力不断增强，EOS构件平台在电信、金融等领域成功推广应用，ReDe实时嵌入式操作系统获“2005年国家信息产业重大技术发明奖”；国家软件出口基地项目按计划进度建设，国家和市级软件产业基地配套服务体系不断健全，产业集聚效应明显。

（郭中朝）

【2005上海国际导航产业化和科技发展论坛】　该论坛由科技部高新技术发展及产业化司、国家测绘局行业管理司及上海市科委共同主办，于12月8～9日在上海浦东张江集电港会展中心举行，是国内导航产业最高规格的国际性专业盛会，也是国内最完整的一次产业链的高峰会议。与会的嘉宾400多人，中外企业、机构120余家，科研院所、大专院校10余家。科技部副部长马颂德、国家测绘局副局长谢经荣、上海市副市长严隽琪为论坛发来贺词，上海市政府副秘书长姜平致欢迎辞。与会嘉宾还有西门子威迪欧汽车电子(Siemens VDO)全球董事、雷诺汽车全球副总裁、摩托罗拉亚太区副总裁、欧洲伽利略联合执行体执行主任等。

该论坛分导航定位(LBS)的技术、产业发展趋势和政策法规、伽利略系统的发展现状及在中国的应用前景、面向中国市场环境的Telematics(车载信息系统)应用服务体系4个部分，共安排了43场演讲，其中国际演讲超过20个。此外，应与会者的要求，还专设中欧伽利略合作计划分会场，就中欧伽利略项目合作进展和在中国的应用前景做了深入的探讨和分析，对国内导航产业基础设施的建设、导航科技和产业发展格局及动向起到了非常重要的指导意义。

同期，还举办了“国际个人导航与娱乐产品展示”。布置了20个场内展台，以及以德国“宝马”、上海大众“领驭”等品牌车辆为平台的10个场外流动展台，吸引了上千人次参观，成为品牌厂商和消费者的沟通平台。该论坛重视汽车厂商的积极参与度，邀请了40多家国内外汽车厂商参展，使论坛的车载部分人气更加旺盛。特别是日产汽车首次参加论坛，其演讲内容非常精彩，被评为论坛优秀演讲。除了车载导航，论坛还邀请了中国联通、诺基亚、导世通等个人导航(Portable Navigation)的重要厂商积极参与论坛，给论坛带来了新鲜气息。

（何　军）

【国家数字媒体技术产业化基地(上海)取得一系列成果和影响】　5月，科技部同意在上海成立“国家数字媒体技术产业化基地”。为此，上海市科委在技术创新、园区建设、企业集聚、公共服务平台支撑体系建设、人才培养以及国际国内交流方面逐步深入，有效推进了数字媒体技术产业化，取得了一系列成果和影响。

(1) 产业化推进体系初步建立。上海数字媒体产业化推进体系初步形成，为推进上海数字媒体技术产业化奠定了坚实的基础。国家数字媒体技术产业化基地(上海)的产业化推进思路是:①政策体系的建设,扶助产业做强做大;②技术突破,以点带面,提升产业能级;③完善提升功能服务平台,切实服务企业经营;④打造基地内涵,促进资源聚焦,创建品牌影响力。

(2) 技术研发初见成效。上海市科委从2002年起设立了数字媒体专项科技攻关计划,三年来共投入近4 000万,坚持自主创新,实施以e-娱乐、e-健康、e-教育、e-展示为核心的四个E工程,重点突破了音视频编译码技术、面向提升数字媒体制作效率的CG制作环境关键技术、互动娱乐的核心引擎技术以及基于展览展示和工业设计的AR/VR技术研究和应用、面向宽带和无线网络的多媒体应用技术等;并开发出了一批有市场竞争力的应用产品,为形成相关产品的高技术产业打下了基础。

(3) 基地建设初具规模。该基地初期依托长宁多媒体产业园和张江文化科技创意产业基地进行建设,基地内集聚了数字媒体相关企业300余家;然后以基地为核心,培育带动了一批旨在推动数字媒体技术及其应用的专题化科技型产业集聚区,包括不断发展的上海多媒体谷、徐汇区的数字娱乐园、杨浦区的创意产业等。经过各级政府的产业导向和产业自我发展,基地企业初步形成了集聚,基地内产业链初步建立。

(4) 公共服务平台效益初显。以渲染计算、特效制作为服务特色的上海市多媒体公共服务平台由上海市科委和长宁区政府共同出资建设,旨在实现政府的服务功能,降低多媒体中、小企业的投入成本和运营成本,形成企业聚集效应,推动产业发展。该平台投入运营10个月以来,累计开机使用时间超过4 000h,已为80多家企业完成了200余项制作任务,接待海内外参观者2 800多人次,设备完好率、客户满意率均达到100%,服务功能和社会效益初步显现。该平台已经成为为中小型企业提供全天候服务的公共服务场所、产学研联合研发的研发平台、公开开放的实验、实训、测评基地。

(5) 国家数字媒体技术产业化基地(上海)将坚持以政府为主导,突出优势,建立有利于数字媒体产业发展的创新环境;以企业为主体,高校、科研院所为依托,数字媒体技术产业化项目为支撑,自主创新与技术引进并举,培育数字媒体技术产业和应用数字媒体技术相结合,促进产学研一体化;以产业化基地为核心,加快集聚,形成特色,打造品牌,全面推进上海数字媒体技术产业化进程;以人才战略为根本,培养与引进相结合,吸引积聚国内国际优秀人才。该基地将努力建设成为中国乃至亚太地区知名的数字媒体技术创新中心、人才培养中心、创业孵化中心以及国际合作中心。

(缪　军)

【国家信息安全成果产业化(东部)基地建设进展迅速】 该基地总规划面积28.31ha,分为技术创新区、人才培养区、企业孵化区、产业发展区和雕塑公园。至2005年,已有4幢孵化办公楼,总建筑面积2万平方米,入住率达100%;下半年又有2.1万平方米的办公楼宇逐步投入使用。

(1) 建设专业化服务平台,营造特色产业环境。针对上海地区信息安全企业特点,整合多方资源,在基地开发建设信息安全综合服务体系,依托由技术研发平台、培训平台、市场推广及信息咨询平台组成的信息安全技术支撑平台,为信息安全企业提供包括资本、技术研发测试、人力资源、信息、综合五大类13组30多种服务。依托信息安全综合服务体系,通过组织各类产业研讨会、展览会、企业沙龙、技术专题讲座、培训、信息安全产品市场推广等活动,将信息安全产业发展所必需的政策、技术、资金、人才等要素有机结合,营造出适应上海地区特点的信息安全产业发展环境。

(2) 同步招商引资,形成产业集聚。边建设边招商,入驻企业及机构的主营业务涉及信息安全基础研究、信息安全人才培养、信息安全认证系统、数据备份、系统集成、隔离卡、防火墙、网络监控、软件开发、各类信息安全系统集成及服务等。2004年度入驻单位60家,销售总收入达3亿元;2005年度入驻单位82家,销售总收入达4亿元。(销售收入不包括3家入驻基地的上市公司)

(3) 成果转化有效,人才快速集聚。该基地以国家级研究中心为核心,通过企业集聚,已形成了充分反映上海地区信息安全产业发展特点和方向的信息安全产品链。同时,信息安全产业链也基本形成,涵盖了以基础研究、人才培养为基础,从产品化、批量生产、市场营销到售后服务各个方面,为大量信息安全成果的形成及转化创造了良好的条件。入驻基地单位共承担了国家"863"项目14项,其他国家重点科技项目11项,地方项目8项;申请专利34项,国际专利7项,获专利授权6项,著作权登记已授权28个,4个在申请中,制订技术标准3项。随着单位的集聚,信息安全人才也快速汇集到该基地,人数已达852人,其中研发人员636人,占总数的75%。

(沈蕴婕)

【面向应用的嵌入式系统和软件研发获得一批阶段性产品】 上海市科委从2004年起布局开展上海嵌入式系统及产品重大研究，以国家"863"计划战略布局为指导，以自主核心技术为基础，以量大面宽的信息家电、高附加值的装备电子等上海优势产业产品为突破，参与单位主要包括上海广电集团中央研究院、上汽集团工程研究院、中船重工集团的第七〇四研究所和第七一一研究所、长江计算机集团的亚太计算机公司、上海电气集团的路桥建设公司、华东计算技术研究所、上海新源变频控制器公司、上海软件中心，以及复旦大学、上海交通大学、同济大学等知名企业、高校和研究所，探索打造上海嵌入式系统产业链，以战略性产品为目标，提升整体核心竞争力。

在国家"863"软件专业孵化器上海基地建立了嵌入式专业技术服务平台，嵌入式公共服务延伸到嵌入式产品孵化服务，集中建设嵌入式软件设计、产品开发的工程化环境，解决好配套的公共技术支撑条件，实现对嵌入式软件从原型研究→产品开发→产品工程化→产业化的"一条龙"服务，缩短了产品从原型研发阶段到投放市场的周期。至2005年底，已开发出一系列嵌入式产品，形成的技术与产品取得了近500万元的产值，所带来的社会效益为推动长三角区域经济的发展、培育新兴行业的发展、促进先进制造业基地的建设等作出了贡献。

(1) 华东计算技术研究所完成了ReWorks/ReDe3.0产品，获得2005年度信息产业部重大科技发明奖，并协助上海广电集团完成目标产品初样研制。

(2) 上海广电集团研制的卫星数字电视接收机，基于ARM9+DSP+ReWorks，实现了AVS解码、播放、转储，完成了样机生产。

(3) 上海长江计算机集团、上海文广科技发展公司分别研制的宽带数字电视机顶盒，实现H.264的解码、播放，并切入上海电信大宁现场实验。

(4) 中船重工第七〇四研究所开展辅机仿真运行环境建设，中船重工第七一一研究所开展主动力控制仿真运行环境建设，上海船舶运输科学研究所完成了船舶航行记录仪样机生产，三家联合形成了船舶机舱监控管理规范。

(5) 上海儒竞电子公司研制的起升运输设备监控器第二代产品通过国家机构认定，已批量投入市场，基于ARM7的第三代产品开始试制。

(6) 上海路桥建设公司研制的重矿设备控制器，以x86芯片为基础，完成了板喂机控制设备、单锤破碎机控制设备初样。

(7) 上汽集团工程研究院和上海市计算技术所研发的车载监控系统，已完成整车网络构架设计、CAN应用协议设计、ECU控制模块功能设计，并开始试制。

(8) 上海新源变频控制器公司研制的变频家电控制器，已实施第二代产品研制。

（吴俊伟）

【SuperB GW1000高性能语音网关拥有自主知识产权】 该产品是上海博达数据通信有限公司在汲取国内外各种型号VoIP(语音网关)产品优点的基础上，根据国内用户的特点进行改进开发的新一代高性能系列语音网关，支持30～150路IP电话接入，面向大中型企业总部和地区分支机构的IP电话应用，与现有的SuperB GW200/300一起，向网络服务商、系统集成商、企业、家庭用户提供全套的IP电话解决方案。

该产品在技术上具有IP电话透明转接、ASN.1编解码优化、语音报文打包发送处理、呼叫任意IP地址的H323终端、通过GK呼叫带通配符的E.164地址等创新特点，经查新检索表明各项技术、性能指标都已达到了国内领先水平，并拥有全部自主知识产权，已申请2项发明专利和3项软件著作权，于2005年通过上海市科委组织的验收。产品形式为可独立出售的硬件整机及可配选模块，在通信、税务、邮政等部门示范应用情况良好，已初步实现产业化。

（缪　军）

■ 小资料

语音网关产品

VoIP(语音网关)产品是指利用多媒体分发控制技术，在IP网络中实现语音传输的产品。主要运用H.323/MGCP/SIP协议栈，采用G.711/723/729A/729B等数字压缩编码技术，可以降低语音传输带宽、节省网络资源。现已经成为新兴ISP提供电话业务的发展趋势，同时成为企业节省长途电话费用的最优解决方案。

（缪　军）

【华龙WCDMA网络分析仪I型问世】 在3G网络的建设和运营过程中，网络的分析测量设备将起到至关重要的作用。上海华龙信息技术开发中心根据3G通信网络要求，有针对性地开发了对WCD-

MA(3G的欧洲标准)空中接口,即Uu口进行测量的产品,自主研制的第一代3G产品"华龙WCDMA网络分析仪I型"样机于9月6日问世,并成功通过大量上海市实地外场测试,界面友好,主要指标都已基本达到国外同类产品要求,相关核心技术均具有独立的自主知识产权。

该项目主要研究内容包括获取WCDMA信号扫频谱图、实现三步小区搜索、完成码域功率测量、进行信道特性分析和系统应用软件的开发,用以测量WCDMA基站特性,以满足WCDMA网络规划和提升网络服务质量的实际需求。主要技术创新点有:精确捕获基站发送频点算法、高准确率的时隙同步算法和简单的多小区搜索算法等。以上3项技术均已申请专利。

(缪　军)

【高速网络分流交换机研制成功】 2005年,上海复旦光华信息发展有限公司针对高速骨干网发展的趋势,研制了通用的高速网络分流交换设备,有效解决了对高速骨干网上海量数据流进行集群处理的需求,能对高速网上的数据进行线速接入和过滤,并根据设定将过滤后的数据分配给相应的集群处理设备进行处理,可用于构建高速骨干网环境下的入侵检测、流量统计、内容审计、均衡负载等系统。该设备采用基于硬件的过滤和分流措施,具备2.5G POS(OC48),GE接口,能保证高流量情况下的100%抓包率,是保障高速网安全的必备产品,已在多家单位推广使用,反应良好。

该项目实现的创新点包括:(1)采用先进的FPGA硬件技术,实现数据包高层的过滤转发处理,最大可实现线速处理10G总流量的数据,基于连接的数据流分流,为上层各类应用模块提供强大的基础支持。(2)实现了G.link私有协议。(3)以较小系统规模实现数据包内容的四层分类统计、处理、修改技术。(4)与连接数无关的自有负载均衡算法,实现智能分配网络流量。该项目最终形成了一个通用的高速网络分流交换平台的技术方案,并成功研制出高速网络分流交换机实验样机,具备线速过滤、数据转发、均衡负载等功能,支持多种类型的网络端口和通信协议,配合相关应用软件可灵活实现高速网环境下的计费、网络安全检测告警、网络流量分析等功能。该成果申报了1项发明专利"保持连接特性的高速过滤分流方法"。

(缪　军)

【嵌入生物识别技术的高安全性证照自动认证系统填补国内空白】 该项目旨在研发出一种包含了持证人生物信息的高安全性证照及其自动认证系统,由上海龙贝科技有限公司于12月完成并通过验收。龙贝码是完全由中国人自己独立自主开发出来的一种新型的二维条形码系统,已申请了数项发明专利并得到软件著作权登记,全部知识产权属于中国,是一套非常理想的生物信息安全存储技术系统,填补了国内空白。

该项目通过将持证人基本信息及生物特征信息加密存储到龙贝二维条码中,实现证照信息的高安全性存储;结合生物特征的自动认证技术(面相比对技术),实现系统自动对持证人的真伪判别;核心技术已申请5项发明专利。该项目开发了认证信息(含生物特征)的读取与自动认证的软硬件系统及专门针对自动生物认证的、基于高像素CMOS图像采集器的龙贝码识读设备,实现了各类证照内对生物信息的高安全性存储,以及利用龙贝码内照片信息与现场持证人的面相自动比对认证。

该项目除可以把面部全彩色照片、面像信息存储在面积很小的龙贝码上,还可以用36国语言进行编码/译码,包括中国古今全部字典内的所有汉字,总计21 008个汉字。该技术的阶段成果已应用于中国民航驾驶证系统,技术水平远比美国驾驶证先进,是国际上最先进的个人身份证照系统。该项目的成功实施,将减少二维码技术应用领域在该技术上的进口,打破了国外二维条码核心技术的垄断;提高证件的防伪能力,降低制证成本,通过自动面相比对,提高比认证的效率和现代化程度。

(沈蕴婕)

【大区域科技资源地理信息决策评估系统关键技术研究通过验收】 该项目是上海市科委重点科技攻关项目,由上海曙天信息数码科技有限公司承担,于11月25日通过了专家验收。该项目在采用科技信息资源已有的数据标准和规范的数据结构基础上,进行了与科技创新决策评估相关的区域科技资源空间信息综合数据库的设计,形成了一套以科技资源和科技创新活动的信息维护、查询、统计为基础,地理空间信息为辅助表达手段的科技创新信息辅助决策管理软件系统。该项目在充分调研和调整的基础上,提出了符合当前实际情况的科技资源地理信息决策评估系统总体解决方案,完成了可运行的示范系统软件的开发,并在上海市科技信息中心和上海市科委体改处安装应用,效果良好,为上海科教兴市主战略提供了更为科学的分析评价手段。

（何　军）

【并行环境调试与性能分析可视化工具研究通过验收】　该项目是上海市重点科技攻关项目，由同济大学主持完成，是为并行环境（特别是网格环境）提供并行程序调试、验证、监测及性能分析的一体化工具，于10月14日通过了由上海市科委组织的专家验收。该工具遵循开放网格服务架构标准，以网格服务的形式描述和使用，易于向网格环境扩展，支持网格环境中应用程序的调试和性能分析。

该项目建立了独立于编程语言和并行库的并行环境调试及性能分析体系结构模型，提出了基于源代码级的插桩模板库机制，创建了支持异构体系环境中的并行程序调试模型和支持异构体系的并行程序性能分析模型，实现了并行程序调试及性能分析可视化工具 ParaVT 和 Grid－MPI。该成果已在国家智能计算机研究开发中心、中石化胜利油田、上海超级计算中心及多家大学获得成功应用，并被选入国家“863”软件重大专项成果之一“机群软件工具集”中，具有重大的理论意义及应用价值。

（许伟良）

【集成化企业建模、诊断与性能评价技术研究与应用通过验收】　该项目是上海市科委重点项目，由同济大学 CIMS 研究中心承担，于10月31日通过了上海市科委组织的专家验收，完成了项目合同书中的任务，达到了规定的技术指标要求，取得了较好的应用效果。

该项目面向制造企业信息化的需求，在突破若干企业的分析与优化关键技术的基础上，自主研制开发了以软件 VEMS（虚拟企业建模支持系统）v1.1为核心的集成化企业建模、诊断与性能评价的工具平台，从而为企业提供建模、仿真、诊断与性能评价等分析与优化工具。该工具平台已经在上海汽轮发电机有限公司、上海采埃孚转向机有限公司和上海大众动力总成有限公司进行了初步应用，效果良好。

（许伟良）

【复杂制造系统的规划设计和生产过程组织中的数字化工厂技术与应用达到国际先进水平】　该项目在引进吸收了国外数字化工厂软件和相关技术的基础上，开发了适合中国国情的应用系统，并成功实施应用；由同济大学电信学院 CIMS 中心项目组承担，于11月15日通过上海市教委主持的成果验收，达到了国际先进水平。

该项目利用中德政府合作项目“数字化工厂：面向复杂制造系统的系统规划设计和生产过程组织的建模方法”和上海市经委的引进技术吸收与创新项目“汽车数字化总装技术的研究与开发”的成果，研究了数字化工厂技术基本组成和相关技能技术，给出了相关定义，构建了数字化工厂系统的基本模型，针对汽车制造系统进行了数字化工厂技术的应用实施和数字化工厂系统的构建，建立了数字化工艺规划平台，对典型生产流水线进行了工位装配仿真及物流分析，探索了国内在汽车工业实施数字化工厂的战略方法，开发了由“工艺规划与分析”和“制造系统规划与仿真”两大部分组成的数字化工厂原型系统。

（许伟良）

【多参数智能传感器及无线传感器网络技术提高国产仪表市场竞争力】　该项目是上海市重大科技攻关项目，于2003年立项，由中国船舶重工集团公司第七一一研究所研制成功，于2005年8月通过上海市科委组织的验收。该项目研制的智能化传感器及其仪表性能先进，智能化水平和采样精度高，通过了上海市检测中心的检验；建立的传感器网络采用现场总线冗余技术、监控计算机、网桥等相关设备及技术，提出了把单个分散的测量对象通过智能化、数字化形成网络节点，并将有线和无线、远程和近程的异构网络有机结合的构思，并加以实现。该系统功能齐全，具有大容量、开放性、实时性和强抗干扰能力，实用价值高。该项目申请了多项专利（多参数智能传感器、基于现场总线的智能网桥、基于现场总线的温度/压力传感器的主电路板等）；经中科院上海科技查新咨询中心水平检测，多参数智能传感器及网络系统技术在国内属领先，并达到国际先进水平。

该项成果可与国内传感器制造厂商合作，将带现场总线接口、工业以太网接口的数字化智能仪表商品化，使国产仪表设备在技术上提高一个台阶，逐渐替代进口的数字化智能仪表，提高国际市场的竞争力。产品可用于各种工业现场的过程控制，以及船舶的动力装置、辅助装置、液位监测和控制等。

（林　缨）

【小型脐带光缆处于国内领先地位】　该光缆由中国电子科技集团公司第二十三研究所研制成功，主要用于数据图像等信号的传输，于3月通过了信息产业部的成果验收，产品水平处于国内领先地位。该产品要求外径比一般光缆小，但抗拉伸负荷较一般光缆大，并要承受较大的径向压力。因此，对光缆的结构设计、材料的选用及生产工艺等都提出了很高的要求。科研人员在结构设计、生产工艺等方面进行了大量的计算和试验，对选用材料进行了精心筛选和评估。在光缆抗拉强度设计上，采用直接绞合加强件的工艺设计，使加强件对光缆既起抗拉又具有铠装保护层的作用，满足了光缆抗拉强度大和径向抗压能力强的要求。在紧包材料上，选用了具有较好的耐低温、柔软等性能好的聚酯弹性体，并在满足光纤性能的前提下，采用一种外径比普通紧包光纤小的新结构紧包光纤，满足了光缆外径的要求。经过试验小型脐带光缆的各项指标完全达到用户要求。

（潘晓蓓）

【光电混合水密连接器达到国际先进水平】 该产品由中国电子科技集团公司第二十三研究所研制成功，是与水密线缆相连的特种连接器，于3月通过信息产业部的成果验收，产品水平达到国际先进水平。该产品具有较高的耐压强度和抗拉强度。根据需要，连接器的总体结构设计为插头与插座式，插座与对抗阵列相连，插头装在混合缆上，当需要开通时，插头插入插座即可。连接器的绝缘部分采用由特殊塑料注塑成型的绝缘体，电连接部分采用电插针直接插入弹性电插孔中进行连接，光连接部分采用精密特殊形弹性插孔直接对接以传输信号。连接器插头与光缆做成一体，相连接部位采用尾套灌封，保证了连接器的高耐压性和密封性能。为了满足连接器抗拉强度大的要求，采用了机械固定和整体灌封的形式把光缆抗拉元件和连接器的尾套结合为一体。由于该产品对重量有一定要求，所以减轻了有关金属材料的重量，在金属材料加工后对横压绝缘体及光电插件进行了模拟组装测试，经试验各种性能均达到要求。

（潘晓蓓）

【耦合检波器组件应用前景广阔】 该产品由中国电子科技集团公司第二十三研究所研制成功，具有结构可靠、驻波小、损耗低、高耦合度和耦合平坦度的优点，于3月通过信息产业部的成果验收，产品水平处于国内领先。由于该组件是在环境温度突变情况下使用，所以选用了经得起温度突变的黄铜棒作为基体材料，而铁氧体材料作为负载段的吸收片材料，并在焊接工艺中采用银焊的方式。为了满足高耦合度和高耦合平坦度的要求，采用了三圆孔交叉波导耦合的方式，考虑到耦合度越大，耦合输出越小的实际情况，在实际调试过程中对耦合孔进行微量修正，同时，为了在修正过程中能更真实地反映产品整体结构测试的正确性，专门设计制作了精密的定位装置用以固定零件，进一步提高了调试修正过程中的测试精度，以达到不断增大耦合度和耦合平坦度的目的。经全面试验，该产品性能完全满足使用要求，可广泛用于通信及各种微波传输系统，应用前景广阔。

（潘晓蓓）

【超柔性稳相电缆组件替代进口产品】 该产品由中国电子科技集团公司第二十三研究所研制成功，主要用于设备间的信号传输，于3月通过信息产业部的成果验收，产品水平处于国内领先，完全可替代进口产品。该组件由连接器和稳相电缆组成，具有柔软性好、弯曲相位稳定性好、电气性能优良等特点。稳相电缆采用科学合理的导体结构，满足了电缆的低衰减和高弯曲相位稳定性的要求。同时，为了降低损耗并满足柔软性，电缆内导体采用镀银铜绞线结构，护套材料选用最为柔软的硅橡胶材料，绝缘体采用性能优良的绝缘材料。针对电缆组件电压驻波比要求较高的特点，根据电缆内、外导体的直径，合理运用高阻抗补偿原理和共面补偿原理来设计电连接器的内、外导体，实现了从电缆到连接器各个直径的平缓过渡，减小了由内、外导体的直径变化引起的不连续电容的影响。另外，在连接器内某一直径段上采用空气作为绝缘介质材料，保证了较高频率使用时组件的电气性能。

（潘晓蓓）

【低损耗电缆组件达到国际先进水平】 该产品由中国电子科技集团公司第二十三研究所研制成功，主要用于电子通信系统，于3月通过信息产业部的成果验收，达到国际先进水平。该组件具有宽频带、低损耗、低驻波、耐温等级宽等特点，其技术关键在于稳定有效地控制了绝缘尺寸的均匀性和外导体束绞工艺尺寸的一致性。为了保证电缆的低衰减，内导体采用镀银铜单线，外导体采用多根镀银铜线，护套采用PFA薄层挤压来增加电缆的结构稳定性，同时也很好地满足了电缆的综合性能要求。该产品采用能与SMA型连接器互配连接的K

型结构尺寸，以空气作为介质，以特殊材料经模压而成的绝缘子作为介质支撑，在配接电缆中采用锡焊连接的办法，连接器的外壳、螺套、压紧螺套等零件的外壳选用切削性能好、抗腐蚀能力强的进口材料，使产品满足宽频带、低损耗、低驻波、耐温等级宽等要求。

（潘晓蓓）

【新型声能光纤传感器达到国际先进水平】 该传感器由中国电子科技集团公司第二十三研究所于2005年研制成功，可用于石油勘探、地震预测、海洋噪声监测以及近海防御等领域，技术指标和环境性能达到国际先进水平，并已具备相当的生产能力。该产品攻克了传感器的声致光相移灵敏度及其声响应相位等多项性能的一致性技术、提高传感器批次合格率的相关技术、低噪声及其相关解调技术、可靠性保障技术等关键技术。同时，建立了设计、制造工艺和测试三大平台，完善了相关数据库，形成了敏感圈的恒张力绕制、干涉光路的等长焊接、抗加速度封装等全套批量生产能力，以及光路损耗、干涉条纹可见度、内应力分布等过程参数的在线测试和分析能力。

该产品采用全光纤干涉型工作原理，设计成“心轴型”结构，保证了传感器设计单元的高声压灵敏度和低加速度灵敏度；通过加强弹性体的几何尺寸和力学性能的一致性检查，并采用敏感圈的恒张力定位绕制工艺，解决了传感器的声致光相移灵敏度及其声响应相位等多性能一致性技术难题。在传感器封装过程中，加强敏感部件的内应力控制工艺以及光纤的抗加速度工艺，提高了传感器批次合格率；采用不同芯径光纤的等长精密焊接工艺，解决了传感器的低噪声技术及其相关解调技术。

（潘晓蓓）

【高分辨率声成像实时监视系统达国际先进水平】 该系统由中科院声学研究所东海研究站与华能国际电力股份有限公司上海石洞口第二电厂合作开发成功。该项目经两年多时间的运行考核，在不中断生产过程的情况下，实时地观察到煤渣沉淀物在锅炉底的堆积形状，可以有效地指导沉淀物排放的工艺过程，为保障安全生产、节约水资源提供了有效的技术手段，已作为实时观察、监视锅炉渣斗沉淀物堆积高度及形状，指导排放锅炉渣斗沉淀物的日常运行手段，于5月通过专家验收。该成果采用的高分辨率声成像、声波束扫描、实时数字信号处理、计算机后置图像处理以及智能专家分析系统等技术，具有创新性，并达到国际先进水平。

该项目特点：(1)换能器探头采用双层护套，中间通冷却水的方法，解决了在锅炉渣斗中高温环境下的使用，并大大地增强了声成像系统的实用性。(2)采用较高的声波频率，用非常窄的声波束获得很高的成像分辨率。(3)通过对回波信号的匹配处理、选频滤波以及包络提取等弥补回波信号的不足，在弱信噪比背景下有效地提取回波信号。(4)采用双步进电机在X－Y二维方向进行机械扫描，替代以往体积庞大的换能器基阵，得到的是三维立体空间的扫描图像。(5)采用智能专家分析系统，有效剔除图像中类似的“野点”，图像显示更准确，并可精确地进行预警。(6)通过插值平滑、边缘增强等技术有效地提高成像质量。

（张　俊）

【远距离水下目标被动定位系统达到国际领先水平】 中科院声学研究所东海研究站与上海海事局海测大队密切合作，研制出了性价比较高的“远距离水下目标被动定位系统”。该系统经过多次实验室水池、湖泊、海洋中的调试、测试、实验，证明技术路线可行，可以较小的成本，在远距离的水下目标被动定位工作中达到较好定位精度，能够满足在远距离处、快速地对水下不同目标进行定位的要求。12月，上海市科委科技攻关项目“远距离水下目标被动定位的关键技术研究”通过了专家验收，其关键技术研究具有创新性，成果达到国际领先水平。

该系统采用正交阵的“超短基线定位”技术，具有宽带信号接收，数字窄带滤波及信号处理，实现声信号的宽带接收和提高输入信号的信噪比，利用快速谱分析FFT技术实现相位差计算，实现信号源的方位估计，具有水下姿态修正功能和GPS定位功能等。经过实验室、湖泊、海洋中的试验和实际应用，验证了该系统的精度和可靠性，不仅可用于民用水中目标的搜索定位，而且还可在国防科学试验中发挥作用。

（张　俊）

【压铸机计算机测控系统达到国内领先水平】 该项目是以J1170C和J1150D型压铸机为对象而研制开发的计算机测控系统，由上海第二工业大学承担完成，于3月通过了上海市教委组织的技术验收，达到同类产品国内领先水平。

该项目为实现压铸生产过程自动化，用工控机取代 PLC 实现对压铸机的全部控制,能实时显示压铸机压射过程中的压力、位移和速度曲线,最终实现对压铸机四根大杠受力后的应力测试;为了保证压铸产品的质量,可对压铸过程的工艺流程、合型参数、工艺时间、压射参数、润滑等进行选择和设置,对合型、开型、压射、压回等工艺状况的输入口和输出口进行实时监测。该系统具有方式多样化、系统智能化和操作人性化以及通用性强、安全性高、移植性良好和性价比高等特点。该系统除已在中型压铸机上应用作为产品投放市场外,也可在其他型号的压铸机上推广应用。

(曹佩清)

【宽带互动 IPTV 终端可用于各种宽带业务】 宽带是继 Internet 之后又一具有无限前景的新型技术,其应用将横跨电信、计算机、媒体、娱乐、电子商务、教育、医疗、服务等领域的综合性行业。该产品通过 Internet,以 ADSL、FTTH + LAN、WLAN 等多种接入方式,可与电信的互联星空相联接,实现音视频点播、广播等基本业务,同时还可拓展远程教育、远程医疗、互动游戏、可视电话等增值信息服务,由长江计算机(集团)公司于 2005 年研发成功。该系统的功能和特点为:(1)采用基于嵌入式系统架构,具有自主版权嵌入式操作系统。(2)具备 Smart Card 计费认证与无线网关功能。(3)支持主流音视频编码技术,兼容 WMV9、MPEG4 等。(4)图像质量标准达到准 DVD 质量,即 448 * 336,25f,码流速率 750K。(5)流媒体传输协议采用 RTP 或 MPEG 2 - TS。(6)支持浏览器及多种语言。(7)模拟电视通过 IP 机顶盒转换可以接受数字电视信号。

(袁钱英)

【数据安全与灾难恢复解决方案满足各类备份需求】 该项目由长江计算机集团所属上海长江科技发展有限公司研制开发,于 2005 年通过验收。该项目抓住了数据安全和灾难恢复的本质,以"统筹规划、分步实施、等级保护、平战结合"为指导思想,在技术方法上可归纳为 3 个组成部分和 6 个实现层次。3 个组成部分为生产中心(Product Center)、灾备中心(Backup Center)、数据通信网络(Net-Work),6 个实现层次为应用层容灾技术、数据库层容灾技术、服务器层容灾技术、存储网络层容灾技术、存储层容灾技术和介质层容灾技术。针对各个层次的技术和产品,提供多种配套技术解决方案,满足各类用户的不同灾难备份需求。

该项目已成功应用于杭州市数据容灾集中备份中心规划项目,中国联通福建、河南综合营账系统容灾咨询项目,香港招商局集团数据中心容灾项目(参见《2005 上海科技年鉴》第 148 页),上海市公安局业务系统容灾项目以及绍兴国税 CTAIS 系统容灾等项目。此外,还参与编写了上海市信息委网络安全小组组织的《上海市灾难备份技术规范》、杭州市信息办主持的《杭州市重要信息系统灾难恢复技术管理规范》以及杭州市信息系统灾难备份工作的软课题研究。

(袁钱英)

【用于轨道交通单程票超薄型非接触卡达到国内先进水平】 2005 年,上海复旦微电子股份有限公司在 IC 卡研究领域取得重大突破,研制成功用于轨道交通单程票超薄型非接触卡,技术水平达到国内先进。该项目是 2005 年度上海市政府轨道交通领域"一票换乘"实事工程的重要组成部分,在单程票的封装工艺上大胆地提出了创新概念,在国内首次采用国际上先进的 Flip Chip 技术用于轨道交通单程票的超薄型非接触卡上,并根据项目所需单程票物理特性及高可靠性的要求,以及制作成本,研发了绕线制天线/印刷天线和倒装(Flip Chip)整合成卡的新型超薄型非接触卡。经各项测试分析及上海轨道交通 1、2、3 号线的实际大量使用状况,该超薄型非接触卡的各项性能指标,均能很好满足轨道交通使用需求,符合相关规范规定和招标文件的各项技术指标及参数,为上海轨道交通网络化实施"一票通",提供了优质的车票媒介。

(王 晔)

【数字电视处理芯片(IPTV 机顶盒用芯片)开发成功】 该芯片是基于多嵌入内核的系统整合芯片(Multi - core System - Chip),由视翔科技(上海)有限公司设计开发成功,拥有自主知识产权,于 2005 年通过上海市科委验收,技术成果达到国内先进水平。其主要特点为:内置 5 个 RISC 处理器、MPEG - 2 解复用器、MPEG - 2 视频解码器、MPEG 音频和 AV - 3 音频解码器以及内置高速图形引擎,视频输出可以在 NTSC/PAL/AECAM 中切换,I/O 电压为 3.3V。该芯片已广泛应用于 DVB - S、DVB - T、DVB - C 和 IPTV 多类机顶盒中,具有高性能、低成本的优势,已大量销往国外,在以香港地区为代表的新兴 IPTV 市场中,拥有极高的市场份额。

(王 晔)

【130 万像素 CMOS 图像传感器芯片(SXGA)达到国际先进水平】 该芯片由格科微电子(上海)有限公司于 2005 年设计研制成功,在感光单元的优化、列解码模块、模数转换器模块、数字电路模块、输入输出电路模块、噪声的控制、芯片面积的控制等方面取得了很大突破,图像品质已达到国际先进水平,由于芯片面积小于国际同类产品,所以产品的成本具有很大的优势。

(吴亦闻)

【"阳光系列"的首款 C625 芯片达到国内领先水平】 该芯片由智多微电子(上海)有限公司于 3 月设计研制成功,作为国内第一款集音频、视频、存储功能为一身的芯片,使手机设计更加简捷、高效,而低端手机的多媒体应用也变得更加容易实现,达到国内领先水平。该芯片采用 0.18μm 的 CMOS 工艺,10mm×10mm 的 BGA 封装的,待机功耗仅有 20μA,即使在播放 MP3 时,功耗也只有 20mA。除了拍照、MP3、64 和弦、JPEG/Motion、超低功耗、移动存储等功能之外,USBC625 芯片还提供了真正意义上的手机卡拉 OK 解决方案,在播放 SMF1、MIDI、MP3 的同时,在屏幕上实时显示渐变的歌词信息,为手机带来了全新的革命性的应用。

(吴亦闻)

【多媒体基带处理芯片 SC6600M 处于国内领先水平】 该芯片由展讯通信(上海)有限公司于 6 月研发成功,是一款功能强大的基带和多媒体一体化核心芯片,处于国内领先水平。该芯片采用全新的系统设计,0.13μm 的模拟/数字混合信号工艺,将 SM/GPRS 调制解调器、视频、音频等多种能力集成到只有 12mm×12mm 面积的芯片上,除了具有基带芯片的功能外,还支持 130 万像素数码拍照以及摄像和回放功能,64 和弦音+立体声音效、MP3 播放、USB 接口等,还支持手机 U 盘。高集成度的特性不仅有效地降低了功耗、成本和外型尺寸,以及终端厂商对手机的开发复杂程度,满足个性化客户手机产品设计,更重要的是具有高性价比的市场竞争优势。

(吴亦闻)

【高端射频收发器芯片研发成功】 该芯片是 SCDMA(俗称大灵通)收发器芯片,包括 RDA3300/RDA3301/RDA3312 系列芯片套片,由锐迪科微电子(上海)有限公司于 2005 年设计研制成功,采用 0.18μm 全 CMOS 工艺以及模拟和数字混合设计技术,具有低成本、高集成度的优点,是一款真正的数模混合高端芯片,达到国际先进水平。该芯片在体系架构上采用了国际上最为先进的数字近零中频的接收机架构(Digital Low - IF Receiver Architecture),具有低噪声、高动态范围的特点。采用该种架构的接受机可以减少芯片外围所需元器件的数量,只需同类国外产品的 1/4,手机板的面积仅为原来的 40%,因此可降低手机的设计难度和生产成本。

(吴亦闻)

【新型平板显示——有机电致发光显示技术 OLED 取得重大突破】 该项目是上海科教兴市重点项目,由上海广电电子股份有限公司承担。为了确保项目的顺利实施,该公司建立了以 OLED 为核心项目的研发平台"平板显示技术研究开发中心",下设器件工艺实验室、化学实验室、驱动及检测实验室等,引进配置了包括 OLED 新型器件研发所需的关键设备,组建了一支数十人的研发队伍,形成了 OLED 理论研究、设计技术、工艺技术、测试评估等多方面的技术优势。2005 年,该项目取得阶段性成果。(1)完成了 OLED 研发专用试验线的建设和调试,并投入运行,可小批量生产 OLED 器件,达到国内先进水平。(2)完成了 1 英寸(25.4mm)彩色 OLED 器件的开发试制,主要性能指标特别是寿命、发光效率等已居国内领先水平。(3)完成了 0.9~2 英寸(22.86~50.8mm)单色(红、绿、蓝)器件的开发。(4)掌握了 PM - OLED 器件及驱动电路和新型 OLED 蓝光材料、红光材料、经典材料等关键技术。(5)申请 OLED 方面发明专利 5 项,开始建立自主知识产权。

(尤晓敏)

小资料

平板显示器

平板显示器是微电子技术与显示技术等相融合的技术成果,具有广阔发展前景。在平板显示技术领域,LCD(液晶显示)、PDP(等离子显示)和 OLED(有机发光二极管显示)三大主力已成为各国竞相研究开发的热点。OLED 的突出优点是体积小、薄、轻,自发光,分辨率高,响应速度快,功耗较低,甚至可以卷曲;主要应用于手机、PDA、数码相机、仪器仪表等多种场合,有广阔的市场前景,是增长最快的平板显示技术,已成为国际上下一代平板显示器发展的主流方向之一。

(尤晓敏)

第二节　生物医药

【重组人5型腺病毒注射液(H101)获国家一类新药证书】 该产品由上海三维生物制药有限公司历经7年自主研发和二次创新，并成功引进Onyx公司关于腺病毒的全球专利权，于11月获得国家食品药品监督管理局颁发的一类新药证书，成为国内第一个拥有全球知识产权的新型肿瘤生物治疗药物。H101是经过基因工程改造的溶瘤腺病毒，能够特异性地在基因变异的癌细胞中复制，最终导致癌细胞裂解；而在正常组织细胞中不能有效复制，因此不会破坏健康细胞。临床试验结果表明，H101具有良好的安全性。

该公司还进行系列产品开发。其中，H103是在H101基础上的再次改进和创新，当H103进入肿瘤细胞，不仅产生了H101所复制子代病毒，还产生了一种热休克蛋白质，现已进入Ⅰ期临床试验。该成果已申请了PCT专利。H101和H103的研制，得到了科技部和上海市科委的支持，用于头颈部肿瘤、非小细胞肺癌的治疗，必将形成巨大的市场规模。

（李积宗）

【注射用重组人白细胞介素－11获生产批文】 上海中信国健药业有限公司自主研发的基因工程药物注射用重组人白细胞介素－11(商品名:欣美格)于2003年9月获得国家新药证书，2005年4月获国家食品药品监督管理局颁发的生产批文。该药物的作用原理是直接刺激造血干细胞和巨核细胞祖细胞的生长，诱导巨核细胞成熟，从而增强血小板的产生。经两年临床研究证实，该药物用于治疗肿瘤病人因化疗引起的血小板减少症，可明显升高病人外周血血小板数目，且副作用小。

（李积宗）

【丹参多酚酸盐及注射用丹参多酚酸盐获新药证书和生产批文】 该药是中科院上海药物研究所历时13年研究开发，具有高科技含量的现代中药；经过大量的临床试验，被证明疗效显著，用药安全，质量可靠，于5月25日获得国家食品药品监督管理局(SFDA)颁发的新药证书和生产批文。

该研究所自1992年起，就中药丹参展开了系统性的研究，发现以丹参乙酸镁为主要成分的多酚酸盐是丹参治疗心血管疾病最重要的有效成分。在此基础上，创新性地提出了以丹参乙酸镁作为质量控制标准，建立了拥有自主知识产权的提取精制工艺，成功研制出丹参多酚酸盐及注射用丹参多酚酸盐。新的质量标准充分反映了该药的临床疗效，并与原有的丹参制剂存在本质上的不同，有效成分明确，总多酚酸含量近100%，其中丹参乙酸镁含量达到80%以上，并运用指纹图谱技术对药材、原料药和制剂的质量进行了全面控制。临床试验证明，该药对于冠心病、心绞痛疗效显著、确切，病人使用安全，显著优于现有丹参注射剂。该药的相关技术已获得中国专利和美国专利的授权，是一项拥有自主知识产权的现代化中药。

（李　莉　傅大煦）

【盐酸关附甲素注射液获新药证书】 该药由中国药科大学与中科院上海药物研究所合作，经过15年的临床前研究和临床试验，研制成功的抗心律失常一类新药，于8月22日获得国家食品药品监督管理局颁发的新药证书。盐酸关附甲素(Acehytisine Hydrochloride)是从中药关白附子的根块中提取分离得到的二萜类生物碱，由中科院上海药物研究所筛选发现的具有抗心律失常活性的新天然化合物。经药理实验证明，对高钙、结扎冠状动脉及乌头碱诱发的室性心动过速和心室颤动有拮抗作用，并可对抗乙酰胆碱诱发的心房扑动和心房颤动，对快反应心肌细胞的Na^+内流具有抑制作用；人体电生理研究显示，能延缓心房、房室结、希蒲系统和心室内传导，是该药抗心律失常的主要机制。

该药于1995年2月经批准进入临床试验。Ⅰ期临床试验结果显示，正常健康受试者27名对该药的耐受性良好，未出现不良反应。Ⅱ期和Ⅲ期的临床试验结果表明，该药对室性早搏的总有效率为85.7%，对阵发性室上性心动过速的总有效率为78.1%，显示治疗室性早搏和终止阵发性室上性心动过速安全有效，不良反应较少。

（李　莉）

【来氟米特获一类新药证书和生产批文】 来氟米特是一种酪氨酸激酶及二氢乳清酸脱氢酶的抑制剂，可阻断人体嘧啶核苷的生物合成，从而降低人体免疫反应,可用于风湿及类风湿关节炎、牛皮癣等自身免疫性疾病的治疗,也可用于器官移植的抗排异反应。第二军医大学药学院于1994年开始进行该药研究,在上海市科委的资助下于1998年底完成全部临床前实验并上报国家食品药品监督管理局,2002年8月获准进入临床研究。在与合作单位上海万兴生物制药的共同努力下,来氟米特原料和片剂顺利完成全部临床试验,并于2005年1月获得国家食品药品监督管理局颁发的一类新药证书和生产批文。

（秦若辉）

【治疗性抗肿瘤中药"枫苓合剂"获准上市】　"枫苓合剂"是上海百棵药业有限公司在民间验方的基础上,历经18年潜心研究,成功开发的具有自主知识产权、国内首创的治疗性抗肿瘤中药。该产品采用了水醇双提和冷离去沉等现代制药工艺和方法,最大限度保留了组方中药材的有效成分,极大地提高了产品的科技含量;通过以毒攻毒和提高机体免疫的双重作用,取得了良好的临床效果,成为国内第一个治疗性的抗癌中药新药,用于不宜手术、放化疗的晚期瘀毒结滞证胃癌。同时,与化疗药合用,对瘀毒结滞证胃癌的化疗、瘀毒结滞证原发性肝癌介入加栓塞化疗有增效作用,能明显改善临床症状,提高生存质量,通过在上海、广州、江苏、浙江、河南等地开展的长达7年的近600例大样本临床试验,结果显示总有效率高达93.2%,填补了国内无胃癌治疗性中药的空白,达到了国际先进水平。该产品的研制得到了科技部和上海市科委中药现代化专项的支持,于3月获国家食品药品监督管理局批准上市。

（傅大煦）

【国家一类新药希普林在欧洲完成Ⅱ期临床研究】　希普林(Schiperine)是中科院上海药物研究所在植物"千层塔"活性化合物"石杉碱甲"基础上,基于前体药物技术进行设计优化合成的全新结构的衍生物,用于治疗老年性痴呆(AD),是具有中国特色和国内外专利的创新药物。希普林从1997年开始立项研究,得到了科技部、中国科学院和上海市科委的资助,并与瑞士德彪公司合作进行全球性开发,在国内外同步开展临床研究和新药注册。

希普林的Ⅰ期临床研究显示其具有良好的安全性、耐受性和提高记忆活性。Ⅱ期临床研究于2004年1月份开始,通过评估希普林与石杉碱甲不同时段的浓度,测定其对中轻度AD病人的疗效。该随机双盲多中心临床研究在欧洲35家医院同时展开,已于2005年底完成并揭盲。结果显示,希普林的临床疗效与副反应均优于阳性对照组药"多奈派齐",即将进入Ⅲ期临床试验,有望成为中国具有自主知识产权并真正意义上走向国际市场的首个新药。同时,希普林的后续技术开发同步跟进,新研发的长效新剂型——包埋缓释剂已完成Ⅰ期临床,将进入Ⅱ期临床研究。

（傅大煦　李　莉）

【注射用纳曲酮微球进入Ⅰ期临床研究】　纳曲酮是目前美国FDA惟一批准和推荐用于阿片类戒毒后防止复吸的预防药物。上海现代药物制剂工程研究中心研制的注射用纳曲酮微球,以生物可降解材料聚dl－丙交酯－乙交酯(PLGA)为载体,注射一次可在体内维持药效30天,用于戒毒后预防复吸。7月,注射用纳曲酮微球获得国家食品药品监督管理局的临床研究批文,现正进行Ⅰ期临床试验。

该项目在上海市科委的支持下,经过7年艰苦攻关,突破了微球制备过程中剂量大、载药量大、有机溶剂残留、药物突释、通针性等技术难题,采用微球加助悬剂冻干的新技术,创新合成了特定规格的PLGA,并作为新型药用辅料申报临床研究,为项目的顺利进行奠定了基础;同时,创新设计了国内第一台中试规模的微球连续生产设备,为项目的产业化提供了保障。以上创新技术已获得专利授权。

（傅大煦）

【国家一类新药吡非尼酮及胶囊进入Ⅱ期临床研究】　吡非尼酮是国家一类新药,用于抗急性肺损伤和肺纤维化。上海睿星基因技术有限公司在分析国外各类抑制炎症反应和纤维化小分子化合物结构的基础上,创新设计合成的全新小分子化合物,经细胞水平筛选,获得了显著抑制成纤维细胞的分裂和增殖的新药候选物,在进行初步毒理和药代研究基础上,申请了国内外专利,并开始了该新药的开发研究。2005年,吡非尼酮及胶囊完成了Ⅰ期临床试验,进入Ⅱ期临床试验阶段,研究数据表明该药疗效显著并且非常安全。

（傅大煦）

【重组生物止血药——重组巴曲酶开始Ⅰ期临床研究】　上海万兴生物制药有限公司在上海市科委的

资助下，采用基因合成的方法，成功制备了有生物学活性的巴西矛头蛇(*Bothrops atrox*)巴曲酶，是国际上第一个研制成功的重组生物止血药，申请了国家发明专利。4月，获得国家食品药品监督管理局的临床研究批文，已在上海瑞金医院开始Ⅰ期临床研究。该药生产成本比养殖毒蛇并从其毒液中提取巴曲酶要低得多，同时还不受季节、动物病毒污染等条件的限制；作为国内外第一个进行临床研究的基因重组蛇毒类生物止血药，临床前研究表明，效果优于进口蛇毒提取药。

（傅大煦）

【黄芪甲苷注射液进入临床研究】 黄芪甲苷注射液是第二军医大学在传统古方——补阳还五汤治疗中风后遗症疗效确切的基础上，在上海市科委支持下，通过拆方、活性跟踪筛选，确定了作为君药的黄芪是治疗脑心血管的关键药材，而黄芪对心脑血管的作用活性成分黄芪皂苷，其中以黄芪甲苷的活性最强，含量最高。第二军医大学应用现代分离纯化技术，提取得到纯度超过90%的黄芪甲苷。其临床研究前药理和毒理研究显示安全、高效、稳定、可控。9月，黄芪甲苷注射液获得国家食品药品监督管理局的中药一类新药临床研究批件，并申请了国家发明专利，现正进行临床研究。

（傅大煦）

【国家一类新药注射用海姆泊芬进入临床研究】 注射用海姆泊芬是上海复旦张江生物医药股份有限公司研发的一种新的单体卟啉光动力治疗药物，拟用于治疗鲜红斑痣、与年龄有关的黄斑病变及角膜血管增生等，是现公认为治疗以上不正常血管疾病最简便有效的疗法。该药用于肿瘤光动力治疗，与目前国内外临床的各种药物相比，具有组成单一、结构明确、光动力效应高、毒性低等优点；用于对人体鲜红斑痣的光动力治疗，具有疗效显著，局部反应较轻，治疗时间较短等优点。该药于4月获得国家食品药品监督管理局的临床研究批文，现正进入临床研究。

（傅大煦）

【盐酸度洛西汀肠溶胶囊和片批准进入临床研究】 盐酸度洛西汀是国外2004年批准上市的最新的SNRIs型抗抑郁药物。上海中西制药有限公司与上海医药工业研究院进行产学研联合，结合国内原料的供应情况，优化合成方法，降低产品成本，易于工业化生产。并且，其合成工艺和制剂工艺与现有专利不同，具有独特性，已申请了3项中国专利。11月，该药获得国家食品药品监督管理局的临床研究批文，正进入临床研究阶段。该产品研制成功，有利于改善抑郁症患者的生活质量，为抑郁症患者带来福音。

（傅大煦）

【治疗非特异性结肠炎新药“复方肠泰颗粒”进入临床研究】 第二军医大学在民间验方长期临床应用和研究的基础上，根据临床和市场需求，按照国家《药品注册管理办法》和《中药新药临床研究指导原则》要求，开展了复方肠泰颗粒系统的临床前研究。结果表明，复方肠泰颗粒安全、有效、可控，在临床推荐剂量下，复方肠泰颗粒可以安全的应用于临床，并对目前临床常见、迁延不愈的疑难病慢性非特异性结肠炎及其并发症有显著的治疗作用。2004年11月，复方肠泰颗粒获得国家食品药品监督管理局的新药临床研究批文。2005年，正在进行临床研究。

（傅大煦）

【手性药物碳青霉烯类抗生素比阿培南批准进入临床研究】 比阿培南为碳青霉烯类抗生素，手性中心多，不稳定，合成、制剂和质量研究存在很大难度。上海医药工业研究院采用新型合成工艺，使合成路线操作相对简单，稳定性高，重复性高，完全适合工业化生产，同时大大降低了成本。新合成工艺申请了中国发明专利。1月，该药获得国家食品药品监督管理局的临床研究批文，现正进行临床研究。在国内，碳青霉烯类抗生素的研究一直比较弱，大部分依靠进口。该项目的研制成功，为不断恶化的细菌耐药性问题提供了一个有力的武器，可降低对国外高端抗生素的依赖，降低用药成本。

（傅大煦）

【抗肿瘤新药重组人凋亡素2配体进入临床研究】 第二军医大学采用基因工程方法，获得了新型肿瘤坏死因子相关的凋亡诱导配体全基因；利用该基因重组表达了活性片段，开发成功的重组人凋亡素2配体。该产品具有体外可快速、广谱地诱导肿瘤细胞凋亡，而对正常细胞无影响；制备工艺简单，条件易控制，质量稳定，符合临床应用标准等优势，于5月获得国家食品药品监督管理局的临床研究批文。该项目先后获得国家“863”计划、国家自然科学基金和上海市科委重大项目资助,具自主知识产权和良好的市场前景。

（傅大煦）

【抗艾滋病创新药物重组天花粉蛋白突变体获Ⅰ期临床批文】　由中科院上海生命科学研究院生物化学与细胞生物学研究所采用基因工程方法,将中国传统药物天花粉蛋白进行结构改造,成功开发了具有生物学活性的抗艾滋病新药重组天花粉蛋白突变体(MTCS),并于1月获得国家食品药品监督管理局的Ⅰ期临床研究批文。天花粉蛋白通过从基因水平进行定点改造,在保留了天花粉蛋白生物活性的分子结构的同时,成功突变了速发型过敏反应的分子结构,极大地降低了过敏原性,使产品毒性降低,生物活性提高。该产品已获中国及PCT专利授权,拥有完全知识产权。

（傅大煦）

【注射用重组双功能水蛭素进入临床研究】　重组双功能水蛭素是复旦大学宋后燕教授在上海市科委重点科技攻关基金、复旦大学创投基金和青年基金的资助下,在多年研究基因工程溶栓药物的基础上,创新性的将溶栓三肽与抗凝活性最强的水蛭素融合,得到了具有抗凝、防栓的注射用基因工程双重功能水蛭素(RGD－Hirudin)。该药临床应用于血管吻合术后的抗凝、防栓治疗,还可用于治疗心绞痛、深静脉血栓等,于5月获得国家食品药品监督管理局的临床研究批文,现正进行Ⅰ/Ⅱ期临床研究。临床前研究结果显示,该药具有良好的抗凝和抗血小板聚集性能,且安全稳定,质量可控,疗效明显优于野生型水蛭素,在国内外具有较强的竞争力和良好的市场前景。

（傅大煦）

【新药愧果碱注射液进入临床研究】　该项目由上海交通大学医学院附属仁济医院愧果碱课题组承担,在院内制剂用于治疗柯萨奇B病毒性心肌炎具有良好作用的基础上,经过近十年的研究,于2005年获得国家食品药品监督管理局关于中药第一类新药愧果碱注射液进入临床研究的批文。病毒性心肌炎是常见的心脏病之一,多发于青壮年,绝大多数为柯萨奇B病毒引起,可突发泵衰竭、高房室传导阻滞、阿斯氏综合征或快速形成心律失常而猝死,如反复发作,发展为扩张型心肌病,75%于起病3年内死亡,后果十分严重。该注射液经动物试验及临床应用,显示其低毒和明显抗柯萨奇B病毒的作用,有良好的疗效。该药的研制成功填补了治疗柯萨奇B病毒性心肌炎尚无特殊疗法和有效抗病毒药物的空白,将对人类健康作出巨大的贡献。

（张廷翔）

【知母皂甙元新药通过Ⅱ期临床试验】　2005年,上海交通大学医学院实验核医学教研室和细胞调控研究室研制的新药“知母皂甙元”通过了二期临床试验。该药治疗老年痴呆症的安全性和有效率均优于目前被认为效果最好、副作用最轻的胆碱脂酶抑制剂,表明中国抗老年痴呆中药的研究已经取得重要突破。

该临床试验以两组对照形式进行,一组为知母皂甙元试验组,另一组为胆碱脂酶抑制剂对照组,250例病人参加了为期三个月的服药观察。统计结果显示知母皂甙元组和胆碱脂酶抑制剂组的临床有效率分别为70.8%和64.0%;知母皂甙元在安全性方面的优点尤为突出,试验中无一例中途退出,而胆碱脂酶抑制剂组病人因严重副作用而无法坚持服药、中途退出试验的达8人。十余年来,该研究室致力于阴虚症、阳虚症和滋阴助阳中药理论及疗效的研究,坚持与西医药相结合,发现补益药对患者受体及信号转导机制有双向调节作用,其中肾阴虚症病理模型常常有胆碱受体信号传导系统偏低或b肾上腺素受体传导系统偏高,阳虚症相反,而滋阴药和助阳药分别有纠正作用。于是以滋阴中药为抗老年痴呆药物研究的突破点,结合西医有关老年痴呆症病人脑内胆碱受体减少的理论,首先研制了汤煎制剂,同时观察多种痴呆动物模型对学习记忆的疗效,阐明其作用的分子机理,最终将研制的药物推向了临床试验。

（张廷翔）

【抗禽流感药物的合成研究取得重要进展】　2005年,鉴于瑞士罗氏(Roche)制药公司生产的专利药“达菲”是目前有效的口服用药,可储备应对可能的疫情爆发,以及上海医药(集团)有限公司与瑞士罗氏制药公司已达成生产的协议。中科院上海有机化学研究所(简称有机所)依托与上药集团所属上海三维制药公司(简称三维公司)共建的上海三维研究中心(在有机所),形成了研究中心负责实验室攻关、三维公司负责中试放大和生产准备的科技攻关链。研究中心经过十多天的奋斗,按照文献路线,以国内资源相对丰富的莽草酸为起始原料,分析整合并优化目前比较成熟的工艺合成路线；中试放大与实验室进程基本同步，至年底已完成实验室和中试工艺路线，各项指标达到文献预期效果，总收率达到30%。由于采用的工艺避开了具有爆炸性的叠氮中间体等反应步骤，为大规模的制备创造了条件。

为了摆脱Roche公司的专利保护，有机所应用现代有机化学的某些高效率合成方法，重新设计了"达菲"的合成路线，将原来需要12步反应路线改成8步反应就能完成，总收率达40%，是一条具有自主知识产权的创新合成路线。另外，由于国内莽草酸资源供应紧张，有机所探索用除八角茴香之外的天然资源来获得莽草酸，并通过改变起始原料的制备，开发出生产"达菲"的全新替代合成路线。

帕拉米韦与奥司他韦（罗氏"达菲"）同为神经氨酸酶抑制剂类药物，毒性低，不易引起抗药性且耐受性好，是抗流感的化学治疗药物中前景最好的一种，其临床前及一期、二期临床研究表明，对于流感病毒A和B以及禽流感病毒H5N1均显示良好效果，美国生物预防委员会也正将其列为储备药品。帕拉米韦作为一类新型环戊烷化合物，含有与阿巴卡韦相似的五元母核立体结构以及相同的关键原料2－氮杂－双环[2.2.1]庚烷－5－烯－3－酮。2005年，有机所已经完成阿巴卡韦的关键原料的合成，并实现工业化，年产达100t；关键中间体4－氨基－环戊烷－2－烯－甲醇的合成与拆分也已完成，这些都为尽快合成帕拉米韦奠定了基础。

（杨慧娜）

【人绒毛膜促性腺激素（hCG）抗癌疫苗研究取得突破】 人绒毛膜促性腺激素（hCG）疫苗是一种治疗恶性肿瘤的疫苗，与化疗和放疗相比，它具有专一性强，无副作用的特点，因此是一种理想的治疗恶性肿瘤的手段。2005年，上海市计划生育科学研究所采用基因工程方法生产制备人绒毛膜促性腺激素β链（hCGβ）和羊促黄体素α链（oLHα）单链嵌合肽，并与破伤风类毒素（TT）偶联组成新型疫苗（hCGβ－oLHα－TT），主要用于结直肠癌、胰腺癌、前列腺癌等的治疗。该疫苗的体外及动物体内试验结果表明，具有显著抑制肿瘤细胞生长和杀伤肿瘤细胞的能力，因而具有治疗恶性肿瘤的作用。该疫苗生产技术不仅质量容易控制，而且生产成本低，为疫苗的推广应用奠定了良好基础；并具有自主知识产权，已申请1项专利。

（郭茜瑾）

第三节　汽　　车

【上汽股份全力推进自主品牌建设以及加快发展新能源汽车】 2005年，上海汽车集团股份有限公司（简称上汽股份）一方面全力保持经济运行有效增长，另一方面积极谋划长远发展，制定完成"十一五"发展规划，全力推进自主品牌建设，加快发展新能源汽车。特别是整车销量首次突破100万辆大关，实现历史新高；成为国内首家收购国外整车公司进行经营管理的企业，为跨国经营迈出新的步伐。

编制完成了上汽股份"十一五"发展规划，确定今后五年重点推进的工作为：进一步发展合资乘用车，巩固国内市场优势地位；全力打造自主品牌，建立有竞争力的经营开发体系；加快研发新能源汽车，抢占技术制高点；着力构建商用车新体系，丰富整车产品系列；整合现有零部件资源，提高整体运营效率，掌控关键零部件的技术，形成关键子系统和核心零部件的集成能力；创新思路，不断拓展服务贸易领域；逐步提高海外经营水平，实现整车与零部件批量出口；继续谋划全国布局，关注汽车行业兼并重组的动向；集聚海内外优秀的人力资源，为"十一五"发展提供智力支持。

自主品牌建设是一项长期战略，2005年的工作重点是为将来逐步建立起各个核心环节都具有竞争力的产业链打下坚实的基础。(1)加快基地建设与产品准备工作，按计划完成了首批OTS样车的试制。(2)深化品牌营销和后续产品规划，正式全面启动网络开发工作。(3)项目组正式进入公司化运作，初步建立了产品开发、采购、制造、营销等较为完整的组织架构，并与上汽汽车工程研究院实行一体化管理。

新能源汽车发展的总体思路为近期重点加快混合动力汽车产业化，同时高度关注现代柴油机技术和市场发展情况，适时推进代用燃料汽车；远期以氢动力为方向，加快研究开发和示范运行。发展的阶段性目标是，到2008年混合动力汽车实现小批量投产，并向北京奥运提供500辆产品；2010年混合动力汽车达到5万辆产能。为此,积极加强国内外合作,相继与德国大众、美国通用签署相关协议,与上海交通大学、同济大学发起筹建产学研共同体。经过努力,根据合作外方的技术情况,明确了有关整车厂的技术路线。

加快实施微型车的战略布局,重型车重组取得突破。上汽通用五菱汽车股份有限公司加快全国布局和产能建设,在青岛建立起北方生产基地,在柳州扩建了南方生产基地,进一步提升制造实力和产业规模。12月16日,上海汽车股份有限公司与常州依维柯客车有限公司、重庆重型汽车集团有限公司在重庆签署了三方合作框架协议,重型车重组项目取得实质性突破。

12月30日,在国际汽车城举行上汽汽车工程研究院扩建奠基仪式。该院发展定位是自主品牌、新能源的研发基地,目标是到2008年形成车身自主开发能力,2010年具备整车和发动机的开发集成能力。

（胡孝渊）

【上汽股份积极推进新能源汽车研究的实施】 2005年,上海汽车集团股份有限公司(简称上汽股份)积极推进新能源汽车研究的实施。

在混合动力轿车、客车开发方面:(1)自主混合动力轿车开发于4月开始与英国Ricardo(里卡多)公司共同进行技术经济可行性分析,7月最终完成项目可行性报告,为下一步Mule混合动力轿车开发奠定了基础。同时,该项目申报了上海市科教兴市重点科技攻关项目,将获得3亿元免息委贷的支持。(2)"途安"混合动力车已开始前期技术开发,对样车进行了结构、性能等分析,并针对中国道路和市场情况提出了改进意见。(3)商业化示范运行混合动力大客车开发于12月完成样车制造,并进行了整车测试试验。(4)混合动力城市大客车概念样车开发于3月底完成了整车性能优化调试,并进行了概念样车与原型车的整车性能比对试验,实现了预定目标,动力性与原型车相比旗鼓相当,经济性比原型车节油近20%,完成了项目验收,并提出低端混合动力城市大客车工程样车的可行性方案。

在替代能源汽车开发方面:(1)国产CNG客车已定型多种型号,分别采用奔驰发动机、康明斯发动机和上柴发动机。2005年,采用奔驰发动机56辆(另有40辆生产中)、上柴发动机2辆、康明斯发动机2辆,并根据市政府的清洁能源CNG800辆的规划做好各项工作。同时,LNG公交客车也开发成功。(2)完成了"二甲醚公交客车"样车制造并通过专家验收,将于2006年进行第二阶段道路试验等工作,2007年实现示范运营。(3)开发设计了"超级电容公交电车",并试制了3台超级电容电车样车,在张江进行了2万～3万千米的道路试验。(4)已掌握替代能源的轿车开发能力(包括LPG、CNG出租车),桑塔纳3000汽油/LPG两用燃料轿车、桑塔纳3000LPG单燃料轿车已投入批量生产;桑塔纳轿车汽油/CNG两用燃料轿车已完成开发并通过了国家型式认证,也已投入批量生产。(5)对甲醇M15进行开发性试验,2辆桑塔纳3000已经进行了3万、6万、10万千米的道路试验。(6)上海大众帕萨特1.9L柴油车开发成功并投入上海市出租车行业进行示范运行。

在燃料电池汽车研究方面:(1)完成了燃料电池动力系统第三代MPV概念样车装配与内部台架试验,并通过了科技部专家组验收。(2)进行了6辆桑塔纳3000燃料电池车在线试生产,为今后产业化运作提供经验。

（胡孝渊）

【上汽股份推进企业专利和标准化战略】 2005年,上海汽车集团股份有限公司(简称上汽股份)通过内部的知识产权保护联络员网络开展工作,共申请专利318项,其中,发明专利53项,实用新型专利112项,外观设计专利153项。获专利授权138项,其中,发明专利8项,实用新型专利54项,外观设计专利76项。SE7PV16汽车空调压缩机和君威轿车外部灯、凯越轿车外部灯获得上海市专利新产品称号,并将获得政府的产品研发费用补贴。SE7PV16汽车空调压缩机和桑塔纳3000轿车外形设计分别获得第四届上海市发明创造专利奖实用新型专利奖和外观设计奖。

同时,上汽股份以标准化工作为基本抓手,完善企业的标准法规体系,为完成经济指标和提高综合竞争力起到了重要作用。全年,完成国家标准6项、行业标准7项;有40项新产品采用了国际标准或国外先进标准,其中,汽车整车10项,零部件30项,采标率达到100%;共编制或修订企业产品标准265项,全部通过上海市质量技术监督局备案审查。

（胡孝渊）

【上海组成新能源汽车开发合作联盟】 8月26日,上海汽车集团股份有限公司(简称上汽股份)以新能源项目为抓手谋求持续发展,加强产学研战略联盟，与上海交通大学和同济大学签署了“新能源汽车产学研战略框架合作协议”和“混合动力、燃料电池轿车开发战略合作意向备忘录”，组成由上汽股份为主导的新能源汽车开发合作联盟，上汽股份主要负责整车集成，上海交通大学侧重于混合动力控制系统的研发，同济大学侧重于燃料电池车的研发。上海市副市长胡延照出席了签约仪式。

该协议将为上汽股份新能源汽车开发注入强劲动力。上汽股份在致力于掌握整车研发集成能力的同时，将充分发挥上海交通大学和同济大学在专项技术攻关、测试环境和平台建设以及技术人才方面的优势，加强在混合动力和燃料电池汽车方面的合作，共同推动新能源汽车的产业化工作，并积极开展多层次、多形式的人才培养，在出成果的同时再出一批高素质的汽车人才。

10 月，上汽股份又提出了成立上海新能源汽车产学研共同体的倡议书，推进共同构建以企业为主体，以市场为取向，充分发挥高校、科研院所的研发和资源优势，形成与产学研联盟相结合的技术创新体系。

（胡孝渊）

【无人驾驶智能车首辆样车问世】　无人驾驶车辆研制项目是由欧盟资助，上海交通大学牵头，与法国、葡萄牙的大学和科研机构共同参与的国际合作项目。2005 年，经过两年攻关，无人驾驶智能车首辆样车问世，将于 2006 年 7 月在东方绿舟开设无人驾驶车辆的交通系统演示。

该样车外观与普通电瓶车没多大区别，是一辆六人座敞篷车，最高时速 27km。车头有三双“慧眼”进行认路和避让障碍物。(1)借助计算机图像分析技术和电脑摄像头，视觉导航装置能识别路上的标记，指挥车辆前行。(2)车上装了磁感应器，道路上每隔几米埋个磁钉，由此组成磁导航装置，可告诉车辆有没有走偏，是否到站。(3)车上的激光雷达可以判断前方 180 度范围内的障碍物，从而指挥车辆减速或停止。

无人驾驶车是一种高效、安全的代步工具。乘客来到车站，按一下呼叫装置，无线信号就会传输给中央控制站，中央控制站将“命令”离车站最近的无人驾驶车驶入车站。乘客上车后，按一下目的地按钮，车子就开动了。中央控制站能通过无线监视系统，掌握车辆运行状况。由于绝大多数交通事故由人为因素引起，而无人驾驶智能车不会违反交通规则，也不会打瞌睡，对障碍物的判断极其灵敏，安全系数非常高。

上海交通大学自主开发的技术可将无人驾驶车成本控制在二三十万元，现可用于大学、公园、机场等相对封闭的区域，作为短途客运工具，今后还可用于城市道路交通，例如从地铁站到工业园区或居民小区的短途载客驳运。

（武雪萍）

【国内首台二甲醚城市客车研制成功】　二甲醚是一种以煤或天然气等多种资源为原料制造的无毒含氧产品。1997 年，上海交通大学燃烧与环境技术研究中心承担了国家自然科学基金项目“新型低排污二甲醚燃料喷雾特性和燃烧机理的研究”，成功开发了具有自主知识产权的二甲醚燃料专用发动机。在科技部“清洁汽车行动计划”支持下，上海交通大学进一步与上海汽车集团有限公司、上海柴油机有限公司和上海华谊(集团)公司等单位联手，于 2005 年 4 月研制成功中国第一辆二甲醚公交车。6～7 月，该辆二甲醚公交车在上海交通大学上路试验成功，并通过科技部成果验收。根据测试，该辆二甲醚公交车动力强劲，车内外噪声比原型车下降 2.5 个分贝，碳烟排放为零，有望彻底解决城市公交车冒黑烟的老大难问题。作为一种新型二次能源，车用二甲醚具有巨大的发展潜力，对解决国内油品短缺矛盾和能源安全问题意义重大。

（武雪萍）

【“超越三号”第三代燃料电池轿车进入整车道路运行试验】　开发燃料电池汽车对中国尤其具有重要意义。一是实现能源结构多元化，保障能源安全；二是减轻大气环境污染，维护社会可持续发展；三是促进汽车工业自主创新，实现汽车工业的跨越式发展。为此，科技部在“十五”期间设立了国家“863”电动汽车重大专项。

2005 年，开发的第三代燃料电池轿车动力平台实现了结构设计轻量化、动力系统模块化、功率控制单元化、水冷系统集中化、辅助系统电动化等创新技术，同时装备该动力平台的三种车型(超越三号－S3000、超越三号－MPV、超越三号－东方之子)共 10 辆燃料电池轿车顺利下线，并投入试验性示范运行。8 月 21 日，三辆分别身披银灰、湖蓝、深蓝色外衣的“超越三号”样车轻快飞驰在同济大学嘉定校区的跑道上。由科技部委派的专家组对这三辆新近研制成功的第三代洁净能源轿车样车进行 2004～2005 年度节点评审。经过转鼓测试和试车场的道路测试均显示，重要性能指标达到了燃料电池轿车项目的指标要求，尤其是动力系统工作的可靠性有了很大提高，在动力性和经济性方面进步明显。

12 月 17 日，由科技部组织，国家机动车质量检测中心(上海)在上海大众试车场对燃料电池轿车进行了性能测试，国家“863”电动汽车重大专项办公室和监理公司全程见证了测试过程。燃料电池轿车最高时速达到 122km/h，百千米加速时间 19s，续驶里程 220km，燃料经济性百公里 1kg 氢气(相当于 3.87L 汽油)，超额完成科技部合同指标。自 11 月下旬启动了整车道路运行试验，4 辆“超越三号－S3000”参加了运行试验，已完成了累计运行 3 万千米，单车运行 1 万千米，单车无故障运行2 000 km 的预定指标。该项成果也入选了 2005 年度“中国高等学校十大科技进展”。

(许伟良)

【零污染、节能高效、环保的新型电容公交车驶上街头】　电容公交车快速充电站智能系统是在上海市科委的支持下，由上海巴士实业(集团)股份有限公司、上海奥威科技开发有限公司等共同完成的科技成果，由上海润通电动车技术有限公司实施。该车以“车用超级电容器”作动力电源，采用了先进的交流变频调速牵引技术和车辆制动时的动能再利用技术以及智能化车辆动力管理系统、车辆运行动态信息系统等现代化手段，是零污染、节能高效、环保的新型公共交通系统，属国内外首创，达到国际领先水平。该车每千米耗能仅为 1.4 度电，能耗费用仅为燃油汽车的 33%，在刹车制动时能量回收率达到 40%；充电速度快，中途充电时间为 30s，终点站的充电时间约 90s。按照上海公交的客运模式，一次充电可运行 3～8km，最高速度达到 55km/h。新型快速充电景观候车站，与有轨、无轨电车相比，没有地面轨道和空中触线网，有利于“净化”城市空间，车辆机动灵活性好，可以根据街道、场馆等风貌，进行匹配的景观设计，并融入人性化理念，成为都市一道靓丽的风景线。

2004 年 7 月，在张江高科技园区建立了世界上第一座超级电容器快速充电站系统以及世界上首条电容公交车试运行线，至今已安全运行了近 2 万千米。2005 年 8 月，为了配合上海崇明岛生态旅游村建设，完成了 10 辆超级电容电动游览车的开发和制造，15 分钟快速充电，运行 30km 以上，动力性、节能性和环保性均优于传统电动游览车。11 月，第七届上海国际工业博览会期间，3 辆新型电动车，往返于上海新国际博览中心现场与磁浮列车站、地铁站之间，作为节能、环保公共交通运行和科技创新展示项目，成功实现载客试运行3 000km 以上，接送乘客 3 万多人次，电容公交车快速充电站智能系统成为上海工博会上的一大亮点。参加开幕式的中共中央政治局委员、上海市委书记陈良宇，上海市委副书记、市长韩正和科技部副部长马颂德等参观了电容公交车快速充电站智能系统，并乘坐了电容公交车。同时，由上海润通电动车技术有限公司承担的“超级电容公交车中试及推广应用技术研究”被列入 2005 年度上海市科委重点项目。为今后在上海市的推广应用创造了条件。

(陈晓林)

【新能源汽车的关键产品之一——超级电容器达到世界先进水平】　上海奥威科技开发有限公司经过 5 年多的努力，先后攻克了活性炭和隔膜两大关键原材料技术，并实现了自主生产；攻克了电极制造、电极内连接、测试和分选等关键制造工艺，自主研发成功能量型和功率型两大系列多种规格的高效、节能、环保型产品——超级电容器，填补了国内空白，达到世界先进水平，价格只有国际价格的五分之一。同时，该公司还注重产品应用创新，在国内率先实现将超级电容器应用在燃料电池客车、电容公交车、超级电容电动游览车、超级电容环卫车、超级电容太阳能灯、混合动力车、自然风能、太阳能的储存等项目上。2004 年，该公司将超级电容器应用到电容公交车、混合动力车中，实现了车辆快速启动、运行及能量回收；2005 年 11 月，将超级电容器应用到太阳能广告灯箱和庭院灯中，解决了电池充电慢、寿命短、有污染的难题；同年，超级电容器首次实现出口。

该成果形成了超级电容器的专用活性炭制造、电极制造、集流体、内部电极连接和可靠性管理等多项核心技术，申请专利 20 项(发明专利 13 项，实用新型 6 项，国际专利 1 项)，获得授权 5 项；并受国家发改委委托将超级电容器产品的企业标准上升为行业标准，填补了国内超级电容器行业标准的空白。2005 年初，车用超级电容器被评为“2004 年上海市专利新产品”，并获得第七届上海国际工业博览会银奖。

(陈晓林)

小资料

超级电容器

超级电容器是20世纪80年代以后发展起来的新型储能器件。随着长寿命、大功率用电系统的发展需要,特别是环境保护以及新型能源的需要,超级电容器得到了世界各国政府的高度重视,是一种区别于其他化学电池的物理电池。可广泛应用于混合电动汽车、燃料电池客车、纯电容公交车及节能、储能、环保等应用领域上的高新产品。

（陈晓林）

【汽车电子重大科技攻关项目完成并通过验收】 现代汽车电子技术是把电子技术和汽车融为一体的机电一体化技术,汽车电子化是当今汽车技术发展中的重要革命。上海市科委就汽车电子技术的研发,自2002年起组织开展了对上海如何发展汽车电子技术的专题调研,于2003年底启动了"汽车电动助力转向系统"、"汽车自动空调系统"和"车载实时信息终端和智能化仪表系统"的重大科技攻关项目。经两年多研发,3个项目取得了一批有原创性的研究成果,初步形成了拥有完全自主知识产权的相关汽车电子产品,并于2006年初通过验收。

"汽车电动助力转向系统"项目由上海汇众汽车制造有限公司为主,联合同济大学、上海新代车辆技术有限公司、上海安乃达驱动技术有限公司,通过产学研相结合的方式共同开发。该项目研制的小齿轮助力式电动助力转向系统,可安装于国产中高档轿车上,填补了国内空白,并进行了比较完整的实车装车试验。该系统具备了整车电动助力转向所需的基本功能,开发了基于整车系统动力学的电动助力转向系统控制策略、适用中级车电动助力转向控制器(ECU)硬件开发平台、车用助力转向微特电机与控制系统。该电机伺服系统具有体积小、性能高的特点。

"汽车自动控制空调系统"项目由上海德尔福汽车空调系统有限公司为主,联合上海交通大学和上海三电贝洱汽车空调有限公司共同承担。通过开展汽车空调热舒适性评价体系及自动控制策略等方面的研究,根据国内的气候条件和汽车空调技术特点,提出了适合中国国情的汽车空调热舒适性评价体系;研发出了全自动控制汽车空调系统,首次把自主开发的电控变排量压缩机应用于自动控制汽车空调系统,系统结构设计合理、制造工艺先进、性能稳定,提高了车室内热微环境舒适性。自动空调控制器总成(含软件)、电控变排量压缩机的控制性能参数达到国际同类产品的先进水平。

"车载实时信息终端和智能化仪表系统"项目由上海燃料电池汽车动力系统有限公司承担,研发设计了集汽车实时状态信息指示、故障诊断、多功能液晶仪表、远程服务、电子后视/侧后视等功能的车载实时信息终端和智能化仪表系统。在车载嵌入式计算机及操作系统、车载实时及远程故障诊断技术、汽车网络(CAN)技术、车载宽温液晶显示器、车载无线网络/通讯技术及其部件开发、车载电子后视/侧后视系统等方面取得了技术突破,形成了系列化产品开发能力,并在"超越"系列燃料电池轿车上投入了应用。

在上海市科委的倡导和支持下,上海华普汽车公司与上述单位通过产学研合作,以"海尚305"轿车为载体,应用以上成果,装备了电动助力转向系统、电动空调系统、车载实时信息终端和智能化仪表系统,并配备自主研发的四轮驱动混合动力系统、自动变速器、动力电池系统的样车,参加了2005年的第七届上海国际工业博览会,取得了很好的效果。作为共性辅助电子系统,上述3项汽车电子专项成果同样适用于常规汽车。

（陈海鹏）

【汽车自主导航仪国产主机板研制成功】 该项目是上海市科委重点科技攻关项目,由上海大唐天易通信导航技术有限公司承担,于9月16日通过了专家验收。该项目经过一年多的技术攻关,成功研制出国内第一块具有自主知识产权的以XSCALE构架微处理器为核心的汽车自主导航终端主机板,并投入了小批量生产。该主机板是为了配合国内汽车自主导航终端的产业化而研制的,成本明显低于进口主机板,性能更符合国内导航终端的技术需求。随着国内导航产业的逐渐发展,已涌现出一批导航终端设备供应商和定位业务服务商,作为导航终端产业链中主要环节,该成果将大量应用于导航终端生产开发企业和系统集成商,使国产导航终端可以长期配套国产主机板,在市场上赢得价格和技术服务的优势。

（何　军）

【一体化电动压缩机智能控制器通过验收】 该项目由华东理工大学信息学院会同上海三电贝洱汽车空调有限公司,经过两年多的协同攻关,于3月通过了上海市科委主持的专家验收。样机经上海易初通用汽车有限公司、比亚迪公司、万向集团等单位应用,效果良好。该成果解决了无位置传感器无刷直流电机大动载范围平稳启动以及大功率无位置无刷直流电机转子位置的检测等难题;提出的无位置传感器无刷直流电机智能控制算法具有创新性,已申请了两项国家发明专利和一项国际发明专利。研制的控制器经900小时耐久试验,成功应用于多个型号的电动车,获得用户认可。

(孙凯文)

【汽车快速控制原型及半实物仿真集成开发技术通过验收】 该项目是上海市教委曙光计划项目,由同济大学汽车学院主持完成,于8月30日通过验收,总体上达到国际先进水平。该项目以ABS、TCS和ESP的开发与集成控制为载体,进行了用于汽车主动安全系统开发的快速控制原型及半实物仿真集成开发环境与平台的建立,内容涉及包括整车动力学模型建立、智能控制等多种控制策略设计和评价及电子控制单元(ECU)与半实物仿真实验台的设计与制作等。

汽车主动安全性技术是汽车的核心技术,可以显著提高汽车安全、舒适等多方面的性能,在汽车上的应用越来越广,并倍受用户的重视,但相关的技术基本上是国外引进的。同济大学汽车学院从1997年起,与上海大众汽车有限公司一起进行了汽车牵引力控制系统(TCS,即ASR)的研究;1998年进行了汽车动态稳定性控制系统(DSC,即ESP)的研究;2002年进行了汽车底盘集成控制(ICCS)系统的研究,内容包括ABS、TCS和ESP等。

(许伟良)

【自动变速器控制系统及其实验台的开发与研制通过验收】 该项目是上海汽车工业(集团)总公司项目,由同济大学承担完成,于9月15日通过上海市教委组织的专家验收,达到国内领先水平。该项目对汽车自动变速器控制系统的设计理论、方法,电子控制单元设计和制作,及其开发平台建立与实验等进行了全面、深入的研究,所开发出的电子控制单元已装车路试,经国家机动车产品质量监督检验中心(上海)按国家标准要求测试,各项指标性能优良,其有关的半实物仿真环境软件已获国家计算机软件著作权。

(许伟良)

【轿车内饰件不良气体测控系统通过验收】 该项目是上海汽车基金会项目,由同济大学材料化学研究所主持完成,于11月23日通过了上海汽车工业科技发展基金会组织的专家验收。该项目针对车内有机挥发物问题进行系统研究,重点锁定苯类物质、氨、甲醛等,研究了车内不良气体和材料关系。该项目在大量分析研究的基础上针对车内常用材料提出了若干不良气体的限值,这在国内属创新;对轿车零部件加工企业在允许范围内的材料选择有积极参考价值,对进一步提高中国轿车环保和人性化设计有积极意义。

(许伟良)

【开展国内第一个交通事故研究项目】 5月9日,同济大学与欧洲最大的汽车企业——德国大众汽车公司签定协议,共同在中国开展国内第一个交通事故研究项目,其目的在于通过对汽车安全性能、交通道路设施和驾驶行为的改变来提高中国道路交通的安全性,是德国下萨克森州州长率团访问同济大学时签定的合作协议之一。同济大学汽车学院院长余卓平教授,大众汽车股份公司研究中心主任拉博(Matthias Rabe)先生和大众汽车集团中国董事会成员张绥新博士共同签署了合作协议。

双方将共同组建一支来自汽车研发、医学和心理学等方面的专家队伍。德国大众汽车公司将提供这项研究的经费及这方面的所有经验,1名在德国进行事故研究的专家将来上海参与这项研究,此外,还将提供一辆上海大众生产的途安改装车,并配备各项研究所必备的装置。该项目组将与上海市交警大队、医院和交通管理部门密切协调合作,全天候地在事故发生现场搜集有关事故起因、发生、车辆毁损及后果等所有资料,并加以评估。该研究的核心除了对发生交通事故的车辆、道路情况的调查之外,还将对驾驶者及其驾驶行为,以及交通事故涉及的其他人员的行为进行调查,其目的在于探讨开展长期的交通事故研究的可能性。

(许伟良)

第四节 船 舶

【完成《上海船舶产业发展行动纲要》编制】 该软课题由上海市造船工程学会研究完成，于3月17日通过了上海市经委组织的评审。《上海船舶产业发展行动纲要》系统地提出了上海船舶产业发展的指导思想、战略选择、发展目标、十大战略行动和措施建议，共有4章17节。该纲要及时、全面、透彻、扼要，是多年来少有的研究报告，体现了科学发展观和新时期中国船舶产业发展的指导思想，定位准确、思路清晰、目标明确、有针对性，并注重了纲要的创新性、系统性和可操作性。该纲要按照评审组专家的具体意见，作适当修改后于5月底送交上海市经委，并于7月中旬上报上海市科协。

（倪善康）

【第一届长三角地区船舶工业发展论坛】 该论坛由上海市造船工程学会与江苏和浙江省造船工程学会联合举办，是三地造船学会共同创办的高层次、综合性的学术交流平台，于11月17～18日在上海市科学会堂召开。17日安排论文交流，18日组织参观上海外高桥造船有限公司。来自北京和两省一市有关主管部门的领导，以及三地船舶工业产学研单位的专家、学者141人参加论坛。

该论坛围绕“长三角地区船舶工业发展前景与协同发展”的主题，国防科工委系统三司船舶处处长聂丽娟和中国船舶工业经济研究中心副主任曹友生先后作了“树立科学发展观，推进长三角地区船舶工业全面、协调发展”和“长三角地区船舶产业集群化发展的思路和建议”的主题报告；上海市国防科工办副主任张华芳、江苏省国防科工办副主任毛灵光、浙江省机械行业管理办公室副主任陈海江、上海市政府发展研究中心调研员姜永坤等9位领导和专家分别就长三角地区船舶工业协调发展、提升整体竞争力、振兴长江流域经济、发展与合作、发展外向型经济等作了专题报告。会上开展了热烈讨论。

该论坛是高层次探讨长三角地区船舶工业发展和合作的平台，就开展多层次合作、进行战略联盟、实施互动发展、优势互补等集群化发展形成了共识，对推动中国船舶工业三大基地之一的长三角地区船舶工业发展具有深远意义。

（倪善康）

【数字化造船的关联技术和实施环境研讨会】 该论坛是第七届上海国际工业博览会科技论坛之一，由上海市造船工程学会主办，于11月8日在科学会堂召开。来自上海、江苏和浙江的船舶、港口机械行业的领导和专家100余人出席研讨会。江南造船（集团）公司总工程师胡可一作了“数字化造船的关联技术和实施环境”的主题报告；北京理工大学原副校长宁汝新作了“虚拟装配技术及其应用”的特邀报告。张振雄、谢子明、江志斌、许平、王新华、王文荣、高志龙和应长春等8位知名专家，先后作了“数字化港口和港机数字化制造”、“数字化造船的若干关键技术”、“数字化造船工程与物流管理”、“实践中感悟 磨练中提高——实施CIMS探索体会”、“造船信息化与‘以人为本’的企业管理”、“信息集成平台中间件软件的应用”、“舰船数字化设计关键技术探索”和“精益生产与造船信息化”等专题报告，并展开了热烈讨论。

研讨会围绕实现胡锦涛总书记提出的“我们不仅要努力成为世界造船大国，还应树雄心、立壮志，使我国成为世界造船强国”的战略目标，在2004年召开的“数字化造船与数字化企业研讨会”的基础上，进一步对实施数字化造船的热点和关键点作了全面分析，对数字化造船的关联技术和实施环境两大难点，从理论和实践上作了深入的阐述，为建设世界造船大国和强国，为加快实施数字化造船工程的步伐建言献策。

（倪善康）

【独立设计国内最大的自航耙吸挖泥船】 8月12日，中国船舶工业集团公司第七〇八研究所与上海航道局中港疏浚股份有限公司在上海签订了“13 500m^3自航耙吸挖泥船”开发设计合同。该船总长150.7m、型宽27m、型深11m，为目前国内最大的自航耙吸挖泥船，集世界上先进挖泥船所具有的双耙同时挖泥、高压吹泥、艏喷和艏吹、起吊等各项功能于一体，配有集计算机与网络控制于一体的自动化疏浚控制系统和国内建造的最大泥泵，能在无限航区内航行。该船的建造和使用将为长江口航道整治与维护工程、洋山深水港区建设工程以及各港口、航道疏浚和吹填工程提供强有力的保证，将填补国内设计建造万方舱容以上自航耙吸挖泥船的空白。

（姜志宇）

【30万吨级超大型油船（VLCC）的开发和设计圆满完成】 该型船在上海市科委和中国船舶工业集团公司的共同支持下，由中国船舶工业集团公司第七〇八研究所开发设计成功。该项目进行了大方形系数线型的综合水动力性能研究和优化、总体综合设计技术研究、基于船舶全寿命的安全性、经济性的超大型船舶结构分析设计技术研究、设计标准化研究以及30万吨级超大型油船标准船型开发，科研成果已初步应用于产品设计中。该所采用“经济、安全、环保（ESE）”设计理念，以产品建造成本控制为突破点，开发的30万吨级VLCC于11月26日在人民大会堂签订了VLCC（2+2艘）建造合同，由中国长江航运（集团）公司定购，也是中船集团江南长兴造船基地接获的第一批新船订单。

该型船总长大约330m，型宽60m，型深29.8m，航速达到15.8节，续航力22 000海里，是中国第一次完全自主开发设计、拥有自主知识产权的VLCC，也是中船集团承建的最大吨位船舶。VLCC是远距离运输原油经济效益最佳船型，也是当今国际原油运输市场必备的主力船型，单艘造价在1亿美元左右，需要3.9万吨左右的钢材用量，将带动钢铁、船用柴油机、船用配套等行业发展，有较大的社会效益和经济效益。

（姜志宇　陈海鹏）

【超大型浮式生产储油装置（FPSO）研制进入实船建造】 该项目是为了配合中国渤海大型海上油田“蓬莱PL19-3”开发，而研制的一种浅吃水、超大型FPSO（参见《2005上海科技年鉴》第122页）。该项目由上海外高桥造船有限公司、中国船舶工业集团公司第七〇八研究所联合上海交通大学等单位，以产学研相结合的形式开展研究。2005年，该项目完成了前期工程设计，将于2006年进入详细设计的关键阶段。该船垂线间长313m，宽63m，吃水20m，储油能力可达约190万桶原油。

该项目（1）通过对浅水超大型FPSO系泊系统分析和运动性能分析研究，得到了大型FPSO在浅水中单点系泊装置的型式和优化船型。（2）对总布置进行优化和特殊结构的研究设计，使得超大型FPSO的布置合理、安全，满足稳性和结构强度等规范要求。（3）通过防腐研究，得到了FPSO二十年不进坞的防腐和防护技术与施工工艺。（4）超大型FPSO的大型电站的功率达到100MW，经过计算设计，完成了大型FPSO电站及其系统设备的选型和配置。（5）对超大型FPSO的建造工艺技术进行了综合研究，包括建造方案、分段划分、精度控制、焊接工艺、吊装工艺等。

该项目攻克了超大型FPSO设计和建造中的主要关键技术，形成了具有完全自主知识产权的技术成果，确保实船建造成功。11月，30万吨FPSO实船在上海外高桥造船厂开工建造。至此，上海已经具备了设计、建造100万～200万桶大型FPSO的生产能力，对于中国海洋石油开发和船舶工业发展均有非凡的意义。

（陆连东　姜志宇）

小资料

浮式生产储油装置

浮式生产储油装置（Floating Production Storage and Offloading，简称FPSO）是海上油田开发的一种重要的生产设施，通过特殊的单点系泊装置，长期系泊于特定的海域（一般为10～20年），协同钻井平台对海底油田进行开采。FPSO集原油处理、储存和外输为一体，是一种移动式生产装置，能够满足100年一遇的风暴要求，使用寿命一般为30～60年。200万桶超大型FPSO的开发在国内尚处于研究起步阶段。

（陆连东）

【深海半潜式钻井平台项目完成初步设计和建造方案】 该项目由中国船舶工业集团公司第七〇八研究所、上海外高桥造船有限公司承担，并联合上海交通大学于2005年完成了目标平台的初步设计和建造方案，整体设计达到国际先进水平。该项目以体现当代先进水平的深水半潜式钻井平台为目标平台，双沉垫、四立柱（或六立柱）、箱形上平台结构、单井架双钻井系统；具有较大的甲板可变载荷（达9 700t）和油水储存能力，最大工作水深3 000m，钻井深度为11 000m，设置锚泊和动力定位双定位系统；具有良好的抗风浪性能，可适应世界上大部分海域的环境条件，能够实现平台的钻井、修井、采油生产处理等多重功能。主要研究成果包括“六立柱”平台设计方案和结构图纸；“四立柱”平台设计方案和结构图纸；钻井平台模型试验；平台大功率电站系统选型和配置；平台钻井设备的配置；3 000m水深动力定位系统配置；平台结构及管线防腐蚀方案；平台建造方案和施工工艺等。该项目通过对新型半潜式钻井平台的研究，初步掌握了设计和建造的关键技术，填补了国内深水平台设计的空白，基本具备了承接大型深水半潜式钻井平台的设计和建造能力。

（姜志宇　陆连东）

■ 小资料

半潜式平台

半潜式平台性能优良，抗风浪能力强，甲板面积和装载量大，适应的水深范围广，特别适合于海上作业。半潜式平台可适应多种用途的需要，用得最多的是作为钻井平台，但也可用作生产平台、起重平台、生活平台、铺管平台、海上科研基地、海上物资储存基地，甚至用作海上导弹发射平台。当前国际上海洋油气资源的开发已从近海向深海发展，正是半潜式平台发挥其优势之所在，水深越大，离岸越远，则越显其优越性。

（陆连东）

【国内起重能力最大的多功能海洋工程作业船——4 000t全回转起重打捞工程船完成详细设计】 该船是中国船舶工业集团公司第七〇八研究所受船东广州打捞局委托，于2月底完成详细设计，由江苏东方造船有限公司建造。该船总长170m，型宽48m，型深16.5m，设计吃水6.6m，最大作业水深300m，定员300人，自持力60天；首部设置2 000kW的艏侧推装置1台，尾部设置2台功率为1 500kW的全回转舵桨；船艉安装的全回转起重机在尾固定情况下起重能力为4 000t·40m，在全回转时起重能力为2 000t·45m。该船是迄今为止国内起重能力最大的一艘集起重作业、救生打捞、铺管作业（预留位置）的多功能海洋工程作业船舶。

（姜志宇）

【1.73万吨多用途货船首制船顺利开工】 该船是沪东中华造船（集团）有限公司在原有的1.6万吨多用途货船的基础上，经过进一步优化设计的改进型船，为单机、单桨、球尾，机舱和上层建筑建设于尾部的柴油机驱动多用途货船。该公司于2004年9月与荷兰瓦根博格航运公司签定了4艘建造合同。首制船于2005年8月8日正式开工，第二艘也于12月5日正式开工。至年底，该公司已持有该船订单10艘，形成批量建造。

该船总长142.81m，两柱间长132m，型宽21.5m，型深13.3m，设计吃水7.6m，航速15.4节，入英国劳氏船级社。该船可散装谷物及其他散货，可装运集装箱，上甲板舱口盖上可装运木材，并且可装运包装在集装箱或箱柜中的危险货物，也能装运散装固体危险货物。在该船的左舷设三台电动液压式克令吊，起重能力在跨距16m时达到60t，跨距在28m时达到40t。该船综合性能优良，顺应国际上多用途货船发展的新潮流。

（陆连东）

【11万吨阿芙拉型油船顺利下水】 该船是沪东中华造船（集团）有限公司自主开发、设计的属沪东型的船舶产品，为单机、单桨、货舱区及燃油舱都为双壳、装载闪点低于60℃原油的原油轮，也是迄今为止在黄浦江畔建造的最大船舶。2003年，该公司与香港万利航运公司签订了建造两艘该型船的合同。首制船于2004年8月份开工建造，2005年5月7日命名“海富”号后顺利下水，于8月30日交付船东。

该船总长243.0m，两柱垂线间长233m，型宽42m，型深22m，吃水15.35m，载重10.88万吨；主机型号B&W－7S60MC，由沪东重机股份有限公司制造。航速、续航力和燃油消耗指标先进，结构吃水15.35m，主机为常用持续输出功率，并考虑15%的海水裕度，船底清洁，在风平浪静的深水中，该型船的设计航速为14.69节；续航力为1.8万海里。该船综合性能先进，符合国际发展的潮流。

（陆连东）

【国内第一艘液化天然气（LNG）船顺利下水】 该船由沪东中华造船（集团）有限公司承造，于12月28日顺利下水。首制的大型液化天然气（LNG）船为薄膜型液货舱船，船长292m，船宽43.35m，型深26.25m，航速19.5节，装载量为14.7万立方米，是当前世界上最大的薄膜型LNG船。首制船的建造周期为38个月。至年底，该集团公司已持有5艘LNG船建造合同。

在研制建造过程中，该集团公司采用快速搭载新工艺技术，大力推进精度造船，大量推广应用新技术，实现了全船货舱平直区域“零修割”，大大加快了吊装进度，提高了建造质量，并自主开发设计了大量的专用工装和新工艺技术，在实船建造中得到广泛应用，一举突破了分段总组跨距超大、结构单薄、变形控制难的关键技术，为该船按计划顺利下水打下了基础。

（陆连东）

【两艘 1.6 万总吨客滚船交付使用】 该船是中国自行开发设计，国内设备最先进、性能最优良的大型豪华客/车滚装船，具有装卸快、航速高、操纵灵活、自动化程度高的特点，可以装载旅客和拖车、集装箱车、货车等，是一种高新技术结合的船舶。由江南造船(集团)有限公司建造的“普陀岛”号和“葫芦岛”号 1.6 万总吨客滚船分别于 5 月和 9 月建成并交付中国海运(集团)总公司投入营运。该船型总体布置充分考虑了人性化、舒适性和安全性，合理、有效地布置车辆舱室、旅客房间、船员房间、公共场所、娱乐场所及购物场所；配备了滑道撤离系统和直升飞机升降平台，便于海上安全救助工作，提升安全保障水平，为中国开发和建造豪华游轮奠定了技术基础。

“普陀岛”号船可载客1 428人，大车 83 辆或小车约 240 辆，航速 19.3 节；“葫芦岛”号船可载客1 428人，大车 83 辆或小车约 235 辆，航速 19.72 节。

(曾爱兰)

【国内自行设计和建造的大舱容自航耙吸挖泥船交付使用】 1 月 25 日，国内自行设计和建造的舱容最大 (4 200m³)、技术最先进的自航耙吸挖泥船——航浚 4011 轮交付使用。在设计建造过程中，上海航道局与中国船舶工业集团公司第七〇八研究所、广州文冲船厂专家共同探讨，合理配备解决了动力装置、采用导流尾鳍、分水舯浮体等技术难题，并采用拼坞合拢工艺等新技术，顺利完成建造任务。

全船引入了疏浚综合平台概念创新技术，采用总线控制技术和计算机光纤环网技术；首次在国内建造挖泥船全船使用重油，提高了经济性；采用了全液压集中控制的疏浚挖泥船设备；应用了先进的主动液压耙头和新型的消能箱技术；设计建造总价不到 1.4 亿元。该船挖泥作业系统设有艏、左、右三点吊放式耙吸管，可双耙疏浚作业，配有带高压冲水和可拆卸耙齿的新型高效耙头，泥舱内设有两列 12 个底锥型泥门和两套消能箱。在最大挖深为 24 米时双耙左右同时作业，装舱时间不长于 45min。泥舱满载情况下，卸泥时间不长于 5min。

2005 年，该船已先后投入了汕头航道拓宽增深工程和上海洋山深水港等疏浚工程，施工效率明显高于同类型挖泥船，加快了工程项目的建设进度，创造了良好的经济与社会效益。该船的成功建造，打破了国外设计建造同类船舶的技术垄断，提高了中国大舱容自航耙吸挖泥船的设计建造技术。

(汪 俊 陶润礼 谢惠梅)

【上海船用大功率柴油机生产达到世界级水平】 2005 年，沪东重机股份有限公司制造成功的 HHM－Sulzer 7RT－flex60C 船用智能型柴油机，是世界著名的 Wärtsilä 公司为了适应航运市场对快速集装箱船的需求而推出的新一代电控智能型柴油机，也是迄今为止国内建造的功率最大的船用智能型柴油机；研制成功的国内首台 HHM － MAN B&W 7S60MC－C MarkⅧ型柴油机，是目前国际航运业平均有效压力和气缸爆发压力最高的船用低速大功率柴油机，性能和可靠性具世界领先水平。

通过多年来不断的科技开发和管理投入，以沪东重机股份有限公司为代表的上海船舶柴油机制造企业已掌握了当前世界上最大缸径船用柴油机的制造技术工艺、过程集成、性能调试及智能化控制等技术，具有了承接和制造世界最大(980mm)缸径、单机功率可超过 5 万千瓦、主要用于8 000箱左右超大型集装箱船推进的船用低速大柴油机的能力，已成为国内大型船舶推进动力的重要供应基地。

(陆志谨)

【大功率低速船用柴油机曲轴关键技术研制填补国内空白】 该项目是国家“十五”高技术船舶科研计划项目，主要由上海船用曲轴有限公司承担，于 12 月通过了国防科工委组织的专家验收会。该项目通过对曲拐弯锻工艺、曲柄内开档和曲柄销 R 凹槽加工工艺、曲轴红套工艺及曲轴精加工工艺等方面的研究，建立了具有中国自主知识产权的曲轴制造工艺技术，掌握了低速柴油机半组合曲轴制造技术，在国内率先实现了大型船用曲轴生产从毛坯制造到红套、精加工的全过程 100％国产化。该项目解决了低速柴油机半组合曲轴制造的主要关键技术，形成了具有自主知识产权的科技成果，申报了 3 项发明专利和 1 项实用新型专利；率先实现了低速柴油机曲轴的国产化，并填补了中国在大型船用曲轴领域的空白；解决了困扰国内船舶工业多年的发展瓶颈，对发展国内造船工业具有十分重要的意义。生产的曲轴获得 MAN B&W 专利公司和世界多家国际船级社以及用户单位的认可。同时，曲轴国产化项目于 2006 年 2 月通过国家发改委组织的验收。

(刘超明 林尧武 余云岚)

【30 万吨轮船大型舵杆锻件锻造方法获得发明专利】 30 万吨轮船大型舵杆锻件是轮船的核心锻件

之一。上海重型机器厂有限公司于2004年立项，对该锻件展开研究，通过对舵杆锻件的锻造成型工序、弯曲锻造成型工艺、精确锻造工艺、偏心机加工等工艺技术的研究，解决了弯曲类舵杆锻件锻造余量大、材料利用率低、机加工工期长、效率低等制造过程中的难题，掌握了该锻件的制造技术，确立了具有中国自主知识产权的大型船用舵杆锻件的锻造方法。该项目的研制成功提升了国内大型舵杆锻件的制造工艺水平，降低了该类锻件的制造成本，缩短了产品的制造周期，并对其他弯曲自由锻工艺有参考价值。2005年，该项目的锻造方法获得了发明专利。

（金跃进　谢培德　董　屹）

【4 000吨级吊钩填补国内空白】　该吊钩为四爪吊钩，是当前世界制造业的难点，在国际上也只有少数国家能够制造，上海重型机器厂有限公司于11月制造成功，填补了国内该领域的空白。该吊钩将安装在上海振华港口机械股份有限公司建造的4 000t全旋转浮吊上。

该吊钩中难度最大的是吊钩体，其材料为DG20Mn锻件，锻造成型后须进行正火+回火热处理，且取样位置也有特殊要求。按常规需选用200t级钢锭才能锻造出该吊钩体，但该厂的最大电炉钢锭为143t。为此，该厂确定工艺方案，(1)该锻件外型尺寸为方3 000±20mm、高1 300±20mm，锻件图设计采用以锻造尺寸为重点，充分利用143t钢锭的最高有效利用率，通过技术论证后，大胆实施锻造余量控制法来确保产品的零件尺寸。(2)采用冲孔完工的锻造方案，通过工艺上冲孔后能把较易引起探伤不合格的中心部位去除，从而确保产品质量，同时冲孔后有利于产品的机加工。(3)采用二次墩粗加拔长的工艺方案进行锻造，确定合理的锻造比，并在第二次墩粗时采用了专用的ø1 200mm漏盘倒置后进行墩粗，解决了冒口和底部锻造过程中易引起的混角的难点。通过以上各项措施的实施，成功制造出该吊钩体，不仅每件节约钢水57t，而且使中国步入了吊钩制造的世界先进行列。

（金跃进　谢培德　董　屹）

【国内首台船用载客电梯通过验收】　9月23日，中国船舶重工集团公司第七〇四研究所自行设计和生产的国内首台船用载客电梯通过了由中国船舶重工集团公司组织的专家验收，各项技术指标达到了国际同类产品水平，填补了国内船用载客电梯的空白。专家对船用无机房电梯、超摇摆保护装置、电梯摇摆试验台等创新之处给予了高度评价。该产品具有结构紧凑、功能齐全、工作安全可靠、技术难度大等特点；其主要技术性能与国内先进的陆用电梯相当；其无机房的设计概念，简化了整体结构，有效减小了船用电梯的占用空间，使船的总体布置显得更为便捷；其电缆保护装置、超摇摆保护装置、超速保护装置有效地保证了电梯在船用条件下的运行安全。

（谢惠梅）

第五节　成套设备与装备

【第十五届CIRP国际设计论坛】　5月22～26日，第十五届CIRP国际设计论坛在上海光大会展中心召开，来自25个国家和地区的80余名代表与会。该会议由上海交通大学承办，是国际生产工程研究学会（International Institution for Production Engineering Research，CIRP）主办的国际系列会议之一。该会议的主题为“工程设计的新趋势”，包括设计与自然、设计与社会、设计与创造三方面的内容；除主会议外，还召开了两个特邀分会：(1)针对欧盟资助的VRLKCiP项目商讨欧洲与中国的学术合作机遇。(2)由CIRP ECN专题组召开的特邀会议。同时，借助会议论坛，邀请与会专家就国内相关重大基础研究课题进行探讨，借鉴和吸收国外先进学术经验，为该校机械工程学科的国家重要相关科研项目提供支持与帮助。

（武雪萍）

【白车身机器人拼焊工位规划及其运动轨迹数字仿真应用性研究通过验收】　该项目是上海汽车基金会项目，由同济大学机械学院现代制造技术研究所与上海大众汽车有限公司联合承担，于11月28日通过上海汽车工业科技发展基金会组织的专家验收。该项目主要完成了白车身生产线上点焊机器人工位的规划和数字仿真及优化工作，可提高车身焊接规划中的效率，降低生产成本，且针对汽车企业大规模生产规划中的机器人工位的使用提出了新的方法，为进一步提高上海大众白车身工艺规划人员的自主规划水平，提高整个国内自主汽车研发与制造能力，具有一定的现实意义和社会经济效益。

（许伟良）

【百万千瓦级压水堆核电站主要设备及材料研制通过中期评估】 该项目是首批科教兴市项目，由上海市核电办公室组织承担，于2006年1月通过了上海市经委主持的中期评估。该项目紧密结合核电工程项目，瞄准核电设备中的关键技术，能满足依托工程的需求，在实施进度和攻关内容上都达到了中期节点预定的目标，符合项目的总体进度要求。

该项目立足于依托国内核电自主化工程，研制的核心内容为百万千瓦级核电站主要设备及其材料，涉及核电站核岛、常规岛、仪表与控制系统及材料等。研制成果将填补国内核电设备制造业的空白，形成自主知识产权，部分技术成果可达到国际水平或国内领先水平。同时可带动机械、材料、电气、仪表控制等其他相关产业的发展，加快实现核电设备的自主化，形成上海核电设备产业化体系。

（周　凌）

【精密冷辗机电液一体化伺服控制系统的研究达到国内前沿水平】 该项目是上海市科委科技攻关项目，由煤炭科学研究总院上海分院承担，于11月通过上海市科委主持的验收，达到国内前沿水平。该项目用于轴承内外圈加工生产线精密冷辗工艺设备中，是一项先进的制造技术，采用非线性比例伺服阀、比例圆度控制、模糊PID控制策略等先进技术，在解决大速度差及低速稳定性、工件的圆度公差和直径公差的控制、提高控制系统的品质、鲁棒性等方面取得了显著的成效。

该项目综合了液压比例伺服控制、位置和压力传感及计算机控制的机电液一体化控制系统的关键技术，能降低轴承的生产成本，还可逐步推广应用到环类（回转类）金属零件的冷成形加工中，具有广阔的市场前景。该项目已为国产PCR80、PCR120、PCR230及CRF型精密冷辗机提供各类型号的伺服控制系统17套。

（祁世原）

【矿用大型带式输送机动态可控启动装置国内领先】 该项目是科技部科研院所技术开发研究专项资金项目，由煤炭科学研究总院上海分院承担，于7月通过验收，达到国内领先水平。该项目来源于市场需求，填补了国内空白，除了可在煤矿带式输送机上使用外，还可应用于码头、港口、冶金、矿山等行业的带式输送机上，也可用于水泵、风机等地面系统作为调速节能设备。

该项目采用机电一体化技术，主要为高效矿井运输系统中大量使用的长距离、大运量、大功率带式输送机开发性能好、可靠性高的动态可控启动装置，由行星减速器、液粘传动技术、电液比例技术、冷却润滑等组成。电气控制部分由传感器、速度PID、压力PID、功率PID等组成的闭环控制，对胶带进行动态分析、跟踪与控制，具有故障诊断、远程监控等功能，属自主知识产权产品。同时，借助于计算机技术，结合带式输送机的工况条件，开发出集信息采集、数据分析、闭环控制等功能的高技术软件，具有独占性，不易模仿，是国内矿用带式输送机尚未采用的新技术，也是高效集约化矿井的保障技术之一。

（祁世原）

【基于冗余现场总线的智能异型网桥实现管理与控制一体化】 该项目是上海市专利技术二次开发专项，于2003年立项，由中国船舶重工集团公司第七一一研究所开发完成，于2005年5月通过上海市科委组织的验收。该项目将CAN总线、PROFIBUS总线和以太网技术相结合，使用软件检测与诊断技术及双缓冲区技术，采用双冗余的设计方案，保证了数据的安全和可靠；设计了现场总线协议与以太网协议进行数据交换的上层协议，并开发了相应的应用软件库；系统采用两级网络拓扑结构，充分利用了不同网络的优点，将不同设备通过不同的现场总线网段联接，减小了子系统的构成，提高了系统的可靠性和实时性。该项成果大幅度提高了现场设备的可靠性，并能方便地将现场级的现场总线网与管理级的工业以太网连接在一起，实现了管理与控制一体化；其异型网桥装置通过了中国上海测试中心的检验，各项技术指标均达到设计要求；已申请了2项发明专利，并经中科院上海科技查新咨询中心水平检测，达到国际先进水平。

工业以太网和现场总线都是现今工业控制领域广泛使用的网络通讯手段，各有优缺点，在设备层一般使用现场总线，而在管理层通常选用工业以太网。因此，研制现场总线与以太网之间的异型网桥对于希望改造现有的工厂自动控制系统实现管理一体化的工厂企业具有很大的吸引力。

(林 缨)

【中大功率液粘调速离合器控制系统开发成功】 该项目是上海市专利技术二次开发专项,于2003年立项,由中国船舶重工集团公司第七一一研究所开发成功,于2005年12月通过上海市科委组织的验收。该项目在美国基础专利(US4567971)的基础上,创造性地在中大功率液黏调速离合器控制系统中应用了先导式伺服阀和电子调速器技术,通过在液压控制部件中增加自反馈回路和在电子调速部件中采用软、硬件结合的方法优化控制电流,有效提高了液黏调速离合器的调速范围和精度,通过台架试验和上海市机电产品质量检测中心检验,各项技术指标均达到要求。该项目已申请1项发明专利(带先导式伺服阀的调速离合器控制系统)和1项实用新型专利(液黏调速离合器电子调速器)。

该项成果可广泛应用于石油、化工、冶金等领域的离心风机、水泵、输油泵、供水泵、压缩机、搅拌机等;可用于大惯量启动场合,解决主机空载启动,调节离合器滑差,逐步加载实现大惯量负载的启动问题;可用于船舶主动力装置、挖泥船泵机机组、工程机械等的调速、恒速场合;可作为液力偶合器的替代产品,本体部分(不带反馈控制)可单独作为湿式离合器使用,在船用及其他场合有很大的市场。

(林 缨 谢惠梅)

【高风温蓄热燃烧系统用于多种工业炉窑节能改造】 该项目是上海市重大科技攻关项目,于2003年立项,由中国船舶重工集团公司第七一一研究所承担完成,于2005年12月通过上海市科委组织的验收。该项目开发的分体/自体式高风温蓄热燃烧装置和专用烟/空气切换阀运行稳定,可实现气体和液体燃料的高风温燃烧;建成的试验台架可进行气体和液体燃料高风温条件下的燃烧试验,具有完善的烟气测量系统,能够满足多种负荷、多种形式的热态联调试验功能;研制的高风温蓄热燃烧技术具有很强的实用性,在冶金行业钢包烘烤装置和蓄热式熔铝炉进行了试点,起到了良好的节能示范效果,用户对该蓄热燃烧系统给予了充分肯定。该项目申请并获得了两项实用新型专利(分体式高风温蓄热燃烧器、紧凑型高风温自体蓄热燃烧器)。该项成果可用于多种旧式工业炉窑的节能改造,适用于冶金、石化、玻璃陶瓷、机械热处理等领域的气体和液体燃烧系统。 (林 缨)

【国内首个产业化生产的欧Ⅲ重型柴油发动机P11C在沪下线】 7月4日,上海日野发动机有限公司工厂落成典礼暨P11C欧Ⅲ重型柴油发动机批量生产下线仪式,在上海市工业综合开发区举行,这标志着上海日野已成为国内首家批量生产和提供欧Ⅲ排放标准的车用柴油机制造商。上海日野发动机有限公司由上海柴油机股份有限公司和日本日野自动车株式会社共同出资设立,中日双方各占50%股份,第一阶段引进制造日野P11C系列柴油机。工厂位于上海市奉贤区的上海市工业综合开发区内,占地15.7万平方米,建筑面积3万平方米。

P11C系列柴油发动机是6缸直立增压中冷柴油机,4气门整体式缸盖,排量10.52L,功率覆盖范围220～280kW,并可扩展到294kW;最大扭矩为1 420～1 600N·m,650r/min起步扭矩高达900N·m;额定燃油消耗率可达205g/kw·h,整机噪声小于95dB(A),第一次大修里程100万千米以上。P11C系列柴油发动机的燃油系统为日野与电装公司共同研发的专利技术——高压共轨电控喷射系统,在达到欧Ⅲ排放的同时,还能在燃油经济性、振动噪声、运行可靠性等方面获得良好的平衡,采取EGR和后处理技术可以满足欧Ⅳ排放标准,并正在开发欧Ⅴ排放技术。

P11C系列柴油发动机能全面满足国内各类重型卡车、大型客车和水泥搅拌车等大功率发动机的动力需求,经过改型后,同时也可向大功率工程机械、柴油电站机组、船舶和大型农业装备等装置提供配套动力。

(孙 崎)

【新型电厂一次风送粉管道流量或浓度在线测量装置国内首创】 该项目由上海电力学院承担完成,于2005年底通过验收,其研究的方法及所开发的装置在国内属首创,已获得国家发明专利,达到国内领先水平。该项目根据气固两相流体流过管道时的压降和固相浓度之间的关系,设计出一种在线的充气式测量气固两相流体流量的探头,可避免常规探头长期运行产生的磨损、堵塞问题。该项目通过实验室研究、现场实测和理论分析,推导出气固两相流浓度Z和沿方程阻力附加系数K的特性关系式;利用该关系式与气固两相流的基本方程联立,在测定管道压降、温度和压力及支管流量基础上,可计算出气固两相流固相浓度;据此开发的煤粉浓度测试系统经现场实际运行,能够进行实时、在线测量，基本满足工业实用化的要求。

（潘卫国　杨　健）

【双水内冷发电机内冷水水质控制全面达到国标要求】 该项目由上海电力学院承担完成，于5月通过上海市教委组织的专家验收。该技术属国内首创，接近国际先进水平。该项目通过对空芯铜导线的腐蚀因素的研究，提出了新的双水内冷发电机冷却水处理方案，以满足电力生产的需求。该研究以pH是影响发电机空芯铜导线腐蚀的主要因素为基础，利用加氨的除盐水合理提高了发电机冷却水的pH值，抑制空芯铜导线腐蚀，同时采用一种不向发电机冷却水系统添加任何药剂的除铜技术，使得双水内冷发电机冷却水的水质全面达到国标的要求。该成果已在上海杨树浦发电厂应用，结果表明双水内冷发电机冷却水水质合格，排水可循环使用，提高了经济效益，并具有设备简单、操控方便、维护工作量小等优点。

（潘卫国　杨　健）

【国产400MW级燃机发电机制造成功】 该燃机发电机是上海电气电站集团上海汽轮发电机有限公司为华能上海石洞口燃机电厂制造的，总周期约为15个月，期间完成了设计开发，各零部件材料的国产化选用、加工、装配，以及发电机的车间总装和试验，于12月5日装船出厂，标志着该公司国产首台400MW级燃机发电机制造成功，也为上海电站设备的名录增添了新的产品系列。该燃机发电机具有世界先进水平，发电机定子绝缘采用了先进的VPI工艺，使绝缘系统更可靠；转子和定子均采用适合调峰运行的技术措施，满足快速启动和调峰运行；发电机密封采用单流、单环油密封设计，结构简单，密封效果好，氢气纯度高。该发电机效率高，短路比大，性能稳定，不仅适用于采用燃气轮机发电的联合循环电站，也适用于常规火力发电厂。

（张　燕）

【WLW系列数控肋骨冷弯机获得推广应用】 该装备是上海船舶工艺研究所历经10多年的不断创新和持续开发研制成功，具有自主知识产权和多项专利技术，并达到国际先进水平。该装备采用了先进的在线检测、自适应实时控制技术，实现了肋骨加工过程中的全自动化，成功解决了长期困扰世界造船界的这一重大技术难题，为计算机在船舶建造肋骨加工过程中普遍应用和取消船厂放样台创造了条件；与传统的手工或半自动加工方法相比，具有成型精度高，可达到±1mm/m；线型光顺，加工质量好；省去大量的准备和后续加工工时，并降低对操作人员的技术等级要求及减轻劳动强度。当前全球造船业正处在新一轮的高速增长时期，许多船厂正在实施以高新技术提高造船竞争力的调整，这为WLW系列数控肋骨冷弯机提供了发展机遇。2005年，该装备在国内大中型骨干船厂获得推广应用。

（殷浩澍）

【DEW－1型双丝单面MAG焊机获国家专利】 该装备是一种高效率的双丝单面焊双面成型的自动化焊接机械装备，由上海船舶工艺研究所研制成功。该装备与新焊接工艺配套，能大幅度提高中、厚板平对接焊接效率，可一次焊接完成22mm以下厚板的拼接。对板厚大于22mm的焊接，可采用多层多道单面焊双面成型的焊接方法。该装备主要适用于大中型船厂船舶建造工程中的船底外板、双层底分段顶板、上甲板等大合拢分段对接头的焊接，也适用于钢结构制造，如桥梁底板的单面焊以及厚板的多层焊接。2005年，DEW－1型双丝单面MAG焊机已获国家专利，并通过上海市高新技术成果转化认定。

该装备由行走台车、两套焊枪摆动及调节机构、送丝机构、专用水冷焊枪、控制等部分组成，采用微电脑实时控制技术。与CO_2单面焊＋埋弧自动焊的混合焊工艺方法相比，可提高焊接效率8倍以上，焊丝消耗量减少35％以上，并可节省大量人工工时。

（毛信顺）

【上海电气将纳米技术用于工业装备】 近两年来，上海电气集团股份有限公司积极开展纳米应用技术的研究，将新材料引进装备制造业，用于提升传统产业的能级。2005年，上海电瓷厂应用纳米技术成功开发了ZnO阀片侧面绝缘材料，纳米材料的加入可显著改善阀片侧面绝缘性能、热性能和抗大电流冲击性能。该纳米复合绝缘漆用于氧化锌D3阀片，其4/10s标准大电流冲击指标超过65kA，超过GB11032－2000标准(45kA)和国际IEC－60099－4标准(65kA)，达到国际先进水平。上海焊接器材有限公司成功开发了金刚石复合涂层拉丝模。该金刚石复合涂层既具有常规涂层耐磨、附着力强的优点，又兼有纳米金刚石涂层表面光滑、摩擦系数小、易研磨抛光等特点，适用于各种金属材料的拉丝。上海柴油机股份有限公司将纳米陶瓷涂层用于活塞环，具有很高的耐磨性和良好的减摩性，显著提高了使用寿命。三菱电梯将纳米抗菌材料用于电梯的扶手与按钮，能有效地杀死细菌。

上海电气集团中央研究院成立了新材料应用研究室，其中一个重要方向就是开展纳米材料的应用研究。3月1日，启动了"纳米材料在工业中的应用研究"项目，并于12月8日通过验收。该项目对上海电气所属的多家企业在纳米材料应用方面做了详细调研分析，针对集团所属企业已应用纳米材料的情况和今后有应用前景的产品项目做了阐述。同时，该新材料应用研究室通过产学研结合在绝缘子防污闪纳米涂层、纳米材料提高 ZnO 阀片通流能力等领域取得了重大进展。今后，将进一步开展纳米材料在防腐、耐磨、传导、耐高温、改善电磁性能、新能源等领域的应用研究。

（廖文俊）

【金刚石涂层拉拔模具改造传统产业取得实效】 由上海交通大学承担的国家"863"计划纳米材料专项"纳米金刚石复合涂层的应用与产业化"，采用化学气相沉积法（CVD），在硬质合金拉拔模具内孔和其他耐磨器件表面涂覆纳米金刚石复合涂层，研究得到了制备纳米金刚石涂层的成熟工艺，完成了纳米涂层结构和性能检测工作，解决了涂层附着力、均匀涂覆和涂层表面光洁度等关键技术问题，达到国际先进水平。2005年，该项目在原有的传统应用制品材料表面生长一层金刚石薄膜涂层，改善原有材料表面的机械/化学/物理/光学/声学/电学等特性，从而获得摩擦系数小、耐磨性能好、光洁度高的金刚石涂层拉拔模具，是纳米科技改造提升传统产业的示范应用实例。用户实验表明，金刚石涂层拉丝模拉拔低碳钢丝的，使用寿命为硬质合金拉丝模的8～10倍以上；在电线电缆行业，金刚石涂层紧压模的使用寿命是硬质合金模具的10～15倍；拉拔铝塑复合管的金刚石复合涂层焊接套与定径套，其使用寿命是氟塑料模具的100倍以上。该技术使拉拔模具极大地延长了使用寿命，节约了大量钨、钢、铜等宝贵的金属材料。

（李小丽）

【小型管道内窥影像记录系统 Vcam 开发成功】 该设备由中国电子科技集团第五十研究所开发成功。该系统能对管道内壁存在的不同程度渗漏、腐蚀、裂缝等管道损伤进行检测、记录及回放，并能准确定位管道内壁出现管道损伤的位置，适用管径为30～60mm 的小型管道，具有轻便、小巧便于携带的

特点。该设备改变了传统开放式铺设和维护管道的方式，符合城市管线工程中非开挖管道铺设及修补技术的要求，大大降低市政工程管网建设和维护的费用，从而产生较大的经济效益。2005年，该产品已形成小批量生产规模，主要销往欧洲和美国。

（谢惠梅）

【XQK2415 数控龙门镗铣床通过验收】 该项目是山西省技术创新项目，由上海理工大学应用技术研究所设计、太原第一机床厂制造，于2004年12月通过山西省经委组织的专家验收。XQK2415 数控龙门镗铣床采用了高精度、大功率 ZF 自动变速箱和无级调速技术；数控控制配置了国际先进的 SIEMENS 840D 系统，可同时控制6轴；伺服进给应用了直线滚动导轨和直线光栅闭环反馈系统；还设计开发了加长铣头、直角铣头和万能铣头等附件，提高了机床的功能和用途。该项目经山西省质量技术监督局通用机械产品质量监督检验站检测，各项技术指标均符合标准规定。验收专家组认为，该新产品具有相当高的技术含量，处于国内先进水平。

（季剑平　徐增豪）

【2MGK99 光纤接口数控同轴磨床及 C 面机达到国际先进水平】 该项目是受中科院上海技术物理研究所大平洋蓝登光器件有限公司委托，为解决生产光纤连接器核心零件——ZrO_2 陶瓷插针同轴精密加工难题，由上海理工大学应用技术研究所在吸收引进技术基础上，进一步创新研制的精密数控机床。该设备用于光通信产业（IT）中的光无源器件——光纤接口（Ferrule）的精密数控加工，现只有少数发达国家能生产此类设备和光纤接口。加工后的 ZrO_2 陶瓷插芯精度，同轴度达 0.001mm，圆度和圆柱度达0.000 5mm（亚微米级）。经上海科技情报研究所查新检索：填补了国内空白，达到国际

先进水平。该项目获2005年上海市科技进步三等奖。大平洋蓝登公司用该设备生产的 ø1.25LC/MU光纤接口陶瓷插芯产品也被授予2004年国家重点新产品证书。

（季剑平　徐增豪）

【大型锻件热加工计算机模拟技术具有很大的实用价值】 12月，上海电气集团中央研究院新材料应用研究室在"大型锻件热加工技术优化调研分析"项目鉴定会上，用计算机模拟了大型锻件船用曲轴钢锭浇注凝固过程和曲轴材料热处理过程。通过模拟浇注凝固过程，在计算机上观察到钢水的浇注和凝固情况，根据钢水流动轨迹能间接反映夹杂物分布情况和缩松缩孔位置，并直接用场量图显示钢锭化学成分偏析，以及钢水浇注凝固过程中钢锭模温度变化等情况；通过模拟热处理过程，反映了材料在不同的奥氏体温度、冷却速度和化学成分下的不同的显微组织和性能。

热加工计算机模拟技术改变了传统的建立在经验基础上的"试错法"的研发模式，是以材料热加工过程的精确数学物理建模为基础，以数值模拟及相应的精确测试为手段，能够在计算机逼真的拟实环境中动态模拟热加工过程，形象地显示各种工艺的实施过程及材料形状、轮廓、尺寸及内部组织的演变情况、预测材料的组织和性能。经过计算机反复演算、修正和研究比较，最终得到的最佳模拟结果，是设计和制订大型锻件热加工工艺的重要参考依据，优化设计后的热加工工艺为大型锻件"一次制造成功"创造了良好的条件。热加工计算机模拟技术对于大型锻件新产品的开发，降低老产品的生产成本，具有很大的实用价值，在大型锻件制造厂家中值得推广和应用。

（魏　铮）

【基于图像检测的数字化精密曲线磨床具有完全自主知识产权】 该项目为上海市技术创新计划项目，由上海第三机床厂负责总体方案的制定以及机械装备、强电控制的开发研制，上海交通大学负责数字化控制与检测技术的研制开发；于2002年6月启动，2004年12月28日通过专家鉴定，与国际同类产品相比具有新颖性，整机综合技术在同类产品中处于国际先进水平；开发的图像在线检测点磨削技术的数字化精密曲线磨床具有完全自主知识产权。

该机床是一台具有图像识别技术，集机床在线检测和在线补偿、砂轮在线修整及开放式多轴数字化控制的多功能精密磨削加工机床，适用于各种精密复杂轮廓的加工，如凹凸模具、成型刀具、卡规、样板及滚轮等。该项目主要解决了基于图像在线识别的砂轮形貌和工件尺寸检测与误差补偿、数字控制与图像处理集成与视屏共享、砂轮磨头直线往复运动数字控制与驱动、复杂曲线（曲面）磨削过程中的砂轮法向跟踪磨削、数字化精密曲线磨削的控制等多项关键技术，申请了7项发明专利和1项实用新型专利，发表学术论文20余篇。

（范　灏）

【高精度电感位移传感器及其测量仪的研制与开发通过验收】 该项目由上海交通大学承担完成，于2005年通过验收，达到国际先进水平。该项目利用差动电感原理制成高精度电感位移传感器，将微小位移的变化转化为电感的变化，通过测量电路和微机系统实现数字和模拟同步双显示，具有扁平外形，可多台并列布置，同时具有和差运算、超差报警和信号输出及人性化操作等功能。该成果可用于工件尺寸、形位误差和位移的测量与检验，适合工业生产现场自动检测设备使用，特别适合空间狭小需多参数测量的场合，并兼顾计量室及车间计量站对工件检验的需要，具有广泛的应用领域。

（武雪萍）

【电能质量监测分析模型已成功应用】 上海交通大学与上海久隆电力科技有限公司合作开发了基于Web技术B/S三层体系结构的电能质量监测和分析系统，并将电能质量监测分析模型应用到该系统中。该项目提出了研究动态电能质量的现代谱估计方法，建立了基于Prony方法的动态电能质量分析模型，探讨了模型参数对建模的影响，提出了应用稀疏向量矩阵技术和盲辨识技术的改进Prony方法；应用小波软阈值对系统随机噪声进行去噪，有效抑制了噪声数据的影响，提高了分析方法对实测数据的适应性。该系统可对包括谐波、电压波动、频率偏差、电压凹陷、电压凸起、过电压、欠电压、瞬时脉冲、低频振荡、高频振荡和无功功率等多种电能质量扰动进行检测。2005年，该成果已成功用于上海市电力公司市区供电公司，为电能质量污染源的定位和治理提供依据，保障电网安全稳定运行，并获2005年度上海市科技进步二等奖。

（武雪萍）

【能量回馈型四象限运行交流变频电牵引采煤机国际首创】 由煤炭科学研究总院上海分院采用自主研发和引进技术集成创新的高技术产品——MGSY180/460－WD采煤机是世界上第一种能量回馈型四象限运行交流变频电牵引采煤机，也是国内第一种"一拖一"交流变频电牵引采煤机。2005年，该院在此基础上派生了MG200/456－QWD、MG200/500－QWD、MG250/600－QWD、MG300/700－QWD、MG400/920－QWD、MG450/1020－QWD等系列采煤机，开始用于≤50°煤层的开采。该系列采煤机采用了能量回馈型四象限运行交流变频调速、蝶型弹簧多层摩擦片湿式液压制动器和走轮专用轴承等关键技术。2005年，经煤炭信息研究所水平检索及函评专家评审，认为电牵引采煤机采用能量回馈型四象限运行交流变频调速属于国际首创。

对于大倾角煤层原来采用高落式、倒台阶、柔性掩护支架等落后的采煤方法，产量低，效率低，资源回收率低，且很不安全。四象限运行交流变频电牵引采煤机的研制，实现了对大倾角煤层走向长壁法开采，适用于倾角0～55°、厚度≥1.3m的走向长壁综采/综放工作面，可以高产高效，对提高煤炭资源回收率和煤矿的安全生产具有重大意义。

（郭　俊）

第六节　冶　金

【宝钢技术创新工作以知识产权为主线】 2005年，宝山钢铁股份公司安排科研开发项目662项，其中34项为超前技术、共性技术及可持续发展技术等重点科研开发项目；完成科研结题项目339项，形成科研效益9.46亿元，获得科技成果103项。10项科技成果分别在国家、冶金行业、上海市获奖，其中"宝钢高等级汽车板品种、生产及使用技术的研究"获国家科技进步一等奖，"钢帘线钢品种及工艺研究"获冶金科学技术一等奖，"张力减径机孔型及孔型系优化"获上海市科学技术进步奖一等奖。宝钢技术创新工作以知识产权为主线，积极推进"技术创新里程累计制"，逐步建立起以知识产权为基础的技术评价体系。全年共申请专利484件，其中，发明专利203件，实用新型的281件，审定技术秘密1 496项。以上所形成的科技成果不但在宝钢内部使用，还不断推向市场。全年完成技术贸易额达到8 100万元。

（徐克立）

【BRP技术研究实现宝钢产品的升级换代和炼钢技术新的飞跃】 宝钢BRP技术由宝山钢铁股份公司自主研发，并具有完全自主知识产权，是科研与技改相结合的重大技术革新项目。通过该项研究，满足了宝钢所有低磷钢种的冶炼要求，提高了产品纯净度，节约了炼钢生产成本，减少了炼钢总渣量，实现了宝钢产品的升级换代和炼钢技术新的飞跃。2005年，该项目通过验收，主要技术指标达到世界先进水平。

（徐克立）

【热轧过程控制系统集成、开发及在线实现技术填补国内空白】 宝山钢铁股份公司经过3年多研究，于2005年成功开发了适用于年产500万吨级的复杂、高速、高精度、多品种热轧生产线的过程控制计算机系统，包括粗轧、精轧与层流冷却设定控制数学模型。在热轧过程控制计算机系统集成、应用软件设计开发、过程控制核心模型、项目管理与系统切换投运四大类关键技术领域形成了一批具有自主知识产权的热轧过程控制新技术，已获得2项专利和36项技术秘密。通过近两年的在线运行表明，该系统完全能够满足2050热轧高产、多品种、高质量的要求，各项控制精度指标得到了显著的提高，达到了同类热轧生产线国际先进水平。"热轧过程控制系统集成、开发及在线实现"技术填补了国内大型热轧生产线控制技术计算机系统领域的空白，为热轧的可持续发展提供了有效支撑，同时也为自主开发三热轧过程控制计算机系统打下了坚实的基础。

（徐克立）

【不锈钢与碳钢热轧卷板混合轧制技术研究成功】 该项目是轧制工艺和生产管理一体化综合技术，于2005年通过验收。宝山钢铁股份公司针对不锈钢在压力加工中的特性，对各种牌号的不锈钢进行高温特性的基础研究；通过对不锈钢轧制计划的分类型，找出不同性质不锈钢在热加工中的加热、板形控制和表面质量控制的要素；研究不锈钢与碳钢在轧制机理方面的不同，采用混合轧制方法改善产品的表面质量。该项目形成了不锈钢高温析出、不锈钢高温性能及热轧工艺、混合轧制的各项接续基准、混合轧制的方式、轧辊磨损和在线的质量控制六大关键技术，经现场应用效果明显，混合轧制的不锈钢生产量已经突破15万吨，质量水平完全达标，不锈钢的热轧综合成材率达到98%以上，轧辊的消耗降低到0.8kg/t以下。

（徐克立）

【连铸轴承钢工艺流程及其工艺技术开发成功】 该项目属连铸技术在轴承钢中的应用，于2005年通过宝山钢铁股份公司验收，在国内率先开发的小方坯连铸轴承钢技术已获得国家发明专利。该项目(1)在压缩比达到9.98的条件下，使连铸轴承钢的接触疲劳寿命和轴承疲劳寿命可与模铸材相媲美。(2)在现有的100t电炉—100t钢包炉—100t真空炉—5机5流连铸机生产线和17机架半连续轧机生产线、横列式500轧机生产线的工艺装备条件下，开发了连铸轴承钢工艺流程及其工艺技术，已累计生产2万多吨。

该项目主要进行了轴承钢钢液连铸前的纯净化研究；轴承钢钢液连铸工艺研究（包括过热度、电磁搅拌、二冷强度、拉速）；轴承钢连铸坯的加热与轧制压缩比研究；轴承钢连铸材的专用标准研究；轴承钢连铸材与模铸材的穿管与承载寿命比较研究；轴承钢连铸材与模铸材的接触疲劳寿命比较研究；轴承钢连铸材与模铸材的轴承疲劳寿命比较研究。

（徐克立）

【焦炉长寿技术通过验收】 焦炉长寿技术是一项综合性技术，包括焦炉砌筑和耐火材料质量、烘炉质量、生产操作管理情况、热修和铁件管理情况、焦炉热工制度、焦炉设备情况等。上海梅山有限公司在延长焦炉寿命方面进行了全面研究和开发，特别是焦炉炉体的维护，采用半干法喷补技术加强炉体检查维护，同时严格按焦炉技术管理作业，保证了焦炉正常生产。该技术应用在焦炉上，可以延长焦炉使用寿命，减少大修资金投入，提高焦炭产量，减少外购焦炭，保证公司焦炭和煤气平衡；能及时修补焦炉炭化室炉头和熔洞，密封炉体，减少焦炉冒烟，有利于环保；减少进口泥料和备件的外汇支出。2005年，1号焦炉的寿命在国内名列前茅。该技术还被推广应用到上海浦东焦化厂、水城钢铁（集团）公司、镇江焦化厂等其他焦化企业，修补老焦炉，得到普遍好评，社会效益巨大，于2005年通过宝山钢铁股份公司的验收。

（徐克立）

【宝钢运输管理信息系统实现运输信息的闭环管理】 该系统主要针对宝钢这座特大型运输企业的运输管理而开发的计算机管理系统，主要包括运输生产、设备、成本、绩效等诸方面，覆盖了宝山钢铁股份公司的汽车、铁路、水运、仓储等运输专业的计划编制、作业指令下达、实绩数据收集、统计分析、商务委托结算、成本绩效核算、财务报支抛账、汽车网上委托、码头装卸理货、运输设备合同管理、维修计划、点检等管理，与11个周边及上下位系统连接，实现了数据共享。该系统实现了运输调度业务的扁平化管理，剔除了冗余的管理环节，工作效率和客户满意度得到了提高，经济效益显著，于2004年1月正式投运，从系统运行情况看，达到和超过设计要求，实现了运输信息的闭环管理，为宝钢股份公司跨越式发展奠定了基础，并为钢铁业物流运输信息化管理进行了有益探索，有推广使用价值，于2005年通过宝山钢铁股份公司的验收。

（徐克立）

【高强度全密封热轧矫直机支承辊超越进口技术】 该项目针对原有热轧矫直机支承辊承载能力不足，不能满足高强度钢板生产（500Mpa≤σs≤700Mpa）需求的现状，以及密封性能差、使用周期短、修复和维护性差等缺点，研制了系列新型的一体化支承辊单元。该单元刚性和强度高、寿命长，满足了生产高强度钢板的要求。其主要创新点为：通过改变支承辊材料和支承辊的结构，大幅提高支承辊的额定动载荷；通过改变原有的支承辊密封形式，杜绝支承辊油脂泄漏对钢板表面的污染，实现支承辊的免维护管理；将支承辊和轴承形成单元，确保支承辊整体的刚性和精度；通过提升支承辊座制造精度，并对支承辊在不同支承辊座上对外径、游隙和安装孔的合理选配，保证工作辊和支承辊良好的接触状况；通过有限元模型模拟实际使用工况，模拟辊面接触应力分布，在实际使用中优化接触应力分布。该项目在宝钢现场应用中产生年经济效益5 000余万元，并获得5项专利和4项技术秘密。该支承辊技术已超越进口技术，具有良好的推广前景，于2005年通过宝山钢铁股份公司的验收。

（徐克立）

【开发成功深冲热轧酸洗钢带替代冷轧钢板】　深冲热轧酸洗钢板和钢带是为了满足制造行业降低生产成本，用热轧酸洗钢板替代冷轧钢板（以热代冷）的需求而发展起来的热轧品种钢，具有优良的塑性，成形性能达到相应冷轧钢板的实物水平。但由于热轧钢带轧后冷却速度较快，与普通冷轧钢板成分相同的热轧钢板，其组织细小、屈服强度比冷轧钢板高，塑性降低，很难代替冷轧钢板使用。该项目通过研究化学成分对性能的影响，采用合适的成分，特别是加入微量特殊元素和严格的热轧工艺，控制铁素体的相变，使生产的钢带具有合适的晶粒尺寸，解决了热轧钢带的屈服强度高、塑性低的问题，并解决了热轧酸洗生产过程易出现横折缺陷，冲压性能达到冷轧钢板 08Al、ST13、ST14 的水平，成功替代冷轧钢板，大量用于汽车和空调压缩机行业，订货量逐年增加，在以热代冷方面有着广阔的推广应用前景，为企业和社会创造了显著的经济效益，于 2005 年通过宝山钢铁股份公司的验收。

（徐克立）

【高耐蚀食品罐镀锡板生产工艺研究使产品合格率达 100%】　食品罐用途的高耐蚀镀锡板是国际公认的镀锡板精品，其耐蚀性要求很高，工艺复杂，生产难度极大。该项目是为提高宝钢镀锡板精品质量而开展的镀锡生产工艺研究、开发和改进项目。通过对高耐蚀食品罐镀锡板的原板成分、组织结构、耐蚀性、生产工艺以及不同种类的食品罐实罐综合研究，改进和开发了高耐蚀镀锡板的生产工艺，提高了 K 板的耐蚀性，释放了 K 板的产能，并形成了蘑菇罐专用材的低铬铁生产工艺。该技术已稳定应用于镀锡生产现场，产品的合格率提高至 100%，产品质量也达到世界一流水平，对宝钢高档镀锡板的稳定生产和市场拓展起了极其重要的作用，于 2005 年通过宝山钢铁股份公司的验收。

（徐克立）

【高纯净钢生产技术使钢水纯净度控制水平又上新台阶】　该项目通过研究，获得了钢水炉外氧化脱磷技术、转炉冶炼低氮钢和低磷钢技术、RH 脱碳动态模型建立、中间包全氧控制技术、LF 炉喂 Ti 丝技术、高碱度中间包覆盖剂开发、无碳包底及渣线耐材开发等一系列专项成果，申请专利 4 项，审定技术秘密 10 项；并进行了数十炉次的高纯净 IF 钢、管线钢冶炼联动试验，解决了各工序间配合关系、杂质元素相关制约关系、净化后的钢水再污染等问题，综合水平达到了国际先进，于 2005 年通过宝山钢铁股份公司的验收。高纯净钢生产技术的开发成功，使宝钢钢水纯净度控制水平又上了一个新台阶，达到了国际先进水平，形成的批量生产高纯净钢、超纯净钢核心技术，在宝钢高端产品的生产中发挥了重要作用，具有巨大的实用价值。

（徐克立）

【高强度集装箱用钢实现批量工业生产】　该项目通过实验室深入研究，掌握了屈服强度 600MPa 和 700MPa 钢种生产的关键技术诀窍，突破了 2050 轧机品种的强度极限，以轧后的冷却和卷取过程中的析出强化为主要强化手段，将轧制时的低强度和产品的高强度结合起来，顺利在宝钢实现批量工业生产。该钢种系列具有优异的成型性能、焊接性能和稳定的质量，是当前宝钢热轧品种中附加值最高的一类。以该高强度钢系列替代传统钢种制造集装箱、工程机械等装备的结构件，可以实现减薄和减轻构件自重，提高效率和降低能耗，促进了社会经济的可持续发展。该项目于 2005 年通过宝山钢铁股份公司的验收。

（徐克立）

【宝钢高性能钻杆综合技术指标达到国际先进水平】　钻杆是油井管中服役条件最苛刻、生产难度最大、质量要求最高的产品。该项目针对钻杆的管体刺穿与母接头纵裂两大主要失效模式，进行了失效分析、有限元分析及断裂力学分析，确定了失效机理与失效原因，并找出避免失效的主要抗力指标为钻杆的 Miu 长度、冲击韧性以及直度；围绕这三项指标，开展了一系列工艺技术研究，最终使宝钢钻杆以 Miu 长度、冲击韧性以及直度为代表综合技术指标达到国际先进水平，并连续在塔里木油田钻成两口世界上钻井难度最高的山前井；同时，还研究突破了钻杆生产的工具接头超声波探伤、工具接头热处理、焊缝精加工等瓶颈工序，使钻杆产能由 5 000t扩大到15 000t。该项目于 2005 年通过宝山钢铁股份公司的验收。

（徐克立）

【高速带钢孔洞检测系统通过验收】　该系统是宝钢股份公司自主开发的国内第一套用于高速带材孔洞缺陷在线检测装置；是运用先进的机器视觉检测技术，采用高速线扫描摄像机作为图像传感器，用高性能 LED 作为透照光源、半导体激光作为反射光源构成创新性的复合照明系统；以其高效、先进的图像处理和模式分类软件，实现了在恶劣环境下，对运行速度高达1 600m/min的冷轧带钢孔洞缺陷的全范围全天候在线检测；不仅能够以100%的准确率检出带钢上任何位置直径25mm^{2}以上的孔洞缺陷并报警，还能够形成包括缺陷图像、钢卷信息和缺陷位置的报表。该系统已在宝钢1420酸轧联合机组长时间稳定使用，并具备了产品化和技术输出的条件，不仅可应用于带钢等金属带材，还可应用于纸张等非金属带材的孔洞检测，应用前景十分广泛，于2005年通过宝山钢铁股份公司的验收。

（徐克立）

【2030冷轧CAPL机组改造后达到国际领先水平】

该机组作为国内第一条、世界第一代的连续退火机组，为宝钢创造了大量的经济效益。近年来，为了进一步拓展品种、提高产品质量、赶超世界先进水平，该项目组从2001年开始，对该机组进行了全线三电系统升级、增设高速喷气冷却装置、提高加热能力和通板稳定性、改造平整机、更新焊机和圆盘剪等相关技术改造工作。整个改造项目采用以宝钢为主，从国外引进关键设备，生产工艺和控制方案由宝钢自主集成的方式进行。至2003年改造工作胜利完成，机组品种和规格得到拓宽，通板性能得到整体改善，产品质量大幅提高，并在自主知识产权方面得到重大突破，共形成技术秘密16项，专利4项，经宝钢公司经济效益评审组审核，项目年创经济效益3 194万元，大大提高了产品的竞争能力，使该机组达到国际领先水平。该改造项目于2005年通过宝山钢铁股份公司的验收。

（徐克立）

【汽车电器用新型高导电率铜合金材料研制成功】

汽车工业发展迅猛，人们对汽车的安全、节能和舒适性要求越来越高，为了满足汽车轻量化和车内空间最大化要求，汽车电器集成度不断提高，小型化趋势明显，从而对用于制作连接器和接插件的铜及铜合金材料提出更高的性能要求。

上海科泰铜业有限公司通过在纯铜中添加镁、磷等合金元素，并采用水平连铸和冷轧生产工艺，成功开发出汽车电器用新型高导电率铜合金材料JC3。该材料具有机械强度高、抗应力松驰性好、导电率高和软化温度高等特点，与国内传统的磷脱氧铜TP_2、普通黄铜H65和锡磷青铜QSn6.5－0.1等汽车电器材料相比，综合性能优势明显。

该产品提供给有关汽车电器生产企业试用，效果良好，可取代进口的C15500铜合金材料，填补了国内在高温、高导电率、高强度汽车电器用铜合金生产方面的空白，于10月通过上海市引进技术的吸收与创新计划项目验收，达到国际同类产品的先进水平，并已申请发明专利。

（赵晓峰）

第七节　化　　工

【第一届中日聚合反应工程与混合技术会议】 该会议由中国化工学会化学工程分会、日本化学工学协会主办，华东理工大学承办，以探讨混合技术的运用、聚合反应工程工艺和流体力学分析在混合反应工程领域上的应用等问题，于11月29日在华东理工大学召开。19位日本学术界人士和40位中国专家出席了会议。加拿大Tanguy教授、印度Pandit教授、英国DingPing博士等作了聚合反应工程、流体混合技术、CFD模拟三部分组成等学术报告。会议共收到论文38篇，其中日方19篇，中方19篇。

（孙凯文）

【中日高分子合金学术交流会】 9月20日，华东理工大学举行中日高分子合金学术交流会。邀请了日本东京工业大学西敏夫教授、日本山形大学井上隆教授、香港城市大学李国耀博士及华东理工大学吴国章教授等讲演。西敏夫采用三维透射电镜等现代技术展示了聚合物纳米技术在工程应用领域的进展；井上隆讲述了在日本纳米技术中产生的新颖聚合物合金；李国耀对柔性聚合物的破裂进行了分析；吴国章讲述了纳米粒子在多相多组分体系中的自组装行为。

（孙凯文）

【第十七届国际氟化学会议】 该会议于7月25日在上海召开，由中科院上海有机化学研究所卿凤翎教授主持，来自世界28个国家和地区的300余位氟化专家参加会议。主要探讨氟化学今后的发展方向，特别是有关含氟化合物在生命科学及材料科学中的应用、氟化合物对环境的影响和对策等。中国是一个氟储量大国，萤石的储量占到世界的1/3；上海已成为中国有机氟化学和含氟材料的重要研究基地，但一些技术含量高的含氟产品仍需进口。该会议是氟化学界惟一的国际会议，每三年召开一次。

（杨慧娜）

【低成本高效率纯化聚合原料的研究通过验收】 该项目是国家"863"计划项目，由中科院上海有机化学研究所承担，于10月通过专家验收。该项目成功运用吸附交换的原理，通过筛选各种离子交换树脂以及纯化条件，使D001和D315大孔型离子交换树脂，在短时间（1个工作日）内低成本地纯化碳纤维的聚合单体丙烯腈和溶剂二甲基亚砜。纯化后聚合原料中铁离子含量小于1.0ppm，铁、碱金属、碱土金属离子总含量小于10ppm；有机杂质总含量小于50ppm；纯化收率大于95%。同时，通过使用紫外光谱，发展了合适的测试体系，可快速、准确地检测丙烯腈和二甲基亚砜中镁、钙、钾、铁金属离子的含量。该项目创制的纯化技术成本低廉，收率高，大大降低了碳纤维的生产成本，有力地促进了碳纤维的国产化，具有良好的应用前景，并已设计制造了相应的中试设备，即将进行中试。

（杨慧娜）

【新型烯烃聚合催化剂的中试及工业化应用研究通过验收】 该项目是国家"863"计划项目，由中科院上海有机化学研究所承担，于11月通过专家组验收。该项目针对工业化的需求，从催化剂的负载化工艺、稳定性、结构可控性、减少助催化剂用量、降低主催化剂成本、产品力学性能及应用领域等方面进行了深入的研究，成功进行了主催化剂的合成路线优化及中试生产研究，建成了负载型非茂金属催化剂制备中试装置和适合工业化的连续式淤浆聚合工艺中试装置，并进行了中试生产，已得到数百千克聚合物产品。STS系列催化剂在上述方面均能满足工业化的需求。该成果已申请了4项国家发明专利和1项国际发明专利，并有2项国家发明专利得到授权。该项目创制的催化剂技术已能够生产高性能的高密度聚乙烯，攻关研究表明，还可生产结构可控、性能可调的线形低密度聚乙烯产品，具有很好的工业化应用前景，为该系列催化剂的工业化生产奠定了坚实的基础。

（杨慧娜）

【国内首家腈纶专业研究所在上海石化成立】 3月，国内首家腈纶专业研究所——上海石化腈纶研究所成立。上海石油化工股份有限公司是国内第一、世界第二的腈纶生产商。经过近30年努力，上海石化腈纶在科技创新、品种研发等方面始终走在国内同行的前列，已拥有国内腈纶行业惟一具有自主知识产权的年产3万吨硫氰酸钠二步法腈纶工程化成套技术，以及包括30多个品种系列和凝胶染色在内的十余项新产品和相关技术。为巩固并继续保持上海石化腈纶现有优势而成立的上海石化腈纶研究所，将通过研发力量和机制的有效整合，为企业提供科技创新和发展的平台，在提高科研队伍自主创新能力的同时，加快基础研究和科研成果的转化。该研究所下设技术开发、新产品开发和碳纤维开发3个研究室，分别以跟踪世界腈纶发展趋势、研究和改进现行工艺路线中存在的问题、对现有产品进行升级换代、有针对性地完成技术攻关，以及质量改进为职能定位。

（高新梅）

【年产80万吨PTA成套技术的开发具有自主知识产权】 12月，由上海石油化工股份有限公司开发的年产80万吨PTA（精对苯二甲酸）工艺包和成套技术通过中国石油化工集团公司的技术验收，达到国际先进水平，可用于国产化世界级规模的PTA生产装置。这项具有中国石化自主知识产权的成套技术开发成功，使上海石化在国内第一家打破了长期以来PTA技术由国外少数大公司垄断的局面。

该项目是中国石化"十条龙"科技攻关项目。上海石油化工股份有限公司涤纶事业部与中国石化集团上海工程有限公司合作，华东理工大学等高校共同参与，对氧化反应器等一系列主要单元过程进行系统研究和工艺流程优化，已形成专有技术15项，申请专利5项，其中3项已获授权。

上海石油化工股份有限公司于1984年从日本成套引进年产22.5万吨PTA装置；1993年开始进行引进装置的扩能探索；2001年完成从年产22.5万吨增量至30万吨的技术改造；2004年10月再次完成扩产改造，年产能由30万吨增至40万吨，装置主要原料单耗和综合能耗达到国际水平。在此过程中，该公司结合20多年的PTA生产经验，通过自主创新，在PTA技术开发方面实现了"三级跳"：先后形成了年产30万吨PTA技术，年产40万吨PTA自有技术，国产化年产80万吨PTA装置工艺包和成套技术。

（高新梅）

【超高速BOPP薄膜专用料研制开发达到国际先进水平】 2002年7月，在国家"973"项目的支持下，上海石油化工股份有限公司开发出了F280S新产品，每分钟加工速度达到350m，并迅速实现放量销售，打破了国外产品一统天下的局面，取得了较好的经济和社会效益，并先后获得中国石油化工集团公司科技成果一等奖、国家科技进步二等奖。之后，上海石油化工股份有限公司继续围绕BOPP专用料的超薄、高速，在催化剂、聚合工艺、添加剂配方等方面进行不懈的努力，于2005年5月，开发成功每分钟加工速度达450m的超高速BOPP（双向拉伸聚丙烯）薄膜专用料。

（高新梅）

【上海石化加工含硫原油改造工程通过竣工验收】 12月，上海石化加工含硫原油改造工程通过竣工验收。该工程提高了上海石油化工股份有限公司加工进口原油的灵活性，增加了含硫原油的加工能力，并能增产柴油和高质量的清洁燃料，为该公司原油年加工综合能力达1 000万吨的目标奠定了基础，同时还为公司两套乙烯装置提供了优质原料。

该工程为上海石油化工股份有限公司对原有的炼油装置和设施进行改扩建二期工程中的余下部分（年产120万吨柴油加氢精制装置已在2000年建成），包括年产150万吨加氢裂化、每小时产28 000标准立方米制氢、年产5.4万吨干气脱硫、年产80万吨航煤临氢脱硫醇和年产4.2万吨硫磺回收等五套装置及配套设施。于2001年3月开工建设，2002年8月建成投产。经过3年试生产运行，各装置总体运行平稳，设备运转正常，经过考核，产品产量等各项技术指标均达到设备指标，配套的公用工程设施满足各装置的运行需要，设计质量、施工质量、设备制作质量良好，工艺技术与控制系统先进。

（高新梅）

【上海石化煤代油（二期扩建）工程通过验收】 上海石油化工股份有限公司热电总厂煤代油（二期扩建）工程于2000年8月开工，2002年5月全面建成投产，工程建设周期短、质量好、投资省。在为期3年的生产运行期间，经过机组性能考核，各主要指标均达到或优于设计值，工艺技术和控制系统达到国内先进水平，于2005年12月通过中国石油化工集团公司组织的竣工验收。

该工程投资近8亿元，是上海石化四期工程的主要配套项目，第一单元为2台310t/h循环流化床锅炉配置1台10万千瓦双抽凝汽式汽轮发电机组，可新增10万千瓦供电能力及100t/h中压蒸汽和150t/h低压蒸汽的供热能力，基本满足了上海石化四期工程投产后增加的热电负荷。同时，由于该工程采用了环保型的CFB锅炉，每年可燃用焦化装置产生的副产品——高硫石油焦28万吨，不仅使资源得到了充分利用，而且还为石油焦解决了综合利用问题，既保护了环境，降低了生产成本，又为扩大再生产提供了能源保障，取得了经济和社会效益的双赢。

（高新梅）

【上海石化污水回用装置投入使用】 12月，上海石化环境保护中心污水回用装置建成投入使用。该装置每年可提供回用水近200万吨，节约费用近75万元，减少污水排放200万吨，环境效益和经济效益良好。该装置的工艺技术由上海石化环保中心自行开发，以上海石化二级处理达标排放污水为源水，采用一系列新工艺，每小时可处理污水250m^3。处理后的回用水主要替代原环保中心的工业用水，同时还可用于景观和绿化等。该项目的顺利实施为上海石化环保中心的生产装置全面实现回用水替换工业用水应用创造了必要条件，也为全面推广污水回用，提高资源利用效率，实现节水减排，进一步推行清洁生产，创建节约型企业提供了有效的技术支撑。

（高新梅）

【上海石化首次向俄罗斯输出技术】 12月，由23名上海石油化工股份有限公司技术人员组成的专家团，圆满完成向俄罗斯技术输出任务回国。在他们的帮助下，俄罗斯一套"沉睡"了20年的PTA装置焕发了生机。该PTA装置是俄方20世纪80年代从日本引进的，由于俄罗斯社会体制和经济体制的变革，搁置了整整20年。俄方为"唤醒"这套装置，曾到日本寻求技术支助，但因设备搁置时间长、运行可靠性差，并需投入巨资更换设备等因素没能成功，最终把目标转向已成熟掌握PTA运行技术的上海石油化工股份有限公司。在开车过程中，上海石化的专家们通过制订科学的开车方案，进行生产现场调试和设备整修，经过两个多月的努力，克服了一系列困难，终于使该装置开车一次成功，并通过了72小时的考核期运转。为完成此次技术输出，上海石油化工股份有限公司涤纶事业部还先后为俄方培训了两批共50多名技术人员和操作人员。

（高新梅）

【超高温煤气化特性及煤种适应性研究通过验收】该项目由华东理工大学化学工艺研究所和中国石化宁波工程有限公司共同承担，于2005年通过中国石油化工股份有限公司主持的专家验收。该成果建立了气流床高温煤气化评价装置，对国内典型煤种的气化特性进行了评价研究；考察了不同气氛条件下煤灰熔融特性的变化规律、微量元素的逸出行为和氯化物的生成规律，为气流床气化炉操作条件的确定、气化用煤的筛选提供了数据。此外，该项目还对中国石化集团公司下属的巴陵分公司、湖北化肥分公司和安庆分公司3个煤代油项目推荐的4种候选煤种进行了适应性评价。该成果具有创新性，对Shell工艺煤种的选择具有指导意义和应用价值，对其他高温煤气化工艺具有借鉴作用。

（孙凯文）

【乙烯裂解炉管表面改性延寿技术研究通过验收】该项目是上海市教委曙光计划项目，由华东理工大学会同扬子石化股份有限公司，经过4年的协同攻关，于2005年通过了上海市教委主持的专家验收，每台乙烯裂解炉年新增利税及节资700余万元。该成果发明了可以获得HK40钢优势渗铝表面层的两段法固体粉末渗铝新工艺，在高温下可提高渗速约61%，且不需气氛保护，简化了渗铝工艺。渗层显微硬度分布平缓、脆性小、表面质量好。改进与整体优化后的新炉管系统在高温下运行时弯曲变形大大减小，延长了裂解炉运行周期，提高了经济效益。

（孙凯文）

【以粉煤灰为原料制造超细纤维的方法实现产业化】　华东理工大学材料学院经过多年的探索，将工业粉煤灰或煤炭燃烧固态残留物添加必要的助剂和水，经拌和造粒后，在高温下熔化，再经过加压，由多空喷丝板熔融喷出成丝，通过冷却和表面处理，制得超细的无机纤维，在造纸、隔热、隔音、保温、保冷、绝缘材料、吸附材料、脱色材料、密度板材料、路面沥青膨胀纤维材料等方面都有很好的应用价值。

国内有许多火力发电厂和相关烧煤量大的工厂，每天都会产生大量煤渣，除了少部分用于搅拌水泥及做砖以外，大部分还需要企业花钱去填埋。利用该技术，1.5t粉煤灰可造1t纸，不仅使废弃物得到利用，而且还能产生可观的经济效益，同时还起到了节省原木耗费，保护森林资源的积极作用。该技术已获得国家发明专利公开号，并被厦门榕兴纸业制造公司买断，已建成年产5万吨的粉煤灰造纸厂，于7月投产。

（孙凯文）

【延迟焦化冷焦水封闭循环利用集成技术在20多家企业推广运用】　该技术是华东理工大学在上海市科技发展基金资助下开发成功，具有普适性，于3月通过上海市科委主持的专家验收。

该项目开发出由液－液混合器、重力沉降罐、焦粉旋流器、重油旋流器、密闭冷却器、焦炭塔等构成的冷焦水封闭循环处理集成的清洁生产工艺，使重污油回炼率达到90%，水循环利用率达95%以上，焦粉全部回用，处理后的水温小于50℃，作业区域臭气浓度达到国家有关规定。该成果申请了6项发明专利（1项已授权），1项实用新型专利；建成了两套100万吨/年延迟焦化装置配套的冷焦水封闭循环利用工程，并已在国内20多家石化企业中推广应用，取得了显著的社会、经济效益。

（孙凯文）

【丙烯气相一步氧化制环氧丙烷的新型催化剂研究通过验收】　该项目是上海市基础研究重点项目，由华东理工大学承担完成，于12月1日通过了上海市科委组织的验收。环氧丙烷是一种重要的有机化工中间体，是生产聚胺酯的主要原料。工业上主要采用氯醇法和Halcon法进行生产。氯醇法设备腐蚀及生产排污严重；Halcon法流程长、成本高且有大量联产品生成。采用分子氧（空气）作氧化剂、在固体催化剂上进行的丙烯气相一步氧化制环氧丙烷是最经济、最理想的工艺，但也是催化领域尚未解决的最具挑战性的课题之一。

该项目首次将用于乙烯环氧化的银催化剂与Halcon法生产环氧丙烷的钼基催化剂有机结合起来，制备了系列$Ag-MoO_3$及$Ag-MoO_3/ZrO_2$催化剂，用于丙烯气相一步氧化制环氧丙烷反应，并详细考察了助剂、载体、改性剂、原料气组成和反应操作条件对催化剂环氧化性能的影响。运用 XPS、XRD、SEM、N_2 吸附、NH_3/CO_2 – TPD 及原位 FT – IR 等多种表征技术对催化剂的电子特性、物质结构、表面酸碱性和反应物及产物的吸附行为进行了系统研究。由此，阐明了烯丙基吸附态的生成、抑制及对环氧丙烷生成的影响规律，以及催化剂组成、载体、制备方法对抑制烯丙基吸附态生成的作用；提出了多种提高环氧丙烷选择性的方法和工艺条件；发明了对丙烯环氧化具有高选择性的催化剂制备技术，为丙烯气相一步氧化制环氧丙烷催化剂的进一步研究和开发提供了理论依据和技术支持。该项目共申请国家发明专利 2 项，其中获得授权 1 项，在国内外核心期刊和国际学术会议上发表学术论文 14 篇(其中 SCI 和 ISTP 收录 12 篇)。

（孙凯文）

【常减压塔顶冷凝系统防腐蚀涂层的研究开发达国际先进水平】 该项目由华东理工大学机械与动力工程学院承担完成，于 11 月通过了中国石油化工股份有限公司主持的验收，为国内首创，整体技术达到国际先进水平。

该项目深入研究了氟塑料涂层加工成型工艺和氟塑料涂层换热器的制造工艺，攻克了在细长管束中制备氟塑料涂层等一系列难关，确定了制备高质量的氟塑料涂层换热器的工艺参数和技术路线，利用氟塑料的高度化学稳定性和极低的表面自由能性质，研制出耐腐蚀、防结垢氟塑料涂层换热器。通过在中石化高桥分公司炼油事业部常减压装置冷换系统现场使用证明，氟塑料涂层换热器耐腐蚀性和抗结垢性能良好，总传热效率达裸钢管的 85% 以上，较好地解决了该系统严重的腐蚀和结垢问题，有很好的推广应用前景。

（孙凯文）

【水氯镁石先进脱水工程技术研究开发及低耗电解技术实验室研究为镁资源开发作贡献】 该项目是国家“十五”重大科技攻关项目，由华东理工大学和青海盐湖镁业有限公司共同承担，于 11 月 21 日通过中国有色金属工业协会组织的专家验收。该项成果为青海察尔汗盐湖地区镁资源的开发利用奠定了坚实基础，建设大规模工业化装置具有显著的经济、社会和生态效益。

华东理工大学与青海盐湖集团紧密合作，以青海察尔汗盐湖水氯镁石为原料，在国内首次提出反应结晶耦合法水氯镁石脱水工艺，系统研究了反应结晶耦合工艺中的相关脱水理论，完成了实验室小试、中试及工业试验，在关键技术上取得重大突破，开发了具有自主知识产权的反应结晶耦合脱水核心技术，并成功进行工程化放大，建成了年产1 500t 无水氯化镁示范线，获得了质量优异的无水氯化镁，含量大于 98.5%，水和氧化镁含量均低于 0.5%，在全国独树一帜，为盐湖镁资源开发作出了重要贡献。

华东理工大学开发的具有自主知识产权的“六水氯化镁反应—结晶耦合脱水技术及其工业装置”，作为盐湖产业链建设的核心技术之一，具有脱水条件温和，无水解副反应，产品品位高等特点。由于整个工艺过程不需氯化氢、氯气等有毒有害气体参与反应，生产过程对环境非常友好。该工业示范装置的成功运行，使中国成为继挪威、澳大利亚之后的少数几个建有水氯镁石脱水工业装置的国家。

（李玉俊　孙凯文）

【碳一化工与羰基合成重大工程技术及关键产品项目完成中期目标和任务】 该项目是上海市科教兴市重大产业科技攻关项目(参见《2005 上海科技年鉴》第 139 页)，由上海华谊集团焦化有限公司承担，2005 年取得丰硕成果，共申请 8 项发明专利，并于 12 月通过了由上海市经委主持的中期评估，与会专家一致认为项目已完成中期目标和任务。该项目的重要组成部分——羰基合成醋酐模试获得成功，进入科技攻关转向产业化的重要一步，装置运行良好，已完成 2 万吨/年羰基合成醋酐工业试验装置工艺软件包的编制工作；9 月，全面进入产业化阶段，开始编制 2 万吨/年羰基合成醋酐装置的基础设计。在项目开发过程中，上海市委副书记殷一璀、上海市人大主任龚学平、上海市副市长胡延照等领导多次莅临羰基合成模试中心考察并指导工作。另两个子项目——羰基合成醇类烯烃氢甲酰化模试装置已打通流程，新的催化剂配体连续攻关试验有了突破；SDMO 模试装置工艺也已完成开发工作。

（吕　蔚）

【丙烯氧化制丙烯酸催化体系的高空速工艺提高反应速度 50%】 上海华谊集团丙烯酸有限公司于 2002 年成功开发出具有自主知识产权的万吨级丙烯酸生产工艺技术。在此基础上，该公司经过两年的努力，在新建的催化剂评价平台上，成功开发出高空速氧化催化工艺，将反应速度提高50%，应用该技术可使单套生产装置的生产能力提高近一倍。2005年，该公司将新的高空速催化工艺技术应用于原产能为6 000t/年的丙烯酸工业化试验装置，丙烯酸的产能增加50%，超过9 000t/年，形成了新一代丙烯酸生产工艺软件包和自主知识产权。该项目所形成的新的丙烯酸高空速生产工艺，将大幅度提升国内丙烯酸工业的技术水平，填补国内丙烯酸行业的空白。在国内现有的装备加工能力下，应用该项成果可提高丙烯酸单线生产能力，减少设备投资，增加丙烯酸的生产能力，满足日益增长的丙烯酸及酯的需求。

（吕　蔚）

【400万升陶瓷催化剂载体生产高技术实现产业化示范工程】　该项目采用中科院上海硅酸盐研究所的堇青石蜂窝陶瓷载体先进生产技术，通过引进关键成套蜂窝陶瓷生产设备，在南京市高淳经济技术开发区建成年产400万立升陶瓷催化剂载体生产线，以满足汽车工业发展和国家环保的要求。2005年，该项目第一批生产工艺装备已安装到位，初步形成年产100万升蜂窝陶瓷载体的能力；完成了对生产装备及配套生产条件的评估，建立了实际生产环境和条件下的生产工艺、技术方案。产品性能评估显示，各项物理化学性能均达到和超过合同规定的技术指标，轴向抗压强度＞12MPa，轴向热膨胀系数＜1.45×10^{-6}/℃，容重＜$0.50g/cm^3$。

同时，正在实施进一步的技术和产品升级，将联合企业推动大规模生产技术的应用，生产能够满足国际和国内市场需求的，热膨胀系数为10×10^{-7}～15×10^{-7}/℃的蜂窝陶瓷载体产品，逐步实现进口产品的替代。

（王若钉）

【两项用于丙烯腈工艺新技术的开发应用】　中国石化上海石油化工研究院在第一代丙烯腈精制回收率（94%）技术的基础上，通过冷热模研究，并在千吨级工业装置试验，研究了气液传热和流场分布，开发了丙烯腈急冷塔气相段新型内构件，通过优化急冷塔工艺参数，进一步提高急冷塔的气液传热效率，增强急冷效果，有效降低急冷塔内丙烯腈在气相中的聚合损失，形成了第二代提高丙烯腈精制回收率（96%）技术。该技术在齐鲁石化4万吨/年丙烯腈装置工业试验，装置运行平稳，产品质量稳定，外排污水中聚合物总量减少，装置丙烯腈精制回收率达到了96.1%，有效地增产丙烯腈产品，于4月通过了技术验收。该项专有技术能有效提高国内丙烯腈引进装置的精制回收率，对提高国内丙烯腈技术的整体水平以及企业的挖潜增效具有重大意义。

另外，上海石油化工股份公司13万吨/年丙烯腈装置在应用上述技术的同时，还使用了中国石化上海石油化工研究院开发的新一代清洁型SAC－2000丙烯腈催化剂，于9月10日开车，装置运行平稳。该催化剂已通过中国石油化工股份公司组织的技术鉴定，并首次在国内大型石化企业生产装置整体应用，具有反应温度低、负荷高、更清洁的特点。

（潘　波）

【GS－08M乙苯脱氢制苯乙烯催化剂工业应用试验通过鉴定】　该项目由中国石化上海石油化工研究院与中国石化广州分公司共同承担，于6月通过了中国石油化工股份公司组织的技术鉴定。GS－08M催化剂在中国石化广州分公司8万吨/年苯乙烯生产装置工业应用试验结果表明：乙苯总转化率达到65%，苯乙烯选择性大于97%，催化剂性能和苯乙烯产量均创历史最好水平；GS－08M催化剂已运行26个月，超过了GS系列苯乙烯催化剂历史最长运行记录，使用寿命与进口催化剂相当。

此外，由上海石油化工研究院开发以GS系列催化剂为核心技术的8万吨/年苯乙烯成套工艺技术已先后转让给中国石油锦州石油化工公司、海南实华嘉盛化工有限公司、中国石油华北石油管理局等企业，建设了苯乙烯新装置，将于2006年陆续投料开车。因此，GS系列催化剂对苯乙烯成套技术的国产化具有重要现实意义。

（潘　波）

【SHP系列裂解汽油加氢催化剂在多家石化企业应用】　2005年，由中国石化上海石油化工研究院研制的SHP－01F全馏分裂解汽油一段选择性加氢催化剂（参见《2005上海科技年鉴》第137页）在中国石化广州分公司20万吨/年裂解汽油加氢装置上进行工业试验，装置运行3个月后，于3月29日第一次进行装置高负荷48h标定；5月27日，进行装置正常负荷72h标定；8月10日，进行装置历史最高负荷24h标定。标定结果表明：一段反应器平均出口双烯值均小于$1.0gI_2$/100g油，双烯加氢率大于92%，运行平稳，空速高、抗干扰性能优良，满足了乙烯扩能后装置的生产技术要求，其综合性能超过进口催化剂。此外，SHP－02F 裂解汽油二段加氢催化剂也于 4 月在中原石油化工集团公司(中原乙烯)开车成功，应用 1 个月后，催化剂的加氢活性和选择性优异，性能稳定。至此，中国石化上海石油化工研究院拥有了具有自主知识产权的 SHP 系列的一段和二段加氢催化剂，替代了国外催化剂在国内装置上的使用。

(潘　波)

【新一代 CTP 系列加氢精制钯炭催化剂在上海石化应用成功】　该项目是中国石油化工股份公司“十条龙”重大攻关项目“大型 PTA 成套技术开发”的专题之一。11 月 3 日，由中国石化上海石油化工研究院研制的 CTP－Ⅳ新型加氢精制钯炭催化剂在上海石油化工股份公司 40 万吨/年 PTA 联合装置上进行工业试验，生产出合格产品。由于技术上的突破使装置开车以来，产品中 4－CBA 保持在较低的水平，呈现出良好的抗干扰性能；11 月 9 日，装置日产 PTA 达1 000t以上，系统运行正常，标志着新一代 CTP－Ⅳ型对苯二甲酸加氢精制钯炭催化剂在上海石油化工股份公司 PTA 联合装置投料开车获得成功。

(潘　波)

【乙醇脱水制乙烯成套技术开发成功并应用于广西广维化工公司】　2005 年，中国石化上海石油化工研究院在进行乙醇脱水制乙烯氧化铝和分子筛催化剂的研制中，解决了催化剂的稳定性问题，完成了新型乙醇制乙烯催化剂的研究。同时，开发了以该催化剂为核心的6 000t/a乙醇脱水制乙烯装置工艺包，并应用于广西广维化工有限公司。该工艺包于 2006 年 1 月通过中国石油化工股份公司组织的技术审查，认为该工艺包采用的技术先进、可靠，工艺流程合理，主要经济技术指标达到同类装置的先进水平。同时，随着生物质化工技术进展，乙醇脱水制乙烯技术将会越来越具有竞争力。

(潘　波)

【SD－01 甲苯择形歧化催化剂工业试验成功】　12 月，由中国石化上海石油化工研究院开发的 SD－01 甲苯择形歧化催化剂，在中国石化天津石化小芳烃装置上进行了工业试验。该装置一次开车成功，运行平稳。经过连续 72h 考核的标定，在空速 $4.0h^{-1}$条件下，甲苯平均转化率大于 30wt%，对位选择性大于 92wt%，产品苯质量达到了优级品指标。SD－01 催化剂性能已达到国际先进水平，也是国内首次工业化成功的具有自主知识产权的国产化催化剂，其选择性高，可增产苯和二甲苯。

(潘　波)

【UP－850DZ 单组分不饱和聚酯绝缘漆的开发达到国际先进水平】　单组分绝缘漆能降低由于配比不准确或搅拌不均匀带来的潜在质量事故的可能性，提高绝缘漆使用过程中的一致性和可靠性。由于单组分不饱和聚酯绝缘漆现只有美国杜邦(Dupont)公司、德国阿尔塔纳(Altana)化学公司等少数几个大公司能生产。因此，开发热态机电性能优良且适用期长的单组分不饱和聚酯绝缘滴浸漆对提高国内电动工具和家用电器的性能有着重要意义。上海电动工具研究所在双组分不饱和聚酯绝缘漆的基础上，通过技术创新，开发成功 UP－850DZ 单组分不饱和聚酯绝缘漆，其核心技术包括不饱和聚酯合成单体的合理选择及合成反应的控制技术、活性稀释剂的优选与复配使用技术、阻聚剂的优选与复配使用技术、引发剂的优选与复配使用技术。11 月，该项目通过了上海市经委组织的验收，产品检验值达到国内领先，接近国际先进水平，成果“单组分可固化的树脂组合物”申请了发明专利。

(刘　江)

第八节　轻　　纺

【上海烟草行业实现“十五”技术进步目标】　2005 年，上海烟草(集团)公司以提高企业核心竞争力为目标，围绕(集团)公司“十五”后三年产品技术发展纲要确立的目标和任务，以“卷烟品牌的整合和拓展”为主线、“实现集团产品技术标准统一管理”为核心，确立了六大技术创新任务，组织实施了 68 项科技计划项目，较全面地完成了年度和“十五”卷烟产品技术进步计划目标。

根据与北京卷烟厂、天津卷烟厂实现联合重组后的新形势，突出了集团卷烟品牌的整合和拓展开发。根据北方市场的需求，定向开发的两款新品硬盒“牡丹”牌卷烟在天津卷烟厂全面投入生产，常规软盒“牡丹”牌卷烟产品也成功输出至天津卷烟厂实现了同质化生产。同时，成功开发上市了外销国际市场的“熊猫”牌时代版卷烟、外销美国和中国台湾市场的“金鹿”牌卷烟。在大力开发卷烟新品的同时，对常规卷烟产品以“提质降焦”为重点，进行了积极有效的维护，特别是突出抓好高端产品的技术维护改进，进一步稳定和提高了卷烟质量指标。卷烟加权平均焦油量比 2004 年下降了0.15mg，达到了 2005 年度和“十五”计划目标。

围绕提高和稳定卷烟烟气质量，加快烟草和烟气品质综合评价、降低烟气有害成分、提高烟气香气、优化卷烟配方、建立特色卷烟工艺等核心技术的研究，取得了一些重要的突破。“利用指纹图谱及其相关方法进行烟气、烟草品质监测的可行性研究”和“多维气相色谱/质谱法对烟草和烟气化学成分的分析研究”，成功地将指纹图谱法、多维气相色谱/质谱法等现代先进的分析方法应用于烟草和烟气品质的综合评价，实现了首创性的突破；“津巴布韦烟叶的替代研究”成功解决了津巴布韦烟叶紧缺的技术难题；“造纸法烟草薄片工艺技术集成研究”系统研究了造纸法烟草薄片加工工艺，研究确定了具有自主特色的薄片加工线的工艺流程和车间布局，为建立国内领先的造纸法烟草薄片加工线奠定了基础。

继续加大信息化建设力度，重点实施和完成了产供销集成系统和财务集成系统的建设并投入应用，实施和完成了人力资源集成系统核心模块的开发并投入试运行。通过这三大集成系统的建设，系统梳理和优化了业务流程，使企业管理信息化又上了一个新台阶。其中，产供销集成系统通过了国家烟草专卖局组织的科技成果验收，被评定为“整体达到国内领先水平，在产销集成应用上达到了国际先进水平”。另外，还以数据中心的建设为平台，大力推进信息资源的利用开发，顺利完成了 46 个数据分析利用主题，包括销售、生产、技术开发各环节的数据分析利用，取得了很好的应用效果。

取得了一批新的自主知识产权，全年共新申请专利 7 项，取得专利授权 5 项，其中发明专利 1 项。博士后科研工作站继续有效运行，与复旦大学、华东理工大学联合培养的两名博士后承担的项目通过验收，成果投入了试应用；与清华大学合作培养的另一名博士后承担的项目也取得了重要阶段成果；同时，还启动了与复旦大学合作的另一项博士后项目。

在全面完成“十五”计划的同时，上海烟草(集团)公司又及时启动了《上海烟草行业“十一五”卷烟产品技术进步计划》的制订。经过上下多次的反复研讨，年内已完成报批稿，初步确定了“十一五”卷烟产品技术进步的总思路、研究方向和任务。另外，在技术管理上根据集团化运作的要求，加强了企业技术标准化工作，研究确定了集团化技术标准体系框架、工作制度和管理要求，为集团产品技术标准的整合和统一创造了良好的基础条件。

(胡顺生)

【上海纺织集团围绕科技与时尚走高端纺织之路】 2005 年，上海纺织(集团)有限公司克服了原材料、能源、欧美贸易争端等外部环境的各种冲击，围绕科技与时尚、走高端纺织之路，基本完成了各项主要经济指标。全年完成销售收入 230 亿元，超预算 7%，比 2004 年增长 0.08%；出口创汇超过 19 亿美元，比 2004 年增长 6%；利润总额完成 1.3 亿元，比 2004 年增长 1 亿元以上；净资产收益率 0.74%，超预算 0.21 个百分点，比 2004 年增加 0.18 个百分点。

在科研体系上，进一步明确了上海纺织(集团)有限公司技术中心与上海市纺织科学研究院的不同定位，5 家科研院所划归上海市纺织科学研究院统一管理，使科技资源得到了进一步有效集聚。全年，完成产学研项目 5 项，重点企业项目 10 项，研究院所项目 12 项；在与东华大学、上海工程技术大学、德国 TRTK 研究所合作方面，共同研发项目 8 项，其中 7 项已有了实质性进展；在技术投资上，进一步抓紧了1 000t Lyocell 纤维产业化的建设进度和千吨级芳砜纶产业化的各项准备。8 月 26 日召开全公司科技大会后，先后推进了定岛型海岛纤维、双组分复合无纺布等论证、转化工作以及葆莱绒一条龙工作。全年，共获得了中国纺织工业协会科技进步奖等 8 个奖项，4 家企业获“神舟六号”配套单位荣誉证书；10 项高新技术成果通过转化认定，3 家企业通过高新技术企业认定；申请专利 507 项，其中发明专利 23 项，实用新型 8 项；实行了科技带头人制度，落实了1 000万元科技风险投资基金。

2005 年以来，该公司以搭建引智平台、创建“时尚创意园”为突破口，重点切入“展会经济”、“一节一周”，推进时尚服务，努力培育新的增长点。春明艺术产业园和上海织袜二厂两个工业园区以“M50”和“卓维700”的新形象成为上海首批“创意园产业集聚区”的示范单位。5月和10月举行了上海纺织时尚之夜春、秋季活动，取得了较好的互动效应。

（张庭硕）

【第十一届上海国际纺织工业展览会】 6月3日，由上海纺织控股(集团)公司、中国国际贸易促进委员会上海市分会和中国国际商会上海商会主办，上海市国际展览有限公司、上海纺织技术服务展览中心和雅式展览服务有限公司承办，亚洲规模最大的“第十一届上海国际纺织工业展览会”在上海新国际博览中心开幕，为期5天。该届展会是中国纺织品取消出口配额后的首次亮相，引起了海内外纺织同行的高度重视和积极参与，展出面积达到10.066万平方米，吸引了全球23个国家和地区的1 400多家公司积极参与。中国纺织工业协会副会长许坤元和高勇、上海市副市长胡延照、上海市政协副主席王荣华及各地纺织行业的领导，以及有关国家驻沪领事馆官员等参观了展览会。展览会第一天，共接待来自39个国家和地区的观众35.17万人次到场参观洽谈，其中海外观众2 650人次。

该展览会设立了针织及织袜机械、印染整理机械设备、纺织化学品、纺纱机械、织造机械5个专区，充分体现了展会的专业性。展品包括各类先进的纺织、针织、服装、印染后整理、无纺布等制造机械、设备、零部件和纺织化学品。展览会期间举行了“新型纺纱质量控制分析技术研讨会”、“新型织机高端装备技术研讨会”、“染整新技术和环保化学品研讨会”和“高新技术在产业用纺织品领域推广应用研讨会”四大专题研讨会。国内外著名企业的纺织专业人士也在展览会现场作不同专题技术交流讲座及高新技术产品的推广发布会。此外，还在现场设立知识产权侵权投诉中心，邀请有关职能部门现场处理投诉。

（张庭硕）

【中国原创高性能纤维——芳砜纶纤维完成年产50t的中试】 20世纪70年代，上海市纺织科学研究院的技术人员自主研发出了一种全新的耐高温材料——芳香族聚砜酰胺纤维(简称芳砜纶，商品名特安纶)，其耐热性、阻燃性、染色性、稳定性均超过了美国杜邦的芳纶产品，先后获得了国家科技进步三等奖、纺织部科技进步二等奖和上海市科技进步一等奖，但未能实现产业化。2002年，上海纺织控股(集团)公司集中了下属上海市纺织科学研究院和上海市合成纤维研究所的优势力量，投资1 000万元在奉贤建立了芳砜纶产业化研究基地，于2005年完成了年产50t的中试，其芳砜纶产品一上市便被国际买手抢购一空。同时，被列为上海市重点科技攻关项目的千吨级芳砜纶生产线亦已进入实质性筹备阶段，并正积极申报上海市科教兴市重点项目。另外，一个以芳砜纶技术为核心的产业群也在规划之中。

芳砜纶是一种可以在250℃以上长期使用或在更高温度下瞬间使用的高性能有机耐高温纤维，其高温尺寸稳定性、染色性、抗热氧老化性和舒适性优异。其产品主要用于防护材料、电气绝缘材料、高温过滤材料、蜂窝结构材料、高温摩擦密封材料、高温输送材料和体育用品等。该项目作为国内第一个完全独立研发完成、具有原创核心技术和自主知识产权的高性能纤维的产业化项目，不仅增强了中国在这一领域的核心竞争力，且延伸的系列高性能产品都将受到原创知识产权保护，由此所形成的中国原创产业化专利技术体系和知识产权体系，将使中国高性能纤维产业实现质的飞跃。

（张庭硕）

【“葆莱绒”成为中国第一个运用纤维品牌商标(吊牌)的产品】 2005年，上海联吉合纤公司经过一年多时间的研制和开发，成功推出拥有自主知识产权的专利技术产品——“葆莱绒”保暖纤维，并在后道产品的生产中成功应用，以全新的视角打造出中国品牌。葆莱绒学名是超细旦中空聚酯纤维材料，其特点是大而不瘪、大而不破，具有与北极熊毛皮一样的中空结构。普通涤纶中空纤维的中空度较低，仅可作被褥等填充料。而葆莱绒在保持1.67dtex纤度的情况下，成功地解决了高达20%的高中空率纤度与中空度的矛盾，既保持了原有细度，同时具有高中空度的特点，使纤维更具量轻、蓬松、弹性持久、手感柔暖、保温性能优异、易起绒的加工特点，可广泛用于防寒服、冬季运动服、起绒针织物、非织造布、毛毯等保温类产品。此外，葆莱绒生产工艺中独特的冷却工艺方法属国内首创。

该公司还与纺织工业南方科技测试中心就葆莱绒产品质量的检验鉴定进行合作，该中心作为惟一的产品质量鉴定机构，负责对葆莱绒及其后道加工产品送检样品进行检验，使葆莱绒成为中国第一个运用纤维品牌商标(吊牌)的产品。2005年,上海民光被单厂已用莜莱绒推出了新一代民光莜莱绒家纺产品,上海第十七棉纺织总厂、上海东纺科技进出口公司、上海三枪(集团)公司和上海幸福纺织印染公司等也进行了相关产品的开发。

(张庭硕)

【保健功能性珍珠粘胶纤维研发成功】 具有保健功能的珍珠蛋白功能合成纤维,其珍珠粉体在纤维中的含量一般在4%左右,且工艺复杂(采用二步法工艺),可纺性受到一定局限;而合成纤维渗透性和透气性差,制成服饰后纤维内部的功能物质难以释放,对人体舒适感有一定影响,难以被人们接受。2005年,上海新型纺纱技术开发中心和东华大学开发了用粘胶路线制造珍珠粘胶纤维工艺,使珍珠粉体纤维中的含量提高到5%~6%,制成服饰后手感光滑凉爽,比纯棉更为柔软,与皮肤接触时有一种异常舒适的感觉,并有保健功能。该技术已申请国家专利。同时,上海新型纺纱技术开发中心和东华大学还与上海申安纺织有限公司共同完成了该纤维的纺纱研发攻关,待达到批量生产后,珍珠纤维内衣等服饰将成为保健纺织品中的一支新军。

(张庭硕)

【年产2 500t双组分复合纺粘非织造布生产线建成】 双组分复合纺粘非织造布是以双组分复合纤维代替单组分纤维通过直接纺丝成网,用热轧或热风成布技术制成的非织造布。该产品结合了复合纤维和纺粘非织造产品的特点,即利用外层较低熔点的组分进行粘合提高产品强度,特别是撕破强度和顶破强度;利用内层组分未受到破坏的特点,充分体现内层组分原有的物理性质。2005年,上海市合成纤维研究所根据该技术自行设计制造了国内第一条双组分复合纺粘非织造布生产线,年产能力可达2 500t,主要生产PP/PE和PET/PA两种类型产品。PP/PE复合纺非织造布柔软,可用于医疗用品、卫生用品、覆盖布、包装材料、衬里等;PP纺粘非织造布还可与PE薄膜复合用作装饰和工程材料;PET/PA复合纺非织造布可用于地毯基布、屋顶增强材料等。

(张庭硕)

【原液着色腈纶填补国内该项技术空白】 6月,上海石油化工股份有限公司腈纶事业部经过近5年技术攻关研制成功的原液着色腈纶通过了中国石化股份公司组织的技术鉴定,并获得了专利授权,将织物“防晒耐洗、久不褪色”变成了可能。该产品采用纺前着色技术,在纺丝原液中加入色浆,开发了黑色、宝蓝、墨绿、中国红、可乐红、黄色、浅灰色、深藏青、咖啡色等9种颜色的原液着色腈纶纤维,并在1 000t规模的中试装置上实现了批量生产。经SGS国际通用标准测定,耐洗牢度大于4.5级,耐晒牢度达到8级,填补了国内该项技术空白。

原液着色腈纶因其出色的防晒牢度在国外高档户外用品领域已得到广泛使用,尤其在欧美市场颇受青睐。此外,原液着色腈纶还可与棉、羊毛等混纺,生产出各种花色绒线以及不同风格的人造毛皮。

(高新梅)

【上海服装设计及其加工公共服务平台通过验收】 东华大学在上海市科委的支持下,采用Oracle 9ias数据库和J2EE技术,研究开发服装款式设计系统中自动拆分和拼接的关键技术,建成了基于数据库和Web应用的服装款式、服装面辅料、服装饰品、人体体型、服装市场信息系统,以及基于服装零部件拆分和拼接的服装款式设计系统,已入库的信息总量16余万条。在平台试运行期间,吸收了相当数量的会员,完成了100多套流行服装的款式设计,并进行了一定数量的培训和咨询服务。2005年,该项目通过了上海市科委组织的验收,申请了2项发明专利,获得了2项计算机软件著作权,并将投入企业化运作,服务于广大的中小型服装企业。

(陈　辉)

【国产地毯簇绒装备填补国内空白】 地毯簇绒装备是大型纺织类装备,长期依赖进口,为中国地毯产业发展的瓶颈。东华大学在上海市科委、江西省科技厅的支持下,与新余华源地毯产业园有限公司联合,投资逾千万元,研制地毯簇绒装备。该装备含超长主轴系统,采用双端变频调速驱动;采用多组多连杆同步机构,驱动簇绒针和成圈钩往复运动、精确协同,通过提花控制系统精确给定喂纱量,控制纱线张力,实现成圈的变化;采用横动机构驱动针床平移,实现纱线交错和花纹变化,织造出丰富的立体图案和花纹;各项技术指标达到或优于国外同类机型,投入正常生产以来,每台日生产地毯约1 900m^2。2005年,该成果通过了江西省科技厅组织的专家鉴定,填补了国内空白,达到国内领先和国际先进水平;已申请5项国家专利和1项软件著作权，颁布和实施了地毯簇绒装备的企业标准《地毯簇绒机技术条件》（现无国家和行业标准）；有关成果获江西省和中国纺织工业协会科技进步奖。

（陈　辉）

【纺织用高效节能低噪声风机改善吸尘效果并降低噪声】　中国是一个纺织大国，使用纺机数量可观，为确保纺织品加工质量，绝大多数纺机均配有清洁工作台面回收纺织纤维用的除尘风机。国内现有20多万台纺机配用风机低效运行，能源浪费大，清洁除尘效果差，加之噪声大，工作环境恶劣，直接影响第一线操作人员身心健康。2005年，上海理工大学叶轮机械与工程研究所对纺机配用风机进行研究改进，根据纺机气流清洁除尘特点，采用新型高效叶型叶轮，并应用三元流动理论对纺机除尘风机进行创新设计，研究了10多种规格风机配用于各类纺机，使实际使用效率比原机普遍提高30%～50%，极大改善了吸尘效果，并降低噪声3～4dB(A)，得到纺织生产第一线工人普遍欢迎，根据已推广应用2万台风机统计，每年节电效益近1亿元，全面推广应用其节电效益更为可观。

（季剑平　殷忠民）

第九节　建　材

【上海建材集团通过结构调整提高核心产业的资产比例】　2005年，上海建筑材料（集团）总公司完成工业总产值44.06亿元，销售收入36.44亿元，出口交货值6.5亿元，实现利润总额1.49亿元，产销率99%。该集团按照“有所为、有所不为”的要求，进行了新一轮结构调整，核心产业的资产已占集团经营资产的70%。如上海耀华皮尔金顿玻璃股份有限公司通过收购扩张和项目建设，已成为消化吸收英国皮尔金顿、美国PPG、日本板硝子世界玻璃三大巨头核心技术于一体的高新技术玻璃生产企业，形成了1 300万重量箱平板玻璃、80万套汽车玻璃、1 500万平方米建筑加工玻璃的生产能力，产品技术含量和创新水平居于行业前列。水泥企业通过技术改造，成功实施了国内第一个回转窑国产设备低温余热发电项目，并开展了工业有害废弃物焚烧，粉磨生产能力大大提高，在提高能源利用与资源循环利用上走在了水泥行业前列，不仅取得了降本增效的成就，而且大大增强了抗风险能力。

全年科研立项35项，完成10项；2项新产品、1项技术成果通过市级验收；获上海市科技进步二等奖2项，获中国建材协会、中国硅酸盐学会的建材科技进步奖2项，3个产品被列为国家重点新产品计划、2项上海市重点新产品计划；申请专利22项，其中发明专利9项，上海耀华皮尔金顿玻璃股份有限公司继成为上海市专利示范企业后，又被列入首批上海市知识产权示范企业创建工程培育名单。

知识产权激励机制继续得到实施，设立的专项基金得以落实，对2003年和2004年内所申请的专利，根据专利申请数量和类型对专利发明人或设计人、知识产权分管领导、管理人员以及企业进行奖励，鼓励了企业的积极性，推动集团知识产权工作的进程，奖励总额近10万元。

（王玉香）

【轨道交通车辆专用玻璃打破国外公司的垄断】　作为轨道车辆的主要部件之一，其玻璃部分面积大、性能要求高，是集围护、隔音、美观、安全、节能等综合功能的高档特种玻璃。上海耀华皮尔金顿玻璃股份有限公司根据轨道车辆的技术要求和标准，将自主开发的彩釉钢化玻璃、玻璃镀阳光控制膜、玻璃Low－E镀膜、冲氩气中空玻璃等技术集成创新，研制成轨道交通车辆专用玻璃，填补了国内空白，打破了国外公司在该领域的垄断。在开发过程中，创新设计了加热强制对流钢化新工艺，克服了本体蓝玻璃和彩釉料膨胀系数不同、吸热不均匀导致在冷却阶段容易风炸的缺陷；全新设计的“本体蓝阳光膜彩钢玻璃＋16A＋低辐射膜钢化玻璃”复合玻璃结构配置，具有一定的性能可调节范围，能满足不同轨道交通车辆的需要。该项目申请了1项发明专利，并于10月20日通过上海市经委的项目验收。该产品已应用在上海轨道交通1号线、3号线、5号线、7号线和南京地铁1号线、广州地铁以及青岛“科林”机车等轨道交通车辆上。

（王玉香）

【抗氯盐硅酸盐水泥填补国内空白】　海洋工程、撒除冰盐的路面及高氯地区的混凝土建筑物都会存在氯离子侵蚀的问题，破坏了混凝土的耐久性和工程质量。由上海建材集团水泥有限公司开发成功的“抗氯盐硅酸盐水泥”，通过对硅酸盐熟料的优化，并采用复合掺加矿物掺合料及其他成分，充分发挥不同掺合料的作用，达到叠加效应，满足抗氯离子渗透和低水化热的要求；采用“两磨一搅拌”新工艺，即熟料、矿渣分别粉磨，确保水泥各物料组分完全达标，改善了水泥各项性能尤其是早期强度。该产品填补了国内抗氯盐特种水泥的空白，将长期以来海工混凝土复杂的配制过程转变为特种水泥的直接搅拌，施工变得简单高效、质量可控，并可纳入规范化管理，更重要的是混凝土性能明显优于配制材料，保证了重点工程的质量。该成果于1月7日通过上海市建委的新产品验收，达到国内领先水平，并申请了1项发明专利。

该产品在洋山深水港等重点工程使用后，经工程监理方的严格监控，使用抗氯盐硅酸盐水泥的混凝土性能良好，施工方便，混凝土表面平整光滑，无气泡，抗氯离子渗透性良好，水化热低，并经权威机构测试完全符合产品标准和工程要求，得到工程指挥部的肯定，继一期工程后，又与该公司签定了二、三期工程的供货合同。

（王玉香）

【ETICs保温预混(干)砂浆研究通过验收】 该项目由同济大学主持完成，于8月9日通过了由上海市建设和管理委员会主持的专家验收，技术水平达到国际先进。该项目采用多种外加剂改性保温砂浆，解决了搅拌中EPS颗粒易上浮的难题。ETICs保温砂浆施工工艺方便，可适用于新旧建筑的节能工程，为夏热冬冷地区建筑节能提供了一种新型保温材料。经上海市建筑科学研究院检测站检验，ETICs保温预混(干)砂浆及系统性能优于相关国家标准的技术指标。

（许伟良）

【完成混凝土用复合矿物掺合料的研制和应用研究】 在高性能混凝土材料科学中，矿物掺合料的研究、应用和发展是国内外发展的现状和趋势，其重要意义已远远超过了仅仅为节约部分水泥的经济意义和利用工业固体废弃物的环保意义，更是涉及到全面提高混凝土的各种性能和混凝土材料科学进一步向前和可持续发展的重要课题。

该项目由上海大学与上海海笠工贸有限公司共同完成，于8月通过上海市建设和管理委员会的鉴定。该项目根据各种矿物掺合料的来源、成分、价格、质量、形貌特征、颗粒级配、复合效应等，经过反复试验、比较，运用支持向量机筛选方法，确定混凝土用新型复合矿物掺合料的基本配方。该项目以高炉渣、粉煤灰为主要原料，配以天然矿物(石灰石、沸石、高岭土等)及少量的增强活化剂，复配成混凝土用新型复合矿物掺合料，用于等量取代混凝土中30%～50%的水泥。各种经过磨细的工业废渣和天然矿物材料，都有其独特的组成特点、结构及作用，利用各种掺合料进行合理搭配，优势互补，从而产生叠加效应、复合胶凝效应、微小颗粒的表面效应，充分发挥各种掺合料在自身和活化剂的作用下所具有的胶凝性。

由4种以上的工业废渣、天然矿物和增强活化剂复配而成的混凝土用新型复合矿物掺合料，填补了国内在这一领域的空白，将其加入到混凝土中，对混凝土产生增强、填充、增塑、温峰消减等效应，大大改善混凝土的密实性和耐久性。该成果已申请发明专利4项，其中授权1项，具有创造性和先进性。

（杨郭山）

第五章　现代服务业科技

第一节　信　　息

【上海信息服务能力不断提升】　2005年，800M数字集群应急救援政务共网招标前期工作有序开展。该网设计容量为5万个终端，提供语音、数据两类业务，采用企业投资建设、政府和企业集团用户购买使用方式。市民(青少年)信息服务平台于6月19日正式开通，提供心理健康、法律咨询、家庭教育、青年就业岗位信息、青年卡及市民信箱等五方面服务。至年末，累计为青少年提供心理、法律咨询服务862小时，发布就业信息近9万条，发放电子青年卡和市民信箱73万个。"付费通"平台与12家银行实现联网，通过付费通网站或自助缴付终端可缴付15种公用事业费，自助缴费终端开通的数量已经达到303台，全年交易量达733.75万笔，交易金额达7.27亿元，同比增长2.3倍。

（郭中朝）

【上海超级计算中心全年平均使用率达到56.13%】

上海超级计算中心于2004年底引进了运算速度达到10万亿次/秒的曙光4000A系统，运算能力提高了近30倍。2005年，该中心积极拓展高性能计算在各领域的应用，加强与汽车制造、航空航天、船舶等领域的单位以及宝钢研究院、上海核工程研究设计院、上海隧道工程轨道交通设计院等合作，系统全年平均使用率达到56.13%；为提升高性能计算服务水平，在引进硬件的同时，还加强软件平台建设，已配置了21个适用于工程的商业软件和12个共享源代码软件，建立了适合汽车设计、大型工程、航天航空、船舶等多方面的工业应用软件平台，充分发挥三台主机近11万亿次/秒的计算资源，为上海乃至全国的科研、企业用户提供先进的高性能计算服务，为科教兴市、科教兴国战略提供有利保障。

该中心以"随需应变"为服务宗旨，加强内部管理，不断完善上机环境，为用户提供高效、可靠、安全的服务，95%以上的用户采用远程登录方式提交课题进行计算。同时，该中心于2005年通过了BS7799信息安全管理体系认证，从制度上保证用户信息的安全可靠。

该中心高性能计算应用环境不断改善，吸引了更多用户。2005年，新增各类用户85个；新增应用领域近十个，如格点量子色动力学、蛋白折叠、极地科学等。用户利用该中心资源进行科研项目，取得了丰硕成果，全年共发表论文19篇，以上海超级计算中心的名义发表学术论文5篇；"基于超级计算机的结构动力学并行算法设计、软件开发与工程应用"项目中有6项成果通过验收，获3项软件著作权登记，并获得2005年上海市科技进步一等奖。另还有3个项目通过上海市信息委鉴定或验收，其中有2项获软件著作权登记。

该中心还积极参与国家"863"网格计划南方主节点的建设任务和上海应用网格的建设任务(已参与应用网格项目3个)，希望能更好地发展和利用高性能计算资源。在推广高性能计算应用的同时，也致力于这一领域的科普知识宣传，2005年接待了来自社会各界参观团190批，6 781人次，使更多人了解高性能计算。

（郭中朝）

【城市交通信息服务应用网格研究通过验收】　该项目是国家"863"高性能计算机及其核心软件重大专项，由同济大学电子与信息工程学院主持完成，于11月29日通过了国家"863"专家组的验收，同时还得到了上海市重大科技攻关项目"信息网格在交通信息服务中的应用研究"(12月8日通过验收)等的资助。

交通信息服务网格是上海信息网格的典型应用，针对信息网格的分布性、动态性、协同性、自治性等开展典型应用研究，提出了一套符合开放网格服务架构标准的网格计算技术和交通领域相结合的交通信息网格高层服务规范和接口；实现了实时动态GPS数据的采集和多源数据的融合与集成；提出了全局交通流负载均衡模型，实现了优化出行方案服务；建立了网络模拟仿真平台，实现多区域与大路网的协同仿真；实现了基于海量交通信息的实时路况发布和路况预测；开发了PC、PDA、手机和站台触摸屏等多种终端方式的交通信息点播服务；研制了信息网格的典型应用示范——交通信息网格系统。

交通信息网格系统通过动态车辆GPS数据的采集和融合，实现了全区域交通路网的实时路况查询、路况预测、动态最优出行方案、网格资源监控等服务，在PC、手机、PDA和车载终端上实现了交通信息的Web远程点播服务，并实现了公交站点交通信息服务在触摸屏上的展示，具有重要的理论意义和应用价值。

（许伟良）

【综合资源应用平台(IRAP)实现电信业务个性化】 采用新技术和新架构构建新一代的综合资源应用平台(IRAP)能确保业务应用快速、灵活、高效和智能，是智能网技术发展的核心。上海贝尔阿尔卡特股份有限公司开发了基于智能网网络环境下增强业务资源平台(IRAP－SRP)产品，利用该平台在智能网网络环境的联网应用，向业务用户提供多种业务资源的应用，并充分考虑利用互联网的全面联通和资源共享，包括通信资源、信息资源、媒体资源等，最终实现电信网络环境上的个性化电信业务的体验。

该系统由呼叫控制功能模块(SSF和CCF)、业务逻辑控制模块(SCF)、专用资源功能模块(SRF和MRF)、业务应用模块(Application)和资源应用管理模块(SMF)以及各模块消息通信模块(DPE)等大软件模块组成；同时，配合业务开发的标准的业务应用生成环境模块(SDE/SCE)和(语音、数据和媒体)资源实验室等。2005年，用该平台开发的CDMA SRP已在广东联通乡情通业务中得到实际应用；开发的彩铃平台已应用在山西移动和贵州移动的彩铃项目中，可供80万用户使用。

（缪　军）

【电信网络管理软件开发平台研制达到国内先进水平】 上海全光网络科技股份有限公司利用自身的研究成果和技术优势，推出的电信网络管理开发平台NMSBase，为创建、测试和运行基于分布式多层应用的电信网络管理软件提供了扩展性极强的基础架构，有望成为电信网络管理软件分布式应用的首选平台。该研究的创新点主要集中在网络管理框架、网络管理研究方法论和网管接口等方面。其中，核心内容是网管接口标准化，包括接口通信协议、接口信息模型和接口的测试三方面内容。NMSBase软件具有开放的标准和跨平台性、全面的产品生命期支持、极大的伸缩性和高可靠性、个性化和可定制性四大特点。该项目是上海市科委重点攻关项目，于2005年通过验收，达到国内先进水平，并申请了2项软件著作权。

（沈蕴婕）

【申付卡电话缴费热线962233正式开通】 11月28日，旨在进一步方便市民缴付公用事业费的付费通申付卡电话缴费热线962233，由上海市电信有限公司正式开通。市民可通过普通电话拨打962233，使用付费通申付卡支付上海市所有水、电、煤、通信等公用事业的费用。962233付费通申付卡电话缴费热线在提供电话缴费的同时，还推出了电话号码和账单的绑定功能，只要一次绑定，以后无需再输入冗长的公用事业账单号。市民还可以通过962233使用付费通申付卡对上海移动、联通的手机进行充值。为方便市民就近、便捷地购买申付卡并享受付费通电子支付服务，付费通公司已携手全家超市、联华超市、浦发银行构建了付费通申付卡的全市性零售网点，市民也可通过96826826申付卡订购热线购买或咨询有关申付卡业务。

（王　萌）

【上海市中小企业信息化服务联盟成立】 11月17日，上海市中小企业信息化服务联盟成立。成立仪式由上海市信息委主任傅文彪主持，上海市电信有限公司总经理王玮作为盟主单位领导宣布联盟成立。不少中小企业的代表对于上海中小企业信息化服务联盟的成立表示热烈欢迎，认为这是上海中小企业加速实现信息化的一次契机，纷纷表示要积极行动起来，让企业信息化为提高企业的管理水平和竞争能力发挥更大作用。

该联盟的成立是贯彻落实以信息化带动工业化战略，建设“数字上海”的重要举措，是响应国家发改委、信息产业部“中小企业信息化推进工程”号召的重大行动，也是上海电信响应中国电信努力从传统的基础网络运营商向现代综合信息服务提供商的战略转型的重要举措。上海电信将组织协调各方力量，为上海市中小企业提供高效的信息化解决方案，推动中小企业更快、更好地发展。中小企业信息化是一项复杂的系统工程，既需要政府部门的指导和支持，又需要相关企业的大力推进，还需要社会各界的广泛参与。该联盟将在各方支持下，以客户需求为导向，打造良好的中小企业信息化生态价值链，为加快中小企业信息化、建设“数字上海”而做出积极的贡献。

（王　萌）

【上海电信首个 FTTH 用户在浦东开通】 10 月 18 日，上海电信首个 FTTH(光纤到户)业务在浦东联洋社区的第九城市小区开通。上海市电信有限公司克服了光纤进户穿越管线的困难，成功地将光终端设备 ONU 安装进了用户的家里，并在用户的计算机上直接开通了高速上网业务，实现了第一个真正意义上的 FTTH 业务的正式应用。该 FTTH 业务开通涉及到大楼内部实现光分路设备安装、光纤冷轧接续、光纤在用户家庭管道中穿越、用户家庭室内布线的合理应用、EPONG 设备的配置、原始光路设备资料的管理、故障的判断和处理等诸多方面新的探索和实践，也汇集了各个参建部门根据实际情况而制定的各类技术方案，取得了宝贵的经验，为随后相继开通的高清晰电视和 NGN 业务做好了技术准备。

（王　萌）

【上海电信推出“商务领航”之理想商务 ITMAN 套餐方案】 8 月 8 日，中国电信推出了全国一站式信息化应用解决方案——商务领航。在此基础上，上海电信推出的“商务领航”之理想商务 ITMAN 套餐方案，是让中小企业在享受宽带服务的同时优惠体验多种信息化服务的产品。该方案汇集了业界优秀的企业信息化应用软件及产品，并依托中国电信的品牌、网络和庞大的客户资源、合作伙伴优势，为中小企业客户提供优质、高效、标准化的一揽子信息化解决方案。主要包括了：(1)客户关系管理系统(CRM)以中国企业丰富的营销实践为参考，联合 CRM 领域领先的产品供应商，面向企业用户推出的 CRM 系统在线租用服务。(2)办公自动化系统(OA)为企业建立了一个基于网络的集成办公平台，可以高效高质量地处理大量繁琐、无序、耗时的日常工作，使企业的管理更为规范和高效，让企业更多地专注于企业的核心事务。(3)进销存管理系统可帮助贸易、制造型企业，有效管理物料的进货、发货、库存、运输管理的整个过程，同时还能够对产品、价格、供应商、补货、询价及应收应付业务提供全面的信息系统管理监控，是中小企业用户管理日常运作的最有效工具。(4)商务信息管理系统注重于企业的业务流程管理，将客户信息、合同、项目、库存、财务、人事、办公、企业共享等集成一体化，模块之间信息相互关联，检索、统计、分析十分方便有效，特别贴近中小企业的实际管理需要。“商务领航——理想商务”信息化平台提供的解决方案，为众多中小企业节省成本开支、提高运作效率、增加企业收益，解决了中小企业在城市经济发展中的比重和制约问题，社会信息化、现代化程度得到不断提升，逐步实现与国际接轨。

（王　萌）

【上海电信率先实行账单自然月开账】 为了适应广大客户的消费习惯、方便客户掌握电信账单收费情况，上海市电信有限公司于 2 月 1 日正式启动自然月开账项目，并顺利运行。上海电信客户账单结算周期将统一调整为按自然月结算，各类业务的结算时间将调整为每月 1 日至当月月底。该项目由于涉及面广、业务种类繁多，该公司各相关部门通力合作，自 2 月 1 日凌晨开始进行全业务计费数据采集，并上传账务中心。至 2 月 1 日中午 12 点，数据采集工作圆满完成。上海电信在对数据进行稽核无误后，进行计费预处理，并进入开账流程，成为中国电信集团公司内首家实施自然月开账。自然月开账是一项业务上和技术上处理极其复杂、实施难度很大的系统工程，7 月 5～6 日，中国电信集团公司在上海组织召开了“自然月开账工作上海现场交流会”，推广上海电信自然月开账试点的经验，以点带面顺利推进整个中国电信的自然月开账工作。

（王　萌）

【上海电信全面发展小灵通业务】 2005 年，上海市电信有限公司全面发展小灵通业务，不断为用户提供优质服务，至年底，小灵通用户数累计超过 187 万户。主要措施有：(1)在提高小灵通来话接通率上狠下功夫，抓好基站建设；对盲点制定针对性方案，加快基站安装步伐；结合小灵通网络和市场动态变化进行网络优化和室外补盲，并做好在网设备的监控与维护。(2)加大宣传和营销力度，努力做到家喻户晓；多种渠道、多种方式拓展市场。(3)推出一系列小灵通增值业务，为用户提供多样化服务。年初，上海电信小灵通用户实现了与全国移动、联通手机用户以及小灵通用户互发短信。3 月，推出信使服务、点播业务和订阅业务。5 月 17 日世界电信日，又推出机卡分离小灵通。6 月，推出小灵通七彩铃音业务。9 月，推出 QBOX(灵通伴侣)业务，即小灵通和固定电话为同一个号码，在室内具备数字无绳子机功能，也可作小灵通使用；在室外是PHS公网小灵通手机，享受公网信号覆盖。12月，推出灵通邮箱业务，邮箱地址为：小灵通号码@shphs.com，是以50M超大容量（15M附件容量）电子邮箱和小灵通短信为基础，整合短信收藏夹、地址簿、商务助理等功能于一体的个人综合信息平台，可实现新邮件到达的短信通知、通过小灵通发送电子邮件、通过小灵通阅读电子邮件正文等功能。

（王　萌）

【两项自来水远程抄表系统通过验收】　“HFC宽带双向网远程抄表系统”于2003年10月立项，由上海市自来水市北有限公司等承担，2005年11月通过市级验收。该项目相继开发了有线宽带双向网远程抄表系统、专用数据传输终端两项发明专利和直读液封远传水表、专用数据传输终端两项实用新型专利，初步形成了HFC远程抄表技术的自主知识产权。该项成果近两年在中远两湾城、秋月枫舍等居民小区共计1 000户的应用证明，成效明显，数据传输准确，对建立智能化小区、网络化住宅具有良好的示范效应。

“无线远程抄表系统关键技术及工程示范研究”是2004年10月立项的上海市科委项目，由上海市自来水市北有限公司为主承担，于2005年12月通过市级验收。该项目可实现自来水公司对用水的实时监控，对于自来水公司强化表务管理、改善服务具有重要的现实意义，对实现抄表的实时管理具有广阔的应用前景。该项目采用了纠错编码、小型化低功耗设计、功率控制及自组网等多项关键技术，提高了系统的可靠性和安全性。在实施过程中，相继开发了数据传输终端、无线远程传输系统等多项具有自主知识产权的产品，已申请3项发明专利，成果达到国际先进水平。

（俞　清）

【市民信箱——个人婚姻登记档案信息查询开通】该项目是上海市档案局与上海市信息委合作，利用上海市政府为每个市民免费开设与其真实身份一一对应（即“实名制”）的电子邮箱“市民信箱”，在确保当事人隐私、安全利用的前提下，提供对个人婚姻登记档案信息的网上远程利用服务；于10月12日正式开通，所提供的个人婚姻登记档案信息已覆盖全市除南汇区以外的18个区（县）综合档案馆，累计358.971 4万条记录，最早婚姻登记记录时间为1949年，最晚婚姻登记记录时间为2002年。该项目为进一步满足市民对个人档案信息的远程网络化查询利用需求创造了良好的条件。

（楼锦洪）

【虚拟仪器功能卡自动校准系统研制完成】　该系统由上海市计量测试技术研究院研制，突破了传统的计量检定思路，快速、高效地对虚拟仪器功能卡开展计量校准工作，保证了测量仪器的量值统一。该系统准确度高、可靠性强，实现了自动测试、分析、比较、计算和判断结果，避免了人为引入的感应干扰误差和分析计算错误，可以对1 000多种虚拟仪器功能卡实现全功能的校准，填补了国内虚拟仪器功能卡自动校准的空白，在技术指标和自动化程度及数据的科学管理方面达到国际先进水平。上海市计量测试技术研究院已获得美国国家仪器公司的授权，成为中国（包括港澳地区）惟一的一家提供全球测量产品（虚拟仪器功能卡）的校准服务实验室。

（周莉蓉）

【纳米颗粒粒度分析标准测量系统研制完成】　该系统由上海市计量测试技术研究院研制，采用了国际先进技术，在国内率先建成了具有一定规模、完整的、达到国际先进水平的纳米颗粒粒度分析的标准化测量平台；并制订了国家标准《样品制备——粉末在样品中的分散》，起草了地方技术规范《光子相关光谱法粒度分析仪校准规范》，对光子相关光谱法纳米颗粒平均粒径测量结果的不确定度首次进行了全面评定，并用标准物质对纳米尺度的主要检测方法进行了比对研究，取得了一些较有参考价值的研究成果。该项目的完成使纳米测量技术研究提高到一个新的水平，为纳米技术和产业发展提供了有力的技术保障；依据国际标准建立的纳米颗粒粒度分析标准测量系统，保证了纳米颗粒粒度分析的规范化；测量系统中国际先进纳米颗粒标准物质的应用保证了粒度测量的溯源性；校准规范的制订为光子相关光谱法仪器测量量值的统一奠定了基础，为纳米级颗粒度标准物质的研制创造了条件。

（周莉蓉）

【VRCity三维城市数字平台实现虚拟城市实时漫游、规划、数据查询等功能】　该项目是上海市科委重点攻关项目，由上海水晶石信息技术有限公司承担，于2005年通过验收，达到国内领先水平。该项目通过采集上海内环地区以内的三维数据信息，建立该区域的三维城市仿真系统，实现虚拟城市实时漫游、规划、查询数据等功能。关键技术包括：(1)利用高效的LOD算法，配合可见面检测技术，很好的实现了实时自由漫游和固定路径漫游功能。(2)通过在通视点和视点分析点预设摄像机的方法，实现了快速的通视分析和视点分析。(3)通过与数据库的结合，实现了建筑属性的查询和编辑功能，并且配合实时渲染技术，实现了场景模型的属性驱动功能。

该项目建立了VRCity2.0三维城市仿真系统，并在该系统基础上开发了"思南路风貌保护区规划预览"系统，取得了良好的社会效益。同时，还结合各种展示、房产开发和规划项目，开发了浦东开发开放15周年成果展虚拟现实浏览系统、浙江物资公司办公楼虚拟现实系统、沪宁高速苏州段局部虚拟现实系统、云亩天朗别墅区展示系统、Marquinton自由漫游展示系统等商业项目，节约了委托单位投资成本，为企业带来了经济收益。该系统可以为城市规划部门提供先进的预览规划手段，也可为人们的娱乐、休闲、学习提供各种服务。

（沈蕴婕）

【综合业务光纤到户接入系统在临港新城应用达到国内先进水平】 该项目是上海市科委为配合临港新城信息基础平台的建设下达的攻关项目，由上海大学承担完成，于2005年通过验收。该项目主要是以以太无源光网(EPON)为传输平台，开发融合数据、电话、电视业务于一体的光纤接入网技术，并在临港新城建设了FTTB(针对企业)和FTTH(针对家庭)的示范网。主要研究内容包括：EPON特殊功能的设计和多点MAC控制软件、OAM软件的实现；EPON的光纤分配网拓扑结构的设计和链路优化；CATV与EPON的复用技术；E1电话信号与EPON的复用技术；综合业务光接入平台的室内实验和现场试验。该项目开发的数字城市宽带接入网模型，为建立临港新城和上海市高度发达的现代信息网铺平道路。

（王鸿章）

【基本形成"三网联动"的社区服务信息化运行机制】 "三网联动"是指以社区服务资源信息管理系统为平台，以市、区、街道、居委会四级社区服务中心(分中心)为支撑，通过有机整合现有的"上海社区服务网"电脑网络、"上海市社区服务热线"电话网络以及相关社区服务实体网络，在全市范围内构筑以电脑网络和电话网络为信息流通重要渠道和对外服务统一窗口，以社区服务实体网络为后台服务支撑的新型社区服务信息化运行机制，从而有效整合和发掘社区服务资源，提高服务质量和效率，加强对社区服务的监管力度，最大限度发挥社区服务的规模效应，更好满足市民对社区服务的需求；由上海市社区服务中心统筹规划，各级社区服务中心均承担相应的建设与运行，于2002年初正式启动。至2005年，已形成了以1个市社区服务中心、14个区社区服务中心和120个街道社区服务中心为节点，以ADSL宽带接入为信息通道的三级网络构架，并逐步向居委会第四级延伸，基本形成了"三网联动"的社区服务信息化运行机制。

上海社区服务网(www.88547.com)由上海市民政局、市信息办等单位共同开办，是上海市信息港建设"1520"工程的五大骨干网之一，主要提供社区信息、服务信息、网上服务、特色服务、专业板块、其他服务和地图查询等服务。

上海市社区服务热线"962200"由上海市民政局、市精神文明办、市慈善基金会联合主办，上海市社区服务中心具体承办，直接面向社区市民提供政务公开办事指南、公共服务信息咨询、社区便民生活服务、"安康通"老年人紧急呼叫服务。

"社区服务超市"是以上海社区服务网和上海市社区服务热线为信息交换和服务管理平台，有效沟通社区服务的提供方和需求方，整合社区内各类服务实体资源，而推出的一种规范社区服务队伍、充实社区服务内容、合理配置社区服务资源、沟通社会单位与社区居民的服务中介平台，至今已陆续推出了管道疏通、开锁修锁、空调清洁、脱排清洗、水电维修、搬运、电视机维修、防水、电脑维护、室内保洁清洗、电冰箱维修、上水管道疏通清洗、甲醛检测处理、影碟机及音响维修、家政服务等30余个项目。

"安康通"为老关怀服务援助系统是借助现代网络通讯及信息技术、依托社会服务资源、面向社区老人家庭尤其是"空巢"、独居、病残老人家庭提供紧急呼叫救助和日常生活照顾的个性化、信息化的居家养老服务支持系统，由上海市民政局主管、市社区服务中心主办，主要包括"120"、"110"、"119"紧急救助服务；免费医疗、法律、心理咨询服务；社区上门服务和居家生活服务；手机户外定位援助服务等。

（贾俊武）

【华东六省一市开通“商标侵权案件网上移送系统”】 为加强华东六省一市商标管理，更有效地保护商标专用权，上海市工商行政管理局信息中心于2005年开发成功“商标侵权案件网上异地受理移送和信息交换共享系统”，并开通进入试运行阶段。华东六省一市的跨省（市）协查案件可通过该系统进行联系和合作。该系统主要功能：(1)反映商标案件信息，包括投诉人的基本信息、商标名称、注册证号、注册日期、商品类别、主要核定商品、被投诉人的基本信息、违法行为地及行政区划、投诉商品、投诉日期、案由、投诉人商标的性质（分驰名、著名、一般商标）、违法性质（分侵权和假冒）、移送函编号、移送目的单位等。(2)商标案件处理结果信息反馈，包括已办理和退回。(3)商标案件查阅，包括本单位移送给外单位的案件和外单位移送给本单位的案件信息及统计数据。

（沈文萍）

第二节　现代物流

【上海电子标签产业在技术与应用方面取得进步】

2005年，围绕“科技支撑现代服务业”的目标，上海电子标签产业在技术与应用方面取得了长足进步。

(1) 旨在推动上海电子标签技术与应用快速发展，上海电子标签与物联网产学研联盟于9月27日正式成立，上海市副市长严隽琪参加了成立仪式。该联盟一方面为应用与研究项目的形成与推进，提供组织与技术保障；另一方面将专注于电子标签行业建设，包括开展行业技术路线的研究、行业年度报告的编制等工作，积极组织有关单位参与国际国内有关标准的制订。

(2) 通过2003年、2004年科委两个重大项目的支持，形成了基于电子标签的危险化学品管理的示范应用，建立了基于RFID的危险化学品气瓶安全管理应用示范，并在全市所有工业乙炔气瓶、液氯瓶管理中开始推广应用。同时，RFID技术已经开始应用于上海的烟花爆竹、港口集装箱运输、食品和药品管理等领域，并取得阶段性成果。

(3) 按照“总体构造、分步实施、逐步拼装”的建设思路，以危险化学品为突破口，建立覆盖市级、行业级和企业级三级危险化学品管理示范系统，在动物管理、食品安全管理、药品管理等与城市安全建设有关的方面持续推进，逐步搭建起综合性的基于电子标签的公共安全监管服务平台。

(4) 筹建国家级电子标签技术研发和产业化基地，促进国内具有自主创新能力的电子产业链的快速形成，重点推进具有自主知识产权的电子标签生产设备及工艺开发、电子标签应用系统开发，并积极吸引有关单位在基地内形成集聚效应。

（王　晔）

【用于物流管理的电子标签研究达到国内先进水平】 电子标签是现代物流管理中正在兴起的安全控制和有效的防伪技术，上海复旦微电子股份有限公司在电子标签（RFID）技术领域取得重要进展，并于2005年通过上海市科委组织的验收。2004年5月，上海市消防局率先开始采用复旦微电子的FM11RF005M芯片的电子标签对烟花、爆竹进行管理，以推进电子标签在危险品管理领域的应用。上海每年进入市场销售的爆竹至少40万箱，为防止伪劣产品危害市民安全，要求所有进入上海市场销售的爆竹必须贴上电子标签（每一箱），并将在烟花（每一个）的管理上大力推广，应用电子标签进行管理后，监察人员可通过手持的电子标签读卡机具对市场销售的产品进行检查，可杜绝不合格的产品进入市场，提高了管理效率和能力。复旦微电子UHF频段的RFID标签和读写器设备也成功应用于立体车库管理。

（王　晔）

【智能标签技术在特种设备安全管理和物流跟踪中的应用】 上海市标准化研究院在“智能标签在特种设备（气瓶）的安全管理与物流跟踪中的应用”研究的基础上，2005年为加快技术成果的转化，承接了上海氯碱化工股份有限公司“基于智能标签的液氯钢瓶物流安全管理系统”的技术开发项目，将该公司7 000个液氯钢瓶的整瓶、充装、入库、配送和检验纳入信息化管理系统，采用智能标签对液氯钢瓶进行物流安全管理，使每个钢瓶有了一个电子身份证，确保了液氯钢瓶流转的安全。该系统具有钢瓶客户查询、流出超时报警、定期检验报警等功能，实现了对液氯钢瓶流转的实时控制，方便了企业管理。

（周莉蓉）

【内贸集装箱电子标签系统取得阶段性成果】 该项目是2004年上海市重大科技攻关项目，由上海国际港务集团实施。为了提高集装箱运输的信息化水平，使集装箱作为电子信息流的载体，将信息流和物流融为一体，对集装箱运输的信息流和物流进行实时跟踪，消除集装箱在运输过程中的错箱、漏箱，提高通关速度，提高运输的安全性、可靠性，全面提升集装箱运输的服务水平，开发和部署电子标签RFID记载集装箱货物的电子信息和物流信息，并做到自动识别。鉴于国际上还没有统一的集装箱电子标签国际标准，因此，该项目从中国内贸集装箱运输起步，研究集装箱RFID相关技术和系统，通过国内港口间内贸集装箱的工业性试验，率先在中国的内贸集装箱运输中应用示范，逐步形成行业标准或国家标准，进而申报国际标准，使中国的RFID技术在国际集装箱运输标准中争得话语权。该项目开发的RFID技术具有国内完全自主的知识产权，已经取得阶段性成果。12月3日起在世界上第一次正式开启了带有电子标签的上海至烟台集装箱航线。按照集装箱运输的流程，截至2006年1月19日已经完成5 294标准箱的实船运行试验。两港一航试验成功填补了在集装箱物流运输中应用电子标签技术的空白。

（董庭龙）

【外高桥集装箱码头建设集成与创新技术研究总体达到国际先进水平】 上海国际港务集团自1998年到2004年间投入近百亿元资金，通过实施“外高桥集装箱码头建设集成与创新技术研究”，在外高桥地区建了16座大型集装箱专业码头，建成了1 000万TEU量级的现代化大型集装箱码头群。主要技术成果包括集装箱码头建设的总体设计创新、设计手段创新、施工技术创新、码头装备与管理技术创新、工程项目管理创新五大部分，将全新的现代建港规划理念与筑港技术、计算机管理与控制技术等，应用于集装箱码头建设，并注重集成融合，在过程中实现了技术创新，建成了世界一流的现代化超大型集装箱码头群。

该项目在工程设计理念上创新了现代集装箱港区功能模块横断面布置模式，1 000万TEU量级的集装箱港区的科学布置与港口高效率生产系统能力不平衡配置模式；在设计手段上建立了集装箱码头虚拟仿真模型，实现了虚拟环境下码头总体布局的参数化仿真和建造过程中的三维动态显示；提出了集装箱船舶柔性靠泊通过能力评价方法；在工程施工方法上创新了振动碾压、无填料振冲和低能量强夯联合降水法等大面积粉细砂吹填成陆快速地基加固技术，实施了半刚性基层沥青铺面港区道路等施工新技术；在码头管理与装备上把全新的集装箱智能化、数字化技术融合于生产系统，在世界上第一次成功地采用了双40英尺集装箱岸桥并创新了与之配套的工艺系统和码头设计；在工程建设项目管理上开发了全新的信息管理系统和“量清价定”、“银行保函”等一系列工程管理新方法。

外高桥集装箱码头四期工程于2003年2月建成投产，当年就突破集装箱量100万TEU；2005年，完成364万TEU，被世界最大集装箱船公司——马士基评价为全球“最具有活力的码头”。同样规模的外高桥集装箱码头五期建设工期仅为21个月，被国际同行称之为“建港奇迹”。外高桥集装箱码头作为单一港区2005年的通过能力已突破1 270万TEU，位居全球首位，港区已产生利润53.5亿元，税收3.5亿元。该项目为上海港集装箱吞吐量跃居世界第三位发挥了关键作用，并取得了显著的社会效益和经济效益；被评为2005年中国航海学会科学技术一等奖；经上海科学技术情报研究所检索，总体技术达到了国际先进水平，部分技术达到了国际领先水平；在实施中获得受理或授权5项国家发明专利和2项实用新型专利。

（董庭龙）

【集装箱无人自动化堆场国内首创】 该项目是2004年上海市重大科技攻关项目，由上海国际港务集团实施，属国内首创，于2005年9月取得阶段性成果，并正在作进一步的调试和优化。该项目将自动化控制、计算机优化与仿真、现代网络通讯、数据库和现代信息管理等技术应用于现代集装箱物流与装备集成的研究与示范应用，通过自动化技术、信息技术、智能技术、网络技术等技术在港口集装箱物流装备和管理上的应用与技术创新，开发出基于轨道式龙门吊（RMG）的全自动化堆场、设计使用新型全自动化高低起重机接力式装卸技术新工艺的装卸系统以及码头数字化、智能化管理平台，提高了集装箱港口的装卸效率，缩短船舶在港停泊时间，保证货物装卸质量，为客户提供更多的个性化服务，实现数字化港口示范基地建设。

（葛中雄）

【上海电子口岸基本建成并稳步推广应用项目】 上海市政府和海关总署在遵循“三个统一”的原则

下，以“大通关”平台为基础，对与大通关和口岸物流相关的信息系统进行整合，共同建设上海电子口岸。2005年，基本建成了满足上海电子口岸要求的基础设施与服务设施：(1)建成了1 100m²的中心机房，日数据处理能力达到100万笔，能满足未来3～5年口岸电子数据交换的需要。(2)建成了覆盖各海港、空港、主要产业园区、口岸管理部门和相关企事业单位的城域专用网络，并实现与国家海关总署、质检总局等中央部委，以及重庆、宁波等长江流域和长江三角洲主要港口、重点城市、货物集散地信息网络的互联互通。(3)建成了上海电子口岸的门户网站和统一的呼叫中心。(4)建成了包括容灾备份中心和双网运行等设施在内的多层次安全防护体系。

同时，上海电子口岸的应用项目稳步推广，形成了较为完备的口岸通关物流服务体系。2005年，上海电子口岸平台上运行的主要应用项目已达46个，涉及上海电子口岸建设16个成员单位和11家商业银行，覆盖了上海乃至长江流域大部分省市、特别是长三角地区的用户，基本形成了贯穿交易、监管、物流和支付四大作业环节的口岸通关物流服务功能体系。

（吴亦闻）

【洋山深水港卡口工程与监管信息系统达到国内领先水平】 该项目主要是针对洋山深水港一期、二期工程，由上海市计算技术研究所下属申腾信息技术有限公司承担，于11月完成，总体技术达到国内领先水平。该系统采用最为先进而又成熟的微电子、计算机、网络、通信、控制以及模式识别的技术成果和设计理念，建立具有实时控制和网络信息管理多种功能的分布式系统，包含信息采集、传输、储存、显示、广播、通话、控制、数据压缩及识别处理等技术功能，将集装箱的以箱号识别为关键的卡口监管、查验作业调度及其物流信息管理等功能融于一体，以满足海关(甚至包括国家检验检疫在内)的并行作业与流水线操作的工作模式需求，是洋山保税港区同盛物流园区口岸查验区“通讯及控制系统”工程的核心系统。

该系统由中央监管(节点)信息系统、作业调度与设备管理子系统、卡口监管子系统、作业调度子系统、交通引导(指示)子系统、远程供电监控子系统、远程可视对讲子系统等组成。系统设计既采用了全数字化、网络化、影像化、自动化等代表IT行业发展方向的前沿技术，又采用了结构化、模块化等前瞻性设计措施，为系统日后与新技术成果衔接、功能扩展以及软件升级打下强有力的技术基础，以满足工程分期建设、功能不断扩展与完善、技术保持十年不落后的设计目标。

（陆 檩 袁达昌 谢惠梅）

【射频识别技术在上海邮政速递总包处理中成功应用】 该项目是国家“863”计划项目的子课题之一，由上海市邮政局承担完成，已在上海邮政成功应用，于2005年通过项目初验。该项目将射频识别系统与速递生产系统、电子化支局系统、邮区中心局生产作业系统进行网络连接，达到实物流与信息流的统一、速递总包交接勾核等流程的自动化处理以及速递总包自动化分拣的目的，有效提高了速递邮件处理速度和服务质量，进一步提升了上海邮政的信息化水平。

（方 俊）

【翻板式分拣机实现邮政大、小包裹同机混合分拣】 翻板式分拣机是上海市邮政局实业总公司在原有大包分拣机的基础上，结合国际邮件分拣的特点和要求重新研制开发的物件分拣设备。该设备是直线型布局，不仅可以解决国际包裹的分拣机械化作业问题，而且实现大、小包裹同机混合分拣，节省了作业环节，充分发挥了设备、场地和人员的利用率，提高了劳动生产率。该设备于4月研发成功，在广州航空邮件处理中心投入应用，并通过了初验，在国内物流行业处于领先水平。

（方 俊）

第三节 金 融

【社保卡银行卡绑定支付系统方便市民就医付费】 该项目是上海市信息委、上海市卫生局和中国银联联合推出的便民实事工程，即社会保障卡持卡人到医院、银行或社会保障卡服务中心的服务网点，选择一张银行卡与本人的社会保障卡进行绑定授权，建立社会保障卡与银行卡的对应关系。今后在医院就医支付时，医疗保险基金承担的医疗费用从医疗保险局的账户上扣除，个人自付的部分可以直接从与社保卡绑定的银行卡账户中扣除，改变了个人用现金支付的现状，拓展了社保卡和银行信用卡的应用，使社保卡的身份认证功能为金融支付安全性服务，减少了现金支付的风险，提高了就医效率，为提升上海国际大都市的社会形象和城市综合竞争力提供了示范效应。该项目由长江计算机集团所属上海亚太计算机系统集成有限公司开发成功。2005 年，已在华山医院、第八人民医院、普陀区中心医院等 26 家医院进行试点。

（袁钱英）

【多媒体证券信息卫星发布平台达到国际先进水平】 该项目由上海证券通信有限责任公司、上交所信息网络公司及上海高智公司三家联合攻关，自主集成创新而成，于 2005 年通过上海市科委组织的验收，系统符合国际主流技术，总体达到国际先进水平，并申请发明专利 2 项，软件著作权 2 项。该平台系统利用了 IP/DVB 卫星通信技术，结合 DVB－CI 的 CA 技术，进行证券金融信息的低成本安全传送；提出了整体设计思想和总体方案，设计并生产了具有自主知识产权的接收设备 STOR2000，建立了一个自主开发的多业务信息传输及管理平台。

该项目实现了多项创新关键技术，解决了在 DVB－S 接收设备上用一片 SMART 卡同时实现八路独立数据同时解密解扰的技术问题，达到了国际领先水平；提出并实现了卫星广播系统的行情信息高效策略和行情传送的增量算法 ASCQI，提高了行情信息发送的效率，在 0.5M 带宽下相当于未采用此算法在 20M 带宽下的效率，减小每幅行情传送的时延小于 1 秒，并能保证接收系统的随时启动接收。主站系统主要由信源群、网络管理、DVB/IP 打包复用和链路信息加扰、中频调制和射频 4 个单元构成。用户端系统主要由室外单元（天线、高频头）、具有 CA 功能的自主知识产权的接收终端 STRO2000 设备、应用接收软件三个单元构成。接收端设备全部国产化。

该系统具有安装简单、成本低、各项指标稳定、性能可靠等特点，可替代进口产品，且性能优于进口产品，已有近 200 家用户投入商业使用，完成了技术的成果转化。该成果除可用于各种专业发布领域的多媒体信息和数据的处理和传输，还可广泛用于其他信息发布，如远程教育等。

（缪　军）

【环球多市场金融信息分析平台已初步开展服务】 该平台是上海市科委重点科技攻关项目，由上海万申信息产业股份有限公司承担，于 2005 年通过验收，具有信息的接收整合性、传播及时性、挖掘指导性等特点。该平台采用的相关技术包括：（1）数据仓库技术，对多种金融信息来源（如：美国期货市场、欧洲主要证券市场、国内证券市场）的数据进行提取、清理、转换和集成，形成了分析平台进行二次开发的基础。（2）Web 服务技术和存储过程技术，根据金融信息相关主题业务分析的复杂性，被分别应用在不同的场合。（3）NET Remoting 技术，用于管理跨应用程序域的同步和异步 RPC 会话。（4）数据挖掘技术，为了给投资者提供有效的支持，对数据进行分析处理。

该平台已开展多方面的应用服务：（1）对数据挖掘技术在金融投资领域中的应用进行了探讨，并在需要实际应用的投资软件中集成了最新研究成果，达到了预期的要求。（2）在 CMM 管理规范实例中，采用 CMM3 级的标准，制定详细管理规程，使项目开发达到了版本统一、成本低、风险降低的基本要求。（3）在原有技术累积的基础上，采用构件的方法，成功实现了金融模型的构造，初级金融模型已开发完成。（4）采用数据挖掘技术对金融信息进行二次开发，提取的很多知识是对基金经理人员的决策起到了很大的辅助作用。另外，该技术还应用到其他领域，如数据挖掘技术在石油化工丙烯腈收率预测和收率质量控制中获得了理论上的成功，为下一步拓展其领域并实际应用做了很好的探索。

（吴俊伟）

【中国工商银行上海市分行实物黄金买卖系统正式运行】 该系统由中国工商银行上海市分行与上海黄金交易所合作开发成功，以满足黄金会员对其自身代理的黄金客户（对公、对私）的管理和监控。该系统采用开放式框架，主要软硬件设备符合国际标准，应用软件采用多层结构。主服务器采用 IBM 小型机，处理能力强，装载数据容量大；采用了业界领先的 ORACLE 关系数据库，有效保证了数据的完整性、一致性和安全性；网络通讯使用 TCP/IP 协议，通讯技术先进、成熟、稳定可靠；系统设计采用 C/S 结构，开发工具采用 C，Visual C++，ORACLE PL/SQL 等成熟产品，设计灵活，界面友好，系统稳定，具有较好的人机接口和可操作性。该系统通过电子化的交易方式来实现传统实物黄金的买卖，除黄金客户开户需在指定网点柜面办理申请和挂卡外，其余交易均可通过电话银行、网上银行及手机银行自助完成。

作为先在上海市试点的、国内第一家提供个人实物黄金投资的品种“金行家”，扩大了个人投资者的投资渠道，得到了广大投资者的普遍欢迎。从7月18日正式运行到10月14日，累计开户超过1 000户，交易量723kg，交易金额达8 452万元，创造了较好的社会和经济效益。

（何国锋）

【中国农业银行上海市分行综合分析系统开发成功】　该系统以客户关系管理为主线，构建了面向客户的统一的客户关系资料库，建立了客户与客户交易行为、客户经理、客户所用产品的有效关联，实现了对客户的贡献度、风险度的量化分析，为银行产品管理和客户营销管理等提供了有力手段，由中国农业银行上海市分行开发成功。

该系统在数据存储方面采用数据仓库技术，以IBM DB2 UDB(V8)数据库作为数据仓库的存储服务器，采用多分区技术来保证数据的并发查询，具有数据加工控制台、客户访问通讯服务、在线分析汉化服务和加速服务、客户访问权限控制以及客户端控件下载等功能。同时，应用一系列数学模型开发了数据挖掘系统(TALPA)，完成了数据在线挖掘和后台分类分析等一系列分析挖掘功能。由于采用软总线结构(SBA)，实现了软件功能扩充的“热插拔”，从而降低了功能扩充的时间和工作量。

2005年，该系统成功对536多万个个人客户和36多万个公司客户进行了贡献度和风险度分析，对400多个客户经理和4 200个柜员进行了绩效分析，初步确定了个人客户和公司客户的分类评价标准，为提高银行的经营管理水平提供了科学依据。

（何国锋）

第四节　商　贸

【豆制品定型包装技术的研究通过验收】　该项目是上海市科委的科研攻关项目，由上海市食品研究所承担，于5月27日通过上海市科委组织的专家验收，在表面杀菌和防腐剂的选择应用中有创新，工艺技术路线科学可行。该项目针对市售豆制品大多无包装、无保质期，在流通过程中极易腐败、变质的状况，开展技术攻关。经过一年多时间的努力，对经臭氧水表面杀菌和丙碳酸钙液表面抑菌的筒状素鸡、厚百叶等非即食豆制品，用OPP/PE袋包装后，能在25℃的环境中，保质期达24h；对即食鲜汁豆腐干，用N/PE袋真空包装，并经沸水杀菌后，能在0～4℃的环境中，保质达10天。以上两类豆制品在保质期内，质量均符合上海市豆制品地方标准。

（周晓明）

【方便米饭返生抑制技术的研究取得新突破】　方便米饭返生（即糊化淀粉重新结晶）造成米粒僵硬、口感粗糙而难以下咽，且不易被肠胃消化、吸收，是方便米饭生产技术上的一道难关。上海市食品研究所对酶法测定米饭返生的方法进行了较为系统的研究。同时，对几种稻米原料、米饭生产工艺及配方、返生的抑制影响进行了研究，选择出适宜的添加剂，确保了米饭在加工过程中的糊化率，改善了方便米饭在保质期内的返生状况。测试报告表明该项目研制的方便米饭样品达到了项目计划任务书所要求的目标，方便米饭产品保质期稳定在10～15天，符合方便食品行业的发展趋势。9月，该项目通过了上海市科委组织的专家验收，方便米饭返生抑制技术的研究取得了新的突破。

（周晓明）

【厨房工程食品风味增强剂的探索研制获得成功】　该项目是上海市科委科技发展基金项目，由上海市食品研究所承担，于9月通过了上海市科委组织的专家验收。该项目通过开发适合于厨房工程食品的专用“风味增强剂”来强化菜肴食品特有的风味，从而掩盖高温灭菌或巴氏杀菌食品所有的“蒸煮味”和“罐头味”，以满足日益增长的市场需求。该项目采用酶解、美拉德反应等工艺技术和气－质联用(GC－MS)分析手段，进行风味成分分析，研究开发了“牛肉”、“猪肉”和“熏猪肉”三种风味的增强剂样品，通过应用证实这三种增强剂对经高温杀菌的肉类食品确有一定的增香和改良风味的优化效果。增强剂是用肉制品生产过程中产生的碎肉、骨头作为原料，对于充分利用肉制品加工中的低值副产品，开发高附加值产品，提供了一个可靠的技术方案。

（周晓明）

【全系列的功能型乳制品的研究与开发取得丰硕成果】 该项目是光明乳业股份有限公司自主研究、开发,由三个课题组成,既涉及用于牛奶和酸奶的益生菌菌种等上游产品的研制与应用,也包括全系列的功能型终端乳制品的开发,于2005年全面完成。益生菌菌种都是该公司的专利功能型菌种,包括抗高血压的干酪乳杆菌LC2W、辅助降血脂的干酪乳杆菌BD-11和植物乳杆菌ST-Ⅲ。功能型乳制品则覆盖了牛奶、酸奶和奶粉等全系列主流乳制品,既包括风味独特的芦荟酸奶、高数量级活菌数的益菌奶两项保健食品,也包括专门针对乳糖不耐受者饮用的低乳糖牛奶,还包括更接近母乳营养、添加了生物活性物质、营养更加均衡、适合于中国婴儿的第三代婴儿奶粉。

"调节血脂、抗高血压益生菌的研究和应用"课题通过了上海市科委的验收,具有新颖性、实用性、创造性,达到国内领先和国际先进水平,其中,"植物乳杆菌ST-Ⅲ的减肥用途"、"干酪乳杆菌LC2W菌株胞外多糖及其在抗高血压的作用"为国际首创。"微生态乳制品的研究与开发"课题以益生菌及其代谢产物为功能因子,牛乳为载体,研究开发了芦荟酸奶、益菌奶和低乳糖奶三种微生态乳制品,具有新颖性,均达到国际先进水平。"第三代婴儿配方奶粉的研究"课题研究了牛初乳的热稳定性和加工特性,建立了免疫球蛋白IgG的变性反应动力学;采用低温保护技术改善活性初乳的热敏性和稳定性,并将其添加到配方中实现配方奶粉的生物活性母乳化;采用独特的真空混合、活性保护和低温干燥技术,使生物活性物质和热敏性物质得到有效保护,开发出生物活性和营养均衡两方面真正母乳化的第三代婴儿配方奶粉。

该项目获得"植物乳杆菌ST-Ⅲ菌株及其在调节血脂方面的应用"等5项发明专利,另申请的4项国家发明、国际发明专利已进入实质审查阶段;出版了《益生菌》等4部专著,在核心学术期刊上发表相关学术论文20余篇;获两项上海科技进步二等奖(2004和2005年度)。该项成果具有较高的学术价值,推动了发酵乳学科的学术进步,推动了中国乳制品行业的技术进步。光明乳业技术中心已成为国内领先的发酵乳制品研究基地。芦荟酸奶、益菌奶和低乳糖奶三种微生态乳制品和第三代婴儿配方奶粉累计实现销售收入达到8.728亿元,新增利税1.87亿元。

(陈华丽)

【ELP电子商务实验平台研制成功】 ELP电子商务实验平台(E-commerce Lab Platform)是一款专门针对高校电子商务专业实验教学的支撑平台,由上海理工大学于2005年研制成功。ELP在国际上首次采用先进的嵌入式Linux系统作为电子商务实验平台,克服了Windows系统稳定性较差的缺点;剔除了与平台无关的服务和代码,提高平台的稳定性和安全性;同时,平台采用B/S(Browse/Server)设计,方便了用户维护和管理;系统内建实验课件设计和制作功能,提供了功能强大的实验课件在线编辑器;系统内设网站教学源码库和电子教程库,对网站源码进行详尽的注释,方便教师和学生对电子商务实验进行二次开发;系统服务层引入了先进的数字签名技术,保证了运作的安全性,维护了教师课件的知识产权。

ELP包括系统控制台、实验控制台和系统功能区三个部分。系统控制台设有管理员子系统、教师子系统和学生子系统,每个子系统专注于响应和处理相应角色的各种请求。实验控制台设有体验性实验模块、操作性实验模块和创业性实验模块,集成了包括信息检索、B2B、B2C、外贸、商务谈判等十余个真实的实用软件,超越了现有电子商务实验软件的模拟阶段,体现了真实性、操作性、参与性的设计理念,并共同支撑进一步的创业性实验。系统功能区设有数据存储层、系统服务层和业务逻辑层的体系结构,分别连接实验控制台和系统控制台,为第三方公司提供了完善的系统集成接口,保证系统能与第三方公司的电子商务系统的无缝对接。

利用ELP学生可以完成本科电子商务专业要求的30余个专业实验,用内设的大学生网上创业系统模块创建网上商店,体验电子商务创业,并可进一步自主开发;教师可以利用考试系统模块,跟踪学生的学习情况,检验学生的学习效果,并可根据实际情况进行课件的二次开发;教师和学生还可通过博客论坛直接进行交流,从而提高实验教学质量。

(季剑平　杨坚争)

第六章 都市农业科技

第一节 概 况

【十大科技兴农项目实质性启动】 根据上海要率先基本实现农业现代化的精神，上海市科技兴农重点攻关项目管理办公室组织有关专家做了大量的调查研究，提出了优质奶牛肉牛育种、花卉种质资源和产业化发展关键技术创新、食用菌工厂化生产加工关键技术及其产业化、蔬菜瓜果选育和开发、优质粮油种质创新选育和开发、农产品深加工、农业生物制品开发、现代农业装备、农业信息发展、水产养殖和开发等十大项目。通过十大项目的实施将进一步提高上海农业服务全国的能力和水平。2005 年，经过征集、预选、知识产权查新、专家评标、完善内容等程序，已开始实质性启动。

（丁志远）

【农业科技入户工作初见成效】 根据农业部《2005年全国农业科技入户示范工程试点行动方案》的总体部署，上海市农委结合上海农业工作实际，选择南汇区作为农业部生猪科技入户示范工程试点区，金山区为上海市生猪科技入户试点区，大力推广"生猪规范化饲养技术"等三大技术。同时，围绕上海农业工作重点，结合上海百万亩设施粮田建设，实施水稻生产科技入户示范工程，探索农业技术推广新机制。

2005 年，经过近一年的实施，上海农业科技入户示范工程取得了一定成效，农业生产水平较往年有了明显提高。南汇区参与科技入户的 10 个养殖场，每头母猪年提供商品猪、日增重、肉料比三项指标比 2004 年分别提高 11.24%、6.41%、9.44%；三项主推技术入户率达 90%，每头生猪节约成本31.5元。在遭遇 2005 年特大台风和病虫害侵害的情况下，1 000户水稻科技示范户平均单产比 2004 年全市平均单产高出 6.7%，比 2005 年水稻平均单产高 8.7%。

（丁志远）

【海丰米业逐步形成农业生产标准化体系】 上海海丰米业有限公司作为上海最大的域外优质大米生产基地，长期以来致力于无公害农产品的研发、生产、加工及销售，坚持以标准化为主攻方向，促进科技化的发展，至 2005 年，形成了稻米生产的标准化体系，基本实现稻米生产的全程标准化管理。(1)种子生产标准化：以上海优质稻米研发中心为技术平台，集科研优势及产业化实践于一体，实行该公司制定的内控标准《良种繁育规程》，并经严格检疫、精选加工，生产的水稻良种达国家二级商品种标准。(2)原粮种植标准化：稻谷生产全过程以生产绿色食品带动大面积的无公害食品的生产，确保产品质量安全，生产中执行 NY/T419－2000《绿色食品·大米》标准，农药、肥料等投入品执行 NY/T393－2000《绿色食品·农药使用准则》和 NY/T394－2000《绿色食品·肥料使用准则》，为确保达到以上标准，根据实际情况，制定了内部用于产品质量控制的文件《水稻种植规程》。(3)大米加工引进了先进的全进口加工流水线，实行封闭的、工厂化的作业方式，引用国际上先进的管理模式 ISO 9001:2000 标准和用于控制食品安全的管理体系 HACCP, 2005 年底又进行了 ISO 9001 和 ISO 22000 整合版的认证，使海丰米业的质量管理保持最新版本，并通过了相关产品认证，确保了产品质量的稳定性。

（陈华丽）

【跃进农场 3 万亩粮田基础设施建设项目取得新进展】 为了增强农业生产的集中度，充分发挥土地资源优势，提高农业综合生产能力，上海农工商集团跃进有限公司根据市政府百万亩粮田基础设施建设的要求和集团的总体部署，积极推进"规模化粮食生产示范基地"的项目建设。该总公司拟用两年时间建立一个2 000ha(3 万亩)规模的优质粮食生产示范基地，达到土地条块化、布局林网化、基础设施化、作业机械化、经营集约化的目标，充分发挥市郊国营农场在现代农业规模化生产上的示范作用；还将建立一个以农机、农技、仓储相配套的现代农业中心，以加强农业基础设施建设，使农田设施、农机装备、技术服务、仓库储存等硬件方面的建设达到一个新的水平。该项目一期农业基础工程建设于2005年年初正式启动，并于4月底顺利完成；二期农业基础工程建设于11月开工，各项建设工作有序推进。

（陈华丽）

【南方大城市郊区奶业现代化生产技术集成与产业化示范通过验收】 该项目是国家“十五”重大科技专项“奶业重大关键技术研究与产业化技术集成示范”的分课题（参见《2005上海科技年鉴》第157页），由光明乳业股份有限公司主持、上海交通大学参与完成，于12月20日在北京通过了科技部农村与社会发展司主持的验收。该课题完成了牧场智能化管理、奶牛热应激的环境和营养调控、全混合日粮饲喂、饲料、饲草种植加工、良种扩繁、营养代谢病综合防治、提高奶牛繁殖率、奶牛场粪污无害化处理、生产过程在线监测和乳制品精深加工等11项技术攻关与集成。

通过近4年的实施，示范区奶牛存栏数达到30 217头，成母牛单产按成年当量计算达9 762kg，乳脂率和乳蛋白率分别为3.81%和3.1%；DHI测试26 000余头；母牛年繁殖率达81.6%，主要疾病年发病率和死亡率分别为5.89%和1.42%；采用机械化挤奶和自主开发的牧业资源管理软件，实行粪尿治理，实现生态养殖。新建奶牛专用饲料厂，生产、推广奶牛饲料10.80万吨、新型饲料添加剂6 880t；筛选出适合南方的紫花苜蓿和饲用玉米品种14个，建立苜蓿生产基地和玉米基地各1万多公顷。投资2 857万元新建奶牛育种中心，良种种公牛存栏192头，年生产、推广冻精达270万剂，胚胎生产能力达1万枚，移植推广2 441枚，受胎率达41.13%。建立原料奶和奶产品安全控制检测体系，实现奶产品质量在线监控；建设奶牛和乳品研究、开发、服务两大技术平台，开发新产品、新技术、新装置154项。已授权发明专利6项，申请发明专利19项；制订国家、行业标准13项；发表论文103篇，出版专著9本；培训专业技术人员4 000余人次，培养乳品加工博士后1名，博士2名，硕士15名。该课题全面完成和超额完成了各项考核指标，示范区累计新增销售额399 054万元，新增利润45 924万元，对促进上海和全国的乳业发展起到了积极的示范作用，具有显著的社会和生态效益。

（陈华丽）

第二节　种源农业

【3个种稻新品种将在海丰农场小面积试种并繁殖推广】 2005年初，上海优质稻米工程研发中心（参见《2005上海科技年鉴》第157页）对刚收获的2 308份稻谷种质资源（杂交粳稻652份、常规及特殊功能稻1 656份）进行了初步的筛选和鉴定。同时，开展新选育出的3优18等80多个水稻新品种的考种后续研究考证工作。

经对80多个水稻品种的实粒数、秕粒数、总粒数、千粒重、抗病性、株高、穗长等性能指标的初步考证，实际产量、综合抗性优于对比品种。杂交粳稻实收产量超过武育粳3号的有10个，其中3优18、申5优18、中粳3号单产分别达到了11 475kg/ha（亩产765kg）、11 062.5kg/ha（亩产737.5kg）、9 450kg/ha（亩产630kg）。这几个品种是在2003年实验中发现的，并已在海南进行过扩代繁殖实验，如今继续表现出优良的性能，具有较好的重演性，结合两年来在田间实验长势、长相等情况综合分析，表明对水稻条纹叶枯病的抗性也很强。因此，这三个种稻新品种将在海丰农场小面积试种并繁殖推广，作为海丰种业今后重点种植和推广的稻谷新品种。

（陈华丽）

【鲜食糯玉米新品种“沪玉糯二号”通过验收】 由上海市农业科学院承担的“优质鲜食糯玉米系列新品种选育”项目在国内率先开展鲜食糯玉米早熟育种研究，以早熟、优质、高配合力亲本自交系创造为重点，形成了利用南方农家种早熟优质特性融合北方糯玉米的高产特性、构建目标性状基因库进行种质创新，创造了一批优异早熟亲本材料，较好地解决了早熟与高产、优质与高产之间的矛盾，使鲜食糯玉米早熟、优质、高产三大性状得到了统一，于2005年通过验收。

该项目自主创新育成了“申W22”等10份早熟、优质、高配合力糯玉米自交系，以“申W22”成功配制选育出较早熟、优质、高产鲜食糯玉米杂交新品种“沪玉糯二号”，其成熟期早于“苏玉糯一号”7天左右；去苞叶鲜穗每公顷产量达9 640.5kg（亩产

642.7kg)，比“苏玉糯一号”增产16.3%左右；糯性品质好，在抗矮化叶病、抗小斑病和茎腐病等主要病害方面具有较强的优势。“沪玉糯二号”的早熟、优质、高产性能在国内同类品种中处于领先水平，并于2002年通过了上海市品种审定，在上海、长三角及全国适宜种植区累计示范试种1 333.3余公顷(2万余亩)，产生了明显的经济和社会效益。

(丁志远　陆天华)

【设施栽培专用矮秆糯玉米新品种选育成功】　该项目由上海市农业科学院承担，在国内首次开展了设施栽培专用矮秆糯玉米育种研究，较好地协调了矮秆与产量之间的矛盾，开拓了鲜食糯玉米育种的新领域，填补了设施专用矮秆糯玉米选育的国内空白，并于2005年通过验收。该项目发掘利用国内丰富的糯玉米种质资源，并进行遗传改良，组成了矮秆糯玉米基础群体材料50份，育成了“申W13”等10份矮秆、优质糯玉米自交系，并以“申W13”为骨干亲本，选育出早熟、优质的设施专用矮秆杂交糯玉米新组合04－2149。该组合具有矮秆早熟，茎秆坚硬，抗倒伏，糯性好，植株高度在150cm左右等特性，使鲜食玉米矮秆、高产、优质三大性状得到较好的结合。

(丁志远　陆天华)

【黄瓜单倍体育种体系的研究通过验收】　该项目为上海市科技兴农重点攻关项目，由上海交通大学农业与生物学院承担，于12月通过上海市科技兴农重点攻关项目管理办公室组织的验收，达到国内领先水平，并发表论文4篇。该项目通过子房培养、花粉培养、辐射花粉诱导胚珠发育等方法进行了诱导黄瓜单倍体研究，筛选出以辐射花粉诱导单倍体的培养体系，获得诱导胚珠发育、芽伸长和生根的合适培养基，初步建立了黄瓜单倍体培养的技术体系。通过该体系得到较多的双单倍体纯系；从中筛选出6个双单倍体纯系，表现为抗白粉病、耐霜霉病、耐弱光、生长势强、无限生长型、全雌性、单性结实，瓜长15～28cm；配制了15个组合，其中2～3个组合表现良好，有望获得优良新品种。

(蔡　润)

【创汇蔬菜绿色生产技术的研究与示范通过验收】该项目是上海市招标项目，由上海交通大学主持，中科院上海植物生理生态研究所和上海新成食品有限公司协助，于9月通过验收。该项目筛选推广了青葱等创汇蔬菜新品种10个，建立了上述蔬菜的企业标准和技术操作规程7套；50个品种获得有机蔬菜认证，其中出口有机蔬菜种类9种，3种蔬菜通过安全卫生优质农产品认证；获专利和软件著作权4项；示范应用了害虫小菜蛾等信息素测报技术，杀虫灯、植物源农药病虫害防治技术和有机生物肥料使用等绿色生产技术；在SCI源刊物等学术杂志上发表学术论文8篇。

该项目实施期间，通过有机原料生产基地认证11ha(165亩)，认证有机蔬菜生产转换基地13.33ha(200亩)，三年累计建设创汇蔬菜基地1 666.7ha(2.5万亩)。设施生产的有机蔬菜每公顷产值达到32.25万元，年利润较普通设施栽培提高30%。2004年出口总产量15 312.8t，总产值7 116.0万元，创利2 490.6万元，创汇303.7万美元。

(黄丹枫)

【庭院笋竹丰产技术的推广项目通过验收】　该项目是上海农业“四新”技术推广项目，由上海市林业总站承担完成，于9月19日通过了上海市科技兴农重点攻关项目管理办公室组织的专家验收。该项目在对上海庭院笋用竹充分调研的基础上开展技术推广，制定了科学的、针对性强的技术路线，对促进上海郊区庭院经济林和生态景观林建设，有重要的现实意义；在庭院笋用林丰产技术推广过程中，结合上海实际开展技术集成和发展，总结并提出了上海市庭院笋用林种植等关键技术，对上海市竹林发展有一定借鉴意义。该项目共选择示范户26户，建设示范基地73.73ha(1 106亩)，并初步形成了“专家＋科技员＋农户”科技入户的推广模式，带动了全市笋用林发展。

(顾　炜)

【草菇诱变育种技术研究通过验收】　该项目由上海市农业科学院承担，于2005年通过验收，发表研究论文2篇。该项目以原生质体产生的单核原生质体为材料，通过紫外线诱变、$^{60}Co-\gamma$射线、DES对出发菌株草菇V23原生质体进行复合诱变，从1 500株诱变菌株中选出4株耐常规低温(4℃)、时间≥10天的菌株，其中3株诱变菌株在18～30℃条件下生长速度明显高于出发菌株；经RAPD分析发现诱变菌株的平均变异数为0.169；选育出的诱变菌株在26℃、28℃、30℃的偏低温度下，生物学效率分别比V23高出42.7%、120%、59.2%，其最佳出菇温度均为28℃。适合低温栽培的诱变菌株VH3

于2004年通过了上海市品种认定。

（陆天华）

【食用菌新品种白阿魏蘑的选育总体水平达国内领先】 该项目由上海市农业科学院承担，于2005年通过验收，项目总体研究水平达国内领先。该项目从全国各地收集了6个白阿魏蘑菌株，经出菇试验、专家鉴定和ITS与延长的DNA片段测序为同一种。然后，通过菌株间遗传差异研究，找到了6号菌株与其他菌株不同的特异性分子标记，并在栽培过程中也发现其子实体形状与其他品种有所不同，经试验证明白阿魏蘑为双因子控制的四极性异宗结合食用菌。筛选的白阿魏蘑4号菌株于2004年通过上海市品种认定，并在上海南汇、河南西峡和濮阳、浙江磐安推广应用了176万袋。

（陆天华）

【抑制灵芝多糖双高灵芝菌株的筛选处国内领先水平】 该项目由上海市农业科学院承担，于2005年通过验收，在双含多糖灵芝菌株筛选技术上处于国内领先水平，为灵芝产业的深度开发与加工提供了明确的技术支撑。该项目搜集了23个中国主要灵芝栽培菌种，通过生物学性状测试和发酵产量比较，以胞内多糖和胞外多糖为筛选的双重指标，筛选出胞内多糖和胞外多糖产量均较高的G2菌株，并对该菌株进行了灵芝多糖组分的直接抑瘤试验和深层发酵优化研究，明确了G2灵芝菌株的发酵菌丝体具有抗肿瘤活性，可以成为以多糖为主要成分的保健品及药品的替代原料来源，获得了灵芝多糖双高菌株的标准化发酵技术。该项目发表学术论文2篇。

（陆天华）

【优质水蜜桃新品种国内领先】 该项目由上海市农业科学院承担，于2005年通过验收，研究成果达到国内领先水平。该项目筛选出适合上海地区栽培的“清水白桃”与“浅间白桃”两个水蜜桃新品种，提出了“清水白桃”和“浅间白桃”的配套栽培技术，采用铺设银色反光地膜，果实膨大期前可增施钾肥，使用白色专用袋套果等措施，提高水蜜桃的产量和质量。“清水白桃”的果实成熟期为7月下旬，果实近圆形，平均果重200～210g，可溶性固形物12%～15%，四年生幼龄树每公顷产量924kg。“浅间白桃”果实成熟期7月上、中旬，果实近圆形，平均果重209～240g，可溶性固形物12%～16%，四年生幼龄树每公顷产量10 080kg。该新品种推广面积已达53.33余公顷（800余亩），在2003年上海市优质水蜜桃评选中，“清水白桃”获得新品奖，取得了明显的社会效益和经济效益。

（陆天华）

【优质大粒四倍体葡萄新品种选育国内领先】 该项目由上海市农业科学院承担，于2005年通过验收，总体研究处于国内领先水平。该项目从大粒四倍体品种改良着手，通过亲本的选择配置杂交在国内南方地区首次以杂交方法育成2个优质大粒四倍体葡萄新品系97－34和99－147。该品种果实成熟期均在7月底至8月初，粒重8～10g，糖度达14～17Brixo，每公顷产量在15 000kg以上，坐果性能、成熟期及其他综合性状均优于（或早于）“巨峰”。该项目建立了杂交后代育种圃，获得了一批性状优良的新种质；在国内首次建立了大粒四倍体葡萄的主栽品种“巨峰”和“藤稔”的砧木嫁接栽培技术，提出了嫁接栽培的适合砧木；还在嘉定、浦东、松江、金山、崇明等地建立了优系品比圃和中试圃。

（陆天华）

【“鲜花港”鲜花四季常开】 2005年初夏，占地28ha的上海鲜花港展示园里，300多万株艳丽多彩的郁金香竞相开放。为了“鲜花港”一年四季鲜花常开不败，上海市科技兴农重点攻关项目管理办公室以鲜花港作主体，根据不同的花期以及中国特有的观荷、赏菊传统，立项了“睡莲科花卉的产业化开发”、“优质地被菊、盆栽小菊新品种的产业化开发”等新品种产业化项目。

项目启动以来，进展很快，实现了当年即有花可赏。在郁金香盛开后不久，13.33ha（200亩）水生花卉资源圃和鲜花港展示园的水面上，379种睡莲、荷花扎下了根。菊花苗圃中的新品菊花也一片盎然生机。在花期上，荷花开始凋谢时正是菊花盛开时。上海鲜花港与有关科研单位对以上花卉新品种共享有知识产权，并有独家优先开发权。上海鲜花港的鲜花除了可供观赏，丰富上海市民的赏花内容，产业化开发更是项目的主要目标。2～3年以后，新品种的种球、种苗将成批产出，销往国内、国际市场。

（丁志远）

【彩叶灌木火焰南天竹丰富上海耐寒树种】　由上海市农业科学院承担的“火焰南天竹等观赏林木新品种的引选研究”于2005年通过验收，其育苗技术和组培快繁技术具有创新性，在国内属领先水平。该项目引进了一批优质苗木新品种，开展了试种和驯化比较，筛选出抗逆性强、适合上海地区栽培的耐寒彩叶灌木火焰南天竹，丰富了上海耐寒树种。该项目采用常规繁育和生物技术相结合的方法加快繁殖，获得了火焰南天竹无性繁殖系，其繁殖系数平均可达4倍以上，发根率在80%左右，移栽成活率在70%左右，克服了火焰南天竹扦插不易生根的难题，并建立起一套与优良观赏苗木配套的育苗栽培技术措施，并在闵行、奉贤等地建立了示范基地，繁殖苗木1万株以上。

（陆天华）

【矮生高羊茅草坪草新品种“沪青矮”达国内领先水平】　矮生高羊茅草坪草新品系“沪青矮”的前身是“节能型坪用草种的制作与推广”项目(2001年通过鉴定)培育的“上农矮生高羊茅”新品系，于8月通过上海市农作物品种审定委员会的认定，其推广项目也于8月通过验收，达到国内领先水平。该项目采用多元杂交法培育出的高羊茅草坪草新品种“沪青矮”与普通高羊茅品种相比，具有株型矮，可减少修剪次数1/3，从而节约能源；质地细腻，叶宽是普通型高羊茅的1/3～1/2；色泽深绿，在一般肥力水平下草坪草叶色比普通型的绿色深一些；抗逆性强，在上海地区中等管理水平下，能够周年常绿。

（何亚丽）

【分子标记肉鹅新品系培育及配套生产技术研究达国内领先水平】　该项目由上海市农业科学院承担，于2005年通过验收，达国内领先水平；在配套系选育上，采用三系配套的选育方法，应用分子标记技术辅助进行肉鹅品系选育，在国内是首创。该项目引进和利用欧洲鹅种建立了三系配套良种繁育体系，培育出了适合中国环境条件的优良父本品系；配套系的母系繁殖性能优于国外，同时具有较强的市场竞争力和广阔的推广前景；在国内首次开展了肉鹅各消化器官的生长发育规律的研究和肉鹅赖氨酸和含硫氨基酸需要量的研究，发现肉鹅各消化器官的生长发育领先于体重的增长，并在强度和时间上存在明显的差异；研究了种鹅休产期活拔羽绒生产技术、鹅用牧草全年均衡供应技术、鹅场生物安全和疫病防治技术、种鹅和肉鹅高效生产技术等配套生产技术，编写了《新编水禽生产手册》和《鹅高效生产技术手册》，起草了农业部行业标准《无公害食品·鹅饲养管理技术规范—NY/T5267－2004》，为国内养鹅生产提供了一整套比较系统、全面、实用的技术和标准。项目实施期间，累计推广父母代近20万羽，商品代737万羽，产生了明显的经济效益和社会效益。

（陆天华）

【猪胚胎超低温保存技术在国内首次获得成功】由上海市农科院畜牧研究所、上海市农业生物基因中心等单位共同承担的“猪种种质资源长期保存技术研究”，应用猪胚胎超低温冷冻保存技术，在国内首次获得了超低温冷冻猪胚胎的后代。在项目实施过程中，以广西巴马小型猪为研究对象，采用OPS玻璃化超低温冷冻技术，成功进行胚胎超低温(－196℃)保存。该技术比低温冷冻技术降温速度更快，由每分钟降温2 000℃，提高到每分钟降温20 000℃，速率提高了10倍，可以在瞬间跨过损伤猪胚胎的敏感温度区域，提高胚胎保存效率。4月，分两批对11头巴马小型猪进行胚胎移植，其中1头猪怀孕，产下10头小猪，成活8头，生长良好。

（丁志远）

【“优质奶牛育种项目”金山种奶牛场建设启动】　7月18日，上海光明荷斯坦牧业有限公司与金山现代农业园区进行了“种奶牛场”的项目签约。农业部副部长尹成杰和上海市副市长胡延照等领导出席了签约仪式。该种奶牛场总投资1.7亿元，饲养规模5 000头，具有年产1万枚优质良种奶牛胚胎的生产能力。

“优质奶牛育种项目”是上海市科教兴市重大产业科技攻关项目，于2004年7月由光明乳业股份有限公司主持，上海光明荷斯坦牧业有限公司与上海杰隆生物工程股份有限公司为承担单位，主要通过对DHI(牛群改良)测试系统的推广、MOET育种体系的研究(核心良种牛群的建立)、优质种公牛群的建立及克隆技术、性别控制技术、胚胎生产与移植技术等研究，使上海奶牛育种水平得以提升；种公牛扩繁到200头，在国内种牛测试中确保一流，提升冻精生产能力，形成年产胚胎2万枚、冻精300万剂的生产能力，冻精国内市场占有率达40%。同时，以种源为龙头，延伸产业链，带动整个产业链的发展。2005年，该项目已完成育种信息系统、克隆实验基地设计建设，以及金山种奶牛场的建设地点选取以及设计等工作。通过“优质奶牛育种项目”的实施,将进一步加强上海奶牛育种中心的建设,并且可利用上海种源,通过优良种质的输出,加快我国牛群良种的改良,带动牧场生产水平和管理水平的提升,实现牧场经济效益的最大化。

（陈华丽）

【人工繁育、养殖翘嘴红鲌和活鱼运输技术获得成功】 翘嘴红鲌俗称白水鱼,是中国传统的名贵淡水鱼,以肉质细嫩味美著称。由于翘嘴红鲌只能依靠野生捕捞,因此长期以来市场货源紧缺,价格昂贵。由上海嘉定区水产技术推广站依托上海市水产研究所的技术力量共同承担的“翘嘴红鲌(太湖白水鱼)人工养殖技术研究”项目经过三年努力,于2005年通过专家鉴定,在翘嘴红鲌的人工繁殖、人工养殖、商品鱼起捕和活鱼运输等技术方面获得成功,并有多项创新。该项目(1)掌握了人工催情、人工授精、人工催产、人工孵化技术,并利用鱼类是变温动物的特性,在亲鱼池上建塑料大棚,使鱼塘自然增温,从而促使亲鱼提早发育成熟,实现了提前20多天产卵,使人工繁育翘嘴红鲌技术有新的突破。(2)掌握了不同鱼种混合养殖技术,通过多种淡水鱼混养,掌握了与翘嘴红鲌最佳混养组合。(3)掌握了翘嘴红鲌起捕和活鱼运输技术。该项目还制定了“翘嘴红鲌产品标准”和“翘嘴红鲌健康养殖技术规范”两项企业技术标准,已通过嘉定区技监局审定并发布。

（丁志远）

【中国银鲳人工繁殖和养殖技术研究初获成果】 该项目由中国水产科学研究所、上海浦东陆基水产养殖有限公司等多家单位共同攻关,于2005年初开始启动。科研人员围绕中国银鲳繁殖特性和亲本培育、人工繁殖和苗种培育、人工繁殖技术规范开展研究,在银鲳繁殖特性、海上人工授精和孵化、幼鱼饵料和开口饵料、12日龄仔鱼成活率等方面的研究取得了可喜的进展。通过实验取得使精液在海上保持活力达到6h以上的方法,为银鲳和其他海水鱼类的人工授精提供了基础保障。对200余尾性腺发育较好的雌体进行人工授精,获得授精卵40万粒。采用流水孵化法,获得仔鱼26.5万尾,孵化率达到66%。12日龄仔鱼存活率32%,高于科威特10%的水平。

（丁志远）

【紫菜养殖加工出口产业链开发项目达到国际先进水平】 该项目是农业部、财政部首批农业科技跨越计划项目,由上海水产大学承担,江苏省海洋水产研究所等单位共同参与,于4月通过了专家验收,成果达到国际先进水平。该项目在国内首次培育出具有良好养殖特性和稳定遗传性状的长叶条斑紫菜,并实现了良种化养殖;在国内外首次报导条斑紫菜绿斑病的病因,并采用冷藏网技术对病害起到防治作用;研制成功的国产化全自动紫菜加工机组,取代了进口加工机械;通过实施,建立了条斑紫菜养殖、加工、出口的产品质量体系,实施单位全部通过HACCP认证,获得OCIA的国际有机认证书,形成了中国乃至世界上第一个有机紫菜产品,取得了显著的经济、社会和生态效益,为中国紫菜业在国际竞争中赢得了优势。

（马家海）

【瓦氏黄颡鱼的生物学与养殖技术研究达到国内领先水平】 该项目由上海水产大学和安徽省淮南市窑河渔场共同承担,于4月通过了安徽省科技厅组织的专家验收,在成熟卵等渗液、蜂窝式孵化器、食性及开口饵料等方面有创新,总体达到国内领先水平。

该项目撰写了36篇论文报告,掌握了瓦氏黄颡鱼的行为生态、生长、营养与饲料、繁殖、胚胎与仔稚鱼发育等生物学规律,突破了瓦氏黄颡鱼的人工繁殖、苗种培育、商品鱼养殖技术;使该鱼的催产率、受精率、出苗率、鱼种成活率均达80%以上,为瓦氏黄颡鱼规模化产业发展奠定了技术基础;开发出了小网箱、池塘混养等养殖模式,小网箱商品鱼养殖每立方米水体产量达127kg,单产水平居国内领先地位。四年来,累计生产瓦氏黄颡鱼苗694万尾,生产成鱼42t,新增产值410万元,盈利180万元,累计推广面积2 000ha,取得了显著的经济效益和社会效益。

（王　武）

【东南太平洋竹筴鱼资源开发性探捕填补国内空白】 该项目由上海水产大学和上海远洋渔业公司共同承担,于4月通过上海市教委组织的专家验收。该项目经过连续四年探捕生产,基本掌握了东南太平洋智利竹筴鱼捕捞的海洋环境、渔场特征、资源状况;研究了东南太平洋智利竹筴鱼的生物学特性、捕捞和加工技术,圆满完成了探捕项目的任务,取得了丰硕的成果。该项研究成果填补了国内空白，达到国内领先水平，为国家加大对大洋性渔业研究的支持，进一步深入研究智利竹筴鱼渔场资源与捕捞加工技术奠定了基础。

(彭俞超)

【印度洋公海底层鱼类——丝尾红钻鱼资源探捕项目正式启动】 该项目是农业部渔业局2005年度公海渔业资源探捕项目的子项目，由上海水产大学海洋学院与福建省连江县远洋渔业公司共同承担。相关科研人员于10月31日随船赴印度洋公海，开始为期约4个月的海上探捕调查。该项目将根据农业部渔业局批准的探捕调查方案，按原定计划，到达探捕调查站点，开展海洋环境(垂直剖面的温度、盐度、溶解氧、叶绿素含量、三维海流；风速；风向等)、海洋浮游生物、深海底层延绳钓捕捞技术(渔具渔法、渔场形成机制等)、渔获物组成、主要底层鱼类鱼种的生物学特性、行为等方面的研究；是中国第一次对海洋高地(海山)渔场形成机制、渔获物组成和相应的渔具、渔法等进行研究。

(彭俞超)

【印度洋西北部鸢乌贼资源渔场、钓捕技术和加工利用研究达到国际同类研究先进水平】 该项目是农业部公海渔业资源探捕项目(参见《2004上海科技年鉴》第169页)，由上海水产大学承担、浙江省远洋渔业集团有限公司配合，于12月通过了农业部组织的专家验收，研究内容具有新颖性，成果填补国内外的空白，综合技术在国内处于领先，并达到国际同类研究的先进水平。

该项目经过3年海上调查和试验，取得了一系列成果：(1)首次较为系统性地开展印度洋西北海域鸢乌贼资源、渔场、钓捕技术和加工利用等方面的研究，初步掌握了印度洋西北公海海域鸢乌贼资源分布、生物学特性和中心渔场形成机制及其与海洋环境条件之间的关系。(2)通过改进捕捞技术，提高了捕捞效率。(3)分析了鸢乌贼的物理化学特性，并试制了15种休闲食品和鱿鱼丝，为商业性开发和利用鸢乌贼资源奠定了基础。

该项目为中国远洋鱿钓渔船找到了新的后备渔场，并成为世界第一个在该海域进行商业化生产的国家，已有7艘鱿钓船正式投入商业性生产。此外，还培养了多名硕士和博士研究生；在国内核心刊物上发表了15篇学术论文。

(彭俞超)

【坛紫菜良种选育技术通过项目总验收】 该项目是国家“863”计划项目(参见《2005上海科技年鉴》第163页)，由上海水产大学生命学院承担，经过3年的潜心研究，取得了一系列研究成果，于11月分别通过了国家“863”计划专家组的现场验收和项目总验收。

该项目培育出坛紫菜优良品系30个，最好的优质品系的主要色素蛋白质含量提高60%以上，最好的高产品系的产量增加40%以上；完成了3个优良品系的中等规模生产中试，总面积达133.33ha(2千亩)左右。其中，坛紫菜优良品系“申福1号”具有生长快、生长期长、成熟晚、藻体薄、光泽好、口感佳等优点；生产中试结果显示产量比当地传统养殖品种增加30%～40%，产值增加40%左右，可以连续收7水以上；由于其藻体比传统菜薄软，更适合全自动机器加工。经过连续3年的中试，该品系性状稳定，增产和增值十分明显，受到了养殖户的热烈欢迎。另外，获得了优良品系的4个分子标记，申请国家发明专利4项，出版论文24篇，培养研究生20名。

(严兴洪 李辉华)

【三角帆蚌外套膜细胞的培养及有核珍珠培育具有创新性】 该项目是上海市高校自然科学研究项目，由上海水产大学生物技术研究中心主持，历时3年多时间，于11月通过了上海市教委的专家验收，具有创新性，整体技术达到国内外领先水平。该项目在对体外培养的三角帆蚌外套膜外表皮细胞基础研究的基础上，获得了具有一定增殖能力且能分泌珍珠质的外套膜外表皮细胞，并将该细胞与人工核形成珍珠囊，直接插入同种育珠蚌体内，经过6个月的培育获得了有核珍珠，改变了传统淡水河蚌外套膜小片插核育珠法，成功将细胞工程方法运用于珍珠培育。与常规育珠法相比，该方法育珠时间可缩短2～3年，珠质明显提高，大大降低了畸形珠或无珍珠层的素珠的形成率，并把珍珠培育研究深入到细胞水平，为全新的人工工厂化育珠奠定了理论与技术基础。

(王伟江)

第三节　生态农业

【农工商13种农产品获农业部无公害农产品认证】上海农工商(集团)有限公司围绕“建设国家级的农业现代化的龙头企业集团”中长期发展战略目标，积极推进“无公害食品行动计划”。该集团系统的“星辉”牌结球甘蓝和大葱等8种蔬菜主导产品，“海丰”、“露珠”、“东润”和“山河”牌大米，以及“星腾”牌南美白对虾13种农产品均通过了无公害农产品认证，于3月获得了农业部农产品质量安全中心颁发的无公害农产品认证证书。至此，该集团系统已有13 490ha水稻生产基地和2 240ha蔬菜生产基地通过了无公害农产品产地认定；通过无公害农产品产品认证的8种蔬菜产品核准总量达86 660t，4个品牌的大米产品核准总量达75 500t，基本覆盖了系统内种植业的主要生产基地和主要优势农产品。在养殖业方面，除了养殖面积为200ha、核准总量为1 000t的南美白对虾生产基地和产品通过产地认定和产品认证外，上海农工商肉食品公司的6万头规模肉猪养殖场、20万头规模生猪屠宰加工厂，以及核准总量达3 000t“爱森”牌猪肉，已于2004年率先通过了无公害农产品产地认定和产品认证。

（陈华丽）

【转基因农产品关键检测技术填补国内空白，达国际先进水平】　近年来，上海市科技兴农重点攻关项目管理办公室连续设立了“EPSPS(抗除草剂)基因的克隆、高效表达、抗体制备及其快速检测技术的研究”、“食用农产品安全检测技术的研究与应用”和“转基因农产品检测相关的定量快速检测设备的引进”三个关于转基因农产品检测技术相关联的项目，由上海市农业科学院生物技术研究中心主持，于2005年通过验收。通过项目的实施，解决了转基因农产品定性定量检测等方面的一系列关键技术问题。

“EPSPS基因的克隆、高效表达、抗体制备及其快速检测技术的研究”建立的CP4－EPSPS蛋白的免疫学检测方法属国内首创，转基因大豆、油菜的定量PCR检测技术达到国际先进水平。该项目分离了转基因油菜(RT73)中CP4－EPSPS基因，并在大肠杆菌中进行了高效表达，制备了单克隆和多克隆抗体，建立了CP4－EPSPS蛋白的免疫学检测方法；通过优化检测转基因大豆、油菜中的CP4－EPSPS基因的引物和探针及反应体系，建立了转基因大豆(GTS 40－3－2)、油菜(RT73)的CP4－EPSPS定量PCR检测方法，并开发了定量PCR检测试剂盒，制定了标准操作规范，实现了对原材料和加工产品的转基因成分的精确的定量PCR检测。该项目还制定国家技术标准1项，参与制定农业行业技术标准1项，发表SCI论文1篇。

“食用农产品安全检测技术的研究与应用”在内源参照基因的确立和转基因番茄、棉花、玉米定量检测方面达到国际先进水平。该项目首次在国际上寻找并验证了适合转基因棉花、番茄、水稻、油菜定性和定量PCR检测的内源参照基因，填补了国内外空白；收集整理了转基因玉米、棉花和番茄相关基因的核苷酸序列，率先分析了“华番一号”番茄的特征序列，建立了转基因玉米、棉花和番茄品种的定性和定量PCR检测方法；构建了可用于转基因番茄(华番一号)、转基因棉花(531、1445)、转基因玉米(Mon810、Event176、Bt11、GA21、T25、Mon863)定量PCR检测的标准序列。该项目参与制定国家标准1项；在国外学术期刊上发表SCI研究论文8篇。

（陆天华）

【猪口蹄疫O型基因工程疫苗获国家兽药注册证书】　该项目以复旦大学为主，上海市农业科学院、上海市兽医站、浙江省农业科学院和中国农业科学院兰州兽医研究所等单位共同参与，先后完成了疫苗的工艺技术研究、免疫试验、区域试验和药证申请等一系列工作。2月，合作攻关22年的猪口蹄疫O型基因工程疫苗获得了农业部颁发的“中华人民共和国新兽药注册证书(新兽药一类)”，成为世界上惟一的猪口蹄疫基因工程疫苗，也表明该项目的研究获得成功，现正在内蒙古生物药品厂实现工业化生产。

该项目把病毒中有免疫源性或免疫功能的基因片段取出，与大肠杆菌的蛋白质结合，使大肠杆菌带有口蹄疫的免疫功能。实验发现，动物在注射该基因工程疫苗后，即使受到比自然病毒强数百倍的病毒攻击，也安然无恙。以往国内使用的都是灭活型疫苗，由于注射灭活疫苗的猪体内产生的抗体与自然感染的抗体无法区分，因此影响了猪肉的出口。该基因工程疫苗注射后猪体内的抗原与自然感染的抗原不同，猪肉的安全性得到保障。世界上部分发达国家出于安全考虑，禁止使用口蹄疫灭活型疫苗，而对于基因工程疫苗的研制尚无突破性成果。所以，中国这一疫苗的研制成功，给口蹄疫的防治开辟了一条新的途径。

（郭建忠　丁志远）

小资料

口蹄疫

口蹄疫是当今世界上最为严重的家畜传染病，危害牛、猪、羊等偶蹄类动物，以传播迅速、感染率高而著称，国际兽疫局（OIE）将其列为A类传染病之首，一般每隔几年便有一次大流行，流行期间全世界每年的直接经济损失可达上百亿美元。更严重的是因疫情流行会影响畜产品出口与国际贸易和国际关系，故素有“政治经济病”之称。多年来世界上曾经有口蹄疫病毒流行的国家，至今对防止口蹄疫病毒病的有效措施仍然是大规模的免疫接种，因此研制有效安全的疫苗是防止口蹄疫病流行的技术关键。

（郭建忠）

【猪链球菌二联灭活疫苗积极申请新兽药证书】 2005年，四川发生一种人畜共患的猪链球菌2型疫情，而上海研制的“猪链球菌病二联灭活疫苗”正是猪链球菌2型的“克星”。上海市农委于1998年确立了“猪链球菌灭活疫苗的研制和开发”项目，由上海市畜牧兽医站和南京农业大学动物医学院共同承担。课题组对上海地区40多个规模猪场进行了猪链球菌病的流行病学调查和猪源链球菌血清型分布的研究，筛选出“免疫原性强的C群链球菌和猪链球菌2型”作为疫苗生产株，在此基础上研制了猪链球菌病氢氧化铝二联灭活疫苗。该疫苗的安全性达到100%，免疫保护率在92.5%以上，保护期为6个月，使用范围广泛，达到国内领先水平（参见《2002上海科技年鉴》第159页）；在南汇航头种畜场等50多个规模猪场进行试用，区域免疫抗体的保护率超过85%。为加快该疫苗的产业化，上海市畜牧兽医站又相继完成了优化猪链球菌病的检测方法，对上海及华东地区猪链球病开展了流行病学调查，并进行了病原分离鉴定和猪链球病主要致病菌种分析等中试工作，并于2005年向农业部兽药评审委员会申报“猪链球菌二联灭活疫苗”的兽用新生物制品。

（贺凌倩　丁志远）

【新型饲用抗生素纳西肽的研制和应用达到国际先进水平】 该项目是国家科技攻关计划、上海市科委项目，由复旦大学、杭州汇能生物技术有限公司研制完成，于4月通过上海市科委组织的验收，成果达到国际先进水平。该项目为中国引进了一个饲用新抗生素品种——那西肽，不被消化道吸收、无残留、动物专用、不产生交叉耐药性，被称为绿色兽用抗生素，于1998年获国家农业部颁发的三类新兽药证书，2001年被认定为上海市高新技术转化成果。

该项目经引进菌株S. actuosus25421，经诱变育种，成功获得那西肽高产菌株（Z10），摇瓶发酵单位达800μg/ml，经2t发酵罐中试发酵平均达500～600μg/ml，最高达800μg/ml；采用乙醇提取工艺，获得含量为400～500μg/mg的产品，收率达65%。经测定，与国外产品有相同的理化性质。肉鸡饲养试验显示提高增重明显；剖检结果无明显发现病变，试验组与对照组无明显差异。停食16h为第一天，连续三天，从肝、肾、肌肉中分析那西肽残留量，均低于100ng。那西肽能广泛用于猪、鸡、鱼方面，具有广阔的应用前景。

（王小华）

【重组牛羊白细胞介素－2（rbIL－2）下游处理技术研究及动物区域试验部分成果达国内外先进水平】 该项目由上海市农业科学院承担，于2005年通过验收，部分研究成果达到国内外先进水平。该项目构建了rbIL－2高效表达载体，采用重叠延伸剪接术（SOE法）对突变基因进行了纠正，获得了正确的表达产物；在rbIL－2基因工程大肠杆菌的摇瓶表达条件研究的基础上，建立了rbIL－2基因工程大肠杆菌在5 L、30 L、100L发酵罐中高密度发酵的各项工艺参数，菌体密度超过$OD_{550}=50$，最高达到$OD_{550}=65$，100L发酵罐rbIL－2的表达量可达到3.12g/L；建立了rbIL－2包涵体提取及体外复性工艺，rbIL－2的复性率达50%以上，纯度大于90%，活性测定效价达9.6×10^4IU/mL，每升发酵液可得到活性蛋白1.59g。通过动物区域试验，验证了rbIL－2对猪繁殖呼吸综合征（PRRS）和猪瘟疫苗的免疫有增强作用。

（陆天华）

【微载体技术用于兽用细胞疫苗产业化研究成果具有新颖性】 该项目由上海市农业科学院承担，于2005年通过验收，在兽用疫苗研究上达国内领先水平，成果在国内外均属首次报道，具有新颖性。该项目以猪传染性胃肠炎病毒（TGEV）和猪繁殖与呼吸道综合征病毒（PRRSV）为试验材料，从细胞培养和病毒繁殖两个层面对微载体生产工艺的优化进行了研究，在微载体系统中细胞密度比方瓶提高3～10倍，单位体积内病毒产量提高了1～2个滴度，其田间免疫效果与传统工艺生产的疫苗效果一致。该项目还制定了TGEV和PRRSV的5升微载体培养标准，为扩大试验提供了参考依据，同时，研究表明微载体技术用于兽用疫苗的生产可以明显降低生产成本。

（陆天华）

【西瓜连作障碍因子诊断与防治技术防效明显】　该项目由上海市农业科学院承担，于2005年通过验收，总体水平达到了国内领先。该项目通过联合攻关、系统研究，明确了西瓜连作障碍主要由土传病害——枯萎病、施肥引起土壤次生盐渍化和西瓜残体、根系分泌化合物的西瓜自毒作用等因子构成，其中西瓜的自毒作用是连作障碍的重要影响因子，这在国内外尚属首次报道；在防治方面，提出了以生物防治、嫁接（筛选出1个抗病优质砧木）、生物有机肥等为主的综合防治技术代替以前的单一措施化学防治，防效明显，西瓜产量比对照提高了23%，防病效果达80%。该项目在上海南汇基地进行了示范推广，培训农民和技术员40余人，示范面积约150ha，通过嫁接、生物有机肥等生物防治技术综合处理，西瓜土传病害发病率降低80%；使用重茬剂发病率降低56.4%，西瓜产量平均增加了28.3%，农民增收208.8万元，经济和社会效益显著。

（陆天华）

【上海地区桃潜叶蛾发生规律及其治理技术的研究与应用达国内领先水平】　该项目是上海市科技兴农重点攻关项目，由上海市林业病虫防治检疫站、上海市农科院植物保护所、上海市农科院林木果树研究所等单位承担完成，于2005年通过验收，制定的上海地区桃潜叶蛾防治指标、测报和综合防治技术具有创新性，总体达国内领先水平。

该项目在大量试验研究的基础上提出了桃潜叶蛾虫情暴发时应急防治技术，即灭幼脲和氯氰菊酯混喷为主的措施，在生产中取得明显的效果；实施过程中，建立了完善的预报监测体系；通过试验观察基本掌握了上海桃潜叶蛾种群的发生消长规律，提出了防治参考指标。该虫以蛹越冬，3月底4月初越冬代成虫开始活动，主要危害时期在5月底至8月，10月下旬后进入越冬状态。温度与蛹羽化率和成虫寿命之间的关系密切，在上海郊区1年发生7代，通常第1～2代幼虫发生整齐（4～5月份），是防治关键时期，当桃树叶片被害率达3%～5%时，必须进行防治。

该项目采用冬季清园、土壤深翻，春夏季铺盖地膜和药剂防治等综合防治技术。药剂有20%灭幼脲3号悬浮剂1 500倍液与2.5%N′效氯氰菊酯乳油1 500倍液混配液以及20%灭幼脲3号悬浮剂1 500倍液、20%除虫脲悬浮剂3 000倍液、3%莫比朗乳油2 000倍液、25%阿克泰水分散颗粒剂药剂3 000倍液，防治效果均达到90%以上。在奉贤等区县示范基地的防治效果达到95%～98%，辐射区防治效果达到95%。通过技术培训和现场指导，推广综合防治措施，在南汇、松江、奉贤等地示范推广2 667余公顷，两年挽回经济损失2 326余万元，取得了明显的社会和经济效益。

（顾　炜）

【新一代IPP系列新烟碱类杀虫剂实现产业化】　华东理工大学药物化工研究所教授钱旭红和李忠在国家“863”计划及其滚动项目的资助下，开展了先导化合物的分子设计及优化，重点研究了其受体结构及虚拟筛选模型的建立；在国家“973”计划项目的资助下，开展构效关系研究，并进行扩大杀虫谱试验及毒理学研究。通过三年的努力，研究出了新一代IPP系列新烟碱类杀虫剂。2005年，江苏克胜农药集团公司支付了该技术的国内专利使用费2 000万元，作为购买该杀虫剂产业化的前期技术，并投入巨资与华东理工大学合作进行后期产业化技术的开发。3月28日，在华东理工大学举行了合作签订仪式，由华东理工大学负责技术支撑和解决产业化中的实际问题，企业具体实施生产和销售。

（姚燕燕　孙凯文）

【上海主要粮食作物重大病虫害发生程度预测和防治决策系统短期预报准确率达90%】　该项目是上海市科技兴农重点攻关项目，由上海市农业技术推广服务中心主持完成，获2005年度上海市科技进步三等奖。该项目在国内率先将海温、大气环流等因素应用于小麦赤霉病、单季晚稻褐飞虱和穗颈稻瘟病的长、中、短期系列预报，建立了第一个省（市）级主要粮食作物重大病虫害发生程度预测和防治的信息网络决策系统，实现了植物病虫害的查询、预测和防治决策的实时性和共享性，并具有开放性和扩展性，总体水平达国内领先。通过2003～2005年的实际应用，中、长期预报准确率在80%，短期预报准确率达90%，取得了较大的经济效益和社会效益。

（李建刚）

【水稻优质高产安全技术推广通过验收】　上海海丰米业有限公司在上海市优质稻米生产基地——海丰农场及崇明地区进行水稻保优技术栽培的研究及技术示范推广。通过两年多的栽培技术研究，针对“武育粳3号”和“寒优湘晴”两个高产优质水稻品种，应用保优栽培技术，采取适时播种、合理密植及相应的肥水调控措施，适当控制群体数量，培育稳健个体，通过适群体壮个体的栽培思路，提高水稻植株的抗病性，减少农药的使用次数和使用量，总结出了“武育粳3号水稻优质高产安全生产种植规程”、“水稻有机栽培技术体系”及“寒优湘晴水稻栽培技术规范”。两年来在生产基地进行技术推广面积达2万多公顷（30多万亩），稻谷平均每公顷产量达8 100kg（亩产达540kg）以上，向市场供应国家优质品牌大米产品9万多吨。该项目于2005年底通过验收。

（陈华丽）

【优质绿叶蔬菜安全卫生生产技术研究项目开始启动】　该项目由上海市农业科学院与大洪蔬菜园艺场等单位承担，于2005年开始启动。该项目从蔬菜生产基地的环境质量检测评估、绿叶菜标准化栽培技术体系、绿叶菜生产过程中农用化学品污染控制关键技术、绿叶菜产后二次污染控制技术、绿叶菜污染物检测技术等五个方面同时开展研究，以青菜、苋菜和蕹菜为突破口，建立绿叶蔬菜安全卫生生产技术体系，并制定安全生产的标准化操作规程。使用标准化操作规程生产绿叶蔬菜，在不降低产量和质量的前提下，年化肥使用量下降20%～30%，化学农药使用量下降20%～30%。

（丁志远）

【万亩草莓基地推广“大棚草莓＋后茬经济作物”搭配组合生产】　2005年，由上海市草莓研究所、上海市农技推广中心共同承担的上海农业“四新”推广项目“万亩‘大棚草莓＋后茬经济作物’亿元产值优质安全生产关键技术集成及示范推广”，经过两年多的努力，实现了亩产产值超万元，万亩产值超亿元的预期目标。该项目在不断改进和完善大棚草莓及其后茬经济作物的茬口安排，形成了六套“大棚草莓＋后茬经济作物”的搭配组合。在栽培技术上，集成了四方面的新技术：(1)形成了大棚草莓和后茬高效作物新品种安全、高产、高效、标准化生产栽培技术规程。(2)开展了大棚草莓专用育苗地母株定株培育壮苗技术研究，形成了规范化大棚草莓育苗和异地繁苗新技术。(3)后茬经济作物育苗新技术和统一供种（苗）。(4)形成了一套大棚连作草莓培肥及修复技术。该项目累计推广面积1 092ha（16 381亩），实现总产值1.88亿元。

（丁志远）

【设施西瓜栽培土壤次生盐渍化绿色综合防治研究达国内领先水平】　该项目由上海市农业科学院承担，于2005年通过验收，土壤硝酸根离子含量为指标的土壤次生盐渍化分级方法及盐渍化综合防治技术操作规程在国内为首次提出，达国内领先水平。该项目开展了土壤次生盐渍化成因机理研究，明确盐分离子在土层0～20cm处存在表聚现象，盐分组成主要是硝酸钙，NO_3^-，Ca^{2+}是设施栽培土壤次生盐渍化的主要盐害离子，过量施用氮肥是盐分主要来源；经盐害诊断研究，建立了土壤次生盐渍化的诊断技术，提出了以土壤硝酸根离子含量为指标的土壤次生盐渍化分级方法；在盐渍化防治中，总结出可促使土壤盐分转化和降低的方法，通过施用高碳有机物料，土壤NO_3^-－N含量可降低22.08%～67.3%，不影响西瓜增产；筛选出了耐盐西瓜砧木——三丰瓠瓜，利用西瓜与甜玉米的轮作有效减轻了土壤次生盐渍化的危害。该项目实施期间进行了技术综合集成和应用示范，制定了次生盐渍化的绿色综合防治技术操作规程，培训基层农技员和农民120余人，累计在上海地区推广600ha，筛选的耐盐砧木在山东泰安地区推广应用2 400ha。

（陆天华）

【蔬菜专用型天缘叶面肥在优质蔬菜安全生产上的应用研究通过验收】　该项目是上海市农委重大攻关项目，由上海市蔬菜科学技术推广站、上海天源生物工程有限公司以及各区蔬菜技术推广站（包括农工商）等十二家单位共同承担，于2005年通过验收，达到国内先进水平。

该项目在原天缘叶面肥（参见《2003上海科技年鉴》第183页）的基础上，经过三年的努力，取得丰硕的成果。结合上海蔬菜生产的实际情况，开发成功了蔬菜专用型天缘叶面肥，增产效果较好，与原天缘叶面肥相比平均增产5%～6.4%，投入产出比达到了1:9.5。同时，该项目通过对番茄、黄瓜、萝卜、甘蓝、洋葱、生菜、大白菜等20多种蔬菜进行广泛、系统、科学的田间试验和示范，制订了天缘蔬菜专用型叶面肥和赐保康有机液肥的规范化使用技术，并在生产上推广应用，提高了蔬菜产品的外观性状和内在质量，取得了较好的经济和社会效益。

（李建刚）

【积极开展商品有机肥的技术集成与示范】　商品有机肥是一种以养殖场的猪、鸡、牛、羊等畜禽粪便为主要原料，添加微生物发酵菌，经堆沤、发酵、粉碎，达到企业产品质量标准的有机肥料，具有改良土壤地力，降低面源污染，提高后茬作物品质的作用。2005年，商品有机肥的推广应用被列为2005年度市政府十大实事工程之一。为促进商品有机肥推广，上海市农业技术推广服务中心在市郊十区（县）建立了20个百亩以上示范基地，开展商品有机肥的技术集成与示范，包括高产优质品种的选用、养地培肥技术、群体质量调控技术、平衡施肥技术、病虫草无害化治理技术等。全年共推广水稻商品有机肥7.5万吨，实施有机无机替代施肥模式的水稻面积达3.33万公顷，年减少纯氮施用量500t。从而使畜禽粪便变废为宝，促进了农业自身物质与能量的再循环，净化了人类生态环境，为上海市农业的可持续发展奠定了基础。

（李建刚）

【上海市农工商畜禽粪便处理中心项目通过验收】

该项目是上海市三年环保行动计划重点项目，由都市农商社股份有限公司承担完成，于7月通过了由上海市农委、市发改委、市环保局、市畜牧办、市农技中心及上海市农工商（集团）公司等组成的专家验收。与会专家听取了项目工程竣工情况介绍，现场察看了有机肥料加工中心和相关治理牧场的处理设施及现场管理，审阅了项目工程进展中的有关资料，认为该项目完成了立项批复建设的内容，试生产达到预期效果，达到竣工验收要求。该项目实施后，通过有机肥的加工利用，将带动上海市农工商（集团）公司所属星火、燎原、五四等养猪场、奶牛场、蛋鸡场等畜禽牧场每年13.28万吨鲜粪、16.49万吨尿污水的综合治理，每年能为市郊农业生产提供4.3万吨优质有机肥，在为市郊农业可持续发展做出贡献的同时，将创造良好的经济效益、社会效益和环境效益。

（陈华丽）

【生物活性酶（降氨除臭净化剂）治理畜牧粪尿污水新技术达到国内领先水平】　禽粪便治理是近年来郊区环境治理的重点，而生猪养殖场中尿液和清洗猪棚的污水治理更是个难点。该项目是2002年立项的上海市科技兴农重点攻关项目，由上海生物环保科技有限公司承担完成，并获得了国家发明专利授权，于2005年通过验收，达到国内领先水平。

该项目从纷杂的中草药中筛选出鸡冠花、何首乌、合欢花、霍香、香附、桑叶等28味中草药，并运用独特配方技术和工艺路线研制成“生物活性酶（降氨除臭净化剂）”，其创新的药理和机理是运用现代生物技术研发中草药多系统、多途径、多成分、多靶点的作用以纯天然中草药复方组合的化学库配制，对氨、硫化醇、硫化氢、吲哚、酚、卤等进行催化和发酵，转化和分解为无毒、无害的化合物，达到治污除臭降氨净化环境的目的，具有高效性、专一性、反应条件温和及多样性特点。该成果对嘉定区曹王养猪场和南翔养猪场两个万头猪场尿污液进行达标处理试验，取得良好效果。经过生物活性酶处理的尿污液变成为可利用的中水，经区、市两级环境监测机构检测，COD（化学需氧量）、BOD（五日生化需氧量）、氨氮、悬浮物、总磷等五项指标全部优于国家允许的排放标准。通过测算，每吨尿污液治理的日常运行费用为1.79元，大大低于原来设施治理4～8元/吨的运行成本。

该项目解决了尿污液治理设施投资高、运行费用高、水质受气候影响不稳定的“两高一不稳定”的难题，节能节水，处理效果明显，运行成本低，对上海畜牧业的发展意义很大。

（贺凌倩　丁志远）

第四节　装备农业

【油菜生产机械化成套装备研究项目取得阶段性成效】　该项目是“十五”国家科技攻关计划项目，也是上海市科技兴农重点攻关配套项目，由上海市农业机械化管理办公室、上海市农业机械研究所、上海向明机械有限公司、农业部规划设计研究院等单位联合攻关。重点解决国内油菜机械化生产中种植、收获及产后干燥处理三大生产环节的技术难点，缩小与国外发达国家的同类技术方面的差距，为油菜机械化生产提供先进、实用的配套作业新机具与设备，提高油菜生产全程作业的机械化水平。2005年，该项目完成了油菜施肥直播机、多功能油菜联合收获机、油菜籽干燥设备3种新机具与设备的研究设计和试制试验，达到了预期效果，并取得阶段性成效。

该项目的技术特点和创新点：(1)机具集浅耕、灭茬、开沟、施肥、播种联合作业，符合作物一体化作业要求，实现了农业机械技术与农艺栽培技术相结合，达到秸秆还田的作业要求，生产效率高，节能省本。其创新点在于适合油菜直播的排种器技术，与施肥、旋耕和开沟机械技术集成，优化组合设计。(2)通过割台的组合、清理分选筛的快速调换，实现了兼收稻、麦作业，具有一机多用功能，机具利用率高，降低生产成本。其创新点在于设计应用HST技术，机械变速与液压无级变速相组合的行走底盘，采用橡胶宽履带行走装置，对割台、脱粒分离机构，清选分扬机构等进行优化设计，机具应用机、电、液一体化先进技术，进行整机国产化配套。(3)采用缓苏换向型的混流干燥工艺，经过局部结构的角状盒形状、进风道、排风道、排粮机构的调整使收获的油菜籽得到及时干燥，并通过调节干燥段的数量配置，实现稻、麦干燥的一机多用。其创新点在于应用缓苏换向新工艺干燥技术和采用先进的计算机监控技术，适时检测并显示粮食温度及在线检测排粮含水率等机构优化设计，保证干燥后的油菜籽品质。

（徐志航）

【秸秆源栽培基质的技术及设备项目通过验收】
该项目是上海市科技兴农重点攻关项目，由上海市农业机械研究所、上海市农业技术推广服务中心等单位联合攻关，于9月通过验收。该项目是将微生物技术、有机基质栽培技术、机械设备有机结合，通过机械化作业将农业生产的废弃物——稻秸秆作为栽培基质的原料，经微生物发酵、理化性质调配后制成有机栽培基质，栽培瓜果类蔬菜。

该项目(1)采用微生物技术与机械技术配合，使秸秆好氧快速发酵，软化秸秆纤维，杀死虫卵病菌，降低有机酸，达到无害化中性栽培基质的要求，为现代设施农业的无土栽培生产提供一种新型的有机基质及相关配套栽培技术，满足有机农业及绿色食品生产的需求。(2)深层发酵FJ150搅拌机和Z4转移机可以与选配的秸秆粉碎机、调配机、压型机等机械设备配套集成，使秸秆源栽培基质的生产过程实现机械化作业、工厂化生产。为农业废弃物资源再生利用开辟新的途径，同时可为有机农业“绿色食品”提供一种新型的秸秆源栽培基质。该项目符合农业可持续发展要求，经使用过的废弃栽培基质可再还田，作为改良土壤有机调理剂，而且不会引起新的环境污染。

（徐志航）

【2种主要智能型农业机械项目通过验收】　该项目是上海市科委重点攻关项目，由上海交通大学机电控制研究所、上海市农业机械研究所联合攻关，于12月通过验收。该项目是研制适用于国内数字农业特点的两种主要智能型农业机械“中、小型收割机智能测产系统及其配套软件”和“智能变量施肥、播种机及其配套软件”，以及与GPS系统配套的实现旋耕作业的变量施肥、播种机，解决基于GPS\GIS\RS的变量投送控制装置关键技术及其实施应用问题。“中、小型收割机智能测产系统”分别研制了基于PDA的便携式测产系统、基于单片机和电子盘存储的低成本测产系统、基于嵌入式操作系统的测产系统和基于服务器的GPRS无线网络数据传输智能测产系统等设备。“智能变量施肥系统”研制了基于GPS的模块式智能变量施肥播种机、基于嵌入式操作系统的智能变量施肥播种旋耕机和基于GPRS模块远程数据传输技术的机电一体化智能变量施肥播种机。

（徐志航）

【微灌系统相关技术设备的研究与应用项目通过验收】　该项目是上海市科技兴农重点攻关项目，由上海市农机技术推广站、上海市农业机械研究所等单位联合攻关，于12月通过验收。该项目是通过试验研究，确定适应上海地区蔬菜、花卉微灌系统的三种典型应用模式，并形成相应的微灌技术规范；确定适合上海地区河水和自来水不同水源的微灌水处理集成设备应用模式；同时，使微灌系统配套产品的性能指标达到农艺生产要求。

该项目研究了温室内的滴灌组装集成、叶菜类蔬菜在露地中的微喷灌组装集成以及不同水源的水质，确立了适合上海地区水质的微灌水处理集成设备；对微灌系统各主要部件进行优化组合，确立了性能价格比优越的微灌系统，并研究了微灌系统的节水和增产效果；通过对轮灌区的选择和流量的选择，确定了适合上海地区蔬菜、花卉微灌系统的典型应用模式，并制定了相应的技术规范。

（徐志航）

【适合高效移栽的成套林木作业机械试制成功】 该项目是上海市科技兴农重点攻关项目，由上海市农机技术推广站联合上海市农业机械研究所、上海电气集团股份有限公司、上海交通大学等单位共同攻关，于10月试制成功。该项目是为研制适合高效移栽作业的成套林木作业机械，以适应城市林木生产的需要。从种植、移栽、植保等作业角度出发，同时兼顾工程作业需要，开发自走式多功能林木作业机具。该项目(1)研究开发的橡胶履带自走式通用底盘，采用全液压驱动技术，便于操控；动力输出采用液压能输出方式；通过快速挂接形式，适应田间多功能的作业。(2)研究开发的配套机具具有挖穴、开沟、推土整地、苗木挖掘、装载和植保等作业功能，可适应30～50mm胸径的苗木带土挖掘作业（土球直径300～400mm，土球高度200～270mm）；种植作业挖穴直径为380～480mm，挖穴深度为470～580mm；开沟宽120～150mm，沟深350mm，生产率400～800m/h；叉铲最大负荷500kg；植保机械的水平射程20m；推土铲宽度1 350mm，推土角可调。

（徐志航）

【智能瓜果精选、分级设备达到国际先进水平】 该项目是上海市科技兴农重点攻关项目，由上海交通大学机器人研究所、上海市农业机械研究所联合承担攻关，于6月通过验收，填补了国内空白，产品达到国际先进水平。该项目是在吸收和消化国外同类设备的基础上，根据国内瓜果生产的具体情况，研制适用于中国市场需要的小型智能瓜果精选、分级设备，改变国内农产品加工业的落后面貌，提高出口农产品的国际竞争力，促进农业标准化进程。(1)该设备分为无损传送以及分级机构和智能瓜果外部品质识别两部分，样机采用模块化设计，便于系统升级、扩展、调试等。(2)发明了基于机器视觉的高速瓜果品质识别系统，用3个CCD从不同的角度以每秒1～4个瓜果的检测速度，全方位采集瓜果大小、形状和表面颜色等信息，用人工智能技术实时识别被测瓜果的等级，并通过设备的学习功能，实现一机多用功能。(3)发明了能实现准球形水果自动单列传输的三级传送装置，通过各级单列自动传输，使杂乱的果实能够形成整齐的一列，以满足果实图像采集系统的需要，同时在传送过程中避免机构对果实表面造成损伤，使瓜果的处理质量和效率进一步提高。该项目为农产品实现标准化、质量等级化和规模化生产提供了技术保障；申请国家发明专利2项，其中授权1项。

（徐志航）

【设施农业数字化技术应用研究与开发通过验收】 该项目为国家“863”计划项目，由上海市农业科学院承担，于2005年通过验收。该项目建立了：(1)设施农业数字化生产生物信息、环境信息采集体系，(2)具有生物信息和环境信息采集的温室计算机控制系统，(3)设施园艺作物数字化生产技术体系和技术平台，(4)设施数字农业系统集成平台；在大型温室生物信息和环境信息采集的温室计算机控制系统、设施作物的生长模型和专家系统研发方面有所创新；建立了4个设施农业数字化生产核心示范基地，并辐射到上海、北京、山东、宁夏、陕西等省市；申报国家发明专利5件，实用新型专利4件；获得软件著作权登记4件，申请软件著作权登记2件；制定企业标准6件；共发表论文44篇，其中SCI、EI收录10篇，出版专著4部；培养本科、硕博士和博士后46名，形成了30余人的设施农业数字化技术推广队伍，培训操作人员2 000余人次。该项目通过技术整合、交叉和集成，为全面实施中国设施栽培数字化提供了重要的技术支撑，实现了设施农业肥水的精确调节，提高了产品产量和质量。

另外，该项目的一个重要组成部分——上海数字农业展示厅将建在上海农工商现代农业园区，作为该项目的试验示范与成果展示。展示厅总体展示面积250m^2，展示方式以Web/Gls集成平台多媒体演示为主，各类技术成果、科普介绍展板为辅，将上海近几年来数字农业所取得的成果在一个特定的区域内集中、生动地展示出来，并且成为现代农业、精准农业的科普基地。

（陆天华　陈华丽）

【国内首台基于GPS的智能变量播种、施肥、旋耕机研制成功】　该农机是在上海市科委重点支持下，由上海交通大学联合上海市农业机械研究所等单位经过多年攻关，于11月研制成功。该农机是适合中国国情的“机—电—液—讯”一体化智能复合机，具有自主知识产权，已申请了11项专利，并通过了上海市农机检测鉴定，开始在上海市松江泖新农场投入使用。该农机采用电子信息技术对农田土壤状况进行科学分析，然后根据数据分析结果，科学合理地进行精准变量施肥、播种，可大大节省种子和化肥的用量，减少投入，增加种植效益，并有利于保护环境。该农机是上海交通大学继2001年研制出国内首台“精准1号”后推出的又一力作，标志着中国数字农业技术已经达到了世界先进水平。

精准农业技术在国外发展很快，技术体系逐渐完善，已经成为主要发达国家面向二十一世纪、合理利用农业资源、提高农作物产量、降低生产成本、减少环境后果、提高农产品国际市场竞争力的前沿性研究领域。

（武雪萍）

【水稻生产全程机械化探索取得新进展】　农业机械化是实现农业现代化的关键，是不断提高农业生产力的最直接、最有效的途径之一。上海海丰米业有限公司海丰农场在农业科技及产业化政策的扶持下，从2001年起不断推进农业机械设备的更新改造，购置了选种设备、育秧设备、小苗播种机、高速插秧机、撒肥机、宽幅喷药机、高性能联合收割机。至2005年，水稻生产综合机械化程度已经达到97.2%，基本实现了水稻生产的全程机械化。

在水稻生产全程机械化探索中，该农场由传统的产中收种服务向产前的种子处理、产中的田间管理和产后的粮食烘干、稻米加工发展，彻底打破了制约水稻大面积生产的瓶颈。针对稻麦二熟轮作生产条件，有效解决选种、育秧、插秧、水田平整、水田植保、水田撒肥、收获等生产环节机械作业中农机与农艺配套问题。农业机械化的提升促进了农艺的改善，加快了农业管理水平的提高和农业生产体制改革，极大地提高了农业劳动生产率和粮食产出率，降低了农业活劳动的投入和农业生产成本，提高了农业生产资料的利用率，增强了粮食生产的抗灾减灾能力，同时，对国有农场推进农业机械化起到了示范引领作用。

（陈华丽）

【食用菌生产和管理实现工厂化、数字化】　食用菌工厂化生产是上海食用菌产业发展的重点方向之一，具有不受季节限制周年供应，生产效率和土地利用率高等优点，其单位产量是传统生产方式的5～10倍。上海市农业科学院食用菌研究所、上海丰科生物科技股份有限公司、上海天厨菇业公司和上海农业信息公司等单位相继联合实施了“食用菌工厂化栽培和开发研究”、“食用菌工厂化生产中HACCP智能控制系统的开发应用”和“蟹味菇、白灵菇、灰树花保鲜工艺的研究”等项目，体现了农业生产标准化、信息化的理念，有利于提升上海工厂化生产食用菌的水平和市场竞争力，为上海食用菌产业抢占制高点提供技术支撑。

“食用菌工厂化栽培和开发研究”通过对适合工厂化生产菌种的研究，培育出真姬菇、杏鲍菇和灰树花等适合工厂化生产的菌种，综合常规筛选及原生质体融合技术选育出抗逆性强的菌株，制包成品率达到95%；为适合不同地区、不同条件的栽培模式，确立了适合工厂化周年生产的设施栽培管理技术，栽培工艺及产品标准。“食用菌工厂化生产中HACCP智能控制系统”是在食品卫生的GMP（良好操作规范）和SSOP（卫生标准操作规程）的基础上，提出了一系列影响食用菌产品安全、卫生以及品质控制的关键点，通过互联网将这些关键控制点纳入到HACCP智能控制软件中，对影响食用菌产品安全与品质的各个因素进行实时监控，向不同管理部门实时报警，实现软件主动实时纠偏。工厂化生产食用菌实行智能化控制，可极大地提高生产的质量水平和管理效率，使食用菌工厂生产从文本型管理向数字化智能管理转变，实现食用菌生产的安全化、标准化。

（丁志远）

【上海自主研发的农产品冷藏保鲜设备已初步成“链”】　由上海鲜绿真空保鲜设备有限公司、上海电气集团有限公司和中国轻工业上海设计院分别承担的“优质果蔬产地和流通系统低温保湿保鲜装备的研制”中的真空预冷库、气调保鲜库和车载式冷藏箱3个项目，经过几年科技攻关，都完成了各项考核指标，于 2005 年通过了专家鉴定。这标志着上海自主研发的农产品冷藏保鲜设备已初步成“链”，重点解决了蔬菜和瓜果产地预冷、贮藏和运输等环节的冷链保鲜问题。

真空预冷库采用了智能控制系统、防冷害控制装置、预冷库外接冷源系统、内置式捕水器等四项先进技术，取得了 3 项实用新型专利，通过了中国上海测试中心检验，达到了《真空冷却气调保鲜装置企业标准》要求。建成的一套 384m^3 的气调库气密性达到了法国巴黎国家检测中心建议的气密标准，可实现对果蔬保鲜过程中的温度、湿度和 O_2、CO_2、乙烯等气体浓度的智能控制。车载式冷藏箱增加了超声波雾化加湿器，具备温湿度自动控制系统，以及配置了去乙烯装置和杀菌装置。

（丁志远）

【超低温均温解冻关键技术保证金枪鱼的质量和鲜度】 该项目是上海市科委科技攻关项目，由上海水产大学主持，于 12 月通过了上海市科委组织的专家验收。该项目的黄鳍金枪鱼鱼体解冻工艺达到国内先进水平，具有较强的可操作性，特别适用大卖场（超市）现销加工，填补了国内整尾金枪鱼均温解冻工艺的空白；并在国内首次提供了整尾黄鳍金枪鱼深度冻结状态下解冻鱼体温度场的实测基础数据，为进一步了解金枪鱼鱼体传热过程具有现实意义；在国内首次建立了 200～500g 块状产品和 20～50kg 整尾金枪鱼均温解冻图表，为加工企业保证产品质量和鲜度提供有价值的参考依据。

（彭俞超）

【国内首创的环境友好型屋顶全开温室达国际先进水平】 传统的现代化温室具有大幅度提高土地和水资源利用率以及劳动生产率，能周年提供优质、无公害产品等优点的同时，也存在土壤盐渍化、能耗高、无法充分利用自然资源等缺点。上海都市绿色工程有限公司通过自主创新，成功开发了具有自主知识产权的 WSORZ 型屋顶全开温室，解决了上述难题。

该温室可提供更佳的环境条件，提高园艺产品的品质和产量以及作物的抗性，满足炼苗等特定栽培技术措施的需要，减少农药的使用，提高劳动效率，降低使用成本，提高栽培者的效益；可广泛应用于育苗、蔬菜、花卉、果树等的生产、科研和示范；于 9 月通过了上海市新产品鉴定，填补了国内空白，综合技术水平达到国内领先，国际先进水平，并被认定为上海市高新技术成果转化项目（A 类）；获得了 1 项实用新型专利授权和 2 项发明专利受理。

该温室利用设在每个屋顶两侧天沟位置的铰链转动，将人字型刚性屋顶从最高点向两侧打开，是真正的屋顶全开型式，系统的可靠性非常高。屋面具有屋脊强度高、闭合可靠、安装方便和优良的防雨、防漏性能；由于采用了弧形齿条和齿轮传动机构，在同样立柱高度的情况下，提高了帘幕安装高度，增大了温室的有效空间；配备有计算机控制系统和快速关窗系统，一旦风速超过一定限度，可自动在 3min 内将屋面快速关闭，保证了结构和生产的安全。该温室屋顶可垂直打开，使室内蓄积的热空气快速散去，无需强制通风设施，降温能耗几乎为零，节能效果卓著；可充分利用自然光，以及在需要时可利用雨水直接灌溉和淋融，解决了长期困扰温室栽培的土壤盐渍化问题；突破了常规连栋温室为解决夏季降温宽度通常需控制在 40m 的限制，从而提高了温室土地利用率；大型化又使得结构的安全性提高，增强了抵御恶劣气候条件的能力。因此，全开型温室是一种经济的资源节约型设施。

（丁国祥　周　强）

【卫星遥感在远洋渔业中的应用项目通过验收】 该项目是国家“948”（引进国际先进农业科学技术）计划项目，由上海水产大学承担，于 5 月通过了农业部渔业局组织的专家验收。该项目引进了国际上先进的遥感接收装置和软件，建成了远洋渔业遥感与渔情预报中心；开发了相关的应用软件，建立了远洋渔业数据库，开展了北太平洋柔鱼和东黄海鲐鲹鱼的渔情预报工作，通过每周发布一次渔情信息，实现了业务化运行，应用的渔业企业达到 40 多家；通过开展国际学术交流、技术培训，培养了一批专业技术人才；在国内率先开设了渔业遥感、渔业地理信息系统等本科生、硕士生和博士生的课程，为培养中国海洋渔业领域的复合型高级人才提供了重要基地。该项研究成果可推广到金枪鱼、竹筴鱼等渔业开发中。

（彭俞超）

第七章 城市发展与生态保护科技

第一节 概 况

【上海城市发展与生态保护科技概述】 2005年,上海城市建设发展依靠科技创新,加强综合协调服务,全面推进枢纽型、功能性、网络化重大基础设施建设取得重大进展,全年重大工程有25个项目建成或基本建成,9个项目开工建设,总计完成607亿元。以洋山深水港为标志,航运中心构架基本形成。综合性陆上枢纽的南大门——上海铁路南站及配套工程基本完成。高速公路网建设加快,"153060"目标基本实现。A30东南段、A30南环、A6新卫高速、A7亭枫高速等项目建成通车,使全市高速公路里程达到560km。轨道交通网积极推进,运行总里程达到123km,4号线实现"C"字形通车,7号线按期开工,在建里程达到165km。中环线工程21km主线实现通车,翔殷路隧道按期建成通车,使黄浦江越江通道达到10处,54个车道,上海长江隧桥工程全面展开。以产业基地建设为依托,一批高新技术、现代化装备、基础原材料重大产业项目加快建设。精品钢基地骨干项目,90万吨乙烯工程,浦东软件园三期工程等相继建成并投入运营,新一轮汽车产业项目建设稳步推进。另外,为落实科教兴市主战略,一批文化、科教、卫生、体育等重大社会事业项目建设取得成效,复旦大学新江湾校区、同济大学汽车风洞实验室等建设初具规模,科技创新项目和世博会项目积极推进。

坚持以人为本,城市生态保护和环境建设第二轮三年行动计划顺利完成。城市污水集中处理率达到70%,中心城河道基本消除黑臭,市容环境综合整治成效显著,重点推进户外广告、水域环境、暴露垃圾等治理。城市绿化覆盖率超过37%,人均公共绿地增至11m^2,全市森林覆盖率达到12%,物种达到800多种,生态效应提高,免费开放公园达到122个。为确保轨道交通和世博园区等重大工程,以及二级以下成片旧里拆迁改造,2005年动迁居民5.99万户,拆迁房屋650万平方米,完成平改坡和平改坡综合改造606万平方米,建成重大工程动迁配套商品房319万平方米,完成旧居住区综合改造60个,250个住宅项目获"满意工程"称号,同时探索创新旧区改造新模式,加快推进全市五个重点旧改项目。全面推行拆迁管理"五项制度",拆迁行为进一步规范。积极探索城市管理长效机制,卢湾和长宁两区网格化管理试点取得成效,实现条块结合、重心下移、流程再造和有效监督。

积极贯彻落实科教兴市主战略,大力推动行业科技创新。首先加强信息化在城建服务管理和公共决策中的应用,"12319"城建热线和"网格化管理"联动,为及时发现处置城市管理顽症提供有力保障。其次加快整合交通信息资源,中心城区道路交通信息采集和高架路交通诱导系统基本建成,同时轨道交通5条运营线路实现"一票换乘"。资源节约集约利用取得新进展,出台建筑节能相关管理办法,新建住宅全面执行节能标准,有序开发利用地下空间,加强地铁、隧道、深基坑、大跨度屋盖等施工技术攻关,通过技术评审及时把新工艺、新工法上升到标准规范。

上海城市建设交通行业加大科技支撑力度,仅上海市建设交通委直接投入预研和项目经费有668万,近80个项目通过专家鉴定或验收,形成了一批具有自主知识产权的核心技术和产品。成果水平达到国内领先和国际先进。尤其是市政工程科技进步取得的成果在工程建设、维修养护、运营管理等方面,在重大工程建设中发挥了重要作用。如"预应力混凝土弧形底宽箱梁结构性能研究"、"超大直径超长距离隧道盾构掘进技术"、"上海地面主要道路交通评价方法与系统的研究"等成果已在中环线建设,沪崇苏长江通道和高架道路交通监控设施中发挥作用。

上海市科委在城市发展、交通、资源利用、城市公共安全及生态保护等领域的科技工作,紧密结合国家战略部署和科教兴市主战略,以全面贯彻落实科学发展观为主线,围绕自主创新能力建设这一主轴,以"科技创新登山行动计划"为重点、"部市合作"为载体,进一步凸现科技在社会发展中的引领地位,为建设资源节约型、环境友好型社会提供了科技支撑和保障。2005年是"十五"计划的收获年,是崇明岛科技支撑、清洁能源、世博科技专项等“部市合作”行动计划的落实年，也是中长期与“十一五”科技发展规划的规划年。

（杨云凌　周志鸿　孙利源）

【在城市建设与管理及公共安全重大领域实现社会发展科技引领功能】　2005年，上海市科委紧紧围绕社会发展需求以及城市建设和管理中的“热点”、“难点”和“重点”，针对临港新城建设、城市地下空间开发与应用、崇明越江通道和浦东国际机场二期等工程项目的关键技术进行重大科技攻关。

洋山深水港、东海大桥和临港新城建设的科技攻关成绩突出。开展桥梁防腐蚀耐久性研究、桥梁防船撞研究等，解决了大桥工程施工和深海施工一系列技术难题，确保大桥如期建成并可安全使用一百年，确保了“港开、桥通、城用”的顺利实现，并建成了临港新城全光网络应用、东海大桥半导体管芯(LED)景观照明应用示范。同时，为集装箱运输电子芯片通关、加强电子监控安全与防灾预警预报功能、装卸自动化等提供了技术支撑。

新型施工工法等城市地下空间开发技术取得新进展。完成了钢管幕顶进施工和高精度控制、大断面箱涵进出洞控制、大断面箱涵泥浆套压注等技术，取得了一系列研究成果，确保了中环线北翟路地下通道顺利建成，并形成了一套大断面管幕－箱涵顶进应用技术新型施工工法；完成地下交通系统组成、功能定位、适应性分析，对地下道路设计导则进行部分编制，初步确定地下道路重要指标相关标准及设计导则、条文说明和地下道路配套设施，提出了《上海地下空间开发利用审批流程》建议，为地下空间的开发与持续利用提供了技术保障。

为遏止各种重大案件的发生，深入推进科技强警战略的实施，进一步提高长三角处置突发事件，为经济社会发展服务的互动与联动能力，确保上海社会政治和治安的持续稳定，布局并开展了江浙沪综合信息查询比对技术、人像自动识别技术、无线移动图像传输技术研究、存储图像清晰还原技术等一批项目。

（孙利源）

【轨道交通科技为解决交通问题提供科技保障】
2005年，上海市科委以突破“交通瓶颈”为抓手，切实推进“轨道交通科技”的创新，为解决交通问题提供科技保障。

燃料电池汽车的研制，通过优化配置与整合社会资源，着力构筑技术研发和凝聚人才共性平台，突破了燃料电池汽车关键技术瓶颈，研制了10辆样车示范运行。磁浮列车技术研究，在加快消化吸收国际常导磁悬浮技术的同时，开展高速磁浮中车研制及磁浮工程化、产业化关键技术攻关和二次创新，完成了磁浮系统主要技术企业标准制定、若干关键技术和设备研发与国产化项目攻关。轨道交通技术研究，面向轨道交通建设需求，开展了城市轨道交通“无人驾驶系统”、“轨道交通直通电控制动系统可靠性”等技术研究，以及地铁“车站盖挖法无扰施工”、“地面交通实时信息编辑发布”、“高架道路与高速公路交通信息综合处理”等技术研究，为城市命脉的高效、和谐运行提供科技保障。为减少都市轨道交通噪声干扰，开展了从声源、轮轨、轨道、材料等方面研究，并取得预定的成果，如“橡胶复合弹簧浮置板轨道系统研究与应用”开发了具有独立知识产权的橡胶复合浮置板轨道隔振系统，提高了中国轨道交通减振降噪技术水平，为今后轨道交通建设提供技术保障。同时，完成了上海世博综合智能交通技术集成应用示范国家科技攻关计划项目可行性研究报告、国家“十五”清洁汽车行动上海市示范工程项目验收；组织上海参加科技部第四届国际清洁汽车技术研讨暨展览会，成为国内相关示范亮点，受到国务院领导的检阅和科技部领导的充分肯定；成功举办了第一届中国智能交通年会。

（孙利源）

【生态环境科技推进资源节约型城市建设】　2005年，上海市科委以循环经济为切入点，强化“生态环境科技”持续创新，推进资源节约型城市建设。针对生态型上海战略目标的确立，加快生态环境科技的持续创新，为循环型节约型社会的建立夯实科技保障，为产业结构调整和资源循环利用提供科学依据。通过科研攻关夯实新能源利用及节能科技基础，使资源与能源利用上一个新台阶，能源利用现状得到进一步的改观，并在新能源以及节能领域取得突破。

为落实“部市合作”清洁能源技术研发的精神，加强国际清洁能源技术交流与合作，成立了中意合作上海氢能研究中心；为全面推动清洁能源的研发与应用，开展了太阳能利用产业链关键技术研究，在太阳能利用器件、材料与装备重大技术攻关上取得系列突破。整合优势资源，初步形成了以上海太阳能有限公司为主的、完善的太阳能光伏产业技术体系。突破了技术瓶颈，打通了产业链，促使年产太阳能光伏电池组件快速达到100MW，实现了跨越式发展，技术和产业配套全国领先。

实现硅材料提纯关键技术突破和规模化生产；开展兆瓦级永磁直驱风力发电机研制，突破了大型永磁直驱发电机组制备技术；开展燃料电池汽车用氢气品质的可靠性研究，实现氢气中杂质的现场快速检测，为工业副产氢气的规模化提纯、燃料电池汽车的燃料供应提供了可靠的质量保证体系；开展煤气化多联产、燃煤电站 NO_x 排放控制等技术研究，为提高化石能源的清洁利用水平和改善大气环境质量提供科技支撑，建立示范工程，并带动相关产业发展。

开展“老港填埋场生态修复与土地资源循环利用”、“废旧汽车重要退役部件再利用”、“大型钢厂水资源循环利用”、“区域生活固体废弃物循环利用”、“废橡胶微粒水泥混凝土及旧建筑物持续利用”、“餐厨垃圾分离与焦化转化等技术研究”，通过科技攻关、技术综合集成和应用示范，为生态城市以及循环经济的构建提供科技支撑。生态建筑关键技术研究与系统集成成效突出，集成了建筑节能、建筑环境、建筑智能、绿色建材和建筑美学等一系列高新技术，多学科集成创新的综合协调能力和水平得到提升。建成三幢生态建筑示范楼，初步建立上海生态建筑技术集成体系，重点突破了“超低能耗建筑节能”等10余项关键技术，申请了16项专利，2项软件著作权，形成了10多项标准规范，构筑了上海在这一领域的知识产权高地，为竞争优势的形成和保持提供了重要的保证。

（孙利源）

【启动一批围绕崇明生态岛的建设、保护与安全保障研究项目】　2005年，上海市科委围绕崇明生态岛的建设、保护与安全保障，启动了一批研究项目。面向全岛方面，开展了崇明岛生态承载力与生态安全预警系统、崇明岛湿地生态系统的监测维持与修复技术研究；面向生态镇方面，开展了生态陈家镇建设、东滩生态示范区建设科技支撑系统技术研究；面向生态村方面，开展了崇明岛水资源保障与水体生态修复、生物质能循环应用、生态风光互补应用、生态人居、生态道路技术研究与示范等18个科技攻关项目。一批环保超级电容车已投入使用，一条吸音、降噪生态道路已建设完成，一批风光互补的太阳能风力发电路灯已启用，一座50KW的太阳光伏电站已经并网发电，一个科普新天地基本建成，生态厕所、垃圾生态处理机以及生态科技展示馆等一系列示范项目均已建成。同时，组织推动复旦大学、上海交通大学、同济大学、华东师范大学、上海大学等5所高校成立了湿地科学与生态工程、环境科学与污染防治、生态农业与食品安全、河口海岸科学与自然资源、生态人居与健康等5个相关生态岛建设技术研究实验室，并已建成启用。此外，在野外生态环境研究站方面，建设了崇明东滩科学实验站；为扎实推进生态岛科技支撑工作，成立了崇明生态岛科技促进中心。

2005年立项的部分崇明生态岛建设、保护与安全保障研究项目

项　目　名　称	承　担　单　位
崇明东滩国际重要湿地的监测、维持和修复技术	复旦大学
生态陈家镇建设科技支撑系统技术研究	同济大学
崇明岛生态承载力与生态安全预警系统研究	华东师范大学
崇西湿地生态建设研究	崇明县旅游事业管理局
崇明岛水资源保障与水体生态修复技术与示范	同济大学
崇明岛生物质能循环型应用技术的研究与示范	上海交通大学
崇明岛生态道路建设关键技术研究及其工程示范	同济大学
崇明生态人居建设关键技术与示范	上海大学
崇明生态风光互补应用示范研究	上海太阳能科技有限公司
东滩园区生态化建设应用研究	上海实业东滩投资开发(集团)有限公司

（孙利源）

【启动一批清洁能源与节能科技专题研究项目】 2005年，为了进一步解决能源和环境问题，拓展能源利用空间与利用效率，进一步提升清洁能源研究开发、综合应用能力与科技内涵，并带动相关产业发展，为建设节约型社会提供科技支撑，上海市科委启动了一批清洁能源与节能科技专题研究项目。

(1) 太阳能利用产业链关键技术与新技术研究。目标是实现硅材料提纯关键技术突破和规模化生产以及硅太阳电池用掺杂浆料、电极浆料的配方国产化；非晶薄膜太阳电池效率达10%，双面晶体硅太阳电池总体效率达18%；实现便携式光伏方阵测试等关键设备国产化。内容包括：硅材料提纯和硅太阳电池掺杂浆料、电极浆料制备技术；非晶薄膜太阳电池和双面晶体硅太阳电池制备技术；组件焊接自动检测与便携式光伏方阵测试技术。

(2) 大型永磁直驱发电机研制。目标是为突破大型永磁直驱发电机组制备关键技术，降低发电机组制造成本，提高运行可靠性，为可再生能源的开发利用提供科技支撑，研制出电机效率98%以上，气动效率0.4以上的大型发电机。内容包括：低风速自启动定子及直驱结构关键技术；瓦片状磁钢的固定及防氧化技术；电机结构、抗短路去磁及磁极设计技术。

(3) 燃料电池汽车用氢气品质的可靠性研究。目标是提出可保障燃料电池长期运行的氢气纯度和杂质浓度的控制标准，建立相应的分析测试方法，实现加氢站关键杂质的现场快速检测，为工业副产氢气的规模化提纯、燃料电池汽车的燃料供应提供可靠的质量保证体系。内容包括：氢气微量杂质的影响及可靠性；低浓度氢气杂质分析测试及加氢站关键杂质快速检测技术；氢气纯度和杂质浓度标准体系研究。

(4) 燃煤电站 NO_x 排放控制技术的研究与示范。目标是针对上海市现有燃煤电站 NO_x 排放现状，提出先进有效的排放控制技术，实现排放浓度在450mg/m^{3}以下，并在300MW等级燃煤电站上进行示范，为提高化石能源的清洁利用水平和改善大气环境质量提供科技支撑。内容包括：低 NO_x 燃烧系统改造技术、智能化运行技术和闭环控制技术。

(5) 化工过程与蒸汽动力系统节能技术研究与示范。目标为针对高能耗的化工行业和应用普遍的蒸汽动力系统，从技术集成、技术创新、系统优化、运行管理诸方面，提出能源系统利用效率诊断和评估方法，开发出高效集成优化的能源系统以及关键设备的节能技术，能源利用率提高10%以上，并建立示范工程。内容包括：换热与蒸汽管网系统的优化设计及节能装置；燃煤工业锅炉智能化燃烧与运行优化系统；典型能源系统节能潜力评估方法与体系。

2005年立项的部分清洁能源与节能科技研究项目

项　目　名　称	承　担　单　位
低成本高纯硅提纯技术研究	上海太阳能科技有限公司
太阳能电池电极用掺杂电子浆料	华东理工大学
高效率非晶硅薄膜太阳能电池研制	上海空间电源研究所
高效率双面硅太阳电池器件制备技术研究	上海空间电源研究所
便携式光伏方阵测试仪与最大功率跟踪器	上海交通大学
万吨级太阳能硅发展规划调研	上海交通大学
大型永磁直驱发电机研制	上海万德风力发电股份有限公司
燃料电池汽车用氢气品质的可靠性研究	同济大学
燃料电池汽车用氢气品质的可靠性研究	上海大学
燃煤电站 NO_x 排放控制技术的研究与示范	上海锅炉厂有限公司
化工过程与蒸汽动力系统节能技术研究与示范	上海交通大学
上海市清洁能源技术创新体系研究	上海市节能协会
上海清洁能源产业化体系研究	上海太阳能科技有限公司
秸秆焚烧发电关键技术研究	上海发电设备成套设计研究所
生物质制生物柴油技术研究	华东理工大学
利用有机废水生物产氢的研究示范	上海植物生理生态研究所

（卢毅平）

【上海城市地下空间国际研讨会】 6月23日，上海市建设交通委组织召开了上海城市地下空间国际研讨会，国际地下空间联合研究中心理事长黑川光先生和来自美国、日本、法国、英国、德国、加拿大、荷兰和中国香港、台湾地区及北京、上海等城市地下空间领域的有关专家参加了研讨会。为实现现代化城市的可持续发展，要提高城市资源的综合利用效率，地下空间的开发利用将是至关重要的。与会专家介绍了各国相关城市地下空间开发建设的典型案例、法制建设、规划模型和成功经验，为上海地下空间资源开发规划、建设、管理和法规政策的制定提出众多建设性建议。

（杨云凌）

【第六届亚太建筑国际学术研讨会】 以“亚洲巨型工程”为主题，由同济大学与美国夏威夷大学联合主办的第六届亚太建筑国际学术研讨会于6月9日在同济大学开幕。

研讨会主要聚焦在亚洲国家日趋显著的建筑“巨型化”现象，一方面巨型工程推动了城市建设和旧区改造的进程，带动了投资环境的改善，另一方面也在一定程度上造成了城市资源的过度消耗，加剧了能源供应和交通状况的紧张，对城市原有结构、人口分布和文化遗产保护都带来一定的负面影响。围绕巨型工程牵涉到的基础设施建设、公共空间形成、环境个性塑造和可持续发展等多个方面问题，对亚洲城市已建或在建的巨型工程进行总结交流，以求为正在规划中的大规模建设项目提供重要经验借鉴。北京的国家大剧院、新国家电视台、奥林匹克竞技场馆和上海的小陆家嘴金融贸易区及正在规划或建设中的杨浦区五角场城市副中心、新江湾城、“东外滩”旧工业区再生工程等中国大型建筑，都成为此次研讨会上的重要交流话题。

同日，大会主题展览——“杨浦区大型工程展览”在同济大学建筑城规学院展出，展示了杨浦区知识创新区、五角场城市副中心、滨江东外滩及复兴岛规划、大学科技园等在建与规划中的大型工程。

（许伟良）

第二节 建工、市政、房屋

【上海国际航运中心洋山深水港区一期工程建成】 12月10日，上海国际航运中心洋山深水港区正式开港，标志着上海国际航运中心建设取得了重大突破，为加快确立东北亚国际航运中心地位，推进中国由航运大国迈向航运强国，创造了更好的基础和条件。洋山深水港区一期工程从2002年6月开工，包括港区工程、东海大桥和芦潮港辅助配套工程(临港新城)三大部分。由于受海上风、浪、流、涌、雾、盐等海洋性气候因素影响，在港、桥、城的建设中遇到了前所未有的难题。洋山深水港建设指挥部在相关科技部门的配合下，汇集了近百名两院院士和国内外知名科学家对项目进行方案论证，组织关键技术攻关，取得了一批高质量的科技成果，确保了工程建设的进度和质量。

东海大桥总长约32.5km，按双向六车道高速公路标准设计，桥面宽31.5m，设计行车速度80km/h。大桥主通航孔净空高40m，可满足万吨级货轮的通航要求。为确保东海大桥如期建成并安全使用一百年，科技人员对桥梁定位、主辅通航孔承台基础、非通航孔墩台基础、超长超大混凝土箱梁、斜拉桥钢混凝土结构梁、桥面沥青等方面的设计与施工技术进行了攻关，确保大桥施工质量。在大桥安全建设方面，开展了斜拉桥抗风性能及颤动控制、防撞设施、水动力、耐久性、大桥健康监控等技术攻关。

港区工程建设5个7万～10万吨级泊位，可停靠全球最新一代超巴拿马型集装箱船舶。码头岸线长1 600m，陆域面积1.53km^2。围绕洋山深水港区围海造堤和港口建设的难题，开展了深海条件下施工技术的研究和攻关。高填土斜顶板桩墙承台驳岸结构和深水筑堤的技术攻关解决了深水软体排的铺设工艺，确保了铺设质量。在国内首次实现深水条件下采用专用抛袋船翻板侧向抛袋工艺和平台充灌、吊机船网络吊放抛袋工艺，解决了在深水条件下施工质量控制的有效方法(参见《2004上海科技年鉴》第186页)。

芦潮港辅助配套工程在东海大桥登陆点附近，相对独立，主要功能是为洋山深水港区配套服务，包括口岸查验区、辅助作业区和危险品作业区，以及供水、供电、通信等综合性辅助设施。在临港新城建设方面，针对地面沉降、出海通道、盐碱地改良等问题，开展了地面沉降分析与地基处理、港城地区出海通道清淤、盐碱地带与水网地区生态技术、园区物流综合技术等攻关。其中,加固吹填土夹淤泥质粘土地基的低能量强夯联合降水新技术解决了地基加固的技术难题,闸下减淤和清淤研究为挡潮闸设计和运行优化方案提供科学依据。

(编辑部)

【东海大桥造桥机海上现浇箱梁施工技术研究达到国际先进水平】 该项目由上海隧道工程股份有限公司独立完成,于2005年通过验收,达到国际先进水平。"现浇箱梁低温蒸汽养护施工工艺"形成了1项发明专利。

东海大桥的陆海连接段,地处杭州湾北部海域,跨越新大堤,包含陆上段、滩涂段和海上段,海上最大水深达10m,施工环境条件复杂。传统的满堂落地式支架无法满足施工工况的要求,故采用了下行式造桥机工艺施工。作为国内第一次运用50m跨下行式造桥机在海上施工现浇箱梁,工程极具风险和难度。该项目围绕工程中的诸多关键技术难题展开研究:(1)针对大跨度下行式造桥机施工现浇箱梁线型控制和裂缝控制的难点,通过造桥机原位堆载试验、三维数值模拟及实测验证分析,掌握了造桥机在不同工况条件下的变形规律。(2)通过高性能C50海工混凝土和首次海上大跨度现浇箱梁造桥机工艺下蒸汽养护技术的应用,满足了每跨箱梁12天的工期要求,并控制了箱梁裂缝的产生。(3)造桥机海上拆卸是造桥机海上应用的关键技术,通过常规条件和特殊条件下拆卸技术的研究,形成完整、可靠的拆卸技术。(4)通过下行式造桥机在该工程的应用,总结了一套完整的施工工法。以上成果有效地指导了50m跨下行式造桥机在海上的施工,并对上海乃至全国的其他同类工程极具参考价值。

(程华清　王晓龙)

【东海大桥60m预应力混凝土箱梁桥建设关键技术研究达到国际先进水平】 该项目由上海市第二市政工程有限公司独立完成,于2005年通过验收,达到国际先进水平,填补了国内预应力连续混凝土梁结构跨海大桥的空白。"一种大型混凝土箱梁的起吊方法"和"一种大型箱梁架设定位的方法"申请了发明专利。

该项目针对承建的东海大桥Ⅱ标段标准跨径为60m的连续箱梁,进行施工手段和机械的专项研究、试验和实施,尤其是一次性预制吨位达到350t的墩柱和1 600t的箱梁,并采用浮吊架设的方法,在国内尚属首次。其主要研究有:(1)大型混凝土构件预制研究。通过开发、应用与国外类似的大型自动化液压模板系统,成功实现了60m混凝土箱梁整体预制。(2)大型混凝土构件运输研究。陆上运输采用了与国外类似的面面接触滑移的形式。(3)海上施工技术研究。在大型箱梁的起吊架设施工中,首次采用了大型扒杆式浮吊,实际施工表明该方法能提高施工效率,具有一定的优势。(4)箱梁架设的整体施工构思与国外类似工程相似,先在陆上预制,然后运输箱梁,最后到海上施工平台处架设箱梁的施工工艺,而不采用海上现场浇筑的施工工艺。该项目采用大型扒杆式浮吊完成60m箱梁的海上架设施工在国内外跨海大桥施工中具有独创性,大型混凝土箱梁从预制、运输到海上架设的整套施工工艺具有国际先进性。以上关键技术确保了东海大桥Ⅱ标段60m跨径桥梁工程的顺利实施,也为同类型桥梁的施工提供参考。

(程华清　王晓龙)

【大体积高性能混凝土在东海大桥主塔工程中的实践】 东海大桥主塔工程中,单只主塔承台混凝土方量达8 200m^3。同时,海上大体积高性能混凝土必须具有高抗渗、防腐蚀、抗氯离子侵蚀的性能。上海建工(集团)总公司通过大体积高性能混凝土在该工程的实践,提供了从技术到生产、组织、实施的成套经验,在理论、实践和工程质量上为海上混凝土结构的耐久化走出了一条可行的技术途径。该项目于2005年通过验收,其先进性和创新点表现在8 200m^{3}海上混凝土一次浇捣属国内首创,海上浇捣组织处于国际先进水平;6m厚承台混凝土浇筑未埋置冷却水管散热,采用外蓄法养护工艺是国内大型跨海大桥施工中首次应用。

(刘　平)

【上海建工科技创新成果不断涌现】 2005年,上海建工(集团)总公司承建了上海磁浮示范线、浦东国际机场二期、东海大桥、上海铁路南站等标志性项目;综合营业额达到366亿元,新签合同额达到350亿元;全年承接重点科技项目64项,其中科技部和市级科研项目10项、市启明星计划3项、市博士后科研资助1项。

该集团获国家科技进步二等奖1项,上海市科技进步奖9项,其中一等奖1项、二等奖2项、三等奖6项;在完成17项企业技术标准的同时,积极参与和承担国家和地方标准、规范的编制10项；申请专利28项，其中发明专利15项、实用新型13项，19项专利获得授权。“上海九百城市广场”荣获上海惟一的第四批建设部建筑业新技术应用示范工程金奖，4项工程列入第五批建设部建筑业新技术应用示范工程。

上海环球金融中心工程通过方案优化、精心组织，确保2.8万立方米的特大楼基础的混凝土浇捣成功(连续48小时施工)，创造了混凝土一次性浇捣的新记录；针对地下室结构钢筋密集，混凝土强度高的特点，开发高强度(C60)自密实混凝土，工程应用效果良好。上海铁路南站钢结构工程采用大跨度(123m)旋转龙门吊，进行极坐标式结构安装，充分利用了原有设备资源，降低设备成本约400万元，并缩短了施工工期。上海旗忠森林体育城网球中心结构安装工程开发了定点吊装、计算机控制无固定轴心累积旋转顶推工艺，为其他工种的顺利实施提供了时间和空间，降低了大型设备成本约500万元。人民广场改造通过科技创新有效解决了施工扰民问题，环境保护水平显著提高。东海大桥主桥工程采用科学的施工控制技术，克服了桥面刚度大和桥形可调性差、箱梁制作周期长和合龙数据确定要求高、海上环境温度变化规律复杂三大难题，使桥面和斜拉索安装始终处于受控状态，实现了主桥桥面系顺利合龙，为洋山深水港如期建成作出了贡献。另外，上海市建筑构件制品有限公司积极推广应用磁浮工程轨道结构制作技术，成功开发的高精度预制(住宅)装配式构件“PC清水阳台挂板”已出口日本。

(郁　蕙)

【大型交通枢纽——上海铁路南站施工技术研究总体达到国际先进水平】 上海铁路南站新建工程中，运营中的轨道交通1号线将通过改建入地，与运营中的轨道3号线及铁路沪杭线在主站屋交汇，实现三线“零换乘”；新建长途汽车站、8条郊区线路、12条公交及出租车等设施，方便群众出行。该工程属于地下空间综合开发利用性质的特大型工程，众多基坑同时交叉施工，与核心建筑主站屋278m直径的圆屋盖钢结构施工交相呼应，形成了特大型交通枢纽工程。上海建工(集团)总公司在上海市科委重大科技攻关项目资助下，组织科技攻关，针对工程特点，对“在铁路运营和轨道交通不间断条件下，复杂超大型地下空间综合开发施工技术”、“高填土地基条件下，直径270m、宽56m、周长847m无永久结构缝超高、超重、超大型双向预应力转换平台施工技术”、“施工场地限制和保证铁路不间断运营条件下，超大跨度复杂钢结构安装和施工控制技术”等技术难题展开研究，取得以下主要成果：(1)提出了“以保证沪杭线正常运营为中心，地铁一号线正常入地运营为指导，M3号线南站站托换保护为原则，分析南站各基坑围护设计、结构施工根据沪杭线以及相邻结构之间的影响，充分利用各围护体系之间的互补关系，分批分段施工”的总体方案。(2)首创了一批具有创新意义的地下空间开发施工工艺，形成了复杂条件下地下空间开发施工的技术、组织体系。(3)详实地分析了复杂地基条件下(回填土区域、地下结构区域、横跨沪杭铁路区域)超大混凝土施工排架支撑技术，分析了影响预应力施工的各种参数，保证了延长达800m的无变形缝预应力梁的施工。(4)提出以“结构中心为圆心，设置123m跨旋转式龙门吊一台，构件地面适当扩大组拼，600t履带吊定点进行构件就位，123m跨旋转式龙门吊与中心定位的600t·m塔吊等机械配合进行钢结构屋面节间对称综合安装”的施工技术，并研制成功大跨度张弦梁回转龙门吊设备。(5)首次将施工控制的系统理论应用于复杂钢结构建筑的建造中，解决了超高型特殊形体钢结构建筑建造中出现的变形和内力问题。

以上成果不仅加快了工程施工速度，而且节省了投资，并形成了7项自主知识产权。2005年，该项目通过了上海市建委组织的验收，总体达到了国际先进水平，其中“大跨度张弦式旋转龙门吊的研制和采用”达到了国际领先水平。

(郁　蕙)

【上海旗忠森林体育城网球中心钢结构施工技术研究总体达到国际先进水平】 该中心是亚洲最大的网球中心，其主赛场为中心网球场馆，最多容纳1.5万人，建筑面积为26 684m^2，是国内第一个具有旋转开闭式结构的体育馆。该工程造型新颖独特，外形好似一个倒扣的大碗，屋顶可开启的8片“叶瓣”仿佛白玉兰在绽放。屋顶钢结构是由钢环梁、机械传动设备和叶瓣等组合而成的空间大跨度钢结构。钢环梁为倒梯形钢桁架结构，其投影是一个外径达144m，内径为96m的圆环，上平面宽24m，高7m。钢屋盖是由8片“叶瓣”组成，每个“叶瓣”重达180t，其投影面积相当于4个篮球场面积。8片“叶瓣”通过机械传动设备支承在钢环梁上，8片活动屋盖上分别配置各自独立的机械传动装置。通过计算机操作控制，使8套驱动装置同步运动，从而进行活动屋盖的开启运动。钢结构总重量约为4 000t，安装高度达41m。

上海建工（集团）总公司通过对该工程安装施工工艺系统研究，提出定点吊装，无固定物理轴心的累计旋转顶推的总体施工技术路线。创造性地采用环梁地面分段分批拼装、分阶段定区域安装、累积旋转滑移合拢，以及叶瓣整榀拼装、分阶段定区域逐个安装整体旋转滑移到位的吊装工艺，在计算机控制技术、测量定位技术、机电一体化技术、结构验算、机械设备研制等成套技术方面进行了研究并取得突破。其主要创新点是：(1)通过计算机控制各顶推点的不同作用力，解决了结构在大偏心荷载下的圆弧顶推问题。(2)通过计算机实施姿态调控技术，解决了多点同时精确定位问题。(3)成功开发了步进式夹轨器、旋转顶推计算机控制系统及滚轮式光电行程传感器等配套设备。(4)充分利用环梁结构对称性，从圆心向四周对称扩散的方法，解决了施工中移动结构的定位测量。

该研究成果不仅缩短了施工工期，而且取得了良好的经济效益，具有很好的推广应用前景，于2005年通过验收，总体上达到国际先进水平，部分达到国际领先水平，并形成了1项自主知识产权。

（陈晓明）

【特殊环境条件下超高层施工技术的研究和应用总体达到国际先进水平】　上海建工（集团）总公司针对超高层建筑在特殊环境下（地处繁华地段、人流车流多，场地狭小或者紧邻生命线的地域、部分施工部分营业条件下）进行建设的实际情况，结合港汇广场、长峰商城、世茂国际广场和港汇广场高层住宅四个项目，进行系统的研究，解决了特殊环境下超高层建筑建造过程中的几项关键技术：(1)环境保护和安全防护技术，包括多层次防护技术和“立体场布”技术，有效解决噪声、光、施工污水、生活污水等的污染，以及新旧建筑间的接口处理。(2)深大基坑的设计和施工技术。(3)避高峰减污染的特种施工技术和设备，创造性地提出了斜爬模技术、可收分整体提升钢平台等专项工艺及设备。(4)超高层钢结构吊装的关键技术和设备，首次研制成功具有自主知识产权的用于高重桅杆吊装的“攀升吊”设备和专项技术。研究成果已在以上四个特殊环境下超高层建筑项目中得到广泛的应用，不仅使结构施工得到了顺利和安全的进行，缩短了工期，而且取得了良好的经济效益，并形成5项自主知识产权。2005年，该项目通过技术鉴定，总体上达到了国际先进水平，专项技术达到国际领先水平。

（郁　蕙）

【超深基坑逆作法工程劲性钢柱分段预埋结构研究总体达到国际先进水平】　廖创兴金融大厦工程地处上海南京路，紧邻运营中的地铁二号线，而且周边地下管线错综复杂，四周多为保留建筑或民居危房。该工程为地下五层，埋置深度为22.4 m，核心筒结构埋置深度达28.4m，是上海民用建筑埋置最深的地下室。经过专家多次论证，该工程地下室决定采用逆作法施工。另外，南侧地铁二号线隧道的顶标高为－13.5m，底标高为－19.5m，位于基坑底以上，对如此临近地铁且挖深超过地铁的施工提出了相当严格的要求，针对以上情况，工程技术人员采取了坑内土体加固措施，同时在周边布置了一系列的监测点，在施工过程中进行全过程的监控，根据监测数据及时调整施工，控制变形。

该项目针对诸多施工难题，解决了逆作法围护支撑体系、大型钢结构劲性柱逆作法施工工艺、地下承压水降压降水系统、深基坑控制位移等有关节点处理问题，展开信息化监测指导施工和专题研究，取得了地铁隧道边地下五层28.4m深和带有大型钢结构劲性柱的逆作法施工技术成果，于2005年通过验收，总体达到国际先进水平。该成果进一步完善了逆作深基坑施工方法，其中“逆作法工程劲性钢柱分段预埋结构”申请了国家专利。

（李惠蓉）

【海底复杂地质条件下成套盾构施工技术研究与应用总体达到国际先进水平】　该项目针对浙江国华宁海电厂循环水取水工程，对土压平衡盾构机进行改进。该工程受海底地质条件影响较大。在盾构掘进中要穿越粉质粘土混碎石、碎石混粘性土、砾砂层、粉质粘土层、淤泥层及卵（砾）石层等，并有错层现象，且地层中含风化碎石、块石、粘性土、角砾和砂，局部夹粉土微菌层与风化碎石薄层，粒径以4～6cm为多，大的10～40cm。在取水头部位置，主要穿越卵（砾）石层，渗透系数 Kv 更是达到了 3.0×10^{-1}cm/s，国内还没有此种情况下的施工实例。

该项目的关键技术和主要创新点为：(1)创造性地提出了土压平衡盾构机上添加气压平衡设备，使其既可以土压平衡掘进，又可以气压平衡掘进，解决了普通的土压平衡盾构机在高渗透土层中无法施工的难题。(2)为处理地层中不能破碎的大块径块石，安装了全气压设备，可由人工到土压密封舱内破碎清除。(3)在盾构机前部布置了若干个注浆机，使盾构机在穿越卵石层以及渗透系数为 3.0×10^{-1}cm/s 的土层时，用浓泥浆或水泥浆注入到前面的土层中，以改善开挖渣土切削性的功能。(4)在盾尾采用三道钢丝盾尾密封刷，且靠内侧的一道可以进行更换，当在 20m 以上水头高差压力下掘进时钢丝刷止水不理想时，及时将第三道钢丝刷改成Y型橡胶密封刷。以上成果为浙江国华宁海电厂建设奠定了基础，得到工程委托单位的好评，于 2005 年通过验收，总体达到国际先进水平，并形成了 1 项发明专利。

（钱建敏）

【市政工程概述】 2005 年，上海市政工程固定资产投资 154.3 亿元，建成了翔殷路越江隧道、场中路南何铁路立交、陈海公路等一批重大工程；A2(沪芦南段)、A6、A30(南段)等高速公路建成通车，新增高速公路 75km，高速公路通车里程已达 560km；市域高速公路已形成网状结构，"153060"目标初步实现；中环线北段(军工路～大柏树)和西段部分工程建成通车；闵浦大桥、西藏南路越江隧道等一大批重大市政工程开工建设；上海长江隧桥(崇明越江通道)、A30(东段)、上中路越江工程等在建项目顺利推进。通过"十五"期间的建设，上海市公路总里程已达 8 038km，公路网密度达到每百平方千米 126.78km；快速路已形成基本框架，主干道功能明显增强，路网整体效益有所改善，越江通道建设超额完成，促进了东西互动、南北连通。2005 年，上海市市政工程管理局(未包括行业内单位)获上海市科技进步奖 3 项，其中二等奖 1 项、三等奖 2 项；通过验收的科研成果 23 项，成果水平达到国际先进的 3 项，国内领先的 17 项，成果应用率达 97.3%。

（王晓龙）

【翔殷路越江隧道竣工通车】 翔殷路隧道是上海城市交通基础设施建设中的一个重要组成部分，位于上海市区北部、内环线与外环线之间，东连规划五洲大道，西接翔殷路、中环线。其中，西端通过邯郸路、汶水路和沪嘉高速公路相接；东端通过五洲大道和规划中的沪崇苏高速公路相接，并连接规划中的沿海大通道。隧道线路总长度为：南线 2 606.32m，北线2 597m，其中，盾构推进段南线为 1 242.09m，北线为1 231m。采用直径为 11.58m 的超大型泥水平衡盾构掘进，隧道外径 11.36m，内径 10.4m，江中两条圆形隧道间设有 2 条连接通道，是当今国内最大的盾构法隧道。工程于 2003 年 6 月 21 日开工，2005 年 12 月 31 日建成通车，总投资 11.3 亿元。翔殷路隧道建成通车后，上海北部形成一条贯穿浦西、浦东，由"沪嘉高速—中环线高架—翔殷路隧道—五洲大道—崇明越江通道"组成的交通"大动脉"。

（王晓龙）

【A2 和 A6 两条高速公路建成通车】 A2 公路(沪芦高速公路)北起 A20 公路，南接东海大桥，沿线经浦东新区、南汇区和奉贤区，与沪南公路、大叶公路、大亭公路、南芦公路、A30 公路、两港大道等道路相交贯通，全长 42.3km，工程于 2002 年 5 月开工，2005 年 12 月 2 日竣工通车，总投资 32.5 亿元。A2 公路是上海中心城区通往临港新城的大容量快速通道，将为洋山港的货物进出提供更便捷的交通服务，是洋山深水港向上海市、长三角以至全国辐射的"黄金通道"。

A6 公路(新卫高速公路)是交通部规划的国道主干线系统"五纵七横"中的重要"一纵"——同三国道上海段的一部分，北接亭枫公路，南至 A4 公路，全长 20.2 km，沿线设 3 座互通式立交。工程于 2002 年 12 月 26 日开工，2005 年 12 月 23 日竣工通车，总投资 7.0 亿元。A6、A7 公路的通车使金山形成"两纵两横"的高速公路网格局，区内重要的工业区、新城均能在 15 分钟内进入高速公路，北出上海的路线选择增多，时间将大大缩短，极大的方便了金山人民的出行，使金山成为浙江快速进入上海的桥头堡，有利于促进金山地区经济的发展。

（王晓龙）

【城市交通基础设施管理决策综合技术的研发与应用项目达到国际先进水平】 该项目将土木工程、地理信息、计算机、现代检测等一系列高新技术，综合运用于城市交通基础设施管理，建立了基于地理信息系统平台和计算机网络平台的上海市城市基础设施管理系统，为城市交通基础设施管理提供科学的辅助决策建议，实现城市交通基础设施管理的专业化和信息化。该项目由上海市市政工程管理处和同济大学共同完成，于 2005 年通过验收，达到国际先进水平，道路决策支持系统的模型研究达到国际领先水平，并获得 2 项发明专利和 5 项软件著作权。

该系统是一个将道路、桥梁、天桥、地道、高架、大型桥隧等多种城市基础设施，以及路政管理和城市建设管理等多项市政管理职能，融合于一个以地理信息系统和计算机网络为平台的系统中，可实现多设施综合优化管理；以上海市市政工程管理局、上海市市政工程管理处和上海市各区县市政工程管理署为背景的三级系统，覆盖面广、规模大、集成度高。该系统针对不同的管理对象建立了相应的数据模型，根据不同的数据模型，分别设计了单独的软件系统体系，通过系统内部级别的数据共享将各个子系统融合成为层次清晰、相互关联的整体性大型管理系统；同时，建立和完善了道路辅助决策支持系统和桥梁辅助决策支持系统的模型。该系统还建立了比较完善的空间和属性数据库，弥补了上海市在城市交通基础设施管理方面第一手资料匮乏的状况；建立了可操作性强的桥梁缺损状况数据采集方法，并研发了基于个人数字助理(PDA)的桥梁缺损状况数据采集系统，能方便实现数据的移动存储和快速传输，有效地解决了桥梁数据采集的瓶颈问题。

该系统从2000年开始运行，其间不断完善、升级，各项数据定期及时更新。其中，道路辅助决策支持子系统已对上海市中心城区所有道路进行了超过一轮、共计约2 500km道路的性能检测，并利用检测数据完成历年的道路分析评估报告，直接影响历年来上海市700多条、200多万平米道路大中修养护计划的制定；桥梁辅助决策支持子系统已对上海市约1 400座桥梁、共计约3 000座次桥梁进行了性能检测，并利用检测数据完成历年的桥梁分析评估报告，促进了上海市200多座问题桥梁的及时处理。该成果已在国内多个城市得到推广应用，部分内容已被新版的建设部《城市桥梁养护技术规范》以及即将颁布的建设部《城市道路养护技术规范》所采纳。

（王晓龙）

【上海市公路网交通信息化与智能化发展规划及关键技术研究达到国内领先水平】 该项目是上海市市政工程管理局重大科研项目，由上海市公路管理处和同济大学共同完成，于4月通过验收，在提高上海市公路网管理的信息化与智能化水平、改善公路网交通状况、提高公路网运行效率等方面提出了一套系统规划方案及关键技术，具有可操作性和前瞻性，达到国内领先水平；在促进长江三角洲交通一体化发展，保障2010年上海世博会交通系统良好运行，提升上海市城市形象等方面具有重要的作用。

该项目以上海市公路网为研究对象，以包括外环线、高速公路在内的干线公路网为重点，内容包括上海市公路网交通信息化与智能化的现状调查和分析、需求分析、规划目标和体系框架、规划方案及实施计划、关键技术、保障措施等。该项目研究并制订的上海市公路网交通信息化与智能化发展规划，可指导上海市公路网信息化与智能化建设，避免重复建设和资金浪费，降低项目投资成本。实施后，可改善公路网交通状况，提高公路网的运行效率和管理水平，推进上海市公路网智能运输系统的发展；逐步引入服务理念，为公路使用者提供全方位的信息服务，引导公路使用者合理选择线路和出行时间，有利于交通流的合理分布；公路网管理部门可实时获得动态交通信息，并对信息进行处理、融合、存储及利用，为交通管理、交通政策的制订、道路网的规划、交通基础设施的建设、交通资源的配置等方面提供决策依据，提高上海市公路网的管理水平和运行效率。

（王晓龙　许伟良）

【公路沥青混凝土路面预防性养护技术研究达到国际先进水平】 该项目由上海市公路管理处和同济大学共同完成，2005年通过验收，达到国际先进水平。该项目通过研究，明确了公路预防性养护的理念，提出了公路沥青路面预防性养护的标准以及对策选择的方法和流程；建立了上海市公路沥青路面预养护对策库，提出了最佳预养护时间的确定方法，并针对上海市不同等级公路计算得到了最佳预养护的时间；总结了上海市常用预防性养护措施的技术特征，提出了相关的设计理论和施工技术。该项目选择了叶新支线、外环线、沪宁高速、浦星公路修筑了4条试验路段，对研究中的分析成果、试验结论、设计方法和施工工艺进行了应用和验证，并形成了《上海市公路沥青混凝土路面常用预养护措施设计与施工指南》。公路预养护措施将提高路面的平整度、抗滑等使用性能，提高出行的效率和用户的舒适程度；施工方便，施工期短，对交通的干扰少，对周边居民、商业和环境的影响小；具有良好的经济效益，能降低路面使用寿命期内养护费用，节省国家的投资。

（王晓龙）

【上海地面主要道路交通评价方法与系统的研究达到国内领先水平】　该项目由上海市市政工程管理处和同济大学共同完成，于2005年通过验收，总体水平达到国内领先。该项目是城市交通运行管理的基础性工作，对路网交通性能改善具有指导价值。其内容包括：(1)城市交叉口通行能力的研究。通过对已有计算或调查方法的对比分析，根据“准确、易用”的原则，确定系统采用的方法。(2)城市交叉口评价方法与模型。在借鉴已有方法的基础上，首次提出从运行水平、安全等级、重要等级和利用水平四方面对交叉口进行综合评价，建立相关评价模型与标准，根据流量平衡进行交叉口改善效果预估，还给出了根据不同原则进行交叉口改善的排序方法。(3)城市道路通行能力研究。提出了等效通行能力，即采用行程车速替代断面车速，由此建立各类道路的通行能力标准。该方法适用于整条道路交通评价，能直观地反映整条道路，而不是某一断面的通行能力，以及各种因素的综合影响。(4)路网交通状况评价。总结了现有的路网评价指标和评价方法，剖析各种方法的优缺点，特别对用饱和度评价路网的方法存在的不足进行了探讨，并推荐采用密度比指标评价城市路网。(5)转弯比例推算模型。提出了新的交叉口转弯比例反算模型——约束线性最小二乘法模型。该模型对初值的依赖性小，反算精度较高，可节省大量的交通调查费用。(6)设计与开发了评价系统软件。

（王晓龙）

【上海市中心城道路交通影响评价技术研究达到国内领先水平】　该项目由上海市市政工程研究院独立完成，于2005年通过验收，达到国内领先水平。该项目依据《城市交通白皮书》的有关要求，针对上海市道路交通建设、运营以及与用地开发间的矛盾，提出了交通影响评估及评估所采用的技术方法、交通运行标准、技术手段、项目分类、影响费制，以及道路建设类和土地开发类项目对交通影响的评价程序和方法。该项成果可应用于市政交通设施的建设与管理中的决策支持，如提供市政道路规划实施的优化评价、辅助指导施工组织、设计方案评价等，通过目标化设施管理，平衡设施供应与交通动态需求之间的关系，了解设施建设需求情况；有利于提高城市建设和管理水平，缓解城市发展与交通需求、设施供应之间的矛盾，理顺和标准化交通分析项目，避免重复分析研究或不连续的分析；有利于交通的目标化建设与管理；对规范工程咨询业、协调交通机制也具有很好的促进作用；为城市交通规划、建设与运营管理提供系统的技术支撑。

（王晓龙）

【中环线预应力混凝土弧形底宽箱梁设计原则结构性能及小箱梁研究达到国内领先水平】　该项目由上海中环线建设发展有限公司、同济大学、上海市政工程设计研究院、上海市城建设计研究院和上海第五建筑有限公司共同完成，2005年通过验收，达到国内领先水平。该项目(1)对预应力混凝土弧形底多室宽箱梁结构性能进行了全面、系统的理论分析，研究了其在竖荷载、预应力、温度荷载与收缩等作用下的横向应力、纵向应力与剪应力的分布规律，还进行了实桥的预应力作用试验。在此基础上，并参照以往的试验研究，首次完整地提出了上海市中环线预应力混凝土弧形底多室宽箱梁的设计原则，对中环线预应力混凝土弧形底多室宽箱梁的截面形式与高度、腹板厚度、墩顶实体段厚度、桥墩布置与支点之间的距离、纵向预应力筋的布置、各种工况的横向应力计算与横向预应力筋的布置原则都作出了详细的规定。(2)对上海市中环线预制小箱梁进行了优化设计研究，提出了较合理的设计，预应力材料的用量等比现有的设计图有所改善。静载试验验证了其正截面强度的安全性。以上成果均已成功的应用于上海市中环线的设计与施工，并对类似工程的设计和施工有应用价值。

（王晓龙）

【国产地铁盾构实现产业化】　“ø6.34m土压平衡盾构和ø6.20m复合型土压平衡盾构”项目是国家“863”计划“全断面隧道掘进机(盾构)”重大专项课题之一，由上海隧道工程股份有限公司承担。该项目在消化吸收剖析国外土压平衡盾构技术的基础上，研究土压平衡盾构的机理、开挖面稳定和地层适应性；在结构形式、驱动系统、液压系统、出土系统、管片拼装机、盾尾和同步注浆系统、电气和监控系统的设计中，重点进行了盾构总体、盾构推力、刀盘扭矩、螺旋输送机、拼装机等参数的计算方法研究，刀盘结构受力、盾构壳体受力计算分析研究，主要系统的集成设计，控制模型和控制方法的研究，完成了一台具有高可靠性和使用率、操作简单、在恶劣的地质条件下也能可靠地工作，且适用于软土地层地区掘进地铁隧道的ø6.34m土压平衡盾构的设计和适用于北京砂砾地层的ø6.20m复合型土压平衡盾构样机的图纸，开口率分别为35%和33%，掘进寿命都大于 3km，掘进速度大于 200 米/月，地面沉降控制在 +1cm 至 -3cm。

(1) 刀盘盘体结构设计针对不同的地质条件，采取不同刀盘形式，具有穿越恶劣地质和地下障碍物的能力；双联油缸推进技术，解决了推进时的速度同步问题。

(2) 中心回转接头实现了刀盘多点加泥(口)的单独控制，降低了刀盘的摩擦力，提高了改良土体塑流性的能力。

(3) 利用拼装机悬臂梁结构设置密闭油箱，用电缆盘和无绳操作控制系统组合设计的盾构拼装机，结构紧凑，施工操作安全、可靠、方便。

(4) 盾尾油脂分配器彻底解决了传统环管自然分配所产生各个注油脂点的由于压差而导致注油脂的不均匀性的难题，确保了盾尾的密封性。

(5) 电气系统具有高可靠性，能保证系统在可以预见的恶劣环境下，稳定可靠地工作，满足盾构推进的各种需要。

(6) 土压平衡的控制采用 PID 调节，数据采集、传输、处理技术，数据库应用技术，就地监控和远程监控技术，提高不同地质条件下施工的适应能力。

(7) 监视及数据采集系统与下位机(PLC)通讯采用以太网通讯模式，数据传输速率和抗干扰性能都有明显的提高，同时增强了系统的可扩展性。

该项目于 2004 年 10 月制造成功 ø6.34m 土压平衡盾构样机，并成功应用于上海轨道交通二号线和九号线区间段的施工。同时，申请国家发明专利 4 项和实用新型专利 2 项。2005 年，该项目已实现产业化，至年底，地铁盾构样机已实现销售 3 台。

(陈雅萍)

【盾构地层适应性设计理论、方法和模拟试验平台通过验收】 该项目是国家“863”计划“全断面隧道掘进机(盾构)”重大专项课题之一，由上海隧道工程股份有限公司联合浙江大学、同济大学、东南大学共同承担，于 3 月通过验收。课题研究完成了(1)多功能盾构模拟试验平台的设计制造以及模拟试验过程中各种物理参数的检测、记录和分析系统的研制。(2)大型多功能盾构掘进模拟试验平台试验箱中各种原状岩土的模拟方法研究及土压平衡盾构掘进过程模拟试验研究。(3)不同典型地质中盾构掘进机主要参数的试验研究，包括刀盘转速和刀盘扭矩的确定、螺旋输送机转速确定和推进油缸的行程以及推进速度等。(4)盾构地层适应性设计理论、方法在土压盾构设计制造和上海地铁区间隧道工程应用研究。其主要理论成果包括盾构在多种典型地层模拟试验的理论和方法、土压盾构在各种地层中的主要技术参数和指标的计算理论和方法、土压盾构掘进对周围地层影响的土应力场和位移场计算理论和方法、上海软土地层土压盾构掘进机参数控制理论和施工管理系统。申请国家发明专利 5 项。

土压盾构在各种地层中的主要技术参数和指标的计算理论和方法已应用于 ø4.95m 土压盾构和 ø6.34m 土压盾构；4m×6m 矩形土压盾构的设计制造，为土压盾构的系列化和产业化作出贡献。同时，还应用于上海地铁 M8 线、M6 线和 2 号线延伸段区间隧道工程土压盾构掘进施工，取得显著的经济和社会效益。

该项目研制的大型多功能盾构掘进模拟试验箱，具有独创的三维加载功能，能够模拟多种典型土层并进行全过程盾构掘进模拟试验；创新研发的 ø1 800mm 模拟试验盾构，具有独特的土压平衡和泥水平衡互换、刀盘刀具可换和开口率可调功能。该项目在对国内外隧道工程实例的研究和对国内外掘进技术室内模拟试验的研究基础上，通过在自己建立的试验平台上对典型土层的多次盾构掘进模拟试验研究，建立具有自主知识产权的盾构地层适应性设计理论和方法。

盾构模拟试验平台除了将为拟建的三条大直径长江隧道(崇明隧道、武汉隧道、南京隧道)的泥水盾构开挖面稳定试验提供技术服务平台；还将为拟建的水电、铁路等山岭隧道采用 TBM 掘进机提供切削试验平台；也可为盾构关键部件的试验监测(如盾构密封、螺旋输送机等)提供试验检测平台。2005 年，模拟试验平台已为科研和工程做了 4 次试验。

(陈雅萍　程华清　王晓龙)

【盾构隧道掘进施工辅助系统和导向技术研究及应用通过验收】 该项目是国家“863”计划“全断面隧道掘进机(盾构)”重大专项课题之一，由上海隧道工程股份有限公司承担，于 2005 年通过验收。该项目结合地铁土压盾构研制完成了国内首个具有自主知识产权的盾构姿态在线连续自动测量导向系统；盾尾注脂分配器和一种密封性好的盾尾密封油脂；一种可硬性地铁盾构注浆材料，同时研究和改进了同步注浆压送工艺技术；渣土可排、渣土连续运输辅助技术，包括渣土运输机械设备和运输系统方案及产品的试生产。还形成了6项拥有自主知识产权的发明专利，提高了中国在盾构掘进机领域核心竞争力。其创新点在于：(1)盾构掘进姿态在线测量和施工轴线控制策略。(2)创新研制盾构注脂分配器采用伺服电机驱动，正确定位分配盘。(3)研制的同步注浆可硬性浆液具有较高的工艺性能和固结作用，能够减少隧道的沉降。(4)创新开发出具有同步延伸、自控张紧、水平弯曲等功能的渣土连续运输系统。(5)研制出具有明显改良土渣的塑流性泡沫剂。

（陈雅萍）

【盾构装备相关技术标准研究通过验收】　该项目是国家“863”计划“全断面隧道掘进机（盾构）”重大专项课题之一，由上海隧道工程股份有限公司承担，于2006年初通过验收。该项目编制了产品标准《土压平衡盾构掘进机》(包含设计和制造)和《盾构掘进隧道工程施工及验收规范》。

《土压平衡盾构掘进机》包含了盾构各个系统的集成设计计算方法公式、盾构制造的技术要求、产品验收的方法和标准，为中国盾构走国产化道路跨出了坚实的一步。《盾构掘进隧道工程施工及验收规范》包含了盾构隧道工程的地质环境调查；盾构选型、设备配置、保养维修；施工准备、施工测量、盾构掘进施工；壁后注浆、隧道防水、缺陷处理；管片制作、管片拼装等的技术要求和验收标准，不仅适用于地铁盾构隧道的施工，而且适用于其他采用盾构法隧道施工的工程，覆盖面广。两个标准具有科学性和先进性，可操作性强。

（陈雅萍）

【DOT(双圆)盾构综合技术研究达到国际先进水平】　该项目由上海隧道工程股份有限公司、上海市隧道工程轨道交通设计研究院、上海轨道交通学科（专项技术）研究发展中心和上海轨道交通杨浦线发展有限公司共同完成，于2004年底通过验收，达到国际先进水平，并形成了5项发明专利和1项实用新型。

应用DOT盾构技术修筑地铁区间隧道，与传统的单圆盾构工法相比，具有以下优点：(1)双区间隧道总宽度从原来的18m以上减小为现在的约11m。同时，DOT盾构（非铰接式）可实现曲率半径300m和坡度3.5%的施工。(2)由于双圆隧道开挖总面积比两个单圆隧道开挖总面积小、车站盾构端头井的宽度可从约22m减小至约14m、圆周总长不同使隧道衬砌的钢筋混凝土工程量以及同步注浆量有所减少等，可明显使区间隧道和车站建设的投资减少，工程进度加快。(3)可避免传统的两台盾构分别施工产生的土体变形等相互干扰，从而有利于提高施工质量。(4)采用二个位于同一平面的辐条式刀盘的DOT双圆土压平衡盾构的造价约相当于二台相同单体盾构的造价，其操作和控制性能与以往土压盾构相差不大，并明显优于矩形、马蹄形等特殊断面的密封式盾构。到目前为止，该项新的盾构技术仅日本拥有，因此，在上海轨道交通杨浦线（M8线）首次采用DOT盾构技术进行施工，大大促进了中国盾构施工技术水平，对国内今后的地铁建设具有重大的示范意义。

（程华清　王晓龙　陈雅萍）

【中环线大断面管幕—箱涵顶进应用技术总体水平达到国际领先】　中环线北虹路地道工程长126m、宽34.2m、高7.85m，双向8车道，建成后可分担上海内、外环线交通流量。该工程是国内首次采用管幕法施工的大型地道工程，也是世界上第一大断面、第二长距离的管幕法工程。该项目由上海市第二市政工程有限公司、上海中环建设发展有限公司、同济大学和上海市隧道工程轨道交通设计研究院共同完成，于6月贯通，年底通过技术验收，成果总体水平达到国际领先，并已申报了5项专利。

管幕法是当今国际先进的地下工程施工技术，该项目创造性地开发了大断面管幕—箱涵顶进施工技术。工程中，先在北工作井内把80根直径97cm的钢管顶进南工作井，并在钢管与钢管之间的锁口处进行注浆，形成水平矩形密封钢管幕；管幕形成后，将126m长的箱涵地道分8次制作、8次顶推。尽管地道自重达3.5万吨，但在整个推进过程中，最大顶力仅为2.3万吨，未对地下管线和地面交通产生不良影响，箱涵偏差始终控制在4cm范围内。该项研究的主要创新点在于钢管幕的力学作用机理分析模型、工具管网格的设计计算理论、大断面箱涵推进泥浆套压注与控制技术和箱涵顶进姿态（高程、水平）调整控制技术。通过研究(1)开发出了钢管幕顶进的高精度姿态控制成套技术。(2)密切结合理论研究，成功研究开发出了大断面箱涵进、出洞工艺。(3)研制出了箱涵推进减阻润滑特种复合泥浆和止水泥浆，提出了管幕内箱涵推进阻力计算的经验公式。(4)研究了网格布置、网格内土压力的分布规律和空间网格的土拱效应，建立了软土地层中管幕内箱涵推进的工作面稳定方法。

(5)揭示了钢管幕的力学作用机理，建立了大断面管幕—箱涵推进工法的地表变形控制理论及方法。(6)研制出了箱涵液压同步推进自动化控制系统。

大断面管幕—箱涵顶进应用技术不必大规模开挖路面，具有工程风险小、工程造价低和工期短的优点，填补了国内在管幕法施工方面的空白，为解决大都市地下过街道、地铁车站、立体交叉道路和地下停车场等建设中的技术难题积累了经验，使中国在大断面浅层地下隧道非开挖施工技术领域迈上了新台阶。

(程华清　王晓龙)

【轨道交通大型枢纽站立体交叉施工新技术研究达到国际先进水平】 该项目由上海隧道工程股份有限公司、北京中煤矿山工程公司、上海市隧道工程轨道交通设计研究院、中国矿业大学和中煤国际工程集团南京设计研究院共同完成，于 2005 年通过验收，达到国际先进水平。轨道交通 4 号线车站施工采用水平冻结法零距离穿越 1 号线车站在国际国内尚属首次。同时，“插入法立柱桩施工工艺”形成了 1 项发明专利。

该项目针对 4 号线的上海体育场车站工程，位于饱和软土地层、穿越已建 1 号线运行车站、临近高层建筑群和高架立交桥的复杂工况条件，经过大量的模拟模型试验和数值分析，研究开发了多种针对性的施工工艺，成功完成立体交叉施工，顺利穿越原有的 1 号线车站，并确保 1 号线正常安全运行，形成了一系列科技创新成果：(1)首次在现有车站底板下，采用“田”字形冻土结构设计与暗挖施工技术，充分利用其核心“十”字形辅助冻结壁的控制冻胀和支撑稳定作用，确保了穿越段的施工安全。(2)创造性地提出周期性控制盐水温度以达到控制冻胀变形的连续控温冻结新技术，结合施工监测等信息化手段，达到冻结加固土体冻胀变形的过程控制目的，其变形量小于 3mm，满足了运营中的地铁 1 号线车站的保护要求。(3)成功运用综合监测技术指导施工，既弥补了单一测试技术的缺陷，又有效地控制了冻结施工的全过程，开创了综合信息化施工技术用于饱和软土冻结法穿越施工的先河。

该成果将对大型立体交叉换乘枢纽站的设计施工提供有力的理论依据和技术保障。在上海轨道交通 4 号线上海体育场车站工程中形成的地下墙侵界处理、拔桩、插入法立柱桩施工、托换加固、二次开孔、全方位保温、连续控温、控制冻胀和融沉等关键技术，具有极大的参考价值，为同类工程积累了大量宝贵的施工经验和资料。

(程华清　王晓龙)

【复兴东路双层越江隧道工程技术研究达到国际先进水平】 该项目由上海城建(集团)公司、上海市第二市政工程有限公司、上海隧道工程轨道交通设计研究院、同济大学和上海隧道工程股份有限公司共同完成，于 2005 年通过验收，达到国际先进水平。上海市复兴东路双层越江隧道是国内第一条双管双层越江盾构法隧道，也是世界上第一条投入正式运营的双层式盾构法隧道，全长2 785m。圆隧道段共设 4 条上下层联络通道及 2 座江中泵房、4 座峒口雨水泵房、2 处地下进排风道和风塔以及 4 个地面消防出口。

该项目密切结合上海市复兴东路隧道工程总项目，研究解决了双层隧道内上层道路设置与施工、可行的道路施工工艺、隧道内运用带牛腿管片、上下层立体运输等技术难题，并对上下层同时进行结构施工、高速优质地完成板梁架设、隧道的上浮和稳定等问题展开研究。该项目实施过程中形成了 10 项专利技术，其中“单管圆隧道的双层结构的施工方法”、“单管圆隧道的双层结构”、“盾构三维姿态精密监测系统”、“PMS 泥水浆液制备方法和它在泥水平衡盾构及顶管施工中的应用”和“双层公路隧道的盾构掘进与道路同步施工方法”为发明专利；“一种单管圆隧道的双层结构”和“一种隧道逃生通道的结构设置”为实用新型专利；“构件”、“隧道衬砌圆环”和“带通道的隧道的衬砌圆环”为外观设计专利。随着城市隧道工程的大规模建设，该项成果将为上海甚至全国的大直径盾构隧道工程建设提供技术储备，并推动各项技术的快速发展。

(程华清　王晓龙)

【基坑施工对下卧运营地铁隧道的保护技术研究确保运营中地铁的绝对安全】 该项目从隧道变形的机理出发，通过理论分析、室内试验、现场测试等多种方法，对地基加固及围护结构施工引起的隧道位移、地铁上方基坑开挖引起隧道隆起的规律以及运营地铁隧道位移控制技术进行了研究，找出了基坑施工过程中已建地铁隧道的变形规律，并提出了一整套控制隧道变形的技术措施，使东方路—张杨路下立交工程施工期间其下正在运营的上海地铁 2 号线的变形指标满足《上海市地铁沿线建筑施工保护地铁技术管理暂行规定》的要求，确保了运营中的上海地铁 2 号线的绝对安全。

该项研究突破了工程界的技术瓶颈，克服了以往类似工程因对地铁工程保护不力而不能实施的状况，可使在已建地铁隧道上方的基坑施工处于安全、可控状态，使工程得以顺利实施。同时，总结出的一系列对已建运营地铁隧道的保护技术（地基加固、抗拔桩、分块施工、堆载）具有很高的创新性和探索性，并已申请国家发明专利1项。该项目由上海市城市建设设计研究院承担完成，于10月通过了上海市建设和交通委员会组织的验收，总体水平达到国内领先。

（彭　敏）

【中等跨径钢管混凝土系杆拱桥安全性、耐久性若干问题研究总体水平达到国内领先】　该课题(1)全面研究了钢管混凝土构件以及钢管混凝土拱桥的力学性能与受力机理，首次得出了钢管混凝土结构构件在正常使用状况下钢管与核心混凝土之间的本构关系；在对收缩徐变引起钢管混凝土结构的应力重分布、钢管混凝土结构的平截面假定等方面也进行了独到的分析研究，得出了对钢管混凝土构件设计具有较强实用价值的结论和建议。(2)针对钢管混凝土构件的加劲方式进行了探索性研究，通过对不同加劲方式之间的应力对比和构造处理，得到了一种各项综合性能都较好的加劲形式，有效消除了同类桥梁在建造运营中经常出现事故的安全隐患，使此类桥梁的总体安全性和耐久性得到全面提高；对钢管混凝土拱桥拱脚区域进行了详细的分析比较，提出了相应的有效措施。(3)对钢管混凝土拱桥的总体布置原则、设计方法选择、合理拱轴线比较、总体稳定分析与稳定影响因素以及不同材料拱桥的稳定安全系数取值等问题进行了详细的分析研究，多项研究成果对同类桥梁的设计与建造工作都具有直接的指导意义和实用价值。

该项目由上海市城市建设设计研究院承担完成，已直接应用于已建成的上海沪芦高速公路五尺沟大桥和中春路淀浦河桥工程，于9月通过了上海市建设和交通委员会组织的验收，总体水平达到国内领先，并申请专利1项。

（郭卓明）

【四渡河深切峡谷悬索桥抗风性能研究填补国内空白】　“四渡河深切峡谷悬索桥关键技术研究”为交通部立项的西部交通建设科技项目，由同济大学土木工程防灾国家重点实验室承担。5月，该项目在同济大学“TJ－3大型边界层风洞”内进行了山区风环境风洞试验。该项目经过详细勘察，用1:1 600的缩尺比成功模拟了大桥周围10km范围内的山区地形，进行了桥位地形风环境对桥梁的影响及四渡河桥的抗风性能研究。该项研究为正在建设中的跨越深切峡谷的大跨悬索设计提供了依据，填补了国内桥梁抗风规范中有关山区峡谷特性等方面的空白。

（许伟良）

【水泥稳定碎石基层沥青路面裂缝防治研究通过验收】　该项目是浙江省交通厅科技项目，由同济大学交通运输学院与杭州市公路管理局合作完成，于9月16日通过了专家验收。该项目提出的水泥稳定碎石基层沥青路面防裂措施在国内尚属首创，达到国内领先水平。

该项目从防治水泥稳定碎石基层沥青路面裂缝的关键——反射裂缝的控制出发，在分析反射裂缝产生的机理及影响水泥稳定碎石伸缩的主要因素的基础上，通过水泥稳定碎石级配、水泥用量、含水量、压实度、掺和料、外加剂等因素对基层材料物理性能、基层强度、基层开裂等影响的试验和理论研究，总结和完善了水泥稳定碎石基层上沥青路面产生反射裂缝的理论，提出了防治水泥稳定碎石基层反射裂缝的设计和技术措施。研究表明，在水泥稳定碎石中添加适量粉煤灰、改进碎石料级配及采用外掺加剂等技术措施，对控制水泥稳定碎石基层的裂缝是行之有效的，具有很好的经济和社会效益。

（许伟良）

【上海市中小桥梁安全性能动态监测与分析系统通过验收】　该项目由同济大学桥梁工程系与上海市市政工程管理局、金山区公路管理署共同完成，于10月31日通过了上海市科学技术成果验收。桥梁安全性能动态监测与分析系统可以准确反映桥梁当前安全状态，管理者可以实时动态地对桥梁进行监测，及时对桥梁进行维护，保持桥梁的安全使用，是一种先进的科学管理模式和信息处理手段。该系统的研究成功，为中小桥梁安全性能动态监测与分析提供了一种有效的方法和技术基础，将在年内于国省干线公路的桥梁先行实施，并向全市公路网内桥梁进行推广。

（许伟良）

【新型钢－混凝土组合楼盖系统受力性能研究达到国际先进水平】　该项目由同济大学土木工程学院

主持完成，于11月11日通过了上海市建委组织的专家验收，在连续组合梁负弯矩区的承载力计算、大面积组合结构的施工监测特别是施工顶撑的拆除等方面取得了突破，总体上达到国际先进水平。

该项目以上海浦东新区文献中心新型大跨度、大质量斜拉钢－混凝土组合楼盖为对象，进行试验研究和理论分析。该工程结构复杂、施工难度大，楼盖系统及箱型钢梁和混凝土板所组成的大型组合梁、方钢与混凝土墙体连接节点、组合梁端与方钢连接节点在国内外同类建筑结构中均属鲜有，也未见类似研究。项目组进行了钢－混凝土组合梁负弯矩区受力性能、钢－混凝土组合连续梁受力性能及方钢与混凝土墙体连接节点、组合梁端与方钢连接节点受力性能的研究，将成果用于组合楼盖的结构设计，保证了设计方案的科学性、经济性、合理性，丰富了钢－混凝土组合结构的理论成果和工程应用实例，具有学术理论价值。项目组还针对对称组合楼盖结构提出了分块同步的卸载方案，不仅发挥了整体同步卸载方案在应变变化方面平缓的优点，弥补原施工控制方案在平缓卸载方面的不足，也克服了整体同步卸载方案在施工组织和协调方面难度较大的缺点，便于实际应用。

（许伟良）

【反复加卸载作用下软土流动与桩基相互作用研究通过验收】　该项目是上海市科委科技发展基金重点基础研究项目，由同济大学土木工程学院地下建筑与工程系主持完成，于11月22日通过了由上海市科委组织的专家验收。该项目以上海宝钢工业厂房可靠性监控为背景，对反复堆卸载作用下软土强度的衰变、塑性变形的累积效应及软土流动与邻近桩基的相互作用这一基本理论问题进行了较为深入和系统的研究分析，创新性地提出了反复加卸载作用下桩土相互作用弹塑性分析模型，及其被动桩的弹塑性变形和稳定分析计算方法，具有重要的学术理论意义和推广应用价值。

（许伟良）

【采用光纤光栅及无线智能传感技术的桥梁结构健康检测系统研究通过验收】　该项目为上海市科委重大科研项目“传感器及其应用系统研究”的子项目，由同济大学土木工程学院桥梁工程系主持，中科院上海光学精密机械研究所和上海市政工程设计研究院共同参与完成，于12月5日通过了上海市科委高新技术处组织的专家验收。

该项目研制成功了适于桥梁健康监测系统的多种封装形式的光纤光栅应变和温度传感器及光纤光栅传感解调仪；开发了利用GSM公共无线通信网络与Internet网络来实现振动测量的无线传感系统；进行了大型桥梁健康监测系统的设计理论研究、结构状态识别理论研究和用于健康监测系统设计的结构损伤分析研究。有关结构健康监测的理论研究成果在东海大桥的结构健康监测系统设计中得到体现，研发的光纤光栅传感系统和无线网络振动传感系统在东海大桥成桥实验时进行了应用示范，取得了良好的效果。

（许伟良）

【同济大学参编两项公路行业标准】　由同济大学交通运输工程学院作为主要参编单位完成的“公路项目安全评价指南”和“公路养护安全作业规程”两项公路行业标准，于3月由交通部正式公布执行。

“公路项目安全性评价指南”是在分析和跟踪欧洲、美国等国家道路安全评价成果的基础上，结合中国国情选择了具有代表性的辽宁沈大、山东济青和烟青、山西太旧、重庆成渝、湖北汉宜、江苏沪宁、新疆吐乌大等高速公路和一级公路进行调查研究。在大量数理统计分析的基础上，对交通事故与公路几何指标、交通事故对运行车速、公路几何指标与运行车速等关系进行了深入研究，初步提出了对国内高速公路和一级公路进行安全性评价的内容、方法和标准。对中国高速公路和一级公路安全性评价工作的开展，以及进一步保障和提高国内公路的行车安全将起到积极作用。

“公路养护安全作业规程”是在广泛收集国内外有关资料，总结国内公路养护维修实践中的经验，吸取有关的科研成果和多次征询专家意见的基础上编写而成，将作为全国公路养护企业安全作业标准。

（许伟良）

【上海市供水管网爆管事故预防关键技术和工程示范研究通过验收】　该项目于2003年12月在上海市科委立项，由上海市自来水市北有限公司承担，于2005年12月通过市级验收。该项目以预防和降低供水管网爆管事故、提高城市给水系统安全可靠性为目标，广泛收集和深入分析了上海市供水管网现状条件和爆管事故发生的时间及空间数据分布，分析论证了管网爆管事故发生的基本规律和影响因素，并以上海市自来水市北有限公司供水管网为示范工程案例，建立了管网爆管预测模型，开发了管网地理信息系统和管网动态水力模型。同时，提出了铸铁管材是造成上海市供水管网爆管的最主要原因，道路和地下管线不文明施工是造成爆管的另一主要原因，并分别提出了相应的对策。

（俞　清）

【上海城市燃气供气负荷预测及居民用气定额发展趋势研究达到国内领先水平】　该项目由上海市燃气管理处、上海同济高科技发展有限公司和哈尔滨工业大学共同完成，于2004年底通过验收，达到国内领先水平，形成了“上海城市燃气供气负荷预测”和“上海城市燃气居民用气量指标及其发展趋势”2项成果。

“上海城市燃气供气负荷预测”以供气调度预测为起步，重点探索采用数学模型对供气负荷进行预测。通过收集多年的供气资料，建立各项原始数据库，运用不同的数学理论建立了预测模型。该模型将现代预测理论和技术与燃气供气系统实际情况相结合，解决了燃气供气负荷的预测问题，提供的预测系统软件已在调度监测中心使用。

“上海城市燃气居民用气量指标及其发展趋势”运用计量经济学原理，考虑可能影响上海城市燃气居民用气量指标的各种因素，建立了居民用气量指标全变量分析模型。采集了三组样本，通过相互对比、分析研究，建立的数学模型推荐当前上海城市燃气居民用气量指标取用值为2 800MJ/人·年（66.9×10^4 大卡/人·年）以及2007年和2010年居民用气量指标预测值分别为2 900～3 100MJ/人·年（69.3～74.0×10^4 大卡/人·年）和3 100～3 300MJ/人·年（74.0～78.8×10^4 大卡/人·年），经专家论证是可信的。该成果可作为上海市燃气行业规划设计、建设、行业管理和决策等部门的参考依据。

（王晓龙）

【“西气东输”上海输气管网沉降监测与应用研究达到国际先进水平】　该项目是2002年度重点科技攻关项目“天然气输配与高效利用关键技术研究与示范”的子课题，由上海市地质调查院承担完成，于2005年通过验收，达到了国际先进水平。该项目选取“西气东输”工程上海段先期建成的“两站一线”高压输气管道作为重点解剖区段，对22.5km高压输气管道建成两年内的沉降变形进行了连续跟踪监测，利用丰富的监测数据深入研究了管道沉降规律和沉降影响因素，结合管道沉降理论计算和试验模拟以及管道材质的影响，提出了管道沉降的预警值；根据对管道沉降现状和预测沉降趋势分析，对管道沉降变形的安全性做了分析评估，指出了管道沉降危险性较大区段；并对管道沉降的防治措施提出了对策建议，以便在管道发生危险前采取相应对策，对今后上海市主干输气管网的沉降安全防范具指导意义。

（张华方）

【对影响上海城市建设与管理的若干典型地质问题的研究达到国际领先水平】　该项目涉及岸滩冲淤、地面沉降、土壤污染、湖沼平原等影响上海城市建设与管理的典型地质问题，分析研究相应的防灾对策措施，由上海市地质调查院承担完成，于2005年通过验收，达到国际领先水平。该项目首次将上海城市建设管理与城市地质工作相结合，为政府防灾减灾提供决策依据，重点研究了与城市建设与管理关系密切的地质灾害问题以及土地利用中的地质环境要素在不同区域的影响，提出在护岸结构设计时有必要考虑防汛墙建成后使用寿命期限间江河冲刷的影响；码头结构的稳定性随临近岸滩冲刷而降低；码头岸带的回淤将会影响到泊位能力；由于桩基承载力下降，造成岸滩冲淤对桥梁结构的影响等。同时，选择土壤中汞、镉、铅3个元素作为对人居环境影响评价的指标，提出了安全居住区的临界值。该成果为完善上海有关工程建设规范提供了依据，有利于上海城市建设和管理决策。

（张华方）

【完成首个既有建筑节能改造试点工程】　5月，上海市房地产科学研究院完成了首次针对旧住宅围护结构进行的节能改造试点工程。该工程将旧住宅建筑的整治解危和节能改造结合起来，在节能材料、检测技术、施工工艺上进行了创新，采用193聚氨酯彩色防水保温系统对外墙外保温进行了节能改造。193聚氨酯彩色防水保温系统在材料和施工工艺上将防水与保温有机统一，采用现场无接缝喷涂，具有粘接性强、施工简单、使用寿命长、维修方便，不仅适宜于新建住宅屋面、墙体的防水保温，对老建筑的屋面防水保温修缮和墙体节能改造、维修也有其独到之处，改造后的大楼达到了上海市居住建筑节能50%的要求，解决了既有住宅存在的诸多“疑难杂症”，如外墙马赛克起壳、跌落而引起的安全问题，也对外墙渗漏、室外空调机架和屋面进行了整治，使大楼面貌焕然一新。

（张华方）

【“四新”成果提高住宅的综合品质】 以全面建设节约型和环境友好型社会为总体要求，以整体提升住宅综合性能、提高市民居住生活水平为出发点，以加快住宅产业和产品结构的升级换代为着力点，上海市房屋土地资源管理局开展了以“节能、节地、节水、节材”为重点的“四新”成果在住宅中集中应用的试点工作，依托科技，推进健康舒适、资源能源节约的节能省地型住宅建设。2005 年，上海市共落实采用建筑节能、智能化、管道分质供水、雨水收集、太阳能利用、有机垃圾生化处理、全装修综合配套等 6 项以上技术的“四新”成果集成小区 50 个，约 830 万平方米，使住宅小区的科技含量明显提升，住宅的综合品质普遍提高。

（孙　坚）

第三节　交　通

【第一届中国智能交通（ITS）年会】 该年会由科技部、上海市政府和全国智能交通运输系统协调指导小组主办，上海市科委和同济大学承办，上海对外科技交流中心协办，于 12 月 8～10 日在上海富豪环球东亚酒店召开，来自政府部门、国内相关高校以及国内外相关协会和企业代表，共计 300 余人与会。科技部副部长、全国智能交通系统协调指导小组组长马颂德到会发表重要讲话，指出智能交通系统作为解决交通问题的有效途径，已在中国得到广泛关注，希望能借助大会总结国内在该领域的最新成果，指引未来的发展方向，同时也为 2007 年北京主办第 14 届 ITS 世界大会积累经验。上海市科委副主任陈克宏也到会致词，希望大会能成为政府、高校和企业交流的平台，为促进中国智能交通系统的发展推波助澜。

在 9 日进行的大会上，11 位国内外交通领域的政府代表、专家做了大会主题发言，得到了与会者的一致好评。发言的主题分别是“中国 ITS 现状及发展规划”、“美国智能交通系统及智能交通系统的标准”、“日本的 ITS 发展状况——日本爱知世博会与智能交通系统”、“中国与欧洲的智能交通合作”、“丰田汽车公司对 ITS 的研究与开发”、“落实‘科技奥运’理念确保高水平奥运交通组织管理与服务”、“北京 ITS 现状和发展规划”、“2010 世博会：智能交通的挑战与机遇”、“广州亚运智能交通发展构想”、“西门子集成交通管理方案”和“面向中国城市的先进的交通控制与管理系统”。10 日，大会继续围绕智能交通系统的各个领域，从政策、技术、应用等方面入手，分 3 个分会场进行交流和深入讨论。

该年会是中国智能交通领域的一次盛会，引起了全国乃至世界智能交通领域的极大关注，共收到学术论文 160 余篇，由同济大学出版社出版发行。

（蔡五三）

【2005 年海峡两岸智能运输系统学术研讨会暨第二届中国·同舟交通论坛】 该会议于 8 月 22～23 日在同济大学召开，中华智慧型运输系统协会、台湾中华大学、台湾大学、鼎汉国际工程顾问股份有限公司、淡江大学、成功大学，以及同济大学、东南大学、吉林大学、北京交通大学等来自海峡两岸的 30 多家单位的专家学者参加会议。会议围绕“智能交通让城市生活更美好”的主题，深入研讨智能交通运输系统的理论、方法、技术及其应用，交流与分享相关领域的研发成果；分交通基础理论与方法、交通管理与控制、交通信息系统、公共交通系统、交通模拟与评价等 5 个专题，发表了 40 多篇演讲。经过认真地研讨和广泛的交流，与会代表增进了互相之间的了解，展现和总结出了目前海峡两岸在交通运输领域研究的成果，达到了相互促进、共同探讨的目的。

（许伟良）

【五管砂桩船改建成功并投入使用】 中港第三航务工程局因洋山深水港工程水下软基础加固施工需要，根据挤密砂桩施工工法，改造建成 1 艘五管砂桩船，是国内自行建成的第一艘五管砂桩船。该船桩架高度为 64m（考虑吴淞过江电缆高度），吊重 80t×5，振动锤功率 200kw，激振力可调节 0～100%，根据工程桩位，桩距可调节。吊锤绞车和砂料提升绞车电机等大功率设备采用变频起动，供砂系统采用自备吊机左右上料，自动控制布料，自动控制计量，减轻了操作人员劳动强度。砂桩管为 ø1 000mm×δ22mm×45m×5 根，采用传感器对桩标高、灌砂量及桩管内砂面进行测量，通过计算机直观显示指导操作以保证砂桩质量。该船定位采用 GPS 定位系统，并设计有自动桩管注水系统等自动化控制系统。2005 年，该船已在洋山深水港工程投入使用，日沉桩数可达 200 根以上。

（郭　颖）

【多孔空心方块水下定位安装施工技术实现预制构件定点位、定数量安装】　长江口深水航道整治工程导堤末端因水深、浪大、流急、地基软弱，设计采用混凝土空心方块作堤身结构，安放原则为"水平分层、质心定点、姿态随机"。在恶劣的自然环境中，不可视的水下，实现混凝土预制构件定点位、定数量的安装，国内外尚无先例。2005年，中港第三航务工程局上海分公司工程技术人员通过研究，首先应用物理模型试验手段确定构件质心空间坐标位置，再采用GPS实时相位差分技术测定船体位置，同时通过各种传感器对吊臂的方向和倾斜、钢丝绳的长度和倾斜等参数进行测定，确定构件的实际空间坐标，最后通过编制的定位安装系统软件，在监测显示屏上直接反映构件在吊装过程中的即时位置坐标与设计坐标值间的差距，指导操作人员操纵起重设备，移动构件至设计位置。该施工技术解决了长江口深水航道整治工程中，多孔空心方块下水定位安装的难题，经过四个月的施工，共安放空心方块21 928个，单船单机安放最高记录为350个，形成的导堤完全达到了设计的技术指标和规范要求，并经受了多次台风、寒潮的考验。该项施工技术还可推广至其他水工构筑物在不可视条件件下的定位安装，具有广阔的应用前景。

（郭　颖）

【高速磁浮系统集成研究取得重要进展】　磁浮交通系统是由车辆、线路轨道、牵引供电和运行控制等子系统高度集成、紧密结合的整体。2005年，上海磁浮交通工程技术研究中心进行的系统集成研究以自主设计建设的1.5km试验线为依托，形成了系统技术规格、接口规格、设计和测试规范，并在一条18m线路上实现了车辆、线路轨道、牵引供电和运行控制等四个子系统集成和系统测试，掌握了具有自主知识产权的设计、制造和施工成套技术。同时，该中心自主研发的高速磁浮设备的集成联合调试取得成功，实现了双悬浮架系统组成车体在轨道上稳定悬浮和导向，以及在运行控制和牵引控制下按设定模式牵引车体正反向平稳移动和制动。

（江　平）

【机车运行安全音视频记录分析系统提供安全运行保障】　该系统由上海铁路局杭州机务段研制成功，是在原有机车安全运行监控系统的基础上，综合利用计算机、网络、通信以及音视频编码等多项高新技术开发的专用监视系统，由司机室音视频分析系统和机车动力室及线路视频状态监视系统组成。该系统根据机车乘务员一次出乘作业标准化的要求和规定，完成对乘务员操作、机车动力室、运行前方线路等情况的全过程音视频同步记录；通过地面的检索分析软件，对所记录的音视频数据资料按照时间段、地点、千米（公里）标等条件进行检索，再现机车运行实况。同时，对动力室及线路状态监视实时录像显示，给值乘司机提供动力室工作状态及线路的实时监视图像，确保值乘司机及时掌握机车工作状态。

该系统改变了以往单纯依靠添乘了解情况的传统机车运行管理模式。机车乘务员的作业全过程在装置里形成信息记录，敦促机车乘务员执行标准化作业程序的自觉性，提高了出乘作业人员的工作责任心，成为保证行车安全运行的又一重要屏障。该系统运行稳定，安全效果明显；在发生事故后可通过调阅记录硬盘，为客观评判事故提供重要证据。2005年，该成果通过了上海铁路局组织的技术鉴定，并获2005年度上海铁路局科技进步一等奖。

（余　军）

【铁路车站客运服务综合信息系统提高客运组织效率】　该系统由上海铁路局南京电务段研制完成，是以列车调度指挥系统（TDCS）为信息源，以车站集成管理平台为控制决策中心，下挂旅客引导、列车到发通告、客运广播、旅客查询、电视监控、闭路电视等多个应用系统，采用数字通信、网络及多媒体等技术，实现列车信息的共享，建立了列车运行动态信息与车站作业内容相对应的联动关系，可以进行列车到达预告，接近、进站、出站和通过等通告，以及确定停靠站台和候车室，预计早晚点，开检和催促检票，引导上车，列车停开等通告，可在无人干预的情况下实时完成面向旅客和车站工作人员的全部信息导向服务。2005年，该系统已在扬州、泰州、南京等火车站投入使用，在为旅客提供安全、周到、舒适服务的同时，大大提高了铁路客运组织的工作效率，是铁路客运站现代化和信息化的标志性科研成果，体现了铁路客运组织管理的新模式。已通过上海铁路局组织的技术鉴定，并获得2005年度上海铁路局科技进步一等奖。

（陈力敏）

【TDW908新型全液压高效减速顶制动效率明显提高】　减速顶是一种普遍应用于铁路编组站的调速

设备,传统的减速顶均采用液压油和氮气混合物作为工作介质。氮气的作用是解决减速顶被车轮压下后油缸工作腔体积发生变化,利用压缩气体的弹性使之自动复位,其工作行程有1/4左右是用于压缩油缸工作腔内的氮气,此段行程减速顶是不制动。

由上海铁路局站场调速中心研制的TDW908新型全液压高效减速顶只采用液压油作为工作介质,使减速顶的整个工作行程都能进行制动,消除了压缩氮气的空行程,增加了减速顶的实际做功行程。实现并保证其可靠工作的设计关键在于采用滑套结构解决了车轮压过减速顶时油缸工作腔容积变化的问题。同时,采用的三个并联弹簧组合安装结构,可保证减速顶的正常复位。在安装高度和制动反力不变的情况下减速顶的制动功提高25%以上,使减速顶的制动效率明显高于传统减速顶。该减速顶属新一代调速产品,是对传统的以油气为工作介质的减速顶的一次技术上突破,对减少编组站调速设备的成本、控制布顶长度、满足重载列车编组要求、提高调车作业效率和确保铁路运输生产安全等方面都有着积极作用。2005年,该项目通过了上海铁路局组织的技术鉴定,并获得国家专利,还获得2005年度上海铁路局科技进步一等奖。

(周振华)

【轨道几何状态质量专家评价系统能反映轨道实际情况及预测】 该系统由上海铁路局工务处研制成功,是通过对铁路轨道检查车实时检测的线路数据的分析研究来揭示轨道几何形位的变化情况,预测铁轨轨面磨损变化的规律,为轨道"状态修"提供决策依据,于2005年通过上海铁路局的技术鉴定,达国内领先水平,并获2005年度上海铁路局科技进步二等奖。

该系统以轨道检查车1m检测数据代表值为基础数据源,通过数据管理模块、数据对比统计分析模块及轨道状态评估与预测模块,完成对轨道几何状态的分析评价;从理论上实现对轨检车数据资料变化规律的分析,建立的轨道几何单项不平顺分布函数、轨道复合不平顺的权重系数及复合值的计算方法、轨道状态的峰值管理与均值管理关系和里程匹配方法,解决了评价轨道几何状态的关键技术问题;通过数学模型的计算,结合大型养路机械作业前后轨道状态的变化状况对轨道质量进行评价,并提出养护维修处理方法;处理后的结果离散性好,能反映轨道实际情况;所作预测可指导完成轨道质量的"状态修"。该成果为高速铁路轨道几何状态质量评价与管理提供有效技术手段。

(方火根)

【铁路接触网非接触式接触线磨损动态检测技术填补国内空白】 该技术在接触网不停电、不占用天窗、不打乱列车运输秩序的情况下,完成对CT-85、110、120和GLCA100/215以及各类型号接触线磨损情况和接触线安装几何位置的非接触式动态检测,从而获取对接触线使用状态的评估、周期维修更换的预测,为接触线的科学养护提供了更为有效的检测手段,填补了国内铁路接触网接触线磨损动态测试技术的空白,并为国内即将兴起的高速铁路接触网建设和养护维修创造了条件,可广泛应用于国内电气化铁路、城市轨道交通接触网建设及养护维修。

该技术通过研究接触线磨损的机理、磨损底面成像的灰度值以及接触线安装的几何位置,提出了基于两台共面线阵摄像机的三角法立体测量技术来实现机器视觉测试接触线的新颖技术思路;建立了由CCD高速摄像机、专业光学镜头、图像采集卡、GPS定位系统、平面照明光源及图像解析软件等构成的接触网机器视觉检测系统。其工作原理是:用两台CCD高速摄像机,使其光轴在车顶相机视角重叠部分构成光幕靶,通过背景光照度不同来区分接触线和现场背景,找出接触线的真实图像并确定接触线的几何位置,建立接触线图像的灰度曲线、找出灰度曲线的拐点和极值点,精确计算出接触线图像边缘和磨损面的棱,由此计算出接触线的磨损面积和截面积磨损百分比。该项目由上海铁路局技术中心承担,于2005年通过铁道部的技术鉴定,在测量技术上达到国际先进水平,并获2005年度上海铁路局科技进步一等奖。

(汤友福)

【上海城市轨道交通科技攻关八大课题13个科研项目全部通过验收】 至8月,上海城市轨道交通科技攻关八大课题13个科研项目全部通过验收,其中"牵引变电站直流1500V馈出电缆在线监测系统研究"、"明珠线列车车下走行部状态在线检测技术研究"和"DC01型电动列车辅助逆变器启动失效的分析研究及控制器优化研究"3项科研成果总体达到了国际先进水平,9项研究成果达到国内领先水平,1项达到国内先进水平;13个研究成果中有2项填补了国内空白。专家认为,很多项目具有创新点，这些项目将对轨道交通的发展产生重要影响，具有较高的社会效益和经济效益，研究成果在轨道交通行业具有推广价值。通过科研项目攻关，上海地铁运营有限公司不仅锻炼了队伍，提高了综合管理水平和市场竞争力，还将以此为契机，将科研成果真正转化为生产力，进一步提高运营管理水平。

2003年底，上海市科委和上海地铁运营有限公司共同投入1 500万元，以提高上海轨道交通运营的可靠性和安全性为主题，提出了急需解决的八大课题13个科研项目。通过网上公开招投标，由上海交通大学、同济大学、哈尔滨威克科技股份有限公司等全国近十家高校、科研单位与上海地铁运营有限公司共同组成科研项目组进行攻关。13个科研项目：(1)牵引变电站直流1 500V馈出电缆在线监测系统研究。(2)轨道电路基本参数的研究。(3)地铁信号系统电磁环境的研究。(4)车载微机控制系统和插件板测试装置的研制。(5)明珠线列车车下走行部状态在线检测技术研究。(6)采用"均衡维修"提升列车可靠性及投运率的研究。(7)运营设施安全性、处置预案及相关设备能力之一"上海市城市轨道交通车辆客室车门系统安全及可靠性技术研究与应用"。(8)运营设施安全性、处置预案及相关设备能力之二"电客列车救援运载小车"。(9)运营设施安全性、处置预案及相关设备能力之三"上海轨道交通运营安全性与可靠性研究及系统评估软件研制"。(10)运营设施安全性、处置预案及相关设备能力之四"上海城市轨道交通R线运输组织化研究"。(11)运营设施安全性、处置预案及相关设备能力之五"电力调度典型操作票系统"。(12)运营设施安全性、处置预案及相关设备能力之六"DC01型电动列车辅助逆变器起动失效的分析研究及其新型控制器研究"。(13)运营设施安全性、处置预案及相关设备能力之七"轨道交通运营设施安全及事故应急处置研究"。

（孙利源）

【牵引变电站直流1 500V馈出电缆在线监测系统研究达到国际先进水平】　该项目是上海市科委"城市轨道交通关键技术"重大科技攻关课题之一，由上海地铁运营有限公司和上海交通大学共同承担，于4月通过上海市科委组织的验收，总体达到国际先进水平，具有实时性、开放性和智能性。该项目重点研究了直流局部放电信号的检测技术，以及直流局部放电信号与直流电缆绝缘状态的关系等相关技术，特别研究了接近火花放电类型的局部放电特征，建立了故障诊断专家系统；还研究了非介入式弱电流信号的测量技术，并通过对实验室直流电缆老化模型的研究，探索了直流泄漏电流数值大小与直流电缆绝缘状态的关系并给出了故障判据；开发了以监测直流局部放电为主，泄漏电流为辅的综合评价体系，并研制出一套基于工业控制计算机为平台的、具有完全知识产权的智能化直流电缆绝缘在线评估系统，实现了直流1 500V馈出电缆在线监测。该系统具有故障自动分析和识别功能以及数据统计、查询、显示、打印和报警功能；安全可靠，检测灵敏度高，抗干扰能力强，最大可实现20根电缆同步实时在线监测，为提高地铁供电可靠性，减少停电、停运事故奠定了基础。

（孙利源）

【明珠线列车车下走行部状态在线检测技术研究达到国际先进水平】　该项目是上海市科委"城市轨道交通关键技术"重大科技攻关课题之一，由上海地铁运营有限公司和哈尔滨威克科技股份公司共同承担，于5月通过上海市科委组织的验收，总体技术水平达到国际先进。该项目采用平轮信号小波处理方法、轴温规律模糊识别技术和嵌入式实时技术等，在运营线路上以地对车的模式研究车辆走行部状态的在线检测技术，基于不同故障点的故障特征，采用非接触式传感器响应故障特征，运用现代数字信号处理技术和模糊识别技术来分析、判断故障点及故障的严重程度。在研究识别模型的同时，还综合运用了可靠的软、硬件技术，复合通信技术和数据库技术，设计研制了在线检测平台，实现了城市轨道车辆走行部的实时检测、分析和跟踪预报。该系统在满足基本通信、电源的条件下即可安装使用，主要在城市轨道交通系统中使用，还可向采用轮轨技术的交通系统推广。

（孙利源）

【DC01型电动列车辅助逆变器起动失效的分析研究及其新型控制器研究达到国际先进水平】　该项目是上海市科委重大科技攻关课题"运营设施安全性、处置预案及相关设备能力"的子课题，由上海地铁运营公司、上海地铁运营科技发展有限公司和同济大学共同承担，于5月通过上海市科委组织的验收，总体技术达到国际先进水平，并具有明显的社会和经济效益。

DC01型电动列车辅助逆变器若起动失效，将会造成运营大间隔，影响乘客出行。该项目针对

DC01型电动列车辅助逆变器系统原设计上存在的问题，通过分析研究，探明了列车辅助逆变器起动失效的故障机理，并采用分级启动与专用DC/DC变换器的方案，有效地解决了由蓄电池电压跌落所造成的无法起动以及采用应急电池起动时所存在的问题，在蓄电池电压降至85V时仍能正常起动辅助逆变器，并成功经受了装车运行考核，明显提高了DC01型电动列车运行的可靠性和安全性。该项目将分级起动策略应用于轨道机车的辅助逆变器中以改进其起动失效的状况，具有创新性；其蓄电池电压在规定波动范围内都能实现辅助逆变器正常起动，达到了国际先进产品的同等水平。

（孙利源）

【采用"均衡维修"提升列车可靠性及投运率研究通过验收】 该项目属上海市科委"城市轨道交通关键技术"重大科技攻关课题之一，由同济大学铁道与城市轨道交通研究院和上海地铁运营有限公司负责实施，于4月通过了上海市科委主持的项目验收。

该课题立意新颖、理念清晰，针对现行维修制度存在的问题，提出了充分利用列车库停时间进行维修作业的建议；方案可行，也有拓展空间，可为其他城市轨道交通系统借鉴和参考。该研究采用完全现场数据采集、统计、分析的方法，集中对上海地铁一号线车辆主要零部件故障信息进行了分析，采样真实，统计方法科学，技术路线正确。该成果的经济价值推算具有可信性，随着对均衡维修技术的深入研究和试验普及，必将提高上海地铁车辆的投运率、降低维修成本，具有较大的经济效益和社会效益，达到国内领先水平。

（许伟良）

【完成3项有关城市轨道交通运营的项目】 5月，由同济大学交通运输工程学院与上海地铁运营有限公司合作完成的3项轨道交通项目分别通过验收。

"轨道交通运营设施安全及事故应急处置研究"是上海市科委轨道交通科技攻关项目，在理论和方法上对轨道交通运营设施安全和可靠性以及事故和故障处置进行了研究，为轨道交通的事故和故障的信息管理和预警控制、列车运行延误调整和恢复提供重要的理论指导依据，也为轨道交通事故和故障预案的制订、管理、规范和优化、学习培训等方面提供了方便有效的工具和手段。经水平检索，该项目的研究成果总体上达到国内领先水平。

"城轨交通列车运行图计算机编制系统研究"开发的城轨交通列车运行图计算机编制系统（Train Plan Maker，简称TPM），已经在上海地铁运营有限公司的多次运行图编制过程中得到了成功的应用，并率先在国内城市轨道交通领域实现了列车运行图的计算机智能化编制和调整，特别是实现了对1号线北延伸后的复杂的大小交路条件下运行图的计算机编制，具有广阔的应用前景，在国内轨道交通领域属于领先水平。

"上海轨道交通3、4号线实行环形运营组织的可行性分析"借鉴了国内外环形城市轨道交通网络（如莫斯科、东京、伦敦、芝加哥、马德里、北京等）的运营组织经验，重点分析了上海城市轨道交通3、4号网络线路特点及沿线的客流增长趋势，并根据其特点，研究了轨道交通3、4号线接轨后采用的共线运营方案、环形运营方案和其他派生方案及其优缺点，提出了实行环形运营方案的必要性。

（许伟良）

【轨道交通乘客导向标志标识及信息系统研究通过验收并成功推广】 该项目通过对上海现有的轨道交通运营线路乘客导向静态标志和动态信息发布模式的研究，优化上海轨道交通乘客导向标志设置规范，并在轨道交通1号线上海火车站站进行试点。在取得经验的基础上，向轨道交通1、2和3号线全面推广，使上海轨道交通进一步与国际规范接轨。该项目由上海市城市交通管理局牵头承担，于9月通过了上海市科委组织的专家验收，成果达到国内领先水平。

该项研究的多交路、共线运营情况下的乘客导向标志设置模式吸收了国际先进经验，设计理念新颖，布局合理，不仅为上海轨道交通，也为全国轨道交通乘客导向标志建设提供了规范、细致的指导。提出的采集来自车辆运行控制系统的实时运行信息、在车内和站台等受众面广的场所即时向乘客多方式发布动态信息的方法，有效提高了乘客疏导效率。

（陈巳康　张　勤）

【基于网格技术的交通信息服务系统引起关注】 该系统是上海市科委的重大科技攻关项目"信息网格及其典型应用"的研发成果，由上海交通大学、同济大学、上海大学、复旦大学、上海城市交通信息中心、上海超级计算中心和华东计算技术研究所等单位共同承担，于2005年通过验收，并在第七届上海国际工业博览会上引起公众和市级领导的关注。

网格计算具有分布、异构、动态和协同等特点，对实时信息处理具有优势。因此，该项目考虑采用网格技术来研究交通信息服务系统。首先是流动车辆(公交、出租)的实时GPS信息发送到各数据采集点(网格数据结点)，初步处理后汇聚到交通局监控中心(网格存储结点)，再将数据实时地调度、动态分配到各计算中心的超级计算机或各种服务器上进行并行计算(网格计算结点)，而无需关心有多少数据被分配调度到哪里并进行了计算，经各类计算机处理的结果实时反馈到交通监控中心(网格资源结点)，把这些反馈数据进行不同分析、处理后可在互联网、触摸屏、移动终端、车载终端、电子站牌等多种媒介上实时发布信息。

至2005年底，上海城市交通信息中心能够提供4 500辆流动车辆的实时GPS数据(平均采集频率至少是30秒一次)，以及71路和72路公交示范线上的约60辆公交车的实时GPS数据(平均采集频率至少是18秒一次)。该系统实时地把这些流动车辆的交通信息通过网格进行并行处理和计算，完成了基于海量数据在线分析的交通出行点播演示；原型系统的主要应用服务有实时路况服务、路况预测、动态最优出行方案、出租车实时跟踪、交通流并行仿真等；还试验了在移动终端(手机、PDA等)和车载终端上的交通信息服务点播系统原型。同时，在71路和72路两条公交示范线的几个电子站牌和几个触摸屏上进行示范性应用试验，如：预测公交车的到站时间等。

(吴俊伟)

【移动数据采集与处理系统及其在城市管理中的应用研究】　该项目是上海市科委重点科技攻关项目，由上海市城市综合交通规划研究所承担，于7月15日通过专家验收。该项目从“移动电话数据采集与处理系统的开发与应用”和“移动车辆信息采集与处理系统的开发与应用”两个方面，成功研制了手机样本出行4项基本特征(起讫点、交通方式、交通线路、出行目的)的推断模型，并验证了其中出行OD特征的推断功能；开发了手机移动数据的采集与处理系统；进行了手机样本的自动追踪定位和数据采集与处理试验，实现了利用移动电话用户人群分布信息在交通领域进行相关分析研究的目标。该项目利用大规模的出租车GPS信息进行了车辆OD矩阵研究和车辆出行综合指标的研究；开发了城市主次干路网的道路车速分析系统。该项目的研究成果对于促进上海城市交通规划、管理的信息化和现代化发展起到了积极的推进作用。

(何　军)

【城市道路交通安全动态控制智能决策系统通过验收】　该项目由同济大学人机与环境工程研究所和天津市交通工程科学研究所联合立项，于11月6日通过验收，达到了道路交通工程领域国际先进水平。该成果创建了新的道路交通安全动态控制综合集成研究方法，通过对道路交通安全宏观和微观规律的研究，建立了一个道路交通安全动态控制研究的理论框架，提出了影响道路交通安全状态变化的“中介变量”新概念，建立了描述道路交通安全动态控制过程的多重反馈控制模型理论和道路交通事故发生机理的事故致因模型，对道路交通工程学科的发展和道路交通安全管理具有重要的理论意义。该项目于2000年10月立项，2003年交天津市交通管理局试用，在天津市道路交通安全动态控制中的应用效果显著，对提高国内道路交通安全领域的科技进步和管理水平具有重要的实用价值和推广前景。

(许伟良)

【上海市中心城区综合交通流组织规划研究通过验收】　该课题是上海市建设和交通委员会重大课题，由同济大学交通学院主持，同济大学、上海市交巡警总队共同承担，上海市市政工程管理处和上海市城市建设设计研究院等单位参加，于3月7日通过专家验收。该研究成果理论上有创新、实践上可操作，符合当代可持续发展和以人为本的交通理念，并能与工程实际相结合。部分成果已应用于上海内环路改造工程、市区停车管理和交通需求管理政策制定，取得良好的经济和社会效益，达到了国内领先水平。

该研究课题历时近两年，在研究过程中进行了广泛的国内外调研，深入调查和挖掘了上海市大量的交通基础数据，从规划、管理和设计等多个方面提出了若干个缓解交通拥堵的实施方案，为上海市“排堵保畅”计划提供了强有力的技术保障，具有较深的理论意义和重大的实用价值。

(许伟良)

【上海第一条公交信息化示范路段亮相申城】　11月26日，作为上海第一条公交信息化示范路段，四平路—中山南路公交专用道率先尝试公交信息化，全程 21 个站点，共有 34 块电子站牌投入使用；在 910 路等 6 条公交线路的公交车上安装和开通了车载智能设备，并建立了网络管理平台，实现车辆定位、数据采集、营运调度、安全报警、信息服务等功能，除了为乘客提供车辆到站预报等交通实时信息外，还有天气预报、新闻等信息以及丰富多彩的电视节目，使公交服务更趋智能化和人性化。其余 3 条公交专用道沿线的电子站牌也于年底安装到位。该项目由上海文广科技发展公司承担完成。

上海市城市交通管理局于 2004 年启动公交信息化建设，至 2007 年基本实现公交信息化，具体目标为(1)全行业公交营运车辆安装车载系统，实现智能调度和在线监控。(2)外环线内的中心城区和浦东、宝山、闵行三区范围的公交站牌实施数字化改造，为出行者提供多种信息服务。(3)有效采集行业监管信息并向政府主管部门实时传送，实现调控决策辅助功能。

公交信息化主要由车载智能系统、信息服务系统和电子站牌三部分组成。车载智能系统主要功能包括车辆定位、数据采集、营运调度、安全报警、信息服务等，整合安全行车记录报警功能，并为多种通信服务预留接口。信息服务系统的主要功能除对车载设备采集数据和电子站牌发布信息进行处理、控制和存储外，还可为管理部门实施行业监管、应急处置和调控决策提供支持。电子站牌主要功能是实时预报车辆到站距离或时间，动态发布线路调整公告，辅助播映气象、路况和新闻等公益信息，并预留周边换乘等交通查询和盲人导乘功能。

（陈已康　张　勤　韩　忠）

【上海市公共停车信息系统建成并试运行】　停车难是上海城市交通面临的一个严峻问题。上海市公共停车信息系统运用信息化手段，实时采集停车资源的数据信息，运用多种方式向驾车人发布停车资源信息，向停车场库发布停车需求信息，畅通两者之间的停车供需信息渠道，以减少因无目标寻找车位造成的不必要动态交通流量，促进交通排堵保畅，提高现有停车资源的利用率。该系统由上海市城市交通管理局承担完成，至 2005 年底，已涵盖黄浦、静安、卢湾、徐汇等中心区域的 215 个停车场(库)联网试运行，还开通了查询服务和引导服务等功能，具有语音、网络和短信三种信息发布方式。

（陈已康　张　勤）

【东海高速公路一岛双亭收费系统可提高流量 50%】　该项目由长江计算机集团所属上海东海电脑股份有限公司于 2005 年研制成功。该系统采用数据和图像的有效、快速、准确地实时传送和保存机制，以及 IC 卡 TAC 码的实时验算，有效地保证了收费系统的实时性和有效性，防止漏收、作弊、冲岗等现象，并能快速处理非常事件，可将每小时收费流量提高 50%，达到 250 辆左右，在上海高速公路实施后，每建设一个一岛双亭收费项目，综合费用可节约达1 000万元以上。

该技术特点包括：(1)电动栏杆有效控制技术。为了满足前后双亭的车辆同时收费处理，以及有效地放行车辆，必须正确、有效地控制电动栏杆的升降，保证每辆车的有效放行，并确保不砸车。(2)实时操作性。为了保证系统的正确性，系统具有实时处理每辆车的收费能力，对于每笔收费交易的实时控制和数据、图像的进行实时上传。(3)双机联合控制技术。为了最大限度的满足车辆的通行能力，需要将前后收费亭的道口收费计算机有机地结合起来，兼顾前后两笔交易，有效地同步控制车道设备。(4)容错技术。为了最大限度地保证所有车辆的通行，必须建立一套容错机制，合理处理非常事件，保证车道的畅通。该项目已获实用新型专利。

（袁钱英）

第四节　公安、消防、地震、气象

【上海被授予"科技强警示范城市"称号】　公安部、科技部于 2004 年联合组织开展了科技强警示范城市建设工作，上海被确定为全国首批科技强警示范建设城市之一。经过近两年的建设，上海科技强警工作取得明显成效，经公安部、科技部组织专家验收考评合格，于 2005 年 12 月 29 日被授予"科技强警示范城市"称号。上海市公安局在各级领导的重视和有关部门的支持下，共开展了 78 项建设工作。通过建设，(1)在更高的起点上推动了公安科技的全面进步，从而在一定程度上为上海科技的快速发展、为上海科教兴市主战略的贯彻实施作出了贡献。(2)进一步营造和浓厚了公安机关“科技强警”的文化氛围,切实增强了各级领导、广大民警的科技意识、科普知识和应用技能,从而进一步提高了公安队伍的整体素质。(3)明显提高了公安信息化建设和应用水平,初步构建起以信息技术为支撑的规范、高效、透明的新型警务工作模式,提高了各级公安机关执法、办事的公正性和效率,更好地落实了各项便民利民措施。(4)有效促进了科技迅速而充分地转化为现实战斗力,进一步提高了各级公安机关的应急反应、治安控制、打击犯罪能力,更有力地维护上海社会政治、治安持续稳定,为上海国际大都市建设和“四个中心”建设创造长治久安的社会环境。在建设过程中还涌现了一批先进典型,其中上海市公安局指挥部情报处和市公安局科技处被公安部、科技部授予科技强警示范城市建设先进集体称号。

（侯陈继）

【制定上海公安科技工作“十一五”发展规划】 2005年,上海市公安局研究制定了《上海公安科技工作“十一五”发展规划》,明确了“十一五”期间上海公安科技工作要坚持“两个第一”的思想(科学技术是第一生产力,人才资源是第一资源)、自主创新的理念(原始创新、集成创新、引进消化吸收再创新)和“五个统一”的原则(统一领导、统一规划、统一标准、统一建设、统一管理),坚持以上海现代警务机制建设为主线,以公安信息化带动和促进公安工作现代化、正规化,坚持以人为本,转变发展观念、创新发展模式、提高发展质量,推动公安科技工作全面进步;要重点把握加大科技投入、加快促进科技转化、做到有序发展、增强发展后劲的原则;加强组织领导、科技管理、专技队伍建设和全警科技培训;深入开展信息综合应用、大力发展公安实战技术、不断创新警务工作模式;最终实现一个确保(确保率先基本实现公安工作信息化,显著增强信息技术对现代警务机制的支撑和保障作用)和五个突破(在深化科技应用上、在创新工作机制上、在利用信息资源上、在加强集约管理上、在提高全警素质上取得新突破)的工作目标。

（侯陈继）

【公安部“金盾工程”一期建设任务基本完成】 至2005年底,由上海市公安局承担的公安部“金盾工程”一期建设任务基本完成。23个一类应用系统中,人口信息管理等13个应用系统已全部建成;经济犯罪案件信息管理等4个应用系统已完成招标并正在前两年建成的基础上根据公安部任务书要求作进一步完善;重大刑事案件信息系统等5个应用系统已做好相关准备工作,待公安部下发软件即可使用;还有1个应用系统(边防前台查验信息系统)由公安部边检总站直接部署。全国人口基本信息资源库等八大基础信息资源库,除安全重点单位信息资源库根据公安部要求还在修改完善外,其他七大基础信息资源库均已建成并按要求向公安部上报了数据,得到了公安部金盾办的肯定。

（侯陈继）

【上海“金盾工程”实时图像监控系统分项目通过验收】 该分项目由上海市公安局承担,主要包括在出入上海市境道口、边防卡口建设图像监控点,用于公安追逃和为快速查堵各种违法犯罪车辆、船只提供现场实时图像;为有关公安分局新建图像监控系统和为有关单位改造监控系统,用于日常监控,为提高重点区域的控制能力提供技术手段和支持;全面实现上海公安图像监控系统的数字化联网,扩大图像资源共享范围,提升整个图像监控系统的联网功能和稳定性;完善上海市公安局图像监控中心系统,扩大并提升系统功能,以满足公安业务的需求。经过一年多建设,该分项目于11月通过专家验收,经上海市科学技术情报研究所查新检索,系统联网工程达到了国际先进水平。

（侯陈继）

【首批“电子警察巡逻车”正式投入巡逻】 3月,首批30辆处于国内领先水平的“电子警察巡逻车”正式投入上海街面巡逻。该车安装了可以360度旋转的测速雷达和数码摄像头,配备了10英寸液晶显示器和移动硬盘,具有实时拍照和录像、超速自动抓拍、车辆牌照自动识别等功能。该车采用遥控器作为系统人机界面的交流手段,民警坐在车内就能实时监控路面情况,快速抓拍、录像取证各类交通违法行为以及其他突发事件和事故现场,为交通执法提供确凿证据。该车的投入使用有效提高了交通管理工作效率,缓解了因部分区域未安装“电子警察”所造成的交通违法现象突出、管理难的问题,为推进上海“排堵保畅”工作提供了有力支撑。

（侯陈继）

【800兆数字集群移动基站无线链路研究达到国际先进水平】 该项目由上海市公安局科技处承担研

制，于3月通过上海市科委组织的技术验收。该项目采用绕射功能较强的公安专用350Mhz频段中的2个连续信道的50KHz带宽，运用MDS数据压缩技术构建了128Kbps无线传输数据链路；研制了专用的协议转换设备，解决了800兆数字集群移动基站X.21与RS530之间的协议转换问题，实现了基站与中心系统的数据交换。该项成果已在2004年、2005年上海F1中国大奖赛及上海公安反恐演练中得到应用和检验，经上海市科学技术情报研究所查新检索，该成果达到国际先进水平。

（侯陈继）

【汗液潜在指印的DNA分型在法医学应用上的初步研究通过验收】 该项目由上海市刑事科学技术研究所承担，于12月通过上海市科委组织的技术验收。该项目通过研究光滑非渗透客体上汗液潜在指印中DNA提取方法、胶带粘面上汗液潜在指印的DNA提取方法、光滑非渗透客体上汗液潜在指印中DNA基因型检测成功率的影响因素和低拷贝模板通过增加PCR扩增循环数对检测灵敏度的影响，探索出汗液潜在指印的荧光STR复合扩增检测的方法，并在实际检案工作中获得成功应用。该成果提高了法医对微量检材和疑难检材检验的攻坚克难能力，解决了许多靠传统工作方法难以解决的问题，拓宽了刑事技术的应用领域。经上海市科学技术情报研究所查新检索，该技术达到国际先进水平。

（侯陈继）

【毒品快速检测技术——胶体金标记苯丙胺单克隆抗体免疫快速检测板国内首创】 该项目由上海市刑事科学技术研究所承担，于6月通过上海市科委组织的技术验收，为国内首创。该项目在国内首次成功采用小分子半抗原物质脾脏直接免疫技术，建立了规范的完全抗原的合成和制备方法，制得具有分泌抗苯丙胺单克隆抗体的杂交瘤细胞株；建立了规范的胶体金制备和标记包被方法，研发出胶体金标记单克隆抗体免疫快速检测板。该成果已获得GMP、ISO 9001和ISO 13485证书，并在上海市公安局、上海市司法鉴定中心及外省市近十个公安厅局中应用于吸毒人员和戒毒人员尿样的快速筛选检测，一次性测试时间在3min以内，解决了使用仪器检验成本高、时间长的问题。

（侯陈继）

【氟乙酰胺完全抗原的研究国内首创】 该项目由上海市刑事科学技术研究所承担，于6月通过上海市科委组织的技术验收，为国内首创。氟乙酰胺是一种剧毒化学物质，使用化学反应检测法，存在费用昂贵，检测时间长等问题。该项目成功完成包括氟乙酰胺的化学结构改造和完全抗原的制备及毒性排除试验研究，为下一步制备氟乙酰胺单克隆抗体和胶体金标记检测板的研制奠定了扎实的基础，为提高国内的农药、剧毒物的快速分析水平起到了推进作用。

（侯陈继）

【化学灾害事故现场堵漏技术缓解特种灾害现场封堵的急需】 该项目是上海市科技发展基金项目，由公安部上海消防研究所承担，于9月通过上海市科委组织的项目验收，达到国内领先水平。该项目根据化学灾害事故的各种特点，在收集和分析国内外化学堵漏技术的基础上，研究开发了化学灾害事故现场堵漏材料及其应用技术。该堵漏材料属于无机耐老化无毒无污染无腐蚀材料，具有高效快速带水堵漏的优点，对接触面适应性好，在水中4min内凝固，10min内完全堵漏，且固化时间易于调整，对现场抢险十分有利，具有卓越的耐久性、抗渗性、粘结性、抗冻性、早强性、和易性和耐酸碱性。该项目的研制成功有助于提高消防部队对特种灾害现场的应急救灾能力，为降低化学灾害事故危害，减少环境污染，保护国家财产和人民生命安全提供了有力的保障。

（侯陈继　罗　纲）

【消防安全腰带及消防安全吊带达国际同类产品先进水平】 该项目是上海市科技发展基金项目，由公安部上海消防研究所承担，于9月通过上海市科委组织的验收，其综合性能达到国内技术领先水平和国际同类产品先进水平。该项目在对国外标准、产品资料进行大量调研和综合分析的基础上，根据公安消防部队高空作业防坠落的要求，成功研制出新型消防安全腰带和消防安全吊带，两产品的整体型式结构已获得国家实用新型专利，并进行产业化生产，逐步装备消防部队。

新型消防安全腰带采用内带扣与外带扣插卡连接型式，带长可连续调节，拉环穿过织带用织带衬垫缝合固定在带体上。正立方向静拉力13 000N，水平方向静拉力10 000N，腰带拉环破断强度≥16 000N，腰带织带破断强度≥36 000N。其结构新颖、安全性高、佩带快速、美观大方，解决了国内现行消防安全腰带结构上存在的不合理问题，提高了消防安全腰带的整体安全性能，并与新型消防员灭火防护服相配套。

消防安全吊带填补了国内空白，采用全身式结构，前部拉环位置可调，金属部件均采用优质钢板冲压成型，正立方向静拉力22 000N，水平方向静拉力10 000N，倒立方向静拉力10 000N，吊带拉环破断强度≥25 000N，吊带织带破断强度≥25 000N，缝线强度≥108N，结构紧凑，强度高，性能稳定，实用性好。

（侯陈继　罗　纲）

【用于灾害现场的消防侦察机器人系统研究达到国际先进水平】　该项目是国家“863”计划项目，由公安部上海消防研究所承担，于12月通过了国家“863”计划先进制造与自动化技术领域办公室组织的项目验收。该项目研制出具有自主知识产权的消防侦察机器人样机，可对灾害现场进行环境参数及图像的实时采集和无线传输，达到国际先进水平，申请实用新型专利4项，外观设计专利1项，发表学术论文3篇。

消防侦察机器人的机械系统是采用关节轮式移动行走结构，具有行走稳定性好，爬坡和跨越垂直障碍物能力强，整体结构紧凑等特点；通信系统采用GPRS公网通信、高频无线数据传输、微波通信、嵌入式模块控制、多传感器信息集成及计算机辅助决策等技术，实现了多通道下灾害现场图像、语音、探测和控制数据等信息的正确传输及实时处理，为机器人的可靠移动和灾害现场信息的有效获取提供保证；自我保护系统采用主体正压防爆和局部隔爆相结合的混合防爆技术，使消防侦察机器人具备了深入易燃易爆和有毒气体泄漏现场进行灾情侦察的特殊需求。该成果的推广应用，为促进中国的消防部队装备的现代化，提供了物质基础。

（罗　纲）

【消防救援机器人的研究达到国际先进水平】　该项目是上海市科技发展基金项目，由公安部上海消防研究所承担，于12月通过了上海市科委组织的项目验收。该项目根据国内灾害现场消防抢险救援的特点和消防救援机器人的总体研发要求，运用现代制造、信息采集、处理和传输方面的先进技术，完成了消防救援机器人的研制，主要技术指标达到了计划任务书规定的要求，达到国际先进水平，并申请了5项实用新型专利。

该项目的技术关键和特点是：(1)解决了消防救援机器人救援拖斗在机架中空间定位和运动的平稳性；机械手、排障推板等装置可根据用户的不同要求进行选择。(2)消防救援机器人与操作人员的前后方联系，采用高频无线数据传输、GPRS公网通信、微波通信、模块化控制及计算机辅助决策技术，解决了多通道下各类信息的采集、集成融合、传输、处理问题，为灾害现场的快速处置决策提供了依据，具有实时性好、智能化程度高、系统安全可靠等特点。以上关键技术已形成一种通用性技术平台，对推动中国消防类机器人的发展将起到积极的作用。该项目为减少抢险救援人员的伤亡和国家财产损失，提高中国消防部队抢险救援装备现代化水平，起着重要的作用。

（罗　纲）

【国外消防员火场生理学研究现状及我国发展规划的研究居国内领先水平】　该项目是公安部重点项目，由公安部上海消防研究所承担，于6月通过了公安部组织的项目验收，研究内容、深度在该领域居国内领先水平。

该项目根据消防员火场防护技术研究领域拓展的需要，结合国内消防队伍的实际需求，追踪国外消防员火场生理学研究前沿，在大量收集、深入分析、综合研究国内外有关技术资料和研究成果的基础上，阐述了国外消防员火场生理学的研究内容、实验项目和要求、研究方法、实验设备及研究成果和发展趋势，首次编制了中国消防员火场生理学研究的发展规划，开创了国内消防员火场生理学研究的新领域。该项目收集、汇编的国内外消防员火场生理学的资料内容丰富、系统、全面，涉及研究领域广泛，对国外消防员火场生理学研究现状的分析深入细致；编制的中国消防员火场生理学研究的发展规划指导思想正确、思路清楚、目标明确、重点突出，拟建立的实验研究设施比较先进，实施方案合理、可行。该项目为国内消防员火场生理学高起点、快起步研究和高水平、跨越式发展奠定坚实的基础，具有重要的指导作用。

（罗　纲）

【两项中国哈龙整体淘汰计划项目通过验收】　该两项目都是联合国多边基金组织下达、国家环境保护总局负责，由公安部上海消防研究所承担，于5月通过国家环境保护总局组织的项目验收。

“二氧化碳灭火器生产调查及对策研究”是中国哈龙整体淘汰计划2003年度特别机制项目，采取问卷普查和实地抽查相结合的方式，对全国41家二氧化碳灭火器生产企业开展调查，通过调研及对调查数据进行分析整理，完成了“二氧化碳灭火器生产企业情况调查及对策研究——生产企业情况调查报告”和“二氧化碳灭火器生产企业情况调查及对策研究——对策研究报告”。该项目对了解中国二氧化碳灭火器生产现状和发展趋势，研究制定相关产品政策起到了积极的作用，并对可能存在的问题进行对策研究，以提供政府有关部门作为决策的依据和参考。

“手提式轻质二氧化碳灭火器检验装置的研究”中国哈龙整体淘汰计划技术援助项目，通过收集国内外相关技术资料，针对国内轻质二氧化碳灭火器的生产和使用现状，按照《手提式轻质二氧化碳灭火器》国家标准的要求，在大量试验研究的基础上，建立了手提式轻质二氧化碳灭火器检验方法和检验装置。该项目为保证手提式轻质二氧化碳灭火器的产品质量提供了有效的技术手段，有利于哈龙灭火器的淘汰和保护大气臭氧层。

（罗　纲）

【《固定消防炮灭火系统设计规范》获公安部科学技术三等奖】 该规范由公安部上海消防研究所起草制定，经公安部组织审定、建设部批准发布的强制性国家标准（GB50338－2003），2003年8月1日起在全国实施。该规范在中国系首次制定，属国际创新规范，水平查新检索认定该规范达到了国际先进水平，完全满足工程设计和消防监督的要求，获2005年度公安部科学技术三等奖。

该规范编制组长期跟踪工程应用实际，科学分析、归纳、总结了实际工程应用中的各类关键技术问题，综合考虑了南北方差异、沿海地区、防爆场所等不同情况，确定了工程设计技术参数、基本要求、试验方法和消防炮的布置设计原则以及在非额定流量和压力下消防炮设计射程和流量的计算方法等，解决了水、泡沫喷淋系统在层高大于8m的单层大空间工业与民用建筑上的使用限制问题。

该规范使设计单位的工程设计、消防部门的建审监督、建设单位的施工安装、主管部门的竣工验收、用户单位的防火保安等均有章可循、有法可依；推动了中国固定消防炮灭火系统的产业发展，规范了该系统的合理设计和工程应用；提高了中国重大工程和要害场所的灭火装备的技术水平，增强了扑救大型特种火灾的灭火能力，对保障和稳定中国经济建设发挥了重要作用；为消防人员扑救火灾时的自身安全提供了有效的保障。总之，该项目及设计规范对加强国家法规建设，提高中国大型重点场所的消防灭火保卫能力，提高中国消防灭火装备技术水平具有重要的意义。

（罗　纲）

【全光纤输油（气）管道安全监测系统具有完全知识产权】 近几年来，油气管道频频遭遇非法侵入，打孔盗油事件屡有发生，造成了巨大的经济损失和环境污染，所以迫切需要一种可以提前预警并可以精确定位的检测系统。光纤传感技术的开发和应用给管道安全防范带来了新的希望，能对管道安全构成的威胁行为进行早期监测、定位和预警。复旦大学利用白光干涉原理和光纤定位技术，根据光的相位调制/解调原理，研发出了一套利用单根光纤和全光干涉组件实现管道安全监测的系统。该系统的技术路线与现有的光纤管道监测技术完全不同，具有完全知识产权，相关技术目前已申请了6项专利，批准了3项。2005年，复旦大学已完成了管道监测系统的样机和初步实验，其扰动定位不确定度在＋5～－5m（40km监测范围内）。该系统除了能够用于管道安全监测外，还可在光缆（包括海底光缆）的通信安全监测、电缆（输电线）安全监测、重地安全围栏系统中广泛应用。

（郭建忠）

【地震科研工作概述】 2005年，上海市地震局组织编制上海市防震减灾“十一五”专项规划的工作，在编制中改变了过去闭门造车的方式，广泛吸收全市相关部门参与规划编制，成立了由上海市发改委、市科委、市教委、市规划局、海洋局、消防局、市减灾办等有关领导和市地震局专家组成的“十一五”防震减灾规划编制领导小组和编制小组，集中全市的防震减灾的经验和意见并以科学的发展观为指导，通盘考虑，整体安排，注重前瞻性、统筹性、协调性，加强科学性、针对性和指导性。在规划初稿形成后，专门邀请北京、上海五位院士、若干专家和领导进行评审，一致同意通过规划论证，现已上报市政府。

上海市地震局申报中国地震局地震科学联合基金项目7项和国家自然科学基金3项，获得资助5项，分别为国家自然科学基金项目“海啸在浅水大陆架的传播和地形效应研究”，中国地震局地震科学联合基金项目“地震前电磁前兆与构造关系研究”、“长三角地区(沪、宁、杭圈)震情跟踪”、“中国沿海浅水大陆架的海啸传播研究”、“上海及其邻近地区地壳上地幔速度结构的研究”。

上海市地震局共接待国外来访12批42人次,其中有德国汉堡大学地球物理研究所施韦尔恩·杜达教授、国际地震工程协会主席卢基斯·埃斯塔教授等有较高知名度的外国专家;有印度尼西亚气象与地球物理局、阿尔及利亚民防局、朝鲜地震局等国外部长级政府官员。全年组团出访日本、法国、美国等共9批17人次。在各类刊物上共发表论文32篇。

7月28日,唐山地震纪念日期间,上海市地震局召开了“上海市防震减灾特色学校工作现场经验交流会”,邀请专家到有关单位和学校作了15场防震减灾专题报告。9月26日国家科普宣传日期间,上海市地震局组织参加了上海市科协和市民防办组织的科普宣传活动。结合印度洋海啸、巴基斯坦—印度、中国江西九江—瑞昌发生的地震,在电台、电视台等新闻媒体上,宣传地震科普知识。请有关专家对地震引发海啸给我们带来的启示及加强上海防震减灾工作的建议报告上海市政府,得到市政府的肯定。

4月8日,上海市地震局与巴基斯坦签定了巴基斯坦恰希玛核电站二期项目中的“安全壳仪表系统和地震监测仪表装置订货合同”。合同的三套仪表系统包括地震监测仪表,土压力、孔隙水压力测试仪表和倾斜测量仪表系统。

(金　胜　刘维克)

【地震监测预报】　2005年,根据中国地震局《关于加强地震监测台站观测环境保护工作的通知》要求,上海市地震局与上海市公安局、上海市城市规划管理局、上海市房屋土地资源管理局联合发文《关于加强地震监测设施和地震观测环境保护的通知》。该文件将对上海市所有地震监测设施和地震观测环境保护起到重要作用。

分析处理地震事件约1 300个,速报85次,速报地震平均成绩达98.7分;地震数据备份文件19 000个,刻录数据量1 500GB;完成了12个月的地震编目,共计地震条目约150条。台网系统地震记录波形数据可用率达99.68%。进行周会商50次,月会商12次,编写与印发震情通报20期、震情简报12期和年度会商报告并按时收集Apnet网上六省市月会商资料,用以研究和交流。在2005年全国评比中,上海遥测地震台网获全国区域遥测地震台网第三名,佘山台地磁Ⅰ类台获全国评比第三名,佘山台重力潮汐观测获全国评比第三名,其他测项均获优秀。

(金　胜　刘维克)

【抗震设防得到加强】　2005年,上海震害防御体系的建设得到加强,成立了“上海市防震减灾联席会议”,办事机构设在上海市地震局,使上海的防震减灾工作有了组织保证。现已有14个区成立了防震减灾联席会议制度,还有5个区(县)即将成立。上海市地震局向市政府提出了《关于推进本市农居地震安全工程建设的请示》,胡延照、杨雄副市长分别作出批示,要求有关部门“与三个集中结合起来,并在规划、立项、建设中纳入到日常工作程序中去,建立工作机制。

8月6日,由上海市发改委和中国地震局共同投资,上海市地震局承担的“上海和邻近海域活断层调查工程项目可行性研究”的子项目“上海市活断层探测与地震危险性评价”通过了中国地震局组织的专家验收。上海市地震局与上海市地质调查院合作的“上海地区及邻近海域断裂构造活动性及其对城市建设影响研究课题”项目于2005年正式启动,进展顺利,已完成部分地质图件的编制工作。

地震安全性评价方面完成了轨道交通12、13号线,轨道交通8号线南延伸段和轨道交通5号线南延伸(闵奉段)等4条轨道交通的场地地震安全性评价项目;在公路、LNG等领域积极拓展,先后完成了沪闵路—沪杭路越江工程、浦东机场高速公路工程、上海液化天然气(LNG)项目、五号沟LNG应急气源及调峰站扩建工程、中隆纸业热电厂、崇明越江大桥工程设计地震动参数确定等工程项目和西变电工程的安全性评价工作。此外,还完成了中科院上海微系统与信息技术研究所扫描电镜测试和华山医院综合楼振动测试两个项目。工程勘察方面承接的工程有上海白玉兰烟草材料有限公司、王家渡码头改造、上海材料研究所改造和通用汽车王港厂区的勘察。

(金　胜　刘维克)

【地震紧急救援体系建设】　2005年,在加强地震应急救援体系建设方面,由上海市地震局制定《上海市地震紧急救援队组建方案》,于11月报上海市政府批准,并责成上海市应急办于12月会同市发改委、民政局等7个委、办、局和武警总队对方案进行会审,12 月底,向市政府呈报了最后的组建实施方案。

根据全国地震局长会议关于"有所为、有所不为"的精神,由上海市民防办公室牵头,上海市地震局配合,完成了上海市地震应急避难场所的建设方案和项目建议书的编制及场地的选址工作,已报市政府待批。同时,各区县也启动了区级避难场所的调研和选址工作。

为了与《国家地震应急预案》和《上海市突发性公共安全总体预案》相衔接和配套,上海市地震局对《上海市地震应急预案》和《上海市地震局地震应急预案》重新进行了修订,并编制了区县政府和乡、镇、街道地震应急预案编写大纲,指导区县和乡、镇、街道开展应急预案的编制和修订工作。

开展地震应急志愿者队伍建设的培训工作,已有 8 个区县建立了地震应急志愿者队伍。指导和配合长宁区天山中学、闸北区止园路小学等有关单位开展地震应急演练活动。

(金　胜　刘维克)

【上海及其邻近地区地震活动简介】 1 月 1 日～12 月 31 日,据上海地震台网测定,(1)上海及其邻近

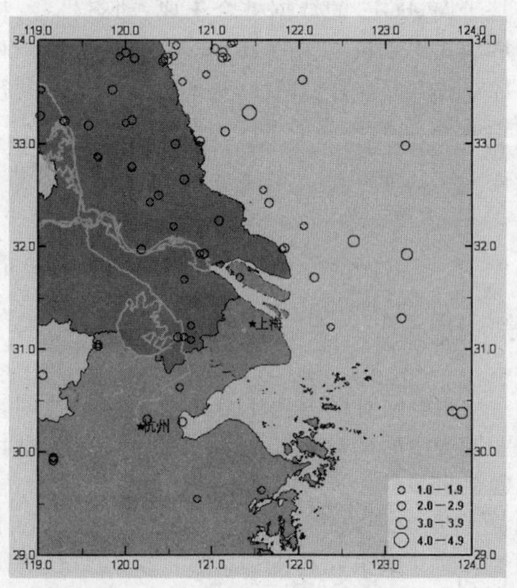

2005 年上海及其邻近地区地震震中分布图

地区(29°—34°N, 119°—124°E)共记录到地震 72 次,其中 M_L1.0～1.9 级地震 34 次,M_L2.0～2.9 级地震 33 次,M_L3.0～3.9 级地震 4 次,M_L4.0～4.9 级地震 1 次;最大地震为 9 月 15 日南黄海 M_L4.0 级地震,释放的总能量为 1.89×10^{10}焦耳。(2)上海监视区(30°—32.4°N, 119.6°—123.0°E)共发生 $M_L\geqslant$1.0 级地震 22 次,其中 $M_L\geqslant$3.0 级地震 1 次,为 10 月 21 日南黄海 M_L3.0 级地震。(3)上海行政区陆地上共记录到 $M_L\geqslant$1.0 级地震 1 次,为 11 月 26 日上海崇明岛 M_L1.5 级地震。

2005 年,上海及其邻近地区地震活动特点为:(1) 地震活动频次与 2004 年相比有所下降,但与 2000～2003 年相比,整个地区地震活动水平仍然较高,地震活动强度有所增强,3 级以上地震活动明显增强。(2) 地震活动空间分布上,由去年的南强北弱转化为北强南弱,海强陆弱;2004 年 3 级以上地震沿江苏南黄海沿岸形成条带分布,时间分布也较为集中,2005 年该区域 3 级地震出现了 8 个月的平静期。

(章　纯　金　胜)

【中国 IPCC 第二工作组工作会议在同济大学举行】 政府间气候变化专门委员会(Intergovernmental Panel on Climate Change,简称 IPCC)第二工作组工作会议于 3 月 29 日至 4 月 1 日在同济大学召开。国家气候变化对策协调小组办公室、科技部、水利部、中国科学院、中国农业科学院、北京大学、华中农业大学和同济大学等单位专家参加会议。会议就气候变化对中国的影响、减缓和适应气候变化的对策等关系到政府未来工农业政策制定的诸多问题展开了讨论。上海地处长江三角洲的前沿,是全球变化的脆弱区,因全球变暖,海平面上升,极端气候事件(如热浪、台风、暴雨)频发,近年来气候和海洋灾害的损失明显上升,因此,会议在上海召开意义重大。此外,《京都议定书》于 2 月 16 日通过后,将限制发达国家 CO_2 的排放,中国作为世界第二排放大国,虽不承担减排任务,仍面临巨大压力,清洁能源开发和节能工业发展已成为当前的主要任务。

(许伟良)

【气象灾害监测车在现代气象预报中发挥积极作用】 2005 年,由上海中心气象台于 2004 年引进国外先进技术,自行设计、配置的"气象灾害监测车"投入了业务使用,在现代气象预报服务中发挥了积极的作用,各项指标稳定,在国内处于领先水平。该车机动性大,功能齐全,在社会重要活动或发生重要突发性公共事件时,可及时赶赴现场进行气象保障服务;此外,还可弥补气象观测点不足的弱点。

"气象灾害监测车"实际上是一个移动的气象台。车内安装了从芬兰引进的自动气象站,进行自

动收集现场气象数据，包括温度、气压、湿度、风向、风速、雨量、辐射、蒸发等，并通过 GPRS、CDMA 无线通讯技术迅速传输到预报值班室；还配有一套接受装置，能及时调用、显示实时的天气图、卫星云图、雷达回波图、闪电定位仪以及其他自动气象站的资料。随车专业人员利用车上配备的 GPS 全球定位仪，可准确定位车辆所在的位置，并能根据任务的需要，自动设计最佳行车路线，在台风或暴雨等灾害性天气来临前，尽快抵达风雨最为集中的地方，现场采集第一手数据，为预报提供最有力的参考及证明。因此，被形象地称为“追风车”。

（陈亚敏）

【上海市重特大灾害事故抢险救援关键技术研究立项】　该项目针对国际一流大城市灾害防范与处置的减灾综合化、信息集成化、决策科学化、管理智能化、指挥一元化发展趋势，通过组织重大科技攻关，集中各方面的力量，开展重特大灾害事故抢险救援关键技术研究，构建完善的城市重大危险源数据库及重特大灾害事故应急处置预案库，开发突发事故快速处置技术，使上海市重特大灾害的抢险救援能力逐步满足国际化大都市的公共安全要求。主要研究内容包括：(1)基于 GIS 的城市重大危险源数据库构建技术。(2)高密度人群紧急疏散仿真技术。(3)基于网络平台的重特大灾害事故应急处置预案开发及集成技术。(4)重特大灾害事故抢险救援指挥体系及战斗力量编成技术。(5)核生化突发事故快速处置技术。技术关键在于：基于 GIS 的城市重大危险源数据库综合集成、高密度人群紧急疏散模型构建及仿真分析、重特大灾害事故应急处置预案应用软件开发、重特大灾害事故抢险救援战斗力量编成计算方法和核生化突发事故快速处置辅助决策系统开发。该项目是 2005 年 11 月立项的上海市科委重点项目，由上海市消防局负责承担。

（蔡五三）

【基于 WebGIS 的台风信息服务系统在汛期发挥实效】　该项目为上海市水务局科研项目“数字水务”关键技术研究的分课题，起止时间为 7 月至 11 月，由上海市防汛信息中心承担完成。该项目建立了自 1921 年以来比较翔实的台风资料库，基于 WebGIS 实现了台风路径自动生成和动态告警、相关信息查询、风圈影响分析、相似路径智能查找等，并经受了 2005 年“麦莎”、“卡努”台风的实战检验。

11 月 25 日，上海市水务局组织召开该分课题的评审会，水利部水文局（水利信息中心）、国家防汛抗旱指挥系统工程项目办公室、水利部太湖局、上海市信息委和市水务局等单位的专家出席了会议。评审组认为，该系统功能强大实用、操作简单方便、显示直观形象，与国内现有的同类系统相比，在基于 WebGIS 的数据整合集成、动态告警、将计算机模式识别技术中的 Hausdorff 算法应用到相似路径查找方面具有创新性，整体达到了国内同行业领先水平，具有较高的推广应用价值。

（俞　清）

第五节　资 源 利 用

【华东电网跨入世界大型区域电网行列之中】
2005 年，华东电网最高统调用电负荷需求为9 700万千瓦，统调用电量为5 363.31亿千瓦时。统调装机容量为10 299.89万千瓦，其中全网统调火电装机容量为8 789.7万千瓦，常规水电装机容量为1 003.4万千瓦，抽水蓄能机组容量为 198 万千瓦，核电为 306.76 万千瓦。全网新建 500kV 厂站 76 座，交流输电线路 168 条，总长度12 223km；500kV 交流变压器 102 台，总容量为7 990万千伏安。连接四省一市的 500kV 交流主网架进一步加强，并通过两回双极 ± 500kV 直流输电系统与华中电网联网。华东电网无论是规模水平、还是资源优化配置能力水平都跨入了世界大型区域电网的行列之中。

华东电网有限公司十分注意发挥科技创新在企业发展中的重要作用，针对公司面临的关键技术问题，扎实开展工作，围绕电网建设发展、提高输电能力、降低短路电流、电力市场建设和信息技术应用等方面开展研究和应用，通过技术创新，解决电网发展建设和安全运行中遇到的难题，不断加大科研投入的力度，保证必须的项目投入。开展了输变电设备检修策略和 RCM 技术的前期可行性研究、大型变压器油中糠醛与变压器运行状况关系的研究；还开展了 SVC 静止无功补偿技术、TCSC 可控串联补偿技术、应用串联电抗器限制短路电流的可行性研究；完成了紫外电晕检测仪在电力系统中的应用、主变高压套管介损异常原因研究。“十五”期间，华东电网在设备运行维护上积极总结实践经验，去粗存精，提升到理论高度，用于指导实践。同时，采用先进的过程管理和流程重组等管理理念，编写具有华东电网特色的技术管理规范，以规范和加强华东电网技术管理工作。

“十五”期间是华东区域电力市场从研究走向试运行的关键时期。2003 年 6 月国家电监会确定进行华东区域电力市场试点；2004 年 5 月 18 日，华东电力市场月度竞价开始模拟运行；2005 年 10 月 28 日，华东电力市场开始实施月度市场和日前市场的综合模拟运行。围绕电力市场建立和运行，该公司在市场运作模式和技术支持系统等方面开展了大量的研究开发工作。从综合模拟运行来看，华东市场竞价模式及其技术支持系统具有显著特点，达到国际先进水平。

“十五”期间，建成了以该公司本部为中心，联结四省一市电力公司，带宽达 622M（部分采用光纤达到1 000M），基于 IP OVER SDH 技术的星型网络；建成了基本的安全系统以及备份与灾难恢复软件，保证了数据的安全性。同时，500kV 输变电设备管理信息系统、办公自动化系统、FMIS 系统等一批管理信息系统相继投入使用，以及正在进行的基于优化业务流程的企业级信息系统建设，都为进一步提高效率、实现现代化管理提供了技术支撑。

此外，为了应对严重缺电对电网构成的挑战，华东电网早在 2002 年就提出了加强需求侧管理，实现错避峰和有序用电的思路和方法，华东各省市电力公司依靠政府，积极落实错避峰预案，确保了在连续三年严重缺电情况下电网安全有序供电。在供电缓和后，仍然需要继续加强需求侧管理工作，通过行政、经济和法律手段引导用户合理有序用电，以解决用电峰谷差不断增加的调峰问题，从而提高电厂电网运行的经济性。

围绕建设“国内最佳，国际一流”区域电网公司，该公司十分注重从公司实际出发，引入先进管理思想和方法，开展了 BPR（业务流程重组）诊断；聘请国际知名管理咨询公司开展了“管理改进、绩效提升”暨信息化规划项目，明晰了公司愿景、使命、价值观、核心业务、经营策略，为公司发展指明了方向，优化调整了业务流程与组织架构，研究制定了基于业务需求发展、信息技术发展的企业级信息化规划。

（张　勇）

【依靠科技进步全面提高 500kV 电网输送能力】为协调解决快速增长的用电需求与输电走廊紧缺的矛盾，华东电网有限公司于 2002 年提出在确保电网安全稳定运行的前提下依靠技术进步，充分挖掘已有电网设备输电潜力，提高电网输送能力。

(1) 推广应用提高导线工作温度的科研成果（参见《2004 上海科技年鉴》第 151 页），提高 500kV 重载线路的输电能力。2005 年，又完成了上海受电北通道和浙江钱塘江过江通道 8 回 500kV 线路增容改造，使 4 个通道（8 回线路）输送能力分别提高 20～40 万千瓦不等。三年来共提高 500kV 电网各断面输送限额共 268 万千瓦，解决了相应的窝电问题。

(2) 研究开发 500kV 输电线路输电能力实时监测系统，进一步提高电网输电能力。2005 年，选择 500kV 瓶武 5905 线作为试验线路，通过测量线路电流、导线温度及环境参数，实时计算导线的输送容量，据初步分析：依据环境参数确定输送容量，相比静态计算，在环温低于 30℃ 情况下，可进一步提高输送容量约 15%～20%。

(3) 充分利用 500kV 变压器短时过负荷能力提高输送限额。自 2003 年起，对已投运的 500kV 主变短时过载能力进行校核计算，并对 500kV 主变一次通流回路中不匹配的设备（如主变 220kV 侧闸刀）进行技术改造，使绝大多数 500kV 主变短时过载能力从原来的 1.3 倍提高到了 1.4 或 1.5 倍，大部分 500kV 主变断面输送能力提高了 7%～15%。

(4) 几年来，通过研制并实施多套 500kV 系统稳定控制装置和运行方式优化调整，提高 500kV 电网各断面输送限额共 195 万千瓦。

(5) 实施全网大机组励磁系统建模和参数实测，提高暂态稳定计算精度，提高电网输送能力。至 2005 年 3 月，已完成大机组励磁系统建模和参数测试工作，并开始用于电网暂态稳定限额的计算。

(6) 积极组织 500kV/220kV 电磁环网解环和 220kV 电网分层分区运行，全网大部分地区 500/220kV 电磁环网已解环运行，使 500kV 电网输送能力得到大幅提高。

(7) 江阴大跨越输电工程的成功投运，不仅解决了苏北窝电问题，而且取得了跨越大江、大河输电技术的新突破。该工程线路全长3 703m，由 2 基双回路直线跨越塔和 4 基单回路耐张塔组成。跨越塔高 346.5m，单基总重达4 192.3t，塔高、塔重均居世界同类工程之最。500kV 江阴长江大跨越工程是华东电网建设和发展史上重要的里程碑，标志着华东电网输电技术和建设水平又上了一个新的台阶。

（张 勇）

【积极开展同塔多回输电技术的研究和应用】 2005年，华东电网有限公司根据华东地区的具体情况，积极开展同塔多回输电技术的研究。结合江苏利港电厂三期送出工程，开展500kV同塔四回输电线路建设的关键技术研究，内容包括500kV同塔四回线路设备机械、电气特性、导线舞动、操作过电压、防雷、电磁环境、带电作业、继电保护等涉及工程设计、施工、运行等多方面的关键技术，研究成果直接为500kV同塔四回输电线路工程的设计、建设、运行服务，以缓解华东土地资源稀缺矛盾，提高线路走廊利用效率，提高华东500kV电网输送能力。同时，在已取得其他电压等级同塔多回输电技术成果的基础上，将500kV与220kV以及110kV等不同电压等级的同塔多回输电技术的应用纳入华东电网中长期规划，对华东电网现有的输电线路走廊资源进行整合，以缓解电网建设与用地紧张的矛盾。

（张 勇）

【通过技术创新解决日益严峻的电网短路电流超标矛盾】 随着电网发展和大容量电厂集中接入负荷中心网架，华东电网长三角地区枢纽厂站短路电流已经逐渐逼近或超过开关遮断容量。根据分析，2005～2010年，斗山、黄渡、南桥、武南、王店、兰亭等多个500kV枢纽站母线短路电流将超过开关遮断容量。武南、王店等站短路电流甚至将超过63kA。短路电流超标矛盾已经成为目前和今后相当长时期制约华东电网发展的严重问题之一。至2005年，华东电网有限公司已组织省市电力公司和有关设计科研院所，从优化调整电网结构和加强技术改造入手，深入研究降低电网短路电流的措施，通过合理规划电网，优化调整电网结构，使用高阻抗变压器，中性点加装小电抗等多种手段解决电网短路电流超标问题。

(1) 实施220kV电网分区运行，解决220kV电网三相和单相短路电流均超标问题。分区运行措施主要应用于220kV电网密集的上海、江苏苏南和浙江等地区，基本解决了220kV母线短路电流超标问题。

(2) 使用500kV主变中性点小电抗解决220kV母线单相短路电流超标问题。浙江省电力公司在兰亭500kV三台主变中性点加装了小电抗，将兰亭220kV单相短路电流控制到了45kA以下，至今运行情况正常。

(3) 500kV母线分段运行，控制母线短路电流。实施了杭州瓶窑500kV母线分段运行技术改造，把该站500kV母线短路电流从55kA降至39kA，与更换开关方案相比，节约资金近亿元。

(4) 据规划分析，2010年前后华东电网长三角负荷中心部分500kV枢纽变电站短路电流将超过63kA，甚至达到70kA以上，将面临无大容量开关可选的困境。因此，该公司已开始研究500kV线路加装串抗等技术的可行性，并选择示范工程予以实施，为解决短路电流超标问题积累经验。

（张 勇）

【华东500kV电网实时地理信息系统(GIS)实现输电线路运行实时监控】 随着华东电网500kV主网架的规模扩展，500kV线路安全运行和维护管理的难度也越来越大，采用高新技术和方法来管理输电线路，提高生产运行和设备管理部门的工作效率已成当务之急。为此，华东电网有限公司立项组织开发500kV电网实时地理信息管理系统(GIS)。2005年，根据线路实时监控的需要，进一步开发了华东500kV输电线路GIS系统的实时监控功能，将把污区监视、雷电定位、线路故障定位和线路环温监视等各项功能进行整合，进一步提高GIS系统的应用水平。

（张 勇）

【华东电网动态监视测量分析系统提高电网安全稳定控制水平】 随着华东区域电网规模的发展，使电力系统的动态行为更加复杂，掌握系统各种运行动态，实施先进的保护和控制，对确保电力系统的安全稳定运行将越来越重要。作为承担电网静态监测、分析和控制功能的传统EMS系统已经不能完全满足电网发展和安全运行的要求。例如，在电力系统受到扰动的动态过程中，特别是发生低频振荡等长周期动态过程时，EMS通常无法做出反应。2005年，华东电网有限公司开发的动态监视测量分析系统(以下简称WAMAP)则将监控信息从静态扩展到动态，并引入分析、决策、保护、控制功能，进一步提高了电网安全稳定控制水平，如将其与传统的EMS、电力市场技术支持系统以及实时的电网地理信息系统进行功能上的系统集成，则将成为新一代调度自动化系统。

（张　勇）

【电网技术装备水平不断提高】 2005年，华东电网有限公司引入具有国际先进水平的调度自动化能量管理与电力市场技术支持系统（E&TS系统）和市场竞价交易模式技术支持系统，与现有应用系统互联集成，如电能量计费系统、调度生产管理信息系统（DMIS）、电网动态监控系统，形成新一代调度自动化系统，提高华东网调自动化系统的综合应用水平。

"十五"期间，该公司在提高厂、站自动化综合水平和应用中取得了相当大的进步和成果，为创造国际一流电力企业提供了出色的技术支撑。新投运的500kV变电站均已配置具有站控层、间隔层的二层分层分布式结构的变电站综合自动化系统。引进实时数字仿真器RTDS，并使之实用化，使华东电网动模试验手段由单一的物理模拟上升到数字动模和物理模拟并举，进一步提升了华东电网动模水平。2004年12月RTDS实时数字仿真装置进行了第二阶段升级扩容，初步建成了具有相当规模和水平的RTDS数字仿真实验室，在继电保护装置的动模试验、自动装置的测试、电网故障仿真等各方面得到越来越广泛的应用。成功进行了新安江水电站九台机组的升级改造；2002年针对富春江水电站主设备实施改造，已经完成主接线和两台机组改造工作。

（张　勇）

【中法民用核能合作的契机研讨会】 该研讨会是中法文化年上海－马赛友好姐妹城市系列活动中的一部分，由法国驻华使馆核工业处和上海市核电办公室共同举办，于6月3日在上海举行。中国核学会、上海核工程研究设计院、中国广东核电集团公司、秦山核电公司等单位代表60余人与会。上海市副市长胡延照、马赛市市长戈丹出席了会议并讲话。研讨会上法国电力公司、AREVA集团、COMEX公司等法国核能公司的专家回顾了与中国20年成功合作的经验，介绍了法国核能技术和发展，中法双方科学家还各自介绍了国际热核试验堆项目在聚变领域内研究的最新成果，充分肯定了中法两国在和平利用核能方面的有效合作，并希望双方在现有基础上再进行更广泛、更有效的合作。

（周　凌）

【5kW级户用光伏电站及其并网技术达到国际先进水平】 该项目由上海电力学院承担完成，于2005年底通过专家验收，成果达到了国际先进水平。户用并网光伏系统是将光伏发电系统与电网并联，光伏方阵在有日照时所发出的电能供负载使用，剩余部分可输入电网；在阴雨天或夜间则由电网向负载供电。该项目对上海地区户用并网光伏系统的特点及规律进行了研究，优化了光伏方阵的结构和倾角，以此为基础建造了容量为5kW的屋顶并网光伏试验电站，并研制了将直流电变换成交流电且满足并网要求的逆变控制器。同时，对并网光伏系统进行了优化，开发了相应的"并网光伏系统优化设计"软件，通过该软件可以求得某地的光伏方阵的最佳安装倾角或满足用电负荷所需的最小光伏方阵容量及安装倾角。该软件还集成了"中国太阳能辐射资料库"，包含了全国591个地区的太阳辐射资料，对今后推广应用并网光伏系统有重要的参考价值。该项目经一年多的试运行，系统工作正常，实际发电功率达到了设计要求，对于推动上海地区实施光伏屋顶计划具有重要价值，同时也为全国推广应用打下了基础。

（潘卫国　杨　健）

【实施太阳能技术在新建住宅小区中的应用】 该项工程由上海市房屋土地资源管理局组织实施。2005年，在推广太阳能草坪灯、庭院灯等的基础上，又在居住建筑太阳能热利用技术方面取得了较大进展。该工程通过采用分体、承压、自控等技术，既解决了太阳能热水系统与屋面的有机结合，又提高了使用舒适度和节能效果；在低层、多层、高层住宅和小区泳池等不同类型建筑中，对集中或分户系统都进行了试点探索，逐步优化和完善了技术体系。2005年，有16个住宅小区落实了建筑一体化太阳能热水利用示范项目，对建筑节能的推进、居住小区能源结构的优化起到了一定作用。

（张立新）

【再生能源建筑一体化技术与系统研制通过验收】

该项目是2003年度上海市科委重大科技攻关项目，由上海交通大学承担完成，于2005年8月23日通过市科委组织的结题验收。该项目在太阳能热利用技术与建筑一体化集成、太阳能吸附式空调、太阳能/空气源热泵热水器以及太阳能热水系统建筑一体化研究应用与产业化方面取得了突出成绩，并对上海市乃至全国提供了很好的示范，一些成果的产业化将对国内资源节约型社会建设起到重要作用。

该项目结合上海市建筑科学研究院闵行示范生态建筑的建设(参见《2005上海科技年鉴》第202页),建立了世界上第一个集太阳能空调、地板辐射采暖、强化自然通风以及全年热水供应功能于一体的太阳能复合能量系统,采用150m^{2}太阳能集热器,可以满足460m^{2}使用面积的采暖,还可以使热压作用下自然通风换气次数达到3次/小时,并有能力提供15t生活热水。在上海地区气候条件下该太阳能复合能量系统可以承担年运行能源的60%以上。该建筑应用了多项拥有自主知识产权的国家发明专利和实用新型专利。

(武雪萍)

【华夏宾馆热电联产项目竣工进入试运行】 该项目由中国船舶重工集团公司第七一一研究所(上海齐耀动力技术有限公司)承接完成,是以天然气为燃料,向宾馆内部提供热、电、冷的分布式供能系统,于11月竣工进入试运行。该系统采用两台燃气内燃发电机组,产出的电力以并网不上网方式提供给负载,不足的电力由城市电网补充;设备运行低排放、低噪声,满足相关国家标准;余热回收系统设计技术先进、结构紧凑、运行可靠;发电机组总输出电功率480kW,同时输出热功率800kW(约15m^3/h热水),可满足整个宾馆的卫生热水需求;燃料总利用效率达到86%,节能效果显著,达到国内先进水平。该项目被列为上海市2005年度分布式供能示范项目。

(刘　静)

【黄浦江原水生物预处理后续净水工艺研究通过验收】 该项目于2002年1月在上海市科委立项,由上海市自来水市北有限公司承担,于2005年12月通过验收。该项目经过大量试验研究,对黄浦江原水生物预处理后续净水提出建议工艺"生物预处理→反应沉淀→砂滤池→臭氧氧化→生物活性炭滤池",并为黄浦江为水源的自来水厂的深度处理工艺的设计,提供了可靠的技术参数,研究成果达到国内领先进水平。

(俞　清)

【应用FTC脱盐技术的苦咸水、海水淡化技术示范工程建成】 上海大学纳米科学与技术研究中心致力于开发能发挥纳米碳管功能的FTC(Flow－Throughp Capacitor)脱盐技术,以及结合该技术的海水淡化新技术,提出了适合FTC电极制作的纳米碳管最佳性能指标要求及其前处理工艺,确定了电极制备工艺、最佳组合方式;研究了FTC脱盐装置操作参数对脱盐率的影响,形成FTC脱盐的最佳工艺及装置再生的工艺条件;将微滤、超滤和纳滤等集成膜海水预处理技术与FTC脱盐技术结合,形成了一条淡化海水的新途径。研制开发的FTC新型脱盐器是采用电化学双电层电容(ECDL)原理和纳米碳管复合材料制成的多对电极与导水隔网等组成脱盐系统,部分技术处于国内领先、国际先进水平,并申请了5项国家发明专利,在水处理领域具有广阔的推广应用前景。

在国家"863"纳米专项和上海市科委纳米专项的资助下,该成果于2004年在浙江省象山县高塘岛建立了日产10t淡水的海岛苦咸水新型脱盐器技术的应用性示范工程;于2005年在浙江省的宁波市镇海区七里屿岛建立了日产1～2t淡水的集成膜海水预处理技术与FTC脱盐技术相结合的海水淡化示范性工程,淡化水质符合国家生活饮用水水质标准(GB5749－85)和建设部饮用水水质标准(CJ 94－1999)。FTC新型脱盐技术能用于多种水质的处理,操作、维护方便,绿色环保,有望应用于苦咸水、含氟水、海水等脱盐淡化,以及井水、自来水的深度净化。

(施利毅　王鸿章)

【第二届亚洲二甲醚国际会议】 为了促进清洁燃料二甲醚的开发利用,交流国内外二甲醚制造和高效清洁利用技术的最新研究进展与成果,"第二届亚洲二甲醚国际会议"于9月18～20日在上海交通大学举行。会议的主题是探索二甲醚作为21世纪清洁燃料和化工原料面临的机遇和挑战。来自日本、韩国、土耳其、美国、英国、法国、德国、瑞典、瑞士、伊朗、俄罗斯和中国能源领域的专家、企业代表130多人出席了大会。该会议是国际清洁能源领域的一次技术交流盛会,对加快二甲醚清洁燃料的开发利用进行了热烈研讨。专家们认为二甲醚作为一种新型清洁二次能源具有巨大的发展潜力,能广泛用于汽车、小型热电冷联供、发动机热泵、大型燃气轮机、燃料电池及家庭灶具、热水器等,有十分美好的应用前景,特别对中国经济发展、环境保护与生态平衡具有重大战略意义。

(武雪萍)

【青草沙水源地规划建设关键技术研究立项】 上海现有城市供水水源的开发和利用水平已远远不能适应城市发展的长远要求，为此，上海必须寻求最适宜的水源。长兴岛青草沙水库原水工程建成后，结合现有长江陈行水库引水工程，长江水源原水供应总量可达997万立方米/日，占2020年规划原水供应总量1 418万立方米/日的70%，受益人口1 000万人以上。该项目的研究内容包括：(1)过江管承担长兴岛青草沙水库向上海陆域和崇明岛的原水输送，单根直径4 200mm，单根顶进长度约8km，是继沪崇苏大通道之后第二大长的过江管，在以往施工中很罕见。(2)围堤工程中，东堤堤线跨越北小泓深槽，滩面高程约为－11.5～－5.0m，实质上属于深槽堵泓工程，故通过对袋装砂堤的堤芯结构、护面结构、护底结构以及压顶结构等的研究比较和断面优化模型试验，确定安全可靠、节约投资、方便施工的结构型式。(3)在青草沙水库原水工程的基础上，提出利用长江口潮汐能、风能和太阳能等丰富的自然资源，建设资源节约型水库的观点。(4)形成一批科研成果，将对河口生态、河势地质和入海口水文水质等研究，以及环境、水利、水库、大型泵站和大口径输水管线等工程起到先导和启发作用。该项目是上海市科委重大科技项目，于2005年立项，由上海原水股份有限公司承担。

（孙利源）

【大型钢厂水资源循环利用立项】 该项目以水资源全过程管理理念为指导，以总结提高国内外大型钢铁企业生产工艺过程中多级用水的成果和经验为基础，以处理后达标排放的工业废水、生活污水及雨水等废弃水资源为主要对象，开展大型钢厂水资源循环利用关键技术研究。通过系统研究和技术攻关，取得适合中国大型钢厂特点的雨废水生态调蓄和人工湿地生态处理关键技术、回用水深度处理和分质循环利用新技术及技术集成与工艺优化组合，形成具有中国特色和国际先进水平的大型钢厂水资源优化配置与循环利用新体系，使大型钢厂吨钢耗新水量逐步达到国际先进水平，为上海和中国钢铁企业水资源循环利用达到和赶超国际先进水平，提供适用先进技术和可靠技术保障。该项目是上海市科委重大科技项目，于2005年立项，由同济大学承担。

（孙利源）

【长三角天然气发展趋势及战略保障研究立项】 目前，长三角地区天然气气源的建设几乎是同步建设，且建设规模均仅仅基于各自区域的需求市场而确定的，不可避免地存在重复建设，超前建设的情况。对天然气资源进行合理优化配置，资源共享，形成长三角地区天然气市场与输气网络，不仅可以减少重复建设，提高经济性，而且便于与国家天然气管网规划、资源配置衔接。该项目的研究有利于分析和解决现有长三角地区天然气供应体系中的不足，明确远期天然气的发展趋势，为今后长三角地区天然气供应体系的规划、建设、合作协议等相关工作的重要依据，并有利于提高长三角地区天然气供应的战略保障能力，对长三角地区乃至全国的天然气发展都具有一定的探索和指导作用。该项目是上海市科委重点项目，于2005年立项，由上海燃气工程设计研究有限公司承担。

（孙利源）

【大型、中高压可燃气回收方法及其装置专利技术二次开发项目通过验收】 该项目属专利技术二次开发项目，是中国船舶重工集团公司第七一一研究所在自主发明专利“液化气放空回收再液化方法及装置”的基础上，从工艺、密封、结构和不同介质等方面进行了创新，形成若干个具有独立知识产权的新技术，包括完成氢气螺杆压缩机、天然气螺杆压缩机、丙烯气螺杆压缩机的研制开发，使应用领域拓展到各种不同的可燃气，如氢气、苯乙烯尾气、丙烯等，并申请了实用新型和发明专利，于1月27日，通过了上海市科委组织的验收，并入选2005年度“上海市重点新产品计划”项目。

该装置主要用于回收油田、炼油厂、天然气化工厂、维尼纶厂、化纤厂等石化企业被放空或烧掉的可燃气体，避免可燃气体放空或烧掉所带来的环境污染，并能将废弃的可燃性气体回收得到液态和气态的燃料和原料，不仅可回收能源、保护环境，而且效率高、能耗低。在项目实施过程中，共承接大型、中高压可燃气回收项目4个，研制生产相关压缩机15套。2004年，研制成功国内最大的工艺气螺杆压缩机，并在常州东昊化工有限公司投入使用，一举打破了国外在这个项目上的垄断，填补了国内的空白。

（谢惠梅）

【采用多种方式推进生活垃圾资源化利用水平】 树立循环经济的理念，走可持续发展的道路是上海发展的必然选择。2005 年，上海市市容环境卫生管理局采用生活垃圾源头资源回收、生化处理、焚烧发电、填埋沼气发电等多种资源化利用方式，推进了上海生活垃圾资源化利用水平。(1)开展生活垃圾分类收集，直接进行资源回收利用。2005 年，市区生活垃圾分类收集覆盖率已达 70%，回收金属 19 245t，废纸51 186t，废玻璃4 356t，废塑料9 700t，泡塑饭盒1 191t，减少了生活垃圾的清运处置量。(2)采用生化技术处理生活垃圾，进行物质转化利用。浦东美商生活垃圾生化处理厂采用先进独特的前处理技术，对生活垃圾进行分类，回收塑料、纸张、玻璃、废金属等物质；对生活垃圾中易腐有机物按好氧堆肥工艺处理，生产有机复合肥，促进了垃圾资源化利用。(3)采用焚烧技术处理生活垃圾，进行能量转化利用。建成的江桥、御桥两座生活垃圾焚烧厂，在每天处理2 500t生活垃圾的同时，形成了 40MW 的发电能力。(4)采用沼气发电技术，对填埋场的沼气进行回收发电利用。老港生活垃圾处置场一、二、三期封场后，积极探索回收生活垃圾填埋场浅层填埋气体综合利用的可能性，完成了填埋气体经粗过滤、气液分离、细过滤、脱硫处理后送内燃发电机发电的研究。老港生活垃圾处置场已安装了国产的 2 台 400kW 增压内燃发电机组，4 台美国进口的 48kW 外燃机，形成了 1MW 的发电能力。该成果开辟了浅层填埋沼气回收发电的先例，对减少“温室效应”和保护环境具有积极意义。

（钱　明）

【完成上海海洋资源综合调查与评价】　上海海洋资源主要有海岸线资源、海岸滩地资源、滨海浅滩资源、路由管线资源、港口航道资源、可再生能源、滨海旅游资源、近海和潮间带生物资源等，是支撑上海市社会经济等各项事业全面和谐发展的重要资源基础。为全面掌握上海市资源现状及开发利用潜力，上海市海洋局于 2004 年组织开展了“上海海洋资源综合调查与评价”项目，基本查清了上海海洋资源的类型、结构、分布和开发利用现状，科学评价了海洋资源的变化趋势和开发利用潜力，为海洋资源的永续利用和促进海洋经济的持续健康发展提供科学依据。该项目于 8 月通过上海市有关部门的验收，达到国内先进水平。

（崔海灵）

第六节　生 态 科 技

【燃煤锅炉采用气体燃料分级的低 NO_x 燃烧技术开发通过验收】　该项目是 2002 年度国家“863”计划项目，由上海理工大学、宝钢发电厂、华中科技大学共同承担，于 2005 年通过验收。该项目先在 30kW 电加热的一维管式沉降炉上，研究了各种因素对气体再燃降低 NO_x 的影响；然后在 2MW 中试试验台上进行了放大实验；最后，在 350MW 机组锅炉上实施改造，达到了投资成本小于 50 元/千瓦，运行成本增加 0.015～0.02 元/千瓦时，对 NO_x 进行深度还原使之达到 218mg/Nm^3，远低于现行国家 NO_x 排放标准 450mg/Nm^3，接近最发达国家 NO_x 排放标准(美国为 190mg/Nm^3，欧洲为 200mg/Nm^3)。

（季剑平　张忠孝）

【都市湿地生态规划论坛】　该论坛以“都市中的湿地公园与河川”为主题，由全球最大的土地和环境规划、设计公司——易道公司主办，国家林业局《湿地公约》履约办公室及同济大学和北京大学合办，于 3 月 9 日在同济大学举行。湿地公园是保护湿地的一种新形式。该论坛讨论到的湿地公园包括两种，一种是在原有的湿地资源的基础上加以规划建设，向游人开放，在保护的基础之上挖掘其生态旅游的价值；另外一种就是人工湿地，由人工建造的湿地公园在中国的大城市里已经流行。

美国加州大学伯克莱分校生态工程系 Alex-Horne 博士认为：中国的城市正处在一个十字路口，作为世界上经济增长最快的国家，中国的飞速发展也让自然资源陷入了两难的境地。例如在水资源方面，中国就面临着很大的压力。同时，长期发展导致的关键栖息地退化问题及建筑物与自然环境间的矛盾也因人们日益提高的环保意识而凸现出来。在论坛上，专家们指出，中国当前的自然环境正面临城镇化建设的巨大挑战，湿地公园是城市环境规划的重要组成部分。同时在湿地公园的建设过程中，“争夺第一家湿地公园”的攀比现象也比较突出。

（许伟良）

【2 项国家“863”资源环境技术领域项目通过验收】
12 月 19～20 日，由同济大学城市污染控制国家

工程研究中心承担的两项国家“863”计划项目“高级催化还原技术与设备”和“化学—生物絮凝组合技术与设备”，通过了国家“863”计划资源环境技术领域办公室组织的验收。“高级催化还原技术”在诞生三年内取得重大进展，形成了具有独立知识产权的技术，申请国家发明专利 8 项，其中获授权 3 项；建立了处理水量60 000m^3/d的示范工程，并在大型污水处理厂中运用；研制了相关设备，产品销售额近千万元。“化学—生物絮凝组合技术与设备”开发了化学—生物絮凝悬浮填料床污水处理新工艺，研发了多个自动控制系统，建设了50 000m^3/d的污水处理厂和13 000m^3/d的深度处理示范工程，并开发出光催化氧化深度处理成套设备，取得了多项自主知识产权，研究成果已达到国际先进水平。

（许伟良）

【上海水环境与科技论坛】　8 月 23 日，以“保护水环境，共创和谐生活”为主题的上海水环境与科技论坛在同济大学召开。该论坛由国家环境保护总局主办，“福特汽车环保奖”、同济大学和中国人民大学共同协办。国家环保总局科技司副司长刘鸿志、上海市环保局副局长方芳、福特汽车（中国）有限公司董事长兼首席执行官程美玮、同济大学副校长赵建夫教授，以及各地环保部门代表、国内水环境领域专家和学者、往届部分获奖者和新闻媒体等 150 余人出席了论坛。

该论坛共设“我国水问题的现状及其展望，水环境战略对策”、“我国重点流域水污染控制战略与区域可持续发展”、“加强水环境管理的法律制度的建立，规章和经济手段的运用”和“我国流域污染控制与科技支撑”4 个议题。上海市环保局方芳副局长、同济大学长江水环境教育部重点实验室副主任李建华教授、中国人民大学环境学院院长马中教授和宋国君教授、清华大学环境系副主任胡洪营教授和水利系周建军教授、中国科学院王毅研究员和南京大学环境学院副院长毕军教授分别针对议题进行了大会发言。与会专家们畅所欲言，认为要将污染控制同流域发展问题统一考虑，开展流域综合管理；转变环境治理观念，从“环境保护”转向“环境保护”与“环境建设”并举，尝试全新的水环境管理思路和实践等等。

（许伟良）

【完成编制苏州河环境综合整治三期工程方案】
该方案在市政府的直接领导以及市发改委和市建设交通委的帮助和指导下，广泛听取了有关排水、环保、水利、生态等方面专家的意见，并得到苏州河沿线各区和有关责任单位的大力支持，于 2005 年由上海市苏州河环境综合整治领导小组办公室主持编制完成。

苏州河环境综合整治三期工程继续以治水为中心，突出治源治本，重点加强截污治污，实施底泥疏浚，推进防汛墙及两岸景观建设，建立长效管理的体制机制。主要措施有：(1)苏州河河口至真北路桥约 16.7km 的市区段底泥疏浚和防汛墙改造，从而进一步减少底泥对苏州河水体的影响，提升苏州河干流段的水质，确保防汛安全，营造新景观。(2)根据排水规划，在嘉定、普陀、徐汇、闵行、闸北、虹口等区实施真江东、陇西、虹南雨污水系统建设工程，建设 4 座雨水泵站截流设施，并把规划废弃的程桥污水处理厂改建为生态污水处理工程。(3)为解决苏州河上游青浦地区污水直排苏州河干流和主要支流的问题，配合青浦区华新、白鹤、赵屯 3 座污水处理厂的建设，将配套建设上述地区污水收集管网。(4)搬迁苏州河内环线内河段的最后的环卫码头——长宁区环卫码头。(5)为加强水上公安、水面保洁和航行安全的监管，提高防灾减灾能力，将在苏州河从外白渡桥到与苏申内港线交汇处 40.2km干流两岸，设立综合监控点。

通过苏州河环境综合整治三期工程的建设，使苏州河干流下游水质与黄浦江水质同步得到改善，苏州河支流水质与苏州河干流水质同步改善，苏州河生态系统进一步恢复，全面完成苏州河环境综合整治的任务。

（匡桂云　顾珏蓉）

【苏州河环境综合整治二期工程实现预期目标】
苏州河环境综合整治工程是上海环境建设的标志性工程。苏州河环境综合整治二期工程于 2003 年开工，以治水为中心，重在治污，标本兼治。到 2005 年底，建成了苏州河河口 100m 宽、国内外同类第一的液压卧倒式翻板闸门；建造了削减市政泵站初期雨水排江污染负荷的成都路、梦清园等初期雨水调蓄池；建设了集科普、休闲、观光于一体的梦清园和苏州河展示中心；完善了嘉定、闵行、普陀等区的雨污分流和污水收集系统，截流污染源 594 个；改造了苏州河中上游沿河 10 处垃圾简易堆场，造林 15 余公顷；建造了黄浦区生活垃圾中转站；完成了周桥、长风、新湖明珠、北翟路、昌化路帘子布厂、叶家宅等15.6万平方米绿地。

苏州河干流水质指标趋于稳定。2005年，化学需氧量(COD_{Cr})、生化需氧量(BOD_5)稳定在地表水Ⅳ－Ⅴ类标准；溶解氧(DO)上游平均值达到Ⅳ类标准，下游平均值略劣于Ⅴ类标准；氨氮由于受上游来水影响，劣于Ⅴ类标准；中心城区苏州河主要支流已基本消除黑臭；滨河景观绿带逐步形成。至此，苏州河环境综合整治二期工程顺利完成，实现预期目标。

（匡桂云　顾珏蓉）

【合流制排水系统初期雨水污染控制技术总课题的5个子课题均通过验收】　该项目是2003年7月由上海市科委立项的重点项目，分"苏州河泵站雨天溢流水质及其污染控制对策"、"合流制排水系统溢流调蓄技术研究"、"合流制排水系统合流污水溢流就地处理技术研究"、"苏州河沿岸合流排水系统溢流污染控制管理对策研究"和"苏州河环境综合整治二期水务工程环境效益研究"5个子课题，分别于2005年3月16日至12月28日通过上海市科委组织的专家验收。研究成果提出了上海市合流污水溢流污染控制总体对策，即加强污染源头的治理与控制；优化调蓄池的功能；加强排水系统的管理和养护，可以达到减少合流制排水系统初期雨水溢流污染的目标。

苏州河沿岸市政泵站雨天排江量削减工程是苏州河环境综合整治二期工程中重要的治水项目，其中根据上海的环境特点和国际上治理市政泵站溢流放江的成功经验，在苏州河沿岸地区建设初期雨水调蓄池，减少市政泵站雨天排江量，在全国污水治理中尚属首创。为了充分发挥调蓄池削减污染负荷排江的作用，开展的排水系统雨天溢流水质及其变化规律、溢流调蓄技术、溢流污水就地处理和溢流污染控制对策等课题的研究具有十分重要的现实意义。在此基础上对苏州河二期工程水务工程环境效益的研究为苏州河整治提供了科学依据和技术支撑。

（匡桂云）

【苏州河环境综合整治二期水务工程环境效益研究通过验收】　该项目是2003年7月立项的上海市科委项目，由上海市水务规划院、上海市环境科学院、上海市城市排水有限公司承担，于2005年3月通过市级验收。该项目通过现状调查分析与评价，更新模型数据库，探索研究设计降雨条件，建立基于数字河网的苏州河水质水量模型和水环境承载能力模型，系统研究了苏州河环境综合整治二期工程实施后苏州河水质改善效果、纳污能力和水质稳定达标条件。该成果为评估苏州河环境综合整治二期水务工程环境效益，编制苏州河三期工程的规划方案提供科学依据和技术支持。

（俞　清）

【污水三期工程对合流一期工程的影响与对策研究通过验收】　该项目为结合上海市合流污水一期工程、上海市污水治理三期工程、苏州河沿岸市政泵站雨天排江量削减工程等相关工程项目的设计实施，研究和预测不同气候条件下汶水路泵站的建设运行对合流一期工程总管、彭越浦泵站以及彭越浦下游截流泵站污水输送量和截流量的影响，于2004年6月在上海市水务局立项，由上海水环境建设有限公司、上海地球工程咨询有限公司承担，于2005年12月通过市级验收。该项目通过水力模型的计算，分析污水三期工程对合流一期工程的影响，并提出了对策。该研究成果将提供上海市污水三期工程汶水路泵站及其相关排水系统的优化运行管理策略；为汶水路泵站、彭越浦泵站和苏州河沿岸调蓄池的运行，尤其是雨季的运行提供参考和指导；为雨季提高设施利用率，减少运行费用，同时也为其他有关项目的选址实施提供参考依据。

（俞　清）

【2项有关合流制排水系统的研究通过验收】　"合流制排水系统溢流调蓄技术研究"是2003年6月立项的上海市科委项目，由上海市城市排水有限公司、上海市市政工程研究院承担，于2005年8月通过市级验收。该项目充分借鉴国外的先进技术，综合分析了日本、德国、美国等发达国家雨水调蓄池各种设计计算方法，结合实际提出了上海调蓄池的设计目标，推导出上海地区截留倍数与截留量占降雨量比例之间的拟合关系，为确定调蓄池容积提供了依据，对指导调蓄池设计与应用具有较高的应用价值。该项成果作为技术参考与依据，已应用于苏州河综合整治二期工程调蓄池的设计与建设中。

"合流制排水系统溢流污水就地处理控制技术研究"是2003年8月立项的上海市科委项目，由上海市城市排水有限公司、上海市水务资产经营公司、美国地球公司、上海市市政工程研究院、同济大学共同承担，2005年4月通过市级验收。该项目在中试的基础上，针对合流污水溢流水量、水质特点，研究开发了一套适合苏州河沿岸合流制排水系统污水溢流的高效就地处理装置；通过使用 Earth-Tech 公司基于"玻璃盒"的计算流体力学模型(CFD)模拟技术，对调蓄池的设计参数、运行和处理效果进行评估，实现工艺优化，最终完成对调蓄沉淀池的概念设计。该项成果在西干线调蓄处理池的设计中得到应用。装置采用的一级强化处理工艺和优化混凝沉淀的方法获得两项专利。

(俞 清)

【有关排水泵站的两项科研项目通过验收】 "苏州河泵站雨天溢流水质及其污染控制对策研究"是2003年6月立项的上海市科委项目，由上海市城市排水有限公司和同济大学承担，于2005年5月通过市级验收。该项目通过选择苏州河沿岸的代表性泵站进行现场调查、雨量和排江水量统计、水质检测，分析雨天出流的水质特性及初期效应，估算不同用地类型的年污染负荷和管道污染负荷，并提出加强旱流期间管道沉积物的清淤、增设调蓄—沉淀池等解决方案。该项成果为苏州河雨水排江量削减工程、面源污染控制规划的编制等提供技术参考。

"上海市芙蓉江泵站及调蓄池水力模型试验研究"是2004年6月立项的上海市水务局项目，由上海市城市排水有限公司、河海大学承担，于2005年8月通过验收。该项目运用物理模型，进行了芙蓉江泵站进水构筑物水流流态、抽水装置性能和调蓄池排沙防淤措施等多方面的研究，着重对调蓄池泥沙自清的排沙设计、调蓄池的运行方式、泵站进水配水方式进行了验证与优化。该成果已应用于芙蓉江泵站及调蓄池的设计中，为工程设计提供了可靠的依据。

(俞 清)

【4项上海市污泥处理处置项目通过验收】 "上海市污泥处理处置关键技术研究与应用"是2002年3月立项的上海市科委重大专项，由上海市水务局、上海市城市排水有限公司、同济大学等承担，于2005年3月通过市级验收。该项目通过大量的调研文献，对国内外已有污泥处理处置技术进行了较为系统的分类和评价，针对上海的实际情况，选择了污泥厌氧消化、好氧发酵、膜浓缩、垃圾场填埋、园林绿化应用等几个主要方向，进行小、中型试验研究及关键技术攻关，并进行工程示范，同时配套完成了管理政策和规划的基础文本。该成果可指导上海各类污泥的处理处置工艺，对城市的污泥减量化、无害化、稳定化、资源化处理处置有较强的理论和实践意义。

"上海市污泥处理处置专项规划基础研究"是2002年8月立项的上海市科委项目，由上海市城市排水有限公司、上海市市政工程研究院和同济大学等承担。于2005年1月通过市级验收。该项目通过对国内外污泥处理处置技术进行调研，并结合上海实际情况，确定上海市污泥处理处置专项规划的指导思想、范围、年限，预测各类污泥数量，对污泥处置潜在途径进行可行性分析，明确准入条件，统筹全市污泥处理处置布局。该研究成果是形成《上海市污泥处理处置专项规划》的基础，将作为理论基础应用于规划的制定。

"上海市污泥处理处置管理政策研究"是2003年8月立项的上海市科委项目，由上海市排水管理处、上海市城市排水有限公司、华东师范大学等单位承担，于2005年6月通过专家评审。该项目查阅大量国内外文献资料，分析世界污泥处理处置领域的现状及发展趋势，并在广泛征求有关单位意见的基础上，首次提出上海综合性污泥管理政策和建议，内容涉及国内外污泥管理政策、上海污泥运输与处置管理、推进城市污泥资源化产业发展的实施意见、加强污泥管理和污泥资源化管理暂行办法等方面，为政府管理部门制定污泥处理处置管理政策提供决策依据。

"上海市污水污泥处置技术指南编制"是2004年2月立项的上海市科委项目，由上海市城市排水有限公司承担，于2005年6月编制完成。该项目查阅大量国内外文献资料，翻译美国、德国、日本等国家污水污泥处置法规，并依据中国实际情况和有关标准，编制了中国首部地方性的污水污泥处置指南。该指南包括总则、土地利用、填埋、焚烧、建材利用、监测与记录等6项内容，对上海市污泥处置技术具有指导意义。

(俞 清)

【有关污水处理厂污泥处理的2项科研项目通过验收】 "白龙港、竹园污水处理厂污泥填埋前处理工艺研究"针对上海白龙港填埋场，旨在提高竹园和白龙港污水处理厂大量一级加强脱水污泥的填埋性能，于2003年7月在上海市科委立项，由上海水环境建设有限公司、同济大学承担，于2005年5月通过验收。该项目提出一种改进填埋处理的工艺，即先对一级加强脱水污泥进行“高温好氧一次发酵和干燥”预处理，然后再填埋。既改善了填埋处理条件，消除了产生有害气体和液体的隐患，又能缩短污泥的腐熟周期，使填埋场地可以重复利用，并进一步探索一种可持续发展型污泥处理处置方式。该研究成果也适用于处理一般污水处理厂的脱水污泥。

“白龙港污水处理厂一级强化污泥处理工艺研究”是2003年6月立项的原上海市建委项目，于2005年7月通过市级验收。该项目由上海市城市排水有限公司、上海市市政工程研究院、上海水环境建设有限公司和奥地利WABAG公司承担。该项目在白龙港污水处理厂进行厌氧消化中型试验，验证大型污水厂化学一级强化污泥可消化性，为厌氧消化工程提供消化温度、停留时间、产气量、有机去除率等工艺参数，并对臭氧+厌氧消化新工艺作有益的探索。该项成果可为大型污水处理厂一级强化污泥厌氧消化工程设计提供参照依据。

（俞　清）

【郊区污染河道的水环境治理技术研究与示范达到国际先进水平】　该项目由上海市农业科学院承担，于2005年通过验收，总体水平达到国际先进。该项目针对上海近郊河道水体污染严重的状况，采用自主创新的生态浮床技术对污染河道水体进行治理效果研究和示范，提出了可根据水体污染程度及目标进行定量设计的技术实施方案。通过建立人工模拟系统，获取了试验水体主要指标的技术参数，并对供试植物的生育周期、覆盖度、净化规律以及残留干物质的资源化进行了系统研究，制定了9套适合上海近郊河道特点的生态浮床治理污染河道的技术方案，研发了能与生态浮床相结合的纳污减污栅技术。该项目在5种不同类型的重污染河道进行了工程示范，示范水域面积21 208m^2，浮床面积6 246m^2，取得了改善河道水质和抑制黑臭的效果。

（陆天华）

【生物脱臭新技术达到国际先进水平】　工业和生活废水中，含有硫化氢、氨等有机挥发物，因此在污水处理装置中普遍存在异味气体散发的现象，影响周围的环境。为攻克这个难题，上海石化环境保护中心利用植物性材料开展生物脱臭技术的研发，经过1年多的努力，获得成功，并取得了国家专利。该项目把某些植物废弃物做成一种新型高效的生物“过滤栅”，然后对“过滤栅”上的自有或接种的微生物进行驯化和培养，形成适宜吸收和分解废气中有害物的优势菌种。污水处理装置散发出的异味气体，通过“过滤栅”时被上面的微生物分解，实现废气的无害化处理。5月，该中心建成了处理量为500m^3/h的生物脱臭工业试验性装置。运行结果表明，对硫化氢、氨、芳烃类等恶臭物质都具有良好的处理效率，处理后的气体达到了国家污染物排放标准。

生物脱臭是国际上环保行业的一种发展趋势，与治理恶臭气体的焚烧、化学洗涤和活性炭吸附等常规方法相比，生物脱臭技术不仅具有工艺流程简单、操作方便、成本低廉等优点，而且选用的填料简单易得，可实现农业废物的综合利用和节省资源的消耗。该成果已通过中国石油化工集团公司组织的技术鉴定，具有创新性和实用性以及明显的环境效益和社会效益，成果水平总体属国际先进，有较强的推广应用前景。

（高新梅）

【崇明东滩国际重要湿地的监测、维持和修复技术立项】　该项目是上海市科委重大科研项目，于2005年立项，由复旦大学生命科学院承担。该项目针对崇明东滩潮间带滩涂湿地快速发育、演替的特点，通过应用涡度相关和稳定同位素等新技术，结合样带调查，多尺度、多界面研究崇明东滩湿地生态系统的动态与生态过程的关系，揭示主要功能群、食物网结构、物质循环和能量流动规律；研究人类活动下湿地生态系统的受损机制，提出保护与修复的关键技术；研究河口湿地生态系统时间与空间的健康特征，提出相应的评价标准；实施“电子生态警察”建设，力争培育新型产业。总之，为崇明生态岛建设和全国国家级自然保护区的健康发展提供范例。

具体研究内容：(1)崇明东滩湿地食物网结构和营养动力学，包括基于碎屑的营养系统和植物的营养系统，以及基于植物和碎屑的食物网复合体与复杂性。(2)主要功能群的保育与受损生态系统恢复，包括迁徙鸟类中途迁徙地的保育与恢复；鱼类群落组成、动态及其保育与恢复；底栖动物的空间分布、数量动态及其恢复。(3)崇明东滩湿地生态系统健康与评价，包括生态系统结构的健康指标体系和生态系统功能的健康指标体系，以及生态系统健康的指标体系、模型和评价方法。(4)崇明东滩湿地“电子生态警察”的示范。

（郭建忠）

【利用“食藻虫”技术控制滇池蓝藻中试研究通过中试验收】 该项目由上海水产大学承担(参见《2004上海科技年鉴》第434页),于7月2日通过中试验收。该项目经两年多的努力,基本完成了在滇池正式推广应用前“食藻虫”相关的适应性、有效性和生物物种安全性等主要研究任务。特别是在中试研究过程中确认了滇池流域本土种“食藻虫”,有利于今后把当地野生的“食藻虫”驯化和应用于滇池蓝藻治理,有效解决了“食藻虫”的种源以及降低成本和物种安全性问题。

该项目的技术原理为先由被驯化的食藻虫吃掉蓝藻,并产生弱酸性抑制蓝藻的再次生长,使水体较长时间保持透明状态,继而恢复沉水植被;沉水植被又通过光合作用把大量的溶解氧带入底泥,使淤泥中的氧化还原电位升高,促进底栖生物,包括水生昆虫、蠕虫、螺、贝的滋生,进而使底泥生态恢复自净,进一步使湖水水体保持稳定清澈状态;最后有计划地放入鱼、虾、蟹等原有土著水生动物,增加水体生物多样性,形成良好的水生态系统,恢复原有的生态系统服务功能,并源源不断地向人们输出绿色生态的优质水产品。

(王伟江)

【绿色水处理药剂聚天冬氨酸的复配增效技术和机理研究处国内领先水平】 该项目是上海市科委资助项目,由上海电力学院承担完成,于2005年底通过验收,成果属国内首创,并已申请多项发明专利,总体水平处于国内领先,部分技术达到国际先进水平。该项目研究了既适用于黑色金属又适用于有色金属的多功能环境友好型水处理缓蚀剂,其目的在于拓宽绿色水处理缓蚀剂的应用领域。该项目通过采用交流阻抗、极化曲线、光电化学和表面增强拉曼光谱等技术,对聚天冬氨酸(PASP)和钨酸钠(Na_2WO_4)两种绿色水处理缓蚀剂复配后对碳钢、纯铜、黄铜、白铜(B10)和白铜(B30)在模拟水和3%NaCl溶液中的缓蚀行为进行初步研究,并对其复配增效的机理及其协同效应的规律进行了初步探讨,特别是将聚天冬氨酸和钨酸钠复配作为铜和铜合金缓蚀剂来进行研究,并针对各种体系条件下提出了最佳复配配方。该项目获取复配增效的新技术,对指导今后环境友好型水处理缓蚀剂的生产和应用,具有广阔的应用前景。

(潘卫国　杨　健)

【含巯基杂环化合物与碱金属碘化物的复配缓蚀剂研究成功】 该项目由上海电力学院承担完成,于2005年底通过验收。该成果可广泛应用于水处理过程、设备的清洗等工艺过程,还可应用于电子工业的铜材料的腐蚀保护,具有明显的经济效益。

苯并三唑(BTA)及其衍生物是一种防止铜和铜合金腐蚀的高效缓蚀剂,其在中性及碱性溶液中有非常好的缓蚀效果,但在酸性溶液中缓蚀效果急剧下降。因此,在酸洗除垢等工业过程中,由于铜的过分溶解而导致材料寿命缩短。该项目在充分研究酸性介质中铜腐蚀和缓蚀的作用机理上,通过对含有巯基的杂环化合物和卤素阴离子共吸附行为的研究,开发了一种酸性介质中铜的高效缓蚀剂复配配方。该配方以含有巯基杂环化合物和碱金属碘化物为主要成分,在酸性介质条件下对铜及其合金提供了良好的保护,其缓蚀效果在一定条件下明显优于目前的同类产品。

(潘卫国　杨　健)

【固体废弃物设施建设按规划有序开展】 固体废弃物处理和转运设施的建设是提高上海城市固体废弃物处理和利用水平的必要条件。2005年,上海市市容环境卫生管理局按照市政府批准的《上海市固体废弃物处置发展规划》(参见《2003上海科技年鉴》第213页)的要求,引进先进技术,注重填埋、焚烧、生化处理多种技术并举,建设了江桥生活垃圾焚烧厂二期工程、老港生活垃圾处置场四期工程和黄浦、静安生活垃圾中转站。

江桥生活垃圾焚烧厂的一期工程(参见《2003上海科技年鉴》第214页)是利用西班牙资金,引进德国技术建成的。随着二期工程的完工,日处理垃圾能力达1 500t,可处理黄浦、静安全部生活垃圾及普陀、闸北、长宁、嘉定区的部分生活垃圾,年发电量达到1.5亿度。全厂采用DCS集散控制系统,对垃圾焚烧、烟气净化、锅炉给水、热力系统、汽轮发电机、配电系统等进行自动检测、控制和监视。

老港生活垃圾处置场四期工程是亚洲最大的滩涂式生活垃圾填埋场,占地360ha,库容8 000万立方米,设计处理能力4 900t/d,总投资10亿元。该填埋场参照国际标准设计和运行,为适应滩涂地质环境,铺设了双层高密度聚乙烯防渗膜,两个填埋单元已经建成并开始投入运行。在填埋场的单元填埋完毕后,将收集垃圾填埋产生的沼气用于发电,进行循环利用。

黄浦、静安生活垃圾中转站具有国际转运水

平,是国外先进竖式转运压缩技术的二次开发。该技术消除了生活垃圾运输时渗沥水的滴漏现象;减少了中转生活垃圾时的垃圾暴露面;即使在断电的情况下,也能进行中转作业;还采用了先进的生物喷淋除臭技术,消除生活垃圾中转过程中对环境的二次污染。生活垃圾通过压缩、中转运输,提高了转运效率。

(钱 明)

【上海报废汽车处置关键技术与示范研究体现循环经济的要求】 2001年国务院发布《报废汽车回收管理办法》,上海作为全国首批试点城市,由上海市科委立项开展报废汽车回收示范工程研究。该项目由上海交通大学承担,于2005年8月通过上海市科委组织的验收,与国内外同类技术比较,在报废汽车回收率、报废汽车退役零件的利用水平和废物减量化等指标上具有领先优势,达到国内领先。

该项目在对国内外报废汽车行业的发展现状进行详细调研的基础上,就上海市报废汽车处置相关的政策和地方性规范提出建议,并建立了覆盖全市的报废汽车处置与管理网络系统和报废汽车管理信息平台。同时,建立了一个符合中国国情、具有中国特色和示范意义的报废汽车回收示范企业,通过实施汽车回收企业信息化技术示范和退役零件性能检测技术示范,报废汽车回收率达到96%,报废汽车退役零件的利用水平达到31.7%,废物量减少到4%,并以上述示范企业为核心建立了包含6个下游企业的报废汽车回收与综合利用工程体系。该成果促进了汽车回收行业的科技进步,体现了科学发展观的要求,体现了循环经济的要求。

(武雪萍)

【废水中"三致"物质和难降解COD的深度净化技术研究通过验收】 该项目是上海市科委项目,由华东理工大学和复旦大学共同承担,经过两年多的协同攻关,完成合同规定的各项技术指标,于1月通过了上海市科委主持的技术验收。中国600多个城市中有300多个城市缺水,每年缺水量约60亿立方米,因缺水减少的工业产值达1 200亿元,严重制约了经济的发展。然而,国内还缺乏经济有效的废水深度处理技术,废水回收率很低,如果排放的废水有10%回用,即可解决67%的缺水量,并大大减少污染物的排放量。该项目选择城市污水和焦化废水两类典型生化处理出水,通过对废水中的"三致"物质(致癌、致畸、致突)和难降解的COD(化学需氧量,是表明水质污染度的重要指标)的深度净化技术研究,取得了成效。

(孙凯文)

【2010上海世博园区环境绿化实施对策研究通过结题验收】 该项目是由上海世博土地储备中心委托上海市绿化管理局组织开展的研究项目,于12月20日通过了专家的结题验收,与会专家给予了高度评价,认为该项研究"及时、细致",特别是对现状调查分析科学、准确,是世博园区相关研究中难见的研究成果。根据该成果提出的有关建议,上海世博土地储备中心已开展了园区绿化的规划招标书编制和重点骨干苗木储备等前期工作。

(顾 炜)

【城市绿地规划与改善城市生态环境的研究为监测和决策提供技术支撑】 该项目是上海市绿化管理局重点科研项目,由上海市气象研究所承担完成,于2005年通过成果验收。该成果具有前瞻性和针对性,以及较强的实用价值,运用星、地同步和准同步观测的点面结合的技术路线,以及卫星定量反演的监测方式,构建了上海城区人体舒适度指数公式,研制了多要素GIS综合评估模型,以及设立绿地外围500m服务半径缓冲区的实用计算分析方法,为上海市城市绿地布局实现动态、定量、可视化监测提供技术支撑;初步给出了上海中心城区部分城市绿地生态效应评估指标,提出了城市绿地改善"热岛、浊岛"效应的较佳和合理面积,为绿化规划决策提供了重要依据;初步给出了最易受到台风影响的城市绿地的范围和区域,为上海城市绿地的防台抗灾奠定了基础。

(顾 炜)

【生态建筑绿化配置技术的研究通过专家验收】 该项目是上海市科委计划项目,由上海植物园承担,于10月通过上海市科委组织的专家验收。该项目着重研究植物及其群落在生态建筑中的作用,通过对近200种植物,27个上海地区常见植物群落及4种绿化形式的调研和测试,研究了单株植物和植物群落的生态功能,量化了植物生态功能的指标,还测定了人群在不同绿化环境下的不同生理指标,获得了具有特定生态功能的植物171种及功能植物群落8种,为上海地区生态建筑不同绿化形式进行科学的绿化质量评价提供了依据。

该项目建立了适用于上海生态建筑的植物资

料信息库，包括植物的生长习性、适用绿化形式和植物所特有的生态功能及其定量指标；采用多标层次决策法，研究在生态建筑的不同绿化形式中配置植物的生态功能、景观功能和生态适应性，建立了生态建筑的植物配置综合评价模式和综合评价指标体系；完成了示范点绿化设计和建设，进行了不同绿化形式的生态功能测定，结果表明植物对其生态建筑的节能和改善人居环境有着明显的生态效益。

（顾　炜）

【上海市政府与中科院共建上海辰山植物园】　8月29日，中国科学院与上海市政府正式签订了共建上海辰山植物园的协议书。全国人大常委会副委员长、中国科学院院长路甬祥，中共上海市委副书记、市长韩正出席签约仪式。中国科学院副院长江绵恒、上海市副市长杨雄在协议书上签字。

上海辰山植物园位于松江区佘山镇，规划占地200ha，投资13亿元左右，其中科学研究中心占地20ha，投资2亿元左右。目标是成为国际一流的综合性植物园。作为增强城市综合竞争力的一项基础生态工程，该植物园将成为生物多样性、生态保育和植物引种驯化研究、示范的重要基地，保护并丰富现存野生植物资源和植物品种，同时形成万紫千红的观赏植物，为营造科研、科普、观赏游览于一体的城市景观提供基础。

上海辰山植物科学研究中心的研究领域主要集中在地域性植物及珍稀濒危植物物种保护与研究、城市生物多样性的保护与研究、城市生物资源循环再利用、城市绿化林业植物品种和经济植物品种培育与繁殖技术、木犀属植物种质资源收集与研究、植物生物技术、植物环境修复研究等9个方面。

（孔朝晖）

【上海辰山植物园科技支撑体系建立的研究立项】该项目将通过对世界一流植物园发展的调查分析和归纳总结，依据上海市城市发展的总体规划，结合场地、气候和文化特征，遵照中共上海市委、市政府提出的建设世界一流植物园的目标，提出建设上海辰山植物园的科技支撑体系的可行性方案，为进一步深化研究提供思路和科学依据。该科技支撑体系将是一项知识创新工程，要为辰山植物园的建设服务，为华东区绿色城市建设服务。同时，该项目将促进上海市生物多样性的保护与培育，为城市环境建设与绿化发展提供必要的植物资源与技术支持，体现2010年上海世博会“城市，让生活更美好”的世博理念与办博精神。该项目是上海市科委重点项目，于2005年立项，由上海植物园承担。

（孙利源）

【三峡工程对长江口环境的影响值得重视】　长江三峡工程对环境的影响是国内外关注的热点。为了弄清这个问题，华东师范大学搜集和分析了流域系列水沙资料，并于2002年5月开始在河口口门进行每日取样和潮滩地形监测。两年多的连续监测表明：三峡工程运行以来，观测点含沙量下降了约15%；潮滩高程尽管存在明显的季节性循环，但在统计上表现为从工程前的缓慢淤涨转变为工程后的迅速冲刷。此外，GIS计算结果表明，三峡工程运行以来，口门外的水下三角洲有70%的面积出现侵蚀，净蚀低速率达到5cm/d左右。三峡工程后长江口地形的迅速和强烈响应使上海的滩涂可持续利用面临严峻挑战，值得科学界和管理部门高度重视。该项成果部分发表在2005年出版的美国《地球物理学研究杂志》(*Journal of Geophysical Research*)上。

（梁宗禧）

第八章　医学卫生与文化体育科技

第一节　医　学　卫　生

【上海卫生系统科技研发继续保持在全国的领先地位】　2005年，上海卫生系统以实施"科教兴医和人才强医"为强势战略，以"学科、人才、项目、成果"四位一体、联动发展为理念，进一步构筑上海医学科技与人才的两个高地，科技研发继续保持在全国的领先地位，有效保障了医疗卫生事业整体水平的持续提高。

启动"上海市医学领军人才培养计划"，选拔出49名有学术专长和创新能力并取得显著工作绩效的高层次医学人才，其中20名同时列入"上海市领军人才培养计划"。启动新一轮重点学科和重点专科建设，全市总计项目100个，其中Ⅲ级医院在建重点学科30个，Ⅱ级医院在建重点专科30个，初级卫生社区重点项目40个。上海市33个临床医学中心建设成效显著，一批医学研究成果凸现，通过政府拨款和单位经费配套，全年投入资金累计2.15亿元，并修订完善"上海市临床医学中心评估指标体系"。

完成"上海市卫生系统'百人计划'建设绩效分析"、"上海市临床医学中心建设绩效分析"、"上海市医学领先专业建设绩效分析"、"本市预防医学、卫生监督及三保人员的现状调查"四份调研报告，编制完成了《"十一五"医学科技教育发展规划》和《上海市公共卫生人才培养三年行动计划》。

脑卒中、恶性肿瘤、糖尿病、疑难高危冠心病、高血压、肝纤维化、肾功能衰竭等疾病防治的重大攻关课题进展明显，成效突出。组织多中心多层面多学科联合攻关医学重大项目"妇科肿瘤综合防治"。全年，完成局级以上立项课题812项，总投入经费2.04亿元。

上海市卫生系统获国家最高科技奖1项，国家科学技术进步奖10项，国家发明二等奖1项，国家自然科学奖2项；中华医学科技奖17项，占全国21%；上海市科学技术进步奖50项。

拟定《上海市病原微生物实验室生物安全管理实施细则》，经上海市公安局、上海市科委等9个委办局会签后，以上海市政府办公厅名义下发，为规范化管理提供依法行政的依据。同时，组织制定了《上海市医院临床实验室生物安全管理规范》、《上海市一、二级病原微生物实验室备案管理办法》，并成立实验室生物安全管理联合工作小组和办公室。

培训社区全科医师1 671名，至年底，共有6 039名社区医师通过了全科医学理论培训。

（张士珂　王剑萍　王耀忠）

【组织多中心多层面多学科联合攻关医学重大项目"妇科肿瘤综合防治"】　9月，上海市卫生局开展了"妇科肿瘤诊疗新技术及规范化诊治方案研究"协作攻关课题的招标和立项工作。经单位推荐和专家评审、上海市卫生局批准，"妇科三大肿瘤（卵巢癌、宫颈癌、子宫内膜癌）规范化诊治方案及其优化应用的多中心研究"等六个配套研究课题正式立项，研究周期为3～4年，总经费300万元。组成单位有复旦大学附属妇产科医院、上海市第一人民医院、复旦大学附属肿瘤医院、上海交通大学医学院附属仁济医院、上海市第六人民医院等，总课题首席专家为复旦大学附属妇产科医院丰有吉教授、上海市第一人民医院万小平教授，核心组成员为丰有吉、万小平、李子庭、狄文、罗来敏教授等。该重大协作课题有助于通过多学科、多层次、多中心参与和有机组合，建立妇科三大肿瘤早期诊断和规范化的防治方案，以提高规范化诊治水平，提高肿瘤病人的生存率、降低复发率、减少病死率，提高生活质量。

（张　勘）

【上海大器官与多脏器移植临床研究获得系列重大进展】　至2005年，由复旦大学附属中山医院、上海交通大学医学院附属瑞金医院和第二军医大学东方肝胆外科医院承担的上海市科委重大课题"多种脏器移植的临床研究"已自主成功完成同种异体肝脏移植约400余例。

上海市第一人民医院彭志海教授领衔的肝移植小组探索了肝肾、肝胰联合移植，疗效明显。复旦大学附属中山医院王春生教授等完成的心肺联合移植，填补了国内该领域的空白，手术成功率和术后一年生存率均高于国际先进水平。上海市肺科医院姜格宁教授、上海市胸科医院高成新教授、同济大学附属东方医院刘中民教授等在肺移植和心肺联合移植方面先后获得成功，临床和科研工作均跻身国内领先水平。至此，上海医学界已建立了一套完整的心、肝、肺、肾等重大脏器以及大器官联合移植的手术技术规范、麻醉复苏规范、围手术期治疗规范、术后护理规范和多器官联合获取的技术规范，使临床工作有章可循，更加规范化、标准化，使上海在脏器移植领域达到国内乃至亚洲领先水平，部分项目达到国际先进水平。

（王耀忠）

【完成染色体17p13.3区段肝癌等恶性肿瘤相关基因的分离与功能研究】 该项目由上海市肿瘤研究所承担，于2005年通过上海市卫生局组织的鉴定。该项目以肝癌为材料，用微卫星分析和比较基因组杂交方法完成了60例肝癌样本的全基因组扫描，确定基因组不稳定的最高频率发生区段是染色体17p13.3；用该区段的14个多态性标记，对22对肝细胞肝癌和癌旁样本进行分析，确定D17S1866和D17S1574标记之间是高频的等位基因杂合性缺失(LOH)最小范围，构建了覆盖34个标记的克隆叠连群；完成了含LOH频率高达100%位点(D17S926)的人工噬菌体染色体克隆PAC579基因组完全测序。此外，还用生物信息学分析和筛选了cDNA文库，确定PAC579克隆含13个基因；对13个基因中的某些基因进行重点研究，结果证实部分基因在肝癌中存在杂合性缺失、核苷酸变异及表达差异。该成果已申请国际专利2项，国内专利5项，国内已授权3项，并获得2005年度上海市科技进步二等奖。

（王耀忠）

【中医扶正法治癌的晚期非小细胞肺癌治后5年生存率达到国际先进水平】 上海中医药大学刘嘉湘教授致力于中医药防治肿瘤研究四十余年，倡导了“中医扶正法治癌”的学术观点，初步形成“扶正治癌”的学术思想及体系，并对肺癌中医诊治规律、疗效评价方法、有效药物的研发及作用机理等进行了深入的研究，取得了一系列成果。

(1) 对878例肺癌患者临床证候进行调查研究，发现正虚是肺癌发病之本，正虚以“气”、“阴”为多，日久伤阳，病变脏腑以“肺”、“脾”为主，日久及“肾”；初步阐明了肺癌正虚本质与脏腑病机的基本规律；创造性地从免疫学角度阐明了正虚的本质为机体免疫功能的减退，特别是细胞免疫水平的低下。

(2) 在明确肺癌中医发病学规律的基础上，建立了肺癌中医辨证分型标准，指导临床治疗取得良好的疗效，并总结出中医扶正治癌的疗效特点为明显延长生存期、稳定病灶、提高生存质量、提高免疫功能、结合化疗有增效减毒作用。在此基础上将生存时间、病灶、生活质量KPS评分、体重、症状、免疫功能等用于中医治癌的疗效评价，初步建立肺癌中医治疗的疗效评价指标体系。

(3) 针对肺癌以气阴两虚证为主的临床特点，研制了国内第一个纯中药复方治疗肺癌的新药——金复康口服液，填补了中国中药治疗肺癌领域口服制剂的空白，于1999年上市。2004年，在美国获FDA批准进入临床试验。

根据肿瘤发病以正虚为本的特点，通过对益气温阳法、养阴法、益气养阴法等扶正治则和24味常用扶正中药的筛选研究，研制出肿瘤辅助治疗药物——正得康胶囊。2001年，获得SFDA临床研究批件。

(4) 在国家自然科学基金等的资助下，对扶正法治癌的作用机理进行了较深入的研究，结果表明：扶正方药不仅可以提高机体免疫功能，还可抑制癌细胞增殖、诱导癌细胞凋亡、调节癌基因蛋白的表达，并通过抑制癌细胞对内皮细胞的粘附等，抑制癌细胞浸润转移。

(5) 建立的《肺癌中医辨证分型标准和疗效评价标准》被编入国家食品与药品监督管理局《中药新药临床研究指导原则》，被高等教育“十五”国家规划教材《中医内科学》引用；研制的金复康口服液被列入国家基本药物目录和国家医疗保险目录；申请了国家和国际发明专利各1项；40篇论文被147次引用；培养了35名博士和硕士、7名师带徒，均已成为学科带头人或技术骨干。

该课题旨在从理论、临床、机理研究等方面系统总结刘嘉湘教授“扶正法治癌”的学术思想及实践经验，从而为中医理论的继承和创新、名老中医药专家学术经验的传承提供一种研究方法，为中医肿瘤学科的发展作出贡献。该研究由上海中医药大学承担，于8月25日通过上海市教委组织的成果验收，达到国内领先水平，晚期非小细胞肺癌治后5年生存率达到国际先进水平。

（孙为国）

【益气化瘀法调控软骨细胞内 FAK 信号传导的部分机理研究达到国际先进水平】　该课题由上海中医药大学承担，于 10 月 11 日通过上海市卫生局组织的成果鉴定，总体达到国内领先水平，部分机理研究达到国际先进水平，在同类研究中具有创新性。

该课题根据椎间盘软骨终板内软骨细胞凋亡是椎间盘退变的主要病理表现之一，建立了大鼠颈椎间盘软骨终板软骨细胞培养体系，通过抗 Fas 抗体诱导椎间盘软骨细胞凋亡，建立了椎间盘软骨细胞凋亡模型。应用病理学、免疫组织化学、分子生物学、生物信息学以及医学图像分析等技术，证明益气化瘀方及拆方都可以降低退变软骨细胞的凋亡率，上调 Bcl－2、Ⅱ型胶原和蛋白多糖的表达，下调 Bax、Caspase8、Ⅰ型胶原的表达；明显上调软骨细胞内粘着斑激酶（FAK）和整合素（Integrinβ1）的基因与蛋白表达水平，对 FAK－Ras－MAPK 和 FAK－STAT1 信号通路有明显上调作用。该课题分析提示了益气化瘀方与益气方、化瘀方对 Bax、Ⅰ型胶原和 FAK、Integrin 的调节方面具有协同作用。

该课题从细胞、分子水平多角度、多靶点探讨了益气化瘀方和拆方对椎间盘软骨终板软骨细胞的调控作用及延缓颈椎间盘退变的作用机理，揭示了益气化瘀方调控 FAK 的可能作用位点及椎间盘细胞内外信号传导与细胞粘附和凋亡的相关性，深化了中医气血理论与功能基因表达、细胞内外信号转导之间关系的研究。

（孙为国）

【风寒湿痹证型颈椎病动物模型的实验研究取得新进展】　该课题由上海中医药大学承担，于 10 月 11 日通过上海市卫生局组织的成果鉴定，总体达到国内领先水平，部分机理研究达到国际先进水平。建立风寒湿痹证型颈椎病动物模型具有原创性，发展了中医“痹证”理论，推动了中医骨伤科学的学科建设。

该课题以中医“痹证”理论为依据，利用人工气候造模箱，采用病理学、生物化学、免疫组织化学、分子生物学等方法，观察了风寒湿刺激后，家兔颈部横纹有肌纤维增粗、挛缩、断裂；椎间盘软骨终板表现不规则增生、钙化，软骨终板交界处血管芽减少、闭塞，椎间盘炎症介质 PGE2、6－k－PGF1α 大量释放，MMP－1、TIMP－1mRNA 比值进一步降低，TNF_{α}、IL－1、iNOS、Fas 表达量上升，TGF_{β}、Bcl－2 表达降低。从而揭示了风寒湿刺激与颈椎病发病的内在联系，建立了“痹证型颈椎病动物模型”，初步阐明了中医病因学的现代病理基础，进一步验证了“动力失衡为先，静力失衡为主”的颈椎病病机假说。

同时，运用该模型对葛根汤、桂枝汤治疗作用进行观察，发现二方均能改善上述病理变化，与对照组比较有显著差异，论证了治疗颈椎病的机理，扩大了其临床应用范围。

（孙为国）

【从细胞凋亡角度探讨针灸治疗溃疡性结肠炎的机理达国内领先水平】　该项目由上海中医药大学承担，于 12 月 30 日通过上海市卫生局组织的成果鉴定，达国内领先水平。

该项目从细胞凋亡角度探讨针灸治疗大鼠溃疡性结肠炎机理，采用免疫学方法，并加局部刺激制成模型进行研究。结果表明：(1)结肠上皮细胞凋亡加速与中性粒细胞凋亡抑制是导致溃疡性结肠炎结肠组织损伤和免疫紊乱的重要机制；中性粒细胞培养上清液 IL－1β、IL－6、IL－8 和 TNF－α 含量异常增高，是导致凋亡延迟的重要因素。(2)证明了隔药灸和电针的效应机制是通过调控 Bcl－2/Bax、Fas/FasL 途径，调节大鼠溃疡性结肠炎结肠 Bcl－2/Bax 及 Fas/FasL 的表达，抑制溃疡性结肠炎大鼠结肠上皮细胞凋亡的活跃状态；调节促炎性细胞因子 IL－1β、IL－6、IL－8 与 TNF－α 的含量，促进中性粒细胞凋亡，抑制结肠组织过度的炎症反应，减轻由此造成的组织损伤。

UC 大鼠差异表达基因谱及隔药灸治疗的反应性基因筛选结果表明，UC 的发生涉及机体多个方面，与细胞骨架运动、免疫、基础代谢、蛋白水解酶、炎症感染、肿瘤、细胞外基质成分、信号传导和细胞周期调控等多种生命活动相关基因异常表达相关，隔药灸对其的治疗作用亦为整体调节的结果。隔药灸可调节 IL－1β、IGF－1、TIMP－1 等诸多基因的表达，起到消除 UC 大鼠肠道炎症作用。

（孙为国）

【高能聚焦超声治疗肿瘤的效应及其临床应用基础研究达到国际领先水平】　该项目是上海市科技发展基金项目，由复旦大学附属中山医院承担，于 10 月通过上海市科委组织的验收，成果达到国内领先，部分达到国际领先水平。高强度聚焦超声（HIFU）是 20 世纪 90 年代兴起的一种局部治疗肿瘤的微创技术。但对 HIFU 治疗肿瘤的效应及其机制尚未完全明了，临床尚未得到广泛应用。

该项目建立了小鼠前列腺癌、膀胱癌皮下移植瘤模型和新西兰兔原位肾癌模型，采用细胞、分子生物学方法，结合临床B超、CT进行多视角的实验研究。具有以下创新性：(1)揭示了HIFU不仅可以引起肿瘤组织的凝固性坏死，还为能引起肿瘤细胞凋亡及微血管生成减少提供了有力的证据。(2)揭示了HIFU治疗和放疗、化疗之间均存在协同效应，联合应用能提高对肿瘤的疗效。(3)证实HIFU能改善或提高机体的免疫水平。(4)显示HIFU联合放疗(或化疗)治疗肿瘤，不仅能提高对肿瘤的疗效，而且可减少放(化)疗剂量，并降低其毒副作用及并发症的发生率。(5)明确HIFU治疗后肿瘤局部的超声、CT的动态影像学变化特征与其相应的病理变化特征之间的关系，并首次发现肿瘤经HIFU治疗后出现部分钙化现象。

HIFU在中山医院被应用于前列腺癌、膀胱癌、肾癌、肾上腺肿瘤、消化道肿瘤(胃癌、结直肠癌、胰腺癌、肝癌)、卵巢癌等疾病的治疗，已完成治疗病例249例，有效率82%，并在全国兄弟医院推广。

(王小华)

【肝细胞癌放射治疗的实验研究与临床实践达到国际先进水平】　该项目由复旦大学附属中山医院承担，于6月通过上海市卫生局的鉴定，成果达到国际先进水平。该项目从临床实际出发，对肝癌的放射治疗从基础到临床，进行了系列研究。外放疗作为不能手术切除肝细胞癌的治疗手段之一，初步显示出其综合治疗的效果，特别是对不能手术切除肝内病灶，与介入栓塞结合，使生存期提高。对肝细胞癌伴有门静脉或下腔静脉癌栓的患者，接受与不接受外放疗，生存期亦有明显差别，提示了外放疗对癌栓有效。

该项目还详细比较了肝细胞癌淋巴结转移放疗组与非放疗组病人的生存情况及影响预后的因素，认为外放疗可以减少因淋巴结转移导致的死亡，从而提高患者的生存期。对肝细胞癌出现肾上腺转移的放疗研究，也提出肾上腺转移对放疗敏感。肝细胞癌骨转移患者接受外放疗，可以明显缓解症状，并找出影响患者预后的因素，对指导临床医生采取骨转移灶放疗的策略有参考意义。

该项目不仅从临床工作上证实肝细胞癌对放射治疗敏感，还从细胞实验证实肝细胞癌属于放射敏感肿瘤、研究肿瘤组织与正常肝组织对射线的反应，丰富了肝癌放射治疗的内容，拓宽了放射治疗在肝癌治疗中的适应范围，对临床实践有很好的指导意义，为今后深入研究打下了良好的基础。

(王小华)

【血管瘤增殖机制及其治疗对策的实验与临床研究达到国际先进水平】　该项目是卫生部项目，由复旦大学附属儿科医院承担，于10月通过上海市卫生局鉴定，成果达到国际先进，部分达到国际领先水平。

该项目在血管瘤增殖机制研究方面，成功建立了血管瘤血管内皮细胞的体外增殖模型，发现雌二醇能够促进体外血管内皮细胞的增殖，雌二醇与生长因子VEGF和bFGF之间有协同促进作用，为血管瘤病因的“雌激素学说”首次提供了直接的实验证据；应用基因芯片技术，对增生期和消退期血管瘤进行检测，并在蛋白水平加以组织化学染色验证；通过人脐静脉血管内皮细胞体外实验，发现环境雌激素可促进血管内皮细胞的增殖，提示环境污染对血管瘤发生发展的潜在影响，具有深入研究的价值。在血管瘤治疗对策研究方面，通过体外实验探索了临床上现有药物糖皮质激素、干扰素，以及正在试用的TNP－470的治疗机制，发现抗雌激素药物他莫昔芬在体内、外均可抑制血管瘤的增殖，在其临床研究资料显示外用制剂是安全有效的，可作为治疗血管瘤的潜在新药。

该成果加深了对血管瘤增殖机制以及现有治疗药物的认识，并为血管瘤的预防和新药开发提供了新思路，具有重要的学术理论价值和良好的社会与经济效益。

(王小华)

【恶性脑肿瘤诱导分化和诱导凋亡治疗的实验和临床系列研究达到国际先进水平】　该项目是国家自然科学基金项目，由上海交通大学医学院附属仁济医院承担，于1月8日通过专家验收，成果达到国际先进水平。该项目首次系统性地从诱导分化和诱导凋亡的角度，深入研究榄香烯抗肿瘤作用机制，为恶性脑肿瘤治疗提供了一种实用新型的化疗药物。(1)通过体外实验观察榄香烯抑制胶质瘤细胞增殖，并与原代培养胶质细胞作用进行比较，对榄香烯诱导胶质瘤细胞凋亡和诱导分化效果及其机制进行多角度探讨，并经动物体内实验证实。(2)通过榄香烯的分子作用机制研究，探讨榄香烯对Bcl－2家族基因蛋白表达的影响，以及NF－κB及PTEN等基因表达变化。(3)通过榄香烯治疗胶质瘤和多发脑转移癌的临床研究，提出榄香烯应用的适应症和使用剂量、方法、时程等注意事项。该项目获取的榄香烯对胶质瘤有效浓度和剂量时间的参数，具有临床指导意义，为发展中国独创的抗肿瘤药物提供了临床所必须的理论依据。

小资料

榄香烯

榄香烯(elemene)是中国自行开发研制的，属国家二类非细胞毒性抗肿瘤药物，是从姜科植物温郁金中提取的以β-榄香烯为主要成分的萜烯类化合物。应用榄香烯治疗颅内恶性肿瘤疗效确切，榄香烯单独应用的有效率为37.5%，联合用药组可达到51.51%，其总有效率及病人存活期明显高于国内外的相关文献报道。与现有的抗肿瘤药物相比，榄香烯价格低，还具有独特的免疫保护作用，有非常好的应用前景。

（董云霓）

【胃癌和大肠癌的发生机理与防治研究具有国际先进水平】 该项目是上海市教委曙光计划项目，还得到国家自然科学基金、全国优秀博士学位论文作者专项资金、教育部回国留学人员科研启动基金、卫生部科研基金和上海市科委的资助，由上海交通大学医学院附属仁济医院承担，于1月28日通过专家验收，研究成果均在国际或国内首次提出，具有国际先进水平。

该项目从细胞培养、动物实验和临床干预长期观察等三大方面，运用放免、生化、细胞生物学和分子生物学及组织病理学手段，研究了胃癌和大肠癌发生中DNA甲基化、组蛋白乙酰化和细胞凋亡等分子事件的作用；将叶酸这一营养素对犬和人胃癌的发生与发展的影响与对DNA甲基化和细胞凋亡的干预作用联系起来分析，得出叶酸阻断或延缓胃癌发生和发展的机理，与影响DNA甲基化或细胞凋亡有关的结论；同时，为临床上共认的粗纤维食物预防大肠癌找到了体外实验依据。该成果创新性强，具有十分重要的理论意义和临床实用价值。应用的或即将开发的叶酸通过影响DNA甲基化和短链脂肪酸提高组蛋白乙酰化而干预胃癌和大肠癌及其癌前疾病的发生，具有广阔的应用前景。国内已有数十家大型医院采用该成果治疗慢性萎缩性胃炎。

（董云霓）

【大肠癌优化综合治疗基础和临床研究达到国际先进水平】 该项目是上海市卫生局重点项目，由上海交通大学医学院附属瑞金医院承担，于11月8日通过专家鉴定，成果达到国际先进水平。该项目为多中心大样本随机对照前瞻性研究，选择了18～75岁，共1 000例，按病理分期随机分组，比较HCPT、口服喃氟啶及新一代口服氟尿嘧啶类药物对各期病例的疗效，探索不同病期大肠癌的合理的优化综合治疗方案以进一步提高大肠癌的生存率和生活质量。研究结果明确了外科手术始终是大肠癌的首选治疗，辅助治疗必须在手术根治的基础上，对低位直肠癌而言按TME要求操作可明显降低局部复发率和五年生存率，再加以辅助治疗将进一步提高外科手术的远期疗效。

该项目还系统地评价了结肠充气多层螺旋CT、PET等影像技术、PCR检测淋巴结微转移和血清CEA mRNA在大肠癌术前分期及复发转移病例早期诊断中的应用价值，在国内首先提出直肠癌全系膜切除的理念，疗效评价显示：全直肠系膜切术和传统手术的局部复发率、五年生存率具有显著性差异，全直肠系膜切除在降低直肠癌根治性切除术后局部复发中是重要的环节，但并不是惟一因素；还提出直肠癌扩大根治术术式及大肠癌手术中吻合器的选用原则，探讨了女性低位直肠癌患者行后盆腔清除术兼行保肛手术的指征和愈后。在国内率先开展腹腔镜结直肠手术，共积累了500例病例，并对腹腔镜大肠癌切除术的安全性、可行性和术后复发、转移进行了系统性评价，显示腹腔镜大肠癌手术在手术时间、淋巴结清扫、肿瘤播散方面，均与开腹手术无显著差异；而在术中出血、术后并发症发生率和术后恢复时间方面则明显优于开腹手术；两者术后生存率也无明显差别，腹壁转移率亦与开腹手术相当。同时，还开展腹腔镜肠癌CO_2气腹肿瘤种植的影响等相关基础和临床研究，以及前瞻性的卡培他滨加放疗在直肠癌新辅助治疗中的价值研究；系统性地探讨硒、ATRA、5-FU/CD系统和^{131}I-抗CEA单抗在大肠癌生物治疗中的应用价值；初步评估遗传性非息肉性大肠癌、直肠肛管恶性黑色素瘤和直肠类癌的诊治方案。

（董云霓）

【串联质谱新技术在遗传性代谢病检测中的应用研究达到国际先进水平】 该项目是上海市教委重点学科课题和上海市科委项目，由上海交通大学医学院附属新华医院承担，于9月15日通过专家验收，成果达到国际先进水平。遗传性代谢病是出生缺陷中一组重要的疾病，临床缺乏特异性表现，常导致智力和体格残疾。

该项目对出生缺陷中的遗传性代谢病开展新生儿和临床患儿的筛查、诊治研究，获得主要成果有：(1)在国内首次应用串联质谱新技术和干血滤纸片法进行氨基酸疾病、有机酸代谢紊乱、脂肪酸氧化障碍性疾病等遗传性代谢病的检测，发展到一次实验可检测 34 种疾病。(2)对 1.6 万份正常儿童标本检测，建立了中国不同年龄组儿童干血滤纸片法氨基酸谱和酰基肉碱谱正常参考值。(3)建立了国内第一个串联质谱遗传性代谢病新生儿筛查技术平台，筛查新生儿 5.79 万人，首次获得中国串联质谱筛查疾病的发生率为 1∶5 263，以及筛查疾病谱。(4)建立了包括中国香港、澳门在内的全国遗传性代谢病高危儿童串联质谱检测协作网，为全国 23 个省市 60 多家医院提供服务，协助各地进行遗传代谢病诊断病例 1 460 例，确诊 149 例(10.2%)，其中氨基酸代谢病 96 例、有机酸血症 47 例、脂肪酸代谢病 6 例，部分患儿经及时治疗，病情显著好转。(5)在中国人群中检测出遗传性代谢病 20 种，其中国内首次诊断的疾病有异戊酸血症、3-羟-3-甲基戊二酰辅酶 A 裂解酶缺乏症、短链酰基辅酶 A 脱氢酶缺乏症、中链酰基辅酶 A 脱氢酶缺乏症 4 种。串联质谱遗传性代谢病新生儿筛查为国内新生儿筛查技术的更新和推广打下了基础，临床应用提高了遗传性代谢病的诊断水平。

(董云霓)

【遗传性内分泌代谢性疾病的基因和临床研究达到国际先进水平】 该项目是上海市教委重点课题和国家自然基金项目，由上海交通大学医学院附属瑞金医院承担，于 11 月 30 日通过专家验收，成果达到国际先进水平。

该项目首先提出遗传性内分泌代谢病的分类方法，建立了多种新的临床表型分析方法，包括生化检查、动态试验(激发和抑制试验)以及影像学检查等。在建设完备、实用、先进的基因诊断技术平台，优化遗传性内分泌代谢疾病的诊断流程和规范的基础上，构建了病种较为齐全，管理完善的遗传性内分泌代谢病家系库、临床资料库、组织库、DNA 库和血清库。然后，将先进的分子生物学技术，包括基因测序确定基因突变、定位候选克隆的策略、杂合性丢失分析、表观遗传学分析以及生物信息学分析，应用于遗传性内分泌代谢疾病的诊断和机制研究，分析基因型和表现型之间的关系，完善了基因诊断平台，并在基因水平上对 21 种遗传性内分泌代谢病做出了诊断，共发现 19 种基因突变，其中，5 种遗传性内分泌代谢病中发现的 14 种基因突变在国际上尚未见报道。该项研究缩短了基因突变确定的时间，使基因突变检测成为临床可用的技术，初步实现了由临床到实验室再回到临床的转换型医学的理念，丰富了遗传性内分泌代谢病的基因诊断分类体系。

(董云霓)

【围手术期复合针刺技术对缺血心肌的保护作用及其机制研究达到国际先进水平】 该项目是国家科委"九五"攻关、国家自然科学基金和卫生部科研基金项目，由上海交通大学医学院附属仁济医院承担，于 1 月 8 日通过专家验收，成果达到国际先进水平。

该项目基于动物实验和心脏手术病人，通过监测血流动力学测定心肌酶谱、超氧化物歧化酶、丙二醛、血乳酸、血 IL-8 含量、白细胞和血管内皮细胞表面粘附分子表达，观察心肌细胞线粒体活性、心肌细胞热休克蛋白 HSP_{70}mRNA 表达、心肌细胞凋亡及凋亡相关基因(c-fos、bax、bcl-2)表达等，从整体和亚细胞水平研究复合针刺技术(包括针刺、针刺辅助低温、针刺辅助药物)对围手术期缺血/再灌注损伤心肌的保护作用。结果表明，针刺可改善心脏手术病人围手术期心功能、减少术后并发症、降低围术期心肌缺血的发生率，提高手术安全性，促进病人术后早期康复，从而对围手术期缺血/再灌注损伤心肌产生明确的保护作用。其主要机制为调控热休克蛋白；调控凋亡相关基因，减少心肌细胞凋亡；减轻炎症细胞在缺血心肌区域的黏附；增加清除缺血/再灌注心肌的氧自由基，减轻线粒体损害；减少炎症因子释放，调节 HPA 轴反应和糖代谢，从而产生抗凋亡、抗氧化、抗粘附、抗应激和调节免疫功能的作用。另外，针刺辅助浅低温以及针刺辅助药物(丹参、尼卡地平、L-精氨酸)可通过其协同作用，进一步加强针刺对围手术期缺血/再灌注损伤心肌的保护作用。

(董云霓)

【颈动脉切除、重建术的实验与临床研究达到国际先进水平】 该项目是卫生部和上海市科委项目，由上海交通大学医学院附属第九人民医院承担完成，于 5 月 20 日通过上海市教委组织的专家验收，达到国际先进水平。

该项目以羊作为动物模型，采用自体颈外静

脉、Gore－Tex人造血管和冻干—辐照异体颈动脉3种血管移植材料，重建颈总动脉缺损，评价3种不同材料的重建效果；观察植入机体后，3种血管移植材料的组织病理学变化，初步了解到移植失败的原因，为临床上提高颈动脉重建术的成功率提供参考。对人颈外静脉与大隐静脉的组织学研究表明，颈外静脉与大隐静脉壁内平滑肌的数量及排列明显不同，颈外静脉中膜内有较多的平滑肌，呈环行排列；而大隐静脉壁内的平滑肌主要分布于外膜，呈纵行排列，两者的弹力纤维数量均较少。从组织学角度考虑，以颈外静脉替代颈动脉似更合理。

在此基础上，逐步开展颈动脉重建术11例，术后均未出现明显的神经功能障碍。术后随访，1例因恶性肿瘤复发而死亡；1例颈动脉体瘤患者述对侧肢体运动不便，言语不清；其余健在。颈动脉彩超检查显示，8例移植血管畅通，3例闭塞(其中1例为双侧颈动脉体瘤)，但侧支循环建立，患者无明显不适。该项目认为颈动脉切除及重建术既能根治肿瘤，又可降低死亡率及神经系统并发症，但实施颈动脉重建术需具备一定的条件，包括术前评价的手段、熟练的显微吻合技术、肝素化及内转流技术的应用、可靠的血管移植材料、充足血供的皮瓣覆盖等。

(董云霓)

【高血压心脏重构机制及白大衣高血压防治研究达到国际先进水平】　该项目是上海市科委项目，由上海交通大学医学院附属仁济医院承担，于2月1日通过上海市科委组织的专家验收，成果达到国际先进水平。该项目对高血压心脏重构机制、降压药losartan的心脏保护作用、机理及白大衣高血压的发病情况、靶器官损伤及药物治疗的作用进行了研究，结果提示白大衣高血压存在一定程度靶器官损害，药物治疗可以降低白大衣高血压的偶测血压、明显改善靶器官损害。

该项目首次应用二维电泳、质谱分析等蛋白质组学方法，比较了SHR(自发性高血压大鼠)不同发病时期的左心室心肌蛋白质表达谱，发现肥厚心肌代谢酶谱表达异常，提示存在能量消耗增加、有氧代谢减少、无氧酵解增多；肥大心肌存在氧化应激障碍，即破坏强氧化剂和抗氧化剂之间的平衡，是细胞损伤的主要原因；蛋白VDAC－I及糖调节蛋白表达增多，可能在高血压心肌肥厚过程中有重要作用。

该项目全面研究了凋亡在高血压心脏重构中的作用，确定细胞凋亡在高血压心脏重构过程中的作用，Bcl－2家族蛋白可通过调节心脏细胞凋亡而改善心脏的重构；losartan通过影响Bcl－2家族蛋白改善心脏重构；并从蛋白质水平了解高血压心肌重构机制，确定了某些蛋白在心肌重构过程存在表达改变或修饰。该研究对进一步了解高血压发生、发展机制及白大衣高血压的发病情况、靶器官损伤、药物治疗有重要意义，对临床预防、治疗持续性高血压、白大衣高血压及其并发症有重要意义，对临床用药也有指导意义。

(董云霓)

【“高血压治疗的新策略：降低血压波动性”发表于*TIPS*杂志】　第二军医大学药学院苏定冯教授长期从事血压波动性研究，证明了除高血压外，血压波动性大也可以导致器官损伤，而且其重要性不亚于血压升高。撰写的“高血压治疗的新策略：降低血压波动性”发表在8月出版的国际著名杂志荷兰《药理科学前沿》(*Trends in Pharmacological Sciences*，简称*TIPS*)第26卷第8期上，受到了国内外药理学界的充分肯定和高度评价。*TIPS*影响因子为13分，是国际药理学领域水平最高、影响最大的学术刊物之一。

(秦若辉)

【血管内超声及多普勒技术在冠状动脉疾病诊治中的研究与应用达到国际领先水平】　该项目得到教育部回国人员科研基金、上海市曙光计划、上海市医学发展基金等资助，由复旦大学附属中山医院、复旦大学电子工程系共同完成，于3月通过上海市卫生局鉴定，成果达到国际领先水平。

该项目采用血管内超声和多普勒技术对冠状动脉疾病的病理生理特点和诊断治疗方法进行了研究并将这一技术应用到临床治疗实践中。该项目(1)在国际上作为主要研究者所确立的冠状动脉的血管内超声显像的数据已成为正常值的重要参考标准，并用于评价血管内超声的准确性、安全性和可能的并发症及处理措施。(2)发现并证实了血管内超声显像的三层结构并不代表内膜、中膜及外膜。(3)定性、定量研究了冠状动脉粥样硬化斑块的特征、分布，对易损斑块的超声显像特征进行了描述，观察了斑块破裂的过程。(4)将血管内超声和多普勒血流技术运用到冠心病的介入治疗中，评价疗效，检测微循环功能，指导高频旋磨和激光旋切手术。(5)建立了评价冠脉微循环功能的新方法。(6)运用血管内超声和多普勒技术发现心肌桥的特异性诊断指标"半月现象"和"指尖现象"及心肌桥近端易形成动脉硬化斑块。(7)对有胸痛症状但冠状动脉造影正常病人进行了评价,发现48%的病人存在动脉粥样硬化斑块,2/3的病人存在血流储备降低,提出诊断X综合征的病人应先行血管内超声和多普勒检查。(8)用血管内超声有效地区分了真假性动脉瘤。(9)在国际上率先进行了血管内超声三维重建。

(王小华)

【心脏超声诊断新技术的临床应用和实验研究达到国际先进水平】 该项目是教育部重点学科基金、上海市青年科技启明星计划项目,由复旦大学附属中山医院承担,于9月通过上海市卫生局鉴定,成果达到国际先进水平。该项目(1)系统地进行了超声心动图新技术的研究,尤其是应用实时三维超声评价左室容积和功能;瓣膜病变的部位和程度;不同人工二尖瓣瓣环对心功能的影响;房室间隔缺损部位、大小、形态以及与周围结构的关系等,协助导管介入治疗术。(2)应用组织多普勒技术评估左室功能的取样最佳部位,并应用该技术分析了冠心病、扩张型心肌病、冠脉搭桥术、干细胞移植术、肾功能衰竭、右室发育不良、双心室同步起搏术前后、药物负荷试验的心脏整体和节段功能。(3)进行了Tei指数、心腔内超声、声学密度定量、负荷超声结合心肌声学造影等技术的临床应用研究和动物实验研究,阐明了上述各项超声新技术在临床应用中的可行性、准确性和实用价值,对于心血管疾病的早期诊断和疗效评估、提高心脏超声诊断水平具有重要的临床意义和价值。

(王小华)

【分期辨证治疗急性缺血性脑卒中研究达到国际先进水平】 该项目是国家自然科学基金、上海市卫生系统优秀学科带头人"百人计划"项目,由复旦大学附属中山医院承担,于12月通过上海市卫生局鉴定,成果达到国际先进水平。

该项目针对急性脑缺血病理生理变化的不同阶段,将急性脑梗塞分期治疗的观念与中医辨证施治相结合,随机对照观察279例发病在72小时内的脑梗塞患者,采用不同作用机理的中药进行序贯综合治疗,治疗组总有效率达到82%(对照组72.1%);NIHSS、OHS以及BI评分的改善程度明显优于对照组($P<0.05$),证实了加用中医药序贯治疗的优势。该项目通过对醒脑开窍、祛风活血通络以及养肝熄风(配合电针)方药的基础研究,证明了三种方法在脑缺血再灌注的病理生理过程中起到调节兴奋性神经元损伤、改善脑微小循环障碍、促进神经干细胞增殖的作用,为指导临床序贯综合治疗提供了理论依据。

(王小华)

【疑难高危冠心病诊疗优化方案达到国际先进水平】 该项目由复旦大学附属中山医院、上海交通大学医学院附属瑞金医院、上海长征医院、上海市第一人民医院、上海市胸科医院共同参与完成,于3月通过上海市卫生局组织的鉴定,成果达到国际先进水平,治疗方法已在近10家医院推广。

该项目由上海市五家综合性三级甲等医院合作完成,通过分子生物学水平、细胞学水平、动物实验、临床研究等多个层面的研究,探讨了疑难高危冠心病的发病机制及诊断治疗方法,初步提出了临床上疑难高危冠心病诊断方式与诊治策略,取得以下几方面的研究成果:(1)发现CD40配体高表达等血清学指标与冠状动脉粥样硬化斑块的不稳定性,不稳定心绞痛的发作及冠状动脉支架内再狭窄密切相关。(2)发现重组RGD肽水蛭素及山莨菪碱能改善大鼠冠状动脉微循环功能,为临床冠状动脉微循环功能障碍患者的治疗提供了依据。(3)发现部分胸痛发作而冠状动脉造影正常者的冠状动脉血流储备功能低下,提示微血管功能障碍,从而确诊为X综合征,避免了滥用药物治疗;部分胸痛发作而冠状动脉造影无显著狭窄者存在不稳定性斑块,早期有效地预防了急性冠状动脉综合征的发生。(4)采用支架植入法治疗冠状动脉左主干病变、切割球囊治疗高龄患者弥漫性冠状动脉支架内再狭窄、β射线放射疗法联合切割球囊或FXmini-RALL球囊治疗支架内再狭窄、主动脉内球囊泵反搏支持下冠状动脉内支架术治疗高危冠心病、不停跳冠脉搭桥法和微创搭桥法治疗高龄高危冠心病等均取得了较好的疗效;提出了冠状动脉左主干病变、开口处病变、弥漫性钙化病变与长病变、支架内再狭窄、冠心病合并严重左心功能不全或肾功能不全及80岁以上高龄冠心病患者的优化临床治疗方案,为病人提供了最佳治疗时机与方式。

(王小华)

【免疫功能低下宿主肺部感染的临床和炎症反应及其相关研究达到国际先进水平】 该项目是上海市

卫生系统优秀学科带头人“百人计划”项目，由复旦大学附属中山医院承担，于11月通过上海市卫生局鉴定，成果达到国际先进水平，并申请专利1项。

该项目(1)率先在国内就免疫功能低下宿主(ICH)肺部感染的病原谱进行了研究，显示ICH肺部感染以细菌感染为主，结核和真菌感染亦占较高比例；在国内首次报道了有创采样技术用于ICH重症肺炎患者进行病原学诊断的可行性研究，显示其诊断阳性率高，达68%～75%，安全可靠；总结了ICH常见病原体，如结核、铜绿假单胞菌肺部感染等的临床特点，对国内ICH肺部感染的诊断和治疗具有重要的参考意义。(2)从细胞和分子水平对免疫功能低下大鼠铜绿假单胞菌肺部感染时发生炎症反应和肺损伤的机制进行了系列研究，结果显示肺表面活性物质、Th1/Th2型细胞因子失衡、血管内皮钙黏蛋白、一氧化氮合酶(NOS)、角质细胞生长因子(KGF)、趋化因子等均参与作用，抗氧化干预能够减轻炎症反应和肺损伤的程度，其中部分内容在国内外尚无相关报道。(3)首次在动物实验中将腺病毒介导的IFN－γcDNA(AdmIFN－γ)和腺病毒介导的IL－12基因转染的树突状细胞疫苗用于烟曲霉肺部感染时的免疫调节治疗，显示其对肺部曲霉清除能力和机体抗曲霉功能均有明显提高，具有潜在的应用价值，值得进一步研究。

(王小华)

【系统性红斑狼疮(SLE)的遗传学发病机制和诊疗策略的研究达到国际先进水平】　该项目是上海市科委、国家自然基金等项目，由上海交通大学医学院附属仁济医院承担，于3月8日通过上海市科委组织的专家验收，成果达到国际先进水平、部分达到国际领先水平。

该项目从免疫遗传学、自身靶抗原的克隆、早期实验诊断方法、各受累脏器的临床特点、评估和系统干预等进行研究。(1)SLE家系调查揭示该疾病具有遗传易感倾向，与国际同步进行了基因组扫描和易感基因的精细定位研究，发现了lq23－24和16区域存在SLE关联，初步定位PBX1和OAZ为易感基因；基因表达谱的研究显示，Ⅰ型干扰素通路与SLE密切相关，并进一步研究了一个IFN诱导表达的功能尚不清楚的分子IFIT1的蛋白质相互作用，同时也研究了其他候选基因的功能。(2)用分子生物学的方法克隆表达了重要的核抗原Sm、RNP、SSA、SSB及抗磷脂抗体相关靶抗原β2GPI，建立了特异性和敏感性均较高的临床诊断方法，并研究了细胞因子的失衡和临床表现的关系。(3)由于该项目拥有世界上最大的SLE病人数据库，因此能系统研究SLE各受累脏器的临床特点、病情评估和进行系统干预，创立小剂量免疫抑制剂联合疗法，推动系统性红斑狼疮治疗观念的革新、改变临床过度应用激素的现状。(4)在早期诊断、系统干预和长期随访方面，通过对患者的长期生存率的18年随访，患者生活质量明显提高；SLE合并妊娠的研究提示，如红斑狼疮病情得到控制并要求怀孕的病人，在严格控制下(按项目制订的标准)母婴风险已经大为降低，打破了以往红斑狼疮患者不能生育的禁区；通过早期诊断与优化各种脏器治疗，以及良好的医患交流和长期随访，改变了疾病模式，从传统的SLE急性致死性的自身免疫性疾病(acute, fatal autoimmune disease)改变到当前的慢性炎症性的自身免疫性疾病。

(董云霓)

【腹腔镜辅助下带血管蒂回肠移植阴道成形术达到国际先进水平】　该项目由第二军医大学附属长征医院承担完成，于2005年通过上海市卫生局组织的鉴定，达到国际先进水平。

该项目应用腹腔镜引导，配合使用超声刀，完成肠系膜分离、回肠段切取、肠端吻合、回肠段下拉移植结合会阴造穴阴道成形，共为30例需再造阴道的患者施行阴道成形术。与已有手术方法相比，该方法保留了正常外阴形态，避免了开腹手术及应用皮片皮瓣再造阴道遗留明显瘢痕畸形等缺点，缓解了患者的心理压力。该方法可用于女性先天性无阴道，性别畸形需再造阴道以及易性癖患者。该项目已在国内10余个单位得到推广应用，获得了极大的社会经济效益，被认为是目前阴道再造手术的理想方法。

(秦若辉)

【微创技术在创伤骨科的基础及临床应用研究通过鉴定】　该项目由第二军医大学附属长海医院承担完成，于2005年通过上海市卫生局组织的鉴定，达到国内领先水平，部分研究达到国际先进水平。

该项目自1999年以来应用微创技术治疗不同部位、不同类型骨折1 000余例，近、远期随访结果表明治疗效果令人满意，有效降低了感染和骨不愈合的发生率，极大地保存了伤病员肢体功能，提高了临床疗效。尤其在肱骨骨折的微创经皮钢板接骨术的解剖基础和临床应用研究，锁定加压钢板、外固定支架技术治疗骨盆后环骨折脱位的生物力学和临床应用研究等方面，取得了创新性的研究成果。该研究病例数量多，病种齐全，随访资料完整可靠，对临床治疗同类创伤疾病有极其实用的指导价值和参考价值。该项目还通过举办学术会议、培训班、手术示教，以及撰写学术论文、学术专著等多种形式，将微创技术在多家医院进行推广和应用，取得了良好的社会和经济效益，有力地推动了国内创伤骨科诊治与国际水平的接轨。

（秦若辉）

【微创治疗泌尿系结石新技术的应用研究通过鉴定】　该项目由第二军医大学附属长海医院承担完成，于2005年通过上海市卫生局组织的鉴定，达到国内领先水平，部分研究达到国际先进水平。

自1997年2月至2005年7月，该医院应用微创技术治疗泌尿系结石，对系列微创技术进行了大胆创新。获得3项国家专利：螺旋型双“J”管、前端可弯曲的输尿管硬镜、体内电动碎石机。首创3项技术：采用大功率的钬激光碎石的微创经皮肾镜术治疗复杂性肾结石、输尿管上段结石；一期输尿管肾镜下钬激光治疗肾盂输尿管交界处狭窄合并肾盂结石；输尿管软镜碎石中，首先创用在输尿管扩张鞘内进行进镜。改进3项技术：在国内首先引进并采用输尿管镜下钬激光碎石；在国内率先开展了经尿道输尿管口切开治疗输尿管壁段结石；腹腔镜下输尿管或肾盂切开取石治疗肾盂输尿管结石。该项目采用以上新技术和发明用于泌尿系结石的微创治疗，共治疗4 242例，获得了满意的疗效，并在国内外核心期刊上发表系列论文27篇。

（秦若辉）

【脊髓型颈椎病的基础与临床研究达到国际先进水平】　该项目由第二军医大学附属长征医院承担完成，于2005年通过上海市卫生局组织的鉴定，达到国际先进水平，部分研究达到国际领先水平。

该项目通过对脊髓型颈椎病的自然发病史和早期病变特点进行研究，在国内外首次确定了脊髓型颈椎病自然史的5种演变方式；系统研究脊髓型颈椎病的早期临床规律特征，并率先提出脊髓型颈椎病早期诊断的概念，确立较为全面的脊髓型颈椎病早期诊断指标和临床分期标准；通过对手术时机、方式及远期疗效研究，确立脊髓型颈椎病早期对策原则，提出外科干预的最佳时机是临床发病6个月内，受压脊髓发生不可逆性损害之前的原则；明确提出减压术后应恢复并重建颈椎生物力学功能，采用椎体次全切除、椎间撑开植骨技术、相邻椎体钢板内固定，可防止愈合过程中植骨吸收，恢复并维持椎间高度和生理弧度，重建椎管生理形态和有效容积，这些是提高治疗效果的关键。

该项目共收治脊髓型颈椎病患者3 253例，发表论文69篇，编写专著9部；培养博士65名、硕士70余名，进修生520名。在全国154家医院推广应用，对1 215例作出诊断，715例施行手术，取得了良好的社会效益。

（秦若辉）

【化脓性颞下颌关节炎的临床和实验研究达到国际先进水平】　该项目是上海市教委和卫生部重点项目，由上海交通大学医学院附属第九人民医院承担，于6月30日通过专家验收，成果达到国际先进水平。

该项目通过对近5年在该院就诊的化脓性颞下颌关节炎病例的临床表现、关节液分析、病原菌培养、治疗方法和后遗症等的回顾分析，探讨化脓性颞下颌关节炎的特征、诊断方法和治疗方式；其次，通过建立血行性的颞下颌关节感染模型，探讨血行性颞下颌关节感染发生途径、感染对关节组织的影响及其转归。主要结论如下：(1)化脓性颞下颌关节炎表现出感染源隐匿性、症状不典型性、后遗症轻等特点，诊断主要依靠以关节腔穿刺和关节液分析为主的综合性手段，从关节液中分离培养出的细菌为腐生葡萄球菌和金黄色葡萄球菌，化脓性颞下颌关节炎急性期的治疗要素是关节腔低压灌洗、减轻关节负荷及全身配合应用抗生素，对伴有颞下间隙脓肿的患者，在进行关节腔灌洗的同时，还可行下颌下切口的颞下间隙引流，对一些灌洗治疗无效或有后遗症的患者，关节内镜手术有优异的疗效。(2)将临床患者中分离出的金黄色葡萄球菌悬液经尾静脉注射，能诱发出大鼠颞下颌关节感染，以及大鼠体内多关节多器官的感染，并可持续数周；颞下颌关节感染后发生急性化脓性关节炎几率较低，但一旦发生，可使关节结构发生广泛破坏；虽然严重的炎症反应少见，但感染仍可引起关节软骨细胞和表面胶原的损伤。

该项目提出的化脓性颞下颌关节炎的诊断标准和早期治疗方法，能大大降低误诊率和漏诊率，从而能避免严重的后遗症，如关节强直等。制备的TMJ血行性感染的动物模型，可研究感染的致病机理，对研究其他部位的感染也有重要的参考价值，为进一步研究 TMJ 骨关节病的致病机理打下基础。

（董云霓）

【下颌骨缺损功能重建的系列研究达到国际先进水平】 该项目是上海市教委和上海市科委项目，由上海交通大学医学院附属第九人民医院完成，于6月2日通过上海市科委组织的专家验收，成果达到国际先进水平。该项目通过基础研究和临床研究相结合，应用开窗减压术、双介入法栓塞治疗分别作为颌骨巨大囊性病变、颌骨动静脉畸形的功能保存性下颌骨外科技术，从整体上拓展了功能保存性下颌骨外科应用范围，提供一些有临床应用价值的研究结果，完善了下颌骨缺损功能重建技术。

该项目(1)以血管化髂骨肌瓣同期牙种植重建下颌骨外形和咀嚼功能。(2)通过颅颌头影测量分析，采用多元回归统计学方法研究下颌骨外形线相关性，结合 CAD/CAM 技术个体化重建大型失位性下颌骨缺损。(3)建立山羊胫骨种植体植入横向牵引动物模型，研究牙种植牵引技术(DID)牵引成骨过程中成骨及骨种植体结合界面的组织学和力学特征，评价其疗效及安全性，通过不断改进将此技术应用于临床。(4)以山羊下颌骨为研究对象，应用 CAD/CAM 技术做山羊个体化下颌骨重建，对植入性假体的整体结构、固位方式设计以及假体与软组织的附着关系进行组织学、影像学分析。(5)基于 CT 图象数据资料建立正常下颌骨三维有限元模型，应用有限元分析法与 CAD 软件的无缝集成技术对钛生物力型下颌骨进行整体结构含种植牙基桩孔道及连接方式的一体化优化设计，并进行有限元分析。(6)以山羊为研究对象，制作咬肌—下颌骨骨皮质和骨松质再附着的动物模型，动态观察再附着过程及再附着界面的组织学变化和生物力学特性。(7)采用客观评价和生存质量问卷评价方法对下颌骨重建术后患者进行下颌骨功能评价。随着国内整体医疗水平的提高，血管化骨肌瓣重建、牙种植、CAD/CAM 及 DID 等下颌骨重建技术更容易推广。

（董云霓）

【上颌骨大型缺损个体化功能性重建的临床研究达到国际先进水平】 该项目是上海市教委项目，由上海交通大学医学院附属第九人民医院完成，于6月23日通过专家验收，成果达到国际先进水平。该项目从个体化钛支架在构筑上颌骨三维形态中的应用价值、上颌骨缺损的个体化三维闭合式功能性重建、上颌骨三维重建术后患者咀嚼功能的评价、上颌骨三维重建术后患者语音功能的评价、上颌骨三维重建术后患者生存质量的比较研究五个部分，对22例上颌骨大型缺损患者即刻重建进行研究。

该项目运用现代数字技术(CAD/CAM)设计出符合患者外形的钛支架，获得了上颌骨大型缺损的个体化解剖构筑；首次提出并建立了针对上颌骨大型缺损进行的外科重建治疗模式；通过以钛支架恢复上颌骨外形、腓骨重建牙槽骨及前臂皮瓣关闭口腔、鼻腔内外缺损重建上颌骨大型缺损，有效地恢复上颌骨大型缺损患者原有的口腔生理功能(咀嚼、语音和通气)。术后对患者的咀嚼、语音功能及生存质量进行评价，结果显示所有患者对面部外形均非常满意，张口度达 2.5～4cm。术后三维 CT 复查硬、软组织，重建侧与健侧颌骨非常接近，面部软组织对称。经临床验证，该治疗模式使上颌骨大型缺损患者术后重新获得其满意的外形与功能，并有效地恢复了患者的咀嚼、语音和通气等功能，显著提高了患者术后的生存质量。

（董云霓）

【颅颌面畸形伴睡眠呼吸障碍的综合序列治疗研究达到国际先进水平】 该项目是上海市教委项目，由上海交通大学医学院附属第九人民医院完成，于4月19日通过专家验收，成果达到国际先进水平。睡眠呼吸障碍疾患(SRBD)是一种发病率高和严重影响患者身心健康的疾病，主要发病原因是患者睡眠时上气道发生狭窄和阻塞，肥胖、颅颌骨狭小畸形、上气道周围组织器官的占位病变等，准确地把握上气道阻塞部位和程度以及性质是外科治疗的关键之一。

该项目建立了上呼吸道正常 X 线头影测量参数，健全了各年龄段的正常参数，为临床诊疗和研究提供了客观的数据；引进先进的计算机技术，开发了计算机辅助的上气道测量分析系统和计算机辅助的睡眠呼吸障碍手术设计和手术模拟系统，提高了手术成功率和降低了手术并发症的产生；采用磁共振联合上气道压力测试的方法对患者和正常对照的上呼吸道进行研究，明确了患者上气道的特征，两种方法的联合应用为准确的确定上气道狭窄和阻塞提供了一条新途径。

该项目采用手术和口腔矫治器联合序列治疗的方法治疗严重 OSAHS(阻塞性睡眠呼吸暂停低

通气综合征)患者,解决了一部分患者的严重睡眠呼吸障碍,免除了这些患者二期双颌手术的痛苦和负担,为临床治疗该类患者提供一种新手段;率先采用关节成形和牵引成骨一期治疗的方法治疗TMJ(颞下颌关节)强直伴严重OSAHS患者并获得成功,使对该疾病的治疗上了一个新台阶;同时,率先对上颌骨和颅颌发育障碍OSAHS的患者进行了颅颌外支架的牵引成骨术,获得成功,开创了牵引成骨治疗的新天地。

(董云霓)

【肾本质理论研究及临床应用达到国际领先水平】 该项目是国家"七五"攻关、国家自然科学基金重点项目,由复旦大学附属华山医院、附属妇产科医院和附属儿科医院共同完成,于2月通过上海市卫生局的鉴定,成果达到国际领先水平。

该项目在对中医历代文献有关肾的功能和病证的记载研究整理的基础上,运用现代科学,对中医肾的内涵及补肾调节阴阳的作用机理进行了深入和系统的研究,发现中医的肾具有复杂的分子调控网络背景,其功能涵盖了以下丘脑—垂体—肾上腺、甲状腺、性腺及免疫为主轴的神经内分泌免疫网络,下丘脑在其中起调控整合作用。在此基础上,将理论研究和临床应用密切结合,以肾本质研究的成果指导内、妇、儿等科的临床实践,明显提高了支气管哮喘、无排卵性功能性子宫出血、儿童性早熟、衰老等多种疑难病证的疗效。该项目发现异病同证具有相同的病理环节,首先提出了辨病与辨证相结合的中西医结合重要原则;证明了实验室检测对于中医辨证和理法方药同样具有指导意义,且更加有利于揭示隐匿性病变,由此首先提出了宏观辨证与微观辨证相结合的另一中西医结合的重要原则。该项目制定的肾虚证辨证标准得到了国内外学术界的普遍认可,并为国家《中药新药临床指导原则》采用,临床经验已在许多省市推广应用;研发的补肾防喘片、急支糖浆、补肾益寿胶囊、宫泰冲剂等新药,累计销售已达33.35亿元;先后在十几个国家讲学,包括在美国NIH的政策论证会上发言,为中医药走向世界起到了重要的推动作用。

(王小华)

【后牙纵折黏结再植术的临床和实验研究部分达到国际先进水平】 该项目是上海市卫生局项目,由复旦大学附属华山医院承担,于10月通过上海市卫生局的鉴定,成果达到国内领先,部分国际先进水平。

该项目通过离体牙剪切力、微拉伸和黏结界面的微渗漏测定、三维有限元力学分析、动物实验及临床研究,结果显示:(1)110例纵折后牙黏结再植治疗后一年随访有效率达96%,三年达90%。(2)比较了不同黏结剂的黏结强度、抗折能力和封闭性能,显示了CE组黏结剂较好。(3)首次在国内外以Beagle犬制成纵折黏结再植模型,从组织学角度探讨黏结剂种类和根吸收的关系。该项目为有效保存纵折后牙的功能提供了新的治疗方法,具有重要的实用价值。

(王小华)

【移行细胞型膀胱癌尿液蛋白检测及树状诊断模式的建立达到国际先进水平】 该项目由复旦大学附属华山医院承担,于11月通过上海市卫生局鉴定,成果达到国际先进水平。该项目利用SELDI-TOF-MS技术检测经过病理确诊的移行细胞型膀胱癌(TCC)和对照组尿液标本,寻找两组之间差异表达的蛋白质,并利用这些蛋白质建立树状诊断模式用于诊断移行细胞型膀胱癌(TCC)并进行盲筛标本检测有效性,判断其临床应用价值。研究结果表明,树状诊断模式运用于诊断移行细胞型膀胱癌(TCC)所得到的灵敏度、特异性较之前方法有较大的提高,灵敏度达到70%以上,特别对于Ⅲ级的移行细胞型膀胱癌(TCC)达到90%以上。由于采用尿液标本,无创伤、方便、安全、快速,易被患者接受,具有临床推广价值,并对膀胱癌的基础和临床诊治的研究有较大意义。

(王小华)

【鼻腔给药及其脑内递药特性研究达到国际先进水平】 该项目是国家自然科学基金和卫生部科研基金项目,由复旦大学承担,于5月通过上海市卫生局鉴定,成果达到国际先进水平。该项目为脑部疾病提供了一种安全、有效、便捷的治疗方法,基础研究与应用研究结合紧密,为建立鼻腔给药脑内靶向性递药的研究技术平台奠定了坚实的基础。

该项目对鼻腔给药进行了较为系统、深入的研究,着重研究了鼻腔给药的脑内递药特性,同时也对鼻腔给药的纤毛毒性问题进行了探讨。(1)通过对甲氨蝶呤、尼莫地平、美普他酚等7种药物进行了鼻腔给药研究,探讨了鼻腔给药转运途径,结果表明该给药途径具有不同程度的脑内靶向递药特性，为鼻腔给药的可行性提供了理论基础。其中，亲水性药物甲氨蝶呤的效果最为显著，鼻腔给药的脑组织药时曲线下面积 AUC 为静脉注射的 14 倍。剂型因素对药物通过鼻腔入脑有较大影响，纳米粒是一种较为理想的制剂技术。(2)对 3 种药物进行了新药临床前的研究，为脑部疾病治疗提供了一种有价值的新途径。(3)首创了鼻纤毛毒性的评价方法，采用环糊精包合技术不仅解决了黏膜吸收促进剂去氧胆酸钠的鼻纤毛毒性，而且还在相当程度上保留了其对胰岛素鼻腔吸收的促进作用；采用微球和复乳制备技术，解决了普萘洛尔的鼻纤毛毒性，为解决药物制剂的鼻纤毛毒性提供了可参考的研究思路和较为系统的药剂学方法。

（王小华）

【晶状体混浊病因及人工替代物植入研究部分达到国际领先水平】　该项目由复旦大学附属眼耳鼻喉科医院承担，于 11 月通过上海市卫生局鉴定，成果达到国际先进，部分达到国际领先水平，其各种新型手术技巧及人工替代物植入有着广阔的应用前景。

该项目采用分子生物学、生物医学工程和临床医学等方法，对先天性白内障的遗传学、各种晶状体病变的手术治疗及人工替代物系列研究，取得成果：(1)在国际上首先发现 HSF4 基因突变是先天性白内障的致病基因之一，证实热休克蛋白合成障碍可造成晶状体混浊，并发现 X 连锁显性遗传先天性白内障一家系。(2)首次在国内提出 2 岁以下婴幼儿白内障患者开展双撕囊联合角巩缘前段玻璃体切除及人工晶状体植入术。(3)在国内较早开展表面麻醉下的超声乳化白内障摘除术，以及探索并评价激光乳化术的临床应用。(4)独立研制出国人高度近视人工晶状体植入公式，并设计软件装置在 A 超仪中，已产业化。(5)国内率先应用和报道了复合性晶状体疾病采用晶状体切除联合玻璃体切割或虹膜修补或人工晶状体植入等三联或多联手术治疗。(6)开展新型超乳技巧及人工替代物植入，包括爆破超声能量、亲水性丙烯酸酯人工晶状体、可调节式人工晶状体、负度数人工晶状体、虹膜隔人工晶状体、人工虹膜、巩膜缝线固定后房型人工晶状体、人工晶状体置换术、囊袋内张力环等。(7)研制出有自主知识产权的人工晶状体支架环。

（王小华）

【近视眼临床防治与相关基础研究达到国际先进水平】　该项目由复旦大学附属眼耳鼻喉科医院承担，运用了分子生物学、遗传学、生物工程学等先进技术手段，取得了突破性进展，于 5 月通过上海市卫生局组织的鉴定，成果达到国际先进水平。

在近视眼手术治疗方面，该项目在国内首次开展后巩膜加固术、LASEK、Epi－LASIK 手术；在国内首创了自动旋转型 Epi－LASIK 微型角膜上皮刀，并在国际上首次进行了临床应用报告，为在国内开展病理性近视眼系统治疗和推广新型屈光手术上做出了重大贡献。

在近视眼非手术治疗方面，该项目在国内率先开展对亲水角膜接触镜的研究以及 RGP 的临床推广；率先研制近视眼治疗药物哌仑西平，并有望获得国际专利；在国内首次提出医学验光的概念和方法，已得到广泛的应用。

在近视眼病因学研究方面，该项目在国内外首次确定病理性近视眼的遗传模式和基因频率；首次计算出国人近视眼各屈光参数的遗传指数；首次发现病理性近视眼与 HLA 之间存在相关性，并注意到病理性近视眼和激素性高眼压的密切关系，从而提出病理性近视眼可能存在自身免疫类型和升压基因类型；在国内首次以哺乳动物豚鼠建立了近视眼动物模型，在国际上首次建立有色光诱导近视模型，并提出近视眼发生新机制。

（王小华）

【完成眼上静脉扩张及其临床意义研究】　该项目由第二军医大学附属长征医院承担完成，于 2005 年通过上海市卫生局组织的鉴定，达到国内领先水平，部分研究达到国际先进水平。

该研究通过对眼上静脉扩张的影像学表现、病因学诊断、解剖学定位及介入治疗等方面进行的全面系统研究，在国际上首次最大样本的揭示导致眼上静脉扩张特征，对识别眼上静脉扩张有指导意义；国际上首次系统多角度地揭示导致眼上静脉扩张的病因及扩张机理，为鉴别导致静脉扩张的原发病提供有力依据；在国内最早开辟经眼上静脉这一特殊途径运用介入技术治疗颈动脉海绵窦瘘等眼眶血管病。自 1984 年开展眼眶病诊疗工作以来，该项目共对 432 例眼上静脉扩张的眼眶病患者进行了影像学分析和病因学诊断，诊断准确率达到 94.2%；对 34 例难治性颈动脉海绵窦瘘经眼上静脉逆行栓塞治疗，治疗成功率达到 91.2%。

（秦若辉）

【数字心电图设备研制成功】 由上海数创医疗科技有限公司于2005年自行研制开发的数字心电图设备，拥有全部知识产权和专有技术，技术成果达到国际先进水平；产品性能和医用电器性能符合国际标准，可进行计算机辅助心电图诊断、网络化传送和管理，以及作为医院综合信息管理系统（HIS）的子系统。该产品具有以下技术优势：(1)采用12导联同步采样、显示、传输、存储和打印，提高了心电图诊断精确性，是当前国际医学界推荐的采样方式。(2)具有数据库管理和远程会诊功能，适应病人需求和医疗体制改革需要。(3)图形激光打印永久保存，优化存档流程降低成本，为举证倒置提供方便。(4)图形数字化，图形报告一体化，符合医院数字化要求，可与医院信息系统无缝整合。

（吴亦闻）

【恶性肿瘤免疫治疗技术通过Ⅰ期临床试验】 该项目是复旦大学附属肿瘤医院与美国耶鲁大学的合作项目，于2005年通过Ⅰ期临床试验。该项目设计了一种新型抗肿瘤靶向疫苗技术，对病人自身的肿瘤细胞进行改造，特异性激活自身树突状细胞，通过抗原的递呈，再激活杀伤性的淋巴细胞，达到抗肿瘤的目的；已初步进行了8例肠癌病人应用，临床试验发现，除了注射部位有Ⅰ度皮肤反应和轻度发热外，该免疫治疗方法对其他重要器官均无毒副作用，显示了该治疗技术的良好安全性。在Ⅰ期临床试验的过程中，初步的观察有4例病人(50%)的血清癌标记抗原水平明显下降，进一步的安全性、疗效和生存时间的评价仍在观察之中。肿瘤分子靶向疫苗是将靶向技术应用于肿瘤免疫调控的尖端技术，没有传统化疗和放疗的毒性，如能达到与化放疗同等的疗效，将会明显提高肿瘤患者的生活质量。此外，该技术还可进行手术后的免疫预防。

（郭建忠）

【多系列手术专用软件系统在骨科手术导航中的应用获得成功】 该项目由上海交通大学和上海市第六人民医院等单位承担，2005年已在正颌外科、膝关节和牙种植手术三方面应用了专用手术导航系统。其中，牙种植手术导航已经进入临床应用和产业化阶段；膝关节和正颌外科导航已完成临床前期的手术模拟和模型精度测试，即将进入临床应用阶段；脊柱和创伤、股骨头坏死导航关键技术问题已得以解决。该手术导航系统在术中将手术器械和患者空间的位置关系反映到计算机屏幕上显示，从而延伸了外科医生有限的视觉范围，在图像引导下根据术前的手术模拟结果实施手术。正颌外科手术导航系统体现了定位准确、显示清晰、实时性高的优越性，提高了手术定位精度，对减少手术创伤、实施复杂骨科手术、优化手术路径及提高手术质量等具有十分重要的意义，具有较高的临床应用价值。

（吴俊伟）

【高精度神经外科手术导航系统提高手术质量和成功率】 该项目由复旦大学数字医学研究中心承担，已完成CT、MRI图像的配准与融合，头部三维数据场的快速分割与识别，CT、MRI图像的快速、高精度三维重建，人体虚拟模型与实际病人之间空间位置的高精度配准，三维虚拟手术计划与手术模拟等关键技术的研发。并在此基础上，开发出一套具有自主知识产权的神经外科手术导航系统，关键性能指标达到国际同类产品的水平。

该系统以CT、MRI等图像为基础，重建精确的人体虚拟三维模型，在手术前建立模型和实际病人之间的空间位置对应关系。术中使用高精度空间定位系统，跟踪病人和手术器械的位置，并将这些信息反映到虚拟的三维模型上，使用这个虚拟模型来指导和监控手术过程。该系统在辅助疾病诊断、手术方案的制定、手术过程的监控和指导等方面可以发挥巨大作用。

2005年，该系统已通过上海市医疗器械检测所进行的形式检测，并在复旦大学附属华山医院神经外科和山东省立医院神经外科进行临床试验，分别完成病例35例和15例，显示该系统可提高手术质量和成功率。

（吴俊伟）

【临床基因扩增检验实验室通过卫生部验收】 同济大学附属同济医院"临床基因扩增检验实验室"于4月15日正式获得卫生部临床检验中心颁发的技术验收合格证书，开始用于临床检验，标志着该院临床检验技术水平又上新台阶。基因扩增技术是用于体外进行DNA复制的技术，通过检测标本中的特定DNA或RNA用于临床疾病诊断和疗效观察；具有灵敏度高的特点，能将待测标本中的DNA或RNA特异性地扩增100万倍以上，能在10万个细胞中检出仅含一个基因分子的样品。该技术采用TaqMan荧光定量PCR新技术，与传统方法相比,在增加灵敏度的同时增强了特异性,与临床有很高的符合率。同济大学附属同济医院已开展乙型肝炎病毒DNA的定量分析(HBV-DNA)、丙型肝炎病毒定量分析(HCV-RNA)、结核杆菌DNA定量分析(TB-DNA)、沙眼衣原体DNA定量分析(CT-DNA)等项目。

(许伟良)

【第二届亚洲检验技师学术大会】 该会议由亚洲医学检验学会、中华医学会检验分会共同主办、上海市医学会承办,于9月25～28日在上海光大会展中心召开。上海市副市长杨晓渡出席会议开幕式并致欢迎辞。参加会议的国内外代表共有500余名,其中,德国、加拿大、韩国、日本、新加坡、印度尼西亚、泰国、马来西亚、菲律宾、文莱及中国香港地区的代表100余名。该大会以"前进中的亚洲"为主题,制定了富有挑战性和前沿性的学科会议和活动日程,有大会报告、专题会议、专题讲座,以及与会代表的口头报告和墙报。会议期间还举办了"国际临床检验产品展览会",代表们不仅在会议上交流了学术成果,还在展览会上了解到了最新的产品与技术,也为国内外的各专业厂商创造了能与亚洲各国检验医学专家进行直接沟通和交流的机会。

(朱炎苗 周 群)

【第六届华东六省一市泌尿外科、男科学术会议】 该会议由上海市医学会主办,于6月8～10日在上海商城举行。来自华东地区各省市的400余名泌尿外科、男科学的专家和教授参加了学术会议。该会议围绕"泌尿生殖系统肿瘤"、"泌尿系结石"、"基础"、"腹腔镜和内镜"、"男科学"、"创伤、畸形、尿动力学"、"器官移植"和"前列腺疾病"等8个专题展开,共有964篇论文进行了大会报告及大会交流,并举行了中青年优秀论文评选活动。

(朱炎苗 周 群)

第二节 生 殖 健 康

【人口和生殖健康概述】 2005年,上海市人口和计划生育系统中标国内各级各类科研项目17项,获科研经费147.5万元。此外,上海市人口计生委还组织了"人口区域合理分布"、"上海人口发展战略"、"流动人口双向互动源头管理"和"上海市人口安全研究"等17项软科学研究。具有自主知识产权的"含孕二烯酮单根型皮下避孕埋植剂"完成Ⅰ期临床试验,"含天然孕酮哺乳期用阴道避孕药环的研制及临床研究"完成临床前研究。上海承担的"成熟避孕方法的推广研究"等4项国家"十五"科技攻关项目通过验收。程利南教授编著的《紧急避孕》科普读物获上海市科技进步三等奖。创刊于1980年的中国第一本计划生育专业核心学术期刊《生殖与避孕》(中文版)从2005年起改版为月刊。

5月,上海市人口计划生育系统的"科技活动周"和"科技节"以徐汇区为活动主会场,举办了"科教进家庭系列活动暨《家庭小百科》授书仪式",并在社区开展了一系列贴近生活、贴近群众、内容丰富、形式多样的群众性科技活动。

同月,闸北区的人口计生委、民政局和卫生局在该区婚姻登记处开设了免费婚前体检和计划生育咨询服务,成为上海市第一个融婚前体检、保健咨询和婚姻登记于一体的"一门式"服务机构。

6月,上海各区(县)计划生育指导站通过了上海市人口计生委组织的机构和人员校验。这是2001年贯彻国务院《计划生育技术服务条例》以来,首次三年一度的全面校验。

9月,科技部"十五"攻关项目"宫内节育器不良反应主动监测"(分中心)在上海市计划生育技术指导所开题;国家人口计生委和上海市科委项目"避孕药具不良反应被动监测"在徐汇区和黄浦区起步。

10月,上海信谊康捷药业有限公司新型口服避孕药"复方醋酸环丙孕酮片"获国家食品药品监督管理局药物临床试验批件(批件号:2005L03559)。

11月,上海市计划生育科学研究所和上海市计划生育生殖健康研究学会联合组织召开了"计划生育生殖健康优质服务国际研讨会"。来自11个国家的230位学者出席了研讨会;上海市政协副主席左焕琛、国家人口计生委相关司局领导,以及世界卫生组织、联合国人口基金会、福特基金会等国际组织代表到会致辞。

同月,上海市计划生育技术指导所作为联合国人口基金会(UNFPA)南南合作培训中心,为老挝教育部青少年生殖健康项目官员举办了"青少年性与生殖健康和权利咨询技巧高级培训班"。

12月，上海市人口计生委和复旦大学社会发展与公共政策学院联合举办了“上海未来人口发展战略研讨会”，对“十一五”期间上海人口总量、结构、分布、素质等提出科学判断和目标；并对流动人口、老龄化等问题进行了深入研讨，为中共上海市委、市政府社会发展决策提供了有关人口学的参考资料。

同月，长宁、闵行两区荣获“全国计划生育生殖保健优质服务先进区(县)”称号。

(徐晋勋)

【儿童生长障碍与SHOX基因突变有关】 儿童生长障碍在群体中的发生率可达3%，其中绝大部分是原因不明的特发性身材矮小。人体生长障碍是基因与基因、基因与环境等相互作用所致的一类复杂遗传性状疾病。当机体功能发生变异时，一些重要物质和分子(生长激素、性激素、遗传易感因素、环境精神因素等)表达通路上受到影响，导致生长滞后。因此，搜寻突变及进行关键基因型与临床表型的相关性研究，将有助于人体生长障碍病生机制研究及寻找相关致病基因，为进一步探索有效临床干预治疗奠定理论基础。

上海第二医科大学附属瑞金医院儿科于2003年8月至2005年1月，遴选特发性矮小23例、Turner综合征15例和软骨骨生成障碍2例，另选35例正常健康者作为对照，分别采用PCR－SSCP及DNA直接测序法对SHOX基因6个外显子(编码区)进行突变筛查和SHOX基因序列(测序总长度为3 884bp)；并根据基因检测结果，进行病例对照关联分析。研究结果显示：(1)中国儿童特发性矮小、Turner综合征和软骨骨生成障碍患者中存在SHOX基因缺陷，其中G320A、G359T是两个新发现的致病突变位点，nt548C→G与国外报道的突变位点相同。(2)SHOX基因突变常伴上臂提携角增大、肢中部缩短和曲腕畸形等骨骼发育不良。(3)存在突变的患儿比该研究中未发现突变的患儿身高要矮1.8SD。(4)采用重组人生长激素(rhGH)治疗一例SHOX基因缺陷患儿，短期生长速率明显加快，未见加重骨骼畸形。该研究结合国际研究动态和临床实践，提出相应的研究结论和观点，为该领域深入研究奠定了基础，于1月通过上海市人口计生委组织的专家验收。

(徐晋勋)

【性染色体病临床与细胞遗传学研究取得进展】 性染色体疾病，即人类性染色体(X、Y)先天性数目或结构异常引起的临床综合征及其相关疾病，严重影响个体身体和智力的发育，影响婚姻和生育。如何避免漏诊和对可疑病例的确诊，以进行早期干预，是优生优育领域中的一个关注热点。

上海第二医科大学附属新华医院、上海市儿科医学研究所等，历时3年，对4 806例染色体检查中发现的278例性染色体疾病(其中特纳氏综合征171例、克氏综合征88例、超雄综合征12例、超雌综合征3例、46,XX男性4例)应用多种细胞遗传学技术进行染色体核型分析，深入进行临床与细胞遗传学相关研究，发现一些罕见的特殊病例和染色体核型。该研究认为：(1)咨询门诊如发现有性器官、性发育异常者，需详细询问病史和认真检查，尤其要注意智力和生长有无迟滞现象。(2)对疑诊性染色体异常患者均应选择和合并应用多种染色体显带技术，确定核型，以便进行及时、有效干预。该研究以常用改良的细胞遗传学技术结合全面遗传咨询方法，提高了性染色体疾病的正确检出率，为该方面疾病的临床诊治树立了典范，提供了有益的经验；研究中的临床资料也为性染色体病临床与细胞遗传学领域提供了有价值的数据和信息。该项目于9月通过上海市人口计生委组织的专家验收。

(徐晋勋)

【妥塞敏预防宫内节育器放置后经血过多的临床试验】 宫内节育器(IUD)是中国妇女使用最为广泛的避孕方法。经血过多、经期延长或不规则出血是IUD放置后最常见的不良反应，也常导致IUD取出。妥塞敏(氨甲环酸)是世界卫生组织指定的常规止血药，国外已用于IUD放置后月经异常的防治，但国内尚无这方面研究。

为了解妥塞敏在中国妇女中预防IUD放置后经血过多的效果，上海市计划生育科学研究所进行了随机、双盲、多中心试验，对195例放置IUD妇女分全剂量组、半剂量组和安慰剂组进行临床观察。结果显示：(1)置器后三组经血量均值分别为53.6ml、57.5ml和77.4ml，两个治疗组明显低于安慰剂组($P<0.05$)。(2)三组经血过多的发生率分别为16.67%、19.05%和40.00%(OR为0.21和0.32)。(3)三组置器后贫血发生率无统计学差异，但仅全剂量组Hb无明显降低。(4)三组经期天数、不规则出血无统计学差异。该研究认为：(1)妥塞敏全剂量应用(1.0g，2次/日，月经1～5天服用)可有效减少IUD放置后的经血量和经血过多的发生率。(2)半剂量应用(0.5g，2次/日)，也有明显疗

效，但低于全剂量。(3)妥塞敏对IUD放置后经期延长和不规则出血无显著疗效。该研究结果有望形成临床常规，从而提高IUD的可接受性。

(徐晋勋)

【脐血干细胞免疫逃逸机制的研究通过验收】　干细胞是一类具有自我复制能力的、在一定条件下可以分化成不同功能的细胞，存在于早期胚胎、骨髓、脐带和部分成年人体中。干细胞由于免疫原性较弱，具有不易被排斥、能在体内长期存活的特征，被称之为"免疫逃逸"现象。干细胞免疫逃逸机制的研究，对妊娠等生殖生理研究和肿瘤、器官移植免疫反应等临床治疗具有重要意义。

复旦大学附属中山医院泌尿科等，于2004年1月至2005年6月间，采用细胞杀伤、克隆增殖和流式细胞分析等实验技术，对脐血造血干细胞表面组织相容性抗原(MHC)Ⅰ类、Ⅱ类和免疫耐受分子人类白细胞抗原G(HLA－G)的表达，以及自然杀伤细胞(NK)受体NK_P30、NK_P44、NK_P46的配体的表达进行了研究，并与骨髓和外周血造血干细胞的表达情况进行比较。研究发现：(1)三类造血干细胞对细胞毒性淋巴细胞(CTL)都有一定程度的免疫逃逸能力，三种干细胞对CTL的免疫逃逸无显著差异。(2)三类造血干细胞对自然杀伤细胞(NK细胞)也都有一定程度的免疫逃逸能力，脐血干细胞优于骨髓干细胞，后者又优于外周血干细胞。(3)NK_P30、NK_P46的低表达性可能是三种造血干细胞对NK免疫逃逸的共同机制。(4)脐血干细胞表面一定量的HLA－G可能是对NK细胞具有更强逃逸能力的原因所在。该研究于6月通过上海市人口计生委组织的专家验收，专家认为，脐血干细胞来源丰富，不易受到病毒和肿瘤的污染；研究结果在抑制移植免疫的临床应用具有一定的意义。

(徐晋勋)

【建立与上海现代化国际大都市发展相适应的人口统计指标体系及工作机制研究结题】　上海市人口计生委于2004年6月至2005年5月采取实证调查分析和理论研究相结合的方法，在对国际、国内已有研究进行全面检索和对上海市人口统计现行体制、机制及指标体系设置等进行全面分析、梳理的基础上，提出了适应现代化国际大都市建设需要的人口统计指标体系和工作机制改革的框架思路：(1)上海市人口与发展指标体系的建立宜分为人口自身发展、人口与经济社会、人口与资源环境三个大类。(2)要探索建立和完善以社区为依托的人口日常登记和信息采集、流动人口常规抽样调查、定期人口普查、人口与发展辅助决策支持系统四者有机结合的常住人口统计工作新机制。该研究还提出了建立人口与发展指标体系的四个原则，并将上海目前的发展状况与实现国际化大都市的21项指标进行比较，结果仅在常住人口规模、外贸出口依存度、平均期望寿命、婴儿死亡率、高等教育毛入学率、人均道路面积、信息化指数、空气污染指数和超过半数的500家全球性企业设立的分支机构等9项指标达标；其余12项指标，如人均GDP、人均住房面积、人均公共绿地、轨道交通客运比重、海外入境旅游人数等的实现程度都在40%～60%之间，尚有较大差距。

(徐晋勋)

【孩子成本和效用研究达国内领先水平】　作为"新概念家庭计划"的一个部分，徐汇区人口计生委和上海社会科学院采取多段、分层、配额抽样方法，对徐汇区6个街道748户有0～30岁未婚子女(哺乳期、幼托期、小学、初中、高中、大专以上和未婚不在读阶段各100户以上)进行家访，从获得养育孩子所需成本及其收获的第一手资料进行统计分析，结果显示：(1)孕产期直接和间接成本差异较大，从3 800元到16万元。(2)教育成本在总经济成本的比重骤升，仅次于饮食、营养费用。(3)信息化和社会保险成本凸现(包括手机、电脑、上网、医疗、保健等)。(4)成年子女潜在的延伸成本不容忽视(30岁以下不在读未婚子女，85%仍需父母支出部分或全部生活费)。(5)生育孩子会对父母产生一些身心健康的负面影响，也需父母付出个人发展的机会成本。(6)抚育孩子过程中，父母也有不同程度的收获，如自身成熟、心理满足、夫妻凝聚力、年老体弱时获得子女关怀的期望等。(7)以2003年物价水平，徐汇区0～30岁孩子年平均费用的总和高达49万元。

该研究认为孩子抚育成本高昂，在上海户籍人口中超生和性别选择的可能性不大。同时，还提出了宜进一步优化抚育成本结构，提升单位成本效用；根据家庭不同的生命周期和需求，普及心理、保健和营养学知识；拓展和强化社区人口计生领域个性化的优质服务等建议。该研究于5月通过上海市人口计生委组织的专家验收，为国内孩子成本和效用研究领域提供了有价值的资料和有益的研究经验，达国内领先水平。

(徐晋勋)

【社区成功推广“比林斯自然避孕法”】 比林斯自然避孕法是根据月经周期中宫颈黏液有规律的分泌，自我识别易受孕期和不易受孕期，遵照一定规则周期性禁欲而达到避孕目的；是1992年国家计生委等四部委联合公布的65种避孕方法之一。一般认为，该法因需自我识别宫颈黏液分泌性状，在禁欲期需夫妻双方配合，适宜知识或白领阶层。

黄浦区人口计生委于2003年2月至2005年1月的两年间，在社区开展比林斯法的应用。观察132例，除4例中途退出外，其余128例均连续使用12周期以上(共2 397个周期)，无一例妊娠，也无发生不良反应。而在应用此法之前，该128例中有124例曾有一次以上的人工流产。该128例年龄跨度从22～49岁，受教育程度从初中以下至本科以上，职业从无业、个体、普通工人到各类专业技术人员、国家公务员。月经周期有短周期、一般周期和长周期，以往避孕措施也从宫内节育器、避孕药、避孕套到外用杀精剂、安全期不等。黄浦区人口计生委在社区成功推广比林斯法的经验是：(1)尊重育龄夫妇的意愿，在辖区内开展避孕方法的“知情选择”。(2)有一支指导者队伍(由社区计生干部承担)。(3)在统一培训的基础上开展一对一的指导。(4)定期交流，持之以恒。其结果显示，在有培训和指导的前提下，比林斯自然避孕法可以提供给所有育龄夫妇选择使用。

(周晓波)

【计划生育协会在艾滋病防治宣教行动中的作用将越来越显著】 国内艾滋病疫情呈快速上升趋势，正处于由高危人群向普通人群扩散的临界点。坚持预防为主、广泛开展宣传教育和行为干预是治本之策。计划生育协会作为全市生殖健康领域中最大的群众团体，如何在艾滋病防治宣教行动中发挥更大作用，是一项“利在当代、功在千秋”的实证性研究。

该协会于5～9月，选择静安、普陀两个区级计划生育协会，通过问卷调查、小组访谈、查阅资料等，了解基层计划生育协会在预防艾滋病宣教工作中的现状、优势、潜力与挑战，探索有效参与预防宣教的合理途径和模式。在充分调研的基础上认为：(1)计划生育协会有责任、有能力积极参与艾滋病防治宣教行动。(2)协会参与艾滋病防治宣教行动的优势在于健全的网络、非政府组织的身份和以往开展性与生殖健康教育的基础。(3)计划生育协会应以网络为基础、社区为中心，通过会员、志愿者向流动人口、娱乐场所从业人员、青少年等传递知识和信息，促进行为转变，普及和推广使用安全套。为了积极做好以上工作，上海市计划生育协会要求区级和社区计划生育协会把握四个环节：(1)把艾滋病防治宣教工作纳入协会发展战略。(2)促进部门合作、加强国际交流。(3)以项目运作形式争取政策和经费支持。(4)巩固、提高自身能力建设。在上海市艾滋病防治宣教行动中，各级计划生育协会的作用将越来越显著。

(周晓波)

【区级层面人口学研究促进社会事业的发展】 卢湾区人口计生委、闸北区人口计生委于2005年第一季度进行了抽样调查。调查结果显示60岁以上老人比例高(占常住人口的1/5)、老年人丧偶比例高(1/4～1/2)、健康欠佳(75%患慢性疾病)、经济拮据、多数(90%)愿意居家养老。该研究认为：(1)社区应对老人提供居家养老的服务，如家政服务、保健上门、老年中心、托老中心以及对经济条件较好者提供高层次特色服务。(2)加强宣教，引导居民接受社会化养老方式，适度发展中等档次养老机构，使社会化养老的潜在可能成为现实。(3)独生子女父母对自己今后的养老问题宜“三管齐下”，即重视对子女的道德教育、养成终身保健理念和注重养老金的储备。

随着经济体制改革的深入和产业结构的调整，城市中出现一批需社会给予帮助的特殊人群，如无业人员、残疾人、军烈属、外来媳和知青返沪子女等。静安区人口计生委从2005年初起，利用健全的工作网络和良好的群众基础，在保护隐私的前提下，了解他们计划生育、生殖保健方面的需求，并基于需求选择适当的服务干预，包括组建外来媳联谊会、开展婴幼儿护理技能培训、为无业人员提供免费妇科检查和透环服务、在小区信箱处安装“生殖保健宣教资料自助箱”、在小区门卫室设立“24小时避孕药具免费发放点”、定期或不定期开展各类生活和保健讲座等。为使服务能持久开展，还研究形成了一套工作流程和服务规范。

嘉定区外来人员占全区常住人口50%。外来人员出生性别比高达135。对此，嘉定区人口计生委于2005年上半年在外来人员中开展随机抽样调查并针对问题进行干预：(1)深入、持久开展“婚育新风进万家活动”、“关爱女孩行动”，逐步改变外来人员的生育观。(2)建立、健全社会保障制度，对独生子女和双女户家庭给予奖励扶助。(3)加大禁止非医学需要胎儿性别鉴定和非医学需要中孕引产的监管力度。(4)扩大免费避孕药具发放点和宣教、咨询服务面。

（周晓波）

【人精源性新基因 hssp411 在辅助生殖技术中的应用研究取得进展】 精源性 SSP411 是一种睾丸组织特异表达的硫氧还蛋白。2005 年，上海市计划生育科学研究所在该项目的研究中，发现该蛋白除了在精子细胞、精子中大量表达外，还在受精卵的双原核期有显著表达，而卵母细胞、初受精卵及随后的二细胞受精卵中均未检测到 SSP411。该发现是继 2004 年英国和美国科学家联合在英国《自然》(*Nature*)杂志上发表父亲传递给子代的遗传物质除了 DNA 外，还有信使 RNA(mRNA)以后，又一个在受精过程中，精子发生 ssp411 mRNA 传递的例子。该研究所还将通过更为严谨的实验进一步证实以上结论。该项研究的目的是通过研究精源性 SSP411 在早胚发育阶段的贡献来探讨男性不育的分子机理，为临床不育检测和治疗提供新的对策，为生育调节提供新的思路。

（郭茜瑾）

【乳房自我检查对降低女性乳腺癌死亡率的评估达到国际先进水平】 该项目是中美合作科研项目，由复旦大学附属中山医院承担，于 9 月通过了上海市卫生局的鉴定，成果达到国际先进水平。该项目为大样本随机化前瞻性研究，包括 26.6 万人群，进行了五年强化指导，七年跟踪随访，国内外尚无如此大规模的研究报告，设计方法和结论已被 WHO 所属的国际癌症研究中心(IARC)出版物《癌症预防手册·乳腺癌筛查》引用。

该项目设计的强化型乳房自我检查指导方法包括上课讲解演示、录像带强化教育、定期测评、监察下自查、提醒卡督促自查等，组成了一套完整的指导方法。执行过程中，建立了完整的跟踪系统，20 余种表格完整详细地记录研究对象与 BSE 有关的各种事件，各类数据真实可靠，各项分析细致合理，在国际上同类研究中未见报导，具创新性。该项目针对乳房自我检查对降低女性乳腺癌死亡率的作用进行了充分的科学的论证，结果显示乳房自我检查未能下降女性人群的乳腺癌死亡率，但对开展乳腺癌的早发现工作具有指导意义。

（王小华）

【母—胎免疫调节机理的研究达到国际先进水平】 该项目是国家自然科学基金和上海市基础研究重点项目，由复旦大学附属妇产科医院承担，于 10 月通过上海市卫生局鉴定，成果达到国际先进水平。该项目以母—胎免疫界面的主要组成细胞、协同刺激分子、趋化因子及免疫抑制剂环孢素作用及其机制为突破口，从母—胎界面至外周免疫，较系统地研究了母—胎界面免疫调节的分子机制及可能的对策，获得了创新性的研究成果：(1)建立了分离、纯化和鉴定绒毛滋养细胞和绒毛外滋养细胞的方法。(2)证实共刺激分子在母—胎免疫调节中的作用，发现孕早期干预协同刺激分子可诱导母—胎免疫耐受，防止胎儿流产；过继转输胚胎抗原耐受的 T 细胞可训导母体 T 细胞耐受父系抗原，产生保胎效果。(3)发现母—胎界面优势表达某些趋化因子及受体，并证实滋养细胞通过自分泌方式发挥上调作用；通过旁分泌方式募集蜕膜 NK 细胞、T 细胞及单核巨噬细胞，在母—胎免疫耐受及其调节中起重要作用。(4)发现环孢素能明显促进滋养细胞的侵袭生长能力，并诱导母—胎免疫耐受，从而改善妊娠预后。

（王小华）

【提高卵巢恶性肿瘤自杀基因治疗疗效的研究达到国际先进水平】 该项目是国家自然科学基金和上海市青年科技启明星计划项目，由复旦大学附属妇产科医院、上海市肿瘤研究所和上海长征医院共同承担，于 12 月通过教育部验收，成果达到国际先进水平，相关论文多次被国内外杂志引用。该项目在国内外率先建立了便于实验观察和分析的卵巢癌裸鼠网膜移植模型；首次利用高效靶向的非病毒载体(GE7)与自杀基因治疗相结合治疗卵巢癌；首次将介入治疗与靶向非病毒载体及高效的目的基因相结合治疗卵巢癌，起到增强靶向性和高效性的目的；首次应用自杀基因治疗与周期特异性化疗药 5－Fu序贯治疗卵巢癌，进一步提高了疗效。

（王小华）

【多模式综合治疗浸润性宫颈癌的临床和基础研究达到国际先进水平】 该项目由复旦大学附属肿瘤医院承担，于 1 月通过上海市卫生局鉴定，成果达到国际先进水平。该项目在国内，最先将介入化疗技术应用于巨块型宫颈癌的术前治疗，并比较了术前介入化疗与传统腔内放疗在宫颈癌治疗中的作用，对根治性放疗后复发的再次放疗取得较好的疗效。

该项目在临床和基础方面进行了多点研究。通过3 000多例的临床病例总结，得出了下列结果：术前介入化疗联合根治术治疗巨块型Ⅰb～Ⅱa期宫颈癌，肿瘤退缩率达95%。经比较发现，介入化疗对治疗巨块型宫颈癌疗效优于腔内放疗。对年轻早期宫颈鳞癌患者施行卵巢移位术，保留卵巢功能，提高术后放射患者的生活质量。有高危因素的宫颈癌患者，术后采用同期放化疗，降低了术后复发率，使5年存活率提高。放疗在局部复发宫颈癌的再治疗中是一种有效的治疗手段。在宫颈癌的放射敏感性研究发现增殖细胞核抗原(PCNA)和放射诱导凋亡是宫颈癌放射敏感性的指标之一。

（王小华）

第三节　文　　化

【上海文广集团获多项全国技术质量奖】 上海文化广播影视集团在国家广播电影电视总局举办的2005年度各类技术质量奖项评审中收获累累。

获全国广播节目技术质量奖10项。其中：一等奖5项，分别是语言类节目《弄堂随想曲》、《逝去的声音》和《大洋边，一个被遗忘的人》，音乐类节目《浮世德》芭蕾音乐选段，广播剧类节目《刑警803——谁是凶手》；三等奖5项，分别是音乐类节目《年轻的王子和公主》，戏曲类节目越剧《血手印——诀别》和昆曲《锦缠道》，以及上海人民广播电台990/93.4频率节目和上海东方广播电台1296/104.5频率节目。

获全国电视节目技术质量奖(金帆奖)8项。其中：一等奖2项，《东视新闻》获录制技术质量一等奖，陈再现、沈炜、彭成、盛铁骏、余颖、孟丽芳、陈春晖、顾洁等8人获播出技术质量一等奖；二等奖3项，电视剧《一江春水向东流(28集)》、短片《中国绍兴》和动画片《小鬼别动队》分别获录制技术质量二等奖；三等奖3项，《首届十佳明星家庭颁奖典礼》和《圣诞节日祝贺片》片头分别获录制技术质量三等奖，《俏剑客》获声音制作技术质量三等奖。

在全国广播电视(监测系统)技术能手竞赛中，监测中心的朱晓霞和张熹薇分别获三等奖并被授予"全国广播电视技术能手"称号。

另外，在4月揭晓的国家广播电影电视总局2004年度科技创新奖评审结果中，上海文化广播影视集团获9个奖项，其中："数字媒体版权管理系统"和"广播自动播出系统安全体系的研究"分别获科技成果应用与技术革新二等奖，"笔记本式码流分析发生记录仪"获科技成果应用与技术革新三等奖；"上海文广集团移动办公与网络安全系统"、"上海东方卫视新闻数字系统"和"易播硬盘播出系统"项目获工程技术三等奖；"文广易通基于IP网络的数字新闻远程传送系统"和"数字电视邻频双工器"分别获高新技术研究与开发二等奖和三等奖；"上海广播电视监测系统的规划研究"获软课题研究二等奖。

在1月揭晓的国家广播电影电视总局2004年度全国广播电视技术维护先进台站、先进个人奖评审结果中，上海文化广播影视集团赵伟民获个人综合类三等奖。

（乐人杰）

【高清电视播出系统建成并投入运行】 上海文广新闻传媒集团的高清电视频道——"高清新视觉"频道于9月28日开始试播。该频道由上海文广新闻传媒集团技术运营中心搭建播出系统，上海文广互动电视有限公司提供节目；播出5小时，时间为19:00～24:00；于2006年起播出15小时，时间为9:00～24:00；节目内容以影视剧为主。该频道以数字方式播出，节目信号经编码、复用和调制后在有线电视Z－27频道(中心频率379MHz)中播出，要通过高清机顶盒接收。

该频道的播出视频格式采用国家高清电视标准1 080i/50hz，宽高比为16:9；音频格式为AES/EBU数字音频，平衡接口，兼容杜比立体声格式。播出系统采用一个PESA高清矩阵控制主备两路播出信号的切换；用SONY的HDW500F高清录像机播出；系统配备SNELL&WILCOX上变换器，可实现对主调度矩阵来的一路标清信号的上变换，作为应急播出的备份信号。

（陈再现）

【东方卫视频道落地福州并开播亚洲频道】 1月29日起，上海文广新闻传媒集团的东方卫视频道正式落地福州，至此，东方卫视已覆盖全国所有直辖市、省会城市和计划单列市。东方卫视组建以来，落地推广工作不断取得新进展，仅用一年半时间就覆盖了全国所有36个直辖市、省会城市和计划单列市，并将地级市覆盖率提高到90%，从而使东方卫视的各项落地指标的增长速度居全国各省级卫视台前列。此外，2月1日零点起，东方卫视亚洲频道正式在长城（亚洲）卫星电视平台上开播，沿用了东方卫视北美频道的节目，是11个参加该卫星电视平台的地方卫视之一。

（唐　侃　张　冰）

【SITV全国有线数字付费频道正式开通】　上海文广新闻传媒集团旗下的SITV全国有线数字付费频道集成运营平台经过为期10个月的试运营后，通过了国家广电总局的验收，于6月11日正式开通。截至5月，全国已有50家有线网络的数字付费电视用户可收看到SITV平台传送的14个数字付费频道，节目信号已覆盖全国25个省、自治区、直辖市的5 000万用户，其中付费电视用户达45万户。SITV平台在正式开通之时，又通过卫星将江苏电视台、辽宁电视台、中国电影集团公司等开办的付费频道向全国传送。

（路世贵）

【移动电视信号覆盖率增长到97%】　2005年底，上海东方明珠移动公司与上海移动通信联手合作，解决了电视信号覆盖盲点的相关技术问题，让乘客们在隧道里也可看到移动电视，使移动电视信号覆盖率从原来的92%增长到97%。东方明珠移动电视作为国内首家户外数字移动电视新媒体，收视终端已广泛覆盖于上海的6 000多辆公交车、5 000多辆出租车、部分轨道交通线路以及水上巴士等处，累计视频终端数达16 220个，日受众群体达1 200万人次，形成了规模庞大的户外立体交通数字移动电视信息平台。东方明珠移动电视每天连续播出17个小时40分钟节目，40多个栏目包括新闻、资讯、娱乐、服务、互动等多种类型，成为上海地区影响力不断提升的信息传播新媒体。

（路世贵）

【出租车数字分众电视专用平台开播】　2004年12月31日，上海出租车调度系统和出租车数字分众电视专用平台开通。出租车数字分众电视是上海文广科技发展公司利用数字电视技术独立研发成功、为出租车量身定做的全新媒体。该平台按照上海出租汽车管理处对出租车计价系统及调度系统的标准进行设计，通过最新的数字电视地面广播高新科技传送信息，不仅提高了上海客运服务水平，为出租车司机提供了即时的调度管理信息，而且满足了乘客不断增长的个性化要求，为乘客提供了解最新信息的渠道和高品质的节目，是一个信息发布的平台和对外宣传的重要窗口。

（王小弟）

【上海正式开通IP电视业务】　上海文广新闻传媒集团较早启动了IP电视业务的试验研发与实践运用，并获得了国家广电总局颁发的许可证。2005年，经过前期筹备和试播测试，该集团和上海市电信公司联合推出的IP电视服务在上海开通。闵行、浦东部分区域的居民从12月开始便可以申请开通IP电视业务。IP电视的直播频道、时移电视、互动电视、信息服务等综合业务将为用户带来文化娱乐生活新体验，通过时移回看功能，“让精彩重来、让昨日再现”成为现实，“我看我的”、“随意收视”给市民带来电视新理念。上海IP电视业务实时播出的直播频道现有50个，并已实现1～2天节目回看，还有1 000多个小时的点播节目。IP电视还具有信息集成、搜索和预订功能，能提供天气预报、交通、餐饮、商场促销等信息查询和预订。

（张　建）

【“东方手机电视”全网平台开通】　手机电视是指通过移动通信网或其他无线传输网络，以手机、PDA等手持设备为接收终端的移动视听业务。上海文广新闻传媒集团于2004年6月组建了上海东方龙移动信息有限公司，开始涉足手机电视。2005年，该公司在上海地区启动手机电视试播，并成功推出中国第一部手机短剧《新年星事》、手机互动情景剧《白骨精外传》等。5月13日，上海文广新闻传媒集团与中国移动通信集团进行战略合作，共同推进手机流媒体业务。自9月28日开通“东方手机电视”全网平台以来，发展势头喜人，以平均每天4 000户的速度增长，现有用户已超过40万户。10月，东方手机电视的节目已相继成功输出到中国台湾、新加坡和文莱等地移动电话运营商的3G网络中，开创了手机电视对外的新渠道。

（贺惠玲　郑　杰）

【DMB手机电视技术试验成功】　3月，经国家广电总局和上海市无线电管理局的批准，上海东方明珠（集团）有限公司开展了L波段DMB（数字多媒体广播）技术试验工作，并在上海建立了DMB手机电视技术试验覆盖网络。使用DMB技术传播视频速度可达每秒25帧，电视节目经过压缩编码后，通过发射覆盖网络，把信号以无线的方式传输到用户的手机或手持设备上，实现手机实时看电视的梦想。采用DMB技术实现的手机电视，具有技术成熟、成本低廉和性价比高以及投资低、移动传输性强、小型化和省电的优势，可传输视频节目和若干音频节目以及气象、股票及财经等数据信息。与此同时，东方明珠数字广播电视研发中心研制成功一款DMB数字多媒体广播新型电视手机，用该手机看电视不仅便捷，而且价格更低。

（林定祥　李梦甦　丁　湧）

【SMG手机电台正式诞生】　7月11日，由上海文广新闻传媒集团研制的“SMG手机电台”正式诞生。该电台是国内首个由传媒机构全程提供集群语音内容支持，并通过无线网络实现语音资讯实时或延时互动传播，也是国内首次成功采用IVR技术将广播语音节目系统拓展至新媒体的有益尝试。

IVR技术是通过通信网络对音频信号采集、压缩、转换和传输，其接受信号的覆盖面更为宽广，只要有手机信号的地方就能收听到手机电台，解决了调频收音机抗干扰差的不利因素。依靠手机网络，可方便地实现走向全国的目的。“SMG手机电台”已开通并可实时收听“东广新闻”、“音乐”、“体育”、“东视文艺”等4套频率、频道的语音内容。此外，“新闻”、“音乐”、“体育”、“都市792”、“990新闻”、“戏文”等频率中的几十套名牌栏目也将以“点播”形式为听众提供“在线延时重听”服务；用户还可依据亲友的爱好，向其“友情点送”相关语音资讯。本地用户只要播打125901586（移动）和10157586（联通）等特服号码，就可收听该集团11个频率中播放的精彩语音节目。

（沈　健）

【上海停车信息广播发布系统开通】　12月28日，由上海文广新闻传媒集团广播新闻中心上海交通台（AM648、FM105.7）和上海市城市交通管理局、市公安局交警总队、上海通大信息网络公司联合推出的“上海停车信息广播发布系统”举行了开通仪式。

该系统是上海交通台继“上海快速路交通信息广播发布系统”之后，推出的又一个交通信息广播发布系统，是在精准的GIS电子地图上，将市中心区域30％范围内的经营性停车场（库），包括黄浦、静安、卢湾、徐汇四个区20km^{2}范围内的240家约18 000个泊位构成的网络系统用光缆接入直播室，整合处理后进行定时发布。内容包括：车位占用总百分比、各主要CBD车位占用百分比、停车收费标准、停车场库车位的实时空余量等。此外，这个系统还将为驾车人提供车位预定和停车及出行指路等服务。从2006年1月1日开始，该系统将正式通过上海交通台和东广新闻台在每天75次路况报道中及时发布。

（焦彤郃）

【国产化数字电视发射机研制成功】　2月，由上海文化广播影视集团下属明珠科技公司通过吸收国外先进技术，研制成功国产化1 000W数字电视发射机。该设备特点是：(1)发射系统兼容性好，既能播出高清数字电视节目，也能播出标清数字电视节目；能够兼容多种制式的调制器，包括采用欧洲标准的多家公司的调制器以及国内正在开展试验制式的调制器。(2)发射系统能邻频工作，节约了频道资源。(3)上变频器设计安全可靠。(4)功率放大器采用宽带放大器，能覆盖整个UHF波段，在发射频道改变时无须进行逐个频道的调整。(5)控制系统功能齐全，有完善的报警功能和保护功能，图形界面采用人性化的设计，稳定性高。经检测，该设备的技术指标已达到甚至超过欧洲地面传输标准DVB－T所规定的参数。该发射机已在虹桥路广播大厦发射台投入移动电视的发射，运行状况良好。下半年，该公司又成功研制出1 500W国产化数字电视发射机，形成了200W、400W、800W和1 500W国产化的数字电视发射机系列。

（朱瑾瑾　韩　忠）

【正交频分复用（OFDM）数字中波发射系统通过验收】　该系统由上海文广科技发展公司下属明珠科技公司研制成功，于11月13日通过了上海市科委组织的专家验收，技术水平处于国内领先，各项技术指标已达到国际先进水平。

数字AM广播（DRM）既保留了模拟AM广播覆盖范围广、固定、便携和适合移动接收的优点，又克服了传输质量差、发射功率大的缺点，可极大改善广播质量。因此，数字AM广播是模拟调幅广播发展的必然趋势。该系统是数字AM广播的发射系统，采用了MPEG－4子集AAC（先进音频编码）、CELP（码本激励线性预测）、HVXC（谐波矢量激励编码）编码方式，可根据需要增加数据和图像信号进行多媒体广播；多载波的正交频分复用

(OFDM)方式对数字音频信号的传输编码增加了适当的纠错码,提高了传输的可靠性和频谱的利用率。该系统攻克了在宽带激励器、宽带音频调制器、宽带功放、数字调制器、宽带功率合成和宽带输出网络等技术难点,在传输通带内调制线性好、相对偏移小,确保信号传输的误码率最小;通带外,衰减足够大,辐射最小,抑制了对邻频发射机的干扰。

(韩 忠)

【上海档案科技研究取得新的进展】 2005年,上海市档案科技研究工作取得新的进展。全年共批准立项16个档案研究项目,其中有4个项目获国家档案局立项,6个项目获上海市科委立项,立项数占全国档案界之首,包括档案信息资源建设、基于Internet的档案网络教育管理等前沿课题;组织完成了近20项研究课题,如上海市档案馆承担的"基于涉密网的档案与现行文件交互管理系统的研究与开发"、上海市档案局与静安区档案局共同完成的"通用电子文件的鉴定与保管期限表的研究"、中国人民解放军南京政治学院上海分院承担的"异构档案数据整合与检索技术研究"、"基于XML的档案机读目录信息描述与WEB检索实现研究"、上海市档案局等单位承担的"专题档案目录数据标准及其管理系统研究"和"归档电子文件载体鉴定与存储寿命的研究"、上海市档案科技研究中心承担的"档案科技工作框架体系与运作机制研究"。经专家委员会评审,评出2005年度上海市档案科技成果获奖项目9项,其中特等奖1项,一等奖4项,二等奖2项,三等奖2项。同时,还有1项科研成果获得上海市科技进步三等奖。

(楼锦洪)

【上海地区档案网站群初步形成】 2005年,为了更好地服务档案界,上海档案信息网在全国首创"档案文库"栏目,为档案学术理论研究交流提供了信息交互平台。利用视频点播,在网上推出了拥有自主知识产权的高清晰度视频节目《一号机密》(节选)和《追忆——档案里的故事》(15集),深受网民的欢迎。网站与"上海"门户网站建立链接,扩大了信息网站的知名度和影响力;与"社区信息苑"链接,实现了档案信息进社区。上海档案网从国外权威网站编译的外国档案信息被国内众多档案网站关注和转载,其中"布什总统偕夫人参观加拿大国家档案馆保管中心"一文系国内首发。网站还推出"上海市档案馆航拍图片展示"等内容,举办"档案知识网络月月赛",有4 000人注册参加竞赛,全年网站点击率突破两百万,取得了较好的效果。同时,各区县档案局和部分专门、专业档案馆网站也逐步完善,初步形成了档案综合网站群系统,发挥了档案信息的整体效应。

(楼锦洪)

【上海档案目录中心应用系统项目(二期)通过验收】 该项目是在进一步完善上海档案目录中心应用系统(一期)各项功能的基础上,参考和借鉴国外档案管理系统建设的先进理念,结合国内档案信息化建设的实际,重点解决档案信息资源的积累和共享,其中的数据著录和检索模块通用性强、功能强大,能够较深层次地揭示档案信息资源的整体内容和相关信息,有效实现了分布式数据库的远程查询利用,满足各类不同用户查询利用档案信息的需求,于6月10日通过项目验收。二期项目的完成推动了档案数据库标准体系建设和统一应用软件的推广,为构建档案核心资源总库、实现档案信息资源的高度共享奠定了良好的基础。

(楼锦洪)

【积极开展档案信息资源开发利用工作取得显著成绩】 2005年,上海档案部门积极贯彻落实中共中央办公厅、国务院办公厅《关于加强信息资源开发利用工作的若干意见》和国家档案局《关于加强档案信息资源开发利用工作的意见》,上海市档案局组织部署了各有关工作,有计划、有步骤地加以实施,并取得了显著的成绩。上海市档案局把信息资源的开发利用工作作为档案事业发展的重点纳入上海市档案事业发展"十一五"规划中;与上海市信息委取得联系,将档案信息资源开发利用专项课题作为上海市信息化专项资金项目;会同上海师范大学,成立了"上海师范大学电子政务信息资源研究中心",并组织举办了"档案信息资源开发利用"学术研讨会。

(楼锦洪)

【中国档案信息化发展战略论坛】 6月20～21日,上海市档案局承办了由国家档案局和国务院信息化工作办公室在上海召开的"中国档案信息化发展战略论坛",中共上海市委常委、常务副市长冯国勤出席论坛开幕式,国务院信息化工作办公室赵小凡司长作主题演讲。冯国勤同志在讲话中指出,档案信息化既是档案工作重要组成部分,又是城市信息化、电子政务以及其他各行各业信息化的重要基础工作；上海档案事业在城市信息化建设过程中，面临新的机遇和挑战，我们迫切需要加强与国内外的合作交流，共同寻求发展之路。各省、自治区、直辖市和计划单列市档案局、信息化主管部门的领导和有关人员出席论坛。

（楼锦洪）

【积极推进区县专题档案目录数据报送工作】 8月16日，上海市档案局召开区县档案馆信息化数据报送工作专题会。讨论了区县档案馆包括婚姻登记、知青、独生子女证等专题档案目录数据的报送和有关档案数据的备份问题，明确要求继续做好区县知青和独生子女证两个专题档案的目录数据报送工作，并集中导入上海市档案馆数据库，进一步充实和完善市档案馆专题档案目录数据。截至年底，已收有上海市18个区县综合档案馆包括婚姻登记、知青上山下乡、知青返城、知青子女入户、独生子女证等专题档案目录数据共计达460多万条。市民可在上海市档案馆外滩新馆免费查询有关信息。

（楼锦洪）

【“纳米光催化”空气净化技术用于青铜珍品保存】 2005年夏，由上海市纳米专项连续几年资助，上海交通大学机械与动力工程学院承担完成的科技成果——“纳米光催化”空气净化技术应用于上海博物馆300m^{2}的青铜器库房，以其神奇的净化效果展示高科技的力量。该技术是在中央空调进风口处，用4片2mm厚的纳米膜取代传统无纺布，便能彻底去除空气中的甲醛、细菌、病毒等有害物质。现场测试表明，该技术对甲醛的一次性去除率达35%以上，除菌率超过99%，受益的不仅是文物。经过4个月的试运行表明，馆内中央空调的新风量至少可减少5%，一年可省电25 920kW·h。该技术已获得4项国家发明专利。

（何丹农）

【上海大学承接大庆铁人——王进喜纪念馆陈列布展工程】 10月28日，上海大学签定了正式合同。中标的是纪念馆中的二次创业馆和科普馆两个分馆，总经费为2 873.7万元，由上海大学计算中心倪瑞武任课题组长。该项目的高科技展项占40%，包括大型机器人场景、360°无接缝环幕、橡胶拟人（气体、液体）、自控精密机械模型、仿真动态环境、虚拟场景、大型幻影、悬浮图像、实时合成、虚拟知识对话、九音壁聚集、人面塑身、自循环剖面等创新和改进技术；艺术品占20%，表现形式有圆雕、浮雕、漆画、铁画、版画、油画、连环国画、玻璃艺术等，整个馆是一个技术与艺术相结合的作品，也是展示技术最新手段的体现。该项目是继该校独立创意设计完成99’昆明世博会科技馆、韶山毛泽东同志纪念馆、上饶集中营纪念馆（仅设计）等纪念馆后又一项打造上海大学品牌的重点工程。

（王鸿章　徐婷婷）

【媒体资产存储与管理系统研究和开发达到国内先进水平】 该项目设计了符合国家广电总局标准的编目模型，采用四层节目的标引思想，同时充分考虑了业务管理流程的多样性以及检索节目的需求，其关键是掌握存储技术和数字压缩格式，建立一个数据分级存储模型，并根据分级存储模型来设计节目迁移策略。该系统以工作区与其他系统相连接，工作区以文件格式不同相区别，在同一工作区中存储着相同的数据文件格式；研制成功从MPEG2和Windows Media 9视频文件中自动提取关键帧的算法以及功能强大的基于内容的图片检索引擎，并在实际系统中得到成功应用；形成了一套包括内容创建、内容后台管理和内容发布3个子系统的应用管理软件。2005年，上海文广新闻传媒集团节目资料中心应用该成果建成了一个全国数字音像资产管理方面的示范基地，并成功推广到江西、福建等省市的音像资料馆。同时，上海文广互动电视有限公司数字电视存储与播出平台也成功应用了该成果。

（缪　军）

【以视觉媒体为核心的综合技术在展示教育中的应用达到国内先进水平】 该项目由上海市科技馆承担，于2005年完成并通过上海市科委组织的验收。该项目主要针对上海科技馆二期展项工程中地球家园、宇航天地、探索之光和虚拟世界4个展区的大型展项和相关展品的关键技术进行攻关，并兼顾上海2010年世博会、上海环球影城等项目展示手段进行研究，建立了一套具有自主知识产权的实施方法和手段，形成了具有支持影视、图像、机电设备、灯效、音效综合演示的集成控制软硬件技术，推动以视觉媒体技术为核心的综合性演示的应用。该项目申请专利8项，取得计算机著作权9项，并可推广到其他需要改造的科技类博物馆和科学中心，形成科普产业化。

（缪　军）

【语音图形化编码技术将打破传统的图书出版模式】 该项目旨在研究出一套可供实用的语音图形化编码方法，并开发出相关的应用软件，由上海播雅数码技术有限公司承担完成，于2005年通过上海市科委组织的验收。该项目包括三部分：(1)“声变码”及“码变声”的转换软件。“声变码”软件可以把声音转换成一种精确记录声音的特殊条码，可存贮在计算机的外存储器中，也可印刷在纸张上；该软件可在PC机上应用，也可嵌入在打印声音条码的打印机芯片内。“码变声”软件用于解读条码，还原成声音，作为嵌入式软件固化在微型扫描阅读器的芯片内。(2)专用的多媒体编辑排版软件。借助该系统可进行语音采集并使其转换成可存取的图形条码，把已记录在计算机中的载声条码、文字、图形、图像任意地混合编排，把编排好的内容通过激光照排或打印机输出，然后在纸张上印刷各种各样的有声读物，出版“会说话的图书和报刊”。该软件是具有“嵌入”功能的PC机应用软件，可方便地与市场上常用的排版软件实现无缝链接。(3)特殊的微型扫描阅读器。读者用该扫读器扫描印刷在书刊上的条码时，可清晰地听到精确记录在条码里的原始声音。该扫读器由条码扫描输入、条码解读、发声三个主要部件组成，驱动软件都固化在扫读器内的专用集成电路芯片中。

该项目已申请专利1项，取得1项软件著作权，核心技术具有独立自主的知识产权；至此，面向出版商和读者的“在纸介质上存取声音的成套应用系统”在技术攻关层面上已经完成。该项目将打破传统的图书出版模式，提供了一个新的内容载体平台，可应用于儿童教育、娱乐、语言教学、旅游文化及盲人读物等领域，带动社会文化事业的发展。

（缪　军）

【基于哼唱输入的音乐检索系统前3位平均检索命中率达到90%以上】 该项目是上海市科技攻关项目，由上海交通大学承担，重点研究以哼唱作为查询输入的“基于内容的音频检索(Content - based Audio Retrieval)”关键技术，并实现一个基于哼唱输入的WEB型大规模音乐检索示范系统。2005年，该项目已达到以下功能和技术指标：(1)哼唱输入不受特定哼唱方式的限定并支持口哨声。哼唱旋律特征自动提取技术实现了针对口哨声、鼻音哼唱、含歌词哼唱、不含歌词哼唱(Da - Da - Da)等4种常用哼唱方式下的哼唱旋律特征模式的自动提取。(2)数字音乐素材主旋律特征的自动提取。多音轨MIDI乐曲素材主旋律提取技术实现了对具有单一旋律音轨(其他音轨均为伴奏)的多音轨MIDI乐曲的主旋律提取功能，其首位旋律提取成功率达到90%，前3位成功率达到98%以上。(3)旋律匹配鲁棒性。旋律匹配检索算法允许用户一定程度的哼唱输入错误，即在用户能保持旋律节奏的前提下，系统能很好的容忍音高偏差和音符增减两种常见哼唱错误，具有一定的鲁棒性。(4)检索命中率与检索时间。测试结果表明，哼唱检索引擎的前3位平均检索命中率达到90%以上，平均检索时间小于8秒(局域网)。

该项目已发表论文4篇，申请专利4项，确立了具有自主知识产权的哼唱检索系统的核心技术。研发的哼唱检索引擎已由上海殷昊信息科技有限公司集成至“基于语音及哼唱输入检索的卡拉OK点歌系统”样机中。经试用，在功能新颖方面及检索性能方面均得到了高度评价。

（缪　军　武雪萍）

【魔幻展台技术在工博会上成功应用】 由上海大学研发的“魔幻展台技术”在2005年的第七届上海国际工业博览会得以成功应用。魔幻展台的外形类似于各种展览用的标准展台，利用增强现实技术，采用计算机三维图形对实物模型进行三维增强显示，用于向观众全方位展示艺术精品、珍贵文物、产品等。同时，采用多通道交互技术，使观众能与魔幻展台自然地互动，快速了解感兴趣的内容，改变了传统展台中观众只能静态或被动地接收信息，从而有助于对展示品的更深层次的理解。在展示内容制作方面，魔幻展台能方便地增加所需的虚拟物体、注释、讲解或者重新构建展示的内容，可将真实物体和虚拟物体结合，增强展品全方位动态的展示效果。如给建筑模型加一个虚拟的屋顶；一个损坏左半边脸的雕塑作品可用虚拟技术复原出其右半边脸来，再“拼装”起来一起展示给观众。

（王鸿章）

第四节　体　育

【上海体育科技的综合实力不断增强】 在备战第十届全国运动会的整个周期中，上海体育科技的综合实力不断增强，尤其在重点实验室建设方面取得了一定的成绩。2005 年，上海体育科技的重点工作是围绕重点实验室开展相关的应用性研究，强调突出实效、解决问题。

在体育领域中科研攻关与科技服务过程中，利用现代科学技术不断完善了“射击综合训练测试系统”（参见《2004 上海科技年鉴》第 230 页）、“游泳水下三维摄像录系统”（参见《2005 上海科技年鉴》第 231 页）；运用 GPS 和微电脑技术研制的帆船训练监测系统，能实时监测运动员驾帆船在海上航行的船速和轨迹以及当时的风速、风向等，教练员在岸上利用手掌微型电脑接收数据，掌握第一手资料；纳米多功能竞技运动服为水上运动员的训练提供了更好的辅助器材。通过训练器材的突破从而达到运动训练的突破，教练员利用科研人员研制的现代装备，实时了解运动员在训练时的第一手资料，使运动训练的科学化提高到一个新台阶。

此外，在全民健身领域，继续贯彻实施《上海市全民健身发展纲要》有关精神，通过上海市民体质研究中心（参见《2005 上海科技年鉴》第 232 页），为广大市民提供科学的体质健康状况分析，帮助市民掌握科学的健身方法和手段。为进一步方便市民，于 2005 年底创建了市民体质网，市民足不出户就可以对自身的身体状况进行评价，为市民提供了更加快捷的个体化、人性化、科学化的健身指导。

（郭　蓓　郭红生）

【优秀赛艇运动员疲劳诊断与体能恢复综合指导系统的研究达到国内领先水平】 该项目是科技部“重点体能项目运动员消除疲劳及综合体能恢复系统的研究”项目的子课题，由上海体育科学研究所承担，经过两年多研究，于 4 月 20 日在北京通过专家验收。该成果主要由“优秀赛艇运动员疲劳诊断与体能恢复专家指导系统”计算机软件和“优秀赛艇运动员疲劳诊断与体能恢复指导系统的研制”、“我国赛艇项目教练员对运动员疲劳诊断与体能恢复认识的调查与分析”、“男子赛艇运动员 VO_2max 与心率变异性（HRV）的相关关系”3 篇学术论文组成。“优秀赛艇运动员疲劳诊断与体能恢复专家指导系统”计算机软件经过国家体育总局水上运动管理中心和上海市水上运动中心使用后反映良好；论文已在国内专业杂志上发表。该研究成果填补了国内赛艇运动项目综合信息数据管理、运动训练评价和疲劳诊断与体能恢复领域的空白，达到国内领先水平。

（郭　蓓　郭红生）

【模拟高原低氧训练实验室为运动员和赴高原旅游者服务】 2005 年，该实验室（参见《2005 上海科技年鉴》第 232 页）为上海游泳、赛艇、水球、自行车等四个运动项目的约 150 余人次运动员提供了低氧训练的科学研究和科技服务。主要采用的训练模式分别为高住低练（HiLo）、低住高练（LoHi）和高住高练低练（HiHiLo）；研究与服务的主要内容是不同低氧训练模式对运动能力的影响（气体代谢方面的研究、摄氧量动力学研究、低氧训练和专项训练的结合、低氧训练过程中的训练监控等）、不同低氧训练模式对血液学指标的影响（血常规、EPO、激素、网织红细胞、血清铁等指标）、不同低氧训练模式对机体免疫能力方面的影响（包括三级免疫指标）。经初步研究发现，低氧训练对改善运动员有氧代谢能力和运动能力有一定的作用。通过研究掌握了不同低氧训练模式的基本原则，确定了低氧训练应用的主要训练手段和内容，掌握了低氧训练中部分生理生化及训练学指标的变化规律，初步掌握了低氧训练和专项训练内容的关系。此外，低氧训练系统还为赴西藏等高原地区中外旅游者进行出发前的适应性训练服务，取得了较好的社会影响。

（郭　蓓　郭红生）

【游泳水槽平台为运动员提高速度打下基础】 游泳水槽平台主要进行生理生化、生物力学、训练学等方面的综合研究，于 2 月建成。在水槽环境中，通过在不同流速下对运动员的心肺功能测试、血乳酸测试与游泳三维测试系统的有机结合，综合分析和评价运动员的体能状况、技术特点和训练能力，为教练员制定科学的、个性化的训练计划作参考。游泳水槽将游泳运动员的技术、体能、心理等有关因素有机结合，为运动员的训练提供了科学训练条件。利用水槽提供的水流速度进行应激性训练，对提高运动员的神经肌肉的负荷能力，如在水槽中提高短距离速度能力、出发、转身蹬伸能力、打腿能力、最后冲刺能力等方面，取得了较好的训练效果，为运动员速度的提高打下了基础。

（郭　蓓　郭红生）

【初步建立了自行车运动员专项体能测试分析系统】 2005 年，运动员综合体能测试实验室加强了对自行车项目的研究。通过对血常规、肌酸肌酶、血尿素、尿十项等生化指标和睾酮、皮质醇、CD4、CD8、NK 细胞、免疫球蛋白 IgG、IgM、IgA 等免疫、内分泌指标，进行长期、系统的跟踪（约 3 500 人次）；血乳酸测试（根据教练需要，对短距离组运动员场地训练血乳酸测试 1 000 人次）；SRM 测试（短距离组有 2 名重点运动员使用场地 SRM 曲柄，17 人进行了实验室 SRM 功率车测试，测试 200 余人次）；短距离组运动员（13 人次）肌电图测试；短距离组运动员（8 人次）BIODEX 等动肌力测试，初步建立了自行车运动员专项体能测试分析系统。

（郭　蓓　郭红生）

第三篇

PART THREE SCIENCE AND TECHNOLOGY MANAGEMENT AND SERVICES

科技管理与服务

第九章　科技计划与投入

第一节　科　技　计　划

【首批科教兴市重大产业科技攻关项目取得阶段性成果】　首批29个科教兴市重大产业科技攻关项目自2004年7月启动以来，总体进展情况良好，并取得阶段性成果。在完成投资和销售方面，截至2005年底，项目资金到位总额42.25亿元，实际完成投资34.1亿元，已达到项目计划总投资的50%，部分项目开始形成产业化，共形成销售收入26.9亿元，利润1.08亿元。在产学研合作方面，首批项目共与全国23所大专院校、15家科研机构、2家国外科研机构建立了产学研合作，投入资金达2.12亿元。在知识产权方面，29个项目共获得知识产权406项，其中：发明专利232项，实用新型专利35项，外观设计专利14项；版权84项，商标41项。

（徐子瑛）

【第二批科教兴市重大产业科技攻关项目全面启动实施】　3月24日，上海市科教兴市领导小组推进办公室通过主要报刊、网络等媒体向全社会公布《上海市科教兴市重大产业科技攻关项目指南》，面向海内外寻找征集项目。截至6月15日，通过上海市政府相关委办和19个区（县）共27个项目申报受理点，收到申报项目153项。经科学论证，遴选确定了19个项目（详见下表），经上海市科教兴市领导小组审定，全面启动实施。第二批19个项目主要集中在四大产业领域，均属于上海科技中长期发展重大专项领域，其中交通运输领域8项、新能源领域2项、信息技术领域4项、生物技术与医药领域5项。从创新类型看，有5项属于原始创新，主要集中在生物医药和信息领域；3项属于引进消化吸收再创新，主要集中在船舶领域；10项属于集成创新；1项为产业共性技术平台。

（徐子瑛）

第二批上海市科教兴市重大产业科技攻关项目一览表（19项）

序号	项　目　名　称	项目承担单位
1	大型薄膜型LNG船首制	沪东中华造船（集团）有限公司
2	超大型船舶柴油机研制	沪东重机股份有限公司
3	大功率低速船用柴油机曲轴关键技术研制	上海船用曲轴有限公司
4	大型浮式生产储油装置（FPSO）研制	上海外高桥造船有限公司
5	自主混合动力轿车开发	上海汽车集团股份有限公司
6	“海域506”自主车型整车开发	上海华普汽车有限公司
7	连续退火快冷技术及汽车用先进高强度钢板的开发与应用	宝山钢铁股份有限公司
8	低速（城轨）磁浮交通系统集成技术的研发及试验线工程	上海电气（集团）总公司
9	太阳能光伏发电关键技术及其产业化	上海太阳能科技有限公司
10	MW级风机产业化和自主开发2MW级大型风机	上海电气集团股份公司（电站集团）
11	90nm低功耗集成电路生产工艺技术开发及在12英寸芯片生产线上的应用	中芯国际集成电路制造（上海）有限公司
12	高端硅基材料研发和产业化	上海新傲科技有限公司
13	开放式集成电路中试线建设及关键工艺开发	上海集成电路研发中心有限公司
14	兼容IPv6的高端路由交换设备研发和产业化	上海博达数据通信有限公司
15	肿瘤及其他组织增生性疾病靶向药物的开发与产业化	上海复旦张江生物医药股份有限公司

（续表）

序号	项　目　名　称	项目承担单位
16	抗心力衰竭创新药物——重组人纽兰格林的国内外临床研究及其产业化	上海泽生科技开发有限公司
17	花卉种质创新和产业发展关键技术	上海鲜花港企业发展有限公司
18	心脑血管疾病介入器械的产业化	微创医疗器械（上海）有限公司
19	核酸检测乙型肝炎、丙型肝炎及艾滋病毒在血液筛查系统中的应用及产业化	上海科华生物工程股份有限公司

【开展推进科教兴市向纵深发展专题研究】　2005年是科教兴市向纵深发展的一年，上海市科教兴市领导小组在广泛调研的基础上，提出围绕“三个力”（实力、活力、动力）进行专题研究，推动科教兴市向纵深发展。（1）市抓实力。提出通过重大产业科技攻关项目的实施，加快形成具有核心竞争力和自主知识产权的大企业、大产业，形成一批产业群和有相当规模的产业基地，成为上海城市经济社会发展的重要支撑。上海市结合科教兴市重大项目的遴选，重点研究了促进汽车、生物医药、第三代移动通信等重大产业发展的政策，研究总结了科教兴市专项资金的管理运作机制，提出了发挥政府主导和市场机制引导相结合、分类实施的运作模式。（2）区（县）抓活力。提出了《关于依靠科技进步增强区（县）发展活力的若干意见（征求意见稿）》，与区（县）功能定位结合，实施科技“小巨人”工程，建设区（县）层面的服务平台，改善创新创业环境，形成千军万马创新创业的局面。（3）企业抓动力。提出要按照不同所有制、不同产业，进行分类指导。对国有企业来说，重点从两方面入手：一是考核和奖励，形成引逼企业创新的激励机制；二是产学研结合，形成以企业为主体、项目为载体、市场为导向的多模式的战略联盟。

（徐子瑛）

【世博科技行动计划领导小组成立大会暨第一次全体会议】　2月4日，在北京召开了世博科技行动计划领导小组成立大会暨第一次全体会议。科技部副部长马颂德和上海市副市长严隽琪，科技部、教育部、建设部、信息产业部、卫生部、国家环保总局、国家质检总局、中国科学院、中国工程院和上海世博局、上海市科委的有关领导出席了会议。会议的召开表明由科技部和上海市政府共同策划组织的世博科技专项行动正式启动，全国科技界已经在国家层面形成对2010年上海世博会的强势支持，是世博筹备过程中的一项重要举措。会议由科技部计划司申茂向巡视员主持。

会议产生了由科技部副部长马颂德和上海市副市长严隽琪为组长，科技部、教育部、建设部、信息产业部、卫生部、国家环保总局、国家质检总局、中国科学院、中国工程院和上海市科委、上海市世博局等相关司局级领导为成员的世博科技行动计划领导小组。

领导小组的主要职责为：（1）负责对“世博科技行动计划”进行宏观指导和制定战略规划，指导和组织实施“世博科技行动计划”，研究决定“世博科技行动计划”的重大战略问题，确定专项行动计划的支持重点，部署相关工作。（2）加强与上海世博会组委会、执委会的密切沟通和紧密合作，围绕上海世博会筹备和举办过程中的技术需求提供技术咨询和支撑。通过实施世博科技行动计划，组织全国的科技力量，重点攻关，解决世博会展馆建设、生态和水环境、交通和能源、信息支撑和安全保障等一系列重大科技问题。同时，加强国际科技交流和合作，吸收、借鉴历届世博会科技工作方面的经验，追踪、引进世博会相关领域的国际最新科技成果，并加以消化吸收，在2010年上海世博会上应用。（3）负责组织国内外最新的科技成果在2010年上海世博会上集中展示。通过在世博会上组织专题展览，充分展现中国的科技成就。（4）加大世博科技的宣传，加强与社会各界的信息沟通。建立通畅、高效的信息沟通渠道和机制，通过各种形式将世博科技行动的最新进展向社会各界发布。同时，通过2010年上海世博会平台，加强科学普及工作。

2005年世博科技专项行动的主要工作为：（1）根据领导要求及领导小组各成员单位的意见对“世博科技行动计划”进行修改和完善，完成“世博科技行动计划”的编制。（2）发布2005年专项行动计划重点领域指南，组织落实四大类、20个方向、46个相关项目。（3）建立世博科技网站，编制《世博科技工作简报》。(4)积极开展国际科技交流和合作。

小资料

世博科技行动计划

2010年上海世博会的主题是“城市，让生活更美好”。科学技术是实现这一主题强有力的支撑和保障。

世博科技，是指把现代科学技术多角度、多渠道、多层面地嵌入世博会，通过广泛应用当代最先进的科技成果，让科学技术更为广泛地应用到人类构筑和谐社会的伟大实践中。

为使科学技术成为筹办“世博会”的有力保障，努力把2010年上海世博会办成一届“成功、精彩、难忘”的博览盛会，由科技部和上海市政府发起，教育部、建设部、信息产业部、卫生部、国家环保总局、国家质检总局、中国科学院、中国工程院等10个部门共同组织实施了“世博科技行动计划”。

“世博科技行动计划”组织机构：(1)世博科技行动计划领导小组由行动参与单位有关领导组成，主要负责行动计划的战略规划和宏观协调。组长由科技部副部长马颂德、上海市副市长严隽琪担任。(2)世博科技行动计划领导小组办公室主任由科技部计划司司长杜占元和上海市科委主任李逸平担任。

(陈　怡)

【世博科技行动计划发布】　11月4日，科技部和上海市政府联合召开“世博科技行动计划”新闻发布会，科技部计划司申茂向巡视员主持会议。科技部副部长马颂德、上海市副市长严隽琪出席新闻发布会并为上海市世博科技促进中心揭牌。马颂德强调，科技是世博会永恒的魅力源泉，每一届成功的

世博会都离不开科学技术的推动和支撑。应紧紧围绕“城市，让生活更美好”的世博主题，让“科技世博”成为2010年中国上海世界博览会的最大亮点，发挥科技创新对城市建设和经济社会发展的带动作用。严隽琪认为，为把2010年上海世博会办成一届成功、精彩、难忘的世博会，“科技改变城市生活”应该成为2010年上海世博会的主旋律，发挥中国及上海科技突出的地位和作用。世博科技要针对城市发展和世博会举办的需求，以世博会筹备、建设、运行和管理过程中的科技问题为导向，满足世博会本身的需求。让现代科技深入到世博会的方方面面，从而为成功举办2010年世博会提供有力保障。上海市科委介绍了“世博科技行动计划”，提出了“科技，让世博更精彩”的世博科技主题，围绕“科技耀世博、世博促科技”的目标，规划了“展示精彩的世博”、“运行有序的世博”、“环境友好的世博”、“安全健康的世博”、“弘扬科学的世博”等五大重点领域及行动计划，将为上海世博会办成一届“安全的世博”、“秩序的世博”、“人本的世博”和“精彩的世博”提供技术支撑。

(陈　怡)

【上海市世博科技促进中心成立】　经上海市科委研究决定，特别设立上海市世博科技促进中心。11

月4日，在世博科技行动计划新闻发布会上，科技部副部长马颂德和上海市副市长严隽琪共同为“上海市世博科技促进中心”揭牌。世博科技促进中心是在“世博科技行动计划”领导小组领导下，作为上海市科委直属的非常设性机构，具体负责世博科技专项的管理与服务等工作。其职责是“世博科技”专项的全过程引导、推进、服务与管理(包括规划立项、实施协调、评估验收、推广应用、国际交流)；“世博科技”专项的宣传与交流；代表上海市科委就“世博科技”与科技部、上海市世博局紧密联系。

(陈　怡)

【举办世博科技行动计划论坛】　世博科技行动计划论坛于11月4日在上海科技馆举行，科技部计划司申茂向巡视员主持会议。100多位承担"世博科技行动计划"项目的课题组成员、高校和研究所的科技人员与会。日本名古屋大学环境学研究科林良嗣教授以"城市，让生活更美好的交通与空间规划"为主题演讲了日本爱知世博会的有关科技理念。上海世博会总规划师吴志强介绍了2010年上海世博会的总体规划，阐述"正生态"城市的理念，指出了2010年上海世博会面临的一些重大科技需求。上海科技馆副馆长胡学增讲演了"世博会与当代展示科技"，介绍当代展示技术的发展和理念，提出了世博会在展示方面的重大科技需求。同济大学副校长杨东援介绍了"上海世博会交通体系规划研究"，指出2010年上海世博会面临交通方面的巨大压力，阐述了多层次、多方面规划、建设与管理的科技理念和有关思路。

（陈　怡）

【科技计划概述】　2005年是"十五"计划和"十一五"计划承上启下之年，围绕《上海中长期科技发展规划纲要》和《上海'十一五'科技发展规划纲要》，上海科技工作深入开展调查研究，把握国家、上海和长三角地区的发展机遇，在2004年计划调整的基础上，进一步聚焦任务、突出重点、落实进度。一是规范重大项目和战略高技术专项。重大项目坚持围绕一个目标，解决重大的关键问题，不搞"打包"形式。战略高技术专项紧紧围绕发展的阶段性目标提出指南，不搞"大而全"。据统计，中药现代化、纳米科技、集成电路、光科技、技术标准以及专利再创新等6个专项项目数较2004年压缩了33.8%。二是规划落实"部市合作"计划。"部市合作"计划是2005年的重要任务，"崇明生态岛科技支撑"、"世博科技"专项、清洁能源以及e上海等计划全面启动。在计划设计时，提出"项目、基地和管理"三者一体，统一规划，注重长效机制。如，清洁能源促进中心、世博科技促进中心、生态崇明科技促进中心等相继建立，为规范和持续推进"部市合作"工作奠定了基础。三是试点部门交叉，使计划项目更集中统一。在安排计划时，克服重复申报立项导致资源分散、难以考核等弊端，在重大项目、"部市合作"项目、人才资助项目等计划中适度进行交叉和平衡，并将结果列入计划分配表中，使一些计划更具整体性和统一性。四是抓时间节点，推行计划实施工作前移。　（钮晓鸣）

【落实科技发展基金立项计划】　2005年，上海市科技发展基金立项2 892项，投入约13.5亿元，包括科技攻关、科技咨询、基础性研究、人才培养、国际科技合作、国内科技合作、科技环境条件支撑、科技型中小企业创新资金、研发公共服务平台、科普和局管基金等计划（详见下表）。

2005年上海市科技发展基金计划落实表

序号	立项方面	项目数（项）	投入（万元）
1	科技攻关	625	74 239
2	科技咨询	98	982
3	基础性研究	262	7 350
4	人才培养	345	6 172
5	国际科技合作	92	2 136
6	国内科技合作	59	750
7	科技环境条件支撑	19	1 300
8	科技型中小企业创新资金	377	6 413
9	研发公共服务平台	70	21 780
10	科普	10	3 000
11	局管基金	10	500
12	其他（含国家项目匹配）	925	10 378
合计		2 892	135 000

（钮晓鸣）

【科技项目推行网上评审】　"网上评审"是2005年项目管理的重大改革。《科技项目网上评审管理办法》试行一年来，大大简化了原来评审过程，使项目评审更加公正、公平，项目信息化管理和专家管理更趋完备。从项目申报、评审、中间考核、验收管理到报奖评审等全部过程均在网上执行，为全国首创。

年中，出台了"项目管理中心规范管理要求"，并制定了相应的管理办法，以"协议制"和引入竞争机制来确定任务和责任，在年底评估考核中，实行"优胜劣汰"机制，促进项目管理中心向专业化和优质化方向发展。

此外，为了做好科技项目"绩效评估"工作，上海市科委与上海市财政局商议试点方案，指导设计分类指标体系以及落实前期试点工作。10月，市人大有关领导进行实地考核检查，对前期准备工作及其方案表示满意。经科技项目评估专项调研，初步确定上海市科协、上海科学学研究所、上海市科技信息中心和上海高新技术成果转化服务中心等4家机构作为“评估执行机构”先行做好策划准备工作。2006年将逐步推广试点，并编制《科技项目绩效评估管理办法》。

（钮晓鸣）

【上海市新产品计划项目连续五年获国家财政支持】 由上海市《国家重点新产品计划》和《上海市重点新产品计划》组成的上海市新产品计划（简称“新产品计划”），是推动全市企事业单位技术创新、新产品开发，提高自主创新能力、促进科技成果产品化—产业化、加速产品—产业结构优化升级的政策引导性科技计划。2005年度“新产品计划”在国家重点新产品计划“加强引导、鼓励创新、扶持重点、营造环境”的思想指导下，进一步通过政策导向、财政补助、加强服务、市、区、县匹配联动，支持产品创新、培育品牌创建、鼓励专利创造、引导标准创制、服务科技创业，持续保持了良好发展势头。对增强企业自主创新能力、产品核心竞争力、推进区域经济—社会发展取得了显著的示范带动作用。

2005年度新产品计划共立项276项，其中电子信息类占24.3%、生物医药类占11.2%、新材料占23.2%、光机电一体化占29.7%、新能源与高效节能类占11.6%。产品的自主创新性、先进水平和规模效益又有较明显提高。其中11项达国际领先水平、226项达国际先进水平、29项达国内领先水平、10项达国内先进水平；项目总投资118亿元，预计全年新增产值444.2亿元、利润72亿元、外贸出口额15.9亿美元、上缴增值税36.6亿元。其中产值超1 000万元的项目有250项、超亿元的项目有60项（超130亿元1项、超50亿元1项、超10亿元2项、超5亿元6项、超1亿元50项）。

经科技部批准，115个项目被列入国家重点新产品计划，其中42项获得科技部、财政部专项补助经费1 080万元。所获国家财政补助经费自2001年起连续五年保持全国第一。其中上海振华港口机械（集团）股份有限公司（ZPMC）自主研制的“利用超级电容的轮胎式龙门集装箱起重机”项目被评为全国财政补助最高额度100万元的两大重中之重项目之一。国家重点新产品中有4项达到国际领先水平、99项达国际先进水平、6项为国内领先水平、6项为国内先进水平。这些项目总投资98亿元，预计全年新增产值364.3亿元、利润新增57.3亿元、外贸出口额达14.2亿美元。其中产值超1 000万元以上的项目有108项，超亿元项目有41项（其中产值超130亿元1项、超50亿元1项、超10亿元2项、超5亿元5项、超1亿元32项）。这些项目中，电子信息类产品占22.8%、生物医药类产品占11.7%、新材料产品占23.7%、光机电一体化产品占29.1%、新能源与高效节能类产品占12.7%。

2005年度上海市重点新产品计划立项161项。其中，电子信息类占25.5%、生物医药类占10.6%、新材料占23.0%、光机电一体化占30.4%、新能源与高效节能类占10.5%。其中7项达国际领先水平、127项达国际先进水平、23项达国内领先水平、4项达国内先进水平。这些项目总投资20.1亿元，预计全年新增产值79.9亿元、新增利润14.7亿元、外贸出口额1.66亿美元。其中产值1 000万元以上的有142项、超亿元的有19项（产值超5亿元1项、超1亿元18项）。其中88个重点项目得到上海市重点新产品财政专项补助资金1 600万元的支持。ZPMC自主创新的“双40英尺箱的集装箱起重机”项目是上海市财政补助最高额度100万元的一个重中之重项目。

（陈晓华　叶卓麟）

【企业成为研制新产品主体】 2005年度企业研制的新产品项目已占95%以上；自主创新产品的比例达90%左右，其中首创技术超过70%；全年已获专利授权和受理专利申请共960件，平均每个新产品项目3.5件，比2004年增加了48.7%。其中451件授权专利中，发明专利68件、实用新型专利和软件著作权300件，比2004年提高了2.6个百分点；自主创新提升了产品市场竞争力。2005年出口创汇额比2004年增加了2.5倍；产品规模及其效益随之增加：上千万元以上项目已超过90%，其中超亿元项目占24%；每项平均产值和利润分别比2004年提高了24%和9%。

（陈晓华　叶卓麟）

【开展新产品计划调查研究工作】 2005年，上海市科委组织20多个单位与科技部《国家重点新产品计划》17年工作总结调研组交流总结，并赴5个企业、研究院所进行实地调研；开展2003年、2004年新产品项目跟踪；进一步提高评估质量，连续五年批准为国家重点新产品申报备案（简称“免检”）省市；上报了题为“优化环境、支持‘五创’、增强自主创新能力、促进产品—创业升级”的上海市新产品计划17年工作总结;圆满完成了科技部发展计划司委托的重大软科学研究项目"国家重点新产品计划"中长期发展战略研究。该项目经专家评审,认为取得了重要研究成果、富有创新性、前瞻性和系统性。有重要参考价值,处于国内领先水平。科技部也给予了高度的评价,认为该课题的有关研究成果对新产品计划中长期发展规划和"十一五"发展战略的制定、科技计划体系的调整提供了重要的参考,所提出的一些思路已在新产品计划管理的实际工作中得到应用,并取得了良好的成效。

(陈晓华 叶卓麟)

【464个自然科学项目列入2005年度上海市教委科研计划】 2005年,上海市教委核准市属高校自然科学科研项目464项,安排经费3 102万元(详见下表)。

2005年度上海市教委科研项目(自然科学)汇总表

经费单位:万元

学 校	重点项目	经费	一般项目	经费	项目总数	总经费
上海大学	5	90	92	552	97	642
上海交通大学医学院			56	336	56	336
上海中医药大学	2	30	34	204	36	234
上海师范大学	4	60	38	228	42	288
上海理工大学	5	75	60	360	65	435
上海海事大学	4	60	33	198	37	258
上海体育学院	1	12	3	18	4	30
上海水产大学	3	45	13	78	16	123
上海电力学院	3	45	14	84	17	129
上海工程技术大学	3	45	27	162	30	207
上海应用技术学院	1	15	26	156	27	171
上海金融学院			4	24	4	24
上海立信会计学院	1	15	2	12	3	27
上海第二工业大学			21	126	21	126
上海电视大学	1	15	2	12	3	27
上海商学院			2	12	2	12
上海电机学院	1	15	3	18	4	33
合计	34	522	430	2 580	464	3 102

(陈 凯)

第二节 科技投入

【上海科技投入概述】 2005年,上海市科委管理总经费16.75亿元,比2004年增长19.9%,科学事业费3.25亿元,比2004年增长12.80%;科技三项等科研经费合计为13.50亿元(其中科技三项费3.50亿元,重大专项经费10.0亿元),比2004年增长21.7%,主要用于基础研究、战略高技术研究开发专项、"部市合作"、世博专项、重大科技专题、国际国内合作、研发公共服务平台专项、人才培养、特定群体支持、软科学研究、国家重要科技项目匹配等计划。同时,上海积极组织有关单位争取国家"863"计划、"973"计划、国家重大科技攻关项目和国家自然科学基金等专项计划项目,2005年度新申请到项目363项,经费8.9亿元。另外,2005年上海市科委归口管理科技基本建设经费0.79亿元。

上海市财政科技拨款情况

单位:亿元

年　份		2001	2002	2003	2004	2005
地方财政支出		726.38	877.84	1 102.64	1 395.69	1 660.30
科技经费支出*	科技三项费用	2.32	2.55	2.81	3.09	3.50
	科学事业费用	3.95	2.35	2.67	2.88	3.25
	专项科技费用	2.83	4.98	6.26	8.00	10.00
	小计	9.10	9.88	11.74	13.97	16.75
	科技基建费用	1.09	0.36	2.24	0.18	0.79
	合计	10.19	10.24	13.98	14.15	17.54
科技支出占地方财政支出的比重(%)		1.71	1.74	1.80	2.87	

*仅指上海市科委管理部分

(张肇平)

【设立“天使基金”扶持大学生创业】　7月,经上海市政府批准,正式启动大学生科技创业基金。该基金的性质为上海市政府用于扶持上海高校毕业生科技创业的政府资助型“天使基金”,也是培育高科技企业的“种子基金”,上海市财政将连续3年每年划拨基金5 000万元,由上海市科委、上海市教委牵头,会同上海市发改委、上海市财政局、上海市人事局、上海市社会保障局和上海市工商局组成创业基金的管理委员会。基金的财务管理机构为上海科技投资公司。高校和有关区县将按一定比例和上海市大学生创业基金配套,建立二级基金和二级基金管理机构,每个创业项目最高可获30万元资助。2005年,上海市各高校中有500多名创业学子的200余个项目得到了3 500多万元的创业基金资助。

(鲁　东)

【严隽琪副市长调研大学生科技创业基金工作】　9月21日,上海市副市长严隽琪召集上海市科委、上海市教委、上海市财政局、上海市科技创业中心等部门的分管领导,对大学生科技创业基金实施情况进行调研,视察了上海大学的创业基地并召开了现场座谈会。

复旦大学、上海交通大学、上海大学和上海理工大学作为该基金的实施单位,已分别制订基金管理使用办法、项目申报评审办法、项目跟踪监督制度等,4所大学还通过“大学生创业园”、“大学生创业基金”等服务平台,为大学生创业提供场地、指导、咨询、管理和服务。4所大学的基金实施工作得到了孵化器的大力支持。

复旦大学主要委托复旦科技园高新技术创业服务公司对大学生创业项目进行投资和管理,并筹集配套资金1 000万元。首期选出的29个创业项目中,以电子软件、教育、网络科技、新材料为主。在已签约的25个项目中,学生创业团队成员65人,自筹775万元,基金资助388万元。对学生创业企业,由创业服务公司派出董事,学校派出监事参与管理。

上海理工大学制订了《关于进一步加强大学生科技创业工作的几点意见》,开展大学生创业的宣传和培训,并使该项工作经常化、正常化。已从申报的32个项目中遴选评审出23个项目给予170万元的基金资助,其中培育项目20项、创业项目3项,创业人数63人。

上海大学主要依托原有的上海大学科技园,以公司化管理方式,操作“天使基金”,成立“大学生创业园”,提供2 000m^{2}的办公用房;设立创业辅导员,加强创业指导;设立财务结算中心和商务中心。对申报项目在初审后,再经过诚信认定、创意认定和知识产权认定,并对创业目标明确的项目给予重点培育。已有11个项目在办理工商注册手续,金额达350万元。

上海交通大学和徐汇区各出500万元与天使基金匹配,委托交大创业投资公司对入选项目投资;在校内国家技术转移中心和就业中心设立2个常年受理点,并提供咨询和培训服务;校区联动共建大学生创业园区。经申报和评审,首批23个项目拟投入700万元,包括有杀菌、除异味、除甲醛功能的纤维材料,隐形鼻罩,虚拟试衣系统,基于视频的人体三维建模等项目。

在听取大学生科技创业基金工作情况报告和各相关部门的发言后，严隽琪副市长要求进一步加大对“天使基金”的宣传，4 所大学的受理点是开放型的，面向全市学生；营造“激励创业、宽容失败”的氛围，充分利用校友会作用，整合市、区各创业中心及学校资源，建立共享机制；把握评审尺度，规范工作流程，规避资金风险；加强对入选项目的跟踪和服务，后续风险资金要有跟进；大学生创业基金工作的推进与学生培养相结合，培育校园创业文化。

（陈善凤）

【科技系统基本建设概述】　2005 年，上海市科委系统及由其代管的基本建设项目共 19 个，涉及建设经费约 13.56 亿元，其中在建工程项目 10 个，前期建设阶段项目 3 个，当年完工或投入使用的项目 6 个。

（1）“上海创业城二期”建设工程项目。该项目是“十五”期间实施科教兴市、上海科技企业孵化器发展进入新阶段而建造的上海市科技企业孵化器之一。建设地点在钦州路 100 号，占地2 069ha，项目总建筑面积20 189m²，总投资7 468万元，其中上海市财政2 000万元，上海市科委2 000万元，其余由上海市科技创业中心自筹解决。

该项目自 2001 年 1 月 31 日开工，于 2005 年 10 月 31 日通过相关部门的验收。11 月试运行，至今运行正常。

（2）“上海科技馆二期”。上海科技馆自建成以来，已成为上海科普教育和精神文明建设的重要基地。为进一步完善和提高上海科技馆的科普教育功能，再建上海科技馆二期，展项工程计划投资 3.5 亿元，面积达 1 万平方米以上，位于科技馆的二楼和三楼，包括 7 个展区（详见下表）。科技馆二期展项建设除世界野生动物展区尚未建成外，其余 6 个展区均已正式对公众开放。

展区名称	展　区　简　介
机器人世界	展区面积约为1 520m²。游客通过各种与机器人有关的活动，体验并了解机器人技术是结合了机械学、电子学、计算机科学、自动控制工程、人工智能和仿生学的综合性技术。
人与健康	展区面积约为1 990m²。人体是一个十分复杂的有机体，充满了令人叹为观止的奥秘。人体内部究竟有哪些结构？究竟有些怎样的功能？怎样的行为才能使人保持健康的身心？不同的人具有怎样的个体差别？如何挑战自己身体的极限？游客将通过一系列的体验活动来寻求问题的答案。
信息时代	展区面积约为1 300m²。通过各种实物展示，使游客了解信息技术与传统技术的差异，认识信息技术在现代生活学习工作中的应用、体验信息时代的社会特征，以加深对信息化社会的理解。
宇航天地	展区面积约为1 830m²。游客将在该展区的各种体验性的活动中，了解和认识宇航问题。
探索之光	展区面积约为2 100m²。展示包括量子论、相对论、物质组成、基因技术、宇宙学、电子计算机、核能、激光等 20 世纪的最重要科技成就。
地球家园	展区面积约为1 680m²。通过环境警示、绿色行动、环保知识三个展项，让游客体验在工业时代和后工业时代，人类为了可持续的发展，与自然和谐相处的努力，以及相关的环保知识。
世界野生动物	结合上海科技馆现有资源规划，建设世界野生动物展项，展示各大洲最具有代表性的野生动物及其生存环境。根据标本状况以及展示主题，该展项分为 5 个区域，分别为非洲动物群、欧亚动物群、美洲动物群、澳洲动物群以及动物迁徙带。世界轮椅基金会主席、美国黑鹰自然博物馆董事长肯尼斯·贝林先生将向科技馆捐赠一批价值千万美元的高质量野生动物标本。

（鲁　东）

【上海风险投资概述】　2005 年，上海现有的风险投资规模可以总结为“二三三三”：上海包括风险投资公司及风险投资管理公司共约 200 多家，可运作资金规模约 300 亿元，已投入项目 300 多个，已经投出的资金规模约3 000亿元。投资项目主要集中在信息技术、新材料、生物医药等三大领域。风险投资还存在规模小、缺乏投资特色、理念不成熟等三大问题。政府将逐步淡出市场，将职能转变为制定规则方面，发挥上海市创业投资行业协会在上海乃至长三角地区企业跨地区合作交流中的作用。

（创　协）

【2004 年度上海市创业投资行业调查报告出台】
2005 年，上海市科委、上海市统计局委托上海市创业投资行业协会，对全市从事创业投资、创业投资管理以及为创业投资服务的机构进行专项调查。

此次调查共发出问卷174份,回收有效问卷70份。

(1) 全市创业投资的总量及结构。2004年度上海创业投资机构管理资金总量为167.6亿元,约占全国创业投资资本总量497.7亿元的1/3;以投资高科技项目为主业的创业投资机构约有106家,其中70%以上的投资机构类型是创业投资公司或创业投资管理公司。

(2) 创业资本投资情况分析。2004年度上海创业投资的主要领域依然是信息、生物医药(保健)等方面,项目总数较2003年增加了90%以上,但单个项目平均投资金额却比2003年下降了约30%,且投资回报周期普遍变长,绝大部分创业投资机构还处于投入期,退出项目少,所以平均投资回报率有所降低。①创业项目投资金额。2004年,全市70家各类创业投资机构投资项目数总共为483项,实际投资金额为31.03亿元,占全市机构管理资本总量的29.8%。②投资行业。截至2004年底,70家创投机构的主要投资领域集中在软件与网络、微电子、生物与医药保健等三个行业。③投资回报周期和回报率。截至2004年底,平均回报周期为3.82年。

(3) 创业投资运营分析。2004年度上海创业投资的从业人员规模在扩大,人员素质在提高。创业投资的主营业务收入比2003年增加了3倍,利润总额增长了6.6%,但平均利润率比2003年下降了61%,说明相当一部分创业投资机构在将创业投资业务调整为主营业务后,由于处于创业投资的投入期,退出少,所以其赢利能力反而下降,创业投资机构要以创业投资业务获得普遍的盈利尚为时过早。①创业投资人力资源。在统计的70家创业投资机构中,2004年从业人员数为711人,创业投资专业经理人数为270人,占从业人员总数的38%。②创业投资经营财务绩效。经统计所有提供财务情况的机构,截至到2004年底,上述企业的营业收入为18 965.6万元,创业投资业务收入总额为38 804.6万元,利润总额为5 453.7万元,利润率为9%。

(4) 创业投资管理分析。2004年度上海创业投资机构越来越注重项目团队的作用,同时依然偏好成长阶段的项目,投资比例一般控制在15%~25%之间;与2003年相比,项目退出总数基本不变,境外上市的比例略有上升,境内退出比例下降较多,说明国内退出渠道依然不畅。

(5) 创业投资进一步发展存在的困难。①退出机制亟待完善。从调查的统计结果来看,创业投资缺乏完善的退出机制依然是上海市进一步推进创业投资发展的主要困难,持上述观点的创业投资机构的比例达到65.7%。②金融体系尚需健全。当前的中国金融市场不够发达和法律、法规不健全也对创业投资的发展存在着严重的阻碍作用,持此观点的比例分别达到47.1%和40%。③投资环境影响深远。投资项目技术含量普遍不高、政策不够优惠、社会信息基础较差以及创业企业普遍素质较差对创业投资的负面作用也比较大,选择的比例分别为25.7%、30.0%、27.1%、10.0%。

(创　协)

【第四届沪苏浙创业投资峰会暨2005上海市创业投资行业协会年会通过《长三角创业投资合作宣言》】　会议由上海市创业投资行业协会、江苏省创业投资协会和浙江省风险创业投资协会共同举办,于12月16日召开。由专题研讨、典型案例经验交流等活动组成,主题为"迎接中国创投新高潮"。来自浙江、上海、江苏等地创业投资机构代表和政府相关部门代表共150多人与会。

会议着重探讨了随着国务院《创业投资企业管理暂行办法》的出台,沪、苏、浙三地创投界如何迎接新一轮创投高潮,充分发挥长三角创业投资的区域联合优势,发现和帮助优秀中小企业加速发展。代表们不仅交流了投资管理经验,而且在加强长三角创业投资界多方位合作等达成共识。大会通过了《长三角创业投资合作宣言》,包括振兴创投、信息共享、资源互补、合作调查、联合管理、平台建设、共同宣传和拓展联盟等8项。

(创　协)

【英国—上海创业投资研讨会】　会议由上海创业投资行业协会与英国驻上海总领馆共同主办,于1月20日在沪召开。英国驻上海总领事毕晓普及上海创业投资行业协会会长华裕达到会并致辞。上海市创投协会会员、英方及有关机构代表共60多人与会。

来自陆顿大学的阿兰·巴热(Alan Barrell)教授、TTP集团的艾文森(Gerald Avison)博士以及3I公司的杰米·帕顿(Jamie Paton)先生分别演讲了"剑桥现象:一个成功的故事"、"孵化公司,大学衍生公司以及企业家"和"投资人视角:成功案例"。联创公司总裁冯涛、华盈创投基金管理公司资深合伙人汝林琪以及上海创业投资有限公司总裁助理林慧娟分别围绕"联创的投资战略"、"外国创业投资商在中国经营的机遇和挑战”和“创业投资在上海”等主题进行演讲。剑桥加速器合伙人基金(CAP)的马汀(Marting Bloom)先生以“投资人视角:失败案例”作了归纳发言。

(创　协)

【上海科技投资公司引进外资参与风险投资】 2005年,上海科技投资公司共对外投资11个项目,总投资额14 902余万元。带动社会资金共计18 965万元,为历年之最。截至年底,公司资产总额已达8.9亿元。在目前风险投资退出渠道仍然很不畅通的状况下,全年退出和部分退出4个项目。

该公司工作方针为“三个凸显、两个紧贴、一个打通”,即:瞄准上海市产业发展方向,积极实施项目投资,培育若干科技小巨人,积极探索退出方式,在探索投入退出途径上“凸显”;与区县结合,形成若干有规模实力的科技成果转化基地,在平台搭建上“凸显”;努力引进外资、民资,组建合资基金管理/投资公司,在资金拉动上“凸显”。紧贴上海经济发展和社会进步,贯彻科教兴市主战略;紧贴上海新一轮发展规划,融入科技创新主战场。采取切实有效的措施,打通项目退出渠道。

该公司在自身不断发展壮大的同时,在国内风险投资领域的影响和作用也逐渐扩大,特别是把国际资本引入上海共同参与风险投资,跨出了实质性的一步。

(1) 经过近一年的艰苦谈判,公司与以色列中国国际投资基金(CIIF)将在上海成立总额达1亿美元的合资基金管理/投资公司——上海巨龙创业有限公司(科投公司出资40%,以色列方面出资60%),共同对信息产业(包括因特网、软硬件、媒体等),生命科学(包括西医西药、中医中药、生物技术等)以及其他领域进行投资。合作协议已于2006年1月5日和2月14日分别在上海和以色列签订。上海市常务副市长冯国勤和以色列驻上海总领事顾特曼先生出席了上海的签字仪式。

(2) 公司于2006年1月5日与英国Conduit Ventrues Limited公司就合资成立康迪特创业投资管理有限公司(科投公司出资10%,英国方面出资90%)签订了投资合同与《公司章程》。康迪特公司成立后,将募集5 000万美元资金,重点投资以中国为主的亚洲国家的新能源项目。

(3) 上海中新技术有限公司是中国与新加坡两国政府合作、在中国科技部和新加坡贸工部的指导下,由上海科技投资公司与新加坡T21控股公司负责具体实施的项目。经双方多次协商,科投公司与新加坡方面准备对中新公司各增资2 000万元。国务院副总理吴仪于9月访问新加坡期间见证了中新公司增资扩股备忘录签署仪式。

与美国VC机构等外资基金就在上海合资成立投资管理公司的谈判也正在进行之中。

在国家至今没有为风险投资提供通畅的退出渠道的环境下,公司拟在境外设立窗口,加强与海外创业投资机构的联系,通过国际市场开辟项目退出的通道。

(莫振喜)

【上海创业投资公司获年度贷款企业资信AA级】 5月,上海创业投资公司接受了由中国人民银行上海分行授权的上海中诚信证券评估投资有限公司年度贷款企业资信的评定工作。经对该公司业务部门的实地调查,特别是对风险投资管理、投贷联盟、科教兴市重大项目管理的调查,从制度的规定、实际操作的有效性、风险规避的措施、实际经营业绩等多角度进行测评,评估公司认为该公司在操作中表现出了积极探索的创新精神,而且各项流程都极具切合实际的可操作性。并对公司管理层在资金运作上体现的稳健、负责的作风给予了肯定。经严格的评审,上海创业投资公司获得年度AA级企业资信评定。

(创　投)

【首届长三角青年创新展“风险投资与科技成果转化”论坛】 该论坛于11月26日在复旦大学举行。科技部秘书长、《科技日报》社社长张景安,上海创业投资有限公司总裁王品高,上海联创投资管理有限公司总裁冯涛,上海浦东发展银行总行风险投资总监韩安度作为主要嘉宾,分别从政府、风险投资、创业企业、科研机构和银行等不同的角度,从宏观到微观,介绍了中国当前创新投资市场的一些趋势,以及风险投资机构所做的一些有益的探索。

张景安认为,走自主创新道路已是中国的必然选择。而近年来的社会发展表明,风险投资已成为支撑中国企业进行自主创新的重要手段,是高新技术产业发展的一个必要条件。谈到中国风险投资近年的发展时,他认为,中国风险投资已初具规模,同时,中国的创业投资机构的管理也正在逐步成熟。而在多年的创业投资实践中,一批既了解中国实际、又有国际化运作水平和管理能力,独具特色的创业投资专业队伍正在逐步形成。中国已成为世界上创业投资发展较活跃的国家。

王品高从创投企业的角度向与会者介绍了创业和创业投资。对大学生创业者和团队提出了有益的建议。他强调创业者素质、创业团队等因素在创业过程中所起到的重大作用，也期望创业者能够以更加理性、务实的态度去从事创业，并能与风险投资机构有更广阔的合作空间，以实现科技成果的有效转化。在谈到创业投资现状时，他认为目前的创业投资虽然已具有一定规模，但规模效应尚未充分发挥出来。针对种子期、初创期的科技企业的投资也有待加强。国家和地方各级政府已充分认识到创业投资对提高中国自主创新能力的重要意义，《创业投资企业管理暂行办法》的出台，将为中国创投企业的发展开辟更广阔的舞台。

冯涛指出，专项政府投资与专业风险投资的双赢合作，是推动中国高科技企业发展的最有效的动力之一。韩安度也从商业银行的角度对风险投资提出了建议。

（创　投）

第十章　企业技术创新体系

第一节　概　况

【企业技术创新体系建设概述】　2005年，以企业为主体的技术创新体系建设取得新进展。全市新增国家认定企业技术中心1家，国家认定企业技术中心分中心2家，上海市认定企业技术中心38家，上海区级企业技术中心84家。形成了以29家国家认定企业技术中心（含2家分中心）为龙头，160家上海市认定企业技术中心为骨干，180家上海区级企业技术中心为基础的三层梯级企业技术创新体系。

上海主要从产业链布局、重大项目建设、区县联手、产学研联合及企业知识产权建设等5个方面推进企业技术创新体系的建设。(1)在若干重点产业领域进行产业链的建链、补链和延链，发挥产业集聚效应。在新增的38家上海市认定企业技术中心中，电子信息8家，生物医药和电力装备各7家，分别占总数的21%、18.4%和18.4%。(2)通过科教兴市重大产业科技攻关项目等重大项目建设，提升企业自主创新能力，建设企业创新领军人物和人才团队。(3)区县联手推进产业发展。共建区级企业技术中心，促进中小企业的技术进步和发展；与闵行区、浦东新区和南汇区政府联手，引进国内外平板显示产业企业，打造国内最大的平板显示产业基地。(4)产学研联合攻关核心技术、关键技术，培养创新人才，提升企业创新能力。(5)启动了上海市首批29家知识产权示范企业创建的培育工作、2005年第二批45项专利新产品认定工作和上海市首批11家原创设计大师工作室的建设。以"8号桥"和"海上上海"为代表的原创设计大师工作室吸引了香港、北京、景德镇、浙江等地的大师落户上海发展创意产业，提升了上海在相关领域的水准和影响力。上海企业专利的申请数量和含金量，较2004年有进一步的提高，全年三项专利申请总量已达22 880件，比2004年增加79.2%，占全市专利申请总量的69.9%。

（顾蔚然　宋洪祥）

【上海设立科技创新考核指标】　2005年，上海设立科技创新考核指标，要求重点产业集团制定科技创新战略，并纳入国资战略规划，创新指标包括研发投入、品牌创新、专利申请与授权量、重大科技攻关项目产业化规模四个方面，考核实行绩效挂钩。其中在创新投入方面，要求严格控制无核心技术、无自主知识产权的新增投资，重点产业集团每年按照不低于销售收入3%的比例提取技术开发经费，并逐年递增，以此引导企业加大创新投入。建立国有企业科技创新奖励基金，对符合"两个优先"产业发展方向、有自主知识产权和品牌、产业化成效明显的科技创新项目领军人物实施奖励。

（编辑部）

第二节　产学研结合

【产学研结合概述】　2005年，以企业为主体、产业化为目标，实现重点领域关键技术的自主创新和产业技术瓶颈的突破，提升企业和产业核心竞争力，同时促进上海市科研和教育的发展，形成产学研联动，互为支撑的局面。上海市经委组织了一批重点产业技术产学研联合攻关项目，通过专家评审，最终有34个项目入选，项目总经费8.92亿元。

同时，积极推动企业和高校、研究院所之间的产学研合作。1月28日，上海华谊（集团）公司等8家企业集团和上海交通大学等5所高校建立了产学研战略联盟，推进产学研合作长效机制的建立。在政府引导下，整合产业链上、中、下游的科技资源，进行重大产业技术的联合攻关。以二甲醚发动机产学研项目为例：在上海市经委的引导下，以上海柴油机股份有限公司和上海交通大学为主要承担单位，联合上游的二甲醚生产企业、下游的整车企业及多家相关配套制造企业，组成了以产业链为导向的产学研战略联盟，进行清洁能源汽车发动机核心技术的联合重点攻关。

（顾蔚然　宋洪祥）

【上海软件中心联手十多家企业打造嵌入式技术服务平台】 上海市科委从2004年起开展上海嵌入式系统及产品重大研究：以上海骨干企业为主体，依托国家“863”软件孵化基地，实施产学研联合攻关，推进上海嵌入式技术公共服务平台建设，提升上海支柱产业和软件产业的持续发展能力。

以上海产业需求为龙头，上海软件中心联手包括上广电集团中央研究院、上汽集团工程研究院、中船重工集团的第七〇四研究所和第七一一研究所、长江集团的亚太信息公司、上海电气集团的路桥建设公司、华东计算技术研究所、上海新源变频控制器公司在内的10多家企业，以及复旦大学、上海交通大学、同济大学等知名高校和研究所，共同打造上海嵌入式技术服务平台。坚持以自主技术为核心，以战略性产品为目标，提升整体核心竞争力，在项目的推进过程中，不断推进和深化自主产品的应用与支持，逐步形成自主保障能力和科学发展的格局；坚持以机制创新为抓手，建立长效服务体系，走持续发展的道路。

经过一年多的实施，2005年，采取“研发平台联合共建、专业服务统一提供、战略产品集中开发、共性资源有效共享”的模式，探索知识服务领域内创建新的服务模式和组织形式，已取得了明显的效果：初步建成了集嵌入式应用系统研发、仿真、测试一体化服务环境；设立了包括系统软件实验室、数字电视实验室、信息家电实验室、汽车电子实验室、装备电子实验室、船舶电子实验室、信号完整性联合实验室等嵌入式共性技术实验室和ARM架构嵌入式系统联合实验室等。

11月，由上海从事嵌入式系统与软件应用的产学研等30家单位发起成立了上海嵌入式系统与软件联盟。联盟以上海嵌入式应用需求和“十一五”规划任务为导向，以交流合作为抓手，以推动自主创新和技术应用推广为目标，优势互补，资源共享，提升成员单位的核心竞争力，促进上海信息化带动工业化。

平台积极组织各类技术研讨会和培训班，和高校、企业建立联合培养人才的工作机制。通过与国内外知名厂商建立联合实验室，提供技术咨询和“实用型”人才培训服务，为企业提供需要的合格人才；联合在大学开设嵌入式软件专业课程，在高等职业院校培养嵌入式“技能型”人才，形成多渠道的嵌入式软件人才培养教育体系。

目前已经形成的集中攻关和产学研用合作创新模式，带来了广泛的社会效益，为推动长三角区域经济的发展、培育新兴行业的发展、促进先进制造业基地的建设等作出了贡献。

（吴俊伟）

【上海电子标签与物联网产学研联盟正式成立】 9月27日，上海电子标签与物联网产学研联盟（简称“RFID联盟”）正式成立，上海市副市长严隽琪到会祝贺并为联盟成立揭牌，上海市政府副秘书长姜平出席会议并讲话。上海市科委领导主持了揭牌仪式。“RFID联盟”成员单位、示范项目承担单位的负责人及专家出席了揭牌仪式。

上海对电子标签及物联网方面的技术开发自2000年起就开始予以关注，历年来安排了若干重大、重点项目支持这一领域的技术创新。到2004年，上海在电子标签及物联网方面的技术已经基本形成了本地的联动，技术链各环节在政府支持与推动下成长壮大。2005年，上海在电子标签及物联网应用方面已经进入应用开发及实际推广阶段，其中与市民生活密切相关的有宠物管理、轨道交通单程票、动物源食品安全管理等。

在上海市科委的推动和支持下，2004年由相关企业、院校、研究所开始筹建上海“RFID联盟”，以促进产学研在相关技术开发及应用推动方面实现强强合作，加速技术与产业发展。新成立的“RFID联盟”，集中了上海在该领域的主要企业、院校和研发机构，充分体现了企业为主体、应用为导向、拉动产业发展为目标的宗旨。电子标签技术开始为上海的危险品管理、食品安全管理、药品物流管理这三个与人民生活密切相关的工作提供强有力的支持；同时，沪港两地四所大学的开发与研究力量实现了跨地域的合作，这些都对上海电子标签及物联网产业发展具有重要的推进意义。今后，联盟将整合上海在电子标签及物联网领域的技术资源，通过产学研的互动合作，加强与国内外优势企业的合作，提升上海在电子标签及物联网领域的研发、生产和应用水平，促进上海电子标签及物联网产业链的形成和快速健康发展，努力使上海居于电子标签及物联网领域的技术和产业的制高点，在上海乃至更大范围内推广电子标签及物联网技术，促进井喷效应的形成。

（应剑俊）

【上海大学与太原钢铁股份有限公司签署长期战略合作协议】 3月20日，上海大学与太原钢铁股份有限公司签署了建立长期战略合作关系的全面合作协议。双方就项目合作进行了交流与探讨，为今后的实质性合作奠定了基础。太原钢铁股份有限公司以不锈钢和冷轧硅钢等钢铁精品为品牌产品，在强手如林的钢铁企业中异军突起，其不锈钢产量达到世界第八，年销售额则居全国冶金企业第四位。

（王鸿章　徐婷婷）

【全国机电行业在沪首创产学研工作室】 1月18日，上海机床厂与上海大学、上海理工大学及西门子（中国）有限公司数控部共同组建的产学研工作室成立，并举办了签约揭牌仪式。

上海电气（集团）总裁黄迪南在揭幕仪式上指出，上海电气的工作重点是新体制、新技术、新装备。先进装备制造业已被市政府列入发展目标，机电一体化的数控机床也被上海电气列为六大支柱产业之一。西门子公司已经与上海电气下属7家合资企业进行了合作，这一新模式对上海电气的发展起到借鉴和发展作用。原上海机床厂有限公司董事长、上海世博集团董事长戴柳也应邀出席仪式并讲话。

上海大学、上海理工大学的两位校长对工作室的成立谈了共同的看法，认为此次组建的产学研工作室突破旧模式，高校、科研单位进驻企业也是新创举，而落户企业也使合作有了延续性和针对性。此次签订的协议为5年，同时在进展方面明确了时间结点。厂方不仅可以直接参与，同时对学校也起到了促进作用。

（陈　锐）

【上海机床厂与西门子专家合力打造科技创新平台】 2005年，上海机床厂引进西门子的研究力量，以国内外产学研合作的方式打造科技创新平台，攻克国际最新的核心技术。

该厂是国内磨床行业的领军企业，2005年销售收入为6.21亿元，出口额达1 344万美元，销售收入和出口额比2004年分别增长了17.56%和28.7%，在国内的市场占有率排名第一。但在该厂的产品中，数控磨床的核心技术——数控系统，主要还是直接应用进口的系统，很少有二次开发的“核心技术”。

自主创新能力是企业的核心竞争力。该厂成立专门的工作室，并引进了西门子的专家和一流的设备。上海机床厂决策层认为：突破，就要突破核心技术；对接，就要与国际巨头的核心技术对接。西门子（中国）有限公司上海分公司自动化与驱动集团欣然允诺，表示：中国市场在西门子数控系统部的全球销售排名现在已上升到第3位。与西门子共同合作研发，有利于西门子数控系统应用的“本土化”，同时在国内市场还有“示范效应”，与该厂一起推出的磨削控制产品就等于西门子在中国市场的“样板房”。

（陈　锐）

【中科院上海光机所高密度光存储实验室与飞利浦上海研发中心签订合作协议】 6月，中科院上海光机所高密度光存储技术实验室和飞利浦中国投资有限公司上海研发中心正式签署合作协议，双方就蓝光高密度可录光盘记录介质的研究开发等进行合作，合作中产生的知识产权共享，进而将共同制定相关国际技术标准。该协议的签署标志着国内光存储学术界与国际光存储技术和产业界在优势互补、强强联合的道路上迈出了重要的一步，也对中国光存储技术研究和相关产业的发展注入新的活力。

蓝光光盘技术将是DVD之后的下一代新型光存储技术，它采用405nm蓝色激光读写，单盘容量可达DVD光盘的5倍，可在高清晰度数字电视、电影、高清晰度数码相机等消费光电子领域以及网络下载、海量数据分配和备份等计算机数据存储中占有重要地位，具有巨大的市场前景。

（屈　炜）

【中科院上海药物研究所与上药集团成功实现产学研合作】 奥司他韦（商品名“达菲”）是目前世界卫生组织推荐的防治高致病性禽流感药物，是世界著名的罗氏制药集团在中国受专利保护的产品。

中科院上海药物研究所自10月底启动“抗禽流感药物研制紧急研究计划”后，调动全所优势资源，与上药集团密切合作，积极投入抗高致病性禽流感药物的研发攻关。该所的科研人员参考罗氏制药公司公开发表的文献和专利资料，积极创新，仅用5天完成了抗禽流感药物奥司他韦的合成工艺研究，并在打通小试工艺路线的基础上，全面开展奥司他韦的中试放大工作。该所合成的奥司他韦原料做成制剂后，经上海市药品检验所检测，与罗氏“达菲”产品一致。该所根据双方签订的合作开发合同，已将奥司他韦的原料合成工艺及制剂工艺移交给上药集团。与此同时，上药集团还利用与瑞士罗氏公司合资建立“上海罗氏制药公司”的有利地位，及时向罗氏制药提出授权上药集团生产“达菲”产品的请求。12月12日北京时间零点，在罗氏集团巴塞尔总部，罗氏正式授权上药集团生产奥司他韦产品。

（李　莉）

【华东理工大学与内蒙古“双结对”合作“产学研”并进】　9月20日，华东理工大学与内蒙古自治区教育厅、科技厅和内蒙古工业大学签署了合作协议。双方将在教学、科研、人才培养和干部交流挂职锻炼等方面，展开全面合作。华东理工大学将充分发挥学科优势、人才优势、区位优势、加强与内蒙古自治区的产学研合作，在本科生和研究生教育方面拓展培养范围和规模，为当地培养更多急需人才；以内蒙古工业大学为前沿阵地，在煤化工、盐化工、天然气化工、石油化工、精细化工、资源循环利用、稀土材料开发和蒙药现代化等方面，积极介入内蒙古自治区的科教兴区主战场，为国家实施西部大开发战略作出贡献。

（孙凯文）

【上海华谊（集团）公司与华东理工大学签署战略合作协议】　7月4日，上海华谊（集团）公司与华东理工大学签署了战略合作协议。上海市副市长胡延照作重要讲话，并为“上海华谊集团公司—华东理工大学先进化学与化工技术研究中心”揭牌。

上海华谊（集团）公司是由上海市政府国有资产管理委员会授权，通过资产重组建立的大型企业集团公司。公司所属全资和控股企业有上海天原集团有限公司、上海轮胎橡胶集团股份有限公司、上海焦化有限公司等20多个子公司，公司生产的产品涉及基础化工原料、橡胶制品、化学制剂、生物化学品、化工设备等十几大类约近万种。

华谊集团技术总监伍登熙博士介绍了双方合作的背景。他说，华东理工大学是中国最具化学化工特色的一所名校，双方一直保持着良好的产学研合作关系，双方将在技术开发、高新技术成果产业化、人才培养等方面进行全面合作。

（姚燕燕　孙凯文）

【同济大学与华普公司联手研发混合动力轿车】　6月30日，同济大学汽车学院院长余卓平与上海华普汽车有限公司总经理南阳代表双方签署合作协议，在未来两到三年内，双方将发挥各自优势，联合研发节能环保型混合动力轿车。首期开发的混合动力功能展示样车已在第七届上海国际工业博览会上亮相。并在此基础上于2006～2007年试制完成混合动力工程样车和小批量投产的混合动力商业化样车。上海市科委主任李逸平、上海市发改委副主任俞国生和同济大学校长万钢，以及华普公司董事长徐刚等出席了签字仪式。

混合型动力汽车采用先进环保的太阳能等光电能源部分替代燃油动力，不仅节省大量燃油能耗，还极大地减少尾气排放和噪声污染等，成为大多数国家今后汽车研发与市场投放的主流方向。由同济大学汽车学院研制成功的“登峰一号”混合动力轿车，具有省油和降低尾气排放的功效，被视作目前最有产业化潜力的过渡型节能车。该成果为此次合作提供了主要技术支撑。双方联合开发的首批小批量商业化的混合动力轿车将以2008年北京奥运会为契机，在北京市场展销。在2010年上海世博会期间，适合中国家庭的混合动力车型也将批量投放上海及全国市场。

（许伟良）

【中科院上海分院与上海电气产学研联盟】　6月17日，中科院上海分院与上海电气（集团）公司就“高技术与产业化”第四批14个合作项目签约。这些项目由中科院8个研究所和上海电气12家企业参与。双方合作的“百万千瓦超临界汽轮机组”、“超临界循环流化床”、“船用曲轴自锻件”等项目被列入上海市科教兴市重大产业科技攻关项目，落实经费2.1亿元，约占上海2005年科教兴市重大产业科技攻关项目的10%，充分体现以企业为主体的“产学研”联盟的技术创新能力与竞争能力的提升。

（孔朝晖）

【上海中医药大学与中科院上海生命科学研究院建立全面合作战略伙伴关系】　9月21日，上海中医药大学与中科院上海生命科学研究院正式签署建立全面合作战略伙伴关系协议。上海市副市长严隽琪、中国科学院副院长陈竺、上海市政府副秘书长姜平、上海市科教党委副书记俞国生、上海市科委主任李逸平、上海中医药大学校长陈凯先、中科院上海生命科学研究院院长裴钢等领导出席签字仪式。

上海中医药大学将发挥人才培养、中医药理论、药物临床研究、复方中药研究和名老中医验方挖掘等方面的优势；中科院上海生命科学研究院将发挥在中药有效成分的提取分离、鉴定、筛选、药效和药理研究，生物技术和新药研发，药物安全性评价及公共技术平台等方面的优势。通过合作，实现强强联合，优势互补，在复方中药和中药现代化的研究开发方面形成完整的技术链，共同研究中药疗效的物质基础和作用机理，用系统生物学和化学生物学的观点和方法阐述中医理论。共同推动张江国家生物医药创新体系的建设，为张江成为中国最重要的创新药物自主研发基地和中心之一服务，在全国传统医药研发中发挥骨干和引领作用。

（孙为国　赵如江）

【上海中医药大学与上海雷允上药业有限公司建立全面合作战略伙伴关系】　12月23日，上海中医药大学和上海雷允上药业有限公司建立全面合作战略伙伴关系签约仪式举行。

双方将通过加强科技开发合作，提升国家重大项目的联合攻关能力，推动中药大品种的产业化开发，提高产品的竞争能力；通过开展教育合作，拓展人才培养途径，培养企业所需的人才；通过合作推进社区健康教育平台建设，将中医药科普融入社区，提升社区健康教育水平；通过开展中医药国际化合作，促进中医药产品进入国际医药主流市场；通过共同设立中医药发展、奖励基金，促进中医药教育、科研、医疗事业的发展，形成更加紧密的产学研联盟。

（孙为国）

【同济大学与胜利油田合建地震成像联合实验室】　由同济大学海洋与地球科学学院、胜利油田物探研究院携手组建的“地震成像联合实验室”，1月12日在胜利油田物探研究院正式成立。

该实验室将借助高等院校科研力量的优势和企业的生产科研经验，围绕胜利油田在勘探开发中需要解决的近期和中长期的地质问题，进行地震偏移成像、地震波传播与模拟等新技术的研究和开发，同时就如何将这些技术应用到油田勘探和石油生产中去进行探讨。

（许伟良）

【中科院上海有机所与上海华谊公司签署生物技术开发合作协议】　12月28日，中科院上海有机化学研究所与上海华谊(集团)公司共同签署了“生物技术研究合作”协议。共同搭建从事生物表面活性剂研究及开发和酶催化在化学合成中应用技术开发的生物技术研究平台，进一步研发可应用于石油、化工、环保等领域的表面活性剂、催化酶的新品种和相应的生物工程技术。中科院上海有机化学研究所在生物表面活性剂及酶催化在化学合成中的应用等方面研究具有深厚的基础积累。华谊集团是国内最大的化工企业集团，此次双方合作共建生物技术研究平台，不仅有利于促进上海生物技术的发展，而且保持了上海在生物经济到来时的发展潜力。

生物催化体系是迄今为止人类所知的最高效和最具有选择性的温和催化体系。生物催化为当前有机合成许多研究热点（如手性化合物的合成、复杂分子的合成、环境友好的有机合成及组合有机合成等）提供了运用常规化学方法不能或不易得到的化合物的合成方法。在当前科学高速发展与相互交叉渗透的历程中，许多生物技术可以引入到化学工业中，如用生物催化合成和制备许多光学纯的医药、农药及中间体在内的复杂功能化合物。由于生物催化所需条件非常温和，而且反应产物单纯，从本质上讲是一个与环境友善的绿色化学过程，因此生物催化不但经济效益明显，而且对环境及社会发展，对绿色化工产业的建立都有重要的战略意义。

（杨慧娜）

【上海工程技术大学开展与地区企业产学研合作】　上海工程技术大学于9月整体迁入松江大学城新校区。为强化该校为地区经济服务和深入开展产学研合作力度，10月20日举行了该校松江校区与松江区叶榭镇人民政府、中欧国际集团、上海华铭智能终端设备有限公司等企业的地校产学研合作签约仪式。建立的产学研合作的企业是上海松江大学城服务办推荐和组织。

通过深入与松江区产业的双赢合作，拓宽了开展产学研合作面，为地区经济提升、发展创造了契机。目前已经有了合作项目，为高校成果走向产业化发挥了积极作用。

（倪智勇）

【上海工程技术大学依托地区经济发展产学合作教育模式】　12月26日，上海工程技术大学举行2005年产学合作教育总结表彰暨雇主单位签约、揭牌仪式。

汪泓校长代表学校与近二十家企事业单位互换文本，建立产学合作教育基地，并为上海盛营电子有限公司、北京数码大方科技有限公司、上海浩志礼品有限公司、上海日立家用电器有限公司、上海凯普狄诺服饰有限公司、博世力士乐(中国)有限公司博世集团、上海名流成套设备工程有限公司、上海名流成套设备安装有限公司、上海肯泰电子有限公司、上海盈成俊科应用科技有限公司、上海黥缘瀛贸易有限公司等57家合作教育单位揭牌。

原厦门大学副校长潘懋元教授在讲话中指出:上海工程技术大学是全国第一所以"合作教育"名称进行产学合作教育试点的高等院校,在二十年的发展过程中,走出一条主动依托地区经济,嫁接社会优良教育资源,适应学校发展的新路子。

(胡守忠 褚觉熙)

【上海水产大学新疆设施渔业产学研基地揭牌】 10月9日,由伊犁河流域开发建设管理局和上海水产大学联合建设的设施渔业产学研基地在新疆揭牌。上海市副市长严隽琪等一行12人,赴新疆视察基地。

该基地建有上海水产大学自主开发的循环水工厂化鱼类苗种繁育系统和成鱼养殖系统。合作双方将把基地建成新疆地区珍稀名贵鱼类繁殖、保护及生产中心;共同开发利用、保护和恢复伊犁河流域的水产资源,并开展长期、全面的合作研究。

(彭俞超)

第三节 企业技术中心

【上海市企业技术中心建设概述】 2005年,上海市围绕"上海优先发展先进制造业行动方案",重点鼓励和支持国家认定和上海市认定企业技术中心的建设,并与各区县联手积极培育区级企业技术中心。鼓励和支持企业技术中心开展产学研联合攻关和合建开发机构,构建以企业为主体、市场化为目标、产学研结合的技术创新体系。

至年底,上海市189家市级以上企业技术中心所在企业,从业人员总数为54.48万人,占全市规模以上工业企业从业人员总数的21.10%;产品销售收入总额为5 767.22亿元,占全市规模以上工业企业产品销售总额的35.28%;产品销售利润总额为749.61亿元,占全市规模以上工业企业利润总额的79.78%;研究与实验发展经费支出总额为106.01亿元,占全市研究与试验发展经费支出总额的49.54%;专利申请总数为6 241件,占全市专利申请总数的19.06%,占全市发明专利申请总数的34.27%,占全市企业专利申请总数的27.28%。189家市级以上企业技术中心所在企业与高校等单位合建开发机构总数达到193家,设在海外的开发机构数达到42家;全年产学研合作经费支出达到25.74亿元。以上数据表明,无论在创新投入还是创新产出上,上海市企业技术中心已成为全市自主创新的主力军。

(顾蔚然 宋洪祥)

【上海市第十一批企业技术中心认定工作完成】 2005年,上海市企业技术中心认定办公室进行了第十一批"上海市认定企业技术中心"的认定工作。共受理了53家企业的申报。通过对其中基本符合要求的46家企业的实地调研和专家评审,最终认定上海印钞厂等38家企业的研究开发机构为第十一批上海市认定企业技术中心(详见下表)。

该批企业技术中心所在企业反映了以下特点:(1)各种所有制企业并举。38家企业中,国有企业有12家,占总数的31.6%;民营企业有9家,约占总数的23.7%;外资企业有10家,占总数的26.3%;合资企业有7家,占总数的18.4%。(2)区县企业的创新能力大力提升。如松江区的上海比亚迪有限公司,从1995年成立之初20余人的规模,短短十年时间内迅速成长为拥有1 400人的研发团队的IT及电子零部件的世界级制造企业,具有很强的技术创新示范作用。(3)申报企业的质量高于往年,更注重自主知识主权和拥有核心技术。如上海华宇药业有限公司是目前国内最大的中药材生产经营企业之一,是行业内第一家通过国家中药材GAP认证和国家实验室认可的技术中心,承担了多项国家和上海市在中药材规范化种植、中药饮片标准化制订的工作。上海禹华通信技术有限公司、展迅通信(上海)有限公司、上海博达数据通信有限公司和上海新傲科技有限公司等企业的自主开发能力均与世界先进技术保持同步。

2005 年上海市第十一批企业技术中心名单

序号	单位名称
1	上海印钞厂
2	上船澄西船舶有限公司
3	上海晨兴电子科技有限公司
4	上海输配电股份有限公司
5	上海电器科学研究所(集团)有限公司
6	上海彭浦机器厂有限公司
7	上海广电电子股份有限公司
8	上海华明电力设备制造有限公司
9	上海比亚迪有限公司
10	上海永大电梯设备有限公司
11	上海申和热磁电子有限公司
12	上海医药(集团)有限公司
13	上海广电电气(集团)有限公司
14	上海航星通用电器有限公司
15	乔山健康科技(上海)有限公司
16	上海市天灵开关厂
17	上海乐庭电线工业有限公司
18	上海三樱包装材料有限公司
19	绿谷(集团)有限公司

(续表)

序号	单位名称
20.	上海瑞华(集团)有限公司
21	上海富士施乐有限公司
22	上海富臣化工有限公司
23	上海重型机器厂有限公司
24	上海华宇药业有限公司
25	上海禹华通信技术有限公司
26	上海航天汽车机电股份有限公司
27	上海迪赛诺医药发展有限公司
28	上海金枫酿酒有限公司
29	上海宏力半导体制造有限公司
30	上海科华生物工程股份有限公司
31	上海五洲药业股份有限公司
32	上海新兴医药股份有限公司
33	上海药明康德新药开发有限公司
34	上海博达数据通信有限公司
35	展迅通信(上海)有限公司
36	上海爱普生磁性器件有限公司
37	上海新时达电气有限公司
38	上海新傲科技有限公司

(顾蔚然　宋洪祥)

第四节　高新技术企业

【上海市高新技术企业认定工作概述】 2005 年,经上海市科委批准,由上海市高新技术企业认定办公室认定高新技术企业2 303家,实现总产值4 197.73亿元,总收入4 671.98亿元,科技开发经费投入286.39 亿元,占总销售额 6.30%,年创利税 526.06亿元,出口创汇 156.13 亿美元,申请专利10 756项,软件著作权申请批准3 038项。其中,高新技术产业开发区认定的高新技术企业 535 家,总产值1 427.45亿元,总收入1 634.97亿元,年创汇 100.19亿美元。据统计,高新技术企业中销售额上亿元的有 553 家,上 10 亿元的有 77 家,上 20 亿元的有 39家(详见下表)。其中,外商投资企业中,达丰电脑(上海)有限公司销售额最高,达 447 亿元;内资企业中,上海振华港口机械(集团)股份有限公司销售额最高,达 71 亿元。高新技术企业已经成为上海高新技术产业发展的中坚力量。

销售额>20 亿元的高新技术企业名单(39 家)

序号	企业名称	总销售额(亿元)
1	达丰(上海)电脑有限公司	447.8
2	英华达(上海)电子有限公司	157.55
3	上海西门子移动通信有限公司	121.45
4	英业达(上海)有限公司	117.31
5	上海贝尔阿尔卡特股份有限公司	92.18
6	上海惠普有限公司	90.93
7	中芯国际集成电路制造(上海)有限公司	77.46
8	上海振华港口机械(集团)股份有限公司	71.09
9	沪东中华造船(集团)有限公司	66.15
10	飞利浦电子元件(上海)有限公司	66.06
11	上海联想电子有限公司	62.81

（续表）

序号	企业名称	总销售额（亿元）
12	柯达电子（上海）有限公司	51.95
13	上海索广电子有限公司	48.85
14	上海华虹（集团）有限公司	48.08
15	上海华为技术有限公司	47.37
16	上海三菱电梯有限公司	45.82
17	上海锅炉厂有限公司	41.95
18	上海广电信息产业股份有限公司	40.85
19	上海永新彩色显像管股份有限公司	39.3
20	上海氯碱化工股份有限公司	36.91
21	上海轮胎橡胶（集团）股份有限公司	34.33
22	上海柴油机股份有限公司	33.21
23	上海乐金广电电子有限公司	31.93
24	上海迪比特实业有限公司	31.68
25	中国石化上海高桥石油化工公司	31.02
26	上海日立电器有限公司	30.31
27	联合汽车电子有限公司	29.16
28	上海北大方正科技电脑系统有限公司	27.95
29	上海汽车股份有限公司	27.69
30	上海夏普电器有限公司	27.39
31	上海华虹 NEC 电子有限公司	26.79
32	联想（上海）有限公司	26.03
33	可口可乐（中国）饮料有限公司	25.22
34	上海大金空调有限公司	25.07
35	上海隧道工程股份有限公司	23.38
36	上海新先锋药业有限公司	22.63
37	上海汽轮机有限公司	22.19
38	上海旭电子玻璃有限公司	21.43
39	上海外高桥造船有限公司	20.23

（吴山河　顾维民　金顺发）

【继续推进高新技术企业信用体系建设】　2005年，上海市科委在全市社会诚信体系建设联席会议上作交流发言，明确要加大推进上海市高新技术企业信用体系建设的工作目标。在各区、县、局的大力支持下，并在具有上海市企业信用服务资质的9家征信机构的大力配合下，全年共有230家高新技术企业开展了企业信用评级，比2004年增加了183家。完成《关于上海市高新技术企业诚信体系“十一五”发展规划》（草案），明确提出两个定量目标：即到“十一五”期末，所有申请成为高新技术企业的单位和申请复评的单位，都必须提交相应的诚信资质证明；所有高新技术企业都应在上海市联合征信系统内建立信用档案。

（吴山河　顾维民　金顺发）

【高新技术企业认定工作有新进展】　2005年，上海市高新技术企业认定工作目标围绕市委、市政府鼓励发展的先进制造、电子信息、汽车、船舶、新材料等支柱产业予以认定，如：上海航天设备制造总厂承担“神舟六号”返回舱重要项目研制；中交第三航务工程勘察设计院承担洋山深水港设计勘察任务；上海振华港口机械（集团）股份有限公司的港口机械远销欧美等发达国家；中钞油墨有限公司承担的中国人民币印刷油墨的标准统一任务，成为中国的名牌产品；上海达凯塑胶有限公司承担的中国第二代身份证卡基研制项目等。此外，还有上海吴泾化工有限公司、上海晶电子有限公司、意法半导体研发（上海）有限公司、上海维华信息技术有限公司等都承担了国家级的研制开发任务。

认定支持国际跨国公司将研发中心迁入上海的企业，如：意法半导体研发（上海）有限公司、可口可乐（中国）有限公司、亨特道格拉斯工业（中国）有限公司、通用电气（中国）研究开发中心有限公司、欧姆龙（上海）自动化控制系统有限公司等。

拓展认定和突出重点领域，支持承担东海大桥设计建设、洋山深水港设计勘察、“神舟六号”返回舱部分设计总装、100MW超临界发电机组设计制造、城市轨道和隧道交通、苏州河整治、城市地下建筑设计、西气东输、海洋船舶和汽车制造等国家和上海市重大研究设计工程项目企业的认定工作，向重大项目、重大工程、重大领域和高科技、智能型产业领域延伸，使上海市高新技术企业的认定工作更具有开拓性和创新性，突破了原有认定工作仅局限于生产制造和信息服务型企业小规模生产制造型企业的范畴，更好地为上海市的建设发挥作用。

（吴山河　顾维民　金顺发）

【优先认定先进制造企业】　2005年，在高新技术企业认定过程中，重点认定支持产业集聚逐步加快、布局结构日趋合理、单位能耗达标、自主创新能力较强的先进制造企业。优先认定支持瞄准世界一流水平、促进科技创新、加大自主知识产权开发力度、强化产业技术升级、大力培育并真正形成几个自主知识产权并具有竞争能力的大企业，形成一批高起点和抢占制高点的大项目，赢得国际竞争优势。

2005 年认定的先进制造企业

经济性质	开发区外(企业数)	开发区内(企业数)	具有发明专利(企业数)	销售额≥5 000万元(企业数)
三资(含港澳台)	372	230	77	357
股份有限和有限责任	1 113	252	189	347
国有	120	31	37	71
集体	23	0	2	9
私营	59	15	5	10

(吴山河　顾维民　金顺发)

【强化高新技术企业知识产权意识】 2005 年,上海市高新技术企业认定紧紧围绕国家知识产权保护,结合上海市实际开展工作。认定过程中关注企业的创新能力和利用知识产权参与国际市场竞争的能力,认定支持一批竞争能力强、拥有自主知识产权的技术和知名品牌的大企业。知识产权和创新能力已经成为高新技术企业认定的必要条件。由于企业知识产权的意识有了显著的提高,全市2 303家高新技术企业专利申请总数比 2004 年增长33.33%以上,总数达到10 756项,其中发明专利申请比 2004 年增长 71.48%,总数达到5 556项。软件版权比 2004 年增长了 19.04%(如表)。

		开发区外		开发区内		合计	
		项目数	企业数	项目数	企业数	项目数	企业数
申请	发明专利	2 776	712	2 780	167	5 556	879
	实用新型专利	2 600	633	577	114	3 177	747
	外观设计专利	1 791	228	232	42	2 023	270
合计		7 167	1 573	3 589	323	10 756	1 896
授权	发明专利	734	243	340	82	1 074	325
	实用新型专利	2 698	709	564	132	3 262	841
	外观设计专利	2 426	324	295	70	2 721	394
合计		5 858	1 276	1 199	284	7 057	1 560
实施许可	发明专利	514	91	236	34	750	125
	实用新型专利	672	153	252	60	924	213
	外观设计专利	357	56	171	28	528	84
合计		1 543	300	659	122	2 202	422
软件版权		1 748	512	1 290	276	3 038	788

(吴山河　顾维民　金顺发)

【重点认定三大高新技术领域企业】 重点发展电子信息、新材料和生物医药是上海市"十五"期间产业发展的重点方向,同时上海是一个具有传统服务和制造产业基础的城市,支持基础产业,发展支柱产业、应用高新技术提升和改造传统产业、围绕这些企业进行高新技术企业认定,也是上海市高新技术企业认定工作的主导方向。2005 年认定的高新技术企业中,电子信息技术领域企业的总产值达1 951.57亿元,列为第一;先进制造技术领域企业的总产值为 912.26 亿元,列为第二;传统产业应用新工艺、新技术领域企业的总产值为 422.48 亿元,列为第三;新材料及应用技术领域的企业总产值为387.02 亿元,列为第四;新能源与高效节能技术领域的企业总产值为 236.93 亿元,列为第五;生物工程和新医药技术领域的企业的总产值为 190.96 亿元,列为第六。

2005年认定的高新技术企业按技术领域分布

技术领域	开发区外		开发区内		合计	
	企业数(个)	产值(亿元)	企业数(个)	产值(亿元)	企业数(个)	产值(亿元)
电子与信息技术	647	889.92	316	1 061.65	963	1 951.57
生物工程和新医药技术	139	127.39	68	63.57	207	190.96
新材料及应用技术	294	364.83	29	22.19	323	387.02
先进制造技术	313	756.17	53	156.09	366	912.26
航空航天技术	9	5.19	7	7.49	16	12.68
现代农业技术	17	5.83	1	0.06	18	5.89
新能源与高效节能技术	65	186.14	18	50.79	83	236.93
环境保护新技术	59	51.92	13	5.22	72	57.14
海洋工程技术	4	18.49	0	0	4	18.49
核应用技术	6	2.29	1	0	7	2.29
传统产业应用的新工艺、新技术	215	362.09	29	60.39	244	422.48

（吴山河　顾维民　金顺发）

【民营中小型企业成为高新技术企业产业发展的中坚力量】　2005年，高新技术企业认定中，民营中小型企业的数量达1 538家，企业质量也在逐年提高。其中，民营高新技术企业中销售额上亿元的有214家，总销售额达1 114.82亿元，占全市总量24.53%；销售额上10亿元的22家，总销售额达667.04亿元，占全市总量14.68%。民营高新技术企业专利申请占全市总量50.41%(如表)。

	开发区外	开发区内	合计	占全市认定总量(%)
企业数(个)	1 266	272	1 538	66.76
总产值(亿元)	1 024.14	175.12	1 199.26	28.57
总收入(亿元)	1 221.83	276.04	1 497.87	32.06
总销售额(亿元)	1 159.23	259.96	1 419.19	31.23
高新技术及产品收入(亿元)	886.79	208.82	1 095.61	28.12
占总收入比例(%)	72.58	75.65		
科研开发费(亿元)	75.68	21.37	97.05	33.89
占总销售比例(%)	6.53	8.22		
利润总额(亿元)	108.09	35.44	143.53	41.22
税金(亿元)	51.06	11.58	62.64	35.21
出口创汇(亿美元)	17.41	4.02	21.43	13.73
申请专利(项)	4 610	812	5 422	50.41
专利授权(项)	3 495	426	3 921	55.57
软件版权(项)	1 454	565	2 019	66.46
专有技术(项)	1 973	418	2 391	36.15

（吴山河　顾维民　金顺发）

第五节　民营科技企业

【上海科技企业自主创新推进会】 9月21日，上海市科委在友谊会堂召开"科技企业自主创新推进会"，从评选出的2004年度上海市民营科技企业100强中，重点表彰了上海杰事杰新材料股份有限公司等10家自主创新领先企业（详见下表）。会上还提出了"打造科技小巨人工程"设想。上海市副市长严隽琪到会作重要讲话，并向获奖企业颁奖。上海市政府各委办局、各区县分管领导和科委（科技局）领导、科技园区和创业中心负责人及百强民营科技企业负责人等200多人与会。

会上，上海市科委主任李逸平通报了上海科技型中小企业的发展状况和上海市科委进一步推动科技企业发展，开展"科技小巨人工程"的具体设想。经过多年的探索和积累，上海市科委在扶持科技型中小企业成长方面已摸索出一套相对成熟的做法，包括资源共享服务的供给、专业技术服务的支撑、科技成果转化政策的落实、中小企业创新资金的支持、创业孵化基地的提供等，这些举措为上海中小科技企业的成长提供了一定的配套保障。但在全球科技进步态势的快速变迁、科技创新模式的不断演化的情况下，原有的服务和支撑已难以满足新形势下中小企业的需求。为此，上海市科委将推出把一系列扶持手段组合的"科技小巨人工程"。希望通过资金、项目、平台、人才和政策五个方面的抓手，精心培育3～5年，力争在上海涌现出一批具有较多自主知识产权、具有较大市场占有率、具有较高价值品牌的科技型中小企业，为上海科教兴市主战略的实施输送源源不断的活力。

作为技术创新主体中的先导力量，科技型中小企业已成长为上海科教兴市的一支"先锋"，呈现出了"高技术、快增长、强扩张、广就业"的特点。据统计，全市中小科技企业2005年申请专利8 010项，获得专利授权3 970项。

荣获2004年度上海市科技企业创新奖名单

序号	单位名称
1	上海杰事杰新材料股份有限公司
2	上海复旦光华信息科技股份有限公司
3	上海北大方正科技电脑系统有限公司
4	上海凯泉泵业（集团）有限公司
5	上海复星高科技（集团）有限公司
6	联想（上海）有限公司
7	上海盛大网络发展有限公司
8	东杰电气（中国）有限公司
9	上海干巷汽车镜（集团）有限公司
10	上海思源电气有限公司

（彭建平）

【2004年度上海市民营科技企业100强排行榜】 在9月21日召开的上海科技企业自主创新推进会上，公布了2004年度上海市民营科技企业100强排行榜（详见下表）。

2004年度上海市民营科技企业100强

序号	企业名称	总收入（千元）	所属区县
1	上海复星高科技（集团）有限公司	28 130 000	普陀区
2	联想（上海）有限公司	8 905 280	长宁区
3	上海久隆电力（集团）有限公司	4 910 181	闸北区

（续表）

序号	企　业　名　称	总收入(千元)	所属区县
4	上海神州数码有限公司	3 939 180	长宁区
5	上海腾隆(集团)有限公司	3 255 640	闸北区
6	上海迪比特实业有限公司	3 167 890	闵行区
7	上海北大方正科技电脑系统有限公司	2 852 949	静安区
8	上海紫江企业集团股份有限公司	2 797 179	闵行区
9	上海宽频科技股份有限公司	1 808 150	浦东新区
10	上海致达科技(集团)股份有限公司	1 794 835	普陀区
11	上海正方形钢铁有限公司	1 544 582	普陀区
12	威达高科技控股有限公司	1 499 688	长宁区
13	上海华普电缆有限公司	1 388 510	闵行区
14	上海中邮普泰移动通信设备有限责任公司	1 358 853	静安区
15	上海盛大网络发展有限公司	1 325 392	浦东新区
16	华捷联合信息(上海)有限公司	1 213 048	闵行区
17	上海凯泉泵业(集团)有限公司	1 135 821	嘉定区
18	上海宏泉集团有限公司	1 040 920	普陀区
19	上海港荣钢铁材料有限公司	1 028 094	虹口区
20	上海华东电脑股份有限公司	943 791	黄浦区
21	上海国通电信有限公司	878 658	静安区
22	上海富欣通信技术发展有限公司	823 240	虹口区
23	上海杰事杰新材料股份有限公司	821 750	闵行区
24	上海新华控制技术(集团)有限公司	736 768	浦东新区
25	上海泰禾(集团)有限公司	730 551	长宁区
26	上海南大集团有限公司	715 292	闵行区
27	上海希望电脑市场经营管理有限公司	663 390	长宁区
28	利德科技发展有限公司	624 565	嘉定区
29	上海曼高涅进出口有限公司	619 677	浦东新区
30	上海星泉工贸有限公司	618 276	闸北区
31	上海华清企业发展有限公司	612 693	静安区
32	人本集团上海轴承有限公司	566 448	奉贤区
33	上海福祥陶瓷有限公司	547 155	闵行区
34	上海交大南洋股份有限公司	542 186	徐汇区
35	绿谷(集团)有限公司	539 637	虹口区
36	上海清华科睿实业有限公司	536 310	长宁区
37	上海黄金搭档生物科技有限公司	532 478	徐汇区
38	上海国际科学技术有限公司	517 040	卢湾区
39	上海大亚科技有限公司	514 396	杨浦区
40	上海迪赛诺医药发展有限公司	507 400	浦东新区
41	上海雨衡物资有限公司	503 607	长宁区
42	上海恒通工业原料有限公司	496 940	杨浦区

（续表）

序号	企　业　名　称	总收入(千元)	所属区县
43	上海加冷松芝汽车空调有限公司	459 293	闵行区
44	上海干巷汽车镜(集团)有限公司	446 731	金山区
45	上海虹桥药业有限公司	436 976	闵行区
46	上海中纺电子系统有限公司	414 837	长宁区
47	上海紫东化工塑料有限公司	399 684	闵行区
48	上海威达高科技(集团)有限公司	395 791	嘉定区
49	联华电子商务有限公司	394 529	杨浦区
50	上海南华兰陵电气有限公司	390 859	闵行区
51	上海华明电力设备制造有限公司	368 203	普陀区
52	上海紫江彩印包装有限公司	367 396	闵行区
53	上海浩泰贸易有限公司	365 816	长宁区
54	上海金叶包装材料有限公司	364 155	普陀区
55	上海中科股份有限公司	364 112	徐汇区
56	上海米蓝贸易有限公司	355 607	普陀区
57	上海延华智能科技有限公司	354 049	普陀区
58	上海佳通超细化纤有限公司	351 772	闵行区
59	上海和雍贸易有限公司	348 534	静安区
60	上海中油大港油品销售有限公司	331 231	静安区
61	上海尼赛拉传感器有限公司	320 142	虹口区
62	上海连成(集团)有限公司	315 164	嘉定区
63	上海欣能信息科技发展有限公司	314 972	崇明区
64	上海嘉乐股份有限公司	312 535	金山区
65	上海国微科技有限公司	310 328	静安区
66	中国标准缝纫机公司上海惠工缝纫机三厂	308 814	徐汇区
67	上海电力高压实业有限公司	297 314	普陀区
68	上海时德环保科技实业发展有限公司	285 342	静安区
69	东杰电气(上海)有限公司	285 115	闵行区
70	上海赛博电器有限公司	283 008	闵行区
71	上海爱普香料有限公司	281 988	嘉定区
72	上海健特生物科技有限公司	279 616	徐汇区
73	东杰电气(中国)有限公司	276 076	闵行区
74	上海中臣经济信息产业有限公司	273 060	长宁区
75	上海科华染料工业有限公司	272 771	闵行区
76	上海东兴电力实业有限公司	270 118	闵行区
77	上海贝电实业股份有限公司	268 950	闸北区
78	上海颛桥建筑工程有限公司	263 535	闵行区
79	上海精益电器厂有限公司	262 549	长宁区
80	上海中科合臣股份有限公司	258 852	普陀区
81	上海邮通移动通信科技有限公司	251 814	徐汇区

（续表）

序号	企业名称	总收入(千元)	所属区县
82	上海科华生物工程股份有限公司	243 731	徐汇区
83	上海置信(集团)有限公司	241 202	长宁区
84	上海五洲药业股份有限公司	236 226	浦东新区
85	上海兴伟建筑安装工程有限公司	235 847	崇明区
86	上海一达机械有限公司	232 597	松江区
87	上海日之升新技术发展有限公司	222 894	闵行区
88	上海复旦光华信息科技股份有限公司	222 325	杨浦区
89	上海市南供电设计有限公司	222 076	闵行区
90	上海浙大网新图灵信息科技有限公司	211 263	静安区
91	携程计算机技术(上海)有限公司	210 238	徐汇区
92	上海煜辰投资有限责任公司	209 290	杨浦区
93	上海交大昂立生物制品销售有限公司	208 950	徐汇区
94	上海晓通网络技术有限公司	206 732	静安区
95	上海紫江喷铝包装材料有限公司	203 878	闵行区
96	上海振兴铝业有限公司	203 368	徐汇区
97	上海紫丹印务有限公司	199 180	闵行区
98	上海伊华电站工程有限公司	198 330	杨浦区
99	上海思源电气有限公司	197 207	闵行区
100	上海建科建设发展有限公司	196 499	闵行区

（彭建平）

【开展科技企业资质认证工作】 2005年，上海市科技企业联合会在顺利完成科技企业资质认证试点工作的基础上，制定了《上海市科技企业资质认证暂行办法》，并会同全市区、县科技企业联合会共同开展对全市科技企业的资质认定和发证工作，对符合条件的5 000家民营科技企业已统一发放《上海市科技企业资质证书》。此举获得了市人大、市政协、市工商联、全市各区县科委和社会各界的关注和支持，并在有关媒体作了专题报道。

该联合会根据全市民营科技企业发展的特点和需要，开展多项服务工作。包括：(1)受理民营科技企业专业技术职称评定。在制定《上海市民营科技企业职称评定实施办法》的基础上，设立“代理点”，年内已完成29名初级职称的认定，代理申报47名中级职称和11名高级职称的评定工作。(2)积极推进民营科技企业自主创新能力建设，除承担上海市科委“加强上海市民营科技企业自主创新能力建设”研究课题外，还推荐上海紫丹印务有限公司等12家企业荣获2005年度“中国民营科技企业创新奖”，推荐褚仁基等3位科技管理者荣获2005年度“中国民营科技企业促进奖”。(3)开展多种形式的考察、交流活动，如组织民营科技企业领导参加“苏北行”投资认定活动，27人赴台湾考察，以及赴崇明岛交流活动等。

（王国忠）

【上海民营科技企业发展呈现十大亮点】 2005年，上海市民营科技企业在发展过程中，呈现十大亮点。

(1) 9月21日，上海市政府召开科技企业自主创新推进会。会上公布了2004年度市民营科技企业百强名单，并首次发布民营科技企业自主创新十佳领先企业。

(2) 上海复星高科技(集团)公司董事长郭广昌荣获首届年度战略家称号。该评选由《21世纪经济报道》、华博管理咨询公司共同发起，在全国共评出21人。

(3) 普陀区民营科技企业3项指标连续两年全

市领先。上海市民营科技企业2004年度各项综合指标显示，普陀区民营科技企业的资产总额、利润总额和税收总额分别达550.6亿元、30.5亿元和41.3亿元，继续保持在全市各区、县首位。

(4) 2月28日，上海市优秀中国特色社会主义事业建设者表彰大会召开，9位民营科技企业家获上海市“优秀中国特色社会主义事业建设者”奖章。分别是复星集团董事长郭广昌、中路集团总裁陈荣、致达集团董事长严建军、高智科技董事长刘幸楷、万申信息总经理张峻、万达信息董事长史一兵、威达董事长周桐宁(女)、普科特董事长周文、中大科技董事长潘跃进。

(5) 上海16个区相继成立科技企业联合会，共吸纳会员企业9 000余家。

(6)“18条”政策引领科技型中小企业发展壮大。上海市政府“18条”政策颁布以来，上海置信电气股份有限公司等一批民营科技企业受到有关优惠政策的扶持，迅速壮大。该企业在“18条”政策扶持下，通过贴息贷款获得5 900万元的项目贷款，又引进一批专业人才，成为企业发展的重要骨干力量。经“18条”的6年精心培育，公司已累计实现销售额6亿元，上缴税收6 000万元，获国家专利13项，开发国际先进水平新产品20多项。该公司已成为非晶合金变压器产品的行业领头企业，并获上海市“高新技术企业”和“工业优秀企业”称号。

(7) 涌现一批走“自主创新”道路的民营科技企业。上海杰事杰公司从创办之初就立志走自主创新发展之路。通过不断实践，公司先后制定了一套专利管理制度，设立知识产权法律事务所，投资100万元开通了上海首个企业专利数据库。通过研发，公司已申请发明专利80余项，其中已获国家专利权21项，并通过专利技术实施获益1.5亿元。公司被列为首届上海市民营科技企业自主创新十佳领先单位的首位。复星医药股份有限公司是国内知名的医药类上市公司，近几年来，把专利战略定为公司技术创新主战略，在2004年申请专利28项(7项已获专利权)的基础上，2005年又申请70余项(发明专利占80%)。这些专利的申请，使公司的青蒿素、胰岛素及PCR诊断试剂等多个产品确立了稳固的优势地位。

(8) 实施科教兴市战略，推进上海科华生物等企业的发展。上海科华生物股份有限公司是国内最大的诊断试剂生产企业，拥有101个产品生产批文，并于2004年实现股份上市。在发展过程中，曾受到政府有关优惠政策的扶持，成为行业的龙头企业。2005年又获上海创业投资公司、徐汇区政府和上海市科教兴市领导小组办公室共同签署的科技攻关项目专项资金1 500万元的支持，享受无息托贷加补贴的优惠政策。

(9) 视“人才是企业的最大财富”的上海致达集团公司在初创时，注册资本只有20万元，经10多年努力，已成为一个拥有数十家企业、一所学校和一家医院的集团公司，遍及全国10个主要城市。在美国硅谷也设有分支机构，追踪IT最前沿技术。该公司通过经营实践，逐步形成了一套完备的引进、培养、保障、激励人才的机制。公司员工中，91%具有学士以上学位，其中硕士、博士、高级工程师占12%。

(10) 德力西电气集团公司继成功助飞“神舟五号”载人飞船后，2005年再次成功助飞“神舟六号”。该公司采用液压成型、特制模具压制等加工工艺，终于使小型断路器、接触器等产品达到了所需的特殊技术要求，保障了“神舟六号”起飞的顺利完成。

(王国忠)

【上海复星高科技(集团)公司2005年工作概述】

(1)复星集团以2004年度销售额281.3亿元，净利润26.33亿元，上缴税收34.7亿元的优良业绩入选上海市民营科技企业百强榜，位居榜首。(2)7月11日，韩正市长视察复星医药生产基地，并在复星集团会议室召开包括集团在内的全市15位民营企业家的座谈会，广泛听取对发展非公经济的意见和建议。(3)8月30日，全国工商联公布2004年度全国“上规模民营企业”调研排序结果。复星集团营业收入列第三位，纳税额和从业人数均列首位。(4)复星集团副董事长梁信军获“中国青年企业家管理奖”称号。(5)复星医药技术中心被认定为国家级企业技术中心。现具有各类高级研发人员近400人，博士和享有国家专项津贴的专家近30人，这标志公司的研发水平已上升到了一个新的高度。(6)11月10日，中共上海市委书记陈良宇等领导到复星集团属下企业豫园商城视察老城隍庙童涵春堂，就推动、促进“中华老字号”发展进行了工作调研。陈良宇对童涵春药业多年来坚持产品开发、已形成系列主打品牌产品给予了肯定和赞许，并明确指出“继承、创新是老字号品牌的发展方向”，还提出要不断提高老字号品牌竞争力的希望和要求。(7)复星医药青蒿素获世界卫生组织资格认证，将有望大量出口。12月21日，世界卫生组织(WHO)通过网站刊登《通过预认证的产品和制造商名单

(抗疟药)的正式文件》,确认复星医药股份有限公司旗下的桂林制药公司生产的青蒿琥酯片剂,通过了世界卫生组织的预供应商资格认证,实现了中国成品药出口的零突破。卫生部为此发来贺电。

(王国忠)

【上海龙润机电科技有限公司研制出多项财务专用设备】 该公司在经过反复试验、研究后,终于研制成功3个系列、10多个品种的新型点钞机系列产品。上市之后,由于采用国际最新数码技术设计,实现数据处理全自动化,深受广大用户欢迎。获得国家质量技术监督局首批人民币伪钞鉴别仪产品生产许可证,荣获国家防伪保真质量合格产品。

同时,公司还专门成立了科研机构,引进技术专家在对市场进行充分调研基础上,借鉴国外同类机器,投入大量技术人员和资金,研制并生产出具有国内领先水平的财务票据专用打印机,经查在国内未见报道,具有新颖性,并申请了国家专利。并在此基础上又研发了"发明"系列产品,在同行中引起了极大反响。该公司还成立专门攻关队伍,攻克了国内外至今未解决的市场又急需的多国货币录号机产品。2005年已经研制出样机,即将送中国人民银行总行进行测试、鉴定。

该公司已有6个产品申请获得国家专利;打印机产品被认定为上海市A级转化项目。由于不断在创新中孵化,使该公司已经发展成为集科研、生产、销售为一体的高科技企业。

(许荣珍)

第六节 科研院所改革

【组建上海市质量监督检验技术研究院】 4月22日,中共上海市委、上海市政府同意撤销上海市电子仪表标准计量测试所、上海市机电工业技术监督所、上海市化学工业技术监督所、上海市轻工技术监督所、上海市产品质量监督检验所建制,组建上海市质量监督检验技术研究院。

(何文瑗)

【上海交通大学和上海第二医科大学合并成立新上海交通大学】 7月18日,上海交通大学和上海第二医科大学正式合并,组建成新的上海交通大学。并将与原上海交通大学医学院共同组建新的上海交通大学医学院。两校抓住机遇,创新体制机制,推进以学科建设为核心的内涵建设,办学水平明显提升。两校合并,强强联合、资源共享、优势互补,将有力推动新的上海交通大学实现冲击世界一流大学的目标。教育部部长周济,中共上海市委副书记、市长韩正分别在大会上讲话。教育部副部长吴启迪宣布两校合并决定和新上海交通大学领导班子。中共上海市委副书记殷一璀主持大会并宣布新上海交通大学医学院领导班子。中国科学院副院长陈竺、上海市人大常委会副主任胡炜、副市长严隽琪、市政协副主席王荣华等出席大会。

(武雪萍)

【中国船舶科学研究中心上海分部实施股份制改革取得进展】 2005年,为适应市场经济不断发展的趋势,大力推进民品项目的产业化进程,积极探索公司的投资主体多元化机制,中国船舶科学研究中心上海分部在股份制改革上取得突破性进展。

上海市东方海事技术有限公司原为该中心上海分部全资公司。如何最大限度地发挥科技人员的积极性和创造性,扩大产品的市场份额,是公司发展中必须突破的瓶颈问题。在公司的股份改制过程中,分部领导和所班子支持和鼓励企业主要经营管理技术骨干出资入股,充分调动他们的积极性,使国有资产和主要经营管理技术人员的个人出资有机地组合在一起,进一步促进国有资产的保值增值。通过企业改制,公司骨干和其他自然人持股达到公司总股本的70%,实现资本要素与劳动、技术、管理要素的互济共存,极大地调动了企业职工的积极性,增强了企业的凝聚力,有效地促进企业的快速、可持续发展。

改制后,该公司在继续坚持以电力能源设备开发为主营业务的同时,努力培育优质资产,大胆进行体制创新。全年主营业务收入超过1 200万元,利润比2004年增长20%。8月,该公司新产品荣获"上海市专利新产品"荣誉称号,10月公司被认定为"上海市高新技术企业"。

(匡 俊 夏明秀)

【上海电器科学研究所(集团)有限公司揭牌】 7月12日,上海电器科学研究所改制组建的上海电器科学研究所(集团)有限公司举行揭牌仪式。上海市政协主席蒋以任和全国政协常委、中国机械工业联合会会长于珍出席揭牌仪式并讲话。中共上海市委常委、组织部长、市国资委党委书记姜斯宪出席会议并致辞。

上海电器科学研究所建于 1953 年,原为机械工业部直属事业单位,是电工行业的一个综合性研究所。1999 年,在国家科研机构改革中转制为科技型企业,属上海市管理。2004 年以来,该所引进社会资本,实行产权多元化,改制成为混合投资的科技型有限公司,为上海国有科研院所的改革探索了一条新路。

（何文瑗）

第十一章 研发公共服务平台

第一节 概 况

【上海研发公共服务平台功能不断完善】 2005年，上海研发公共服务平台通过建设平台呼叫中心，加快专业技术、成果转化、创业孵化等服务系统功能的提升，研发平台的公共服务能力和辐射能力不断增强。其中，“一网两库”三个子系统的功能不断充实，大型科学仪器设备协作共用网拥有单台(套)价格50万元以上的大型仪器设施900台(套)，各类科技资源信息量已达6TB以上；科学数据共享系统涵盖化学化工、生命科学、资源环境和先进制造等领域的基础数据资源，可提供共享服务的科学数据量累计达5.41TB；科技文献服务系统建立了文献城域联合目录，提供服务的科技文献已占全市资源的60%以上。同时，上海积极参加“国家科技基础平台条件”专项建设，牵头建设开通“长三角大型科学仪器设备共用协作网”，包括上海、江苏、浙江、安徽等省市的199家成员单位的1 500余台(套)仪器设备入网。研发公共服务平台中的“专业技术服务”子系统和“行业检测服务”子系统正在加紧构建并取得重要进展。知识产权公共服务平台建设也取得新进展。

(斯海雄)

【上海市研发公共服务平台管理中心成立】 上海研发公共服务平台管理中心于12月1日成立，主要任务是围绕上海市科委牵头制订的发展规划，统筹研发平台的建设管理和运行服务等工作，深入落实研发平台发展行动计划，整合多方资源，加强统一管理，强化制度建设，提升服务水平，推进中介服务，实现“共享、共用、协作、服务”的目标，为平台的健康、持续发展提供坚实的机制和机构保障。

(斯海雄)

【上海市研发公共服务平台网站改版】 11月，上海研发公共服务平台以“布局合理、条理明晰、内容规范、操作便捷”为总体原则，根据实际运行情况对平台网站进行了有针对性的改版工作，内容涉及调整页面视觉效果，补充、更新和梳理各类应用及宣传信息，改进、调整部分系统的管理与服务功能。通过改版，研发平台信息资源的展示和服务效能得到了提升，为平台功能的进一步拓展打下了良好的基础。平台网站新版面于2006年1月1日完成全部调试工作，正式上线。

(斯海雄)

第二节 科学数据共享服务

【上海成为国家科技基础条件平台科学数据共享区域试点】 2005年，由上海市科委牵头，福建省相关单位参与，共同承担了科技部科技基础条件平台建设项目“区域综合科技信息共享网”的建设任务。“区域综合科技信息共享网”上海示范区，将建设面向上海地区科研和产业发展需要的共享数据资源，建成以生命科学、化学化工和资源环境数据共享为核心的上海综合科技信息共享示范网，建立上海科学数据汇交管理服务平台和完备的汇交数据注册登记体系。

(斯海雄)

【上海化学化工数据中心资源建设和服务初见成效】 2005年，该数据中心集成数据资源，搭建了化学数据和应用技术的共享服务平台，建设服务于化学研究和开发的应用系统，形成面向学科、领域和行业的化学信息服务网，还通过调查和分析有关的数据资源，确定了数据范围，制定了数据资源规划，50%以上的上网服务数据库已提供了元数据说明，初步建立了化学结构处理技术的WebService服务站点，完成了20万条数据的加工任务，全年提供数据库查询服务163 196次。

(斯海雄)

【建设上海资源环境科学数据共享服务中心】 该中心依托上海地区资源环境领域的(数据)优势学科和部门,在已有的数据资源的基础上,由上海市气象局、地震局、环保信息中心和中国极地研究中心等单位共同建设。中心将成为服务上海、长三角乃至华东和全国,并具有相当影响力的资源与环境领域的基础信息平台,基本满足上海科技创新、政府决策、经济建设和社会发展等对资源环境科学数据的共享需求。

(斯海雄)

【扶持建设先进制造数据中心】 2005年,上海先进制造技术领域基础科学数据共享服务平台依托上海研发公共服务平台,以"先进制造环境"(www.ame.net.cn)为门户,以新型运作模式为支撑,以科学基础数据和具有上海科技优势的特色数据为基本出发点,分级、分类、分步整合和新建相关优势先进制造领域子数据库。已有科学数据服务包括:微电子封装热—机械性能模拟分析特色数据库服务、车辆结构强度超媒体数据库服务、钢铁冶金特色数据库服务、机械工程材料主体数据库服务。

(斯海雄)

【生命科学数据中心建设立足国际前沿】 上海生命科学数据中心作为上海研发公共服务平台数据共享系统的重要组成部分,瞄准生命科学领域国际前沿科学研究,面向国家战略需求,依托地方政府支持的生命科学研究项目,研究中国生命科学数据资源共享方式、方法、体系建设,以及生命科学数据资源共享环境下数据处理的关键技术问题,着眼于建成权威性的上海生命科学数据库体系,形成管理集中、资源分布的生命科学数据共建共享格局。

(斯海雄)

【中医药主体数据库初步形成"中医药信息"服务体系】 上海中医药主体数据库以咨询服务为导向,以创新研发为着眼点,在整合上海中药创新研究中心、中科院上海药物研究所等单位已有的中医药领域的数据库的基础上,以开放、互动的方式扩充和利用信息资源,并不断对中医药信息规律进行总结研究,创建一个以数据挖掘和专业咨询为特色,以服务于新药研发为主要目标,面向社会和服务大众为宗旨的便捷、规范、高效的现代化中医药创新研发公共服务平台,2005年已初步形成了"中医药信息"服务体系。

(斯海雄)

【电子信息主体数据库填补信息产业服务大型数据库建设空白】 开源软件主体数据库是由复旦大学开发的面向信息产业的科学数据资源共享服务系统,主要提供相关信息的智能抓取、软件存储管理和搜索工具的服务,通过建立开源软件门户网站,提供关键字搜索、语义搜索等搜索工具,还提供开源软件的技术咨询服务,满足用户对开源软件的查找和使用的需求。开源软件主体数据库的建设,填补了在国内外专门为信息产业服务的大型数据库的空白。

(斯海雄)

【积极参与国际数据共享工程】 上海生命科学数据中心的主要承担单位——上海生物信息技术研究中心积极参与国际数据共享工程,与欧洲分子生物学实验室生物信息学研究所(EMBL-EBI)、日本核酸数据中心(DDBJ)等10余所国内外著名科研院所建立了长期合作关系,积极参与各类国际生物信息数据标准的建立与研究工作,参与了国际蛋白质组数据标准(SIP)、国际蛋白质-蛋白质相互作用数据标准(PPI)等多项标准的建设与起草工作,提高了中国在生命科学数据共享领域的国际地位,进一步促进中国的生物信息学研究与国际接轨。

(斯海雄)

【首届中日韩三国生物信息学培训班圆满成功】 3月,上海生物信息技术研究中心参与组织了在韩国举办的"首届中日韩三国生物信息学培训班",培训内容涉及基因组注释、进化基因组学、功能基因组学、蛋白质组学和系统生物学。中方由上海生物信息技术研究中心牵头,派出资深专家进行培训授课。培训宗旨在于培养新一代生物信息研究的学术带头人,在学习专业知识的同时,也为日后广泛的科研合作打下良好的基础。

(斯海雄)

【为两院院士建设数据库】 2005年,上海生命科学数据中心为愿意提供数据共享的科研单位及个人提供免费的数据建库服务,成功案例有:为复旦大学医学分子病毒学重点实验室的闻玉梅院士建设的乙肝病毒数据库、为中科院上海生命科学研究院生物化学与细胞生物学研究所分子生物学国家重点实验室的张永莲院士建设的人类附睾转录本数据库、为上海交通大学医学院附属瑞金医院上海血液学研究所的陈赛娟院士建设血液诊断的临床数据库等。

(斯海雄)

第三节　科技文献资源服务

【上海市城域联合目录和全文传递服务系统建设正式启动】　为实现"资源到桌面、服务到精致"的建设目标,2005 年,上海研发公共服务平台正式启动上海市城域联合目录和全文传递服务系统的建设工作。城域联合目录包括 28 家文献加盟单位的电子西文期刊、印本图书等各类文献资源及文献检索数据库信息。全文传递服务系统由文献服务单位为用户提供全文索取及代理检索服务。平台还引入中国高等教育文献保障系统(CALIS)、中国图书文献中心(NSTL)、中科院国家科学数字图书馆(CSDL)三大系统的西文期刊联合目录,作为用户选择文献服务点的重要参考信息系统。

(斯海雄)

【引入国内重点科技文献资源——万方文献数据库】　2005 年,上海研发公共服务平台引入了"万方文献数据库"。该数据库包括中文学术期刊(人文社会、哲学、自然科学、工程技术等)、西文期刊文摘(科技信息、商务信息和 NSTL),并安装了镜像服务器,为用户提供服务。用户只需上网提交简单的用户信息,即可获取"万方文献数据库"的服务卡,直接使用库中的各项资源。

(斯海雄)

【开展首届"科技文献服务宣传月"活动】　4 月 25 日至 5 月 25 日,上海研发公共服务平台开展了首届"科技文献服务宣传月"活动。平台联合 10 个加盟服务单位共同组织了 15 场科技文献知识讲座。"科技文献服务宣传月"活动共吸引了来自社会各界的近 600 人参与,有效地促进了平台文献资源的使用效率,提高了使用者对文献工具的使用技巧,有力地拓宽了科技文献服务系统的普及面,为上海科技创新速度的提高开创了一个新的局面。

(斯海雄)

【为孵化器和高新技术企业提供科技文献服务】　7 月,上海研发公共服务平台组织 10 个加盟服务单位开展科技文献服务下基层活动,免费为上海市高科技企业开展服务。截至年底,申请服务卡人数 1 615人,实际发卡1 564张,万方数据库的检索次数达15 454次、总的数据下载量达2 176MB。同时,还与全市 16 家孵化器网络成员单位、行业协会等都建立了良好的合作关系,签订了正式的合作协议,真正实现扩大平台服务的辐射面,降低企业创新创业成本,提高企业创新能力的目的。

(斯海雄)

【建设行业科技情报平台和各类专题文献数据库】　2005 年,上海研发公共服务平台的科技文献服务系统结合上海市重点发展产业和优势学科,建设了一批包括中国化学文献学科专题库、纳米材料专题库等的专题文献数据库。同时,由上海图书馆、上海科学技术情报研究所牵头建成了专门提供科技信息、科技情报服务的行业科技情报平台,将相关科技信息加工成拥有自主知识产权的二次文献数据库,通过上海研发公共服务平台向社会公众免费开放。

(斯海雄)

【28 家科技文献服务单位加盟上海研发公共服务平台】　上海研发公共服务平台不断推进科技文献服务单位的加盟工作,由前期的 7 家服务单位发展到年末的 28 家。12 月 28 日,举行了科技文献服务单位加盟仪式,28 家单位正式加入上海研发公共服务平台。科技文献服务单位的加盟,不仅丰富了平台的文献资源,帮助平台尽快实现涵盖上海总图书资源 85%的预期目标,而且扩展了文献服务内容,使平台的服务从原有的文献全文传递、文献检索服务扩展到科技查新以及参考咨询等新的领域。

(斯海雄)

【第二期全国科技查新与文献检索培训班在沪举办】　5 月 24～28 日,由中国科学技术信息研究所和上海技术交易所合作举办的第二期全国科技查新与文献检索培训班成功开班。近 40 名来自全国各大学、研究所等单位的查新从业人员、信息咨询服务人员和从事科研的相关人员参加培训。培训将理论与实务结合,以新鲜、全面、实用的信息、知识和技巧给学员们进行知识更新。考核合格者由中国科技信息研究所授予"全国科技查新与文献检索培训合格证"和"STN 国际联机检索培训合格证"。

科技查新与文献检索作为一项重要的科技信息咨询服务，是中国科学研究和科研管理中的重要一环，为科研管理部门和有关专家进行科技成果和新产品的评估、鉴定和奖励、专利申请及科研立项的评审等，提供了可靠的文献依据。

（李　平）

第四节　仪器设施共用服务

【入网仪器数量稳步增加】　2005年，上海研发公共服务平台仪器设施共用系统取得了长足进步。系统运行方面：在原有基础上，先后针对系统结构功能及页面风格进行了两次改版，对后台及用户单位内部管理系统作了较大的改进和拓展，大大简化了服务流程，提高了服务效率。资源吸纳方面：全年新增仪器设备设施194台（套），新增服务单位15家，截至年底，入网仪器设备设施总量达到906台（套），入网服务单位增至89家；对外服务方面：全年共计完成各类服务14 570次，服务区域覆盖除青海省外全国各省、市、自治区（港澳台除外）。

（斯海雄）

【上海牵头构建长三角大型科学仪器设施协作共用网】　该网（http://www.3gst.cn）于2005年初启动，10月22日正式对外开通运行，已有上海、苏州、无锡、扬州、宁波、嘉兴等长三角区域14;个城市的1 500余台（套）仪器设备入网，为长三角区域累计提供服务约900次，取得了良好的经济和社会效益，积极推动了长三角区域城市之间的相互沟通合作和共同发展，有效促进了城市间的科技资源协作共享。

（斯海雄）

【上海超级计算中心提高服务质量】　2005年，该中心积极拓展高性能计算在各领域的应用，加强与汽车制造、航空航天、船舶，及宝钢研究院、上海核工院和上海隧道设计院等单位的合作，全年系统平均使用率达到56.13%。为提升中心高性能计算服务水平，2004年底引进运算速度达到10万亿次/秒的曙光4000A系统，运算能力提高近30倍。在引进硬件的同时，该中心还加强软件平台建设，已配置21个适用于工程的商业软件，12个共享源代码软件，建立了适合汽车设计、大型工程、航天航空、船舶等多方面的工业应用软件平台，充分发挥中心3台主机近11万亿次/秒计算资源，为上海乃至全国的科研用户、企业用户提供先进的高性能计算服务。

目前95%以上的用户采用远程登录方式提交课题进行计算。该中心还通过了BS7799信息安全管理体系认证，从制度上保证用户信息的安全可靠。全年，新增各类用户85个，新增应用领域近十个，如格点量子色动力学、蛋白折叠、极地科学等。用户利用中心资源进行科研项目，取得了丰硕成果。全年共发表学术论文5篇。“基于超级计算机的结构动力学并行算法设计、软件开发与工程应用”课题中有6项成果通过验收，获3项软件著作权登记，并获得2005年上海市科技进步一等奖；另有3个项目通过上海市信息委鉴定或验收，有2项软件著作权登记。

该中心还积极参与国家“863”网格计划南方主节点和上海应用网格的建设任务，已参与应用网格项目3个。

（吴　珩）

第五节　资源条件保障服务

【建立上海实验动物资源公共服务平台】　为缩小上海地区实验动物研究和模式生物技术在规模、质量、研究内容上与国外的差距，充分发挥实验动物和模式生物技术在上海生命科学研究和生物医药研究领域中的关键作用，由上海市发改委立项，上海市科委组织，在上海实验动物研究中心和上海南方模式生物研究中心两个单位的基础上，建设“上海实验动物资源公共服务平台”。该平台位于张江高科技园区生物医药二期基地14－6地块，征地面积约为31 686m²，建筑面积16 204m²，投资总额为1.86亿元，2005年底已完成扩初设计和施工的前期准备工作，计划2007年交付使用。该平台建成后将为高校、科研院所、医院及生物医药企业的创新性研究和新药研发提供关键的实验动物和模式生物基础条件及相关技术服务。

（鲁　东）

【上海加强实验动物管理】　(1) 召开上海市实验动物管理委员会五届一次会议。会上作了第四届委员会的工作总结，调整了委员会组成人员和专家组名单，新增一些职能部门，如教委、农委、工商、疾控中心等部门；同时成立了新一届上海市实验动物专家咨询组。

(2) 建成上海市实验动物资源综合信息网(www.la－res.cn)，为上海乃至全国提供与实验动物有关的政策、资源、信息等服务。

(3) 颁发《关于进一步加强本市实验动物管理及开展实验动物工作检查的通知》，开展全市实验动物生产和使用情况的检查，调查对象：全市各有关主管部门、各区县、高校、科研院所、医院、高新技术开发区、生物医药企业等。

(4) 加强实验动物许可证的发放和管理。按照《实验动物质量管理办法》、《实验动物许可证管理办法》和《上海市实验动物许可证申领管理办法(试行)》的有关规定，至2005年底，上海地区共有有效实验动物许可证143张，其中使用许可证115张，生产许可证28张。2005年新发放许可证19张，其中使用许可证15张，生产许可证4张。

(5) 加强实验动物质量监督检验。上海市实验动物质量监督检验站共开展实验动物质量检测46批次，其中实验动物检测25批次，环境设施19批次，饲料2批次。

(6) 精选实验动物研究项目。编制了《上海市实验动物科学发展“十一五”规划》和《2005年度实验动物研究项目指南》，重点研究方向为小鼠胚胎移植对胎儿生长发育的影响以及相关分子机理的研究，上海市实验动物应急系统的初步建立，东方田鼠抗血吸虫病模型研究，实验小鼠资源收集和实验兔、大鼠、地鼠、田鼠保种新技术研究等，经专家评审打分后确定立项7个，总经费530万元。

（鲁　东）

【科学仪器及化学试剂研发概述】　2005年，组织编制了《上海市科学仪器发展“十一五”规划》和《上海市化学试剂发展“十一五”规划》，编制了《科学仪器及化学试剂研制项目指南》，重点研究方向为替代进口同类产品的自动加压毛细管电色谱系统、微流控芯片激光诱导荧光生化分析仪、定量分析型原子力显微镜、塑料/中药为基体的重金属成分标准物质、室内空气中总挥发性有机物及苯系物检测用标准物质、新型药用配套系列特种试剂等，经评审确定立项12个，总经费770万元，其中，科学仪器研制项目7项，经费565万元；化学试剂研制项目5项，经费205万元。

（鲁　东）

【核材料管理】　2005年，根据《中华人民共和国核材料管制条例》，经与国家原子能机构核材料管制办公室联系并得到复函确认(国核管办函[2005]27号)，上海市科委不再承担上海地区的核材料管理工作，而由国家原子能机构统一负责全国(包括上海地区)的核材料管制工作。

（鲁　东）

【上海市新购大型科学仪器设备联合评议办公室成立】　2005年，结合市级财政项目支出预算管理工作，由上海市科委牵头，联合上海市财政局、上海市教委等部门，建立市级新购大型科学仪器设备联合评议工作协调机制，根据《上海市新购大型科学仪器设备联合评议工作管理办法(试行)》，10月31日成立上海市新购大型科学仪器设备联合评议办公室。目的是实现上海市大型科学仪器设备的合理布局、规范管理和有效使用，建立健全大型科学仪器设备共用共享机制，促进全社会科技资源的优化配置和综合集成。

（鲁　东）

【开展上海市级财力审购50万元以上大型科学仪器设备的联合评议工作】　11月17日，由上海市新购大型科学仪器设备联合评议办公室组织的“2006年度上海市财力新购50万元大型科学仪器设备联合评议专家评审会”在沪杏图书馆召开。办公室共收到申报评议的大型科学仪器设备23台(套)，涉及6个委、办、局的下属单位，累计金额3 400余万元。办公室将申报的仪器设备按专业领域分组，邀请了在技术、市场和管理方面有丰富经验的专家进行评审打分。评审专家对每一台仪器作了书面评价，同时对购置型号、性能指标、市场价格等提出了很好的建议，为预算主管部门及时修订和调整预算内容提供依据。

（鲁　东）

【分子生物学国家重点实验室第三次设备更新改造项目通过验收】　5月9日，中科院综合计划局组织专家对分子生物学国家重点实验室第三次设备更新改造项目进行了验收。专家组听取了实验室主任关于设备更新执行情况的汇报，现场检查了仪器设备到位、运行情况，审核了实验室提供的购买仪器设备的订货合同、到货验收文件及有关财务单据等材料，经讨论一致认为分子生物学国家重点实验室的设备更新改造项目已经达到预期目标，同意通过验收。

（李旭芬）

第六节　试验基地协作服务

【重点实验室建设概述】　2005年，新建了网络制造与企业信息化、数字媒体处理与传输、分子男科学、能源作物育种及应用、功能磁共振成像、免疫学研究、胰腺疾病和周围神经显微外科等8家上海市重点实验室，另有强场激光物理等2家国家重点实验室落户上海。

在建设的同时，注重原有研发基地的整合和产学研联盟的搭建。组织3家上海市重点实验室率先根据科技形势发展，进行研究方向调整，通过优势组合，使之更加紧密贴近上海的产业需求和实际市场。通过政府牵线，重点实验室与上海华谊（集团）公司、上海交通银行、上海广电（集团）公司、上海医药（集团）有限公司、上海自动化仪表股份有限公司、氯碱化工等大型集团企业建立起面向市场的紧密的产学研联盟，逐步打通技术融入产品，促进产业培育和发展的通道。

2005年新增国家重点实验室名单

序号	新增国家重点实验室名称	依托单位	研究方向
1	强场激光物理国家重点实验室	中科院上海光学精密机械研究所	强场激光物理及其新前沿和新方向的开拓研究
2	免疫学国家重点实验室	第二军医大学	分子免疫学研究、细胞免疫学研究、感染免疫学研究、移植免疫学研究、免疫预防和免疫治疗研究

2005年新建上海市重点实验室名单

序号	新建上海市重点实验室名称	依托单位	研究方向
1	网络制造与企业信息化重点实验室	上海交通大学、上海市电信有限公司	网络化制造平台构建及其运营支撑技术、网络化协同技术、创新产品开发的支撑技术
2	数字媒体处理与传输重点实验室	上海交通大学、上海文广（集团）公司	数字媒体与传输方面的科学理论与应用技术，包括数字电视、数字电影、网络流媒体等新兴媒体产业中的媒体信息处理、传输和管理等科学技术问题
3	分子男科学重点实验室	中科院上海生命科学研究院	分子男科学中的基因组学、蛋白组学和新基因功能研究
4	能源作物育种及应用重点实验室	上海大学	能源作物新种质的分子育种、对不良土壤的利用与改良、液体燃料生产
5	功能磁共振成像重点实验室	华东师范大学	认知神经科学、磁共振功能成像医学应用研究和成像前沿技术研究
6	免疫学研究重点实验室	第二军医大学	免疫分子的结构、功能与信号机制研究、免疫细胞的分化发育和功能调控研究、免疫相关疾病的发病机制研究、免疫预防和治疗
7	胰腺疾病重点实验室	上海市第一人民医院	重症急性胰腺炎、慢性胰腺炎和胰腺癌的基础和临床研究

（续表）

序号	新建上海市重点实验室名称	依托单位	研究方向
8	周围神经显微外科重点实验室	复旦大学附属华山医院	臂丛神经损伤的基础与临床研究、周围神经损伤的脑功能重塑机制及影响因素的研究、延缓失神经骨骼萎缩的基础与临床研究、基因工程及内窥镜技术在周围神经损伤治疗中的应用

（斯海雄）

【工程技术研究中心建设概述】 工程技术研究中心的建设和运行，作为国家"十一五"基地建设和大力培育以企业为核心的创新主体的工作重点，为促进其今后的规范性和科学性，2005年，上海市科委起草颁布了《上海工程技术研究中心建设和管理办法》。

按照机制体制创新和资源整合的原则，结合科研院所的改制工作，通过精心组织，成立了上海半导体照明工程技术研究中心，促使整合上海市的研发力量，围绕产业培育和发展壮大的目标，搭建该领域的共性技术服务平台，帮助和扶持企业做大做强，并协调组织申请了国家和地方重大攻关产业化项目。此外，还批准筹建7家中心的建设工作（详见下表）。

在建设的同时，密切关注有条件和基础的市级中心，精心培育和指导其成为国家级中心，使更多的科技资源落户上海。2005年，协调和组织相关单位进行了生物信息国家工程技术研究中心，汽车电子、核电装备、燃汽轮机和电动汽车国家工程研究中心的申报工作。

2005年新建上海工程技术研究中心名单

序号	新建上海工程技术研究中心名称	依托单位	研究方向
1	半导体照明工程技术研究中心	上海科学院、张江(集团)公司	围绕LED照明应用和推广，建立一套涵盖范围广、通用性强、系统全面的LED材料和器件应用的研究系统
2	平板显示工程技术研究中心	上海广电电子股份有限公司	构建平板显示关键技术的工程研发平台
3	太阳能工程技术研究中心	上海太阳能科技有限公司	围绕国家和上海发展利用可再生能源的产业政策和发展方向，形成、完善太阳电池生产和测试过程中的关键技术
4	抗体工程技术研究中心	上海中信国健药业有限公司	抗体药物的开发、中试和产业化
5	复方中药(绿谷)工程技术研究中心	绿谷(集团)有限公司	解决中药复方药在成果转化和科研放大中的工程化问题，建设面向社会开放的复方中药产业化服务平台
6	中药制剂(汇仁)工程技术研究中心	汇仁(集团)有限公司	解决中药工程化生产中存在的问题，将实验室技术成功转化为工程化生产技术
7	药物代谢工程技术研究中心	上海新药研究开发中心、中科院上海药物研究所	体内外药物代谢新技术、新方法

（斯海雄）

【强场激光物理国家重点实验室获科技部批准建设】 3月，科技部批准建设强场激光物理国家重点实验室（State Key Laboratory of High Field Laser Physics）。该实验室前身为中科院上海光学精密机械研究所强光光学重点实验室，是中国在激光物理，特别是在强场激光物理及相关新前沿、新方向开拓研究方面，开展高水平基础研究与应用基础研究的基地，高层次国际交流与合作研究的基地，吸引与聚集优秀科学家和培养青年科技人才的基地。该实验室在五年一度的2005年全国数理科学国家和部门重点实验室的评估中，继2000年之后再次被评为优秀实验室。 （屈 炜）

【国内首个地面交通工具风洞中心在上海开建】 12月28日，上海地面交通工具风洞中心在同济大学嘉定校区打下第一根桩，开始了为期两年的建设，将于2007年12月建成并投入使用。该项目属首批上海市科教兴市重大产业科技攻关项目，将建成气动—声学整车风洞、热环境整车风洞及整车风洞试验与管理中心，成为国内完全自主研发汽车、轨道交通车辆等地面交通工具的非赢利性公共科技试验平台。该项目同时得到了上海市政府、国家发改委基础平台建设、教育部“985”二期及上海大众、通用等汽车企业的大力支持，总投资近5亿元。

风洞是汽车产品开发中必要的大型基础设施，目前国内汽车企业只能将产品运往国外做试验，由此延长了产品开发周期，也不利于新产品保密。该项目建成后，将填补国内空白，为中国汽车、轨道交通车辆整车和零部件核心技术的本土化研发提供公共技术服务平台支撑，为中国汽车工业真正实现自主开发扫除最后一道障碍。同济大学依托该重大项目的实施，将风洞试验服务与科学研究、人才培养紧密结合，形成一整套风洞的完备技术，培养一支具有国际技术水准的风洞运营人才队伍。

上海地面交通工具风洞中心自2004年底立项以来，同济大学汽车学院、建筑设计研究院和德国斯图加特风洞中心共同就风洞设计、关键设备选型、风洞运营技术开发等方面联合攻关，已攻克了地面模拟系统、减小流道损耗、收风口变截面设计等技术难题，并完成了风洞的流道设计及确定关键设备的技术标书，形成了中国汽车风洞领域的自主知识产权。

（许伟良）

第七节　专业技术服务

【专业技术服务子系统加紧构建】 2005年，围绕健康上海、生态上海、精品上海、数字上海的建设，完善专业技术服务平台布局，并进一步推进了生物医药、资源环境、先进制造、信息产业等领域的专业技术服务平台发展，提升其服务水平。上海多媒体专业技术服务平台社会服务面持续扩大，集成创新与服务能力日渐提高，为96家中小企业提供了300多项，近6 000h的渲染、后期编辑、产品测试和专业培训等服务，为上海创意产业的健康发展提供了重要的技术服务支撑。中科院上海药物研究所建立的“新药研发应用网格”技术平台，安装了含120万个化合物信息的数据库和各类药物靶标蛋白结构数据库，现已进入试运行阶段，自主研发的药物分子筛选方法和程序、药物筛选应用软件已陆续推出，并已获得多个活性化合物。上海动漫研发公共服务平台建设启动，将为中小企业提供完善的动漫开发制作平台和创意环境。软件技术、分析测试等专业技术中介服务平台相继建立，以及微机电系统（MEMS）平台、高通量药物筛选平台的功能完善等，都将有效地为上海市的创新创业活动提供各类专业化服务。

（陈　杰）

【上海动漫研发公共服务平台在张江开业】 12月8日，上海动漫研发公共服务平台开业典礼暨“上海动漫高峰论坛”在张江高科技园区举行。

上海动漫研发公共服务平台在原有的张江动漫研发平台基础上，由上海市科委进一步投入而成为面向上海的公共型服务专业平台。原张江动漫研发平台由浦东新区、张江（集团）公司、上海电影艺术学院共同投资1 400万元组建，位于张江高科技园区内，占地面积500m²，包括策划设计部、产业服务部、培训部等多个部门。

上海动漫研发公共服务平台得到动漫软硬件商的大力支持，拥有先进的硬件设备和配套软件，包括30台HP9300，HP6200等工作站，100个CPU的HP刀片式渲染服务器，软件方面还包括AVID SD和HD非编系统、电影格式的实时处理系统、运动控制系统，其中还包括国家“863”高科技攻关项目。

该平台可以为动漫中小企业提供设备、软件平台租赁服务以及增值技术服务，通过资源共享，降低动漫产业的进入门槛，以促进动漫产业的繁荣。在此基础上，平台还将利用自己所处“产、学、研”交集点的优势，为企业提供顾问咨询、技术指导，开发特定需求软件、软件插件，推广自主知识产权软件等，从根本上提高上海动漫产业的技术水平、开发水平，提高上海动漫产业的核心竞争力。

人才培训是上海动漫研发公共服务平台的重要业务之一。除了培养动漫制作人才，平台还利用背倚上海电影艺术学院和张江科技园区内多家艺术院校的艺术专业优势，邀请国际国内资深的专家和艺术家，着力培养具有国际视野、创新意识和宽厚的美术基础，能娴熟地运用现代视觉艺术表现技能和信息传播技能，可以从事多种创作和应用设计的复合型艺术设计人才，以及高品位、高层次的艺术管理人才，不断提高动漫从业人员以及有志于动漫行业的人员的艺术和技术水平。

该平台将以市场为导向，为上海、长三角乃至全中国的动漫企业提供一个技术平台和资讯平台。

（肖惠萍）

【上海软件构件化服务平台开通】 1月25日，上海软件构件化服务平台在第二届上海软件构件化推进会上正式宣布开通。上海市科委聘请了12位该领域的专家，组成“上海软件构件化专家指导委员会”。

该平台依托上海软件构件化服务中心、上海计算机软件技术开发中心，受国家“863”计划和上海市科委重大专项资助，是“863”软件孵化器上海基地的主要技术支撑之一。上海市科委打造该平台旨在融构件技术研发、咨询、成果转移、推广服务等于一体，采用“产、学、研、用”相结合的模式集聚了一批在软件构件化方面的优势单位，以软件复用资源库为核心，通过对基于构件的软件工程（CBSD）相关的技术、方法、标准、工具等的应用研究，致力于推进软件工程化开发和工业化生产，为软件企业构件化开发提供全程服务。并力争在两年内形成6个国内占有率领先的典型产品族，以及8个有上海特点的重大领域示范工程，把软件构件化专业服务辐射到整个长三角地区。

上海软件构件化的发展基本上分为两个阶段。2002～2003年，以国家“863”计划项目、上海市科委重大专项“上海构件库及其应用”为主，完成了上海构件库的建设与示范应用的推广工作。2004～2005年，以上海市科委平台专项、国家“863”计划项目的滚动支持为主，完成上海软件构件化服务平台建设与软件构件化推进工作。上海软件构件库已收集构件总数3 200多个，其中领域构件400多个，国外构件70多个，优秀构件106个，访问人数超过48万，构件下载8 000余次，优秀构件平均被复用35次。该平台采用了产学研相结合的推进模式，吸收了50多家骨干企业成为加盟会员。其中不乏在构件方面有优势的科研机构、著名高校和软件企业，初步建立了具有一定覆盖面的构件化协作网络，形成了一个以构件库为依托的专业技术服务平台，为企业提供构件及其相关的方法技术、标准规范和组装工具，实现了从构件描述、发布、存储管理、检索测试、评估与推荐、在线购买到组装使用全过程的支持。

小资料

软件构件化

“软件构件”是软件系统的一个具有接口的组成部分。“软件构件化”有两层含义，一个是在软件企业内部实施基于构件的软件开发，形成构件开发、管理、应用组装的流水线模式，实现企业内的软件工程化开发；另一个是在软件产业范围内形成专业构件生产企业、构件流通中介、软件集成企业等专业化分工与协作，实现产业内的软件工业化生产。

（肖惠萍）

【上海CAE公共服务平台建成开通】 该平台是上海研发公共服务平台中的专业技术服务系统之一，由上海科学院携手大连理工学院共同构建。平台的核心是由多个针对不同行业的分析模块集成的Jifix系统。平台配备了精通CAE技术和各种工程设计的专家，不但能为企业提供所需的CAE技术，还能帮助企业进行产品的设计与改进。

CAE技术是一种计算机辅助工程，能进行虚拟设计和分析。例如，使用CAE技术对一种新机器进行外观和内部结构的设计，而这台存在于计算机里的虚拟机器能通过CAE进行试运行，做各类测试，一旦发现虚拟机器存在问题或无法达到设计要求，可以参考CAE给出的各类数据改进设计，然后再次试运行。经过多次反复之后，以达到设计要求。

平台已承担了跨海大桥、机械制造等10多项示范项目，并为多家企业提供了研发服务。中国科学院院士钟万勰介绍说，“神舟”系列飞船的返回舱结构在国产CAE系统的帮助下，减去了45%以上的重量；运用首创的虚拟激励法，CAE完成了复杂的东海大桥随机地震响应功率分析；长兴岛造船基地600t起重机风板分析也是由CAE完成的。今后,国产CAE系统将越来越多地被各项重点工程使用。

(肖惠萍)

【新药研发应用网格技术平台建立】 该平台由中科院上海药物研究所、江南计算机技术研究所、上海交通大学和香港大学联合于2002年向科技部申请国家"863"高技术项目基金并获得批准;2005年6月通过正式版,提供使用。

新药研发应用网格就是利用网格环境和网格计算资源,提供新药虚拟筛选服务和药物化学信息服务。通过计算机筛选化合物数据库,可使得实际筛选的化合物集中上千倍。由于计算机药物筛选具有非常好的应用前景和经济社会效率,以及庞大的计算要求,迫切需要新一代的计算技术予以支撑。通过建立针对因特网环境的高效通信模式,应用网格格点内和格点间的双重负载平衡技术,最大限度地利用国家网格的空闲计算资源,新药研发应用网格平台为用户提供高吞吐量和安全的新药筛选服务。

中科院上海药物研究所、北京摩力可药业有限公司和香港大学的多个超级计算机和计算机机群等已加入到该应用网格平台,形成了超过每秒万亿次浮点运算能力;另外,该项目正在接入上海超级计算中心新安装的10万亿次曙光4000超级计算机,进一步拓展计算能力;同时该平台扩大了药物筛选的容量,配备了200多万化合物三维结构和药物信息数据库资源,新增了药物化学信息服务功能。已有抗糖尿病、抗关节炎等新药研究项目利用该平台进行计算机药物筛选,相关研究成果已经申请了3项新药发明专利。

(肖惠萍)

【上海浦东生物医药研发外包服务中心揭牌】 2月22日,上海市生物医药外包服务基地和上海浦东生物医药研发外包服务中心在张江正式挂牌成立。

该中心整合各类创新资源,战略设想是成为亚洲规模较大的研发外包服务中心,争取率先成为达到美国GLP标准的中国外包服务机构,在全球范围内承接各种药物开发合同,5年内在新区带动形成一个年产值超过20亿元的生物医药产业分支领域,并引入超过50亿元的新的国内外生物技术投资。"中心"是"基地"的重要功能性支撑,是生物医药科技公共服务平台的重要组成部分,重点培育生物医药研发外包服务的龙头企业。"中心"的主要特点是能够服务于国际水平的原创性研发,服务领域将涉及临床前药物开发的每个主要环节。

目前,张江已形成了制药、国家级研发中心、医学院校、中小型创业企业、专业化中介服务机构等五大板块,被海内外形象地称为中国的"药谷"。

(编辑部)

【上海集成电路设计公共服务平台浦东分平台启动】 4月12日,上海集成电路设计公共服务平台浦东分平台建设完成,正式对外运行。该平台自2000年4月由上海市科委组建以来,上海IC产业特别是IC设计业经过5年多的建设与发展,已经为实现跨越式发展打下了坚实的基础,市领导希望在此基础上持续扩展平台的服务范围,提升服务质量,把平台功能延伸至浦东,探索把原有的"辐射支持"模式向"集聚支持"模式发展,充分体现上海市科委"一体两翼"的发展要求。为实现登山计划目标,推进上海IC设计业更进一步发展,提供全方位配套服务。

2005年,浦东分平台各项指标均达到了预定目标。平台拥有一套先进的软硬件设计系统,提供一系列完善的设计流程,全定制集成电路设计流程和FPGA设计流程。

(俞加鲜)

第八节　行业检测服务

【行业检测服务子系统建设取得新进展】 上海市检测中心加快建设。2005年,坐落于张江的"上海检测中心"总投资超过10亿元,占地15万平方米,9幢大楼已结构封顶,一大批先进的计量仪器正在置办中。其任务是设计并完善符合国际化标准的国家计量基标准体系;优先发展高新技术和社会发展所急需的计量基标准、标准物质及检测技术。同时重视现有计量基标准的持续发展和计量基标准前沿研究的协调并重;重视技术和队伍的储备和国际间的交流合作。目标是80%的计量基标准、标准物质及检测技术达到发达国家先进计量水平。国内首家独立运行的中药标准化研究中心在上海中医药大学成立以来,已为"2005 年版药典"建立了 7 种药材的质量标准,为"港标"建立了 2 种药材的质量标准,并开发中药对照品 150 余种。

(陈　杰)

质量监督

【完成食品安全检测实验室装备配置工作】　为做好上海市食品生产安全检测实验室建设布局规划,上海市质量技术监督局根据国家质量监督检验检疫总局工作要求及全市食品监管的需求,在充分调研和综合分析的基础上,编制完成了《关于构建上海质量技术监督系统食品安全检验机构(实验室)设想及初步方案》、《上海市质量技术监督系统食品安全检测实验室建设规范》和《上海市质量技术监督系统食品安全检测实验室管理规范》等规范性文件,对上海食品生产安全检测实验室的建设起到了指导作用。为了使实验室装备能够满足食品生产安全监管和未来区级食品检测实验室发展的需要,组织制定了区(县)食品生产安全检测实验室主要设备配置方案,该方案通过专家论证,经报批后,现已正式开始实施。

(周莉蓉)

【组织完成国家质检中心的自查评估工作】　为了加强国家质检中心的建设,不断提高检验能力和检测技术水平,有效发挥国家质检中心在中国检测技术机构体系中的龙头作用,在国家质量监督检验检疫总局的统一部署下,上海市质量技术监督局组织开展了全市质量技术监督系统内的 6 家国家质检中心的能力自查评估工作,重点对机构运行状况、技术能力、工作业绩、科研水平、人才状况和发展建设情况等方面进行全面自查和评估,为"十一五"期间上海市国家质检中心的布局规划工作奠定了基础。

(周莉蓉)

【积极提升质量技术监督服务能级】　2005 年,挂靠上海市计量测试技术研究院的上海市环保产品质检站承担了上海市实事工程——"上海市污染源在线监测站的建立与运行"的现场检测和现场比对试验工作,质检站组织专业技术骨干,采用先进的检测技术,圆满完成了现场比对试验工作,为上海市实事工程的顺利实施作出了贡献。

上海市标准化研究院积极拓展全球同步管理系统(GDS)服务,目前上海市已有近千家企业加入该系统,采用了一品一码数据库管理规范,实现与国际接轨;积极开展条码检测设备校准工作,为条码检测设备的使用企业提供一年一次的技术校准服务,至 10 月底已为 15 台检测仪作了校准。该院还积极开展 TBT 研究与应对工作,完成了 64 期 WTO/TBT 通报的翻译工作及 8 期《WTO/TBT 信息》的编辑发行工作,起草了"TBT 预警信息快速反应系统"项目,组织开展了通报信息对企业出口影响严重程度的综合分析研究,提出了包括建立预警级别判断数学模型和 TBT 信息自动分析模板、实现通报信息半自动化翻译、平台智能化完善等颇具创新点的设计方案,为中国 TBT 研究工作提供了重要的参考。

(周莉蓉)

【编制完成《上海市技术基础"十一五"发展规划纲要》】　2004 年 12 月,该《规划纲要》的编制工作正式启动,上海市质量技术监督局成立专门的编写小组,起草了有关规划讨论稿。为使规划能更贴近上海经济发展的需要,符合上海城市定位和发展主战略的要求,多次举行了由全市相关行业、高校等社会各界参加的研讨会,充分听取各方意见,对规划作了重要补充和修改,于 2005 年 10 月初编制完成了规划总体报告和 5 份调研报告。

该《规划纲要》中,提出了技术基础"十一五"发展总目标,即到"十一五"末,全市技术基础资源的总体布局、规模、水平和能力应满足经济、社会和科技发展的需要;技术基础体系的市场化和国际化的程度应达到或超过与上海同等发达的城市或地区。(1)完成计量、检测检验和标准化等 3 个技术基础公共服务新体系的建设。(2)形成具有国内一流规模和能力的计量、质检、特检等 6 个技术基础基地。(3)实现为上海优势产业服务的技术基础发展的新突破。(4)形成上海市技术基础信息资源和信息化公共平台。(5)形成技术基础人才高地,实现队伍素质提升和知识结构的转型。(6)建立和完善与上海技术基础相关的政策和法规体系。同时,根据该《规划纲要》的目标和要求,编制了《科技发展项目指南》,明确了未来两年质量技术监督科技发展的主要方向。

(周莉蓉)

【《欧盟食品/饲料添加剂管理制度》研制完成】 该项目由上海市标准化研究院研制完成，为“上海市科委技术标准专项项目”中重点支持的第三批软课题研究项目之一。该项目主要对欧盟食品和饲料添加剂的管理制度及其许可清单进行了研究，并与中国的法规及国家标准作出对比，从而为企业出口提供指导，为政府决策提供参考。其研究成果具有较强的实用性、完整性和有效性，较好地达到了预期的考核指标。该项目有助于国内企业及时了解欧盟在该领域法律法规的制、修订情况，掌握欧盟的技术要求，避免因盲目出口而遭遇不必要的技术性贸易壁垒，是技术性贸易壁垒预警机制中长期预警的重要内容。同时，也有助于中国政府借鉴发达国家先进的技术经验，构建自己的食品和饲料添加剂管理制度，实现对中国公众健康的保护，增强中国企业的国际综合竞争力。

（周莉蓉）

【上海市食用优质农产品安全质量标准体系国内外技术水平对比分析研究通过验收】 该课题由上海市标准化研究院承担，是上海市科技兴农重点攻关研究课题之一，于2005年1月通过专家验收。

该课题围绕与生物和化学危害直接相关的国际通用食品安全标准体系和内容——农药、兽药、重金属等有毒有害物质以及微生物限量标准，深入研究了国际食品法典委员会（CAC）、欧盟、美国和日本先进的食品安全标准体系模式特征和内容架构；系统地剖析了全国和全市现有食用农产品质量安全标准体系的结构特征和现状，通过大量的具体标准数据和翔实资料，从食品安全基本理念、安全标准总体技术水平、标准体系模式、标准制定、实施和符合性评定等方面，多视角地进行了国内外食品安全标准体系的定性定量深度对比分析研究；全面客观地反映了上海市食用农产品安全质量标准体系的总体技术水平，指出了与国际先进标准体系间存在的主要技术差距。

（周莉蓉）

【上海市标准信息服务系统通过验收】 该系统是“十五”期间由上海市发改委立项、投资1 530万元（分期投入）的一个标准信息化基础研究项目。项目重点内容包括标准文献资源库、标准信息服务平台和客户关系管理系统。2005年，该系统已通过验收，并作为上海公共研发服务平台的组成部分向全社会提供标准信息服务。（周莉蓉）

检验检疫

【上海检验检疫概述】 2005年，上海出入境检验检疫局着眼于上海推进大口岸、大通关、大贸易的实践，把握大局、找准定位，坚持一手抓把关，一手抓服务，以把关促服务，以服务促发展，不断地改进检验检疫工作模式，理顺检验检疫业务环节，提高工作质量和工作效率。

全年完成进出境工业品检验检疫84.11万批、货值548.1亿美元。出入境动植物及其产品检疫10.04万批；进出境木质包装检疫28.14万批；进出境船舶检疫1.83万艘；进出境飞机检疫9.62万架；进出境集装箱检疫307.98万只；出入境旅检1 135万人次，发现问题1.47万人次；监测体检9.02万人次，发现传染病2 196人次。在入境动物及其产品中，发现疫情和有毒有害物质27批，均按规定实施退货、销毁、无害化等检疫处理。在入境植物及其产品检疫中，发现疫情5 443次，检疫发现菜豆象、马铃薯金线虫、小麦印度腥黑穗病菌等1类危险性有害生物7种58批，双钩异翅长蠹、松材线虫、假高粱、南芥菜花叶病毒等2类危险性有害生物18种225批，锯齿大戟、三裂叶豚草、建兰花叶病毒等3类危险性有害生物17种81批。

（王　芳）

【全面促进检验检疫科技管理建设】 2005年，上海出入境检验检疫局根据科研项目的重要性以及项目的大小，对局内科研项目进行分类管理，保证了项目完成的时间和水平。全年共完成科研项目65项，其中国家质检总局项目12项，申请并获国家质检总局成果登记33项；完成标准审定50项，其中国家标准1项，行业标准20项，局内规程30项，上海市科委技术标准专项验收5项。做好科研与制标工作的项目储备。研究改进与提高科技工作对检验检疫工作的促进与保障作用、科技成果的转化及实用性。在国家质检总局“科技兴检奖”评奖中，共有19个项目获奖，其中合并一等奖1项，二等奖5项，三等奖13项，从获奖数量以及获奖等级来看，均较往年有显著的提高。

结合检验检疫工作重点转移和各技术中心的发展方向，积极参加国家质检总局及上海市科委、市农委的科研工作招投标。获得国家局科研项目14项，行业标准25项，以及上海市科委技术标准专项，从项目总数和项目经费来看，均比往年有明显提高。

根据《上海检验检疫局中青年专家暂行管理办法》，开展第二届中青年专家选拔工作。重点对申报人员近两年完成的科研、制标、获奖以及发表论文等情况进行了审核，经上海出入境检验检疫局中青年专家资格评审委员会评审，共选拔出17位中青年专家。

为应对国外技术贸易壁垒，研究与建立指导检验检疫工作的国外技术性贸易措施信息库及预警方案，上海出入境检验检疫局编辑发布《国外检验检疫快讯》15期，在国内首次报道了世界贸易组织发布2005年世界贸易报告，重点探讨贸易与标准的关系问题。有关信息被收录在总局《质检信息》和《全国技术性贸易措施部际联席会议简报》中，并登载在上海出入境检验检疫局网站、总局网站等主流网站上，在一定程度上起到了"出口预警"的作用。

（王　芳）

【积极参与上海国际航运中心和上海电子口岸——"大通关"平台建设】　2005年，上海港进出口货物吞吐量达4.43亿吨，已成为世界第一大港。上海口岸加强"大通关"建设，是推动与保证上海国际航运中心建设的重要条件。

上海出入境检验检疫局在国家质检总局和上海市政府的领导下，积极参与上海国际航运中心建设及"大通关"综合服务信息平台的建设，并且在市政府有关部门、其他口岸管理部门及有关企业的支持与互相配合下，在实现"提速、减负、增效、严密监管"及信息共享、系统互联等方面取得了初步的、实际的成效。按照中共上海市委、市政府关于洋山深水港筹建的时间、节点安排，从有利于发挥保税港区功能出发，全力做好开港前的检验检疫的各项准备工作，确保开港验收顺利通过。积极支持与参与上海航空枢纽建设。"提货单电子化"是上海口岸"大通关"的一项重要措施，也是电子口岸重要功能的具体体现。5月8日，上海出入境检验检疫局对电子签章首批试点企业正式取消了在纸质提货单上盖章的做法，实现了真正意义上的提单电子化管理。同时，还制订了相关的应急预案，确保提货单电子签章系统试点运行中一旦发生故障时，企业仍能顺利地办结提货通关手续。自2001年以来不断推进"三电"工程——电子报检、电子签证和电子转单，目前已全部实现产地证电子签证；外地检验检疫局签发的出口换证凭单电子转单已全面启动，出口换证凭单的电子转单率已超过90%；在上海市出口生产企业中已采用了直通式电子报检。

通过对检验检疫各类业务的梳理以及工作模式改革的探索，并在此基础上加快各类检验检疫业务信息管理系统的开发与建设。上海出入境检验检疫局结合洋山港建设，完成了洋山港符合检港联动要求的出入境货物及集装箱检验检疫业务信息管理系统研发；完成了外高桥保税物流园区入境货物检验检疫电子审单系统；完成了空运入境应施检货物电子监管系统（一期）的研发，成功地实现"空中报检"；从规范与服务于区港联动的要求出发，正着手开发用于各出口加工区及区港直通货物的检验检疫业务信息系统。

（王　芳）

【建立防控高致病性禽流感传入传出的长效机制】
2005年，上海出入境检验检疫局根据国家质检总局、农业部和上海市政府的要求，切实加强上海口岸禽流感防控工作。结合全市海、陆、空口岸的实际情况，从"有效监管、方便进出、群防群控、共同参与"原则出发，制定了出入境人员填写《出入境健康检疫申明卡》和接受体温检测的具体措施，启动人感染高致病性禽流感情况"零报告"制度，在上海浦东机场举行入境国际航班上发现疑似高致病性禽流感病人的应急控制处置演练。在机场、各航空公司的大力配合下，出境大厅检验检疫忠告、告示牌等标识规范醒目，广播词滚动播放，填卡台设置多且方便。严格审核入境货物单证，禁止疫区禽鸟类及其产品直接或间接入境，对来自疫区的其他货物加大抽查力度。对来自疫区的船舶一律登轮检疫；对来自禽流感疫区的入境人员加强体温检测、健康申报、医学巡查。这些措施保证了检验检疫机构一旦发现发热对象，将启动快速反应机制，从而达到"早发现、早控制、早隔离、早治疗"的目的，为保障上海口岸的安全卫生发挥检验检疫应有的作用。

（王　芳）

【加强进出口食品质量安全监管】　2005年，上海出入境检验检疫局研究制订了严把进出口食品质量安全关，建立食品质量安全监管的长效机制，切实加强"市场准入"监管，认真执行进出口食品有毒有害物质官方监控计划、动植物源性食品残留监控计划，推进进口食品动态监管，加强与质监、农业、食品药品监督、工商等职能部门的沟通与合作，及时有效地获取食品质量安全方面的信息，共同构建监管网络。

(1) 快速应对苏丹红事件。年初,国家质检总局下发关于加强对含有苏丹红食品检验监管的紧急通知后,上海出入境检验检疫局及时启动食品管理预警措施,全面开展对进出口食品特别是来自欧盟食品的苏丹红项目检测。改进实验室检测方法,提高了样品测试结果的可靠性和灵敏度,在2批、2 600箱、4.85t准备出口美国和加拿大的蒜辣味面样品中发现了苏丹红一号残留。得出检测结果后立即封存货物。在市场流通领域,出动100多人次检查主要食品进口企业和超市卖场30多家,涉及产品2 000多个;排查自2004年以来入境的原产国为英国、印度的食品及添加剂,为今后有重点地加强检验监管积累了科学数据。

(2) 快速制定孔雀石绿检测国家标准。鉴于国内外对水产品中孔雀石绿等染料的普遍关注和国内水产品养殖现状,特别是一些国家和地区已禁止进口中国的鳗鱼及其制品,根据国家标准化委员会的紧急通知,上海出入境检验检疫局采用了标准快速制定程序,仅用4天就将已完成的行业标准"水产品中孔雀石绿、结晶紫及其代谢物残留量检验方法"转化为国家标准,并顺利通过国家标准审定委员会专家组审定。评审组一致认为:该标准同时测定水产品中孔雀石绿及其代谢物隐色孔雀石绿、结晶紫及其代谢物隐色结晶紫,一次性测定母体和代谢物符合残留检测要求,所制订的两种方法快速、灵敏和准确,检测低限满足国内外法规的限量要求。同时该标准可满足水产品中孔雀石绿和结晶紫残留的筛选以及疑似样品的确证。此标准的发布实施,为中国企业自控和政府监管提供技术依据,有利于促进水产品卫生质量的提高,保护消费者身体健康,同时提高了中国水产品的国际竞争力。10月27日,上海口岸经检验检疫合格放行的175箱、3 500kg活鳗向日本出口并顺利通关。这是上海口岸活鳗在暂停出口日本3个月后正式恢复出口。

此外,上海出入境检验检疫局还对不合格的韩国泡菜采取措施,妥善处理国产啤酒"甲醛风波",积极应对"PVC"薄膜事件,加强了出口食品色素等食品添加剂的管理,为上海口岸的经济贸易提供了有力的技术支持。

(王 芳)

【上海电气输配电试验中心取得CNAL颁发的认可证书】 12月5~7日,中国实验室国家认可委员会(CNAL)和上海质量技术监督局委派专家评审组按第三方国家实验室的认可准则和计量认证要求,对上海输配电股份有限公司所属上海电气输配电试验中心有限公司进行了现场评审,认定了该试验中心的管理体系及运转、设备配置、技术能力符合CNAL的认可要求,具备了126kV及以下电压等级、额定短路开断电流40kA的开关设备的型式试验能力,通过了第三方国家实验室和国家计量认证的现场评审,并取得了中国实验室国家认可委员会颁发的"认可证书"和"中华人民共和国计量认证合格证书"。

(施祖铭)

【上海电气器具检验测试所通过监督和扩项评审】 10月29~31日,上海电气器具检验测试所接受并通过了中国实验室国家认可委员会(CNAL)组织的监督和扩项评审,涉及检测领域4份标准和校准领域的13个项目。检测领域的4份标准是GB16915.1-1997、GB16915.1-2003《家用和类似用途固定式电气装置的开关第1部分:通用要求》、GB16915.2-2000《家用和类似用途固定式电气装置的开关第2部分:特殊要求第1节:电子开关》、GB16915.3-2000《家用和类似用途固定式电气装置的开关第2部分:特殊要求第2节:遥控开关(RCS)》、GB16915.4-2003《家用和类似用途固定式电气装置的开关第2部分:特殊要求第3节:延时开关》;校准领域的13个项目是"表面电位计"、"变压比电桥"、"电压互感器"、"电流互感器"、"有载分接开关测试仪"、"回路电阻测试仪"、"氧化锌避雷器泄漏电流测试仪"、"泄漏电流测量仪"、"开关时间特性测试仪"、"温度试验箱"、"绝缘电阻表(兆欧表)"、"钳形表、接地电阻测试仪"。目前,上海电气器具检验测试所已经开展了上述业务。

(潘顺芳)

第九节　技术转移服务

【技术转移服务概述】　2005年，上海加快建立成果转化服务网络，正式开通上海技术市场交易信息系统，大力发展专业技术转移平台，依托研发基地建设成果转化网络服务平台，联手教育部共建上海能源化工技术转移服务平台，提高上海市能源与石油化工的成果转化效率。2005年，上海市经认定登记的技术合同成交金额达231.73亿元，比2004年同期增长34.96%。上海技术交易所为科研院所和企业提供科技成果转化服务，促进了科研单位与企业合作，年交易总数4 540笔，交易总额123.73亿元。

（肖惠萍）

【科技成果转化服务网概述】　2005年，上海在各区县、部分高校、科研机构及企业集团设立了32个高新技术成果转化工作联络站，形成了市区联动、服务联动、促进科技成果转化的工作网络。开设"上海高新技术产品与科技成果交易网"；推出在沪企业创新创业十大服务举措；京津沪签署"三地项目互认，实行简化认定"条款，形成高新技术成果转化认定绿色通道，形成了内联外交的成果转化工作新格局。其中，国内科技合作服务主要是聚集国内各成果转化服务机构拧成转化合力，共同推进企业成果转化步伐；在为国内企业的服务中挖掘先进技术引进上海，提高上海科技研发能力，促进上海科研创新能力的进一步提高；在服务全国企业的过程中采集优秀项目引入上海实施产业化，推进上海经济持续发展。

（肖惠萍）

【上海能源化工技术转移服务平台概述】　2005年，上海市科委与教育部科技发展中心签约共建上海能源化工技术转移服务平台。该平台以信息技术和信息化手段支持能源化工技术开发和技术转移的全过程为目标，面向技术开发和技术转移对数据信息、专利情报、专业技术服务和专业技术知识的需求，集成数据资源、应用软件、服务机构、专家等各类软硬资源为一体的服务系统。平台充分利用各参与建设单位的优势资源，官产学研联合，坚持分工、协作、联合、统筹的原则，建设能源化工技术转移平台，通过建设高效、实用的专业成果技术转移平台，吸引高校、企业和研究院所的使用和加盟。

考虑到信息化与工业化的结合才能真正解决能源化工技术转移中的各种类型问题，平台既包括以提供能源化工各类信息为主的信息部分，也包括以提供技术和咨询服务为主的实体部分。其中，信息部分包括信息资源和应用环境两大块。信息资源又由政策法规、能源化工动态、成果重点推介、技术/专利/文献数据库、技术服务机构信息、专家库等内容。应用环境由供需交流环境、技术转移协作环境、能源化工计算环境组成。实体部分包括咨询服务和技术支持服务两大块。

此外，将由华东理工大学承担的全国高校科技成果推广信息平台"石油化工与新材料成果推广频道"作为共享资源，为"上海能源化工技术转移服务平台"在全国高校和企业的应用推广服务提供必要的支持。

（肖惠萍）

【上海市科技型中小企业技术创新资金工作概述】　2005年，上海市科技型中小企业技术创新资金工作继续贯彻"公开、公平、公正"的原则，引导上海市科技型中小企业积极申报，争取国家创新基金更多支持，同时加强监理、验收等管理工作，使上海市科技型中小企业的技术创新迈上新台阶。在项目申报方面，在全市大会、区县及行业小会，以及高新技术产业开发区、创业孵化基地、咨询服务机构等广泛宣传有关内容，通过报刊、网络强化宣传工作，使得社会各界进一步了解上海市创新基金工作进展情况，对营造上海创新创业的良好氛围起到了很好的烘托作用。

为使有限的国家创新基金发挥更大的作用，开展了四方面的工作：

（1）鼓励引导科技型中小企业积极争取国家创新基金支持，2005年获国家创新基金立项154项，支持总金额7 761万元，其中创新项目107项，支持金额6 337万元；创业项目26项，支持金额709万元；银行贷款贴息项目21项，支持金额715万元。上海配套资金1 587.5万元（为2004年结转项目，其中5项为国家农业科技成果转化项目）。

（2）建立网上申报评审系统，根据科技部、市科委项目网上申报、评审的要求，完全按照国家创新基金的申报、评审系统进行系统开发，实现了项目网上申报和评审。

（3）实行上海市创新资金项目由市、区两级政府资金支持，根据上海市科委提出的加强市区联动的精神，结合2005年国家创新基金推荐方式改为地方创新资金立项项目推荐申报国家创新基金的要求，在以往项目属地化、二级管理的基础上，进一步加大了市区联动的力度，由于区县科委在项目推荐、立项、监理、验收等管理全过程都有发言权，市区在资金、管理、服务三个方面进行联动，调动了区县科委的工作积极性，上海市创新资金项目区县支持金额首次超过了市科委支持金额。2005年上海市创新资金市区资金联动项目申报数达628项，立项数达237项，均创历年新高。

（4）除继续支持市区资金联动项目、骨干型企业项目外，新设立大小企业技术创新配套试点项目，全年立项项目由1家大企业和5家配套企业共同实施，在支持中小企业与大企业配套合作方面做出了有益的探索。上海市创新资金共支持科技型中小企业创新项目248项，其中市区资金联动项目237项，支持金额7 115万元，其中上海市科委支持金额2 555万元，区县科委支持金额4 560万元；骨干型企业项目5项，支持金额400万元；大小企业技术创新配套试点项目6项，支持金额300万元。以农业科技成果转化专项方式支持了12个项目，资助经费351万元；为国家农业成果转化资金项目配套49万元；以火炬计划方式支持中小企业成果产业化28项，资助经费300万元。

（徐佩锋）

【上海市国家创新基金项目实施总体优良】 上海市火炬高技术产业开发中心按照国家创新基金项目监理要求，完成了2004年国家创新基金项目的年报工作。处于监理阶段的上海市国家创新基金项目共有183项，实际上报年报的创新基金项目共172项，上报率居全国前列。根据2004年度年报显示，上海市的国家创新基金项目的总体进展情况良好。

科技型中小企业在实施技术创新中，整体创新能力和知识产权自我保护意识进一步增强。172个项目中，已获专利253项，其中获发明专利授权95项，与2003年相比增加了37%，自主知识产权的获得不仅标志着科技型中小企业技术创新的强大原创力和较高的技术水准，同时增强了企业的市场竞争力。

172个项目中，大部分立项项目的技术创新和产业化产生了跨越式的发展，有94%的项目处于批量生产和中试阶段，75.4%的项目产品进入市场并处于盈利状态。据统计，这些企业2004年度的产品新增销售收入达12亿元，比2003年增长21.2%；新增净利润达1.4亿元，比2003年增长31.4%；上缴税收7 402万元，比2003年增长14.3%；出口创汇1 274万美元，比2003年增长27.1%。

在上海市国家创新基金项目的实施过程中，由于国家创新基金的引导和市区两级政府对立项项目的资金配套，对社会投资的拉动效应明显，2004年度政府资金牵动项目承担企业、各区县政府和金融机构等社会资金共同投入比例为1∶12.88，其中金融机构贷款额占31.5%，比2003年增长9%，表明银行等金融机构对国家创新基金支持的项目信心增强。同时，社会资金一定比例的跟进形成了政府、企业、社会三方面投入高新技术领域的投资合力，有力地促进了新产品、新项目的产业化进程。

（徐佩锋）

【2005年创新基（资）金项目管理工作总结研讨会】 该会于2006年1月5～6日在上海市火炬高技术产业开发中心召开，旨在总结2005年国家科技型中小企业技术创新基金、上海市创新资金管理工作经验，部署2006年创新基（资）金工作。

1月5日，火炬中心常务副主任王迅首先对2005年度创新基（资）金管理工作作了总结和回顾。2005年，依靠各区县科委、行业科技主管部门、园区（孵化器）等单位的大力支持，中介服务机构的努力工作和开拓，银行、投资、担保公司的全力配合，上海市创新基（资）金工作取得了可喜的成果。上海市创新资金项目申报受理数达619项，创历年新高。国家创新基金项目共申报329项，受理率达100%，立项154项，整体立项率达46.8%，支持金额7 761万元，在全国位居前列。创新工作机制，加强市区联动，区县全程参与项目管理，立项项目实现了市区两级资金联动支持。首次进行项目网上申报和网上评审，降低了企业申报成本，提高了评审质量。中介机构信息交流平台不断完善，中介机构服务更加规范。2005年有23家中介服务机构帮助企业从事国家创新基金项目申请材料撰写工作，共计申报393项，占总申报数63%。

上海市科委副主任寿子琪作了重要讲话。他指出，2005年，中央提出建设创新型国家重大战略，把提高自主创新能力作为调整经济结构、转变增长方式、提高国家竞争力的中心环节。上海也正在大力实施科教兴市主战略，编制《上海科技中长期科技发展规划》。要认清新形势，抓住创新基金规模进一步扩大的机遇，统一认识，找准政府支持切入点，关心关注科技型中小企业在发展过程中急需解决的问题，支持扶植技术水平高、有发展前景的中小企业，帮助企业度过艰难的创业起步期。创新基(资)金项目的评价应更多关注项目从技术到商品到市场的过程、项目技术路径和财务的可靠性。要增强责任感、使命感，选好企业、管好项目，培育壮大一批能够在区域经济发展、科技创新中发挥重要作用的科技型中小企业群。要加强学习，努力掌握科技型中小企业成长发展和技术创新的规律，迅速提高自己的水平能力。要推进市区联动机制，各区县应结合自身功能定位，对所属企业有选择、有重点的加以支持。寿子琪最后说，2006 年的创新基(资)金工作的关键词是"聚焦"和"突破"，即在项目的区域特色和资源上要"聚焦"，在工作理念和服务内涵、服务水平上有"突破"。

根据 2005 年创新基(资)金申报管理工作情况，火炬中心对徐汇区科委、嘉定区科委等 8 家主管单位进行了表彰；对上海隆基投资咨询有限公司、上海杰鹰国际商务经营策划合作公司等 8 家中介机构进行了表扬。

1 月 6 日，与会人员就火炬中心项目管理工作、进一步加强和完善市区联动机制、更好的发挥中介服务机构作用、2006 年创新基(资)金工作思路等内容进行了研讨，提出了许多建设性的意见。

(徐佩锋)

【上海实施火炬计划项目 232 项】 2005 年，上海市实施火炬计划项目 232 项，其中国家火炬计划项目 24 项，市级火炬计划项目 208 项。按技术领域统计，新材料 66 项，生物医药 19 项，电子信息 80 项，光机电 53 项，环保领域 9 项，新能源与节能 5 项。科技部资助 3 项，资助金额 120 万元。上海市科委共资助 28 项，资助金额 300 万元。市级火炬项目中，124 项是 2004 年度获得国家科技型中小企业创新基金和上海市科技型中小企业创新资金资助转立项目。对于重视火炬计划项目实施、统计、验收等管理工作和建立了专项基金支持火炬计划的区县，此次立项和资助上采取了鼓励政策。

(秦永健)

【上海技术市场概述】 上海技术市场技术合同成交总量多年来一直呈现上升的发展趋势。2005 年经上海市技术市场管理办公室认定登记的技术合同数达30 290项，交易金额达 231.73 亿元，比 2004 年分别增长 10.84% 和 34.96%，已连续七年保持两位数增长。交易金额占全国总量的14.94%，居全国第二，创历史最高记录。上海各类科技服务中介机构、高等院校、科研院所、企业等积极发挥各自的优势，为进一步实施科教兴市、"人才强市"战略，作出了积极的贡献。上海联合产权交易所等 10 家单位荣获了"全国技术市场工作先进集体"称号，上海技术交易所王海生等 5 人荣获"全国技术市场工作先进个人"称号，上海科技开发交流中心等 12 家单位荣获中国技术市场协会"金桥奖"先进集体称号，中科院上海技术转移中心陈武华等 9 人荣获先进个人称号，中科院上海药物研究所"丹参多酚酸盐及其粉针剂"等 5 个项目荣获优秀项目奖。在30 290项技术交易项目中，技术开发项目有5 256项，交易金额为 87.47 亿元，分别占总数的 17.35% 和 37.75%；技术转让项目有2 444项，交易金额为 110.08 亿元，分别占总数的 8.07% 和 47.50%；技术咨询项目有4 753项，交易金额为 6.42 亿元，分别占总数的 15.69% 和 2.77%；技术服务项目有17 837项，交易金额为27.76亿元，分别占总数的 58.89% 和 11.98%。技术合同平均成交金额达 76.50 万元，比 2004 年上升 21.76%。在上海市成交的30 290项技术成果中，流向上海的有23 208项，交易金额为 145.24 亿元，分别占全市总数的 76.62% 和 62.68%；流向其他省市的有5 890项，交易金额为 34.26 亿元；流向西部地区的有 434 项，交易金额为 3.34 亿元。企业作为吸纳技术成果的主体，全年共吸收技术22 699项，交易金额为171.17 亿元，分别占全市总数的 74.94% 和 73.87%。企业也是技术成果的输出主体，共输出技术9 440项，交易金额为 148.61 亿元，分别占全市总数的 31.17% 和 64.13%。科研院所和高等院校全年共输出技术成果8 310项，交易金额为 25.22 亿元，分别占全市总数的 27.43% 和 10.88%。技术贸易机构全年共交易项目3 304项，交易金额为 8.95 亿元，分别占全市总数的10.91% 和 3.86%。

在全市交易的30 290项技术成果中，单项交易金额超亿元的项目有 21 项，交易金额为 77.67 亿元；超千万元的有 281 项，交易金额为 150.60 亿元；超百万元的有2 056项，交易金额为 199.32 亿元。超百万元的技术交易项目数只占总项目数的 6.79%，而交易金额却占总额的 86.01%，这表明过去那种转让单一技术的局面已有所改变，技术交易的规模和水平明显提高，包括技术开发、技术转让、技术咨询和技术服务为一体的工程化项目，更多地服务于各项高新技术产业的发展、传统产业的改造和重点工程的建设。

（陈晓华　王正刚）

【**上海技术市场交易信息系统开通**】　10月21日，上海市科委主任李逸平开通"上海技术市场交易信息系统"。该系统是集成上海市技术市场管理办公室和上海技术交易所主要业务而建的。

该系统实现了对上海市技术交易量的实时统计和发布，并提供大量实用的技术信息资源，如技术项目、技术需求、投融资信息、最新技术类活动等。公众可以通过位于上海技术交易所的大屏幕以及上海技术交易网，看到最新技术市场行情、技术流向、交易趋势与预测等信息，及时把握技术市场动脉，了解最新技术项目信息。

（陈晓华　王正刚　李　平）

【**技术市场交易统计分析**】　技术交易日趋活跃，技术交易金额大幅增长。其主要原因在于：近年来，科教兴市主战略不断深入，科技创新登山行动计划积极实施。技术市场通过二十多年的发展，已建立了技术市场政策法规、监督管理、交易服务三大体系。技术市场法制体系的逐步完善，特别是《上海市技术市场条例》在规范技术交易主体活动，促进政府部门依法行政，提高服务质量和水平方面发挥了重要作用。尤其是在落实技术市场优惠政策方面，国家和上海市制定了一系列优惠政策，调动了科技人员的积极性，企业作为技术成果转移主体不仅有了物质扶持，更添精神支撑。技术市场监管部门积极打造"服务政府，责任政府，法治政府"，努力营造技术市场公正、公开、公平的交易环境，通过技术成果产权激励机制和知识产权保护制度，推动技术创新与技术转移。科技中介服务机构通过不断创新和发展，服务功能更加丰富，有效地提高了技术交易服务的能力和效果。据统计显示，1996年全市技术合同交易金额为25.65亿元，至2005年，交易金额已达231.73亿元，是1996年的9倍（见下图）。

技术交易规模迅速扩大，技术含量大幅提升。据统计，从1996年至2005年上海市技术合同平均成交金额持续稳步增长，2005年为76.50万元，同比增长21.76%，是1996年的6倍，这说明技术合同交易规模明显增大。技术开发和技术转让合同交易金额的大幅增长，表明技术交易的水平显著提高（见下图）。

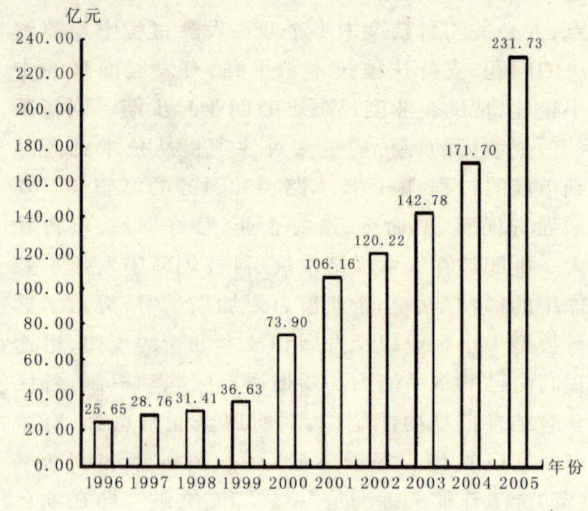

1996～2005年技术合同交易金额

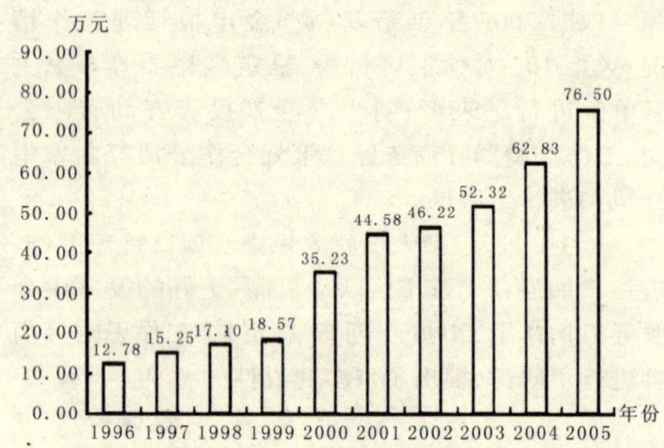

1996～2005年技术合同平均成交金额

技术合同的内部结构发生变化，构成形态相对稳定。长期以来，技术合同以中间大两端小的形态构成，即技术开发、技术服务合同交易金额约占技术合同交易总金额的80%，分布在两端的技术转让和技术咨询合同交易金额约占总金额的20%。自1999年全国技术创新大会后，国家出台了鼓励科技创新和成果转化的优惠政策，技术合同的结构开始发生变化，技术转让合同交易金额增长迅猛，而技术服务合同交易金额则呈下降趋势，以致技术开发和技术转让合同交易金额约占交易总金额的80%，技术咨询和技术服务合同交易金额约占总金额的20%。据2005年的统计数据显示，技术开发和技术转让合同交易金额已占总金额的85%，而技术咨询和技术服务合同交易金额占总金额的15%，呈现出中间更大，两端趋小的形态，主要原因在于：软件产业发展迅猛,计算机软件开发合同的不断增加;引进国外技术以及联合产权交易所技术转移的大幅增加;科研机构改制的深化;国企发展对技术需求的持续增加。

(1)技术开发合同的交易项数和交易金额均有所增长。2005 年技术开发合同共5 256项,同比增长 19.51%;交易金额为 87.47 亿元,同比增长 42.66%。(2)技术转让合同的交易金额增长迅速。2005 年技术转让合同共2 444项,同比减少 0.37%;交易金额为 110.08 亿元,同比增长 160.14%。(3)技术咨询合同保持稳定。2005 年技术咨询合同共4 753项,同比减少 1.27%;交易金额为 6.42 亿元,同比增长 7.04%。(4)技术服务合同的交易金额有明显下降。2005 年技术服务合同共17 837项,同比增长 13.89%;交易金额为 27.76 亿元,同比减少 55.28%(详见下表)。

2005 年上海市技术合同增长情况表

类别	2005 年合同数(项)	2004 年合同数(项)	增长率(%)	2005 年成交额(万元)	2004 年成交额(万元)	增长率(%)
开发	5 256	4 398	19.51	874 709	613 123	42.66
转让	2 444	2 453	−0.37	1 100 845	423 179	160.14
咨询	4 753	4 814	−1.27	64 201	59 977	7.04
服务	17 837	15 662	13.89	277 573	620 685	−55.28

企业为技术成果转移"双向主体"的地位牢固确立。近年来,企业输出技术和吸纳技术已稳占金额总量的 50% 以上。企业作为技术输出的主体,2005 年共输出技术交易9 440项,输出技术交易金额达 148.61 亿元,分别占总数的 31.17% 和 64.13%,交易金额同比增长 35.35%,这主要是因为:科技体制改革不断深化,一些原来的科研机构转制成了企业;越来越多的企业开始注重发展科技,技术研发能力日益增强。企业作为技术的最大吸收方,2005 年共吸收技术22 699项,同比增长 3.79%,占总数的 74.94%;交易金额为 171.17 亿元,同比增长24.16%,占总数的73.87%。由此可见上海输出的技术有七成以上是被各类企业吸收的。

社会经济目标构成情况。2005 年的统计数据显示,促进工业发展和社会发展类的技术合同交易金额增长显著。促进工业发展类的技术合同交易金额 94.44 亿元,同比增长 124.80%,占总金额的 40.76%,居于首位;社会发展类的技术合同交易金额 24.08 亿元,同比增长 144.05%,占总金额的 10.39%,位居第二,这同上海积极打造先进制造业和现代服务业密切相关。卫生事业发展类的技术合同增长迅猛,交易金额 18.91 亿元,同比增长 150.71%,这表明 2005 年卫生事业方面的投入力度有所增加。能源生产类的技术合同大幅增加,交易金额 10.29 亿元,同比增长 89.07%,这同能源发展战略有密切联系。教育事业类的技术合同增幅明显,交易金额 0.61 亿元,同比增长 50.98%,这表明对教育的投入正持续增加;环境保护类的技术合同继续保持增长,交易金额 2.96 亿元,同比增长 31.33%。特别要关注的是,农业发展类的技术合同出现增长势头,同比增长 12.25%,这同中国开始建设社会主义新农村有着必然的联系。交通通讯发展类的技术合同降幅较为明显,交易金额 20.62 亿元,同比减少 63.14%(见下表)。

2005 年上海市输出技术主要社会经济目标构成情况表

单位:万元

类　别	工业发展	能源生产	交通通讯	教育事业	卫生事业	社会发展	环境保护	农业发展
合同数	7 359	1 528	3 121	200	944	2 798	2 594	179
所占比例%	24.30	5.04	10.30	0.66	3.12	9.24	8.56	0.59
合同额	944 416	102 863	206 199	6 089	189 130	240 779	29 639	5 224
所占比例%	40.76	4.44	8.90	0.26	8.16	10.39	1.28	0.23

(陈晓华　王正刚)

【"十五"期间技术合同交易分析】 全市技术市场稳步健康发展,特别是在"十五"期间,单行法《中华人民共和国技术合同法》提升为基本法《中华人民共和国合同法》后,技术合同交易环境日趋规范。国家鼓励科技创新和成果转化的优惠政策落到了实处,上海市在R&D投入上不断增加,企业经济效益相应提高,从而促进了税源的增加,充分说明了国家鼓励科技发展的优惠政策起到了"四两拨千斤"的杠杆作用,充分体现了科技进步和经济建设的良性互动。全市技术市场在"十五"第一年,技术合同交易量首破100亿元大关,2005年再破200亿元,实现交易金额翻一番。"十五"期间,全市技术合同交易有如下特点:

(1)技术合同交易总金额猛增。"十五"期间,全市技术合同交易总量为772.59亿元,比"八五"和"九五"期间的总量翻一番多,比"九五"期间的总量翻两番。

(2)技术合同交易质量显著提高。"十五"期间技术合同平均每份交易金额为57.34万元,比"九五"期间翻一番多。技术开发、技术转让、技术咨询和技术服务合同平均每份交易金额呈递增态势(见下表)。

"十五"期间技术合同平均每份金额情况表

单位:万元

年度	技术开发合同	技术转让合同	技术咨询合同	技术服务合同	技术合同
2001	118.41	391.85	9.25	14.93	44.58
2002	152.13	399.51	9.29	14.22	46.22
2003	145.10	240.48	11.52	21.34	52.32
2004	139.41	172.51	12.46	39.63	62.83
2005	166.42	450.43	13.51	15.56	76.50

(3)技术合同结构发生变化。"十五"之前,全市技术合同中,技术开发和技术服务合同的交易金额约占交易总金额的80%,技术转让和技术咨询合同的交易金额约占总金额的20%。"十五"期间,全市技术合同结构发生变化,技术开发和技术转让合同的交易金额约占总金额的80%,而技术服务和技术咨询合同的交易金额约占总金额的20%,再次印证了国家科技政策的引导作用。

(陈晓华　王正刚)

【技术市场管理工作稳步推进】 2005年,上海市技术交易继续保持良好的上升态势,技术合同成交项目和成交金额再创历史新高,成交金额为231.73亿元。

(1)积极实施科教兴市主战略,大力推进技术市场体系建设。

① 培养人才,壮大技术经纪人队伍。随着上海市技术市场深入发展和对技术经纪人需求的日益迫切,上海市技术市场管理办公室(以下简称市场办)积极组织全市技术经纪人的培训工作。市场办为保证培训工作的顺利开展,在组织完成编写《上海市技术经纪人培训教程》的基础上,又相继编写了上海市技术经纪人考纲和题库。在已培训1 000余名技术经纪人的基础上,全年又新增培训476人。2005年全市共有15家技术经纪公司相继通过机构验证成立,通过技术经纪机构所达成的技术交易项目共3 304项,成交金额为8.95亿元。

② 制定政策,促进科技成果转化。为加强对上海市财政局、上海市科委下拨各登记处专项资金的管理,市场办制定了《技术合同管理专项资金管理办法》,将各登记处预算外的经费转为财政专项资金。与此同时,为加快技术经纪的发展,加强技术在应用领域的扩散和转化,市场办与上海科技交流开发中心联合制定了《上海市技术经纪发展促进资金管理办法》,通过安排资助技术经纪人活动经费,以降低技术经纪人的交易风险,提高技术经纪人的积极性,增强参与科技中介服务的原动力,从而大力推进构建组织网络化、功能社会化、服务产业化的科技中介创新体系。

(2)努力抓好四个环节,不断提高技术交易的质和量。

① 以人为本,继续推进管理规范化。为强化人才培养,市场办对技术市场管理和经营人员进行定期培训,并前往各登记处进行各类政策宣讲和业务指导,组织宣传培训人员达300多人次;对于各登记处新进人员,进行技术市场管理方面的上岗培

训和考核;对于技术合同登记处工作人员,组织其进行上岗证的年检;此外,还定期组织全市技术市场管理人员参加"新知识、新技术"的讲座,以丰富管理人员的业务知识。

② 降低成本,努力实现技术市场网络化。2005年底,技术市场网络的二期建设业已完成,技术合同可全部实行网上预审,同时还增加了信息发布、登记处网上论坛、网站的各种统计分析等功能。随着网上预审功能的逐步拓展,今后将进一步参与国家科技基础条件平台和上海研发公共服务平台的建设。

③ 发挥优势,大力推动技术交易区域化。伴随经济全球化和国内区域性合作,上海市技术市场对全国经济发展产生的辐射效应越发显著。对此,市场办采取各种措施,立足服务全国,营造良好环境,加速技术转移,探索国际技术交易,发挥技术市场在科技成果转化中的主渠道作用,加快技术交易区域化的进程。

④ 鼓励创新,最终实现科技成果产业化。在市场机制的推动和国家产业政策的指导下,市场办积极探索,鼓励创新,充分利用上海丰富的科技资源和优惠的政策资源,发挥技术市场优化配置科技资源的基础性作用。为配合营造鼓励创新的优良环境,市场办积极与上海技术交易所合作,在第七届上海市国际工业博览会开幕当天进行了 8 个项目的签约仪式,合同总金额达 7 亿元,其中单项最大金额为6 000万美元。

(3) 加快技术市场配套建设,全力拓展技术转移新通道。

① 设立窗口,为知识产权交易提供便捷服务。知识产权交易目前在国内仍处于初级阶段,其原因主要在于缺乏完善的知识产权交易平台。为此,上海在杨浦区知识产权园设立了知识产权交易中心,市场办借此平台开设了技术合同认定登记的一门式服务窗口,使交易过程更加便捷和通畅,促进了技术市场的繁荣发展。

② 依法行政,积极营造技术交易良好环境。市场办除了作为技术交易的服务机构外,也作为行政执法机构对上海市技术市场进行全面管理,注重执法队伍的建设,通过执法检查,营造良好法治环境。鉴于技术合同交易的日渐增加,市场办与上海市科技档案馆加强合作,共同拟定《上海市技术合同档案管理暂行办法》,该办法将为有效保护和利用档案信息资源提供保障。为提高技术市场的管理效率,市场办严格执行技术合同登记处的进退制度,于 2005 年撤销了(37)、(38)合同登记处,现全市共有 33 个技术合同认定登记处。

③ 大力宣传,发挥技术市场资源配置作用。为了加强技术市场政策法规的宣传力度,市场办走访部分企业,将《合同法》、《上海市技术市场条例》和《上海市技术合同认定登记指南》发放到企业手中,并进行政策宣讲和实地调研,使技术市场政策法规普及到基层,为规范化管理营造了良好的市场氛围。在直接面向企业宣传的同时,市场办也着力做好技术市场自身的宣传工作,《解放日报》、《新民晚报》、《上海科技报》、《新华网》等多家媒体在上海市技术市场发展 20 年之际对此作了报道和宣传,提升了上海市技术市场的对外影响力。

同年,上海市技术市场管理办公室荣获"全国技术市场工作先进集体"和"中国技术市场协会先进集体金桥奖"两个奖项。

（陈晓华　王正刚）

【嘉定(14)技术合同认定登记处完成交易额 4.79 亿元】　2005 年,该登记处共认定登记技术合同 294 项,成交金额达到 4.79 亿元,比 2004 年增长了 5 倍,超过了嘉定近 5 年技术合同成交金额的总和。

该登记处紧紧围绕技术合同认定登记工作,以强化政府服务为主线,以推动企业创新为目的,通过以下几个方面推动嘉定区技术市场的发展:

(1) 依法行政,以人为本,强化技术合同的认定、登记和管理工作。该登记处在整个认定登记过程中,坚持一条龙全程服务,事先咨询指南;事中现场办公,讲课辅导,并对申报材料进行审查指导;事后及时通知企业领取登记证明,做到政务透明度大、服务诚信度好,企业满意度高。由于嘉定区地域特殊,部分企业注册在嘉定区而办公却在市区,造成企业往返办理技术合同认定登记手续的不便。为方便企业,对于预审没有问题或者直接审核符合认定登记条件的企业当场予以认定登记,有些需要修改审核的,在认定完成后返还企业或者直接将相关材料转交上海市技术市场管理办公室进行审核,减少企业的往返。

(2) 充分发挥技术市场政策资源配置,努力提高嘉定区的科技自主创新能力。2005 年体现技术含量的技术转让、技术开发的交易量超过 4.61 亿元,占技术合同总交易量的 96%,是 2004 年技术开发和技术转让合同交易量的 8 倍。通过税收减免这一政策杠杆,不仅为一大批小企业在成长初期提供了前期的资金保证,而且也为一些大中型企业开展后续的项目研发提供了有效的支持。

(3) 加强技术市场宣传，扩大技术合同认定登记影响。该登记处通过电话答疑、现场咨询、培训、网络等各种宣传方式向企业宣传技术市场的有关政策和法律法规，积极鼓励符合要求的企业进行技术合同认定登记，推动了嘉定区技术市场的进一步发展。

(江　强　潘晓岷)

【张江(16)技术合同认定登记处完成交易额9.07亿元】 2005年，该登记处完成认定登记合同680项，成交金额为9.07亿元，比2004年增长55.3%，分别被科技部、上海市技术市场管理办公室评为2005年度先进集体、先进登记处。

该登记处在上海市"聚焦张江"战略引领下，坚持以"研发创新、孵化创业、体制创新、转化辐射"的张江定位为指导，全年研发创新成果显著，认定登记的技术合同数量与金额比2004年均有大幅提高；主导产业能级进一步提升，全年中超过80%的登记合同为集成电路、软件、生物医药等园区主导产业的技术开发合同；转化辐射功能显著，2005年园区企业向外技术辐射明显，全年680份合同中，441份是与外地企业签订的(东北部、西部地区签订合同18份)，占总数的64.9%，合同金额达到5.6亿元；服务意识明显加强，该登记处坚持以"服务企业"为办事宗旨，利用协会、报刊、张江政务网等多种形式，积极向企业宣传技术合同的相关法律条文，帮助企业对订立的合同条文做合法、合理的修改，确保了技术合同拟定双方的公正性和公平性。

(曹国连　许德荣　任碧琮)

【上海联合产权交易所(48)技术合同认定登记处完成交易额66.4亿元】 2005年，该登记处共认定登记技术合同359项，成交金额66.4亿元，比2004年增长近三倍，还分别被科技部、上海市技术市场管理办公室评为2005年度先进集体、先进登记处。

登记处的主要工作特点是将资产分为两类，即有形资产和无形资产，并对无形资产部分进行认定，特别是从大量国有产权交易中分离出其中的技术产权交易部分。其次，该登记处对上海市高新成果项目，科技型企业的股权转让、增资扩股，及涉及知识产权、技术路线、工艺标准的技术入股、技术转让也列入技术合同认定登记的范围之内，认定其真实性、合理性和准确性，切实推动科技成果项目产业化。通过该登记处的努力，国有资产中知识产权价值得以充分体现并实现保值增值。此外，该登记处还建立了规范的档案管理制度，并有专人负责档案整理与保管工作；经常开展内部学习活动，组织有关人员进行业务交流，提高其综合业务的能力和水平。

(韩一鸣)

【上海技术交易所(52)技术合同认定登记处完成交易额5.2亿元】 2005年，上海技交所共认定登记技术合同16项，成交金额5.2亿元，比2004年增长约35倍，还分别被科技部、上海市技术市场管理办公室评为2005年度先进集体、先进登记处。

该登记处作为上海市技术合同登记处的后起之秀，为提高技术合同登记量多次召开专题讨论会，研究对策、寻找办法，利用上海技术交易所会员网络渠道宽，覆盖面较广的优势，通过活动参与、接待来访、熟人介绍和上网宣传等多种手段，通过不断摸索，多方联系与沟通，逐步建立了固定的成交项目来源渠道。在做好技术合同认定登记工作的同时，该登记处对已登记的技术合同项目进行分析加工，对有市场前景、有推广价值、易产业化的项目进行推广，以期二次开发。与此同时，还对有社会影响、单笔成交金额大并已登记的技术合同进行必要的宣传，以此扩大上海市技术市场对外的影响力度。11月4日，在市技术市场管理办公室的指导下，登记处在上海国际工业博览会现场举行了2005年上海市技术项目成交签约仪式，共有8个项目完成了签约，成交金额超过了7亿元。其中，"开发半导体化学薄膜沉积及等离子体刻蚀设备"项目的成交金额达近5亿元。

(周剑清)

【上海技术交易所关注新技术转移与高新技术产品推广】 2005年，韩国Nanux公司纳米银事业部经理金荣淳博士到沪，与上海维来新材料科技有限公司、上海希达科技有限公司(全国非织造布协会)等进行了技术交流和合作洽谈。金博士与在座专业人士就Nanux公司纳米银溶液系列产品的技术性能、产品优越性、产品应用技术以及可能的合作方式进行了深入的探讨，取得了较为理想的结果。

纳米银作为拥有抗菌、除臭、释放红外线等多种功能的原材料，对提升中国的纺织业、非织造布行业、功能性塑料制造业、日用产品等多个行业都极具价值。随着中国制造业的不断成熟以及人们对生活卫生的要求越来越高，对各种抗菌类产品的更新换代有巨大的需求。此次上海技术交易所引进具有世界领先水平的纳米银抗菌产品，对国内抗菌产业的发展将产生积极的影响。

（黄　鹏）

【2005国际技术转移会议特邀上海技术交易所代表中国出席】 3月16～17日，2005国际技术转移会议在韩国首都首尔召开。韩国、中国、日本、美国、新加坡等多个国家和地区的技术交易机构应邀参加会议。大会组委会特邀上海技术交易所总裁王海生、国际技术转移部部长彭海等参加了会议，并在大会上作了题为“中国的经济发展和技术转移”、“技术转移－STTE的经验”的报告，受到了与会者的广泛关注。会后，上海技术交易所一行应邀拜访了韩国生产技术研究院、韩国技术转移中心等多家技术转移机构，以及LG化学等多家韩国知名企业。

此次韩国之行，上海技交所不仅与国外的多家技术转移机构进行了交流，与多家韩国技术转移机构签订了合作协议；同时，还了解了韩国铸造业、滚塑加工行业的情况，对这些情况的了解能帮助该所更好地为会员提供服务。

（江　森）

【联合国亚太中小企业创业网（中国版块）在沪开通】 11月3～5日，联合国亚太技术转移中心在上海举行了“联合国中小企业技术网成员和亚太中小企业创业网联系点会议”。上海技术交易所作为中国的代表机构参加会议。

11月4日，来自10个国家和1个联合国地区组织代表（中国、泰国、印度、韩国、伊朗、菲律宾、巴基斯坦、尼泊尔、斯里兰卡、孟加拉国、联合国亚太技术转移中心）在第七届上海国际工业博览会上海技术交易展区现场举办了联合国亚太中小企业创业网（中国版块）的开通仪式和专题推广活动。

至此，联合国亚太技术转移中心又增加一个网站为中国的中小企业科技工作服务，联合国中小企业技术网（www.technology4sme.com）、联合国中小企业技术网中国门户（www.technology4sme.com.cn）以及新开通的联合国亚太中小企业创业网（www.business－asia.net）可以更全面更系统的方便中国的中小企业与国际交流、获得信息及服务。

（李　平）

【努力创建技术经纪载体】 2005年，上海科学技术开发交流中心集聚技术创新资源，推进技术经纪发展，服务社会技术转移。全年共搭建技术经纪载体15家，初步形成涵盖区县科委、教育系统、船舶系统、航天系统、公安消防系统、工业技术市场和民营企业的全市技术经纪网络，为培养的技术经纪人提供了执业挂靠机构和从事技术转移活动的工作场所。

为进一步推动上海市技术经纪发展，该中心配合政府完善、健全技术经纪发展环境，起草《上海市技术经纪发展促进资金管理办法（试行）》，旨在有效降低技术经纪人的入门门槛，降低技术经纪人活动的风险，提高技术转移成功率，提高技术经纪人活动的积极性。该办法已在全市范围试行。

打造“上海技术经纪公共服务网”，作为上海研发公共服务平台子系统的重要组成部分，为技术经纪人、技术经纪机构提供各类实用信息，推进技术经纪业务开展。而且，通过建设“沪皖企业科技发展服务中心”，为技术经纪人提供更为广阔的活动舞台。

（吴　冈　刘　智）

【上海市科委组团参加第七届中国国际高新技术成果交易会】 由商务部、科技部及深圳市政府举办的“第七届中国国际高新技术成果交易会”（简称高交会）于10月12～17日在深圳会展中心举行。展览总面积达13.5万平方米。上海展团共有31家企业的103个产品和项目参展，展团人数超过60人，展览面积近300m^2。6天展示和交易中，上海展团共达成合作意向2 339万美元。

此次上海展团在上海市科委的直接指导下，以“整合科技资源，促进成果转化”为主题，精心组织了“技术转移服务平台、集成电路专业技术产品展示和科技型中小企业创新成果展示”三个板块的展示内容。一批具有自主知识产权、达到国际先进水平的高新技术项目和产品在“高交会”上备受关注。由上海国际技术转移协作网络为主参展的技术转移服务平台，在展览现场取得了较好的效果，与西班牙、法国、俄罗斯等国家的部分地方政府和机构在技术转移、商业贸易以及信息交流等方面达成了合作意向。科技型中小企业创新成果展示获得实效，如首次推出的上海银座海亚电子有限公司的“晶望镜——汽车防眩目系统”属国际领先级新产品，填补了汽车视觉环境自动保护系统的国内外空白。该项目在展览现场与非洲地区以及美国、韩国、德国、澳大利亚等国家的外商洽谈了经销协议。又如再度亮相的上海银晨智能识别科技有限公司新创的“人脸智能识别技术”系统，关注人流也是络绎不绝。

上海展团在该届“高交会”上荣获优秀组织奖和优秀展示奖，并在总结颁奖典礼上代表所有优秀展示奖组上台领奖。上海银晨智能识别科技有限公司和上海银座海亚电子有限公司荣获优秀产品奖。

（李淑珍）

【602个项目被认定为高新技术成果转化项目】 2005年，全市共认定高新技术成果转化项目602项，比2004年增加5.6%；其中电子信息、生物医药、新材料、先进制造四个重点领域的项目占总数的92.1%。认定项目中，拥有自主知识产权（包括已申请专利、专利授权及获得版权）的项目的比重达到89.4%，其中发明专利的项目占总数的13%，比2004年净增5个百分点。全年属软件、创新药物、国家计划及获技术创新资金等六大类高水准项目的比例占15%，比2004年增加了5个百分点；来自大企业集团和高校院所的项目有了较大幅度的增加，共达到145项，比2004年增加39.4%。602个项目预计到达标年将新增产值275亿元。

2005年认定的“新型可透视光角变色防伪标识/膜”和“先高隐型图文回归防伪标识”两个项目，是上海复旦天臣新技术有限公司自主研发的有机功能高分子材料，利用“手性”和“光学回归反射”等高新技术达到高端的防伪水平，成果均获发明专利授权，并分别获国家创新基金、国家火炬计划，上海市种子基金和上海市火炬计划立项，产业化前景良好。

（沈若瑟）

【建立32个科技成果转化工作联络站】 2005年，为积极拓展项目源头，培育优质项目成长，上海市高新技术成果转化服务中心不断拓展工作网络，加强了市区联动，建立了32家覆盖全市区（县）、大企业集团、高校和科研院所的工作联络站，形成了科技成果转化工作的互动优势，使项目发掘和培育得到了积极有效的推进。

浦东新区联络站以宣传科技“十八条”政策为切入口，组织了3次大型的政策宣传会。全年共认定项目60项，占总数的10%；闵行区联络站应对科技“十八条”政策的修订出台，在协调落实政策上实行亲情服务全覆盖，项目单位认定转化热情高涨，思源电气、日之升新技术等典型科技企业获得快速发展。虹口区联络站在项目挖掘上实施专利、技术合同认定、科委其他项目三结合以及主导产业、进展情况和效益水平三分析，引发成果项目申报认定，当年项目认定数比2004年翻一番。松江区联络站充分发挥科技中介机构的作用，在鼓励代理的同时，更注意对项目的发掘甄别和规范运作，做到数量和质量双提高。2005年认定项目36项，不仅都拥有自主知识产权，而且其中发明专利占30%。

（沈若瑟）

【编写《上海高新技术成果转化服务指南》】 2005年，上海市高新技术成果转化服务中心以修订的科技“十八条”政策精神为指导，结合当前上海科技成果转化的实际，编写了《上海高新技术成果转化服务指南》（以下简称《服务指南》）。该《服务指南》根据科技“十八条”政策精神，参照市政府有关部门的实施细则，以问答的方式，对科技成果项目认定、高新技术企业认定和各项优惠政策及其实施办法，归纳成认定制度、要素分配、资金扶持、创业投资和人才激励五个部分，并分别作了引导性的解答，力求做到简明扼要、通俗易懂，以使广大科技工作者对科技“十八条”政策有更全面、清晰的了解，为申请享受科技“十八条”政策带来方便。7月22日，《服务指南》首发仪式在奉贤举行。

（沈若瑟）

【修订《上海市高新技术产业和产品目录》】 2005年，上海市高新技术成果转化服务中心组织有关专家对2001年3月制定的《上海市高新技术产业和产品目录》进行了修订。按照《上海实施科教兴市战略行动纲要》、《上海优先发展先进制造业行动方案》、《上海优先发展现代服务业行动纲要》和《上海科技发展中长期规划纲要》确定的发展战略重点，在保留原八大领域的基础上，对细目作了大幅度补充，并增加了现代服务业的产业和技术产品细目，使新目录更趋于合理和完善。修订后的目录，成为科技“十八条”政策实施的一项重要配套文件。

（沈若瑟）

【筹备高新技术成果转化项目认定网上评审】 2005年，按照上海市科委提出的“公开、公平、公正”实施政府项目评审的原则，上海市高新技术成果转化服务中心积极做好推行项目认定网上评审的准备工作，制定了《关于上海市高新技术成果转化项目实行网上评审的办法》，确定了成果项目实施网上评审的申报和工作流程等,并对认定申请和评审材料的部分内容进行了合理修订。筛选建立了核心专家队伍,在上海市科委4 000多名评审专家库的框架中,通过推荐、筛选形成了一支由300名高级技术和经营管理类专家组成的高新技术成果转化项目认定核心专家库,分属电子信息、生物医药、新材料、先进制造、能源与环保、交通运输、现代农业、经营管理、创业投资等十大领域。2006年3月将全面实施。

(沈若瑟)

【上海服务各地在沪科技企业推出新举措】 6月14日,上海市高新技术成果转化服务中心与国务院各部委、各省市自治区驻沪办事机构联合会、上海市各地投资企业协会联合召开"创新服务、互动发展——为各地在沪企业提供科技创新服务会议",以进一步推进为各地在沪投资企业服务的工作机制,总结上海科技"十八条"政策为各地在沪投资企业服务的成效,凸显上海服务全国的宗旨。上海市副市长严隽琪参加会议并作重要讲话。

上海为各地在沪科技企业推出的新的服务措施归纳为4项:(1)一个平台:为各地在沪科技企业提供一个网上高新技术产品和科技成果交易平台。(2)两项支持:技术支持和创新支持。(3)三类服务:政策服务、专业服务、融资服务。(4)扩大四种功能:市场拓展功能、资源配置功能、组织协调功能和区域合作功能。

(沈若瑟)

【华东理工大学科技园晋升为国家大学科技园】 11月4日,华东理工大学科技园升入国家级,成为全国第48家国家大学科技园。

由科技部、教育部及清华大学、复旦大学、华中科技大学等高校代表组成的专家组,经考察评估后正式宣布:华东理工大学科技园充分依托学校的学科特色和优势,结合上海市石油化工与精细化工以及生物医药等产业的发展战略,形成了鲜明的特色,科技园建设初见成效;科技园在建设过程中注重技术转移平台的建设与中介服务,为入园企业创造了良好的服务环境和孵化环境,在科技成果转化与产业化方面取得了较好的成绩。形成了大学科技园与国家技术转移中心、化学工业园区的协同合作、共同发展的模式,为上海市石油化工与精细化工、生物医药等产业发展提供了技术支撑。评估组专家一致同意华东理工大学科技园通过评估,建议科学技术部、教育部认定为国家大学科技园。

华东理工大学自2003年申请进行国家大学科技园建设以来,科技园区建设进展迅速,园区占地总面积从2003年建设初期的24.8ha(372亩)、建筑面积近3万平方米、在孵企业数30余家,发展到现今的占地面积为63.5ha(953亩)、建筑面积20.5万平方米、孵化面积8.5万平方米、在孵企业数112家,孵化企业涉及石油化工、新材料、生物与医药、资源与环境、精细化工、化工机电仪表、科技服务等7个方面。科技园内共有各类研发机构29家,在科技园种子基金、风险基金、创业基金及国家各类科技项目等带动下,科技园在孵企业年均研发投入3 424余万元,占技工贸总投入比例达到6%以上,申请专利151项,授权专利67项。在孵企业技工贸总销售收入6.4亿元,年平均销售增长率约为11%;截至2005年底,毕业企业销售收入为2.7亿元,年平均销售增长率为57%;为社会提供4 000多个就业岗位。

(姚燕燕 孙凯文)

【石油化工技术转移联盟成立】 11月23日,教育部首个行业联盟——"石油化工技术转移联盟"成立。华东理工大学、上海交通大学等16所高校和教育部科技发展中心、上海市科委、金山区人民政府、上海华谊(集团)公司、福建省泉港区科技局成为首批"联盟"单位并签署了协议。

"联盟"将充分发挥联盟单位在石油化工领域具有资源、人才、研发能力和技术支持能力的集体优势,构建由政府、高校、企业紧密结合的公共服务平台。"联盟"建立集石油化工的政策法规、研发信息、技术和文献资源、技术成果以及技术转移的支持服务,形成石油化工技术转移的一站式服务能力,提供研发和需求的直接交流,形成社会化的技术转移支持服务,降低技术转移实施成本,提高技术转移成功率,使科技成果产业化迅速登上高速公路。

为了加强教育部和上海市的战略合作,教育部和上海市政府还共同建立全国高校科技成果推广信息平台"石油化工成果推广频道"和上海研发公共服务平台"上海能源化工技术转移服务平台","联盟"作为"石油化工成果推广频道"的建设依托组织。"石油化工成果推广频道"的主办单位为教育部科技发展中心,承办牵头单位为华东理工大学,参建单位为石油化工优势学科高校、地方政府、石化企业、中介机构等。该"频道"将重点建设科技成果资源、资源共享和信息交互三个平台。包含专利技术、小试技术、中试技术、工业化技术、政策法规、企业概貌、高校风采、行业专家、共享资源、网上答疑、在线论坛、技术交易等栏目。

“联盟”通过教育部科技发展中心的引导和平台支撑，建立信息共享，加速产学研的进程，提高技术集成能力，消除学校、行业技术壁垒，整合研发、人才、信息等资源。“联盟”实行开放方式，不断吸纳全国其他高校、科研院所、地方政府、中介机构、投资公司、企业参与。通过1～2年的运作，吸纳全国高校的所有化工学院参与平台建设，创建具有影响力的石油化工成果推广及技术转移一站式公共服务平台。联盟建立产业共性技术开发集成和转移平台，将共性技术作为公共产品提供给社会企业共享，包括区域自然资源数据库、技术成果数据库、行业企业数据库。

“联盟”成立专家顾问小组，以院士、知名专家、企业家、投资专家等组成，从宏观战略上指导联盟发展的方向，实现联盟的有效运行。“联盟”秘书处设在华东理工大学，“频道”由华东理工大学国家技术转移中心具体提供维护和运营，逐步实现与其他科技成果信息平台的互动和共享，并配合教育部做好平台的资源整合及对外提供信息服务。

（姚燕燕　孙凯文）

【促进上海太阳能光伏产业发展】　11月25日，上海技术交易所与上海市环境科学信息技术交流中心签订了战略合作协议。

在此后的三年内，双方将紧密合作，结合上海技术交易所的功能优势、国内外信息网络资源与上海市环境科学信息技术交流中心的专业优势，促进太阳能光伏产业在上海乃至全国的发展。上海技术交易所将在今后的工作中重点推进太阳能光伏项目的产业化进程，特别是对一些具有技术转移潜力和产业化潜力的项目进行重点推进。计划通过庞大的国内外会员网络引进先进的太阳能技术、吸引拥有雄厚资金的投资者进入太阳能光伏产业领域，在上海建立太阳能光伏产业基地。

（江　森）

【煤气化装置用于鲁兖矿集团】　华东理工大学洁净煤技术研究所开发的具有自主知识产权、日处理1 000t煤新型煤气化技术在兖矿集团国泰化工有限公司得到应用，可为24万吨甲醇、20万吨醋酸、80MW发电系统提供合成气。11月16日，兖矿集团国泰化工有限公司总投资27亿元的“20万吨醋酸、日处理1 000t煤新型煤气化装置及配套工程”举行投产庆典，中国石油化工协会、华东理工大学等领导为投产庆典剪彩。

（孙凯文）

第十节　创业孵化服务

【上海“863”软件专业孵化器一期建成】　科技部为了促进“863”计划软件成果的产业化转化，提升自主知识产权软件产品的市场竞争能力以及降低软件企业的创业风险和成本，批准建立了14个国家级“863”软件专业孵化基地，上海“863”软件专业孵化器是其中之一。作为第三代软件专业孵化器，它是以技术孵化为特色、以公共软件支撑技术环境建设为主导、以中介服务为纽带，以推动具有自主知识产权的先进、实用的成果，特别是“863”成果的转化，提升软件企业的技术创新能力、产品开发能力和市场竞争能力，促进软件产业发展为目标的专业孵化器。

上海“863”软件专业孵化器本着“孵小扶强、孵优扶高”的原则，采取政府引导和企业化运作并举的经营模式，以聚集国内外软件产业的综合资源，集研发、孵化、产业化为一体，建成与国际接轨的第三代专业孵化器为目标，在进一步推广“863”软件成果，降低软件企业的创业风险和创业成本，提高软件中小企业的成功率，加快中国软件产业的发展步伐方面提供优质服务。

以中介服务为纽带，“863”软件专业孵化器就是要通过中介服务，组织、实施“863”成果在孵化器软件企业中的应用和转化，实现“三个落地”：(1)成果从研发单位到孵化器的落地：形成公共技术支撑平台或展示平台。(2)成果从孵化器到软件企业的落地：形成自主、面向特定领域或行业的产品。(3)成果从软件企业到最终用户的落地：形成社会经济效益。

此外，上海“863”软件专业孵化器的技术平台已基本建成，由此孵化器得以提升服务能力，发挥资源集聚效应，促进软件资源共享，提高上海乃至长三角地区软件工业化生产能力，加快产业结构调整和产业链的形成。

孵化器技术平台面向软件企业，主要提供三方面的服务:(1)构件化服务:加强库的建设,扩大构件来源,提高构件质量;加强技术服务,深化 CBSE 示范应用;进一步加大构件化推进力度。(2)质量与测试服务:以软件开发、质量和测试的知识管理为龙头,推动基地内、外企业软件开发知识的共享,为提升软件开发的效率和质量提供服务。(3)嵌入式软件服务:以嵌入式领域软件开发为抓手,聚集产、学、研优势,通过嵌入式技术服务的辐射功能效应,为上海建立国际制造业中心提供服务。

孵化基地技术中心开展了一系列国际交流。如:与欧盟 ObjectWeb 开源组织举办了开源技术研讨会;与 ARM、Agilent 进行了技术合作,成立了联合实验室;参加第三届全球软件质量大会和 IEEE 第5届世界计算机与信息技术国际学术会议(CIT2005),发表了相关论文、报告。

该孵化器通过“十五”期间建设已初步形成了支持软件开发、质量保障和测试服务的软件全生命周期的公共技术服务支撑平台,并形成了嵌入式领域的技术特色,为推动上海及长三角地区的软件产业发展将起到积极的促进作用。“十一五”期间,在科技部和上海市科委的指导、组织下,上海“863”软件专业孵化器将采用“政府推动、需求拉动、市场运作”的模式,使平台功能更加丰富、服务能力更加完善,进一步加大推广和孵化力度,从而为软件产业的发展作出有效和显著的贡献。

(吴俊伟)

【上海科技企业孵化器概述】 2005 年,上海科技企业孵化器在基础设施、功能开发、管理团队、国际合作等方面又有新进展。截至年底,全市各类孵化器已有 35 个(详见下表),孵化面积 55.2 万平方米,在孵企业2 095家,其中留学生企业 94 家,外资企业 134 家;毕业企业 109 家,累计毕业企业 396 家,就业人数 2.68 万人。全年技工贸总收入 55.10 亿元,实现利税 4.58 亿元,有一家企业在美国纳斯达克上市。

(陈善凤)

上海高科技企业孵化器名录(35 家)

序号	单位名称
1	上海市科技创业中心
2	漕河泾新兴技术开发区科技创业中心
3	张江高新技术创业服务中心
4	杨浦高新技术创业服务中心
5	上海上大科技园发展有限公司
6	慧谷高科技创业中心
7	上海同济科技园孵化器有限公司
8	东华大学科技园
9	上海复旦科技园高新技术创业服务有限公司
10	中纺科技城科技创业中心
11	上海集成电路设计创业中心
12	上海都市工业设计中心有限公司
13	上海多媒体产业园创业有限公司
14	上海科汇高新技术创业服务中心
15	上海八六三信息安全产业基地有限公司
16	国家火炬互联网创业中心
17	上海聚科生物园区有限责任公司
18	中国科技大学(上海)研发中心
19	上海中科微系统信息科技园有限公司
20	上海嘉定科技园创业中心
21	上海市黄浦区科技创业中心
22	上海市静安区科技创业中心
23	上海市虹口区科技创业中心
24	上海市青浦科技创业中心
25	上海市科技创业中心卢湾分中心
26	上海市科技创业中心闸北分中心
27	上海莘闵高新技术暨回国留学生科技创业园区
28	上海未来岛科技创业中心
29	上海八六三软件孵化器有限公司
30	张江海外科技创新园管理公司
31	上海市奉贤区科技创业中心
32	上海市南汇科技创业中心
33	上海市金山区科技创业中心
34	徐汇软件发展有限公司
35	新疆－上海合作基地

小资料

上海科技企业孵化器

上海科技企业孵化器经过近 20 年的发展,已经成为上海创新体系的重要组成部分,在科技创新、产业化过程中起到关键环节的作用,正朝着规模化、国际化、专业化方向发展。

从 1988 年上海首家孵化器——“上海市科技

创业中心”成立以来，上海科技企业孵化器的数量呈现快速增长趋势，目前已发展到35家。其中，有国家级创业中心10家，专业孵化区12个。

作为全国8家国际企业孵化器之一，上海国际企业孵化器创新性地采用“一器多基地”模式组建成立。现在已包括“上海市科技创业中心、张江高新技术创新服务中心、上海杨浦科技创业中心、慧谷高科技创业中心、上海大学国家大学科技园、上海漕河泾开发区科技创业中心”等6个国家级孵化基地。

上海科技企业孵化器经历了高新技术产业开发区为主创办的初创期、大学周边兴业的发展期、中心城区较快发展的扩张期、大量专业孵化器诞生的发展期四个阶段，目前，正向着“四化”目标发展。(1)孵化机构专业化。按照“一区一新”目标创建的各类专业技术孵化器有12家，聚集大批相关产业的科技企业，形成明显的产业特点。(2)孵化服务网络化。成立了孵化协会，并积极参加华东地区、全国以及亚太地区和世界性的孵化网络；在上海研发公共服务平台设立子系统；依托各孵化基地建立信息网站，形成了覆盖全市的科技创业信息网。(3)孵化基地国际化。上海国际企业孵化器(IBI)已成功举办了8届国际培训研讨班；与10多个国家建立了交流合作关系。(4)孵化管理规范化。制订出台了上海企业孵化器考核和评价指标体系。5家孵化器通过了ISO 9001－2000认证。

上海科技企业孵化器“十一五”重点任务：明确政策，完善政府支持机制；加大投入，推进孵化硬件设施建设，提高孵化水平和条件；理顺关系，建立孵化器自身发展机制，落实和深化孵化功能，规范和创新孵化服务；构建平台，营造良好的创新创业环境；吸引人才，形成职业化孵化服务队伍。

【上海5家创业中心晋升为国家级创业中心】 2005年，上海又有2家专业孵化器、3家大学科技园孵化器申报国家级创业中心。经科技部评审，上海大学科技园发展有限公司、集成电路创业中心、“863”信息安全产业基地有限公司、同济科技园孵化器有限公司、复旦科技园创业服务有限公司等5家创业中心同时晋升为国家级创业中心。

（陈善凤）

【12家孵化器通过考评】 2005年，上海科技企业孵化协会在全市31家孵化器中开展评价考核工作，以不断提升孵化功能和品质。在建立上海科技企业孵化器考评体系基础上，组织专家对成立满3年的首批12家孵化器进行了考评，按条件指标、功能指标、成效指标三部分，评出孵化器A类5家、B类4家、C类3家。

（陈善凤）

【为在孵企业提供投融资服务】 2005年，上海市科技创业中心获得科技部创新基金管理中心的投资补贴类创业项目服务机构资格。有26个项目得到科技部创新基金创业项目709万元的立项资助，立项数量和立项率居全国前列。同时，还获得上海市科委对27个项目的匹配资金400万元。该中心组织撰写编印了《科技型中小企业贷款业务指南》，为55家申报贷款企业中的23家发放贷款1.36亿元。

（陈善凤）

【上海市科技创业中心被认定为国家创新基金创业项目服务机构】 2005年，经上海市科委推荐并经科技部创新基金管理中心组织的专家答辩，上海市科技创业中心被认定为全市惟一的创新基金创业项目服务机构(投资补贴类)。主要负责上海地区创业项目的征集、评审等工作。在上海市科委核准立项的基础上，经科技部创新基金管理中心组织专家对地方推荐的项目进行核审，报科技部、财政部批准后予以公告。

国家创新基金创业项目服务机构认定工作是科技部科技型中小企业技术创新基金为构建新的创新基金管理体系，在总结前两年“小额资助”试点经验的基础上，根据差别政策、分类指导的原则，通过认定服务机构(原依托机构)、适当扩大资金规模、规范评审流程、强化抚育功能、鼓励投资等措施，进一步突出创新基金的引导作用的措施之一。

（陈善凤）

【加快地区孵化基地建设】 2005年，杨浦孵化基地完成第二次体制改革，从原来的“资产所有与经营管理分开的运行模式”改制为“多元投资”的公司化运行模式，增强和完善了孵化器“三大功能”：自我发展功能、孵化服务功能、融投资功能；其“园区、校区、社区”及大学生创业的成功经验得到各方好评。上海集成电路设计创业中心改制后按公司制运作，整合了市区二级资源，更有效地发挥了集成电路设计产业的集聚效应，作为专业孵化器起到了集聚技术优势，推进成果转化的作用。同时，金山化工专业孵化器孵化基地正式开工建设；南汇先进制造技术企业孵化基地通过了投资咨询公司的评估，正在向市发改委申报立项；奉贤现代农业服务区方案通过奉贤区政府认可正组织实施。

（陈善凤）

【建立企业辅导员制】 2005年，为了提高孵化服务效果和质量，上海市科技创业中心尝试建立"企业辅导员制"。向社会公开招聘了首批10名辅导员，已上岗就任，为在孵企业提供个性化、专业化、针对性的服务。在辅导员对口辅导的企业选择上，尤其对有自主知识产权企业作重点的跟踪和倾斜培育。

（陈善凤）

【全国科技型中小企业融资工作研讨会】 于10月21～22日在沪召开。会议由科技部火炬高技术产业开发中心、科技部科技型中小企业技术创新基金管理中心、国家开发银行资产重组保全局联合举办。会议重点介绍了科技部和国家开发银行开展科技型中小企业投融资服务体系建设的总体构想和相关具体工作，并由上海、北京、西安、重庆等地区介绍了科技型中小企业投融资平台建设、信用建设以及开展打包贷款试点工作的有关情况。同时，科技部、国家开发银行有关领导还听取了有关方面对进一步扩大试点的意见和建议。

（陈善凤）

【推出科技型中小企业贷款业务】 科技型中小企业贷款业务是上海市科委与国家开发银行上海分行共同推进上海科技型中小企业产业化进程的一项重要举措。该项业务采用指定借款人模式，由上海市科委指定两家融资平台——上海市科技创业中心和上海浦东生产力促进中心，作为指定借款人对科技型中小企业贷款承担统借统还责任，并负责项目筛选、评审以及贷后管理等工作。国家开发银行上海市分行每年将一定额度贷款通过"分批借款，分批还款"的方式贷给指定借款人，由其委托商业银行转贷给有关科技型中小企业，企业作为最终用款人使用并偿还贷款本息。贷款期限为2年内，原则上最高限额为每家企业500万元。落实贷款企业将享受到利率优惠政策。科技型中小企业只需承担中国人民银行规定的人民币贷款基准利率，同时融资平台还将帮助企业申请科技部的专项贷款贴息，降低企业的融资成本。

（陈善凤）

【科技部技术创新战略与管理研究中心上海分中心挂牌】 7月9日，科技部技术创新战略与管理研究中心(上海)和科技部技术创新战略与管理研究中心培训基地(上海)正式落户上海杨浦科技孵化基地，首期1 265m²办公用房随即启用，从而标志着科技部与上海市合作共同推动的知识创新示范区建设进入实质性的开发阶段，也成为杨浦区"三区融合"与产学研结合的又一重要平台。国务院参事、科技部技术创新战略与管理研究中心理事长石定环、上海市政府副秘书长姜平等领导为中心揭牌。

该中心的主要任务是承担科技部和有关部委委托的技术创新研究课题，从事国家技术创新系统的研究；在软科学研究与实践调查的基础上，向政府提供政策性建议；举办各种技术创新培训和培养技术创新研究的高级人才；建立"技术创新论坛"，促进政府部门、学术界和企业界以及国际的技术创新学术交流。

根据中心与杨浦区签定的建设知识创新区合作备忘录规定，双方将从三个方面予以共同合作。除了科技部技术创新战略与管理研究中心(上海)及培训基地(上海)落户杨浦外，中心还将与上海市和杨浦区在新江湾城地区共同规划设计建设国际科技园社区，争取在杨浦召开一次国家级的科技园研讨会，使该社区成为吸纳国内外科技园区资源的集聚地；同时，积极提供支持，建议科技部与上海市在五角场环岛合作建设实施国家级重点科技项目，凸现五角场城市副中心科技创新功能。

（陈善凤）

【上海市科技创业中心审批2005年第二批科技型中小企业贷款】 4月28日，国家开发银行科技型中小企业专项贷款管理委员会召开评审会。上海市科技创业中心和国家开发银行上海市分行客户三处的有关领导对通过第二批贷款预审和专家评议的企业进行了评审。

截至4月初，共有8家企业申请国家开发银行科技型中小企业贷款(2005年第二批)，经过预审和专家评议，上海声宝微电子技术发展有限公司等5家企业进入了专项贷款管理委员会审批程序。经评审，专项贷款管理委员会基本同意为上述企业提供1 200万元贷款。

（陈善凤）

【2005上海创新创业高层论坛】 该论坛由上海市科技节组委会办公室、上海科技企业孵化协会、上

海市科技企业联合会、上海市科技传播学会和上海市科技创业中心联合主办,《上海科技报》承办,于5月23日在上海科技馆举行。主题为"构建创新和谐环境,营造创业温馨家园"。共230多人参加了论坛。

会上,上海市人大常委会副主任厉无畏针对企业应该如何"增加科技创新和文化创意产业值"作了主题发言。他认为,产品的价值,既有由技术创新作为基础的物质使用价值,又有作为文化基础的关键价值,这两块价值的提高,才是真正的产业价值提高。上海市科委主任李逸平从"自主创新与环境体系建设"的角度,阐述了当产学研各方的力量围绕"创新"这一内核相互融合、互动时,就会发生聚合的"化学反应",而当这种化学反应达到一定能级的时候,就会形成推动创新的"聚变核",创新从此源源不断地产生。上海市知识产权局局长陈志兴就"世界未来的竞争是知识产权的竞争"主题作了演讲。上海市科技创业中心主任王荣从孵化器在知识经济中作用的角度,阐明了"孵化器是企业自主创新的重要基地"。清华大学教授沈志屏从《知识创新公司》这本书开讲,作了"创新既是观点也是目标"的论述。

论坛还确定了未来3～5年,上海科技创新孵化器的建设目标:聚集一批高水平的创业人才,转化一批国家级的科研成果,孵化一批高成长型的高科技企业,培育出一批高素质的科技企业家,为上海的经济发展作贡献。

会上,上海市"10家最具活力科技创业园"和"30名最具活力科技创业者"评选活动同时揭晓:上海市科技创业中心等10家园区获得了上海市"最具活力科技创业园"奖;上海华梅机电设备有限公司董事长梅奇峰等30人获得了上海"最具活力科技创业者"称号。

（陈善凤）

【2004年度创新基金小额资助项目完成验收】 10～11月,上海市科技创业中心组织对2004年度科技型中小企业技术创新基金管理中小额资助10个项目验收。

在验收准备过程中,上海市科技创业中心组织验收培训会,编写验收培训提纲,逐一就验收材料编写的关键点以及2003年度验收过程中遇到的问题对企业进行辅导。专家通过听取汇报,审阅材料,现场答辩,经过科技部创新基金专家库专家针对项目技术、经济、质量指标完成情况的评估打分,全部通过验收。

（陈善凤）

【上海集成电路设计孵化器建设工作有序推进】 推进和强化招商引资工作。2005年,共吸引了20家企业入孵(其中,注册企业16家,新增注册资本4 471万元人民币,其中IC设计企业10家,留学生创业企业1家)。

提高企业属地化比例、推动区域经济的发展。企业的属地化比例由2004年的35%左右上升到66%,整个产业化基地的产值和税收在2004年基础上明显增长。

强化和完善投、融资机制。在积极争取政府的财政扶持和项目资助的基础上,积极引进风险资本,同风险投资机构建立工作联系,根据在孵企业的需求适时向企业推荐风险投资机构。2005年,共有4家企业累计成功融资732万美元和650万元;对4家企业进行了政策性投资参股,投资金额达200万元;在孵企业累计获得国家和上海市的基金及各项资助657万元。

制定企业入孵标准、完善服务措施。明确了企业入孵和毕业的条件,重点引进经营管理团队优秀、有自主知识产权和自主创新能力、有一定行业影响力和较高成长性、有易于争取政府各项政策性支持、易于吸引风险投资的好的项目入孵基地。

通过孵化器综合评价体系考评。加入上海市科技企业孵化协会,通过了协会组织的按照孵化器综合评价指标体系进行的年度考评。

组织企业沙龙与联谊活动,帮助企业拓展市场。组织了两次企业沙龙活动,共63人赴常熟、无锡(国家集成电路设计产业化基地)考察、交流。组织10家在孵企业参加了5月30日到6月2日的第二届上海国际信息化博览会——上海国际集成电路与软件展览会。组织4家企业参加了2005年9月12～17日的第七届深圳高新技术产品交易会。积极开展与国外科技孵化机构的合作(中法合作)。

（钱国雄）

【上海参加首届"国家集成电路设计产业化基地和香港科技园'孵化创新产品'竞赛活动"】 科技部于2月1日在北京主持召开了该竞赛活动颁奖大会,副部长马颂德出席会议。来自全国7个集成电路设计产业化基地的18个获奖单位及各基地代表参加了大会。上海市科委副主任陈克宏带队出席。

马颂德指出:国家"863"计划在"十五"期间针

对IC设计核心技术的发展和建设产业化基地，采取了重大行动，推动了IC设计获得飞速发展。建设产业化基地是支持国家重大项目、支持企业进行创新的重大尝试。产业化基地是国内孵化器发展从一般孵化器到专业孵化器的重大发展。产业化基地是中国大陆和香港合作的成功实践。

代表上海企业参赛的产品在大会上硕果丰收。展迅通信(上海)有限公司、上海华虹集成电路有限责任公司的参赛项目分获一、二等奖，国家集成电路设计上海产业化基地荣获“孵化创新产品”竞赛优秀推荐奖。

(俞加鲜)

【上海科技企业孵化器加快国际化进程】 2005年，上海国际企业孵化器(IBI)出访了俄罗斯、美国、日本、韩国、澳大利亚、新西兰、英国、法国、印度等国家和地区，接待各国来宾58批、439人次，组织国内外技术交流洽谈会、推介会、展览会6个，进一步增强了上海科技企业孵化器的国际影响力。

2004年底设立的上海－蒙彼利埃大区企业孵化合作支持基金启动后，有3家上海孵化企业获得资助。在法国落户的上海圣景微电子公司法国分公司在法国创新署的支持下，已获得约25万欧元的合同订单。

中法签署的建设崇明生态岛中法合作实验室协议，得到法国外交部和研究部的高度重视，朗克多省政府和蒙彼利埃大区政府明确表示将在地方政府层面对该项目在技术与财政上给予全力支持。在上海科技代表团访法期间，法方又进一步表示了合作的意愿：把水处理、垃圾处理和生态经济作为重点项目先期启动；还将组成中法合作项目指导委员会，规划运行机制和合作领域。

继法国后，英国策划了与中国合作的“软着陆计划”，希望加快与上海孵化器合作步伐：明确合作领域和重点项目；建立两地政府专项资金；对等互利，接纳对方企业入驻孵化基地；在崇明岛建立英国新能源技术示范中心；推荐英国生态权威作为崇明生态岛建设专家咨询委员会候选人。

年中，上海市科技创业中心主任王荣被选担任亚洲企业孵化器协会(AABI)主席；杨浦创业中心的在孵企业上海圣景微电子有限公司获AABI“优秀创业者奖”。

(陈善凤)

【上海代表参加第十一届企业孵化协会全球高峰会议】 5月15日，上海市科技创业中心出席了第十一届企业孵化器协会全球高峰会议。来自欧洲、南北美洲、非洲、大洋洲、亚洲的20多个国家和地区的孵化器协会(包括欧洲SPICE和亚洲AABI)的近40名代表参加了此次高峰会，代表了全球4 000余家孵化器。

会议主要内容是构建全球孵化器协会的网络组织，主要发起单位是欧洲SPICE和美国NBIA，拟吸收的成员单位是孵化器的国际组织、各国家或地区的孵化器协会。该网络的组织框架以自愿参与为原则，旨在加强成员单位的交流与合作，为企业孵化和创业企业提供具有附加值的支持。今后将每年至少召开一次全球高峰会议，由成员单位自愿承办。该组织将设立由7人组成的指导委员会，日常运作经费主要由各成员单位自愿捐助或通过承担某些项目获得，但在经费未落实之前，暂由欧洲SPICE提供。

大会提议成立3个小组具体负责孵化器行业发展、孵化器数据信息库和咨询服务。并提出了建立“全球企业孵化网络”的草案。上海代表以积极热情的姿态宣传中国企业孵化器的成就和发展，得到了与会代表的关注。

(陈善凤)

【上海代表参加亚洲投资联盟CTIBO项目启动仪式】 7月20日，上海市科技创业中心参加了在北京召开的“亚洲投资联盟CTIBO项目启动仪式”并作交流发言。法国创新署与中国科技型中小企业创新基金管理中心已经申请并成功获得了亚洲投资联盟项目——中国技术中介机构(CTIBO)国际技术合作能力建设。该项目资助金额为24.27万欧元，项目周期为3年，主要目的在于促进中法技术中介机构在实施国际技术合作项目，尤其是寻找国际技术合作伙伴，并通过项目合作创建中欧中小企业合资企业方面的合作。上海市科技创业中心已成为该项目支持的目标对象之一。会后，法国创新署代表一行4人与法国法中创新支持网络负责人专程来沪考察调研了上海孵化器对法合作的情况，探讨如何共同推进中法合作项目，并表示将对上海到法国发展的科技孵化企业给予一定的支持。

(陈善凤)

【华东孵化器网络代表团参加AABI年会及APEC孵化论坛】 8月25～27日，由上海市科技创业中心主任王荣率领的华东孵化器网络代表团一行7人参加了在韩国大邱举行的“亚洲企业孵化器协会(AABI)第七届年会”和“第三届APEC企业孵化论坛”。来自20多个国家和地区的近200位代表与会。

在AABI年会上,王荣主任被选为亚洲企业孵化器协会新一届主席,杨浦科技创业中心孵化企业上海圣景科技公司总经理姚海平获亚洲企业孵化器协会颁发的“Horiba创业者奖”。

在同期召开的第三届APEC企业孵化论坛上,王荣主任作为国际企业孵化器专家作了题为“促进国际合作,推动孵化器繁荣发展”的专题演讲,上海孵化器的发展成就及在国际合作方面的成功经验引起了国际同行的关注。此外,三位来自张江高科技园区、济南创业中心、上海“863”软件孵化器的代表在“中韩孵化器论坛”上发言,分别介绍了张江、济南以及上海的创业环境和孵化器建设的经验。会后,代表们还参观了韩国大邱数字化产业促进中心以及韩国KYONGBUK科技园。

(陈善凤)

【首届中国(上海)－韩国孵化交流会】 于2月18日在沪举行。韩国孵化器代表团、上海国际企业孵化器、同济科技园等孵化基地的10多位代表与会。双方分别由三名代表从不同角度介绍了上海及韩国孵化器的发展概况和特点。韩国孵化器大部分是依托大学、由政府支持建立的非赢利性机构,采取政府通过孵化器整合各类社会资源支持初创企业发展的运行模式。韩国孵化器与中国孵化器存在相似之处,同时又各具特色。通过交流,一方面搭建了中韩孵化器和孵化企业国际交流的平台,双方在推进教育培训领域的长期合作方面达成共识;另一方面获得了对韩国孵化器的认识,通过优势比较和经验借鉴,有望为中国孵化器的发展提出指导性建议。

(陈善凤)

【上海市与法国蒙彼利埃企业孵化合作基金成立一周年】 11月15日,法国蒙彼利埃代表团在大区副主席Gilbert Pastor先生的率领下访问上海市科技创业中心,与上海市科委、上海孵化器和孵化企业的代表们共庆上海市与法国蒙彼利埃企业孵化合作支持基金成立一周年。

继2004年4月16日,上海市高科技企业孵化器网络与蒙彼利埃大区签署正式合作协议后,同年11月,上海市科委与蒙彼利埃大区政府共同签署了建立“上海－蒙彼利埃企业孵化合作支持基金”的协议书。双方每年各出资10万欧元,分别由上海市高科技企业孵化器网络和蒙彼利埃大区孵化器网络负责运作,用于加强两地孵化器对口国际合作,支持孵化企业“走出去”。

一年以来,双方充分有效地利用合作基金,支持对口交流、实施奖学金计划、资助高科技项目,切实推进孵化器和孵化企业的国际合作。在基金的支持下,中方不断有新的企业在积极筹备海外拓展,同时数家法国企业也先后来上海考察并准备创业。

双方一致认为,基金在建立国际孵化的服务平台,促进双方孵化器交流和共享孵化管理的实践经验,有效降低企业海外创业的成本和风险等方面起到了积极的作用。会后,双方正式续签了2006年基金合作协议。

(陈善凤)

【上海－英格兰东北地区科技孵化器合作持续深入】 为进一步推进英格兰东北地区与上海市在高科技领域的的实质性合作,落实“上海－英格兰东北地区科技合作模式”的具体细节,英格兰东北地区科技代表团一行6人于1月20～21日对上海进行了访问。

双方签署了《上海市高科技企业孵化器网络－英格兰东北经济发展署科技合作协议(2005年)》,明确人力和财力资源,以及在数字媒体、纳米技术和生物医药三个技术领域对科技型中小企业到对方国家创业以及建立合作研发项目等所提供的实际支持。

代表团走访了上海市科技创业中心、上海慧谷高科技创业中心、张江高科技园区、多媒体产业园、上海科威国际技术转移中心及部分高科技企业,了解了上海在纳米科技、生命科学、数码媒体等领域的发展以及中英科技合作的潜能。另外还专门组织了中英能源专家交流会,共有十数位来自上海科学院等研究机构、高科技企业的中国能源专家与英国来访专家就风能、氢能等新能源问题进行了热烈的探讨。

(陈善凤)

【上海参加2005APEC“经济全球化与企业孵化器”国际论坛】 该论坛由科技部国际合作司和西安高新区管委会联合主办,于10月18日在西安开幕。论坛以“经济全球化”为背景,以“企业孵化器”为主题,来自17个APEC成员体和2个非APEC成员体的代表及80余位国际企业孵化器的知名专家到会，共同探讨如何通过提高企业孵化器的运营手段，更加有效地培育中小科技型企业成长。

上海市科技创业中心介绍了中（上海）法孵化器合作模式的特点以及上海科技企业孵化器网络（协会）在促进中小高科技企业国际化发展方面的经验。有关"互惠互利，对等支持"的合作模式引起了与会代表的兴趣。

（陈善凤）

【第八届企业孵化器推动地区经济发展国际培训研讨会】 该研讨会由科技部火炬高技术产业开发中心、上海市科委主办，中国国际科技合作协会协办，上海国际企业孵化器及上海杨浦科技创业中心承办，于10月17～21日在沪举行。来自法国、美国、芬兰、日本、巴基斯坦、南非、伊朗、尼日利亚、塞浦路斯、津巴布韦、乌兹别克斯坦和中国12个国家的代表与会。

自1998年开始，上海国际企业孵化器已连续5期成功举办了"企业孵化器模式国际培训班"和两期"企业孵化器推动地区经济发展国际培训研讨会"。研讨会邀请了原香港科技大学副校长林垂宙教授、亚洲企业孵化器协会主席金鸿教授、澳大利亚企业创新与孵化协会副主席韦伯先生、新西兰贸易和企业孵化发展部主管怀特先生、中华创业育成协会理事长罗仁权教授，以及上海国际企业孵化器6个基地的负责人作了专题讲座。邀请上海多媒体产业园副总裁姜巍作"孵化器与风险投资"的专题发言。代表们还参观了杨浦创业中心内的大学生创业园，并与大学生就孵化器与风险投资、孵化器与大学生创业进行了交流。

（陈善凤）

【日本冈山孵化器协会代表团访问上海】 3月14～16日，由日本冈山孵化器协会会长中岛博先生率领的包括冈山县研究孵化中心、冈山县系统技术协会、9家IT企业的19名代表访沪，走访了上海市科技创业中心、漕河泾开发区创业中心以及数家高科技企业，并举办了上海－冈山IT企业交流洽谈会。

日本冈山企业孵化器协会与上海市高科技企业孵化器网络（现已成立上海科技企业孵化协会）于2003年9月正式签署合作协议，此后，双方通过组织孵化器和企业代表团互访、合作举办展会、企业交流洽谈会等多种形式为在孵企业牵线搭桥，为企业的出口贸易、海外创业及国际技术合作等提供支持。双方合作已经取得一些实质性的成果，如杨浦创业中心在孵企业天纯公司与日方签署贸易合同、日本科技企业入驻上海孵化器等。

洽谈会上有多家企业达成了初步合作意向，如华平数字影像技术公司（杨浦创业中心）希望与生产视频会议系统的日本VOIPACK公司在产品代理方面进行合作；从事软件外包业务的是风信息技术有限公司（慧谷创业中心）与日本FUJITSU OKAYAMA SYSTEMS ENGINEERING公司、主营富士通通讯软件外包的拓能软件公司（慧谷创业中心）与日本SYSTEM TIES公司有合作意向；上海海高通信公司（漕河泾创业中心）与日本Alion System就相关的手机软件开发表达了合作意向；新诺智能科技公司（漕河泾创业中心）与日本SysCo－Communications公司就市场合作进行了交流；上海实卓信息技术有限公司（张江创业中心）与日方四家对口合作企业进行充分交流和具体洽谈。

（陈善凤）

第十二章　高新技术园区

第一节　概　　况

【高新技术园区概述】　2005年，上海高新技术园区以创新求发展，以“二次创业”为动力，使以张江高科技园区为重点的“一区六园”，呈现增长较快、效益较好的态势。上海高新技术园区已经拥有进驻企业3 171家，年工业总产值2 462.9亿元，总收入2 835.2亿元，创汇146.3亿美元，创利142.1亿元，创税131.3亿元。上海高新技术园区认定高新技术企业535家，年总产值1 682.2亿元，总收入1 912.9亿元，创汇128.2亿美元，创利89.7亿元，创税57.6亿元。

2005年，上海高新技术园区按照国务院要求，圆满完成了由国家发改委牵头，国土资源部、建设部、科技部等组织的开发区用地清理整顿工作。经国家发改委审核、国务院批准，上海高新技术园区“一区六园”的规划面积为42.13km²，其中张江园区规划面积由原5km²扩容为25km²，另外五个园区仍维持原规划面积不变。

（吴山河　顾维民）

第二节　张江高科技园区

【张江高科技园区概述】　2005年，张江高科技园区以扩大产业集群效益、增强自主创新能力和完善创新环境为抓手，进一步突出研发创新功能，正在成为实施自主创新主战略的重要载体和生力军。2005年，园区完成工业总产值243.69亿元，同比增长14.3%；实缴税费29.93亿元，同比增长31.8%；出口交货值132.65亿元，同比增长16.44%；固定资产投资94.63亿元。2005年批准设立外资项目311个，吸引外商投资总额23.19亿美元，吸引外商投资注册资本10.58亿美元，完成合同外资10.1亿美元。

（唐　莺）

【张江高科技园区引入国内外高端研发中心】　2005年，该园区新引进了包括汉高化学、朗盛化学、伊士曼化学等全球著名化学材料企业的研发中心，全球最大的化学材料企业陶氏化学也签约建立亚太总部和研发中心，初步形成了新材料产业研发的集群效应。随着杜邦中国总部、TCL阿尔卡特的手机研发中心等的引入，园区国内外研发机构累计近200家，其中经认定的国家级、市级、区级研发机构达65家。

（唐　莺）

【张江高科技园区引入大学院校】　北京大学等14所高等院校、科研院所与该园区内18家生物医药、信息产业企业签订了共建研究生联合培养基地的框架性协议，实质性启动了“张江研究生联合培养基地”。复旦大学信息学院和微分析中心、同济大学软件培训中心等入驻园区，极大地促进了园区微电子人才培养和技术研发，促进“产、学、研”合作的切实有效；并带动人才培养模式的转变，使人才培养更适应园区集成电路产业发展的需求。

（唐　莺）

【张江高科技园区中药现代化实现重大突破】　由园区内的中科院上海药物研究所研发的丹参多酚酸盐、注射用丹参多酚酸盐，在治疗冠心病心绞痛上疗效显著、用药安全、质量稳定，获得了国家新药证书。该药的成功面世，解决了传统中药有效成分不明确、质量标准不统一的问题，符合现代中药的研发趋势和国际化要求。2005年，已获得中国专利和美国专利授权，是一项拥有自主知识产权的现代化中药。

（唐　莺）

【张江高科技园区正在成为中国手机产业链的重要基地】　该园区在打造手机产业链的过程中，特别注重将研发各环节的上下游企业吸引到园区,创造良好的研发氛围。系统设备设计制造商、芯片设计公司、手机研发企业、芯片制造等关键环节企业的云集,加速了手机产业链的形成和完善。另外,园区内的自主创新企业、同时拥有国产2.5G和3G无线通信芯片自主知识产权的展讯通信(上海)有限公司办公研发中心——展讯中心的奠基,不仅标志着展讯本身的又一次大跨越发展,同时也显示出中国手机芯片设计、芯片制造、手机生产这一产业链的进一步完善和壮大。

(唐　莺)

【张江高科技园区企业承担国家重大科技创新任务】 该园区内一些企业承接了众多国家"863"计划、"973"计划、高新技术产业化示范项目等国家重大科技创新项目,成为若干重要领域能承担国家重大科技创新任务的主体。在第二批19项上海市科教兴市重大产业科技攻关项目中,张江占了6项,占总数的31.6%。2005年,园区专利申请数达981件,同比增长20.07%;技术合同交易额9.07亿元,同比增长55.3%;园区现有经认定的高新技术企业242家,约占上海市"一区六园"的45.2%。

(唐　莺　任碧瑢　何　磊)

【张江高科技园区探索产学研一体化新模式】 该园区依托已引入的上海市集成电路、软件、光电子、信息安全、生物医药等行业协会在行业指导和专业领域的独特优势,在企业、研发机构和高校之间建立关联网络;通过学术讨论、产品推广、沙龙、俱乐部等形式,建立产学研三者的沟通渠道。2005年,园区产学研一体化效应开始显现:第二军医大学的郭亚军教授与兰生国健药业就肝癌疫苗的产业化组成了产学研联盟,一旦肝癌疫苗顺利完成临床试验,将在第一时间被付诸产业化;绿谷集团与中科院上海药物研究所,汇仁药业与中医药大学结成了战略伙伴关系;园区还推动建立了以企业为主体的移动视音频产业联盟、软件出口外包联盟、生物医药研发外包联盟和手机研发俱乐部,而LED半导体、微电子制造技术及导航科技产业联盟正在筹建中。另外,北京大学、清华大学、西安交通大学等也与浦东新区政府合作在张江建立了微电子研发中心。这些研发平台与科研机构的落户,不仅为园区提供了大量优秀专业人才的储备,同时,为实现科研项目产业化、企业项目合作开发提供了对接平台,对推动园区产业发展有极大的促进作用。由园区内高校、研发机构、企业家、创业家共同实践的产学研结合的新模式正在形成。

(唐　莺)

【张江高科技园区营造自主创新的运营环境】 2005年,该园区以申报国家自主创新示范园区为契机,积极建设具国际竞争力的高科技园区。与研发中心、产业高端、高级人才集聚的现状相适应,大力培育发展相关的现代服务产业,包括多元化的投融资渠道、畅通的信息服务平台、强有力的知识产权保护、专业化的孵化群体以及人文化的居住环境等。

在融资渠道方面,建设风险投资基地,引导国内外风险投资机构聚集。如组建生物医药产业基金,充分发挥政府风险投资基金导向作用;积极探索实施科技研发项目成果政府购买方式,支持鼓励重点企业实施技术创新;先行先试中小企业股权交易方式,建立相对独立的中小企业股权交易市场,为风险资金进入和退出提供平台;组织园区内的高科技企业设立互助担保基金或互助型担保公司。

在信息互动方面,启动"数字张江"项目,以信息化提升园区的管理职能和服务质量;充分发挥上海市集成电路、光电子、信息安全、生物医药等行业协会和中介机构的作用,实现园区企业与科研机构之间、园区内与园区外科技研发、成果转化中的信息传导。

在知识产权保护方面,园区建立了"上海张江国家知识产权制度示范园区",研究制定区域性科技成果评估管理办法,探索试行知识产权信用担保的运作机制;园区设立了知识产权保护庭,区内企业一旦发生知识产权法律纠纷,可以在第一时间受理;园区还成立了法律顾问团,聘请知名律师和公证员,为园区企业提供知识产权保护、诉讼和金融、房地产等方面的法律服务。这些,都从制度建设上激活企业的创新活力,使企业留得住、长得大。

在创业孵化方面,一个由创业服务中心牵头,以16家孵化器为主体的多元化、多功能的"孵化器集群"已在张江初步形成,并形成了孵化协作网络,从专业孵化到综合孵化、多元孵化、多元运作,各显所长。创业服务中心在服务内容上与其他孵化主体由"功能重叠"向"错位服务"和"分层次服务"转变。

(唐　莺)

第三节　漕河泾新兴技术开发区

【漕河泾新兴技术开发区概述】　2005年,漕河泾开发区经济发展态势强劲,各项主要经济指标再创新高:全区实现销售收入930.7亿元,比2004年增长48%;工业总产值836亿元,比2004年增长48.3%;国内生产总值330亿元,比2004年增长36.4%;税收收入20亿元,比2004年增长18.1%;出口总额83.1亿美元,比2004年增长50.3%;进口总额65.4亿美元,比2004年增长19.2%。截至年底,开发区拥有各类高科技企业千余家,累计引进外商投资企业515家,世界500强企业在开发区内投资设立了60余家高科技企业,累计投资总额34.1亿美元。经认定的高新技术企业197家。

（张　源）

【漕河泾开发区庆祝建区20周年】　2005年是漕河泾开发区创建20周年,开发区举行了一系列庆祝活动。中共中央政治局委员、上海市委书记陈良宇专门发来批示,对漕河泾开发区20年的发展成绩给予极大鼓励,肯定开发区在促进体制机制创新、科技创新和科技成果转化方面,发挥了窗口、示范、辐射和带动作用,并殷切期望漕河泾开发区"不断努力,为建设具有世界一流水准的多功能综合性产业园区作出新的贡献。"

5月26日,开发区举行了"庆祝漕河泾开发区创建20周年暨跨国公司项目签约仪式",与飞利浦、3M、思科、延锋伟士通等8家跨国公司研发中心现场签约,中共上海市委常委、副市长周禹鹏等领导到会见证,国家部委、上海市有关委办局及区内企业300余名代表出席仪式。

9月15日,"漕河泾开发区创建20周年庆祝大会"举行,上海市政协主席蒋以任、国务院有关部委办领导、中国开发区协会领导、上海市政府有关委办局领导、漕河泾开发区内中外企业代表等1 500余人参加了大会。大会充分肯定了漕河泾开发区20年来所取得的丰硕成果,并表彰了一批优秀的区内企业。蒋以任强调,新形势下,漕河泾开发区要以20年成就为新的起点,努力做到"五个进一步":进一步加强科技创新能力,大力实践科教兴市主战略;进一步培育新的经济增长点,大力提升产业能级;进一步加强节约型生态园区建设,大力发展循环经济;进一步完善投资创业环境,永葆园区持续创新的生机与活力;进一步加强对外技术交流与合作,大力增强国际竞争力。作为具备较强核心竞争力和品牌辐射力的高科技园区,漕河泾开发区下一步要充分发挥知识创新、技术创新和产业创新的源头作用,充分释放人才优势、品牌优势和管理优势,大力扶植和培育具有自主知识产权的高新技术企业,加快推进产学研战略联盟,切实增强自主创新能力,在科教兴市主战略向纵深发展的过程中,发挥引领和示范作用,成为全市贯彻落实科教兴市主战略的重要平台。

10月15～16日,由国家自然科学基金委员会资助,同济大学和漕河泾开发区总公司主办的"跨国公司与开发区的创新、合作国际论坛"在同济大学和漕河泾开发区分别举行。论坛邀请各方面的专家和代表,就中国开发区发展现状和趋势、跨国公司在中国开发区的成功实践、跨国公司与开发区的互动关系、国内外高新技术园区的发展、创新及成功经验等议题进行了广泛、深入的沟通与交流,实现了开发区、跨国公司、高校三者之间的"产、学、研"互动,从理论上分析了开发区与跨国公司之间的互动合作发展关系,对开发区进一步完善投资和创新环境、提升服务水平、加快国际化进程起到了有益的启迪和推动作用。

（张　源）

【漕河泾开发区高新技术产业持续健康发展】　2005年,开发区信息(微电子、光电子、计算机软硬件)、新材料、生物医药和航天航空等高新技术支柱产业快速发展,其中信息产业发展尤为突出,年销售收入达到开发区总销售额的80%以上,出口总额超过开发区出口总额的90%。

2005年漕河泾新兴技术开发区高新技术产业主要经济指标完成情况表

产业分类	企业数（家）	销售收入（亿元）	利润总额（亿元）	出口总额（亿美元）	期末人数（万人）
集成电路	57	52.54	-0.37	3.35	0.93
光通信及网络设备	117	57.52	1.8	0.78	1.35
计算机软硬件	166	646.99	3.32	74.79	2.99
生物医药技术	36	3.97	0.66	-	0.15
新材料能源及化工	53	44.79	5.89	2.35	0.42
电子器件及数字电子	90	20.24	0.9	1.12	0.45
仪表仪器及专用设备	134	39.56	3.21	0.53	1.13
航天航空	13	7.03	0.31	-	0.45
其他	281	58.05	5.5	0.2	1.89
总计	947	930.69	21.22	83.12	9.76

（张　源）

【漕河泾现代服务业集聚区启动】　12月21日，漕河泾现代服务业集聚区首期工程正式开工，中共上海市委书记陈良宇、上海市市长韩正等市领导出席仪式。

该现代服务业集聚区位于漕河泾开发区中心位置，东起虹梅路中环线，南沿漕宝路，西至古美路，北临宜山路。项目总占地面积约23万平方米，总建设规模约80万平方米，包括地下建筑面积约20万平方米，地上建筑面积约60万平方米（其中，科研、办公用房面积约40万平方米，酒店式公寓和SOHO式小型办公用房面积约10万平方米，商贸、商务和综合配套服务用房面积约10万平方米）。

作为漕河泾开发区"十一五"期间开发建设的重点项目，漕河泾现代服务业集聚区按照国际化、高科技、生态型的标准，定位于总部经济、研发设计、创新孵化、综合服务"四个平台"的功能目标，力争建设成为既具有现代化区域形态，又具有高新技术服务特色的高附加值服务业集聚区。

（张　源）

【漕河泾开发区招商引资情况良好　新引进众多研发中心项目】　2005年，该开发区新引进各类项目222项。进区项目产业结构变化较大；工业制造业项目下降，仅占总量的5%，比2004年减少6个百分点；第三产业项目比重从2004年的89%上升至95%，其中批发零售业项目约占三产项目的20%，软件、通讯和计算机服务、贸易、投资、咨询、物业管理及中介等各类现代服务业项目约占三产项目的80%。

全区由市外资委新批准设立外商投资企业15家，增资项目16项，新增投资总额9 675万美元，新增合同外资5 863万美元。全年实际利用外资7 526万美元。截至年底，开发区累计吸引外商投资企业515家，完成投资总额34.1亿美元、合同外资13.1亿美元。

年内，一批技术层次高、投资规模大、影响力深的著名跨国公司相继入区。如飞利浦公司每年投入4 000万欧元研发经费打造涵盖六大研发中心的创新科技园，3M公司投资4 000万美元建设其全球第五个技术研发中心，思科公司投资3 200万美元建立中国研发中心，美国伟士通公司进区设立亚太总部、研发总部和延锋伟士通技术中心，法国佛吉亚集团进区成立地区管理总部和研发中心，日本本田汽车全资的本田技研工业投资公司定位建设成为"中国本部"等。此外，通用、泰科、朗讯等已进区项目也纷纷增资扩建。在吸引外资的同时，开发区还引进了一批技术新、层次高的内资项目，如南瑞集团、诚丰数码等。

（张　源）

【漕河泾出口加工区产值实现飞跃发展】　2005年，漕河泾出口加工区完成工业总产值389.2亿元，比2004年增长1.8倍；出口总额45.8亿美元，比2004年增长3倍；进口总额28.6亿美元，比2004年增长

78%。进出口总额位列全国出口加工区第三。

截至年底，出口加工区共引进重大外资项目7个，投资总额3.61亿美元，合同外资总额1.25亿美元，实际利用外资1.24亿美元。其骨干企业英业达集团在出口加工区新投资设立4家企业，产品涵盖笔记本电脑、服务器、手机、无线个人数字助理机、计算机辞典等产品，构成了加工区高新技术产品出口的主体。

（张　源）

【漕河泾开发区信息化投资环境进一步改善】 2005年，漕河泾开发区继续改善信息化投资环境。开发区总公司ERP招商与建工模块及其系统集成经国家版权局批准获得软件著作权，完成了以资金流为重点的ERP系统集成补充方案，其他已开发模块在应用中也得以改进。12月21日，开发区通过了市信息委企业信息化园区示范工程试点验收，成为3家示范单位之一。同时，开发了客户服务管理系统，开通了客户声讯系统，用信息化手段提高了为客户服务的水平。

（张　源）

【漕河泾开发区创建循环经济生态工业园】 2005年，漕河泾开发区继续落实ISO 9001质量管理体系、ISO 14000环境管理体系及ISO国家示范区的实施、保持和持续改进工作，在此基础上，积极推进循环经济生态工业园区建设。年内完成调研与培训工作，编制创建规划，在开发区门户网站设立资源交换平台，以促进企业间工业废物的交流与再利用，从而达到减少污染、提高资源利用率、节约资金的目的。区内建成环保型洗车场，并正探索新芝公司中水利用项目的实施。

（张　源）

【漕河泾开发区"科技绿洲"加快开发进度】 2005年，漕河泾开发区内中英合作项目"科技绿洲"经多轮谈判，完成了中英双方股权结构调整的全部法律程序，中方收回所有股权，英方实施品牌管理，并提供咨询服务。股权调整后的"科技绿洲"加快了开发进度，顺利引进飞利浦创新科技园项目，包括飞利浦照明电子全球研发中心、东亚研究实验室、数字系统实验室、工业技术中心、消费半导体创新中心、心电与监护系统中国研发中心等，年投入研发经费将达4 000万欧元，其一期工程已于7月开工。园区内另一重要项目"双子楼"也于9月开工，将引进多个地区总部、研发中心等项目。

（张　源）

【漕河泾创业中心成为上海首批大学生创业指导服务基地】 漕河泾开发区创业中心被列为首批"上海大学生就业实习与科技创业指导服务基地"。基地将以建立培育大学生创业的长效激励和服务机制，进一步促进高新技术成果与人才开发的有效组合，促进"产、学、研"的有效结合，为基地内企业在人才引进方面提供渠道。开发区内的新生源医药科技有限公司和集通数码科技有限公司也参与了基地的建设。

（张　源）

【漕河泾开发区积极拓展科技创新服务】 为了进一步提高自主知识产权技术成果转化的力度，漕河泾开发区科技创业中心与上海市政协科技成果转化促进会于9月开发区庆祝成立20周年之际签订合作协议，共建"科技成果转化示范基地"，制定了示范基地的基本工作制度、三年行动计划和工作计划，重点孵优扶强，争取每隔1～2年能培育出1～2家有自主知识产权、市场份额大、有自己品牌的高新技术企业。至年底，已开始为企业开展宣传、展示、沙龙、培训等活动。该基地的成立将为开发区创新创业服务工作带来新的活力。

（张　源）

【漕河泾开发区科技创业中心企业上海伽利略导航有限公司全面参与"中欧伽利略计划"】 12月27日，科技部宣布中国最大的国际科技合作计划"中欧伽利略计划"进入全面合作阶段，第一颗试验卫星于12月28日发射。作为中国伽利略卫星导航有限公司投资入股方之一，位于漕河泾开发区创业中心的上海伽利略导航有限公司将全面参与所有"中欧伽利略计划"的项目。

将于2008年建成的"伽利略计划"总投资35亿欧元，目的是建立世界上第一个民用全球卫星导航定位系统，计划发射30颗卫星。第一颗试验卫星主要任务是进行在轨试验，测试系统的频率和信号格式。与美国GPS全球定位系统相比，伽利略系统全球覆盖面更广，卫星定位精度可达到米级。中国是参加该计划的第一个非欧盟成员国，将在卫星导航技术、工业制造、服务和市场开发、产品标准化等领域展开全面合作。

上海伽利略导航有限公司是漕河泾开发区创

业中心孵化企业。7月11日,科技部副部长马颂德一行专程到漕河泾开发区视察该项目落实情况。10月15日,上海伽利略导航有限公司投资加入中国伽利略卫星导航有限公司签字仪式在沪举行,标志着上海正式入股"伽利略计划"的中国部分。科技部党组成员、纪检组长吴忠泽,上海市副市长严隽琪,以及欧盟伽利略联合执行体执行主任 Rainer Grohe 参加了签约仪式。

(张　源)

【漕河泾开发区软件产业发展势头强劲】 2005年,开发区软件产业实现总销售收入30.14亿元,比2004年增长31%;利润1.67亿元;出口8 006万美元;研究开发投入1.36亿元;软件从业人员超过9 600人。区内9家软件企业销售收入突破亿元,45家企业销售收入达千万元以上。2005年度,漕河泾软件园内通过市级软件企业复审和认定的企业达54家,3家软件企业通过上海市高新技术企业认定。

(张　源)

第四节　金桥现代科技园区

【金桥科技园区经济建设继续保持平稳发展】 2005年,金桥现代科技园区工业总产值完成1 320亿元,约占浦东新区总量的1/3,比2004年增长11.4%;外贸出口继续呈上升态势,出口交货值完成419亿元,比2004年增长10%。

(娄有乐　钱乙峰)

【金桥科技园区招商引资和经济发展再创佳绩】 2005年,共引进项目38项,吸引投资总额18.2亿美元,吸引合同外资13.2亿美元,比2004年分别增长1倍和3倍,两项指标均创历史新高。截至年底,共引进项目700项,累计吸引投资146.7亿美元,累计吸引合同外资54.1亿美元。全年招商引资主要呈现两个特点:一是引进的优势产业项目居多。如电子信息、汽车配套、机械装备等主导产业项目共引进22项,占新设项目总数的43%。二是增资项目量多、额大。全年新增增资项目57个,超过引进项目总数。增资总额达17.28亿美元,占全部投资总量的95%。其中,通用汽车、华虹NEC、柯达(中国)、拜耳(中国)、开利空调等著名跨国公司的7个项目的增资额就达11.9亿美元,占到增资项目总量的69%。

(娄有乐　钱乙峰)

【金桥科技园区重点项目建设稳步推进】 根据年度计划安排,北区48号和南区20号、6号地块厂房,碧云国际社区S8A组团项目先后竣工交付使用。碧云国际社区英国学校二期、S8B组团、S6别墅项目,新金桥广场项目,北区15-6老厂房改建项目等按照进度和工程质量要求正在抓紧施工建设。

(娄有乐　钱乙峰)

【金桥科技园区已成为上海先进制造业基地之一】

金桥科技园区已集聚了一大批世界著名的先进制造业企业,如上海通用、上海贝尔阿尔卡特、华虹NEC、西门子移动通信、联合汽车电子、日立电器、上海夏普、松下等离子、柯达电子、上海惠普、索广映像等。2005年,该园区坚持以先进制造业基地为目标,不断提高先进制造业的能级和水平,继续在形态开发、功能开发、企业集聚和效益提升等方面加大力度,把金桥先进制造业基地进一步做大、做强。作为金桥先进制造业主体的电子信息、汽车及零部件、现代家电和生物医药等四大重点产业,其产值之和已约占开发区工业总产值的90%,并继续呈上升的趋势。2005年,已有19家企业跨入上海百强企业行列,约占总数的1/5,其中上海通用汽车有限公司以405亿元的年销售收入名列第三。另外,该园区还有11家企业跻身上海外贸出口100强。

(娄有乐　钱乙峰)

【金桥出口加工区(南区)建设继续稳步推进】 截至2005年底,金桥(南区)已建成通用厂房22.8万平方米。累计引进项目22个,累计吸引投资1.24亿美元,累计出租厂房7.8万平方米,累计转让土地33万平方米。在金桥南区引进的项目中,大多数为出口型的高新技术项目,如从事PVD等设备研发生产的中微半导体公司和上海睿励科学仪器公司都被列为上海市的科教兴市项目,为最终构建金桥半导体装备制造基地奠定了坚实的基础。2005年,金桥南区进出口总额达1.1亿美元,其中进口总额4 500万美元,出口总额6 500万美元。

(娄有乐　钱乙峰)

第五节　嘉定民营科技密集区

【嘉定民营科技密集区概述】　嘉定民营科技密集区包含了嘉定高科技园区、复华高新技术园区和中科高科技园区。2005 年，民营密集区实现产值 56 亿元，上交税收 4.1 亿元。嘉定高科技园区明确把现代服务业、机电一体化、光电子、信息技术等先进制造业和区域功能性产业(汽车产业)作为产业发展重点。全年园区新增企业 182 家，比 2004 年增长 31%；园区总产值 38 亿元，比 2004 年增长 20%；上交税收 2.5 亿元，比 2004 年增长 33%。复华高科技园区抓住增强活力和竞争力这个核心，创建一个良好、和谐的园区环境和服务平台，全年园区工业增加值为7.03亿元，产品销售收入 31.57 亿元，人均工业增加值 5.2 万元，产值利税率为 7.38%，上缴税额9 300万元。中科高科技园区年总产值 4.62亿元，年税利5 376万元，出口创汇3 351万美元，引进项目 3 个，引进外资1 738万美元。

(吴山河　顾维民)

【嘉定高科技园区产业集聚逐步形成】　2005 年，该园区明确把现代服务业、机电一体化、光电子、信息技术等先进制造业和区域功能性产业(汽车产业)作为园区产业发展方向。先后引入国内最大搜索引擎——百度在线网络技术有限公司、国内网上交易额最大的 ebay 易趣网络贸易公司、上海江南建筑设计咨询有限公司等具有鲜明特点的现代服务型企业，以及上海航天电子有限公司、上海同晋汽车工业设备有限公司、机械工业部第四设计院、上海御翔信息科技有限公司等从事汽车产业、信息产业、光电子产业的企业。

(吴山河　顾维民)

【嘉定高科技园区产生一批发展前景良好的科技企业】　2005 年新入驻的企业不仅出税率高，80% 的入驻企业在当年就有税收，而且部分企业贡献较大。如 4 月成立的百度公司到 11 月已经实现营业收入1 800万元，创税 110 万元。还有一些企业虽然目前贡献不大，但技术含量较高。如剑桥博士生创办的美媒软件有限公司，开发了世界领先水平的数字交互电视系统；留美博士创办的上海特视精密仪器有限公司，其银粉导电胶技术已经获得国家发明专利；留美博士创办的施必牢紧固件有限公司，拥有国内同类产品最先进技术，现已广泛运用于航天、铁路、东海大桥等对安全性能要求较高的领域。

(吴山河　顾维民)

【嘉定高科技园区孵化培育“小巨人”企业】　该园区以落实培育科技型企业和实施“小巨人”企业计划作为园区发展战略目标，2005 年，为思宾尼斯仪表技术有限公司联络了上海科技投资公司等数家风险投资公司和衡阳特变电工、许继电器等多家产业集团公司，共同对该公司开发的几个项目进行了深入研究和探讨，最后成功引入了 2 家公司，合计投资1 000多万元，成功推动了思宾尼斯汽车转向系统的研发和项目的顺利实施；该公司 PSSM 光电高压大电流互感器产品的试制成功，也已引起业界的广泛注意，正在中国和欧美等国同时申请专利。另外，该公司还与科曼公司联合举行了产学研交流活动，邀请了上汽集团、同济大学等十几家单位和一些具有研发、营销、管理等专家，为科曼公司的未来发展和“十一五”规划出谋划策，提供意见和建议，使科曼公司成为国内汽车空气悬架系统生产单位的主要供应商。而百度公司兼并园区企浪网络有限公司，是园区近几年来孵化培育工作中最为成功的案例，准备将华东六省一市的业务整合进百度(上海)公司，这将对园区的发展起到很大的推动作用。

(吴山河　顾维民)

【嘉定高科技园区建设三个创新服务平台】　2005 年，该园区为了加强创新服务工作，建立了高新技术创业服务中心，重点做好服务平台的建设。一是建立了政策咨询服务平台：为园区企业提供财税政策咨询，各类扶持基金(资金)、高新技术企业及各种专利、品牌、商标的申请、申报咨询，以及上海鼓励留学生投资创业相关政策咨询的服务。二是建立中介服务平台：与区科委和区经委等相关服务部门签署多项合作协议，借助他们的专业力量为园区企业提供软件著作权申请代理、科技文献和科技数据服务、ISO 质量管理和汽车(配件)“16949”等专项体系培训与认证。三是建立投融资平台：与同济、上海天使、菲利浦等投资管理公司以及上海汽车产业投资有限公司、上海航天汽车机电股份有限公司等建立战略联盟，共同为中小企业融资、并购、重组搭建桥梁，迅速做大做强科技型企业。同时，与国家开发银行、中国信用投资担保公司建立了联系沟通机制，为园区的中小科技企业贷款及担保等事项提供服务。

（吴山河　顾维民）

【嘉定高科技园区企业创新有新发展】 2005年入驻企业申请发明专利共21个；十多家企业先后获得了科技创新基金、科技部投资补贴、科技贷款等扶持基金和银行贷款共600万元；4家公司被认定为高新技术企业；2家企业的商标被评为上海市著名商标；科曼公司等3家公司的科研项目成为"上海国际汽车城博士后创新实践基地项目"；萨格公司还完成汽车行业最高级别的体系认证——德国莱茵TUV认证。

（吴山河　顾维民）

【嘉定高科技园区两大工程建设有序推进】 8月，百度集团决定在园区投资600万元兴建"百度华东总部"业务大楼，现已经结构封顶，到2006年5月即可交付使用。北园区33.33ha(500亩)建设完成前期方案审批工作。北园区建设突出绿化环境和建筑特色，以易于激发科技人才的创新思维，打造出一块研发机构和科技人才集聚的高地，同时配套部分以服务业为主的楼宇。目前，北园区规划方案已经通过多家相关部门的会审，用地指标落实后，即可进入建设招投标程序。

（吴山河　顾维民）

【复华高科技园区推进招商引资工作】 2005年，该园区完成引进新的项目有6家，招租建筑面积9 515m^2。分别是：日本独资的马自达（上海）企业管理咨询有限公司、瑞士独资的宝马弹簧（上海）有限公司、中国台湾独资的冠鹏怡（上海）电子有限公司、瑞士独资的CYBELEC(上海)有限公司、上海悠佩输送(锦亭机电)设备有限公司、上海日夏商务咨询有限公司。完成入驻后扩租的企业有3家，扩租建筑面积8 308m^2，分别是：上海洛瓦空气工程有限公司、桑普电缆机械（上海）有限公司、爱立信新泰电子有限公司。2005年完成续租的企业有1家，续租建筑面积1 733m^2，为日本独资的宾得精密机器(上海)有限公司。完成注册招商项目8个，累计注册资本600万元。分别是：上海野草特种建材科技发展有限公司、上海青铜骑士文化传播有限公司、上海新坤大烟草机械有限公司、上海锭峰机电有限公司、上海驰盈机电自动化有限公司、上海源新文化传播有限公司、上海国荷经贸发展有限公司、上海报赢鸟商贸发展有限公司。

（吴山河　顾维民）

【复华高科技园区完善配套设施　优化园区功能】 2005年，园区配套从优化功能着手，继续为入驻企业提供良好的服务。首先，认真配合新入驻的帕捷公司、协方公司、上优公司、马自达公司、宝马弹簧公司和桑普公司办理用电手续，从供电咨询、用电申请、方案设计、设备安装、验收通电等一系列环节，给予全程跟踪服务，加强沟通和协调，满足客户的需要。其次，为改善园区内数据业务通信环境，方便入驻企业客户选择高质量的数据业务服务提供商，与上海移动公司携手合作，于三季度在园区主干道全面完成通信光缆的铺设工程，开始为提高企业数据专线服务质量发挥作用。进一步优化了园区的工作投资环境。

（吴山河　顾维民）

【复华高科技园区开展北区项目调整工作】 2005年，该园区按照北区建设项目原定的进度，及时与政府各部门协调，协助区规划局和区建委分别召开了项目设计方案评审会，先后取得了该用地的建设用地规划许可证，建设工程规划许可证。经与区计委协调，项目调整立项，完成软件产业园工程首期项目的工程报建，领取了工程代码IC卡，完成了工程启动所需的建设工程放样复验工作。积极跟踪嘉定工业建设用地动态信息，保持与政府有关部门的联系，及时根椐市经委等五部门的文件要求，整理上报后续的6.67ha(100亩)建设用地项目资料，目前正根据总部的安排，协调区政府相关部门办理受让6.67ha(100亩)批租用地的前期申报资料。

（吴山河　顾维民）

第六节　中国纺织国际科技产业城

【中国纺织国际科技产业城概述】 2005年，中国纺织国际科技产业城（简称中纺科技城）按照“依托产业、高举火炬、内外接轨、条块结合”的方针，加强对区域内企业的管理和服务，注重企业发展中需要解决问题的协调，在稳定提高已投产企业的同时，积极推动住友、安得鲁等企业的投产，有效推进东华海天项目的建设，加速推动了产业集聚规模的发展。全年共注册企业562家，工业总产值达33.3亿元，与2004年相比递增21.98%，完成税收2.749亿元，与2004年相比递增31.09%。

（吴山河　顾维民）

【中国纺织国际科技产业城推进民营企业发展】 2005年，中纺科技城把民营经济招商放到突出位子，从实际出发，制定切实可行的招商政策，拓宽思路，创新举措。全员招商完成项目262个，占总数的47%。加大联盟招商力度，政策适度倾斜，联盟招商数量达300户，占总数的53%。同时，增设上海办事处，主要功能为招商、宣传、服务、管理四方面，拓展对外招商的窗口。注重项目管理，严格把好项目评审入口关，验审资金安全关，送审项目出照关，及时申报税收关。有效的项目管理，促进了注册企业的强劲发展。

（吴山河　顾维民）

【中国纺织国际科技产业城创造优良服务环境增强持续发展】 一是加强业务培训，提高服务能力。2005年，中纺科技城举办招商业务培训班，经考试均取得较好的成绩。二是细化工作程序，提高服务效率。经招商部对519家重点客户进行满意度测评，客户满意率达99.5%。三是注重工作实效，改善服务质量。为落户企业服务，帮助解决立项、环保等突出问题，并完成海天桥建设，确保东华海天项目开工，建自动泵一座，解决了标准厂房和部分落户企业的排水问题，新种植草坪3 300m^2。经对16家落户企业满意度测评，满意率达100%。

（吴山河　顾维民）

【中国纺织国际科技产业城加大企业技术改造】 2005年，中纺科技城加大了对直属企业技术改造的投入，扩大生产容量，增强发展后劲。中纺热力厂先后完成了150m^{3}新油罐技术改造，对各锅炉进行维护保养，并对水路进行改造，调整燃料配比。对3.2t/h的工业锅炉进行置换更新为9.4t/h。对部分供热管网的保温层进行更换、加厚，在确保“供气不停一秒”的同时，实现销售收入3 870万元，比2004年上升22%。中纺污水厂对设备、管理等进行维修、保养，新砌一座污泥干化池，污泥处运箱一套，在标准厂房内完成一座小型集水自动提升泵站，对风机、集水池、清水池、汛水泵定期保养；新建一座2 000t调节池，已验收投入使用。同时，完成固废站的填土、下水管道铺设，搭建1 000m^{2}分离房，实现销售收入347.3万元，同比上升76.1%。

（吴山河　顾维民）

【中国纺织国际科技产业城构筑企业先进文化】 2005年，中纺科技城按照ISO管理体系的要求，以健全监督机制为切入口，以加强管理考核为重点，以提高干部员工队伍整体素质为目标，加强企业管理，着力构筑企业先进文化，不断增强团队凝聚力，用科学的管理推动各项工作的发展。继续推行标准化管理体系。3月和6月顺利通过北京中环认证中心ISO 14001监督审核和上海质量体系认证中心ISO 9001监督审核。

（吴山河　顾维民）

第七节　上海大学科技园区

【上海大学科技园区概述】 2005年，该园区依托上海大学的成果、技术、设备和人才优势，加速孵化器建设，完善孵化功能，以产学研结合、科技成果转化、高新技术企业孵化、高素质创业人才培育为宗旨，取得了稳步发展。全年园区内2家企业被新认定为高新技术企业，14家企业通过高新技术企业复审,3家企业获得国家科技型中小企业创新基金项目资助,2家企业获上海市专利新产品认定,5个项目获上海市高新技术成果转化项目认定,9家企业参加第七届上海国际工业博览会,其中1个项目获工博会创新奖,2个项目分别获中国高校展区一等奖、二等奖。截至年底,园区内入驻企业448家,其中高新技术企业16家,收入上亿元企业3家,技工贸总收入20.2亿元,工业总产值19.04亿元,上缴税收8.8亿元,出口创汇8 500万美元。

(吴山河　顾维民)

【孵化器建设再创新成绩】　上海大学科技园区积极依托上海大学的综合优势提升延长基地的孵化功能、创新能力,从物业环境、政策环境、孵化服务上争创一流。2005年初,上海科技企业孵化器协会组织了首次上海市孵化器评比,31个孵化器参加了评比,上海大学科技园创业中心被评为5个A级孵化器之一。7月,上海大学科技园又获得了"上海市最具活力的科技创业园"称号,2家企业经营者被评为"上海市科技企业最具活力的企业家"。11月,上海大学科技园创业中心被科技部批准为国家级高新技术科技创业服务中心。

(王鸿章　徐婷婷)

【搭建技术支撑平台形成企业集聚】　为降低企业的孵化成本,使企业享受到高水平、高质量的技术支撑环境,促进企业研发、创新能力,上海大学科技园区为企业搭建公共技术支撑服务平台,与上海大学内的各学科重点实验室及测试中心、分析中心达成协议,并形成一整套服务规范,方便企业对于技术资源的使用。为在孵企业服务,形成企业的集聚。IC中心是在上海大学重点学科基础上建立的中心,已具有先进IC设计、测试技术平台,科技园区充分利用该优势,园内已有上大众芯、瑞沪、灿瑞半导体、上海晶天电子等孵化企业,其业务范围涉及到IC设计、测试、封装、系统应用、销售等,使研发、生产、营销、整机业各公司相互协作,协调发展,初步形成上海大学微电子企业集聚。

(吴山河　顾维民)

【与宝山区共同管理纳米企业孵化器】　在宝山区与上海大学共同努力下,9月,海纳科技大厦正式启用;上海大学纳米中心的技术平台首先进入海纳科技大厦,加上上海大学斥资1 500万元建立的纳米测试中心,这些平台为相关企业的引进及学校纳米科技成果的转化提供有力的技术支撑。至11月底,海纳科技大厦已引进纳米科技企业4家,还有4～5家纳米科技及相关的企业在洽谈中。

(吴山河　顾维民)

【多媒体产业正在兴起】　多媒体产业是上海大学科技园区重点孵化的产业之一。上海大学在影视、数字媒体制作上有学科综合的优势,同时在技术与艺术结合的多媒体展示方面有很好的基础。6月,教育部确定在国家大学科技园内建立若干个技术支撑平台,加快学校科技成果的转化。上海大学科技园区管委会在认真分析后,决定上报"数字媒体技术支撑平台"。

(吴山河　顾维民)

【启动"天使基金"】　3月,上海市政府启动大学生创业基金,上海大学是全市4个受理点之一。到校基金1 000万元,学校配套500万元。科技园区建立了工作小组与校内各相关部门的协同工作,共同做好大学生创业工作。首先对大学生创业在校内外作了大量宣传,走访了上海电力学院、上海师范大学、东华大学、华东师范大学、上海工程技术大学、上海应用技术大学等;在广中路建立大学生创业园,为大学生创业园进行电话扩容、INTERNET网到位、配置部分办公家具;为创业大学生提供创业、创新培训辅导,创业计划书编写等,共2期120人参加;为创业公司精心服务,配备创业辅导员。编写了一系列的文件,与创业研究生指导教师进行沟通;对创业大学生进行诚信调查,与导师、指导员进行访谈。2005年,已完成105项大学生创业项目、公司的受理及评审,已有10个孵化项目进入孵化,9个公司完成创业企业的全部手续,进入公司运作阶段。

(吴山河　顾维民)

【组建创业创新培训中心】　3月,上海大学科技园区、上海市科技创业中心、漕河泾科技创业中心三方发起,联合澳大利亚皇家墨尔本理工大学,成立了上海市创业创新培训中心。培训中心成立后已先后为大学生创业举办2期培训班,120多人参加,从创业计划书编写、到企业的管理、市场开拓等,为大学生创业的成功申请及以后企业的运行打下基础。为在孵企业举办"技术管理(中、高级)"培训班2期。11月,为支持西部开发,为贵州省黔南州的基层干部进行了"人力资源与产业发展"方面的专题培训。

(吴山河　顾维民)

第八节　上海紫竹科学园区

【上海紫竹科学园区概述】　上海紫竹科学园区的发展定位以“生态、人文、科技”为主题，突出科研、人才、资本和产业协同互动的核心优势，强调以市场化运作推动高科技产业发展的高科技园区。2005年，该园区继续以招商工作为核心，工程建设与投资服务为两翼，园区各方面工作都取得了突破性的进展。全年共批准外资项目13项，注册资本4.52亿美元，投资总额17.63亿美元；批准内资项目11个，注册资本2 700万元。截至年底，园区共吸引外资21亿美元，内资31亿元。

（吴山河　顾维民）

【上海紫竹科学园区基础建设稳步推进】　2005年，该园区共完成欧姆龙（中国）有限公司等9个项目的土地批租工作，出让金额共5 545万元。同时，及时协调区规划局和房地局，完成14家入驻企业的红线界桩定位，为项目开工做好准备。顺利完成“樱桃河改道”项目建设，使园区水系贯通并与黄浦江连接，确保园区及整个闵行区淀南片区域防汛抗灾要求。完成科学广场建筑面积修测和《房地产权证》办理，满足园区融资需要。完成东丽项目竣工验收、建筑面积测量和《房地产权证》办理，为园区取回700多万元转让款。完成东川路延伸段动拆迁，龙吴路以东部分也正在办理中。协调解决剑川路北用地规划性质调整，为城区管理公司留下发展空间。配合地产公司，完成了与吴泾镇农业公司协调森林半岛内土地借地补偿事宜，并协商解决江川河开挖涉及幸福村、友爱村、英武村农田补偿事宜；基本完成竹湖东部总体规划调整。

（吴山河　顾维民）

【上海紫竹科学园区工程建设全面推进】　完成科学广场整改工作，并于4月28日全面竣工并交付紫竹信息数码港使用。使用期间，完成小灵通及联通室内信号覆盖的安装、调试及有线电视光缆管线敷设等。完成滨江信息盒B厕所装修验收，样板段正式完工并交付使用。向东800m延伸段已完成鱼塘填埋、河道开挖、边坡换土、竖向造坡及道路填土等工作，基本具备摊铺黑色沥青的准备工作。完成东川路建筑小品和厕所验收，延伸段已建成通车。

（吴山河　顾维民）

【上海紫竹科学园区大力引进国际知名研发中心】

2005年，园区投资环境不断优化，入驻企业板块化趋势日渐明朗，并朝着“研发中心＋区域总部”的模式发展。如英特尔板块包括英特尔亚太研发中心、英特尔（中国）投资公司、英特尔渠道平台事业部全球总部；微软板块包括微软亚洲工程院、微软全球技术支持中心、微软MSN中国研发中心及微创软件；意法板块包括意法半导体研发（上海）有限公司、意法半导体（中国）投资有限公司；雅马哈板块包括雅马哈发动机研发（上海）有限公司、雅马哈发动机销售（上海）有限公司、雅马哈全球采购中心。这些项目的引进，使园区从早期单纯的研发中心模式向研发中心与销售中心加管理中心相结合模式过渡，为园区的财税收入和良性循环打下坚实基础。另外，正紧密跟踪LG研发中心、凸版彩色滤膜、日本东芝半导体、PPG研发中心、IBM研发中心、AMD研发中心、德州仪器和西门子等高科技项目。

（吴山河　顾维民）

【上海紫竹科学园区大力推进自主创新】　在生物技术领域，园区成功引进了国家组织工程中心、国家动物医学研究中心两个国家级中心等一批具有潜力的高科技企业，在新药创制上取得了一些重大突破，为显著提高重大疾病防治水平作出了贡献。2005年，国家组织工程中心已经取得组织工程软骨、组织工程肌腱等众多专利成果，并初步实现产业化。国家动物医学研究中心为有效控制中国动物疫病的发生和防止国外动物疫病的进入提供科技支撑。

在新材料领域，园区引进的纳米技术及应用国家工程研究中心是国家与上海市重大发展项目，是国家实施《国家纳米科技发展纲要（2001～2010）》的重要战略部署之一，将建成国际一流的纳米技术研发和交流平台，通过自主研发、系统集成和个别重点技术引进吸收等途径形成一批核心技术成果并实现产业化，推动与加速中国纳米技术的产业化进程。

在新能源领域，园区引入了国家太阳能工程技术研究中心和上海清洁能源研究与产业促进中心，加强太阳能技术开发和对引进技术的消化、吸收及创新能力，在能源开发、节能技术和清洁能源技术的研究方面取得了重大突破，提高了中国太阳能及其设备的自主开发设计、开拓创新和成果转化能力，并促进相关产业的发展。

在航天航空领域，园区引入了中航商用飞机有限公司和中国航空无线电电子研究所（简称615所），前者是具有自主知识产权的ARJ21直线客机的项目总体公司，是国家"十一五"重点支持的产业化项目；后者是中国参与欧盟"伽利略"计划的重要技术单位，是国内航天航空无线电领域自主研发的重要基地，将成为"航天闵行"的有机组成部分。

（吴山河　顾维民）

【上海紫竹科学园区入驻项目全面开工】　截至2005年底，该园区已有21家企业进入设计、报批阶段，其中15家进入实质性建设阶段，E＋H已于7月迁入新居；和勤软件于11月建成正式入驻；英特尔一期研发楼也于12月10日开始陆续搬入，按照英特尔的计划，至2006年1月底，英特尔搬入研发楼的人数将达到1 000人；中科侨昌项目进入工程收尾阶段；花王（中国）研发中心、SMC研发营运中心、UBI等项目主体建筑正在紧张施工中，预计2006年一季度可以搬入新居；雅马哈发动机研发中心、吉尔多肽、国家组织工程中心、微创软件等项目已完成桩基工程，进入土建施工阶段；BCD、中航商飞、日清、纳米研究中心等项目已完成奠基开工仪式，正在进入施工阶段；欧姆龙、基因科技、新华控制、意法半导体、动物医学中心等项目进入项目前期工作。

（吴山河　顾维民）

【上海紫竹科学园区提供优质高效服务】　2005年，该园区落实了上海源洁环保科技有限公司、上海联创投资管理有限公司、上海国飞实业有限公司、上海微创大宇宙信息技术服务有限公司等入驻工作。根据园区发展实际，编写"市抓实力工作报告"、"园区'十一五'规划"、"大学生科技创业中心建设方案"、"闵行区科技创新服务中心建设方案"材料，并跟踪园区享受市级工业区政策进展情况。协助园区企业申报了3个高新技术企业认定、1个软件企业认定、2个闵行区科技带头人计划项目、1个闵行区优秀专利工作者奖、1个科技型中小企业科技创新资金项目、3个闵行区科研开发项目、1个"促进传统产业电子水平提高计划"项目等12项企业服务项目。紧抓ISO体系长效、常态管理，及时整改内审中发现的不符合项，顺利通过SGS认证机构对园区进行的年度监督评审，使园区的ISO体系得以持续有效运行。

（吴山河　顾维民）

【上海紫竹科学园区全面提升园区形象】　2005年，该园区成功完成了力芯、UBI、SMC、YAMAHA、花王、吉尔多肽等6个项目的开工仪式，协助完成微创、组织工程中心、中航商飞、纳米中心、日清奠基开工及E＋H办公楼竣工使用、英特尔CPG落户园区、微软ATC成立、欧姆龙签约及欧姆龙中国研发中心进驻紫竹新闻发布会等十多项重大活动。园区在《人民日报》、中央电视台、《解放日报》、《经济日报》、《第一财经日报》等各类媒体发表新闻约100次。很好地提升了园区企业形象。

（吴山河　顾维民）

【上海紫竹科学园区大学校区建设顺利推进】　2005年，上海交通大学新校区、逸夫科技创新馆、软件楼、医学楼、电子信息楼群、材料楼、生物药学楼、媒体楼、法学楼、5号教学楼二期、六期学生公寓、七期学生公寓和六期学生食堂等19个项目已建成；南大门、行政楼、机械动力楼、农学楼、综合实验楼、工程训练中心、研究生服务中心等17个项目正在建设中。截至9月，已有5 000余名新生入驻新校区。

（吴山河　顾维民）

第十三章 科技人才

第一节 人才培养与交流

【科技人才工作概述】 2005年,上海市大力推进科技人才队伍建设工作,制定创新政策和多种人才计划,资助培养青年科技人才和学科带头人,优秀科技人才群体迅速扩大。科技人才工作重点聚焦国际化和企业创新,着力造就国际化科技人才队伍,加强企业科技人才培养。年内,上海市科委与上海市人事局联合推出了"上海市浦江人才计划",同时通过增设上海青年科技启明星计划"B类"和优秀学科带头人计划"B类",强化了对企业科技人才的培养。在科技人才计划的实施过程中,上海市形成了各部门协调一致,以及市、区、园、企联动的工作新机制,合力开创了上海科技人才工作的新局面,优秀科技人才在沪创新创业环境得到进一步优化。

2005年,上海市加大了科技人才计划的投入。全年网上受理各类科技人才计划项目申请达1 803项。立项支持473项,经费投入总额6 250万元。其中,优秀学科带头人计划资助48人("A类"29人,"B类"19人);青年科技启明星计划资助132人("A类"76人,"B类"40人,启明星跟踪资助16人);浦江人才计划"A类"和"B类"共资助134人(团队),其中"A类"114人(团队),"B类"20人(团队);白玉兰科技人才基金资助89项;博士后基金资助面上项目60项,重点项目10项。

(施强华)

【打造国际化科技人才队伍】 为了鼓励和吸引更多的海外留学人才来沪创新创业,进一步优化科技创新与自主创业环境,经过调研和协商,7月,上海市科委与上海市人事局联合推出了"上海市浦江人才计划"。该计划支持人才涵盖科研开发类("A类")、科技创业类("B类")、社会科学类("C类")和特殊急需类("D类")。上海市科委负责"A类"和"B类"项目的评审、立项和后续管理工作,上海市人事局负责"C类"和"D类"项目。浦江人才计划正式推出后,在国内外产生了良好的反响。

(施强华)

【加强企业科技人才培养】 为了增强在沪企业的核心竞争力,促进企业成为技术创新的主体,增强企业创新链上科技人才这一重要环节,2005年,上海市科委分别在青年科技启明星计划和优秀学科带头人计划中增设了"B类",专门面向企业科技人才培养,与浦江人才计划一起形成了系列"B类"计划。

"B类"人才计划的推出有力地推进了企业科技人才的选拔和培养工作,极大地激发了企业科技人才投身科研开发的热情。此类计划关注产学研结合,优先资助产学研结合点上的企业人才的申报项目,促进企业与高校开展科研合作,推动科研成果产业化。这类计划的评审指标体系专为企业人才设计,资助项目由优秀企业科技领军人才或有企业背景与经历的专家来评审遴选,有利于优秀的企业科技人才脱颖而出。同时,"B类"项目结题将重点考核项目是否促进人才的发展,是否促进了企业的技术进步,带动了企业的发展,这使"B类"支持更显实际效果。

(施强华)

【优秀科技人才群体持续扩大】 2005年,上海科技人才队伍水平继续提高,结构进一步优化,优秀科技人才和领军人物群体不断扩大。

(1) 上海新增两院院士15人,其中中国科学院院士11名,占全国增选院士的22%;中国工程院院士4名,占全国的8%。目前在沪两院院士(按人事关系在沪计)共有162名,占全国的12%,其中中国科学院院士97人,占全国的14%,中国工程院院士67人,占全国的10%,身兼两院院士的2名。2005年度上海新增院士中,有47%曾获得上海市优秀学科带头人、青年科技启明星等人才计划资助;全国新增两院院士中最年轻的2位均出自上海(中科院上海有机化学研究所的麻生明和第二军医大学的曹雪涛)。

(2) 上海有6位科学家担任国家"973计划"项目首席科学家,占全国的11%。他们分别是:中科院上海微系统与信息技术研究所研究员王跃林，上海交通大学医学院教授曹谊林，上海交通大学教授任秋实，复旦大学杨玉良院士，中科院上海生命科学院裴钢院士，复旦大学附属华山医院教授王明贵。其中有67%曾获上海市优秀学科带头人计划资助，且已是上海基础研究重大重点项目的主持人。其中王跃林、曹谊林、杨玉良3人两度入选首席。迄今为止，上海已累计有38人次领衔“973计划”项目，占全国的13%，其中有5人担任了两届项目首席。

(3) 19人入选中国科学院“百人计划”，占全国的23%；8位科学家获得“何梁何利基金奖”，占全国的17%；24位学者获得国家杰出青年科学基金，占全国的14.12%；有15人获海外青年合作基金与港澳青年研究基金，占全国的19%；有3个研究团队获创新研究群体科学基金资助。至此，上海累计有“百人计划”入选者196名，88人获得“何梁何利基金奖”，191人获得国家杰出青年科学基金，占全国的比例分别为17%、14%、13%。在国家杰出青年科学基金获得者中，曾和平是上海市优秀学科带头人，刘文是青年科技启明星，张卫平、李华为、缪朝玉、陈雁等14人曾获得上海市科委基础研究处的前期支持，比例达64%。

上海市科委近年来为科技人才营造的优越环境，极大地推动了领军簇群的年轻化和规模的快速增长。目前上海科技人才总量不断增长，科技人才队伍结构进一步优化，除了上述院士、首席、国家杰青、百人计划等顶尖群体外，上海已累计培养优秀学科带头人260名，青年科技启明星797名，跟踪资助154名，提前实现了《登山计划》中“到2007年培养1 000名研究开发骨干人才”的目标，为上海科技发展奠定了人才基础。

(施强华)

【上海市浦江人才计划实施】　为了全面实施科教兴市主战略，加快集聚海外优秀留学人才，进一步优化科技创新和自主创业环境，7月1日，上海市人事局和上海市科委联合设立并实施“上海市浦江人才计划”，每年投入4 000万元作为支持留学人员来沪工作、创业的政府专项资助。

资助类型分为科研开发(“A类”)、科技创业(“B类”)、社会科学(“C类”)和特殊急需人才(“D类”)等四类资助。资助强度分为三类：一类为50万元；二类为20万～30万元；三类为10万元左右，为海外留学人员来沪工作和创业提供“第一桶金”。

2005年，该计划评审立项工作经过专家网上评审、见面会考核、领导小组审核、网上公示、上海市人事局和上海市科委联合审定，确定资助人员共201人(含团队)，总计资助经费4 000万元。其中“A类”114人(含团队)，“B类”20人(含团队)，“C类”54人，“D类”13人(含团队)(名单如下)。

2005年上海市浦江人才计划(A类)
拟资助人员名单(114人)

序号	申报单位	项目负责人
1	第二军医大学	章卫平
2	第二军医大学	缪朝玉
3	第二军医大学	张大志
4	第二军医大学	王全兴
5	第二军医大学附属长海医院	许传亮
6	第二军医大学附属长海医院	金　钢
7	第二军医大学附属长征医院	徐沪济
8	第二军医大学附属长征医院	许　青
9	第二军医大学附属长征医院	刘　平
10	第二军医大学附属东方肝胆外科医院	卫立辛
11	东华大学	邱夷平
12	东华大学	王宏志
13	东华大学	莫秀梅
14	东华大学	朱利民
15	东华大学	孟　清
16	复旦大学	张宗芝 王松有 马　斌
17	复旦大学	丁士进
18	复旦大学	钟国富
19	复旦大学	王志松
20	复旦大学	孙大林
21	复旦大学	周　磊
22	复旦大学	李华伟
23	复旦大学	金　力
24	复旦大学	陶无凡 孙　璘 许　田
25	复旦大学	高　谦
26	复旦大学附属华山医院	陈世益
27	复旦大学附属华山医院	阎春林
28	复旦大学附属中山医院	杨为戈
29	复旦大学附属肿瘤医院	臧荣余

（续表）

序号	申报单位	项目负责人
30	华东理工大学	虞慧群
31	华东理工大学	唐世华
32	华东理工大学	王艳芹
33	华东理工大学	陈　锋
34	华东理工大学	唐　赟
35	华东理工大学	曾步兵
36	华东师范大学	刘宗华
37	华东师范大学	黄素梅
38	华东师范大学	张卫平
39	华东师范大学	潘兴斌
40	华东师范大学	倪明康
41	华东师范大学	吴　鹏
42	华东师范大学	孙得彦
43	华东师范大学	林龙年
44	华东师范大学	赵　政
45	上海大学	刘建影
46	上海大学	郭秀云
47	上海大学	张俊乾
48	上海大学	蔡传兵
49	上海大学	宋任涛
50	上海大学	王　健
51	上海第二工业大学	李庆华
52	上海第二医科大学	田　英
53	上海第二医科大学	戎伟芳
54	上海第二医科大学附属第九人民医院	张文杰
55	上海第二医科大学附属第九人民医院	王　忠
56	上海第二医科大学附属仁济医院	李　海
57	上海第二医科大学附属仁济医院	姚　强
58	上海第二医科大学附属瑞金医院	王立夫
59	上海第二医科大学附属瑞金医院	诸　江
60	上海第二医科大学附属瑞金医院	李小英
61	上海第二医科大学附属瑞金医院	邓廉夫
62	上海第二医科大学附属新华医院	陶　炯
63	上海第二医科大学附属新华医院	李毅刚
64	上海交通大学	尹文言
65	上海交通大学	李　明
66	上海交通大学	杨　立
67	上海交通大学	董　明
68	上海交通大学	汪　辉
69	上海交通大学	沈水龙
70	上海交通大学	何　国

（续表）

序号	申报单位	项目负责人
71	上海交通大学	崔　勇
72	上海交通大学	张澜庭
73	上海交通大学	王　沁
74	上海交通大学	韩　伟
75	上海交通大学	李明发
76	上海交通大学	明新国
77	上海交通大学附属第一人民医院	贾　楠
78	上海理工大学	罗　行
79	上海理工大学	沈建琪
80	上海师范大学	康建成
81	上海师范大学	童若轩
82	上海师范大学	孙大志
83	上海市第六人民医院	魏　丽
84	上海市精神卫生中心	李晓白
85	上海市农业科学院	刘灶长
86	上海水产大学	何培民
87	上海医药工业研究院	李建其
88	上海应用技术学院	张赟彬
89	上海中医药大学	张泽安
90	同济大学	刘要稳
91	同济大学	吴明儿
92	同济大学	聂国华
93	同济大学	黄争鸣
94	同济大学	翟继卫
95	同济大学	李　岩
96	同济大学	杨　杰
97	同济大学	王佐林
98	同济大学附属同济医院	杨长青
99	中国电子科技集团公司第二十一研究所	张东宁
100	中科院上海光学精密机械研究所	周圣明
101	中科院上海硅酸盐研究所	黄富强
102	中科院上海硅酸盐研究所	祝迎春
103	中科院上海技术物理研究所	陈平平
104	中科院上海生命科学研究院营养研究所	刘健康
105	中科院上海生命科学研究院/上海第二医科大学健康科学中心	荆　清
106	中科院上海生命科学研究院植物生理生态研究所	周志华
107	中科院上海天文台	平劲松
108	中科院上海微系统与信息技术研究所	程建功
109	中科院上海微系统与信息技术研究所	蒋寻涯

（续表）

序号	申 报 单 位	项目负责人
110	中科院上海药物研究所	刘东祥
111	中科院上海应用物理研究所	李勇平
112	中科院上海有机化学研究所	刘　文
113	中科院神经科学研究所	王佐仁
114	中科院神经科学研究所	熊志奇

2005 年上海市浦江人才计划（B 类）拟资助人员名单（20 人）

序号	申 报 单 位	项目负责人
1	上海赞南药业有限公司	詹正云
2	浦蓝微电子（上海）有限公司	章纳新
3	环久水环境技术（上海）有限公司	柳根勇
4	上海百星药业有限公司	李伟华
5	上海颖特科技有限公司	罗　朗
6	利策工程技术（上海）有限公司	戚　涛
7	比尔安达（上海）润滑材料有限公司	汪鸿涛
8	管丽环境技术（上海）有限公司	孙跃平
9	上海友瑞科技有限公司	雷邦瑜
10	上海安融信息系统有限公司	周　蕾
11	上海二医新生基因科技有限公司	张云福
12	上海通微分析技术有限公司	阎　超
13	国家新药筛选中心	谢　欣 李　娜 王光星
14	上海药明康德新药开发有限公司	陈曙辉
15	上海中药创新研究中心	顾亦君
16	上海医药（集团）有限公司	戴伟民
17	上海高分子材料研究开发中心	丛培红
18	上海集成电路研发中心	蒋　宾
19	上海纳米技术及应用国家工程研究中心有限公司	曹剑武
20	上海纳晶科技有限公司	孙　卓

2005 年上海市浦江人才计划（D 类）拟资助人员名单（13 人）

序号	申 报 单 位	项目负责人
1	复旦大学	苏　杰
2	上海交通大学	马　宁
3	上海交通大学医学院	臧敬五
4	上海交通大学医学院	郑新民
5	华东理工大学	符钢战
6	华东师范大学	姜　进
7	上海音乐学院	安承弼
8	上海音乐学院	王作欣
9	上海社会科学院	韩晓燕
10	上海市园林科学研究所	张德顺
11	上海启明经济管理研究所	陈朝晖
12	奥雷通光通讯设备（上海）有限公司	梁晓鹏
13	上海海规生物科技有限公司	李忠明

（施强华　陆　佳）

【24 人获上海人才发展资金资助】　上海人才发展资金是政府引导型资金，旨在通过资金的资助，培养上海城市发展急需的具有国际竞争力的高层次专业技术人才，营造良好的人才成长环境，为上海经济、科技和社会发展提供人才保证。

2005 年共资助 24 人，资助金额 162 万元。通过人才发展资金的资助，促进了高层次专业人才队伍建设和高新技术成果转化工作，取得了初步的社会效益和经济效益。

（张卫平）

【92 人入选 2005 年度上海市青年科技启明星计划（A 类）】　2005 年度上海市青年科技启明星计划（A 类）共资助 92 人，其中启明星资助 76 人，启明星跟踪资助 16 人（名单如下），总计资助经费1 000万元。

2005 年度上海市青年科技启明星计划（A 类）入选人员一览表（76 人）

序号	姓名	学位	职称	申报单位	项 目 名 称
1	陈　廷	博士	副教授	东华大学	纺黏非织造纺丝成型过程的数值模拟
2	李　俊	博士	副教授	东华大学	防火防化防菌全效防护服的理论与实践研究

（续表）

序号	姓名	学位	职称	申报单位	项 目 名 称
3	张亚红(女)	博士	副教授	复旦大学	纳米分子筛与生物分子的作用规律及生物应用研究
4	杨武利	博士	副教授	复旦大学	具有多重环境响应的聚合物复合微球的研究
5	汪　卫	博士	教授	复旦大学	信息共享应用中隐私保护技术的研究
6	马志军	博士	副教授	复旦大学	鸻形目鸟类的中途停歇生态学及迁徙对策研究
7	杨文涛(女)	博士	副教授	复旦大学	淋巴管生成与乳腺癌淋巴道转移及ErbB2过度表达的相关性及其临床治疗意义的研究
8	明　凤(女)	博士	副教授	复旦大学	水稻高亲和力磷酸盐转运蛋白编码基因的功能鉴定
9	徐　锦(女)	硕士	助理研究员	复旦大学附属儿科医院	呼吸道合胞病毒DNA疫苗的构建和不同接种途径对免疫效果的影响
10	忻　菁(女)	博士	主治医师	复旦大学附属华山医院	AngII在可调控肾小球足突细胞特异损伤中的作用
11	孙爱军(女)	博士	副研究员	复旦大学附属中山医院	家族性进行性心脏传导障碍候选基因的突变筛选及功能分析
12	李静雅(女)	博士	助理研究员	国家新药筛选中心	几种传统中草药降糖作用分子机制研究
13	李　到	博士	副研究员	华东理工大学	含氯烃类催化消除技术的研究
14	张钦辉	博士	讲师	华东理工大学	Li－Me－O三元氧化物离子筛结构设计、制备与应用
15	郭　耘	博士	副研究员	华东理工大学	高性能稀土储氧材料的设计与制备
16	轩福贞	博士	副教授	华东理工大学	微细观尺度下多组元结构的蠕变行为研究
17	周　勇	博士	副教授	华东师范大学	Navier－Stokes方程解的定性研究
18	路　勇	博士	教授	华东师范大学	微纤结构化催化剂的制备及移动制氢应用的研究
19	王张华(女)	博士	副教授	华东师范大学	长江口12万年以来的海平面波动模式和地层发育框架
20	周晓明	博士	教授	华东师范大学	中枢听觉方位敏感性的皮层调控
21	张田忠	博士	教授	上海大学	基于碳纳米管力学行为分析的纳米机械存储单元性能研究
22	黄德斌	博士	教授	上海大学	集体同步的动力学机制及其应用
23	焦　正	博士	副研究员	上海大学	用于高密度存储的碳纳米管电荷存储特性研究
24	宋任涛	博士	教授	上海大学	玉米储藏蛋白基因家族的表达调控研究

（续表）

序号	姓名	学位	职称	申报单位	项 目 名 称
25	吴英理	博士	助理研究员	上海第二医科大学	低氧及模拟低氧诱导分化治疗白血病模型小鼠
26	蒋欣泉	博士	副研究员	上海第二医科大学附属第九人民医院	Nell－1与骨形成蛋白2协同促进成骨的实验研究
27	周广东	博士	助理研究员	上海第二医科大学附属第九人民医院	脂肪干细胞生物学特性及纯化技术研究
28	钟春龙	博士	副教授	上海第二医科大学附属仁济医院	NAAG肽酶抑制阻断脑损伤后谷氨酸兴奋毒性的研究
29	赵维莅(女)	博士	副主任医师	上海第二医科大学附属瑞金医院	T细胞淋巴瘤血管内皮生长因子A表达和抗血管治疗的研究
30	杨义生	博士	主治医师	上海第二医科大学附属瑞金医院	脂肪细胞应激与胰岛素抵抗关系的基础和临床研究
31	王英伟	硕士	主治医师、讲师	上海第二医科大学附属新华医院	神经性疼痛中钠离子通道β亚基对α亚基的调控作用
32	杨　秀	博士	副教授	上海电力学院	基于分岔理论的高压直流输电系统电压动态稳定性研究
33	蒋海燕	博士	副教授	上海交通大学	镁合金熔体与熔模陶瓷型壳界面相互作用
34	范同祥	博士	副教授	上海交通大学	原位自生增强镁基复合材料组分设计与微观结构研究
35	杨小康	博士	副教授	上海交通大学	基于人眼视觉特性的视频质量度量与编码技术研究
36	李　翔	博士	副教授	上海交通大学	复杂动态网络的传播动力学分析与控制
37	代彦军	博士	副教授	上海交通大学	基于硅胶基复合材料的转轮除湿器强化除湿机理研究
38	王金武	博士	副教授	上海交通大学附属第六人民医院	椎孔外颈神经卡压启动与调控机制的研究
39	邹　俊(女)	硕士	副主任医师	上海交通大学附属第六人民医院	超薄角膜瓣LASIK手术的实验与临床研究
40	宋科瑛	博士	主治医师	上海交通大学附属第一人民医院	慢病毒转染iPLA2基因改良移植胰岛的实验研究
41	张守玉	博士	副研究员	上海理工大学	废轮胎催化热解及其热解产物特性研究
42	李　辉	博士	副教授	上海师范大学	非常规技术用于新型高效非晶态合金催化剂的制备
43	赵　敏(女)	博士	讲师	上海师范大学	上海城市森林碳储量及碳价值评估
44	熊伍军	博士	主治医师	上海市东方医院	过氧化物酶体增殖物激活受体γ2基因转染诱导肝星状细胞表型变化及机制研究
45	熊爱生	硕士	副研究员	上海市农业科学院	重要报告基因的体外分子进化研究
46	邹曙明	博士	副研究员	上海水产大学	团头鲂四倍体复等位基因的分子进化模型研究

（续表）

序号	姓名	学位	职称	申报单位	项 目 名 称
47	陈益强	博士	副研究员	上海中科计算技术研究所	数字卡通人脸动画研究及其应用
48	许家佗	博士	副教授	上海中医药大学	基于机器视觉的中医舌诊系统研究
49	张　彤	博士	副教授	上海中医药大学	中药前药成分栀子苷的肝靶向给药系统研究
50	奉典旭	博士	副主任医师	上海中医药大学附属普陀医院	通里攻下法对急性坏死性胰腺炎大鼠水通道蛋白1的作用
51	王　怡(女)	博士	副主任医师	上海中医药大学附属岳阳中西医结合医院	中医和解法治疗IgA肾病的免疫学机理研究
52	陈伯勇	博士	副教授	同济大学	非紧完备Kaehler流形上的L2理论及其应用
53	张亚雷	博士	副教授	同济大学	典型污染物高效降解菌的分子机理与环境功能
54	周　斌	博士	教授	同济大学	ICF实验用超低密度SiO_2气凝胶的制备及其成型工艺研究
55	何　斌	博士	副研究员	同济大学	新型微型机电液耦合机器人建模与应用研究
56	童小华	博士	副教授	同济大学	遥感与GIS多尺度数据融合的不确定性及其质量控制理论与方法研究
57	梁爱斌	博士	副主任医师	同济大学	新型非病毒基因载体－壳聚糖纳米球包裹血管内皮生长因子及其受体小干扰RNA诱导难治性血液系统肿瘤细胞凋亡
58	陈航榕(女)	博士	副研究员	中科院上海硅酸盐研究所	氧化锆基多级结构纳米孔材料的制备与性能研究
59	王少伟	博士	副研究员	中科院上海技术物理研究所	集成滤光片列阵关键技术研究
60	刘小龙	博士	研究员	中科院上海生命科学研究院生物化学与细胞生物学研究所	胸腺细胞分化的分子调控网络
61	翟琦巍	博士	副研究员	中科院上海生命科学研究院营养科学研究所	Wlds蛋白减缓轴突退行性病变的分子机制研究
62	宋淑丽(女)	博士	助理研究员	中科院上海天文台	基于上海GPS综合应用网层析水汽三维分布改善中尺度天气预报水汽场的分析
63	余学斌	博士	助理研究员	中科院上海微系统与信息技术研究所	氧化物催化剂优化硼氢化物低温放氢行为研究
64	于坤千	博士	副研究员	中科院上海药物研究所	禽流感病毒蛋白结构与功能研究及相应小分子抑制剂设计
65	樊春海	博士	研究员	中科院上海应用物理研究所	DNA在金基底上的界面组装行为和生物传感研究
66	唐功利	博士	研究员	中科院上海有机化学研究所	四氢异喹啉生物碱的组合生物合成研究
67	徐明华	博士	副研究员	中科院上海有机化学研究所	二碘化钐促进的新型有机反应的研究及其应用

（续表）

序号	姓名	学位	职称	申报单位	项目名称
68	刘　文	博士	研究员	中科院上海有机化学研究所	新型抗肿瘤抗生素 Tetrocarcin A(TC－A)的生物合成研究
69	张　勇	博士	讲师	中国人民解放军第二军医大学	信号分子 X11L 与神经生长因子受体 TrkA 的结合及其功能研究
70	曹永兵	博士	讲师	中国人民解放军第二军医大学	耐药基因缺失白念珠菌 DSY1024 的耐药性形成及机制研究
71	苏永华(女)	博士	主治医师/讲师	中国人民解放军第二军医大学	蜂毒素纳米药物剂型制备及其对肝癌治疗作用实验研究
72	邵成浩	博士	主治医师/讲师	中国人民解放军第二军医大学长海医院	RNA 干扰沉默 VEGF 表达抗胰腺癌血管生成的实验研究
73	陈菊祥	博士	主治医师	中国人民解放军第二军医大学长征医院	人脑胶质瘤特异性靶基因筛选及功能研究
74	谈冶雄	博士	助研	中国人民解放军第二军医大学东方肝胆外科医院	HBx 上调 RhoC 表达增强肝癌细胞侵袭能力的研究
75	张敬涛	博士	研究员	中科院上海光学精密机械研究所	阿秒物理过程的相对论效应研究
76	魏劲松	博士	副研究员	中科院上海光学精密机械研究所	蓝光激发新型超分辨近场结构纳米光存储及掩膜层结构与记录层结构的物理作用机制研究

2005 年度上海市青年科技启明星计划跟踪资助人员一览表(16 人)

序号	姓名	学位	职称	申报单位	项目名称
1	陈哲宇	博士	讲师	第二军医大学	BDNFmet 转基因小鼠的功能研究
2	刘宝红(女)	博士	教授	复旦大学	蛋白质芯片疾病标志物分析新方法研究
3	薛向阳	博士	教授	复旦大学	海量跨媒体信息检索技术研究
4	舒先红(女)	博士	教授	复旦大学附属中山医院	心肌声学造影定量评价心肌存活性及其预后的实验研究
5	胡乃红	博士	教授/博导	华东师范大学	李代数、量子群的表示论及量子群的非交换几何
6	谢渭芬	博士	教授、主任医师	上海长征医院	调控 PAI－1 表达基因治疗实验性肝纤维化
7	翁培奋	博士	教授	上海大学	海效导弹的空气动力学机理
8	崔　磊	博士	副教授	上海第二医科大学附属第九人民医院	真皮成纤维细胞向软骨细胞表型的诱导分化机制与软骨组织工程构建研究
9	李世亭	博士	副教授	上海第二医科大学附属新华医院	电生理学技术在动眼神经损伤和功能修复中的应用研究
10	丁国良	博士	教授	上海交通大学	纳米制冷剂传热沉降特性研究及其在空调器中的应用探索
11	沈文忠	博士	教授	上海交通大学	新型 GaAs 远红外光学上转换成像机理研究

（续表）

序号	姓名	学位	职称	申报单位	项 目 名 称
12	王拥军	博士	教授,研究员	上海中医药大学	复方芪麝片介导 FAK－Ras－MAPK 信号转导延缓软骨终板退变的研究
13	沈　军	博士	教授	同济大学	新型节能环保材料氧化硅无机泡沫研制
14	瞿荣辉	博士	研究员	中科院上海光学精密机械研究所	大功率半导体激光器稳频技术的研究
15	孙　静(女)	博士	副研究员	中科院上海硅酸盐研究所	碳纳米管对芳香族污染物吸附有效性的研究
16	翟宏斌	博士	研究员	中科院上海有机化学研究所	具有刚性构象的尼古丁类似物的合成研究

（施强华）

【40 人入选 2005 年度上海市青年科技启明星计划(B 类)】　2005 年度上海市青年科技启明星计划(B 类)共资助 40 人(名单如下),总计资助经费 400 万元。

2005 年度上海市青年科技启明星计划(B 类)入选人员一览表(40 人)

序号	姓名	学位	申报单位	项 目 名 称
1	伍小平	博士	上海建工(集团)总公司	大跨度预应力空间钢结构施工控制技术研究
2	朱伟峰	博士	上海市建筑科学研究院有限公司	热泵驱动的热湿独立处理空调系统基本特性研究
3	陈长松	博士	上海三零卫士信息安全有限公司	基于智能漂移技术的隐形蜜罐系统
4	赵　琪(女)	硕士	上海市第二建筑有限公司	立体交通环境下组团建筑超大型地下结构设计施工一体化研究及动态仿真模拟
5	胡大斌	硕士	上海宝信软件股份有限公司	多数据源协同条件下的数据挖掘和知识发现系统
6	陈晓明	博士	上海市机械施工有限公司	特殊钢结构施工工艺研究
7	李　虎	硕士	上海凌鼎管理软件有限公司	零备件库存管理优化决策支持系统
8	赵晓梅(女)	硕士	上海市政工程设计研究院	环境温度对高精度轨道交通混凝土梁变形影响的研究
9	董运江	学士	上海飞乐股份有限公司	基于嵌入式技术的台式机器人智能控制系统
10	胡金星	博士	长江计算机(集团)公司	面向动态导航及交通诱导的 ITS 交通信息服务平台研究
11	朱卫杰	学士	上海隧道工程股份有限公司	复杂地层条件下超深地下连续墙施工技术研究
12	李　炜	博士	上海新傲科技有限公司	面向深亚微米 IC 应用的超低剂量 SOI 新技术

（续表）

序号	姓名	学位	申报单位	项 目 名 称
13	李雪梅（女）	博士	上海华谊丙烯酸有限公司	吡喃水解新型固体酸催化剂的研究
14	何春艳（女）	硕士	上海生物制品研究所	Vero细胞流感裂解疫苗纯化裂解工艺及质量标准的建立
15	李红波	博士	上海空间电源研究所	多结薄膜太阳电池技术研究
16	冉晓龙	硕士	凯明信息科技股份有限公司	中国第三代移动通信系统TD-SCDMA的基带算法研究和开发
17	吴志红（女）	硕士	上海杉杉科技有限公司	混合动力汽车锂离子电池负极材料生产的新工艺开发
18	施险峰	硕士	上海华谊（集团）公司	一种新型的蛋白质和多肽类药物缓释材料的合成研究
19	张　东	博士	上海市自来水市北有限公司	高效无机高分子絮凝剂聚硅硫酸铝的制备与应用
20	曲　奕（女）	硕士	上海药谷药业有限公司	抗肿瘤一类新药S122的作用机制研究
21	刘思国	博士	上海杰隆生物工程股份有限公司	转人乳铁蛋白基因山羊的安全性评价的研究
22	董径超	博士	上海药明康德新药开发有限公司	丙肝病毒丝氨酸蛋白酶抑制剂BILN 2061全合成路线优化
23	陈　诚	博士	万达信息股份有限公司	面向电子政务领域的业务基础平台研究和实现
24	黄　鑫	学士	上海市激光技术研究所	LCD玻璃基板激光划片技术及工艺研究
25	谈　珉	硕士	上海张江生物技术有限公司	抗CD52人源化单克隆抗体制备工艺开发
26	夏建盟	学士	上海金发科技发展有限公司	汽车用本体聚合ABS的改性研究
27	杨茂江	博士	上海格尔软件股份有限公司	身份管理基础体系研究和开发
28	黄　刚	硕士	上海顺安通讯防护器材有限公司	超低电阻率高分子PTC热敏材料的研究
29	刘大涛	博士	信谊药厂	抗肿瘤药物重组人P43蛋白的研究
30	胡乃静	博士	复旦复华科技股份有限公司	基于网格的通用信息资源管理平台设计
31	王传法	硕士	上海欣泰通信技术有限公司	七号信令集中监测系统（SIMA）
32	杨　桦（女）	硕士	上海南方模式生物科技发展有限公司	OPG基因敲除/lacZ基因敲入小鼠模型的建立及其表型分析
33	玄振玉	博士	上海玉森新药开发有限公司	中药抗充血性心力衰竭新药“心能滴丸”安全评价研究
34	杨凯丰	硕士	上海延华智能科技有限公司	信息化社区系统集成技术的深化研究

（续表）

序号	姓名	学位	申报单位	项 目 名 称
35	李国栋	硕士	上海高科联合生物技术研发有限公司	新的血管活性肠肽的透皮吸收制剂的研究
36	常志远	硕士	上海华新生物高技术有限公司	基因工程新药重组人 α1 – 胸腺肽中试及大规模生产工艺的开发
37	葛　平(女)	硕士	上海清远管业科技有限公司	高密度聚乙烯双壁缠绕管的研制
38	胡金亮	博士	上海遥薇实业有限公司	智能化场站管理系统
39	陈少欣	博士	上海医药工业研究院	生物催化羰基不对称还原反应系统构建及应用
40	马　英(女)	硕士	上海中信国健药业有限公司	国家创新药物益赛普治疗银屑病的临床研究

（施强华）

【29 人入选 2005 年度上海市优秀学科带头人计划(A 类)】 2005 年度上海市优秀学科带头人计划(A 类)共资助 29 人(名单如下)，总计资助经费 700 万元。

2005 年度上海市优秀学科带头人计划(A 类)入选人员一览表(29 人)

序号	姓名	申报单位	项 目 名 称
1	袁正宏	复旦大学	乙型肝炎病毒与细胞因子在细胞内的对话
2	唐　颐	复旦大学	多级有序分子筛材料的纳米组装化学和功能化
3	邹云增	复旦大学附属中山医院	压力超负荷引起心脏肥大的分子机制的研究
4	陈　彧	华东理工大学	新型有机/高分子激光防护材料的设计、制备与性能研究
5	陈立侨	华东师范大学	环境胁迫对甲壳动物生理和免疫功能的影响及其营养调节
6	朱建荣	华东师范大学	长江入海冲淡水、泥沙和营养盐输运的研究
7	金　颖(女)	上海第二医科大学	对转录因子 Oct – 4 新靶基因 L4 作用机制的研究
8	江基尧	上海第二医科大学附属仁济医院	颅脑损伤后神经修复再生的实验研究
9	邓子新	上海交通大学	重要微生物农药合成机理和创新的研究
10	车顺爱(女)	上海交通大学	手性介孔材料的合成及其应用基础研究
11	廖世俊	上海交通大学	新型深海平台水动力性能数值模拟
12	王兴鹏	上海交通大学附属第一人民医院	胰腺星状细胞与胰腺癌:新生血管与细胞侵袭
13	覃文新	上海市肿瘤研究所	LASS2 与质子泵(V – ATPase)相互作用的分子机制及在肿瘤转移中的作用

（续表）

序号	姓名	申报单位	项 目 名 称
14	陈义汉	同济大学	心房颤动分子病因学研究
15	郑洪波	同济大学	长江三角洲地区环境演化和人类影响
16	王培军	同济大学附属同济医院	HBx 转基因小鼠模型 X 蛋白致癌作用的多途径阻断研究
17	徐国良	中科院上海生命科学研究院生物化学与细胞生物学研究所	DNA 甲基化在动物发育中的作用及机制
18	史香林	中科院上海生命科学研究院营养科学研究所	白藜芦醇的抑瘤和长寿作用研究
19	景益鹏	中科院上海天文台	数值宇宙研究
20	曹俊诚	中科院上海微系统与信息技术研究所	太赫兹半导体量子级联激光器的研究
21	马余刚	中科院上海应用物理研究所	相对论重离子对撞中的高温高密的新物质寻找及其性质研究
22	赵景泰	中科院上海硅酸盐研究所	功能化合物的设计与组装功能材料智能化
23	焦炳华	中国人民解放军第二军医大学	中国东海海洋药源微生物资源利用和开发的基础研究
24	沈　锋	中国人民解放军第二军医大学附属东方肝胆外科医院	瞬时受体 C 介导的肝癌细胞增殖及其机制
25	邵惠丽(女)	东华大学	轮胎帘子线用新型纤维素纤维的研究
26	张忠孝	上海理工大学	煤高温气化过程中灰渣特性研究
27	方　勇	上海大学	非标准条件下的盲源分离技术研究
28	房　敏	上海中医药大学附属岳阳中西医结合医院	慢性疲劳综合征推拿治疗与脑—骨骼肌相关性研究
29	范华骅	上海市血液中心	树突状细胞分泌的 Exosomes 生物学特性及应用研究

（施强华）

【19 人入选 2005 年度上海市优秀学科带头人计划(B 类)】 2005 年度上海市优秀学科带头人计划(B 类)共资助 19 人(名单如下)，总计资助经费 450 万元。

2005 年度上海市优秀学科带头人计划(B 类)入选人员一览表(19 人)

序号	姓名	申报单位	项 目 名 称
1	杨桂生	上海杰事杰新材料股份有限公司	新一代高性能热塑性树脂复合材料技术及产业化
2	陈建泉	上海杰隆生物工程股份有限公司	体细胞打靶朊病毒基因敲除山羊的研究
3	徐　强	上海市建筑科学研究院有限公司	跨海工程结构混凝土寿命预测体系研究
4	郜恒骏	上海芯超生物科技有限公司	高通量消化道肿瘤组织芯片的研发与应用

（续表）

序号	姓名	申报单位	项 目 名 称
5	贡　俊	上海安乃达驱动技术有限公司	电动车用无刷电机及控制器关键技术研究
6	常兆华	上海靶向医疗系统有限公司	气体节流超低温冷冻治疗系统
7	陈　平	上海电器科学研究所(集团)有限公司	城市快速道路交通控制智能化模型和关键技术研究
8	郑柏存	上海三瑞化学有限公司	梳型聚合物的分子结构设计与合成技术研究
9	罗　楹	上海睿星基因技术有限公司	具有药物开发前景的靶点基因的发现和鉴定
10	刘亚东	上海普元信息技术有限责任公司	面向构件的中间件 EOS
11	吴秋芳	上海华明高技术(集团)有限公司暨国家超细粉末工程研究中心	碳酸钙形貌控制和新型反应器研究
12	李　革	上海药明康德新药开发有限公司	新型螺环药物模板的开发
13	卢　晨	上海轻合金精密成型国家工程研究中心有限公司	压铸 Mg－Al－Ca 合金在蠕变－疲劳复合作用下的损伤机制研究
14	张庆华	上海生物芯片有限公司	蛋白质芯片技术在高通量单克隆抗体组和抗原表位组建立中的应用研究
15	顾玉亮	上海市原水股份有限公司	上海市水源地战略对策研究
16	袁　晓	上海太阳能科技有限公司	崇明千瓦级风光互补并网系统技术研究
17	张　辰	上海市政工程设计研究院	高效集约污水处理工艺技术模型研究
18	陈　猛	上海新傲科技有限公司	自主创新的 Simbond SOI 新技术研究
19	庄明强	上海新兴医药股份有限公司	α1－抗胰蛋白酶的临床前研究

（施强华）

【曙光计划实施 10 周年庆祝大会】　11 月 19 日，上海市“曙光计划”实施 10 周年庆祝大会在华东理工大学逸夫楼举行。上海市政协主席蒋以任、中共上海市委副书记殷一璀到会祝贺并作重要讲话。300 多名在沪的曙光学者和管理干部参加了庆祝大会。

会议由中共上海市科教党委书记、上海市教育发展基金会顾问李宣海主持。上海市教育发展基金会理事长谢丽娟从四个方面总结了“曙光计划”发展历程及取得的成效。上海市政协主席蒋以任总结了 10 年来“曙光计划”在培养人才方面的理想成果，对科研、社会的贡献卓有成效，同时指出“曙光计划”是一个学者、高级人才在发展、科研上的攻关平台，是培养科研、社会骨干的载体，是科教兴市的重要战略品牌。大会还以“曙光奖”的名义表彰了 25 名获得国家级荣誉、国家级科技进步奖和部分获得部市一等奖及突出荣誉称号的曙光学者。

“曙光计划”项目是上海市 1995 年设立的上海高校跨世纪人才培养基金资助项目，由上海市教育发展基金会与上海市教委共同实施。通过采用科研项目的支持方式，发挥上海市教委行政管理网络的优势进行实施，以达到人才培养和科研成果的双丰收。为便于记诵和书写，该项工作冠名为“曙光计划”，其涵义是被资助优秀青年骨干教师在 21 世纪应成为高校人才和科研的曙光。实施 10 年来，上海市 20 多所高校的 445 名青年教师得到资助(其中 17 名得到跟踪资助)，共资助项目 462 个，总资金达到4 500多万元。并向社会回报了 225 项经高级专家认定的重要科研成果。“曙光计划”正在从原来的“高学历、高职称、高起点”的“三高”要求，转变成“高素质的教师队伍、高水平的研究队伍、高能量的管理队伍”的新“三高”。

十届“曙光计划”资助学者情况表

年份	总数	目前在高校数	正高职称	校高层	医院高层	中层	调离高校	正高	局以上	海外	备注
1995	19	15	15	5	1	4	4	3	2	2	
1996	29	24	23	3		16	4	3	3	–	病逝 1
1997	35	25	25	3	1	14	10	9	3	4	
1998	48	43	42	6	2	25	5	1	1	1	
1999	48	42	39	3	1	19	6	6	2	–	
2000	48	47	46	3	2	25	1	1	1	–	
2001	53	53	49	3	3	29	–	–	–	–	
2002	49	47	43	1	1	27	2	1	1	–	
2003	53	53	47	–	1	35	–	–	–	–	
2004	63	63	44	–	–	29	–	–	–	–	
合计	445	412	373	27	12	223	32	24	13	7	病逝 1

（陈　凯　姚燕燕　孙凯文）

【41 名优秀学者入选 2005 年度曙光计划(自然科学类)】　2005 年度曙光计划项目资助仪式于 11 月 9 日在华东政法学院举行。上海市政协副主席、上海市教育发展基金会理事长谢丽娟出席了仪式，上海市教委副主任王奇教授公布了 2005 年度第十一届 57 名曙光学者的入选名单(其中 41 名为自然科学类)。入选者全部为博士学位。其中正高级职称者 46 人，占 80.70%，为历史最高；经过海外学习、访问、研究一年以上者 31 人，占 54.39%，为历史最多。获得过省部级科技进步奖 23 位(包括 7 位文科类)，占 40.35%，为历史最好。

2005 年度曙光计划(自然科学类)入选人员一览表(41 人)

序号	姓名	职称	单　　位
1	黄吉平	研究员	复旦大学物理系
2	钱列加	教授	复旦大学光科学与工程系
3	毛　颖	教授	复旦大学附属华山医院
4	吴　炅	副主任医师	复旦大学附属肿瘤医院
5	施　前	研究员	复旦大学生物医学研究院
6	陈道峰	教授	复旦大学药学院生药学教研室
7	俞燕蕾(女)	教授	复旦大学材料科学系
8	王志松	副研究员	复旦大学现代物理研究所
9	贾　伟	教授	上海交通大学药学院
10	方　涛	教授	上海交通大学电子信息与电气工程学院
11	蒋祖华	教授	上海交通大学机械与动力工程学院
12	胡文彬	教授	上海交通大学复合材料研究所
13	汤亭亭	研究员	上海交通大学医学院附属第九人民医院
14	林晓曦	教授	上海交通大学医学院附属第九人民医院
15	王继光	研究员	上海交通大学医学院上海市高血压研究所

（续表）

序号	姓名	职称	单　　位
16	左曙光	教授	同济大学汽车学院
17	朱　彤	教授	同济大学机械工程学院
18	浦鸿汀	教授	同济大学材料学院
19	彭芳乐	教授	同济大学土木工程学院
20	陈银广	教授	同济大学环境科学与工程学院
21	刘宗华	教授	华东师范大学物理系
22	张季平	教授	华东师范大学生命科学学院
23	吕　岳	教授	华东师范大学计算机系
24	张　文	教授	华东师范大学化学系
25	王艳芹(女)	教授	华东理工大学工业催化研究所
26	李　忠	教授	华东理工大学药物化工研究所
27	陈　彧	教授	华东理工大学化学与制药学院
28	王华平	研究员	东华大学材料学院
29	王新厚	副教授	东华大学纺织学院
30	程树群	副教授	第二军医大学东方肝胆外科医院
31	陈万生	副教授	第二军医大学附属长征医院
32	黄德斌	教授	上海大学理学院
33	张建华(女)	研究员	上海大学新型显示技术与应用集成教育部重点实验室
34	王拥军	教授	上海中医药大学脊柱病研究所
35	童若轩	教授	上海师范大学天体物理中心
36	温家洪	教授	上海师范大学地理系
37	王朝立	教授	上海理工大学电气工程学院
38	张庆文	副教授	上海体育学院竞技体育系
39	王　岩	教授	上海水产大学生命科学与技术学院
40	张大全	教授	上海电力学院环境工程系
41	李文戈	教授	上海工程技术大学材料工程学院

（陈　凯）

【开展职业技术管理人才和新兴产业紧缺人才培训】　上海市科委面向全市企业技术创新体系建设和新兴产业发展需求，深入开展职业技术管理人才和新兴产业紧缺人才培训。2005 年有 416 人参加职业技术管理培训，累计培训 698 人；有3 467人参加集成电路设计、多媒体、软件质量、纳米科技等新兴产业科技紧缺人才培训，累计培训8 800余人；2005 年开展了技术经纪人培训，当年培训 467 人。此外，在卢湾、徐汇、金山、宝山等区的中小学生中开展了多媒体专业课程的普及性培训，2005 年培训1 806人。

职业技术管理人才和新兴产业紧缺人才培训以需求为导向，根据行业发展态势和技术发展趋势设定了培训课程，组织专家学者编写了培训教材，制定了培训考核大纲，建立培训人才信息库等，在上述领域初步建立了一套适合产业发展需要，有助于完善和提高行业技术人员从业水平的培训体系。

一方面，从初级培训入手，打通高校学生与用人单位之间的人才交流渠道，帮助学生将理论与实践结合，更好适应企业的要求。另一方面，通过中高级培训，帮助企业科技人员更新专业知识，提升从业技能，努力成为复合型、创新型人才。集成电路培训为行业内高端企业度身定制课程，有针对性地培养紧缺人才，受到企业欢迎。多媒体、纳米等培训聘请国外知名专家来沪讲学，以先进的理念和丰富的经验推出了集系统性、实战性、指导性于一体的高端培训，在科技人员中产生了积极的反响。

上海市科委本着政府引导、行业推动、社会认同的原则，采取“管住两头、放开中间”的办法实施培训工作的有效管理。“管住两头”，就是为保证质量，在培训前统一（准入）标准、统一大纲和培训后统一考试、统一授证；“放开中间”，就是与经评估具备办学条件的社会培训机构签订协议授权其组织开展培训，管理（考核）办公室通过动态考核实行质量监控。以市场、企业需要不需要、承认不承认为惟一标准。目前，各项培训进展顺利，正在向“专业化、标准化、社会化、国际化”的方向迈进。

（姚锦瑜）

【《上海市专业技术人才职业能力认证目录》发布】 根据《上海实施人才强市战略行动纲要》关于建立和完善专业技术人才能力认证服务体系的要求，上海市职业能力考试院根据上海建设“四个中心”，优先发展现代服务业和先进制造业对专业技术人才及其专业能力的要求，制定并发布了《上海市专业技术人才职业能力认证目录》（以下简称《认证目录》）。参考国际通行的职业分类结构框架，《认证目录》紧扣上海产业结构特征以及专业技术人才职业结构特点，体现了与国际接轨和开放性，为建立覆盖面宽、权威度高、业内认可、切实可行的专业技术人才职业能力认证体系奠定了基础。《认证目录》共分四个层次，涉及 14 个大类、53 个小类、156 种专业，初步描述了目前上海专业技术人才的职业分类框架结构。今后，上海市将依据《认证目录》，规划未来 3～5 年专业技术人才职业能力认证评价工作的发展，建设完善的上海市专业技术人才评价服务系统。

（王海涌）

【上海地区 82 人享受 2004 年度政府特殊津贴】 为充分体现党和国家对中国高级专家的关心与爱护，弘扬尊重知识、尊重人才的社会风气，党中央、国务院决定从 1990 年起，给作出突出贡献的专家、学者、技术人员发放政府特殊津贴。2004 年度上海市享受政府特殊津贴人员共 82 人（市属单位）。根据有关规定，对被批准享受政府特殊津贴的人员，一次性发给每人20 000元津贴，并颁发国务院印制的《政府特殊津贴证书》。

（张卫平）

【规范和促进人才市场发展】 2005 年，全市新增人才中介机构 94 家，机构总数达到 509 家。其中，民营人才中介机构 379 家（占 74.46%），中外合资合作人才中介机构 22 家（占 4.32%）。按照人事部 5 号令的规定，进一步开放对港澳人才中介机构的市场准入。越来越多的外资、民营资本进入市场参与竞争。统一开放、公平有序的市场体系初见端倪。

政府继续扶持为应届高校毕业生、师资、军转干部等特殊人才群体举办的公益性人才招聘活动。鼓励建立常设人才市场，加快发展网上人才市场。全年人才招聘会（含常设人才市场及公益专场）共举办 957 场次，提供岗位 53 万多个，进场求职人数 378 万多人，初步达成意向率 25.53%。由 34 家知名网站联合举办的第二届“沪上知名网站联合网络招聘”活动，发布有效岗位数 78 万余个。政府加强人才市场供求信息统计、分析和发布工作，从三季度起开始出台相关分析报告并向社会发布。人事、工商等政府主管部门进一步规范市场，强化监管，查处违规违法行为。上海市人事局和区县人事局按照管理权限，对人才中介机构规范运行情况进行检查，合格机构通过 21 世纪人才网向社会公布；加强对人才招聘活动的管理，对全市常设人才招聘会开展了两次全面梳理和规范，重点检查招聘会现场组织以及安全预案的完善和落实情况。继续推行人才中介职业资格制度，提升从业人员整体素质，全市共有 2161 人取得人才中介师或人才中介员证书。

上海人才中介行业协会作为行业组织，已发展会员单位 253 家，成立了 12 个专业小组，并出台了《上海人才派遣服务行约行规试行办法》和《上海人才培训服务行约行规试行办法》等行约、行规，围绕自律、协调、服务开展工作。

（杨　阳）

【上海启动领军人才队伍建设工作】 2005 年，由中共上海市委组织部、上海市人事局共同起草的《关于加强上海领军人才队伍建设的指导意见》（以下简称《指导意见》）正式出台，标志着上海市领军人才队伍建设工作正式启动。《指导意见》明确提出了领军人才队伍建设的目标是，到 2010 年，上海将形成 500 名以两院院士、国家百千万人才、突出贡献专家等为主体的领军人才国家队，1 000名左右以各行各业学术技术带头人为主体的领军人才地方队，5 000名左右由各区县、系统选拔培养的优秀青年人才为主体的领军人才后备队等三个层次的梯队结构。

领军人才评价、选拔、开发和服务等措施已经确定，开发措施充分体现了“以人为本”的原则和市场化运作的思想，明确要建立领军人才充分自主的领衔机制；尊重领军人才的立项自主权；充分集成政府各职能部门优势，形成领军人才开发合力；完善领军人才联系制度等。试点工作已在全市科技、教育、宣传、卫生、金融、港航系统以及国资委开展，按照“专业贡献重大、团队效应突出、引领作用显著”的标准，首批100名领军人才“地方队”已经脱颖而出，其中，33人为上海市科技领军人才。

（叶霖霖）

【上海博士后工作取得显著成效】 2005年是中国博士后制度实施20周年。截至2005年12月，上海设有132个流动站、56个工作站和7个博士后创新实践基地；累计招收博士后研究人员4 681人，已经出站的2 981人。出站博士后中，1人当选为中国科学院院士，被评聘为“长江学者奖励计划”特聘教授的7人、国家级有突出贡献中青年专家的2人，入选国家“百千万人才工程”的10人、中国科学院“百人计划”的13人，担任“863”、“973”首席科学家的6人，获国家杰出青年基金的15人，享受国务院特殊津贴的46人。博士后已成为上海高层次人才队伍的重要来源和推动科教兴市主战略实施的重要力量。

10月21日，在全国优秀博士后表彰大会上，上海有18位优秀博士后、9个优秀博士后科研流动站、2个优秀博士后科研工作站、3位优秀博士后管理工作者受到全国表彰，受表彰数量和比例均列全国各省市前列。

（雷　晏）

【博士后工作评估体系建立】 为确保博士后培养质量，在2004年评估试点的基础上，2005年人事部组织在全国范围内进行博士后工作评估。上海共完成了93个博士后科研流动站、21个博士后科研工作站的评估工作。至此，上海已形成国家指标体系和上海指标体系相结合、定性与定量结合的博士后工作评估体系。

（雷　晏）

【上海市博士后创新实践基地工作扎实推进】 在2004年8月创建首批6个博士后创新实践基地以来，各基地积极做好项目对接和跟踪服务工作，截至2005年12月，基地入驻企业发展到35家，项目40个，已有16个项目签约启动，市博士后工作办公室和市人才发展资助管理办公室及时根据项目情况给予资助，资助金额总计38万元。2005年9月，普陀区博士后创新实践基地挂牌成立。

（雷　晏）

【上海博士后科技与人才服务全国形式多样】 上海博士后人才与科技项目辐射作用加强，除积极推进与江苏、江西、云南、山东、陕西、香港等地开展科研、成果转化和人才培养合作外，2005年组织复旦大学、上海交通大学、同济大学、华东师范大学、第二军医大学、上海大学等学校博士后分别赴云南省迪庆州、丽江市和新疆阿克苏地区积极开展支持西部建设活动，先后在云南、新疆开展学术讲座与交流、项目洽谈、医疗服务等交流活动。推荐3位博士后参加中组部的“博士服务团”，其中1人被选拔到昆明市任市长助理。

（雷　晏）

【70人入选上海市博士后科研资助计划】 2005年度上海市博士后科研资助计划首次采用网上受理申请、网上进行评审方式。共受理资助申请221个，其中，面上项目（A类）190个，重点项目（B类）31个。经专家评审，决定资助了60个面上项目（A类），资助强度2万元；10个重点项目（B类），资助强度8万元，总资助额度200万元（名单附后）。

2005年度博士后科研资助计划面上项目（A类）资助名单（60人）

序号	姓　名	单　　位	课　题　名　称
1	吴　翔	复旦大学	热光控制多模干涉型多功能集成光波导器件的研制
2	刘志强	复旦大学	水溶性双光子荧光探针的设计与合成
3	侯柱锋	复旦大学	高介电常数材料物性的第一原理研究
4	杨海华	复旦大学	高性能瓷膜涂料的开发与应用

（续表）

序号	姓　名	单　　位	课　题　名　称
5	彭友元	复旦大学	食品中农药残留快速多通道仿生芯片分析系统研制
6	赵运磊	复旦大学	互联网上并发及可重置的零知识证明协议：理论及应用
7	杨　涛	复旦大学	无线 MIMO 信息参数估计与信号检测方法研究
8	翁恩生	复旦大学	长江流域土地利用对入海水量季节分配影响的模拟
9	郭文平	复旦大学	Neuregulin－1 在缺血性再灌注脑损伤中的保护作用及机制
10	姜　昕	复旦大学	耐异烟肼结核杆菌快速诊断抗原的鉴定和筛选
11	马瑞玲	复旦大学	针刺对 MNU 诱导的视网膜变性大鼠光感受器功能的保护作用
12	吴学森	复旦大学	基于全基因组分析的数量性状非线性检验方法研究
13	李　重	上海交通大学	基于填补、融合和简化的过渡曲面造型研究
14	虞　松	上海交通大学	型材挤压数值仿真及网格优化算法研究
15	周解勇	上海交通大学	约束优化中鞍点问题新型算法的研究及在金融规划中的应用
16	车爱兰	上海交通大学	既有古建筑木结构的评估技术研究
17	武　黎	上海交通大学	风力发电机组并网后的稳定性研究
18	万春玲	上海交通大学	维生素 A 代谢相关基因与精神分裂症的关联研究
19	张宇红	上海交通大学医学院（原第二医科大学）	帕金森病发病机制及药物干预的蛋白组学研究
20	严惟力	上海交通大学医学院（原第二医科大学）	外周血淋巴细胞在辐射诱导基因标志物及其剂量－效应关系
21	李　斐	上海交通大学医学院（原第二医科大学）	早期手指感觉和精细动作剥夺影响幼鼠未成熟脑认知发育的神经生物学机制整合性研究
22	冯　艳	上海交通大学医学院（原第二医科大学）	T 细胞疫苗对小鼠 EAE 模型治疗作用的研究
23	穆宝忠	同济大学	X 射线多层膜 K－B 显微成像系统研制
24	王　晟	同济大学	潜流湿地中大气复氧方式与工艺优化研究
25	刘小生	同济大学	网格空间数据库研究
26	黄俊革	同济大学	电阴率成像在地下施工安全预警中的研究与应用
27	刘兴坡	同济大学	城市排水系统动态模拟与防灾软件开发
28	杨　坪	同济大学	冲填土相关工程性质及固结变形机理研究
29	陈　明	同济大学	桥梁协同设计系统关键技术——数据表达与动态抽取研究
30	杨希华	华东师范大学	基于非相干碰撞产生量子相干控制的研究
31	李占海	华东师范大学	上海潮滩底质再悬浮和悬沙沉降过程研究
32	孙树峰	华东师范大学	基于 802.11 无线网络的移动媒体学习支持系统
33	张　莉	华东理工大学	钛换热器管与钢质管板胀接接头松弛性能研究
34	韩　炜	华东理工大学	蛭石纳米结构的调控及其在聚合物中的应用
35	郭　旭	东华大学	低成本超厚三维正交复合材料的织造和工艺成型研究
36	官士兵	第二军医大学	碳纤维增强聚烯烃复合材料骨外固定起的研制与开发
37	李东良	第二军医大学	HLA 复合体多态性与乙型肝炎重型化关系研究
38	陈　丽	上海大学	超小型旋翼机自主飞行控制研究
39	屈克庆	上海大学	高效风力发电变换器及其控制策略研究

（续表）

序号	姓　名	单　　位	课　题　名　称
40	毛建华	上海大学	崇明岛湿地遥感与湿地信息系统研究
41	孙　莉	上海中医药大学	炎性损伤血管内皮细胞中 PPARγ 的表达及姜黄素对其调节作用研究
42	朱　政	上海体育学院	针灸疗法对低氧训练运动员免疫机能的调控
43	沈　悦	中科院上海技术物理研究所	非硅基介孔组装复合半导体量子点的研制
44	杨顶田	中科院上海技术物理研究所	内陆和近海水体中蓝藻的卫星遥感检测
45	廖　军	中科院上海光学精密机械研究所	BEC 中涡旋态的理论和实验研究
46	魏邦国	中科院上海有机化学研究所	均(非)相不对称二胺配体催化不对称氢化反应研究
47	谢　华	中科院上海药物研究所	蛋白酪氨酸激酶抑制剂的筛选及其抗肿瘤作用机理研究
48	万荣正	中科院上海应用物理研究所	用分子动力学方法研究纳米水通道特性
49	沈广霞	中科院上海应用物理研究所	纳米气泡对金属防腐蚀功能的影响
50	孟　丹	中科院上海生命科学院	胰岛素促进血管生成的分子机制研究
51	王　岩	中科院上海生命科学院	乳腺癌细胞对干扰素 γ 产生不同反应的分子机制及其临床意义的研究
52	邹　琳	中科院上海生命科学院	Src 激酶抑制剂治疗老年性痴呆的研究
53	王　新	中科院上海生命科学院	维生素 B_1 缺乏，代谢性氧化损伤与脑内淀粉样蛋白产生
54	朱杰芳	中科院上海硅酸盐研究所	聚丙烯酰胺基纳米金属复合材料的微波快速合成
55	刘胜聪	中科院上海硅酸盐研究所	仿生合成半导体硫化铋薄膜及其热电性质研究
56	左国民	中科院上海微系统与信息技术研究所	基于微纳悬臂梁的有机磷毒剂传感器研究
57	张楷亮	中科院上海微系统与信息技术研究所	相变材料 Ge－Sb－Te 薄膜 CMP 的研究
58	申海莲	国家人类基因组南方研究中心	IRTKS 基因调控肌动蛋白重组机器与肿瘤转移关系的研究
59	滕国伟	上海广电(集团)有限公司	AVSoverIP 的关键技术研究
60	刘鸿艳	上海市农业科学院	基于基因定位和生物信息学的抗旱新基因发掘

2005 年度博士后科研资助计划重点项目(B 类)资助名单(10 人)

序号	姓　名	单　　位	课　题　名　称
1	胡乃静	上海复华实业股份有限公司	基于网络的异构资源整合服务平台研究
2	史洪泉	上海建工(集团)有限公司	大跨预应力空间钢结构智能化施工控制技术研究
3	叶晓军	上海航天技术研究院	高效率非晶硅薄膜太阳能电池技术研究
4	秦　颖	上海生物芯片有限公司	基于 DNA 甲基化的肝癌分型、预后标准的建立及检测芯片的研发
5	黄晓晶	浦东新区博士后工作站	高精度定量毛细管电泳产业化关键部件研究
6	任洪敏	长江计算机(集团)有限公司	基于构件技术的电子病案产品线关键技术研究
7	刘东华	浦东新区博士后工作站	营运级移动视频处理技术研究
8	李博华	上海中信国健生物技术研究院	新型肝癌特异性单克隆抗体的三维结构模拟及人源化改型设计
9	王　涛	上海海尼药业有限公司	苯磺酸左旋氨氯地平及其片剂
10	杨代明	中国航空无线电电子研究所	目标无源定位与跟踪的信号处理和实现

（雷　晏）

【中科院上海分院系统在全国博士后制度 20 周年之际获奖】　在中国博士后制度实施 20 周年之际，2005 年 10 月，人事部与全国博士后科研流动站管理协调委员会作出了《关于表彰全国优秀博士后、博士后科研流动站、博士后科研工作站和博士后管理工作者的决定》，中科院上海分院系统的楼丽广（中科院上海药物研究所）、姜标（中科院上海有机化学研究所）获全国优秀博士后称号，中科院上海生命科学研究院生物学博士后科研流动站获全国优秀博士后科研流动站称号。

（孔朝晖）

【上海研究生联合培养基地授牌】　7 月 21 日，中共上海市科教党委、上海市教委、上海市发改委、上海市国资委、上海市科委、上海市经委、上海市财政局、上海市人事局、上海市知识产权局等 9 家单位联合发起建立"上海研究生联合培养基地"（以下简称"基地"），以促进教育与经济互动、加快构建产学研联盟。

12 月 16 日，上海市学位委员会批准 5 家单位为该"基地"首批单位（详见下表）。其中张江高科技园区"基地"由张江高科技园区领导小组办公室牵头，包括其 12 家企业（详见下表）。并批准 7 家单位为首批"上海研究生协作培养单位"（详见下表）。

12 月 27 日，"基地"授牌仪式在人民大厦举行，上海市副市长严隽琪出席仪式并向该"基地"单位授牌。

首批"上海研究生联合培养基地"单位（5 家）

单　位　名　称
上海宝山钢铁股份有限公司
上海电气（集团）股份有限公司
上海汽车（集团）股份有限公司
上海市张江高科技园区
上海纺织控股（集团）公司

首批"上海研究生协作培养单位"（7 家）

单　位　名　称
上海市农业科学院
上海市教育科学研究院
上海房屋销售（集团）有限公司
上海自动化仪表股份有限公司
上海广电（集团）有限公司
万达信息股份有限公司
上海计算技术研究所

张江高科技园区基地企业（12 家）

单　位　名　称
上海宏力半导体制造有限公司
上海普元信息技术有限责任公司
展讯通信（上海）有限公司
上海复旦金仕达计算机有限公司
大道计算机技术（上海）有限公司
微创医疗器械（上海）有限公司
和记黄埔医药（上海）有限公司
上海生物芯片有限公司
上海天士力药业有限公司
上海盛大网络发展有限公司
上海中创医药科技有限公司
瑞德肝脏疾病研究（上海）有限公司

（田蔚风）

【中科院上海分院加强研究生教育与管理】　中科院上海分院加强中科院上海研究生教育基地建设，重点抓制度建设、流程管理，优化课程设置，改进教学方法，已成为一个硬件设备齐全、教学设施现代化、管理有序的教学服务平台。2005 年，上海分院系统新招研究生1 550人，其中博士生 730 人，硕士生 820 人，目前在册学生4 146人，占全院的 11%。

通过教学改革，教育质量大幅提高。全年获得院优秀博士学位论文 9 篇、院长奖学金 20 人（其中特别奖 5 人）、刘永龄奖学金 12 人（其中一等奖 4 人），获全国博士生百篇优秀论文 4 篇、上海市优秀研究生论文 9 篇，10 人获上海市研究生优秀成果（学位论文）。上海地区各研究所均再次被列入上海市研究生学位论文免检单位。

（孔朝晖）

【中科院上海生命科学院生化与细胞所研究生培养成绩显著】　2005 年，中科院上海生命科学院生化与细胞所的研究生培养取得了良好成绩。张玉军、惠利健博士获得了全国优秀博士学位论文提名奖。高华、王彪博士获得上海市研究生优秀学位论文奖，二位还同时获得中国科学院优秀博士学位论文奖。研究所另有3人次获得中国科学院院长奖，2人次获得刘永龄奖学金特等奖和优秀奖，8人次获得地奥奖学金，1人获得宝洁优秀博士生奖学金。

鉴于研究生培养方面的优异成绩，王恩多研究员获得中国科学院优秀研究生导师奖；裴钢、耿建国获得中国科学院优秀博士学位论文导师奖。

（李旭芬）

【上海市科协继续实施“飞翔计划”】　由上海市科协组织实施，上海科技发展基金会提供资助金额的“上海市科协青年科技人才飞翔计划”，旨在支持和鼓励上海优秀青年科技人员积极参加国际学术会议。目前受资助对象是由上海市科协作为主管单位的市级各学会、协会、研究会的会员，受资助条件是会员参加国际学术会议，并至少做口头学术报告以上的学术交流，资助用途为会员的往返交通机票等费用，暂定每年的资助总名额不超过10名。该计划自2003年2月17日起正式实施。

2005年，上海市科协所属各学会推荐“飞翔计划”申请者9人，他们分别是：上海市图像图形学会吴国荣、何孝富，上海市核学会蔡翔舟、魏义彬，上海市神经科学学会周艺、黄仕勇，上海市生物物理学会梁鑫，上海市预防医学会穆丽娜，上海市造船工程学会张会生。其中，蔡翔舟、周艺、黄仕勇、梁鑫、穆丽娜、张会生等6位会员得到资助。共计资助金额45 000元。

（傅　勇）

【上海科技管理干部学院培训急需人才】　2005年共办班75个，在院学习、培训各类人员4 773名，其中干部教育2 162人，继续教育918人。围绕科教兴市主战略，教学为技术创新、产学研结合、人才战略服务。举办科教系统青年专家系列讲座、“科教兴市——知识杨浦”高级研讨班、“技术主管（中级）职业资格”培训（通过率列全市各培训点之首）、“上海市执业经纪人”培训班。继续承担上海市科委下达的中西部地区科技帮扶培训任务，办班20期，培训科技管理干部792名。

（张晓青）

【签约技术经纪人培训初见成效】　12月9日，上海技术交易所签约技术经纪人第二期培训班学员在该所作了开题报告。该培训项目已经获得“上海市紧缺人才办公室”的认证，被纳入上海市紧缺人才培训工程体系。该所签约技术经纪人培训经过近一年的摸索和实践整体架构已经初步确立，成效已经初步显现。

参加开题的学员戴建民、丁小明根据自己的专业特点分别从技交所的项目库中选取了《无镍白铜》和《现代热致激发艾灸疗法仪》两个专业性强、能够体现自身优势的项目作为自己的实习项目。上海技术交易所总裁王海生、首席信息官叶尚杰以及一些业务骨干参加了报告会，并就所选项目的可操作性以及项目进行中应注意的事项，向学员提出了中肯的建议和意见。此后，2期培训班的学员将选择适合自身特点的项目陆续进入项目实践阶段。

（江　淼）

【“万名海外留学人才集聚工程”实施完成】　该工程自2003年8月31日启动后，至2005年11月底，全市完成引进海外留学人才10 203名，提前9个月完成预定目标。上海海外留学人员回国工作创业呈现五方面的特点和趋势：回国服务热情持续升温；留学国相对集中，学历层次普遍较高；专业结构契合上海产业布局，并逐步向社会科学领域拓展；择业和工作渠道多元化，向非公领域集聚趋势明显；党员占有相当比例。目前全市留学人员已达6万余人，创办留学人员企业3 250余家，注册资金达4.5亿美元。

（黄　红）

【技术经纪人执业资格培养】　2005年，上海科技开发交流中心先后举办5期上海市技术经纪人执业资格考试培训班，3次上海市技术经纪人执业资格考试。全年共培训技术经纪人476名，考试合格率达96%以上。技术经纪人队伍的培育和建设，是促进科技成果转化的催化剂，为繁荣和发展上海技术市场、推动产学研的有机结合，注入了活力。执业技术经纪人已作为“紧缺人才”列入了上海“十一五”科技发展规划。

已培养的技术经纪人分别来自不同的领域，其中：企业占64%；科研院所占21%；大专院校占10%；其他占5%，涉及生物医药、电子通讯、制造业、航空、船舶、化工、园林环保、咨询业、科技管理等多行业。

技术经纪人素质普遍较高，大专学历占32%；大学本科占52%；硕士研究生占13%；博士占3%。

为提高技术经纪人培养的质量，中心根据《全国技术经纪人培训大纲》、《上海经纪人条例》、《上海技术市场管理条例》以及着重培养有技术、会管理、懂金融的高层次技术经纪人队伍的宗旨和目标，设置了《公司法》、《上海市经纪人条例》、《无形资产评估》、《技术市场相关法律》、《技术商品营销》、《国际技术贸易》、《反不正当竞争法》、《知识产权及保护》、《合同法》、《技术经纪实务》、《技术合同》共11门课程，配备了《上海市经纪人从业资格基本科目培训教材》和《上海市技术经纪人培训教材》2本培训教材，以及《上海市技术经纪人执业资格考试大纲》(基础科目和专业科目)，进行与技术经纪相关的政策法规、技术经纪实务操作等方面的培训。考试合格者，由上海市执业经纪人协会审核，颁发《上海市技术经纪执业资格考核合格证书》，作为办理由上海市工商局颁发的《上海市经纪人执业资格证》的依据。

（刘光顺　刘　智）

【软件人才联合培养基地揭牌】　4月22日，由东华大学、上海市计算技术研究所及万达信息股份有限公司3家联合成立的“软件人才联合培养基地”在东华大学举行揭牌仪式。上海市副市长严隽琪为基地揭牌，东华大学校长徐明稚致辞，上海市教委副主任王奇、上海市信息委副局级巡视员施兴德和上海科学院院长孙正心分别讲话。该基地是产学研强强联合建立的，对探索建立产学研联盟机制、建设创新体系具有重要的意义。三方的合作可以最大限度地发挥各自的资源优势，不但为合作三方的可持续发展带来广阔的前景，也必将为全社会的人才培养做出贡献。

（谢惠梅）

【科技人才专业网站】　该网站(www. sthr. sh. cn)于7月开通。网站页面的主体风格简洁、独特，具有科技时代创新的视觉冲击，体现了人才中心的工作面貌和积极进取的工作精神。该网站主要内容框架包括了科技人才开发交流中心和科汇人才服务有限公司所提供的相关HR服务(人事代理、人才派遣、人员招聘、人才培训、人才测评、信息咨询等)，以及与人才中心有HR服务来往的合作单位、促进会介绍及HR知识库。

该网站的成功建设和开通推动了人才中心各项工作的开展，拓宽了工作范围，增强了不断发展中的科技人才工作市场需求度，成为一个具有竞争力的信息交流平台。

（周　映）

【科教党委系统人才工作网站】　12月15日，该网站在科教党委系统人才工作的会议上宣布正式开通。与以往的政府网站不同的是：科教党委人才工作网站兼顾了人才信息公共服务平台的作用，发挥网站的重要信息集散功能，除了日常的政府人才工作信息外，还提供了系统化的人才服务项目和人才网络的建立，同时发挥着人才信息交流和咨询的桥梁作用，使之成为信息丰富、服务优质、交流通畅的信息交互平台和展示科教党委人才工作及人物风采的窗口，达到了管理与服务合二为一的效果。

（周　映）

【上海创业创新人才培训中心】　该中心由上海大学国家大学科技园、漕河泾新兴开发区科技创业中心和市科技创业中心三方联合组建，于3月3日成立，旨在全面培养创业创新人才，满足当前社会需求。

培训中心依托上海大学科技园开发、设计了“上海市创业创新专业技术水平认证”培训与考试项目，首批培训班学员经过理论与实务的培训，参加了于7月进行的首次“上海市创业创新专业技术水平认证”考试，通过后可获得由上海市职业能力考试院颁发的“上海市专业技术水平认证证书”。行业协会和有关园区将着重扶持证书持有者的创业和自主创新活动，提供各项服务。该认证考试分创业者和科技企业高级管理两类。

培训课程主要有：创业创新理论、法律法规、市场营销战略、企业组织形态和企业财务管理等课程。来自澳大利亚墨尔本皇家理工大学创业创新教育专家、上海大学经济管理学教授和国内该领域的专家将担当培训理论课的教师。此外，上海大学、漕河泾开发区和上海市创业中心将成为学员的实践基地。学员有机会跟随企业实际操作，模拟成功企业的发展路程。

同时，培训中心将指导大学生创业列为工作重点之一。首批参加“上海市创业创新专业技术水平认证”培训班的学员里部分是上海大学各院系的辅导员。通过对创业创新的学习，辅导员了解了创业知识，并向在校大学生宣传，鼓励大学生进行创业、创新活动。

（编辑部）

【上海市技术管理职业资格推介会】 该推介会于1月5日召开。由上海市科委人事教育处、市职业能力考试院和技术管理职业资格管理办公室联合主办，上海市科委、上海市人事局和市职业能力考试院有关部门的领导、有关专家和来自中外资企业、科研院所(机构)等企事业单位的130多人参加了会议。

上海市科委人事教育处处长华庆城首先阐述了建立上海市技术管理职业资格制度的背景、必要性和可行性等。他说，市科委已将培育技术管理人才纳入了"上海科技创新登山行动计划"，技术管理职业资格制度作为行动计划的载体，对培养一支高素质的新型技术管理人才队伍，推动本市和企业建立技术创新体系，有效实施科教兴市战略，促进上海科技、经济发展具有重要意义。

上海市人事局专业技术人员管理处副处长凌永铭介绍了近几年上海市职称改革的有关情况，指出，职称评审向职业资格的转变是职称改革的发展趋势。

上海市技术管理职业资格管理办公室主任朱友竺介绍说，技术管理职业资格是上海乃至国内第一个技术管理类职业资格，《上海市技术管理职业资格暂行规定》已将其纳入上海专业技术职业资格制度管理范畴，资格证书由市人事局和市科委联合颁发，管理办公室负责证书管理和组织考试培训等。目前，全市共有六个培训机构授权开展中级考试报名及培训，在2004年推出中级考试的基础上，2005年将进行技术管理职业资格的高级(即CTO，首席技术官)考试及相关培训。

同时，编写技术管理职业资格中级培训教材的陈智高教授介绍了中级考试及培训的知识体系；上海亚晨科技发展有限公司总裁郑经纬先生谈到了既懂技术又懂管理的复合型技术管理人才对于技术型企业发展的重要作用。

(严　雄)

【上海市首届技术管理职业资格(高级)培训班开班】 该培训班于10月23日在上海大学科技园开班。上海市科技创业中心介绍了该项目的建设过程。上海市科委秘书长徐美华在讲话中指出，近期国家"十一五"规划中，把自主创新、产业结构调整作为重要任务来抓，而自主创新的主体是企业，如何使企业承担责任，推进自主创新，上海市科委与上海市人事局一起引入国外先进的成功经验。

上海市技术管理职业资格制度是上海乃至全国首个技术管理类职业资格，顺应了专业技术职务评审向职业资格考试的改革发展趋势的需要。上海大学科技园是上海市技术管理职业资格管理办公室认定的惟一的从事高级培训的机构。首届培训班共有学员63人，其中54人通过考核，获得结业证书。

(陈善凤)

【上海9名专家入选"全国纳米技术标准化技术委员会(SAC/TC279)"委员】 在6月20日成立的全国纳米技术标准化技术委员会上，共有30名纳米科技专家当选为委员会委员，其中上海9名，占委员会成员的近1/3。全国纳米技术标准化技术委员会是由纳米技术专业技术人员组成，负责纳米技术领域的标准化工作。委员会将根据国家标准化管理委员会标准的计划，负责组织纳米技术国家标准的制修订和复审工作，但不包括产品标准。

(何丹农)

【"上海纳米科技与应用能力培训"形成立体架构】

2005年，"上海纳米科技与应用能力培训"以岗位培训、专业培训、网络培训和课程培训等四种形式多层次展开，形成了一个多渠道、全方位的立体培训架构，累计培训人数397人；正式出版培训教材《纳米科技基础》，受到高校学生和社会的欢迎。开展了"纳米外延结构成像技术研讨会"、"中英自旋电子研讨会"、"固体基片表面构建纳米结构"等多次专业培训和讲座，累计培训人数219人，占总培训人数的55%。开设了"高新技术成果转化培训"、"如何撰写商业计划书"等技术转移的实务操作培训，对科技成果的产业化具有很大的促进意义。

(沈　纯　闵国全)

【加大力度引进学术带头人】 2005年，中科院上海生命科学院生物化学与细胞生物学研究所继续贯彻可持续发展的人才战略，一方面继续坚持高标准引进人才，注重重点学科布局与人才引进相结合；另一方面注重开拓渠道，多方招揽海内外优秀人才。

该所在美国《科学》(*Science*)杂志上刊登人才启事，同时注重发挥研究所现有学术带头人的能动性，向国内外优秀人才展示研究所的科研氛围及科研实力，并不断营造有利于年轻学术带头人成长的环境。

该所依托由多位研究员组成的人才引进咨询小组，按照中国科学院"百人计划"入选者资格，对拟引进人才进行严格甄选，全年引进学术带头人5位，均已陆续签约到位。针对今后重点部署实施的干细胞生物学研究方向，研究所则增加了人才引进的灵活性，尤其加大了不同层次人才的引进力度。

（李旭芬）

【构建及完善人才工作机制】 2005 年，中科院上海生命科学院生物化学与细胞生物学研究所加强人才引进及培养制度构建，为实施可持续发展的人才战略提供了切实保障。出台《关于 Co－PI 体系的实施条例》，引进两位年轻的 Co－PI，对完善研究所学术带头人梯队发挥了重要作用。颁布实施《关于研究组招聘初、中、高级研究及技术人员享受研究所资助的管理条例》，对完善基本科研单元—研究组的人才队伍结构起到了积极作用。

（李旭芬）

【举行“百人计划”入选者国际评估】 2005 年，中科院上海生命科学院生化与细胞所先后组织了对周金秋研究员、徐国良研究员的百人计划三年中期国际评估。

国际评估专家组在听取学术汇报的基础上，给两位研究员均亮分为 A，标志着研究所引进的年轻学术带头人已经成长为科研骨干。

对后续引进的百人计划入选者，研究所将继续实施宽松的、有利于其成长的“3 年＋2 年”评估及管理方式，不断促进研究所科技人才的代际更新，实现研究所的可持续发展。

（李旭芬）

【华东师范大学马龙生教授应邀出席诺贝尔奖颁奖典礼】 12 月 6～12 日，应 2005 年度诺贝尔物理奖得主霍尔教授之邀，华东师范大学终身教授、光谱学与波谱学教育部重点实验室马龙生偕夫人赴瑞典斯德哥尔摩参加 2005 年度诺贝尔奖颁奖典礼和相关活动。

马龙生教授参加了诺贝尔奖得主作的新闻发布会和由瑞典皇家科学院、诺贝尔奖委员会举行的招待会，出席了诺贝尔奖物理委员会专门组织的诺贝尔物理讲座。2005 届诺贝尔奖得主罗伊·格劳伯、约翰·霍尔、奥尔多·亨斯都作了报告，在他们的报告中都重点提到马龙生教授参与了他们的工作。在诺贝尔奖委员会的公告资料中显示，马龙生教授在霍尔研究小组的精密光谱和光梳技术发展中做出了贡献。12 月 10 日，马龙生教授参加了在斯德哥尔摩音乐厅隆重举行的诺贝尔奖颁奖典礼和在斯德哥尔摩市政府大厅举行的盛大宴会。

（梁宗禧）

【姚熹院士当选亚洲电子陶瓷协会国际顾问委员会主席】 6 月 27～30 日，第四届亚洲电子陶瓷会议（4th Asian Meeting on Electroceramics，AMEC－4）在杭州举行，这是该系列国际会议首次在中国举行，同济大学姚熹院士任大会主席，浙江大学陈湘明教授与清华大学南策文教授担任大会执行主席。在会议上，成立了亚洲电子陶瓷协会，姚熹院士任国际顾问委员会主席。大会得到亚洲与欧美各国电子陶瓷界学者的热烈响应。会议论文集将作为国际著名期刊——Journal of Electroceramics 的专集正式出版。共有 376 名代表出席此次大会，其中境外代表 120 人。

此次会议代表着亚洲电子陶瓷研究领域理论发展的最高水平，一大批国内外顶级电子陶瓷学家与会，其中包括国际电子陶瓷学界泰斗美国工程院院士 L. E. Cross 教授、韩国化学学会会长和韩国陶瓷学会前会长尹冀铉教授、日本著名电子陶瓷学家 T. Kimura 教授与 T. Shiosaki 教授、以及 M. Kosek 教授与 J. Fousek 教授等欧洲著名陶瓷学家。

（许伟良）

【曾嵘研究员参加 2005 年太平洋地区国际化学大会】 2005 年太平洋地区国际化学大会 12 月 15～20 日在夏威夷火奴鲁鲁举行。本届大会有12 000 余人参会，目标是通过科学家交流最新的科研成果，携手努力改进全球的生存环境，提高生活质量。

中科院上海生命科学院生物化学与细胞生物学研究所蛋白质组研究分析中心研究员曾嵘作为大会“青年科学家奖项”获得者受邀参会，并作题为“Proteomic Approaches to Human Plasma”的报告。

该会议自 1984 年举办第一届以来，每 5 年举办一次。会议内容包括农业化学、生物化学、化学与社会、环境与绿色化学、无机化学、大分子化学、材料化学与纳米技术、药物化学、有机化学、物理与理论化学等。

（李旭芬）

【诺贝尔奖获得者受聘担任生化与细胞所荣誉教授】 1989 年诺贝尔化学奖得主 Dr. Sidney Altman 5 月 9 日正式受聘为中国科学院上海生命科学研究院生物化学与细胞生物学研究所荣誉教授，成为生化与细胞所首位获诺贝尔奖的荣誉教授。

（李旭芬）

第二节　优秀人才

【2005年度上海地区新增11位中国科学院院士】 简介如下。

江　明　男，1938年生，江苏扬州人。高分子科学专家。目前担任复旦大学高分子系教授，中国化学会高分子委员会副主任等。曾任国际纯粹和应用化学会（IUPAC）大分子分部国家代表，太平洋高分子联合会（PPF）理事等。自1981年起开展高分子物理化学研究，发表学术论文180余篇。并著《高分子合金的物理化学》，合著《大分子自组装》，编《高分子科学的近代论题》。主要从事高分子间的相互作用与多尺度相结构研究。发现嵌段共聚物/相应均聚物相容性的链构造效应，得到高分子共混物的密度梯度模型；提出和证实了氢键相互作用导致的不相容—相容—络合转变。在大分子组装方面，建立了一系列的聚合物胶束化的新途径，获得了核—壳间由非共价键连接的聚合物胶束和空心纳米球，形成了胶束化的“非嵌段共聚物路线”。以上的科学结论得到国内外同行的认同和采用。应邀在国际知名和权威性的化学及高分子期刊上就迄今从事的四个方面的主要研究撰写了评述。2005年当选为中国科学院院士。

（王小华）

麻生明　男，1965年生，浙江东阳人。有机化学专家。1990年获中科院上海有机化学研究所博士学位。现为该所和浙江大学（长江特聘教授）共聘研究员、博士生导师，并担任金属有机化学国家重点实验室和上海有机所学报联合编辑室主任。他的主要工作为：(1)金属参与的联烯化学：缺电子联烯的氢卤化反应和官能团化联烯的多组份偶联关环反应。(2)联烯亲电加成反应的立体化学及区域选择性调控。(3)亚烷基环丙烷及环丙烯的选择性碳－碳键断裂。他是国家“973”项目“创造新物质的分子工程学”的首席科学家之一，陆续主持了基金委重点项目、国际合作重大项目、优秀实验室项目、杰出青年基金项目和中国科学院“创新方向性项目”、“九五”重大基础研究等项目。作为项目负责人共发表论文128篇。曾近20次应邀在国际学术会议上作报告；应国际著名科学家的邀请在三本英文专著中撰写了三章；2004年获得了Mr. and Mrs. Sun Chan Memorial Award；2005年获得了OMCOS Award，国际评奖委员会肯定了他在金属催化的联烯反应方面的创造性贡献；“金属参与的联烯化学中的选择性调控”获2004年上海市科技进步一等奖。2005年当选为中国科学院院士。

（杨慧娜）

颜德岳　男，1937年生，浙江永康人。高分子化学专家。上海交通大学教授。1961年毕业于南开大学化学系，1965年吉林大学化学系研究生毕业。2002年获比利时Leuven天主教大学自然科学博士学位。长期致力于聚合反应动力学研究、超支化聚合物的分子设计和不规整聚合物的超分子组装领域的研究。提出了聚合物分子量分布等分子结构参数及其与聚合反应条件之间的数学关系；利用不同聚合反应基团的活性差别，建立了用商品化的双组分单体原位合成AB2型中间体的方法大量制备超支化聚合物的新方法，并采用该方法合成了一系列复杂的新型超支化聚合物；基于氧杂环单体的自缩合开环聚合反应，合成了一种带超支化“核”合聚氧化乙烯“臂”的两亲性多臂共聚物；进而提出了其分子堆砌模型和宏观分子自组装机理，在实验室实现了宏观尺度的分子自组装和结构不规整大分子的宏观自组装。2005年当选为中国科学院院士。

（武雪萍）

王正敏　男，1935年生，浙江宁波人。耳鼻咽喉－头颈外科学专家。中国现代耳显微外科、耳神经外科、耳鼻区颅底外科的主要奠基人。复旦大学附属眼耳鼻喉科医院教授，主任医师。1955年毕业于上海第一医学院（现复旦大学医学院）医疗系。1982年获瑞士苏黎世大学博士学位。现兼任复旦大学耳鼻喉国家重点学科主任，卫生部和上海市听觉医学科学研究所所长等。长期从事听觉医学和耳神经－颅底显微外科的研究，是中国此领域的主要开拓者和国际颅底外科学会创始人之一。组织并主持国产人工耳蜗的研制。创建了卫生部听觉医学重点实验室。在保护和重建神经功能的耳外科，侧、前颅底神经血管区显微外科，头颈肿瘤和再造外科，自主创新的人工耳蜗和内耳细胞损伤修复机制等方面作出了突出贡献,使聋残人复聪率和耳神经-颅底疾病治愈率得到明显提高,使中国在该领域位居国际先进行列并培养了一批优秀科技人才。作为第一完成人,荣获国家科技进步奖三项(二等奖1项,三等奖2项),省部级奖16项,主编《王正敏耳显微外科学》、《颅底外科学》等专著和著作12本,国内外发表论文200多篇,已培养博士后4名,博士30余名。曾荣获全国先进工作者(全国劳模)、全国五一劳动奖章、中国医师奖、上海市劳模、上海市科技精英等奖项。2005年当选为中国科学院院士。

(王小华)

王恩多 女,1944年生,山东省诸城人。生物化学与分子生物学专家。中科院上海生命科学研究院生物化学与细胞生物学研究所研究员。1969年和1981年中科院上海生物化学研究所研究生毕业,1981年获硕士学位。长期从事酶学和酶与核酸相互作用的研究。在蛋白质生物合成中关键的氨基酰-tRNA合成酶与tRNA相互作用的研究中做出重要贡献:从酶和tRNA的角度,用生物化学和分子生物学等手段研究了原核和人氨基酰-tRNA合成酶在氨基酰化tRNA和编校误氨基酰化tRNA中涉及到的氨基酸和核苷酸残基,最先提出大肠杆菌亮氨酰-tRNA合成酶的CP1结构域与编校误氨基酰-tRNA有关,系统研究了超嗜热菌亮氨酰-tRNA合成酶单独的CP1结构域编校功能,提出古老的细菌带有合成酶的进化遗迹,证明了氨基酰-tRNA合成酶/tRNA共进化的理论,为中国在该领域取得国际地位作出了突出贡献。2005年当选为中国科学院院士。

(李旭芬)

邓子新 男,1957年生,湖北房县人。微生物学专家。上海交通大学教授。1982年毕业于华中农业大学微生物专业,1987年获英国East Anglia大学分子微生物学博士学位。现任上海交通大学Bio-X生命科学研究中心副主任,兼任5个国际刊物编委。长期从事微生物分子生物学研究,在重要类别抗生素生物合成基因克隆、定位、结构功能分析、表达和遗传调控机制、抗生素代谢工程与药物创新、天然产物的生物化学与组合生物合成等方面取得了系统性研究进展,提出了多个国际认同的抗生素生物合成分子机制的理论模型,利用遗传操作高产了重要抗生素,并产生了系列药物衍生物,是中国在微生物代谢途径与代谢工程研究领域的主要学术带头人之一。在众多细菌DNA大分子上首次发现了硫(S)修饰,打开了DNA硫化修饰新领域。2005年当选为中国科学院院士。

(武雪萍)

陈晓亚 男,1955年生。植物生理学专家。中科院上海生命科学研究院植物生理生态研究所研究员。1982年毕业于南京大学生物学系,1985年在英国里丁(Reading)大学获博士学位。现任植物生理生态研究所所长、植物分子遗传国家重点实验室主任、中国植物生理学会常务副理事长、国际棉花基因组协调委员会(ICGI)委员等职。长期从事植物次生代谢和棉纤维发育研究,早期曾从事植物分类学研究。对植物倍半萜代谢,尤其是棉花和青蒿萜类生物合成及调控开展了系统深入的研究,克隆鉴定了棉酚合成途径一系列酶和调控因子基因,并将棉花漆酶用于环境修复。通过对棉纤维发育相关转录因子的分析,鉴定了调控基因并提出其内含子起重要作用,为揭示棉纤维和植物表皮毛细胞发育的分子机制做出了贡献。在植物microRNA领域,发现激素和miR160通过生长素应答因子控制根尖顶端细胞分化和根冠形成。2005年当选为中国科学院院士。

(王世杰)

贺 林 男,1953年生,北京人。遗传生物学专家。上海交通大学教授。1991年毕业于英国佩士来大学,获理学博士学位。现任上海交通大学Bio-X中心主任,生命技术学院副院长和中国科学院上海生命科学研究院营养科学研究所室主任。长期从事人类遗传学和各类组学的研究,揭开了困扰人类几乎整整一个世纪的有史以来所记载的第一例孟德尔常染色体显性遗传病A-1型短指(趾)症的致病之谜;发现了得到国际公认的第一例以中国人姓氏"贺—赵缺陷"命名的新遗传病并成功对其致病基因进行了定位;发现了怀孕期营养不良的影响可增加胎儿以后的精神分裂症发病率;在中国人群中发现和证实了多个精神疾病易感基因。在所从事领域做出了具有力度、特色和国际影响的开创性工作。2005年当选为中国科学院院士。

(武雪萍)

赵国屏 男,1948年生。分子微生物学专家。中科院上海生命科学研究院植物生理生态研究所研究员。1982年获复旦大学微生物学学士，1990年获美国普度大学生物化学博士。现任国家人类基因组南方研究中心执行主任，生物芯片上海国家工程研究中心主任，兼任中国微生物学会和生物工程学会理事，上海微生物学会副理事长。研究微生物代谢调控以及酶的结构功能关系与反应机理，开发相应的微生物和蛋白质工程生物技术。主持若干微生物基因组和功能基因组研究，完成对重要致病菌3/4问号钩端螺旋体的全基因组测序和注释，鉴定若干关键代谢途径和基因功能，为深入研究致病机理提供新的思路。主持SARS分子流行病学和SARS冠状病毒进化研究，为认识该病毒的动物源性及其从动物间传播到人间传播过程中基因组、特别是关键基因的变异规律奠定了基础。2005年当选为中国科学院院士。

（王世杰）

何积丰　男，1943年生，祖籍浙江。计算机软件专家。1965年毕业于复旦大学数学系。现任华东师范大学终身教授、软件学院院长，上海嵌入式系统研究所所长。1980年起，从事程序设计理论及其应用研究。1986年和C. A. R. Hoare提出了“程序分解算子”，并将规范语言与程序语言看成是同一类数学对象。接着又提出了采用“关系代数”作为程序和软件规范的统一数学模型，使得关系代数可用来描写程序的分解和组合过程，直接支持软件的开发。在数据精化方面，给出了处理非确定性程序语言数据精化的完备方法。1995年，在总结了多类程序语言语义理论和方法的基础上，与C. A. R. Hoare提出了程序设计统一理论和连接各类程序理论的数学法则。还提出了用形式化的界面理论沟通几种程序语言，以及非确定性数据流的数学模型及代数定律。近年来，他研究的软硬件协同设计系统，为减少系统芯片设计时间和降低成本提供了有益的方法。2001年以来，先后担任4个国家和上海市科研项目的主持人。曾被授予“国家级有突出贡献中青年专家”称号，先后获原国家教委“优秀科技成果”奖、电子工业部科技成果一等奖、上海市科技进步一等奖、国家自然科学二等奖(独立完成)等奖项。2005年当选为中国科学院院士。

（梁宗禧）

褚君浩　男，1945年生，江苏宜兴人。窄禁带半导体物理专家。1966年毕业于上海师范学院物理系，1981年和1984年先后获中科院上海技术物理研究所硕士、博士学位。现任所科技委副主任。他长期从事红外光电子材料和器件的研究，开展了用于红外探测器的窄禁带半导体碲镉汞(HgCdTe)和铁电薄膜的材料物理和器件研究。提出了HgCdTe的禁带宽度等关系式，被国际上称为CXT公式，广泛引用并认为与实验结果最符合；建立了研究窄禁带半导体MIS器件结构二维电子气子能带结构的理论模型；发现HgCdTe的基本光电跃迁特性，确定了材料器件的光电判别依据；开展铁电薄膜材料物理和非制冷红外探测器研究，研制成功PZT和BST铁电薄膜非制冷红外探测器并实现了热成像。2005年当选为中国科学院院士。

（孙　迪）

【2005年度上海地区新增4位中国工程院院士】 简介如下。

沈祖炎　男，1935年生，浙江杭州人。结构工程专家。曾任同济大学副校长、研究生院院长、国家土木工程防灾重点实验室主任、上海防灾救灾研究所所长等职，现为同济大学教授、博导、国家级专家等。发表论文300余篇，出版著作近20部，主编和参编与钢结构有关的规范、规程11本，主持40余项国家及省部级科研项目和20余项重大工程项目的关键问题研究，获国家级和省部级科技进步奖25项，教学成果奖10项。在国际上曾任美国结构稳定研究委员会委员、国际桥梁与结构协会钢木结构委员会委员等职，现为英国土木工程师学会资深会员。在国内任有中国工程建设标准化协会轻钢结构委员会副主任委员、中国钢结构协会结构稳定与疲劳协会副理事长等10余项学术职务。曾获“中青年有突出贡献专家”、“全国模范教师”、“全国高等学校先进科技工作者”、“上海市科技精英提名奖”等光荣称号。2005年当选为中国工程院院士。

（许伟良）

林元培　男，1936年生，福建莆田人。桥梁设计专家。中国工程设计大师(1989)、上海市政工程设计研究总院资深总工程师。从事桥梁设计近50年，主持设计各类桥型，均取得成功。在桥梁工程设计和技术创新方面主要内容有：主持设计嘉陵江石门大桥(1989年通车，获1991年国家科技进步一等奖)、上海南浦大桥(1991年通车，获1994年国家科技进步一等奖)、上海杨浦大桥(1993年通车，跨度602m，建成时为世界第一大跨度斜拉桥，获詹天佑土木工程大奖)、上海徐浦大桥(1997年通车,获国家优秀设计金质奖)、重庆李家沱长江大桥(1996年通车,建成时为中国跨度最大混凝土斜拉桥,获国家优秀设计金质奖)、上海卢浦大桥(2003年通车,为全焊接钢结构,跨度550m,是世界第一大跨度拱桥,2004年获美国国际桥梁协会授予的Eugene C. Figg Jr奖,获2005年国家科技进步二等奖)、东海大桥(2005年12月通车,获2005年上海市科技进步一等奖)。2005年当选为中国工程院院士。

(汤　伟)

王红阳　女,1952生,肿瘤分子生物学专家。德国乌尔姆大学博士,教育部"长江学者奖励计划"特聘教授,主任医师。现任第二军医大学国际合作生物信号转导研究中心主任,东方肝胆外科研究所副所长,东方肝胆外科医院综合治疗二科主任。长期从事肿瘤信号传导的基础与临床研究,对肿瘤信号转导有重要建树。1997年回国创建生物信号转导研究中心和综合治疗病区,形成基础与临床结合的创新基地;研发了新的肝癌血清诊断标志物,获国家发明专利;发现新的抑制性受体对肝癌细胞生长、凋亡的调控机制和癌基因p28在肝癌的异常信号通路,为肝癌防治提供新靶标;克隆鉴定新的受体和非受体型酪氨酸磷酸酶,提出磷酸酶MAM型新分类方法。承担国家自然科学基金重点项目、国家杰出青年基金、科技部"973"计划、"863"计划和上海市重点项目等多项科研课题。在*Gastroenterology*、*Hepatology*、英国《自然》(*Nature*)等国际著名期刊发表论文70余篇,影响因子大于190,他人引用543次。获军队科技进步一等奖、上海市医学科技一等奖和市科技进步二等奖等。获国家发明专利授权4项。2004年获何梁何利基金科学与技术奖,2003年被授予"上海市十大科技精英"称号。兼任国家"863"计划生物和现代农业技术领域主题专家、国家自然科学基金委聘用专家、国务院学位办学科评议组成员和《中华实验外科》副主编等职。2005年当选为中国工程院院士。

(秦若辉)

曹雪涛　男,1964年生,山东济南人。免疫学专家。现任第二军医大学副校长、第二军医大学免疫学研究所所长,专业技术少将。国家免疫学重点学科带头人,国家杰出青年科学基金获得者,国家"973"计划免疫学项目首席科学家,"十五""863"计划生物技术与现代农业领域专家,任中国免疫学会肿瘤免疫与生物治疗专业委员会主任委员、中国青年科协副主席、《中国肿瘤生物治疗杂志》主编等。主要从事树突状细胞为重点的基础免疫学、新基因的发现及免疫新分子功能、肿瘤免疫和基因治疗的基础与临床研究。以通讯作者在英国《自然免疫学》(*Nature Immunology*)、美国《血液》(*Blood*)、*J. Immunol*、美国《肿瘤研究》(*Cancer Research*)、美国《生物化学杂志》(*JBC*)等SCI收录的国外杂志发表论文106篇,主编专著3部,是国家"973"免疫学项目及国家自然科学基金重大项目负责人。以第一完成人获国家自然科学二等奖(2003)、上海市科技进步一等奖(2001)、军队科技进步一等奖(1998),以第一申请人申报国家发明专利16项,合作申请27项,已经获得授权13项。牵头研制的4种生物高技术产品已试用于临床(其中2种已获国家新药证书)。2005年当选为中国工程院院士。

(秦若辉)

【上海6人当选2005年度"973"计划首席科学家】
简介如下。

任秋实　男,1964年生,博士,上海交通大学生命科学技术学院教授,博士生导师,上海交通大学激光与光子生物医学研究所所长。1984年本科毕业于华中科技大学光学工程系,1985年9月公派留学美国俄亥俄州立大学电机工程系,先后于1987获硕士学位;1990年获博士学位。于1986年开始从事视觉光学和激光与生物组织相互作用的基础理论和应用开发研究。1989年6月至1990年2月在美国哈佛大学医学院附属麻省总医院Wellman Laboratories of Photomedicine和麻省眼耳医院眼科激光中心任研究助理,从事视觉光学、激光与眼组织相互作用的机理研究。1990年3月至1994年12月,任美国佛罗里达州迈阿密大学眼科系和生物医学工程系助理教授,从事视觉光学、眼科生物物理和激光医学的基础理论及应用研究;1994年后进入美国加州大学尔湾分校的伯克曼激光医学中心及眼科系任职副教授,从事眼科生物物理方面的研究。在SCI、EI收录的杂志上发表了50篇学术论文,单篇论文SCI引文库最高引用45次,论文累积引用155次,于1993～1995先后三年担任SPIE/眼科技术分会的会议主席,先后研制开发了多个眼科医用激光产品,获得1项美国专利。

杨玉良　男,1952 年生,中国科学院院士,复旦大学教授、博士生导师,"长江学者计划"特聘教授。现任复旦大学副校长。中山大学和同济大学兼职教授、《化学学报》副主编、《高等学校化学学报》和《功能高分子学报》等 5 份刊物的编委。科技部"攀登计划——高分子凝聚态物理基本问题研究"预选项目召集人。主要研究成果有:(1)建立高分子构象与粘弹性的图形理论。(2)发展了高分子液晶理论并研制成功高分子包埋液晶材料。(3)对多相高分子复杂流体的相分离形态、动力学及其流变行为进行了创新性的研究并成功地研制出相关测量仪器。(4)发明了活性自由基聚合反应的增速方法。(5)在国内外著名学术刊物上发表论文 200 余篇,出版专著一部,申请专利 8 项(其中国际专利 2 项),论文被引用 800 余次。曾获"国家教委霍英东研究类奖"、"上海市自然科学首届牡丹奖"、"求是杰出青年学者奖"、"教育部科学技术进步一等奖和二等奖"和"国家科技进步二等奖"等 10 多项奖励。1999～2004 年任"973"项目"通用高分子材料高性能化的基础研究"首席科学家。1996 年获"国家杰出青年科学基金"。2003 年获"中石化科技进步一等奖",2004 年获"国家科技进步二等奖"。

裴　钢　男,现任中科院上海生命科学院院长。1981 年毕业于沈阳药科大学获学士学位、1984 年获硕士学位。1985 年在比利时 Ghent 国立大学 UNIDO/WHO 学习班进修药物学。1986 年在瑞典卡罗林斯卡研究所临床药理系进行访问研究。1991 年获美国北卡大学生物化学和生物物理学博士学位,其后在美国杜克大学进行博士后研究。1995 年应聘担任中国科学院/德国 Max Planck 学会青年科学家小组组长和中科院上海细胞生物学研究所研究员,成立了细胞信号转导研究组,开展对 G 蛋白偶联受体信号转导的调控以及与其他信号转导体系间相互作用的研究。近年来,其研究组开始深入研究信号转导与老年痴呆症,G 蛋白耦联受体对表观遗传网络的调节,以及阿片类药物影响神经系统认知障碍等的分子、细胞及神经机制进行了广泛系统的研究,取得了显著的成绩。裴钢研究员近年来在国际学术刊物上发表学术论文 80 多篇,已被 SCI 收录的国际杂志引用数百次。其现在的主要研究方向:(1)神经系统疾病中细胞信号转导对表观遗传网络的调控。(2)神经系统中细胞信号转导通路间的相互作用。(3)药物成瘾等神经系统疾病的分子和细胞机制。1996 年获"国家杰出青年科学基金",1997 年获(香港)求是科技基金会"杰出青年学者奖"等荣誉。

曹谊林　男,1954 年生,博士,教授,博士生导师,"973"项目"组织工程的基本科学问题"首席科学家。1991 年在上海第二医科大学获博士学位。同年获美国整形外科基金会奖学金,在美国哈佛大学从事博士后研究,主攻组织工程学。目前担任上海交通大学医学院附属第九人民医院副院长,上海交通大学医学院整形外科医院院长,上海整复外科研究所所长,国家组织工程中心主任,上海市组织工程重点实验室主任,上海组织工程研究与开发中心主任。学术职务:"长江学者奖励计划"特聘教授,中国生物材料学会副主任委员,中国医师协会美容与整形医师分会副主任委员,中国生物医学工程学会理事。曾荣获"中华人民共和国人事部中青年有突出贡献专家"称号,"中国科学技术协会全国优秀科技工作者"称号,"全国杰出专业人才"称号,"全国归侨侨眷先进个人"荣誉称号,获"留学回国人员成就奖"。其个人成果获得美国整形外科 James Barrett Brown 奖,"国家杰出青年基金会国家杰出青年"称号,教育部全国高校十大科技创新奖,"求是科技基金会国家杰出青年学者"称号,"上海市科技精英"称号,其研究成果获得过上海市科学技术进步奖一等奖 1 项,高校科学技术二等奖 1 项,中华医学科技奖二等奖 1 项等奖项。

王明贵　男,1966 年生。1995 年毕业于上海医科大学,获博士学位,1995 年复旦大学附属华山医院抗生素研究所工作至今,2001～2003 年在美国哈佛医学院从事感染性疾病的诊治、细菌耐药性及耐药机制研究、抗菌药临床药理研究的博士后工作。现为复旦大学医学院附属华山医院抗生素研究所教授、主任医师、副所长,中华医学会上海分会感染化疗学会委员,美国微生物学会会员,《中国抗感染化疗杂志》常务编委。自 2001 年以来从事细菌对喹诺酮类抗菌药的质粒介导耐药机制研究,课题内容前沿,取得了重要进展,并以第一作者身份在国际著名刊物发表论文 3 篇(SCI 收录,影响因子>4 分),其中 2003 年 7 月发表的论文被美国微生物学会(ASM)的会员杂志 *ASM News* 以"Journal Highlights"选中作介绍、推荐。2003 及 2004 年发表的论文已被国际刊物分别引用 18 次及 10 次,引用刊物的 IF 均>3 分。作为课题负责人已完成科技部"863"计划子课题 1 项。目前作为课题负责人承担“863”计划子课题、上海市科委重大攻关项目及国家自然科学基金各1项。已发表论文26篇,5年内以第一作者身份在SCI收录的国际刊物上发表5篇,参与9本医学专著的编写。

王跃林 男,1959年生,博士,教授,1982年在浙江大学获学士学位,1985年在哈尔滨工业大学获硕士学位,1989年在清华大学获博士学位,1985年8月在浙江大学信电系工作,1991年晋升副教授,1993年晋升教授,1994年聘为博导,1995年和1996年应邀分别到香港科技大学和日本东北大学访问研究一年。1982年开始从事微传感器的研究工作,1986年开始从事微机械和MEMS的研究工作。在Proceedings of the IEEE等国内外杂志和会议上发表论文近200篇,其中SCI收录30余篇,EI收录40余篇(不包括同时被SCI收录的论文),获发明专利授权10余项,实用新型专利授权5项,受理发明专利22项。1991年被原国家教委列为全国重点跟踪的优秀青年教师,1992年开始享受政府特殊津贴,1998年入选中国科学院“百人计划”,2001年终期评估为优秀,2003年获上海市科技进步二等奖一项(第一完成人)和教育部自然科学二等奖一项(第二完成人),2004年入选国家“首批新世纪百千万人才”。1999年12月被科技部聘为“973”项目“集成微光机电系统研究”项目首席科学家,同时还是总装微米纳米技术专业组成员和科技部MEMS“863”重大专项专家组成员。此外,他还担任了国际固态传感器和执行器会议“Transducers01”和“Transducers03”连续两届程序委员。

(施强华)

【上海8人获2005年度何梁何利基金奖】 10月14日,何梁何利基金2005年度颁奖大会首次在上海举行,共有47位科学家获此殊荣。其中,上海1人获“科学与技术成就奖”,7人获“科学与技术进步奖”(名单如下)。中共中央政治局委员、上海市委书记陈良宇出席会议并讲话,并为荣获“科学与技术成就奖”的杰出科学家颁奖。中国科学院院长路甬祥、国务委员陈至立等领导向大会发来贺信。

科学与技术成就奖(1人)

谷超豪 著名数学家,1926年5月生于浙江温州。浙江大学本科毕业。莫斯科大学博士。中国科学院院士。复旦大学教授。谷超豪院士在50多年科研生涯中,在纯粹数学和应用数学领域做出多项开拓性工作,在多元与高阶混合偏微分方程领域有突破性贡献,运用双曲型方程、孤立子理论解决激波存在性、钝体超音速绕流等问题取得卓著成就。

科学与技术进步奖(7人)

序号	姓名	授奖学科	工作单位
1	李大潜	数学力学	复旦大学
2	郑兆鑫	生命科学	复旦大学
3	池志强	医学药学	中科院上海药物研究所
4	曹雪涛	医学药学	第二军医大学
5	赵国屏	医学药学	中科院上海生命科学研究院
6	张　旭	医学药学	中科院神经科学研究所
7	徐元森	技术科学	中科院上海微系统与信息技术研究所

(尹邦奇 吴洁敏)

【上海28人入选2005年度长江学者特聘教授、讲座教授和“长江学者成就奖”】 根据《“长江学者和创新团队发展计划”长江学者聘任办法》(教人[2004]4号)和《“长江学者成就奖”实施办法》(教人司[2005]209号)的有关规定,经专家认真评审,共有195人入选2005年度长江学者特聘教授、讲座教授和“长江学者成就奖”,上海有14人入选特聘教授,13人入选讲座教授(名单如下),第二军医大学曹雪涛入选2005年度“长江学者成就奖”。

2005年度上海入选长江学者特聘教授名单一览表(14人)

申报学校	设岗学科	姓名	现任职单位	现任专业技术职务
复旦大学	运筹学与控制论	汤善健	复旦大学	教授
复旦大学	同步辐射谱学	封东来	复旦大学	教授
复旦大学	环境科学(大气化学)	杨　新	美国华盛顿州立大学	研究科学家
复旦大学	药物化学	A. Murchie	复旦大学	首席研究员

（续表）

申报学校	设岗学科	姓名	现任职单位	现任专业技术职务
复旦大学	人体解剖与组织胚胎学	张素春	美国 Wiscosin－Madison 大学	助理教授
复旦大学	微电子学和固体电子学	张世理	瑞典皇家工学院	Universitets _ lektor
复旦大学	政治学	林尚立	复旦大学	教授
复旦大学	中国古典文献学	张涌泉	浙江大学	教授
华东师范大学	光学	张卫平	华东师范大学	教授
华东师范大学	中国哲学	杨国荣	华东师范大学	教授
上海交通大学	肿瘤病理生理学	陈国强	上海交通大学医学院	研究员
上海交通大学	植物学	杨洪全	中科院上海生命科学研究所	研究员
上海交通大学	船舶与海洋工程	马　宁	日本独立行政法人水产综合研究中心水产工学研究所	副教授
上海交通大学	核科学与技术	程　旭	德国 Institute of Nuclear and Energy Technologies	Senior Researcher

2005 年度上海入选长江学者讲座教授名单一览表(13 人)

申报学校	设岗学科	姓名	现任职单位	现任专业技术职务
复旦大学	基础数学	郁国樑	美国 Vanderbilt 大学	教授
复旦大学	基因组学	谷　迅	美国 Iowa 州立大学	副教授
复旦大学	发育生物学	韩　珉	美国科罗拉多大学	教授
复旦大学	生物有机化学	杨　丹	香港大学	教授
复旦大学	生物化学与分子生物学	袁钧瑛	美国哈佛大学	教授
复旦大学	新闻传播学	陈韬文	香港中文大学	教授
上海交通大学	数学	杨　彤	香港城市大学	教授
上海交通大学	高分子化学与物理	危　岩	美国 Drexel 大学	教授
上海交通大学	生物医学工程	沈　洁	美国哈佛大学	副教授
上海交通大学	草业科学	黄炳如	美国 Rutgers 大学	教授
上海交通大学	控制理论与控制工程	林宗利	美国弗吉尼亚大学	教授
上海交通大学	电气工程	江晓东	美国康奈尔大学	教授
同济大学	防灾减灾工程与防护工程	付公康	美国 Wayne 州立大学	教授

（刘唯聪）

【上海地区 21 人获国家杰出青年基金资助】 2005 年，国家杰出青年基金共资助 160 名科技人员，其中上海 21 人(名单如下)，占总数的 13.75%。

2005 年度国家杰出青年科学基金上海地区获资助者一览表(21 人)

序号	姓名	研究领域	工作单位
1	郭坤宇	算子理论和算子代数，Hibert 模的几何分析	复旦大学
2	曾和平	超快光子学、量子保密通信、非线性光学	华东师范大学
3	王　斌	引力论和宇宙论	复旦大学

（续表）

序号	姓名	研究领域	工作单位
4	孔继烈	电化学分析	复旦大学
5	邵正中	天然高分子	复旦大学
6	赵　刚	有机化学	中科院上海有机化学研究所
7	刘　文	微生物学	中科院上海有机化学研究所
8	朱　军	分子生物学	上海第二医科大学
9	戈宝学	分子免疫学	中科院上海生命科学研究院上海第二医科大学健康科学中心
10	丁玉强	神经生物学	中科院神经科学研究所
11	邹云增	心血管系统内科学	复旦大学
12	刘廷析	血液与淋巴系统内科学	上海第二医科大学
13	沈　旭	药物设计学	中科院上海药物研究所
14	李华伟	耳鼻喉科学	复旦大学
15	周嘉伟	神经生物学	中科院上海生命科学研究院生物化学与细胞生物学研究所
16	缪朝玉(女)	心血管系统药物药理学	中国人民解放军第二军医大学
17	顾　辉	结构陶瓷	中科院上海硅酸盐研究所
18	孔向阳	光电信息与功能材料	上海交通大学
19	汪长春	有机高分子功能材料	复旦大学
20	朱向阳	机器人机械学	上海交通大学
21	闵永刚	半导体材料	复旦大学

（唐　郁）

【上海地区 15 人获海外和香港、澳门青年学者合作研究基金资助】 2005 年，上海地区 15 人获海外和香港、澳门青年学者合作研究基金资助（名单如下），资助金额为 40 万元。

2005 年海外和香港、澳门青年学者合作研究基金上海地区获资助者一览表（15 人）

序号	姓名	项目名称	工作单位
1	武汝前	磁学性质	复旦大学
2	周定轩	应用数学	复旦大学
3	王来生	溶液结构	复旦大学
4	曾适之	催化	复旦大学
5	祝　磊	高聚物聚集态结构	复旦大学
6	卓　敏	感觉系统神经生物学	复旦大学
7	纪如荣	感觉系统神经生物学	复旦大学
8	桂长峰	偏微分方程	华东师范大学
9	叶　林	固体力学	上海交通大学
10	刘重持	细胞生物学及发育生物学	上海交通大学
11	陈志璋	微波集成电路与元器件	上海交通大学
12	黄家声	星系和类星体	上海师范大学
13	崔建民	病理生理学	同济大学

（续表）

序号	姓名	项目名称	工作单位
14	帅　克	生物化学和分子生物学	中科院上海生命科学研究院
15	刘惠春	半导体光电子学	中科院上海微系统与信息技术研究所

（唐　郁）

【上海地区3人获国家杰出青年科学基金（外籍）资助】 2005年，上海地区3人获国家杰出青年科学基金（外籍）资助（名单如下）。

2005年国家杰出青年科学基金（外籍）上海地区获资助者一览表（3人）

序号	姓名	项目名称	工作单位
1	张卫平	原子和分子物理	华东师范大学
2	陈　雁	生物化学和分子生物学	中科院上海生命科学研究院
3	任秋实	生物电子学	上海交通大学

（唐　郁）

【蒋锡夔、汤钊猷荣获2005年度上海市科技功臣奖】 2005年，蒋锡夔、汤钊猷荣获上海市科技功臣奖（简介如下）。

蒋锡夔　中国科学院院士，中科院上海有机化学研究所研究员，著名的物理有机化学家。

他的主要科学贡献在于：(1)发明了含氟烯烃与三氧化硫的重要反应，合成了新型化合物β-磺内酯。主持军工和民用项目氟橡胶和氟塑料的研制，为军工生产和氟材料工业做出了贡献。(2)自20世纪80年代以来，主要从事由疏水亲脂作用驱动的有机分子簇集、解簇集和自卷的研究及自由基化学中取代基自旋离域参数的研究。在有机分子簇集和自卷研究方面，提出了溶剂促簇能力、共簇集、解簇集和静电稳定化簇集体等创新概念。建立了研究有机分子簇集的实验方法和判断标准。研究了分子结构和形状因素、溶剂效应、盐效应和温度等对有机分子在疏水亲脂作用下簇集和自卷的影响。在自由基化学研究方面，建立了反映取代基对双键极化程度影响的极性参数和反映取代基自旋离域能力的参数。首次提出对所有自由基反应用双参数方程系数的绝对值之比作为取代基极性和自旋离域效应相对权重的判别尺度分类，成功解决了长期困扰自由基化学界如何评估这两种效应的重大问题。

在国内外刊物上共发表文章120篇，出版专著1部，被国内外刊物引用802次，引用刊物的影响因子总和为1 816。被邀请在国际会议和国外大学、研究机构作报告120余次，并培养了一批优秀人才。先后获得国家自然科学一等奖1项、三等奖1项，中科院自然科学一等奖2项，并被授予“全国劳动模范”称号。他在国际化学界具有广泛影响力，为中国的化学学科基础研究作出了重大贡献，是中国化学界的优秀代表。

汤钊猷　中国工程院院士，复旦大学附属中山医院教授，国际著名肝癌研究学者，从事肝癌临床与基础研究37年。

他的主要科学贡献在于：(1)最早系统提出“亚临床肝癌新概念”。在肝癌的早期诊断和早期治疗方面，创用甲胎蛋白动态分析诊断没有症状的肝癌，大幅度地提高了手术效果；对合并肝硬化的小肝癌，以局部切除代替肝叶切除，使手术死亡率降低到10%左右；发现对亚临床期复发的肝癌再切除可进一步提高疗效，明显延长了患者生存期，有的甚至获得根治。(2)在国际上最早系统提出对不能切除的肝癌采用缩小后切除的治疗方案，大大提高了肝癌患者治疗后的5年生存率。(3)针对肝癌术后转移复发率很高的难题，在国际上最早建成“高转移潜能人肝癌模型体系”。这个模型体系包括：高转移人肝癌裸鼠模型、高转移人肝癌细胞系、相同细胞遗传背景人肝癌高、低转移细胞系和转移潜能逐级递增的人肝癌细胞系，并探索了肝癌转移复发率高的机理。

他对肝癌临床和基础的研究在国际学术界产生了重要影响，发表 SCI 收录文章 181 篇，他引 2 043次，主编专著 8 本，特别是《亚临床肝癌》被国际上公认为肝癌研究的里程碑著作。曾担任两届国际抗癌联盟理事，两次担任国际癌症大会肝癌分会主席，5 次主办大型国际会议，80 次应邀在国际学术会议上作专题报告，当选为美国外科学会名誉会员。先后获得国家科技进步奖一等奖 1 次和三等奖 2 次、部市级一等奖 6 次。他为中国培养了一大批优秀人才，曾获全国五一劳动奖章，全国高校先进科技工作者和白求恩奖章。

（尹邦奇　吴洁敏）

【蒲慕明荣获 2005 年度中华人民共和国国际科学技术合作奖】 2006 年 1 月 9 日，全国科学技术大会在北京开幕。国务院总理温家宝在会上宣读了《国务院关于 2005 年度国家科学技术奖励的决定》。5 位外国专家获中华人民共和国国际科学技术合作奖，中科院上海生命科学院神经科学研究所研究员蒲慕明榜上有名（简介如下）。

蒲慕明　男，1948 年生，美国籍，博士。国际著名神经生物学家，从事轴突导向和突触可塑性的分子与细胞机制研究。1970 年毕业于台湾清华大学，1974 年在美国约翰·霍普金斯大学获得生物物理博士学位。1974～1976 年在普度大学完成博士后研究，之后分别在美国加州大学欧文分校（1976～1985）、耶鲁大学（1985～1988），哥伦比亚大学（1988～1995），及加州大学圣地亚哥分校（1996～2000）任职。现任美国加州大学伯克利分校分子与细胞生物学系讲座教授、神经生物学部主任。1999 年 11 月成为中科院神经科学研究所首位外籍所长。共发表了 130 余篇有关膜生物物理、突触生理、发育神经生物学等方面的论文。他目前是《细胞生物学杂志》、《神经科学杂志》、《神经元》杂志的编委。承担国家重点基础研究发展规划项目"脑发育和可塑性的基础研究"（2000～2004）。

他为中国成功地建立了一个新型的基础科学研究所，他坚持科学研究的原创性、本土性，激励和推动全所科研人员瞄准科学重要问题，为提高中国神经科学在国际中的学术地位做出应有的贡献。至 2005 年 8 月，中科院神经所在 *Cell*、《自然》（*Nature*）、《科学》（*Science*）等国际著名学术期刊上发表高水平原创性研究论文 22 篇。现研究所共有 14 位研究组组长，其中 5 人获得国家自然科学基金委员会杰出青年科学基金的资助，4 人获得创新研究群体资助，9 人获得中科院"百人计划"资助。研究所成立 5 年以来，共有 33 位研究生获得全国百篇优秀论文奖、中国科学院院长特别奖、中国科学院院长优秀奖等。

（尹邦奇　吴洁敏）

【33 人获上海市科技领军人才称号】 2005 年，上海市 33 人荣获上海市科技领军人才称号（详见下表）。

2005 年上海市科技领军人才一览表（33 人）

序号	姓名	工作单位
1	蒋华良	中科院上海药物研究所
2	张　旭	中科院上海生命科学院神经科学研究所
3	韩　斌	中科院国家基因研究中心
4	王建宇	中科院上海技术物理研究所
5	孔祥银	中科院上海生命科学研究院
6	朱建强	中科院上海光学精密机械研究所
7	陆　卫	中科院上海技术物理研究所
8	封松林	中科院上海微系统与信息技术研究所 上海微小卫星工程中心
9	李亦学	上海生物信息技术研究中心
10	卜智勇	上海无线通信研究中心
11	李光亚	万达信息股份有限公司
12	陈　杰	上海市纳米科技与产业发展促进中心
13	丁光宏	上海市针灸经络研究中心
14	王铸钢	上海南方模式生物研究中心
15	王峥涛	上海中药标准化研究中心
16	王明伟	国家新药筛选中心
17	严云福	上海振华港机（集团）股份有限公司
18	黄建民	上海电气集团股份有限公司中央研究院
19	郁　竑	上海钢铁工艺技术研究所
20	刘道志	微创医疗器械（上海）有限公司
21	杨建华	中国电子科技集团公司第五十一研究所
22	刘幸偕	上海高智科技发展有限公司
23	丛力群	上海宝信软件股份有限公司
24	张永生	上海欣泰通信技术有限公司
25	钱旭红	华东理工大学
26	赵东元	复旦大学

（续表）

序号	姓名	工作单位
27	林忠钦	上海交通大学
28	张　经	华东师范大学
29	翦知湣	同济大学海洋地质国家重点实验室
30	陈国强	上海第二医科大学
31	卿凤翎	东华大学
32	邓子新	上海交通大学生命科学技术学院
33	李　杰	同济大学上海防灾救灾研究所

（华庆城）

【5位科技人员荣获第四届上海市巾帼创新奖称号】 第四届上海市巾帼创新奖于2006年1月底揭晓，5名女性科技人员榜上有名（详见简介）。

王　彤　1969年生，博士研究生，中共党员，上海交通大学副教授，叶轮机械研究所副所长。她主要从事流体机械专业，多年来与课题组一起在对压缩机优化设计方法、气体流动性能等方面进行了系统的研究，完成了15项压缩机改造项目和13项氮气风机研制项目，经济效益显著。她主持的"辽河油田进口天然气压缩机改造"项目，解决了压缩机长期喘振的顽症，提高产量约15%，经验收达到国际先进水平。她参与的"基于最优控制理论的多级离心压缩机现代设计方法"获得2003年上海市科技进步一等奖、2004年国家科技进步二等奖（第二完成人）。

夏照帆　1954年生，教授，中共党员，第二军医大学长海医院烧伤科外科主任、博士生导师、国家重点学科带头人。她先后主持国家自然科学基金课题、国家"863"项目、"973"项目子课题、军队和上海市重点课题等14项，发表论文142篇，主编和参编著作8部。教育部"长江学者奖励计划"特聘教授、美国得克萨斯大学客座教授。她长期致力于烧伤外科医疗、科研和教学，工作勤奋、治学严谨，她提出并证实"烧伤休克延迟复苏引起再灌注损伤"的理论，根据这一理论制定的"延迟复苏与细胞保护同步进行"的综合救治方案，被国内外烧伤救治单位普遍采纳和应用，显著提高了严重烧伤病人的救治成功率。

杨德琴　1965年生，大学本科，中国石化上海石油化工研究院第一党支部书记，高级工程师，课题组长。她20年来致力于石油化工催化剂的研制、工业应用及成套工艺技术的开发工作。在石油化工催化领域，特别是在芳烃技术领域，取得了十分优异的业绩，先后获得10项国家及省部级技术发明奖和科技进步奖。在科研创新中，获国内专利授权15项，国外专利授权6件，涉及5个国家和地区。2004年享受国务院特殊津贴。她主持和参与ZA、HAT和HLD系列甲苯歧化与烷基转移催化剂及成套工艺技术，已广泛应用于国内石化大型工业装置，为企业大幅提高生产能力提供强有力的技术支撑，增效数十亿元。

朱美芳　1965年生，博士，中共党员，东华大学副校长，纤维材料改性国家重点实验室主任。她主要研究纤维材料、功能高分子材料和纳米材料及智能材料，在通用聚丙烯纤维材料的功能化和高品质化以及热塑性高聚物基纳米复合材料的成纤技术及其功能纤维制品的研制方面取得了一系列成果，部分成果达到国际领先水平，并成功应用于国内相关企业，取得良好社会和经济效益，2004年获上海市科技进步一等奖（第一完成人），为中国纤维及相关产业的技术做出重要贡献。在教学和管理工作中，她作为材料学院院长，积极倡导研究型本科生教学的创新模式。她领衔的教改项目"发挥学科优势，培养高分子材料与工程高质量人才"获2004年度上海市教学成果一等奖。

万大方　1941年生，大学本科，上海交通大学肿瘤研究所癌基因及相关基因国家重点实验室研究员，课题组长。近年来她承担国家重点基础研究发展规划"973"项目2项、国家科技攻关计划3项、自然科学基金1项，年度平均经费200万元以上。她以人恶性肿瘤特别是肝癌相关基因的功能研究为主要方向，与实验室同仁一起创建了以细胞生长为基础的大规模基因功能筛选和验证体系，包括高通量DNA细胞转染、基因克隆表达、生物信息分析、基因功能验证等技术平台，并应用于实际，获得了与肿瘤相关的372个新基因、2 836个已知基因，以及598个未知功能有待确定的基因，其研究成果获2004年上海市科技进步一等奖（第一完成人）。

（侯晓蓉）

【10人获第九届上海市科技精英奖】 3月，第九届上海市科技精英评选工作正式启动。经过专家组评审、评委会初评，《解放日报》和《上海科技报》公

示以及评委会终评等阶段，历时半年的第九届上海市科技精英评选正式揭晓。中科院上海药物研究所丁健等10人荣获第九届上海市科技精英称号（名单如下）。

该届十大科技精英评选呈现几个新的特点：一是来自企业的人数比例有明显提高；二是获奖者具有自主知识产权的成果显著增加；三是申报者中获得的自然科学奖、科技进步奖的档次高、数量多。

丁　健　男，1953年生。中科院上海药物研究所所长、研究员。他领导建立了系统的、符合国际规范标准的抗肿瘤药物筛选和药效学评价技术体系，以及系列新生血管生成和酪氨酸激酶抑制剂评价模型，为中国抗肿瘤药物的自主研发提供了重要的技术平台。他在肿瘤药理的基础研究中取得一批原创性成果，特别是系统阐明了新拓扑异构酶Ⅱ抑制剂沙尔威辛独特的抗耐药特性与分子机制，首次发现转录因子c－Jun在抗肿瘤多药耐药中的关键作用；报道了国际上第一个具有靶向血管内皮细胞和缺氧肿瘤细胞双重抑制作用的化合物，并发现其全新的抗肿瘤新生血管生成机理。他在国际一流杂志发表了许多高水平的学术论文，近三年就有37篇SCI论文；并荣获国家科技进步奖2项，省部级奖3项；获授权或申请国内外专利34项。他参与主持的"现代新药筛选体系和高通量筛选技术的研究及应用"获2004年国家科技进步二等奖（第二完成人）。

（李　莉）

马建学　男，1961年生。上海华谊丙稀酸有限公司总工程师，高级工程师。他带领公司技术人员对引进技术进行消化、吸收，并进行二次创新，开发出具有自主知识产权的丙烯酸丁酯国产化生产工艺技术，填补了国内丙烯酸行业的空白。该技术的应用使公司丙烯酸丁酯的产能得到较大的提高。"丙烯酸及酯新工艺生产关键技术"获2005年国家科技进步二等奖（第二完成人）。

史进渊　男，1956年生。上海发电设备成套设计研究所副总工程师，教授级高级工程师。他长期从事电站设备技术研究工作，取得了一系列突出成就。他主持的"大型汽轮机部件寿命评定新技术"获2003年国家科技进步二等奖（第一完成人）；"300MW火电机组可靠性增长技术的研究和应用"获2004年国家科技进步二等奖（第一完成人）。

陈　楠　女，1954年生。上海交通大学附属瑞金医院肾脏科主任，教授。她在国内首次进行前瞻性急性肾衰流行病研究，大幅度提高了危重肾病抢救成功率；她主持的"急性肾功能衰竭病因，临床与实验研究"获2003年上海市科技进步一等奖（第一完成人）；"中国人遗传性肾炎（AIPORT综合征）临床病理和分子发病机制研究"获2003年教育部科技进步一等奖（第一完成人）。

邵志敏　男，1962年生。复旦大学附属肿瘤医院乳腺外科主任，教授，教育部"长江学者奖励计划"首批特聘教授。曾先后两次在世界上首次报导了在乳腺癌上胰岛素样生长因子结合蛋白－3和激素受体相关及维甲酸受体－a和激素受体相关。他主持的"乳腺癌的临床和基础研究"获2004年国家科技进步二等奖（第一完成人）。

胡里清　男，1963年生。上海神力科技有限公司总经理兼技术总监，高级工程师。作为优秀留学回国人才创办高科技民营企业的带头人，承担了国家"863"计划重大专项"燃料电池发动机研发工程"，已为同济大学燃料电池轿车提供了两代燃料电池发动机4台，为清华大学燃料电池大巴提供了三代燃料电池发动机3台。作为第一发明人申请了175项专利，已获授权的有49项。

唐　颐　男，1963年生。复旦大学教授。近年来主要从事沸石分子筛及相关催化新材料的制备、组装、表征及应用方面的研究，取得了一系列重要成果。"有序排列的纳米多孔材料的组装合成和功能化"获2005年国家自然科学二等奖（第二完成人）；"特殊孔结构的催化和分离材料的分子工程学研究"获2003年上海市科技进步一等奖（第一完成人）。

袁　洁　男，1965年生。上海航天局局长，研究员。他长期从事长征系列运载火箭的研制工作，先后担任运载火箭总体主任设计师、长征二号丁运载火箭总指挥等职。他主持研制的运载火箭连续13次成功发射，保持着自20世纪80年代以来发射成功的记录。"长征四号乙（CA－4B）运载火箭"获2001年国家科技进步二等奖（第二完成人）。

钱　锋　男，1961年生。华东理工大学教授。他在用自动化技术提升大型石油化工装置的生产技术水平方面作出了许多开创性的贡献。2003年获第八届上海市科技精英提名奖,之后又取得一批新的重大成果。"大型精对苯二甲酸生产过程智能建模、控制与优化技术"获2005年教育部科技进步一等奖(第一完成人);"乙烯精馏装置软测量和智能控制技术"获2004年上海市科技进步一等奖(第一完成人)。

(范思鸣)

景益鹏　男,1964年生。中科院上海天文台研究员。他主要从事星系形成、宇宙结构形成、宇宙暗物质、宇宙暗能量、宇宙原初扰动等宇宙学基础前沿问题的研究。在宇宙结构形成的数值模拟研究方面取得了一系列原创性的、高显示度的成果,被教科书及研究论文广泛引用。他的"宇宙结构形成的数值模拟研究"获2004年上海市科技进步一等奖(第一完成人)。最近几年所取得的主要研究成果包括:建立了几个高分辨数值模拟程序,取得了一系列高质量、高精度宇宙结构的模拟样本;首次提出了暗晕集因子的对数正则发布公式;首次提出了描述暗晕内部物质分布的三轴椭球密度分别模型;首次精确测量了星系对的速度弥散,其结果被广泛应用于检验星系形成模型。

(汪显坤)

【第六届上海市大众科学奖和科普推进奖揭晓】 4月28日,第六届上海市大众科学奖和大众科学奖科普推进奖获得者揭晓。其中,《解放日报》社李文祺等4人获大众科学奖,浦东新区科学技术协会蔡意中等8人获大众科学奖科普推进奖(名单如下)。

第六届上海市大众科学奖获得者名单

姓名	单　位
李文祺	《解放日报》社
方鸿辉	上海世纪出版集团上海教育出版社
杨竹亭	离休干部
陈念贻	上海大学

第六届上海市大众科学奖科普推进奖获得者名单

姓名	单　位
蔡意中	浦东新区科学技术协会
孙金康	闵行区科学技术协会
石炳良	崇明县科学技术协会
吕晓慧	徐汇区科学技术协会
蒋振立	虹口区科学技术协会
李维克	青浦区科学技术协会
胡开健	闸北区科学技术协会
夏秀丽	卢湾区科学技术协会

(孙　玲)

【49人入选上海市医学领军人才】 根据《关于印发〈上海市医学领军人才培养实施办法〉的通知》文件精神,上海市卫生局举行了专家书面预审和擂台评审,根据专家投票结果,并经上海市卫生系统学科人才建设领导小组审定,12月31日,最终选拔出49位医学领军人才(见下表),上海市卫生局每年资助每位领军人才10万元,所在单位以不少于1∶1的比例相应匹配。

2005上海市医学领军人才(49人)

序号	姓名	所在单位	专　业
1	徐志云	第二军医大学附属长海医院	心外科
2	黄　钢	上海交通大学医学院附属仁济医院	核医学
3	陈生弟	上海交通大学医学院附属瑞金医院	神经内科
4	樊　嘉	复旦大学附属中山医院	肝外科
5	夏照帆	第二军医大学附属长海医院	烧伤外科
6	田建明	第二军医大学附属长海医院	影像学
7	李兆申	第二军医大学附属长海医院	消化内科
8	葛均波	复旦大学附属中山医院	心内科
9	陈义汉	同济大学附属同济医院	心内科
10	贾伟平	上海市第六人民医院	内分泌
11	熊思东	复旦大学上海医学院	免疫学
12	徐建光	复旦大学附属华山医院	手外科
13	孙颖浩	第二军医大学附属长海医院	泌尿外科

（续表）

序号	姓名	所在单位	专　业
14	邵志敏	复旦大学附属肿瘤医院	乳腺外科
15	许　迅	上海市第一人民医院	眼科
16	李明华	上海市第六人民医院	影像学
17	凌昌全	第二军医大学	中医肿瘤
18	王拥军	上海中医药大学附属龙华医院	中医骨伤科
19	吴焕淦	上海中医药大学附属岳阳中西医结合医院	中医针灸
20	陈国强	上海交通大学医学院	肿瘤分子生物学
21	蔡　威	上海交通大学医学院附属新华医院	小儿外科
22	白春学	复旦大学附属中山医院	呼吸内科
23	刘　平	上海中医药大学	中医肝病
24	彭志海	上海市第一人民医院	普外科
25	景在平	第二军医大学附属长海医院	血管外科
26	袁　文	第二军医大学附属长征医院	脊柱外科
27	毛　颖	复旦大学附属华山医院	神经外科
28	迟放鲁	复旦大学附属眼耳鼻喉科医院	听觉医学
29	曹谊林	上海交通大学医学院附属第九人民医院	组织工程学
30	卢　伟	上海市疾病预防控制中心	流行病学
31	蔡定芳	复旦大学附属中山医院	中医神经内科
32	汤其群	复旦大学上海医学院	分子医学
33	江基尧	上海交通大学医学院附属仁济医院	神经外科
34	孙　波	复旦大学附属儿科医院	小儿内科
35	宋怀东	上海交通大学医学院附属瑞金医院	内分泌
36	黄　倩	上海市第一人民医院	肿瘤治疗学
37	陈　楠	上海交通大学医学院附属瑞金医院	肾内科
38	郑民华	上海交通大学医学院附属瑞金医院	微创外科
39	郝　模	复旦大学公共卫生学院	卫生事业管理

（续表）

序号	姓名	所在单位	专　业
40	周　梁	复旦大学附属眼耳鼻喉科医院	颌面头颈外科
41	李大金	复旦大学附属妇产科医院	妇产科
42	李青峰	上海交通大学医学院附属第九人民医院	整形外科
43	朱正纲	上海交通大学医学院附属瑞金医院	普外科
44	孙晓明	上海市卫生局	卫生事业管理
45	马　兰	复旦大学上海医学院	分子医学
46	臧敬五	上海交通大学医学院	免疫学
47	陈建杰	上海中医药大学附属曙光医院	中医肝病
48	张静喆	上海中医药大学附属龙华医院	中医外科
49	梅长林	第二军医大学附属长征医院	肾内科

（张　勘　周　蓉）

【第四届“上海 IT 青年十大新锐”揭晓】　“全球通杯”第四届“上海 IT 青年十大新锐”评选结果于 12 月 17 日揭晓，联想（上海）有限公司总经理丁乐佳等 10 人当选（简介如下）。

丁乐佳　男，汉族，1969 年 11 月生，大学，联想（上海）有限公司总经理。他不但连续创造联想在上海的销售佳绩，更以敏锐的洞察力和创新的意识触发 2004 上海 IT 市场新风。他把握客户对笔记本电脑的爆炸性需求，联合上海联通，推出万台联想笔记本“E 风暴”，推动 IT 应用普及，创造了跨行业合作的经典。他同时在推进 3C 卖场营销、政府信息化建设等方面有出色建树。他明确提出：联想不但要把上海作为销售的市场，还积极参与上海公益事业和热点项目，如“百万家庭网上行”，“社区网吧项目”、“F1”等。2004 年，联想（上海）有限公司完成营业收入 83 亿元，成为上海规模最大的 IT 企业之一。

刘小光　男，汉族，1975 年 9 月生，大学，上海火速网络信息技术有限公司总经理。他早期从事远洋工程，1998 年开始创业，2 万元起家，经过 2 次创业失败，靠自有资金将火速网络打造成为上海乃至华东地区行业领头羊；累计为国家创税 620 万元；刘小光带领下的火速正在快速发展：2002 年 3721 网络实名上海独家总代理，2003 年升为注册中心；2003 年成为高新技术企业，被评为“诚信在线企业”；2005 年通过 ISO 9001：2000 标准认证，并成为雅虎中国竞价产品和 GoogleAdWords 的授权代理商。“民族振兴”是火速的使命，“网络营销专家”是火速的目标。

何洁冰　女，汉族，1969 年 10 月生，大学，上海和强软件公司总裁。该企业产销始终以年均超过 100％的速度增长，拥有 3 000 多家用户单位、数十万国内终端用户群体。和强 OA 获得 2004 年度“中国优秀软件产品”，2002、2003 年度“中国计算机报编辑选择奖”，2002、2004 年度“上海市优秀软件产品”，2002、2003 年度“中国推荐优秀软件产品”，“上海市重点新产品”。获得“百家优秀管理软件厂商”、“中国 IT 百强渠道”等荣誉。2004 年推出了合强行政审批系统、合强 ASP 协同办公系统等产品。她 2002、2003 年两度获得“上海市科技创业领军人物”称号，2004 年获得首届“中国十大 IT 管理女性”称号，2005 年荣获“首届福建青年创业成就奖”。

张　健　男，汉族，1972 年 12 月生，大学，中共上海市委办公厅信息技术管理处副处长。1997 年开始负责市委机关网络和计算机系统日常运行维护保障工作，并参与了与国家安全部合作的三个安全项目的开发工作。1998 年 4 月起参与了市委办公智能化综合改造工程的项目，作为项目负责人完成了计算机安全系统等多个系统的设计、研制和开发建设工作。2000 年至今，负责市委办公厅门户网站、信息服务系统、办公应用软件的开发建设工作。2001 年 7 月至 2003 年 9 月，作为主要技术骨干及项目管理人员，参与了重大工程市公务网的建设工作。在 1998 年曾被记三等功一次，2002 年记功一次。

周晴华　女，汉族，1968 年 1 月生，硕士，上海市静安区信息化委员会副主任。她带领区信息委在“十五”期间，初步建成全区统一的基础网络平台、政务资源平台、对外门户平台、社区管理平台、地理信息平台和数据交换平台。全区信息化工作从规划计划编制、信息化项目管理、规范标准制定、应用推进步骤、资源整合引导、考核评估方法等逐步走上一条有静安特色的信息化发展之路。全区有两个项目列入国家倍增计划，实有人口基础数据库、GIS 综合平台、社区信息化等多项工作列为全市试点。2005 年，静安区信息委被评为“上海市新长征突击队”，她本人多次得到市、区两级的各种表彰。

夏　雷　男，汉族，1971 年 3 月生，博士，上海电信技术研究院交换网络部主任。他曾主要负责 ISDN 终端产品系列产品的开发，由他主导开发的产品有 ISDNNT1－PLUS、U 口 TA、USBTA、ISDNPC 卡等，实现了上千万的销售额。2002 年，他负责软交换和智能网方面的技术研究和业务开发工作。他率领团队推出了有自主知识产权的智能业务开发平台“爱因平台”；先后研发和技术支撑了如骨干网语音短信业务、上海 IP 电话超市业务等十多个网上新业务；其中 17901 业务在全网推广后产生了上亿的业务量。他被中国电信集团公司多次评为“21 世纪优秀人才”，并获得“上海市劳动模范”和“全国五一劳动奖章”的殊荣。

顾燕芳　女，汉族，1966 年 11 月生，硕士，上海延华智能科技有限公司总经理。她曾亲自挂帅研发国家级新产品“纳米级超细活性碳酸钙”。2002 年起任延华智能科技有限公司总经理，倡导“科技提升建筑价值”的经营理念，带领企业连续三年保持上海市新建住宅智能化市场占有率第一，并连续三年名列上海市民营科技企业百强。她主持研发的“数字社区综合信息管理平台”被评为 2004 年国家级新产品；承建的苏州今日家园智能化系统工程被国务院电子信息办授予“国家倍增计划优秀项目”。2003 年当选为上海市第九届青联委员，2004 年企业被授予上海市“科技创新奖”，2005 年当选为上海市“三八红旗手”。

曹宏斌　男，汉族，1967 年 5 月生，硕士，上海邮电通信设备股份有限公司总裁。他是上海邮通公司迄今为止最年轻的总裁，自上任以来，使上海邮通迅速在国内行业电子领域确立了领导地位，成为中国普天集团五大支柱产业之一。税控收款机率先取得国家生产许可证，并形成现金、金融、税控收款机全面发展格局。AFC 先后中标上海地铁一号、二号及八号线等重大工程，实力名列全国前三位；打印机销量同比上升 89％，打印头在全国出租车计价器市场上所占份额达到 35％；二代身份证读卡器成为公安部指定的全国十家生产企业之一。

2005年被授予上海市信息化工作系统“科教兴市的先锋”称号。

薛向阳 男，汉族，1968年6月生，博士，复旦大学信息科学与工程学院计算机科学与工程系主任。他27岁获得博士学位，29岁评为副教授，32岁破格晋升为教授，33岁评为博士生导师，现受聘为国家“863”计划“高性能宽带信息网”重大专项总体组特聘专家。先后承担国家地方科研课题28项，作为负责人的课题23项，其中包括2004年上海市科委重大科技攻关课题1项和国家自然科学基金重点基金1项；在国内外重要学术会议和期刊上发表论文70余篇，半数以上被SCI、EI检索。曾获得上海市高校优秀青年教师、国家“863”计划15周年先进个人、青年科技启明星等荣誉称号。2004年获得上海市科学技术进步奖一等奖。

瞿海滨 男，汉族，1974年7月生，大学，上海盛大网络发展有限公司资深副总裁。作为公司创业团队中的核心成员之一。在他的参与带领下，从1999年至今，盛大网络已从成立当初20万元的规模，发展到了现有员工2 500多人，市值超过20亿美元，集互动娱乐产品开发、运营、销售为一体，涉足周边产品、出版物，形成立体化品牌经营的集团化企业。他创造性地参与建立无物流的E－sales电子商务体系，提出了把网吧等终端服务供应商转变成为销售终端理念。他推动开发游戏中的“限时卡”、“防疲劳系统”、“亲子系统”等，关爱青少年成长。曾获“上海市新长征突击手”、“上海市信息化工作系统十佳青年”等荣誉称号。

（黄 凯）

【2004～2005年度上海市十大工人发明家和十大职工科技创新英才评选揭晓】 为推动实施科教兴市主战略和人才强市战略，深化职工科技创新活动，上海市总工会与中共上海市委宣传部、上海市劳动和社会保障局、上海市经委、上海市科委、上海市知识产权局、上海发明协会等联合开展“2004～2005年度上海市十大工人发明家、上海市十大职工科技创新英才”评选活动，共有20人获此殊荣，简介如下。

2004～2005年度上海市十大工人发明家（10人）：

陈阿威 男，汉族，1951年生，大专学历，宝山钢铁股份有限公司宝钢分公司能源部高级技师。他多年来认真总结宝钢动力系统运行情况，申报国家专利36项，授权受理27项。认定技术秘密16项，技术贸易成交7项，合理化建议实施86项，技术攻关36项，为宝钢创造经济效益6 856万元。他发明的“煤气管道排水器防泄漏装置”解决了世界钢铁业难题，创利2 500万元；“煤气取样装置”专利成果转化，创利1 500万元，分别获得上海市优秀发明选拔赛一、二等奖；在中国发明展览会上分别荣获银奖、铜奖。2001年“上海市职工十大科技创新标兵”并名列之首；2002年“上海市技术能手”。

沈国兴 男，汉族，1968年生，大专学历，助理工艺美术师，上海老凤祥有限公司工艺品大件生产班组组长，上海市劳动模范。他通过艺术创作和新材料的应用来提升产品的艺术价值，发明了大型金银摆件设计、制作的新工艺和新技术。在上海第四届首饰博览会上获三等奖、亚洲足金首饰设计大赛中获优胜奖、首饰作品“情缘”入选世界黄金协会“年年有余”推广活动的指定产品、金饰“俏佳人”获北亚区黄金金像奖设计大赛优秀奖、金饰“旋”在“SHINE闪亮金饰设计大赛”中获出众闪亮奖、作品“蝶”获优秀表现奖。他发明的制作新工艺曾获轻工系统“产品造型和包装设计”创新大赛实用效益奖。

徐小平 男，汉族，1960年出生，大专学历，高级技师，上海大众汽车有限公司发动机厂连杆车间维修工长，全国劳动模范。2003～2005年间，徐小平为大众发动机厂攻克了9项技术难题，不仅减少了大量的维修工时，而且降低了可观的生产成本。他通过“观、听、摸、闻、算”能够准确把握设备状态，并总结提炼出了6种简易、可行的维修工作法，为维修工提供了一条解决难题的有效途径,目前已在上海大众及相关配套企业得以推广。为了解决连杆激光切割形变超差问题,他自行研制了激光可视对焦仪,获得了国家专利。近10年来,他共完成技术革新20多项,为公司节约维修费用4 023万元。2004年他被上海大众聘为惟一的“特级技能师”。由于他的努力,从2003～2005间直接给发动机厂节约了844.5万元的设备维护费用。先后被评为中国机械工业突出贡献技师、上海市劳动模范、全国劳动模范等荣誉称号。

陈祖权　男,汉族,1948年生,初中学历,上海柴油机股份有限公司高级技师,全国劳动模范。夹具的设计和制造是陈祖权的强项:公司引进了多台加工中心,他在半年内完成了其中难度最高的五套加工中心模具的设计和制造;在产品加工中对铣刀盘进行重新设计,每个铣刀盘装夹刀数量由16片改为8片,刀片寿命还延长了25%;大胆改进拉床用的“洋拉刀”,把“一钻一铰”改为“一钻一镗”,降低了刀具成本;还自行设计了连杆精铣螺栓支撑面用的铣夹具以及相配的刀排,节约成本29万元。发明的“沉孔钻”既解决了连杆小头孔加工效率低且刀具易爆的问题,又使工作效率提高了100%,年节约费用在10万元以上;其独创的“椭圆柱孔”加工法,使产品腰形孔一次成形,工作效率提高3倍。他在近2年共有革新18项,其中3项获国家专利,创利500余万元。

戚学德　男,汉族,1959年出生,上海航天局第803所总装车间位标器组组长,特级技师,航天部技术能手。他参与某型号的分解测绘和国防科工委演示验证等项目的研制。承担位标器的关键工序的装配调试,生产了4 300余套位标器。近年来,他主要解决了产品大Φ角信息噪音的问题和支架组件灌封合格率低的问题,合格率从20%提高到95%,一次交付合格率100%;解决了产品大Φ角补偿问题,合格率从40%提高到95%;解决了产品万向支架轴承摩擦力矩测试精度低和万向支架回转中心、光学系统中心和探测器中心三者重合的精度问题;解决了产品通气回路问题。

朱定国　男,汉族,1954年生,中技学历,上海铁路局南翔机务段安全科高级技师,全国铁路职工创新能手。他先后编辑出版了铁道部、路局内燃机车故障处理方面的教材、书籍等18种。工作之余,还自学微机程序设计和软件开发,为机务段各部门编制开发应用程序16套,提高了统计的科学性、准确性,为确保铁路运输安全作出了有益的贡献。针对铁路电化改造工程给运输安全带来诸多安全隐患,他提出的5件合理化建议均被采纳,并攻克多项运输安全技术难关,技术创新达16项,间接创造经济效益达1 000多万元。他开发的“机车出入库监控控制”软件,使机车司机操作简单,控制可靠,有效地控制人工干预操作给安全带来的不利因素,防止机车出入库作业中的挤、撞、脱、超现象,保证了在沪、宁、杭等地区机车出入库运行的安全。

陆凯忠　男,汉族,1972年出生,大专学历,技师,上海建工集团基础工程公司电工班长,全国劳动模范。他潜心钻研盾构机电气控制技术,实现了自己“做新时代知识型、智能型技术工人”的诺言。他发明了国内首创的“网格式盾构水力机械(PLC)自动控制系统”,解决了盾构机、顶管机掘进中,水力机械各种性能专用泵统一控制的难题;他敢破戒律,向日本工程电气技术叫板,对进口设备操作规程书质疑,创造“送电下水”、“标记出水”、“潜水作业自动报警器”等一系列简便安全、易于普及的操作法。

严昌龙　男,汉族,1948年生,初中学历,宝山钢铁股份有限公司梅钢公司炼铁厂高级技师。他先后获发明专利1项、技术秘密3项、总结先进操作法2项、完成技术攻关3项、技术创新成果2项。他发明的“铁口煤气导出管装置”专利,使梅山2#高炉开炉出铁成功率达到了100%,为2#高炉4天达产创造冶金史上奇迹立下功勋。他开发的“高炉无水炮泥配方”技术秘密，创造经济效益811万元。他发明总结的“高炉铁水沟快速浇注法”，每年可创造经济效益85.56万元。1997年评为上海市高级技师和上海市优秀技师。

朱明华　男，汉族，1953年生，大专学历，技师，上海市胜华电缆（集团）有限公司动力设备部经理。他针对环保型电缆生产难题，制造出压缩比小的专用挤出螺杆；控制螺杆低速运行，解决了产品表面毛糙、断面气孔等质量问题；对挤塑机机身采用强迫冷却措施；改进挤塑机头胶路，使胶模的浪费降到最低，提高了中国电缆行业的技术含量。他多年来积极参与合理化建议和技术攻关活动，为企业创利约8 000万元，他研制的“安全清洁电缆”获上海市高新技术成果奖，“采煤机用低污染、高阻燃橡套软电缆”被列为国家重点新产品。

倪文和　男，汉族，1957年出生，初中学历，技师，上海外高桥造船有限公司班长。他2004年通过国家劳动和社会保障部考核，成为国家职业技能鉴定考评员。他采用新加工工艺，发明了大型多用途钢板折角模具，且申请了专利。此模具的发明填补了大型船舶零部件冷加工的空白，使大型钢板冷加工得以一次成形。在公司300t龙门吊项目中，他负责加工的柔性腿项目一次验收合格。在生产过程中他开发了一系列的专用模具，提高了生产效率，降低了制造成本。他采用无创伤反变形法进行移动式风机底盘变形矫正，为20t半门吊轨道的延伸做了改进。还自行设计制作了万向多用途手推车，方便了样板的运输。

2004～2005年度上海市十大职工科技创新英才（10位）：

胡里清　男，汉族，1963年生，博士后研究生，高级工程师，上海神力科技有限公司总经理。他创办的上海神力科技有限公司，是国内目前最大最主要的质子交换膜燃料电池发动机供应商，先后承担国家及上海市的8项重大科技攻关项目，成功开发车用发动机、发电站、游览车等5个系列的燃料电池产品并实现国内外批量销售。目前其个人已申请涵盖燃料电池技术各项专利250多项，先后被评为国家重点科技攻关计划先进个人、上海市发明创造专利奖优秀专利工作者、上海市优秀留学回国人才、第九届上海市“十大科技精英”等光荣称号。

邓子新　参见本年鉴P371。

李维德　男，汉族，1959年生，大专学历，工程师，上海宏源照明电器有限公司总经理，上海市优秀中国特色社会主义事业建设者。他带领科研人员成功研发具有革命性的、处于世界照明科技领先地位的宏源电磁感应灯，该产品具有超长使用寿命、高节能、绿色环保等诸多特点，首创将集成电路、光、电、磁一体化等前沿技术应用在照明领域。目前，已实现产品的自动化和市场化。拥有完全自主知识产权的宏源电磁感应灯已先后向国家申报了59项发明专利和实用新型专利，向有130多个国家组成的PCT国际专利组织申报了国际专利，为振兴民族工业作出了贡献。

陈芬儿　男，汉族，1959年生，博士研究生，复旦大学化学系教授、博士生导师，复旦—帝斯曼手性技术联合实验室主任、南昌大学兼职教授、中国药学会药物化学专业委员会委员、中国药学会杰出

青年学者。他专长有机化学、天然药物的不对称全合成，获得了 d－生物素的不对称工业全合成新技术、消炎镇痛药双氯芬酸钠新技术等发明成果，获发明专利 7 项并取得了巨大的经济效益，在国内外刊物上发表学术论文 150 余篇，荣获了国家技术发明二等奖、上海市科技进步一等奖、教育部科技进步一等奖两项，上海市发明创造专利奖、中国技术市场协会金桥奖，中国专利局中国专利金奖等多项荣誉。

蒋　力　女，汉族，1970 年生，硕士研究生，高级工程师，上海电信技术研究院个人与家庭产品开发部副主任，上海市劳动模范。她负责研发的“家加 e”业务在中国电信 10 多个省公司广泛应用，并成功完成了固网短信上 SP 的应用移植到小灵通终端上，填补了国内小灵通与互联网之间短信互通的空白，使中国电信 2005 年度小灵通短信 SP 增值业务创收达到 2.61 亿元。研发过程中，她提出了 6 项发明专利。同时，由她负责起草的《固定电话网短消息业务》技术规范已成为国家行业标准，创国内电信运营商为主导向国际电联 ITU－T 提交技术标准的先河。

谢德隆　男，汉族，1947 年生，大学学历，教授级高级工程师，上海杏灵科技药业股份有限公司总工程师，上海市专利先进工作者。他潜心研究银杏提取物和制剂，发明“双重高分子材料吸附，双重固液去除”创新工艺，使提取物明确有效成份升到 50％以上（德国 30％），经国家多中心Ⅰ～Ⅳ期临床验证，治疗胸闷和眩晕有效性提高 20％，每次服用量只需 40mg，为其它银杏制剂的一半。获银杏酮酯（原料）和杏灵颗粒（制剂）中药二类新药证书和生产批文，获中国、美国、英国、澳大利亚等国银杏叶成份组合物 9 个药物发明专利授权，结束了中国银杏提取物和制剂没有“国药标准”和知识产权的历史。

孙超才　男，汉族，1956 年生，大学学历，研究员，上海市农业科学院作物育种栽培研究所副所长，全国劳动模范。他长期从事双低油菜育种和隐性核不育双低油菜的选育研究。目前，主持承担科技部、农业部、上海市科委的攻关、成果转化和成果推广项目 8 项，参加国家“863”项目 2 项。近 3 年来，他先后获上海市科学技术进步一、二、三等奖。还积极开展双低油菜高产栽培技术研究，在他的精心培训和指导下，“沪油系列”双低油菜品种的产量达历史最高，创社会经济效益 17 亿余元。

吴欣之　男，汉族，1950 年生，大学学历，教授级高级工程师，上海市机械施工有限公司总工程师，全国劳动模范。他先后在大跨度、大悬挑、超高层、特殊形体钢结构施工，大型结构整体安装，大型桥梁，及地下空间结构施工等建筑结构工程领域取得一系列成就，先后获得国家科技进步二等奖 2 项、省部级科技进步一等奖 2 项、二等奖 8 项、获专利 6 项。在大跨度空间钢结构安装方面其主要代表作有 F1 国际赛车场大跨度悬挑钢结构，中国国家大剧院世界罕见的大型钢结构壳体安装，南京奥林匹克体育中心 360 米跨度“世界第一拱”钢结构屋盖安装。他领衔开发的计算机控制液压整体安装技术使中国大型结构整体安装和控制技术达到新的水平。在上海磁浮快线建设中，他和工程技术人员创造了 10 多项新工艺、新技术，先后攻克了1 712根巨型轨道梁安装的世界级难题。

邵敬铭　男，汉族，1946 年生，大学学历，教授级高级工程师，上海华谊丙烯酸有限公司总经理兼党委书记、技术中心主任，上海市劳动模范。他在突破丙烯酸氧化核心技术的过程中，创造性地提出了改进方案，一举打通了制约丙

烯酸行业发展的一项关键技术，达到了国际先进水平。公司运用该自创的核心技术，建成了一套完全国产化的年产30 000t 的丙烯酸生产装置，投产当年就收回投资。该项目获得2003年上海市科技进步一等奖。他带领技术人员成功开发了具有自主知识产权的丙烯酸丁酯生产复合磺酸型催化体系，在国内首次采用Aspen Plus流程模拟系统进行丙烯酸丁酯生产过程流程模拟优化，获得了国家专利和上海科技进步一等奖。

王拥军　男，汉族，1965年生，博士后研究生，教授、研究员、博士生导师，上海中医药大学脊柱病研究所常务副所长、龙华医院、脊柱病研究所暨国际华人骨研学会联合研究中心主任、上海市医学重点学科负责人。他先后承担国家自然科学基金会重点项目、国家归国留学人员基金、国家博士后基金等30个项目。他发展了中医药延缓椎间盘退变和防治颈椎的学术思想，提出了“风寒湿痹证型颈椎病”的概念。先后荣获部、市级科技成果奖5项，申请国家发明专利4项并获授权1项，获得上海市第九届“银蛇奖”三等奖、美国骨科研究学会(ORs，USA)科研新人奖等荣誉。

（李卫军）

【第八届明治乳业生命科学奖颁奖】　11月9日，第八届明治乳业生命科学奖颁奖仪式在中科院上海生命科学院植物生理生态研究所举行。日本明治乳业株式会社常务、明治乳业生命科学奖管委会名誉主席桑田有和中科院上海生命科学院植物生理生态研究所所长、管委会主席陈晓亚向31位获奖者颁奖(名单如下)。

第八届“明治乳业生命科学奖”获奖名单(31人)

杰出奖

序号	姓名	职称	单　　位
1	林鸿宣	研究员	中科院上海生命科学研究院植物生理生态研究所
2	熊思东	教授	复旦大学医学院
3	周　俭	副教授	复旦大学附属中山医院、复旦大学肝癌研究所

优秀奖

序号	姓名	职称	单　　位
4	姚泉洪	研究员	上海市农业科学院
5	杨洪全	研究员	中科院上海生命科学研究院植物生理生态研究所
6	康九红	教授	中科院上海生命科学研究院生物化学与细胞生物学研究所
7	宁　光	主任医师	上海交通大学附属瑞金医院
8	缪朝玉	教授	第二军医大学药学院
9	韩　玲	教授	第二军医大学医学系
10	钟　燕	博士后	第二军医大学附属长海医院
11	赵明炜	博士研究生	中科院上海生命科学研究院生物化学与细胞生物学研究所
12	郑民华	博士研究生	上海交通大学附属瑞金医院

科学奖

序号	姓名	职称	单　　位
13	王铸钢	研究员	上海交通大学/中科院上海生命科学研究院健康中心
14	曹　莉	副教授	第二军医大学基础部
15	王　岩	教授	上海水产大学
16	李　江	主任医师	上海交通大学附属第九人民医院
17	汤亭亭	研究员	上海交通大学附属第九人民医院
18	赵维莅	副主任医师	上海交通大学附属瑞金医院
19	叶　霜	主治医生	上海交通大学附属仁济医院
20	董　强	教授	复旦大学附属华山医院
21	邵春林	教授	复旦大学放射医学研究所
22	周平红	副主任医师	复旦大学附属中山医院
23	徐丛剑	主任医师	复旦大学附属妇产科医院
24	郑忠民	副教授	上海交通大学医学院附属新华医院
25	张雪洪	教授	上海交通大学生命技术学院
26	傅继东	博士研究生	上海生命科学院/上海交通大学健康科学研究中心
27	卞　莉	博士研究生	中科院上海生命科学研究院营养研究所
28	严顺平	博士研究生	中科院上海生命科学研究院植物生理生态研究所
29	刘　玮	博士研究生	上海交通大学医学院
30	鄢和新	博士研究生	第二军医大学东方肝胆外科医院
31	杨宏顺	博士研究生	上海交通大学食品科学与工程系

（王世杰）

【陈赛娟获第五届中国十大女杰称号】　第五届中国十大女杰评选结果2月4日在北京揭晓。上海第二医科大学附属瑞金医院上海血液学研究所执行所长、中国工程院院士陈赛娟获此荣誉称号（简介如下）。由全国妇女联合会等单位主办中国十大女杰评选活动每两年举办一次，迄今已举办五次。

陈赛娟　中国工程院院士、第十届全国人大代表、上海第二医科大学附属瑞金医院上海血液学研究所执行所长、医学基因组学国家重点实验室主任、博士生导师。她曾经是纺织女工，1975年毕业于上海第二医科大学；1978年，成为"文革"后第一批女硕士研究生。毕业后，被派往法国巴黎进修。在法国的4年中，她埋头于书本、实验、试剂之中，终于在白血病的细胞和分子生物学研究中实现了重大突破，在国际上首次克隆了白血病BCR基因一个长达94kb的区域，又在国际上首次提出了Ph1染色体形成的分子模型。

回国后，她深入开展白血病基因产物靶向疗法基础理论研究，在急性早幼粒细胞白血病发病和治疗的细胞生物学、分子生物学等领域取得了重大进展，首次发现了17号染色体的维甲酸受体α基因与位于11号染色体上的一个新的人类基因（命名为白血病锌指基因"PLZF"）发生融合，继而克隆了这一新基因，实现了当时中国生物医学领域中人类疾病新基因克隆"零"的突破。最近，她领导的课题组应用诱导分化和凋亡的方法联合治疗急性早幼粒细胞白血病，使该类白血病成为成人第一个可治愈的白血病。

她领导的课题组发表论文300余篇，其中发表在国际著名杂志上的就多达100多篇，国际上引证率达3 600次以上。

2005年被评为第五届中国十大女杰。

（侯晓蓉）

【曾嵘获第二届中国青年女科学家奖】　11月9日，第二届中国青年女科学家奖颁奖典礼在北京举行。5位女科研人员入选。其中，中科院上海生命科学院生物化学与细胞生物学研究所研究员曾嵘获此殊荣(简介如下)。

曾　嵘　博士生导师,研究组长。中科院上海生命科学院生物化学与细胞生物学研究所蛋白质组研究分析中心执行主任,中国科学院蛋白质组学重点实验室副主任。兼任中国蛋白质组学专业委员会秘书长,国际蛋白质组组织理事会委员,国际期刊 *Proteomics* 编委。研究领域为蛋白质组学技术平台的发展和疾病相关蛋白质动态行为研究,已在国际学术期刊上发表研究论文 20 多篇。先后负责"863"课题 1 项,十五科技攻关子课题 1 项,"973"子课题 1 项等,2004 年获得国家自然科学基金委"杰出青年"基金。

(李旭芬)

【张永莲、胡丽丽获中国科学院第二届十大杰出妇女称号】 3 月 7 日,中国科学院第二届十大杰出妇女表彰暨先进事迹报告会在北京举行。全国人大常委会副委员长、中国科学院党组书记、院长路甬祥特为大会发来了热情洋溢的贺信。中科院常务副院长、党组副书记白春礼,全国妇联书记处书记洪天慧、中央国家机关党工委副书记黄燕明等领导出席会议并讲话。会上表彰了 10 位中国科学院第二届"十大杰出妇女"获得者,上海 2 位获奖者分别是中国科学院院士、中科院上海生命科学院生物化学与细胞生物学研究所研究员张永莲和中科院上海光学精密机械研究所研究员胡丽丽。

(李旭芬)

【4 位科技界优秀女性入选 1995～2005 上海最有影响女性人物】 9 月 28 日,"1995～2005 上海最有影响的女性人物"正式揭晓,由专家团推荐出的 20 位候选人全部入选,其中 4 位上海科技界优秀女性获此殊荣(名单如下)。上海市副市长杨晓渡,上海市政协副主席、全国妇联副主席谢丽娟等领导出席颁奖仪式。

叶叔华　中国科学院院士、中科院上海天文台研究员

陈赛娟　中国工程院院士、瑞金医院上海血液学研究所执行所长

郑　珊　复旦大学附属儿科医院副院长

胡安康　中国船舶工业 708 研究所所长

(汪显坤)

【2 位科技人员获第十二届上海十大杰出青年称号】 4 月 14 日,由共青团上海市委员会、上海市青年联合会、上海市精神文明建设委员会办公室、上海文广新闻传媒集团等 11 家单位共同举办的第十二届"上海十大杰出青年"评选活动通过评委无记名投票,评选产生 10 位"上海十大杰出青年",其中科技人员占 2 位(简介如下)。

宋怀东　男,39 岁,博士,上海第二医科大学附属瑞金医院分子医学中心主任、医学基因组学国家重点实验室课题组长。他从事分子生物学及基因组研究,取得一系列重大成果。作为主要完成者在国际上首次建立了人下丘脑—垂体—肾上腺轴组织的基因表达谱,为中国完成 1% 人类新基因识别克隆计划作出了历史性的贡献,是中国内分泌研究在世界领域的最高成果之一。2003 年,他深入 SARS 疫区进行深入细致的研究,阐明 SARS 来源及其传播规律,为中国 SARS 防治决策提供了科学依据。近年来,他发表的第一作者论文被 SCI 收录的论文引用 118 次。曾获"国家自然科学奖二等奖"、"上海市自然科学奖二等奖"等奖项。

李儒新　男,35 岁,博士,中科院上海光学精密机械研究所副所长。他从事强激光与物质相互作用等的研究,取得了重要成果,担任中科院重要方向性项目负责人、国家"863"计划专题专家组成员。发表论文 100 余篇,获批准和被受理发明专利 20 项,10 余次应邀在重要国际学术会议上发表大会特邀报告,研究成果得到国内外同行的重点引用与高度评价。他努力推动上海光机所创新平台和科研信息平台建设并取得突破。他积极推动建立国际合作研究机构,是亚洲强激光研究网络的发起人之一。曾获"国家科技进步奖一等奖"、"国家自然科学奖二等奖"、"中国科学院青年科学家奖"、"上海市科技进步奖一等奖"、"上海市优秀回国人才"等荣誉称号。

(席晓华)

【5 位女科研工作者获 2003～2004 年度上海市三八红旗手标兵称号】 3 月,上海市妇女联合会、上海市人事局决定授予 11 位优秀女性"三八红旗手标兵"称号,其中 5 位是优秀科研人员(简介如下)。

王玉花　48 岁,大学本科,上海航天局卫星工程研究所风云二号成像系统主任设计师、第二研究

室副主任。25年来她参与了风云二号卫星预研、试验星和业务星研制全过程。由她总体负责的同步轨道对地探测卫星中最核心的成像系统,其功能、性能指标达到国际水平。由她提出并主持研制的高精度同步光学信号源系统,使地面成像测试精度提高100倍,达到国内先进水平,解决了应用星成像精度地面验证的难题。她领衔完成的风云二号卫星“同步技术”和“成像技术”两项成果分获航天部科技进步一等奖、二等奖。

陈赛娟　参见本年鉴P390。

张　菁　59岁,大学本科,上海市徐汇区大华医院主任医师、肝病研究室主任。她长期从事中西医结合治疗乙型肝炎的临床科研工作,她发明的中药“肝复宁”,达到国内领先和国际先进水平,并获得了国家级全国“星火杯”创造发明金质奖。17年来,她治愈重病患者4 000余例,70%恢复了劳动力,提高了生存和生活的质量。她曾荣获上海市劳动模范称号、上海市科技进步奖数项。

周桐宇　36岁,硕士,上海威达高科技(集团)有限公司董事长、总裁。她自1994年创建威达集团以来,在代理世界著名品牌IBM、HP、APPLE公司产品的过程中,运用先进的管理理念,带领公司员工通过10年的奋斗,发展成为年销售额突破20亿元的集团公司,业务涉及IT产品、系统集成、快速消费品、房地产开发和市政建设等领域,连续三年名列上海市百强民营企业前五名。她曾荣获上海十大杰出青年、中国IT渠道战略精英等称号。

黄丽华　39岁,博士,复旦大学管理学院副院长、信息管理与信息系统系教授。她致力于如何利用现代信息系统和信息技术及其潜能来提高企业的竞争能力,曾3次获得国家自然科学基金,5次获得“863计划”的研究项目,以及上海市有关部委研究项目。已取得6项鉴定成果,在国内外著名学术刊物上发表70余篇论文,出版专著2本。作为项目负责人,她完成了10多家大型企业和上海市政府部门的咨询或信息化规划项目。她曾获得教育部跨世纪人才、国家科委“863”先进个人等称号和多项教学科研工作奖励。

(侯晓蓉)

【2005年度上海—联合利华研究与发展基金评审揭晓】　该基金由上海市科委和联合利华(中国)有限公司共同组建成立。共收到来自全市18个研究所、医院及高校的62份有效项目申请和19份有效奖学金申请。经专家评审,1月16日,该基金评审结果揭晓。有8个项目获得2005年度的基金资助;12位博士研究生和青年科研人员获得了奖学金资助(详见下表)。

2005年上海—联合利华研究与发展基金资助项目名单(8人)

序号	姓名	单　位	学科	项　目　名　称
1	刘健航	上海第二医科大学附属第九人民医院	天然产物	甘草酸对改善面部色素斑的疗效及安全性评价
2	魏新林	上海师范大学	天然产物	茶叶多糖的分离纯化及抗皮肤衰老作用研究
3	乔勇进	上海市农业科学院作物所	天然产物	黄芩素高产细胞系的筛选及细胞培养中次生代谢产物的调控
4	李培勇	上海第二医科大学附属瑞金医院	纳米新材料	酸性磷酸酶浓度生物响应的载药聚电解质胶囊控释研究
5	李速明	复旦大学	纳米新材料	自组装生物降解性纳米胶束控释体系的研究与开发
6	余承忠	复旦大学	纳米新材料	大孔容纳米囊泡的绿色制备及控释性能研究
7	沈鹤柏	上海师范大学	纳米新材料	壳聚糖包裹5－氟尿嘧啶纳米粒子的研制及应用研究
8	袁养龙	华东理工大学	纳米新材料	可再生可降解农业生物高分子小麦麸质蛋白－纳米杂化包装材料的高性能化研究

2005 年上海—联合利华研究与发展基金奖学金名单(12 人)

序号	姓名	单　　位	导师
1	徐　薇(女)	复旦大学	熊思东
2	张正华(女)	复旦大学附属华山医院	郑志忠
3	沙先谊	复旦大学	方晓玲
4	杨宏顺	上海交通大学	李云飞
5	高继平	中科院上海生命科学院植生生态所	林鸿宣
6	叶　蕾(女)	上海交通大学医学院附属瑞金医院	宁　光
7	赵欣之	上海交通大学	贺　林
8	黄仕勇	中科院上海生命科学研究院	梁培基
9	张晓玲(女)	中科院上海生命科学院/上海交通大学医学院　健康科学研究所	戴尅戎
10	王亚静(女)	上海交通大学	乔中东
11	金　鑫	上海交通大学	梁培基
12	陈　彤(女)	复旦大学附属华山医院	谢　毅

(张　芹)

【15 人获上海市卫生系统第十届“银蛇奖”】 12 月 14 日,经上海市卫生系统青年人才奖励基金会专家评审委员会评选、审核,王林辉等 15 位同志获此殊荣;授予一等奖获得者的导师孙颖浩、陈家伦 2 人特别荣誉奖(如表)。

上海市卫生系统第十届“银蛇奖”获奖者名单(15 人)

一等奖

序号	姓名	单　　位
1	王林辉	第二军医大学附属长海医院
2	宋怀东	上海交通大学医学院附属瑞金医院

二等奖

序号	姓名	单　　位
3	毛　颖	复旦大学附属华山医院
4	邱永明	上海交通大学医学院附属仁济医院
5	舒先红	复旦大学附属中山医院
6	郑军华	第二军医大学附属长征医院
7	徐文东	复旦大学附属华山医院

三等奖

序号	姓名	单　　位
8	刘成海	上海中医药大学附属曙光医院
9	孙晓东	第一人民医院
10	郑兴东	第二军医大学
11	季　光	上海中医药大学附属龙华医院
12	蔡　红	上海交通大学医学院附属仁济医院
13	卢洪洲	上海市公共卫生中心
14	陈　悦	上海市疾病预防控制中心
15	周广东	上海交通大学医学院附属第九人民医院

第十届“银蛇奖”特别荣誉奖名单

姓名	单位/职务
孙颖浩	第二军医大学附属长海医院主任医师、教授
陈家伦	上海交通大学医学院附属瑞金医院主任医师、教授

(徐　英)

【10 人入选上海农业科技创新人和农业科技创新优秀企业家】 10 月,由上海发明协会主办的 2005 年上海农业科技创新人和优秀企业家奖评选揭晓,共有 10 人入选,其中 6 人获“2005 年上海农业科技创新人”称号,4 人获“2005 年上海农业科技创新优秀企业家”称号(如表)。

2005年上海农业科技创新人、优秀企业家名单(10人)

序号	姓名	单位/职务	职　称
1	叶承荣	上海市浦东新区农业发展管理署副署长	高级兽医师
2	倪卫忠	上海市南汇区畜牧兽医站站长	高级畜牧师
3	沈卫平	上海市嘉定区农业技术推广服务中心副主任	农艺师
4	陈　珏	上海市嘉定区蔬菜技术推广站采绿园艺场场长	农艺师
5	何　军	上海市宝山区动保科技服务发展有限公司副总经理	畜牧师
6	黄金辉	上海板扎果业有限公司董事长	
7	周志疆	上海农业科技种子有限公司总经理	副研究员
8	顾明强	上海汇绿蛋品有限公司董事长兼总经理	畜牧师
9	毛传福	上海大山合集团有限公司董事长	
10	曾余根	上海曾奇水产种苗有限公司总经理	

（肖辅玢）

【27人入选上海实施发明成果优秀企业家和优秀总工程师】 11月，由上海发明协会主办的2005年上海实施发明成果优秀企业家和总工程师奖评选结果揭晓，共有27人入选，其中19人获“2005年上海实施发明成果优秀企业家”称号，8人获“2005年上海实施发明成果优秀总工程师”称号(如表)。

2005年上海实施发明成果优秀企业家和优秀总工程师名单(27人)

序号	姓名	单位/职务	职　称
1	兰先德	上海交大昂立股份有限公司总裁	研究员
2	刘坐镇	华东理工大学华昌聚合物有限公司总经理	教授
3	张天龙	上海科创色谱仪器有限公司总经理	高级工程师
4	林志品	上海中山医疗科技发展公司总经理	副主任医师
5	曹明华	上海新奥托实业有限公司总经理	讲师
6	蔡昆山	上海交大南洋机电科技有限公司总经理	高级工程师
7	陈晓东	上海日之升新技术发展有限公司总经理	高级工程师
8	江　瀚	上海创博生态工程有限公司总经理	高级工程师
9	包伟国	上海新纺织产业用品有限公司总经理	教授级高级工程师
10	张德良	上海市毛麻纺织科学技术研究所所长	高级工程师
11	周文波	上海隧道工程股份有限公司总经理	高级工程师
12	王　炯	上海市城市建设设计研究院院长	高级工程师
13	徐毛清	上海新星印刷器材有限公司总经理	高级工程师
14	陈金生	绿谷(集团)有限公司副董事长	教授
15	严庆忠	上海亿人通信终端有限公司总经理	
16	王以梅	上海通用卫星导航有限公司总经理	经济师
17	刘　源	上海科泰信息技术有限公司总经理	高级工程师
18	张　一	微创医疗器械(上海)有限公司总裁	高级工程师
19	徐　清	上海华新合金有限公司董事长兼总经理	
20	朱逸生	上海市纺织科学研究院科技总监	教授级高级工程师

（续表）

序号	姓名	单位/职务	职　称
21	周　良	上海市城市建设设计研究院副院长兼总工程师	教授级高级工程师
22	曹文宏	上海市隧道工程轨道交通设计研究院副院长兼总工程师	教授级高级工程师
23	侯锐钢	华东理工大学华昌聚合物有限公司副总工程师	高级工程师
24	袁建新	上海神开科技工程有限公司总工程师	高级工程师
25	汪　革	上海博达数据通信有限公司副总裁兼总工程师	高级工程师
26	王仲伟	上海航发机械有限公司总经理兼总工程师	高级工程师
27	干毛弟	上海干巷汽车镜(集团)有限公司总工程师	高级工程师

（肖辅玢）

【陈竺、李大潜当选法国科学院外籍院士】　6月21日,法国科学院公布:中国科学院副院长、瑞金医院上海血液学研究所所长陈竺和复旦大学数学科学学院李大潜教授,在法国科学院院士大会上当选为外籍院士。至此,中国共有4位科学家当选法国科学院外籍院士。

陈　竺　人物简介参见《2005上海科技年鉴》P324。

李大潜　1995年当选为中国科学院院士,1997年当选为第三世界科学院院士。他曾在法国巴黎法兰西学院做访问学者,曾任法国综合理工大学教育委员会委员、复旦大学研究生院院长,现为教育部高等学校数学与统计学教学指导委员会主任委员、国务院学位评定委员会数学学科评议组召集人、高等学校数学研究与人才培养中心主任、中法应用数学研究所中方所长等。李大潜是法国科学院成立以来惟一一名中国籍数学家。

（编辑部）

【胡金波获美国首届“Air Products青年教授优秀奖”】　7月13日,美国宾州空气化工产品公司(简称AP公司)公布了首届“Air Products青年教授优秀奖”的2名获奖者名单,其中,中科院上海有机化学研究所胡金波博士获此殊荣。获奖者将获得3万美金的资助,用于支持其有机氟化学和先进材料研究。

“Air Products青年教授优秀奖”面向全球,旨在奖励资助刚踏入教授工作岗位(包括助理教授、副教授、教授)不超过6年的青年教授。候选人的研究方向应该在AP公司认为对AP未来产业有着战略意义的四个方面:材料科学(氟化学、燃料电池、有机电子材料和电子材料);加工合成;二氧化碳分离技术;氢气生产技术。该奖每年颁奖一次。

（杨慧娜）

【邱建荣等获Otto－Schott研究奖】　4月,“国际玻璃讨论会暨国际玻璃协会年会”在上海国际会议中心召开,中科院上海光学精密机械研究所研究员邱建荣博士与其合作者日本京都大学平尾一之教授、三浦清贵博士共同获得以光学玻璃之父、国际著名公司Schott AG创始人Otto－Schott命名的“Otto－Schott研究奖”。该奖项两年颁发一次,这次是第一次在亚洲地区颁奖,也是中国科学家首次获得该国际著名奖项。邱建荣研究员长期从事强场与物质的相互作用以及微结构功能材料方面的研究,取得了多项原创性的成果,现已成为国际上在相关研究领域有影响的青年科学家。

（屈　炜）

【俞俊棠获亚太生化工程大会奖】　5月15～19日,第七届亚太生化工程会议在韩国召开。大会组委会主席Young Je Yoo博士授予华东理工大学生物反应器工程国家重点实验室俞俊棠教授2005年亚太生化工程大会奖,以表彰他在生物化工领域作出的杰出贡献。迄今为止,该奖已分别颁发给全世界16位学者,俞俊棠教授为中国获此殊荣第一人。

俞俊棠教授从事生物化工领域的教学和研究工作至今已50多年,研究重点为生物过程和生物反应器工程,特别是对空气过滤除菌、生物反应器的氧传递生物反应器的设计和放大方面有较深的造诣。曾设计和研制实验室用玻璃发酵罐,分别于1978年和1984年两次获上海市重大科技三等奖;

首次提出压缩空气减湿以保证空气过滤器不受潮失效的机理和控制方法，在1985年获国家发明四等奖。在国内外期刊或学术会议上发表（包括非第一作者）论文200余篇，主编或参编的一系列教科书在国内多所大学广泛使用了许多年。

（刘旭勤　孙凯文）

【姜礼尚获第七届华罗庚数学奖】　7月25日，第七届华罗庚数学奖颁发。同济大学数学研究所姜礼尚教授与中科院数学与系统科学研究院马志明院士共同摘取了第七届华罗庚数学奖的桂冠。

姜礼尚教授长期从事偏微分方程理论及其应用领域的研究。他在自由边界问题的理论及其相关的控制问题以及偏微分方程在渗流、金融等应用领域进行了深入地研究并作出了杰出贡献。

华罗庚数学奖是为了纪念世界著名数学家华罗庚教授，于1991年设立。华罗庚数学奖主要奖励为中国的数学事业发展作出杰出贡献的资深数学家，是中国数学界的终身成就奖。

（许伟良）

【桂世勋获第五届中华人口奖“科技奖”】　1月7日，第五届中华人口奖颁奖大会在北京举行，11位对中国人口与计划生育事业作出突出贡献的人士受到表彰奖励。其中，华东师范大学教授桂世勋获此殊荣（简介如下）。中华人口奖为中国人口领域的最高奖，分设“工作奖”、“科学技术奖”和“荣誉奖”三项常设奖。

桂世勋　男，1940年1月生于上海，1962年毕业于华东师范大学政治教育系。现任华东师范大学人口研究所所长、教授，兼任全国哲学社会科学研究“九五”规划人口学学科组成员，国家计划生育委员会人口专家委员会委员，中国老龄协会专家委员会委员，上海市“十五”规划工作咨询专家，中国人民大学人口学博士生导师等20多个职务。主要研究方向为人口经济、人口社会和老年社会保障，在教学和科研中以治学严谨、联系实际、勇于创新而受社会关注，近20年来主持了30余项国内外研究课题，独立或与别人合作撰写著作30多部，在国内外发表论文140多篇，为中央及上海市政府有关部门提供了许多有价值的咨询建议，获省部级优秀成果奖10余项。1986年被人事部批准为国家级有突出贡献中青年专家，1991年获国务院颁发的享受政府特殊津贴证书。

（梁宗禧）

【蒋欣泉获IADR/Unilever Hatton奖】　3月，上海第二医科大学附属第九人民医院蒋欣泉博士，在美国巴尔的摩第83届国际牙科研究会（IADR）年会上，荣获IADR/Unilever Hatton奖（博士后竞赛组第一名），成为获此殊荣的首位中国青年科研工作者。作为口腔领域的最高奖项，Hatton奖被誉为“口腔的诺贝尔奖”。IADR成立至今已有83年，是国际口腔医学研究领域最高级别的会议，代表着世界口腔医学研究的方向。

此次博士后竞赛组共有9位来自世界各地的选手和9位美国分会的选手，最终仅有2位选手获奖。蒋欣泉博士的研究课题“Nell－1：1个Cbfa－1下游的新基因、在骨再生研究中的作用”具有创新性的设计，应用模式生物和组织工程学等先进手段，揭示了新基因Nell－1在成骨信号通路中的地位和应用组织工程方法进行组织重组的诱人前景。最终以第一名的优异成绩获得此奖。

（编辑部）

第三节　逝世人物

【李国豪】　著名桥梁工程与力学专家、教育家、中国科学院院士、中国工程院院士、同济大学名誉校长，因病医治无效，于2月23日下午在上海华东医院逝世，享年91岁。

李国豪　1913年4月出生于广东省梅县，毕业于同济大学。1938年赴德国达姆斯塔特工业大学学习，先后获工学博士和特许任教博士学位。1946年回国后，历任同济大学教授、土木系主任、工学院院长、教务长、副校长、校长、名誉校长等。1956年2月加入中国共产党。1955年被选聘为首批中国科学院学部委员（院士），1994年当选为中国工程院首批院士。国务院学位委员会委员兼土建水利学科评议组组长。第三届和第五届全国人大代表。

20世纪40年代，他以高水平的博士论文，在国际学术界获得“悬索桥李”的赞誉。他解决了武汉长江大桥和南京长江大桥的晃动和稳定问题，创立了桥梁抗震抗风的新学科，在国内首次提出了大跨迭合梁斜拉桥的建桥方案，争取实现了中国自主设计和建造大型桥梁。他为宝钢工程建设、上海洋山深水港工程以及全国许多重大工程作出科学论证。他先后获得何梁何利科技进步奖、陈嘉庚奖，被推选为世界十大著名结构工程学家，获国际桥梁与结构工程协会功绩奖，还获得德国政府授予的大十字功勋勋章。在近70年的教学生涯中，他呕心沥血教书育人，诲人不倦提携后辈，桃李满天下。他把毕生的精力献给了祖国的建设和科教事业，成为中国工程科技界和教育界的楷模。他领导同济大学向多科性大学和国际化大学转变，推动学校的国际交流合作，重视人文精神的培育，主持制定了"严谨、求实、团结、创新"的校训，提出建立教学和科研两个中心，组织大批教师走上经济建设第一线。他带领所在的桥梁学科，持续保持了在国内学术界的领先地位，在国际上也有很大影响。

（许伟良）

【姚　鑫】 著名细胞生物学家、中国科学院资深院士、第二届和第六届中国细胞生物学会理事长、亚太地区细胞生物学学会联合会第一任主席、原中科院上海细胞生物学研究所副所长、*Cell Research* 主编，因病医治无效，于11月4日上午在上海华东医院逝世，享年90岁。

姚　鑫　1915年10月18日出生于江苏省常熟市。1933年考入浙江大学，1937年留校，1946年获得英国文化委员会奖学金去英国留学，1949年获爱丁堡大学哲学博士学位，1949年10月回浙江大学生物系任教授，1950年8月任中科院上海实验生物学研究所研究员，1980年当选为中国科学院院士。1979年担任中国细胞生物学学会第一届理事会副理事长兼秘书长，1983年任第二届理事会理事长，1995年任第六届理事长；曾任上海免疫学会第一届理事会副理事长和第二届理事长。还积极推动亚太地区细胞生物学学会联合会的建立，当选为联合会第一任主席和第二任副主席。他积极参加了细胞生物学方面的学术活动和组织工作。

他在细胞分化与发育和实验肿瘤生物学等研究中取得重大成果；最早倡导胚胎干细胞研究并亲身躬行；他亲手创办、辛勤耕耘十余载的 *Cell Research* 已成为中国生命科学领域最具影响力的学术期刊。他是中国德高望重的实验生物学家和肿瘤生物学家。长期从事胚胎学和肿瘤研究，建立了甲胎蛋白免疫检测法，并发现了人肝癌新的膜相关胚胎抗原。他组织和主持了抗人肝癌单克隆抗体研究，在国际上首次获得了有较好选择性抗人肝癌单抗，经用放射性碘标记后已成功地用于无手术指征肝癌患者的治疗。此外，他在小鼠胚胎干细胞重建系、诱导分化和转基因研究等方面也取得了重要成果。他为中国细胞生物学的发展作出了重要贡献。

（李旭芬）

第十四章　科技成果与科技奖励

第一节　科技成果管理

【登记科技成果1 701项】　2005年，上海市共登记科技成果1 701项。按应用技术水平分，属国际领先水平的项目123项，占7.9%；国际先进的629项，占40.4%；国内领先水平的588项，占37.8%；国内先进的189项，占12.2%（如表）。数据表明上海市科研工作的整体水平有所提高，科技总体实力有所增强，取得了一批水平高、难度大的科技成果。

上海市应用技术成果水平统计表

水平	单位性质						
	独立科研机构	大专院校	工业企业		医疗机构	其他	总计
			数量	其中：科研机构转制企业			
国际领先	44	27	47	2	4	1	123
国际先进	112	179	298	59	13	27	629
国内领先	130	77	272	76	40	69	588
国内先进	14	57	48	6	36	34	189
其他	1	2	12	5	3	8	26
合计	301	342	677	148	96	139	1 555

按完成单位分，独立科研机构完成301项，占19.4%；大专院校完成342项，占22%；工业企业完成677项，占43.5%；医疗机构完成96项，占6.2%。按成果类别分，应用技术成果1 555项，占91.4%；基础理论成果61项，占3.6%；软科学成果85项，占5%（如表）。

上海市科技成果类别统计表

成果类别	单位性质						
	独立科研机构	大专院校	工业企业		医疗机构	其他	总计
			数量	其中：科研机构转制企业			
应用技术成果	301	342	677	148	96	139	1 555
基础理论成果	24	21			13	3	61
软科学成果	13	23	2	1	10	37	85
合计	338	386	679	149	119	179	1 701

按科技成果登记项目评价种类分，鉴定项目数830项，占48.8%；验收项目数388项，占22.8%；评审项目数72项，占4.2%；行业准入数47项，占2.8%。全市的科技成果鉴定项目所占比例较大，而验收、评审、行业准入等所占比例较小（如表）。

上海市科技成果评价方式统计表

成果登记数	单位性质						
	独立科研机构	大专院校	工业企业		医疗机构	其他	总计
			数量	其中：科研机构转制企业			
鉴定项目	86	233	364	38	63	84	830
验收项目	129	87	106	15	32	34	388
评审项目	8	29	2	1	17	16	72
行业准入	4		40	18		3	47
其他	111	37	167	77	7	42	364
合计	338	386	679	149	119	179	1 701

按课题来源分，国家计划200项，占11.8%；部门计划117项，占6.9%；地方计划399项，占23.5%；地方基金124项，占7.3%；自选510项，占30%。表明全市按市场规律自选课题进行独立创新的企业越来越多。随着上海经济的进一步改革开放，接受横向委托和开展国内外合作项目越来越多。

上海市科技成果课题来源情况统计表

课题来源	单位性质						
	独立科研机构	大专院校	工业企业		医疗机构	其他	总计
			数量	其中：科研机构转制企业			
国家计划	65	77	47	11	4	7	200
部门计划	17	36	39		11	14	117
地方计划	86	108	111	24	36	58	399
部门基金	2	26	8	1	8	7	51
地方基金	20	40	26	1	30	8	124
民间基金			7		1		8
国际合作	1	2					3
横向委托	1	33	23	7	1		58
自选	28	59	349	103	18	56	510

按项目投入主体分，国家投入40 184万元，占8.5%；部门投入36 132万元，占7.7%；地方投入48 132万元，占10.2%；基金投入3 753万元，占0.8%；自有资金302 804万元，占64.2%（如表）。表明全市科技成果主要体现地方投入和企业或单位自筹资金为主。

上海市科技成果投资情况统计表

项目投资（万元）	单位性质						
	独立科研机构	大专院校	工业企业		医疗机构	其他	总计
			数量	其中：科研机构转制企业			
国家投入	12 105	6 577	5 558	1 093	15 133	811	40 184
部门投入	1 758	3 991	2 630	783	25 090	2 663	36 132
地方投入	6 961	10 118	15 192	1 128	505	15 356	48 132
基金投入	481	723	2 294	79	145	110	3 753
自有资金	6 051	11 402	268 362	22 011	147	16 842	302 804
银行贷款			23 598	246			23 598
国外资金	310	350	30		25		715
其他	1 522	9 428	4 058	1 007	83	1 408	16 499
合计	29 188	42 589	321 722	26 347	41 128	37 190	471 817

（尹邦奇　包　豫）

【登记国际领先科技成果 123 项】 如表。

上海市科技成果登记国际领先项目表(共 123 项)

序号	项目名称	完成单位
1	新型纳米复相陶瓷的制备和性能	中科院上海硅酸盐研究所
2	新型蓝紫光发光器件用 ZnO 薄膜的研制	中科院上海硅酸盐研究所
3	含反应合成碳硼铝化合物相的碳化硅陶瓷的液相烧结法	中科院上海硅酸盐研究所
4	导电性纳米氮化钛－氧化铝复合材料的制备方法	中科院上海硅酸盐研究所
5	无机纳米材料改性的抗静电腈纶	东华大学
6	氧化锌晶须填充抗静电腈纶的研制开发	东华大学
7	羊毛易护理面料延迟焙烘加工技术	东华大学
8	冶金轧辊电火花熔涂强化关键技术研究	东华大学
9	重症肌无力发病机制的系列研究	复旦大学附属华山医院
10	血流动力学在动脉粥样硬化发生发展中的作用	复旦大学附属中山医院
11	肝癌门静脉癌栓形成机制及防治研究	复旦大学附属中山医院
12	人体组织工程神经的构建	复旦大学附属中山医院
13	发酵法生产天然乙偶姻	上海爱普香料有限公司
14	肾本质理论研究及临床应用	复旦大学附属华山医院
15	白血病细胞分化新机制和凋亡诱导药物的实验研究	上海第二医科大学附属瑞金医院
16	组织工程皮肤的基础和应用研究	上海第二医科大学附属第九人民医院
17	内耳发育及毛细胞再生的研究	复旦大学附属眼耳鼻喉科医院
18	系统性红斑狼疮的遗传学发病机制和诊疗策略的研究	上海第二医科大学附属仁济医院
19	水下电动挖沟机升级改造设计及加工制造	上海交通大学
20	新一代港口集装箱起重机关键技术研发与应用	上海振华港口机械(集团)股份有限公司

（续表）

序号	项　目　名　称	完　成　单　位
21	冠脉药物洗脱支架设计与制造关键技术	微创医疗器械（上海）有限公司
22	“健康档案信息采集系统”——社区健康档案管理系统的应用	上海市浦东新区潍坊地段医院
23	哺乳动物耳蜗毛细胞再生	复旦大学附属眼耳鼻喉科医院
24	血管内超声及多普勒技术在冠状动脉疾病诊治中的研究与应用	复旦大学附属中山医院
25	ADTB－T 数字电视地面广播接收解调芯片	上海交通大学
26	局部环境自主智能焊接机器人关键技术及研制	上海交通大学
27	第二代智能居民身份证专用 PETG 卡基材料	上海达凯塑胶有限公司
28	XGN□－□－12 箱型固定式金属封闭开关设备	上海南华兰陵电气有限公司
29	复杂体系高层混凝土结构抗震研究	同济大学
30	易付平台 V1.0	上海银联电子支付服务有限公司
31	优质旱稻雄性不育系沪旱 1A	上海市农业生物基因中心
32	网络信息安全监管系统	上海汉邦京泰数码技术有限公司
33	ADTB－T 高清数字电视接收器	上海广电（集团）有限公司中央研究院
34	Cardbus 接口适配芯片（2015VC）	上海广电（集团）有限公司中央研究院
35	第二代居民身份证专用芯片模块	上海华虹集成电路有限责任公司
36	大容量 YCH（H1000）三相异步电动机	上海电气集团上海电机厂有限公司
37	刺芒柄花素化学对照品的大规模制备技术研究	华东理工大学
38	丹酚酸 B 化学对照品的大规模制备技术研究	华东理工大学
39	气流床煤气化装置新型洗涤冷却技术开发	华东理工大学
40	电动自行车用长寿命阀控式铅酸电池	复旦大学
41	用阴离子交换树脂从核糖核酸酶解液中分离核苷酸的方法	上海秋之友生物科技有限公司
42	一种非完整齿轮齿廓高频淬火装置	上海大学
43	中华绒螯蟹的营养学及其环保型全价人工饲料的研制开发	华东师范大学
44	口腔崩解片的技术开发与应用	上海爱的发制药有限公司
45	微型电动色谱系统研究与开发	上海通微分析技术有限公司
46	新型金属饰板夹胶玻璃	上海耀华皮尔金顿玻璃股份有限公司
47	基于速率平滑和缓冲区控制的主从式可扩展跨平台多请求流媒体服务器	复旦大学
48	井下智能测调联动分层配水装置	上海嘉地仪器有限公司
49	7302 智能多业务接入平台	上海贝尔阿尔卡特有限股份公司
50	2G/2.5G（GSM/GPRS）手机核心芯片（SC6600）的研制和开发	展讯通信（上海）有限公司
51	新老路基结合部处治技术	同济大学
52	上海东海大桥超大型跨海桥梁设计综合关键技术研究	上海市政工程设计研究院
53	长江口深水航道治理二期工程总平面方案优化研究	上海航道勘察设计研究院
54	影响上海城市建设与管理若干典型地质问题研究	上海市地质调查研究院
55	DC01 型电动列车辅助逆变器启动失效的分析研究及其新型控制器研制	上海地铁运营有限公司
56	高压气、水管道除垢及护壁方法	上海浦清管道工程服务有限公司
57	DZJ 系列车辆跟踪器	上海大众科技有限公司
58	QSB100 三面切书机	上海北人力顺印刷机械有限公司

（续表）

序号	项　目　名　称	完　成　单　位
59	PYG445 滚式配页机	上海北人力顺印刷机械有限公司
60	胶体金标记氟乙酰胺单克隆抗体快速免疫检测板的研究（第一期工程完全抗原的研究）	上海市公安局刑侦总队
61	达那唑胶丸	上海医药工业研究院
62	上海林静牌一次性使用无菌阴道扩张器	上海林静医疗器械有限公司
63	一种供船舶航行的海底潜水通道	陈一鸣
64	地球气候调节系统	陈一鸣
65	沼泽治理的方法	陈一鸣
66	一种新型喷气式推进器及其应用	陈一鸣
67	一种电磁运输装置	陈一鸣
68	多用途手机	上海甲秀工业设计有限公司
69	儿童阻挡按钮式安全打火机	上海甲秀工业设计有限公司
70	儿童安全打火机	上海甲秀工业设计有限公司
71	滑盖式安全打火机	上海甲秀工业设计有限公司
72	阻挡按钮式安全打火机	上海甲秀工业设计有限公司
73	顶盖式安全打火机	上海甲秀工业设计有限公司
74	壳体旋转安全打火机	上海甲秀工业设计有限公司
75	壳体旋转儿童安全打火机	上海甲秀工业设计有限公司
76	旋转套盖式安全打火机	上海甲秀工业设计有限公司
77	阻挡按钮式儿童安全打火机	上海甲秀工业设计有限公司
78	阻挡滑轮式安全打火机	上海甲秀工业设计有限公司
79	阻挡滑轮式儿童安全打火机	上海甲秀工业设计有限公司
80	推杆式保险装置安全打火机	上海甲秀工业设计有限公司
81	人性化笔记本电脑设计	上海甲秀工业设计有限公司
82	可调节人性化笔记本电脑设计	上海甲秀工业设计有限公司
83	燃气热水器	上海甲秀工业设计有限公司
84	清洁鼻腔的装置	上海甲秀工业设计有限公司
85	大型转炉炉体线外组装整体安装工艺技术	上海宝冶建设有限公司
86	3DJOY 立体图像制作系统[简称:3DJOY]V1.0	上海家友电脑画有限公司
87	微迪智能型移动电话遮断器	上海微迪电子网络有限公司
88	基于上下文自适应二进制算术解码器	上海富瀚微电子有限公司
89	化学信息管理系统（CISOC－ChIMS）	中科院上海有机化学研究所
90	杀虫剂乙氰菊酯的新工艺研究	中科院上海有机化学研究所
91	一种量程可达 2 万 M/S2 的微机械加速度传感器	中科院上海微系统与信息技术研究所
92	一种用于微机械器件制作玻璃/硅键合装置及其使用方法	中科院上海微系统与信息技术研究所
93	控制键合过程中玻璃或有机胶塌陷支撑体	中科院上海微系统与信息技术研究所
94	一种量程可达 200 万 M/S2 的微机械加速度传感器	中科院上海微系统与信息技术研究所
95	开放式网络机器人通用平台及相关技术研究	上海交通大学
96	二甲醚（DME）汽车的研究开发	上海交通大学

(续表)

序号	项 目 名 称	完 成 单 位
97	机器人操作规划和系统集成技术	上海交通大学
98	曲面贴合过载保护硅加速度传感器及制造方法	中科院上海微系统与信息技术研究所
99	深沟侧壁扩散和电绝缘薄膜填充制造压阻加速度传感器及其制造方法	中科院上海微系统与信息技术研究所
100	检测光盘物镜小光斑的装置	中科院上海光学精密机械研究所
101	高倍全息位相差放大装置	中科院上海光学精密机械研究所
102	生长金红石晶体的方法	中科院上海光学精密机械研究所
103	位相型长焦深超分辨光阑	中科院上海光学精密机械研究所
104	透明材料折射率测量方法及其干涉测量仪	中科院上海光学精密机械研究所
105	双二氰基甲撑环已烷脂类衍生物的合成方法	中科院上海光学精密机械研究所
106	单块晶体 2×2 光开关	中科院上海光学精密机械研究所
107	小孔实像传递装置	中科院上海光学精密机械研究所
108	超短脉冲激光诱导制备金溶胶的方法	中科院上海光学精密机械研究所
109	双盘连接基片装置及使用方法	中科院上海光学精密机械研究所
110	带宽可调的斜边光纤光栅及其制作方法	中科院上海光学精密机械研究所
111	光折平板透镜	中科院上海光学精密机械研究所
112	多探头光纤倏逝波生物传感器	中科院上海光学精密机械研究所
113	实现激光远场衍射光斑超分辨压缩的位相板	中科院上海光学精密机械研究所
114	同轴记录位相差放大全息装置	中科院上海光学精密机械研究所
115	飞秒激光单脉冲形成二维纳米尺度周期结构的工作装置	中科院上海光学精密机械研究所
116	低温相偏硼酸钡单晶薄膜的制备方法	中科院上海光学精密机械研究所
117	激光光斑有效面积测试装置	中科院上海光学精密机械研究所
118	交流电化学制备导电聚合物吡咯纳米材料的方法	中科院上海光学精密机械研究所
119	多波长光学参量高功率光纤放大装置	中科院上海光学精密机械研究所
120	超快过程的探测装置	中科院上海光学精密机械研究所
121	掺钕钇铝石榴石和钇铝石榴石复合激光晶体的制备方法	中科院上海光学精密机械研究所
122	宽调谐光学参量光纤放大装置	中科院上海光学精密机械研究所
123	彩色上转换发光材料	上海科炎光电技术有限公司

(尹邦奇 包 豫)

第二节 科技成果奖励

【上海46个项目(人)获国家科技奖励】 上海有46个项目(人)获得2005年度国家科技奖励，占全国321项(人)的14.33%，获奖比例连续4年保持两位数，再创历史新高。首次在国家五大奖(国家最高科学技术奖、国家自然科学奖、国家技术发明奖、国家科技进步奖、中华人民共和国国际科学技术合作奖)上榜上有名。

(1)首次获得国家最高科学技术奖。国家最高科学技术奖是国家五大奖中等级最高的一个奖项，每年最多评出2位获奖人。2005年，上海市推荐了第二军医大学吴孟超院士，经评审，吴孟超院士与中科院大气物理研究所的叶笃正院士双双获奖。吴孟超院士成为上海首位获此殊荣的科研工作者。并成为中国医学界首位获得此殊荣的医务工作者。

(2) 薄弱环节取得重大突破。体现自主创新能力及成果提升产业竞争力水平的国家技术发明奖，一直是上海的“弱项”，已连续两年落空。2005年，上海择优推荐5个项目申报，最终3个项目获奖，占全国获奖项目40项的7.5%，实现重大突破。

显示科技原创力的专利数显著增加，科技工作者保护自主知识产权的意识不断增强，3个发明奖项目共获得14项国内外发明专利。成果经产业化后，三年累计新增利税1.77亿元，创收外汇0.54亿美元。据统计，2005年获奖的应用技术类项目共申请发明专利206项，其中已授权56项，国外专利12项，软件著作权36项。

(3) 继续保持传统优势。在国家自然科学奖方面，上海仍保持明显优势，7个项目获得国家自然科学奖，占全国38项的18.42%。

(4) 获奖等级稳步提升。在全国236个获奖项目中，上海获奖34个，占14.41%。34个获奖项目中，有4个项目被授予一等奖，是历年来最多的一次。表明上海获得的高等级奖项逐渐增多。

(5) 高校、科研机构、企业自主创新成果各领风骚，国家创新体系正逐步形成。在上海获奖的46个项目(人)中，由大学领衔完成的10项(人)，占获奖数的21.7%；国家科研机构领衔完成的6项(人)，占获奖数的13%。企业自主创新成果崭露头角。在34个国家科技进步奖获奖项目中，由企业领衔或与高校、科研机构产学研联盟共同完成的项目有14项，占41.2%，企业正逐步成为技术创新的主体。而且企业获奖等级也在逐步提升，在4个获国家科技进步奖一等奖项目中，由企业领衔完成的有2项，占50%，分别是上海振华港机(集团)股份有限公司和宝钢钢铁股份有限公司。科技与生产力的紧密结合为科学研究提供了广阔舞台，为上海市经济发展注入了新活力，以上述两家企业完成的项目为例，3年累计新增利税46.83亿元以上，创收外汇5.61亿美元。

(6) 国家五大奖首次实现全面开花。2005年，上海在国家最高科技奖和国家技术发明奖上均有重大突破，在国家自然科学奖上继续保持优势地位，在国家科技进步奖上高等级奖项逐渐增多，在中华人民共和国国际科学技术合作奖上也不甘落后，5位获奖者中有1位来自上海，首次出现了“五朵金花”同时绽放的喜人局面。

获奖项目主要特点：

(1) 在应用技术研究领域，突显企业为技术创新主体，由企业牵头完成、具有国际先进水平、拥有自主知识产权并迅速产业化的成果获得国家高等级奖。获得国家科技进步一等奖、由宝山钢铁股份公司完成的“宝钢高等级汽车板品种、生产及使用技术的研究”项目，研究取得了一系列系统高等级汽车板生产技术，结束了国外汽车板对国内市场的垄断，已累计向汽车厂供货853万吨，替代了至少50%的进口，累计新增利润449 013万元，创收外汇2 013万美元，有力地支撑和推动了中国汽车特别是轿车工业的发展。该项目是企业自主集成、自主设计、拥有完全自主知识产权的重大集成创新项目，部分技术已应用于其他冶金企业。获得国家科技进步一等奖、由上海振华港口机械(集团)股份有限公司完成的“新一代港口集装箱起重机关键技术研发与应用”项目，针对当今世界集装箱运输船舶大型化，迫切需要码头装卸高效化，缩短集装箱装卸时间以及现有码头起重机设备能耗大、污染重、自动化程度低等问题，研制出高效自动化、节能环保关键技术及新一代起重机。开发的产品已销往世界90多个港口，国际市场占有率超过50%，创建了国际品牌“ZPMC”。产品近3年创汇12.74亿美元，新增利税3.6亿元，2005年公司已实现销售额达15亿美元。

(2) 在基础研究领域，经过多年研究和积累，若干具有重大科学发现、产生重大国际影响力的科技原创性成果不断涌现，促进了人类真知的增长。据不完全统计，上海7个获国家自然科学奖项目发表SCI论文335篇，他引3 630次。由中科院上海天文台景益鹏研究员完成的“宇宙结构形成的数值模拟研究”项目，在天体物理研究前沿，采用计算机模拟方法模拟宇宙中结构的形成，揭示了宇宙结构形成的物理规律，建立了在国际同类研究中精度最高、样本最全的模拟样本。研究成果在该研究领域顶级期刊上发表SCI论文60篇，被他引达1 260次。由同济大学陈义汉教授完成的“心房颤动分子遗传学和细胞电生理学研究”项目，通过对心房颤动家族的遗传连锁分析，第一次揭开了心房颤动的一个遗传起源。研究论文发表在美国《科学》(*Science*)杂志上，被认为是分子心脏病学领域的重大突破。家族性心房颤动致病基因的发现对所有获得性心房颤动机制研究具有重大启示价值，也为中国自主研制、开发抗心律失常药物奠定了基础。

(3) 在高技术研究领域，一批在技术上有重大突破、填补国内空白、处于国际领先水平的项目获奖。由中科院上海光学精密机械研究所完成的“神光Ⅱ高功率激光实验装置”项目，在激光惯性约束聚变研究领域，解决了一系列高难度的关键技术问题，研究的装置在相同激光输出截面内输出的能量、功率、光束质量、稳定性、可靠性等指标，全面达到及部分优于国外目前正在运行的装置的先进水平，进入当代国际最先进的高功率固体激光驱动器行列，实现了中国在激光驱动器技术发展史上质的飞越，该项目自主创新实现了多项重要单元技术，申请了31项发明专利，授权11项，取得了很大的社会和经济效益。获得国家技术发明二等奖、由中科院上海硅酸盐研究所完成的"扫描电声显微镜及其相关器件和材料"项目，在传统扫描电声显微镜的基础上，研制发明了由电子光学、电声和压电传感、弱信号检测、图像处理以及计算机等多项高新技术构成的高分辨率声学显微成像仪器，取得了拥有自主知识产权的3项发明专利和1项国外发明专利。在金属材料、半导体材料、无机材料等领域获得了实际的应用，推动了新材料和显微成像技术的发展，产品已出口到美国、德国、日本等国，取得了良好的经济和社会效益。

(4) 在信息化领域，出现了一批以信息化提高政府公共事务管理水平，提供信息安全保障，或者以信息化带动工业化，以工业化促进信息化，科技含量高、经济效益好的项目。由上海交通大学领衔完成的"国家信息安全应用示范关键技术研究与应用(S219工程)"项目，密切结合中国政府电子政务、金融信息化、网络媒体领域内急需解决的若干信息安全问题，构建了政府上网安全应用支撑系统、金融数据交换与安全防御系统、网络媒体内容安全监管与综合防御系统，为中国信息安全保障体系建设进行了有益的探索和实践，并在银行、工商、财税等部门推广应用。已申请国家技术发明专利62项，已获专利15项，软件著作权7项，自主开发产品18个，取得了巨大的社会效益和经济效益。由华东理工大学领衔完成的"大型精对苯二甲酸生产过程智能建模、控制与优化技术"项目，从大型精对苯二甲酸(简称PTA)生产过程实时控制与优化操作的要求出发，融化学工程、自动控制、计算机应用、人工智能以及优化控制等技术为一体，对神经网络工程应用技术、智能预测控制技术、智能优化技术以及PTA生产过程智能建模技术等流程工业过程智能建模、控制与优化的关键共性技术进行了深入研究开发，取得了国际先进水平的创新成果。成果已先后在扬子石化公司、中石化集团洛阳石油化工总厂等大型PTA装置上成功应用，解决了PTA生产过程中建模、控制和优化的若干瓶颈问题，摆脱了中国PTA生产过程先进控制技术依赖引进的局面，三年新增利税3.38亿元，产生了巨大经济效益。

(5) 在生物医药领域，一批具有自主知识产权的原创性成果经产业化获奖。获得国家技术发明二等奖、由第二军医大学完成的"肿瘤放疗增敏药：甘氨双唑钠"项目，针对国内外放射增敏剂存在的毒副作用大的难题，经过20年的研究，发明了国内外第一个全新结构的化学药品、一类新药硝基咪唑化合物甘氨双唑钠。该药是国内外第一个通过审批在临床使用的肿瘤放疗增敏药，专利经转让后成功实现产业化，产生了较好的经济和社会效益。获得国家科技进步二等奖、由上海医药工业研究院完成的"环孢菌素A生产新工艺关键技术及其应用"项目，独创了新的发酵培养基及关键成分的加工方法，在发酵工艺上取得重大突破，申请国内外发明专利8项，其中两项已授权。3年累计新增销售1.95亿元，利润3 587万元，税收2 640万元，企业直接出口创汇折合192万美元，节约成本9 400万元，打破了国外产品对中国市场的垄断。

(6) 在为人民群众健康服务的医疗卫生领域，上海的科技人员在常见病、多发病的治疗新方法以及危重病的诊治方面取得丰硕成果，获得国家科技奖励。由上海长海医院完成的"胃、十二指肠镜微创技术的研究与应用"项目，针对中国常见且严重危害人们身体健康的消化系统疾病进行内镜诊治研究，开创多项疗效好、痛苦少、节约医疗资源的内镜微创诊治新技术，已完成临床病例10余万例次；由上海交通大学医学院附属新华医院完成的"危重婴幼儿先天性心脏病的急诊外科技术研究"项目，针对死亡率很高的婴幼儿先天性心脏病，在关键手术技术和手术辅助技术方面进行创新，整体提高了手术数量和质量，死亡率从47%降至4%。

(尹邦奇　吴洁敏)

【上海7个项目获2005年度国家自然科学奖】 详见下表及条目。

上海市荣获2005年度国家自然科学奖二等奖项目表(共7项)

序号	项 目 名 称	主要完成人	主要完成单位
1	高维非线性守恒律方程组与激波理论	陈恕行	复旦大学
2	宇宙结构形成的数值模拟研究	景益鹏	中科院上海天文台
3	核糖体失活蛋白与核糖体RNA结构与功能的研究	刘望夷等	中科院上海生命科学院生物化学与细胞生物学研究所
4	心房颤动分子遗传学和细胞电生理学研究	陈义汉等	同济大学
5	碲镉汞薄膜的光电跃迁及红外焦平面材料器件研究	褚君浩等	中科院上海技术物理研究所
6*	中国不同民族永生细胞库的建立和中华民族遗传多样性的研究	金　力等	复旦大学等
7*	氧化物辅助合成一维半导体纳米材料及应用	张亚非等	上海交通大学等

注:“*”表示合作项目。

【高维非线性守恒律方程组与激波理论】 该项目属国际数学界公认的重要研究领域,在流体力学以及航空航天等现代科学技术中有着十分重要的应用价值。

该项目重点研究了尖头物体的超音速绕流,对于三维尖前缘机翼和尖头锥体的超音速绕流问题含附体激波解的存在性与稳定性给予了严格的数学论证,解决了Courant－Friedrichs于半个世纪前提出的长期悬而未决的难题,为大量实验与计算结果提供了坚实的理论基础。在论证中为克服由非线性、多自变数、自由边界以及由锥体顶端引起的强奇性等困难因素的交织影响,提出与发展了将部分速度图变换与区域分解及非线性交替迭代相结合的方法,开辟了一个研究偏微分方程含自由边界的边值问题的新途径。进一步对尖头物体超音速绕流问题整体解的存在性、结构以及渐近性态进行研究,得到了深刻的结果。

该项目在对非线性双曲型方程组解的激波形成的研究中发现了特征的包络是激波生成的源,从而揭示了解从光滑的初始资料发展出激波的过程,以及解的奇性结构与渐近性态。在超音速流问题中证明了弱斜激波的稳定性,证实了有关激波稳定性的一个猜测。

该项目研究成果在ICCM2001数学家大会等多个国际学术会议上应邀作全会报告。在数学界最高水平的2002年世界数学家大会的两个邀请报告中被引用与详细叙述。美国斯坦福大学教授刘太平院士称该项目完成人为中国对非线性守恒律方程组与激波理论最有贡献的少数几位数学家之一。该项目取得的成果带动了一系列的后续研究,推动了学科发展。

【宇宙结构形成的数值模拟研究】 该项目采用计算机模拟方法模拟宇宙中结构的形成,研究宇宙中结构形成的物理规律,属天体物理的前沿领域。

该项目首先建立了宇宙学N体模拟和单个宇宙天体模拟的几个高分辨模拟程序,于1997年和2001年,取得了粒子数分别为256^3和512^3的宇宙学N体模拟样本;于1999年取得了粒子数为106的暗物质晕模拟样本。建立的模拟样本在国际同类研究中精度最高、样本最全。

利用上述高分辨模拟样本,对暗物质和星系分布作了系统研究,获得了以下重要结论:(1)首次发现了小质量暗晕的成团性比PS理论的预言要强得多,并提出暗晕成团的精确公式。该公式已被广泛用于预言星系和暗物质的成团性质,该工作也引发了许多修改PS理论的研究。(2)首次提出描述暗晕密集因子的对数正则分布公式,并被广泛用于预言星系的观测性质,如旋转速度和暗物质分布等。(3)发现暗晕内部密度轮廓的幂指数在－1.0和－1.5之间,这项工作已成为高精度研究暗晕结构的最有影响的三个工作之一。(4)首次提出描述暗晕内部物质分布的三轴椭球密度分布模型,并被广泛用于预言引力透镜、暗物质分布等多个研究领域。(5)首次精确测量了星系对的速度弥散,结果已被广泛用于检验星系形成模型,并得到Sloan和2dF星系红移巡天测量结果的支持。(6)最早提出构造星系相关函数和速度弥散的星系团低权重模型,并已发展为目前流行的暗晕星系占有数模型。上述结果在5篇论文中发表,其单篇他人SCI引用次数分别为74次、83次、130次、72次和42次。5篇论文均已进入国际最有影响的天文学论文之列。

研究成果在顶级期刊共发表SCI论文60篇,

被他人 SCI 引用1 260次，其中第一作者的占 808 次。在 G. Boerner 的专著《The Early Universe》(标准宇宙学教科书之一)里，景益鹏的数值模拟结果被用来展示 N 体模拟的重要特性，并被强调是当前最好的模拟。

【核糖体失活蛋白与核糖体 RNA 结构与功能的研究】 核糖体失活蛋白(RIP)是一类植物毒蛋白。它专一失活核糖体，导致细胞死亡。它在理论研究方面可用作研究核糖体 RNA 结构与功能的工具酶；在应用方面可用作杀虫剂或制备免疫毒蛋白杀伤癌细胞和抗病毒感染等。

该项目从各种植物组织中筛选出 6 种不同的新 RIP。对其中一种香樟树种子的双链 RIP－辛纳毒蛋白进行全面系统研究；发现它专一作用于核糖体大亚基 RNA 上保守的 S/R 结构域，脱去一个腺嘌呤，使核糖体失活；可杀伤癌细胞和某些昆虫幼虫；它在种子中的生理功能是一种储藏蛋白；测定了它的氨基酸序列和基因序列及糖肽结构，证明它可以水解超螺旋 DNA 上的腺苷酸，导致 DNA 解旋。

目前已知核糖体 RNA 在蛋白质合成中具有重要的功能。但是，核糖体 RNA 的各个部分发挥的作用尚不完全清楚。该研究结果证明，核糖体 RNA 中 S/R 结构域在蛋白质合成中呈动态结构；核糖体经 RIP 作用后，S/R 结构域中出现的一个活泼醛基是使核糖体失活的重要原因。这个醛基被封闭后，核糖体的功能可大部分恢复；用人工合成的 S/R 结构域做实验证明延伸因子 2 确实与核糖体 RNA 相应的部位结合；用原子力显微镜(AFM)直接观察到了核糖体及其起始复合物中的生物大分子；从侧柏树种子中纯化出一种新的 RNase 型 RIP，它专一作用于某些真核细胞核糖体大亚基 RNA 中 C4453－A4454 之间的一个磷酸二酯键，导致核糖体失活。证明了这个新的结构域只能与延伸因子 1 结合，而不能与延伸因子 2 结合。

该成果共发表论文 63 篇，57 篇被 SCI 收录，被国际权威杂志引用 303 次。

【心房颤动分子遗传学和细胞电生理学研究】 心房颤动是常见的心脏病，全世界有上千万的心房颤动患者。然而，它的发病机制并不清楚。该项目通过对心房颤动家系的遗传连锁分析，首先把心房颤动致病基因定位在第 11 号染色体末端；然后采用定位候选策略，在心脏钾离子通道基因 KCNQ1 中发现了一个改变氨基酸编码的点突变；最后运用分子生物学技术和细胞电生理学手段，证明该变异体可以引起心房颤动的基础电生理学改变，从而证明 KCNQ1 为心房颤动致病基因，第一次揭开了心房颤动的一个遗传起源。

该原创性研究成果已申请 2 项国家发明专利，相应的论文发表在美国《科学》(*Science*)杂志上，被 SCI 引用 50 次。美国《科学》(*Science*)杂志和英国《自然》(*Nature*)杂志等先后发表评论，认为该成果是分子心脏病学领域的重大突破。此后，又发现 KCNQ1 与其辅助亚单位的一个突变体共同作用也导致心房颤动，论文发表在权威刊物《美国人类遗传学杂志》(*American Journal of Human Genetics*)，再次证明了 KCNQ1 在心房颤动发生中的地位。

家族性心房颤动致病基因的发现对所有获得性心房颤动机制研究具有重大启示价值。研究成果对多学科领域产生了重要影响，也为中国自主研制、开发抗心律失常药物奠定基础。

【碲镉汞薄膜的光电跃迁及红外焦平面材料器件研究】 碲镉汞薄膜的光电跃迁效应及红外焦平面列阵材料器件是红外光电子信息学科的研究前沿，在当代航天航空红外遥感等许多高技术领域有重大应用需求。

该项目主要研究碲镉汞半导体中的带间光吸收跃迁效应以及带内、杂质、声子光跃迁和载流子输运有关问题，研究碲镉汞红外焦平面材料器件研制的基本物理问题。研究发现碲镉汞的带间跃迁本征吸收光谱，发现碲镉汞本征光吸收系数随组分、温度、波长的变化规律，提出碲镉汞禁带宽度对温度、组分的关系式，确定碲镉汞能带参数；发现碲镉汞中杂质光吸收跃迁和声子光吸收跃迁；发现碲镉汞中二维电子的回旋共振光吸收和自旋共振光吸收，提出子能带结构模型；发现分子束外延碲镉汞薄膜材料生长中组份控制、均匀性控制、缺陷和位错密度控制以及掺杂控制等关键技术的科学规律等。研究结果不仅在理论上推进了碲镉汞光跃迁理论和能带结构理论，发展了窄禁带半导体物理学，同时直接应用于碲镉汞材料设计、生长和表征以及器件研制；促进了中国1 024×1 元、2 048×1 元的碲镉汞线列焦平面以及 64×64 元，128×128 元碲镉汞焦平面列阵器件的研制成功；使中国进入国际上能够成功研制出这类器件的先进国家行列，解决了国家重大需求的关键科学问题。

该项目在国际学术刊物上发表 SCI 论文 39

篇,出版《窄禁带半导体物理学》专著,国际学术会议邀请报告11篇。论文被他人引用281次,并有14项结果被编入国际最权威的科学手册《科学与技术数值数据和函数关系》。美国碲镉汞物理化学国际会议主席A Sher认为该工作"不仅赶上世界水平,而且在某些方面走在国际前列"。

【中国不同民族永生细胞库的建立和中华民族遗传多样性的研究】 该项目建立了中国42个民族58个群体的永生细胞库,包括3 119个永生细胞株,6 010份DNA标本,这是目前规模最大的较为完整建立的中国各民族永生细胞库,可供永久性研究需要。现已向国内多家人类基因组相关单位提供了细胞株和DNA,进行相关研究。

项目组遵照中国人类基因组项目与欧洲人类基因组多样性研究中心(CEPH)签订的合作协议,经国家人类遗传资源有关部门批准,2001年向欧洲人类基因组多样性研究中心(CEPH)提供了149株永生细胞,经检测都达到了国际标准,得到了欧洲同行的高度赞扬。由其提取的DNA已为许多国际研究机构所使用,参与了国际合作研究。美国《科学》(Science)杂志2002年4月发表了中国细胞库的论文,表明该项目建立和保存中国不同民族群体永生细胞株的技术和水平已达到国际先进水平。

在此基础上,通过不同民族常染色体微卫星位点(STRs)、Y染色体DNA多态位点、线粒体DNA和HLA遗传多样性等的研究,初步阐明了中国不同民族的起源以及民族间的相互关系,各民族基因组结构差别及其遗传学意义。研究组也进行了大量对不同疾病相关基因或易感基因的遗传多样性研究,如对系统性红斑狼疮(SLE)遗传多态性、遗传性血液疾病、帕金森病家系等研究;研究组还针对中国少数民族分布的一些特殊性,进行了隔离人群遗传资源的调查与收集,如对基诺族、布朗族、怒族和独龙族等民族群体进行了大规模的遗传疾病调查,收集了一定数量的健康个体样本,也采集到一些有价值的疾病家系,为下一步的深入研究奠定了坚实的基础。

研究成果已在国内外杂志上发表100余篇论文,得到国际学术界极大关注。

【氧化物辅助合成一维半导体纳米材料及应用】 由于半导体纳米材料在介观研究和纳米器件方面的潜在应用前景,已经成为当前国际前沿研究的热点。1998年,该项目研究组与美国哈佛大学研究组,同时分别独立地用金属催化及激光辅助的气相-液相-固相(VLS)机制较大量生长了半导体纳米线。该机制始于20世纪60年代硅晶须的生长,但不利于大量合成性能优异的一维半导体纳米材料且存在自然(金属)污染。为寻找新方法,该项目创立了一维半导体纳米材料的生长新机制和合成方法——氧化物辅助生长法。

取得的主要成果有:开创了氧化物辅助制备纳米线的方法,解释了形核及生长机制。成功地控制生长了线状(一维),链状(零维)及带状(准二维)硅纳米结构并阐明了其形成机理。其中纳米带是继一维纳米管、线和链后的另一种新的重要结构。系统地研究了生长条件对纳米线结构、性能的影响。大量制备了高纯、特长、高取向、尺寸统一、直径可调的纳米线,并对其进行掺杂以提高其性能。成功制备了大量性能优越的锗、碳化硅、Ⅲ~Ⅴ和Ⅱ~Ⅵ族半导体纳米线等具工业应用前景的纳米材料。深入研究了这些纳米线的微结构,表面结构,光学、电学及场发射等性质。实现了硅纳米线的分离和表面氧化层的剥离及表面氢化。首创性用扫描隧道显微镜实现了硅纳米线表面结构观察;首次直接证明了硅纳米线量子限制效应的存在;观察及论证了硅纳米线远优于硅晶体的超常表面稳定性。用硅纳米线制造出传感器。发现氢饱和硅纳米线表面有很强的化学反应性;发展了纳米单体的测量方法并成功观测了单根纳米线和带的横截面及光学性质。证明纳米带可发激光。

有关研究已取得了3项美国专利,1项正在申请中。在国际权威杂志上发表120多篇SCI论文。氧化物辅助生长法已被众多的研究组使用,被他人引证1 500多次。

(尹邦奇 吴洁敏)

【上海3个项目获2005年度国家技术发明奖】 详见下表及条目。

上海市荣获2005年度国家技术发明奖二等奖项目表(共3项)

序号	项目名称	主要完成人	主要完成单位
1	d-生物素的不对称全合成生产新技术	陈芬儿等	复旦大学等
2	扫描电声显微镜及其相关器件和材料	殷庆瑞等	中科院上海硅酸盐研究所
3	肿瘤放疗增敏药:甘氨双唑钠	郑秀龙等	第二军医大学

【d-生物素的不对称全合成生产新技术】 d-生物素在维持人和动物正常生长发育,保护皮肤、羽毛和骨髓健康方面起着必不可少的作用。因而在医疗、多维制剂和饲料行业等方面得以广泛应用。

该发明建立了一条以不对称催化前手性环酐去不对称化为关键技术的d-生物素不对称工业全合成路线。以富马酸起始原料,经氯代、相转移催化苄胺化、手性氨基醇催化、酯化反应、硫代反应、Grignard反应、立体专一性氢化还原、脱苄/开环、关环一锅反应等步骤制得d-生物素,总收率达50%,该路线原料易得,条件温和,产品质量符合USP26、EPIV等标准。

该项目已获得发明专利5项,具有自主知识产权,经教育部组织成果鉴定,一致认为达到了国际领先水平。打破了以瑞士罗氏(Roche)公司为代表的d-生物素最先进生产技术的垄断,结束了中国长期依赖进口的局面,并使该药物价格大幅度下降,引起了国际企业界和学术界的高度关注。

【扫描电声显微镜及其相关器件和材料】 扫描电声显微镜(SEAM)是由电子光学、电声和压电传感、弱信号检测、图像处理以及计算机等多项高新技术构成的一种高分辨率声学显微成像仪器,兼具电子显微术高分辨率和声学显微术非破坏性内部成像的特点,可原位同时观察电子显微像和声学显微像。

该项目在传统扫描电声显微镜的基础上,还研制了多参量可控的样品台和控制仪组成的复合结构电声信号传感器;电声信号敏感元件以及作为电声信号传感器敏感元件的大尺寸、高性能铌镁酸铅(PMN-PT)晶体材料、创建了三维电声成像理论,阐明了电声成像的衬度机理和近场成像的物理本质;又拓展了电声成像技术在原子力显微镜上的应用,建立了低频高分辨率扫描探针声学显微成像技术(SPAM)。SEAM建立了常规电子显微术和探针显微术所不具备的功能。系统的横向分辨率0.19μm,纵向分辨率90nm。

该项目把仪器研制、器件设计、材料(元件)制备、理论分析和实际应用紧密结合,取得了拥有自主知识产权的三项国家发明专利和一项国外发明专利。在金属材料、半导体材料、无机材料等领域获得了实际的应用,推动了新材料和显微成像技术的发展。并已出口到美国、德国、日本、荷兰、新加坡、中国台湾等国家和地区,取得了一定的经济效益和良好的社会效益。

【肿瘤放疗增敏药:甘氨双唑钠】 该项目属药物化学领域,针对国内外放射增敏剂存在的毒副作用大的难题,经近20年的研究历程,率先设计并成功地将一种能浓集于肿瘤部位的载体——氨三乙酸类化合物与有另一种具有放射增敏作用的硝基咪唑类化合物结合,发明出国内外第一个全新结构的硝基咪唑化合物甘氨双唑钠(CMNa),属化学药品一类新药,获发明专利授权(ZL89102182.5);发明了一种生产新工艺,掌握了制备该化合物的关键技术和指标。经全国多家医院数千例肿瘤患者使用结果表明,该药对头颈部肿瘤、食管癌、肺癌有明显的放疗增敏作用;可提高肿瘤放疗的痊愈率,明显降低射线的照射剂量,且不良反应较小,有较高的安全性。该药是国内外第一个通过审批在临床使用的肿瘤放疗增敏药,已转让广东莱泰制药有限公司生产,2003年上市销售,产生较好的经济和社会效益。

(尹邦奇　路继根　窦海青　包　豫)

【上海34个项目获2005年度国家科学技术进步奖】 详见下表及条目。

上海市荣获 2005 年度国家科学技术进步奖一等奖项目表(共 4 项,公布 3 项)

序号	项 目 名 称	主要完成人	主要完成单位
1	宝钢高等级汽车板品种、生产及使用技术的研究	谢企华等	宝山钢铁股份公司等
2	新一代港口集装箱起重机关键技术研发与应用	田　洪等	上海振华港口机械(集团)股份有限公司
3	专用项目		中国船舶重工集团公司第七一一研究所
4*	H5 亚型禽流感灭活疫苗的研制及应用		上海市畜牧兽医站等

注:"*"表示合作项目。

【宝钢高等级汽车板品种、生产及使用技术的研究】

稳定地生产高质量的轿车用板是世界性的难题,世界上只有少数钢厂能够生产。该项目针对新品种、纯净钢的冶炼控制、热轧温度控制、钢板板型控制、表面无缺陷控制和钢板使用技术等进行了集中研究,形成了系统的高等级汽车板生产技术。主要创新成果包括:形成了超低碳、氮和氧的冶炼控制、热轧温度控制、板形控制、表面无缺陷控制、冲压成形、焊接和涂装等系列关键技术;自主开发了 183 个牌号的新品,国内首次实现高强度 IF 钢、各向同性钢、热镀锌双相钢和冷轧相变诱发塑性钢的商业化生产;编制了中国汽车板标准体系框架和一批相关的技术标准,引领了中国汽车板的发展;通过用户使用技术的研究,形成了与下游汽车厂间的紧密合作和快速响应的技术链,实现了技术营销。

该项目是企业自主集成、自主设计、拥有完全自主知识产权的重大集成创新项目,部分技术已应用于其他冶金企业。项目运行期间,累计向汽车厂供货 853 万吨,替代了至少 50% 的进口。2002～2004 年累计新增利润449 013万元,创收外汇2 013万美元。改善了中国冶金行业的产品结构,结束了国外汽车板对国内市场的垄断,有力地支撑和推动了中国汽车特别是轿车工业的发展。

【新一代港口集装箱起重机关键技术研发与应用】

该项目属交通运输起重机设计与制造科学技术领域。该项目针对当今世界集装箱运输船舶大型化,迫切需要码头装卸高效化,缩短集装箱装卸时间以及现有码头起重机设备能耗大、污染重、自动化程度低等问题,研制出高效自动化、节能环保型关键技术及新一代起重机,大幅度提高装卸效率。

该项目提出了高效自动化与节能环保结合的新一代起重机设计理念和攻克双小车、双箱、双向防摇、双定位技术、节能环保型动力系统等关键性技术。首创基于倒三角形悬挂固有防摇机理的小车吊具八绳双向防摇与吊具平移偏转系统,实现吊具的双向防摇,防摇振幅控制在 ±25mm;首次研制出集机械防摇、平台中转、自动检测、小车定位与优化运行技术于一体的全自动双小车集装箱起重机;首次将全球卫星定位系统 DGPS 与全行程置磁尺双定位技术相结合,攻克了定位、直线运动、抗电磁干扰盲区等难题,定位精度高达 ±15mm;研制了独特的差动减速器和多油缸位置姿态组合控制机电系统,使之能适应各种集装箱尺寸、重量和位置及姿态复杂控制;研究开发了基于超大容量超级电容储能机理的新型起重机混合供电系统,自主创新设计主激磁器、母排压降监测器,控制超级电容快速充放电,既节省能量,又使电路工作平稳,减少对柴油发电机冲击,消除黑烟,降低噪音,节能 30% 以上,实现节能环保;集成创新双小车双 40 英尺集装箱起重机技术,实现全自动化装卸,提高效率达 60%。关键技术已获授权发明专利 4 项、受理发明专利 10 项(其中国际发明专利 3 项)、获实用新型专利 13 项。成果总体技术及经济综合指标达到国际领先水平。

成果已全部转化成新产品,实现产业化。形成的产品具有占领国际市场的竞争力,国际市场占有率超过 50%,80%以上产品出口欧、美、亚、非等 48 个国家和地区的 90 多个港口。创建了国际品牌"ZPMC"。产品近三年创汇 12.74 亿美元,新增利税 3.6 亿元。2005 年公司已获 15 亿美元合同。该项目开创了新一代起重机主导技术,对推进世界起重机科技进步有重要作用,对中国制造业进入国际市场具有引领作用。

【H5 亚型禽流感灭活疫苗的研制及应用】　该项目自 1996 年鉴定中国第 1 株 H5N1 亚型禽流感病毒以来,已从全国各地分离鉴定 538 株 H5N1 禽流感病毒,建立了中国内地 H5 亚型禽流感病毒毒株库,基本阐明了中国 H5 亚型高致病性禽流感流行病学规律。H5N2 疫苗 2003 年获农业部颁发的新兽药证书,是中国第一个研制成功并应用于 H5 亚型高致病性禽流感防治的疫苗。该疫苗种子株为实验室驯化培育的H5N2亚型低致病力禽流感病毒，具有高度生物安全性，疫苗免疫原性良好，一次免疫鸡有效保护期达6个月。2004年初，农业部指定全国9家兽医生物制品厂生产该疫苗，用于中国高致病性禽流感的紧急免疫，对中国H5N1高致病性禽流感疫情的有效控制发挥了关键作用。1月，H5N1疫苗获农业部颁发的新兽药证书，是国际上首次研制成功并大规模应用的流感病毒反向基因操作疫苗。该疫苗种子株系人工构建的H5N1亚型低致病力禽流感病毒，与中国流行的H5N1高致病力禽流感病毒抗原性高度一致，鸡胚生长滴度较H5N2疫苗株提高4倍左右。H5N1疫苗免疫鸡的有效免疫保护期比H5N2疫苗延长4个月以上；两次免疫鸭、鹅产生的有效保护抗体持续期分别为10个月和3个月以上，是目前国际上惟一经政府批准、对水禽高致病性禽流感有可靠免疫保护力的疫苗，被农业部指定为全国水禽强制免疫疫苗。至2005年初，2种疫苗已累计应用39亿羽份，结合其他防治措施，较快地控制了2004年中国爆发的禽流感疫情，自2004年7月至今，大大降低了禽流感向人传播的可能性，与越南和泰国禽流感防治效果形成鲜明对比。该项目经济和社会效益极其显著。

上海市荣获2005年度国家科技进步奖二等奖项目表(共30项，公布26项)

序号	项 目 名 称	主要完成人	主要完成单位
5	提高织针性能和寿命的关键技术研究	朱世根等	东华大学等
6	轿车覆盖件精益成形技术及其应用	林忠钦等	上海交通大学等
7	大型精对苯二甲酸生产过程智能建模、控制与优化技术	钱锋等	华东理工大学等
8	上海卢浦大桥设计与施工关键技术研究	林元培等	上海市政工程设计研究院等
9	神光Ⅱ高功率激光实验装置	林尊琪等	中科院上海光学精密机械研究所等
10	国家信息安全应用示范关键技术研究与应用(S219工程)	诸鸿文等	上海交通大学等
11	胃、十二指肠镜微创技术的研究与应用	李兆申等	上海长海医院
12	全长膈神经移位与颈7移位治疗臂丛根性撕脱伤	顾玉东等	复旦大学附属华山医院
13	耳外科神经功能的保护和重建	王正敏等	复旦大学附属眼耳鼻喉科医院
14	危重婴幼儿先天性心脏病的急诊外科技术研究	苏肇伉等	上海交通大学医学院附属新华医院
15	影像学和介入放射学新技术在肝癌诊断和治疗中的系列研究	周康荣等	复旦大学附属中山医院
16	环孢菌素A生产新工艺关键技术及其应用	陈代杰等	上海医药工业研究院等
17	专用项目		中科院上海微系统与信息技术研究所
18	专用项目		中国航天科技集团公司第八研究院等
19*	《相约健康社区行巡讲精粹》丛书	杨秉辉等	复旦大学附属中山医院等
20*	解读生命丛书之《人类进化足迹》、《大脑黑匣揭密》	陈宜张等	第二军医大学等
21*	百万吨级海上油田浮式生产储运系统研制与开发		中国船舶工业集团第七〇八所等
22*	中国海岸带环境遥感监测与信息系统技术集成及其应用		华东师范大学等
23*	稻米及其副产品高效增值深加工技术		上海莱仕生物保健品有限公司等
24*	在役重要压力容器寿命预测与安全保障技术研究		华东理工大学等
25*	三峡输变电工程用500KV大容量输电线路技术研究		上海电缆研究所等
26*	海上长桥整孔箱梁运架技术及装备		中国船舶工业集团公司上海船舶研究设计院等
27*	公路养护关键技术及系列装备的研究		同济大学等
28*	基于本体的交通系统驾驶员个性化培训技术开发及标准化		上海申磬产业有限公司等

（续表）

序号	项 目 名 称	主要完成人	主要完成单位
29*	人脸识别理论、技术、系统及其应用		上海银晨智能识别科技有限公司等
30*	压力管道安全检测与评价技术研究		华东理工大学等
31*	准分子激光视觉光学矫正关键技术及其装备		复旦大学附属眼耳鼻喉科医院等
32*	新型基因工程霍乱疫苗		上海联合赛尔生物工程有限公司等
33*	专用项目		中科院上海技术物理研究所等
34*	专用项目		复旦大学等

注："*"表示合作项目。

【提高织针性能和寿命的关键技术研究】　该项目采用计算机仿真，研究网带炉加热过程的温度变化规律。建立了反映网带炉加热特点的连续非稳态能量模型；开发了包含网带炉特点的、与现有工程计算软件不同的温度场数值模拟软件；对织针淬火加热过程的温度场进行了模拟；并应用于织针光亮化淬火的工艺优化，获得成功。为网带炉光亮化淬火及类似的工艺控制，提供了有效的新技术途径。

提出了状态参量判据，用于综合确定网带炉的工艺参数。可以实现网带炉条件下，既不造成零件氧化脱碳，也不造成零件脆化，还能够保证其他综合性能的工艺优化。这在国内外没有先例。

用该技术生产的新型织针，表面硬度从原来不足HV485，提高到HV676～713，并具有良好的综合性能，扳弯角度超过33.6度，针舌静拉力达2.9kg。用户反馈信息表明织针使用寿命提高了一倍，为5～6个月，达国际先进水平，接近国际领先。

应用新技术生产的织针受到用户的一致好评，在广东和江浙一带有很高的市场占有率，用户多达500余家。创造了1.53亿元的经济效益和很好的社会效益。按每年国产和进口的织针总量60亿枚计算，该技术具有非常好的推广应用前景。

【轿车覆盖件精益成形技术及其应用】　该项目针对轿车覆盖件批量生产质量的稳定性问题，解决了汽车板综合成形性能精确评价等关键技术难题，形成轿车覆盖件精益成形技术体系。主要创新研究：建立钢板成形性能快速评估和高应变区域成形敏感度分析方法，在镀锌钢板镀层粉化规律和对成形性影响研究的基础上，开发镀层抗粉化性能的计算机视觉评估系统，实现成形性的快速准确合理评价；开发基于反向－隐式耦合的毛坯设计与基于响应面法的工艺敏度分析方法及相关软件，确保覆盖件批量生产的质量稳定；通过复杂应变路径成形过程的仿真建模，揭示压边力变化对改善板料成形性的内在机理，提出基于自适应响应面的变压边力优化方法，自行研制多点单动变压边力液压拉深实验机，为复杂覆盖件成形质量控制提供新途径；首次对TRIP高强度钢的相变诱发塑性效应进行定量分析，建立描述残余奥氏体相变量与应变量关系的计算模型，提出基于TRIP效应本构关系的成形极限计算方法，为类似高强度钢成形性能研究奠定理论基础。

发表论文100余篇(SCI/EI 35篇)，出版专著1部，申请发明专利3项(授权1项)。项目整体技术水平达到国际先进、国内领先。项目成果在上海大众、一汽大众、上海通用、长安福特、一汽马自达、郑州日产等主要轿车企业的8个车型、100余个覆盖件中成功应用，其成形缺陷率控制在1/1 000以内，使得宝钢汽车板国内市场占有率在2003年达到51.2%，两年共新增利润1.5亿元。

【大型精对苯二甲酸生产过程智能建模、控制与优化技术】　该项目从大型精对苯二甲酸(简称PTA)生产过程实时控制与优化操作的要求出发，融化学工程、自动控制、计算机应用、人工智能以及优化控制等技术为一体，对神经网络工程应用技术、智能预测控制技术、智能优化技术以及PTA生产过程智能建模技术等流程工业过程智能建模、控制与优化的关键共性技术进行了深入研究开发。

成功地开发了大型PTA工业装置中对二甲苯(简称PX)氧化反应过程工艺机理模型、PTA生产过程系列产品质量指标软测量模型、生产过程优化操作系统、PX氧化反应过程智能控制系统、溶剂脱水塔智能多变量预测控制系统、浆料浓度智能预测控制系统、PTA产品结晶过程智能控制系统等先进控制和优化操作系统，进一步平稳和优化了PTA生产过程的操作。

该项成果解决了PTA生产过程中建模、控制和优化的若干瓶颈问题，摆脱了中国PTA生产过程先进控制技术依赖引进的局面，已有数个成功应用，取得了很大的经济效益，推动了PTA行业、乃至石化工业的科技进步。该项目获得了10项国家发明专利、10项软件著作权登记，以及系列有关PTA生产过程建模、控制与优化的专有技术，发表的相关学术论文有18篇被SCI、27篇被EI收录。

【上海卢浦大桥设计与施工关键技术研究】 该项研究的主要成果为：(1)卢浦大桥采用世界上最大的全焊钢箱拱肋截面。(2)首次提出带有初始内力的闭口与开口薄壁兼用的新单元刚度矩阵，计算总体稳定。(3)首次用1:4节段模型试验钢箱拱局部稳定安全度，并用足尺模型检验施工中连接器安全度。(4)在上海软土地基上建造的超大跨径钢箱拱桥。采用中承式系杆拱桥桥型，通过强大的超长水平拉索来平衡中跨拱肋近2万吨的水平推力。(5)通过施工控制技术研究和吊机等设备自主设计与应用，成功地实现主拱的高精度合拢及复杂的体系转换。(6)创造性地提出抗风抗震设计方法。(7)桥位地形模型的风环境风洞试验、多个气象站风速统计方法等为国内首次采用。(8)“一种非线性薄壁空间杆件及其稳定分析法”、“桥梁钢结构现场焊接工艺”已申请发明专利，“桥梁放索装置”等已申请实用新型专利5项。

该研究成果总体上达到国际领先水平。已成功应用于卢浦大桥的设计施工中，对同类超大跨径拱桥建设具有借鉴和示范作用，取得了显著的经济效益和社会效益。

【神光Ⅱ高功率激光实验装置】 激光惯性约束聚变(ICF)研究对于中国国家战略安全、解决人类未来能源问题和开拓“高能量密度物理”基础研究新方向等具有十分重要的意义。

该项目解决了一系列高难度的关键技术问题，自主创新实现了多项重要单元技术和总体创新集成，包括前端分系统独创的损耗调制型激光振荡器技术及冷阴极闸流管控制的时空变换脉冲整形技术；首创主激光放大器分系统中的无开关双程组合式放大技术及降低B积分增量的小圆屏技术；终端光学分系统中创新集成的高转换效率三倍频技术，以及突破高精度调试关键的三倍频模拟光技术等。在总体技术方面，完成了装置全光路像传递及全系统光路自动准直两项关键性的总体创新集成。

神光Ⅱ装置在相同激光输出截面内输出的能量、功率、光束质量、稳定性、可靠性指标全面达到及部分优于国外目前正在运行的装置的先进水平，实现了中国ICF激光驱动器技术发展史上质的重大跨越，进入了当代国际最先进的高功率固体激光驱动器行列。该项目发表论文486篇，SCI收录80篇，EI收录238篇，CSCE收录275篇；申请专利60项(发明专利31项)，授权36项(发明专利11项)。取得了很大的社会和经济效益。

【国家信息安全应用示范关键技术研究与应用(S219工程)】 该项目密切结合中国政府上网、金融、网络媒体领域内急需解决的若干信息安全问题，选择政府上网信息安全管理与监控、网络环境下的信任与授权、访问控制等安全保密管理问题；银行数据安全交换、互联互通、黑客攻击防护与监控等金融系统信息安全管理问题，以及网络媒体信息安全发布、大规模邮件系统监控与过滤、BBS/CHATROOM监控与过滤等内容安全管理问题。通过对公钥基础设施关键技术、大规模网络安全综合管理与监控技术、网络媒体内容安全综合管理与监控技术、信息系统安全检测与评估技术等信息安全共性关键技术研究与应用，探索在单项技术突破、系统集成创新基础上，构建政府上网安全应用支撑系统、金融数据交换与安全防御系统、网络媒体内容安全监管与综合防御系统，为中国信息安全保障体系建设进行了有益的探索和实践。

该项目申请国家技术发明专利62项，已获专利15项，软件著作权7项，自主开发产品18个，提交国家、行业、地方标准(草案)11项；提交技术研究报告32项；发表论文40多篇，在银行、工商、财税等部门推广应用，取得了巨大的社会和经济效益。

【胃、十二指肠镜微创技术的研究与应用】 该项目属临床医学研究领域。针对中国常见且严重危害人们身体健康的消化系疾病进行内镜诊治研究，开创多项疗效好、痛苦少、节约医疗资源的内镜微创诊治新技术，完成临床病例10余万例次。

该项目创新点：(1)开创胰腺疾病内镜治疗多项新技术，打破胰腺疾病内镜治疗禁区。(2)建立胰腺癌内镜早期诊断系列方法，提高了胰腺癌的诊断率。(3)采用超声内镜技术对消化道肿瘤进行分级诊断，为手术切除方案及判断预后提供了重要依据，共完成4 000例次。(4)建立普通内镜、超声内镜和/或腹腔镜相结合多项内镜治疗上消化道隆起性病变技术，其中内镜与腹腔镜联合操作技术为国际率先开展。(5)采取内镜下多支架引流技术治疗肝门部胆管及胆胰管梗阻。(6)建立上消化道异物内镜处理系列方法，治疗上消化道异物 802 例次，取出各种异物1 198件，年龄最小者为出生 24h，异物最大 20cm×4.2cm，成功率 94.5%。(7)牵头制定应激性溃疡并上消化道出血诊治指南，由中华医学会在全国推广。(8)成立上海市内镜质控中心，制定消化内镜清洗与消毒指南，由卫生部在全国推广应用；共发表论文 90 篇，SCI 收录 3 篇，主编出版专著 6 部；主(举)办国际学术会议 12 届次；建立中华医学会消化内镜专科医师培训中心，培养国内外专业人才 472 名；促进了中国消化内镜事业的发展，取得了显著的社会效益。

【全长膈神经移位与颈 7 移位治疗臂丛根性撕脱伤】　该项目属临床医学外科学研究领域。神经移位术是目前治疗臂丛根性撕脱伤的主要方法，膈神经移位术是最常用、疗效最好的移位方法之一。但传统膈神经移位术仅能在锁骨上切取膈神经 5～7cm，离开效应器(肌肉)距离较远，因此影响疗效的提高。项目组从 1996 年开始进行胸腔镜下切取全长膈神经的实验研究，并于 1999 年开始进行临床应用，第一阶段完成了全长膈神经至肌皮神经的临床应用；第二阶段进一步完成了全长膈神经移位至正中神经、桡神经的应用。结果证实该方法是解决全臂丛根性撕脱伤后手功能恢复的有效途径。对于臂丛损伤中最常见的上干根性撕脱伤，传统的治疗方法难以达到功能的全面恢复。为全面恢复臂丛上干的功能，首先于 1996 年开展选择性部分同侧颈 7 神经束移位，1998 年在动物实验基础上临床施行了同侧颈 7 全根移位于撕脱的上干，随访显示：患者全面恢复了上干功能而原有的功能未受影响，使疗效从单组肌肉恢复进入多组肌群恢复的新水平。同时证明了颈 7 支配的功能可以完全由颈 8 胸 1 神经根代偿，在理论上从双重代偿机制进入单侧代偿机制，为颈 7 神经根解剖特异性提供了新依据。该项目已在国内外发表论文 55 篇，参加国际大会 12 次，包括 8 次特邀主题发言。培训学员超过1 000名。成果已被国内外同行应用，均取得满意的疗效，具有广阔的推广前景。

【耳外科神经功能的保护和重建】　该项目属临床医学研究领域，主要针对耳外科神经功能在手术过程中的保护和致伤后重新建立的问题。耳的神经功能有听觉和平衡觉，耳的病变或手术干预常涉及神经功能，故导致耳聋、眩晕和面瘫等严重后果。

该项目根据耳神经不同功能设计不同的处理方案：(1)耳蜗神经及其终器伤害可逆性差，取微创干预方案，用微内镜克服耳蜗螺旋结构诊治受阻的困难，深入耳蜗内部，直视下作出诊断，首先在世界上发现耳蜗内部的多种病变，并用激光、显微技术等方法治疗，获得优良效果，为耳蜗外科作出了奠基性的贡献。(2)对耳硬化人工镫骨植入可能并发前庭伤害，用虚拟重建精密导出前庭解剖参数，发现膜迷路谷形解剖特征，发明可与之适形的人工镫骨，从而解决耳硬化手术常致眩晕的问题，病人可在术后 1～2 日内起床自理生活，降低了住院费用。(3)对当前梅尼埃病外科因各种治疗方法选用较混乱而造成神经损害过度的状况，提出按听力划分梅尼埃病病期，和按病期选择不同手术方法的外科治疗方案；并研究前庭致伤后中枢补偿机制，发现 Scarpa 神经节切除治疗梅尼埃病的康复特点。(4)发现面神经牵拉伤(一种被忽视的面神经创伤)的高位逆行变性通过高位神经减压(或移植)可获得理想效果；研究并发现面神经创伤及 Wallerian 变性神经内压变化的高压期(伤后 1～2 周)，提出面神经减压的精确期限。

该项目实施多年来，通过多种教育和推广方式在全国培养了一大批耳外科骨干力量，提升了中国耳外科国际地位，提高了中国耳外科医疗质量，造福于广大耳疾患者，获得显著的社会效益。

【危重婴幼儿先天性心脏病的急诊外科技术研究】

该项目属临床医学领域。婴幼儿(≤3 岁)先天性心脏病(先心病)常并发充血性心力衰竭、低氧血症、严重的呼吸道感染甚至呼吸衰竭。对这些病情危重的婴幼儿，以往传统保守治疗，患儿死亡率较高。项目组在近 30 年小儿先天性心脏病治疗经验的基础上，提出危重婴幼儿先心病明确诊断后 48 小时内进行“急诊外科手术”的策略，取得了以下研究成果：(1)系统分析各类急诊手术病例，研究术前“最佳状态”的调整方法，扩大危重儿先心病急诊手术指证，为急诊手术的实践和推广提供指南。(2)对危重复杂疑难先心病，如完全性大动脉错位和 Taussig－Bing 畸形开展大动脉换位术 163 例，对冠状动脉畸形移植技术进行研究，建立“翻板门”和“心包罩”等新技术，对伴有肺动脉瓣狭窄的完全性大动脉错位进行主动脉根部整体后移技术；对纠正性大动脉错位进行“双换位”手术；对 Rastelli 手术、

Fontan手术、完全性房室隔缺损、完全性肺静脉异位引流等复杂先心病手术进行改进，复杂手术急诊数量达到293例，近两年成功率为93.2%。(3)通过对手术，体外循环，心、肺和脑保护以及监护技术临床和实验系统研究，婴幼儿手术数量4 904例，死亡率2.2%，危重先心病急诊手术数量达到499例，近两年手术死亡率4.9%，为国内手术数量最多、死亡率最低、手术年龄最小(生后11h)、体重最轻(2.3kg)的病例组；危重婴儿先心病急诊外科手术将保守治疗死亡率从47%降至4%。

该研究项目共发表学术论文140篇，其中被SCI收录3篇，被他引70次，应邀在国际重大学术会议报告相关论文15篇。通过多种方式在中国21家综合性医院或专科医院推广应用，取得良好的社会效益。

【影像学和介入放射学新技术在肝癌诊断和治疗中的系列研究】　该项目属肝癌的影像诊断和介入治疗领域，从理论、技术和临床应用三方面对提高小(SHCC)和微小肝癌(MHCC)的检出率和诊断准确性，无法手术的肝癌的综合性介入治疗，进行了联合攻关研究。

项目分两部分：(1)影像诊断：①从肿瘤血供、病理和技术的优化研究入手，采用合理的无创性影像技术US、CT和MRI，使SHCC和MHCC的检出率明显提高，分别达96.7%和86.4%，达国际领先水平。②首次采用超声造影增强技术，明显提高了病灶的血流检测率(97.6%)、诊断的敏感性(94%)和准确性(92%)。③首次采用肝脏MR特异性造影剂(Mn－DPDP和Gd－BOPTA)前瞻性、在体研究肝癌的侵袭性。(2)介入治疗：①通过对1 000例肝癌的血管造影分析，首次将肝癌的动脉血供分为规则性(80.2%)、变异性(19.8%)两类。针对不同类型采用合理的经动脉栓塞术可取得好的疗效。②该课题在国内外首次制定出肝癌综合介入治疗的规范化方案，实施后疗效明显提高，高于国外报道。③国内首先开展介入性肝段切除治疗不宜手术的小肝癌，疗效显著。④肝癌切除后行预防性肝动脉灌注化疗明显减少复发，延长病人生存期。⑤采用灰谐超声以及MR新技术判断介入术后肿瘤的存活或坏死的敏感性均大于95%。⑥开创了经皮穿刺脾静脉行门脉插管术治疗肝癌伴门脉癌栓的新途径。使部分无法救治的病人变为可治。该项目共发表论文120篇，SCI收录14篇，通过多种形式在国内外推广，取得良好的社会效益。

【环孢菌素A生产新工艺关键技术及其应用】　该项目属生物医药领域的微生物药物技术。环孢菌素A是器官移植抗排斥反应的首选药物，该项目主要技术内容为：(1)针对菌体提前自溶和发酵过程产生大量泡沫的问题，独创了新的发酵培养基及其中一种关键成分的加工方法；创新了发酵中间补料工艺，发明了一种补料配方，形成了完整的发酵新工艺，各项发酵技术指标取得重大突破。(2)采用原生质体融合和代谢调控定向菌种选育技术，设计了独特的菌种选育方案：利用具有不同优良性状的亲本菌株作为进行原生质体融合的出发菌株，再根据产物生物合成的原理，代谢调控、定向诱变获得了一株高产突变菌株。(3)改进了原有的分离纯化工艺。该项目申请国内外发明专利8项，其中2项已授权。三年累计新增销售1.95亿元、利润3 587万元、税收2 640万元、企业直接出口创汇折合192万美元，节约成本9 400万元。

经鉴定和查新，该项目达到国际先进水平，不仅取得了显著的经济和社会效益，且对该行业技术进步具有指导、借鉴和促进作用。

【《相约健康社区行巡讲精粹》丛书】　《相约健康社区行巡讲精粹》丛书共11种，由人民卫生出版社出版。编委会由中央文明办、卫生部、人民卫生出版社相关领导及在全国范围内遴选出的11位首席健康教育专家组成。为配合“相约健康社区行”活动，全套书按巡讲内容和专家从事的专业分别编写而成，属科普原创作品。它以倡导健康的生活方式为主题，内容丰富实用，其中包括合理膳食、适量运动、戒烟限酒、平衡心理及常见病防治等群众关心的话题，涉及群众健康生活的方方面面。这些先进的医学和保健知识通过首席专家的创造性思维和书中通俗、生动、活泼的表现形式，为广大群众所接受并应用于日常生活。全套书语言精辟，通俗易懂，耐人寻味。它融权威性、先进性、科学性、趣味性和知识性为一体，堪称为大众健康教育之力作，医学科普图书之精品。大专家写科普作品，既有时代特征，又容易被广大群众接受。

《相约健康社区行巡讲精粹》丛书的出版，使“相约健康社区行”活动进入了一个新的阶段，推向一个新的高潮，使全国广大人民群众能听到最高水平的医学科普讲座，能读到最高质量的医学科普作品，成千上万的群众从中获益，在全国树立起“学习科学、拥有健康、享受生活”的新风尚。该套丛书自出版以来，受到读者的普遍欢迎。自2003年9月出版以来，重印10次，累计达60余万册。

11种丛书:《首席专家王陇德谈掌握健康钥匙》、《首席专家殷大奎谈健康在你手中》、《首席专家万承奎谈健康自我管理》、《首席专家向红丁谈自己战胜糖尿病》、《首席专家李舜伟谈你可以睡得更好》、《首席专家杨秉辉谈健康的生活方式》、《首席专家胡大一谈健康从"心"做起》、《首席专家洪昭光谈健康快乐100岁》、《首席专家赵霖谈平衡膳食健康忠告》、《首席专家徐光炜谈肿瘤可防可治》、《首席专家郭冀珍谈控制高血压享受美好人生》。

【解读生命丛书之《人类进化足迹》、《大脑黑匣揭密》】 该书是由中国著名的人类学家、中国科学院院士吴新智先生亲自执笔创作的青少年科普读物。这些读物揭示了人类起源的奥秘，普及了生命科学知识，破除了迷信说教，提高了青少年的科学素养。

该书图文并茂，结合大量人类学领域的最新成就，以生动浅显的文字，灵活有趣的方式，介绍了有关人类起源和进化的知识。

该书通过通俗易懂的讲述，使读者特别是青少年读者了解到人类是从哪里来，是怎样从猿一步步进化成人的进程。人类的历史有多长？谁是我们的祖先？全书通过许多生动的史实和事例，展示了人类，特别是科学家们对这些问题进行的漫长而执着的探索研究，让读者对人类的进化历史有了清楚的认识，从中也体会到:人类认识自我的过程，同时也是唯物论与唯心论、科学与伪科学、文明与愚昧不断斗争的过程，对培养读者的科学思想、科学精神，掌握正确的科学方法等起到很好的作用。

该书社会效益显著，可以让读者特别是青少年读者更好地了解生命，认识自己，对提高科学素养，拒绝各种伪科学、迷信说教、歪理邪说的愚弄和迷惑起到了积极作用。该书出版后，得到了社会各界的广泛好评。中央电视台、《人民日报》等数十家新闻媒体给予报道和跟踪采访，被新闻出版署列为向"十六大"献礼的百部重点图书之一。

该书用创新和探索精神打造原创科普精品。在创作模式、写作手段、策划理念、管理方式上大胆创新，尝试了科学家、科普作家、美术家的三结合，突出科学性、可读性、生动性，取得了显著成效。

该书得到众多科学界、科普界、出版界专家称赞，体现了科普读物的重要发展方向。该书出版后，相继获得国家图书奖、"五个一工程"奖、全国优秀科普作品一等奖、北京市优秀科普作品最佳奖，在选题内容、表现形式、创作手法上的创新，得到多方肯定，对推动科普作品的创作，起到良好作用。

【百万吨级海上油田浮式生产储运系统研制与开发】 浮式生产储运系统(FPSO)是海洋石油工业集油气生产、储存、外输、生活、动力于一体的开发海上油气田的大型生产系统。该项目针对中国海上油气开采的海冰、台风、浅水等特殊环境条件，及稠油、出砂严重等油藏特点，攻克了中国渤海和南海石油开发区的关键技术，解决了大量技术难点。重大技术创新如下:多单元复杂系统总体优化设计技术，它突破了常规的设计理念，由生产系统和储油系统两个行业体系的分别设计改为统一技术标准的一体化设计；首次提出"大型浮式装置浅水效应"的新概念，将这一新概念应用于极浅水浮式系统的优化设计，能明显提高FPSO的储存能力，并可为今后开发极浅水域的大型油气田的FPSO提供技术保证；开发冰区海域油田的浮式生产储油系统抗冰设计方法，研究得出了系统的冰载荷与冰作用于FPSO的规律，优化了设计，并经过了十多年冬季冰期的考验，证明抗冰型FPSO是很成功的；抗强台风永久性系泊系统的设计技术，该技术优化了船体和系泊系统，并应用于中国南海台风高发海域油气田的生产，已成功经受了7次台风的考验。

由于关键技术的攻关和主要技术创新，已形成了具有自主知识产权的开发中国海上油气田的主流技术，已申请专利12项，批准6项(3项发明专利，3项实用新型)。该项成果已实现了产业化并在海上油气生产中得到全面推广应用，与常规的海底管线输送、陆上处理的生产模式相比，使得海上曹妃甸等10个高难度大中型油气田的7.3亿吨储量得以开发，可增加油气累计产量1.24亿吨，创造直接经济效益近2 000亿元，为中国国民经济发展发挥重要作用。

【中国海岸带环境遥感监测与信息系统技术集成及其应用】 该项目面向中国海岸带与近海资源、环境及灾害的监测与评价，以现代遥感和地理信息系统技术为核心，针对海岸带信息特征，发展了多源遥感数据融合、影像增强与信息智能处理的新方法；利用卫星高度计、散射计、SAR等高新技术方法反演海面风场和巨浪，首次构建了中国海域风场和巨浪数据库；提出了海岸带空间数据集成管理新模式，形成系列自主知识产权软件，并首次建成中国海岸带遥感数据库系统；集成合成孔径声纳、海面光学和地波雷达等先进的海洋监测技术，首次构建了天基—船基—岸基一体化的珠江口海洋环境立体监测与信息服务系统。

取得10项软件版权；发表272篇论文(SCI及EI论文55篇)，出版6部专著。首次将国产高分辨率卫星影像用于海岸带调查；建成省和区域级海岸带信息服务业务运行系统；建成覆盖全国海岸带与近海的TB级网络化数据服务运行系统。完成了全国海岸带调查，并正在为国家进一步的海岸带调查提供技术；所建省市级系统已在福建、山东、江苏和上海等省市为政府提供决策支持；建成珠江口海洋环境综合监测系统，已为广州和香港提供实时连续信息服务；软件和数据产品已为全国50个部门单位提供服务；并在中国沿海赤潮、渤海海冰等重大灾害应急监测中发挥了重要作用。

【稻米及其副产品高效增值深加工技术】　该项目属于农产品利用与深加工领域，具有原创性、实用性和资源利用率高等特点。主要创新点如下：(1)以米糠为原料，研究米糠健康食品的无“三废”排放和不添加任何化学添加剂的清洁生产技术，其中米糠稳定化技术的先进性超过美国利普曼公司、Rice－X公司，产品口感、营养价值和成本优于同类知名产品。(2)以低值早籼米及其副产品为原料，采用生物和物理锻炼技术，研究低过敏性蛋白和抗性淀粉的生产技术，具有低血糖指数功能的抗性淀粉含量达16.7%。(3)采用超声波、分子蒸馏等高技术，以米糠制油加工的主要副产品粗糠蜡为原料，研究纯度高、碘价低的28醇和30醇生产技术，产品出口国外20t。(4)以米淀粉为原料，采用生物技术，研究制备多孔淀粉的技术，产品开孔率95.8%、吸油率110.8%，达到美国同类产品指标。(5)针对不同来源的糙米和成品米各种混合情况，提出特定的混配相关技术，可检测混合米样变异系数在2%以内样品的混合情况，可表达储藏1年以上大米的陈化程度。(6)以米胚芽为原料，研究浸泡剂和全磨浆相结合的全新蛋白饮料生产技术，具有谷物清香的产品稳定性好，营养丰富。

该项目已申请发明专利5项，授权2项，达到国际同类研究的领先水平。已在湖南、重庆及上海等地的9家稻米深加工企业得到推广应用，累计可转化稻米及其副产品65万吨，形成10亿元的投资、31.5亿元总产值、3.1亿元利润和2.2亿元利税。该项目开创了中国稻米深加工的新局面，是中国农产品利用与深加工领域的重大技术突破，使稻米资源的价值增值8倍以上，有利于增加中国粮食安全性，提高农业效益和农民收入。

【在役重要压力容器寿命预测与安全保障技术研究】　压力容器是一种具有爆炸危险的特种承压设备，其使用状况直接关系到国家财产与人民群众的生命安全及社会的稳定。

该项目运用科学的理论与方法，针对大型、关键、重要在役压力容器在应力腐蚀开裂、腐蚀疲劳、应变疲劳、氢损伤等苛刻环境下主要失效模式的失效机理、检测方法、断裂疲劳规律及监控抑爆方法进行了大量的分析与试验研究，从缺陷检测、安全分析与寿命预测、延寿监控三个方面提出了介质环境作用下压力容器安全保障技术方法，首次在国内系统地解决了介质环境、超期服役及设备大型化引起的安全保障技术难题，标志着中国在役压力容器检测、评估与爆炸预防取得突破性进展，课题总体水平与国际同类研究先进水平相当，其中高温在线检测技术和腐蚀环境下压力容器综合延寿技术优于国际同类研究成果。

研究成果已被国家有关技术规范、国家与行业标准采纳，并在全国20多个省、市、自治区的40余家大型石化企业和10余家冶金、城镇燃气企业的50余台高温临氢反应器，100余台湿H_2S环境下的球罐，30余台催化再生器等数千台重要压力容器的安全保障中成功地应用，确保了重要压力容器的长周期安全使用，近几年使应用企业取得了13.6亿元的经济效益与显著社会效益。

【三峡输变电工程用500kV大容量输电线路技术研究】　该项目属输配电线路机械、力学技术领域，为三峡送出工程服务。包括7个子项目：大截面导线的研制；大截面导线配套金具的研制；大截面导线防振技术的研究；大截面导线张力放线设备的研究；同塔双回路铁塔结构的优化设计；防覆冰措施及其设计方法的研究；大截面导线配套技术研究。项目包括了输电线路多个专业的研究，整体配套性强，成果达到国际先进水平。

导线ACSR－720/50已在三峡送变电龙政、三广线和贵广线工程中采用，AS－510高强度铝包钢绞线已在龙政线的大跨越工程中采用，AACSR/EST－450/200特高强度镀锌钢芯高强度铝合金导线在三广线的三个大跨越中使用，节约导线费用600万元。截面导线配套用电力金具在三峡输变电工程和贵广线工程中使用。大吨位张力放线设备已在三峡送变电工程中得到广泛应用。同杆双回铁塔在“郑～新 500kV 输电线路工程”中使用 104 基,在保证安全可靠前提下单基耗钢量降低了 13%。大截面导线液压压接工艺施工技术已应用于三峡输变电工程和贵广线路工程。成果还将在三峡输变电工程和其他电力工程中应用。

【海上长桥整孔箱梁运架技术及装备】 该课题属土木建筑工程技术范畴。具体内容包括:(1)采用整体预制架设技术比采用混凝土现浇或节段拼装技术更容易满足建造工期和使用寿命的要求,最大限度地规避海上作业风险。(2)研究了中国沿海多处规划桥位的水文、地质、气象等建桥条件,绝大多数孔跨均宜采用 60m～70m 的孔跨布置,架设方式有简支架设和悬臂架设两种。(3)采用双体船型可以架设简支、先简支后连续、先悬臂后连续的上部结构和整体预制的承台、墩身;采用中心起吊方式的船体主尺度相对较小,减少设备投入,同时船体艏艉吃水深度相差不大,落梁过程中吊点卸载引起的船体纵倾角度变化较小,吊点处水平位移量较小;采用自航运架一体方式,简化了运架作业程序,达到安全、高效、经济的目的。(4)起重船具有搁滩施工的功能;采用全回转舵桨动力推进系统及艏侧推装置,以及载梁航行时防止梁体振荡的液压阻尼装置,保证了船舶具有良好的操纵性和安全性。

该成果在上海东海大桥工程中首次应用,运架 70m 跨度、重2 000t的预应力混凝土箱梁,可保证一天安装一片箱梁,最快一天可安装两片箱梁。填补了中国海上桥梁整孔箱梁运架一体技术及装备的空白。将促进桥梁建造向整体化、标准化、工厂化生产方向发展,具有广阔应用前景。

【公路养护关键技术及系列装备的研究】 中国公路养护长期依赖人工检测、主观评价和经验分析。随着公路养护规模的迅速扩大,每年几百亿元的养护费投入,传统的养护方法和手段已经远远不能适应大交通量、高速度和高质量的养护要求。

该项目针对以上需求,在长期和大量的公路数据采集、养护分析和实验验证的基础上,研究了公路损坏的测量特征参数,结合中国公路特点研究了多指标综合快速无损检测技术;根据中国的公路交通特点,开发了系列的自动化检测装备,在国内首次实现了公路的快速自动检测,创立了具有自主知识产权的装备体系;根据公路损坏分类,首次研究了公路养护评价技术,形成了适用于各等级公路的养护评价体系和标准;通过对大量观测数据的分析,研究了长期使用性能衰变规律,建立了近 160 种典型结构的使用性能预测模型和 50 多类损坏修复技术及方案;系统地研究了用于公路养护分析的基础技术,建立了包括速度预测等 10 余种预测模型的知识库;首次研究开发了具有自主知识产权的公路养护分析软件平台(CPMS)。

该项目经 10 多年的研究攻关工作,系统地研究了公路养护中的关键技术,率先提出并建立了中国的公路养护检测、评价与分析技术体系。多项技术成果在国内都属首次,部分重要成果达到或超过了发达国家的技术水平,该研究成果(技术及装备)已被纳入国家的多项技术规范和标准。该项目的技术成果已在国内近 30 个省市得到了广泛推广应用,覆盖面超过 90%,创造直接经济效益超过 10 亿元,社会效益显著。

【基于本体的交通系统驾驶员个性化培训技术开发及标准化】 交通系统驾驶员是否具备交通环境突变的应激心理和熟练规范的驾驶技术是影响安全行驶的两个极其重要的因素,如何针对这些因素实施因人施训问题是目前驾驶员培训领域一个非常重要的技术难题。该项目创新性地将本体论应用于驾驶培训领域的研究开发,实现了驾驶员个性化培训模式,并构筑了不同领域个性化培训的可重用平台,直接促进了驾驶员培训技术整体跨越。

该项目基于本体理论从构建训练知识教材系统的角度出发,研究复杂系统知识及知识系统的组织化策略和实现方法。重点研究教材知识系统集成中知识共享、知识建模、综合集成和教材编辑等问题,以实现因人施训的高度个性化培训。首次将对复杂交通环境应具备的心理应变能力训练纳入驾驶员培训领域;首次成功研发了基于本体的驾驶员培训专用设备与驾驶员个性化培训成套软件;构筑了不同领域个性化培训重用性平台。并在此基础上建立了机动车驾驶员和机车乘务员驾驶培训指标体系;建立了驾驶员个性化培训的模糊评判模型;构筑了基于本体的驾驶员个性化培训的通用技术平台;研制了驾驶员个性化培训专用设备;开发了驾驶员个性化培训成套系统软件;研制了交通行业标准“汽车驾驶培训模拟器”,编写了配套教材《汽车模拟驾驶指导教程》;研制了铁道行业标准《铁路机车乘务员职业健康检查规范》。

该项目已被交通部颁布的《中华人民共和国机动车驾驶员培训教学大纲》和交通行业标准《机动车驾驶培训机构资格条件》所采纳,已在中国 16 个省、市推广应用。应用地区驾驶员安全素质明显提高，交通违章发生率降低20%以上，新训驾驶员同期考试合格率提高10%以上。产品已出口日本、乌兹别克斯坦。

【人脸识别理论、技术、系统及其应用】　该项目在分类器设计方面，针对训练样本数量不均衡的问题，提出了基于数据块(Block)的分类器设计方法。在预处理、人脸检测、人脸识别与确认等方面，提出了一系列新算法和改进算法，在光照可变、多姿态等条件下性能优于其他系统。在基础数据建设方面，收集整理了万人以上超过百万幅图像的人脸图像数据库CAS－PEAL，公布了包含3万多幅人脸图像的大规模中国人脸图像数据库CAS－PEAL－R1。

项目开发并应用了会议代表身份认证/识别系统，银行智能视频监控系统，嫌疑人面像比对系统，面像识别考勤/门禁系统，出入口黑名单监控系统等19种产品，申请各类专利26项(8项已获授权)，软件著作权11项。并已成功应用于人民大会堂、天安门广场等重要场所。此外还用于海南、云南省建行等多处。成果转化的产品在公安、金融等领域推广，共实现销售收入1.175亿元，取得了较好的经济和社会效益。

【压力管道安全检测与评价技术研究】　该项目涉及工程与技术科学基础、安全科学技术和电子、通信与自动控制技术等三大科学技术领域中工程力学、安全检测与监控技术、风险评价与失效分析和信号采集与识别分析技术。

该项目以压力管道安全保障为中心，在管道危险源辨识与安全状况等级评价、无损检测和结构完整性评估技术三个方面取得了突破性进展。具体包括：(1)工业压力管道危险源辨识评价方法。(2)在役工业压力管道安全状况等级评定方法。(3)小直径、薄壁管(碳钢、不锈钢)焊缝缺陷及缺陷高度超声检测方法。(4)超声手动扫查成像检测仪。(5)金属压力管道泄漏及活性缺陷声发射检测方法。(6)数字化多通道声发射检测分析系统。(7)管系结构复杂加载塑性极限及应力分析方法。(8)含体积型缺陷(局部减薄、未焊透)压力管道安全评定方法。(9)含面型缺陷(裂纹、未熔合)压力管道安全评定方法。该项目注重多学科交叉、重大关键技术集成，突破了安全状况等级定量评价、薄壁和大曲率管道焊缝缺陷检测、复杂管系结构完整性评估等技术难题，首次提出在用压力管道安全保障五大环节的全过程技术方法，系统建立了压力管道安全检测与评价方法体系，在压力管道事故预防技术领域实现了跨跃式发展。其成果具有开拓性、先进性、系统性、经济性和实用性等突出特点。

上述成果被3项国家标准法规采纳，已在全国推广应用，指导1 000多家检验机构，按照要求对各行业数万家企业的15万千米工业管道开展普查或检验与评估，并解决了一系列重大工程检测评价难题。对保障压力管道安全和带动行业技术进步发挥了重要作用，取得了巨大的社会效益，并为企业减少停产和返修损失18亿元。

【准分子激光视觉光学矫正关键技术及其装备】
该项目属生物医学工程领域，涉及信息科学、仪器仪表、视光学等多个学科，实现准分子激光屈光矫正、人眼像差测量、人眼像差矫正。

该项目包括基础理论研究、关键技术攻关、装备研制和临床应用。根据不同个体独特的光学特性和解剖特性，进行包括单纯近视、单纯远视、复性近视散光、复性远视散光、单纯近视散光、单纯远视散光、混合散光等屈光不正的眼科激光矫正手术，术后裸眼视力达20/20以上；实现波前像差测量，根据测量人眼光学系统推算出7阶35项像差；以像差来引导准分子激光手术，减小人眼高阶像差，大幅度提高视网膜的成像质量，术后裸眼视力可达20/8；同时适用于由于角膜疤痕、穿透性角膜移植、中央岛以及晶体异常引起的非典型像差矫正。建立和完善了屈光矫正、像差测量、像差矫正理论体系。在国内外专业杂志上发表论文40余篇，论文被国际他引101次，申请发明专利14项，其中6项在美国、日本、韩国、中国已获授权，2004年底，累积销售69台套，新增利税2 030万元，创汇50万美元，成功施行2万多例手术。打破了国外眼科大型高精度医疗装备在国内的垄断，成为中国数字化医疗装备产业新的增长点。

【新型基因工程霍乱疫苗】　霍乱传统注射疫苗由于副反应大，效果不佳，已被世界卫生组织(WHO)宣布停止使用。该项目依据霍乱免疫机理的研究，应用生物技术研制新型口服疫苗。该项目自1987年始在“863”计划基金资助下，率先采用基因工程技术构建了高效分泌表达毒素B亚单位(rBS)的工程大肠杆菌，工程菌表达的rBS，其结构、理化活性、抗原性、免疫原性与天然的BS完全相同。由它与杀死的霍乱弧菌抗原的O抗原及其他菌体抗原组构成 rBS-WC 疫苗,通过组构、工艺、动物免疫试验及生产工艺的研究,于 1989 年在国外被批准进行志愿者试验,先后进行Ⅰ期 24 人、Ⅱ期 369 人、Ⅲ期6 079人的考核试验,结果表明疫苗具有很好的安全性和免疫原性,于 2000 年 6 月获得Ⅰ类新药证书。

WHO 在 2001 年七十六届年会推荐书中提出:"在新一代霍乱疫苗中,仅 rBS-WC 疫苗证实在现场有令人信服的保护作用"。该项目已转让上海联合赛尔生物工程有限公司生产,于 2004 年 3 月经国家批准正式投产上市,并被科技部、商务部、国家质量监督检验检疫总局、国家环境保护总局评为国家重点新产品。

(尹邦奇　路继根　包　豫　窦海青
顾维英　陈　阵　吴洁敏)

【上海市科技进步奖概述】　2005 年,上海市科学技术进步奖通过专家网络初评、媒体公布及异议处理、复评和终审,市政府表彰决定,授予我国著名的物理有机化学家蒋锡夔院士、我国著名肝癌研究学者汤钊猷院士为 2005 年度上海市科技功臣奖;批准 2005 年度上海市科学技术进步奖授奖项目共 318 项,其中一等奖 44 项,二等奖 109 项,三等奖 165 项。

获奖项目基本情况:

成果类别情况:自然科学基础类成果获奖项目 34 项,占获奖项目总数的 10.7%;技术发明类成果获奖项目 43 项,占获奖项目总数的 13.5%;技术开发类成果获奖项目 175 项,占获奖项目总数的 55.0%;社会公益类成果获奖项目 66 项,占获奖项目总数的 20.8%。

技术领域分布情况:生物与医药技术领域项目 89 项,占 28%;信息技术领域项目 50 项,占 15.7%;能源与环境技术领域项目 40 项,占 12.6%;新材料技术领域项目 35 项,占 11%;自动化技术领域项目 20 项,占 6.3%;海洋技术领域项目 8 项,占 2.5%;激光技术领域项目 3 项,占 0.9%;其他技术领域项目 73 项,占 23%。

获奖成果按第一完成单位统计分布情况:高校完成成果 119 项,占 37.4%;企业完成成果 119 项,占 37.4%;科研院所完成成果 45 项,占14.2%;医疗机构完成成果 14 项,占 4.4%;机关团体完成成果 8 项,占 2.5%,国家重点实验室完成成果 3 项,占 0.9%,其他单位完成成果 10 项,占 3.2%。

获奖项目特点:

(1) 涌现出一批原始性创新、抢占科技制高点的研究成果。获奖项目中论文数量、被 SCI、EI 等收录和引用次数有大幅度增长趋势。在这次获奖成果中,国外发表论文2 322篇,特别是发表在国际顶尖权威杂志上的论文较多。国内发表论文4 330篇,国内外发表论文数比上一年度的5 178篇增加了 28.5%;被 SCI、EI 等收录2 706篇,比上一年度的 1982 篇增加了 36.5%;被国内外同行引用次数11 709次,比上一年度的7 248次增加了 61.6%。如由华东师范大学马龙生教授等完成的"光场时-频域精密控制的研究"项目,通过对超灵敏光外差光谱、稳频激光在光纤中的精密传输、超短光脉冲位相控制与相干合成和飞秒激光光梳的研究,取得了一系列国际领先的研究成果,在美国《科学》(*Science*)等杂志上共发表论文 120 篇,被他引 503 次,在国际上引起了高度重视。国际标准局、美国国家标准与技术研究所等世界权威研究机构评价该工作:"向下一代基于光频而不是微波频率的原子钟迈出了重要一步","为下一代原子钟铺平了道路",为更精确的 GPS 卫星导航定位系统及其在民用运输、国防、航天航空中的应用具有重要的意义。该研究成果不仅出现在 2005 年诺贝尔物理学奖公告资料中,得奖人之一、德国科学家亨施还在诺贝尔颁奖仪式演讲中给予高度评价。

(2) 具有自主知识产权、技术发明创造的原创性科技成果明显增多。在获奖项目中,申请国内外专利及已授权专利数1 160项,比上一年度的 725 项增加了 60%。其中已获国内外发明专利 199 项,占专利总数的 17.2%;已获实用新型专利 238 项,占 20.5%;已申请国外发明专利 62 项,占 5.3%;已申请国内发明专利 661 项,占 57%。如技术发明类一等奖成果"结晶头孢硫脒及其制备方法和用途"项目,历时 30 多年完成技术发明到成果产业化,是惟一由中国自行研发成功的半合成头孢菌素,已申请 4 项发明专利,3 项已经授权,其开发的药物已产生显著的经济和社会效益。由于采取了鼓励科技人员申报技术发明类成果的措施,2005 年市科技进步奖中技术发明类成果获高等级奖的项目增多,在 44 个一等奖项目中有 10 项是技术发明类成果,比上一年度的 3 项增加了 233%。

(3) 揭开自然界的奥秘,凸现技术的创新性和成果水平。在创新性方面,国际首创项目 58 项,占 18.2%;国内首创项目 155 项,占 48.7%;关键技术或理论上有重大创新项目 87 项,占 27.4%;部分创新项目 18 项,占 5.7%。在成果水平上,国际领先水平项目29项，占9.1%；国际先进水平项目239项，占75.2%；国内领先水平的项目47项，占14.8%；国内先进水平的项目3项，占0.9%。如中科院上海生命科学研究院完成的“活性多肽毒素结构与功能研究”成果，在国际上首次从东亚马氏钳蝎中发现了15个神经毒素变体对离子通道的构效关系，阐明了全蝎作为中药抗癫痫及镇痛药的物质基础。从芋螺素中发现并确定了40多个新的多肽毒素，为开发治疗神经性疾病的新药奠定了基础。又如“东亚人群的起源、迁徙和遗传结构的研究”首次用遗传学的方法，证实了东亚人群的非洲起源假说、“汉藏同源”的论断，在国际上引起了极大反响。

(4) 企业技术创新的动力和活力不断增强，已逐步成为技术创新的主体，形成新的经济增长点。在318项获奖成果中企业作为第一完成单位领衔完成的项目有119项，占37.4%，比上一年度的106项增加了3.9%。三年实现新增利润145.7亿元，新增税收22.8亿元，节约经费65.4亿元，创外汇(人民币)16.3亿元。涌现出一批勇于自主创新的成功企业，其中有的通过原始创新成果的产业化，占领了国际市场；有的吸收先进技术实现综合集成再创新；有的坚持在引进、消化国外先进技术的基础上再创新，实现自主开发，打造自主品牌，跻身世界，占领市场。如一等奖成果“年产10万吨乙酸乙酯新型成套技术”项目，为打破国际大公司的技术垄断，企业科研人员在原有引进设备和技术的基础上，走自主创新之路，实现引进、吸收、消化集成再创新，解决了国内酯化技术大规模工业化的难题，形成了具有自主知识产权的新型成套技术，大幅度提高了产能，由原产千吨级一跃实现10万吨生产规模，年产值8.8亿元，利税近9 000万元，改变了国内高纯度乙酸乙酯依赖进口的局面，产品已出口至韩国、日本等地。

(5) 加快支柱产业共性技术和关键技术的创新突破，充分发挥海外留学回国人员来沪创新创业的作用，形成了一批高新技术产业成果。展讯通信(上海)有限公司武平等完成的“2G/2.5G(GSM/GPRS)手机核心芯片(SC6600)的研制和开发”项目，研制开发出亚洲第一颗2G/2.5G(GSM/GPRS)手机核心芯片(SC6600)，打破了中国长期以来手机芯片的核心技术被国外通信公司垄断的技术壁垒，关键技术的发明创新涵盖了集成电路布图、芯片设计、软件和硬件设计等多个方面，形成上百个专利发明点，使中国首次全面掌握了无线通信市场掌控权，改变了中国通信产品缺“芯”的被动局面。成果产业化一年多来，已实现销售额近4亿元，极大地提高了国产手机生产厂商的获利能力及市场份额。

(6) 科研成果服务大众，惠及人民，体现科学发展观，一批以人为本，与人们生活、健康、环保密切相关的科技成果脱颖而出。如由上海交通大学医学院附属仁济医院等完成的“系统性红斑狼疮的遗传学发病机制和诊疗策略的研究”一等奖项目，通过对系统性红斑狼疮的发病机理、早期诊断和治疗策略的系统研究，取得系列创新成果，显著提高了患者的生存率和生活质量，使不治、难治之症变为可治。由仁济医院和瑞金医院分别完成的两项成果对全市胃癌发生、发展的发病机理到临床治疗的成套预防、治疗技术作了系统研究，大幅度提高胃癌防治效果，提高了病人的生活质量。针对全市饮用水源水质问题，由上海水务局等完成的“长江口北支咸潮倒灌控制工程和南支水源地建设专题研究”一等奖项目，揭示了长江口咸潮入侵的规律，提出了行之有效的对策措施，为上海城市供水安全提供了保障。由上海华虹集成电路有限公司完成的“第二代居民身份证专用芯片模块及其相关技术”成果，开发出具有自主知识产权、高安全性、高可靠性、高性能、低成本第二代居民身份证芯片，惠及广大市民，为社会治安服务。

(7) 体现人才强国战略。高素质、有创新意识和创新能力的优秀中青年科技人才，在良好的科技创新的氛围中，已成长为上海市科技创新主要的新生力量。2005年度上海市科技进步奖获奖人员2 445人次，35岁及以下的751人，占30.7%；36～45岁的945人，占38.7%；46～55岁382人，占15.6%；56岁以上367人，占15%。55岁以下的科技人员占获奖人员85%，特别是45岁以下的中青年科技人员占主导地位，达69.4%，成为上海市科研队伍的生力军。在44个一等奖项目中，45岁及以下的中青年科技骨干领衔完成的占50%。

(尹邦奇　吴洁敏)

【44项成果荣获2005年度上海市科技进步一等奖】

详见下表及条目。

2005 年度上海市科技进步一等奖项目表(共 44 项,公布 43 项)

序号	项目名称	主要完成单位	主要完成人
1	新型微波射频电路研究	上海交通大学	毛军发、尹文言、李征帆、肖高标、李晓春
2	活性多肽毒素结构与功能的研究	中科院上海生命科学研究院	戚正武、许琛琦、王春光、范崇旭、王　琪
3	白血病细胞分化和凋亡新机制的提出与发展	上海交通大学医学院附属瑞金医院、上海交通大学、中国科学院上海生命科学研究院/上海交通大学医学院健康科学研究所	陈国强、赵　倩、赵克温、黄　莺、蒋　益
4	东亚人群的起源、迁徙和遗传结构的研究	复旦大学、国家人类基因组南方研究中心、中国科学院昆明动物研究所	金　力、卢大儒、宿　兵、黄　薇、金建中
5	纳米微粒和碳纳米管的分散及表面改性	中科院上海硅酸盐研究所	高　濂、孙　静、刘阳桥、江琳沁、王　浚
6	分子筛材料的表面活性剂模板合成和组装	复旦大学	李全芝、黄立民、陈晓银、陈逢喜、郭万平
7	氨基酸衍生物的反应、合成及性质研究	中科院上海有机化学研究所	马大为、邹　斌、余尚海、俞寿云、蔡　倩
8	光场时—频域精密控制的研究	华东师范大学	马龙生、毕志毅、陈扬骎
9	宇宙动力学及相关问题研究	上海师范大学	李新洲、郝建纲、刘道军
10	可积非线性偏微分方程的精确求解	复旦大学	周子翔
11	单核 C * - 代数的分类	华东师范大学	林华新
12	2G/2.5G(GSM/GPRS)手机核心芯片(SC6600)关键技术研制与开发	展讯通信(上海)有限公司	武　平、陈大同、范仁勇、林敬东、冀　晋、卢　斌、赵　彤、朱雄伟、谢　非、李晓辉、杨晓勇、庄嘉宜、徐　远、姚晶晶、施武林
13	第二代居民身份证专用芯片模块及其相关技术	上海华虹集成电路有限责任公司、中国科学院上海微系统与信息技术研究所、复旦大学	闵　昊、刘跃刚、林　健、杨　华、朱建中、徐晓伟、谢文录、朱海峰、张子华、付利军、程景全、张金弟
14	多用加压毛细管电色谱系统	上海通微分析技术有限公司	阎　超、黄晓晶、于立民、王建民、王秀丽
15	数字高清晰度电视接收机系列芯片关键技术	上海交通大学、上海奇普科技有限公司、杭州国芯科技有限公司、上海高清数字科技产业有限公司、上海交大高清数字技术有限公司	郑世宝、邹志永、王　峰、管云峰、杨宇红、张文军、黄智杰、归　琳、孙　军、董云朝、董　威、梁伟强、方向忠、徐友云、陈颖琪
16	电信网监测维护管理的关键技术与系统(TMAS)	上海欣泰通信技术有限公司	张永生、陈　捷、陶　晶、金瑞伟、王传法、乔　欣、沈　军、肖文平、姜礼麟、鲁　翔、葛鸿伟、沈云捷、华锦伟、唐　涛、金少舫

（续表）

序号	项目名称	主要完成单位	主要完成人
17	基于超级计算机的结构动力学并行算法设计、软件开发与工程应用	上海交通大学、上海超级计算中心	金先龙、傅文彪、沈为平、王普勇、张晓云、李根国、李渊印、李丽君、曹源、张淑敏
18	基于CAD/RE/RP/RT技术集成的新产品快速开发应用系统及反求测量设备开发	同济大学、西安交通大学、上海通江科技发展有限公司	洪　军、李爱平、李涤尘、马淑梅、卢秉恒、冯小军、王江良、王永银、龙　华、曹　亮、张为民、罗建斌、刘光富
19	3S－Net智能网络配电与控制系统	上海电器科学研究所(集团)有限公司、常熟开关制造有限公司	陈　平、尹天文、阮于东、张　扬、何瑞华、陈　华、胡景泰、季慧玉、刘　健、赵文华、朱守云、施惠冬、孟祥兰、柴　熠、薛　吉
20	大功率空冷汽轮机设计技术与系列产品研制	上海发电设备成套设计研究所、上海汽轮机有限公司	史进渊、何阿平、陈洪溪、顾德明、危　奇、沈国平、孙　庆、张素心、杨　宇、黄　瓯、崔　琦、沈红卫、范雪飞、张光耀、陆　伟
21	溶葡萄球菌酶的复配技术开发、应用及产业化	上海高科生物工程有限公司	陆婉英、黄青山、华薇薇、李国栋、黄　芳、陆锦春、陆海荣、励　俊、莫云杰、陆　敏、张继恩、黄文亚
22	结晶头孢硫脒及其制备方法和用途	上海医药工业研究院、广州白云山制药股份有限公司	王文梅、谢　彬、黄伟东、李忠思、周可祥、汪　复、苏盛惠、刘学斌、余爱珍、叶　放、张士纬、屠健德、杨炳泉
23	表观遗传修饰及其在胃癌发生和预防中的应用	上海交通大学医学院附属仁济医院、上海交通大学医学院附属第九人民医院	房静远、萧树东、朱舜时、陈萦晅、施　尧、朱红音、陆　嵘、杨　丽、陆　娟、程中华、沈兰兰
24	系统性红斑狼疮的遗传学发病机制和诊疗策略的研究	上海交通大学医学院附属仁济医院	陈顺乐、沈　南、顾越英、鲍春德、杨程德、叶　霜、王　元、胡大伟、张　巍、陆　瑜、吕良敬、郭　强、李　挺、陈　盛、狄　文
25	血管内超声及多普勒技术在冠状动脉疾病诊治中的研究与应用	复旦大学附属中山医院、复旦大学	葛均波、钱菊英、汪源源、樊　冰、张良惠、吴鸿谊、罗忠池、裘　振、张　峰、刘学波、葛　雷、陈灏珠
26	改善胃癌疗效的外科综合治疗基础与临床研究	上海交通大学医学院附属瑞金医院	朱正纲、刘炳亚、曹伟新、顾琴龙、燕　敏、陈雪华、陈　军、费旭峰、尹浩然、林言箴、程庆民、于颖彦、张　俊、严　超、杨秋蒙
27	肝癌门静脉癌栓形成机制及防治研究	复旦大学附属中山医院	樊　嘉、周　俭、吴志全、余　耀、汤钊猷、邱双健、曾昭冲、刘银坤、郑　起、肖永胜、黄晓武、史颖弘、孙琦蛮、孙　健、王晓颖
28	组织工程皮肤的体外构建、低温保存及临床应用	上海组织工程研究与开发中心、上海交通大学医学院附属第九人民医院、上海理工大学	曹谊林、杨光辉、华泽钊、刘　伟、崔　磊、杨　军
29	张力减径机新型非传统孔型的开发	宝山钢铁股份有限公司	孙澄澜、宋箭平、周晓岚、潘　峰、周志杨、王起江
30	铝液电磁连续净化系统	上海交通大学	丁文江、孙宝德、王　俊、疏　达、周尧和、李　克、李天晓

（续表）

序号	项目名称	主要完成单位	主要完成人
31	高端硅基SOI材料研究和产业化	中科院上海微系统与信息技术研究所、上海新傲科技有限公司	王　曦、林成鲁、俞跃辉、张　苗、陈　猛、张　峰、李　炜、宋志棠、王连卫、林梓鑫、刘卫丽、陈　静、徐彦芬、林心如、李守臣
32	纳米结构功能涂层的制备和规模化生产关键技术开发	复旦大学、卡勒特纳米材料（上海）有限公司、广州爱先化工有限公司	武利民、周树学、顾广新、游　波、杨海华、林金汉、邓冰葱
33	稳定性同位素^{15}N（高丰度）的制备技术	上海化工研究院	李良君、杜晓宁、袁维新、徐小钧、李　杰、侯静华、宋明鸣、赵　诚、葛连斌、卢建康
34	年产10万吨乙酸乙酯新型成套技术	上海吴泾化工有限公司	齐　峻、曾义红、胡永康、张和进、叶定静、曹智龙、俞文照、吴云龙、封伟良、张丽琴、田　伟、高汝炎、张文华、郑书伦
35	超灵便型多用途船系列开发设计	上海船舶研究设计院、上船澄西船舶有限公司	胡劲涛、吴　斌、李昆仑、金志良、刘传伯、金俊洪、骆宁森、金　余、顾一清、徐国荣、陈永福、王刚毅、徐旭敏、郝玉英、徐三官
36	燃油溶气雾化与燃烧新技术的基础研究	上海交通大学	黄　震、乔信起、肖　进、邵毅明、侯玉春
37	高强高模聚乙烯纤维产业化	东华大学	刘兆峰、胡祖明、于俊荣、潘婉莲、诸　静、陈　蕾、尤秀兰、赵炯心、王依民
38	栽培稻节水抗旱种质评价、创新与新品种选育研究	上海市农业生物基因中心、中国水稻研究所	罗利军、余新桥、梅捍卫、王一平、李明寿、龙　萍、邹桂花、刘鸿艳、刘国兰、梅道亮、王安明、叶元林、张剑锋、梁文兵
39	中华绒螯蟹的营养学及其环保型全价饲料的研制开发	华东师范大学、上海永农饲料科技有限公司	陈立侨、周忠良、王　群、温小波、艾春香、江洪波、刘立鹤、赵云龙、蔡春芳、汤峥嵘、唐思贤、李　恺
40	国家大剧院壳体钢结构安装工艺研究	上海市机械施工有限公司	吴欣之、严时汾、罗仰祖、白英胜、高振峰、夏凉风、罗梦恬、陈晓明、伍小平、刘　平、刁学诚、张　晶、严玉龙、盛林峰、李子旭
41	结构抗震防灾新理论新技术研究	同济大学	吕西林、周德源、卢文胜、施卫星、翁大根、钱　江、赵　斌、朱玉华、朱杰江、李学平、蒋欢军、李培振、陆伟东、周　强、郭子雄
42	上海东海大桥超大型跨海桥梁设计综合关键技术研究	上海市政工程设计研究院、中铁大桥勘察设计研究院、中交第三航务工程勘察设计院、上海同盛大桥建设有限公司	林元培、卢永成、皇甫熹、邵长宇、莫景逸、高宗余、章曾焕、谢尉鸿、杨志方、夏　军、丁建康、李振岭、汤　伟、张　敏、张剑英
43	长江口北支咸潮倒灌控制工程和南支水源地建设专题研究	上海市水务局、上海勘测设计研究院、长江水利委员会长江勘测规划设计研究院、上海市水利工程设计研究院、华东师范大学、南京水利科学研究院、河海大学、中国水利水电科学研究院、上海市原水股份有限公司、上海市水文总站	陈美发、徐建益、吴今明、石小强、林顺才、卢永金、王永忠、袁建忠、刘新成、吕大明、顾玉亮、林卫青、朱建荣、宋志尧、窦希萍

【新型微波射频电路研究】　微波射频电路是电子信息技术的基础之一。该项目对新型微波射频电路包括：高效全波电磁场分析方法和微波网络理论、传输线与器件、硅衬底微波射频电路、电磁带隙结构与超导微波射频电路进行了比较系统深入的基础研究。主要发现点：（1）提出一种新的步进频

域有限差分法及其稳定性条件，使分析效率在相同精度前提下提高一个数量级以上。发展了手征类复合介质中的并矢格林函数算子理论；提出了一种R－∞超宽带匹配网络的综合理论和方法。(2)提出了非均匀传输线综合的新理论方法。发展了双各向同性和双各向异性介质传输线理论。建立了传输线和多种微波器件功率容量模型。(3)建立了多种硅衬底微波射频器件的实验和理论模型，利用DDM－CM理论，将螺旋电感、过孔等效为均匀传输线，得到硅衬底多层螺旋电感品质因素的解析公式。(4)利用传输线网络理论给出了电磁带隙结构设计自动化方法，实现了多种高性能的电磁带隙微波器件。实现了一种高性能的微波超导可调谐振器；提出并验证了高温超导电磁带隙结构中超导膜厚度的选择原则。

该成果发表论文93篇，被他引273次，申请发明专利2项。研究成果为高性能新型微波射频电路的设计、分析和实现提供理论依据和方法。

【活性多肽毒素结构与功能的研究】　该项目从东亚马氏钳蝎及中国南海各种芋螺中获得多种新的神经毒素，并深入研究了它们的蛋白质与基因结构、生理功能及其构效关系。

对东亚马氏钳蝎神经毒素的研究成果有：阐明了钠通道毒素BmK M1的蛋白与基因结构，利用蛋白质工程获得15个突变体，深入研究其构效关系。发现新的钾通道毒素，具有高度选择性。发现具有双功能的BmTx3，既可阻断A型钾电流，也可抑制HERG钾通道。提出毒素阻断离子通道的新机理。阐明了全蝎作为中药抗癫痫及镇痛的物质基础。

对芋螺毒素的研究成果有：(1)从桶形芋螺中纯化并克隆了κ－BtX，它代表芋螺毒素中一新的超家族，是首次报道的钾通道开放剂。(2)从线纹芋螺中克隆了μ－SIIIA，可作为先导化合物用于新的镇痛药物的开发。(3)从多种芋螺中纯化及克隆了M超家族中新一类芋螺毒素，提出了芋螺毒素超家族分类的新原则。从6种芋螺中纯化、鉴定了新的多肽毒素40个左右，克隆鉴定的新基因超过60个，涵盖了各种超家族。

该成果共发表SCI论文27篇，被他人引用197次，论文总影响因子为94.4，单篇最高影响因子为13.3。该成果不仅对神经学科的研究，而且对开发治疗多种神经性疾病的新药具有重要意义。

【白血病细胞分化和凋亡新机制的提出与发展】　该项目针对有效治疗急性早幼粒细胞白血病(APL)的三氧化二砷(As_2O_3)的体外诱导分化效应不如体内明显的事实，开展了深入研究。

在国际上首先报道低氧和低氧模拟物在体外也在小鼠体内诱导AML细胞分化。在此基础上，应用现代生物学技术发现低氧诱导因子1(HIF－1α)通过与C/EBPα相互作用，并显著提高C/EBPα的转录活性，在白血病细胞分化中发挥重要作用。首先报道低氧模拟物明显加强As_2O_3对APL细胞的诱导分化效，初步建立了低氧诱导因子1介导白血病细胞分化的新理论，为挖掘白血病细胞分化药物靶标提供了重要基础。

发现了PKC上调磷脂爬行酶1(PLSCR1)的表达，并应用RNA干扰技术揭示PLSCR1在白血病细胞分化中的作用；在国际上首先报道纳摩尔水平喜树碱衍生物NSC606985诱导白血病细胞凋亡，并比较完整地提出了NSC606985诱导AML细胞凋亡的分子机制。在国际上首先研究体内砷甲基化物对AML细胞的效应，提出三价砷甲基化物具有很强的凋亡诱导效应。

研究工作在国际重要学术期刊发表和接受发表论文12篇。其中，包括美国《血液》(*Blood*)4篇、美国《白血病》(*Leukemia*)4篇，以及英国《癌症研究》(*Cancerres*)、英国《凋亡》(*Apoptosis*)杂志等，总影响因子为61.71，被引证52次。

【东亚人群的起源、迁徙和遗传结构的研究】　针对人类起源尚无定论的现状，该项目选择Y染色体和mtDNA作为主要的遗传标记系统，探讨东亚人群的群体结构及其起源、迁徙的历史。首次系统地将Y染色体单核苷酸多态位点分析东亚人群的进化规律；首次从父系遗传角度大规模地证实东亚人群的非洲起源假说，提供了支持“非洲起源”的强有力证据；支持南北东亚人群的遗传差异，并提出东亚人群的共同祖先由南往北的史前迁徙路线及年代；首次利用遗传学方法证实汉文化的人口扩张模式；从遗传学角度证实了“汉藏同源”的论断，并提出汉族和藏缅语系民族分化的遗传学基础；发现南方藏缅人群普遍融合了北方民族和南方民族的基因成分，并且融合的过程具有性别偏向性；否定了玻利尼西亚人台湾起源说，提出包括中国南部地区在内的东南亚地区可能是在3 000年前大批移民太平洋岛屿的玻利尼西亚人的起源地。

该项目相关的12篇文章均发表在SCI索引的

刊物上，其中包括美国《科学》（*Science*）、英国《自然》（*Nature*）等，被他人引用160余次，在世界范围内引起了相当的反响，美国《科学》（*Science*）杂志对其作了高度评价，认为"这是对多地区起源假说的重大打击"。

【纳米微粒和碳纳米管的分散及表面改性】　针对各种纳米微粒、碳纳米管在液相介质中形成团聚体的现象，该项目开展了对纳米微粒和碳纳米管进行表面改性的若干科学研究，研制出多种功能性碳纳米管复合材料。主要发现和创新点：(1)发展了多种表征纳米微粒分散性的方法；首创将俄歇电子能谱用于表征分散剂在纳米微粒表面的吸附；原创性地利用分形理论定量揭示了沉积物形貌分维值与浆料分散状态的内在关系。(2)发现了遴选高价小分子型分散剂的一般规律，首次将PBTCA成功地应用于陶瓷超细粉体的分散。(3)发明了表征碳纳米管在水、乙醇介质中形成悬浮液的稳定性的半定量方法，该方法还适用于不同分散剂对碳纳米管分散情况的判别和筛选。(4)在国际上首次提出了反微乳非共价键合法。创新性地采用溶剂热原位合成法、原位生长法等研制了十余种无机纳米微粒包覆或填充的碳纳米管复合粉体。5、率先研制出多种新型功能性碳纳米管复合体材料，成功解决了碳纳米管的分散及与基体材料的界面结合问题。

该项目共发表学术论文89篇，他引185篇次；出版专著1本。申请发明专利7项，其中2项已授权。该研究成果为纳米微粒和碳纳米管的广泛应用奠定了基础。

【分子筛材料的表面活性剂模板合成和组装】　针对分子筛材料在石油化工反应合成中的重大需求，该项目合成了不同结构和多级孔结构的分子筛。主要发现和创新点有：(1)发现了合成微孔和介孔分子筛的模板剂的统一性，采用阳离子表面活性剂合成出8种拓扑结构和孔径不同的具有实用价值的微孔分子筛。(2)发明了二元和三元混合表面活性剂为模板剂合成介孔分子筛的新路线，实现了超分子自组装界面性质的有效调控和组装。(3)提出合成具有强酸性和双模孔结构的新型微孔－介孔复合分子筛的新思路。采用双模板和两步晶化的新方法，合成了Y/MCM－41、Beta/MCM－41和ZSM－5/MCM－41等微孔－介孔复合分子筛。(4)提出了合成骨架壁含微孔分子筛次级结构单元(SBU)的SBU－介孔分子筛的新概念。合成了含有Beta、Y和ZSM－5等微孔分子筛次级结构单元的介孔分子筛。

该研究发表论文77篇，SCI收录55篇，他引387次。申请专利18项，授权12项。该成果开拓了新材料在重大石油化工反应中如长链烷裂和低碳烯烃、长链烷烃加氢异构化等的应用。

【氨基酸衍生物的反应、合成及性质研究】　该项目以一些氨基酸及其衍生物的化学和生物活性为主线，以发现具有创新结构的活性化合物和发展高效的合成活性化合物的方法或反应为目标，取得了一系列具有国际先进水平的成果：(1)利用氨基酸为手性源，首次完成了可以治疗角膜炎的Martinellic acid，有抗真菌活性的Microsclerodermin E，具有强抗炎活性的环肽大环内酯Halipeptin A和抗疟活性的海洋生物碱Lepadin H等天然产物的全合成。同时完成了Apratoxin A的合成并初步进行了结构－活性关系研究，发现了一些影响其细胞毒性的关键结构因素。(2)发现新结构的APICA是选择性的代谢型谷氨酸受体第二组亚基的拮抗剂。(3)首次发现了氨基酸对于Ullmann反应的加速效应。(4)发展了以α－氨基酸酯为手性源合成生物碱的新方法，利用它们合成了近20个天然生物碱。其中3个化合物的合成属于第一次全合成，其余的合成路线与已有的相比在合成效率上有很大提高。

以上工作共发表论文93篇，其中影响因子大于3的有36篇，论文他引共682次。工作中所发展的工具药物或合成方法已被其他研究小组成功应用37次。部分工作曾被美国《化学与工程新闻》（*Chemical&Engineering News*）、美国《有机化学热点》（*Organic Chemistry Highlight*）和美国《化学评论》（*Chemtracts*）等报道和专文评论。

【光场时—频域精密控制的研究】　光场的时域及频域的精密控制，对于研究光与物质相互作用和提高探索自然规律的能力具有重要意义。该项目先后开展了超灵敏光外差光谱、稳频激光在光纤中的精密传输、超短光脉冲位相控制与相干合成和飞秒激光光梳的研究，取得了一系列国际领先的研究成果：(1)自行研制成飞秒激光光梳，在与国际标准局(BIPM)等进行的两次国际光梳比对研究中，证明光学频率合成的不确定度为10^{-19}，目前还未见同样水平的研究报道。(2)率先实现了两台独立的飞秒激光器之间的位相锁定，观察到两台飞秒激光之间的干涉条纹，首次演示了两个超短光脉冲可相干合成为一个新的超短脉冲。(3)在国际上首次研究成两种高灵敏的光谱探测技术,将常规的磁旋转速度调制光谱灵敏度提高近10倍,将频率调制光谱的灵敏度提高了近5个数量级。实现了光外差无多普勒探测,该技术已被世界上多个国家包括中国在内的计量科学院所采用。(4)发明了双程往返相消技术,使光纤形成的附加线宽在0.001Hz量级,该技术已成为精密光谱测量和光钟研究中不可缺少的重要手段。

该研究在美国《科学》(*Science*)等杂志上发表论文120篇,被他引503次,在国际上引起高度重视。国际标准局(BIPM)、美国国家标准与技术研究所(NIST)等世界权威研究机构评价该工作:"它向下一代基于光频而不是微波频率的原子钟迈出了重要一步","为下一代原子钟铺平了道路"。

【宇宙动力学及相关问题研究】　该项目以广义相对论作为研究的基本理论框架,结合重大现代天文观测结果,对宇宙动力学及相关问题进行研究,得到了与天文观测相符的一系列理论模型,并提出多个新观念,纠正4项前人的错误结论,发现一些新的物理可观测效应,并利用现代数学创造一些新的方法,丰富了广义相对论理论。该项目原创性在于:(1)在国际上首先提出或发现:快子场为暗能量候选者的观点;p暗能量宇宙的Big Rip吸引子,开辟了宇宙动力学研究的一个新方向;快子型p暗能量并扩充到Brane世界;带有p暗能量宇宙存在晚期德西特吸引子;p宇宙追踪吸引子;与卡德威等同时独立构造了多分量暗能量模型,并首先提出多分量p模型;提出具有负动能的查雷金气体模型;研究了非交换时空的快子场暴涨。(2)建立了3种卓有成效的解析方法:p宇宙学动力学的相空间分析方法已被广泛使用;广义采他函数正则化技术已被他人至少10次称赞为优雅的方法;对长方体腔使用的爱泼斯坦正则化技术被权威学者认为在几何依赖性方面的计算是最令人信服的,并为1998年实验所证实。(3)纠正了权威学者的4项错误认识:对著名的"正质量猜测"提出了反例;分段弦不能使用采他函数正则化的观点;膜背景时空不能是整数维观点;p宇宙命运一定为Big Rip观点。

该项目共发表51篇论文,其中影响因子大于4的有24篇,他引561次。该研究为中国在国际宇宙学研究领域争得了一席之地。

【可积非线性偏微分方程的精确求解】　该项目主要研究可积非线性偏微分方程的精确求解方法,包括Darboux变换与非线性约束的构造及其在几何和物理问题中的应用。主要成果有:(1)具体实现了Davey-Stewartson Ⅰ方程、2+1维N波方程等2+1维(二维空间、一维时间)可积系统到1+1维可积系统的非线性约束,首次结合运用非线性约束与Darboux变换得到了一大类2+1维非线性偏微分方程的显式的整体局域孤立子解及解的定性性质。(2)将Darboux变换应用于一些几何、物理中重要的且有相当难度的问题、如常曲率空间的等距浸入、弯曲时空中的Yang-Mills-Higgs场等、得到了它们有几何、物理意义的精确解。(3)给出了2+1维可积系统的Darboux变换与二元Darboux变换的普适的构造方法,对1+1维和高维可积系统的Darboux变换证明了一些普遍性的性质。(4)实现了Davey-Stewartson Ⅰ方程和2+1维N波方程到有限维可积系统的非线性约束,在辛流形不是欧氏空间时得到了显式的周期解和概周期解。

上述成果给出了求非线性偏微分方程精确解,特别是孤立子解的一些普适方法,解决了微分几何和物理中一些重要问题的精确求解。发表论文28篇,他引79次、出版的两本专著被他引52次。

【单核C*-代数的分类】　该项目主要研究内容是寻求一种简单且可计算的不变量来确定C*-代数的结构,其首创的分类定理具有一般性并且提供了应用方法,大大推进了C*-代数理论及其应用的发展。主要发现:(1)首创C*-代数上迹秩的概念。当迹秩为零时,C*-代数传统的实秩与稳定秩同时为最小,且低迹秩的C*-代数具有特殊的结构使其包含了通常的稳定有限单核C*-代数。(2)发现C*-代数的近似可乘映照的惟一性定理。用KK-理论在稳定近似酉等价的意义下完全确定了C*-代数间的近似可乘映照。(3)创建零迹秩单核C*-代数的同构分类理论。

该项目的主要定理在世界上最权威的《美国数学年刊》(*Annals of Mathematics*)和《公爵数学杂志》(*Duke Mathematical Journal*)上发表,其他主要结果在美国数学会的《学报》(*Transactions*)、伦敦数学会的《泛函分析杂志》(*Proceedings*、*Journal of Functional Analysis*)、加拿大数学会杂志和欧洲《克雷尔》(*Crell*)杂志《纯粹与数学》(*Journal fur die reine und angewandt Mathematik*)等一流杂志上发表。1984年至今所发表的84篇文献中有73篇论文在数学科学网(MathSciNet)和 SCI Expanded 数据库中被他引 271 次。

【2G/2.5G(GSM/GPRS)手机核心芯片(SC6600)的研制和开发】 针对中国手机总产量位居世界第一,但缺乏核心技术,特别是手机核心芯片完全空白的现状,该项目重点开发手机核心芯片关键技术。创新点有:开发出 2G/2.5G(GSM/GPRS)手机核心芯片(SC6600)、采用单芯片解决方案,包括了终端调制调解专用集成电路芯片和相关通信软件,将数字电路、模拟电路、电源管理电路高度集成在一个基带芯片中,大大缩小了芯片尺寸,减小了电源消耗,降低了芯片成本,提供了更加稳定、开放的系统平台。在国际上首次将大量多媒体及应用处理功能,如和弦铃声、MP3、视频播放(MP4)、游戏图像处理器、自动聚焦等功能集成在基带芯片中,推动了手机技术及市场发展的新潮流。突破和创新了超大规模集成电路、系统级芯片集成技术、电路设计以及无线通信系统算法等关键技术,实现了手机终端新技术和新应用的创新性整合。总体技术水平和主要技术指标达到国际领先水平。关键技术的发明创新涵盖了集成电路布图、芯片设计、软件和硬件设计等多个方面,形成上百个专利发明点,已申请 68 项相关技术专利,其中有三项获得美国国家知识产权局正式授权,一项获得中国知识产权局的正式授权。在专利中,有 28 项与 3G(TD-SCDMA)标准专利形成核心专利保护群。

该项目的完成打破了长期以来手机芯片的核心技术被国外通信公司垄断的技术壁垒,提高了国产手机生产厂商的获利能力及市场份额。成果产业化一年多来,实现销售额近 4 亿元。

【第二代居民身份证专用芯片模块及其相关技术】 针对中国居民身份证被伪造、假冒等安全现状和社会治安管理信息的要求,该项目开发非接触式 IC 卡技术做为第二代居民身份证,实现自主版权、国内生产的目标。

该项目依据信息产业部和公安部制定的有关身份证卡芯片的技术要求,开发出具有高安全性、高可靠性、高性能、低成本等特点的第二代居民身份证。其特色和创新点有:(1)采用具有很强防伪功能和防数据窃取技术,保证居民使用安全。(2)采用先进的芯片模块设计加工技术,对应用环境具有很好的适应性,信息可以适时更新,保证信息的准确可靠。(3)采用符合国际标准的非接触式产品设计,使用方便、快速、灵活,具有很好的防污染能力。(4)具有自主知识产权的芯片模块设计,以及成熟的芯片模块设计加工的产品链结构。第二代身份证芯片内部嵌入国家专用认证算法模块,自主设计拥有完整自主知识产权。主要技术指标达国际同类产品领先水平。

该项目是中国具有重大影响力的行业应用系统工程项目,形成规模经济,培育了信息产业新的增长点。为中国人口信息化管理和社会治安管理,提高、巩固社会安定与国家安全具有重要作用,取得了显著经济和社会效益。

【多用加压毛细管电色谱系统】 针对复杂生命现象和生命科学研究的分析、分离工具无法满足需求,以及中国先进高档仪器主要依赖进口的现状,该项目对毛细管色谱微化分离技术进行研究。其主要发明点有:将色谱和电泳分离原理综合集成,产生双重分离过程在同一根毛细管色谱柱中实现,提高了分析方法的灵活性、选择性和分析速度;首创高精度的纳升级二元溶剂输送技术,实现液体在液压和电渗流的共同作用下通过毛细管色谱柱,极大地保证了系统的稳定性;利用纳升级微流控制技术实现了定量阀进样,通过液压与电压的同时驱动与各种转换阀结合,极大地提高了方法的灵活性、精度、准确度;发明了国际首创的电动填充毛细管色谱柱技术,解决了毛细管内填料均匀性和重现性问题;利用紫外/可见和激光诱导荧光检测器解决了柱型检测器灵敏度的问题。

该项目已获美国专利 3 项,中国专利 9 项。发表论文一百多篇,其中 39 篇被1 026篇文献引用。成果已应用于药物分析、生命科学、石油化工、毒品/物证/法医鉴定、环境分析、手性拆分和食品安全等领域。打破了进口仪器垄断中国高档色谱市场的局面,实现国产液相色谱仪器走向国际的突破。

【数字高清晰度电视接收机系列芯片关键技术】 数字高清晰度电视是继黑白电视和彩色电视之后的第三次广播电视产业革命。该项目围绕数字电视核心技术及芯片进行技术攻关,取得了一系列创新成果。发明了 ADTB-T 单载波大容量高速度数字电视地面广播接收信道解调芯片关键技术,并在国内首次突破 110nm 工艺的 ASIC 芯片设计和制造技术;发明了抵抗有线网络反射和干扰的 DVB-C 信道解调芯片关键技术,并突破 180nm 深亚微米数模混合信道解调 SOC 芯片设计制造技术;发明了具有最快卫星信道盲扫速度的DVB－S信道解调芯片关键技术，研制出国内首创的具有业界最快卫星信道盲扫速度（小于100s）的DVB－S卫星数字电视接收机解调芯片GX1101及一体化调谐器解决方案；发明了具有最快解码速度的MPEG－2高清视频解码芯片关键技术，研制出国内首创的具有业界最高解码速度（达到80Mbps）的MPEG－2高清视频实时解码芯片HD2201A和IP核；发明了具有优秀去隔行和尺度变换性能的VTP下列芯片算法，研制出国内首创的基于帧场内2D多相插值滤波器结构和边缘增强算法的视频实时上变换处理器芯片HD1801A和IP核。芯片技术性能达国际先进水平。

该项目已申请发明专利36项，已获发明专利12项，软件著作权1项。该项目的成果奠定了中国在数字电视领域核心芯片产业化的基础，具有显著的经济与社会效益。

【电信网监测维护管理的关键技术与系统（TMAS）】 针对电信网监测维护管理的难题，该项目研究内容包含电话用户线路测试维管系统、七号信令网集中监测维管系统、时钟同步网监管系统、时间同步网监管系统、电信局动力环境监管系统和电信业务配置系统这六个子系统在内的先进的电信网监测维护管理系统。创新点有：采用基于多业务受理和多业务流程设计以及B/S和C/S整合多层架构的电话用户线路测试维管技术，实现了700万线以上本地网的监测管理。采用“集中监控、集中管理、集中维护”的网元层和网络层功能一体化管理模式，推出具有8个独立输出、高精度的时间同步全网管系统技术，时间同步精度小于等于1ms。开发了高准确度数据恢复再生技术、动态数据结构和分布式数据处理技术，有效提高了信令全网大数据量实时处理能力。实现了基于DSP、频谱分析、数字滤波和零极点分析等技术的智能型ADSL接入综合测试技术。并获得6项实用新型专利以及10项软件著作权。申请了5项发明专利、8项实用新型。技术水平达到国际先进。

该系统功能强大，实现了电信运营支撑“快速响应，全网监测，一点受理，综合分析，并行处理，整体评估，优化提升”的目标要求，大大地提高了维管效率，减低了运维成本，对提高电信运营服务质量具有重要意义。近三年来实现了3亿元的销售额，5 400多万元的利税。

【基于超级计算机的结构动力学并行算法设计、软件开发与工程应用】 超级计算能力已成为一个国家综合国力的体现，针对中国在超级计算工程应用技术上的落后现状，该项目以重大工程和现代工业这两个对国民经济和社会发展具有决定性作用的应用领域为突破口，以国产超级计算机为并行计算平台。根据工程应用的需求，有针对性地进行并行算法设计与软件开发，提高并行计算效率和可扩展性，发展工程应用的建模理论和方法，提高数值模拟的准确度和精确度。形成了一套具有鲜明特色与优势的解决工程应用中大规模复杂系统结构动力学问题的系统技术。在基础层、应用层和工具层这三个层次提出了具有创新性的并行算法，并开发出具有自主知识产权的并行软件。主要创新点有：(1)基于数学模型区域分解的并行算法与软件。(2)基于数学模型时域分解的并行算法与软件。(3)基于力学模型区域分解的并行算法与软件。(4)特大型工程地震安全性评价的并行算法与软件。(5)汽车碰撞事故再现的并行算法与软件。已申请4项国家发明专利；获5项软件著作权；发表相关论文60余篇，SCI/EI收录33篇。

该项目已在重大工程和现代工业这两大领域应用，突破了少数西方国家对超级计算机工程应用技术的垄断和限制，拓展了国产超级计算机的应用领域，取得了突出的社会效益和经济效益。

【基于CAD/RE/RP/RT技术集成的新产品快速开发应用系统及反求测量设备开发】 针对中国制造企业新产品开发速度慢和成本高等关键技术难题，该项目研究开发基于CAD、RE、RP、RT技术集成的RP&M集成制造技术。主要创新点有：开发了功能高度集成、可作多种不同类型数控铣床高柔性附件的反求测量系统，该系统可实现具有切削性的复杂零件内外表面的精确测量，最高反求测量精度整体可达0.02mm。发明了应用于层切反求测量的包埋材料，具有为被测物体提供很大的灰度对比，良好的黏接和铣削性能。建立了STL模型切层轮廓的拓扑结构理论，提出将STL模型再设计转化为其切层轮廓再设计的技术路线，开发了STL模型再设计软件。提出并研究了基于四边界参考点的断层图像序列靶区裁剪方法、阈值动态校正的断层图像序列分割方法以及基于噪声轮廓去除的二值图像矢量化轮廓提取方法，开发了基于断层图像的RE/CAD快速复合建模软件。获得两项国家发明专利和三项国家软件著作版权。

该项目已经在上海及周边地区、长江三角洲地区、珠江三角洲地区及中国的中西部地区的数百家企业推广应用，取得了显著经济和社会效益。

【3S－Net 智能网络配电与控制系统】 针对用电安全与节能推出的基于现场总线的配电与控制系统，涉及电器、电子、通信、自动化等多个技术领域，是传统低压电器与成套装置的更新换代产品。

该系统创新集成了三大主流现场总线、搭建了兼容多总线的系统平台，是国内首创的基于多总线的智能网络配电与控制系统。首次制订了现场总线电器三份国家标准(已实施)和三份行业标准(已报批)，在国际上率先起草了断路器设备描述文件，并作为中国方案被国际标准化组织(ODVA)组织受理，参与了国际标准的制订，在国际上处于领先水平；开发出具有自主知识产权的核心技术：协议芯片、面向对象的现场总线组态软件和一致性测试系统；首次研发出可通信的断路器、双电源转换开关、电动机保护器、软起动器、电量表等 20 多大类近百种产品，填补了多项国内空白；系统的主要技术指标均达到了国际上智能配电系统同类产品的水平。

整个项目共申请专利 19 项，包括发明专利 4 项；已获 2 项软件著作权。

该系统已在上海、北京、温州、杭州、天津、常熟等地十几项工程中推广运用，直接销售收入近 1.3 亿元。技术及标准已在 150 多家行业厂商中推广，间接销售收入达 20 亿元。促进了传统配电产品和系统的产业结构优化升级，创造了显著的经济和社会效益。

【大功率空冷汽轮机设计技术与系列产品研制】 为适应中国缺水地区发展电力的需要，利用空冷发电机组的耗水量仅为同功率湿冷机组四分之一的显著节水特点，研制大型空冷发电机组的关键设备——大功率空冷汽轮机设计技术与制造技术。取得了具有重大实用价值的科技成果。

(1)针对大功率空冷汽轮机背压高、背压变化范围大和背压变化频繁的特点，研究制定并形成了大功率空冷汽轮机的末级叶片等 4 个设计技术规程，建立了大功率空冷汽轮机的设计技术体系。(2)研制出大功率空冷汽轮机五套低压缸系列叶片及专用末级系列叶片；确定了气动性能和结构强度优良的空冷汽轮机系列产品低压排汽缸及排汽管的优化设计方案，研制出大功率空冷汽轮机系列低压缸。(3)采用落地式轴承座结构，提出大功率空冷机组轴系动特性优化设计方案和部件延寿的结构设计方案。(4)开发超临界空冷汽轮机和超超临界空冷汽轮机的技术。(5)掌握大功率空冷汽轮机设计和生产的几十项关键技术和关键工艺，设计与制造出 50MW、135MW、300MW、325MW、600MW 和 1000MW 空冷汽轮机系列产品。

研究成果已在国内汽轮机制造企业推广应用，推动了汽轮机行业的技术进步，取得了巨大的经济效益和社会效益。

【溶葡萄球菌酶的复配技术开发、应用及产业化】 传统化学消毒剂有毒副作用大、污染环境等问题。该项目研发了以溶葡萄球菌酶为核心成分的生物消毒剂。

创新点有：在国际上首先实现溶葡萄球菌酶大肠杆菌胞外分泌表达，且工程菌表达稳定，产率达 200mg/l，回收率达 65%以上，纯度达 98%以上，属国际首创，并达国际领先水平；采用酶的复配技术，研制出特定的稳定剂和增效剂，提高了酶的稳定性和杀菌谱；开发出溶葡萄球菌酶复配制剂，填补了生物消毒剂的国内空白，在疾病预防中取得了显著效果。首次提出了“生物消毒”概念，并被中华预防医学会，卫生部全国消毒委员会认可。已形成系列生物消毒剂获得 9 个卫生部的卫生批准，申请发明专利达 14 项，授权 6 项，产品能有效地杀灭细菌和病毒，无毒、无刺激、对环境无污染，已广泛应用于 500 多家医院的口腔、烧伤和外科消毒。三年来，累计新增产值10 765万元，取得了良好的经济效益并推动了消毒行业的发展。

【结晶头孢硫脒及其制备方法和用途】 头孢类抗生素具有高效低毒的特性，在抗感染领域占有重要地位，针对中国临床应用的头孢类抗生素主要依赖国外进口或仿制的现状，该项目经过 30 年的艰苦探索和新药创制，根据药物的构效关系，引入某些亲水基团可增强抗菌活性或扩大抗菌谱的原理，成功设计和发明了新药头孢硫脒，填补了国内空白。

主要发明和创新有：设计和发明了将具有很好极性基团的硫脒基引入到大分子头孢菌素中，形成了系列含硫脒基的头孢菌素衍生物，筛选出抗菌谱广、抗菌作用强的具有新型结构的头孢菌素——头孢硫脒。发明了头孢硫脒的合成新工艺，防止 β－内酰胺环水解、聚合及双键移位等副反应的发生，在产业化中进一步优化了生产工艺，合成总收率达 60%。发明了特定有机溶剂进行重结晶新工艺，控制晶体的形成和生长速度，实现除杂提纯，解决了成品的质量及稳定性问题，产品的纯度由92%提高到98%，有效期从一年半延长到二年。头孢硫脒拥有自主知识产权，已申请了4项发明专利，其中3项已获授权。头孢硫脒抗菌谱广、抗菌作用强，疗效好，安全性高，已载入2005版中华人民共和国药典，近三年来新增利税5 000多万元，取得显著的经济和社会效益。

【表观遗传修饰及其在胃癌发生和预防中的应用】

胃癌的发生率与死亡率均高居各恶性肿瘤前列，其发生的分子机理和有效预防是国际上研究热点。该项目主要研究表观遗传修饰基因表达调控DNA甲基化和组蛋白乙酰化水平及其与叶酸关系，叶酸与胃癌发生的变化等。

主要创新点有：发现人胃癌癌灶和癌旁总基因组DNA甲基化水平降低，癌基因甲基化越低，叶酸含量下降，肿瘤的恶性程度越高。发现表观遗传干预可影响胃癌肿瘤细胞系生物学行为；发现叶酸可预防犬胃癌的发生；在临床上发现胃癌患者血清叶酸值显著低于正常人，在国际上首次用叶酸干预慢性萎缩性胃炎治疗，10年结果证实叶酸对肠化和异型增生的疗效显著，使降低的DNA甲基化得以恢复，叶酸治疗组中未发生胃癌；临床应用10多万病人，取得了显著疗效。

该项目共发表论文61篇，其中SCI收录15篇；该成果已被推广到全国各地，治疗病例约10万名，为中国胃癌发生率的降低作出了贡献，取得了显著的社会效益。

【系统性红斑狼疮的遗传学发病机制和诊疗策略的研究】　系统性红斑狼疮(SLE)是一种常见的累及多脏器的自身免疫性风湿性疾病，往往被认为是急性致死性疾病。该项目针对SLE的发病机理、早期诊断和治疗策略进行了系统研究，取得系列创新成果，显著提高患者的生存率和生活质量。创新点有：采用克隆表达核抗原建立检测核抗体方法，制定SLE早期诊断标准，并优于美国标准，用基因转染细胞建立新检测方法，提高了诊断水平。建立了亚太地区最大的SLE遗传资源库，发现1q23、16q12区域存在系统性红斑狼疮(SLE)易感基因PBX1和OAZ。在国际上首次提出Pmc治疗方案用于治疗无内脏累计的轻中度SLE，疗效好，副作用小；首次提出了重症SLE各受累脏器的评估和分类治疗方案，特别是攻克了狼疮孕妇易出现流产、早产或死胎，甚至孕妇死亡难题，根据指征和孕期处理方案，已有110例患者成功分娩，无母婴死亡。SLE的5年、10年、15年、18年生存率分别为98%、98%、84%、74%，达到了国际先进水平。

该项目发表论文118篇，SCI收录14篇，提出中华风湿病学会的SLE诊疗指南，出版了中国第一部SLE专著，主办多次国际和国内SLE会议、全国性学习班，在全国多家著名的医疗机构推广应用，取得了显著的社会效益。

【血管内超声和多普勒技术在冠状动脉疾病诊治中的研究与应用】　冠状动脉造影被认为是诊断冠状动脉疾病和指导冠脉介入治疗的“金标准”，但是冠脉造影无法观测到血管壁内动脉粥样硬化斑块的性质和结构，可造成临床上漏诊和误判。该项目针对冠状动脉造影的不足，应用血管内超声及多普勒技术对冠状动脉疾病进行了系统研究。创新点有：发现血管内超声显示的三层结构并不代表组织学结构，对防止过度治疗导致血管破裂具有重要价值；运用血管内超声发现相当数量造影正常者冠脉存在粥样斑块，证实血管内超声能够发现冠脉造影忽略的病灶，特别是对于高危的左主干病变；在体证实了病理研究发现的冠脉粥样硬化斑块形成过程中发生的血管重构；首次描述了易损斑块的血管内超声形态学特征和定量指标(薄纤维帽、偏心及大脂核)、率先运用血管内超声描述易损斑块的特征，并提供了量化指标，这对冠心病的预防和诊治具有指导意义；首次发现了特征性的包绕心肌桥的半月形低回声暗区，即“半月现象”，使心肌桥的检出率明显提高，避免了误诊，提高了疗效。

该项目共发表论文58篇，其中SCI收录29篇，主编专著2部，举办国际会议5次，将血管内超声及多普勒技术推广到全国数十家综合性医院，取得了显著的社会效益。

【改善胃癌疗效的外科综合治疗基础与临床研究】

上海地区胃癌发病率和死亡率居恶性肿瘤发病和死亡的第二位。针对胃癌缺乏有效的外科综合治疗方案难题，该项目通过对胃癌的生物学特性、浸润转移规律、机体免疫状态等系列性研究，提出了根据不同病期病变，采取不同治疗方案的综合治疗方针，切实提高胃癌疗效。研究内容与创新点：(1)根据胃癌的部位、生物学特征和临床分期，符合国际统一新分期法，确定合理的手术方案。(2)率先开展了术中腹腔内温热化疗、术后早期腹腔内化疗和IL－2基因修饰胃癌瘤苗新技术、新方法。

(3)动脉内介入化疗及其安全性、耐受性和药代动力学的临床前应用。(4)率先开展了基因治疗胃癌浸润转移、应用血管素抑制胃癌血管生成等临床研究。(5)率先提出对伴有营养不良的进展期胃癌病人提供营养联合化学药物治疗方法。5年生存率居全国领先、国际先进行列;在国内外杂志发表论文246篇,被SCI收录16篇,主编专著5本。该成果已通过多种途径和方式向全国推广,为促进和提高中国胃癌诊治水平和改善胃癌病人生活质量作出了贡献,获得了显著的社会效益。

【肝癌门静脉癌栓形成机制及防治研究】 肝癌门静脉癌栓(PVTT)是肝癌转移复发的重要因素,属外科手术禁忌。该项目在国内外率先从基础和临床对PVTT形成机制和临床治疗进行了系统研究,取得了重要创新成果。

在国内外首次发现门管区趋化因子对肝癌细胞的趋化诱导使其向门静脉定向迁移、门静脉从肿瘤供应血管之一变为出瘤血管、活化血小板及其黏附分子对肝癌细胞捕获和黏附作用增强、血管生成因子对PVTT内新生血管的诱导是PVTT形成的主要机制;在国内外率先采用蛋白组学新技术建立临床肉眼癌栓血清蛋白质组判断模型,准确性87.5%、敏感性达100%,对判断PVTT形成、复发有极大临床应用价值;提出了PVTT临床治疗优化模式,肝癌+PVTT切除+术后门静脉持续肝素冲洗+门静脉36小时持续化疗,明显提高了肝癌合并PVTT患者的疗效,优于国内外同类报道。

该项目达到国际领先水平,已发表论文31篇,SCI收录7篇,通过国内外学术会议交流、举办全国肝癌诊疗学习班等多种形式向国内外推广,已被国内20余家单位采用,取得了良好社会效益。

【组织工程皮肤的体外构建、低温保存和临床应用】 针对烧伤和溃疡患者大量需要皮肤修复,而皮肤替代物又存在难以克服的缺点的难题,该项目从组织工程皮肤的体外构建、低温保存和临床应用等方面系统进行了皮肤替代物的研究与开发,取得了多项创新成果。

发明一种双层人工皮肤移植物及其制备方法,双层人工皮肤包括真皮层——含有聚羟基乙酸、成纤维细胞和基质蛋白以及位于真皮层之上的表皮层,具有和正常皮肤相似的组织结构特征,可修复全层皮肤缺损;开发一种由壳聚糖和明胶构成的组织工程表皮替代物,具有成本低廉、操作方便等优点;开发出以二甲基亚砜为低温保护剂,降温速率为1℃/min,细胞存活率最高的组织工程皮肤的低温保存技术,复苏后细胞存活率为72.8%~78%,可满足临床应用要求,效果优于国外同类技术。

该项目申请发明专利4项,已获授权2项,在国际学术刊物上发表论文6篇,其中SCI收录5篇,在国际性学术会议大会发言5次。在全国范围内开展临床应用和组织工程皮肤标准的制定。

【张力减径机新型非传统孔型的开发】 张力减径机是无缝钢管制造中对钢管尺寸精度、内外表质量起决定性作用的成型机组。该项目在系统研究原引进孔型几何特征、金属变形规律的基础上,突破了传统的张力减径机孔型系统的设计理论和设计方法,创造性地提出并形成了系统的新型孔型设计理论与具体方法。

取得的创新成果包括:在国际上领先提出张力减径机工作机组减径率分配通式,并首次在多机架张力减径机上采用非线性递降分配规律。首创以控制轧制变形区接触表面形状的K值为自变量,求取相应孔型椭圆度的设计方法。创建了宝钢专有的孔型结构优化原则及计算原理。独创多边化及圆多边化优化孔型,并取得了显著的效果。创立了孔型变形状态指数公式,为孔型系优化研究创造了全新的方法、在国内外同类企业中首先实现了用一种孔型系生产厚薄两类钢管的工艺。

申报了2项发明专利和3项企业技术秘密,形成一套拥有自主知识产权的三辊张力减径机孔型系统从设计至加工的完整技术。

该成果应用大幅度提高了钢管的实物质量,扩大了钢管品种规格范围,节省了换辊辅助时间,降低了机架成本,大幅度提高了张力减径的生产能力,钢管产能显著提高,优化了冶金行业的品种结构,三年为企业带来的直接经济效益合计为4.06亿元。结束了中国高合金无缝钢管长期依赖于进口的局面,提升了中国在世界冶金界的地位。

【铝液电磁连续净化系统】 针对中国因铝液精炼工艺和设备落后,不能生产高纯铝的难题,该项目从研究铝液电磁净化新机制入手,开发具有大规模工业生产的电磁净化技术和装备,解决大流量下铝液的净化问题。

首次揭示了电磁场作用下夹杂物的受力和运动规律,提出利用熔体二次流动的传输作用提高大体积熔体内微细夹杂物去除效率的电磁净化新机制;发明了大尺寸方形孔分离器电磁净化方法和装置,开发了相应的铝液电磁连续净化装备和工艺,实现了大流量铝液中 20μm 以下夹杂物的有效去除,并在大生产上获得了应用。此外,将电磁净化和陶瓷过滤、气体精炼等技术集成在一起,发明了电磁过滤复合净化方法和装置,实现了铝液除气除杂的高效复合净化。已获发明专利 4 项。在线除杂效果达到了国际先进水平。

该项目成果在山东铝业股份有限公司电解铝厂、山西关铝海门电子铝材有限责任公司等企业得到应用。采用该技术大幅度降低了非金属夹杂的含量,显著提高了原材料的成形性能和力学性能,降低了废品率,减少了原辅材料的消耗。实施期间共创造产值10 164万元,新增利税1 810万元。同时还应用在生产超强 IC 键合线、高纯铝、双零箔、易拉罐体等高质量铝材,提高了中国铝工业的工艺装备水平和国际市场竞争力,推动了中国铝工业的技术进步,产生了显著的经济和社会效益。

【高端硅基 SOI 材料研究和产业化】　SOI 技术是 90nm 以下深亚微米时代的核心支撑技术,是航空航天等的关键技术。该项目突破了一系列 SOI 材料制备的技术关键,取得的创新成果包括:深入研究了大剂量离子注入的物理效应,突破注氧隔离 SIMOX - SOI 离子注入剂量极限;在世界上首创了键合和 SIMOX 技术相结合的 Simbond - SOI 新技术,优化了 Simbond 技术中的键合、背面减薄和腐蚀终止等工艺,最终成品率达到 90%以上;研究克服自加热效应的 SOI 新结构以及适应超高速电路应用需求的 GeSiOI 和应变 Si 技术;成功制备出满足超大规模集成电路应用的高品质 SOI 晶圆片材料。在国内 SOI 技术领域处于领先地位。研发生产的 SOI 材料各项指标达到或超过国际半导体 SEMI 标准。

该项目产品已出口到 Intel、IBM、Samsung 等国际顶级半导体公司,成为国际七大 SOI 材料供应商之一,同时向国内的国防重大工程专用电路、微机械、光通信、生物芯片等研究机构和公司提供产品。带动了中国 SOI 器件制造和设计的技术发展,具有良好的经济和社会效益。

【纳米结构功能涂层的制备和规模化生产关键技术开发】　该项目利用纳米技术来改善涂层的自清洁性、硬度、耐磨性、耐刮伤性和耐候性,大大提高了有机涂层的技术水平。取得的创新技术包括:(1)通过不同粒径、形状无机颗粒材料的选择和改性,使涂料在干燥成膜过程中能在涂层表面形成微观的凹 - 凸形貌和疏水层,降低灰尘颗粒与涂层表面作用力,而具有自清洁功能。(2)创新设计并制备了具有纳米结构的疏水剂,可进一步降低灰尘颗粒与涂层表面作用力和提高水对涂层表面的接触角,有利于水珠在涂层表面的滚落,达到自清洁的目的。(3)将纳米二氧化硅进行表面改性后通过原位聚合法或共混法引入到高固体分丙烯酸树脂中,获得高固低粘的丙烯酸树脂,涂层的耐刮伤性提高 25%以上、硬度达 4H、耐候性达1 500小时以上。

该项目共申请国家发明专利 8 项,美国专利 1 项,其中已授权专利 5 项。该技术路线简便、经济、实用,而且涂层的性能均达到并部分超过了国外现有同类产品的技术指标,项目整体达到国际先进水平。利用该技术开发的自清洁外墙建筑涂料可长期保持各种建筑物外墙的洁净,大大提高各种建筑的整体形象和市容环境;纳米改性轿面漆,性能指标均达到或部分超过国外同类产品水平,可取代进口。产品已应用到许多市政工程和汽车厂,累计新增产值 1.13 亿元以上,实现利润3 097.74万元。大大推动了国内相关行业的技术进步和产品升级换代,经济和社会效益巨大。

【稳定性同位素 ^{15}N(高丰度)的制备技术】　稳定性同位素氮 15(^{15}N)作为示踪剂被广泛应用于生命科学、药物学、医学、营养学、有机化学等科研领域。目前世界上仅有美国等少数国家掌握 ^{15}N 分离技术。

该项目利用同位素效应中的热力学效应,利用同位素化合物反应速度的差异,采用 $NO - HNO_3$ 化学交换法将天然丰度为 0.365atom% 的 ^{15}N 分离富集至丰度大于 99atom% 的 ^{15}N 产品。关键技术包括:(1)采用两塔级联同位素分离技术,优化了级联工艺,可以在常温、常压下持续稳定操作,实现了产业化生产。(2)设计并采用了新的反应器结构,既保证反应完全进行,也使脱硝段起到了减少反应系统 ^{15}N 的损失。(3)采用不锈钢丝绕螺旋填料和特殊的表面处理方法,分离效率高且稳定,采用独特的填料装填技术,使其具有良好的流体力学性能。(4)设计了新的同位素交换塔器,开发了新型分布器。(5)为保障系统稳定运行,采用了交换反应控制技术、塔级联及微小流量控制技术、提高塔分离效率的关键技术、自动化仪表控制技术等。

该项目填补了国内空白,达到国际先进水平。

分离富集的^{15}N丰度可达到99.96atom%，质量技术指标已达到国际领先水平。已建成了世界上生产规模最大的^{15}N生产基地。国际市场份额占有达60%。近三年累计新增产值6 000多万元，创汇5 000多万元，创利润近3 000万元。

实施该项目带动了上游原料HNO_3、SO_2等制造企业的发展；为生命科学、医学、农业科研等领域提供了必要的研究手段和依据，对应用领域的发展起到支持和促进作用，尤其在蛋白质组学、药物学中的新药设计、药理研究中起着重要作用。

【年产10万吨乙酸乙酯新型成套技术】　针对国内酯化法乙酸乙酯装置单套规模小，并且全部为引进技术和装备的现状，该项目开展大规模成套生产技术的开发，取得了一系列创新成果。

在原年产千吨级酯化法乙酸乙酯生产技术基础上，研究解决了国内酯化法技术大规模装置化的难题：首次实现了普通金属材质填料、反应器在强酸腐蚀性多组分反应分离系统中的工业化应用和材质差异化整合，投资仅为国外同类技术装置的1/8；首创内置高效加热板片组的无搅拌卧式两段串/并联酯化反应釜技术和分步法低水低醇酯化工艺，反应速率达原工艺的2.7倍；首创酯化—提浓精制—废水回收三塔流程工艺，单位截面精馏处理能力达原技术的2.3倍，蒸汽消耗降低约20%；通过集成高效换热技术，首创板壳式换热器装置紧凑化应用系列，提高了能源综合利用率；开发建立了酯化工艺数据库、装置数学模型和监控回路逻辑系统，开发了具有自主知识产权的年产10万吨乙酸乙酯新型成套技术软件包和国内单套规模最大的生产装置，为技术的整体输出奠定了基础。

该项目已申请9项发明专利，产品质量达到美国ASTM D 4614－95(2000年确认)标准，技术水平达到国际先进，打破了国外同类技术垄断，推动了国内酯化行业整体技术进步。实现年产值8.8亿元和利税8 800万元，改变了国内高纯度乙酸乙酯依赖进口的局面，产品出口至韩国、日本等地，具有显著的经济和社会效益。

【超灵便型多用途船系列开发设计】　针对国际上在用的多用途船已不能适应当今航运市场集装箱化的发展需要，且船龄过长已进入更新换代期的现状，该项目为适应市场需求，研发功能全、装载量大、适应能力强的新型多用途船。主要创新点有：(1)在主尺度和线型优化方面采用了高稳心线型，首部采用了V型剖面并兼有集装箱船常有的高翘球首，尾部采用了水线面极大的V－U线型，配以较大的球尾结构，实现航速快达19.4节，接近现代集装箱船的水平。(2)在结构设计上该船采用了船底纵向框架与集装箱箱角对准，舷侧设计为全纵骨架式，且货舱结构强度的衡准又能满足散货船所具有的要求。货舱组合多、高度任意设置，具有极强揽货能力，可装载1 900个标准箱。(3)采用有限元法进行了尾部和上层建筑的振动分析和预报，达到SBG对振动的要求。(4)采用埋入式绑扎件，以适合抓斗和铲车作业的需要，实现集装箱绑扎系统的设计与船体设计之间的协调。(5)采用了最新的“Flexipad”支撑垫块，减小了舱盖横向滑移的摩擦系数，大幅度减少了对主船体加强的要求。总体技术水平达国际先进。

该船型结合散货船、集装箱船和重吊船等的功能于一体，以其超灵便、航速快、起重能力大、环保、安全的特点适应多用途船航运市场的需求，受到了国际著名船东的赞誉。已被国际航运界命名为“Super－flex”(超灵便型)船型，并被英国皇家造船师学会选为2001年杰出船型之一。

该项目拥有自主知识产权，现已建造22艘，合同总额高达50亿元。该船型具有良好的推广前景，取得了显著的经济和社会效益。

【燃油溶气雾化与燃烧新技术的基础研究】　针对高效、低污染地使用燃油已成为能源和环境保护中的重大课题。该项目系统深入地研究了燃油溶气的喷嘴内流型、相变特性、雾化特性以及燃烧特性，在溶气燃油雾化控制机理、溶气燃油燃烧控制理论、溶气燃油制备等方面取得了研究的重要突破。主要创新点：(1)首次发现了喷孔孔内流态和压力分布的两种模式及其对溶气燃油雾化的控制机理，成功地解决了燃油溶气喷射中溶气析出气泡生长率低这一国际上一直未能解决的学术难题。(2)揭示了CO_2组分比例、温度、压力对溶有CO_2燃油的相变过程、闪急沸腾现象和雾化过程的影响规律和控制机理。(3)发现了一种能同时有效地降低柴油发动机氮氧化物和碳烟微粒排放的新方法，提出了发动机溶气燃油喷射与燃烧的雾化作用、稀释作用、热作用和化学作用理论。(4)提出了一种高效、快速制备溶气燃油的新方法——气体射流溶气法，成功地解决了国际上溶气燃油快速制备的技术难题。提出了燃油溶气雾化与燃烧新概念和理论。燃油溶气喷射应用在柴油机上实现中低压燃油喷射，降低油耗，减少 NO_x 排放 50%～75%，达到高效节能的目标。

该项目在国内外学术刊物和国际会议上发表论文 42 篇，其中 SCI、EI 收录 19 篇，申报国家发明专利 2 项。成果水平为国际首创和国际领先。

燃油溶气雾化与燃烧新技术，可应用到内燃机、燃汽轮机、锅炉和其他工业燃烧器上，起到节能和改善大气污染的作用，可带来可观的经济效益和社会效益。

【高强高模聚乙烯纤维产业化】 高强高模聚乙烯纤维因具有抗冲击韧性特殊性能，在军工和航空航天领域有广泛的应用，仅荷兰和美国能够生产。该项目攻克了从纺丝到生产工艺一系列难题，并实现了产业化。主要创新点：(1)开发了高浓度纺丝溶液解缠新技术，打破了传统冻胶纺丝溶液浓度必须控制在 4%以下才能达到解缠的旧观念，使实际纺丝溶液浓度达到了 10%～12%。(2)开发了运用双螺杆挤出机进行溶解新技术和连续脱泡纺丝新技术、新工艺，节省了能源、时间，提高了效率。(3)采用了丝条凝固的新配方，设计了多级连续萃取、连续拉伸装置，发明了微粒添加新技术，使成品纤维的模量和耐热性能有了明显提高。

该项目发表论文 50 余篇，申请专利 9 项，已授权 5 项；技术水平及产品性能总体上已经达到国际先进水平，纤维的模量和耐热性能达到国际领先水平，产品应用取得了良好的经济和社会效益。

【栽培稻节水抗旱种质评价、创新与新品种选育研究】 水稻是中国最主要的粮食作物之一，但水稻生产用水占农业用水量的 70%，提高水稻的水分利用率，实现生物节水，是全球农业研究的热点。

该项目提出了"土壤水分梯度鉴定法"，建立了植物抗旱性鉴定设施和技术体系，可对大规模植物群体的全生育期进行抗旱性鉴定。从千余份具有一定抗旱性的资源中筛选出节水明显、抗旱性强的种质资源应用于种质创新和遗传材料的创制。通过杂交、系选获得了一批综合性状明显改良的材料，其中包括国家一级优异资源"中旱 1 号"等。创制构建的重组自交系群体和等基因导入系业已成功地应用于抗旱分子遗传与抗旱基因(QTL)定位研究。同时在全国范围内建立了水稻抗旱育种网络。培育出国家审定品种"中旱 3 号"、"沪旱 3 号"和上海市审定品种"沪旱 7 号"。在上海嘉定、青浦、崇明等地进行三个品种的节水抗旱示范种植，在节水 50%的情况下，取得了较高的产量。截至 2004 年底，三个品种在南方稻区的推广种植面积达 35.68 万公顷(534.96 万亩)，表现较好的节水抗旱、增产稳产特性，为农民增收 5.89 亿元，并节约水资源 16 亿吨，具有显著的经济效益、社会效益和良好生态效益。

【中华绒螯蟹的营养学及其环保型全价饲料的研制开发】 该项目针对中华绒螯蟹(河蟹)人工养殖中亲体繁殖营养、幼体的变态发育、幼蟹的蜕皮生长、人工养殖蟹与野生蟹之间的品质差异等一系列问题，从物质营养的生物化学途径入手，研究了河蟹的营养需求和营养生理学，并开展了营养免疫学研究。项目的主要特色和创新点有：(1)在国内外率先完整地提出了河蟹不同发育阶段对主要营养元素的需求量，探讨了营养物质在河蟹体内的代谢特点和相关机理，为高效人工饲料的研制提供了必备的基础。(2)揭示了河蟹的生殖营养与生殖内分泌之间的相互关系，拓展了生殖营养研究的模式，摆脱了原来单一从营养学或内分泌角度研究亲体生殖的局限性。为解决河蟹人工繁殖过程中卵的孵化率低、幼体存活率差、性早熟以及优良种质的稳定遗传等问题提供了理论依据。(3)首次从酶活性水平与分子水平上揭示了河蟹对蛋白质的消化生理机制。(4)建立了河蟹非特异性免疫指标体系，为河蟹免疫营养学的进一步研究奠定了基础。全面构建了河蟹营养学的理论框架，研究成果用于河蟹环保型全价配饵的研制和开发。

该项目历时 14 年，填补了国内外空白，项目总体技术达到国际领先水平。在国内外著名刊物上发表学术论文 55 篇，申请了 3 项国家发明专利。该项目已在江苏、浙江、上海、广东和湖北等地进行应用推广，取得了十分显著的经济和社会效益。

【国家大剧院壳体钢结构安装工艺研究】 国家大剧院是国家重点文化设施。该工程结构为非正椭圆形钢壳体。其长轴为 212.2m，短轴为 143.6m，半竖轴为 46.2m，是中国迄今跨度最大的钢结构穹顶。针对钢结构工程的安装施工存在的结构稳定、变形控制及测量定位等难题，突破了钢结构施工工艺关键技术。创新点有：(1)采用上段梁架竖向上拱，并辅以梁架支座径向、竖向预调整等预变形方法，解决壳体变形控制。(2)采用局部结构(中心环梁)整体空间预拼装和主要构件(梁架)平面预拼装的方法，保证壳体结构一次安装成功。(3)采用一系列特殊吊装技术，解决了梁架这一超薄、超长构件起板、回直、吊装的施工难题。(4)采用切面法，将空间问题转化为平面问题，解决壳体施工的空间测量、定位、校正，取代法国原设计的测量方案。(5)首次采用多道平面，竖向螺栓球节点网架作壳体施工的临时支撑体系，有效保证壳体施工阶段的结构稳定和壳体变形控制。(6)利用可调支撑装置，采用"多点支撑、多次循环，微量下降"的方法实施大体量空间结构集群支承点的结构荷载转换。该项目申请两项国家专利。为国家节省工程施工费用4 000多万元，具有显著经济和社会效益。

【结构抗震防灾新理论新技术研究】　该项目主要研究超高层建筑结构防震防灾关键技术。取得了许多创新成果：(1)开发了橡胶耗能和油阻尼器组合消能减震支撑新体系，并获得了国家专利；建立了阻尼器连接主楼和裙房进行消能减震的体系及分析方法；开发了滑动支座和橡胶支座组成的组合基础隔震系统及分析方法。(2)首次进行了钢筋混凝土核心筒、钢骨混凝土核心筒的反复荷载试验，并进行了精细分析，为认识这类结构的抗震性能提供了依据；提出了结构抗震变形验算的各种指标，并被国家标准采纳。(3)编制了具有自主知识产权的高层建筑非线性时程分析的程序，并应用于多个复杂体系高层建筑结构的抗震分析。(4)对不同类型超限高层建筑工程进行抗震模型试验研究；编制了全国第1本由政府批准的《超限高层建筑工程抗震设计指南》。(5)研制了适用于高层建筑的两种新型方钢管混凝土柱－梁节点，并获得国家专利；该成果已被国家标准《矩形钢管混凝土结构技术规程》采纳。

该研究成果在国内外学术刊物上发表论文98篇，设计指南1本，专著2部，他引225次，已获发明专利1项，实用新型专利4项。技术水平总体上达到了国际先进水平，在组合隔震支座和消能减震新体系达到了国际领先水平。已广泛应用于国内外33个大中型工程。

【上海东海大桥超大型跨海桥梁设计综合关键技术研究】　东海大桥是上海洋山深水港一期工程的三大重要配套工程之一，是港区与陆地交通和港区水、电、通讯的生命线。是目前中国首座真正意义的超大型跨外海桥梁，也是世界上罕见的特大型跨海桥梁。该项目主要创新成果有：(1)首次从结构设计、材料、施工、检测维护等方面进行了结构耐久性的综合研究，提出了满足100年使用寿命的防腐蚀方案和技术要求，并在工程中应用。(2)首次采用大型构件陆上预制，海上整体吊装新理念，解决了大型预制构件(最大吊重2 000t)结构设计、现场安装定位、调整、预制构件连接等技术难题。(3)首次在斜拉桥上提出并采用了钢—混凝土箱型结合梁这种断面形式，发展丰富了斜拉桥的类型。斜拉桥主跨径达420m，为同类桥梁世界之最。(4)传统地基处理技术在应用上有了新的突破，拓宽了传统技术的使用范围。解决了高路堤地基稳定与沉降问题，达到高速公路技术标准。(5)首次采用了承台施工围堰与防船撞设施一体化的消波力套箱。(6)通过空间有限元和模拟碰撞仿真计算分析，指导与改进了防撞栏杆设计。

该项目已获3项发明专利，4项实用新型专利。发表论文40余篇。大型预制构件设计技术等研究成果已在杭州湾跨海大桥等工程中得到推广应用。

【长江口北支咸潮倒灌控制工程和南支水源地建设专题研究】　长江口的整治直接影响到上海淡水水源、土地的供给和深水港的发展，该项目实现从长江口理论研究，到工程应用研究，取得的创新成果包括：在充分分析长江河口现状、河势演变、水动力、咸潮倒灌、泥沙冲淤特性的基础上，对长江口北支咸潮倒灌控制工程方案和南支水源地建设工程方案进行了系统的论证研究。首次将长江口和杭州湾作为一个整体来研究，发现了长江口和杭州湾间的水沙交换规律，长江口的水沙主要是通过南汇嘴浅水地区在杭州湾北部沿岸进入杭州湾。全面揭示了长江口咸潮入侵的规律，提出了北支咸潮倒灌是南支水源地氯化物超标的关键因素，控制北支咸潮倒灌是南支水源地建设的关键举措；首次提出了"北支中束窄＋北支上口疏浚方案"为近期北支咸潮倒灌控制工程方案，不仅能有效控制北支向南支的咸潮倒灌，提高现有及规划南支水源地的供水保证率和供水能力，而且与生态环境相协调。研究提出了新的南支水源地建设方案。实现了南北港分流口的稳定，又为上海提供了水质等级为Ⅰ～Ⅱ类的质优量大的新水源地，实现上海市原水供应的战略转移，保证了城市的供水安全。

该成果可作为长江口北支咸潮倒灌控制工程和南支水源地工程立项、设计的依据，部分成果正在实施应用，具有显著的经济和社会效益。

（尹邦奇　吴洁敏　路继根　包　豫
窦海青　顾维英　陈　阵）

【109 项成果荣获 2005 年度上海市科技进步二等奖】　如表。

2005 年度上海市科技进步奖二等奖项目表（共 109 项）

序号	项 目 名 称	主要完成单位	主要完成人
1	单光子测量与控制及其在量子信息中的应用	华东师范大学	曾和平、周春源、吴　光、丁良恩、孙真荣
2	水稻优质、抗逆功能基因组学研究	中科院上海生命科学研究院	薛红卫、王宗阳、何祖华、林鸿宣、张景六
3	肿瘤的靶向基因－病毒治疗	上海东方肝胆外科医院、中国科学院上海生命科学研究院、浙江理工大学	钱其军、刘新垣、吴孟超、张　琪、顾锦法
4	染色体 17p13.3 区段肝癌等恶性肿瘤相关基因群的分离与功能研究	上海交通大学肿瘤研究所	顾健人、万大方、赵新泰、何　玫、覃文新
5	结构可控的纳米多孔气凝胶薄膜的研制及光学特性研究	同济大学	沈　军、吴广明、周　斌、倪星元、杨　帆
6	无机/聚酰亚胺纳米复合材料的研究	上海交通大学	印　杰、朱子康、梁竹梅、杨　勇、黄俊超
7	新型氮化物和氧化物半导体及其低维体系的光电子跃迁过程研究	上海交通大学	沈文忠、郑茂俊、陈　静
8	非寻常条件下量子体系奇异特性的可检测遗留效应及相关研究	华东理工大学	张鉴祖
9	力学系统的对称性和守恒量	上海大学	陈立群、傅景礼、张宏彬、薛　纭、赵维加
10	微间隙油膜自激力的非线性建模、算法和应用	复旦大学	张　文、郑铁生、马建敏
11	数字视音频关键技术的研究及集成应用	上海广电（集团）有限公司中央研究院	侯　钢、王国中、赵海武、环　翾、倪力锋、汪昕刚、周建军、陈　勇、姚　贇、赵　燕
12	现代化不锈钢企业综合自动化系统的开发与集成	宝钢集团上海第一钢铁有限公司、上海宝信软件股份有限公司	徐乐江、伏中哲、史国敏、饶记珠、蒋继强、钱卫东、赵国宾、何荣杰、王　奕、金根顺
13	高功率掺镱双包层光纤激光器	中国科学院上海光学精密机械研究所	楼祺洪、朱健强、王之江、周　军、董景星、孔令峰、吴中林、金石琦、凌　磊、魏运荣
14	支持工业以太网与多现场总线的测控系统技术及应用	上海大学	费敏锐、付敬奇、陈维刚、赵维琴、李　斌、杨新志、吴晓峰、宓国光、李　霞、周晓兵
15	基于 Internet 的交互式视音频通讯平台技术	上海华平计算机技术有限公司	刘晓露、熊模昌、周小川、王　强、王昭阳、黄　伟、桂天江、张　杰、罗健华、张正华
16	信息安全检测、评估、认证平台与应用	上海市信息安全测评认证中心	郭松柏、赵瑞颖、应　力、沈镜鸿、范耀周、陈清明、陈颖杰、江家骅、曲　力、黄志荣

（续表）

序号	项 目 名 称	主要完成单位	主要完成人
17	多媒体证券信息卫星发布平台	上海证券通信有限责任公司、上证所信息网络有限公司、上海高智科技发展有限公司	谢　玮、王　勇、刘幸偕、包　矛、张　芩、罗　峰、祝晓清、杨廷刚、王　辉、尹　卓
18	7302 智能多业务接入平台	上海贝尔阿尔卡特股份有限公司	戴礼森、李　强、陈　晓、孙力芾、傅赛雄、于洪斌、吕小鹏、包建东、陈力军、孟剑力
19	基于速率平滑和缓冲区控制的主从式可扩展跨平台多请求流媒体服务器	复旦大学、清华大学	叶德建、张　佐、吴秋峰、孙澔峻、李　弋、冯红伟
20	上海构件库及其应用研究	上海计算机软件技术开发中心、复旦大学、上海华博系统工程股份有限公司、上海众恒信息产业有限公司、上海鹏达计算机系统开发有限公司	葛孝堃、赵文耘、宗宇伟、朱三元、周军明、钱乐秋、张敬周、张殊楠、彭文胜、李雪静
21	上海博物馆信息化系统	上海金鑫计算机系统工程有限公司、上海博物馆、复旦大学	童　茵、胡　江、张　亮、崔德炜、吴睿敏、董国壮、刘　健、周向东、陈燮琪、孙建兵
22	普元 EOS 面向构件的中间件(普元 EOS5.0)	上海普元信息技术有限责任公司	刘亚东、黄柳青、王满红、钱　军、刘尔洪、焦列焱、李　佳、司建伟、刘　航、潘国东
23	龙贝二维条码信息处理技术	上海龙贝信息科技有限公司	顾承伟、边隆祥、刘增水、张　颖、韩　烽、徐远芳、钱　骏、袁国盛、杨建设、朱　屹
24	面向企业供应链的物流优化决策支持系统	同济大学、上海凌鼎管理软件有限公司、上海上汽大众汽车销售有限公司	霍佳震、隋明刚、尤建新、仲霁青、金　麒、刘国平、李　力、张朔共、朱洪武、李　虎
25	地图特征智能提取与矢量化	上海交通大学	刘允才、陈　芒、程治国、庹红娅、彭　静
26	HOPE－Ⅱ微机网络控制交流变压变频调速乘客电梯	上海三菱电梯有限公司	朱思中、王兴琪、王水来、朱武标、陆仁华、牛华荣、甘靖戈、严海波、刘玉兵、傅歆颢
27	小型集成化小排量液化石油气发动机用燃料控制器	上海佳动力环保科技有限公司	李建军、梁安琪、王泰胜、葛永乐、王光真、曹晓颖、管　兵、李思源、钱于飞
28	连续顶推建设机器人	同济大学、上海同济宝冶建设机器人有限公司	乌建中、陈建平、乐韵斐、米智楠、潘柳萍、李　晶、肖作伟、钟　华、赵园涛、杨小杰
29	开放结构数控系统平台及应用技术	上海交通大学、上海电气集团股份有限公司中央研究院、广州数控设备有限公司	王宇晗、方江龙、陈　明、李宇昊、徐志明、潘月斗、胡　俊、张书桥、李建华、黄建民
30	基于嵌入式网络的远程监测技术	上海交通大学、华中科技大学、深圳市德普施科技有限公司	丁　汉、陶　波、朱利民、殷跃红、盛鑫军、朱文凯、张　波、丁　烨、张　浩
31	面向大批量定制的协同商务和集成设计关键技术及实施研究	上海交通大学	张申生、王英林、曹　建、苏怀福、李　磊、何援军、管　强、步丰林、杨　东、刘建勋
32	输电线路故障定位系统	华东电网有限公司、华东电力试验研究院	张启平、冯亚民、金　珩、周卓懿、费正明、刘文海、王之浩
33	电力负荷错避峰质量链管理与信息化示范应用	上海市电力公司、上海质量管理科学研究院、上海久隆电力(集团)有限公司、上海隧道工程股份有限公司、上海移动通信有限责任公司	唐晓芬、范永根、金嘉民、周文波、范广济、张桂兴、邓　绩、杜伟为、华蕴芳、李荣民

（续表）

序号	项 目 名 称	主要完成单位	主要完成人
34	国内首台 900MW 超临界火电机组施工关键技术研究和应用	上海电力安装第一工程公司、上海电力建设启动调整试验所	乐嘉然、沈刚毅、陈模嘉、董华山、徐耀忠、马佳龙、王海鹰、易　凡、戚华山、王爱明
35	电能质量监测分析模型及其应用	上海交通大学、上海久隆电力科技有限公司、上海市电力公司市区供电公司	程浩忠、傅正财、孙毅斌、王　康、丁屹峰、孙　列、张　帆、占　勇、张　华、吕干云
36	高效太阳能、空气源热泵热水系统	上海交通大学	王如竹、吴静怡、旷玉辉、许煜雄、孙云康
37	DG－200 型高速动平衡机性能增长的研究	上海交通大学、上海汽轮机有限公司	孟　光、何阿平、李鸿光、顾德明、静　波、徐　强、韩雪华、刘　岩、李道云、金永明
38	大型电站生产过程信息采集与远程监测系统关键技术与应用	上海电力学院、上海大学、同济大学、华能国际电力股份公司上海石洞口第一电厂、嘉兴发电有限责任公司	曹家麟、张　浩、王建锋、茅大钧、叶传良、盛卫东、王　健、陆剑峰、张茂义、傅林江
39	可控性微结构磷酸钙多孔生物陶瓷	上海贝奥路生物材料有限公司、上海交通大学医学院附属第九人民医院、上海长征医院、中国人民解放军军事医学科学院基础医学研究所	卢建熙、周呈文、戴尅戎、袁　文、陈德玉、王常勇、汤亭亭、史定伟、卢建一、姜晓忠
40	生物可降解聚合物中间体、聚乳酸基聚合物研制及其在骨组织工程中的应用	同济大学、上海新上化高分子材料有限公司	任　杰、徐永卫、袁　华、彭土根、马广华、潘可风、穆肖斌、任天斌、滕新荣、贾晓真
41	丹酚酸 B、刺芒柄花素等 8 种中药化学对照品的大规模制备技术研究	华东理工大学、中国药品生物制品检定所、上海诗丹德生物技术有限公司、中国人民解放军海军医学研究所、上海天甲生物医药有限公司	马双成、徐殿胜、殷　明、陆　兵、李云华、朱洪莉、于健东、刘　燕
42	矫治近视眼中角膜刀具的创新及相关研究	复旦大学附属眼耳鼻喉科医院	褚仁远、戴锦晖、周行涛、周　浩、陈冲达、张宝华
43	司法鉴定标准和鉴定质量控制体系研究与应用	司法部司法鉴定科学技术研究所	沈　敏、杜志淳、吴何坚、方建新、朱广友、卓先义、李　莉、陈忆九、杨　旭、黄富银
44	联合免疫抑制治疗儿童重型和难治型再生障碍性贫血应用研究	同济大学	谢晓恬、石　苇、傅晓燕、梅　竹、郑桂芬
45	针刺治疗女性更年期综合征的现代科学机制	复旦大学	陈伯英、赵　宏、田占庄、杨　丹、马淑兰
46	上海市先天性代谢性疾病干预策略及 24 年新生儿 PKU 和 CH 筛查效果研究	上海交通大学医学院附属新华医院、上海市儿童医院、复旦大学附属儿科医院、复旦大学、上海市卫生局	孙晓明、赵嘉然、吕　军、陈瑞冠、李善国、王家军、方秉华、郑　敏、顾学范、田国力
47	刘嘉湘"扶正治癌"学术思想在肺癌中的应用研究	上海中医药大学附属龙华医院	刘嘉湘、施志明、李和根、徐振晔、高　虹、朱晏伟、朱惠蓉、赵丽红、刘苓霜、孙建立
48	玄参的化学成分和药理作用研究	第二军医大学、中科院上海药物研究所	黄才国、蒋山好、李医明、朱大元、李闻捷、魏善建、焦炳华
49	脊柱病变诊断中的磁共振新技术应用研究	上海交通大学	李明华、姚伟武、程英升、朱莉莉、沈　艳、杨世埙、乔瑞华、何鸿渊

（续表）

序号	项 目 名 称	主要完成单位	主要完成人
50	药物和基因治疗对黑质多巴胺神经元的保护、损伤修复和安全性评价	上海交通大学医学院附属瑞金医院	陈生弟、刘振国、陈先文、肖　勤、赵迎春、刘卫国、翁中芳、张　璟、汤荟冬、陆国强
51	急性胰腺炎发病机制及药物治疗研究	上海交通大学医学院附属瑞金医院	袁耀宗、诸　琦、徐家裕、章永平、乔敏敏、夏　璐、朱　颖、姚玮艳、倪金良、龚自华
52	血栓与止血新方法的建立及临床应用	上海交通大学医学院附属瑞金医院	王学锋、王鸿利、李　稻、胡翊群、郑佐娅、丁秋兰、王　红、傅启华、王文斌、康文英
53	脂肪细胞因子在代谢综合征发生发展中的临床及实验研究	上海交通大学医学院附属瑞金医院	宁　光、洪　洁、杨义生、顾卫琼、张翼飞、陈宇红、王卫庆、赵咏桔、毕宇芳、陈名道
54	浆细胞骨髓瘤的生物学特性与临床研究	上海长征医院	侯　健、袁振刚、傅卫军、姜　华、陈玉宝、王东星、林法迎
55	溶脲脲原体感染对生殖健康影响的基础与临床研究	上海交通大学、同济大学附属同济医院	徐　晨、叶元康、石建莉、鲁梅格、王一飞、郭强苏、武婷婷、冯京生
56	血管内支架在脑血管病治疗中的应用研究	上海长海医院	刘建民、黄清海、许　奕、洪　波、王来兴、赵文元、周晓平、丁素菊、邓本强、张永巍
57	超声治疗技术在肝癌微创外科治疗中的应用研究	上海东方肝胆外科医院、复旦大学附属中山医院、上海交通大学	程树群、吴孟超、周信达、汤钊猷、钱德初、鲍苏苏、余　耀、石　洁、郭卫星
58	人脑胶质瘤分子病理分类、基因表达谱及关键新基因功能研究	上海长征医院、复旦大学	陈菊祥、卢亦成、胡国汉、应　康、骆　纯、李　瑶、楼美清、黄承光、朱　诚、谢　毅
59	原发性肝癌外科规范化综合治疗方案的研究	上海东方肝胆外科医院、复旦大学附属中山医院、上海市闸北区市北医院、上海市浦东新区浦南医院、上海市江湾医院	杨广顺、吴志全、樊　嘉、沈　锋、汪永录、沈忠培、任蓓萍、卢军华、汤钊猷、吴孟超
60	终末期肺气肿的外科治疗	上海市肺科医院	姜格宁、丁嘉安、高　文、朱余明、周　晓、汪　浩
61	严重烧伤早期细胞损害机制及防治技术的研究	上海长海医院	夏照帆、王光毅、朱世辉、沈洪兴、唐洪泰、陈旭林、王广庆、路　卫、于宝军、陈玉林
62	风湿性心脏病右心功能不全的研究及外科治疗	上海长海医院	徐志云、陈和忠、韩　林、陆方林、徐激斌、赵　枫、梅　举、邹良建
63	牙列缺损修复设计的仿真系统开发	上海交通大学医学院附属第九人民医院、上海交通大学	张富强、魏　斌、王成焘、于力牛、李　玲、闫贺庆、郑元俐、张文强、熊耀阳
64	周围神经损伤生物学修复的研究	上海交通大学医学院附属第九人民医院	李青峰、谢　峰、平　萍、姜　浩、郑丹宁、顾　斌、刘　凯、沈国雄、王善良、叶依琳
65	针状铁素体型 X70 高强度高韧性管线用钢的研制	宝山钢铁股份有限公司	郑　磊、崔　健、周建峰、丁建华、胡会军、杨晓臻、高　珊、陆　敏、俞方群、郑贻裕
66	钢铁企业系统节能技术的开发与创新	宝山钢铁股份有限公司	徐乐江、赵周礼、李海平、崔　健、高　均、邹　宽、王　鼎、袁继烈、邢　跃、马恩凯

（续表）

序号	项 目 名 称	主要完成单位	主要完成人
67	金属腐蚀界面不均匀电化学行为研究及应用	上海电力学院、宝山钢铁股份有限公司、上海大学	钟庆东、陆匠心、施利毅、袁　理、徐乃欣、张丕军、鲁雄刚、郑建平、张剑平、李永光
68	新型锂离子电池炭负极材料制备工艺的研发和产业化	上海杉杉科技有限公司	胡海平、王剑桥、张殿浩、李智华、姜宁林、李　辉、施　威
69	强吸收紫外和红外的绿色玻璃	上海耀华皮尔金顿玻璃股份有限公司	李亮佐、徐国平、李志进、汤旭初、曹百灵、周始民、陈　雄、邹裕忠、许　兵、赵沈安
70	t－OVD 光角变色防伪技术	上海复旦天臣感光材料有限公司	徐良衡、孔继烈、林海霞、宋立军、李晓英、董兰新
71	甲醇胺化制甲胺成套技术	中国石化股份有限公司上海石油化工研究院、江苏新亚化工有限公司	邵百祥、程文才、言敏达、宋良兴、杨德琴、杨忠秋、李　丽、张丽君、孔德金、刘文杰
72	平湖油气田花港组油藏剩余油分布及调整措施的研究与实践	上海石油天然气有限公司	陈　明、王庆勇、陈原珍、张世民、沈晓红、宋春华、马国新、章海鹰、张　欣
73	6K80MC－C 船用大型柴油机	沪东重机股份有限公司	程　洁、金志宏、江　军、高文运、吴幕华、王　枚、张　鲲、李善从、钮心轻、汝文斌
74	外高桥集装箱码头建设集成创新技术研究	上海国际港务（集团）有限公司、中交水运规划设计院	陆海祜、宋海良、包起帆、邓筱鹏、吴　澎、张　斌、徐德麟、时　健、王荣明、董庭龙
75	船台串联造船新工艺的研究和应用	江南造船（集团）有限责任公司	朱文峰、毛汝明、王辉宇、卫　青、侯政友、王刘华、丁伟康、戴　林、肖家卜、黄国坤
76	100KW 燃料电池城市客车发动机	上海神力科技有限公司	胡里清、夏建伟、付明竹、李　拯、赵景辉、章　波、郭　磊、胡明杰、吴　忻、董　辉
77	上海桑塔纳 3000 轿车开发	上海大众汽车有限公司	陈志鑫、张觉慧、于琼根、蔡　谦、姜德明、李秀海、周艰平、许雪琼、张伟新、董志芳
78	SGM12 内饰（仪表板/副仪表板/遮阳板）开发	延锋伟世通汽车饰件系统有限公司	杨晓东、蔡桂瑾、石文杰、华文娟、陶　政、郑　桦、曹苏明
79	SSC－200A 卷筒纸胶印机	上海高斯印刷设备有限公司	王树人、俞庆建、郭　明、袁　伟、刘忠荣、曹霞玺、金　杉
80	第三代婴儿配方奶粉的研究	光明乳业股份有限公司	郭本恒、孙克杰、刘　玲、王荫榆、石春权、孟令洁、杜　凌、王光文
81	高效稀土钕铁硼直流变频压缩机	上海日立电器有限公司	褚　瑾、张兴志、陈育林、丛　丽、张秉芬、徐　晔、茅立华
82	深入疗效型与天然（中草药）化妆品的研制	上海家化联合股份有限公司	魏少敏、林惠芬、郭奕光、张　庆、周爱华、李慧良、吕　洛、史　青、袁宗磊、徐　军
83	常压等离子体实时聚合纳米涂层技术	东华大学	张　菁、郭　颖、徐金洲、邱　高、杨沁玉、唐晓亮、谢涵坤、徐绍魁、方忻生、彭晓波

（续表）

序号	项 目 名 称	主要完成单位	主要完成人
84	新型化纤应用及其毛混纤产品开发	东华大学、常州三毛纺织集团有限公司	王善元、王府梅、王美芹、俞建勇、徐广标、余燕平、高亚英、张志龙、林洪芹、徐　军
85	香石竹遗传研究和种质创新及新品种开发	上海市林木花卉育种中心、上海市林业总站、上海市花卉良种试验场、南京林业大学	蔡友铭、戴咏梅、林大为、池　坚、孙　强、黄雪龙、陈　英、顾梅俏、衡　辉、吴　瑾
86	抗病优质特色西甜瓜新品种“抗病948”和“金辉一号”的选育及推广	上海市农业科学院、江苏省农业科学院、上海市南汇区农业技术推广中心	陈幼源、顾卫红、于　利、陈绯翔、戴富明、严秀琴、褚云霞、杨红娟、范林华、宋荣浩
87	猪肉中β-肾上腺素能激动剂的检测	上海市畜牧兽医站、上海赛群生物科技有限公司、上海市农业科学院	张苏华、黄士新、沈富林、邱列群、樊生超、沈素芳、王　蓓、曹　莹、孙亚云、顾　欣
88	东海生物资源补充调查及资源评价	中国水产科学研究院东海水产研究所、中国水产科学研究院黄海水产研究所、中国水产科学研究院南海水产研究所、中科院海洋研究所、上海水产大学	郑元甲、陈雪忠、程家骅、陈卫忠、王云龙、严利平、李长松、沈新强、李圣法、林龙山
89	紫菜养殖加工出口产业链开发	上海水产大学、江苏省海洋水产研究所、南通市海洋与渔业局、南通市水产研究所有限公司、如东县渔业技术推广站、南通新宇水产食品有限公司、南通东朋水产品有限公司	马家海、许　璞、徐　洪、徐家达、王汉清、吉传礼、何培民、朱建一、陆勤勤、张丽珍
90	上海音乐厅整体平移与顶升技术	上海天演建筑物移位工程有限公司、同济大学	蓝戊己、吕西林、江欢成、朱启华、郑华奇、卢文胜、徐志强、尹天军、蒋岩峰、袁凤翔
91	公路改造路基路面关键技术研究	上海市公路管理处、同济大学	凌建明、陈小琪、钱劲松、李哲梁、黄琴龙、王一如、袁　捷、谢经保、周正峰、郭　俊
92	建筑工业化技术在大型体育场馆中的应用	上海市第二建筑有限公司、上海市机械施工有限公司、上海市建筑构件制品有限公司、上海市安装工程有限公司	邓文龙、朱　骏、马建荣、王忠辉、蒋曙杰、毕俊成、荣发元、郝晨均、陆　峰、龙莉波
93	特殊条件下超高层续建技术研究	上海市第四建筑有限公司	邱锡宏、张　铭、周红兵、倪建新、曹文根、任长发、黄　轶、傅静波
94	润扬长江公路大桥南汊悬索桥南锚碇排桩冻结法设计和施工监测研究	上海申元岩土工程有限公司、江苏省润扬长江公路大桥指挥部、中国路桥集团第二公路工程局、安徽理工大学	裴　捷、梁志荣、王卫东、曹　晖、吴胜东、钟建驰、吉　林、韦世国、程　桦、姚直书
95	盾构姿态自动测量系统研究开发	上海市第二市政工程有限公司	岳秀平、郑金森、刘梅贞、顾利军、张　峰、沈　斌、徐伟忠、董兆辉、于　通
96	大直径圆隧道建筑空间高效综合利用	上海市隧道工程轨道交通设计研究院、上海轨道交通学科(专项技术)研究发展中心	沈秀芳、陈　鸿、乔宗昭、曹伟飚、曹文宏、申伟强、白　云、劳衡生、王　曦、黄　巍
97	软土地基中灌注桩和地下墙的新技术开发及应用研究	上海现代建筑设计(集团)有限公司、上海软土地基技术学科研究发展中心、武汉地质勘察基础工程有限公司(沪)、上海市机械施工有限公司、华东建筑设计研究院有限公司、上海建筑设计研究院有限公司、上海市基础工程公司	黄绍铭、王卫东、夏焰光、林　斌、许　亮、吴江斌、岳建勇、李耀良、张学文、邸国恩
98	193聚氨酯彩色防水保温系统	上海市房地产科学研究院	孙生根、杨永巍、古小英
99	房地产交易平台及应用研究	上海市房屋土地资源管理局、上海市房地产交易中心	蔡育天、马云安、庞　元、蔡顺明、宋　唯、汪一琛、潘兰平、瞿　晖、曲　波、林　峰

（续表）

序号	项 目 名 称	主要完成单位	主要完成人
100	伊通轻质砂加气混凝土制品应用技术研究	上海伊通有限公司、同济大学、上海市建筑材料发展应用管理办公室、华东建筑设计研究院有限公司、上海宝钢工程技术有限公司	苏宇峰、程才渊、沈晓鹤、吴明舜、王宝海、杨永泉、沈婷婷、孙绪东、陆　洁、颜宜彪
101	上海城市生态系统评价及其关键技术研究	上海市环境科学研究院、上海城市发展信息研究中心、上海市环境保护信息中心、同济大学、华东师范大学、上海市环境监测中心	徐祖信、黄沈发、孙建中、刘东胜、罗海林、张锦平、杨　凯、贾益刚、王　敏、尹海龙
102	极区空间环境的南北极对比研究	中国极地研究中心	刘瑞源、杨惠根、张北辰、刘勇华、胡红桥、刘顺林、黄德宏、徐中华、綦　欣、陈卓天
103	大型污泥脱水环保卧螺离心机（工作直径900mm）	上海市离心机械研究所有限公司	沈文龙、孙文琪、徐　群、陆中华、庄嘉江、包大年、熊　诚、严正荣、阮智伟、龚　飞
104	上海地区 GPS 综合应用网	中科院上海天文台、上海市气象局、上海市测绘院、上海市信息投资股份有限公司	朱文耀、丁金才、季善标、方　坚、宋淑丽、叶其欣、余美义、徐培雯、程宗颐、袁招洪
105	上海市城市尾水排放对周边水域影响的研究	华东师范大学、同济大学、上海市环境科学研究院、上海东海海洋工程勘察设计研究院	钱达仁、陈邦林、韦鹤平、顾友直、彭立功、丁　明、陆维昌、陈祖军、殷浩文、徐新华
106	环境中难降解有机物检测技术与处理方法研究	上海大学、中科院广州地球化学研究所	吴明红、焦　正、傅家谟、包伯荣、李　珍
107	市政公用基础设施建设项目中的知识产权问题研究	上海市建设和管理委员会、同济大学	汤　文、刘晓海、周文祥、单晓光、鲁　英、陆　罡、陈荣根、林国良、张伟君、张韬略
108	国际化大都市上海农产品物流营销体制策划研究	上海市农业科学院	俞菊生、李林峰、王　勇、刘文敏、谢小红
109	社会保险基金预警预报系统的研究	上海工程技术大学	汪　泓、吴　忠、张健明、陈心德、张伯生、胡守忠、魏　建、唐国才、李毓毅、史健勇

【165 项成果荣获 2005 年度上海市科技进步三等奖】 如表。

2005 年度上海市科技进步奖三等奖项目表(共 165 项,公布 163 项)

序号	项 目 名 称	主要完成单位	主要完成人
1	高可信度软件系统的形式化设计和分析	华东理工大学	虞慧群、邵志清、宋国新、张欢欢、刘冬梅
2	生物催化剂和生物催化过程应用关键技术	华东理工大学	魏东芝、宋庆训、王学东、杨　柳、朱建航
3	类风湿关节炎的新药物靶点及特异性疫苗治疗	上海交通大学、中科院上海生命科学研究院/上海交通大学医学院健康科学研究所、上海市长宁区光华中西医结合医院	臧敬五、李宁丽、张冬青、聂　红、陈广洁
4	肝、肺、胃及肠癌的复发转移分子预测及其临床应用研究	上海市肿瘤研究所、复旦大学附属中山医院、上海东方肝胆外科医院、上海交通大学医学院附属瑞金医院、上海市胸科医院	许凯黎、钦伦秀、殷正丰、朱正纲、董强刚
5	诱导分化对高血压心血管重构的作用	复旦大学	朱依纯、吕　雷、姚　泰、龚　惠、王文伟

（续表）

序号	项 目 名 称	主要完成单位	主要完成人
6	Ⅱ～Ⅵ族化合物原子层外延生长及短周期超晶格量子阱的特性研究	中科院上海技术物理研究所	袁诗鑫、何　力、李　杰、彭中灵、陈新禹
7	聚合物表面激光微图形化及应用研究	上海交通大学	路庆华、王宗光、李　梅、陆学民、朱邦尚
8	新型功能性材料的制备及其光物理化学性能的研究	华东理工大学	张金龙、陈　锋、何　斌
9	稀土有机化合物的合成和反应化学	复旦大学	周锡庚、蔡瑞芳、张　杰、黄祖恩
10	环境痕量物质的分析检测与反应表征方法研究	同济大学、安徽大学	郜洪文、赵建夫、杨家祥、夏四清、张胜义
11	能源材料的化工合成过程及其结构性能研究	上海交通大学	马紫峰、廖小珍、蒋淇忠、原鲜霞、林维明
12	SK－CMS综合录井仪	上海神开科技工程有限公司	顾　正、袁建新、毕东杰、王晓东、葛永刚、陈志敏、赵要强
13	深沟槽型大功率MOS器件工艺的研究开发	上海华虹NEC电子有限公司	王国光、徐小诚、肖胜安、陈志伟、汪激扬、缪进征、吴志丹
14	50英寸数字反射式大屏幕高清晰电视用DLP光机	上海广电信息产业股份有限公司	郑永福、戴贤忠、简　彬、周俊杰、丰　颖、游晓林、徐正旺
15	“中视一号”数字电视地面传输产业化国产芯片	复旦大学	周　电、曾　璇、任俊彦、杨　林、李　宁、童家榕、沈　泊
16	有机薄膜电致发光彩色矩阵动态显示器研究	上海大学	张志林、朱文清、李晓峰、蒋雪茵
17	高速网络分流交换机研制	复旦大学、上海复旦光华信息科技股份有限公司	张世永、朱　斌、吴承荣、钟亦平、严　明、张世远、吴　杰
18	上海电信网络资源管理系统	上海市电信有限公司、上海复旦光华信息科技股份有限公司	杨中涛、徐繁华、陈友友、黄　茹、陈　征、武　勇、刘春鸣
19	无线局域网高精度定位技术的多媒体业务推送技术研究	上海宽讯时代科技有限公司、中科院上海微系统与信息技术研究所	贺　樑、张毅斌、卜智勇、陈　明、陈华东、程　慧、吴　珂
20	车载式商务办公系统	上海宝钢钢材贸易有限公司、上海宝利计算机集成技术有限公司、东方钢铁电子商务有限公司	马　苏、沈伟平、严鸽群、陈一华、彭　剑、姜良玉
21	文广易播硬盘播出系统	上海文广科技发展有限公司	耿月波、何锦池、严克勤、侯　晓、沈晓东、汤晓冰、董　亮
22	基于Internet的智能控制技术的研究与应用	上海大学、上海亚太计算机信息系统有限公司	吴耿锋、陈一民、陈养彬、樊　建、何永义、蔡国钧、汪　地
23	基于AR技术的虚拟娱乐天地	上海科投同济信息技术有限公司	陈福民、胡　江、周　霆、徐汉夫、陆宗毅、徐　伟、王智明
24	上海市基础地理数据元数据管理服务系统及城市空间地理影像数据库的研建	上海市测绘院、同济大学	毛炜青、赵　峰、王卫安、郭容寰、毕　俊、吴张峰、张　芬
25	幻维M－Studio影视制作软件V1.0	上海幻维数码影视有限公司	胡春阳、李　旸、陈　刚、孙淼越、徐泽星、唐　昊、陈挺松

（续表）

序号	项 目 名 称	主要完成单位	主要完成人
26	数据大集中管理系统	上海复旦金仕达计算机有限公司	熊　伟、钱正华、王延清、钱　彬、陈鹤忠、沈　淦、林　钦
27	可配置产品结构设计及实时数字化验证	泛亚汽车技术中心有限公司	郝景贤、许　斌、聂承伟、邹绪平、张少彦、顾红生
28	集成的软硬件协同设计与测试平台	华东师范大学	顾君忠、吕　钊、罗怡桂、栾　静、刘盈盈、黄　瑞、程　煊
29	上海公共交通"一卡通"数据库应用研究	上海公共交通卡股份有限公司、上海城市发展信息研究中心	谢志刚、张　弛、吴　恩、唐定富、陆小青、李小慧、顾春辉
30	力劲——冷室压铸机	上海一达机械有限公司	李品章、杨大勇、顾旭明、朱鸣声、胡早仁、顾红君、夏积银
31	井下智能测调联动分层配水装置	上海嘉地仪器有限公司	王建平、陈　杰、孙业树、徐　松、任少军、乐　敏、许继松
32	节能型低噪声水冷式泵机组	上海连成(集团)有限公司	周绪安、谢张国、宋青松
33	WTL－全数字化智能焊接逆变焊机的制造工艺技术	上海威特力焊接设备制造有限公司	尤志春、陈　俭、吴健雄、徐德进、韩天军、朱诞圣
34	用于同步辐射X光束线的准直、单色、聚焦系统	上海交通大学、中科院高能物理研究所	陈文元、盛伟繁、高雪官、谢亚宁、张卫平、刘　鹏、冼鼎昌
35	HLZ废轮胎常温全自动生产精细胶粉成套设备	上海虹磊精细胶粉成套设备有限公司	鲍国平、李家仁、单贵斌、宋勤效、汪学军、胡嘉庆、黄济美
36	环氧树脂浸纸主变高压套管介损和电容量异常原因研究	华东电力试验研究院、华东天荒坪抽水蓄能有限责任公司	张嘉旻、齐振生、何　涛、徐光昶、金　珩、何永泉、陆　胜
37	大容量YCH(H1000)三相异步电动机	上海电气集团上海电机厂有限公司	李岳松、陈　凯、谭绍洪、蒋玉萍、巢伟良、孙明伦
38	高压变频调速装置	上海发电设备成套设计研究所、上海科达机电控制有限公司	项立峥、李南坤、骆建文、栾广富、黄定忠、梁安江、邵　健
39	电站锅炉排烟温度自动控制装置	上海发电设备成套设计研究所、上海博创热能机械有限公司	赵之军、朱其远、黄志强、严宏强、籍文豪、潘振中、江新士
40	电网事故快速决策辅助系统	上海市电力公司调度通信中心、上海欣能信息科技发展有限公司	王　伟、胡为进、章启明、毛　俊、王忠民、曹　袖、范承志
41	含稀土元素的长寿命电动自行车用阀控铅酸电池	复旦大学	柳厚田、蔡文斌、周彦葆、马　敏、周伟舫、杨春晓、张新华
42	基于工业以太网的电站综合自动化系统	同济大学、上海继电器有限公司	张明锐、贾廷纲、徐国卿、金立军
43	循环冷却水系统节能技术的研究开发	上海交通大学	任世瑶、任　勇、项成林、陈江平、樊启泰、张焕武、罗建平
44	电站锅炉燃烧系统多参数测量与层析技术	上海电力学院、上海吴泾发电有限责任公司、上海电力股份有限公司杨树浦发电厂	潘卫国、曹绛敏、万闻炜、赵政庆、任建兴、赵宪萍、孙坚荣
45	基于模糊控制卫星罩空调系统研制及推广应用	上海理工大学	邬志敏、柳建华、李　瑛、李征涛、王　芳、徐彭龙、龚　旸

（续表）

序号	项 目 名 称	主要完成单位	主要完成人
46	规模制造高纯度5′-核苷酸(≥98%)的新工艺	上海秋之友生物科技有限公司	邱蔚然、闫蓬勃、丁庆豹、曹　静、谢　胜
47	痰热清注射液的产业化	上海凯宝药业有限公司	穆来安、李思芬、刘绍勇
48	一种脑安胶囊及制备方法	上海祥鹤制药厂	王桂清、顾桢茂、王春安、黄久仪、沈凤英、杨永举、张旭静
49	流行性感冒病毒裂解疫苗(又名:流行性感冒HA疫苗)	上海生物制品研究所	陈列胜、马相虎、蔡明勇、周　峰、杨菲茹、陈哲文、吴金妍
50	微丸技术的开发及其应用	上海爱的发制药有限公司	杨卫红、胡愈璋、陈敏娟、吴永强、朱雨秋、王　东、卫　丽
51	鼻腔给药及其脑内递药特性研究	复旦大学	蒋新国、奚念朱、张奇志、陈　钧、陆　伟、崔景斌
52	生物芯片系统研究与应用	中科院上海微系统与信息技术研究所、复旦大学	赵建龙、徐元森、袁正宏、景奉香、金庆辉、毛红菊、贾春平
53	丙型肝炎蛋白芯片检测系统	上海裕隆生物科技有限公司	穆海东、钱志坚
54	全自动采浆机及单采离心分离器	上海达华医疗器械有限公司	陈　华、钟上德、王祖年、丁理荣、吴　军、张宝强
55	HIFUNIT9000型高强度聚焦肿瘤消融机	上海交通大学、上海爱申科技发展股份有限公司	孙福成、蒋继伟、钱晓平、王一抗、萧翔麟、徐勇江、俞仁康
56	毒品及易制毒化学品的系统分析研究	上海市公安局刑事侦查总队、复旦大学、上海华博系统工程股份有限公司	张玉荣、张润生、郭幼梅、梁　晨、余　琛、王　威、汪　蓉
57	儿童铅中毒筛查的研究	上海交通大学医学院附属新华医院、上海市儿科医学研究所	沈晓明、颜崇淮、吴胜虎、章依文、江　帆、徐　健、黄　红
58	多模式综合治疗浸润性宫颈癌的临床与基础研究	复旦大学附属肿瘤医院	王华英、张美琴、王香娥、蔡树模、孙　敏、张玉勤、任玉兰
59	治疗颈椎病新药复方芪麝片的开发研究	上海中医药大学、上海现代中医药技术发展有限公司	王拥军、施　杞、卞化石、周重建、周仁兴、张　宁
60	毛细管电泳电化学检测中药有效成分和电化学图谱研究	复旦大学	陈　刚、张鲁雁、张剑霞、胡昌奇
61	肾虚证内涵的HPAT轴分子网络调控研究	复旦大学附属华山医院	沈自尹、陈　瑜、黄建华、胡作为、刘小雨、郑　振、郭为民
62	胰岛素分泌功能精确检测技术的建立及在糖尿病中的应用	上海交通大学	包玉倩、贾伟平、项坤三、朱　敏、吴松华、马晓静、陆俊茜
63	中国人2型糖尿病肾病11个候选基因的联合相关研究	上海交通大学	刘丽梅、项坤三、郑泰山、李　鸣、陆惠娟、张　蓉、李　杰
64	重症肌无力发病机制的系列研究	复旦大学附属华山医院	吕传真、乔　健、任惠民、肖保国、徐　科、卢家红、施玉梁
65	急性缺血性肾损伤机制和预防的实验研究	复旦大学附属中山医院	丁小强、邹建洲、滕　杰、曹长春、李　鹏、朱加明、钟一红

（续表）

序号	项目名称	主要完成单位	主要完成人
66	三氧化二砷/TRAIL用于骨髓增生异常综合征治疗的临床前研究	上海交通大学	李　晓、浦　权、石　军、常春康、应韶旭、贺　琪、陶　英
67	器官移植后免疫耐受的基础及其临床研究	上海交通大学	谭建明、唐孝达、刘　永、肖家全、蔡　勇、徐东亮、顾　晓
68	益生菌联合肠内营养对急性重症胰腺炎影响的实验与临床研究	上海交通大学	秦环龙、苏震东、胡雷光、丁在咸、林擎天
69	股骨头缺血性坏死显微外科治疗的基础和临床研究	上海交通大学	张长青、曾炳芳、眭述平、姜佩珠、安智全、施慧鹏、王建华
70	颅脑创伤规范化治疗的研究	上海交通大学医学院附属仁济医院	江基尧、梁玉敏、包映晖、邱永明、钟春龙、陆兆丰、张晓华
71	玻璃体后脱离与视网膜脱离相关机制和临床研究	上海交通大学	张　哲、孙晓东、汪枫桦、王志良、许　迅、王　方、王　泓
72	颅颌面畸形伴睡眠呼吸障碍的综合序列治疗研究	上海交通大学医学院附属第九人民医院	卢晓峰、唐友盛、沈国芳、朱　敏、徐袁瑾、李青云、徐　兵
73	掺锶羟磷灰石固溶体锶含量与骨组织融合能力相关性研究	上海交通大学医学院附属第九人民医院	陈德敏、傅远飞、李亦文、宁　丽、薛　淼
74	肿瘤引流区淋巴结细胞转TNF基因治疗口腔癌的基础及初步临床应用研究	上海交通大学医学院附属第九人民医院	郭　伟、张志愿、孟　箭、李　涛、竺涵光、何　悦、周晓健
75	隐球菌性脑膜炎的基础和临床系列研究	上海长征医院	温　海、顾菊林、陈江汉、潘炜华、邹先彪、桑　红、陈裕充
76	慢性肢体淋巴水肿微波治疗机理研究及显微淋巴外科治疗的实验和临床研究	上海交通大学医学院附属第九人民医院	曹卫刚、李圣利、干季良、蔡仁祥、程开祥、王善良、孙　沣
77	钕铁硼粘结磁体阴极电泳表面处理技术	核工业部第八研究所、上海龙磁稀土科技有限公司	陈　刚、杨小玲、高谈英、戴仁新、陈惠群
78	高性能粉体工模具及其先进成型技术	上海材料研究所	白佳声、侯克忠、杨慧敏、张鹤年、吴文华、陆明炯、蔡安定
79	750m³高炉强化冶炼综合技术	宝山钢铁股份有限公司	储　滨、姜　敏、张振伟、胡晓鸣、杜洪缙、胡志清、李　冰
80	纳米技术在银－石墨电触头材料产业化中应用	华东师范大学、上海大学	马学鸣、蒋冬梅、陆　尧、余海峰、石旺舟
81	环保型复合矿物外掺料预拌混凝土	上海建工材料工程有限公司	张克文、刘长民、张　越、陈尧亮、马　泓、郑　捷
82	非石棉纤维增强弹性体垫片复合材料制造技术	华东理工大学、上海大学	谢苏江、胡宏玖、蔡仁良、安　琦、刘　红、刘美红、马志刚
83	纳米级功能负离子粉体制备工艺研究	华东理工大学	葛晓陵、蔡相涌、金　玲、季建平、李　书
84	聚氨酯卷材配套涂料	上海振华造漆厂	俞剑峰、胡丕山、黄　燕、朱梅芳、杨小青、戚　平、朱秉中

（续表）

序号	项 目 名 称	主要完成单位	主要完成人
85	高附加值热熔型氟树脂新品种——聚偏氟乙烯树脂 FR921	上海三爱富新材料股份有限公司	张　炯、张冰冰、粟小理、金向阳、沈颖浩、王姓传、吕春秋
86	第二智能居民身份证专用 PETG 卡基材料	上海达凯塑胶有限公司	钱铭义、袁茂全、章长明、沈　磊、刘　俭
87	碳酸甲乙酯、二乙酯清洁生产技术	华东理工大学	田恒水、朱云峰、王桂珍、梅支舵、殷芳喜、郝　晔、俞能志
88	气流床煤气化装置新型洗涤冷却技术开发	华东理工大学、兖矿鲁南化肥厂	王亦飞、吕运江、于遵宏、金　刚、于广锁、张　亮、王辅臣
89	高性能芘系有机颜料制备工艺的研究	华东理工大学、辽阳联港染料化工有限公司	沈永嘉、张　好、闫　轲、张志刚、张忠胜、白希栋
90	缓蚀剂复配增效机理研究与技术开发	上海电力学院、上海东松化工科技发展有限公司	张大全、李玲玲、高立新、吴一平、周国定、耿纪英、胡国强
91	12 000t 多用途船开发设计	上海船舶研究设计院	陆昌荣、焦宇清、李泽耀、徐一军、曹忠辉、彭本忠、夏　磊
92	超大型打桩船设计研究	上海船舶研究设计院、中港第三航务工程局	刘正友、陆梅兴、施正礼、唐　军、陈实语、卢庙兴、王　波
93	浮式生产储卸油系统模型试验技术	上海交通大学	杨建民、肖龙飞、彭　涛、张承懿、姚美旺、王敏声、王　磊
94	8 400m^3LPG 船的开发与研究	沪东中华造船(集团)有限公司	金燕子、何光耀、张　俭、罗　乐、罗　彬、曹法兴、陈焕明
95	15 万吨浮式生产储油船(FPSO)	上海外高桥造船有限公司、中国船舶工业集团公司第七〇八研究所	陈民俊、赵耕贤、陆伦裕、陈　刚、张雅娣、贾少军、王峥嵘
96	轨道交通智能化电调操作管理系统	上海现代交通建设发展有限公司、上海现代轨道交通股份有限公司	沈国伟、周　静、陈忆宁、杨建新、胡龙华、郑　愉、郑松秋
97	轻型客车总装生产线	上海市机电设计研究院有限公司	陶伟民、陈　平、田润心、赵　巍、周家实、赵　洪、郭根生
98	长江三角洲综合交通规划技术研究——建设上海大都市交通圈(SMACT)	上海市城市综合交通规划研究所、同济大学	陆锡明、顾　煜、王　祥、李仁涵、蒲　琪、董志国、孙　章
99	城市出入口与高速公路交通信息化和应用研究	上海市公路管理处、上海市城市建设设计研究院、上海电器科学研究所	张奎鸿、陈　洪、王一如、戴孙放、李哲梁、曹雷明、林则亮
100	IC 卡施工限速控制技术	上海铁路局	王仁清、奚国森、严培良、徐盛火、徐永康
101	系列吊管机底盘开发	上海彭浦机器厂有限公司	朱之明、李红虎、余有良、程沪生、李爱华、陈宝明、屠海龙
102	汽车虚拟样机与虚拟试验及其平台技术研究	同济大学、上海汽车工业(集团)总公司汽车工程研究院、上海大众汽车有限公司	吴光强、艾维全、葛随亮、鞠丽娟、高秋金、于国飞、王　承
103	上海中心城道路交通十年发展战略研究	同济大学、上海市市政工程管理处	熊建平、孙立军、朱剑豪、冯健理、李俊豪、涂辉招、秦　云
104	贝类健康化生产技术研究	中国水产科学研究院东海水产研究所、中国水产科学研究院黄海水产研究所、青岛市渔业技术推广站、金贝食品有限公司	乔庆林、孙　耀、张修峰、蔡友琼、曲克明、韩　民、李秋芬
105	TYM1050L 自动全息烫印模切机	上海亚华印刷机械有限公司	张国政、吴文明、邱　峻、周平发、廖世艳、朱丽华

（续表）

序号	项目名称	主要完成单位	主要完成人
106	高固体环保型铅笔表面修补漆及其工装的研究	中国第一铅笔股份有限公司	胡书刚、王琮华、黄明旭、吴伯年、马　群、罗建新、李继彪
107	ZXJD440C 平装胶订自动线	上海紫光机械有限公司	杨　青、周尉强、刘广生、黄长乐、朱岳鸣、林　捷、虞争福
108	全数字化控制的柔性印刷机	上海电气集团股份有限公司中央研究院、上海紫光机械有限公司	王振滨、齐　亮、童　刚、王　颖、施建屏、陈　炯、余鹿延
109	CJ40 型棉精梳机	上海纺织机械总厂	陆旦平、李　华、张慧芳、严纪琴、付维鸣、朱　瑾、郁芝敏
110	纺机用高效节能低噪音风机的研制及系列开发与应用	上海理工大学、宜兴市恒通风机有限公司	殷忠民、王建中、王宏光、徐　旭、戴　韧、王建新、茅忠明
111	油菜机械化生产技术与机具中试	上海市农业机械研究所、上海市农机技术推广站、上海农工商集团向明总公司	刘建政、项冠凡、刘明华、金　英、吴福良、李长兴、张春华
112	上海主要粮食作物重大病虫害发生程度预测和防治决策系统研究	上海市农业技术推广服务中心、上海市气象科学研究所、上海市奉贤区农业技术推广中心、上海市嘉定区农业技术推广服务中心、上海市农业科学院	王志雄、李　军、蒋耀培、徐卫东、杨秋珍、袁联国、施辰子
113	快速获得无抗性标记转基因纯合株系的育种新方法研究	上海市农业科学院、中科院上海生命科学研究院	沈革志、王宗阳、王新其、殷丽青、蔡秀玲、张景六、全立勇
114	甘蓝型双低油菜隐性核不育系和临保系的选育	上海市农业科学院	孙超才、王伟荣、李延莉、周熙荣、庄　静、赵　华、陈　虹
115	生物杀虫剂 Bt 工程菌株构建新技术	上海市农业科学院	姚泉洪、彭日荷、熊爱生、黄晓敏、李　贤、范惠琴
116	有机稻米生产关键技术研究	上海市农业科学院、上海农工商集团前进总公司	袁　勤、张建汉、沈国辉、吕卫光、曹黎明、倪林娟、张士新
117	鲜食糯玉米新品种“沪玉糯一号”选育及推广应用	上海市农业科学院	王义发、沈雪芳、张　璧、周志疆、李洪金、颜韶兵、康慧仁
118	主要叶菜有机生产关键技术	上海市农业科学院、上海市农业技术推广服务中心、上海上实现代农业开发有限公司	朱玉英、陈龙英、汪羞德、王冬生、林天杰、任云英、龚　静
119	早熟、优质梨新品种“早生新水”的育成和应用	上海市农业科学院、上海仓桥水晶梨发展有限公司	骆　军、许苏梅、练雪兴、叶正文、李世诚、张学英、沈根华
120	基于微生物技术的动物源食品安全生产体系的建立与应用	上海创博生态工程有限公司	江　瀚、马正驰、徐建雄、卢永红、袁峻峰、成永旭、徐建敏
121	家禽三种主要传染病生物疫苗工程研究	上海市农业科学院、上海交通大学	刘洪云、胡建华、张　平、孙凤萍、刘惠莉、陈丽君、王　英
122	实验用猪克隆技术育种平台的构建及其应用	上海市农业科学院、上海交通大学医学院附属新华医院	张德福、刘　东、汤琳琳、陈　莹、王　凯、王　英、盛慧珍
123	新型饲用抗生素那西肽的研制和应用	复旦大学、杭州汇能生物技术有限公司	周　珮、冯美卿、李继杨、陈贵才、万　睿、王　丽、余有龙
124	渔用药物代谢动力学及药物残留检测技术	上海水产大学、中国水产科学研究院长江水产研究所、中国水产科学研究院东海水产研究所、浙江省淡水水产研究所	杨先乐、艾晓辉、房文红、尹文林、杨　勇、沈锦玉、刘长征
125	上海獭兔的培育和综合利用	上海宝山动保科技服务发展有限公司	王其泉、奚丽棣、何　军、范洪斌、陈雷良、钱伟华、陈备娟

（续表）

序号	项 目 名 称	主要完成单位	主要完成人
126	高等级公路软土地基新型薄壁管桩处治技术应用研究	上海市政工程设计研究院、河海大学岩土工程科学研究所	温学钧、刘汉龙、费　康、罗　强、周云东、高玉峰、陈育民
127	老钢桥保护技术研究	上海市市政工程管理处、同济大学	袁文平、陈惟珍、商国平、殷建国、徐　俊、刘　学、龙佩恒
128	竹园特大型污水处理厂关键施工技术研究	上海市第一建筑有限公司	储军昌、张文军、胡玉银、朱毅敏、顾建平、陈志明、王伟导
129	重交通快速干道综合技术研究	上海浦东工程建设管理有限公司、同济大学	庄少勤、郭亚兵、刘　朴、凌建明、吴海平、李立寒、韦鹤平
130	轮船招商总局大楼文物建筑修缮技术	上海市第四建筑有限公司	严振兴、唐礼一、何　杰、房志斌、朱纲元、毛忠勇、吴金海
131	H型钢T型接头单面焊缝力学性能研究及结构工程应用	同济大学、上海市金属结构行业协会、巴特勒（上海）有限公司、上海美建钢结构有限公司、上海美联钢结构有限公司	沈祖炎、陈以一、郑沁宇、张关兴、陈楚璧、王赛宁、王义兵
132	东海大桥桥面板安装技术及其装备	同济大学、上海同新机电控制技术有限公司	卞永明、洪　冲、王　雷、石来德、张　氢、胡子谷、刘宗群
133	软土地基高速赛道路基路面关键技术研究	上海市第一市政工程有限公司、上海建设机场道路工程有限公司、上海市城市建设设计研究院、同济大学	姚红英、曹亚东、楼晓明、费　翔、徐宏跃、俞国平、房卫祥
134	特殊环境下超大型逆作法综合施工技术研究	上海市第二建筑有限公司、同济大学、华东建筑设计研究院有限公司	邓文龙、朱灵平、蒋曙杰、戴标兵、袁聚云、陆余年、王卫东
135	新型隧道衬砌管片结构研究	上海自来水建设公司、上海市城市建设设计研究院、上海隧道工程股份有限公司、宁波振华电器有限公司	潘国庆、王祥来、孙长胜、徐长彪、张轶群、沈建峰、孙家珍
136	高承压水饱和软土水平冻结加固关键技术研究	上海隧道工程股份有限公司、中国矿业大学、北京中煤矿山工程有限公司、中煤特殊工程公司（沪）、中煤国际工程集团南京设计研究院	杨国祥、丁光莹、楼根达、岳丰田、杨磊、秦一雄、余志松
137	上海市工程建设规范——城市轨道交通设计规范	上海市隧道工程轨道交通设计研究院、上海轨道交通学科（专项技术）研究发展中心、上海市消防局、上海市地下建筑设计院、上海市电力设计院	俞加康、丁君燕、于连弟、于晓音、石慧麟、傅　华、傅　铭
138	上海地铁平行换乘车站基坑工程设计及试验研究	上海市隧道工程轨道交通设计研究院、上海轨道交通学科（专项技术）研究发展中心	孙　巍、姚燕明、沈秀芳、申伟强、陈绪禄、杨孙冬、叶　蓉
139	上海市明珠线二期地铁工程上下近距离交叠区间隧道设计施工关键技术研究	上海市隧道工程轨道交通设计研究院、同济大学	曹文宏、孙　钧、张庆贺、杨志豪、胡向东、乔宗昭、赵永辉
140	建筑物外墙损伤的红外热像检测技术研究	上海市房地产科学研究院、同济大学	周　云、赵为民、赵　鸣、赵　鸿、冯　平、顾方兆、倪　军
141	超大型卵形预应力污泥消化池结构优化与分析	上海市政工程设计研究院、同济大学、上海建泰预应力工程有限公司	范民权、彭春强、李　杰、李　理、张　毅、陈建兵、孟元龙
142	玻璃幕墙使用性能现场检测评估技术	上海市建筑科学研究院有限公司、上海市建设和管理委员会科学技术委员会、上海市建设工程安全质量监督总站	陆海平、张燕平、陆津龙、乐美龙、张元发、查利权、韩震雄
143	预应力钢结构施工控制设计及张拉工艺研究	上海建科预应力技术工程有限公司、上海预应力技术研究发展中心、上海市建筑科学研究院有限公司	忻鼎康、邓景纹、胡祖光、季文洪、钟麟强、林鹤雄、盛为光
144	预应力混凝土结构设计软件 SPREC	上海建科结构新技术工程有限公司	朱　伟、苑　麒、邵光信、范美玲、周文祥、肖　丽、陈岱林

（续表）

序号	项 目 名 称	主要完成单位	主要完成人
145	空间格构结构设计规程	上海建筑设计研究院有限公司、同济大学、上海建工(集团)总公司、巨力集团有限公司、同济大学建筑设计研究院	钱若军、姚念亮、邱枕戈、杨联萍、高振锋、杨　晓、丁洁民
146	近代保护建筑无损检测的计算机评估系统	上海市房屋建筑设计院	李瑞礼、顾陆忠、曹志远、陈仰曾、王华宁、朱红武
147	空间结构CAD集成系统——3D3S索膜、管桁、网格结构辅助设计软件	同济大学、上海同磊土木工程技术有限公司	张其林、罗晓群、吴　杰、龚　铭、杨晖柱、胡江民、王忠全
148	上海市公共卫生中心综合设计技术研究	上海建筑设计研究院有限公司	陈国亮、张行健、周秋琴、吴　炜、寿炜炜、宋　静、脱　宁
149	高效一级强化污水处理技术研究	上海市政工程设计研究院、上海市政工程设计研究院科学研究所、上海污水处理技术学科研究发展中心	张　辰、邹伟国、王国华、李正明、虞寿枢、顾建嗣、张　欣
150	遥感影像在房地资源管理中的应用研究	上海市房屋土地资源信息中心	张阿根、马浩元、曹中初、王　号、白继伟、戴作霖、陈正超
151	大型、中高压可燃气回收方法及其装置	上海永强技术工程有限公司、中国船舶重工集团公司第七一一研究所	陆　征、杨　毅、钟子健、朱立伟、肖学明、王玉贵、陆伟东
152	新型双亲阳离子污泥调质絮凝剂及其制备方法	上海恒谊化工有限公司、华东理工大学	袁洪海、李承政、袁建伟、朱亚平、黄宝存、汪志恩
153	水过滤器的自动反洗新方法及去除水中气相杂质和有机物的方法	同济大学	闻瑞梅、梁骏吾、邓守权、范　伟、葛伟伟
154	水葫芦综合利用、控制关键技术	上海交通大学、上海丰盛绿色肥料有限公司、上海孙桥现代农业联合发展有限公司、上海市农业技术推广服务中心、上海商学院	褚建君、史吉平、赵美华、邱江平、崔　立、庄奇佳、张建华
155	苏州河环境综合整治二期水务工程环境效益研究	上海市水务规划设计研究院、上海市环境科学研究院、上海市城市排水有限公司	徐贵泉、林卫青、张善发、陈长太、矫吉珍、卢士强、陈　华
156	合流制排水系统合流污水溢流就地处理控制技术研究	上海市城市排水有限公司、上海水务资产经营发展有限公司、上海地球工程咨询有限公司、上海市政工程设计研究院、同济大学	张善发、张　力、俞亮鑫、赵国志、马鲁铭、雷震姗、周思平
157	双污泥系统脱氮除磷(PASF)处理工艺研究	上海市城市排水有限公司、上海市政工程设计研究院、上海市政工程设计研究院科学研究所、上海市曲阳污水处理厂	张　辰、张善发、邹伟国、杨小红、娄卫红、陆嘉竑、王国华
158	电镀漂洗废水无排放工艺及设备研究	上海应用技术学院、唐山金亨通车料有限公司	余小东、梅坚白、傅世姚、袁国良、陆继伟、曹洪喜
159	上海市大气污染的健康风险评价及其经济效益分析	复旦大学	陈秉衡、阚海东、贾　健、张蕴晖、蒋颂辉、毛惠琴
160	无磷洗衣粉中磷标准物质及ICP-OES混合离子标准物质的研制	上海市计量测试技术研究院	崔启明、王　虎、应　劼、舒晓莲、毛素青、蒋子刚、陆友珍
161	基于涉密网的档案与现行文件交互管理系统的研究和开发	上海市档案馆	仓大放、吴光华、郑泽青、陶碧云、王兰成、仰惠菁、王　玮
162	《紧急避孕》	上海市计划生育技术指导所	程利南
163	物理学家谈物理丛书	复旦大学、少年儿童出版社	蒋　平、周鲁卫、刘普霖、褚君浩、林正行、戴道宣、戴　闻

（尹邦奇　吴洁敏　路继根　包　豫　窦海青　顾维英　陈　阵）

【**社会力量设立科学技术奖概述**】　中国的科技奖励制度以政府奖励为主,社会力量设奖是中国科技奖励体系的重要组成部分,随着科技奖励事业的发展,受到了各行各业的密切关注和欢迎。2005年上海市科学技术奖励管理办公室对全市社会力量设立科学技术奖进行了规范整顿,根据《上海市社会力量设立科学技术奖管理办法》的规定,依法注销了3个奖项,分别是由上海发明协会设立的“上海机器人技术自主创新奖”、“全国发明展上海市优秀项目参赛奖”和由上海申真股份有限公司设立的“上海普陀申真科技创新奖”。截至2005年底,全市登记的社会力量设立的科学技术奖有18项,其中由国外友人设立的奖项2项,由各协会、社团设立的奖项14项,由企业设立的奖项2项。在这18项奖项中,有9项在2005年度开展了评选活动,共奖励项目70项、人员2 105人次,奖金总额67.25万元。上述奖项涉及面广泛,涵盖了多个学科、专业领域,目前仍以精神鼓励为主。

（尹邦奇　窦海青）

【**第五届上海市自然科学牡丹奖颁奖大会**】　4月6日,由中国工商银行上海市分行出资资助的第五届上海市自然科学牡丹奖颁奖大会隆重举行,6位青年科学家:中科院上海应用物理研究所马余刚、中

科院上海有机化学研究所麻生明、中科院上海微系统与信息技术研究所曹俊诚、复旦大学唐颐、上海第二医科大学陈国强、中科院上海生命科学院孔祥银成为第五届上海市自然科学牡丹奖获奖人。上海市副市长严隽琪、市府副秘书长姜平、市科教党委书记李宣海、市科委主任李逸平、市工商银行行长孙持平、市科委副主任丁文江等出席会议并为获奖者颁发证书与奖金。

人物简介参见《2005上海科技年鉴》P330。

（尹邦奇　吴洁敏）

【**上海市科学技术奖励中心荣获国家科技奖励工作先进集体**】　2005年,在国家科学技术奖励工作办公室成立二十周年之际,国家奖励办表彰了一批先进集体和优秀工作者:上海市科学技术奖励中心荣获国家科技奖励工作先进集体称号,上海市科委副总工程师、发展计划处处长钮晓鸣,上海市科技奖励中心主任尹邦奇荣获国家科技奖励工作优秀工作者称号。

（吴洁敏）

【**2005年度何梁何利基金颁奖大会在沪举行**】　10月14日,2005年度何梁何利基金颁奖大会在上海国际会议中心举行。全国有2人获得了“科学与技术成就奖”殊荣,有45人获得了“科学与技术进步奖”。中共中央政治局委员、上海市委书记陈良宇出席会议为荣获“科学与技术成就奖”的杰出科学家徐光宪、谷超豪颁奖,并讲话强调,要认真学习贯彻党的十六届五中全会精神,坚持自主创新、重点跨越、支撑发展、引领未来的方针,把增强自主创新能力摆在全部科技工作的突出位置,加快上海现代化国际大都市和“四个中心”建设步伐。

全国人大常委会副委员长、中科院院长路甬祥,国务委员陈至立,以及科技部、教育部、中国工程院、中国科协等分别向大会发来贺信。朱丽兰、

殷一璀、吴忠泽、段瑞春、范德官、严隽琪等领导出席会议。

陈良宇在讲话中向全体获奖科学家表示热烈祝贺。他说，胡锦涛总书记最近指出，要继续实施科教兴国战略、人才强国战略，努力建设创新型国家，把增强自主创新能力作为科学技术发展的战略基点和调整经济结构、转变经济增长方式的中心环节，大力提高原始性创新能力、集成创新能力和引进消化吸收再创新能力，努力走出一条具有中国特色的科技创新之路。我们要按照这一要求，全面贯彻落实科学发展观，大力实施科教兴市主战略，充分发挥科学技术"第一生产力"、人才"第一资源"作用，不断提升上海科技创新能力和产业国际竞争力，不断实现上海新阶段发展的攀登、提升和超越。

何梁何利基金是由香港爱国金融实业家何善衡、梁铼琚、何添、利国伟先生共同捐资创建的公益性科技奖励基金，旨在通过奖励取得杰出成就的中国科技工作者，倡导尊重知识、尊重人才、崇尚科学的社会风尚，激励科技工作者勇攀科技高峰。

这次获奖的47位科学家，他们在原始创新、集成创新和引进消化后再创新中取得重大成果，为中国科技进步与创新作出了重要贡献。基金至今已12次颁奖，先后有23位杰出科学家荣获"科学与技术成就奖"、600位优秀科技工作者获"科学与技术进步奖"，其中上海有83位。特别是此次上海有复旦大学谷超豪院士荣获"科学与技术成就奖"，李大潜等7位上海科学家荣获"科学与技术进步奖"，上海获奖比例占全国的17%。基金颁奖会离京颁奖除在香港举行过一次外，是首次在上海举行，由上海市科技奖励管理办公室具体承办。

（尹邦奇　吴洁敏）

【上海16个项目获2005年中华医学科技奖】 2006年1月，2005年中华医学科技奖在北京颁发，有80个医学科技项目荣获2005年中华医学科技奖。上海地区有16个项目获奖，其中"白血病细胞分化和凋亡新机制的提出与发展"获一等奖，6个项目获二等奖，9个项目获三等奖(详见下表)。

2005年中华医学科技奖上海地区获奖项目表(16项)

一等奖(1项)

序号	项目名称	主要完成单位	主要完成人
1	白血病细胞分化和凋亡新机制的提出与发展	上海第二医科大学附属瑞金医院、上海第二医科大学、中国科学院上海生命科学研究院—上海第二医科大学健康科学中心	陈国强、赵　倩、赵克温、黄　莺、蒋　益、刘　玮、宋满根、童建华、陈　竺、李　曦、薛志红、李　稻

二等奖(6项)

序号	项目名称	主要完成单位	主要完成人
2	系统性红斑狼疮的遗传学发病机制和诊疗策略的研究	上海第二医科大学附属仁济医院	陈顺乐、沈　南、顾越英、鲍春德、杨程德、叶　霜、王　元、胡大伟、张　巍、陆　瑜、吕良敬、郭　强、李　挺、陈　盛、戴　岷
3	骨髓干细胞移植治疗急性心肌梗死/梗死后心衰的研究	复旦大学附属中山医院	葛均波、赵　强、刘康达、张少衡、孙爱军、王克强、唐耀亮、史剑慧、马　军、邹云增、孙勇新、李延林、胡昕婴
4	肝癌门静脉癌栓形成机制及防治研究	复旦大学附属中山医院	樊　嘉、周　俭、吴志全、余　耀、汤钊猷、邱双健、曾昭冲、刘银坤、郑　起、肖永胜、黄晓武、史颖弘、孙琦蛮、孙　健、王晓颖、薛　琼
5	成纤维细胞表达成骨表型及其定向调控	上海第二医科大学附属瑞金医院、上海市伤骨科研究所	邓廉夫、柴本甫、汤雪明、徐荣辉、何　川、万　超、沈　伟、汪　铮、朱雅萍、齐　进、张　玥

（续表）

序号	项 目 名 称	主要完成单位	主要完成人
6	镉人体健康效应的危险度评价	复旦大学公共卫生学院、浙江省医学科学院、复旦大学放射医学研究所	金泰廙、孔庆瑚、叶葶葶、王洪复、蒋学之、林宝楚、汪再娟、朱国英、施永鑫、李凭建、金　锋、吴训伟、曾祥斌、卢　坚、黄　波
7	脊柱病变诊断中的磁共振新技术应用研究	上海交通大学附属第六人民医院	李明华、姚伟武、程英升、朱莉莉、沈　艳、杨世埙、乔瑞华、何鸿渊

三等奖（9 项）

序号	项 目 名 称	主要完成单位	主要完成人
8	染色体 17p13.3 区段肝癌等恶性肿瘤相关基因群的分离与功能研究	上海交通大学肿瘤研究所	顾健人、万大方、赵新泰、何　玫、覃文新、李锦军、何英华、黄　薇、陈赛娟、罗泽伟、张萍萍、郭鸣雷、魏　霖
9	脂肪细胞因子在代谢综合征发生发展中的临床及实验研究	上海第二医科大学附属瑞金医院	宁　光、洪　洁、杨义生、顾卫琼、张翼飞、陈宇红、王卫庆、赵咏桔、汪启迪、毕宇芳、龚艳春、陈名道
10	中国人大数量糖尿病家系库建立和研究应用	上海交通大学附属第六人民医院	吴松华、项坤三、贾伟平、林　辛、陆惠娟、马晓静、徐　靖、陆俊茜、唐俊岭、张　蓉、林　晓、袁巧英、石　毅
11	肿瘤的靶向基因—病毒治疗	上海东方肝胆外科医院、中科院上海生命科学研究院生物化学与细胞生物学研究所、浙江理工大学	钱其军、刘新垣、吴孟超、张　琪、顾锦法、苏长青、褚　亮、薛惠斌、崔贞福、贾晓渊
12	重症肌无力发病机制的系列研究	复旦大学附属华山医院	吕传真、乔　健、任惠民、肖保国、徐　科、卢家红、赵重波、施玉梁、任明山、都爱莲、张　祥、涂江龙
13	股骨头缺血性坏死显微外科治疗的临床和基础研究	上海交通大学附属第六人民医院	张长青、曾炳芳、眭述平、姜佩珠、安智全、施慧鹏、王建华、王　韬、徐铮宇、王　丽、宋文奇
14	溶脲脲原体与生殖健康关系的研究	上海第二医科大学、中科院上海生命科学院生物化学与细胞生物学研究所	徐　晨、鲁梅格、石建莉、叶元康、王一飞、周元聪、郭强苏、武婷婷、冯京生
15	玻璃体后脱离与视网膜脱离相关性的临床和基础研究	上海交通大学附属第一人民医院	张　晢、孙晓东、王志良、汪枫桦、许　迅、王　泓、王　方、张喜梅、张世杰
16	应用放射治疗新技术治疗非小细胞肺癌的基础和临床研究	复旦大学附属肿瘤医院	蒋国梁、傅小龙、吴开良、陈桂圆、傅　深、杨焕军、陈　明、钱　浩、王丽娟、赵　森

（朱炎苗　周　群）

【63 个项目获第三届上海医学科技奖】 上海市医学会于 2002 年底设立了上海医学科技奖。此届评审工作根据《上海医学科技奖章程》和《上海医学科技奖奖励实施细则》规定，评出一等奖 5 项、二等奖 15 项、三等奖 41 项和 SARS 医学研究专项奖 2 项（详见下表）。经上海医学科技奖奖励委员会审定，上海市医学会决定对经过公示的 63 个项目正式授奖。此届医学科技奖获奖项目，均为上海卫生系统在 2004 年 12 月 31 日前完成的最新研究成果。专业覆盖面广，总体质量好、水平高，都从不同侧面反映出上海医学科技最新进展和发展趋势。

第三届上海医学科技奖获奖项目表(共63项)

一等奖

序号	项目名称	主要完成单位	主要完成人
1	白血病细胞分化和凋亡新机制的提出与发展	上海第二医科大学附属瑞金医院、上海第二医科大学、中科院上海生命科学研究院—上海第二医科大学健康科学中心	陈国强、赵　倩、赵克温、黄　莺、蒋　益、刘　玮、宋满根、童建华、陈　竺
2	提高原发性肝癌疗效的优化治疗方案的研究	上海东方肝胆外科医院、复旦大学附属中山医院、上海市浦东新区浦南医院、上海市闸北区市北医院、上海市虹口区江湾医院	杨广顺、吴志全、樊　嘉、沈　锋、汪永录、沈忠培、任培萍、卢军华、汤钊猷、吴孟超
3	骨髓干细胞移植治疗急性心肌梗死/梗死后心衰的研究	复旦大学附属中山医院、上海市心血管病研究所	葛均波、赵　强、刘康达、王克强、唐耀亮、史剑慧、张少衡、马　军、孙勇新、邹云增
4	脂肪细胞因子在代谢综合征发生发展中的临床及实验研究	上海第二医科大学附属瑞金医院	宁　光、洪　洁、杨义生、顾卫琼、张翼飞、陈宇红、王卫庆、赵咏桔、毕宇芳、陈名道
5	成纤维细胞成骨潜能的诱导分化及其应用	上海第二医科大学附属瑞金医院、上海市伤骨科研究所	邓廉夫、柴本甫、汤雪明、徐荣辉、何　川、万　超、张　伟、汪　铮、齐　进、朱雅萍

二等奖

序号	项目名称	主要完成单位	主要完成人
6	肿瘤的基因—病毒治疗	上海东方肝胆外科医院、中科院上海生命科学院生化与细胞所、浙江理工大学新元医学生物技术研究所	钱其军、刘新垣、吴孟超、张　琪、邹卫国、顾锦法、苏长青
7	药物和基因治疗对黑质多巴胺神经元的保护、损伤修复和安全性评价	上海第二医科大学附属瑞金医院	陈生弟、刘振国、陈先文、赵迎春、肖　勤、刘卫国、翁中芳
8	染色体17p13.3区段肝癌等恶性肿瘤相关基因群的分离与功能研究	上海交通大学肿瘤研究所、上海市肿瘤研究所癌基因及相关基因国家重点实验室	顾健人、万大方、赵新泰、何　玫、覃文新、李锦军、何英华
9	改善胃癌疗效的外科综合治疗基础与临床研究	上海第二医科大学附属瑞金医院	朱正纲、刘炳亚、顾琴龙、尹浩然、燕　敏、陈雪华、林言箴
10	隐球菌性脑膜炎的基础和临床系列研究	上海长征医院	温　海、顾菊林、陈江汉、潘炜华、邹先彪、桑　红、陈裕充
11	肝癌门静脉癌栓形成机制及防治研究	复旦大学附属中山医院	樊　嘉、周　俭、吴志全、余　耀、汤钊猷、邱双健、曾昭冲
12	组织工程皮肤的基础和应用研究	上海第二医科大学附属第九人民医院、上海组织工程研究与开发中心、上海市组织工程研究重点实验室	曹谊林、刘　伟、崔　磊、杨光辉、刘德莉、杨　军、邓辰亮
13	上海市大气污染的健康危险度评价及其经济效益分析	复旦大学公共卫生学院	陈秉衡、阚海东、洪传洁、毛惠琴、蒋颂辉、贾　健、张蕴晖
14	镉人体健康效应的危险度评价	复旦大学公共卫生学院	金泰廙、孔庆瑚、叶葶葶、王洪复、蒋学之、林宝楚、汪再娟
15	重症肌无力发病机制的系列研究	复旦大学附属华山医院	吕传真、乔　健、任惠民、肖保国、徐　科、卢家红、赵重波

（续表）

序号	项目名称	主要完成单位	主要完成人
16	超声治疗技术在肝癌微创外科治疗中的应用研究	上海东方肝胆外科医院、复旦大学附属中山医院、上海交通大学	程树群、吴孟超、周信达、汤钊猷、钱德初、鲍苏苏、余　耀
17	股骨头缺血性坏死显微外科治疗的基础和临床研究	上海交通大学附属第六人民医院	张长青、曾炳芳、眭述平、姜佩珠、安智全、施慧鹏、王建华
18	肝、肺、胃及肠癌的复发转移分子预测及其临床应用研究	上海市肿瘤研究所、复旦大学附属中山医院、上海东方肝胆外科医院、上海第二医科大学附属瑞金医院、上海市胸科医院	许凯黎、钦伦秀、殷正丰、朱正纲、董强刚、郑佐娅、刘炳亚
19	胰岛素分泌功能精确检测技术的建立及在糖尿病中的应用	上海交通大学附属第六人民医院	包玉倩、贾伟平、项坤三、朱　敏、吴松华、马晓静、陆俊茜
20	胰腺癌诊断实验研究与榄香烯介入治疗临床研究	上海市普陀区中心医院、上海第二医科大学附属瑞金医院	奉典旭、孙　珏、范忠泽、花根才、韩　峰、张圣道、李　琦

三等奖

序号	项目名称	主要完成单位	主要完成人
21	人脑胶质瘤分子病理分类、基因表达谱及关键新基因功能研究	上海长征医院、复旦大学	陈菊祥、卢亦成、胡国汉、应　康、骆　纯
22	脊柱侧凸外科治疗的基础与临床研究	上海长海医院	李　明、倪春鸿、朱晓东、刘　洋、戴炳华
23	纤维化相关分子基因转录调控机制及其表达应用研究	上海长征医院	高春芳、王　皓、孔宪涛、王爱华、仲人前
24	吻合血管的复合组织瓣移植及带瓣膜静脉—淋巴管吻合治疗肢体淋巴水肿的实验和临床研究	上海第二医科大学附属第九人民医院	曹卫刚、李圣利、干季良、孙　沣、蔡仁祥
25	急性缺血性肾损伤机制和预防的实验研究	复旦大学附属中山医院	丁小强、邹建洲、滕　杰、曹长春、李　鹏
26	中国人2型糖尿病肾病11个候选基因的联合相关研究	上海交通大学附属第六人民医院	刘丽梅、郑泰山、项坤三、李　鸣、张　蓉
27	下腰椎马尾神经损害发病机制基础与临床研究	上海长征医院	史建刚、贾连顺、袁　文、贾宁阳、谭俊铭
28	孕早期干预协同刺激信号诱导母-胎免疫耐受的分子机制	复旦大学附属妇产科医院	李大金、朱晓勇、金莉萍、王明雁、周跃华
29	器官移植后免疫耐受的基础研究及其临床应用	上海交通大学附属第一人民医院	唐孝达、谭建明、刘　永、肖家全、蔡　勇
30	内窥镜辅助颅底锁眼入路的解剖、器械研制及临床应用研究	上海第二医科大学附属仁济医院	邱永明、罗其中、林毅兴、张晓华、江基尧

（续表）

序号	项目名称	主要完成单位	主要完成人
31	急性胰腺炎发病机制及药物治疗研究	上海第二医科大学附属瑞金医院	袁耀宗、诸　琦、徐家裕、章永平、乔敏敏
32	血栓与止血新方法的建立及临床应用	上海第二医科大学附属瑞金医院	王学锋、王鸿利、李　稻、胡翊群、郑佐娅
33	溶脲脲原体与生殖健康关系的研究	上海第二医科大学	徐　晨、鲁梅格、石建莉、周元聪、叶元康
34	放射性核素早期诊断与介入治疗肿瘤的临床研究	上海第二医科大学附属仁济医院、东南大学、上海交通大学附属第六人民医院	黄　钢、刘　璐、朱瑞森、黄培林、刘建军
35	伴胰岛素抵抗的高血压病人诊断及治疗优化方案	上海第二医科大学附属瑞金医院、上海交通大学附属第六人民医院、上海长海医院、上海交通大学附属第一人民医院、上海第二医科大学附属新华医院、复旦大学附属中山医院、上海市胸科医院、上海市普陀区中心医院	郭冀珍、贾伟平、龚艳春、章建梁、孙宝贵
36	胸部创伤救治的实验和临床研究	上海长征医院	徐志飞、潘铁文、赵学维、秦　雄、袁钰鑫
37	先天性肾上腺皮质增生症的预防、诊治和致病基因研究	上海第二医科大学附属新华医院、上海市儿科医学研究所	顾学范、叶　军、邱文娟、廖相云、韩　蓓
38	电离辐射对骨的损伤效应、机制与防治研究	复旦大学放射医学研究所	王洪复、金慰芳、朱国英、于明香、高艳红
39	酶学诱发玻璃体后脱离与视网膜脱离相关性	上海交通大学附属第一人民医院	张　哲、孙晓东、王志良、汪枫桦、许　迅
40	肿瘤表观遗传学（DNA甲基化）的基础和应用研究	上海交通大学肿瘤研究所、上海市肿瘤研究所	朱景德、张红宇、余　坚、何英华、倪　晶
41	人体组织工程神经的构建	复旦大学附属中山医院	陈峥嵘、程　飚、吴志伟、汪　洋
42	角膜缘干细胞和角膜上皮移植眼表重建的实验研究	上海第二医科大学附属第九人民医院	范先群、李　瑾、傅　瑶、林　明、贾仁兵
43	变形链球菌耐氟菌株的特性及其胞膜ATP酶在突变中的作用探讨	上海第二医科大学附属第九人民医院	刘　正、盛江筠、朱　敏、黄正蔚、李鸣宇
44	膝关节置换中以股骨上髁线为标准行轴向测量的可靠性研究	上海交通大学附属第六人民医院	罗从风、曾炳芳、眭述平、蒋　尧、高　洪
45	针灸神经刺激疗法治疗尿道综合征的机理和临床应用研究	上海市针灸经络研究所	汪司右、陈国美、毅　军、张淑静、朱忠春
46	深部真菌感染的临床与基础系列研究	上海长征医院、上海第二医科大学附属新华医院	姚志荣、廖万清、郭秀军、贺志彬、李志刚

（续表）

序号	项 目 名 称	主要完成单位	主要完成人
47	老年病人麻醉药的临床药代学与药效学研究	上海第二医科大学附属仁济医院	杭燕南、王珊娟、王祥瑞、孙大金、张马忠
48	白蒺藜治疗心脑血管病的有效组分研究和新药开发	上海中医药大学附属龙华医院、中科院上海药物研究所	顾仁樾、朱大元、蒋山好、周　端、刘　宇
49	喉鳞癌发病的相关研究	上海第二医科大学附属仁济医院、复旦大学附属眼耳鼻喉科医院	周　梁、金晓杰、谢　明、周佳青、陶　磊
50	鼻窦、前颅底及蝶鞍区的断层解剖学及临床研究	上海长征医院	廖建春、王海青、胡国汉、萧璧君、孙爱华
51	肾虚证内涵的HPAT轴分子网络调控研究	复旦大学附属华山医院	沈自尹、陈　瑜、黄建华、胡作为、刘小雨
52	围生期缺氧缺血性疾病的基础与临床研究	上海长海医院	古　航、胡　电、洪新如、崔　英、惠　宁
53	大量蛋白尿加重慢性肾衰进展的机制及中药和针药结合的干预作用	上海中医药大学附属曙光医院	何立群、李　均、曹和欣、侯卫国、李　屹
54	切开拖线、灌注（介入）与垫棉绑缚法相结合综合治疗浆细胞性乳腺炎	上海中医药大学附属龙华医院	唐汉钧、程亦勤、陈红风、刘　胜、郑　勇
55	糖尿病心脏病的临床与实验研究	复旦大学附属华山医院	周丽诺、朱禧星、胡仁明、翟迎九、吴　烯
56	常见老年精神疾病神经认知功能与神经影像学相关研究	上海市精神卫生中心	江开达、昂秋青、肖世富、曹秋云、林祥通
57	rtPA溶栓治疗急性脑梗死	上海市长宁区中心医院	陶庆玲、赵　晖
58	骶神经根高选择性切断治疗脊髓损伤后痉挛性膀胱的实验及临床研究	上海市普陀区中心医院	刘明轩、丁　浩、樊海峰、石文俊、陈贤齐
59	上海综合性医院精神卫生服务现状研究	上海市东方医院	于德华、李春波、吴绍敏、杨庆诚、姚　军
60	醋柳黄酮对高血压靶器官影响及其降压及靶器官保护机制的研究	上海市南汇区南华医院、上海市南汇区中心医院	朱　福、胡春燕、黄　波、蒋庆渊、卢振国
61	长柄人工双极股骨头置换治疗老年粉碎性股骨粗隆间骨折的实验及临床研究	上海市普陀区中心医院	曹成福、刘明轩、周军杰、纪　斌、丁　浩

SARS 医学研究专项奖

序号	项目名称	主要完成单位	主要完成人
62	SARS 流行趋势与自然因素的影响和干预措施的研究	复旦大学公共卫生学院、上海交通大学、华东师范大学、上海气象局	俞顺章、胡　钧、王　铮、谈建国、方海平、穆丽娜、阚海东
63	上海市非典型肺炎病原学及其相关研究	上海市疾病预防控制中心、复旦大学公共卫生学院、上海市第二医科大学、第二军医大学	张胜年、张　曦、袁正宏、滕　峥、姜庆五、朱兆奎、翁康生

（朱炎苗　周　群）

第三节　软科学研究与科技出版

软科学研究

【软科学研究概述】　2005 年，上海市科技发展基金软科学研究项目聚焦自主创新、绩效评价、职能转变等 3 个主题，围绕“提高科技自主创新能力”、“科技创新绩效评估”、“专利与技术标准战略”、“规划编制的方法与有效实施”、“资源共享与知识服务”、“市民科技普及”、“科技政策与立法”、“研发管理体制与运行机制”、“创新互动与服务全国”、“区县科技发展与产业集群创新”等 10 个重点研究领域，提出了建议研究的 30 多个方向。通过面向社会公开招标网上在线评审，确立了“推进‘科教兴市’主战略向纵深发展研究”、“影响上海科技自主创新能力的瓶颈制约及突破口选择研究”、“技术预见对区域发展贡献和影响的测评方法研究”、“上海知识型服务业发展模式构建和实证研究”、“上海市科研机构的知识产权战略及相关制度的研究”、“科技创新绩效评估研究”等 43 项重点研究项目，其中“上海增强自主创新能力与推进城市创新体系建设研究”、“上海国有大企业增强创新能力的体制研究”等 5 个项目列为 2005 年度上海市决策咨询委委托上海市科委招标和共同管理项目；确立了“发展上海生物经济策略研究”、“面向上海市国际金融中心的金融 IT 产品创新体系研究”等 42 项定向研究项目及“区县科技进步综合评价方案研究”、“‘十五’地方科技计划项目情况统计分析”等 13 项统计分析研究项目。这些项目研究为政府决策部门在整体上推进上海科教兴市主战略的实施，做好科技创新工作打下了良好的基础。为发掘和培养软科学研究人才，不断壮大科技发展决策咨询队伍，2005 年上海市科委继续对科技发展相关领域内选题好、研究思路新的 18 位全日制在读博士生学位论文给予资助。

同时，对软科学项目研究成果，加快后期开发与应用，并将开发后的研究成果及时提供给领导和有关的决策人员参考。2005 年上海市科委在软科学研究成果的基础上，通过凝炼和消化吸收有价值的研究报告，编辑出版了 36 期《科技发展研究》。向市领导提供了《上海创业投资的“强”与“弱”》、《美国创新所面临的新形势》、《创新，正以新的形式不断涌现》（上、下）等重要研究成果，对科技决策具有重要参考价值。同时对可以公开学习的研究成果，及时编辑在科技网上公开发表，发挥软科学研究成果资源共享和决策咨询的作用。

（陈丽君）

【科教兴市战略实施评价体系与对策研究】　该课题于 2 月由上海大学承担完成。该报告总结了发达国家的经验，将发展模式分为两类：美欧为技术领先模式，发展轨迹为“研究—开发—产业”；日本和韩国是技术后发展模式，发展轨迹为“产业—开发—研究”。中国应多借鉴日本、韩国的发展经验。

在建立科教兴市战略实施评价体系之前，该报告详细分析了 9 年来全国范围及北京、深圳、上海三地科教兴市战略实施状况。调研了国内外相关的评价理论、模型及运用情况，在弄清“科教兴国（市）”战略逻辑（机理）上，采用近期国际上流行的平衡计分卡（BSC）的方法建立了科教兴市战略实施评价体系，该体系有机地划分为学习与成长、科教驱动力流程、经济与科技产出和社会与城市发展四大块。利用关键成功因素分解法，建立科教兴市战略的评价指标体系，并将相关指标责任落实到市级职能部门。

利用研制的指标体系对北京、上海、深圳三市的科教兴市战略实施进行评价,发现上海仅在经济与科技产出上略占优势,而在学习成长,社会与城市发展方面已不占优势。进一步利用相对差距法找出了上海的劣势:上海的社会发展竞争力相对是下降趋势。上海发展后劲相对不足,而影响上海科教兴市战略实施瓶颈为:科技体制中缺乏统筹,各主要部门间协同合作差,资源不能被充足利用;产学研合作上的差距为,对科技促进增长质量重视不足,科技成果转化为生产力重视不足,科研与科技成果转化的资金比重为8:1,很不合理;资金缺口相当大;创新人才缺乏。

提出8项战略措施:努力突破体制机制“瓶颈”,积极推进制度创新;加强人才高地建设,实现整体跨越式发展;建立协调机制,实现产学研有机合作;实施“打造学习型城市”战略;实施技术市场化战略;完善落实相关政策法规,为创新创业提供良好环境;实施技术核心战略;以信息产业改造传统服务业。

(于英川)

【科教兴市与民营企业创新能力研究】 该课题于1月由同济大学承担完成。课题组认为科教兴市的核心是技术创新,上海民营企业在技术创新领域还面临着许多障碍,该研究报告分析了科教兴市战略与民营企业创新能力的关联性以及制约上海民营企业创新能力发展的因素并提出了化解对策。

课题组通过对当前上海技术创新资源分配的现状和上海民营企业创新环境的分析得出:尽管上海民营企业规模和实力在不断增长,科技投入不断增加,已经成为全市技术创新的一支生力军,但从科技经费与人力资源两端的表现来看,民营企业的地位与“三资”企业、科研机构相比还有相当大的差距,但已优于国有企业。

制约上海民营企业技术创新的主要因素:税负较重,税收政策有待完善;信贷支持力度差,融资渠道狭窄;企业所面临的法律、市场、咨询等创新服务体系不健全,创新创业环境亟待改善;创新资源配置不公平。

政策建议:提高民营企业技术创新效率,尽快实现上海市技术创新能力的跨越。这些建议包括:在经济全球化时代,民营企业应调整创新战略,着力追求技术创新中的分工经济,开发核心产品。从政府角度出发,上海市政府应尽快出台鼓励民营企业技术创新的税收政策,加强民营企业信贷担保体系建设,公平分配创新资源,积极营造创新与创业环境等,只有民营企业成为上海技术创新的主力军,具有强大的技术创新能力,上海才能真正成为中国的知识与技术的生产与扩散中心,才能获得持续的竞争力。

(陈 松)

【上海市科教兴市立法规划研究】 该课题于5月由上海大学法学院承担完成。课题组广泛收集法律资料,通过资料调研、文献检索,收集整理国内外科技立法资料共1 559项。其中:涉及欧盟、美国、英国、加拿大、日本、新加坡等国的科技立法项目406项;中国科技立法项目包括国家科技法律、法规、规章等467项;国内地方科技立法项目包括规章、规定、管理办法等462项;上海市科技立法项目119项;港、澳、台地区科技立法项目105项。

分类框架:科学技术基本制度和方针;政策的制定和资源分配;各项科技活动的实施职能;研发能力的建设和人力资源的发展职能;科技服务和基础条件建设职能;知识产权基本制度和实施;建立实施和维持可持续发展;其他等八大类。

瓶颈问题:科技投入;政府职能转换;科技成果的产权归属和收益;科技活动主体;科技创新政策环境等五方面。

深入开展比较研究。分析了国外市场经济国家在技术创新、产学研结合、政府科技计划项目知识产权管理、中小企业技术创新、数据共享、大型科研仪器设备共享、实验动物管理、科学技术普及等相关领域所走过的历程,比较研究各国在特定领域的立法状况,在认真研究中国中长期科技立法趋势和理清上海市科技法制现状的基础上,初步列出70项上海应考虑的立法项目,并按照必要性、可行性、紧迫性和立法位阶等指标再做集中研究后,提出15项建议立法项目:上海市促进技术创新的立法;上海市科技政策评估的立法;上海市科技计划项目知识产权管理的立法;上海市促进科技成果转化的立法;上海市大型科研仪器与特种设备共享的立法;上海市科学技术普及的立法;上海市实验动物管理的立法;上海市促进产学研结合的立法;上海市科技经费预算编制与决算监督的立法;上海市科技发展规划的立法;上海促进中小企业技术创新的立法;上海市科研机构的立法;上海市科技数据与信息共享的立法;上海市科技创新服务机构的立法;上海市防止知识产权滥用的立法。

(蒋 坡)

【OECD国家研究资助模式的演变及其对上海科技政策的启示】 该课题于2月由同济大学承担完成。课题通过对研发公共资助模式的演变分析，提出上海市政府资助研究与开发的政策导向。经合组织根据知识经济理论将高等教育、研发和软件三者的费用开支并列为知识投资。如何努力扩大科技投资和如何使有限的投资产生更大的效益，这是政府决策的一个重要课题。国际发达国家政府资助研发经过了三个阶段，即"科学政策时代"、70年代后期和80年代的"科学和技术政策"时代、90年代至今的"科技创新时代"。与其相对应地形成了不同的R&D投入模式，即政府主导型、政府企业双主导型和企业主导型，对R&D资助的目标从产生"国际领先知识"转向"知识创造财富"，即走向一种知识生产的新模式，R&D投入模式与一个国家的经济发展进程关联性越来越密切，而且政府往往通过对资助模式的选择激励企业R&D的投入。

根据上海人均GDP的预测，上海预计在2007年人均GDP可达7 000美元以上，这意味着上海市企业应该处于R&D投入的主导地位，但鉴于基础研究的公共产品特征，政府R&D资助的比例也应达到一定规模。

现阶段上海市R&D资金投入模式出现了从政府企业双主导型向企业主导型过渡的趋势，但上海市企业的研发经费支出有对外依赖性特征，尽管企业已代替政府成为资助的主体(占2/3左右)，但其中有一半以上为外企提供，而且目前依然面临着R&D资金投入和使用的制度化、国际规范化和产出效率等问题。

课题认为，通过制定科技政策促进和调整R&D的管理，可以从三方面展开：通过制定政府法规、鼓励企业增加研究开发投入、不断完善和规范市场等直接的研发促进政策；采取评估科技投入的绩效、引导FDI的方向和政府采购政策等间接的研发促进政策；建立协助企业建立研发联盟、建立促进科技投入的行政管理与协调机构等研发协作促进政策。

(郝凤霞)

【若干国家科技政策演变历程及其规律的实证研究】 该课题于1月由复旦大学承担完成。该课题通过研究表明，工业发达国家确定的重点科技领域直接反映了国家对科技发展方向的判断。课题组选择美国、日本、德国、法国、英国的科技政策进行了较为深入的探讨，这五个国家是全球科技创新能力最强的"五国集团"，也简要涉及近十年科技发展极为迅速的瑞典、芬兰等北欧国家，显示了为什么工业发达国家在全球科技创新体系中的强势地位增强是科技政策实施的必然结果。国家不论大小，而衡量一国科技政策能否取得成功和占有世界科技创新的一席之地是不断增加科技投入和提高研究与开发的密集度，以及把握住全球科技创新的发展方向。

从工业发达国家科技政策的实施效果来看，可归纳为三个特点，其也构成了工业发达国家科技创新体系演变中的新特点，一定程度上预示着全球科技竞争力的变动趋势。

(1) 工业发达国家研发密集度和研发人员密集度均显示了日趋提高的倾向。凡是哪些进入全球科技创新行列的国家，其研发密集度长期保持在2%以上，并呈现逐渐上升的趋势。其中像瑞典、芬兰等小国科技创新能力的突然增强就是基于研发密集度的提高，甚至超过了"五国集团"。

(2) 无论从科技资金的投入量，从事研发的科技人员数，还是依据科技开发能力，美国科技强势的地位不仅没有削弱，而且越来越增强，尤其是在以基础科学研究成果为新一代技术产业发展提供技术来源的科技领域，美国多元化的科技创新体系要比欧洲和日本在科技原创力方面更具有优势。德国和日本等绝大多数工业发达国家采取的科技政策属于针对现有科技产业的改进，而在科技资源的配置模式上更强调产品开发和应用技术。因而，其新一代技术产业竞争力尚未具备原创技术的基础研究能力。与传统科技产业的创新能力提升规律不同的是，基础科学的研究成为新一代技术产业发展的来源。

(3) 就全球科技创新政策的实际效果分析，美国投入基础研究的科技发展政策和通过市场选择科技产品的政策在科技原创力和建立新一代技术产业方面具有明显的优势。包括德国和日本在内的其他工业发达国家也需要从美国进口新的科学技术，并在吸收和消化美国科技的基础上去超越美国产业竞争力。

据此研究结论，可以引申出一个极具应用价值的政策含义，就是重视基础科学研究和发展新一代技术产业应当是目前工业发达国家和发展中国家科技政策的两大要素，问题只是在于一国的基础科学研究能力有多强，积累的科技资源有多大。拥有较强的基础科学研究实力的发展中国家，就有可能比基础科学研究落后的工业发达国家能够更快建立和发展新一代技术产业。

（殷醒民）

【台湾科技创业投资政策研究】　该课题于1月由上海大学承担完成。该课题认为台湾科技创业投资体系是由监管机构（主管部门是“财政部”，依法委托“行政院”开发基金代理相关管理事项）、投资主体（包括“政府”投资主体和民间投资主体）、投资对象（创新型中小企业）、中介机构（主要是自律管理机构“创业投资商业同业公会”）、市场条件（主板市场和柜台买卖市场）五个部分组成。

台湾推动创业投资事业的目的：配合经济发展需求，引导民间资金投资科技事业，以建立科技事业为核心的产业体系，改善产业结构。为新创事业提供资金，技术、人才及管理支持。通过创业投资事业投资于新创事业，籍其结合资金、技术、人才及管理等方面全方位整合功能，带动新创事业的发展，提升台湾技术水平。

创业投资的预期功能：提供种子基金，以促进科技事业之筹设与发展；协助被投资科技事业之经营与管理，健全科技事业的发展；辅导科技事业股票上市（柜），以协助自资本市场取得运营资金；通过国外投资，引进先进国家技术至台湾生根；引导台湾民间资金及金融机构资金，从事科技事业投资。

台湾创业投资政策可分为两阶段。2001年前是以优惠政策扶持和鼓励，2001年后取消优惠，代之以辅导。2003年以后，鉴于对创投政策的正负效应的比较，对政策又有一些新的调整。管理层决定针对创投事业发展现状，放宽资金进入创投事业，及放宽创投事业投资与运用范围。

台湾创业投资促进高科技产业发展的机制是比较健全的，但也存在欠缺。与美国等发达国家和地区相比，也有一些不足：种子期资金投入不足；资金流通渠道不畅，缺乏长期稳定的资金来源；创投投资规模较小；投资产业集中度过高，投资业务薄弱；创投组织缺乏弹性。

（吕　斌）

【纽约科技创新政策体系案例研究及对上海的启示】　该课题于1月由中共上海市委党校承担完成。课题组认为纽约科技创新政策体系的主体是纽约州政府，其核心手段是引导和服务，“政府—大学—企业”构成了其活动和作用的三角框架。纽约州的科技政策的目标是通过推进科技进步，促进地区经济发展。政府不直接组织和实施科技实验、开发等具体活动，而主要采用经济手段（包括经费资助、税务优惠等），鼓励私人、大学和企业参与科技开发，尤其是以生物技术、生物医学、纳米技术、信息技术等为代表的高新技术的开发和应用。

纽约科技创新政策体系的主要特点：以发展经济、增加就业为政策的价值取向；以大学和民间研究机构为科技创新政策激励的主要对象；以州政府财政资助作为鼓励有关机构进行科技创新的杠杆和催化剂；以对象的分布性和金额的均匀性，作为考虑选择、确定科技创新资助对象和金额的一个原则；以科技创新的商业化，作为科技创新政策导向的重要目标。

纽约科技创新政策体系的基本经验：政策目标定位，通过科技创新及其商业化，保持和提升纽约的经济状况，增加和保持纽约的就业岗位。州政府作用定位，纽约州政府及其下属部门是制定和实施纽约科技创新政策的主体，而不是科技创新活动的主体。注重政府在科技创新中的引导作用。将州内的大专院校作为激励的主要对象。重视科技创新的成果转移和商业化。

上海可借鉴：（1）确定长期跟踪发展的高科技领域，并逐步确立在该类领域的技术领跑者地位。（2）改革机构职能，提高工作效率。（3）为科技创新拓宽融资渠道提供政策环境；提高投资的开放程度，增加对科技型非公中小企业扶持的力度。（4）为了提高对大学和企业合作科技创新政策激励的力度，应改良用人机制，促进人才的正常流动。（5）鼓励大学、公共研究机构与私人企业的联合。（6）鼓励与国外的技术合作项目，降低对技术引进的依赖程度。（7）提高市场化程度，适当减少行政行为。

（王志平）

【上海城市创新体系和科研机构布局的关联研究】

该课题于1月由东华大学承担完成。该课题通过研究得出的主要新观点：（1）创新体系架构的建立。构建了完整的上海城市创新体系架构，分为科技创新系统、创新生态系统、创新政策支持系统和创新服务系统四大系统。衡量一个城市创新能力需从四大系统出发，考虑创新资源、创新管理、创新倾向、创新成果推介与扩散能力等四大核心要素。（2）科研机构布局与创新体系之间有两个方面的关联：科研机构在功能布局与创新体系之间的关联性；科研机构在职能布局与创新体系之间的关联性。（3）通过关联性分析提出的问题。上海科研机构布局现存的与创新体系不相匹配主要表现为：功能定位单一；与市场结合力度不足；存在技术成果转化缺口；融资能力欠佳等。(4)基于关联性的科研机构的功能发挥与发展目标。上海城市创新体系除了具备知识转移与扩散这一基本功能外，还应具备围绕特色产业的创新链培育功能、服从与服务于国家创新大系统和长三角经济发展总体战略这一双向服务功能、促进创新主体互动和科技资源集成共享功能、保证市场有效的创新环境控制功能。(5)结论与建议。鉴于城市创新体系与科研机构的关联性，为达到科研机构与创新体系的协调发展目标，提出了上海各类科研机构合理调整与优化布局的途径和“三识三化”(即：市场意识、服务意识、社团意识；虚拟化、企业化、快速化)的设想。

（汤兵勇）

【政府人才计划与科技领军人才的关联性研究】 该课题于5月由同济大学承担完成。课题组研究发现，政府人才计划培养途径对科技领军人才资质要素培养具有显著关联性；政府人才计划激励手段对于科技领军人才需求要素满足具有显著关联性。具体地说，上海地区的政府人才计划实施至今，通过不断的完善培养途径和激励活动，为资助对象的研究资质要素及需求要素产生了显著的推动作用，对科技领军人才队伍建设起到了推波助澜之效果。

基于以实证研究为基础的要素评分和关联性分析，对比资质要素、需求要素的重要度和获得提升、满足的程度，政府人才计划在以下五方面有拓展的潜力：

(1)培养坚实的“专业素养”。上海地区的政府人才计划操作模式主要以科研项目为途径，难以满足科技人才对知识和技能的巨大需求，因此可以尝试针对入选的科技人才各自的特点，建立培训和再培训之机制，并建立科技领军人才的研究平台，实施以人才培训为途径的政府人才计划操作模式。(2)对人文素养给予更多关注。上海地区的政府人才计划对于入选科技人才的专业技术的培养投入较多。建立“科学人文论坛”，以网络或面对面交流的方式为自然科学家与人文社会科学家提供相互交流与合作的新平台，提高自身的人文社会科学素养，使科技领军人才视野更广，科技精神更丰富。(3)加强职业权益的维护。(4)鼓励自主创新。对从事自主创新的科技人才放宽申请政府人才计划资助的资历标准；进一步加强产学研合作模式，激发科技人才自主创新热情。(5)建立多元科技投资体系。在保证增加财政经费对科技投入的同时，可以通过经济杠杆、政策措施等引导和鼓励企事业单位增加研发投入，逐步形成以财政投入为引导、企业投入为主体、银行贷款为支撑、社会集资和引进外资为补充的多元投资体系，增大全社会总体科技投入，以更快速有效地推动科技领军人才成长。

（罗瑾琏）

【微电子领域科技领军人才引进案例研究】 该课题于1月由上海理工大学承担完成。研究表明，上海已引进的微电子科技领军人才特点：“海归”背景浓厚，学历层次高；普遍年富力强：年龄集中在35～50周岁之间(占90.48%)；都具有较长的海外从业经历(都在8年以上，其中在8～12年之间的占38.1%，在12～15年间的占47.62%，在15年以上的占14.29%)；引进周期以半年为主。

同时，引进工作存在障碍：信息不畅通，不少符合引进要求的海外人才对上海微电子产业的人才需求不完全知情；信息不对称，引进单位较难把握候选人能力，导致盲目引进。机制、待遇问题方面的“瓶颈”，如：股票期权等相关措施不到位，国内外待遇上的巨大差距及综合保障上的差距；子女教育问题的“瓶颈”：国内外教育体制、方式不同，家属支持回国但不随迁的现象很普遍。

建议：(1)拓宽引进信息沟通渠道：充分利用欧美同学会、各大专院校的校友会等多种民间组织，以重大项目为纽带，拓展海外人才招聘信息沟通渠道；建立权威性的上海微电子信息网，及时发布产业进展动向及人才需求信息；打造上海的“微电子产业研究院”，建立类似台湾工业研究院、比利时微电子研究中心(IMEC)的研究机构，成为技术与人才的“蓄水池”。(2)加强国外精英信息跟踪：有关部门应及时向企业提供全球最新科技信息的同时，及时报告科技精英动向；建立海外科技精英档案，及时关心和跟踪了解在海外求学和工作的各种人才情况；建立关键岗位引进人才详细信息库并加强宣传工作。(3)延伸引进工作流程：引进之后，为人才创造能够充分发挥才能的软环境，提供宽松、公平、自由的竞争环境；培养对领军人才的认同感、亲切感、宽容感和尊重感；并通过跟踪领军人才引进后的工作情况来关心他们的成长，改进我们的工作。(4)改善引进工作支撑条件：用关键岗位吸引人；用完善的激励制度留住人；提高资本市场支持力度，促进微电子业企业发行上市；解决科技领军人才的后顾之忧(孩子上学、家属就业)；进一步完善“柔性流动”；重视“白发引进”；加强企业文化建设。

（钱省三）

【上海科技领军人才开发实证研究】　该课题于2月由上海公共行政与人力资源研究所承担完成。该课题通过对科技领军人才的概念、生产的条件与模式、素质特征、科技领军人才与其所属团队的关系、科技领军人才开发的经验与模式等调查、总结和概括；对科技领军人才开发中存在的主要问题及其症结进行了归纳和剖析；对科技领军人才开发的制度创新和环境优化等问题，以管理科学和系统工程的方法为指导进行了较为深入的研究与探索。并从体制保证、平台建设、评价认可、投资机制、激励机制、领军人才的发现与辨伪、领军人才价值实现的多元化机制等方面进行了全面的探讨，并就上海科技领军人才的开发问题提出了富于创新与可行性的对策与建议。

创新点：界定了科技领军人才的概念；分析了科技领军人才同其所属团队之间的辩证关系；在对象选择上打破了局限于自然科学领域的传统做法，首次将科技型企业领军人才，特别是将社会科学领军人才纳入研究范畴；在科技领军人才产生的规律、条件和模式上有新的创见；从体制模式、科研平台构建、评价认可、多元投资、激励机制等八个方面进行了较全面的集成创新，该项目成果具有面向实践应用的可行性和可操作性。

对策建议：建立有中国特色的社会主义现代人才市场体制，打破人才单位所有制度，为各类领军人才的脱颖而出提供宏观体制保证。构建宏大的科研平台、集聚世界级科技领军人才。建立科学公正的科技领军人才评价认可机制。调整战略投资重心、加大财政支撑力度。强化创新求异的激励机制，拓展领军人才的创新舞台。建立科学公正的人才发现机制和辨伪机制，保护人才的平等发展权。建立科技领军人才价值的多元化实现机制。大力加强社会科学型领军人才的开发。

（沈荣华）

【德国弗朗霍夫模式对上海产学研合作的启示】　该课题于1月由上海大学承担完成。该研究报告以德国产学研合作弗朗霍夫模式为切入点，分析了德国弗朗霍夫产学研模式的组织结构、运行机制、融资方式、人力资源等方面。并将其与美国、日本等国进行比较，分析总结了国际范围内产学研合作的动力机制、政府作用及其政策，并进一步分析了产学研合作中的黏滞知识，揭露了制约产学研合作发展的根本原因。

该报告分析了产学研合作对上海经济的推动作用，以及上海产学研合作中的政府作用和影响。在此基础之上，揭示了上海产学研合作不顺利，成果转化缓慢是由于产学研过程中存在着信息不对称，在很大程度上破坏了产学研合作各方生产要素的有效组合，阻碍了科技创新和技术产业化的进程。而产学研合作中的信息不对称的主要原因又在于：产学研合作各方为选择适宜的合作伙伴，而造成的搜索信息的障碍；产学研各方的知识有限，所拥有的和能支配的资源有限，造成的技术供给者和技术消费者的矛盾；信息优势方对信息的垄断。

结合德国弗朗霍夫成功模式，提出了对策和建议：(1)构建官产学研的联合创新机制，是指由政府主管部门、工业企业、高等院校和科研院所为实现共同的合作目标而建立的一种新型的合作模式与机制。在该模式中，政府部门的政策法规是合作的保障，企业通过与高校、科研院所的合作实现技术、信息等的交流与转移，增强自主创新能力。(2)减少产学研合作中信息不对称现象：融通产学研合作中的信息渠道；推进按销售额提成的产学研合作方式；加强产学研合作的过程管理。(3)寻找最佳模式匹配，减少风险。重新构建了产学研结合的途径：科技成果转化型、风险共担型和改制重组型三种模式。

（陈湛匀）

【上海企业产学研合作实证分析及模式和机制研究】　该课题于2月由上海市产学研联合工作协调办公室承担完成。(1)上海企业产学研合作的历史与现状：经历四个发展阶段：20世纪80年代初，以乡镇集体企业为主体、“四技”服务为特征的产学研合作开始萌生，形成了市场经济条件下产学研合作的雏形；80年代末，在政府主导下推动重大产业化项目技术难题联合攻关，将产学研合作推向产业发展的主战场；上世纪90年代中后期，以资产为纽带、成果为核心的产学研联合成为主流，产学研合作的市场机制更趋完善；进入21世纪以来，以“战略联盟”为标志的产学研联合应运而生，产学研合作向“一体化”的纵深发展。(2)形成六种主要模式：以出售技术为主要形式的技术转让；以企业难题攻关为媒介的技术开发合作；以掌握核心技术为目的的共建研发机构；以现代企业制度为核心共建经济实体;以培养学科带头人、建立企业人才库为目标的共建人才培训基地;科研开发经费基础共建开发基金或奖励基金。(3)归纳四个机制:正在形成以企业为主体的创新发展机制;逐步建立了推进产学研合作的科技创新的政策激励机制;基本形成了有利于实现科技成果产业化、创新要素市场化的产学研合作发展机制;重视建立确保科技创新和产学研合作顺利进行的基金保障机制。

主要问题:企业作为科技创新和产学研合作的主体地位还不突出;企业产学研合作的机制有待创新,政府在产学研合作中的作用有待进一步的发挥;企业产学研合作缺少领军人物,开展企业产学研合作的还需加强后勤保障工作;对产业的竞争性情报体系建立和知识产权的保护重视不够。

对策和建议:进一步宣传科教兴市、人才强市的战略思想;进行制度创新,搞好企业产学研合作,建立"战略联盟";充分发挥政府在产学研合作和"战略联盟"中的作用,建立产学研合作和"战略联盟"的跟踪监督机制;积极创造条件为搞好企业产学研和战略联盟提供良好的后勤保障;重视建立竞争性科技情报体系,重视加强知识产权的保护;重视通过产学研合作,建立产学研联盟,培养人才、发现人才。

(陈　臻)

【上海市产学研政策框架与技术转移途径研究】 该课题于1月由东华大学承担完成。课题组收集了20世纪90年代以来45个国家级产学研相关文件和38个上海市出台的产学研相关文件,通过归纳分析得出:中国及上海市的产学研合作政策是隐含并散布于中国的产业政策、技术政策和科教政策等多项政策体系之中的,是多种政策的集合,是一种组合政策。中国产学研相关政策、文件大致可以分为七大类:科技、经济和产业宏观计划;科技进步与创新;科技成果转化和高技术产业化;科技计划和科技专项管理;企业技术创新工程;基地建设与管理;创新基金与财税政策。

产学研政策建议:(1)政府在产学研合作中的定位应体现在两个方面:政府应利用其强大的号召力,推进以增强企业自主开发能力为重心,引导和支持企业、高校、科研院所在互利互惠的基础上进行各种形式的交流与合作;政府应引导产学研联盟,在前瞻性技术领域进行布局,注重于对能让全社会共享的共性、关键技术进行扶持。(2)制定产学研法规和政策时,中国应走出将产学研合作定位于科技成果转化(产业化)、要素组合和科技经济一体化的误区,应将产学研工程定位在:以增强企业自主开发能力为重心,引导和支持国有企业、高等院校、科研院所在互利互惠的基础上进行各种形式的交流与合作。突破口的选定应遵循的原则:必须以增强企业技术开发能力为重心;重视人才培养、人才交流在可持续的产学研合作中的重要作用;有利于产学研合作深入和全面展开。

产学研合作的技术转移途径建议:整合科技资源,调整科技创新组织模式,依托高校和科研机构等国家资源,建立和完善一批非营利的专业的技术转移中心,将科技成果管理和技术转移两方面的任务结合起来,而不是依靠社会资源建立营利性的技术转移机构。原因有四:体现了国家对研究机构技术转移活动的支持,减少企业吸收技术成果的负担;非营利性的技术转移机构避免了企业追求利润最大化造成的技术评估等方面活动偏离社会利益最大化目标;可以利用大学资源,培养从事技术转移的复合型人才;由研究机构自身建立技术转移中心,担负与企业合作的职能,能够更直接地了解企业的需求。

技术转移中心的功能:作为市场需求与研发方向之间的协调者,让研究人员与市场更加靠近;针对技术的市场前景进行评估与分析,以筛选出真正具有价值的技术以及可应用的范围;进一步针对拟转移的技术做市场营销分析,研究技术的出厂战略;可以提供技术后续推广所需要的资金、机会以及渠道。

(蔡玉华)

【产学研联合模式与机制研究】 该课题于4月由上海财经大学承担完成。研究界定的产学研联合模式是指产学研联合过程中形成的各类结构性关系,产学研联合机制是指能有效推进产学研联合实践获得成功的一系列措施。

课题组调研发现科技成果供求矛盾、科技成果转化资金不足或预算逾期不到位问题、产学研合作各方的利益分配等问题,是阻碍上海产学研联合科技成果商品化和产业化的前三位障碍。通过对各种合作模式的比较研究,课题组提出按联合方投入的专用性资产及交易频率,形成市场签约模式、内部一体化模式、混合模式等三种产学研联合模式;产学研联合运行机制包括动力机制、伙伴选择机制、管理控制机制、协调沟通机制和利益分配机制。(1)动力机制要素包括形成力、凝聚力和发展力。

形成力是联合体赖以萌生的原动力，凝聚力具有促使产学研各方产生向心力，形成稳定合作体的作用，发展力是推动合作由低级到高级发展，达到技术目标和经济目标的推动力。(2)伙伴选择机制包括搜寻和比较选择两个阶段。网络化交易方式是技术交易的最优安排。上海市产学研联合在寻求合作创新伙伴的过程中，应充分利用组织内部的代理渠道，充分发挥大学或企业内部那些既懂技术知识又有广泛学术交往的个人或技术交流推广机构的作用。(3)管理控制机制旨在通过过程管理和控制保证联合顺利运行并产生各方都满意的结果。成本控制是最为重要的环节，项目的质量、风险、绩效、时间进度和目标是否实现及其实现程度，是评估的关键因素。还应明确规定评价机构，研究人员和评价者的责任，制定具体的评价方法和操作程序，实施评价的共同原则。(4)协调沟通机制包括：规范各种标准、规章和程序；建立项目协调组；定期召开协调会议。更高层次的协调沟通包括建立高层广泛的协调沟通机制。(5)利益分配机制包括技术成果归属和合作收益分配方式。联合产生的专利权和转让权一般归研究开发方(共同研发的由双方共享)，出资企业享受对技术成果的优先或免费使用权。根据联合类型和模式选择收益分配方式：简单、松散的联合模式主要采用一次总付方式；成果相对成熟的技术转让模式采用定额支付方式；不确定性较大的技术开发宜采取提成支付方式。股权型联合模式则宜采用按股分利的支付方式。

四项建议：把价值实现作为衡量科技活动有效性的重要标准；建设研发公共服务平台，培育和规范中介服务市场；为产学研联合开辟稳定的资金渠道，提供强有力的经济支撑；加强法律法规执行力度，保障产学研联合规范发展。

(王　玉)

【产学研战略联盟中知识扩散机制及信息平台建设研究】　该课题于1月由复旦大学承担完成。该课题分析了知识扩散的一般过程及与知识扩散有关的成本，包括知识生产成本、学习成本、知识传输成本、知识管理成本和与环境相关的成本，得出了影响知识扩散的主要因素为：知识的特性、高校传输知识的效率、学习能力、高校与企业的地理距离及差异、联系强度以及外部环境。分析了知识扩散的四种方式：从显性知识到显性知识的扩散、从显性知识到隐性知识的扩散、从隐性知识到显性知识的扩散、从隐性知识到隐性知识的扩散以及每种方式的规律、特点和通常采用的扩散渠道，并分析了四种扩散方式的交互作用过程，给出了产学研联盟知识扩散的动态螺旋上升模型，并由此分析了黏滞知识产生的原因以及有关联盟的持续创新问题。

在对产学研战略联盟虚拟信息平台建设中，系统分析了虚拟信息平台应具备的新闻模块、网上交易模块、会员管理模块、产学研资四方网上俱乐部模块、网上咨询模块、成功案例示范模块、高科技人员供需管理模块、企业介绍模块、后台管理模块等九大功能模块，以及提供的技术供需双方的综合虚拟信息平台、小企业创业和发展的虚拟融资平台、产学研资四方的虚拟俱乐部平台的服务功能；给出了产学研战略联盟的“政府推动、企业化运作、市场化经营”的运作模式。对策与建议：(1)资金筹措。包括中央政府财政专项资金、主管部门共建资金、地方政府共建资金、高校自筹资金。(2)平台运营。强化中小企业的环境建设及应采取的措施、强化大学和科研机构的作用及应采取的措施、强化中介服务体系建设及应采取的措施、强化风险投资体系建设及应采取的措施。(3)盈利模式。通过技术营销和技术转移实现国际与国内先进科技成果的双向流动，积极开展技术转移理论、政策、方法和机制等研究，加强地区和国际间的科技合作，积极参与构建和完善国家和区域创新体系。

(宁　钟)

【上海科技发展与学科建设关联性研究】　该课题于4月由上海市科协和上海市科技史学会共同承担完成。课题研究了：(1)上海的学科结构、基本布局、现状和评价。上海的学科覆盖面广，门类比较齐全，科技资源比较雄厚，为学科发展提供了有力支撑。从学术水平来看，整体优势明显，论文、专利申请授权量在国内领先。从投入产出综合绩效评价来看，某些学科领域不尽如人意。(2)上海重点学科、优势学科的选择和培育。根据科学计量学统计分析和国家自然科学基金、国家自然科学奖、国家科技进步奖、全国若干学科综合实力排名及上海进入国际1%顶尖论文的学科，并参照专家咨询意见，初步判断出上海具有明显优势和需要大力扶持发展的学科。(3)学科建设与科技创新和产业发展适应性分析。上海的学科结构比较合理，与上海科技、经济发展比较适应；学科建设成就显著，科学技术与学科建设同步前进；优势领域突出，为上海高新技术产业的发展提供了支撑；新兴学科、交叉学科受到重视，数量有所增加；产学研合作有所进步，但由于体制上的障碍，仍然是上海科技发展和学科建设的制约因素；学科结构调整相对滞后，人才结构性矛盾依然存在。(4)建议：开展上海学科体系研究，提高学科建设与科技发展的适应性；高度重视工程技术教育，加大工程技术学科建设的力度；倡导和支持学科的交叉和融合，大力扶持新兴学科、交叉学科；推动产学研合作，促进产学研结成战略联盟；大力培养和引进杰出人才，优化学科建设人才队伍；发挥科协作为学术组织的特有优势，为科技发展与学科建设做出更大贡献。

（曹振全）

【上海研发公共服务平台的绩效评价研究】　该课题于1月由上海理工大学承担完成。课题组在对平台运转情况及存在问题作出基本判断的基础上，提出改善研发公共服务平台绩效的对策建议并参与了上海研发公共服务平台建设行动计划(2004～2010)的研究制定工作；总体负责制定平台运行评估监督制度，包括建立内部自查与互查制度、相关单位定期监督评估制度、用户服务跟踪与反馈制度、绩效评价与补贴办法；为上海科技数据信息资源共享服务管理中心和上海大型仪器设施共享及专业协作网服务管理中心提出了相关建议。

平台建设要走内涵式发展的道路。制定平台发展战略，不仅要着眼装备硬件数量和规模的扩大，更重要的是各种资源的技术含量、有效配置和合理利用。目前上海的科技资源资金投入比较分散，人、财、物不配套，许多大型仪器设备开机率不高，影响了科研质量和开发效益。上海研发公共服务平台绩效提高的关键在于切实解决部门各自为战、重复引进等问题，做到统一规划，突出特色，实行集约投入。同时，要制定政策，择优扶持，发挥政府、科研机构、高校、企业等多个方面的积极性。

平台涉及的十个子系统涵盖了创新创业的全过程，从“一网两库”在集聚科技资源、提供对外服务的实践看，平台具有良好的发展前景。按照“统筹规划、协同发展、整合集成、共享提高”的原则，有步骤、有重点地进行平台建设，不仅符合国际科技资源共享的大趋势，而且切合上海市的科技资源相对丰富、研发公共需求旺盛、信息化程度较高的市情。平台作为政府促进科技创新和创业的着力点，体现了政府公共服务的功能和特点。采取因势利导、试点运行、分类推动的方式，在产学研间建立起合作互动的网络化联系和创新制度，使研发公共服务平台不断提高为科技中小企业服务的能力，降低科技成果转化的成本，加速科技成果转化。可见，上海研发公共服务平台是科技管理部门探索公共服务模式转变的典型案例，可以成为科教兴市的重要抓手，具有广阔的发展空间和重要的战略意义。

（孙绍荣）

【重大产业化项目跟踪管理与评估方法研究】　该课题于4月由上海科技情报研究所承担完成。该研究成果探讨了发达国家和中国科技产业化项目的跟踪管理与评估方法，分析了若干重大科技产业化计划项目的管理与评估案例。建立了一套科学合理的产业化项目评估指标体系；并提炼出简化实用、易于操作的评估指标体系；为适应网上评估需要，设计了网上专家评审系统。

对策建议：(1)跟踪管理与过程评估相结合，特别是加强经费投入管理，使政府投入起到“四两拨千斤”的作用。政府在实施科技产业化项目管理中，要发挥重点资助符合国家战略的重大项目，主要起引导、推动和规范管理作用；把企业作为实施主体。对战略性和特大型项目，最好以大企业与中小企业形成“协作企业群”作为实施的主体，联合高校和科研机构组成战略联盟，加快科技成果产业化步伐。以国家战略为前提，通过资助竞争前研究开发，促进研发成果产业化，以保持核心技术领先，产生最大效益。为科技产业化项目的立项和实施提供稳定、有序、公平竞争的政策支持。实施重大产业化项目跟踪管理的重点之一是绩效管理，根据事前立项确定的目标，阶段性产业化项目评估方法，进行期中评估的结果，特别是绩效评估的结果，要及时做出继续投入、增加投入、纠偏调整，甚至“叫停”的处置。(2)遵循完备性、科学性、可行性、实用性和整体优化原则，研究设计出四阶段(立项评估、期中评估、验收评估、事后评估)三层次(目标层、准则层、指标层)结构形成的评估指标体系。(3)加强产业化项目成果的知识产权管理，推进重大产业化项目进展的重要举措。

（秦世俊）

【上海民营企业参与国资国企改革现状及对策】　该课题于1月由商业联合会承担完成。课题分析：上海民营企业参与国资国营企业的改革，产权交易总量不断增长，产权交易项目主要集中在第三产业，行业分布有待优化，产权交易的平均资产规模不大，主要方式是并购控股。改制企业的经济效益明显提高；有效地解决国营企业冗员的就业安置问题，维护了社会稳定；盘活了国有存量资产，使国资得到保值增值；国企与民企优势互补，促进混合所有制经济的形成。为此，必须重视转制到位和过渡平稳的统一；通过发展来化解改制中出现的矛盾；在交易市场化基础上规范操作过程。

问题与对策：(1)认识和观念上的障碍依然存在；各方面改革动力不足，政府在改革的复杂利益调整中需要进一步强化主导力；配套政策法规有待完善和加强；政府亟需改善分类指导工作，完善信息披露机制；“参与”中“人”的问题需要制度化加以解决；国资“定价”的瓶颈需要取得突破；现阶段国企、民企“进退”力量存在不匹配。(2)加强舆论宣传，促进社会观念和认识的转变。(3)抓紧出台《关于规范国有企业改制工作的意见》和《企业国有产权转让管理暂行办法》的实施细则，以增强可操作性。(4)制定推动民企参与国资国企改革的中长期规划。确定民企参与国资国企改革的目标、比重、范围以及参与方式。(5)建立专门领导机构，全面协调改制工作。建议由市政府和市人大合作牵头成立专门委员会，由市政府有关部门官员、人大成员和专家学者组成，负责全市国企改制和民企参与改制的统筹规划、组织领导和政策协调。(6)进一步规范民企参与国资国企改革过程。主抓四大环节(信息发布环节、资产评估环节、交易环节和定价环节)。(7)通过“人资分离，社保配套”解决好国企改革中职工身份转换和改制人员分流问题。(8)加强对民企参与国资国企改革的政策扶持力度。如资产抵扣、税金征收、产权交易费用、收益处理、银行还贷、信贷支持等方面。(9)鼓励民营资本成立资产经营公司，参与国有“资产包”的处理。

(唐　豪)

【长三角社会科技经济发展基础研究】 该课题于12月完成，由上海科技管理干部学院承担。课题对长三角概况用最新的数据进行了归纳、分析，对现状、特征与经济圈战略进行了比较研究，并提出了具操作性的创新对策、建议。该课题涉及的领域作为基础性研究在全国尚属首家，对长三角未来发展具有参考价值。

(张晓青)

科技出版

【科技出版概述】 2005年，上海科技类图书出版品种2 160种，其中新书1 457种，总印数(万册、张)2 079.32，总印张(千印张)212 027.13，定价总金额(万元)40 163.14。

“十五”重点图书出版规划，是新世纪中国出版业发展的第一个五年计划。2005年是完成“十五”规划的最后一年。列入上海和国家“十五”重点出版规划的科技类项目150种，已完成135种，完成率为90%。上海市新闻出版局在“十五”期间，与上海市科委合作设立科技专著出版资金支持科技专著出版。资金对于列入“十五”重点图书规划的项目产生了推动作用，确保了优质完成列入“十五”重点图书规划的项目。5年来，110种受资助的图书出版。其中，《热河生物群》、《中国医籍大辞典》、《分子材料》、《汽车摩擦学》、《敏捷制造的理论、技术与实践》、《真空动力学》、《线性模型中的最小二乘法》、《顾恺时胸心外科手术学》等20余种专著，分别获得了国家图书奖和上海市优秀图书奖；另有《电力网络规划的方法与实用》、《板壳后屈曲行为》、《现代毒理学及其应用》、《骨科修复重建手术学》等20余种专著分别获得了华东地区科技出版社优秀图书奖和华东地区大学出版社优秀教材、学术专著奖。至今已兑现资助金额467万元。

完成一批在海内外产生广泛影响的项目。《竺可桢全集》(5～7卷)，被誉为“20世纪科学文化的历史宝藏”、“对于中国现代科学史、教育史研究极具价值”。《技术史》是一部经典的世界技术通史，在国际科技史界有广泛影响。该书中文版出版后引起科技界强烈反响，为国内学术界了解和研究世界技术的发展历程提供了非常有价值的基础著作。

(郑　勤)

【重点科技图书一览表】 详见下表。

2005 年度重点科技图书一览表

序号	书　　名	版　别	编著者
1	血液恶性疾病基因异常和靶向治疗——“中国基因组研究丛书”之一	上海科学技术出版社	陈赛娟
2	基因工程小鼠——“中国基因组研究丛书”之一	上海科学技术出版社	傅继梁
3	彩图科技百科全书(共五卷)	上海科学技术出版社等	本书编辑部
4	城市环境土工学	上海科学技术出版社	孙钧等
5	地铁二号线工程——“上海大型市政工程设计施工丛书”之一	上海科学技术出版社	上海市建设和管理委员会科学技术委员会
6	中国古代玻璃技术的发展	上海科学技术出版社	干福熹等
7	特种钻探工艺学	上海科学技术出版社	刘广志等
8	现代科技知识工人读本	上海科学技术出版社	本书编写组
9	中国烟草栽培学	上海科学技术出版社	中国农业科学院
10	新概念方剂学导论	上海科学技术出版社	严永清
11	病毒的分子生物学及防治策略——“生命科学专著丛书”之一	上海科学技术出版社	龚祖埙
12	水稻株型育种	上海科学技术出版社	陈友汀等
13	第五元素——宇宙失踪质量之谜——“世纪人文系列丛书”之一	上海科学技术出版社	(美)克劳斯著,杨建军译
14	中药炮制学辞典	上海科学技术出版社	叶定江等
15	非线性互补理论与算法——“科学前沿丛书”之一	上海科学技术出版社	韩继业等
16	地球物理引论	上海科学技术出版社	刘光鼎
17	星系动力学	上海科学技术出版社	(美)宾尼等著,宋国玄等译
18	有毒、药用及危险鱼类图鉴	上海科学技术出版社	伍汉霖
19	太湖鱼类志	上海科学技术出版社	倪勇等
20	东黄海渔业资源利用	上海科学技术出版社	程家骅等
21	中国大陆架及邻近海域浮游生物	上海科学技术出版社	丁云龙等
22	乳腺肿瘤学	上海科学技术出版社	沈镇宙等
23	新生儿医学	上海科学技术出版社	吴圣楣等
24	三维增强磁共振血管成像	上海科学技术出版社	陆建平等
25	植物化学分类学	上海科学技术出版社	周荣汉等
26	实用眼科诊断	上海科学技术出版社	施殿雄

（续表）

序号	书　　名	版　别	编著者
27	中华本草(傣药卷)	上海科学技术出版社	国家中医药管理局《中华本草》编委会
28	中华本草(维吾尔药卷)	上海科学技术出版社	国家中医药管理局《中华本草》编委会
29	中国医学百科全书(维吾尔医卷)	上海科学技术出版社	本全书编辑委员会
30	竺可桢全集(5～7卷)	上海科技教育出版社	竺可桢
31	黑颈鹤研究	上海科技教育出版社	李筑眉、李凤山
32	麋鹿研究	上海科技教育出版社	曹克清
33	权谋——诺贝尔科学奖的幕后	上海科技教育出版社	罗伯特·马克·弗里德曼著，杨建军译
34	不确定的科学与不确定的世界	上海科技教育出版社	亨利·N·波拉克著，李萍萍译
35	未来是定数吗？	上海科技教育出版社	伊利亚·普里戈金著，曾国屏译
36	北大“赛先生”讲坛	上海科技教育出版社	任定成
37	避孕药的是是非非——杰拉西自传	上海科技教育出版社	卡尔·杰拉西著，姚宁译
38	改变世界的方程——牛顿、爱因斯坦和相对论	上海科技教育出版社	哈拉尔德·弗里奇著，邢志忠译
39	林肯的DNA——以及遗传学上的其他冒险	上海科技教育出版社	菲利普·R·赖利著，钟扬等译
40	“深蓝”揭秘——追寻人工智能圣杯之旅	上海科技教育出版社	许峰雄著，黄军英等译
41	重症监护操作手册	上海科技教育出版社	叶志霞
42	胃病诊治进展	上海科技教育出版社	夏玉亭等
43	恶性胸膜间皮瘤	上海科技教育出版社	廖美琳
44	肾脏替代治疗学(第二版)	上海科技教育出版社	何长民等
45	鼻内镜检查与诊断图谱	上海科技教育出版社	余洪猛等
46	中药的合理应用	上海科技教育出版社	徐德生
47	现代内科学进展	上海科学技术文献出版社	杨秉辉
48	泌尿系梗阻性疾病	上海科学技术文献出版社	何家扬
49	人类生殖生物学	上海科学技术文献出版社	王一飞
50	“原来如此”丛书	上海科学技术文献出版社	熊思东等
51	杨国亮皮肤病学	上海科学技术文献出版社	王侠生
52	现代实用儿科学	复旦大学出版社	宁寿葆

（续表）

序号	书　　名	版　别	编著者
53	中草药生物技术	复旦大学出版社	唐克轩
54	现代泌尿外科理论与实践	复旦大学出版社	张元芳
55	复旦大学百年志	复旦大学出版社	《复旦大学百年志》编纂委员会
56	上海医科大学志(1927～2000)	复旦大学出版社	《上海医科大学志》编纂委员会
57	中国西北地区古代居民种族研究	复旦大学出版社	韩康信、谭婧泽、张　帆
58	奋斗的历程——谷超豪文选	复旦大学出版社	谷超豪
59	有机电致发光材料与器件导论	复旦大学出版社	黄春辉、李富友、黄　维
60	现代热力学及热力学学科全貌	复旦大学出版社	王季陶

（柳春萍　陆伟明　张　树　池文俊　何　蓉　周　律）

【2005年新书选介】

《血液恶性疾病基因异常和靶向治疗》　陈赛娟主编，上海科学技术出版社出版。该书系“中国基因组研究丛书”之一。作者以白血病研究成果为主线，邀请部分国内知名专家，结合国内外最新研究成果，较全面地论述了正常造血的基因调控机制、白血病的遗传学基础、急性白血病的分类、各类白血病的发病机制、白血病致病基因产物的靶向治疗、淋巴瘤发病相关基因的研究、多发性骨髓瘤发病的分子机制，以及恶性血液病的分子标志及临床应用等内容。该书是白血病防治的研究和临床工作者的重要参考书，并将为提升中国在血液学领域的自主创新能力提供有益的启示。该书由“上海科技专著出版资金”资助出版，系国家“十五”重点图书。

《基因工程小鼠》　傅继梁主编，上海科学技术出版社出版。该书系“中国基因组研究丛书”之一。该书全面介绍和评述了小鼠基因组修饰、操作和分析的主要技术，包括实验小鼠种群的建立、小鼠的转基因和基因剔除、插入、条件性基因打靶和大片段染色体工程化操作、基因捕获、全基因组大规模基因随机诱变和体细胞核移植等遗传分析技术，以及这些技术在疾病基因和疾病基因组学研究中的应用。该书由“上海科技专著出版资金”资助出版，系国家“十五”重点图书。

《彩图科技百科全书》　《彩图科技百科全书》编辑部编，上海科学技术出版社等出版。全书共分五卷，分别是宇宙、地球、生命、人与智能、器与技术。前四卷分别描述当代科学对物质世界、地球系统、生命系统，以及人体系统的已有认识和相关的技术成果。第五卷则着重展示人类科学技术发明的主要产物和历程。全书各卷条目的选取均以人类探知的客观对象(自然对象或人造对象)为标准，而不从纯理论的抽象概念的角度来选取条目。每个条目的内容都以释文和示图两种方式展开。对条目的主题，力求进行跨学科、综合性和探索性的描述；对重要的理论概念，也注意进行必要的介绍和解释。该书系国家“十五”重点图书。

《城市环境土工学》　孙钧等著，上海科学技术出版社出版。该书是一部讨论在诸多大城市工程建设中因各类地下工程与软土隧道施工活动带来工程周边环境土工公害及其施工变形预测和控制等方面一系列环境维护与安全问题的学术专著，是作者们近20年来参加上海市和其他一些城市地铁车站、高层建筑物和悬索大桥锚碇结构的深大基坑、盾构法施工的地铁区间隧道(含交叠隧道)、大型顶管、桩基和沉井工程等隧道与地下工程重大建设项目有关科研、设计和施工这一环境土工学领域，以及相邻建(构)筑物先后施工相互影响问题等方面的研究成果和系统性总结。该书所述的部分内容和研究方法就其研究广度和深度在国内外尚属少见，成果具有创意特色。该书由“上海科技专著出版资金”资助出版，系国家“十五”重点图书。

《中国古代玻璃技术的发展》　干福熹等著，上海科学技术出版社出版。该书首次系统地阐述了中国古代玻璃技术发展史。全面总结分析了中国各历史时期的古代玻璃情况（外形、艺术、制造工艺和化学成分）。书中介绍了近年来作者运用先进的测定方法和体系，对中国古代玻璃成分进行了系统的研究。书中还结合文物考古研究结果，对中国古代玻璃的起源和体系、制造年代、制备工艺等问题进行了深入研究。系统研究了中国早期玻璃的演变，及与西方古代玻璃的对比，反映了中外在古代玻璃制造、发展等方面的联系和交流。该书具有前沿性和创新性，反映了中国古代玻璃领域的最新研究进展和发展水平。作者是中国科学院院士。该书由“上海科技专著出版资金”资助出版，系国家“十五”重点图书。

《特种钻探工艺学》　刘广志等编著，上海科学技术出版社出版。该书抓住资源和环境两个领域中的相关重大课题，在地热能源钻探开发、冻土层钻探技术、海洋油气资源钻探、深部矿产资源勘探、大陆科学钻探、反循环钻探工艺等领域作了系统论述，内容紧扣中国工业与学科发展前景的需要，理论联系实践，并吸取了国外诸多国家积累的钻探工程进展的资料，列举国内外的典型工程实例及其成果，论述了工程实施的程序、关键技术及相应的设备和机具。该书由“上海科技专著出版资金”资助出版，系国家“十五”重点图书。

《现代科技知识工人读本》　该书编写组编，上海科学技术出版社出版。该书选择了信息技术、计算机技术、微电子技术、通信技术、能源技术、生物技术、新材料技术、激光技术、自动化技术、海洋技术和外层空间技术这些目前发展较快、在各个领域得到广泛应用并对人类社会发展和技术进步发挥了巨大影响的新兴技术，从发展简史、目前在各行各业的实际应用和发展前景等方面作了介绍。该书系国家“十五”重点图书。

《中国烟草栽培学》　中国农业科学院烟草研究所主编，上海科学技术出版社出版。全书内容包括烟草的起源与栽培历史、形态结构与生理、烟草类型、生态区划、遗传育种、生物技术、良种繁育、耕作制度、土壤农化、育苗栽培、营养施肥、植物保护、调制设备、采收调制、分级加工，以及化学分析、品质评价、吸烟与健康等专业学科的理论研究与应用技术。该书从烟草生产的特殊性入手，综合运用现代科学理论对中国烟草的生态区划，将理论与实践相结合，对烟草生长发育的规律及其与栽培环境的关系，以及调控技术途径，作了全面系统的科学阐述。该书系国家“十五”重点图书。

《新概念方剂学导论》　严永清主编，上海科学技术出版社出版。该书分总论和各论：总论共 3 章，第一、二章为方剂学发展简史和任务，第三章为方剂研究的思路与方法；各论以方剂功效分类共 17 章，收集了 51 个以复方为整体进行研究的方剂，在传统方剂学来源、异名、组成、方解、功效、用法等传统内容的基础上，增加了配伍研究、药效特质基础研究、药理研究、现代临床应用、毒性研究与不良反应和发展等多项创新内容，体现了中药复方多成分、多靶点、多途径的整体调节作用，对阐明方剂的内涵有重要意义。该书系国家“十五”重点图书。

《病毒的分子生物学及防治策略》　龚祖埙主编，上海科学技术出版社出版。该书系“生命科学专著丛书”之一。病毒学是一门跨生物学、医学、农学和环境科学的专门学科。该书涉及分子生物学、分子遗传学、生物工程、农业及医学各领域，既反映了分子病毒学的最新研究进展，也重点涉及到其研究成果在医疗卫生和农业方面的实际应用。该书由“上海科技专著出版资金”资助出版，系上海“十五”重点图书。

《水稻株型育种》　陈友汀等编著，上海科学技术出版社出版。该书系“现代中国农业科学专著集”之一，是中国稻作领域内首部关于株型育种的专著，内容涉及中国水稻分布的生态因子和区划、水稻株型育种的基本原理和方法及水稻株型育种所需的先进设备和技术。全书以水稻生长发育的特点、生态条件的变化规律和作物的形态与机能相统一的原理为基础，全面系统地阐述了中国水稻高光效与动态株型育种、水稻耐冷株型育种和水稻光温敏雄性核不育系育性生态及形态改良的基本原理、概念和方法等。该书系上海“十五”重点图书。

《中药炮制学辞典》　叶定江等主编，上海科学技术出版社出版。中药炮制是在中医药理论指导下，根据中医辨证施治和调剂、制剂的需要，对中药材进行净制、切制和炮炙等一系列传统加工技术的总称。该书全面反映中药炮制学历史源流及最新研究成果的工具书，分为人物著作篇，名词术语篇、药物炮制篇三部分，共收辞目2 160条，其中名词术语788条，炮制学文献225条，对炮制有贡献的医药专家156条，药物炮制994条。内容涉及中药炮制学发展历史、工具运用、工艺改革、方法创新、作用研究等各个方面。该书系上海“十五”重点图书。

《非线性互补理论与算法》　韩继业等著，上海科学技术出版社出版，该书系“科学前沿研究”丛书之一。互补问题是运筹学与计算数学的一个交叉研究领域，它与非线性规划、极大极小、对策论、不动点理论等分支有紧密联系，在力学、工程、经济、交通等许多实际部门有广泛的应用。该书系统地讲述了非线性互补理论和算法。书中着重介绍近十年得到的新的理论成果和数值方法，包括互补问题的基本性质、可解性、误差界、内点法、非光滑牛顿法、光滑化牛顿法等；同时也介绍了互补问题的经典理论和方法，如不动点再生理论和投影法，以及该方法的最新进展。该书由“上海科技专著出版资金”资助出版。

《星系动力学》　(美)宾尼等著，宋国玄等译，上海科学技术出版社出版。原书出版于1987年。该书讲述了星系动力学基本概念及基本过程，阐述星系中发生的各种动力学过程及其本质，同时也把20世纪80年代中期以前的重要文献结果作了简明的引用，有助于以后工作的开展。

《有毒、药用及危险鱼类图鉴》　伍汉霖主编，上海科学技术出版社出版。该图鉴是中国首册集有毒、药用及危险三大类群鱼类的图集，介绍鱼类共420种。图鉴对每种鱼类除简要描述其外形特征、习性与分布外，还介绍其危害情况或中毒方式、症状、救治措施；对药用鱼类则简明扼要叙述其药用价值和药用情况。该图鉴有75种鱼类属首次介绍，而且还收入了19种不产于中国的世界著名危险鱼类，在防范生物入侵、保护生态环境方面具有一定的实用意义。该书由“上海科技专著出版资金”资助出版。

《中国大陆架及邻近海域浮游生物》　王云龙等著，上海科学技术出版社出版。该书是20世纪末在中国大陆架及邻近海域开展大范围海洋调查的基础上，对黄海、东海和南海海域浮游生物现状的全面总结。通过大量翔实的调查数据和图件，反映中国专属经济区渔业海域浮游生物变化规律及生物栖息环境现状。该书的出版，为海域划界谈判、海洋资源合理规划与保护提供了科学依据，同时为今后深入了解和掌握中国200海里渔业资源状况，加强对中国专属经济区海洋生物资源可持续利用和发展积累了大量基础资料和奠定了基础。

《新生儿医学》　吴圣楣主编，上海科学技术出版社出版。该书系“医师文库”之一。该书是一本有关新生儿学范畴既有理论又有临床实践、普及与提高相结合的学术专著，基本覆盖了现代新生儿学的各个系统专业，包括围生医学领域，并择其主要者作为专题加以重点阐述。书中详细介绍了近年来国内外新生儿学领域大量临床经验、新知识、新理论以及新生儿学科的发展趋势，反映了最新国际水平、研究进展和特色。

《中华本草(傣药卷)》　国家中医药管理局《中华本草》编委会编著，上海科学技术出版社出版。该书是国家中医药管理局主持编撰的《中华本草》民族药卷之一，是一部全面介绍傣药学理论和实践经验，反映当前傣药学成就和发展水平的综合性巨著。全书共载傣医临床应用、疗效确切，并有一定研发价值的传统傣药(包括矿物药、植物药、动物药)400味，插图351幅。每药按正名、异名、释名、来源、原植(动、矿)物、栽培要点、采收加工、药材鉴别、化学成分、药理、药性、功能与主法、用法用量、使用注意、附方、制剂等16项叙述，充分体现了它的科学性、实用性、先进性，具有突出的傣医药特色和浓郁的民族风格。

《中华本草(维吾尔药卷)》　国家中医药管理局《中华本草》编委会编著，上海科学技术出版社出版。该书是国家中医药管理局主持编撰的《中华本草》民族药卷之一，是一部全面介绍维吾尔药学理论和实践经验，反映当前维吾尔药学成就和发展水平的综合性巨著。全书分上、下篇，包括概论、药物、附篇和索引四大部分，收载药物423味，药物插图320余幅。药物以正名、异名、品种考证、来源、原植(动、矿)物、采收加工、药材鉴别、附方、制剂、参考文献等项目分别给予详细介绍，充分体现了它的科学性、实用性、先进性，具有突出的维吾尔医药特色和浓郁的民族风格。

《维吾尔医学》《中国医学百科全书》编辑委员会编著，上海科学技术出版社出版。该书系《中国医学百科全书》所属分卷之一。该书叙述了维吾尔医学的理论体系和临床经验。内容包括维吾尔医药简史、维吾尔医学的基础理论、生理、病理、五官科学、内科学、外科学、皮肤科学、男性病学、妇科学、儿科学、骨伤科学、维药学、方剂学等基础与临床各学科，是一部综合性的分卷，客观地反映了维吾尔医学目前的实际动态和今后的发展方向。

（以上由柳春萍提供）

《竺可桢全集》(5～7卷)　竺可桢著，上海科技教育出版社出版。《竺可桢全集》第五卷收录1916～1973年竺可桢的英文、俄文著述59篇，其中包含首次全文发表的1918年他在哈佛大学的博士论文"远东台风的新分类"，中国现代气象学的奠基作"中国气候概论"、"中国气流之运行"、"东南季风与中国之雨量"、"中国历史上气候之变迁"、"中国近五千年来气候变迁的初步研究"，以及介绍古代中国科学成就和新中国科技事业的名篇"中国古代对气象学之贡献"、"中国古代的天文学"、"新中国科学技术的发展"。

《竺可桢全集》第六、七卷为竺可桢日记一、二集，共157万字，分别收录竺可桢1936～1938年、1939～1940年的日记。日记涉及的内容非常广博，除了常年对气象、物候的关注与记录以外，更多的笔墨则记述与评论国内外重要事件、日常工作和生活感触，与社会各界人士的往来，考察或旅游时的所见所闻等。

《黑颈鹤研究》　李筑眉、李凤山编著，上海科技教育出版社出版。全世界现存15种鹤类，生活在青藏高原上的黑颈鹤是发现最晚的一种，也是惟一完全生活在高原上的鹤。由于其分布地区高寒偏僻，长期与外界隔绝，人们对它的了解十分有限，它也因此成为国际上最受关注的濒危物种之一。自20世纪80年代起，中国科学家开始对黑颈鹤进行了比较系统的调查研究，在黑颈鹤的分布、数量、繁殖、越冬、迁徙、环志、种群结构、栖息地、人工饲养繁殖、自然保护等方面的研究成果填补了许多科学空白。该书的两位作者即是该研究领域的专家，他们总结了多年来中国黑颈鹤野外研究和自然保护的最新成果，从黑颈鹤的形态特征、分类地位、地理分布、繁殖生态、越冬生态、迁徙、解剖和生理生化、人工饲养繁殖、受胁状况与保护等方面进行了阐述。全书具有很强的学术性，是目前国内最能反映黑颈鹤学术研究动态的一部著作。

《麋鹿研究》　曹克清编著，上海科技教育出版社出版。麋鹿是世界上已经绝灭于野外、但安全地被保存在园囿条件下，目前试行重新在原栖息地放野的大型哺乳动物中的少数物种之一，也是中国动物群的典型代表以及自然和文化遗产的重要组成部分，具有特殊的历史文化意义。然而作为中国特有的珍稀动物，麋鹿在清末时由于战祸等原因在中国土地上绝迹，只在海外有遗存，成为异乡"游子"。直到1980年后，中国为恢复麋鹿种群，启动了麋鹿重引进项目，建立了麋鹿自然保护区，"游子"方得以归乡。该书从麋鹿传奇式的身世讲起，总结了麋鹿的形态、习性和生态需求特点，描述了古代野生麋鹿生活景观和化石群落的状况，介绍了麋鹿的历史地理分布和重引进项目的科学实践、麋鹿保护区工作的成果，并提出一些建议，展望了麋鹿这一物种的研究利用价值。全书叙述生动，颇具趣味与戏剧性，除学术研究外，亦是增长知识的科普佳作。

《权谋——诺贝尔科学奖的幕后》　罗伯特·马克·弗里德曼著，杨建军译，上海科技教育出版社出版。全书凝聚作者20年潜心研究诺贝尔科学奖档案文件之心血，以翔实的资料、生动的细节，揭开诺贝尔科学奖评选内幕。披露的真相让人触目惊心，提出的问题更发人深省：诺贝尔奖是衡量科学成功的标准吗？科学家将获得诺贝尔奖作为科学研究的惟一目的正确吗？作者在努力降低诺贝尔奖的神秘性之后，进行了深入的反思，使读者对科学生活的真正意义有了更好的了解：科学所赋予人类社会的，比对诺贝尔奖的追求要丰富得多。

《不确定的科学与不确定的世界》　亨利·N·波拉克著，李萍萍译，上海科技教育出版社出版。作者通过列举简短而清晰的事例，说明不确定性对于科学是常见的，瘫痪和无法行动的原因并不是不确定性，从而驳倒了"科学是确定的"神话。该书抨击了两种危险的态度：一种是在用人们难以理解的概率进行描述的复杂世界中拼命寻找不可能的确定性，另一种是非常相信科学家是当今通过科学实验产生确定性的魔术师。通过向人们介绍不确定性在科学中发生的方式，科学家如何适应和利用不确定性，以及科学家如何在不确定性面前得出结论，使读者能够根据自己的日常经验从自身角度自信地评价不确定性。阅读本书能够帮助我们在彼此冲突的"事实"面前作出很好的判断，可以说这种能力对于21世纪是极为重要的。

《未来是定数吗?》　伊利亚·普里戈金著，曾国屏译，上海科技教育出版社出版。全书探讨并进一步传达了普里戈金在当代重大科学问题上的基本观点。书中提出复杂性认识论的概念，以及若干新的科学命题，如"非平衡联系着地球上的复杂性"、"在复杂性的意义上，物理学已经接近生物学"，"复杂性是系统的一种性质"、"概率是关于复杂系统固有的不确定性的评估"等，言简意赅，颇有新意，有助于进一步深化复杂性研究。

该书力图传递的思想可以集中表述为"未来不是定数"的命题。从牛顿到爱因斯坦，科学的宇宙观一直是确定论一统天下，坚信未来是给定的。拉普拉斯给出最极端的表述：只要给定初始条件，一切分子和原子的过去和未来都可以预见。20世纪的自然科学，包括普里戈金的非平衡物理学，有力地揭示了确定论的谬误。命题"未来不是定数"意指未来存在不确定性，有多种可能性，却并非什么都可能，从而排除了片面性。"未来不是定数"原本是辩证唯物论的命题，但以往主要基于人文科学来论证，不能令人完全信服。普里戈金别开生面，基于自然科学、特别是物理学论证，以物理世界的不可逆性、非平衡是有序之源、分岔导致新结构涌现等为依据，大大增加了该命题的科学性和可信性。

《北大"赛先生"讲坛》　任定成主编，上海科技教育出版社出版。为了寻求救国救民的道路，中国"五四"思想先驱们从西方请进两位先生，其中之一的"赛先生"就是科学。如今，这位"赛先生"现状如何？为了发扬和光大"赛先生"在中国的事业，批判、吸收和继承国际学术界对于科学技术的研究成果，分析和研究当代科学技术在国际国内的实际社会处境，讨论和思考科学技术领域的未来从业者将要面对的建制境况以及他们的社会使命和知识使命，从学理和现实社会责任两方面理解科学技术及其社会文化利用，北京大学科学与社会研究中心的任定成教授及其合作者，在北大博士生课堂上开设了北大"赛先生"讲坛，邀请著名学者发表演讲，回溯历史、分析现状、推测趋势。

该书根据讲坛上演讲内容整理而成，收录了杨振宁教授、韩启德教授等著名学者的18件演讲稿。

《避孕药的是是非非——杰拉西自传》　卡尔·杰拉西著，姚宁译，上海科技教育出版社出版。他把自传的叙述放在二战前的逃亡、战后全球面临的人口爆炸以及与此相关的"虫口夺粮"、濒危野生动物保护、国际科技合作和第三世界的发展等广阔的现实背景上，给人以真实的感受。他获得的殊荣不仅与他的发现有关，还与他对国际科学发展作出的贡献分不开。

杰拉西是一位阅历丰富、才思敏捷的人。科学家传记作品中难以回避的专业的理论和乏味的术语，在他的笔下丝毫没有败坏读者的阅读兴致。该书包含了大量的幽默和少量的感伤，以及许多耐人寻味的东西。他把叙述的重点放在怎样利用哪怕是毫无知名度的团队的力量，怎样妥善处理研究、经营、教学的关系，怎样在遇到困难时不懈地为社会做点什么，甚至怎样在无奈的生活现状面前调节情趣上面，让每一个不懂化学的人都能对这些智慧产生兴趣并从中得到启示。

《改变世界的方程——牛顿、爱因斯坦和相对论》　哈拉尔德·弗里奇著，邢志忠译，上海科技教育出版社出版。作者以简明清新、通俗易懂的文笔讲述了爱因斯坦有关空间和时间的相对性以及物质和能量的等价性的理论，其中著名的质能方程 $E=mc^2$ 在人们认识自然界的物质结构和性质之中扮演了核心的角色。原子弹爆炸的巨大能量来源正是基于这个方程所描述的物理原理。能量和质量之间的这种关系的后果就以原子弹和氢弹的形式直接或间接地左右着世界政治，因此后者通过前者而改变了整个世界。

书中作者效仿伽利略在《关于两大世界体系的对话》中采用的形式，以虚拟的3人讨论的形式来表述了狭义相对论的基本思想。讨论的参与者包括牛顿、爱因斯坦和一位虚构的名叫阿德里安·哈勒尔的理论物理学教授。他们分别代表了物理学发展的3个不同时代。通过3人之间生动活泼的对话，读者可以像牛顿那样来学习相对论，切身领会相对论的时空观，比如光速不变性原理、时间延缓和空间收缩。而质能关系的出现则加深了我们对物质世界的理解：核裂变、核聚变、粒子与反粒子的产生和湮没等不可思议的现象，都是物质和能量之间相互转化的例证。

《林肯的DNA——以及遗传学上的其他冒险》 菲利普·R·赖利著，钟扬等译，上海科技教育出版社出版。书中指出，人们必须与伴随这些领域的惊人进展一同而来的诸多社会和道德问题作斗争。作者撰写了24篇短文，分置于历史、司法、行为、动植物、疾病以及伦理难题这6个主题之下，每个主题下有4篇文章，涵盖了重要的遗传学话题，讲述了遗传学实际应用的有趣故事。作者在伦理和公众政策问题上具备丰富的第一手经验，他所接触的遗传学论战中选择的绝妙实例在此书中随处可见。

《"深蓝"揭秘——追寻人工智能圣杯之旅》 许峰雄著，黄军英等译，上海科技教育出版社出版。此书的作者许峰雄是"深蓝"的系统设计师，他避开难懂的术语，以非技术的谈话式的笔触，介绍了在"深蓝"与卡斯帕罗夫两次具有历史意义的弈战背后所发生的故事，披露了一个不起眼的学生课题如何最终转化为价值数百万美元的超级计算机的过程。全书不只是又一个介绍人机之战的故事，更说明具有天赋的人类——作为工具制造者的人类，怎样让其思想驰骋。

《重症监护操作手册》 叶志霞主编，上海科技教育出版社出版。该手册主要分3章：酸碱平衡紊乱的判断与治疗、机械通气的基本理论与临床应用、常用监护设备的操作使用。分别阐述了酸碱的定义、酸碱失衡的判断与治疗，机械通气的概念等基本理论；介绍了呼吸机的构成、通气与切换方式等临床应用，机械通气的临床护理，监护系统的结构与作用，床旁监护仪的临床应用，心电图机的操作使用以及心脏直流电复律，紧急生命复苏与人工循环，机械呼吸机的消毒与保养等内容。书末附常用监护指标及参考值以及临床常规检验参考值等。

《胃病诊治进展》 夏玉亭等主编，上海科技教育出版社出版。此书详述了胃炎的病因及发病机制，胆汁反流性胃炎的诊治，慢性胃炎的分类、分型及其诊治，急性胃炎的诊治；非甾体类抗炎药物对胃黏膜损伤的研究进展，胃病药物治疗的研究进展；胃溃疡的诊治现状；消化性溃疡治疗的新药研究；胃癌研究现状，早期胃癌与胃溃疡的鉴别诊断，内镜下胃癌的筛查，胃癌恶性行为的生物学基础，胃癌线粒体DNA的异常改变及其意义，胃癌基因治疗的现状与进展；Hp、端立酶与胃癌的相关性研究进展；Hp疫苗研究进展；胃底静脉曲张破裂出血的介入治疗；胃食管反流病的内镜治疗进展等内容。书末还附有相关缩略语。

《恶性胸膜间皮瘤》 廖美琳主编，上海科技教育出版社出版。该书介绍了恶性胸膜间皮瘤的流行病学和病因(包括石棉等危险因素)；胸膜间皮瘤病理学；影像诊断与鉴别诊断(超声、X线、CT、MRI、放射性核素成像)；恶性胸膜间皮瘤的临床表现与诊断；内科治疗(化疗、放疗、免疫治疗、光动力治疗、基因治疗)；外科治疗(姑息性相对根治)；多学科治疗(手术、非手术)；预后(包括恶性局限性胸膜间皮瘤与恶性弥漫性胸膜间皮瘤)等内容。书末还有典型病例的诊治分析介绍以及相关缩略语。

《肾脏替代治疗学》(第二版) 何长民等主编，上海科技教育出版社出版。该书在一版基础上，增加了尿毒症毒素、慢性肾衰竭的微炎症状态、心血管并发症，以及透析充分性、营养支持及预后评价、肉碱缺乏及治疗、生长激素的应用以及胃肠外营养等新内容。深入探讨了免疫耐受，介绍了器官保存的最新进展，补充了活体供肾微创摘取法、用腹腔镜经腹腔及腔膜后摘取供肾等新内容。增加了对免疫学特点及免疫学监察、分子生物学检查、群体反应性抗体(PRA)的临床应用、相关生物制剂、胰岛细胞移植、异种移植等内容。

《鼻内镜检查与诊断图谱》 余洪猛等主编，上海科技教育出版社出版。该书是国内首册专门介绍鼻、鼻咽疾病内镜检查与诊断的专业参考书，对鼻内镜在鼻腔、鼻窦、鼻咽部疾病的检查与诊断技术作了一定的规范和指导。介绍了鼻内镜检查的操作系统、常规制度、适应证与禁忌证、麻醉方法、操作方法、并发症的防治等。检查诊断部分从上万例鼻、鼻咽疾病病例中精选清晰、直观的的鼻内镜检查图像，包括正常鼻腔、鼻窦、鼻咽的解剖结构，以及出血性、炎性、变应性病变和良恶性肿瘤、手术与放疗后随访等检查诊断中的应用，提供了完整详细的临床病例资料，且对诊疗要点作了简要提示。

《中药的合理应用》 徐德生主编，上海科技教育出版社出版。该书系上海中医药学界一批具有很高造诣的专家教授结合自身多年的临床和教学经验，在参阅了大量的古今中外文献资料后，对中药复方制剂使用、中西药联合应用、中药与中药之间联合应用，以及中药用于食疗中的规律进行的完整概括和总结；该书对中药用于特殊生理、病理状况下患者时的合理使用做了认真、详实的介绍，对目前临床中药抗肿瘤治疗思路和方法进行了全面的阐述，同时还对目前临床常用的方剂进行了系统的归类。

（以上由陆伟明提供）

《现代内科学进展》　杨秉辉主编，上海科学技术文献出版社出版。各专科医师诊治疾病时往往较专注本专业范围内的疾病，而忽视其他专科疾病或全身性疾病，为帮助内科各专科医师扩大知识面，能在较短时间内了解近几年各专科的新进展，杨秉辉主编组织了154位各专科专家分别撰写了166篇佳作，基本上囊括了内科学的感染性疾病、心血管疾病、呼吸系统疾病、消化系统疾病、肾脏疾病、血液疾病、内分泌疾病、风湿病、肿瘤、神经系统疾病、精神疾病等领域的新进展，有助于各专科医师了解自己专业以外的内科学各专业进展。

《泌尿系梗阻性疾病》　何家扬主编，上海科学技术文献出版社出版。该书从泌尿系梗阻的角度介绍泌尿系的解剖、病理生理、梗阻性疾病的临床症状及梗阻性疾病的临床检查，并全面系统地阐述了与之相关的肾脏的梗阻性疾病、输尿管的梗阻性疾病、膀胱的梗阻性疾病、尿道的梗阻性疾病及包皮引起的梗阻性疾病。泌尿系梗阻性疾病的发生与发展具有重要临床意义，但在临床上尚未引起足够的重视。作者通过多年临床实践和潜心研究，用充足的数据，明确的论点和科学的论证，对泌尿系梗阻性疾病进行全面、系统的阐述，使其成为一部特色明显，原创性强的学术专著，对临床泌尿外科医师具有参考价值和实用价值。

《人类生殖生物学》　王一飞主编，上海科学技术文献出版社出版。该书全面、系统地介绍了与人类生殖领域相关的内容，包括性别分化、生殖细胞的发生与成熟、生殖细胞的凋亡、受精、着床、生殖内分泌、早期胚胎发育、干细胞、男性与女性不育、计划生育与节育、性功能障碍、生殖道感染、出生缺陷、辅助生殖技术等内容，同时也将作者自己的科研成果和国内外最新研究进展融入其中，使理论与实际相结合，是一部特色明显，原创性强的学术专著。

"原来如此"丛书　熊思东等主编，上海科学技术文献出版社出版。该丛书由上海科学技术文献出版社与上海市科学技术协会策划，由150余位科普作家花费近两年心血完成。内容涵盖了植物、环境、能源、交通、材料、生命、动物、通信、地理、宇宙等10个学科，绝大多数作者都是从事第一线科研工作的科学家。

《杨国亮皮肤病学》　王侠生主编，上海科学技术文献出版社出版。该书是一部国内高水平的学术专著，列入国家科学技术学术著作出版基金资助出版，具有编写的实用性，专科的原创性、内容的新颖性和作者的权威性的特点。总论介绍了与皮肤病密切相关的基础理论、应用知识和技术；各论介绍了1 800余种皮肤病的临床、病因、病理和防治。该书将华山医院皮肤科六七十年的特色科室的临床经验及科技成果汇集其中，对一些常见皮肤病的病因、发病机制和防治，详尽介绍行之有效的中药方剂和单方，堪称中西医结合的典范。该书在前版《现代皮肤病学》的基础上，总论新增了"皮肤微生物学"、"皮肤流行病学"、"皮肤医学美容学"等三章，各论新增病种和综合征300余种。

（以上由张　树　池文俊　何　蓉提供）

《现代实用儿科学》　宁寿葆主编，复旦大学出版社出版，246.6千字。该书特色：(1)强调在熟悉儿童成长的动态变化基础上实施保障和医疗服务。(2)大量介绍儿科专业近年来的新信息、新理念、新方法。主要包括分子生物技术、核医学、影像学(CT、MRI等)新技术、新方法在儿科学中的应用及其特点。(3)紧密结合中国的实践经验和科研成果，具有较高的实用性和针对性。

（肖　英）

《中草药生物技术》　唐克轩主编，复旦大学出版社出版，766千字。该书系统地论述了中草药生物技术的概念、技术构成、研究内容、发展现状和开发利用前景；分别从细胞工程技术、发酵工程技术、转基因技术、酶工程技术和分子标记技术等5个方面详细论述了各种技术的基本概念、基本原理和操作要求以及各种技术在中草药快速繁殖、品种改良、种质保存、遗传育种、药用成分的生产、中草药道地性的研究等资源开发研究和保护中的应用。该书观点新颖，内容全面、深刻、实用，表述通俗易懂；可供中草药爱好者、广大科技人员以及相关专业的大学生、研究生、教师等阅读参考和使用。

（贺 琦）

《现代泌尿外科理论与实践》 张元芳主编，复旦大学出版社出版，全书888千字，共42章。全面概括了现代泌尿外科的基础理论，总结了上海泌尿外科界老中青几代医学专家数十年的临床实践经验，并结合国际泌尿外科的最新进展。该书既可作为全国泌尿外科进修班的教材，又可作为泌尿外科各级临床医师不可多得的专业参考书。

（傅淑娟）

《复旦大学百年志》 《复旦大学百年志》编纂委员会编纂，复旦大学出版社出版，3 370千字。该志以马克思主义、毛泽东思想为指导，坚持实事求是的原则，系统地记述复旦大学自1905～2005年的史事。全志由照片、前言、凡例、目录、正文和后记组成，分为上、下两卷。正文记载如下内容：复旦大学沿革；领导体制与组织机构；院系；学科建设；本科生教育；研究生教育；德育、体育与校园文化；人文社会科学研究；理科、医科科学研究；人物；人事管理；财务管理；学校科技产业；教育服务部门；临床医疗与附属医院；民主党派与群众团体；对外交流与合作；校园规划与建设。该志编撰力求严谨，比较完整地反映了复旦大学建设百年的发展历程。

（吴仁杰）

《上海医科大学志(1927～2000)》 《上海医科大学志》编纂委员会编纂，复旦大学出版社出版，1 715千字。全书分为15编：领导体制与行政管理机构；中国共产党上海医科大学组织；民主党派、群众团体；教职工；本、专科教育；学位与研究生教育；外国留学生与港澳台学生教育；学院设置；临床医疗与附属医院；学科建设；科学研究；对外交流与合作；科研开发与校办产业；财务；人物。该书对上海医科大学从1927年成立，到2000年4月与复旦大学合并的73年历程进行了全面的总结。

（阮天明）

《中国西北地区古代居民种族研究》 韩康信、谭婧泽、张帆著，复旦大学出版社出版，517千字。该专著主要通过对中国西北地区(青海大通上孙家寨和甘肃玉门火烧沟)考古遗址中出土的古代人类骨骼进行体质测量学和形态学研究，重点分析和讨论了这两个墓地人口的性别年龄分布结构、人骨的形态变异量度、种族形态特征及与周邻地区古代和现代居民之间的形态学关系等问题。

（梁 玲）

《奋斗的历程——谷超豪文选》 谷超豪著，复旦大学出版社出版，271千字。该书为中国科学院院士谷超豪在其奋斗历程中不同时期的讲话、文章和诗作选辑。全书分为教育论文、科普论文、纪念老师和朋友、生平回忆以及抒情和言志(诗作)5个部分。教育论文部分表现了他对中国教育事业、青年人才培养问题的关注和贡献，并提出了一些富有建设性的建议；科普论文显示了他对数学科学的洞见，深入浅出地介绍了这一"人类理性思维的结晶"的特征与作用，同时也包含了他对基础研究的重要作用的深刻认识，为加强基础研究和数学学科今后的发展指明了方向；纪念老师和朋友、生平回忆以及抒情和言志部分，向人们展现了他为了科学、为了人民，不畏艰险、孜孜追求、开拓创新的一生，表达了他对祖国的热爱，对师友的诚恳和真挚的感情。同时也反映了他深厚的文学修养及丰富多彩的内心世界。

（范仁梅）

《有机电致发光材料与器件导论》 黄春辉、李富友、黄维著，复旦大学出版社出版，535千字。全书共分8章，第一章绪论主要介绍电致发光的发展情况及存在的问题；第二章主要介绍光致发光及电致发光的基本知识；第三章主要介绍电致发光的器件结构与器件物理；第四章主要介绍电致发光的主要辅助材料；第五、第六、第七、第八章则分别介绍有机小分子、高分子、磷光及稀土配合物等4种重要的发光材料及它们在电致发光器件中的应用。

（范仁梅）

《现代热力学及热力学学科全貌》 王季陶著，复旦大学出版社出版，269千字。经典热力学的基础是热机的卡诺循环和体系的平衡态，其适用范围有限。客观世界中的大量宏观过程是"一去不可返"的非循环过程，体系经常处于非平衡态，这就是现代热力学的巨大发展空间。非循环过程中，能量转换效率最高的理想极限就是非耗散过程。卡诺定理的可逆过程是非耗散循环过程的特例。热力学第二定律是热力学的核心内容，作者在深化对热力学第二定律认识的基础上，创建非耗散热力学，得到热力学的完整基本分类系统，将有利于推进物理、化学、材料科学、生命科学等理工科和一些人文社会科学基础概念的发展。

（梁　玲）

【沪版科技图书获奖书目】 详见下表。

第十八届华东地区科技出版社优秀科技图书奖上海获奖书目

（华东地区科技出版社优秀科技图书评委会评审）

一等奖

书　名	版　别	编 著 者
硅锗超晶格及低维量子结构	上海科学技术出版社	盛篪等
中国介壳虫寄生蜂志	上海科学技术出版社	徐志宏等
卢浦大桥工程	上海科学技术出版社	上海市建设和管理委员会科学技术委员会
中国禽类遗传资源	上海科学技术出版社	陈国宏等
组织工程学理论与实践	上海科学技术出版社	曹谊林
系统性红斑狼疮	上海科学技术出版社	陈顺乐
免疫低下与感染	上海科学技术文献出版社	瞿介明
教产文行动丛书	上海科学技术文献出版社	CCTV 科教频道

二等奖

书　名	版　别	编 著 者
进口木材原色图鉴	上海科学技术出版社	陈旭东等
中小微型电机绕组布线和接线彩色图册	上海科学技术出版社	刘一平等
实用泵手册	上海科学技术出版社	林　峥
信息化项目管理导论	上海科学技术出版社	吴启迪等
电脑新起点丛书(6 种)	上海科学技术出版社	灵创工作室
植物育种理论与方法	上海科学技术出版社	官春云
中国北方园林树木	上海科学技术出版社	王明荣
中国园林艺术通论	上海科学技术出版社	章采烈
实用解剖图谱(上肢、下肢,第 2 版)	上海科学技术出版社	高士濂
实用临床心血管介入治疗学	上海科学技术出版社	沈卫峰
神经影像学	上海科学技术出版社	沈天真
脊柱肿瘤外科学	上海科学技术出版社	肖建如
分子寄生虫学	上海科学技术出版社	潘卫庆等
ERCP 诊断与治疗图解	上海科学技术出版社	胡冰等
骨盆与髋臼骨折	上海科学技术出版社	刘　沂
中华本草蒙药卷	上海科学技术出版社	国家中医药管理局《中华本草》编委会
汉英对照针灸组合穴图解	上海科学技术出版社	刘　炎
中医古籍珍稀抄本精选(1～20)	上海科学技术出版社	(清)强健等
中国民间奇特灸法	上海科学技术出版社	张仁等
临床肝脏病学	上海科学技术出版社	姚光弼
口腔修复基础与临床	上海科学技术文献出版社	张富强

（续表）

书　名	版　别	编 著 者
现代出血病学	上海科学技术文献出版社	王鸿利等
现代临床肿瘤学	上海科学技术文献出版社	蒋国梁
新编临床诊疗手册丛书	上海科学技术文献出版社	罗邦尧等
肝胆胰影像学	上海科学技术文献出版社	段承祥
钓鱼高手	上海科学技术文献出版社	戴根泉
四色配色印艺图典	上海科学技术文献出版社	钱永宁
邬志星谈家庭养花	上海科学技术文献出版社	邬志星
年轻父母育儿完全指导	上海科学技术文献出版社	张思莱
食品雕刻教与学	上海科学技术文献出版社	张卫星
针尖上的计算机纳米电子学	上海科学技术文献出版社	华中一
服装平面构成技法与应用	上海科学技术文献出版社	冯　翼

（柳春萍　何　蓉）

2004年度引进版优秀科技类图书（丛书）

（中国版协国际合作促进委、中国出版科研所、《出版参考》杂志社评审）

书　名	版　别
技术史（Ⅰ～Ⅶ卷）	上海科技教育出版社

（陆伟明）

上海市2003～2004年度优秀引进版图书（科技图书）

（上海市新闻出版局、上海市版权局评审）

书　名	引 进 单 位
为世界而生——霍奇金传	上海科技教育出版社
经典和现代测验理论导论	华东师范大学出版社
当代学术通观	上海人民出版社
心理健康百科全书	上海教育出版社
胸腔镜脊柱外科学	上海科学技术出版社
大自然物语丛书	百家出版社
技术史（Ⅰ～Ⅶ卷）	上海科技教育出版社
西方文化中的数学	复旦大学出版社
有机人名反应及机理	华东理工大学出版社
金羊毛书系	上海科技教育出版社

（吴瑾君　陆伟明）

上海市2003～2004年度优秀输出版图书（科技图书）

（上海市新闻出版局、上海市版权局评审）

书　名	输 出 单 位
现代科学技术丛书	少年儿童出版社
中国恐龙	上海科技教育出版社
中国科普佳作百年选	上海科技教育出版社
新起点丛书	上海科学技术出版社
中国针灸名家学说	上海科学技术出版社
针灸篇（中医1 000问系列）	上海科学技术出版社
高等中医研究参考丛书	上海科学技术出版社

（吴瑾君　陆伟明）

【第二届长三角科技期刊论坛】　10月19～20日，由上海市科委支持，上海市科技期刊编辑学会、江苏省科技期刊编辑学会、浙江省科技期刊编辑学会共同主办，中科院上海生命科学信息中心承办的“长三角科技论坛”的“科技期刊发展专题论坛”在沪举办。140余位代表与会。论坛安排了6个专题报告，就期刊国际合作、国外期刊发展动向、期刊与长三角经济社会协调发展、创办国际区域化品牌期刊、走社会效益和经济效益协调发展来办好期刊等几个方面展开了讨论。论坛还特邀国际科学编辑联合会主席Dr. Miriam Balaban女士、美国Thomson出版集团SCI期刊发展部经理James Testa先生、英国 Taylor & Francis 出版集团全球期刊出版经理 David Green 先生到会作专题讲座。

（顾露露）

【第九期上海市科技期刊编辑上岗培训班圆满完成】 11月27日至12月6日，由上海市科技期刊编辑学会、新闻出版总署教育培训中心上海分中心共同举办了"第九期上海市科技期刊编辑（主编）上岗培训班"。169位编辑（主编）按教学计划规定完成全部课程，并听取了"国家期刊发展'十一五规划'思路"、"科技期刊和科技发展"、"上海市科技发展战略"等专题报告，并通过考试取得了上岗证书。

（顾露露）

【"晨光计划"继续实施】 由上海市科协、上海科技发展基金会、上海科学普及出版社共同实施的"上海市科协资助青年学者出版科技著作晨光计划"，旨在支持和鼓励学有所成的上海青年科技人才著书立说。目前受资助的对象是由上海市科协作为主管单位的市级各学会、协会、研究会的会员，暂定主要受资助条件是会员个人的第一本科技专著，资助用途是每种书籍1 500册的出版费用以及由上海科学普及出版社免费提供的1个书号，暂定每年的资助总名额不超过5名。该计划自2003年4月开始实施。

2005年收到申请书稿2本。已同意资助出版1本，约6.5万元，是上海市医学会会员蔡清萍博士所著的《现代外科临床基础》。

（傅　勇）

【《中国药理学报》再次入选百种中国杰出学术期刊】 12月6日，第十三届中国科技论文统计结果发布会在北京召开。会议发布了2004年度中国科技论文统计结果，并公布了第四届"百种中国杰出学术期刊"名单。该名单是根据2004年度中国科技论文与引文数据库（CSTPCD 2004）统计结果，在CSTPCD所收录的1 608种中国科技核心期刊中评选出来的。《中国药理学报》再次荣获"百种中国杰出学术期刊"称号，已连续四届获奖。《中国药理学报》的CSTPCD影响因子为0.912，在药学领域期刊中排名第一，总被引频次达到1 332次，在药学领域期刊中排名第四。该刊是中国科学院上海生命科学研究院联合编辑部9本入选CSTPCD统计源期刊中惟一的"百种中国杰出学术期刊"。

（李　莉）

【中科院上海天文台景益鹏研究员的论文引用次数列世界前茅】 据国际权威论文检索机构 THOMSON－ISI 的统计，在暗物质和暗能量研究领域，中科院上海天文台马普小组负责人景益鹏研究员平均每篇论文的引用次数排世界第五位（http://esi－topics.com/dark/authors/b1c.html）；论文总引用次数排世界第十七位（http://esi－topics.com/dark/authors/b1a.html）。进入前20位有 Simon White, Mike Turner, Jeremiah Ostriker 等该领域的泰斗人物。

（汪显坤）

【《*Cell Research*》（《细胞研究》）与英国《自然》（*Nature*）出版集团签订合作协议】 7月13日，《*Cell Research*》（《细胞研究》）与英国《自然》（*Nature*）出版集团（Nature Publishing Group，以下简称 NPG）在生命科学信息中心正式签署合作协议。这标志着《*Cell Research*》（《细胞研究》）正式加入国际科技期刊发行阵营，成为国际期刊一员。《*Cell Research*》（《细胞研究》）与 NPG 进行国际合作，是中国科技期刊借助国际著名的期刊出版集团的学术影响力和运作平台，引入先进的办刊理念，提升中国科技期刊在国际上的影响力和知名度，使中国科技期刊能为该领域的科学家们提供更好的学术服务，能拥有更多的国际读者和作者的探索、尝试和突破。

《*Cell Research*》由中科院上海生命科学研究院生物化学与细胞生物学研究所已故院士姚鑫创办，刊登国、内外细胞生物学及其相关领域的原创性研究论文和综述。在SCI 2004年度期刊引用报告中，《*Cell Research*》的影响因子达1.936，在国内入选期刊中位列第二，已经成为中国生命科学领域内最优秀的科技期刊。

（徐基勍　李旭芬）

【中国科学社和《科学》杂志90周年纪念活动】 11月17日，由《科学》杂志编委会和上海市科协主办，上海世纪出版集团上海科学技术出版社和市科技传播学会承办的"中国科学社和《科学》杂志90周年纪念学术研讨活动"在科学会堂举行。中国科协主席、《科学》杂志编委会主编周光召主持纪念会并作主旨讲话，他指出，当年前辈们是以"开路小工"的精神尽自己最大的力量在中国传播科学。与历史相比，今天中国公民的科学文化素质已有很大提高，但与发达国家和新的现代化特征所要求的相比，整体水平还有很大差距，提高公民科学文化素质的任务还很重。希望《科学》杂志面向科学发展观揭示的现代化方向，坚持和发扬“求真致用并重”的办刊之道，保持和发展“隔行能看懂、本行受启发”的科普风格和综合性特点、“三位一体”的办刊方式、“以刊会友”的办刊精神，以“传播科学、以人为本”为《科学》的生命线，在现代化发展的关键时期，为全民族科学文化素质的提高贡献出应尽的社会责任。中共上海市委副书记殷一璀应邀出席会议并讲话。

（张凤英）

【《安全出版物的编写及基础安全出版物和跨专业安全出版物的应用》通过审查】　国家标准 GB/T 16499《安全出版物的编写及基础安全出版物和跨专业安全出版物的应用》送审稿，于 9 月 25～27 日在北京召开的全国电气安全标准化技术委员会三届二次会议上通过了会议审查，上海电动工具研究所作为第二负责单位承担了执笔起草工作。

该标准既符合中国标准化管理运行机制，又具有技术合理性。在标准附录中增加了相应中国标准安全技术职能对应的标准化技术委员会信息，使标准的安全技术职能更加明确、清晰，便于标准的应用。它的发布，将对中国相关标准化技术委员会在涉及安全出版物的编写程序和安全出版物的应用方面提供指导，同时促进相关标准化技术委员会在行使安全技术标准职能中加强协调，便于交流。

（刘　江　李邦协）

【上海市科技新闻奖评选营造科教兴市舆论环境】

上海市科技新闻奖是全市性的重要优秀作品奖之一，创立于 1994 年，属于规范后的奖项。该奖由中共上海市委宣传部、中共上海市科教党委、上海市科委联合主办，聘请新闻界有丰富新闻工作经验和有一定新闻理论修养的专家组成评委会进行评选。通过评选，奖励好稿，表彰先进，进一步调动广大新闻工作者搞好科技工作报道的积极性，不断加强全市科技宣传力度，为大力推进科教兴市战略的实施，更好地发挥科技进步对全市经济发展和社会进步的带动和引领作用，创造良好的舆论环境。

附：2001 年度、2002 年度、2003 年度、2004 年度上海市科学技术新闻奖获奖名单。

2001 年度上海市科学技术新闻奖获奖名单

一等奖（3 篇）

作品标题	作者姓名	作者单位
巨翼起飞任翱翔——写在上海科技馆开馆之日	郑　宪、汪敏华	解放日报社
中国科学家影响力日增	张咏晴、王　勇	文汇报社
“创新梯队”领跑上海科技	顾　龙、张　弘	新民晚报社

二等奖（5 篇）

作品标题	作者姓名	作者单位
秸杆毯上种草皮　让一年等于一千年	张智丽、朱晓芳	新闻晨报社
造血种子从上海送出……　造血种子激活枯萎生命	吴国瑛	上海科技报社
抢占新世纪的快速跑道——上海加快发展新一轮高科技纪实	张学全、杨金志	新华社上海分社
我爱机器人	蔡　理、黄瀛灏、沈文琪	上海电视台
“无板市场”让科技成果圆梦——析上海技术产权交易缘何火爆	汪敏华	解放日报社

三等奖（15 篇）

作品标题	作者姓名	作者单位
科学家有了代理人	张　弘	新民晚报社
做先进生产力的开拓者——中科院上海高技术基地实践“三个代表”纪实	谢卫群	文汇报社

（续表）

作品标题	作者姓名	作者单位
为“病毒经济”唱点反调	张　懿	文汇报社
2001年8月12日《新民晚报》第二十版“科学馆”	丹长江	新民晚报社
走进上海科技馆	鲁　鸣	上海科技报社
硅谷人争做浦东人	李　征	新闻晚报社
一只直播电话引起的残疾人专场报告会	周显东	上海人民广播电台
我相信中国的发展	张　弘	新民晚报社
超级激光诞生申城(中英文)	张　俊	上海日报社
记者来信:科普作品也要打假	张建松	新华社上海分社
2001年5月19日《文汇报》第八版“火星上有没有生命?”	邱德青	文汇报社
世纪鸿篇,智慧乐章	臧志成	文汇报社
专家质疑人畜细胞融合	张咏晴、于明山	文汇报社
网上有群“老小孩”	李姬芸、周　全、寿子扬	上海电视台
上海科技馆试开放　公众争睹“新奇特”	胡娉婷	上海东方电视台

2002年度上海市科学技术新闻奖获奖名单

一等奖(3篇)

作品标题	作者姓名	作者单位
上海科技瞄准“世界级”	郑　宪、汪敏华	解放日报社
水稻“基因天书”揭开一角	张　弘	新民晚报社
上海领先还不到半分	江世亮	文汇报社

二等奖(5篇)

作品标题	作者姓名	作者单位
打造高科技的“中华牌”——中关村与张江的“对话”	叶国标、黄　威、张学全	新华通讯社上海分社
“变”在数学——记中国科学院院士谷超豪	吴国瑛	上海科技报社
抢发消息受限制　诚信保证书“现身”媒介	胡娉婷	上海东方电视台新闻娱乐频道
“世界第一拱”技术揭秘	倪　杰	新闻晨报社
水稻基因的数字新闻	谢卫群	人民日报社华东分社

三等奖(15篇)

作品标题	作者姓名	作者单位
卢浦大桥主桥拱今合龙	周铭鲁	新民晚报社
转基因:“魔鬼”还是“天使”?	曾　捷、张　毅	上海电视台财经频道
“头脑之都”何以精华荟萃?——“科技京城现象”解析	汪敏华	解放日报社
科技馆呼唤“智慧义工”	张　弘	新民晚报社
记忆机器虫爬上国际奖台	王　佑	上海经济报社
巨型激光系统“神光Ⅱ”在沪诞生	张咏晴、徐德祖	文汇报社
资本向“创新”奔涌——上海技术产权交易突破千亿元透视	王　静、汪敏华	解放日报社

（续表）

作品标题	作者姓名	作者单位
黑色玉米问世沪上(Black corn developed)	张　俊	上海日报(英文)社
坐上了"地面飞行器"——听一位工程建设者细述"磁浮之旅"	鲁雁南	新民晚报社
一生为圆地铁梦——记隧道与地下工程专家刘建航院士	姚诗煌、任　荃	文汇报社
上海让共和国出彩——上海与中科院共同推进国家知识创新工程纪实	骆红初	上海科技报社
点亮张江——"新世纪新浦东新发展"系列调研报道之一	张农军、顾　龙、张　弘、吴　强、鲁雁南、胡晓晶、陆晓炜	新民晚报社
细胞"太空婚礼"下月举行	任　荃	文汇报社
中国人姓氏逾22 000个	张建松	新华通讯社上海分社
听到原子"美妙歌声"	王　勇、张咏晴	文汇报社

2003年度上海市科学技术新闻奖获奖名单

一等奖(3篇)

作品标题	作者姓名	作者单位
智取华山——上海科教兴市的新实践	姜　微、张学全	新华通讯社上海分社
寂寞长跑	张　弘	新民晚报社
知识服务业走向"科技通衢"	任　荃、陈琦芳	文汇报社

二等奖(5篇)

作品标题	作者姓名	作者单位
我细胞工程育种获重大突破　上海农科院育出国际首个花培啤大麦辐射长三角	张秀华	上海科技报社
昨夜上海　为中国航天无眠	沈　莹、王　燕	上海东方电视台新闻娱乐频道
上海专利缘何墙里开花墙外香	周　佳、朱鼎盛、孙　明	上海电视台新闻综合频道
追求卓越——再思"郭申元精神"	张　蕴、杨立群	解放日报社
发展新境界——解析《上海实施科教兴市战略行动纲要》	谢卫群	人民日报社华东分社

三等奖(17篇)

作品标题	作者姓名	作者单位
人类胚胎干细胞沪上诞生	仇　逸	新华通讯社上海分社
从"助推器"变"火车头"——科技创新引领申城多项指标一路欢跑	汪敏华	解放日报社
"热"恋申城40天	新民晚报经济部	新民晚报社
而今迈步从头越——上海市建设科技高地纪实(中)	王　春、王乐文、唐戈云	科技日报社地方记者部
寂寞的分量——全国科技奖获得者成功的启示	谢卫群	人民日报社华东分社
外环隧道:竣工推迟半年换来百年精品	谭一丁、汤　捷	上海东方电视台新闻娱乐频道
"太空娃娃"160分钟顺产　"神舟四号"生物技术实验大获成功	倪　杰	新闻报社
汉芯一号在沪问世	柳小娟、王尉东	上海教育电视台
一个人才带动一个学科	许琦敏	文汇报社

（续表）

作品标题	作者姓名	作者单位
“创意英国”的启示	褚　宁	解放日报社
2003年12月21日科技文摘专版	邱德青、姚诗煌	文汇报社
手院士呼唤手博物馆	骆红初	上海科技报社
实践“三个代表”促进上海发展　加快实施科教兴市战略	臧志成	文汇报社
培育未来大师——上海第二医科大学顶尖人才辈出的背后	张　蕴、徐　敏	解放日报社
新技术就在你身边——市高新技术成果转化成就展侧记	董纯蕾	新民晚报社
科技与SARS赛跑——访上海市科委主任、市防非典指挥部科研攻关组组长李逸平	吴国瑛	上海科技报社
从“助推器”变“火车头”科技创新引领上海经济新发展	汤　铭、孙伯雄	上海电视台新闻综合频道

2004年度上海市科学技术新闻奖获奖名单

一等奖(5篇)

作品标题	作者姓名	作者单位
学习“领跑”——本市部分科技企业快速发展带来的启示	张　蕴	解放日报社
申城赶制科普地图	董纯蕾	新民晚报社
构筑公共大平台——上海科教兴市的新突破	任　荃	文汇报社
上海“碳天平”指向平衡点	王　勇、任　荃	文汇报社
循环经济让上海GDP越来越“绿”	吴复民、张建松	新华通讯社上海分社

二等奖(14篇)

作品标题	作者姓名	作者单位
为科技腾飞架“跳板”——写在上海研发公共服务平台开通之际	汪敏华	解放日报社
一生只做一件事——陈省身给我们的启示	江世亮	文汇报社
国家科技大奖为何不见企业	谢卫群	人民日报社华东分社
构筑公共服务大平台　上海科教兴市主战略实现新突破	汤　铭、周　佳、孙伯雄	上海电视台新闻综合频道
“18条”效应6年放大500倍	任　荃	文汇报社
神源、神光、神筛、神算、神谱、神芯——科研“六神”聚申城立神功	董纯蕾	新民晚报社
上海新政策造就上万“科技富翁”	张学全、仇　逸	新华通讯社上海分社
走出上海共绘“丰收图”——孙桥现代农业园区服务全国纪事	顾　龙、鲁雁南	新民晚报社
中国企业，不该只是“代工者”	徐寿松	新华通讯社上海分社
科技进步一等奖幕后追踪：发明人为何“不惬意”	骆红初	上海科技报社
诺奖得主上海创新业——“万艾可之父”穆拉德教授在沪研发中药	王　勇、任　荃	文汇报社
国内首幢生态楼充满“智慧”	倪　杰	新闻报社
“大视野”布局产学研联盟	徐　敏	解放日报社
华山有路　创新为径——感受科教兴市的三个“瞬间”	朱国顺	新民晚报社

三等奖(20 篇)

作品标题	作者姓名	作者单位
城市精神的集聚和绽放——从雅典奥运看科教兴市	诸　巍	解放日报社
加快推动科技成果转化　上海致力优化科技创新创业“软环境”	汤　铭、孙伯雄	上海电视台新闻综合频道
“乘数效应”下的创业传奇	张　懿	文汇报社
“头脑”向浦东集聚	叶国标	新华通讯社上海分社
科普实事背后的故事	刘康霞	上海人民广播电台新闻频率
“硅谷”、“新竹”之后看“张江”	曹敏洁、严晓媚、鲁　宁	东方早报社
专利转让五百万元　院士喜获五成收益	汪敏华	解放日报社
新民晚报　《新智周刊》大视野	丹长江	新民晚报社
建中国人自己的 F1 赛道	吴国瑛	上海科技报社
广电变局:数字电视	丁　玎、陈　平	上海电视台财经频道
“池塘”效应——二医大探索高层次人才引进和使用机制	徐　敏	解放日报社
上海之“肾”活力充沛	任　荃	文汇报社
发展之道——上海两院院士畅谈科学发展观	王　勇、邱德青、江世亮	文汇报社
四大技术会聚　世界将会怎样——NBIC 会聚技术将实现 21 世纪科学技术新的复兴	江世亮、邱德青	文汇报社
中国科技界:直面现实	张咏晴	文汇报社
创新　种源不竭源泉——上海市农科院发展种源农业服务全国纪实	张秀华	上海科技报社
上海科技界积极推进科技产业化	邹一波	上海东方广播电台新闻综合频道
上海的新潮　统筹兼顾协调发展(两会特别策划)	王　春	科技日报社上海记者站
免疫“哨兵”换了新“兵种”	唐　敏	新民晚报社
让 GDP 变“绿”——第二届环境保护技术论坛引出的话题	金　柯	解放日报社

(张芝慧)

第十五章　科技合作与学术交流

第一节　国际科技合作

【国际科技合作概述】　2005年,上海市国际科技合作继续围绕科教兴市主战略要求,按照《科技创新登山行动计划》的具体目标,坚持国际合作的前瞻性与先导性,秉承"以我为主、为我所用"的原则,开拓创新,取得了一系列的成果。

(1) 大力开展各种形式的国际科技交流与合作活动,参与国家战略计划,巩固并发展上海市国际科技合作的渠道。全市共批准509批科技因公出访团组,接待了70余批重要境外来访团组。在向世界展示上海科技发展成果的同时,上海市科委抓住契机,积极开拓多种形式的国际合作,组织参与了中意氢能合作、中欧伽利略计划、中英精英科技年等国家级合作计划和交流活动,深化了与法国罗阿大区、德国巴符州、英格兰东北经济发展署、芬兰科技局、意大利环境部、欧盟委员会、加拿大国家研究委员会和魁北克省等传统友好地区和机构的合作关系,还开拓了一批新的交流渠道,未来将立足上海市中长期科技发展规划,针对不同国家、地区的优势,有计划地开展各类合作交流与研究。

(2) 积极申报和实施国际科技合作项目,开展多层次、多形式的国际合作。全市大学和科研单位积极申报科技部国际合作项目,共获得各类项目立项61项,其中2005年重点国际合作项目6项,2004年重点国际合作项目15项,2004年专项国际合作项目3项,其余为双边政府间合作项目。此外,上海市科委还鼓励大学和科研单位围绕上海经济、科技、社会发展的关键技术开展国际合作,通过国际合作产生并拥有自主知识产权。全年共有64个国际合作项目立项。

上海市科委继续推进国际技术转移,共对12个项目进行了立项,并组织验收了"车用动力超级电容器"和"基于微流体控制技术的自动杂交反应仪"两个项目。

国际研究与开发合作基金继续发挥与国外政府和企业共同资助市内国际合作科研项目和人员培养与交流的作用。上海—罗阿大区科研合作基金项目立项8项;上海—联合利华研究与发展基金项目立项8项,12名研究生获合作基金奖学金;上海—蒙彼利埃孵化器合作基金立项5项;上海—应用材料研究与发展基金立项26项,32名研究生获合作基金奖学金;上海—加拿大国家研究委员会合作基金立项5项。

作为与跨国公司开展实质性合作的试点,上海市科委与通用电气中国研究中心共同支持了由上海交通大学申报的"宽带隙高居里点稀磁半导体材料"基础研究合作项目。

(3) 举办重要国际学术会议和展览会,提升上海市的国际学术地位和影响。据统计,全年由上海市单位在沪举办的国际科技展览共28个,总面积111 500m²,外省市单位在沪办展22个,总面积263 000m²,在沪举办国际会议16个,与会代表6 070人,其中境外代表1 700人。

上海市科委还对一批在沪召开的学术层次高、国际影响大的国际学术会议给予了支持,如第二十七届IEEE生物医药工程学会国际年会、第五届世界食用菌及产品大会、2005国际抗干扰素和细胞因子年会等,这些国际性会议在国际上都享有较高的声誉,在其专业领域也具有一定的国际权威性。这些会议在上海举办,对提升上海的国际学术地位起到了很大的推动作用。此外,上海市科委还参与组织了一批重大国际会展活动在上海举行,如2005上海国际生物医药会议、2005国际青少年科技博览会、第七届上海国际工业博览会(科技创新馆)、第十三届中国国际海事会展、第二届上海国际导航科技与产业化论坛等。

(4) 利用调研、研讨会等多种形式,进一步开展与跨国公司的交流与互动。进一步完善和规范了《具有研发功能的跨国公司的地区总部认定细则》,共认定了联合利华、罗地亚、汽巴精化、艾克森美孚、统一、科勒、重机中国和博世等8家跨国公司地区总部为具有研发功能的地区总部,经过认定后的跨国公司地区总部可参照高新技术企业享受有关优惠政策。认定了上海松下半导体有限公司等15家企业为上海市外商投资技术密集型、知识密集型企业,按规定可享受国家税务总局有关税收优惠政策。2005年,在沪的外资研发机构达170家,比2004年新增30家。

在2004年外商投资研发机构调研的基础上,2005年,上海市科委着重就外商投资研发机构在开展与本地单位的合作过程中的障碍、瓶颈作了深入的了解和沟通,并召开了外商投资研发机构中方合作单位的座谈会。还与飞利浦公司和复旦大学共同举办了"尊重知识产权,促进经济发展"国际论坛。

(5) 加大科技兴贸工作力度,继续推进"走出去"战略的实施。科技兴贸工作力度有所加大,共支持了包括科技兴贸体系建设在内的16个科技兴贸项目。"艾滋病原料药系列产品"和"微细化氧化铁颜料"项目获得了科技部的立项支持。

由科技部国际合作司和西班牙安达卢西亚科技园共同主办了"首届中西科技创新与高新技术成果展览会",上海市科委共组织6家上海市高新技术企业参加。

(傅国庆)

【高新技术产品出口概述】　2005年,上海高新技术产品出口362.23亿美元,比2004年增长25.47%;占全市外贸出口总额的比重39.93%。其特点是:(1)从产品方面看:计算机与通讯产品、电子技术产品、光电技术产品分别占高新技术产品出口前三位,出口额占全市高新技术产品出口额的96.27%。(2)从国别地区来看:美国、中国香港和东盟分别以101.98亿美元、46.08亿美元和34.92亿美元,列高新技术主要出口市场排名前三位。(3)从企业类型看:外商投资企业是上海市高新技术产品进出口的主要力量,其出口额占全市高新技术产品进出口总额的比重近95.70%。上海高新技术进出口排名前十位的企业均为外商投资企业。

2005年上海高新技术产品出口按产品分类一览表

金额:万美元

品　名	出口额	同比增长
总计	3 622 258	25.47%
计算机与通讯技术	2 436 731	27.85%
电子技术	780 831	10.42%
光电技术	269 761	64.71%
生命科学技术	69 400	31.48%
计算机集成制造技术	35 902	24.51%

(续表)

品　名	出口额	同比增长
材料技术	12 396	1.11%
航空航天技术	10 282	4.14%
生物技术	5 185	23.71%
其他技术	1 770	-11.03%

2005年上海高新技术产品出口按国家、地区排名一览表

金额:万美元

国别	出口额	同比增长
美国	1019 840	28.56%
中国香港	460 836	32.23%
日本	280 576	8.47%
荷兰	248 036	74.03%
德国	225 906	29.63%
卢森堡	143 101	76.66%
中国台湾	134 434	6.70%
马来西亚	127 980	18.42%
新加坡	122 011	12.28%
法国	112 608	-29.35%

(李　磊)

【技术进口概述】　2005年,上海登记的技术进口合同共2 877项,比2004年增长1.87%,合同金额53.42亿美元,比2004年增长47.28%。其中,制造业的技术进口规模最大,合同数1 657个,金额数达41.79亿美元。

上海的技术进口来自50个国家。日本、德国和美国为主要技术来源地,合同总数分别为853个、498个和402个。其中,日本是上海进口技术合同额最大的目标市场,总额达15.16亿美元。

2005年上海技术进口排名前十位行业一览表

行　　业	合同数	合同金额(万美元)
总计	2 877	534 185.19
制造业	1 657	417 922.29
社会服务业	256	26 454.62
房地产业	169	7 492.4

（续表）

行　　业	合同数	合同金额（万美元）
科学研究和综合技术服务业	63	1 846.14
建筑业	67	1 300.65
批发和零售贸易、餐饮业	23	5 478.57
交通运输、仓储及邮电通信业	21	5 192.64
金融、保险业	8	43.07
教育、文化艺术及广播电影电视业	12	205.57
卫生、体育和社会福利业	3	101

2005 年上海技术进口按国家、地区分类一览表

国别	合同数	合同金额(万美元)
总计	2 877	534 217.23
日本	853	151 614.3
德国	498	117 412.07
美国	402	63 263.81
韩国	81	34 345.59
法国	71	24 848.16
瑞士	17	21 229.7
中国香港	221	11 712.15
新加坡	149	10 848.01
英国	85	10 039.93

（李　磊）

【中意合作构建清洁能源技术研发创新体系】　5 月 11 日，上海市科委主任李逸平和意大利环境与领土部研发司司长克里尼签署了合作协议，开展清洁能源合作，上海市政府副秘书长姜平出席了签字仪式。

根据 2004 年 9 月 29 日科技部、意大利环境与领土部、上海市科委、意大利伦巴第大区在上海签订的氢能合作备忘录，7 月 12～13 日，上海市科委和意大利环境与领土部在上海举行了中意氢能合作双边工作会议。会议确定在该氢能合作中中方总负责单位为上海交通大学，意方总负责单位为威尼斯科技中心（VEGA）。8 月 3 日，中意合作上海氢能研究项目启动仪式在上海举行，将进行安装 MCFC 燃料电池系统等 5 个项目的可行性研究。

（李晨浩　宋　扬）

【上海正式加入中欧伽利略合作计划】　10 月 15 日，上海伽利略导航有限公司投资加入中国伽利略卫星导航有限公司的签字仪式在上海举行，标志着上海伽利略导航有限公司正式入股中国伽利略卫星导航有限公司。中国航天科工集团公司、中国电子科技集团公司、中国卫星通信集团公司、中国空间技术研究院、中国伽利略卫星导航公司和上海伽利略导航有限公司的代表在合同书上签字。科技部党组成员吴忠泽、上海市副市长严隽琪以及欧盟伽利略联合执行体执行主任 Rainer Grohe 见证了签约仪式。

上海伽利略导航有限公司（SGI — Shanghai GALILEO Industries, Ltd.）是在上海市首批科教兴市重大产业科技攻关项目的支持下，于 2005 年 4 月正式成立的一家专业从事卫星导航技术及其相关产品开发、应用和运营服务的有限责任公司，由上海创业投资有限公司、上海微小卫星工程中心、中国航空无线电电子研究所、上海交通大学、中科院上海天文台等五家股东单位共同出资组建。该公司以伽利略全球卫星导航系统为主要平台，结合 GPS 等其他导航定位系统的应用，联合中国国内各有关部门和单位，共同参与伽利略卫星导航系统的研发、建设和运营，将致力于拓展卫星导航系统在中国的应用领域，开展相关运营服务和其他增值服务，推动中国卫星导航产业发展。

中欧伽利略合作计划已被纳入科技部和上海市政府的“部市合作”项目的框架之中。在该框架下，上海将为伽利略计划在通信、车辆导航、物流监控、娱乐、航空、航海、授时、农业、气象、环境监测等领域的应用创造条件。2010 年，伽利略系统将构建完成，届时上海将在世界博览会上把伽利略系统的魅力展现在全世界面前。

小资料

伽利略计划

伽利略计划是由欧盟委员会和欧洲空间局共同发起并组织实施的欧洲民用卫星导航计划，旨在建立欧洲独立自主的民用全球卫星导航定位系统，总投资约 35 亿欧元，预计在 2008 年部署完成。目前，除中国外，以色列、巴西、印度等国家都已经参与伽利略计划。

2004 年，中欧伽利略计划技术合作协议在北京正式签署。协议确定了中国参加伽利略计划管理及开发阶段的权利和义务，宣布中国国家遥感中心成为伽利略联合执行体成员，标志着中欧伽利略计划的合作进入实质性操作阶段。科技部部长徐冠华、欧盟委员会副主席德帕拉西奥女士出席了签字仪式。中欧伽利略计划合作是中国目前最大的对外科技合作项目，将投资 2 亿欧元，其资金不仅来自政府，还有企业投入。

（何　军　宋　扬）

【中英精英科技年在沪启动】　1 月 19 日，中英联合举办的大型科技合作项目——“精英科技年”在上海启动。英国科技大臣盛伯理勋爵与上海市副市长严隽琪出席了启动仪式。上海市科委主任李逸平、英国驻上海总领事毕晓普女士和英国驻上海总领事馆文化教育处文化教育领事师杰先生代表三方签订了谅解备忘录，在 2005 年中合作举办一系列的科技交流活动，主要针对两国共同关心的领域，如能源、生物技术等。

举办“精英科技年”是 2004 年中英签署联合声明中的内容。活动将持续一年，包括研讨会和科普讲座等，每项活动都在一个主要的中国城市举行。

（宋　扬）

【上海－法国罗纳阿尔卑斯第九届科技合作混委会在沪召开】　3 月 9～11 日，法国罗纳阿尔卑斯大区代表团访沪，与上海市科委举行了第九次科技合作混委会，双方回顾了过去合作的进展，并探讨了下一轮合作的意向。3 月 11 日，上海市政府副秘书长姜平会见了法国代表团团长、罗阿大区副主席罗杰·富杰埃先生。会后，罗杰·富杰埃先生和上海市科委主任李逸平签署了上海－罗阿大区科技合作与创新第九次混合委员会备忘录。

（李晨浩　宋　扬）

【上海市科委与芬兰签署合作备忘录】　9 月 12 日，上海市科委与芬兰国家技术局签署了合作备忘录。

芬兰总理马蒂·万哈宁和上海市副市长唐登杰见证了签字仪式。双方将加强在信息与通讯技术、生物技术与医疗器械和以纳米技术为主的新材料领域的合作，内容涉及知识产权、人员交流、科研项目、政策咨询、科技创业等诸多方面。

（李晨浩　宋　扬）

【上海市科委与加拿大魁北克省签署合作协议】　9 月 26～27 日，加拿大魁北克沙雷省长率团访问上海。魁北克激光、微电子、基因领域的专家与上海市相关人员进行了交流研讨，还参观了有关科研院所。26 日下午，上海市市长韩正会见了沙雷省长，共同见证了魁北克经济发展与创新部与上海市科委科技合作协议书的签字仪式，双方将共同支持在信息技术、可再生能源、光技术、基因研究等领域的合作项目。

（宋　扬）

【古巴科技部长访沪】　5 月 19～22 日，古巴科技与环境部代部长 Fernando Ganzalez 一行访问上海，上海市科委主任李逸平会见了代表团一行，双方一致认为，中古两国有着兄弟般的友谊，在政治、经济等方面都有共同点，应该在科技方面，特别是生物医药、信息技术等双方共同感兴趣的领域开展更为广泛的合作，促进两国的共同发展。在沪期间，古巴科技代表团还拜访了漕河泾高科技园区、上海市环保局、上海科学院、上海社会科学院、上海科技馆等单位，全面了解了上海科技发展的概况，巩固了原有的中古合作关系，并探讨了新的合作意向。

（宋　扬）

【上海市科委—壳牌公司可持续能源项目全面启动】　10 月 25 日，上海市科委—壳牌国际天然气有限公司可持续能源项目全面启动仪式举行。双方将在国家“十一五”规划和“部市合作”“清洁能源”

专项基础上，就清洁能源方面进行全方位的合作，包括氢能、清洁替代能源、可再生能源等方面的技术研发、交流和推广工作。

（傅国庆　宋　扬）

【德国巴符州生命科学代表团访沪】　10月9～16日，德国巴符州州务秘书康纳德·拜罗伊特博士（Dr. Konrad Beyreuther）率领德国巴符州生命科学代表团访问上海、江苏和浙江。10月11～12日，代表团参加了上海市科委和德国巴符州科研艺术部在上海共同举办的"2005中国上海—德国巴符州系统生物学研讨会"。

（李晨浩　宋　扬）

【中外科技孵化器合作探索新路】　2005年，上海市科技创业中心与法国蒙彼利埃大区孵化器的合作取得了令人满意的成果，上海圣景科技公司在蒙彼利埃大区孵化器落户一年后，已获得一定数量的国际市场订单。目前，双方又有数家科技型小企业表示愿意入驻对方孵化器。这一中法孵化器合作模式已得到了科技部和上海市科委的高度关注和认可，为开展孵化器国际合作以及科技型企业"走出去"战略的实施，提供了有益的经验。

（李晨浩　宋　扬）

【2005上海国际生物技术与医药研讨会】　由上海市现代生物与医药产业办公室主办，上海新药研究开发中心、上海市中医药科技产业促进中心、上海科技会展有限公司承办的"2005上海国际生物技术与医药研讨会"于4月26～28日在上海银河宾馆举行。上海市副市长严隽琪出席大会开幕式并致词，上海市科委主任李逸平主持了开幕式。大会以"全球化战略与中国生物医药产业"为主题，并设4个分会，分别为：生物医药企业家峰会、中药全球化分会、生物技术与创新药物分会、生物医药产业发展环境分会。来自美国、英国、德国、比利时、荷兰、俄罗斯、澳大利亚、加拿大、中国等十几个国家和地区的近500名代表与会，并就生物医药领域学术热点和前瞻性问题发表了各自的见解。

（张　华　傅大煦）

【第十三届中国国际海事会展】　2005年中国国际海事技术学术会议和展览会于12月6～9日在上海举行，与会代表800多人次。该会展由国防科工委、交通部和上海市政府主办，中国船舶工业集团公司、中国船舶重工集团公司、中国造船工程学会协办，上海市造船工程学会和博闻公司（CMP）、海贸集团（Seatrade）承办。国防科工委主任张云川、上海市市长韩正等为会展题写了贺词。上海市常务副市长冯国勤、国防科工委副主任金壮龙等领导莅临会展，会见中外贵宾，并在开幕式上致词。上海市人大常委会副主任胡炜代表东道主欢迎出席会展的中外来宾。国防科工委副主任金壮龙、上海市副市长严隽琪等25位中外海事界著名人士在主题为"当今世界航运新趋势与造船新发展"的高级海事论坛上作精彩演讲。

展览会在上海新国际博览中心举行。31个国家和地区的1 032家公司参加展出（上届809家）。国家展团15个，分别为奥地利、中国、丹麦、芬兰、法国、德国、日本、韩国、荷兰、挪威、西班牙、瑞典、瑞士、英国和美国；另外16个国家和地区分别为澳大利亚、比利时、伯里兹、加拿大、克罗地亚、塞浦路斯、希腊、中国香港、印度、爱尔兰、以色列、意大利、马来西亚、俄罗斯、新加坡及中国台湾。展览面积27 000m^2，比上届增加50％。

（傅国庆　宋　扬　叶炳金）

【2004年度国际科技合作奖在沪颁发】　9月7日，2004年度中华人民共和国国际科学技术合作奖颁奖仪式在上海科技馆举行。3位外国专家肯·金特博士、张汝京博士和荣久庵宪司博士获此殊荣。科技部副部长程津培和上海市副市长严隽琪为他们颁发了获奖证书。

国际科学技术合作奖是国务院设立的五大奖项之一，主要奖励在双边或者多边科技合作中对中国科学技术事业做出重要贡献的外国科学家、工程技术人员、科技管理人员和科学技术研究、开发、管理等组织。1995年至2004年间，共有40位外国专家获奖。此次获奖的肯·金特博士一直致力于中美在核聚变领域的合作。在他的支持下，中国科技人员与世界著名的等离子体理论与聚变实验研究机构（美国FRC）合作，成功地将电子回旋加热技术及诊断设备投入到HT－7U超导托卡马克物理实验上，获取了一系列成果，缩小了中国聚变研究与世界先进水平的距离。张汝京博士2000年筹资14.8亿美元，在上海浦东创立了中芯国际集成电路制造（上海）有限公司，把当代世界先进的集成电路制造设备和主流工艺技术引入中国，使中国大规模集成电路制造技术提升了"数代"。荣久庵宪司博士1994年与海尔集团合作成立了以工业设计为主业的海高公司。在他的领导和指导下，海高公司在美国、荷兰等国家设立了15个信息中心和设计中心，设计的海尔冰箱、洗衣机等产品成功地走向了世界，取得了很好的市场效果。

2004年度中华人民共和国国际科学技术合作奖的获奖人共5名，其余两位获奖人丹尼尔·魏思乐和科拉多·科利尼的颁奖仪式已在境外举行。

(尹邦奇 吴洁敏)

【国际合作基金专家喜获殊荣】 上海应用材料研究与发展基金再传喜讯，美国应用材料公司董事长摩根先生获得了2005年国家友谊奖，成为2005年全市惟一的获奖者。国家友谊奖是中国最高级别的国际合作奖项，2005年全国共有50位专家获此殊荣，国家主要领导人出席了在北京举行的颁奖仪式，并会见了获奖者。

(刘海峰 宋 扬)

【一批优秀项目列入国家和上海市国际科技合作计划】 在2005年上海市国际科技合作计划的立项项目中，有44项紧密围绕上海科技创新登山行动计划，2项为国际大科学计划项目。复旦大学附属肿瘤医院承担的"华蟾素注射液治疗恶性肿瘤研究"项目与美国得克萨斯大学 MD Anderson 肿瘤中心合作，旨在通过美国 NIH 认证体系研究中医中药，如针灸、华蟾素等治疗癌症的疗效，已得到 NIH 连续两期的资助，该项目也列入了科技部2005年国际合作重点项目计划。

在2005年上海市科委组织验收的23项国际科技合作项目中，"中德合作协同设计技术研究"项目研究成果获上海市科技进步三等奖。在"万达海外研发基地建设一期"项目的推动下，万达公司成为上海第一家获商务部批准的到海外设立研发中心的公司，该项目还推动了万达公司 CMMI5 的整体论证通过。在所有23个验收项目中，共获得发明专利授权14项。

(陆剑锋 宋 扬)

【美国 Affymetrix 公司与上海生物芯片有限公司合作研发】 4月29日，美国 Affymetrix 公司与上海生物芯片有限公司签订了合作研发合同，授予上海生物芯片公司为中国第一家 Affymetrix 基因芯片技术服务资质认定书，并为其上海技术服务中心揭牌。上海市副市长严隽琪出席了揭幕仪式。

(宋 扬)

【上海国际技术转移协作网组团参加深圳高交会】 上海国际技术转移协作网不仅为各会员单位提供国际技术转移和需求的信息，2005年还组织网络成员单位和得到资助的项目在深圳高交会上展示，受到国内有关单位和机构的关注，并获得了一定数量的技术转让合同。

(李晨浩 宋 扬)

【上海展团赴印度举办中国适用技术产品展览会】 12月8～11日，受上海市科委和中国科技交流中心的委托，上海对外科学技术交流中心组织上海25家单位、18名团员、13个展位的上海展团赴印度新德里参加"中国适用技术产品展览会"。该展览会由中国科技交流中心主办，中国科技部、印度科技部、印度工业联合会、亚太地区技术转移中心为支持单位。中国科技部副部长吴忠泽、中国驻印度大使、科技部合作司副司长孟曙光等出席了展览会。上海展团与印度工业联合会、加尔各答市 BPHDCL 公司分别签订了合作协议书，推进印度和上海双方的企业在创意产业、生命科学、纳米技术、可再生能源、信息技术等5个领域内的联合办会展、合作投资、技术转移、咨询等全方位的合作和交流。与加尔各答市 BPHDCL 公司的协议主要聚焦在多媒体设计、传达设计等设计领域的交流与合作。目前，已有部分项目开始了实质性的运作。

(刘婷婷)

【上海对外科技交流中心与澳大利亚维州政府签订科技合作协议】 6月，上海对外科技交流中心对澳大利亚维多利亚州有关环保、食品、生物技术、中医

药等领域的科技发展情况和投资环境与政策等进行了考察访问。中澳双方广泛交流、探讨了彼此可能合作的领域和方式，并与维多利亚州创新、工业

与地区工业发展部签订了谅解备忘录。双方同意为促进维州和上海两地之间科技的交流与合作以及经贸往来牵线搭桥、提供服务，吸引对方企业到本地来投资或鼓励本地企业到对方去投资。

（刘婷婷）

【中德共建中国科学院—马普学会计算生物学伙伴研究所揭牌】 中国首个计算生物学研究所——中科院上海生命科学研究院计算生物学研究所（中国科学院—马普学会计算生物学伙伴研究所）于10月13日正式揭牌。该所由中国科学院与德国马克斯·普朗克学会（简称马普学会）在上海生命科学研究院内合作共建。全国人大常委会副委员长、中国科学院院长路甬祥、上海市市长韩正、德国马普学会主席Peter Gruss等出席成立典礼并分别讲话，路甬祥和Peter Gruss为研究所揭牌。

该所将努力成为一个高水平的国际化研究机构，并且将吸收德国马普学会多年沉淀下来的优秀文化和精神，引进马普研究所的成功经验、独特的管理体系和运作机制，同时结合中国的国情和发展的需要，致力于构筑理论与实验相结合的研究平台，以数学和统计学为基础探索生物科学中的重大问题，推动中国计算生物学的研究水平，并促进跨学科研究和青年科学家的培养。通过3～5年使该所成为一个国际化的科学研究平台和国际合作的成功典范，并开创新型的、与国际接轨的、跨学科研究相结合的国际化新兴学科研究所的运作模式。

德国马普学会主席Peter Gruss向伙伴研究所赠送象征智慧与科技的古希腊Mineava女神头像。科技部部长代表吴中泽，德国驻上海总领事Wolfgang Roehr也分别在典礼上讲话。计算生物学伙伴研究所首任所长Andreas Dress和金力分别致词。

（赵如江）

【中科院上海分院与俄罗斯科学院圣彼得堡科学中心签署合作协议】 2月24～25日，俄罗斯科学院圣彼得堡科学中心副主任G. Terchshenko院士访问中科院上海分院，双方签署了“中国科学院上海分院与俄罗斯科学院圣彼得堡科学中心科学合作协议”。

协议规定，双方将推动在有共同兴趣的基础科学研究领域开展合作研究。通过联合开展科学研究、了解对方的科研工作、交流经验、咨询、培训、讲课、作报告、参加会议等形式直接进行合作。依据非外汇对等的原则，根据每年的交流额度互派学者。相互支持对方在科学院的学术刊物上发表文章，并在科学院的学术刊物上登载介绍对方已发表的科学著作的摘要和介绍文章。双方的图书馆和科学中心可直接协商图书、期刊和出版物的交换办法，以此开展合作。双方的图书馆和科学中心将相互交换非科学院的出版物、出版物复制品，以及科学信息资料。为了保护优先权和专利权，发表合作研究成果或转让未发表的成果给中国和俄罗斯联邦之外的第三方必须要经过双方的同意，并遵守中国和俄罗斯的现行规定。

为落实协议内容，将轮流在中国和俄罗斯签署科学合作议定书，规定双方在科学组织和经费等方面的义务。

（孔朝晖）

【中科院手性分析技术合作研究中心成立】 11月28日，中科院上海有机化学研究所与大赛璐（中国）投资有限公司就联合成立“SIOC－DAICE手性分析技术合作研究中心”举行签字仪式。

在国内精细化工特别是在医药和医药中间体及氨基酸等领域，手性化合物的开发和制造发展迅速，作为世界主流的色谱法手性分析也显得日益重要。中科院上海有机化学研究所作为国内实力最强、国际上有影响的有机化学研究机构之一，在化合物设计、合成方法学、分析测试、精细化工产品的研发等方面具有长期积累，尤其在手性技术合成与应用领域在世界TOP10的研究机构中名列第二。

大赛璐化学工业株式会社在手性分析领域有着20多年的研究开发经验，其手性色谱柱约占世界市场65%的份额。双方将本着“平等互惠，优势互补，资源共享，风险共担”的原则，就色谱法手性分析技术及其分析技术在手性合成中的应用研究等方面开展合作，主要从事色谱法手性分析技术的研究与服务，尽早将国内的手性技术研究和生产提高到国际先进水平。

（孔朝晖）

【中芬TEE论坛圆满结束】 12月13日，“中芬TEE论坛”通过可视会议结束了最后一次工作沟通，标志着历时三年的中芬TEE论坛项目圆满成功。

上海技术交易所和芬兰萨尔鲍斯继续教育中心于2000年开始通过远程可视会议系统加强交流与合作。该论坛每年都开展一系列的科技活动，2004年上海国际工业博览会期间，通过远程可视会议，帮助中国贵州省兴义市进行国际宣传与项目推介；2005年1月的“芬兰中国日”，在华的芬兰企业家、机构代表通过远程可视会议向芬兰介绍他们在中国投资与事业发展的亲身体会，让他们远在芬兰的同胞感受中国良好的投资环境与幸福祥和的社会生活；2005年11月，首次在上海国际工业博览会现场开通可视会议，让芬兰观众直接观看工博会并和上海现场沟通交流。

（江　森）

【举办2005上海国际金属工业展览会】　5月18～20日，由上海技术交易所与上海钢管行业协会、上海有色金属学会、上海有色金属行业协会联合主办的2005上海国际金属工业展览会在上海国际会展中心举办。

SHANGHAI METAL EXPO是整个金属工业领域里一个专业的久负盛名的行业贸易展会。累计参展企业超过3 000家，展品范围包括金属制品、铸造、锻压、工业炉、热处理、金属加工。2005年，由于上海技术交易所的参与主办，展会由单纯的贸易洽谈转向技术交流、项目洽谈、产品贸易等多个方面发展。展会的功能更加强大与完整。

该届展会展览面积6 000m^2，参展企业超过200家，来自20个国家和地区，涉及数十个专业领域。

（魏素敏）

【举行海外高新技术交流合作周上海活动】　“相聚长三角”——海外高新技术交流合作周上海活动于9月12～13日在上海举行。

“相聚长三角”活动是江苏、浙江、上海三地侨办根据三地的特点，本着优势互补、资源共享的原则联手推出的品牌活动，2004年首次举办就受到海外华侨华人的关注和欢迎。2005年“相聚长三角”活动以高新技术交流与合作为主题，三地侨办共同邀请了90余位海外华侨华人专业人士携带技术项目参加，目的是为海外华侨华人专业人才到国内发展搭建平台。

9月13日上午，上海市政府侨办和上海市科技成果转化促进会联合举办了“相聚长三角——海外高新技术项目推介会”，参加“相聚长三角”活动的华侨华人专业人士与上海有关行业协会和企业代表就海外高新技术项目落户上海进行了对接洽谈。13日下午，参加活动的海外嘉宾到徐汇区参观考察，海外嘉宾们与上海数字娱乐中心、留学生创业园、软件园、区有关部门负责同志以及回国创业人士进行了座谈交流。

（编辑部）

【美国化学会代表团访问中科院上海有机化学所】

4月25日，以首席执行官Madeleine Jacobs为首的美国化学会代表团访问中科院上海有机化学研究所。姜标所长介绍了该所的基本情况及在有机化学前沿、交叉学科领域的探索与发展，还就该所的国际学术交流与合作作了详尽的介绍：该所重视与发达国家之间的高层次学术交流，开展多层次多渠道的国际科技合作，注重运用珍贵的国际智力资源推动在有机化学领域的创新发展。美国化学会代表团详细了解了该所的经费来源、与工业界联系及未来学术发展动态等方面的情况。会谈中，双方集中在中美科学家短期学术交流经常化、青年科学家间开展形式多样的交流等方面交换了意见。

（杨慧娜）

【中科院上海天文台广泛开展国际学术交流】　(1) 国际天文联合会（IAU）主席Ron Ekers来访。3月9～12日，IAU主席Ron Ekers先生及夫人访问该台，并作了题为“Paths to discoveries in radio astronomy”的学术报告，讲述了射电天文学的发展和优势，并在一些优秀的射电天文学发现的基础上讨论了射电天文学的方法和发展方向。

(2) 法国Jean－Claude Pecker院士来访。4月8日，法兰西学院名誉教授、自然科学院院士Jean－Claude Pecker对该台进行学术访问。此次访问得到了法国文化年在中国委员会的支持。Pecker教授首先作了题为“宇宙和它的起源”的报告，讲述了宇宙的诞生与发展。会后，Pecker先生与同为IAU成员的叶叔华院士及其他科研人员友好交谈，并参观了佘山观测站和佘山博物馆。

(3) 加拿大Michael Rochester院士来访。6月2～30日，受中科院上海天文台黄乘利研究员的邀请，加拿大皇家学会院士、加拿大纽芬兰大学地球科学系资深教授Michael Rochester专程访问了该台。他是当前在地球内部物理的理论研究方面的国际权威之一，在地球磁场、地球自转、地震学、恒星及行星的磁流体动力学等方面建树甚丰。

(4) 德国马普学会前主席Lüst教授来访。8月24～26日，应中国科学院院长路甬祥邀请，德国马普学会前主席Reimar Lüst教授访问该台。他是德国乃至世界上知名的天体物理学家，曾担任过德国洪堡学会主席和欧空局局长。20世纪70年代，他任马普学会主席期间率团来华访问，由此开拓了德国马普学会与中国科学院30年的友好合作关系。

（汪显坤）

【中科院上海技术物理所成功申办红外、毫米波和太赫兹国际会议】 经国务院及中国科学院的批准，该所于8月成功获得“第三十一届红外、毫米波与太赫兹国际会议”（2006年）的主办权。

该会议是红外与光电技术研究领域最高级别的国际系列性会议，一直受到各国科学家的高度重视，在该领域具有深远的影响。大会的申办成功，对中国科学家在该领域的国际交流至关重要，对中国红外毫米波与太赫兹发展是一个十分重要而难得的机遇。中科院上海技术物理研究所将充分利用这次会议邀请国际上在该领域最著名的科学家和核心技术人员来中国交流，最大限度地提升中国的科学水平。

（孙　迪）

小资料

红外、毫米波与太赫兹

红外、毫米波与太赫兹都是电磁波谱的一部分。其辐射包括相干辐射的产生、传播和接收，与航空、航天、遥感、遥控、预警、监测等一系列有关国防、国家安全、国民经济以及人民生活的重大技术应用密切关联，是用途特别广泛的研究领域。中国在红外与毫米波的科技应用上比起国际先进水平还有很大距离。如目前国外已经商品化的一些红外探测器，国内还停留在实验室研制阶段，红外和毫米波的应用更是落后于世界强国。

【第十二届东亚生物医学研讨会】 中科院上海生命科学院生物化学与细胞生物学研究所轮值主办的“第十二届东亚生物医学研讨会暨第四届海峡两岸生物医学研讨会”于11月20～23日在浙江绍兴举行。来自韩国三星生物医学研究所、韩国汉城国立大学分子生物学和遗传学研究所、日本东京大学医学研究所、日本京都大学微生物研究所、台湾大学分子与细胞生物学研究所及生物化学与细胞生物学研究所等6个研究所的近80名科研人员参加了会议。25位教授作了报告，26位研究生和博士后在会上分别进行5分钟的发言。韩国三星生物医学研究所Kyung Uk Hong博士、中科院上海生命科学院生物化学与细胞生物学研究所在读博士贾莹莹和日本京都大学微生物研究所Shin－ichi Oka博士分别获得大会评选出的一、二、三等奖。

（李旭芬）

【美国国立卫生研究院(NIH)院长瑞尔霍尼访沪】 应中国科学院副院长陈竺邀请，在北京参加国际医学研究组织高层论坛（HIROs）2005秋季会议的部分成员包括美国国立卫生研究院（NIH）院长瑞尔霍尼（Elias A. Zerhouni）于12月17～18日访问了中科院上海生命科学研究院，17日上午访问生物化学与细胞生物学研究所。HIROs的专家们还参观了裴钢院士及徐国良研究员的实验室。

（李旭芬）

【美国国家工程院院士来沪进行学术交流】 6月3日，应华东理工大学生物反应器工程国家重点实验室的邀请，美国国家工程院院士、美国亚利桑那州立大学环境生物技术中心主任、国际著名环境生物技术专家Bruce E. Rittmam教授在华东理工大学作了题为“The Role of Molecular in Environmental Biotechnology”的学术报告。Rittmam教授系统介绍了现代分子生物学的最新检测手段在环境生物技术方面的应用以及这一研究领域的未来发展和展望。讲座后他还与华东理工大学师生进行了热烈讨论，并参观了生物反应器工程国家重点实验室。

Rittmam教授1979年获斯坦福大学环境工程专业博士学位，近年来在环境生物技术与应用方面发表了300多篇学术论文，在环境工程领域享有很高的国际威望。

（王斯靖　孙凯文）

【同济大学加强对外合作共建实验室】 “同济大学——三菱电机CC－Link开放式现场总线联合实验室”10月14日在同济大学成立，这是三菱电机在中国设立的首个CC－Link专业实验室。

10月24日，同济大学校长万钢与美国凹凸电子公司董事长Sterling Du为双方共建的“汽车电子应用技术联合实验室”揭牌。首期研究项目将涉及传统汽车及新能源汽车电源系统管理、模拟及数字信号处理等关键技术研究。

11月21日，同济大学汽车学院院长余卓平与西门子威迪欧（VDO）长春有限公司首席执行官Reif先生代表双方分别在合作协议上签字，双方共建的动力传动技术联合实验室同时揭牌。该实验室将发挥双方资源优势，携手开展新型动力系统和相关技术的应用研发，为中国企业自主开发提供技术支持和产品支持，并带动相关专业人才培养。

（许伟良）

【中德合作“数字化工厂”项目通过中期评估】 同济大学与沈阳机床集团、德国鲁尔大学共同承担的“数字化工厂”项目，于5月在德国举行的中德政府生产技术系统合作项目第十九次工作会议上，顺利通过中期评估。

“数字化工厂”项目是在汽车发动机柔性自动生产线方案设计、规划方面的国际前沿性技术。该项技术目前只在德国大众等先进汽车制造企业得以应用。沈阳机床集团是中国机床制造业行业首家参与中德政府合作项目的企业。“数字化工厂”项目于2004年4月启动，预计2006年3月结束。同济大学和沈阳机床集团还将分别与德国鲁尔大学共同承担“复杂设备的协同服务”项目；与北京理工大学、德国柏林工业大学、西门子公司共同承担“面向未来的中德机床制造业虚拟产品开发网络”项目。

（许伟良）

【同济大学与意大利共建技术转移中心】 11月21日，同济大学校长万钢与意大利环境国土部司长Clini博士代表双方共同签署科研合作谅解备忘录，双方共建的“意大利—同济技术转移中心”同时揭牌成立。该中心以推动两国环保技术为目的，通过在同济大学嘉定校区建立一座微型燃气轮机现场实验室，双方联手开展高效联供系统技术的应用研究。这也是意大利在中国实施的第一个以微型燃气轮机为基础的技术项目。

现场实验室将建在校区办公楼内，安装100kW的意大利燃气轮机和中国远大公司的制冷制热吸收器装置，开展大量现场测试和技术研究，将天然气燃烧后的余热再回收利用到空调上，以实现热电联供甚至热电冷三联供，减少废气排量，提高能源利用效率。中心还将积极推动科研成果产业化，开拓国内外市场。此外，中心将着手研究这一联供系统技术在轿车、公交车上的运用，以形成新型混合动力系统。双方合作的环境保护项目还涉及崇明生态岛开发中的可持续发展规划、上海加氢站建设可行性研究、苏州市空气污染控制系统执行和颗粒物监测系统开发等。

（许伟良）

【上海中医药大学成立中医方证与系统生物学研究中心】 9月4～6日，上海中医药大学举行系统生物医学国际研讨会。“国际代谢组学之父”、英国帝国理工大学教授杰里米·尼科尔森应邀作了“用代谢组学和全面性系统策略理解疾病过程”的学术报告。“上海中医药大学中医方证与系统生物学研究中心”在会上揭牌。尼科尔森和他的研究人员将参与其中，成为中心的一支重要力量，与中心开展课题合作研究。上海中医药大学聘请尼科尔森为客座教授。

（孙为国）

【SYBASE公司上海研发中心落户张江】 10月17日，SYBASE公司上海研发中心落户张江高科技园区。开业典礼上，SYBASE公司全球高级副总裁Raj Nathan博士、上海市科委副主任陆晓春以及嘉宾代表先后致辞。

总部设在美国加州的SYBASE公司是全球领先的专注于信息管理和信息移动技术的企业级软件公司，其业界领先的技术及解决方案将数据从数据中心传递到任何所需的地方。该公司于1993年在中国正式建立了赛贝斯软件（中国）有限公司。经过十几年的发展，赛贝斯软件（中国）有限公司在中国软件市场的占有率名列第四，目前已占据着国内软件市场的主导地位，拥有遍及金融、电信等行业超过1 000家的用户。该公司在计算机软件工程开发领域的先锋作用将会带动长三角地区软件研发、信息管理和信息移动技术的发展。

（邵小萍）

【中日专家共论世博交通规划与组织】 1月14日，上海市中国工程院院士咨询与学术活动中心和上海市城市综合交通规划研究所共同举办“中日世博交通规划与组织”学术交流会。2005年日本国际博览会协会河野修平、平田哲也两位交通专家专程来沪交流。日本专家作了“爱知世博会交通规划”和“爱知世博会交通组织与ITS应用”主题发言，从客流分析、交通方式、交通规划、交通诱导等5方面介绍了情况。

中国专家在听取介绍后与日本专家交换了意见和看法。专家们认为，爱知世博会的总体交通规划体现了环保、人性、科技与自然的融合，将为5年后的上海世博会提供积极的参考。

（方佳敏　刘昕卿）

【2005（上海）国际新材料发展趋势高层论坛】 11月18日，由中国材料研究学会和上海市中国工程

院院士咨询与学术活动中心联合主办的2005(上海)国际新材料发展趋势高层论坛召开。

中国科学院金属研究所名誉所长、两院院士师昌绪，中国科学院特邀顾问、两院院士严东生，国际材料联合会主席、中国材料研究学会理事长、中国工程院院士周廉等5位院士；国际材联前任主席Peter A. Glasow教授、国际材联第一副主席Gabriel M. Crean教授、欧洲材料研究学会秘书长Paul Siffert教授、美国材料研究学会副主席Peter F. Green教授、美国材料研究学会执行主任John Balance等专家出席了论坛。师昌绪院士在讲话中强调，作为材料界的研究人员面对资源枯竭的现状，如何有效利用资源和能源，同时又能减少材料行业的污染是需要研究和解决的重要课题之一；必须以制造业带动新材料的发展，上海作为制造业的中心，应该发挥其工业门类齐全，组织能力强的优势，加快仪器仪表行业和医疗器械行业的发展，并以此带动新材料的全面升级。

论坛由周廉院士主持，Peter A. Glasow教授、Gabriel M. Crean教授、Paul Siffert教授、Peter F. Green教授分别做了欧洲材料研究技术创新与产业发展、IT材料产业发展现状与未来趋势、欧洲光电材料的研发趋势、材料科学与工程现状与未来为题的大会报告。来自上海交通大学、复旦大学、华东理工大学、中科院上海硅酸盐研究所、上海金属学会和上海有色金属学会等各大高校和研究院所的专家共150余人参加了论坛。

(邵笑冰　刘昕卿)

第二节　国内科技合作

【国内科技合作概述】　2005年，在中共上海市委、上海市政府的领导下，上海市科委积极响应党中央、国务院的号召，认真贯彻科教兴市主战略。按照《科技创新登山行动计划》的部署，结合上海科技“服务长三角、服务长江流域、服务全国”的发展战略，以“坚持两个并举、加速两个转变”，即在合作的内容上坚持硬件建设与软件输出并举、在合作的层面上坚持政府引导与社会参与并举，在此基础上，进一步拓展合作地域、调整合作重心，加速以中西部合作为主向融入全国的转变、加速以帮扶支援为主向互惠互利的转变为工作思路。发挥上海的科技优势，组织上海的科技力量，积极推进国内科技合作，服务全国，取得了一定的进展。

在国内科技合作工作中，继续做好对口支援和科技合作两条腿走路的原则，以支援带合作，以合作促支援，全年共下达国内科技合作经费2 085万元。

(陈宏凯)

【上海接待部分国内科技团组概况】　2005年，共接待科技部、各省、市科技厅(局)100批、934人次，国家领导人1批，部级27批。

1月18～20日，天津市政府副秘书长、办公厅主任柴中达率各委办局领导一行35人来沪学习考察。上海市科委副秘书长李元春介绍了上海科技发展情况。

1月26～28日，国家科技教育领导小组办公室胡和立局长会同科技部组成调研组一行4人，来沪调研“依靠科技进步和自主创新推进经济增长和结构调整”及“促进高新科技园区发展”等情况。上海市科委副主任丁文江、开发区管理处处长吴山河等陪同考察了漕河泾新兴技术开发区、张江高科技园区。

2月23～27日，国务院参事、原科技部秘书长石定寰来沪参加“第二届中国咨询业发展论坛”。

3月25～27日，科技部副部长马颂德、高新司司长冯记春、副司长戴国强、计划司副司长秦勇、科技部高技术中心副主任陈志敏等领导一行9人来上海考察调研。上海市科委主任李逸平、副主任陈克宏、寿子琪等陪同考察了崇明县东滩、前卫村，并参加了崇明生态岛建设科技工作推进会；考察了磁悬浮、上海微电子装备有限公司、多核CPU、燃料电池汽车、参加了国产盾构现场汇报会。

4月6日，浙江省副省长茅临生率浙江省科技考察团一行18人来沪考察上海市“一网二库”，并听取了上海市科委对上海科技发展情况的汇报介绍。

5月29～30日，科技部副部长马颂德一行6人来沪出席亚太城市信息化论坛及联合国信息技术工作组工作会，并考察上海重大科技项目。

6月1～2日，浙江省人大常委会副主任徐志纯率科技考察团一行11人来沪考察上海市高新技术产业发展情况。上海市科委秘书长徐美华等向考察团介绍了上海市科技发展情况，并陪同参观了上海市科技创业中心(孵化基地)、上海交大慧谷高科技创业中心。

6月11～20日,全国政协副主席张梅颖率全国政协委员(科技、科协界)视察团一行38人来沪,了解"建立健全科技创新体系"情况。

在沪期间,上海市政协领导、上海市科委领导陪同视察了上海磁浮交通发展有限公司、上海科技馆、上海隧道股份有限公司和隧道博物馆、上海张江高科技园区、中医药大学中医药博物馆、上海信息安全中心、微系统技术国家级重点实验室、上海研发公共服务平台、上海交通大学国家重点实验室、振华港机股份有限公司等20多个科技创新体系单位,并召开了3次座谈会,蒋以任、殷一璀、严隽琪、谢丽娟等市领导出席,听取对上海科技创新工作的意见和建议。视察团认为,上海市各级领导落实中央科学发展观,实施科教兴国战略,科技创新工作取得了明显成效。同时对上海进一步推进科技创新工作提出了建议。

6月13～15日,国务院参事张鹤镛、张厚粲、石定寰等一行5人来沪,就"关于提高企业自主创新能力,促进经济结构调整"问题进行工作调研。上海市科委体制改革与法规处处长钱维铝汇报了上海提高企业自主创新能力,促进经济结构调整的工作进展情况。

6月17～18日,科技部副部长刘燕华一行2人来沪,出席2005上海科教兴市论坛主题报告会。刘燕华副部长在主题报告会上作了"当代科学技术发展趋势的战略选择"的报告。在沪期间,还视察了新药筛选中心、中医药大学中医药博物馆。

7月11～12日,科技部副部长马颂德一行9人来沪,视察上海伽利略卫星导航公司等单位。

8月17～20日,科技部部长徐冠华带领有关司局的负责人一行28人来沪,就国家中长期科技发展规划纲要的配套政策进行调研,并参加"部市合作"委员会2005年工作会议和赴崇明考察生态岛科技支撑工作,召集政府部门、科研机构、高等院校、企业进行了座谈。

9月1～4日,中国工程院副院长杜祥琬一行4人来沪参加上海市政府、中国工程院合作委员会第四次会议。在沪期间,杜祥琬副院长出席并作院士讲坛"现代物理学与工程技术"报告,参观了阮雪榆院士实验室。

9月6日～7日,科技部副部长程津培一行8人来沪,出席在上海举行的2004年度中华人民共和国国际科学技术合作奖颁奖仪式;视察了上海药明康德新药开发有限公司在企业自主创新方面的工作。

9月9～11日,中国科协党组书记邓楠一行3人来沪,出席由科技部所属的中国可持续发展研究会主办、同济大学承办的"2005中国可持续发展论坛"开幕式,并在上海市副市长严隽琪、市府副秘书长姜平等领导陪同下视察了上海隧道科技馆、"863"盾构样机第二个应用工程现场、上海宽带技术及应用工程研究中心。

10月10～16日,科技部纪检组组长吴忠泽一行5人来沪,出席国际光伏大会开幕式、中德计算机生物伙伴研究所揭牌仪式、"科技创新促进新疆地区发展"专题研究班开班典礼、何梁何利基金2005年度颁奖大会、上海伽利略公司签字仪式,并陪同国务委员陈至立视察上海。

10月14日,科技部何梁何利基金2005年度颁奖大会在沪举办,出席会议的有中共中央政治局委员、中共上海市委书记陈良宇,中共上海市委副书记殷一璀,全国人大教科文委副主任、原科技部部长朱丽兰,科技部纪检组组长吴忠泽,国资委中国大中型企业监事会主席段瑞春,教育部部长助理郭向远等领导及香港嘉宾。

10月20～21日,科技部党组成员、《科技日报》社社长张景安一行17人来沪,参加在上海召开的科技型中小企业融资工作研讨会。

11月2～4日,科技部副部长马颂德、高新司司长冯记春、计划司巡视员申茂向、高技术发展研究中心主任赵玉海、机关服务中心副主任王秀义等一行11人来沪,出席第七届上海国际工业博览会开幕式并参观展览,出席了世博科技行动计划新闻发布会,对上海交通大学进行了调研,参加了中法CPU合作指导委员会会议。

11月17～21日,中国工程院原副院长师昌绪、西北有色金属研究院院长、中国工程院首批院士周廉等一行6人来沪,出席"2005年(上海)国际新材料发展趋势高层论坛"。

11月24～25日,中国工程院原副院长杜祥琬、工程院能源学部办公室主任王振海一行来沪,出席中国工程院工程科技论坛第四十四场——"长三角清洁能源论坛"。

11月28日～12月1日,科技部纪检组组长吴忠泽一行6人来沪,对金山区进行调研,并出席金山发展论坛;考察了上海医药集团,了解上海医药集团与罗氏合作防治H5N1高致病性禽流感的有关情况;调研中科院上海药物研究所治疗H5N1高致病性禽流感药物及新药研发工作；考察上海中医药大学曙光医院。

12月8～9日，科技部副部长马颂德、高新司副司长许倞、廖小罕等一行5人来沪，出席全国智能交通年会。

12月13～14日，科技部党组成员、《科技日报》社社长张景安一行3人来沪，出席第五届中国创业投资年度论坛、南汇区医疗器械产业基地揭牌暨项目签约仪式。

（施伟忠）

【进一步加强对口支援工作】 2005年，在西藏日喀则、云南四州市、重庆五桥区、宜昌夷陵区、新疆阿克苏地区继续实施科技对口援助工作，全年支持经费370万元。

(1) 科技援藏工作显成效

在日喀则完成了科技交流中心的建设，对部分农牧民开展了科技培训，培训近5 000人。实施拉孜西瓜、哈密瓜试种栽培，获得成功，为2006年扩大试点打下了良好基础。在白朗县实施了沼气试验项目，获取了高原沼气产气量等实验数据，为今后的沼气推广打下了实验基础。完成了地区"十一五"科技规划撰写，成功组织了知识产权专项执法行动。

上海市科委重点对口支援项目"复旦大学附属肿瘤医院与西藏自治区人民医院肿瘤研究项目合作"继续实施，上海肿瘤医院派员赴藏指导工作。自2004年西藏自治区人民医院肿瘤科成立至2005年11月，共收治病人480人，开放11 280床日，床位使用率85%，成功开展了西藏地区第一例肾上腺嗜铬细胞瘤手术，常规完成多例胃癌根治术、乳腺根治性切除术、肝癌不规则切除术等；以肿瘤科为主与其他科室协助完成甲亢伴严重心脏病的双侧甲状腺次全切除手术1例，卵巢癌根治术1例；引进国内最新的各种化疗药物和化疗方案，合理规范地进行了各病种的新辅助化疗、辅助化疗、姑息化疗等，其中1例高龄晚期卵巢癌患者，经肿瘤科合理的治疗，收到良好效果。西藏自治区人民医院肿瘤科的成立为西藏地区的肿瘤患者就医提供了极大的方便和希望，收到良好的社会效益和经济效益，为西藏地区的卫生事业填补了空白。西藏自治区人民医院还派出4名医师和护士到上海接受短期的进修和培训。

(2) 沪滇对口帮扶工作取得新进展

按照"重心向云南相关州市下移"的工作要求，上海继续对红河、思茅、文山3个科技中心给予项目支持；对新增地区迪庆的科技发展给予重视和支持。适度增强了四地州的援助支持力度，并集中有限资金，用于关系四地州经济产业发展的科技示范项目。

2005年，上海市科委对红河州国家农业科技园区的技术中心建设项目、桑椹品种与种植研究基地项目和畜禽良种繁育中心项目共支持资金60万元。园区技术中心已建成专家接待室9间，信息中心1个，培训教室2个。园区以技术中心项目为平台，加强院校合作，通过引进专家来解决生产实际中的技术难题。已有上海水产大学、中国农业大学、华中农业大学、中国林科院、云南省林科院、云南农业大学的15位专家来到园区开展工作，对茶叶、桑椹、柑桔、水产养殖、花卉种植等产业进行研究指导。桑椹产业开发项目已经建成33.3ha种植示范基地，主要开展桑椹品种与种植的研究，已经总结出一套桑椹标准化种植的技术路线，通过试验示范，取得了当年种植当年亩产就收入1 980元的实效，和果桑含糖量达到21%的全国最高水平。2005年收购加工果桑300t，酿制桑椹干红酒200t，预计产值可达1 500万元。畜禽良种繁育中心是在沪滇合作农业示范基地（沪滇农业开发有限责任公司）的基础上建立起来的。年内，基地以梅山猪和节粮小型蛋鸡"农大3号"为主的畜禽良种繁育体系建设得到长足发展，形成了以梅山种猪、节粮小型蛋鸡为核心的良种畜禽繁育推广体系。

上海市科委对思茅上海科技中心的建设、思茅市林业科技研发中心、林产品质量监督检测站、科技培训等项目给予有力的支持；上海交通大学药学院和思茅伟农植物制药有限公司合作，实施了催吐萝芙木产业化发展项目。思茅市林业科技研发中心在上海木材工业研究所的支持下，已于10月28日成立运行。林产品质量监督检测站项目，思茅市质量技术监督局、市科技局、林业局与上海木材工业研究所签订了"滇沪合作共建云南省思茅市林业科技研发中心和林产品质量监督检测站协定书"，由上海合作方提供设备支持和技术人员培训，与思茅共同建设林产品质量监督检测站，开展全市林产品质量监督检测工作。在上海市科委、思茅市有关部门的共同努力下，经过一年多的筹建，由上海方投资15万元、思茅综合技术检测中心自筹15万元，思茅市科技局安排5万元，购置了包括万能力学实验机、生化培养箱、分光光度计、磨耗仪等一批设备。思茅第一家专业的林产品质量监督检测机构——思茅市林产品质量监督检测站，于10月28日挂牌成立。思茅上海科技中心成了思茅市重要的人才培训基地。全年共举办各类培训班3期，培训人员332人。

在云南文山，上海市科委支持开展“丘北小椒”规范化种植技术试验示范项目共完成4 900ha的示范，超计划任务900ha，分布在14 700户农户，平均亩产为211.82kg，比合同规定的180kg超31.82kg，比非示范样板区的平均亩产165.9kg增45.92kg，项目新增总产值2 025万元，户均增收1 377.6元。同时，在品种提纯复壮、建立良种繁育基地等方面也取得进展。

在云南迪庆藏族自治州，上海市科委支持切花百合、郁金香等球根花卉种球国产化生产基地建设，全年共扩繁东方百合脱毒苗7万株，建立了种球生产基地4ha(其中，切花0.6ha，繁种3.4ha)，生产种球100万头，实现产值200多万元，技术培训86人次，带动农户60户，户均增收了1 700元。为进一步强化切花百合种球国产化生产基地建设，培植云南高海拔藏区花卉产业奠定了良好的基础。还在香格里拉绿色无公害蔬菜生产基地建设基地68ha，补贴式引导建设高寒藏区蔬菜生产塑料大棚96个，推广蔬菜良种78个，举办了两期高海拔藏区蔬菜栽培技术培训班，共计培训126人次。全年共给香格里拉城镇居民提供了34.68万公斤绿色无公害时鲜蔬菜，实现产值208万元，亩产值达到2 039元，带动发展了128户蔬菜生产专业户和示范户。

(3) 开展支援重庆五桥区工作

2005年，重庆上海科技中心共举办各类技术培训班41期，培训各类技术人才6 440人次。科技中心还牵头组织实施了上海市科委对口支援项目“三峡库区标准化种猪场(CRP配套系原种场)建设示范”项目，负责监督落实项目实施和资金的使用，切实保证了项目的顺利实施。建成标准母猪圈舍3 400m^2，母猪标准产床50套，引进种猪225头，采用“公司＋移民养殖大户”、“公司＋养殖户”的模式，培养养猪大户45户，养猪户76户。“优质花椒产业化”项目在育苗基地和33.3ha标准化示范基地建设上，对大红袍、正路椒、娃娃椒、花椒等品种进行对比筛选试验，选育出适宜本地气候和土壤的优良品种为九叶青花椒。通过品种优选和试验，增加花椒树侧枝分枝，标准化花椒基地产量可达到亩产九叶青鲜椒1 500kg，远高于大红袍花椒亩产800～1 000kg产量。

(4) 开展支援宜昌夷陵区工作

宜昌市夷陵区是三峡工程的所在地，也是移民安置的重点地区。2005年，上海市科委支持当地开展“三峡库区网箱养殖综合技术示范”，项目依托企业，联合水产养殖研究所，建立了技术保障体系。宜昌弘洋公司与上海水产大学合作，在夷陵区组建了三峡现代渔业公司。建立了养殖培训示范点，选定了适性鱼种，开展了一些前瞻性研究工作，2005年，162个网箱养殖示范点约销售各类鱼3万公斤，收入50余万元。项目的实施带动移民发展网箱养殖600多只，向周边辐射300多只。共解决就业人员260多人，带动相关产业人员就业100多人。

(陈宏凯)

【继续推进西部科技合作】 2005年，西部项目共征集项目178项，涉及西部12省区，以及湖北恩施、湖南湘西、吉林延边3个自治州，主要集中在电子信息技术、现代农业、生物医药技术、先进材料与清洁能源四大领域。经评审，共立项支持46项，下达项目资金320万元，立项项目的总投资金额为1.2亿元，其中上海方投入资金4 626.8万元，占资金总量的36.45%；西部地区机构投入资金7 746.6万元，占资金总量的63.53%，这些项目实施后预计可产生经济效益4.8亿元。

在2000～2004年立项的279项西部项目中，到期已验收193项，占立项项目总数的69%；到期未验收项目35项，占立项项目总数的13%；未到期验收项目49项，占立项项目总数的18%。

在2005年申报的科技合作项目中，企业发挥了参与西部开发的主力军作用，其中科技企业占42.8%，高等院校占41.5%，而科研院所仅占15.7%。在上海市科委确定的支持项目中，科技企业占43.5%，高等院校占36.9%，科研院所占19.6%。2005年立项的46个西部项目普遍“含金”量较高，在实施的西部项目中：计划申请或立项国家项目的有30项，计划申报各类专利229项，形成研究论文368篇，与2004年西部立项项目相比有了明显的增长。

由华东师范大学与吉林省延边林业集团长白山森林食品有限公司共同合作开展的“长白山天然资源(越桔)深度利用研究”项目于7月29日通过了上海市科委的验收。该项目已逐步形成了研究、销售在上海，原料和生产在延边(长白山)，“研、产、销”一体化的新格局，建成了1 800ha越桔原料示范园区。

上海孙桥农业科技股份有限公司在新疆实施的“温室果类蔬菜无土栽培技术示范与推广”项目在新疆建立了现代农业的示范基地，在上海和新疆基地为新疆培养生产技术人员300人次，为西北寒冻季节提供了新鲜蔬菜。温室果类蔬菜无土栽培技术与土壤栽培相比，单位面积自控温室增产125%以上、增值近4倍。日光温室增产和增值都在40%以上，产品供不应求。

“优质哈密瓜南方适栽品种示范与种子基地建设”是由上海市农业技术推广服务中心和新疆哈密瓜研究中心联合承担的，目的是加快哈密瓜栽培东进、南移步伐。在上海市农业技术推广服务中心的中国工程院院士吴明珠的亲临指导下，已成功筛选出适合上海地区栽培的“雪里红”、“9818”、“仙果”等品种，并将在上海逐年增加种植面积。

此外，上海市科委还积极搭建交流平台，加强东西沟通，分别举办了华东师范大学研究生与西部省区驻沪办领导座谈会、沪疆科技合作项目推介会，介绍了上海与西部的科技合作情况，推介了一批科技合作项目，同时，还组织了上海专家赴甘肃、新疆、陕西、四川、云南等地区考察，寻求合作。

（陈宏凯　程　彦　梁宗禧）

【长三角科技合作取得实质性进展】　长三角各相关城市自2005年上半年起开始筹划建设以实现大型科学仪器设备设施区域共享为目的的长三角协作网项目，在网络环境建设方面，各城市充分利用长三角地区现有的科技信息网络，按照研发公共服务平台的软硬件要求，构建自身的仪器设备共用服务网，并实现城市间的有效对接；在资源建设方面，建立了长三角地区科学研发仪器设备数据库，10月22日，长三角大型科学仪器设备协作共用网(www.3gst.com)正式开通，南通、无锡、扬州、嘉兴、徐州、淮安、马鞍山、上海等14个首批开通城市的入库资源总量达1 500余台(套)。长三角协作网现已具备基本网络应用、网上仪器设施及相关信息共享等功能，用户可通过用户管理和办事查询等服务系统获取信息查询、业务咨询、网上办事等在线服务。

沪苏浙三地科技部门确定“科技强警”为2005年的联合攻关主题，根据上海公安机关面临的形势和任务，确定了“长三角地区道口公安查控技术的应用研究”为2005年的重点项目，上海公安机关将先行开展科技攻关，研究重大的关键技术，提高道口查控技术水平，为开展长三角地区的公安科技合作做前期准备。项目共分四个子项目：江浙沪综合信息查询比对技术研究、人像自动识别技术研究、无线移动图像传输技术研究、存储图像清晰还原技术研究。该课题研究建成使用后，将大力推动江浙沪地区公安机关信息资源的共享和利用，进一步发挥公安信息化的应用效益，推动公安信息化工作的发展，为长三角地区共同打击跨地区犯罪、维护社会稳定提供技术支持和服务。

同时，在科技部的牵头下，上海、江苏和浙江科技部门组织研究了“长三角区域‘十一五’科技发展规划战略研究”课题，为制定《长三角区域“十一五”科技发展规划》奠定了基础。

长三角三省市还举行了“科技成果网上交易活动”、“东方科技中介论坛”、“科技企业苏北行”、“高新技术成果对接会”等科技中介活动，在上海市科委的组织下，上海科技开发交流中心、上海技术交易所、上海高新技术成果转化服务中心等在苏、浙也积极开展技术洽谈和合作。

（陈宏凯）

【巩固与“东北老工业基地”的科技合作】　继续支持与东北的科技合作与交流工作，在2004年“东北亚博览会”上洽谈的项目在2005年结出硕果，上海钢铁研究所与大连富地机械制造有限公司研发的“大规模冷弯型钢生产线排辊直接成方工艺与技术”项目达成合作，实现销售3.15亿元，平均利润总额3 443万元。上海建设路桥机械设备有限公司与瓦房店山宝轴承制造有限公司合作开发“破碎机专用轴承”项目，实现销售3 000万元人民币。

年内，上海市科委对其中的12个项目给予了支持，下达拨款100万元，带动双方投入2 800万元，这些项目涉及农业、新材料、信息化和环境保护等领域，特别是在发挥上海制造业信息化方面的优势与东北重大装备制造业的优势方面也作了有益的探索，为进一步加强与东北地区的科技合作打下了良好的基础。

（陈宏凯）

【国内会展工作注重实效】　2005年，组织上海科技会展公司及科技系统有关单位共同完成了7个外省市科技合作活动。其中，组团参展参会的项目4个，即第九届中国东西部合作与投资贸易洽谈会、第七届中国国际高新技术成果交易会、第三届中国科学院—新疆科技合作洽谈会和云南省2005省院省校科技合作交流会；参会和考察的项目3个，即第八届中国北京国际科技产业博览会、东北亚高新技术及产业博览会以及第六届中国青海结构调整暨投资贸易洽谈会。组织了71家企业近460个项目参加展示和洽谈，共计达成合作意向6亿多元。

（陈宏凯）

【市科委与二军大共商合作推进科技创新】 9月14日，上海市科委主任李逸平率领部分委领导及相关处室负责人赴第二军医大学进行调查研究。就如何围绕国家及上海市医学科研的发展战略，进一步加强军地之间的合作与联动，集聚和利用地方科技资源支持第二军医大学的科研工作，发挥部队医科大学独特优势促进上海市医学科技创新能力的提升等问题进行了广泛的交流，并初步达成了进一步加强合作的一些具体设想和措施。

（编辑部）

【2005年度京、津、沪、渝科委主任联席会议在沪召开】 11月11日，2005年度京、津、沪、渝科委主任联席会议在上海举行，4个城市的政府科技部门相互交流了各自编制"十一五"科技发展规划的有关情况，还探讨了在推进城市经济社会发展中，如何更好发挥科技的支撑引领作用和增强政府科技管理部门的综合协调能力等问题。四地科委都希望今后就大城市建设和管理中的科技工作进一步加强交流与合作，建立起长久的合作机制。

（编辑部）

【参加第九届中国东西部合作与投资贸易洽谈会】 4月6日，第九届中国东西部合作与投资贸易洽谈会在西安举行。上海市西部开发科技合作项目管理中心第一次正式在"西洽会"上设摊位，并根据需要将西部中心简介、西部科技合作支持区域、西部项目资助领域和参与主体及实施西部项目取得的成果制成4块展板进行宣传展示，许多省市机构、单位，甚至个人慕名而来。

（程　彦）

【上海科技管理干部学院实施对中西部地区科技帮扶培训】 2005年，受科技部、上海市科委及中西部各省、区委托，通过政府支持和市场运作的结合，以"请进来、走出去"等方式，为中西部和东北地区办班20期，培训科技管理干部792名。成功举办"科技创新促进新疆经济发展"研究班和"西部地、县（贵州黔南）科技经济发展人才综合开发示范项目"培训班，通过授课与科技项目对接洽谈相结合、考察与招商引资相结合的创新培训方式，探索科技培训促进中西部与东部发达省市的科技合作与交流，以科技创新推动中西部地区经济发展的有效模式。这些班涉及面广、层次高、内容丰富、形式创新，培训注重科技与经济的结合。学院根据不同班次、不同地区的特点，精心设计课程和考察内容，在学科、课程、办学形式、服务管理等方面走上了规范有序的轨道，已形成一个具有特色的、稳定的干部培训领域。

（张晓青）

【参加东西科技合作与成果展示洽谈会】 9月27日，为进一步加强东西部合作，促进上海市与河南省之间的科技合作与交流，应驻马店市人民政府的邀请，上海技术交易所组织了23家大学、研究院所和高新技术企业约40多位专家、教授及企业家参加了"东西科技合作与成果展示洽谈会"。

会议期间，上海技术交易所与驻马店市人民政府签署了沪豫科技合作与交流的协议，双方在人才培养、科学研究、科技交流以及科技成果转化等方面将建立多层次、全方位的科技合作。与此同时，上海代表团与驻马店市各级政府、高新技术企业就农业生产、水产养殖、新材料、环保、精细化工、生物工程、机械等领域进行了多方面的交流与探讨。

（周剑清）

【促进沪疆科技合作与交流】 4月25日，上海市科技创业中心和新疆生产力促进中心、乌鲁木齐创博国有资产投资经营有限责任公司共同在乌鲁木齐市投资、组建上海新疆科技合作基地，成立上海新疆科技合作基地有限公司。该基地的建立，将为上海科技企业拓展新疆技术市场提供一个发展和服务平台，同时为新疆的科技企业孵化提供成功的经验。

8月18～24日，上海市科委组团赴疆参加第三届中国科学院—新疆科技合作洽谈会。

受中共中央组织部和科技部委托，10月14日，由上海科技管理干部学院承办的"科技创新促进新疆经济发展"研究班在上海开班。研究班为期25天，参训学员50人，主要为新疆地、州（市）分管科技、经济的党政领导和地、州（市）科技局局长。培训内容紧紧围绕科技创新促进新疆发展，分"战略思维"、"科技创新促进区域经济发展"、"区域科技合作与交流"三个专题展开，通过授课与科技项目对接洽谈相结合、考察与招商引资相结合的创新培训方式，探索出科技培训促进新疆与东部发达省市的科技合作与交流，以科技创新推动新疆地区经济发展的有效模式。

11月，上海科学技术开发交流中心受上海市科委委托，承办“沪疆科技合作项目推介会”，来自复旦大学、同济大学、三瑞化学有限公司等39家上海知名大学、研究所、科技企业的近80名专家、企业家与在沪参加学习的50名来自新疆各级政府机构分管科技、经济的负责人进行了分组对接洽谈。会上，上海孙桥农业技术有限公司、上海中药创新研究中心等11家单位与新疆地区签订了17份协议。

（程　彦　陈善凤）

【上海－云南技术转移基地建设启动】　7月25日，上海－云南技术转移基地在云南省昆明市揭牌成立。上海市副市长严隽琪，上海市科教党委副书记、市科委主任李逸平，云南省副省长吴晓青，昆明市市长王文涛等领导出席了签约暨揭牌仪式。

该基地将进一步推动沪滇两地对口科技帮扶和科技合作向纵深发展，更好地整合两地的优势科技资源，利用先进的信息技术手段构建为两地企业、研发机构、科技投资机构共享的信息服务平台；同时“技术转移基地”作为上海研发公共服务平台内容和服务的延伸，使上海的科研设施资源、人才资源、信息资源在沪滇合作中发挥更大的作用；并为上海科技企业入滇发展提供各种服务和帮助，推动上海科技企业更加踊跃地参与沪滇合作，从而使沪滇两地的科技帮扶工作和科技合作更加富有成效。

11月4日，“上海－云南技术转移基地”远程可视会议系统开通并在第七届上海国际工业博览会现场召开首次可视会议，上海技术交易所向云南现场转播了第七届上海国际工业博览会技术交易及会场盛况。

（江　森）

【沪滇高校进行对口科技交流洽谈】　9月27日，上海市教委和云南省教育厅组织了沪滇高校对口科技交流洽谈。上海市教委科技处组织了上海大学、上海理工大学、上海师范大学、上海中医药大学、上海交通大学医学院和上海水产大学科技处同云南省云南大学、昆明理工大学、云南师范大学、云南农业大学、云南财贸学院科技处进行了相互交流。双方确定在滇沪合作框架下进行学校对学校、教师对教师的各专业领域的合作。其中包括：重点学科建设、E研究院、特聘教授、共同争取课题、共同指导研究生等。

（编辑部）

【中药重楼活性成分喷脑皂甙苷合成合作项目通过验收】　该项目是云南白药集团股份有限公司和中科院上海有机化学研究所的合作研究项目。上海有机所田伟生教授课题组在完成上海市科委西部合作项目喷脑皂甙元合成之后，又完成了喷脑皂甙元三糖苷的合成研究工作。10月，该项目通过了验收。

喷脑皂甙苷是中药重楼的活性成份，后者是著名传统中药“云南白药”的原料之一。传统中药是宝贵的遗产，如何提高中药的质量，实现传统中药的现代化已经得到中国政府和科技界高度重视。针对“云南白药”的原料药之一“重楼”的资源匮乏问题和“云南白药”产品的升级换代问题，应云南白药集团股份有限公司的要求，田伟生教授被聘为企业博士后人员指导老师，在博士后人员培养和中药现代化两方面进行合作。

（杨慧娜）

【开展沪黔科技合作交流活动】　在2004年建立“上海－黔南科技促进中心”、沪黔两地共有50个项目达成了合作意向的基础上，2005年，“无公害优质肉猪高效养殖产业化”等12个项目签约。9月，与黔南州科技局合作，为黔南州编制“十一五”科技发展规划。

（郭晓琳）

【举办2005沪赣科技经济合作洽谈会】　5月，上海科学技术开发交流中心与江西省科技厅合作，在南昌举办了“2005沪赣科技经济合作洽谈会”。由上海42家单位的65名专家、企业家及相关人员组成的科技经济考察团前往江西南昌、井冈山地区考察交流。洽谈会上，上海华东理工大学等9家单位与江西省11家企业共签订了11项合作协议。

（郭晓琳）

【第二届长三角科技论坛在沪举行】　第二届长三角科技论坛、上海市科协第三届学术年会开幕式于9月22日在上海图书馆举行。

长三角科技论坛是由上海市科协、浙江省科协、江苏省科协共同创办的高层次、综合性、大规模的学术交流平台。论坛充分发挥两省一市科技领先、经济相融、文化相通、地理相连等优势，共同为促进长三角地区经济、科技和社会的全面、协调、可持续发展，为长三角地区提高国际竞争力，提前全面建设小康社会做出积极贡献。第二届长三角科技论坛由上海市科协承办，除开幕式（含特邀报告）外还组织了12个专题论坛，内容涉及生态环境、空间技术、包装、水环境治理、气象、生物工程、科技期刊、营养产业、农业、纺织和能源。论坛得到了苏、浙两省科协和科技工作者的大力支持和积极参与，与会人数近1 200人，交流论文约800余篇。

第三届年会有50余个学会（协会、研究会）参加，根据学科发展方向、特点和上海产业发展问题举办了近70个项目、150余场次的活动。

（张世君）

【组织首届长三角青年人才科技创新成果展示交流会】 由苏、浙、沪三地人事厅（局）和总工会、共青团、科协，以及中共上海市杨浦区委、区政府、上海市大学生科技创业基金管理委员会联合主办的以"创新·人才·交流"为主题的"首届长三角青年人才科技创新成果展示交流会"（以下简称"长三角创新展"），于11月25～28日在复旦大学举行。

"长三角创新展"共汇集了517个高水准创新科技成果项目参展，涉及12个行业，吸引了三地近2万人参观。组委会还特邀专家评出"长三角青年创新奖"一等奖4名、二等奖6名、三等奖10名。共征集三地企业技术疑难248项，涉及11个行业。展前已有10对供需方对接成功，现场又有51家单位对其中80项技术疑难确定了对接意向，并正在进一步洽谈中。"长三角创新展"还吸引了科技中介组织和技术交易信息网络积极参与，上海技术经纪人事务所50余名技术经纪人提供现场技术中介服务。有1 000余人参加事业单位人才现场报名确认，近2 000名青年创新人才参与创新人才交流会。此外，举办了9场系列青年创新论坛，30多位各行业产学研领域的领军人物与3 000多名青年人才纵论创新创业，营造了良好的创新氛围。

（张　弘）

【中科院上海分院加强与浙江省的院地合作】 中科院上海分院以浙江省实施"科技强省"战略为契机，落实中国科学院与浙江省全面合作座谈会纪要，重点做好共建机构建设和技术转移工作，为区域科技创新和经济发展服务。

（1）积极推进"一所两中心"建设，即中国科学院与浙江省共建的宁波材料所和嘉兴技术应用研究与转化中心、湖州应用技术研究与产业化中心。8月，宁波材料所的园区建设正式开工，科研工作已经启动，科研目标凝练、人才引进等进展顺利。嘉兴技术应用研究与转化中心成立后，中科院的微系统所、硅酸盐所、遗传所、声学所、广化所等研究所建立了技术转移分中心，60多名科技人员入驻中心，陆续启动嘉兴数字化航道无线传感网工程、轻质合金材料等7个合作项目，多个研究所、多项技术、多种人才汇集在一个中心，是院地合作共建研发机构的全新模式，成为国内院地合作的典范之一。湖州应用技术研究与产业化中心完成了框架协议和备忘录等文件起草，选定了若干项目，派遣科技副职，2006年1月签订了正式协议。

（2）配合浙江"科技强省"战略，重点参与先进制造业基地建设。中科院上海分院按照浙江省的需求，配合省有关部门，联络、推动研究所参与建设先进制造业基地的合作。中国科学院、中国工程院与浙江省政府共同举办的"先进制造技术合作与交流大会"，中科院上海分院作为主要承办单位，联络组织24家院属研究机构参加大会，签订合作项目42个，占总签约数的21%。浙江省规划在10个区域建设10个先进制造业技术创新服务平台，中国科学院系统的研究所参与了其中的9个，涵盖了移动通信及光通信、生物技术产业等多个领域。据浙江省科技厅统计，2005年，中国科学院有近60个研究所在浙江开展科技合作和技术转移活动，取得明显效果。

（3）运用平台，推动技术转移和传播。中科院上海分院组织有关研究所参加了浙江网上技术交易市场平台，开辟专门展区，展示了中国科学院知识创新工程的成就，重点推介了无线传感器信息网等项目在宁波电力输电在线监控系统、宁波北仑应急指挥系统、浙江消防单兵系统中的应用。还组织相关研究所和科技人员参加衢州、金华等科技洽谈会，签订合作项目金额5 238万元。首期3万平方米的中科院杭州科技园正式投入使用，已与中科院半导体所、沈阳自动化所等研究所开始了项目合作。

（孔朝晖）

【第三届全国技术市场中介机构负责人峰会】 9月，上海科学技术开发交流中心与科技部中国技术市场管理促进中心合作，承办第三届"全国技术市场中介机构负责人峰会"。来自全国20多个省、市、自治区的代表近百人出席会议。资深体改专家、科技部政策法规与体制改革司原副司长、中国技术市场协会副理事长朱传柏到会作了关于科技中介机构的发展思路与方向的报告。上海科技开发交流中心、北京技术市场协会、清华大学技术转移中心、北方技术交易市场等单位在大会上作了交流发言。与会代表们纷纷表示要在改革创新中寻出路、求发展，充分发挥中介服务体系的作用，通过“峰会”定期或不定期的开展交流、互动，让各地的技术市场中介机构能更加密切地联系起来，相互促进，互换信息，加强合作，共同发展。

（郭晓琳）

【参加中国浙江网上技术市场活动周】 11月，中国浙江网上技术市场活动周暨杭州高新技术展示交易会在杭州开幕。上海科学技术开发交流中心组织复旦大学等7所大学科研处负责人，携65个科技成果参加了科技企业家论坛、高新技术成果展示交易会等活动。“中心”有关领导还参加了在杭州举办的长三角16市区域创新研讨会及第二届长三角高新技术项目洽谈会。

（郭晓琳）

【协办民营企业苏北行、2005东方科技中介论坛活动】 由长三角区域创新体系建设联席会议办公室组织的“长三角民营科技企业苏北行”活动于9月22～26日分别在江苏的盐城市、连云港市灌南县以及宿迁市宿豫区三地举行。上海27家科技企业参加了活动。多家上海企业与连云港灌南县、宿迁市宿豫区的多家单位携手合作，共签订了10余份意向协议，达成协议金额近10亿元。

11月24～25日，由长三角区域创新体系建设联席会议办公室和长三角科技中介战略联盟主办，江苏省生产力促进中心、上海科学技术开发交流中心、浙江省科技开发中心承办的“第二届东方科技中介论坛”在南京隆重举行。上海组织了22家单位33名代表参加论坛。

（郭晓琳）

【上海技术交易所与淄博市创新科技成果评价推广中心签订合作协议】 9月8日，上海技术交易所与淄博市创新科技成果评价推广中心签约，达成全面合作关系。

淄博市政府十分重视政府科技服务职能，为推进淄博市的经济发展和科技创新，专项拨款由科技局成立淄博市创新科技成果评价推广中心，与上海技术交易所搭桥引技，为当地企业提供技术信息服务平台。上海技术交易所将根据当地技术需求，重点关注新材料、陶瓷技术、生物医药、机电一体化技术，利用东部沿海地区优势，为淄博地区提供优质快捷的服务。

（安志彪）

【参加“百名院士专家长兴行”活动】 9月16～18日，受中国工程院委托，上海市中国工程院院士咨询与学术活动中心组织了郁铭芳、周翔等院士及上海交通大学、东华大学5名专家赴浙江长兴参加“百名院士专家长兴行”活动。

在长兴期间，郁铭芳、周翔等院士专家针对当地机械、纺织等支柱产业的技术需求，重点考察了浙江金三发新纺织集团有限公司、海信（浙江）空调有限公司、浙江诺力机械股份有限公司等企业，了解了企业的发展概况及技术状况，对企业提出急需解决的技术问题进行了现场指导；通过与企业领导、技术人员的洽谈，在合作研发、共建研究生实验基地等方面达成了初步合作意向。院士专家们还参加了该县组织的专家座谈会，对长兴县的整体发展规划、产业发展方向提出了宝贵意见和建议。

（邵笑冰　刘昕卿）

【院士出谋划策开发中药宝库】 为加强沪豫两地院士服务机构的合作，推动产学研联盟的形成，9月9～10日，上海市中国工程院院士咨询与学术活动中心组织上海医药工业研究院侯惠民院士与中科院上海药物研究所朱大元研究员赴豫，出席“河南中药发展工程技术研究中心特聘专家签字仪式暨专家论坛”。

两位专家分别作了题为“新型药物制剂工程化”和“中药、天然药新药研究和开发的思考”的专题报告，受到河南中药领域专家学者的热烈欢迎。在参观考察了河南仲景保健药业有限公司生产线后，两位专家与公司就“伤痛宁气雾剂透皮吸收”、“小叶丁香抗肝纤维化”等具体问题开展深入讨论，并与公司就张仲景祖传秘方及其产品开发中的知识产权保护进行探讨。双方认为，张仲景祖传秘方作为祖国传统医药中的瑰宝，开发潜力巨大，应用前景广阔，公司希望今后在药物制剂、中药新药研发等相关领域开展合作。

此次活动作为“2005年中国郑州先进适用技术交易会”的组成部分，得到了河南省科技厅的高度重视与支持。

（袁硕颀　刘昕卿）

【签订建立“上海—长春技术转移基地”协议】“2005中国—吉林国有工业企业产权转让暨项目招商大会”于5月26～28日在长春举行。约1 500位国内代表和500位国外代表参加。在吉林省主要领导的见证下，长春市科技局局长万载斌和上海技术交易所总裁王海生分别代表双方签署了关于筹建上海—长春技术转移基地的合作协议。

（彭　海）

【“泛珠三角区域交通发展战略研究”课题通过验收】　9月27日，由同济大学交通运输工程学院与广东省交通咨询服务中心合作完成的“泛珠江三角洲区域交通发展战略研究”课题在广州通过验收。专家组一致认为该研究成果达到国内领先水平。

在验收会上，同济大学交通运输工程学院副院长、博士生导师陈小鸿教授详尽地分析了区域交通及社会经济发展现状和趋势，提出了以引导区域协调发展为导向的交通战略目标、以“四个一”工程为核心的战略措施和“建设衔接、重大研究、资源保护与标准统一”四大合作行动。专家组认为该研究从多视点、多维度的分析入手，研究交通运输与社会经济发展的互动关系，突破了传统的交通战略研究思维和研究方法，技术路线科学先进，对制定和完善区域交通规划具有重要意义。

（许伟良）

【上海中医药大学与福建省三明市人民政府签署合作协议】　10月10日，三明市人民政府代表团一行拜访上海中医药大学，进行产学研合作洽谈，并就具体项目签署合作协议。会上，上海中医药大学同福建省三明市清流县签订了“县校友好合作协议”，并就野鸭椿、冰糖草等中草药的开发签订了具体的相关合作协议。

（孙为国）

【中国科大与上海生科院共建系统生物学系】　根据中国科学院“全院办校、所系结合”的方针，在中科院上海分院的统一部署下，中国科技大学与中科院上海生命科学研究院决定合作建立“中国科学技术大学系统生物学系”。6月28日，在合肥中国科技大学的生命科学学院大楼举行了挂牌仪式。系统生物学系将依托中国科大生命科学学院进行日常教学与管理，同时还将与该校的其他学院以及上海生命科学研究院形成紧密互动，从而吸引不同学科和领域的专家学者参与系的教学和科研。根据建设方案，系统生物学系的招生将纳入生命科学学院统一招生计划，按照生命科学本科专业进行。

（赵如江）

【上海天文台与中国科大合作成立星系和宇宙学联合实验室】　10月13日，中科院上海天文台与中国科技大学签署协议，成立星系和宇宙学联合实验室。根据联合实验室章程，该实验室将坚持“所系结合”的一贯方针，执行“开放、流动、联合、竞争”的运行机制，瞄准学科前沿、选择特色课题、集中有限资源开展关键领域的研究，以推动“星系和宇宙学”学科的建设与发展，同时建立和培养一支优秀的学科团队，使实验室成为国内星系形成和宇宙学研究方面的主导力量。

12月8日，联合实验室揭牌仪式举行。联合实验室主任上海天文台景益鹏研究员介绍了联合实验室成立的背景以及双方的具体合作计划，双方将在已经开展的合作基础上进一步加强科研人员的互访和工作讨论，进一步加强对研究生的联合培养和交流。联合实验室学术委员会主任、中国科技大学周又元院士，上海天文台叶叔华院士以及国内部分星系和宇宙学领域的专家出席了揭牌仪式。

揭牌仪式后，举行了第一次“星系和宇宙学”学术讨论会。来自国内外高校和研究所的11位著名学者作了学术报告。

（汪显坤）

第三节　院士咨询与学术交流

【2010年上海世博会与食品安全研讨会】　1月21日，上海市中国工程院院士咨询与学术活动中心与上海市食品学会共同主办了2010年上海世博会与食品安全专题研讨会。

专家们建议：(1)加快食品安全法律法规和标准体系的建设。(2)建立完善的食品安全统一监管体系，健全食品监管信息综合发布机制。(3)建立食品安全风险评估和预警系统。(4)加强食品基地建设，做好源头管理。

（刘昕卿）

【院士建议尽快开展量子调控科学和技术的研究】 3月17日，上海市中国工程院院士咨询与学术活动中心召开第二十一期院士沙龙——“未来信息技术中的量子调控”，就如何突破莫尔定律的极限展开探讨。沙龙由中心主任翁史烈院士主持，中国科学院院士陶瑞宝、王迅、沈学础、匡定波，斯坦福大学终身教授张首晟等专家出席。

院士专家们指出：按现在的物理学框架，大约10～15年以后，莫尔定律即将走到尽头。为应对科学极限与发展需求之间的不可协调的矛盾，突破经典调控下的科学极限，建立全新的量子调控技术和全量子器件是创新性的探索之一。

国家中长期科技规划已将量子调控科学与技术作为中国基础研究中长期规划的一个重要组成部分。上海在该领域有5个国家重点实验室、3个教育部与中科院重点实验室，还有近10位院士，在国内信息技术领域，特别是在支撑信息技术的多种材料与器件方面具有独特的优势，长期引领着国内空间信息获取技术的发展。针对量子调控科学和技术，上海有关研究院所在相关物理基础研究方面已形成比较优势，如围绕单光子的辐射与探测功能展开的量子调控基础问题的研究，已有较强的积累性基础，只是没有针对可用于量子调控的单个电子量子过程进行研究，也尚未就量子调控方面所需的要素进行深入探索。院士、专家建议上海在理论物理方面，要加强自旋电子学和相干量子关联理论的研究，重点突破量子调控基础核心要素的理论；在实验物理方面，进行光量子态新结构功能材料与器件和单光电子过程新量子功能材料与器件的研究，争取在量子器件的设计和制备上取得突破。

（方佳敏　刘昕卿）

小资料

量子调控

量子调控是从人们具有的对量子体系从统计结果上的调控能力跨越到对单个量子过程的直接调控上，目前能够很好地进行量子调控的途径还很少，更没有成熟的可直接使用的技术，同时对量子调控所依赖的单个量子过程的大量重要科学机理，甚至一些本质性的机理还没有深入和全面的认识。

在信息行业，芯片的集成度可提高若干数量级，目前世界最先进的微电子制造技术工艺水平是0.07μm，而使用量子调控技术后，微电子的制造工艺水平可以缩小到纳米级，进入纳（米）电子时代。到那时，一个U盘的存储量将可与现在的计算机硬盘相当。

【院士建议加强电力需求侧管理】 4月27日，“电力需求侧管理”院士沙龙召开。

电力需求侧管理(DSM)是对电力用户推行节电及负荷管理工作的一种模式。在2003年和2004年的迎峰度夏中，上海电力供应出现的季节性缺口促进了电力需求侧管理的运用，需求侧管理已经成为短时期内调节电力供需平衡的惟一手段。

目前在推广电力需求侧管理工作中，存在的问题主要有：(1)缺乏政策及资金支持。(2)缺乏科学的分时电价体系，无法有效引导电力消费，优化用电方式，难以达到有序合理使用电力的目的。上海已采用分时电价制，但尚未全面推广高峰电价、可靠性电价等更为细化的电价政策，缺乏有力的价格调节杠杆，对需求侧管理实施带来一定的困难。

院士专家们建议：把需求侧管理作为重要资源纳入电力发展规划中；继续调整、完善电价体系；完善夏季高温用电预案；制定强制性和鼓励性政策；多种渠道筹集资金，支撑鼓励性政策实施。

（方佳敏　刘昕卿）

【在沪院士为上海发展先进制造业出谋划策】 4月29日，由上海市经委和上海市中国工程院院士咨询与学术活动中心联合主办的“‘十一五’制造业发展院士座谈会”在市政府会议厅举行。

为了抓住新一轮国际制造业转移和国内工业化、城市化加速发展的历史机遇，充分利用两种资源、两个市场，通过“新体制新机制”，形成“新技术新装备”，确立上海先进制造业的高端优势，上海市经委按照上海市委、市政府关于“优先发展先进制造业”的战略部署编制了《上海优先发展先进制造业行动方案》。

与会院士认为，上海制造业通过近几年的产业结构调整和技术更新，技术水平有了很大的提升。百万千瓦超临界机组、燃气轮机和百万千瓦核电设备等一些代表国际先进水平的大项目的完成，更增强了上海制造业的强势。该“方案”结合上海的实际情况提出了许多很好的发展方向和构想，内容全面，分类科学。院士们结合各自的专业领域，对“方案”的细化措施和“十一五”期间先进制造业发展应优先实施的项目和应突出的重点领域提出了建议。

（何晓君　刘昕卿）

【院士专家提出上海气象防灾对策】 6月14日，上海市中国工程院院士咨询与学术活动中心和上海市气象局联合召开“上海气象灾害防御对策研讨会”。上海市科委主任李逸平出席会议。他指出，中共上海市委、上海市政府领导都非常重视和支持气象工作，已将天气气候的研究工作纳入“十一五”科技发展规划之中，并且上海将结合国家公共气象信息综合数据库和气象信息共享平台的建设，进一步加强气象灾害防御研究。

目前，上海气象灾害防御能力与其他发达国家的大城市和地区相比，在综合观测、预测预报、综合服务、科技创新和成果转化引用等方面都存在明显差距。例如，现代化气象仪器装备方面相对落后、地基气象探测手段不足、机动探空能力较弱等等。中国气象研究院陈联寿院士、华东师范大学陈吉余院士等着重分析了上海市主要的气象灾害，如暴雨、台风、雷电、风暴潮等灾害性天气的发生和发展，并提出相应的防御对策，例如，加强副热带季风、中小尺度强对流天气、精细化数值气象预报、信息传播技术的研究等；科技部顾问邵立勤建议应用新型的雷达和遥感探测技术，建设机动化、现代化的探测系统；中国气象局秦祥士研究员建议重视减灾信息管理，充分发挥传媒在防灾减灾中的作用。

（田瑞雪　刘昕卿）

【院士专家共话“崇明生态岛建设科技支撑构想”】 6月22日，由上海市中国工程院院士咨询与学术活动中心主办的第23期院士沙龙“崇明生态岛建设”召开。

上海市科委副主任寿子琪作了“崇明生态岛建设科技支撑构想”的主题发言。会上，院士专家们围绕崇明生态岛建设的城镇规划、能源利用、生态保护等领域展开讨论，建议应对岛上各种资源进行综合分析与评估，以求合理的配置与高效利用；崇明生态岛的建设要综合考虑生态农业和自然保护区的协调发展；林业的发展必须结合崇明岛自身的环境特性，树种的合理搭配，虫害的相生相克还需要进一步深入研究。建立科学的交通发展模式不仅仅需要绿色交通工具、智能管理等，还需要一系列配套政策的制定和实施。在崇明生态岛建设总体规划的框架下，应对各领域建设制定详细的、科学的、合理的中长期发展规划和分步实施内容。

专家们认为：崇明生态岛建设必须落实科学发展观，坚持可持续发展，强化综合决策，制定细化方案，稳步推进规划实施；充分发挥政府对社会投资的引导作用，形成有利于崇明生态岛建设的良好环境，促成全市各部门资源集聚，形成合力，共同推动崇明生态岛建设快速健康发展。

（田瑞雪　刘昕卿）

【院士专家为上海制造装备业发展献计献策】 8月17日，由上海市中国工程院院士咨询与学术活动中心主办的第24期院士沙龙“上海重大、复杂制造装备及其自动化技术的发展”召开。沙龙围绕上海重大、复杂制造装备及其自动化技术的发展主题各抒己见，共同探讨上海制造装备业的发展、振兴之路。

郭重庆院士作了题为“上海装备制造业发展面临的机遇与挑战”的主题发言。他认为制造业与现代服务业相互融合、相互促进是上海装备制造业发展的必由之路，而优先发展制造业中发展装备制造业是核心；要提高装备制造企业的创新和营销能力，社会组织能力的建设是关键，必须学会整合社会和国际资源为自己所用，上海的战略定位应为周边长三角和全国提供产前、产中和产后的生产性服务；上海装备制造企业更应该注重U型价值链的两端，专注自身核心竞争力的提升。

院士专家们认为：上海工业市场化程度较低、装备制造业人才匮乏、资金不足等原因影响了上海制造装备业发展。中国经济已进入了新一轮需求刺激的急速扩张周期，上海应紧跟重化工业化、城市化及经济全球化的进程，充分利用制造业价值链的分解所带来的发展机遇，整合社会和国际资源为己所用。上海制造装备业应加大对关键技术攻关、关键工序改造和重大复杂制造装备示范工程的投入，争取在10～15年内建成临港装备工业新城，使其成为上海新的经济增长点。

（邵笑冰　刘昕卿）

【第四十期工程科技论坛在沪举行】 9月28日，由中国工程院主办，上海市中国工程院院士咨询与学术活动中心和上海宝钢集团共同协办的第四十期工程科技论坛——“科学发展观与工程哲学”举行，来自全国各地的专家学者共200余人与会。全国政协副主席、中国工程院院长徐匡迪在论坛上发表主旨演讲。中共上海市委副书记、市长韩正出席论坛并致辞。上海市副市长严隽琪，上海宝钢集团公司董事长谢企华、总经理徐乐江等出席论坛。

中国工程院院士殷瑞钰、傅志寰、张寿荣、汪应洛、王众托、郭重庆、王礼恒等分别以“关于工程与工程创新的认识”、“树立正确的工程理念，落实科学发展观”、“工程哲学管窥”、“关于编写《工程哲学》的说明”、“关于‘系统集成创新’的哲学思考”为题作大会报告；长江三峡总公司副总经理林初学、中国航天科技集团研究员王春河、宝钢集团董事长谢企华、中科院研究生院教授李伯聪、中国自然辩证法研究会教授丘亮辉、上海大学教授安维复分别以“对水坝工程建设之争的思考”、“航天与社会”、“从宝钢工程出发谈几点认识”、“工程创新和工程人才”、“关于工程的哲学研究”和“工程与哲学的对话——在社会建构主义平台上”为题作了大会发言。

（邵笑冰　刘昕卿）

【“数字城市与数据通用”院士沙龙举行】 10月21日，第25期院士沙龙“数字城市与数据通用”召开。

目前，发达国家已将城市空间信息系统作为城市现代化标志与重要基础设施之一。上海城市空间的建设将促进上海实现稳妥、快步和成功的城市管理，对全面落实科学发展观，推动上海的“四个中心”建设具有重要的意义。

院士专家们认为：(1)坚持“以人为本”原则，逐步推进数字城市信息化进程。以交通堵塞、人居环境、突发性灾害事件等与民生密切相关的问题为突破口，将城市空间信息化管理的作用逐步渗透到城市生活的各方面。(2)注重城市空间信息与非空间信息的整合。除以系列测绘产品为代表的基础地理数据外，城市其他空间数据以及包括更为细致的综合属性数据、人文及社会经济数据等在内的非空间数据，同样需要采集、挖掘、整理和更新的有效组织机制和成熟的技术体系，必须突破这些数据的采集、挖掘、整理和更新中存在的瓶颈和壁垒。(3)加强城市综合信息服务平台建设，实现数字城市建设的协调管理。重视对数字城市建设的规划，制定相应政策，并解决好信息共享问题，避免出现新的“数据孤岛”现象。

（田瑞雪　刘昕卿）

【举行“上海分布式供能系统的发展”院士沙龙】 11月17日，第26期院士沙龙“上海分布式供能系统的发展”召开，就上海分布式供能系统的环境影响、经济效益、政策配套等各方面问题展开讨论。

在政府各项配套优惠政策（并网准入、设备进口免税、奖励性补贴等）的支持下，上海分布式供能系统已经得到了初步的推广和应用。已有十多家企业，如浦东国际机场、金桥体育休闲中心、天庭大酒店、华夏宾馆等，使用了不同类型的分布式供能系统。从实际运行来看，总体使用情况良好，但有个别单位因天然气气源不足、价格过高、气压不稳、并网手续繁琐等种种原因暂时停用。

院士专家就该系统在推广应用中遭遇的各种“瓶颈”做了分析和讨论，并提出了相应的建议和可行性方案。大家认为，综合经济效益是影响分布式供能系统能否推广的直接原因。随着能源安全问题日益凸现，能源高效利用理念逐渐深入人心，分布式供能系统必将得到推广应用。与大电网配合，分布式供能系统不但可以大大提高供电可靠性，而且可在电网崩溃和意外灾害（例如地震、暴风雪、人为破坏、战争）情况下，维持重要用户的供电。而分布式供能系统能否推向市场，其经济效益、环境效益和可操作性是决定因素。院士专家们呼吁，目前分布式供能系统尚处于推广应用的初期，尤其需要政府给予更大力度的政策支持，如：保证天然气价格的相对稳定、建立高效透明的审批制度、加强系统设备的国产化研究等等，从而突破种种“瓶颈”，实现分布式供能系统的可持续发展。

（田瑞雪　刘昕卿）

【长三角清洁能源论坛在沪举行】 为探讨长三角能源利用与经济发展的关系，工程科技论坛第四十四期“长三角清洁能源论坛”于11月25～26日在上海召开。

上海市副市长严隽琪、中国工程院副院长杜祥琬、上海交通大学党委书记马德秀出席会议并讲话，开幕式由上海市科委主任李逸平主持。杜祥琬、陈毓川、翁史烈等院士分别作了“清洁能源与中国能源的可持续发展”、“能源发展战略及‘十一五’重点”、“清洁能源与技术创新”等主旨报告，论坛由翁史烈院士主持。

在两天的论坛上，来自浙江、江苏、江西、福建等兄弟省市及全市共140多位从事能源的科技专家围绕论坛主题“开发清洁能源和能源的清洁利用”进行了交流和发言。

该论坛由中国工程院主办，上海市中国工程院院士咨询与学术活动中心和工程院能源与矿业工程学部承办，上海、浙江、江苏三地能源研究会协办，组委会以太阳能、风能、生物质能、煤的清洁利用、天然气三联供、建筑节能、各地能源战略以及其他可再生能源为方向，征文近百篇，经“论坛”委员会评选出80余篇编入大会论文集，其中精选20余篇优秀论文在大会上作了交流。论坛的召开将进一步推动长三角乃至华东地区清洁能源的开发与利用，对加强长三角区域联动，各地调整能源结构，提高能源使用效率，促进相关领域的技术进步与产业发展起到积极作用。

（刘昕卿）

【举办“《京都议定书》与 CO_2 减排”院士沙龙】 12月28日，第27期院士沙龙“《京都议定书》与 CO_2 减排”召开。

院士专家们认为，《京都议定书》的生效，必然对中国造成一定程度的影响。严峻的环境形势，强大的国际舆论压力，使得中国必须加快控制 CO_2 排放量的脚步。同时，从长远看，《京都议定书》的生效对中国经济发展而言是有一定推动作用的，它将促进中国提高能源利用效率、开发和利用新能源及可再生能源，尽快走上可持续发展的道路。作为《京都议定书》中规定的三种灵活机制之一的清洁发展机制（CDM）允许缔约方联合开展温室气体减排项目。这些项目产生的减排数额可以使某些缔约方作为履行他们所承诺的限排或减排量。对发达国家而言，CDM提供了一种灵活的履约机制；而对于发展中国家来说，通过CDM项目可以获得部分资金援助和先进技术，为新能源产业的发展提供了很好的机遇。

为推动中国CDM项目的国际合作，与会专家们从不同角度为 CO_2 如何有效减排出谋划策，例如大力发展核能替代煤炭、将 CO_2 埋入地层、煤气化制氢等，使中国企业从中得到巨大的融资机会。

院士专家们呼吁，实现 CO_2 的有效减排刻不容缓。提高能源效率，改善能源结构，包括清洁发展机制都能在一定程度上缓解发展经济和保护环境的矛盾，但要实现大规模的温室气体减排和最终应对全球变暖的挑战，只有从根本上提高设备和技术水平，大规模发展核能、风能、太阳能等可再生能源才是最终解决之道。

（田瑞雪　刘昕卿）

【中科院上海分院发挥专家思想库作用】 中科院上海分院发挥在沪院士的思想库作用，组织好院士的系列活动，发挥院士对区域技术创新的战略咨询作用。

上海分院协调召开了中科院浦东院士活动中心第二届理事会，参与策划院数理学部和技术学部“计算机战略”、“能源战略”、“环保节能”3项高层论坛在沪召开。配合上海市筹建“上海院士风采馆”，组织“院士看杨浦、看闵行”系列活动，与上海市科协共同举办“科学与艺术的结合——院士、艺术家联合创作活动”，组织上海地区院士和专家对闵行区“科教兴区战略行动纲要”进行咨询研讨。

继续办好“东方科技论坛”，更加突出“科技融入上海”的主题，2005年共举办17期论坛，有700多位国内外专家参加，已经成为具有一定品牌效应的学术论坛（参见本年鉴P39）。

（孔朝晖）

【市科委与在沪两院院士交流】 9月27日，上海市中国工程院院士咨询与学术活动中心举办专题报告会，上海市科委主任李逸平向在沪的中国科学院和中国工程院院士，通报了上海实施科教兴市主战略的进展情况和制定中长期科技发展规划的有关情况。部分在沪两院院士50余人出席。

（编辑部）

【2005上海诺奖大师论坛】 4月28日，由上海市外国专家局、中科院上海生命科学研究院和上海市中国工程院院士咨询与学术活动中心联合主办的“2005上海诺奖大师论坛”举行。中共上海市委常委、上海市常务副市长冯国勤出席了论坛开幕式并致词。该论坛的主题为：生命科学与人的全面发展。邀请了4位诺贝尔奖得主，他们是：2004年诺贝尔化学奖得主阿夫拉姆·赫什科博士；1998年诺贝尔生理医学奖得主弗里德·穆拉德博士；1988年诺贝尔化学奖得主约翰·戴森霍弗博士；1988年诺贝尔化学奖得主哈特姆特·米歇尔博士。论坛还邀请了中科院上海生命科学研究院的韩斌博士和上海第二医科大学的曹谊林博士与诺贝尔奖大师同台研讨。上海生命科学研究院院长裴钢院士和复旦大学杨雄里院士分别主持了论坛的讨论。

（赵如江　刘昕卿）

【上海巴斯德所举办防治禽流感国际培训与研讨会】 11月3～9日，中国科学院上海巴斯德研究所主办了“鸟类携带病毒”国际培训班，并与前来授课的来自法国、美国、英国、以色列、中国香港和中国内地的12位著名专家一起，就当前急迫的高致病性禽流感防治问题进行了专题研讨。来自德国马堡 Philipps 大学的著名新生病毒专家 Hans－Dieter Klenk 教授和香港大学禽流感专家管轶教授向与会者介绍了禽流感发生的机理及当前禽流感研究的最新进展和成果。上海巴斯德研究所禽流感科研攻关团队的研究组长们介绍了各自的研究计划。禽流感专家 Malik Peiris，陈化兰教授等也参加了会议。专家们就当前全球所面临的禽流感疫情进行了分析讨论，并就加强禽流感研究的国际合作达成广泛的共识。以 Klenk 教授为首的专家们对上海巴斯德研究所提出的近远期禽流感研究项目和规划给予肯定并提出了宝贵的建议。

（钱　佳）

【营养与健康——中美慢性疾病研讨会在沪举行】　10 月 12 日，由中科院上海生命科学研究院营养科学研究所和美国国立卫生研究院酒精滥用与酒精中毒研究所联合承办的"营养与健康——中美慢性疾病研讨会"(Healthy People 2020—Alcohol，Obesity and Diabetes)在上海开幕。美国国立卫生研究院酒精滥用与酒精中毒研究所所长 Ting－Kai Li 博士演讲的主题是 The Diversity of Alcohol－Nutrition Interactions—Opportunities for International Collaborations；史香林博士关于"Ethanol generates reactive oxygen species and induces angiogenesis"的演讲引起了与会者的广泛兴趣。随后另两位来自美国的营养学专家就酒精、肥胖、肝肺损伤等发表了主题演讲。会议就营养与肥胖未来的研究方向、糖尿病预防和控制研究、中国的酒精问题等进行大会发言并展开具体讨论。

（钱　佳）

【第三届纪念曹天钦院士国际蛋白质讨论会】　6 月 13～16 日，第三届纪念曹天钦院士国际蛋白质讨论会在杭州召开。该届讨论会由曹天钦学术基金会、中科院上海生命科学研究院生物化学与细胞生物学研究所、同济大学蛋白质研究所共同发起和组织，共收到论文摘要 68 篇，31 位外宾(包括 4 位外籍院士)、8 位两院院士(生化与细胞所 4 位)及中国台湾地区的 3 位学者参会并作精彩的学术报告。

（李旭芬）

【国际科学联合会第二十八次全体大会上海科学论坛】　10 月 17 日，由上海市科协作为主办单位之一的国际科学联合会第二十八次全体大会上海科学论坛举行。主题为"科学·发展·人"，分为"科学和人类健康安全"、"科学与可持续发展"两个分会进行。斯坦福大学生物科学系 H. A. Mooney 教授以"千年生态系统评估——环境与人类"为题目作主旨报告，介绍了刚由全世界1 360名专家参与完成的《千年生态评估报告》，主要阐述其中生态与人类的联系。加纳大学生物化学系 Marian ADDY 教授、北京大学生命科学院生物化学与分子生物系昌增益教授、渥太华大学心理学学院 Pierre RITCHIE 教授、中国疾病控制与防治中心邵一鸣教授，分别结合自身研究领域，从不同角度围绕科学与安全、人类健康安全两个议题进行小组交流。中国科学院院士、中科院大气物理研究所符淙斌教授作题为"利用科学实现可持续发展"的主旨报告，分别从发展及其可持续性、可持续发展的科学与挑战、利用科学实现可持续发展——展望亚洲三个部分对主题进行了阐述。中国工程院院士、中国科协副主席胡启恒、中国科学院生态环境科学研究中心吕永龙教授、国科联主席 Jane LUBCHENCO 博士、GP 顾问公司顾问 Graham PEARMAN 博士主要谈科学技术或科技组织在可持续发展中的作用，如全球科技管理、科技教育、人与自然的和谐等，为上海科学发展带来新的理念、提供新的视角。

（刘　健）

第十六章 知 识 产 权

第一节 概 况

【知识产权工作概述】 2005年,上海知识产权工作更加注重政策、机制和管理创新,知识产权事业取得长足进步。以企业、区县为重点的知识产权工作稳步推进,企业与高校在知识产权领域对接合作,专利申请量创历史新高。知识产权公共服务平台建设取得新进展。知识产权人才培养工作进一步加强,宣传教育工作内容丰富、形式多样。持续深入地开展保护知识产权专项行动,打击假冒侵权行为,营造尊重和保护知识产权的社会环境。与国内外知识产权的合作交流日益频繁。以知识产权促进上海社会经济工作发展的局面正在形成。

(蔡永莲)

【知识产权战略纲要启动实施】 《上海市知识产权发展战略纲要》不断推进,在政府层面,已形成战略纲要推进计划;行业层面,启动2家行业协会作为行业专利战略推进试点;企业层面,启动"百家知识产权示范企业"工程。全市已有50余家企业制订并实施企业知识产权战略。

(蔡永莲 罗秀凤)

【知识产权公共服务平台建设取得新进展】 2005年,知识产权公共服务平台建设的重要基础性工作取得实质性进展。该平台是政府转变职能、提高知识产权管理和服务水平的重要基础,是中共上海市委、上海市政府着力推进的科教兴市五大平台之一。其基本框架主要包括两大部分:物理实体平台——"上海知识产权园"和虚拟网络平台——"上海知识产权信息工程"。其中,上海知识产权园的"点、线、面"布局逐步清晰,服务功能建设得到加强,招商招租工作不断拓展,对外交流活动日益频繁。专利交易中心于4月25日挂牌,其专利新产品展销馆、知识产权一门式服务窗口、长三角地区专利交易视频系统也相继在园区内落地。另两个交易实体的情况:上海市版权促进中心的建设已经启动,上海市商标运作中心正在进行论证。知识产权信息工程建设可概述为"一库二系统三大应用","一库"是指知识产权信息数据库群;"二系统"是指知识产权服务系统和知识产权政务管理系统;"三大应用"是指知识产权网络信息服务应用、政务与专利管理应用和知识产权场馆综合服务应用。

(蔡永莲 罗秀凤)

【开展"4·26"知识产权保护宣传周活动】 按照国家整顿和规范市场经济秩序办公室的统一安排,上海市于4月20～26日在全市范围内开展以"保护知识产权,促进创新发展"为主题的"保护知识产权宣传周"活动。知识产权宣传进企业、校区、社区,形成联动,组织有关部门、高校、协会、企业进行多场讲座和研讨会。市区两级政府部门开展了大规模的群众性知识产权宣传活动,组织新闻媒体、司法部门、高校专家教授与群众对话交流,形成了立体交叉的宣传声势,产生了良好的社会效应。

(蔡永莲 罗秀凤)

【持续推进保护知识产权专项行动】 2005年,上海突出整治重点、加大宣传力度、积极对外沟通、采取实际行动,持之以恒地开展保护知识产权专项行动,对重点地区、重点商品、重点场所、重点对象加大监控打击力度,坚决堵住知识产权侵权商品的各种通道,大力推广使用正版软件。查处涉外商标侵权案件500起、收缴盗版软件光盘76 080张、盗版音像制品788 542盘(张)。同时,通过各种渠道,向外商通报上海知识产权保护工作进展情况,增强外商在沪投资的信心。为配合专项行动,7月,开展了"保护知识产权法制宣传周"活动,在媒体、社区、企业、高校广泛开展宣传,营造尊重知识产权、保护知识产权的浓厚氛围。12月7～10日,国务院保护知识产权专项行动第五督察组一行15人对上海开展保护知识产权专项行动情况进行了为期4天的督察活动,认为上海保护知识产权的总体态势是好的,上海保护知识产权专项行动是走在全国前列的,上海市政府保护知识产权的态度坚决、措施得力，专项行动取得了明显成效。

（蔡永莲　罗秀凤）

【知识产权发展研究中心揭牌】　8月12日，上海市知识产权发展研究中心揭牌，专家咨询委员会同时成立。该中心主要功能是高起点开展知识产权战略和知识产权公共政策研究，为政府部门或企业提供与知识产权相关的情报信息、政策建议和决策咨询等服务。专家咨询委员会由16位资深知识产权专家组成，并首批聘请了8位客座研究员，聚集国内外知识产权研究资源，形成研究网络，为提高上海知识产权研究和咨询服务水平奠定了基础。

（蔡永莲　罗秀凤）

【加强长三角知识产权合作与交流】　9月23日，召开由苏、浙、沪27个省、直辖市和省辖市知识产权局参加的长三角知识产权圆桌会议。会上，签署了《长三角地区知识产权局系统专利行政执法协作协议》，开通了“长三角地区专利交易合作网”，就加强长三角地区各城市间在专利交易信息网络平台、知识产权保护联合行动、知识产权宣传教育资源共享等三方面形成紧密合作与交流进行了专题研讨。

（蔡永莲　罗秀凤）

【首次评选保护知识产权“双十佳”】　上海市知识产权联席会议办公室和上海市整顿和规范市场经济秩序领导小组办公室首次在全市范围内开展“上海市知识产权保护十佳卫士”与“上海市知识产权保护十佳先进集体”双十佳评选活动。上海市工商行政管理局商标监督管理处处长邢冬生等10人被评为上海市知识产权保护十佳卫士，上海市文化市场行政执法总队等10个单位被评为上海市知识产权保护十佳先进集体。

（蔡永莲　罗秀凤）

【命名2005年上海市知识产权示范学校、试点学校】　上海市教育委员会、上海市知识产权局在全市组织开展上海市知识产权示范学校和试点学校评选工作，命名上海中学、上海市松江二中、上海市南洋模范中学、宝山区青少年科技指导站、浦东新区莱阳小学为2005年上海市知识产权示范学校；命名上海外国语大学附属大境中学等20所学校为2005年上海市知识产权试点学校。

（蔡永莲　罗秀凤）

【“650”知识产权人才培养合作项目正式启动】“650”项目是2004年上海市知识产权局与美国教育基金会签订的合作项目，计划在美国教育基金会的支持下，在6年内，上海知识产权局派出50名从行政、司法部门以及高校和企业中选拔出的优秀人员赴美国接受知识产权课程的培训，为上海培养一批知识产权事务高级管理人员。2005年，首批7名学员已经作为访问学者赴美，在芝加哥伊利诺伊理工学院肯特法学院完成了为期4个月的学习研究活动。

（蔡永莲　罗秀凤）

【上海知识产权国际论坛】　12月2日，“2005上海知识产权国际论坛——保护知识产权与发展创意产业”举行。这是上海第三次举办知识产权国际论坛。国内外代表约450人参加了论坛，规模为历年之最。至此，上海知识产权国际论坛已成为在国际知识产权界有一定影响的知名品牌。

论坛围绕“保护知识产权与发展创意产业”主题展开了广泛而深入的研讨。被称为“创意产业研究之父”的著名英国专家霍金斯和来自美国、澳大利亚、日本、韩国、新加坡、中国香港等国家和地区，以及上海社会科学院和东华大学的10位专家分别作了演讲，并与听众进行了交流。

（蔡永莲　罗秀凤）

【上海专利商标事务所有限公司知识产权代理业务取得新进展】　2004年8月，上海专利商标事务所改制为上海专利商标事务所有限公司。2005年是公司完全按照市场化运作的第一年，代理业务量比2004年增长了8%，创收增长了10%，实现了公司年初制定的工作目标。

2005年，该公司对外进一步开拓业务，对内重点抓管理。在业务开拓方面，先后组织了16个小型团组出访美国、欧洲、日本、中国台湾等国家和地区，是历年来组团出访次数最多的一年。4月，受中华商标协会的委托，以公司董事长须一平任团长的中华商标协会代表团访问了美国，并参加了2005国际商标协会年会，还先后在美国明尼苏达州知识产权界举办的研讨会上作了“中国实用新型专利制度”和“中国知识产权制度最新发展”等专题报告。应日本国际贸易协会的邀请，访问了日本松下、索尼、夏普等大客户。在欧洲，参加了在德国柏林举行的2005年国际保护知识产权协会（AIPPI）论坛和执委会会议。全年共邀请和接待了98批186人次的国外同行访问，及时答复国外客户有关中国知识产权保护的咨询，提高了公司的信誉度。在公司的内部管理方面，主要抓了6个方面的工作，一是部门业务定位，二是代理工作的质量，三是代理工作的节奏，四是制度建设，五是全方位服务，六是人才队伍建设。

（席与骐）

【"市政公用基础设施建设项目中的知识产权问题"通过验收】 由同济大学承担的上海市建设技术发展基金会项目"市政公用基础设施建设项目中的知识产权问题"，4月12日通过了上海市建委组织的专家验收。

该课题从调研中归结出市政公用基础设施建设项目中存在的一系列不重视知识产权保护和管理的现象，然后从政府和企业、从体制和机制两个层面分析了存在这些现象的原因。并从特许和委托的角度分析了政府在市政公用基础设施建设项目的市场运作、匡正知识产权保护方向发挥积极作用的必要性和合法性。分析了政府可能采取的对策，并就完善市政公用基础设施建设项目的知识产权保护提出了建设性的意见。

专家组认为，该课题在建设项目中首次比较全面地作了调查和系统的研究，在理论上有创新，并且具有很强的现实意义。提出了比较可行的解决方案，在地方性知识产权保护方面具有创造性，成果总体达到国内领先水平。

（许伟良）

【市经委推进培育企业知识产权工作】 为了加快推进上海市企业在拥有一大批科技前沿和关键核心技术知识产权方面保持全国领先水平，从而全面提升企业运用知识产权制度参与国内国际两大市场竞争的能力，2005年，上海市经委、上海市国资委、上海市财政局、上海市工商局、上海市知识产权局和上海市版权局等六部门启动了上海市第一批29家知识产权示范企业的创建工作（如表）和上海市首批11家原创设计大师工作室（12位设计师首次获得"设计大师"头衔）的建设工作。

第一批"上海市知识产权示范企业（培育企业）"名单

序号	企 业 名 称
1	中国石化上海石油化工股份有限公司
2	上海普利特复合材料有限公司
3	上海贝岭股份有限公司
4	上海宝信软件股份有限公司
5	上海老凤祥有限公司
6	上海连成（集团）有限公司
7	微创医疗器械（上海）有限公司
8	上海电器科学研究所（集团）有限公司
9	上海中大科技发展有限公司
10	上海化工研究院
11	上海白猫有限公司
12	上海雷允上药业有限公司
13	上海三电贝洱汽车空调有限公司
14	上海家化联合股份有限公司
15	上海永新彩色显像管股份有限公司
16	上海东龙服饰有限公司
17	宝山钢铁股份有限公司
18	恒源祥（集团）有限公司
19	上海一品国际颜料有限公司
20	中国银联股份有限公司
21	上海耀华皮尔金顿玻璃股份有限公司
22	上海染料研究所有限公司
23	上海复星医药（集团）股份有限公司
24	上海三菱电梯有限公司
25	上海柴油机股份有限公司
26	上海建设路桥机械设备有限公司
27	上海三枪（集团）有限公司
28	上海外高桥造船有限公司
29	上海贝尔阿尔卡特股份有限公司

（顾蔚然　宋洪祥）

【上海法院审理知识产权民事案件概况】 2005年，上海法院受理一、二审知识产权民事案件1 092件，审结1 055件，同比分别上升28.3%、21.3%。受理一审知识产权民事案件911件，同比上升34.8%；受理的一审知识产权民事案件中，著作权案件507件，同比上升95%；商标案件112件，同比上升40%；专利案件149件，同比下降15.3%；技术合同案件47件，同比下降17.5%；不正当竞争案件85件，同比下降5.6%；其他案件11件。审结一审知识产权民事案件892件，同比上升27.8%，审结案件诉讼标的总金额为3.57亿元，同比上升18.2%。

此外，上海法院还受理一审知识产权刑事案件59件，审结60件，同比分别上升5.4%、13.2%。

（须建楚　傅　艳）

【上海法院审理的知识产权民事案件的特点】 2005年，上海法院审理的知识产权民事案件具有以下特点：

(1) 案件数量大幅上升。2005年不仅是受理与审结案件数量最多的一年，而且是案件增长幅度最大的一年。全年受理与审结的一、二审知识产权民事案件分别为1 092件、1 055件，同比分别上升28.3%、21.3%。在受理的各类一审案件中，著作权纠纷案件增长幅度最大，其次为商标纠纷案件。全年受理一审著作权案件507件，同比增长95%；受理一审商标案件112件，同比增长40%。

(2) 新类型案件继续涌现。主要表现是：①涉讼著作权客体不断扩大。如受理了：人民邮电出版社诉上海科学普及出版社抄袭封面设计的著作权侵权纠纷案，该案涉及图书封面设计的著作权保护问题；北京无限好公司诉九天音乐网提供手机铃声下载的著作权侵权纠纷案，该案涉及网络下载手机铃声的词曲涉嫌侵犯著作权的问题；樊元武诉上海图书馆等网上传播作品侵犯著作权案，该案涉及数字图书馆涉嫌侵犯著作权的问题；上海仁华雕刻装潢有限公司诉上海莘闵房地产开发有限公司在开发的住宅小区内放置他人的雕塑作品侵犯著作权案，该案涉及擅自安放他人雕塑作品涉嫌侵犯著作权的问题。审结了上海嫣妮家政服务有限公司诉上海博伲家政服务有限公司抄袭网页的著作权侵权纠纷案，该案涉及互联网网页是否构成作品的问题；北京久其软件股份有限公司诉上海天臣计算机软件有限公司抄袭软件用户界面的著作权侵权纠纷案，该案是全国首例涉及软件用户界面的著作权侵权案，该案涉及计算机软件的用户界面是否构成作品的问题。②商标侵权手法翻新。如一中院审结富士克株式会社诉台州椒江金宝特种制线厂等擅自更换原告产品的商标后再将该产品投放市场的行为侵犯商标权案，该案是上海法院审理的首例涉及反向假冒商标的案件。③注册商标与地理标志的冲突。如二中院审结涉及“金华火腿”注册商标与地理标志相冲突的案件，该案系全国首例注册商标与地理标志相冲突的案件。

(3) 社会影响大的案件多。主要有：①因诉讼标的额高而社会影响大。如受理英国BP化学有限公司起诉的商业秘密及著作权侵权案件，诉讼标的额达1亿元；涉及抗“非典”病毒新药技术秘密的两起不正当竞争纠纷案件，两案诉讼标的额共计3 000万元；深圳矽感科技有限公司起诉的专利侵权案件，诉讼标的额为1 800多万元。②因知名企业、知名作品涉讼而社会影响大。如受理美国3M公司诉上海大胜卫生用品制造有限公司发明专利、外观设计专利侵权纠纷案，上海市专利技术公司诉宜宾五粮液股份有限公司专利侵权纠纷案，西尔维奥·塔尔基尼（瑞士籍）诉上海富克斯实业有限公司侵犯“FOXTOWN及特定狐狸图形”的著作权纠纷案；审结了美国惠普公司诉上海澳灵顿电子有限公司商标侵权纠纷案，美国科勒公司诉上海德富卫浴洁具有限公司等外观设计专利侵权纠纷案，日本本田技研工业株式会社起诉的商标侵权案及外观设计专利侵权案，美国耐克国际有限公司诉北京市五金矿产进出口公司侵犯商标专用权纠纷案。③因案件涉及重大事件而社会影响大。如审结上海世博会事务协调局诉上海弘辉房地产开发有限公司侵犯著作权、特殊标志所有权、专有名称权纠纷案，该案因涉及2010年上海世博会而社会影响大。

(4) 原告主张驰名商标的案件多。如在涉及“星巴克”、“STARBUCKS”、“立邦”、“派克”、“林内”、“万科”、“Zegna”、“彭博”、“彭博资讯”等商标侵权案件中，原告均主张以上注册商标为驰名商标。

(5) 涉及商标与字号的权利冲突案件多。如“星巴克”商标侵权及不正当竞争纠纷案、“避风塘”商标侵权纠纷案、“万科”商标侵权纠纷案、“英豪”商标侵权纠纷案、“TAN谭氏”商标侵权纠纷案、“泛城”商标侵权纠纷案等等，均涉及注册商标与字号的冲突。

(6) 涉外案件多。全年受理一审涉外、涉港澳台案件共94件，同比上升5.6%。受理的一审涉外、涉港澳台案件占一审案件总数的10.3%，其中涉外59件、涉港19件、涉台15件、涉澳1件。

（须建楚　傅　艳）

【通过审判典型案件总结审判经验】 (1) 通过对上海纽福克斯汽车配件有限公司等诉上海索雷亚汽车用品有限公司侵犯印刷线路板著作权纠纷一案的审判，明确了以下审判原则：一是印刷线路板上的字符层是体现元器件分布位置的油墨层，并非印刷线路板的元器件位置图，不属于我国著作权法上的图形作品；二是按照他人印刷线路板上的字符层生产印刷线路板的行为不属于著作权法意义上的复制行为，不构成著作权侵权行为。

（2）通过对北京久其软件股份有限公司诉上海天臣计算机软件有限公司抄袭计算机软件用户界面著作权侵权纠纷一案、上海嫣妮家政服务有限公司诉上海博伲家政服务有限公司抄袭网站网页著作权侵权纠纷一案的审判，明确了以下审判思路：一是软件用户界面、网站网页是否构成作品应当以其表达方式是否具有独创性为判定依据；不具有独创性的软件用户界面、网站网页属于公有领域的表达，任何人对其不享有著作权；二是没有合法理由，擅自使用他人具有独创性的软件用户界面、网站网页的，构成对他人著作权的侵犯。

（3）通过对上海化工研究院诉昆山埃索托普化工有限公司、江苏汇鸿国际集团进出口苏州有限公司等侵害商业秘密纠纷案件的审判，突破了"酌情确定"不正当竞争损害赔偿数额的习惯做法，即：在不正当竞争案件中，权利人损失或侵权人获利能够确定的，就不能简单适用酌情赔偿方法确定赔偿数额。该案中，法院根据审计查明的埃索托普公司的销售总额与原告的利润率以及汇鸿集团苏州公司的出口总额与出口代理费率计算出原告的经济损失，并在此基础上考虑原告的诉讼合理支出，确定各被告连带赔偿原告包括合理费用在内的经济损失230万元。这是迄今为止上海法院判决的最高侵权赔偿额，该案被最高法院确定为2005年全国法院十大知识产权案例之一。

（4）通过对杨长安诉上海宜兰汽车配件制造有限公司等专利侵权纠纷一案的审判，明确了专利申请人在专利审批程序中的陈述、专利权人在无效宣告程序中的陈述对确定专利权保护范围的作用，即：发明或者实用新型专利权的保护范围以其权利要求的内容为准，说明书和附图可以用于解释权利要求，同时专利申请人在专利审批程序中的陈述、专利权人在无效宣告程序中的陈述也可以用于解释权利要求。

（须建楚　傅　艳）

【努力提高知识产权纠纷案件的审判水平】　2005年，上海法院积极采取以下措施，规范办案，努力提高审判质量和审判效率。

（1）领导直接参与案件的审判。如：二中院沈志先院长担任审判长审理了美国科勒公司起诉的外观设计专利侵权纠纷一案，并当庭判决两被告停止侵权、第二被告赔偿损失15万元。各方当事人均服判息诉；二中院吕国强副院长担任审判长审结了"金华火腿"注册商标与地理标志相冲突的案件，判决后各方当事人均服判息诉；吕国强副院长还担任审判长审结了美国星源公司等诉上海星巴克咖啡馆有限公司等商标侵权及不正当竞争纠纷一案，并认定"STARBUCKS"商标、"星巴克"商标为驰名商标；浦东新区法院丁寿兴院长担任审判长审理了一起假冒"中华"、"红双喜"等注册商标的刑事犯罪案件，当庭判决被告人卞某有期徒刑七年，李某有期徒刑五年，并对两被告人处以罚金刑。黄浦法院陈萌副院长担任审判长审结了一起仿冒知名商品特有包装、装潢的不正当竞争纠纷案。

（2）规范审判行为。主要做法有：①加强庭前评议，进一步规范开庭审理，提高了庭审质量和效率。②制定工作规范。如：一中院陈立斌副院长主持制定了《关于知识产权案件证据保全工作的若干规定》；二中院民五庭制定了《出庭须知》、《证据保全规范》、《文检规定》及《庭审规则》等。③充分利用审判长会议讨论疑难复杂案件、新类型案件，总结审判经验，沟通审判信息，确保质量与效率的提高。

（3）进一步改革裁判文书。主要标志是：①在商标、专利侵权纠纷案件的判决书中，进一步尝试以附图方式直观地表现注册商标与被控侵权标识、外观设计专利与被控侵权产品。②一中院在商业秘密侵权纠纷案件的判决书中，对确认的商业秘密不作具体表述，代之以宣判后的口头告知。③在裁判文书后，附上审理此案所适用的法律、法规及司法解释的具体内容。④基本完成2005年初提出的裁判文书全面上网的工作要求。

（4）加强诉讼调解。主要标志是：①以在先案例的审判情况辅助该案的调解；②承办人单独调解与合议庭集体调解相结合；③承办人调解与审判长、庭长辅助调解相结合；④法院调解与社会组织参与调解相结合。各法院积极通过加强诉讼调解，力争案结事了，提高审判工作的社会效果。浦东法院、一中院调撤率较高，分别为66.1%、64.4%。

（5）召开审判实务研讨会。主要有：2005年4月，高中院协助最高法院民三庭在沪举办"涉及MTV的著作权侵权纠纷案件法律适用研讨会"；高院、二中院分别召开了"音乐电视著作权侵权纠纷案件法律问题研讨会"；一中院召开了"集成电路布图设计法律保护研讨会"；二中院召开了"知识产权权利冲突研讨会"、"涉外知识产权案件审判研讨会"；二中院邀请知识产权咨询专家应明就集成电路布图设计、印刷电路板和计算机软件保护中的知识产权问题举办讲座；浦东法院举行知识产权审判业务部门成立十周年研讨活动。

(6) 开展重大调研课题的研究。如：高中院共同承担了"外国知识产权司法保护机制"的调研课题，该课题是2005年最高法院承担的"知识产权司法保护机制"的子课题之一；高院完成了国家知识产权局修改专利法的调研课题之一——发明和实用新型专利侵权判定标准；一中院撰写的"知识产权审判新情况新特点分析"一文受到市政法委及有关市委领导的充分肯定；此外，各法院还完成了"外观设计专利侵权判定标准研究"、"确定侵犯知识产权的法定赔偿数额的基本思路"等调研课题。

(7) 出版案例选、发表论文。高院组织编写出版了《知识产权案例精选(2003～2004)》，参与编写由上海市法学会组织编写的系列法规汇编丛书之一——《知识产权法律、法规及司法解释汇编》。浦东法院编写出版了《知识产权审判文选》。上海法院审判的"(法国)博内特里塞文奥勒有限公司诉上海梅蒸服饰有限公司等商标侵权及不正当竞争纠纷一案"，被《最高人民法院公报》作为案例刊登。全市知识产权审判业务部门在《人民法院报》、《人民司法》、《法律适用》、《中国专利与商标》、《知识产权》、《电子知识产权》等报刊上共发表论文60余篇。

（须建楚　傅　艳）

【积极开展知识产权司法保护宣传工作】 2005年，上海法院开展的知识产权司法保护宣传工作主要有：(1)积极组织社会各界人士旁听重大案件、典型案件的庭审和宣判。特别是在世界知识产权日前后，各知识产权审判业务部门集中进行公开开庭审理及宣判，并通过相关媒体予以宣传报道。(2)参与知识产权法律讲座和咨询活动。世界知识产权日期间，一中院在卢湾区举办知识产权保护讲座；浦东法院、黄浦法院参加了该区举办的大型知识产权法律咨询活动；浦东法院还参与上海人民广播电台990法庭内外直播节目，介绍知识产权的司法保护；黄浦法院在东方网上就知识产权保护的法律知识进行直播宣传。(3)对典型案件涉及的有关单位发出司法建议书。如：二中院在审结上海派克笔有限公司诉上海虹口华联吉买盛购物中心有限公司等商标侵权纠纷案件后，针对超市在销售商品时疏于审查而导致商标侵权问题，向超市主管单位上海市经济委员会发出司法建议书，建议其加强对超市的监管，以维护超市合法经营的良好形象。市经委积极落实改进措施并回函二中院。二中院在审结"金华火腿"商标侵权案后，向金华市人民政府提出规范该市火腿企业使用"金华火腿"原产地标志的司法建议，受到金华市人民政府的感谢。

（须建楚　傅　艳）

第二节　专　　利

【专利申请量创历史新高】 2005年，上海市专利申请量为32 741件，比2004年同期增长59.9%。其中发明专利申请量为10 441件，比2004年同期增长55%。这是全市年度专利申请量首次突破3万件大关，创历史新高。

在32 741件专利申请中，职务发明专利申请为27 912件，占总量的85.2%。职务发明专利申请中，大专院校2 955件，占10.6%，为全国各省市高校排名之冠。科研院所1 522件，占5.4%。工矿企业22 880件，占82%，同比增长79.3%，增幅较大。

全市共获授权专利12 603件，比2004年同期增长18.6%。其中发明专利1 997件，比2004年同期增长18.4%，实用新型4 437件，比2004年同期增长9.8%，外观设计6 169件，比2004年同期增长25.9%。

2005年全市专利申请量和授权量均居全国第4位。

2005年上海市专利申请量同期比较表　（单位：件）

	总量	1月	2月	3月	4月	5月	6月	7月	8月	9月	10月	11月	12月
2004年	20 471	1 680	1 060	1 759	1 460	1 191	1 724	2 135	1 619	1 824	1 601	2 051	2 367
2005年	32 741	2 915	1 667	1 661	2 333	927	2 778	5 542	4 188	2 510	1 770	2 991	3 459

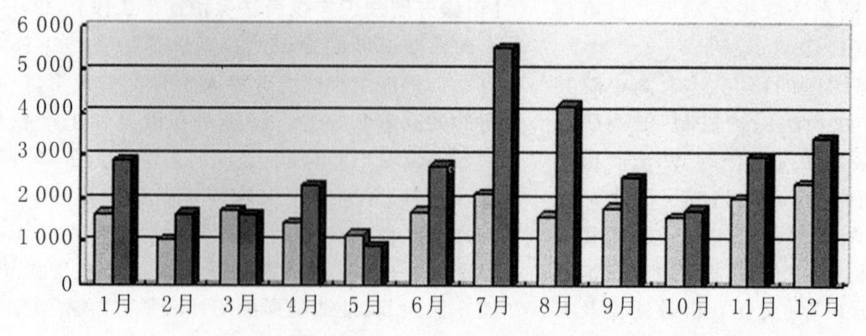

2005 年专利申请量月度比较表(单位:件)

（蔡永莲　罗秀凤）

【建立专利特派员制度】 5 月,向上海重大产业科技攻关项目派遣专利特派员的工作制度正式建立,已向上海 29 个科技攻关重大项目派遣了专利特派员。专利特派员主要协助项目承担单位处理专利事务。通过把专利工作嵌入重大产业科技攻关项目实施与推进的全过程,使上海专利工作更加直接地渗透融合到上海实施科教兴市主战略的具体行动中去,更好地发挥上海专利工作在提升上海城市综合竞争力中的服务功能。

（蔡永莲　罗秀凤）

【企业专利试点工作显成效】 2005 年,共新增专利工作试点企业 57 家、培育专利工作试点企业 92 家,到年底,全市已有专利工作示范企业 31 家、企业专利工作试点企业 168 家、培育专利工作试点企业 139 家。（蔡永莲　罗秀凤）

【开展专利新产品认定工作】 由上海市经委、上海市知识产权局和上海市财政局共同制定、实施的《上海市专利新产品认定实施办法》,旨在促进企业拥有能作为盈利基础的专利,加快企业的专利技术产业化进程,从而进一步提高企业的核心竞争力。对列入《上海市专利新产品认定目录》的产品,授予“上海市专利新产品”证书。对已被认定的专利新产品,给予研发资助。资助金额为竞争前开发活动成本的 50%。研发资助由同级财政部门在专利新产品认定之日起的三年内,按产品的专利技术对经济增长贡献的程度加以落实。继 2004 年开展首批专利新产品认定工作之后,2005 年又认定了两批专利新产品,第一批 89 项、第二批 45 项(如表)。

（顾蔚然　宋洪祥　蔡永莲）

2005 年度第一批上海市专利新产品(共 89 项)

序号	产 品 名 称	企 业 名 称
1	年产八万立方米中密度纤维板生产线成套设备	上海人造板机器厂有限公司
2	全功能数控系统 KT590－T/M/C	上海开通数控有限公司
3	PZ41020B－AL 连续润版对开四色平版印刷机	上海光华印刷机械有限公司
4	ZKL－200SB 熟食品快速冷却机	上海鲜绿真空保鲜设备有限公司
5	TYM920IIL 自动全息烫印模切机	上海亚华印刷机械有限公司
6	ZXJD440C 平装胶订自动线	上海紫光机械有限公司
7	聚乙烯(PE)管材系列生产线(ø125,ø250,ø710)	上海申威达机械有限公司
8	T6114ZLQ3B 型天然气发动机	上海柴油机股份有限公司
9	环保型真空镀铝卡原纸	金奉源纸业(上海)有限公司
10	盖瑞特汽车涡轮增压器 G32、G35 悬浮式中间壳	上海协昌霍宁机械制造有限公司
11	六神沐浴露	上海家化联合股份有限公司

（续表）

序号	产 品 名 称	企 业 名 称
12	美加净 CQ 产品	上海家化联合股份有限公司
13	家安"好空气"空气消毒洁净剂	上海家化联合股份有限公司
14	高夫系列产品	上海家化联合股份有限公司
15	中高档轿车故障警告标志	华德塑料制品有限公司
16	蓝洁灵厕盆自动冲洗剂	上海白猫有限公司
17	埋地排水用硬聚氯乙烯(PVC－U)多孔管材	上海汤臣塑胶实业有限公司
18	双鼓型抽芯铆钉	上海安字实业有限公司
19	液体(农药)软包装产品	上海人民塑料印刷厂
20	具有辅助阳极的紧凑型荧光灯	上海东利照明制造厂
21	ICM2151 语音数据线缆调制解调器	上海亿人通信终端有限公司
22	头孢泊肟酯及其维洁信片	上海三维制药有限公司
23	君威轿车外部灯	上海小糸车灯有限公司
24	凯越轿车外部灯	上海小糸车灯有限公司
25	GERF－ZJ 微波炉高压熔断体组件	上海松山电子有限公司
26	HG4365 门控及电动窗开关(系列)	上海沪工汽车电器有限公司
27	NG35－NG400 ZNT3 高压钠灯镇流器	上海亚明灯泡厂有限公司
28	医用不锈钢 00Cr18Ni15Mo3N(棒材：ø12～ø65mm；盘圆：ø5.5～ø30mm)	宝钢集团上海五钢有限公司
29	新型金属饰板夹胶玻璃	上海耀华皮尔金顿玻璃股份有限公司
30	绿色建材专用聚氯乙烯树脂 R－1000	上海氯碱化工股份有限公司
31	丙烯酸丁酯；纯度≥99.5%	上海华谊丙烯酸有限公司
32	通用 BUICK GM12 组合仪表	上海德科电子仪表有限公司
33	带 pH 检测、控制与补料的摇床	上海国强生化工程装备有限公司
34	治安管理信息系统	上海众恒信息产业有限公司
35	LJL35－CS 扫描式 CO_2 激光美容仪	上海市激光技术研究所
36	高精度三维路面测量系统	上海浩顺科技有限公司
37	SYS300 电容器安全和性能试验装置	上海希瑞电子设备有限公司
38	GJZH4/36－01 型多模光缆旋转接头	中国电子科技集团公司第二十三研究所
39	空气预热器温度监测报警装置	上海市东方海事工程技术有限公司
40	GC9900 型气相色谱仪	上海科创色谱仪器有限公司
41	VF10 型交流变频调速器	上海格立特电力电子有限公司
42	连续方法制备的高稳定性、低粘度高含固量聚合物多元醇系列产品	中国石化上海高桥石油化工公司
43	彩色上转换发光材料	上海科炎光电技术有限公司
44	STOR2000 卫星 IP 数字广播接收机	上海高智科技发展有限公司
45	CFRM(1－8K)非接触式卡用模块	上海长丰智能卡有限公司
46	AW－I 型光纤应变传感系统	上海安文信息技术有限公司
47	集通智能汉字库系统 V2.2	上海集通数码科技有限责任公司
48	多接口智能钥匙	上海华申智能卡应用系统有限公司
49	HY85 系列 CPU 卡芯片 HY8502、HY8542、HY8580、HY8516 型 CPU 卡芯片	上海华园微电子技术有限公司
50	锅炉暖风器及其自动控制装置	上海发电设备成套设计研究所

（续表）

序号	产　品　名　称	企　业　名　称
51	QDS气电两用蓄热式锅炉	上海广安工程应用技术有限公司
52	CO401型高亮区比例LED室内全彩视频显示屏	上海三思科技发展有限公司
53	高抗冲耐热ABS材料(4330)	上海普利特复合材料有限公司
54	耐划痕橡胶增韧滑石粉填充聚丙烯(C3322T)	上海普利特复合材料有限公司
55	DELTA现调机(5V、6V)	上海富申冷机有限公司
56	自动制冰机(CM、ITS)	上海富申冷机有限公司
57	PDKW－3000配电综合测录仪	上海临空瑞华电器有限公司
58	带式输送机用耐磨抗冲击装置型号:NK－,规格:650～2000	上海高罗输送装备有限公司
59	KZB型直流变速空调控制器	上海新源变频电器股份有限公司
60	金融IC卡密钥管理系统	上海格尔软件股份有限公司
61	SSC－F5000系列内反馈式高频斩波交流调速装置	上海科祺调速电气有限公司
62	高智能化节能控制器	上海宇诺电气技术有限公司
63	KM08－12全空气悬架系统	上海科曼车辆部件系统有限公司
64	KM13－18全空气悬架系统	上海科曼车辆部件系统有限公司
65	KQZ－I型快开门式压力容器自动安全联锁装置	上海奇水机电有限公司
66	等离子体油烟净化机	上海嘉顿环保科技有限公司
67	ZYN(KYN)－40.5铠装移开式交流金属封闭开关设备	上海航星通用电器有限公司
68	FT968Y给水泵最小流量控制阀	上海平安高压调节阀门厂
69	外墙无接缝整体防水保温材料	上海凯耳新型建材有限公司
70	CYZII－3000V槽式熨平机	上海航星机械(集团)有限公司
71	SK－2Z11钻井参数仪	上海神开科技工程有限公司
72	DSP气保护焊机DNBM(200－500)	上海通德机电有限公司
73	通用节能型热流道喷嘴	上海克朗宁技术设备有限公司
74	上海林静牌一次性使用无菌阴道扩张器	上海林静医疗器械有限公司
75	RTC200高速电子旋转式数片机	上海天和制药机械有限公司
76	HIFUNIT9000型超声聚焦肿瘤消融机	上海爱申科技发展股份有限公司
77	优质医药用氧化铁颜料	上海一品国际颜料有限公司
78	DGH发电机用循环吸附氢气干燥装置	上海化工研究院
79	活性黑KN－G2RC133(颗粒)	上海染料化工八厂
80	1692城域粗波分复用系统	上海贝尔阿尔卡特股份有限公司
81	30LD型冷冻动力机组	上海合众一开利空调设备有限公司
82	LEHY(菱云)微机网络控制交流变压变频调速乘客电梯(小机房电梯)	上海三菱电梯有限公司
83	FPG净化风机盘管	上海百富勤空调设备有限公司
84	WTL－全数字化智能焊接逆变焊机	上海威特力焊接设备制造有限公司
85	红双喜42英尺豪华游艇	上海红双喜游艇有限公司
86	亚纳米碳基燃油节能添加剂(车油宝)	上海三天新材料应用开发有限公司
87	高性能热敏锰锌铁氧体系列材料STC－B/M	上海特创磁电科技有限公司
88	ZIKJ系列转角型智能电动执行机构	上海工业自动化仪表研究所
89	CTS数字通讯电缆测试设备	上海电缆研究所

2005 年度第二批上海市专利新产品(共 45 项)

序号	产　品　名　称	企　业　名　称
1	DeviceNet 网络延伸器 VTF1Y－D	上海电器科学研究所(集团)有限公司
2	可通信智能化软起动器 VRQ1TM－090	上海电器科学研究所(集团)有限公司
3	机架式网管光电收发器	上海亨通光电科技有限公司
4	大余长不锈钢管二次被覆光纤	上海亨通光电科技有限公司
5	BL75R02 RFID 远距离电子标签芯片	上海贝岭股份有限公司
6	三相有功电能计量芯片 BL0952(外销型号 BL6511)	上海贝岭股份有限公司
7	龙贝二维条码信息处理系统	上海龙贝信息科技有限公司
8	五 U 大功率电子高效节能灯	上海奉德电子照明工程有限公司
9	55MW 联合循环汽轮机	上海汽轮机有限公司
10	智能化卷筒纸柔版印刷机(YR254、YR420)	上海紫光机械有限公司
11	2PCF2022 单锻锤式破碎机	上海建设路桥机械设备有限公司
12	LCE 系列激光切割雕刻机	上海市激光技术研究所
13	WJK－A－JDL 空调节能雾化器	上海佳动力环保科技有限公司
14	JK－A－JDL 雾化冷却式节能分体空调	上海佳动力环保科技有限公司
15	MAXF 高压变频调速装置	上海发电设备成套设计研究所
16	MNBL 水动风机冷却塔	上海飞狂冷却设备有限公司
17	ST－3 智能控制器	上海磊跃自动化设备有限公司
18	汽车(SAN、BUICK)轴颈支承座	上海格尔汽车金属制品有限公司
19	汽车(SAN、BUICK)前悬架摆动支架壳体	上海格尔汽车金属制品有限公司
20	YD923 型电子调速器	上海云飞自动化设备有限公司
21	YAW－5000 型电液伺服橡胶支座压剪试验机	上海申联试验机厂
22	数码彩色照片扩印附件 LB－DE	上海力保科技有限公司
23	XHK－II－ZP 消弧线圈自动调谐及接地选线装置	上海思源电气股份有限公司
24	FSPS－0.5～800kW 消防备用电源	上海商德富吉电源有限公司
25	GC－210H 数码跟踪照相机	上海龙达胜宝利光电有限公司
26	YBP－12/0.4(F.R)－100～500 预装式变电站	上海南桥变压器有限责任公司
27	空调配套空气净化装置	上海苍穹环保技术有限公司
28	HS3010 儿童体格发育自动测量和分析系统	上海浩顺科技有限公司
29	丰科蟹味菇	上海丰科生物科技股份有限公司
30	猪细小病毒病油乳剂灭活疫苗(4ml/瓶、20ml/瓶)	上海佳牧生物制品有限公司
31	注射用重组人Ⅱ型肿瘤坏死因子受体－抗体融合蛋白	上海中信国健药业有限公司
32	佰草集系列护肤产品	上海家化联合股份有限公司
33	佰草集系列个人洗护产品	上海家化联合股份有限公司
34	SQ－强捻纱仿麻纬编织物	上海三枪(集团)有限公司
35	EGE 型钢塑复合带	上海网讯光缆材料有限公司
36	ELE 型铝塑复合带	上海网讯光缆材料有限公司
37	高熔点聚酯热熔胶(LR－LQA、LR－QBA、LR－PES－185、LR－PES－160)	上海理日化工新材料有限公司
38	表面贴装聚合物自复保险丝(LP－MSM020)	上海维安热电材料股份有限公司
39	先高(r)隐形图文回归防伪标识	上海复旦天臣新技术有限公司

（续表）

序号	产 品 名 称	企 业 名 称
40	TPAC材料	上海杰事杰新材料股份有限公司
41	TC11钛合金棒材(ø20～ø230mm)	宝山钢铁股份有限公司
42	耐热镁合金发动机缸体	上海轻合金精密成型国家工程研究中心有限公司
43	PTFE防水透湿纳米微孔膜	上海优天高新材料有限公司
44	HIVF变压变频调速液压电梯	上海三菱电梯有限公司
45	SQ舒绒莱卡针织面料	上海三枪(集团)有限公司

【上海专利交易中心建立】　作为长三角地区促进知识产权转移和转化的平台，上海专利交易中心于4月在上海知识产权园挂牌运作。该中心以上海专利集市为基础，以交易和转让为突破口，完善和发展国际、国内和本埠的三大服务合作网络，形成专利筛选、评估、咨询、发布、孵化、开发、转让和交易等服务链及咨询、展示、发布、交易、鉴证等五大服务功能。

（蔡永莲　罗秀凤）

【举办纪念《专利法》实施20周年大型座谈会】　4月1日，上海召开纪念《中华人民共和国专利法》实施20周年大型座谈会。会议介绍了《专利法》诞生的重大意义，回顾了过去20年上海专利工作取得的成就与辉煌，分析上海专利事业在新的形势下面临的新任务。

《专利法》实施20年来，对推进上海科技、经济的发展发挥了巨大作用。从1999年起，上海市对专利申请实行资助政策，累计资助专利申请8万余件，上海市近5年专利申请量约9万件，占20年申请总量的80%。2001年起设立上海市专利奖，据不完全统计，4届上海专利奖中获奖的222个项目，产生经济效益超过186亿元。重视专利开发、转化、二次创新，让企业得益匪浅。华谊丙烯酸公司在引进、消化、吸收基础上再创新，开发丙烯酸成套生产技术，申请并取得专利，两年新增销售收入近20亿元，从濒临破产成为创利大户。

（蔡永莲　罗秀凤）

【上海参加中国专利20年优秀成果展】　为庆祝《中华人民共和国专利法》实施20周年，国家知识产权局和安徽省人民政府共同主办了中国专利20年优秀成果展。展会集中展示了100余项历年来获得中国专利金奖的项目。上海组织近20家企业参展，是规模较大的展团之一，展示了纳米新材料、新型灭火设备、轻质彩瓦等专利技术，获最佳布展奖。

（蔡永莲　罗秀凤）

【为社会经济发展提供专利服务】　知识产权服务工作不断加强，2005年，为上海市科教兴市重大产业科技攻关项目、“863”计划等进行专利检索近600项，为社会建立专利数据库7个，为外贸企业提供侵权判定分析服务24件，继续组织开展多场推介洽谈活动。

（蔡永莲　罗秀凤）

【加强会展业专利保护】　先后开展第十五届中国华东进出口商品交易会、第十一届上海国际纺织工业展览会、第五届上海国际车展、第十届中国国际建筑贸易博览会、第九十五届中国化妆洗涤美容美发商品交易会、2005年春季电子产品及零件跨国采购会、第十届涂料展和表面处理国际展、第七届工业博览会等8个展览会现场的知识产权保护工作，共处理了30多起侵权纠纷投诉。

（蔡永莲　罗秀凤）

【专利行政调处案件增加】　全年共立案受理专利行政纠纷案件39件，比2004年增加50%。其中，专利侵权案件38件，专利一奖二酬纠纷案件1件，涉及发明专利10件，外观设计专利11件，实用新型专利18件。结案26件，其中，作出处理决定3件，协议调解7件，当事人撤回请求16件。在受理的案件中涉及核心技术的专利纠纷案件有明显增加，例如，专利权人谢建平与上海电信公司的专利侵权案件，佳动力公司与上海永久公司的专利侵权案件，这两项专利涉及的技术及产品关系到社会信息服务和社会助力车的换代，面广量大，是否侵权将对双方当事人和社会产生重大的影响，对案件处理的准确性提出了更高的要求。

（蔡永莲　罗秀凤）

【整顿规范专利商品市场秩序】　全年共查处专利违法案件19件，结案18件。其中冒充专利17件，假冒他人专利2件。处罚金额0.5万元。省际间移送专利违法案件5件（其中1件移送长三角相关城市）。全市累计出动执法人员509人次，检查商业单位219家，检查商品、药品20万余种，其中标注专利标记的商品、药品约2千多种，对涉嫌冒充专利的19个商品进行了立案查处。上网公告77种专利权已终止的商品（药品），供全市商业单位进行专利商品管理的鉴别依据。

（蔡永莲　罗秀凤）

【上海市推广节约型专利】　上海市知识产权局举行资源节约型专利技术和产品展示推广活动。活动期间共征集各类资源节约型专利项目260多项，于9月23日起在上海市知识产权园对外展示推广；并从中选出3个重点项目，在“资源节约型专利技术项目推介会”过程中，通过专利交易网视频系统向外推广传播。为了更好的倡导通过科技创新促进节约型社会建设，10月9日，上海市知识产权服务中心与《解放日报》经济部合作，召开“促进专利实施，推动节约型社会建设”研讨会。研讨会深入探讨了如何突破资源节约型专利实施瓶颈，加快建设节约型社会的话题。

（蔡永莲　罗秀凤）

第三节　商　　标

【商标专用权保护工作概述】　2005年，根据国家工商总局《关于印发2005年保护注册商标专用权行动方案的通知》精神，结合上海市整顿和规范市场经济秩序工作的总体安排，全市工商部门共出动执法人员3万多人次，检查各类经营户10万余户，检查各类商品交易市场8 000多个次，共查处商标违法案件1 227件，其中商标侵权案件1 108件，共处罚款1 088.05万元，没收、销毁侵权商品6.51t，收缴和消除侵权商标标识161.76万件（只），移送司法机关案件11件，涉及人员13人。

（邢冬生　沈文萍）

【围绕重点开展执法行动】　2005年，上海工商部门围绕重点商标、重点商品、重点区域和重点环节4个重点开展专项执法行动，确定了打击商标假冒侵权行为专项整治工作的四个重点：一是加强对重点商标的保护，即对中国驰名商标、上海市著名商标、涉外高知名度商标以及奥运标志和世博会标志等重点商标的保护；二是加强对假冒食品、药品等重点商品商标行为的打击力度；三是加强对重点市场和区域的整治，即对小商品交易市场、专业市场、星级宾馆内设商场和名牌特卖场（会）、主要商业街（城）、大卖场、超市及市场周边居民出租屋、城乡结合部的出租房和仓库进行重点整治；四是加强对重点环节的监管，即对流通领域商业企业商品的进货和销售环节、印刷企业从事商标印制行为进行重点监管。

围绕上述四个重点，组织开展了一系列针对性强的专项整治行动。1～3月开展了“净化节日市场环境，打击食品、药品和保健品商标侵权假冒行为集中行动”；4～6月开展了“净化流通领域商标保护环境，打击侵犯重点商标专用权行为集中行动”；7～8月开展了“查处以企业名称侵犯驰名商标权益案件集中行动”；9～10月底开展了“查处侵犯农产品商标、地理标志商标案件集中行动”；10～11月开展了“净化生产加工领域商标保护环境，打击印制商标标识和定牌加工环节商标侵权行为集中行动”。同时，上海市工商局还在春节前夕、“3·15”消费者权益日期间、“4·26”世界知识产权日期间、国庆节等重要时间段组织开展了大规模的执法行动。全年的专项执法工作主要以市局集中组织全市性统一行动与各分局根据辖区特点自行组织行动相结合的方式进行，始终保持对商标侵权行为的高压打击态势。

（邢冬生　沈文萍）

【深入开展市场禁售工作】　在2004年10月全市服饰和小商品市场开展禁售“LV”等40件涉外高知名度商标商品工作的基础上，2005年，上海市工商部门采取进一步深化巩固市场禁售工作的措施，使打击重点市场销售假冒涉外高知名度商标商品行为的工作取得了新的成效。一是在市场上张贴和发放中英文“禁售通告”，进一步倡导国内外游客主动拒买商标假冒侵权商品；二是向旅行社发放

“关于组织游客在购物活动中配合做好制止假冒侵权商品工作的告知书”，呼吁旅行社积极响应禁售措施，倡导游客在服饰和小商品市场主动拒买假冒商品，支持和配合政府部门开展商标专用权保护工作。三是建立联席会议制度。为有效打击襄阳市场周边区域售假情况，工商徐汇、卢湾和静安分局于8月31日建立联席会议制度，在整治售假工作中加强情报互通和协作配合。四是加强市场主办者自律管理，督促市场主办者履行“一次警告，二次清退”承诺，对售假经营户及时清除出场。全年共发布并张贴中英文“禁售通告”3 000多张，张贴禁售假货“倡议书”1 000多份，向各旅行社发放“告知书”3 000多份，清退售假摊位10余户。

（邢冬生　沈文萍）

【严厉打击侵犯食品商标专用权行为】　由于上海市工商等部门近年来不断强化对食品、药品和保健品等重要商品的监管力度，所以市内发生在食品、药品和保健品领域的商标侵权假冒行为以往并不十分突出。但工商部门从保护人民群众人身健康和生命安全以及维护稳定有序的节日市场秩序的角度出发，防患于未然，在执法行动和日常巡查中重点查处了发生在食品、药品和保健品领域的商标侵权假冒案件。2005年，共查获侵犯食品商标专用权案件174件，占各类商标侵权案件总数的15.7%。如闸北分局查处假冒“五粮液”、“剑南春”等白酒案，当事人获得非法经营额45 640元，已被移至司法部门处理。

（邢冬生　沈文萍）

【维护涉外商标权利人合法权益】　在2005年的市场整治中，全市工商部门共查处涉外商标案件652件，占商标侵权案件总数的58.8%。被保护的涉外高知名度商标有LV、PRADA、SONY、BURBURY、NIKE等80余件。如宝山分局在某仓库查获近30万条涉嫌假冒美国“A&F”商标的牛仔裤案件；长宁分局查获某贸易公司经销涉嫌假冒日本“马自达”商标汽车配件案，查扣涉嫌商标侵权的汽车配件1 137件。这些涉外商标大要案的查处，为树立上海保护知识产权形象，营造良好的投资环境起到积极推动作用。

（邢冬生　沈文萍）

【加强商标保护宣传】　2005年，上海市工商部门组织开展了一系列有影响、有声势的社会宣传、咨询活动，进一步营造了全社会重视商标、保护商标的良好氛围，取得了良好的社会效果。上海市工商局因此荣获了2005年全国“保护知识产权宣传周”先进单位称号。

通过举办讲座、座谈会、培训，在主要商业街、市场、商场等人员集散地悬挂、张贴宣传用语，在街道、社区、广场等场所开展现场咨询活动和利用电视、电台、报纸等媒体进行宣传等形式，大力宣传商标法律法规。上海市工商局积极参加了在深圳召开的由中华商标协会主办的中国商标节活动，并举办了“上海商标成就展”，进一步展示了上海工商部门的风采和近20年来开展商标工作取得的重大成就。

在开展商标专用权保护工作中，工商部门注重宣传工作措施和工作成果，让国外商标权利人，特别是外国政府和有关知识产权保护组织进一步了解、理解和支持工商部门的工作。一是利用外事接待和参加外事活动加强对外宣传。二是积极配合国家工商总局和市外办等部门做好知识产权保护对外宣传工作。三是举行现场销毁假冒涉外高知名度商标的高尔夫球具活动。

（邢冬生　沈文萍）

【加强商标培育发展】　一是会同上海市经委、上海市技监局推进上海品牌战略实施工作。组织召开了上海市推进实施品牌战略工作会议，宣布2005年上海企业荣获中国驰名商标名单和先进制造业的十大品牌名单。二是会同上海市经委等部门积极制定贯彻上海市政府的《关于鼓励创建知识产权示范企业工作的意见》的具体实施意见和办法，并对申请创建知识产权示范企业的企业进行调研、初选，对符合基本创建条件的企业进行进一步地培育，从而为做大做强上海商标发挥更好的引导、促进作用。三是参与上海市人大《上海市促进科教兴市战略实施地方性法规框架》分课题——全市知识产权立法框架研究，提出了近年内完成著名商标立法的建议，该立法框架已由上海市人大正式对外公布。四是制订上海商标发展“十一五”规划，明确上海商标发展的指导思想、总体目标和重点任务，积极推进上海商标发展战略的实施。五是配合上海市统计局设计《上海市科教兴市统计指标体系》，为对科教兴市发展主战略的实施效果进行定量评估及考核提供方便。六是主办和协办完成政协有关推进商标发展、保护工作的提案5件。

（邢冬生　沈文萍）

【做好第九、十批著名商标认定工作】 一是认定了第九批上海市著名商标共126件,其中56件商标为首次认定,另70件商标为3年期满后重新认定,至此,上海市著名商标共有318件。二是做好第十批著名商标的审查、认定工作。2005年,正式受理申报认定著名商标227件,其中新申请155件,3年期满重新申请72件。

(邢冬生 沈文萍)

【7个区县出台扶持商标发展政策】 在各分局的努力下,商标发展工作得到了各区县政府的大力支持和重视,已有7个区县政府出台扶持商标发展政策措施。如嘉定区政府每年拨款300万元用于区内企业培育、发展商标和奖励通过认定的上海市著名商标和全国驰名商标企业,并对区内首家获驰名商标称号的上海凯泉泵业集团公司100万元的重奖;闵行区政府对著名商标企业给予一次性奖励20万元;宝山、奉贤、金山、崇明、青浦等区县也出台了相应的奖励政策。

(邢冬生 沈文萍)

【做好农产品商标、地理标志注册保护工作】 一是调查了解农产品商标情况,为注册、培植和发展农产品商标工作打下基础。二是召开农产品商标发展推进会。三是农产品商标的发展工作也得到了各区县政府的大力支持,如南汇区政府拨出专款扶持农民申请农产品商标注册和培育农产品商标。据不完全统计,目前10个区(县)计划发展农产品商标57件,其中已有17件农副产品的商标正在申请办理中。同时通过大力发展农产品商标,进一步促进农业经济发展,提高农民收入,为政府的“菜篮子”工程和“食品安全”工作服务。

(邢冬生 沈文萍)

【开展上海老商标重塑辉煌推展活动】 围绕振兴发展上海老商标这一主题,先后开展了“我心目中的上海老商标市民有奖问答”、“上海老商标发展现状专项调研”、“老商标见证城市经济发展历史回顾展”、“上海老商标推选活动”等系列活动。12月21日,在东方明珠召开了上海老商标重塑辉煌推进工作会议,会上公布了“最具影响力”、“最具价值”、“最具活力”、“最具潜力”的老商标以及“商标运作十大杰出企业家”的评选结果,并为这些获奖企业和个人进行了颁奖。

(邢冬生 沈文萍)

【提高商标管理水平】 上海市工商部门在开展专项整治、加强社会宣传的同时,在规范和治本上下功夫,进一步落实了一系列保护商标专用权、加强商标行政管理的长效管理措施:(1)开展商标专业培训工作,提高商标管理水平。上海市工商局举办了由各分局分管局长、商标科长及商标管理干部和部分工商所长参加的“商标监督管理工作”和“商标发展工作”两次系统性、专业性和综合性的商标知识培训。培训从提高商标监管能力和水平出发,分别围绕商标法律法规知识、商标办案知识、如何解决商标办案中的疑难问题,以及如何在实施科教兴市战略中运用商标发展理论推进上海商标发展工作的有关内容展开,有很强的针对性和实用性。(2)积极做好驰名商标申报认定的指导、推荐和协调工作。全市工商部门积极指导企业做好驰名商标申报工作,亲自上门提供服务,耐心指导准备相关的申报材料,并且主动加强与国家工商总局商标局的沟通协调,为企业申报驰名商标做好推荐和协调工作。2005年,上海共有“山宝”、“凯泉”、“斯尔丽”、“银联”、“宝钢”、“春竹”等6件商标分别被国家工商总局商标局、商标评审委员会认定为驰名商标,核准率达到了100%。至此,上海驰名商标总数已达40件。同时还有“亚细亚”、“双钱”、“北极绒”、“连成”、“晨光”等5件驰名商标申报材料,正在国家工商总局商标局的审理过程中。(3)完善防范售假措施,进一步推广实施《上海市商业企业经销商品商标管理办法》及应用软件。《办法》及软件是防范流通领域经销假冒侵权商标商品行为的治本措施。为使《办法》及软件推广工作取得实质性成果,年初上海市工商局制订了推广落实的达标标准,各分局按照标准从提高商业企业《办法》和应用软件的质量上下功夫,逐步推进此项工作。在南京东路、南京西路等市区主要商业街及路段,已初步创建了推广使用《办法》及软件的示范街,进一步树立了“无假货”的商业街形象。同时结合示范街(段)的创建工作,重点抓好了贯彻《办法》和使用软件企业的达标工作,树立了一批达标单位,其中,各分局使用软件达标单位数量为市局前两年下达推广任务总数的30%,贯彻《办法》达标单位的数量为上海市工商局前两年下达推广任务总数的50%。

(邢冬生 沈文萍)

【商标注册稳步增长】 2005年,上海的注册商标申请量稳步增长,达到26 167件;核准数达到10 598

件,截至2005年底,累计有效注册商标数为98 484件;上海市著名商标的总数也达到了318件;中国驰名商标总数共计40件,继续位居全国前列。

(邢冬生 沈文萍)

第四节 版 权

【版权管理工作概述】 2005年,上海版权管理工作在加强版权行政执法、推进涉外版权贸易、开展版权宣传活动、注重调查研究、促进版权产业发展、提高版权服务质量等方面都取得了新的进展,全面破获《他改变了中国——江泽民传》盗版案、按时完成地方政府软件正版化任务、积极参与上海知识产权园的建设等,成为上海版权工作新的亮点。

上海市版权局在加强日常监督管理的同时,积极联合公安、工商、海关、文化稽查、通信等有关部门打击盗版,先后开展了针对教材教辅、音像制品、计算机软件和互联网的反盗版专项行动,有力地打击了盗版活动的嚣张气焰。

为进一步普及著作权法律知识,提高整个社会的著作权法律意识,上海市版权局分别开展了针对社会公众、中学生和与版权保护有关联的企业的宣传教育活动。

上海市版权局开展版权制度对版权产业影响的研究,初步完成"上海版权创造、服务与保护研究报告"和"上海版权相关产业发展现状报告",为政府产业决策和宏观管理提供了理论基础。

全年共审核登记755份涉外图书、音像制品、计算机软件和电子出版物版权授权合同。共有1 185种作品进行了作品登记,其中美术作品797件,文字作品210件,图形作品91件,摄影作品44件,音乐作品37件,电影作品6件。

(武幼章)

【版权行政执法概述】 上海版权行政执法工作结合上海实际,抓住反盗版的重点领域和重点工作,实行强化日常监管和开展专项治理、联合治理相结合的办法,标本兼治,整体推进,坚决制止和打击各种损害公共利益的侵权盗版行为。2005年,上海市版权局在执法检查中共没收盗版教材教辅、地图及其他图书9 000余本(册),收缴盗版音像品8 800多张,罚款77 500元,没收非法所得36 500元,调解赔偿81 000元。在软件版权行政执法工作中,上海市版权局定期组织执法人员巡回检查软件零售、预装市场,全年共查处销售盗版软件以及违法预装软件案15件,没收侵权光盘3 680余张,罚款42 000元,基本杜绝了全市主要电脑商城、软件市场零售盗版软件的现象,电脑组装商预装侵权盗版软件的现象也得到了遏制。

(武幼章)

【涉外图书版权贸易发展良好】 2005年,上海图书版权贸易继续呈现良好的发展态势,全市各出版社开展了涉及1 451种图书的涉外版权贸易活动,其中引进1 179种图书,272种沪版图书输出到港台地区和国外,引进和输出的比例约为4:1,引进总量较2004年增长约16%,输出总量增长约4%。引进的图书以艺术、文学、语言文字和综合性为主。版权输出则集中在医药卫生、文科教体、自然科学等种类的图书。从引进版的来源地看,美、英两国约占总数的61%,港澳台地区所占比例约为10%,其余来自德国、法国、俄罗斯、加拿大、新加坡、日本、韩国、澳大利亚、荷兰、意大利、印度、马来西亚、瑞士、西班牙、芬兰、伊朗、丹麦、巴西。输出版权的目标地主要是港台地区,占总输出数的76%,其中输往中国台湾的为157种;其他还包括韩国53种,德国、日本各5种,中国澳门、越南各为1种。

(武幼章)

【开展上海图书版权贸易"双先""双优"评选活动】 4月至6月,上海市新闻出版局和上海市版权局开展了上海市2003～2004年度版权贸易先进单位和先进个人("双先")和优秀引进版、优秀输出版图书("双优")评选活动。上海译文出版社、上海科学技术出版社、上海文艺出版社、上海科技教育出版社、上海外语教育出版社、华东师范大学出版社、复旦大学出版社和上海财经大学出版社等8家出版社为上海市2003～2004年度版权贸易先进单位,龚海燕、施式容、范嘉、吴昀、钱欣明、沈琪、冯维恩、汤家芳、管新潮和王辉等10人为上海市2003～2004年度版权贸易先进个人,《世界建筑经典图鉴定》等27种图书为上海市2003～2004年度优秀引进版图书,《话说中国》等30种图书为上海市2003～2004年度优秀输出版图书。

(武幼章)

【第四届上海版权贸易洽谈会】 由上海市新闻出版局、上海市版权局主办，上海外文图书公司承办的第四届上海版权贸易洽谈会于8月6～8日在上海展览中心举办。该届洽谈会与2005年上海书展同期举办，是一项重要的国际图书版权交流活动。来自美国、英国、日本、新加坡、泰国和中国香港、中国台湾地区的出版商订购了近一半的展位。由华东六省出版集团或总社组织的参展团体以及上海市30余家出版社都积极参加。一些中央出版单位和北京、天津等省市的出版单位也前来助会。洽谈会期间，举办了"华东六省一市版权贸易工作研讨会"和"英美图书版权贸易现状与发展前景论坛"，中外出版人士进行了多层次、多方式的交流和沟通。参展单位签订了200多份版权贸易合同和意向书。

（武幼章）

【上海全面实现财政预算单位使用正版软件】 2001年下半年上海就在全国率先实现了市级财政预算单位全面使用正版软件。上海市及时成立了市、区两级使用正版软件工作领导小组，明确了工作指导思想和工作原则，到2005年底，全市19个区县均达到了预定的工作目标。

（武幼章）

【上海警方破获《他改变了中国——江泽民传》一书被盗版案】 罗伯特·劳伦斯·库恩（Robert Lawrence Kuhn）所著《他改变了中国——江泽民传》一书由上海译文出版社于2005年1月出版后，在部分地区发现了该书的盗版本，上海市版权局即向全国"扫黄"办、国家版权局作了报告并建议组织追查。3月9日，全国"扫黄"办、新闻出版总署、国家版权局联合发出通知，要求各地立即组织力量清查出版物市场，收缴《他改变了中国——江泽民传》一书的盗版本，并追根溯源，严查彻究，查清该书盗版本的来源和渠道，依法惩治有关责任人和责任单位。

上海市版权局与上海市公安局文保分局组成专案组，对盗版《他改变了中国——江泽民传》案件进行历时数月的追查，先后于10月22日、24日在河南南阳、北京两地将涉嫌盗版印制销售该书的两名犯罪嫌疑人沈久春、蔡东强抓获，并缴获了盗版用的样书、铜版纸插图、印刷排版底片、生产工艺单等物。另一犯罪嫌疑人刘化文向公安机关投案自首。

（武幼章）

【举办中学生版权保护主题教育活动】 4月至12月，中共上海市委宣传部、上海市版权局、上海市教委、团市委联合举办"拒绝盗版，从我做起——上海市中学生版权保护主题教育"活动，同学们在学校的组织下，通过召开主题班会、演讲比赛、课外小调查等丰富多彩的形式开展系列活动，学习版权知识，提高版权保护意识。主办单位向部分学校赠送了2 500本介绍版权知识的图书《版权，我懂》，还专门摄制了专题片《盗版的报复》，制作成光盘赠送给中小学校。在"我与版权"上海市中学生版权保护主题征文活动中，应征稿件2 000多件，郑萌等124位同学的作品分获一、二、三等奖和优胜奖，丁蕾等5位老师获得优秀指导奖。获奖作品已被推荐参加全国比赛。

（武幼章）

【开展打击网络盗版侵权专项行动】 11～12月，上海市版权局在公安部门和通信管理部门的积极配合和支持下，开展打击网络盗版侵权专项行动，对7个重点督办案件和33个督办案件进行了调查处理。全部40个案件中，"三无"网站14个，当事人在外地的27个，个人网站27个。7个重点督办案件中，责令停止侵权的2个，罚款的1个，关闭网站的3个，不作行政处罚的1个，移请公安部门调查的3个，移请兄弟省局调查处理的1个。

（武幼章）

第十七章　科学普及和科技社团

第一节　科学普及

【全国科技活动周、上海科技节开幕暨上海科技馆二期展项开放仪式举行】 2005年全国科技活动周、上海科技节开幕暨上海科技馆二期展项开放仪式于5月14日在上海科技馆举行，上海市有关领导出席了开幕式。

开幕式上，还举行了大众科技奖、青少年明日科技之星颁奖仪式，57个科普"2211"示范项目单位获得授牌。

作为全国科技周的分会场，上海实现与北京主会场和重庆、辽宁、江西、澳门等分会场的卫星联动转播。在科技周期间推出了"建设资源节约、环境友好型城市"主题展览、上海未来社区科普展和上海市科技创新、登山行动计划专项主题展等一系列与时代进步和社会发展紧密联系的展览。上海科技节举办期间共开展了35项市级主要活动项目，近250项区(县)、学会及企事业单位项目活动。

上海科技馆二期展示工程共分地球家园、信息时代、机器人世界、探索之光、人与健康和宇航天地等六个主题展区，展项展品达668件，展示面积约3万平方米。展示规划设计延续了一期的基本风格与特色，课题选择比一期更具有前沿性和时代性，内容比一期更有内涵和深度，整体设计更注重形式与内容的协调，科学技术与艺术的融合，科学精神和人文精神的一体化。

(周　莉　李淑珍)

【举行全国科普日上海地区活动】 9月15日，围绕"树立科学发展观，共建和谐社会——科学普及，你我共参与"的活动主题，全国科普日上海地区活动拉开序幕。活动期间，上海市科协共策划重点科普活动630余项，组织科普报告会2 000余场，科普知识展览600余场，举办各类培训班1 100余期，制作科普展板12 000余块，发放科普资料30余万份，科普挂图15 000余张，播放科普录像800余场，有150多万公众参与全国科普日活动。

(朱　慧)

【科技下乡到廊下镇】 上海市科委于1月16日在金山区廊下镇举办2005上海市科技下乡活动启动仪式。主题是"以科技为龙头，促进传统农业向现代化高效农业转变"。启动仪式上，来自全市的农业科研所和农业企业带来了具有市场潜力的农业实用技术，上海交通大学农学院、上海市农业科学院等单位的100多位科技专家作了现场演示和咨询服务，还举办了科技致富的信息集市及价值20万元的现代农用物资的赠送活动等。上海交通大学、上海市农业推广中心、上海市农科院分别与上海板扎果业有限公司、金山区农业推广中心、金山现代农业园区管委会进行了科技项目的洽谈签约活动。

(杨红梅)

【上海市科普基金会成立】 2月18日，上海市科普基金会正式成立。中国科学院院士叶叔华、沈文庆任名誉理事长，中国工程院院士朱能鸿任理事长。年内，上海市科普基金会平稳实现基金保值增值，接受多家企业捐赠，并资助开展了上海国际科学与艺术展、上海国际科普论坛、英国科学表演、科教进社区、上海市青少年科技创新大赛、上海科普志愿者郊区行等多项科学传播活动。

(朱　蜀)

【科普工作相关标准出台】 上海市科普工作联席会议办公室于12月16日颁布并实施了《上海市科普教育基地暂行标准》。该标准对科普教育基地的基本设施建设、制度和管理建设、活动开展等作了规范和要求，适用于市内高校、科研院所、厂矿企业的科技实验室、实验基地、工作场地、科技场所及可用于科普教育并愿意向社会开放的各类场所。

此前，《上海市科普示范街道(社区)标准(暂行)》及《科普示范企业(工业和商业)评选标准(暂行)》已于11月22日颁布并实施。

(编辑部)

【企业大力开展科普活动】 2005年，上海市企业科协努力拓展科普工作的新思路，开创科普工作的新局面，使科普工作取得了新的成绩。如：宝钢集团有限公司科协组织培育和提升科技人员国际交流水平的"宝钢与国际化"论坛以及以"辉煌的宝钢、绿色的宝钢"为主题的作品展示和评比竞赛；宝钢集团一钢公司科协组织广泛宣传科技节主题活动，开展网页设计大赛；宝钢集团浦钢公司科协在浦钢科技节期间组织罗泾项目专题报告会、在《浦钢通讯》出科技节专版、表彰为企业作出贡献的具有30年工龄的高级知识分子、组织科技人员参观城市规划馆、为科协会员发放科普书籍等；宝钢集团上海梅山有限公司科协组织高级科技人员撰写科技论文，举办企业急需的科技讲座；上海石化股份有限公司科协举办以"让绿色永存——走生产发展、生态良好的文明发展之路"为主题的活动，邀请有关专家作学术报告，组织摄制《科技经纬》电视专题片；江南造船(集团)有限责任公司科协组织"江南造船工业140周年科学发展史"宣传活动，并就江南可持续发展请公司领导与科技人员一起座谈，举办"江南搬迁长兴"的报告会等；上海造币厂科协举办泉苑论坛，编译出版《造币厂论文集》在内部发行。

许多企业科协还根据科技人员和职工的不同需求组织有关人员参加上海市科协主办的"名家科普讲坛"。上海石化股份有限公司科协承担的上海市政府科普实事工程之一的"上海市石油化工科技馆"，2005年先后完成了展项模型的制作，项目的软体设计，文字材料、化工产品图片收集，多媒体展项文稿撰写和装潢布展设计以及场馆建设等工作。该馆是继"江南造船博物馆"后全市第二家由企业科协为主建设的企业科普场馆。

在首届上海市优秀科普志愿者表彰大会上，上海石化股份有限公司科协等7家单位获优秀组织奖，上海造币厂科协章军等6人获上海市优秀科普志愿者。在2005年科技节表彰活动中，江南造船(集团)有限责任公司科协等3家单位获优秀组织奖，上海石化股份有限公司科协李宣等6人获上海科技节先进个人。

(楼德民)

【青少年科普活动精彩纷呈】 (1) 8月6～8日，主题为"体验科学·健康成长"的第二十届全国青少年科技创新大赛在北京举行。上海代表队获得一等奖5项、二等奖9项。徐汇区向阳小学李祯忠老师获杰出科技教师和十佳优秀科技教师称号。

(2) 3月26～27日举行第二十届英特尔上海市青少年科技创新大赛，由上海市科协、市教委、市科委等13家单位共同主办，主题为"体验科学·健康成长"，参与单位108家。首次邀请江苏、浙江两省参赛，并首次有外籍学生参加。大赛分科技创新成果竞赛、优秀科技实践活动展示、科学幻想画展示、机器人创意设计作品竞赛和优秀科技教师评选5个板块。最终评选出优秀科技论文和创造发明奖等各类专项奖285个，共计颁发奖项1 370个。

(3) 第五届全国青少年电脑机器人竞赛由中国科协主办、中国科协青少部等11家单位共同承办，于7月9～12日在陕西省西安市举行。来自全国30多个省、市、自治区和港、澳地区的1 200多名参赛选手、领队和教练员参赛。大赛分"智能机器人单项竞技比赛"、"机器人工程设计比赛"、"机器人足球竞赛"和"FLL机器人工程挑战比赛"。上海代表团参赛的12个项目(46名选手)共获得16金、16银、14铜的好成绩。

(4) 第五届上海市青少年机器人竞赛于1月29～30日举行，由上海市科协、中国福利会、上海科技馆和上海市关心下一代工作办公室联合主办，主题为"无限关爱——用科学技术帮助我们身边的人"的第五届中国青少年电脑机器人竞赛上海赛区选拔赛暨第二届上海市家庭机器人挑战赛在上海科技馆举行。80多所中、小学校，40个家庭(或临时家庭)近270支队伍参赛。

大赛分机器人工程挑战赛、轨迹赛、摔跤赛、足球赛、创意设计赛和家庭赛，评选出各板块单项一、二、三等奖和优秀教师奖、优秀组织奖等奖项。获优秀项目奖的优胜者还参加了全国机器人大赛。

(5) 第五届"明天小小科学家"评选。由教育部、中国科协、香港周凯旋基金会共同主办，全国30个省、市自治区的402名高中学生向组委会申报。选出40名学生参加北京终评，最终角逐10个一等奖。上海3名学生获一等奖(均为上海市科协英才俱乐部会员)，4名学生获二等奖(其中3位为英才俱乐部会员)。

(6) 第五十六届英特尔科学与工程大奖赛于5月8～14日在美国亚利桑那州凤凰城局举行。来自美国50个州和世界近50个国家和地区的1 447名选手参赛。中国代表队共有27名选手，带去19个项目，获得19个奖项。上海4名学生获得学科等级(二、三、四等)奖各1项、专项奖3项。

(7) 国际青少年机器人竞赛。经上海市和全国机器人大赛选拔，华东师大二附中3名学生组队参加了于4月在美国亚特兰大举行的FLL世界锦标赛;上海市延安中学的1个机器人创意设计项目参加了在泰国举行的2005年世界机器人奥林匹克竞赛(WRO)。

(8) 2005英特尔上海市青少年科技创新月活动。10月15日,由上海市科协、黄浦区科协、黄浦区教育局、英特尔产品(上海)有限公司等单位共同组织,在大同中学举行。来自上海市和广西柳州、浙江、江苏的近千名中小学生和科技教师带着700多项研究课题参加了系列活动。中国台湾地区的中等学校科学教育代表团观摩了这次活动,并就两岸科学教育情况作了交流。

(9) 英特尔·上海市科协英才俱乐部提供培训与交流。11月20日,2004级英特尔·上海市科协英才俱乐部开学典礼在英才俱乐部举行。2004级俱乐部共招收有14个学科的95名会员,项目共计71项,其中包含来自西部新疆学生会员的11个创新项目。俱乐部每两周组织一次特聘教师咨询活动,每月组织一次专家咨询活动。自2004年11月至2005年2月,俱乐部共计组织会员活动10次,其中专家咨询活动5次,专家咨询达80多人次。在国际和国内各类青少年科技竞赛中,俱乐部会员成绩突出。

(10) 2005大手拉小手青少年科技传播活动——世界物理年系列活动。上海纪念“世界物理年”系列活动分为3部分:物理照耀世界——光传递活动、名家科普讲坛专场报告、物理年专家报告会。上海崇明岛是“物理照耀世界”——光传递活动的中国区首站。数百名青少年学生参与了此次光传递活动。

“物理照耀世界”名家科普讲坛于4月14日举行,中国科学院院士沈学础作了“生活中的量子,兼谈爱因斯坦对光电效应的贡献”的专题报告。4月16日,上海交通大学物理系严燕来教授为百名女中学生作了“‘物理’为你的人生注入活力”专题报告会。

(11)“做中学”科学教育上海试点项目。5月,中国科协和教育部共同启动了“做中学”科学教育改革实验计划。上海作为试点城市,9月,上海市科协与上海市教委联合下发了《关于实施“‘做中学’科学教育上海试点项目”的通知》,成立了上海市“做中学”科学教育试点项目办公室(以下简称试点项目办公室),并在静安、徐汇、浦东、宝山等4个试点区分设了试点项目组。确定了首批试点幼儿园、小学共80余所。选择了17个市级学会参与首批“做中学”教学案例的编撰,并参与各试点区的项目工作。试点项目办公室从华东师范大学品学兼优的在读贫困研究生中选拔了24名科普实习教师,组建“做中学”科普助学金实习教师队伍,并设立“上海市‘做中学’科普助学金”,支持参与此项目的科普教育工作。12月10日,“做中学”上海试点项目正式启动。

(12) 中国青少年科学素质行动——试点项目(“2049”计划)。已编撰了30个科技专题的资料包,涵盖30个不同的自然学科,上海市教委认定的试点学校达到43所,遍及上海市19个区县,主动参与项目的非试点学校达到50多所。“2049”网站已具备较完善功能,点击率已突破52万人次。构建了由41个学会、350多位专家组成的专家团队伍;每所试点学校都有多位教师参与资料包编撰与基地建设;建立了试点项目学校网络和学生通讯员网络。

增强了教师培训。初步培育27个实践基地,并确立10个首批重点试点基地,对已成熟的基地于年底挂牌。各实践基地实行基地“责任人”制,专门制定了“2049资料包”配套活动方案,已有500多名教师、5 000多名学生前往参观、实践,学生论文反馈率达60%。

启动了青少年科技素质培育工程的监测系统,并积极推进中外交流活动。

(俞　弈)

【举办城市科普发展国际论坛】 该论坛于11月3～4日举行,由上海市科委、上海市科协共同主办,上海市科学学研究所、上海科学普及促进中心、上海科技馆协办。该论坛针对城市科普发展所面临的挑战和机遇,就相关国家科普的新计划、新政策、新方法、新经验进行交流,就国际科普工作的新趋势、新思想、新观念作深入、广泛的探讨和研究。

论坛邀请了美国科学基金会、欧盟、日本企业等科普专家作专题演讲。西班牙巴塞罗那市议会科学文化委员会委员塞米尔教授介绍了欧盟科普行动计划的制定、出台的背景情况,将科学普及上升到一个政治领域的问题来阐述,表达了“社会正在发生着重要变化,需要更多有批判能力的公民对社会进行支持”的观点,强调了“科学普及在其中发挥的关键作用,并需要不同政治层面进行积极推动”的见解。欧洲科学技术学协会的马克西米利安·福克勒先生整体介绍了在欧洲激烈的科学传播竞争中的主流科普范例,并以此向与会者分析了欧洲科学传播领域显现的新趋势，并谈到了欧洲不同文化背景对科学传播活动的影响，从而得出一些关于科学传播模式的文化渊源和跨文化转移的结论。美国科学基金会非正规教育项目主管大卫·A·尤柯博士从美国科学基金会角度总体介绍了美国非正规科学教育项目，并着重介绍了美国非正规科学教育实践中遇到的挑战和机会，以及美国科学基金会在推动这一领域发展中所起的作用。荷兰乌得勒支大学生物科学商店负责人鲍克先生则以"为市民社会关心的问题提供独立的或参与性的研究"为题，介绍了"独特单位——科学商店"的概念、阐述了不同模式和环境下科学商店活动的区别和科学商店的国际性，并探究了这一模式在中国推行的可能性。日本大阪煤气公司董事酒井孝志向与会者介绍了日本企业在社会科普中的定位、作用、实施办法，介绍了该公司建设的燃气科学馆、能源馆展出的内容、观众的特点和运营的情况。

论坛还拓展了上海与美国、欧盟相关国家、日本方面的对外科普合作渠道；促进了上海与北京、江苏、浙江、广东等兄弟省市政府科普机构、科协的科普交流与合作；为上海市科协咨询中心现行的科技咨询调研报告提供了难得的第一手资料。

（曹培新）

【院士领衔科普活动受欢迎】 2005年，上海市中国工程院院士咨询与学术活动中心遵循公益性原则，开展了包括"院士讲坛"、"院士课堂"等科普活动。

院士讲坛是面向市民的科普讲座，层次高、信息量大，贴近实际、贴近生活、贴近群众，集中展现科学魅力和院士严谨治学、科学求实的个人风采。全年共举办了4期讲坛，每季度一期，累计参与观众1 100多人次，已形成了一批较固定的、由不同年龄层次组成的观众群。

院士课堂突破了科普活动授课型传统模式，采用现场互动的形式，由院士在科普基地（科普博物馆等）或实验室为观众讲解科普知识或演示实验过程，让观众与院士能近距离交流，对科学技术有直接、感性的认识。观众大多是学校里的科技活动积极分子，院士课堂拓宽了学生的眼界，激发了他们对科研工作的兴趣，为其今后从事相关工作提供思路。

院士讲坛	主　题	主讲院士
第三期	我们与2010年上海世博会	郑时龄
第四期	海洋与中国	汪品先
第五期	现代物理学与工程技术	杜祥琬
第六期	空间技术与航天精神	梁晋才

院士课堂	主　题	主讲院士
第一期	小果蝇，大学问	郭爱克
第二期	风云变幻，气象万千	陈联寿

（刘昕卿）

【举办名家科普讲坛】 创始于2003年的该讲坛，已成功举办49期。2005年内，举办了26期，并由上海科普网进行网上直播，内容丰富，受众广泛。（如表）

总期数	题　目	主　讲
24	探索脑的奥妙	杨雄里院士
25	地震与海啸	朱元清教授
26	数字电视技术、标准及其应用	顾亚平研究员
27	走进生活的量子论——兼谈爱因斯坦对量子论和光电效应的贡献	沈学础院士
28	"物理"为你的人生注入活力——关注、引导更多的女生学科学	严燕来教授
29	神秘的极光	syun－lchiAkaSof，阿拉斯加大学国际研究中心主任
30	深空探索与人类未来	欧阳自远院士

（续表）

总期数	题　　目	主　讲
31	“水－绿－人”一体是生态和谐的桥梁	邓伟志教授、严玲璋教授级高级工程师
32	文学与艺术的通感	钱定平教授
33	“建筑与美”——名家视点	刑同和　教授级高级建筑师、薛文广　国家一级注册建筑师、戴复东院士、吴之光　资深总建筑师
34	科学·艺术·哲学	赵鑫珊，著名作家、哲学家
35	科技发展的世纪回眸	杨叔子院士
36	空间技术基础与现代	宣桂鑫教授
37	青年与创新	杨福家院士
38	构建和谐社会　打造绿色交通——隧道和轨道交通过去、现在、未来	沈秀芳　教授级高级工程师
39	纪念郑和下西洋600周年专题报告 西洋有多大——凤凰号下西洋见闻	翁以煊、郑　浩、何明礼 黄　睿
40	电化学及其应用	吴霞琴教授
41	人类探索彗星的历程——从古人的恐惧到“深度撞击”	赵君亮研究员
42	慈善事业对弱势群体的关爱	Danilo Martino，意大利单纯志愿者协会、马仲器、薛　峰
43	农民工子弟学校教师专场暨科教图书捐赠	陈积芳
44	可持续发展与资源节约型社会	顾　骏教授
45	荧光技术与生命科学	阮康成研究员
46	生态建筑——从办公楼到住宅，未来的建筑什么样？	叶　倩
47	青年与创新论坛	杨福家院士
48	空间探测与中国月球探测的特色和创新	欧阳自远院士
49	生物经济时代中的生态农业	陈　捷教授

（俞　弈　丁成明）

【认定15家上海市科普教育基地】　2005年，上海新认定15家科普教育基地（如表）。

2005年新认定上海市科普教育基地（15家）

单　　位	所属区县
上海隧道科技馆	黄浦区
徐光启纪念馆	徐汇区

（续表）

单　　位	所属区县
上海多媒体产业园	长宁区
中科院上海微系统与信息技术研究所	长宁区
上海宽带技术及应用工程研究中心	长宁区
上海市静安固体废弃物流转中心	静安区
上海黄浦江水文化博物园	闵行区

（续表）

单　　位	所属区县
闵行体育公园	闵行区
上海浦东美商生物高科技环保有限公司	浦东新区
上海浦东陆基水产养殖有限公司	浦东新区
上海市松江区科技馆	松江区
上海市嘉定区气象局	嘉定区
上海玉穗特种葡萄种植有限公司	奉贤区
上海神力科技有限公司	奉贤区
崇明县陈家镇瀛东村	崇明县

（郁增荣）

【9个专业类科普场馆列入第二阶段提升改造计划】 2005年，上海邮政博物馆、上海风电科普馆、上海市政博物馆、上海青少年科技探索馆、上海儿童博物馆、上海眼镜科普馆、上海磁浮交通科普馆、上海自来水科技馆、上海近现代科技发展史展示馆等9个场馆被列入第二阶段提升改造计划。2004年市政府实事工程建成的10个专业类科普管的软硬件建设得到进一步提升，科普教育功能得到有效发挥，全年接待参观人数近60万人次。

（郁增荣）

【上海市优秀科普志愿者首次受表彰】 上海市科协和上海市科普志愿者协会于3月19日召开首届上海市科协科普志愿者表彰会。168人受到表彰，95家单位被授予科普志愿者优秀组织奖。

（朱　慧）

【上海电子科普画廊与电子科普触摸屏建设进入新阶段】 电子科普画廊与电子科普触摸屏是融合科普功能和城市景观作用于一体的立体宣传平台。年内，电子科普画廊与电子科普触摸屏进社区工作得到进一步推广，广泛分布在休闲广场、社区、体育场所、学校、医院等人口聚集地段。科普内容深入浅出，定期更换，成为市民接受科普知识教育的又一窗口。

（郁增荣　朱　罵）

【上海科普网作用显现】 上海科普网作为上海的专业科普网站，具有较强的网站开发、多媒体制作能力，尤其是网上视频直播开始得早、颇具特色。全年完成了20余期名家科普讲坛及城市科普发展国际论坛、工博会院士圆桌会议、澳大利亚创新与艺术研讨会等市级重大活动的网上视频直播。上海市青少年科技教育网进行了第三次改版，强化了服务于学生自主探索科技的资源功能，逐步成为青少年科技教育的专业门户网站。

（郁增荣）

【上海科技馆参观流量不断攀升】 上海科技馆以加强科普教育功能为抓手，以创新为本，积极策划和组织实施丰富多彩、新颖有趣的科普教育活动：

科普展览方面，结合黄金周推出一系列主题展览，如春节期间自主策划“飞翔的精灵——鸟类，人类的朋友”大型主题活动。“五一”黄金周推出以“为青少年铺路，伴青少年成长”为主题的“庆‘国际物理年’系列活动”。“十一”黄金周期间推出两个极具环保意义的大型科普展览：与上海市科委、英国领事馆文化教育处联合引进“零碳城市”活动，以及与上汽集团、通用中国合作推出“氢动未来、氢新生活”氢经济及燃料电池汽车科普展。

在加强科普展览合作方面，4月17日至5月7日，与中法文化年组委会、法国驻沪总领馆等合作，举办中法文化年·法国年的主要活动之一“世界之城——多媒体互动影像艺术展”，作为其全球巡展的起点站，法国前总理拉法兰专程前来揭幕。该展吸引观众超过20万人次；4月7日至6月30日，同上海市科委、上海科技成果转化促进会、上海科普教育发展基金会共同主办“建设资源节约型、环境友好型城市”的科普展览。共接待了来自全国各地的参观者超过9万人次。同时，配合主题展举办了“倡导科学节电，建设资源节约型城市”研讨会，并召开“中日科技、经济界人事恳谈会”，以促进资源节约型科技成果的转化。左焕琛理事长还应邀为上海市各民主党派市委机关干部作题为“树立科学发展观，建设资源节约型城市”的专题报告。

科普活动方面，推出了科普剧《妈妈哪里去了》。策划了以“水”为主题的科学小讲台。同时，参与主办了第二十届英特尔上海市青少年科技创新大赛，以及“夏普杯”青少年太阳能模型动手做大赛、结合郑和下西洋600周年举办的“走向海洋”系列活动，“欢乐家庭、老少共享”数字生活体验系列活动等；承办了明日科技之星等活动；5月策划组织了第三次教师培训活动，并汇总有效建议20余条。

发挥科普教育基地作用方面，作为全国科技周上海分会场的主会场，继续承办全国科技活动周暨上海科技节开幕式，在科技周期间还推出了上海未来社区科普展和上海市科技创新、登山行动计划专项主题展等一系列展览，以及上海科普教育发展基金会主办的“流动科技馆”与澳大利亚科技中心携手合作，将73件融科学性、知识性、参与性、趣味性于一体的互动展品带到全市多个区县，25万人次参与了活动。7月，该馆积极配合上海市科委、上海市教委，保证2005年上海国际青少年科技博览会的成功举办。9月，上海科技馆承办“中国自然科学博物馆协会成立25周年暨国际学术报告会”。

在打造上海科技馆科学影城方面，目前，馆内建有IMAX巨幕影院、IMAX球幕影院、四维影院、太空影院等4座高科技特种科普影院，是目前亚洲、乃至全球最大的科学影城。自开馆以来，共放映科普电影达20 000场次，接待观众150万人次。10月18～23日举办的“上海科技馆科普特种电影周”，集中推出15部特种科普电影。

（周　莉）

【上海天文台大力宣传天文科普】　中科院上海天文台从3月起与《新民晚报》联合推出“星空院线”每月天象预报。

11月7日是火星冲日重要天象，上海天文台科普教育基地借此天象举办多次天文科普活动。上海天文台40cm望远镜恢复电动跟踪系统，并改造了摄影接口，从而成功实现了使用40cm望远镜进行天文科普摄影的功能，百年老镜加上天文学会的11英寸Celestron望远镜和佘山站的8英寸Meade望远镜，以及天象视频网络传播系统，共同构成了强大的科普观测硬件系统，为该台开展科普观测活动奠定了良好的基础。

上海天文台佘山站和上海市天文学会联合进行多项中秋赏月科普活动。9月15日和17日接待部分市民用已有百年历史的40cm望远镜赏月，同时对佘山站即将建立的天象观测网络直播系统进行了初步测试，在网络上现场传递望远镜观测到的实时月亮成像取得了良好的效果。9月16日在嘉定南翔，9月17日于长宁区玫瑰坊商业街开展了大众赏月科普观测活动，受到广大市民的欢迎。

作为2005年全国科技周(5月14～20日)的组成部分，中科院上海天文台、上海市天文学会和徐家汇街道一起，于5月20日联合在徐家汇教堂前艺术广场上举行了一次大众天文科普观测活动。

7月4日北京时间下午1时52分，由美国发射的深度撞击号飞船的舱成功击中了9P Tempel 彗星的彗核。撞击后，彗星的亮度一度增亮了2～3等，凝结度也有所增加。当晚，佘山站用口径为1.56m的望远镜进行了观测，并且成功拍摄到了撞击后的彗星照片。上海天文台佘山站和上海网上天文台适时进行宣传。在上海网上天文台的天之文论坛中开辟了专版就“深度撞击”进行网上交流，使国内的爱好者可以在第一时间了解到撞击事件的最新进展。撞击当日，有千余天文爱好者通过我们的网站来了解“深度撞击”，并发表了对此事件的看法。多家媒体作了专题采访和报道。

（汪显坤）

【第十四届世界糖尿病日(上海)大型主题活动】　该活动于11月5～6日举行。由上海糖尿病康复协会主办。主题为“糖尿病与足保护”。著名糖尿病专家为广大市民作了6场糖尿病防治知识讲座。同时举行了糖尿病知识图片展，56位医生为患者提供了两天现场免费咨询义诊，50余家国内外知名医药企业集中展示了最新糖尿病治疗药品、医疗器械、功能食品和饮品。

（徐基劼）

【上海交大获第二十九届ACM国际大学生程序设计竞赛全球总决赛冠军】　4月4～6日，第二十九届ACM国际大学生程序设计竞赛全球总决赛在沪落幕。上海交通大学继2002年获得该项大赛冠军后，第二次夺冠。荣获“全球最聪明人”的金牌，该竞赛全球有1 582所大学参加，其中78支队伍进决赛。

（武雪萍）

【上海交大机器人足球队获中国机器人大赛冠军】

由中国自动化学会机器人竞赛工作委员会和科技部高技术研究发展中心主办、江苏省常州市人民政府承办的“2005中国机器人大赛”在江苏省常州市举行。由上海交通大学在内的50多所高校和研究所的170多支队伍参赛，近500名国内顶尖选手云集常州。上海交通大学“交龙”机器人足球队获得RoboCup中型2:2项目的冠军，这是“交龙”连续第四年蝉联该项目的全国冠军。该校“交龙”足球机器人是由电子信息与电气工程学院自动化系和机械与动力工程学院机器人研究所合作开发的高性能自主移动机器人，是自动控制、人工智能、机器人学研究和教学的理想实验平台。

（武雪萍）

【分子生物学国家重点实验室做好科普开放工作】 分子生物学国家重点实验室继续做好科普开放日活动。应同济大学要求，7月5日，该实验室向该校生命科学学院的学生开放，80余名一年级大学生来实验室接受生命科学方面的认知教育。7月15日，该室还接待了来自上海市闵行区少科站和浦东新区三林中学的80多名高中生。

（李旭芬）

【美国前宇航员来沪作科普交流】 美国前宇航员查尔斯·杜克、查尔斯·勃尔登和梅·杰米森于8月来上海，与全市青少年航天爱好者进行了面对面的交流。向200余名学生介绍了“阿波罗16号”登月和在航天飞机上释放哈勃太空望远镜的经历和感受，激发了同学们探索太空的兴趣。

（郁增荣）

第二节　群众创造发明

【上海发明协会理事会换届】 5月，上海发明协会进行理事会换届选举。新产生的第四届理事会由105位理事组成，原上海市科委主任华裕达任会长。上海发明协会是发明者积极从事和热心支持发明与创新活动的单位和个人自愿组成的科技社团，成立于1986年，有个人会员千余人，单位会员80多家。中共上海市委原书记、上海市原副市长杨士法，上海市人大常务委员会原副主任舒文，全国政协常委、上海市政协副主席谢丽娟为该协会名誉会长。

（肖辅玢）

【上海3项发明成果在巴黎国际发明博览会获奖】 “2005年巴黎国际发明博览会”上，中国发明协会组团参展的17个项目中获得了4金5银3铜和2项荣誉奖共14枚奖牌。上海的发明成果获得了2金1银，其中上海宝钢集团曹国京的“陶瓷内衬钢管制造方法”和茅卫东的“电炉使用脱磷铁水冶炼不锈钢母液工艺”获“列宾发明竞赛”金奖，高玉田的“按工艺要求定滚筒飞剪机构参数方法”获“列宾发明竞赛”银奖。

（肖辅玢）

【第十届上海市青少年创造发明设计竞赛评出495个优秀设计项目】 该竞赛由上海发明协会与上海市青少年科技教育中心共同举办，于6月揭晓。300多所中小学的4万多人次参加，征集到有效设计方案2万余份，终评出495个优秀设计方案获奖，其中一等奖80项、二等奖150项、三等奖265项。

（肖辅玢）

【上海高校学生50项科研成果获“创造发明三枪杯”奖】 7月，由上海发明协会举办的2004年度上海高校学生“创造发明三枪杯”奖评选结果揭晓，10所高校67位学生完成的50项科研成果获奖（名单如下）。50个项目中有42项申请了专利。许多项目有较深的研究，技术先进，有推广应用价值。如东华大学的“溶胶－凝胶技术在纺织品功能整理上的应用”、“回收PET超韧复合材料研制”，上海交通大学的“基于立体视觉的人体三维建模”、“基于量子身份认证系统的‘量子锁’研制”，同济大学的“新型反光材料在交通安全中的应用”等。

2004年度上海高校学生“创造发明三枪杯”获奖名单（无先后顺序）

项　目　名　称	完　成　人	所在学校
溶胶－凝胶技术在纺织品功能整理上的应用	徐　鹏	东华大学
一种织物和纱线力学指标的组合测量装置及用途	杜赵群	东华大学
稀土发光尼龙6及其复合长余辉纤维的制备	叶云婷	东华大学
服装接触舒适性评价－单纤维弯曲测量系统	刘宇清	东华大学
精纺毛型织物服用性能设计的预测系统	徐广标	东华大学
分散染料微胶囊染色方法	钟　毅	东华大学
针织牙周再生片的研制与生物力学性能研究	姜　逊	东华大学

（续表）

项　目　名　称	完　成　人	所在学校
回收 PET 超韧复合材料研制	郜君鹏	东华大学
复合催化剂作用下溴化聚苯乙烯的合成研究	公维光	华东理工大学
电子级双氧水纯化装置的开发	杨晓天	华东理工大学
一种抑焦防垢剂及其应用	董志学	华东理工大学
清洁柴油生产工艺开发	郇维方	华东理工大学
甲醇水蒸气重整制氢微型反应器	袁　彪	华东理工大学
齿轮齿条式汽车用千斤顶	嵇祎吉	华东理工大学
生物法制备布洛芬糖衍生物	赵相国	华东理工大学
基于 Ethernet 和 LonWorks 的电站断路器测控系统设计	曲金鹏　刘晓光	华东理工大学
YC4112ZLQ 柴油机 EGR 电控系统装置的研制	杨　帅　姚喜贵	上海理工大学
探测器表面响应特性测试仪	赵　虎	上海理工大学
缆索式并联机器人系统设计	刘　磊	上海理工大学
生物安全柜智能控制器	陈英祥　邱培林　姜世玲　虞　洋	上海理工大学
基于 DSP 的架空导线蠕变试验系统	施　华	上海理工大学
用于环保远程监控的网络通信装置仪	邱培林　陈英祥　虞　洋　姜世玲	上海理工大学
全自动多功能酶标检测仪	景　洁　谢光伟	上海理工大学
数字式摄影验光仪样机研制(集体项目)	邹林儿	上海理工大学
嵌入式车载辅助系统	张霆蔚　孙　立　孙广跃	上海交通大学
基于 Intel Sitsang 板的警务侦察指挥系统	容宝祺	上海交通大学
嵌入式指纹识别系统	贺　迅　张　金　张易知	上海交通大学
基于立体视觉的人体三维建模	潘海朗	上海交通大学
基于量子身份认证系统的“量子锁”研制	何广强	上海交通大学
注射用重组双功能水蛭素的研制和开发	莫　炜	复旦大学
内窥镜技术提高周围神经修复疗效的创新研究	陆九州	复旦大学
阳离子白蛋白结合聚乙二醇——聚乳酸纳米粒的制备	陆　伟	复旦大学
9－硝基喜树碱固体分散体及其制备方法	韩丽姝	复旦大学
肿瘤抑制因子 APC 基因与中国人精神分裂症易感性研究	崔东红	复旦大学
基质金属蛋白酶在淋巴结阴性乳腺癌的预后价值	李鹤成	复旦大学
集装箱车辆码头装卸定位系统	杨雯静	华东师范大学
智能电子笔记软件	黄俊春　唐　波	华东师范大学
byshell v0.64 用户态高级后门程序	白远方	华东师范大学
证券市场有效性统计分析及其软件	叶秋霞	华东师范大学
无线定位及短信收发装置	王婍犇	华东师范大学
Synspace 多媒体数据协作平台	崔修涛　郭忠军　何　莉　李卓辉	华东师范大学
二氧化锡纳米线常温氢气传感器件	王德庆	上海大学
汽车信息服务系统中 GPS、GPRS 和 GSM 的设计应用	陆小锋	上海大学
纳米氮化硅陶瓷及其机械物理性能研究	周井玲	上海大学
前置式邮件过滤服务器的研究和开发	孙晓斌	上海大学
新型反光材料在交通安全中的应用	罗正浩	同济大学

（续表）

项　目　名　称	完　成　人	所在学校
X－1号偏转旋翼无人机	廖泽邦	同济大学
气水分离薄膜内芯双层水桶的设计与制作	杨圣青	同济大学
广告立柱（飞碟旋转广告立柱）	郑　阳	上海师范大学
汽车事故双重自动纠错系统的研究与装置	邬咲博	上海中医药大学

（肖辅玢）

【78项发明成果获第十五届全国发明展览会奖】 9月，上海发明协会和上海职工技协组织115个发明项目参加了由中国发明协会主办的第十五届全国发明展览会。上海有78项展品获得展览会奖，其中金奖19项、银奖25项、铜奖34项。上海展团获优秀展团奖。

（肖辅玢）

【7人入选发明创业奖】 经科技部批准，中国发明协会设立"发明创业奖"，主要奖励在自主创新并实现产业化方面做出突出成绩的发明者。首届"发明创业奖"于10月揭晓。全国50位发明者获奖。上海有7人获此殊荣：包起帆（上海国际港务（集团）股份有限公司副总裁）、郁竑（上海宝钢建筑工程设计研究院院长）、任世瑶（上海交通大学国家节能低噪声风机及冷却塔技术研究推广中心主任）、许云生（上海依福瑞实业有限公司董事长）、杨桂生（上海杰事杰新材料股份有限公司董事长）、陆婉英（上海高科生物工程有限公司总经理）和曹培生（培生工作室首席专家）。其中包起帆、郁竑因作出重大贡献而被评为"发明创业奖"特等奖并被授予"当代发明家"荣誉称号（全国共10名）。

（肖辅玢）

【3人入选促进发明事业优秀工作者】 在10月召开的中国发明协会成立二十周年庆祝大会上，隆重表彰了30位"促进发明事业优秀工作者"。上海有3人受到表彰，他们是：李树钧（上海发明协会名誉副会长）、苏寿南（上海三枪集团有限公司原总经理、上海发明协会副会长）和高忠兴（上海市职工科技中心副主任、上海发明协会理事）。

（肖辅玢）

【上海发明网开通】 10月，由上海发明协会主办的"上海发明网"开通运行。网址：www.sfm.org.cn，包括"发明信息"、"发明项目"、"发明人"、"发明学堂"、"发明论坛"、"会员之窗"、"相关政策"、"资料下载"等版块和数十个栏目。

（肖辅玢）

【上海中职校学生10项作品获发明创新竞赛"柘中杯"奖】 由上海柘中（集团）有限公司赞助、上海发明协会与上海市科普教育委员会联合举办的上海市中等职业学校学生发明创新竞赛"柘中杯"奖，于2005年在上海信息技术学校、上海石化工业学校、上海市工业技术学校、上海市城建学校和上海市竖河职业技术学校等5所中职校进行了评奖试点。10月，评选结果揭晓，12名学生的10项作品获奖。其中一等奖1项、二等奖4项、三等奖5项。

（肖辅玢）

第三节　科技社团

【上海市科协工作概述】 2005年，上海市科协围绕科教兴市工作大局，贯彻中国科协"三服务一加强"的工作思路，进一步"外扩影响"聚合力、"内增活力"谋发展，团结动员广大科技工作者，履行职责，发挥优势，服务大局，务实开拓，圆满完成各项工作。

在为科教兴市主战略服务方面，协办了"2005上海科教兴市论坛"，向中共上海市委、上海市政府提交了"著名专家学者对上海加强学科建设，促进科技发展的建言"，围绕"市科协如何服务于科教兴市主战略，如何在上海自主创新能力建设中发挥作用”展开讨论,并撰写了“市科协服务于科教兴市主战略的若干思考”。《上海科技报》、科普网大力宣传上海市在实施科教兴市主战略方面的进展。

在学术成果转化为建言方面,组织了第三届上海市科协学术年会和第二届长三角科技论坛,承办第七届上海国际工业博览会论坛科技论坛,主办院士圆桌会议及 10 项学术研讨会,参与主办了中国科学社和《科学》杂志 90 周年纪念学术研讨活动。年内共举办 15 场科技沙龙,并将有关建议整理上报市有关部门。在上海市政协十届三次全会上,科协团体组共提交 6 件团体提案和 30 余件个人或联名提案,其中“关于培育上海市高新技术品牌的建议”被市政协评为年度优秀提案。

在科普活动和设施建设方面,策划了上海科技节,在全国科普日前后,共策划重点科普活动 630 余项,有 150 余万公众参与。此外,还筹划相关的节约型科普宣传活动。于 10 月启动第七次上海公众科学素养调查,年内,“青少年科学素质培育行动计划上海推广试点项目”继续实施。电子科普画廊已在全市建成 350 块。与上海人民广播电台 990 新闻频率合作举办的《科普天天谈》,已成为科普类优势品牌。与新民晚报合作开设“新民科学咖啡馆”已举办 12 期,“名家科普讲坛”已成功举办 49 期,由上海科普网进行网上直播,受众广泛。

在对外科技交流方面,与上海市慈善基金会和意大利单纯志愿者协会共同主办了“蓝天下我们手拉手——中意青少年慈善科普系列友好交流活动”,参与举办了国科联第 28 次全体大会上海配套活动——上海科学论坛。与上海市科委共同主办了上海城市科普发展国际论坛。同期,与上海市科委、英国驻沪总领馆文化教育处共同主办了主题为“气候变化与人类健康”的 2005 中英青年科学家论坛。年内,还举办了沪台两地青少年科技研习营;与上海市交通工程学会一起策划了“上海台北城市交通论坛”;组织复旦大学参加了在台湾举办的第四届海峡两岸大学生辩论赛。上海市科协还主动参与 2010 年上海世博会的相关活动,先后组织了三批科协及学会的团组考察日本爱知世博会。许多学会组织也召开了高层次大规模的国际性大会和展览会。如造船学会组织的中国国际海事技术学术等会议及展览会,宇航学会组织的国际航空航天电子及设备展览会等。

在区域合作交流和咨询服务方面,在对西藏、云南、江西、辽宁阜新等相关地区实施对口支援项目的同时,上海市科协根据双边需求做好信息沟通和服务工作。成功举行了辽宁省阜新市招商引资说明会和首届长三角青年创新展。年内,上海市科技咨询服务中心被科技部授予“全国技术市场工作先进集体”称号。

在为科技工作者服务方面,启动了“上海企业科技工作者状况抽样调查”课题,为中共上海市委、上海市政府制定知识分子政策和科技政策提供参考。先后组织了第六届上海市大众科学奖评选和第九届上海市科技精英评选。继续实施“飞翔计划”和“晨光计划”。科学会堂连接工程主体部分的国际会议厅的施工正按进度进行,正在修复列入保护的其他建筑。上海近现代科技发展史展馆的论证工作正在进行之中。

在加强组织队伍建设方面,推进学会改革与发展工作进入了拓展试点阶段,新增 15 个拓展试点学会。《新世纪初上海科技社团改革与发展实录》(上篇)已公开出版发行。上海市工程师学会进一步完善学会的运行模式,加强建章立制工作,积极探索承担政府转移的职能。在学会开展的创星级活动中,共有 80 家学会达到星级学会标准。年内,有 10 个学会被推荐为市先进民间组织。

(张凤英)

【全国政协委员视察上海科协工作】 6 月 13 日,以张梅颖副主席为团长的全国政协委员(科技、科协界)视察团来上海就“建立健全科技创新体系”情况进行视察。在上海市政协副主席谢丽娟、上海市科委副主任陈克宏等领导的陪同下,视察团听取了上海市科协的汇报,并就上海人均科普经费、农村科普以及学会改革与发展等问题作了解。

(张凤英)

【上海市科委、科协召开工作恳谈会】 8 月 8 日,上海市科委、上海市科协工作恳谈会在科学会堂思南楼召开。上海市科教党委副书记、市科委党组书记、主任李逸平,上海市科协党组书记、副主席孙正心等领导和有关职能部门负责人出席了恳谈会。会议对有关 8 项工作进行讨论并达成共识。

(张凤英)

【开展星级学会评估及复查工作】 2005 年度,经评估与复审,新申报的 13 个学会中,4 个学会获得二星级学会称号;8 个学会获得一星级学会称号(如表)。

名	单
二星级	上海市管理科学学会、上海市珠算心算协会、上海市灾害防御协会、上海市中医药学会
一星级	上海市科学技术史学会、上海市物理学会、上海市激光学会、上海市惯性技术学会、上海市造纸学会、上海市计划生育与生殖健康学会、上海市农学会、上海市风景园林学会

已获得星级学会称号的学会申报上一星级评估的16个学会中，5个学会从二星升为三星；5个学会从一星升为二星(如表)。

名	单
二星级升为三星级	上海市生物物理学会、上海市微型电脑应用学会、上海市核学会、上海市纺织工程学会、上海市包装技术协会
一星级升为二星级	上海市生物工程学会、上海市科学技术情报学会、上海市图书馆学会、上海市宇航学会、上海市石油学会

43个学会通过复查，保持原来星级。

至此，市科协共有80个学会达到了相应的星级学会标准，占学会总数的46.24%(以173个学会计)。

(王春明)

【部分科技学会主要活动选摘】

上海市科学技术史学会

12月3日，华东师范大学召开主题为“东西方眼中的世界——纪念爱因斯坦发表狭义相对论100周年暨郑和下西洋600周年”学术年会。

与上海市科协合作承担上海市科委的“上海市重点学科建设与经济发展关联度研究”项目，以及上海市科协的“上海市近现代科技发展历程展览”项目。

邀请德国柏林工业大学中国科学史与哲学研究中心主任Schnell教授、德国柏林工业大学傅玛瑞博士(Dr. Mareile Flitsch)等在年内作了4次专场报告。

组织会员参加“第二十二届国际科学史大会”、“第十一届国际东亚科学史会议”和“第五届青年科学技术史学术研讨”。

上海市现代设计法研究会

3月3日，举办“汽车动力学及控制系统的发展趋势”学术报告会，特邀英国皇家工程院院士、英国利兹大学教授Dave Crolla主讲。

3月22日，举办“嵌入式微控制器及其应用”学术报告会，特邀David Mark Harvey教授主讲。

4月4日，举办“智能交通和自主移动机器人”学术报告会，特邀法国、葡萄牙有关专家作报告。

7月2日，邀请美国内布拉斯加-林肯大学特种制造研究中心负责人Rajurkar教授作“特种制造技术的最新进展”报告等。

组织3次三维造型软件培训。

11月9日，在东华大学举办“现代设计法科技论坛”。

上海市科学与艺术学会

9月14日，学会成立暨一届一次理事会议召开。会议听取了学会筹备工作汇报；审议并通过了学会章程；协商产生了学会第一届理事会。

10月19日，参与邀请著名美籍华裔物理学家、诺贝尔物理学奖获得者李政道院士在复旦大学举行两场科普报告会。

11月18日，上海市科协与市科普作家协会等联合举办“展现科学的魅力——院士科普创作谈”。上海市人大常委会主任龚学平向与会两院院士授予“上海市科普作家协会荣誉会员”证书。杨福家等5位中国科学院院士作了主题演讲。

上海市物理学会

9月，举办第二十二届全国中学生物理竞赛(上海地区)。19个区县的2 770名高中生参加，32位同学获得一等奖。

12月，召开2005年年会。特邀中国科学院院士郝柏林作主题报告；上海大学材料学院魏季和教授作题为“钢铁生产技术进步和发展趋势”的专题报告。

配合“国际物理年”，精心策划和组织了一系列学术活动。6月至7月，与上海市科协联合举办“名家科普讲坛”，邀请中国科学院院士杨福家、沈学础先后作题为“科学创新与青年”、“我们生活中的量子能——兼谈爱因斯坦对光电效应的贡献”专题报告。9月，承办“纪念爱因斯坦逝世50周年及相对论诞生100周年”报告会和“物理前沿最新发展”的报告会。同时，还举办了系列科普活动，如“物理照耀世界”的光传递活动；与上海科技馆合作组织了“智慧之光杯”——上海市中学生庆祝2005国际物理年物理知识邀请赛等。

上海市力学学会

6月25日，第二届沪港力学及其应用论坛暨上海市力学学会青年力学学术交流会举行，来自香港理工大学、香港城市大学、香港大学、香港科技大学和上海交通大学、同济大学、上海大学、复旦大学、华东理工大学等高校的80多人与会。共收到论文60多篇(其中香港10篇)，内容涉及机械、环境、生物、新材料、土木、航空、船舶海洋等领域中的研究和应用成果。

9月16～17日，承办上海软土地区深基坑技术新进展研讨会。

9月17日，主办2005年上海市计算力学学术年会。

9月20日，主办2005年沪杭青年力学沙龙，主题为“贺复旦百年华诞、谈力学未来发展”。

10月至12月，与上海市教委教研室联合举办第六届上海市中学生科学课题研究论文评选及展示活动。

11月26～27日，学会生物力学专业委员会学术年会召开。

上海市声学学会

6月23日和7月15日，组织中学生参观同济大学特殊声学实验室，并听取有关噪声产生及其防治科普讲座。

8月4日，承办上海市科协沙龙，主题是“上海市城市噪声源及其治理对策”。

9月9日，召开第六次会员代表大会，选举产生钱梦騄为理事长的新一届理事会。

上海市激光学会

5月10～13日，举办“光学设计软件与光学设计培训班”。由上海大学王宝教授主讲，邀请上海光学仪器研究所所长庄松林院士作“光学设计目前能达到的水平、存在的问题及困难”的报告。全国8个省市以及香港地区共24人参加。

5月中旬，与华山医院、上海激光研究所联合举办国家级医学继续教育“现代激光技术在医学中的应用和发展”第二期两证学习班。

7月25～27日，主办“激光加工技术应用推广培训班”。

8月1日，美国一专门生产射频二氧化碳激光器公司的亚洲销售经理爱德华等一行3人来沪考察。参观埃波激光公司和上海激光所。

9月23日，举行2005学术年会。

12月，与中科院上海光机所联合举办“光学薄膜技术培训班”。

上海市地球物理学会

3月1日，上海市地震局朱元清教授就“地震与海啸”主题在名家科普论坛上作报告。

5月12日，在中国极地研究中心召开“‘2049’试点工程”的有关学校座谈会。邀请冰盖考察队队长李院生教授介绍了两极考察情况，还组织与会者参观了“雪龙号”极地考察船。

11月4日，王家林理事长与方连璋秘书长赴南汇中学就“如何提高中学生科学素养、培养创新人才”与校方沟通，拟在南汇中学建立地球物理学科的科学普及教育基地。

11月24日，与江苏、浙江地球物理学会联合在同济大学举行“长三角物探技术研讨会”。卢耀如院士、马在田院士作专题报告。

上海市植物生理学会

10月22～24日，与江苏省植物生理学会和浙江省植物生理学会共同主办“第二届长三角科技论坛——现代植物生物学与农业专题论坛”。

10月26～29日，与中国植物生理学会、上海植物生理生态研究所等联合主办了“植物分子生物学前沿国际研讨会”。

上海市解剖学会

7月20～22日，主办“第十四届华东六省一市解剖学与组织胚胎学科研与教学研讨会”。

上海市昆虫学会

5月17～21日，上海市疾病预防控制中心主办“西尼罗河病毒病的流行病学、监测与控制学习班”。会议建议建立长期的蚊子和鸟类带毒监测系统，对可能引发人类感染的爆发及时预报。

5月14日，上海昆虫博物馆参与2005年浦东新区“动感科技、精彩生活”主题展。

5月27日，全国人大常委会副委员长、中国科学院院长路甬祥，副院长江绵恒、陈竺一行视察上海昆虫博物馆。

8月15～19日，参加“全国第七届昆虫区系分类与多样性学术研讨会”，并赴河北省小五台山国家级自然保护区进行昆虫采集活动。

10月17日，与兄弟学会一起邀请俄罗斯植物检疫研究院首席科学家奥库里尼其教授、俄罗斯科学院动物所资深研究员亚力山大瑞斯博士、南京林业大学赵博光教授，分别作关于“俄罗斯的植物检疫、松材线虫致病机理的最新研究与展望”的学术报告。

10月26～29日，理事长唐振华一行3人代表学会参加中国昆虫学会2005年学术年会，并作题为“昆虫乙酰胆碱酯酶基因研究进展”的大会报告。

11月8日，邀请新西兰皇家科学院张智强研究员作题为“生物多样性与分类学的障疑”的学术报告。

11月27～30日，组织会员参加“第七届全国城市昆虫学术研讨会”。

上海昆虫博物馆申请到博物馆的二期建设项目。

参与2005年中国科协的“做中学”科学教育项目。

与上海东方广播电台合作，进行昆虫科普直播；组织理事到中小学作昆虫科普报告7次。学会理事单位参与编写昆虫科普读物23篇。

上海市细胞生物学学会

4月22日，召开上海市细胞生物学学会第六届全体会员代表大会。大会审议和通过学会修改的章程，并产生了以孙兵为理事长，胡以平、易静为副理事长，易静(兼)为秘书长的新一届理事会。

5月21日，与上海市青少年科技教育中心和上海动物园联合组织“用聚合酶链式反应(PCR)鉴定鸟类性别”科普活动。

10月28～30日，参加中国细胞生物学学会与台湾细胞学会举办的“第五届海峡两岸细胞生物学研讨会”。

10月30～11月1日，参加中国细胞生物学学会主办的2005年学术大会青年学术研讨会。

11月19日，面向研究生组织召开“青年科学家论坛”。

推荐学会7名专家为英特尔大赛评审专家。

上海市微生物学会

1月8日，上海市医学病毒学年会在金山举行。会议就“公共卫生中心”以及新成立的巴斯德研究所的科研发展方向作了介绍；围绕SARS冠状病毒基因组重组特点、丙型肝炎病毒、免疫学、流感病毒、上海地区HBV基因型分布与α-干扰素疗效的关系等11个主题，进行交流和研讨。

6月12～15日，第二届微生物环境基因组学国际会议在沪举行。会议围绕用基因组学方法研究废水处理的各种生物反应器系统以及污染物降解过程中微生物的作用及其调控、营养物循环和富营养作用的微生物生态研究、可持续发展农业相关的微生物多样性及其活动、微生物对环境和气候变化的应答、微生物多样性等重大问题，开展学术交流。来自于美国、英国、荷兰、法国、瑞士、意大利、瑞典、德国、新加坡等国的31位国际环境问题科学委员会著名专家，以及12位国内著名学者应邀与会。

6月27～29日，第五届国际工业微生物和生物技术研讨会召开，42位国内外专家分别就分子生物学与基因工程、酶以及初级代谢产物的生产和应用、天然产物以及次级代谢产物的生产、生物加工与人类、药物与生物医药的发现与开发等作专题报告。国际微生物学会联合会主席、美国科学院院士Arnold L. Demain教授等10余个国家的53位外籍科学家以及来自全国各省市100余位科技人员与会。大会收到学术论文150余篇，出版了论文集。

7至8月，学会环境微生物专业委员会组织华东师范大学资环学院环境科学系03级的本科生，开展“上海市景观河道综合调查”活动。

8月15～17日，学会环境微生物专业委员会参与组织“第八次全国环境微生物学术研讨会”。近20余位国内外著名专家学者分别就生物固锰除铁理论与工程应用、国内外环境微生物学研究现状和前景、微生物分子生态学研究的最新进展和生物膜的形成与调控及适应机制、微生物资源开发与应用、环境污染物质的微生物降解与修复、微生物生态学研究方法与理论、微生物在生物能源开发中的应用及环境微生物产业化的前景等作专题报告。澳大利亚微生物生态学会主席、新南威尔斯大学Linda Louise Blackall教授等10余位专家，以及全国各省市150余位专家与会。

9月26日，作为第二届长三角科技论坛暨上海市科协第三届年会的重要活动之一，学会召开“2005年学术年会”。会议围绕“DNA大分子上一种新的硫修饰”、“钩端螺旋体：从基因组学到系统生物学”、“噬菌体展示技术研究进展”、“微生物群落结构多样性的分子解析与种群动态分子监控研究进展”等专题进行研讨。

5月21日、11月11日、12月16日，分别举办了3次微生物学青年学者论坛。

上海市生物物理学会

5月10～20日，与中国生物物理学会、广东生物物理学会、香港生物物理学会联合举办“2005年生物物理科学在工农业医学生物学应用科普报告会暨研讨会”，分别在上海和广东两地开展活动，450余人参与。期间，主题为“基因的学问”的首期科普画廊在上海科普教育中心展出。

6月3～7日，与上海市非线性科学研究会联合举办第二届上海国际非线性科学及其应用学术会议。会议征集论文143篇。中外代表200余人与会，其中外宾150人。

8月27日至9月1日，参加在法国举行的第15届国际生物物理大会。中科院上海分院生命科学研究院等5位专家在会上交流了各自论文。

8月6～8日、10月15～16日，分别举办上海市生物物理学会新技术在医学诊断中应用研讨会。会议主要就生物物理新技术平台在医学诊断中的应用、分子诊断在检验医学中的应用、高分子乳胶微粒在免疫诊断中的应用，应用条形码技术建立检验物流系统、几种心电分析法及其临床意义、电子显微镜在肾脏疾病诊断中的应用、激光技术在医学检验和诊断中的应用、PACS提高影像诊断的准确性等进行交流。

上海市遗传学会

4月22日，组织26位遗传学、微生物学、园艺学科的专家赴浙江湖州参加科技兴农推广交流活动，并对油菜遗传育种基地进行现场考察。

6月27～30日，与美洲华人遗传学会、复旦大学等单位联合主办“基因组医学”国际研讨会。

7月8～17日，参与组织复旦大学生科院大学生野外考察活动，60名大学生赴浙江天目山野外实习。

8月24～27日，参与组织在瑞金医院召开的“血液病分子生物学”交流学术活动。应邀讲学的专家学者16人，其中有来自美、英、法、日等国外学者10人。280多位国内外从事基础、临床研究的医生和科研人员与会。

10月21日，举行“21世纪的遗传学”会议。邀请6位专家分别就肿瘤遗传学、遗传工程与生物技术产业、21世纪的遗传学、水稻千粒重基因调控、抗菌药物与细菌耐药性、神经递质转运蛋白的模式生物学等作学术报告，并围绕遗传学研究的新进展、新热点、新动向展开研讨。

12月24日，“模式生物与生物医药研讨会”举行(参见本年鉴P53)。

上海市免疫学会

4月11～14日，与北京免疫学会联合举办第二届全国核酸疫苗会议，邀请了美国、加拿大及全国20余所高等院校和科研院所从事核酸疫苗基础和应用研究人员，就核酸疫苗的免疫学基础、核酸疫苗的应用、核酸疫苗的大规模制备、以及核酸疫苗的大动物实验等进行交流。

7月6日，举行胰肾联合移植进展报告会。邀请美国明尼苏达大学医学院移植部主任郭志光博士介绍了他们开展胰肾联合移植的技术，并与中国同行进行交流。与会专家着重讨论免疫抑制剂在器官移植中的应用。

10月12日，与复旦大学医学院联合举办中日免疫生物学研讨会。会议就转基因动物模型的建立；皮肤巨大肿瘤和生存质量的研究；趋化因子及其受体在人体母胎界面中的应用；GANT上调B细胞激活及其作用机制等议题展开讨论。

年内，组织专家对上海市重点中学的师生作免疫学科普知识讲解，并建立了有关免疫学的实验基地。该基地已于12月正式挂牌。

与上海市免疫学研究所共同承办的中国免疫学会系列杂志《现代免疫学》全年共出版6期，登载论文154篇。该杂志内容涉及基础免疫、临床免疫、免疫技术，是国家自然科学核心期刊。

上海市生物工程学会

5月12～13日，与通用电气医疗集团联合举办“2005系统生物学和生物药物发展新技术国际论坛”，邀请美国、瑞典、英国、德国、韩国、新加坡、马来西亚等国家的10名专家以及8名国内资深专家做学术报告。来自上海、浙江、江苏、广东、广西、福建、安徽、四川等省市的近150位专业人士与会。

9月21～22日，举行“2005年学术年会”暨“2005年上海生命科学和生物技术论坛”。上海市科委主任李逸平研究员作题为“自主创新，重点跨越，加快推进上海生物技术与医药产业发展”的主题报告；“2005年上海市生物工程学会生龙达学术交流奖征文活动”一等奖获得者、中科院上海生命科学院生物化学与细胞生物学研究所褚亮博士，作了“溶瘤病毒携带 smac 基因提高 TRAIL 在肝癌细胞中的抗癌活性”学术报告。

上海市神经科学学会

5月，召开全国颅脑创伤学术会议，就目前国际颅脑创伤基础研究、交通伤防治、临床病人救治等重要问题进行了广泛交流和讨论。

5月，第三届脑功能基因组学国际学术研讨会在上海召开。会议探讨了近期分子神经生物学领域的前沿研究成果等。

8月，召开“国际老年痴呆及相关疾病学术研讨会”。会议征集论文近80篇，其中54篇收录论文集。

9月24日，主办“长三角地区神经科学论坛2005”。

10月13～17日，协助中国神经科学学会举办“第六届全国学术会议暨学会成立十周年庆祝大会”。

11月2～6日，由国家自然科学基金委员会和加拿大魁北克医学基金会共同组织、第二军医大学承办的“神经科学研讨会”在沪召开。魁北克医学基金会主席 Alain Beaudet 博士等14位加方代表来华参加会议，与来自北京、上海、西安、合肥、苏州等地的14位中方代表进行了深入的学术交流。

上海市实验动物学会

4月，召开十届会员代表大会暨2005年学术研讨会，选举产生以王小明教授担任理事长、赵云龙教授担任秘书长的学会新一届理事会。会议编辑论文集1本，收录40篇论文。

完成“2049”资料包编撰工作以及对中学教师的培训工作；协助参与生物奥赛、生物创新竞赛活动(创设2名动物学专项奖)；参与编写的《原来如此》(动物册)科普图书已正式出版；参与上海市第二十四届“爱鸟周”宣传活动，并与10所中小学签订野生动物保护协议；配合上海市少科站的“防止生物入侵、关注生态环境”中小学生生物多样性保护科学普及及社会行动。

成立两栖爬行动物专业委员会，并组织开展了“仲夏鸣虫节”及“十一”两爬科普活动。8万市民参与。

上海市电子学会

4月19日，召开“近距无线技术专题研讨会”。邀请了目前在国内提供近距无线技术产品和芯片产品的两大国际厂商英特尔和飞思卡尔的专家与会，并就近距无线在技术、标准化以及应用领域的最新发展趋势发表演讲。此外，信息产业部国家无线电监测中心频谱工程处、学会副理事长、复旦大学闵昊教授作了专题演讲。

在上海科技节期间组织信息新技术报告会，邀请领域内知名专家就当前热门的第二代互联网、纳米技术及其应用和智能家庭网络作专题报告，内容新颖。

5月25～26日，与上海市电镀协会联合举办“2005年上海市电镀与表面精饰学术年会暨展览会”。共有22位专家、教授分别就“绿色再制造工程——21世纪的重要产物”、“当前电子电镀中的热点”、“21世纪表面处理新技术”等作学术报告。

6月22～24日，由中国电子学会、上海国际广告展览有限公司联合主办、上海扩展展览服务有限公司承办的“2005第四届中国(上海)国际电子工业展览会”在光大会展中心举办。国内外电子行业310多个企业参展，设展位335个，内容涉及到电子设备、元器件、电子仪器、电源、电池、电子变压器、电线电缆、连接器等。其中有来自德国、美国、法国、英国及中国台湾、中国香港和内地的企业。

9月27日，召开“压电陶瓷变压器研发和应用研讨会”，邀请国家“863”计划高性能陶瓷和超微结构重点项目负责人、中科院上海硅酸盐研究所要国荣博士详细介绍了压电陶瓷变压器的原理、结构、特点、主要技术参数、材料的选择、工艺手段以及该项目的国内外发展现状及应用前景。杭州电子科技大学、浙江大学国家电力电子技术专业实验室有关专家分别作了专题报告。

12月2日，第七届上海国际工业博览会科技论坛之一——“2005沪港澳台智能建筑工程与新技术研讨会”在上海召开。

上海市通信学会

3月1日，学会通信设备制造工艺与结构专委会召开“无铅焊接工艺的返修与检查”技术交流会，邀请法国焊接专家就无铅焊接技术对电子装备的重要性等作了介绍。

5月17日，第三十七届世界电信日之际，与上海市通信管理局联合召开“上海市通信行业纪念第37届世界电信日座谈会”。

5月17日，学会国际学术交流工作委员会组织召开“2010年新一代信息网络平台构筑研讨会”。

5月17日，上海市通信管理局副局长、学会副理事长李振坤作客上广“科普天天谈”节目，为市民作“为创建公平的信息社会而努力”的报告。

8月初，与中国通信学会、上海市电信公司和《现代通信》杂志社联合举办第十八届《现代通信》青少年通信科技夏令营活动。

9月2日，学会有线传输和无线通信专委会召开“下一代网络，新一代选择”主题报告会。

9月29日，上海市通信学会第十一届学术年会召开。

12月1日，与美国数据集团爱奇会展公司联合举办“2005年企业级以太网中国巡回研讨会”。

上海市计算机学会

1月6日，举办“金融信息化人才培养专题研讨会”。

3月16日，配合国际上著名的有重大影响的标准研发和认证评审服务机构——英国BSI协会举办信息安全研讨会。

4月25日，召开CSCW专业委员会成立会议，邀请国内外著名的专家和高校学者作有关CSCW和多媒体技术的学术报告。

5月28～29日，承办全国省级计算机学会发展研讨会，就省级计算机学会在当前改革发展中如何准确定位、提升影响、整合资源、发展合作、为区域经济发展作贡献等展开讨论。

7月上旬，德国柏林应用科学技术大学计算机科学系谢勋克·盖尔特教授应邀来沪作“Petri网络的建模与应用”学术讲座。

8月18日，与香港电脑学会、中国福利会少年宫在崇明联合举办以“探索大自然，构建人与自然的和谐氛围”为主题的沪港青少年IT夏令营。

10月27日，美国电脑专家代表团来沪交流，“计算机技术普及与教育”。

11月8日，与江苏、浙江两省计算机学会和上海计算机软件技术开发中心、上海嵌入式系统与软件联盟联合举办第七届上海国际工业博览会论坛科技论坛“长三角嵌入式系统专题论坛”。

与中国福利会少年宫、少先队上海市工作委员会联合举办“2005年上海市少先队雏鹰竞飞计算机应用竞赛”活动。

11月下旬，学会电子商务专委会与复旦大学联合举办了世博电子商务研讨会。复旦大学朱扬勇教授在研讨会上作“世博网运营模式”的专题报告。

上海市微型电脑应用学会

1月至5月，主办“上海市高校学生嵌入式系统创新设计竞赛活动”。全市各高校学生共有207组参赛队约560人报名参加。

12月下旬，第六届会员代表大会暨学术年会举行。教育部副部长吴启迪、中国科学院副院长陈竺和同济大学校长万钢应邀作学术报告。

上海市科学技术期刊编辑学会

5月17～20日，由学会牵头组织了上海、江苏、浙江的15家科技期刊的社长、主编、编辑访问德国。

10月19～20日，上海、江苏、浙江两省一市科技期刊编辑学会联合主办“科技期刊发展专题论坛”。

上海市电机工程学会

3月9日，与上海市节能协会、上海交通大学国家技术转移中心和日本东京工业大学核电研究所联合主办电力高新技术国际研讨会。

8月20～24日，组团出席中国科协2005年学术年会。

10月19日，与上海交通大学协办主题为“电力市场化改革和持续能源与环境保护”的2005欧盟－中国电力合作会议。

10月24～29日，主办华东六省一市电机工程(电力)学会输配电技术研讨会。

在上海市科协第三届学术年会期间，组织4个专题学术报告会，分别是：90万千瓦机组FCB功能自控技术；莫斯科大停电情况介绍，上海电网安全对策；轨道交通牵引供电新技术；建设电网动态监控系统之关键等。

11月22日，与上海市振动工程学会、造船工程学会等联合主办第七届上海国际工业博览会科技论坛之一——第二届上海市“工程与振动”论坛。

上海市农业机械学会

5月20日，举行国际农产品加工发展新趋势报告会，邀请上海交通大学农产品加工专家季瑞溶教授作专题演讲。

6月28日，学会动力机械专业委员会与市汽车工程学会拖拉机专业委员会联合在嘉定举行“机动车检测技术交流及先进设备仪器观摩”学术活动。

动力机械专业委员会副主任、国家机动车产品质量监督检验中心灯具所王晋军副所长介绍了检测中心基本情况和机动车的检测技术。

8月8日,学会农副产品贮运加工专业委员会组织"果蔬采后深加工新技术"和"生物能源与废弃物再利用新技术"学术报告会,邀请美国农业部研究员潘忠礼博士和加利福尼亚大学戴维斯分校生物与农业工程系教授张瑞红博士作专题报告。

9月30日,由上海交通大学机器人研究所、上海市农机研究所、上海孙桥现代农业联合发展有限公司共同合作开发的智能瓜果精选、分级技术及设备召开研讨会。

11月17日,举行农业机械化促进法与农村经济发展关系研讨会。

12月27日,召开"油菜生产机械化成套装备关键技术研究交流会"。

上海市制冷学会

4月8日,召开上海市率先提高空调冷水机组能效等级研讨会。

7月31日至8月1日,举办《公共建筑节能设计标准》GB50189－2005标准宣传、贯彻培训班。

8月9日,与上海市政府外事办公室联合召开与丹麦Kamstrup公司的交流会。

9月5日,协助中国制冷学会召开第十七届国际制冷空调供暖通风及食品冷冻加工展览会新闻发布会及展商推介会。

9月15日,召开学会第五专业委员会学术交流会。就耐高温防火风管软接口、上海市公共卫生中心暖通工程设计作介绍。

9月17～18日,由中国社会科学院可持续发展研究中心主办、学会与上海市冷冻空调行业协会协办的"中国节能、制冷、环保与可持续发展高层研讨会"召开。

10月31日,召开2005冷热电三联供技术研讨会。

11月21日,日本电源开发公司、环境技研公司来沪访问。双方就上海世博的能源规划研究方面进行研讨。

11月30日,学会第五专业委员会召开学术交流,就空调下送风及个人通风的最新研究动向、空调系统排热对城市热环境的评价进行了研讨。

12月20日,召开学会"2005年学术交流会"。就制冷技术未来的挑战、空调节能与可持续发展、制冷空调装置新型分析与设计等作专题交流,并选出144篇论文刊发在论文集中。

上海市真空学会

1月8～20日,学会真空冷冻与保鲜专委会参加"2005年上海市文化科技卫生三下乡"活动,分别在南汇、金山、青浦为当地农民解答农产品深加工和保鲜的疑难问题和咨询。

1月26日,与中国真空网和上海纳微真空技术公司联合举行"真空电子束枪和铁磁流体真空密封技术交流会"。邀请美国福罗特公司副总裁黎志欣博士作"铁磁流体真空密封技术的应用"、德国分公司技术部主任潘福任先生作"电子束枪的设计、使用和维护"的报告。

4月22日,学会真空冷冻干燥与保鲜专委会应美国驻沪总领事馆农业贸易处与美国华盛顿州政府农业厅中国农业发展处贸易代表的邀请,出席易腐食品保鲜冷链技术研讨会。会上,美国方面冷藏链专家、冷藏专家、仓储及运输专家和冷藏库设计及建筑专家等作专题报告。

9月22日,组织部分会员参加"复旦大学真空五十年成果展"开幕式。

10月13～16日,学会协办的"第八届国际真空展"在上海展览中心开幕。该届展览会有20余个国际知名公司、150余家国内厂商参展。展会期间,学会还组织了8场技术交流会;此外,与上海市集成电路行业协会、美国PHPK－CVI公司联合举办"CVI低温冷凝泵新技术"交流会。

12月8日,与中国真空网联合举办"中国真空网研讨会暨《上海真空》创刊十五周年庆"活动。

(韩建华)

上海市宇航学会

1月23日,召开第六次航天科技教育特色学校校长联谊会。"神舟"号飞船副总指挥、副总设计师、学会科普主任秦文波与会,并向与会者赠送了"神五"纪念邮册。

3月4日,邀请俄罗斯拉瓦切金科研生产中心的5位资深专家作"走进月球——探月报告会"。

4月15～17日,学会特装专业委员会在贵阳主办中国宇航学会特种装备专业委员会第十二次学术交流会。

4月23日,学会空间能源专业委员会承办"中国宇航学会第九届空间能源学术年会"。

2004年8月至2005年4月,完成上海市国防科工办委托的"上海卫星应用产业发展对策及规划纲要研究”。

5月18日,上海市科协副主席曹振全率市科协推进学会改革与发展领导小组办公室部分成员来学会进行工作调研。

5月19日,推荐“神舟”号飞船技术顾问施金苗研究员到上海教育台《世纪讲坛》节目作中国载人航天报告。

6月17日,承办上海市科协第二十期科技沙龙——遥感技术与信息产业。

7月31日至8月3日,与上海航天局办公室、上海对外文化交流协会共同接待美国3位航天员来沪访问。

8月,组织13名青少年航天爱好者参加在北京举行的第十六届国际青少年宇航员大会。此外,还组织3名上海青少年航天爱好者赴美国参加国际太空夏令营活动。

9月22日,与江苏、浙江航空航天学会联合举办“空间技术与长三角经济发展”分论坛。会议邀请国家海洋二所潘德炉院士等知名遥感专家与会作报告。

10月,承担上海市发展与改革委员会、上海国防科工办、上海航天局委托的“上海航天产业发展战略规划研究”课题。

10月5~7日,推荐报童小学、光明小学和老科技工作者参加中央四台“我的航天梦”为主题的采访拍摄活动。“神六”发射返回期间,播放了上海采访的实况。

10月17日,学会与上海科普事业中心承办《溯梦“神舟”、再创辉煌》“神六”科普知识传播活动。上海市政协副主席左焕琛为“航天画”获奖者颁奖。

10月20日,与光明小学联合组织“会校挂钩”10周年庆典活动,梁晋才院士及老教育家段镇参加活动。

11月7日,举办首届上海航天科技论坛。上海航天局局长、学会理事长袁洁,中国载人航天“神舟六号”飞船副总指挥、副总设计师秦文波,国家“863”首席科学家龚惠兴院士分别作了“航天技术与科教兴市”、“乘势而上、奋起直追——中国载人航天”和“遥感技术与信息化”的报告。会后,近100人进行学术交流。

11月9日,“首届上海航天科技论坛”分会在复旦大学举行。

11月18~19日,学会推进专业委员会举办“电推进与深空探测技术学术报告会”,邀请美国航天员张福林与会。会后,还组织了美国航天员张福林科普报告会。

11月22日,与上海市力学会、造船工程学会、机械工程学会等9家学会联合举办“工程与振动科技论坛”。

12月13日,与上海市航空学会等全国17个省市航空航天学会联合承办“航空航天电子设备国际展览会暨电子论坛”。

12月16日,与上海市科协、上海市青少年科技教育中心、中福会少年宫联合举办了“航天科技教育十周年成果展”。

推进技术、空间能源、电子技术、仪器仪表、空间应用、特种装备、金属、可靠性、工艺技术、计算机等专业委员会完成换届,并组织了各类学术活动。

组织“航天知识竞赛”,126所中小学的26 700余名学生参加;组织“模型火箭比赛”,76所中小学校的6 000余名学生参加;组织“太空画比赛”,30所中小学校的1 000余名学生参加,其中10幅一等奖作品已被上海科技馆收藏;选拔、组织60余名师生参加在北京举行的“全国模型火箭比赛”,取得一金、三银、四铜的好成绩。上海科技节期间,组织各类不同形式航天科技传播活动,获上海市2005年科技节“优秀组织奖”。

完成“四技”服务项目30个,实现合同金额100多万元。获上海市科协第九届科技咨询服务先进集体三等奖。

上海市化学化工学会

1月13~19日,与华东理工大学共同承办2005年全国高中学生化学竞赛暨冬令营。来自全国30个省、市、自治区和全国理科班共31个代表队的159名中学生参加了比赛。48名中学生获一等奖。全国近400名师生代表参加了此次冬令营活动,澳门特别行政区特派老师前来观摩。

3月,学会首次在第二十届英特尔中国青少年科技创新大赛设立“化学化工奖”。经评审,华师大二附中英才俱乐部的邵杨同学、复旦附中英才俱乐部施哲衡同学和卢湾高级中学科教中心程喆同学获奖。

4月21日,2004年度“庄长恭、吴蕴初化学化工科技进步奖”颁奖大会举行。

结合金山区谋划和建设国际化工城组织相关科普活动,5月19日,学会理事长张培璋为金山区处级以上公务员作有关现代化工的专题学术报告。

6月22日,特邀陈凯先、胡英、谢毓元、嵇汝运、郁铭芳和袁渭康6位院士参加专题座谈会。院士们围绕绿色化工、循环经济和上海化工如何融入全国和全球经济等内容,为学会的改革与发展提出了建议。

6月,学会争取到上海天原(集团)有限公司经费支持,该公司从2005年起每年资助并获得了全国高中学生化学竞赛(省级赛区)"天原杯"的冠名权。

6月18日,举行第十一届高校本科生优秀论文交流会。评出一等奖论文9篇。

10月17~20日,与复旦大学联合举办"IUPAC第一届国际新材料与新合成学术讨论会暨第十五届国际精细化工和高分子学术讨论会"。

11月18日,与上海市化工行业协会、上海市绿色工业促进会联合主办上海绿色化工发展研讨交流会,就上海绿色化工生产发展、化工清洁生产、资源的综合利用;发展循环经济;预防和控制化工污染、保护环境、实现上海化工发展和环境建设同步协调发展等课题进行了探讨。会议共收集论文30余篇,其中9篇作大会交流,其余编入《化学世界》增刊。

11月29日,与德国化学工程与生物技术协会共同主办"ACHEMASIA2005"卫星会议。主题是"生物工程领域中的自动化解决方案"。中德双方6位专家分别就生物过程控制自动化、生物过程检测与控制以及实际应用等研究成果进行了交流,还印发了论文集(摘要)。

为配合上海市科协第三届学术年会,组织了无机化学、高分子化学、化学教育、农用化学品和膜技术与应用等5个专业学术年会。同期,还组织了"手性技术研讨会"、"热分析实验技术中共性问题研讨会"、"煤气化技术进展报告会"、"涂料技术交流会"和"物理化学专题学术报告会"等10个场次的学术交流活动。

学会红外光谱协作组先后组织了8次系列专题学术交流。

组织各类学术活动38次,参与者2 880人次。组织各类科普活动11次,参与者14 094人次。

上海市硅酸盐学会

3月18~20日,与有关单位共同承办国际生物材料交叉学科研讨会。共收录110篇论文摘要;期间,还举办了一个小型的生物材料展览和POSTER展示。来自欧洲、北美、亚洲等国家的58位代表以及来自全国各地及上海市的代表100余人与会。

3月24~25日,学会测试分析专业委员会举办分析仪器测试技术讲座。

4月11~14日,协办国际玻璃协会学术研讨会。

4月13~16日,与中国硅酸盐学会联合主办第十六届国际玻璃工业技术展览会。24个国家和地区的627家单位参展,其中国外参展商有208家。期间,还举办了15个专业技术讲座。

6月13~15日,与上海科技会展公司共同主办"2005上海国际先进无机材料技术、应用与设备展览会"。同期还举办了"国际粉体工业和纳米科学技术展览会"。

6月15日,韩国精细陶瓷协会代表团一行30人来学会访问,并参观中科院上海硅酸盐研究所。

7月28~30日,学会晶体与宝玉石专业委员会组织部分专家参加第一届晶体材料研究与发展论坛。

9月15日,与上海英雷红外测试仪器有限公司联合举办"红外水份测试仪器在玻璃、陶瓷生产线上应用技术交流会"。

9月21~23日,学会窑炉与设备专业委员会组织"天然气在玻璃、陶瓷窑炉中的应用"技术讲座。

10月下旬,承办"全国第六届X射线荧光光谱学术报告会"。

11月10日,由中国建筑学会建材分会、中国硅酸盐学会房材分会、中国硅酸盐学会水泥分会和学会共同主办的"首届全国商品砂浆学术交流会"举行。

11月15~16日,学会主办的"全国玻璃灯工技术研讨会"在江苏省召开。

受保险公司委托,学会窑炉与设备专业委员会部分专家分别对上海市宝山罗金玻璃公司一座玻璃燃油窑炉因卡车撞断输油管而被迫停产和文岛玻璃有限公司一座全电熔炉因雷击出现局部停电停产的事故,进行技术鉴定和修复费用估算。

上海市腐蚀科学技术学会

5月13日,与青岛雅合科技公司联合召开"IHF数控高频开关恒电位仪及阴极保护效果与参数智能远程监控技术"研讨会。

5月23日,与中国机械工程学会材料分会和理化分会在上海联合举办"材料工程研究与应用"技术讲座,邀请美国西南研究院专家与会作学术报告。

5月,学会受中船重工第七二五研究所委托,提供"东海大桥钢管桩防腐蚀体系"咨询服务。5月

24 日，组织专家召开“东海大桥钢管桩承台套箱钢质模板追加牺牲阳极的报告”评审会，对该报告有关内容进行必要性和可行性评审，提出评审意见供决策参考。

5 月至 6 月，数次组织专家参加上海化学工业区天原集团化胜化工有限公司的防腐蚀方案讨论。

6 月，接受上海长江隧桥工程建设指挥部委托，提供“上海长江大桥钢管桩防腐蚀工程技术”咨询系列服务。年内已完成“长江大桥钢管桩防腐蚀方案征集单位建议”工作，供委托方在征集方案时选择；“长江大桥钢管桩防腐蚀方案论证评审”工作，遴选出最佳方案，供委托方决策参考。9 月 5 日，再次组织专家召开“上海崇明越江通道长江大桥工程钢管桩外加电流阴极保护设计施工(技术标)”评审会，与会专家提供评审意见书及“关于提请注意长江大桥钢管桩与承台套箱钢质模板电绝缘的建议”，供委托方决策参考。

10 月 28 日，受上海立昌环境工程有限公司委托，邀请有关专家到上海名辰模塑科技有限公司现场调研考察其涂装车间对喷漆循环水系统的腐蚀问题，并与两公司相关技术管理人员座谈讨论，提出了若干认识和建议供其参考。

12 月 7 日，召开上海市腐蚀科学技术学会第六届会员大会，邀请华东理工大学陆柱教授作题为“发展腐蚀与防护技术，推进资源节约型社会建设”的学术演讲。

上海市石油学会

5 月 16 日，与上海市能源研究会联合举办高效清洁替代能源和可再生能源科普报告会，3 位专家就城市天然气的应用、上海风力发电的进展及煤液化的生产作了主题报告。还组织参观了南汇风力发电站的装备及设施。

7 月 14～15 日，与美国福斯特惠勒公司联合召开“以石油焦/煤为燃料的大型 CFB 锅炉优化运行与环保技术研讨会”，就石油焦、煤等固体燃料的循环流化床电站锅炉技术及燃烧过程、环境保护、锅炉灰渣利用等方面进行了深入研讨。

9 月 13～14 日，与美国艾斯本技术有限公司联合举办智能化石油化工厂和乙烯、聚烯烃装置运行管理技术研讨会。

10 月 20 日，举办第二届学术年会。围绕石油、天然气新油气资源开发、上海石油化工地域发展及石油资源综合利用 3 个主题展开。

上海市土木工程学会

3 月 17 日，学会地下工程专业委员会、土力学与岩土工程专业委员会与上海城建集团公司、同济大学等单位联合举办了“上海—日本地铁建设新技术交流会”。与会者围绕“三圆盾构隧道技术”、“地铁和盾构法隧道的建设和设计”、“大断面盾构机的设计与施工”、“地铁换乘站交叉施工新技术”等专题进行交流。中日两国专家、学者共 120 余人与会。

3 月 18 日，学会管理专业委员会与市房地产行业协会联合主办“房地产项目管理创新研讨会”。

4 月 8 日，承办上海市科协第十七期科技沙龙——“地下空间的观念和未来”，从事地下空间研究的专家以及中国台湾中华建筑技术学会黄水宝等近 20 人参加。

组织 2005 上海科技节学会活动：5 月 18 日，工程材料专业委员会举办“现代混凝土技术讲座”；5 月 19 日，地下工程专业委员会举办“城市地下空间开发理念与实践”讲座；5 月 20 日，给排水专业委员会组织专家深入虹口区曲阳街道虹燕居委，就“上海市水质现状和 2010 年水质目标”举办宣讲活动。学会荣获 2005 上海科技节优秀组织奖。

7 月 15 日，承办上海市科协第二十二期科技沙龙——“绿色建筑”，与会专家建议尽快建立绿色建筑的标准体系，并在设计、施工中控制指标。

8 月 21 日，与同济大学、上海城市地下空间研究发展中心联合主办“2005(第八届)海峡两岸城市地下空间研讨会”。有关专家分别就“上海市地下空间的近期规划与实践”、“上海轨道交通网络化与地下空间利用”、“中国台湾城市地下空间及共同管沟规划建设的典型案例、法规与管理”等作学术报告。

作为上海市科协第三届学术年会活动项目，10 月 27 日，工程材料专业委员会举办了“建筑新技术研讨会”。10 月 28～29 日，计算机应用专业委员会举办“建筑结构 CAD 软件交流展示会”。针对部分与会代表的需求，10 月 30 日，还在同济大学举办了“建筑张拉索结构软件培训班”。

11 月 1～2 日，学会给排水专业委员会与中国工程建设标准化协会城市给排水委员会、上海市排水行业协会污泥处理处置专业委员会和上海市政工程设计研究院等单位联合主办“2005 年污泥处理处置技术论坛”。论坛围绕推进生态型城市建设、实施城市污泥有效科学管理、优化城市污泥处理处置技术、促进城市污泥的资源利用、发展循环经济等方面进行了探讨。

11月11～13日，与上海隧道工程股份有限公司联合举办"上海国际隧道工程研讨会"。会议邀请国际隧道协会主席帕克、日本大阪地质研究所所长桥本正、中国工程院院士钱七虎、上海隧道公司总经理周文波作主题报告，29位中外专家作专题报告。会议围绕各国隧道施工技术的新发展、结合当前中国的地下轨道发展趋势，特别是正在建设的长江三大隧道工程(武汉长江隧道、南京长江隧道、上海长江隧道)的技术问题进行交流探讨。来自中国和美国、日本、法国、德国、英国、瑞典、奥地利、新加坡等的国内外地下工程专家、学者、科技人员等300余人与会。会议选编出版了《大直径隧道与城市轨道交通工程技术》，125篇学术论文入选。

上海市交通工程学会

年初，学会交通环保专业委员会举行学术年会。论文作者就交通环境改善、绿色能源开发、人口合理流动及循环经济发展对综合交通影响等方面同与会者进行了交流。

2月25日，上海市科协系统咨询工作会议暨第九届科技咨询服务先进事迹和优秀项目表彰大会上，学会咨询部荣获先进集体二等奖，"北外滩地区交通组织规划方案"荣获优秀项目二等奖；另有2个项目获三等奖和1个项目获鼓励奖。在第五届上海市政府决策咨询研究政策建议奖中科协系统共获得9个奖项，其中，学会的"上海市中心区主次干道功能与建设方案深化研究"荣获一等奖。

3月8日，学会交通环境专业委员会举行港口与物流报告会，邀请著名的交通地理学与物流专家、加拿大蒙特利尔大学东亚研究中心主任、上海市政府白玉兰奖获得者龙功端教授作"全球港口与物流的发展形势"学术报告。

3月25日，与上海市陆上运输管理处、戴姆勒·克莱斯勒(中国)投资有限公司联合举办"2005年上海危险品运输管理研讨会"，就国外危险品运输的新技术、新设备和奔驰卡车最新几种款式的技术资料等进行了介绍和交流。

5月27日，学会交通理论专业委员会举行学术报告会，就"上海静安区、黄浦区停车诱导实施方案"、"停车诱导信息显示设施定位研究成果"、以及伦敦地铁车站规划方法、标准，特别是英国使用的行人仿真工具等，作了介绍和交流。

6月18日，《交通与运输》杂志编委会召开会议，对杂志的定位、质量、设计包装等进行了探讨。

8月20～22日，由安徽省科协、上海市科协、台北市交通安全促进会主办，学会参与策划组织的第十三届海峡两岸都市交通研讨会在安徽省合肥市召开。研讨会围绕"都市区及区域交通现代化"主题展开，分为"中心城市、都市圈、卫星城镇的交通研究"、"生态交通与旅游交通实践与展望"、"都市区及区域交通规划理论探讨"等9个子题。

8月23日，与交通工程理论、交通环保专业委员会召开奥运公交学术报告会，加拿大蒙特利尔GIRO公司亚太地区主任Daniel Pelletier作了"公交智能调度优化技术在奥运会的应用"的学术报告；美国加州TJKM交通运输咨询公司智能交通系统经理吴稼豪博士阐述了对上海世博会公交规划与智能调度优化技术的思考；美国加州硅谷高科技公司高级主管、吴宋美加设计咨询有限公司副总裁宋兵博士介绍了美国硅谷的"公交村"及可供上海借鉴的成功经验。

9月1日，举办中日交通工学研究及交通模拟技术研讨会，日本专家分别介绍了日本交通工学研究及交通模拟技术的发展与现状、三维空间交通仿真技术在日本交通领域的应用；上海日浦信息技术有限公司介绍了他们研发的三维空间交通模拟软件及在上海的应用。

11月24日，学会公共交通专业委员会和交通运输专业委员会联合举办学术报告会，邀请上海城市综合交通研究所高级工程师朱洪作"上海市第三次综合交通调查成果介绍"、同济大学教授吴娇蓉作"机动化出行时代上海公共交通发展定位研究"、同济大学博士黄肇义作"BRT规划设计经验总结与上海BRT建设进展介绍"等学术报告。

11月21～25日，应日本FORUM8株式会社邀请，学会一行3人出席了由该公司在东京举行的软件产品技术交流会。

上海市环境科学学会

9月22日，第二届长三角科技论坛——生态环境专题论坛召开。三地专家分别就"长江三角洲生态系统服务功能价值测度"、"城市污水活性污泥处理过程建模及计算机模拟研究"、"湿地退化和恢复的科学前沿"、"长三角区域环境保护与上海市'十一五'环保规划研究"、"江苏省沿江开发生态环境管理对策研究"、"长三角地区生态环境问题与对策措施"等作学术报告。

11月5～6日，由学会与日本他喜龙公司(TAKIRON)联合主办，上海市环境科学研究院协办的"中日城市上下水道技术研讨会"在沪举行。中外专家围绕城市水务管理、城市下水道技术、城市雨水处理对策、城市上水处理技术等专题进行了交流。日本专家介绍的非开挖型腐朽陈旧地下管道的修复；下水处理用的防臭加盖以及上水道的防藻加盖技术；雨水、污水管的混凝土衬砌块的防腐技术；用于上水处理的"倾斜板沉降装置"技术引起与会专家的关注和兴趣。

11月8～11日，与国际资源循环利用委员会联合主办资源循环利用2005上海国际研讨会。38位中外专家分别就报废汽车回收再生利用、废电子电器产品再生利用、废电池再生利用作主题演讲。

12月8日，与日本正和株式会社联合举办"河、川、池、湖、沼水环境净化技术研讨会"。日本专家重点介绍了混合XOY技术用于河道水环境净化、河(湖)、海水产品养殖污水、栽培污水的净化处理和屋顶绿化，使与会者了解了环境保护新的理念、新的技术、新的方法、新的技术装置。

在第二十届英特尔上海市青少年科技创新大赛上，南洋模范中学的"浦江污水前置库工程探索"、卢湾高级中学的"苔鲜植物环境指示及生态功能的研究"，获得"上海市环境科学学会精英奖"学会专项奖。

学会承担编写的《拯救我们自己的工程——城市发展和环境保护》，已作为"'2049'中国青少年科学素养培育行动计划——上海市推广试点项目"的首批青少年科技信息资源库资料包之一。

上海市生态学学会

1月16日，承办"上海市滩涂湿地的现状、保护与开发利用"专题报告会。

3月9日，参加"都会中的湿地公园与水环境"为主题的首届"中国生态规划论坛"。

3月25日，组织"上海市生态建筑示范楼观摩活动"。

4月1日，"长江口北支咸潮倒灌控制工程及南支水源地建设专题研究"项目通过上海市科委组织的验收。

5月29日，承办上海市科协第十九期科技沙龙——"谈长江口滩涂湿地的管理规划"。

7月3日，组织召开"松江鲈鱼的保护"专题研讨会，来自中国水产科学院淡水渔业中心的夏德全院士和世界自然基金会官员等近10位专家与会。

9月22日，与上海市环境科学学会，浙江省和江苏省的生态学会和环境科学学会共同承办以"生态让城市更和谐"为主题的生态与环境分论坛，学会常务副理事长王祥荣教授作了"长江三角洲城市生态服务功能的价值测度"的学术报告。

10月，常务副理事长王祥荣教授等应邀就"临港新城生态城市"作专题报告，分析了上海市临港新城的生态环境现状和在生态城市建设方面应该考虑的对策。

11月，美国麻省理工大学环境系教授Chang-sheng Chen应邀作题为"美国东西海岸带环境保护"的报告。

12月，组团出席第八届中日韩风景园林国际学术研讨会，并作题为"世博会与上海园林绿地生态建设"的主题报告。

上海市消防协会

1月20日，组织召开VESDA抽气式烟雾探测技术和PROACTIV极早期报警系统研讨会，澳大利亚维信防火及保安系统公司有关科技专家和上海市各建筑设计院所、消防工程公司及相关行业内87名消防专业技术人员进行了技术交流。

2月2～3日，学会爆炸技术应用分会在青浦召开"爆破工程安全管理研讨会"。

3月25日，组织召开了上海市消防协会第五次会员代表大会。会议选举市消防局局长陈飞为理事长、李铁山为常务副理事长、胡亚明为秘书长的新一届协会领导机构，通过了新的"上海市消防协会章程"和"上海市消防协会会费收取标准和接受捐赠、资助及使用管理暂行办法"。

3月30日，在奉贤七五一基地为美国危险品控制技术公司举行了"F－500"灭火药剂现场灭火演示会。

4月8日，与美国消防协会亚太和中东地区主任杰费·高福利森一行进行友好交流。

5月16～20日，配合上海市消防局在全市范围内围绕"和谐安居，拒绝火灾"主题，开展宣传活动。

5月26日，在上海展览中心举办"把欧洲的目的消防工程学引进中国市场"技术交流会。西班牙福力特消防咨询有限公司的专家作了专题讲座。

5月29日，组织"上海市2004年消防技术咨询服务人员资格考试"。76人参加。

5月29～30日，日本消防协会会长德田正明先生一行6人来沪访问。在沪期间，上海市公安局副局长朱伟明等会见德田正明会长一行。

6月7日，邀请美国Fm Global科技顾问、前副总裁兼研究所主任姚铮作有关建筑防灾自动灭火系统的有关技术知识讲座。

6月13～20日，以仓泽丰哲常务理事为团长的日本消防协会第二十次友好访华团一行15人来沪访问。并就中日两国消防协会结成友好关系20周年进行友好交流。

6月28日，与上海市消防局在特勤支队金桥中队召开法国消防训练器材演示会。法国马赛市消防局下属EDI公司应邀介绍了法国先进的消防教学训练器材，并现场演示了灭火粘贴教学模板、火幕烟雾训练器材等的操作使用方法。

7月14～17日，参加中国消防协会在江苏扬州召开的“全国消防协会领导座谈会(南片会议)”。

出席8月20～22日在新疆乌鲁木齐召开的中国科协2005年学术年会。

7月至8月，学会徐汇、杨浦、普陀、闵行、浦东新区、金山等区联络处会同消防支队组织中小学生消防夏令营6次，共有4 218名中小学生在夏令营活动中接受了消防安全知识教育和训练。

9月8日，学会消防产业委员会召开上海市消防产品专项整治行业动员部署大会，消防产品生产、销售、安装与检测的500多个单位代表出席了大会。

10月21日，参与2005年度上海市“做中学”科普助学金实习教师招聘活动。

10月29日，为配合上海市消防局行政审批制度改革的持续深入，由学会主办，并委托上海市职业能力考试院组织的“2005年消防技术服务机构(检测机构)技术人员资格考试”举行，728人参加。

11月9日，由上海市消防局主办、学会协办的“上海市第十五届‘119消防日’活动暨第六届国际消防保安技术设备展览会开幕式”在上海展览中心举行。第六届上海国际消防保安技术设备展览会由学会主办、上海协作国际展览有限公司承办，展区面积近12 000m²。该届展会云集了当今国际先进消防技术与设备，近400家国内知名消防企业和50多家来自美、法、德等国外知名企业入驻参展。

11月9日，学会消防产业委员会主办的“上海市2005年消防产品行业推荐活动”。23家企业66个产品被确定为“上海市2005消防产业推荐产品”，并在当日举行的第六届上海国际消防保安技术设备展览会上展出。

受有关单位委托，先后组织召开消防安全专题专家论证会8次。分别为上海石油化工股份有限公司、浦东国际机场二期建设、地铁七号线龙阳路站等8个工程项目的相关消防安全技术措施进行论证评审，帮助解决消防安全技术难题。

先后组织召开9次消防新产品、新技术推介会。推广介绍了澳大利亚维信防火及保安系统公司VESDA抽气式烟雾探测技术和PROACTIV极早期报警系统、芬兰麦利福集团细水喷雾技术、应急逃生推闩、固定式厨房灶台自动灭火设备等。

协同组织消防培训282期，培训总数29 286人次，并承接爆破工程的安全评估业务68项。

上海市公路学会

1月27日，与福申信息系统(上海)有限公司联合主办道路施工管理及计算软件技术交流会。专家就有关软件开发的理念及功能、博川软件在A30六标的应用进行交流和现场演示。

4月13日，举办“公路工程竣(交)工验收办法”宣传贯彻会。会议就“公路工程竣(交)工验收办法”、“公路工程质量检验标准”(JTG F80/1－2004)、“公路工程质量检验标准”(JTG F80/2－2004)进行宣讲。

4月15～16日、5月13～14日，理事长张蕴杰率有关专家分别赴江苏省沿江高速公路和浙江省高速公路收费结算监控中心进行参观交流。上海方专家提出了加强省市间在高速公路联网收费和监控系统建设以及运营管理等方面的经验交流、促进在路网条件下交通信息的沟通和共享，逐步实现跨省市联网交通信息发布和诱导的建议和设想，得到两省专家的积极响应。

4月23～24日，在中国跨度最大的悬索桥——润扬长江大桥正式通车前夕，学会桥梁专业委员会主任、同济大学桥梁工程系主任陈艾荣教授率考察团一行27人，赴润扬大桥进行了实地技术参观考察活动。

6月2日，与上海交运(集团)公司联合主办“GB7258－2004机动车运行安全技术条件”宣传、贯彻暨专用汽车技术研讨会。

6月7日，应学会桥梁与结构工程专业委员会和同济大学桥梁工程系的邀请，德国法尔福(Pfeifer)钢索及起重技术有限公司的工程师何宜豫先生来沪访问，并在同济大学桥梁馆作题为“全封闭式钢索材在预应力桥梁和建筑工程中的应用”的技术演讲。

6月9日，上海市科协副主席曹振全率学会改革与发展领导小组及办公室部分同志走访学会，双方就学会改革与发展的有关事宜进行了交流和探讨。

6月10日，举行复合式沥青混合料铺筑路面新技术交流会。会议邀请该技术的创新者戴纳派克(德国)公司总裁 RainerNoack 先生作专题介绍和主要功能演示,并进行了互动式交流。

7月29日,江苏、浙江、上海两省一市公路学会在上海召开工作会议。会议总结了由三方联合主办的“长三角都市圈城际公路交通发展论坛”;就开展新一轮“长三角地区高速公路运行信息互通研究”的设想进行了交流;签订了“推进长三角高速公路运行信息互通的合作意向书”。

8月9日,与上海交运(集团)公司联合主办,开设了由上海工程技术大学汽车工程学院副院长黄虎主讲的“今后10年汽车技术发展趋势——解读新颁布的汽车产业发展政策技术培训讲座”。

9月9日,学会交通与信息技术专业委员会在上海亚太计算机信息系统有限公司组织召开“交通领域信息服务与相关技术”交流会,就“ITS信息服务与车载导航系统”、“FCD交通信息采集与处理系统”等交通信息系统的研发和应用实践进行了介绍和演示。

9月20日,学会第七届年会召开。

12月1~2日,与上海市公路定额管理站联合举办“2005年交通部公路工程决算编制办法”培训班。

12月6~7日,与日本阪神高速道路株式会社联合举办“上海—大阪道路管理和维护技术研讨会”。上海市公路学会副理事长孙立军和阪神高速道路株式会社执行董事莘和范分别致辞并介绍了上海和大阪道路建设养护总体情况。

12月16日,与江苏、浙江公路学会共同组织“长三角高速公路管理信息互通研讨会”。有关专家分别作了“国内外高速公路信息化与智能化发展现状及长三角应对策略”、“上海高速公路网运行管理的信息化现状和发展方向”、“江苏高速公路运行管理的信息化现状和发展方向”、“浙江高速公路运行管理的信息化现状和发展方向”主题报告。

上海市人类居住科学研究会

7月10日,召开会员代表大会,选举产生了新一届理事会。

9月27日,召开“最适宜居住城市的理念、内涵和技术导则”专题研讨会,与会专家以“自然为魂,文化系神——略论最适宜居住城市与和谐社会”、“宜居城市建设指标体系初论”等为题作专题交流。

9月29日,上海市建设交通委员会组织专家对学会完成的“崇明县21世纪绿色生态理念和实验区规划研究”进行验收。

上海市灾害防御协会

1月20日,上海市科协承办第12期科技沙龙——印度洋地震和海啸与减灾反思研讨会。

上半年,完成《上海市减灾白皮书》编制工作。2004年12月18日,在上海市地震局召开上海市2005年度综合灾害趋势预测会前期布置工作,并要求于1月底前完成各灾种的灾害趋势预测;2月25日,组织召开“上海市2005年度综合灾害趋势预测会商会”,13类灾种的联络员和撰写灾害预测报告的专家与会,对各灾种的灾害趋势预测及对策报告进行研讨;3月12日,在上海市地震局召开“2005年度上海市灾害趋势预测会商会”,评审通过了《2005年度上海市减灾白皮书》的编写,并按规定程序上报上海市政府转发各区(县)政府及市有关部门;6月16日,组织召开“2005年上海市汛期灾情趋势分析及追踪预测研讨会”,对上半年上海市灾害趋势进行了预测追踪分析,同时对上海地区水情(旱涝)、台风、风暴潮、暴雨、高温等自然灾害趋势分析以及强度影响进行了预测。

7月28日为“防震减灾日”,与上海市地震局联合编印上万份宣传特刊发放给市民,组织专家赴各单位、社区进行专场报告会,利用上街设摊咨询、在新闻媒体撰文等形式,呼吁全社会重视防灾问题。

12月13日,与上海市航空协会、上海市宇航协会、国际直升机协会、中华全球直升机协会等联合举办主题为“直升机与2010上海世博会”的专题研讨会。就通用航空政策法规;上海世博会及城市直升机应用的若干具体建议;直升机邻里飞行的概念;长三角地区空中快捷交通的需求与构建;直升机在反恐及突发事件应急、紧急医疗救护、城市高楼火灾救助、VIP商务旅行、工业运用等进行了研讨。

年内,编撰完成科普系列丛书——《防灾避险实用技能》。

组织科普讲座一览表

时间	地　点	讲座名称	人数
3月24日	沪东中学	地震灾害及应急避险	400
4月25日	同济大学	地震灾害及应急避险	120
5月26日	延吉初级中学	自救互救技能	200

（续表）

时间	地　点	讲座名称	人数
7月20日	吴淞实验学校	地震灾害及应急避险	50
7月28日	闵行区古美街道平南三村、四村	地震灾害及应急避险	200
11月24日	浦东绿川学校	自救互救技能	640

上海市纺织工程学会

5月15～21日，围绕上海科技节主题，举行以“纺织服装科技文化周”为重点的多项科普活动，参加人数达5万人次。一是与松江区政府联合举办“纺织服装科技文化周”；二是举行“科技创新与创新思维”科普知识竞赛；三是开展优秀纺织科技著作评选；四是与宜川中学联手开展大型科普节活动。

6月2日，学会棉纺、织造专业委员会分别召开“新型纺纱质量控制分析，新产品展示国际技术研讨会”和“新型织机高端国际研讨会”。出席会议的有瑞士、德国、日本等国际商团及来自江苏、浙江、山东、安徽、江西等12个省市的300多位代表。

6月3～7日，与上海纺织技术服务展览公司等单位联合举办第十一届上海国际纺织工业展览会，展览面积达10万平方米以上，参观人数近13万人。期间，还牵头组织和主持了29场专题学术研讨会。

7月1日，经与上海纺织控股(集团)公司协商，学会接受该公司职工改革办公室委托，正式受理非公有制企业中的纺织技术人员的职称评定的申报工作。年内已受理31位。

9月9日，承办上海市科协第24期科技沙龙——上海纺织产业的展望。

10月24～26日，学会染整专业委员会与上海印染协会、全国染整新技术应用推广协作网和中大印染材料工业有限公司联合召开“上海市科协第三届学术年会及上海印染新技术交流研讨会”。

10月28～30日，与江苏和浙江省纺织工程学会联合主办，学会棉纺织专业委员会承办的上海市科协第二届长三角地区科技论坛在上海举行。

年内，学会服装、非织造、织造、棉纺、染整、空调、能源、环保、纺机纺器等专业委员会相继召开了学术年会，并出版了论文集。

上海市造纸学会

4月29日，承办上海市科协第十八期科技沙龙——“把绿色环保造纸业建成上海支柱产业”。

6月28～29日，与中国造纸学会涂布加工纸专业委员会、碱法草浆委员会、申绿纸业联合召开“纸业发展论坛”。围绕中国造纸工业发展中的热点、难点展开讨论。专家们提出了发展中国造纸工业要有全面协调可持续发展观，要重视林纸一体化的工程建设；扩大废纸的回收和利用率；努力提高造纸工业的技术装备水平，实现中国造纸工业的现代化等建议。

6月30日至7月2日，与世博集团上海现代国际展览有限公司等4个单位联合举办第五届上海国际纸展。40余家国内外著名企业厂商参加。展览期间，还举办了上海国际生活用纸交易会。

9月26日，召开中德纸业技术交流会。德国联邦工业合作研究会Blank先生与会并致词，德国造纸技术专家协会会长Runge先生和学会秘书长蒋荣祺分别作了主题报告。与会专家就造纸的污水处理，厚纸板的加工技术、加工机械等进行探讨。

10月11～13日，在天津召开涂布加工纸、特种纸技术交流会。来自全国22个省市的代表及韩国、日本的学者共180余人与会。

11月17～18日，“华东七省市第十九届造纸技术交流会”在安徽召开，学会秘书长蒋荣祺与会并致词。会议就林纸一体化的行动计划、竹浆漂白工艺、APMP制浆技术的应用、废纸再生、造纸机的控制等技术进行了交流。会议收到论文20余篇。

（吴家清）

上海市药学会

3月16日，与拜耳医药保健有限公司联合举办“抗菌药物临床应用与病人安全”研讨会。

组织多期学习班。3月24～26日、4月17～19日，分别举办“抗菌药物临床应用指导”系列讲座两期。3月31日至4月21日、4月13～28日，分别举办继续医学教育Ⅰ类学分“循证医学与合理用药”学习班两期，800余人参加。

3月25日，举行“抗真菌药物临床治疗进展”学术研讨会，就抗真菌临床治疗进展、两性霉素B脂质体的药理特性等进行交流。

4月27日，学会中药专委会和上海市中药行业协会联合召开学术研讨会，分别就“中药新药研究的开发思路与方法”、“从红根草化学基础研究——一类抗肿瘤新药沙尔威辛(CJ04)”作专题报告。

4月27日，与地奥集团联合举办“迈普新”治疗肿瘤、感染临床研讨会，分别就“胸腺肽 α-1 的基础研究”、“肺部肿瘤生物免疫治疗研究新进展”、“脓毒血症国际治疗进展”作专题报告。

5月10日，学会药物分析专委会召开学术研讨会，有关专家分别就“核磁共振在药物分析中的应用”、“药物信息学”作专题报告。

5月11日，学会药剂专业委员会与复旦大学药学院联合举办学术报告会，特邀请美国国际特品公司/ISP中国技术服务中心主管阮克萍女士作“ISP新型药用辅料在制剂中的应用”报告。

5月20～21日，在中美天津史克制药有限公司的协助下举办“长三角药学科高层论坛——医院药师培养与药学发展”研讨会。

5月26日，与成都市医院药事管理协会联合举办“上海·成都医院药事管理交流活动”。

5月31日，与瑞金医院、百特医疗用品贸易（上海）有限公司联合举办“瑞金药学论坛”，特邀北京协和医院药剂科主任李大魁、原《美国医院药师杂志》主编、俄亥俄洲立大学药学院总监 Philip Schneider和杭州邵逸夫医院药剂科主任章辉分别作“医院药学资料查询技巧”、“美国医院药房服务最新发展方向”和“邵逸夫医院药学服务改革探索”的报告。

6月6日，学会抗生素专业委员会举行学术报告会，就“抗菌药物的合理应用”、“抗生素代谢工程与化学生物学”、“多尺度微生物发酵的研究”、“生物催化在精细化工中的应用”、“微生物转化技术在制药工业中的应用”等作专题报告。

6月9日，学会医院药学专业委员会管理学组与百特药业有限公司联合举办学术报告会，就“欧洲药学年会的回顾介绍”、“欧洲医院药学的现状及进展”、“中国医院药师的机会”等作专题报告。

6月14日，学会药物化学、天然药化、生药学3个专委会联合举行“2005年上海市药学会药物化学、天然药化、生药学青年论文学术报告会”。会议就“药物代谢研究的实践和展望”、“基于高通量筛选的新型甲硫氨酰氨肽酶抑制剂的发现和相关选择性问题研究”等作学术报告。

6月28日，学会医院药学专委会临床药学学组、药学信息学组和部分医院药剂科主任，联合召开学术研讨会，上海市第一人民医院刘皋林主任药师、华山医院王大猷主任药师、仁济医院施安国主任药师分别作“妊娠期的合理用药咨询”、“国外ADR监测服务”、“药学服务实践与药物疗法安全性的提高”等学术报告。

7月7日，药事管理热点问题专题论坛在上海举行。

9月15～16日，学会生化药物专业委员会召开“蛋白质多肽药物学术交流”会议，邀请专家作“高密度脂蛋白（HDL）在抗炎及抗病毒性和败血性休克中应用研究的新进展”、“步入21世纪的多肽药物”、“活性肽类的研究和开发”等专题综述报告。

10月9日，学会药物分析专业委员会、药物制剂专业委员会联合举行“溶出度测试”研讨会。

10月24～27日，与中国药学会医院药学专业委员会、中国医院管理学会药事管理专业委员会等在上海联合举办“2005年全国临床药学学术交流会”，有关专家分别就“抗感染临床思路及抗深部真菌药”、“药物新剂型、新制剂的研究和应用”、“高血压治疗原则和中西医结合的优势”等作专题报告。

10月26～28日，与中国药学会主办的以“新型药物传释系统及材料研究与应用”为主题的“第二届国际药物制剂论坛”在沪举行。

11月4日，学会药物化学专业委员会、浙江省药学会药物化学与抗生素专业委员会、江苏省药学会药物化学及工业药学专业委员会联合主办“2005长三角药物化学研讨会”，上海医药工业研究院李建其研究员作了“新药研发的趋势及应对探讨”报告。

11月15日，举行了主题为“上海医院药学发展趋向”的“第一届上海市医院药学高层研讨会”。会议交流和商讨了医院药学管理的理论和实践，有关专家分别就“上海市药品不良反应报告综合分析”、“‘医院管理年’活动‘临床药事管理督查’情况汇报”、“以静脉药物配置中心为平台开展临床药学工作的经验与体会”、“实施ISO 9000标准，促进医院药事管理”、“临床药师干预抗菌药物应用的经验探讨”等作专题报告。

11月22日，学会海洋药物专业委员会召开2005年学术年会，有关专家分别就“海绵活性次生代谢产物的研究与开发”、“海洋鱼类减毒活疫苗的开发”等作专题报告。

11月24～26日，与《中国新药与临床》杂志社共同发起的“中国临床药学30年回顾与展望研讨会”在上海举行。

12月22日，举行2005年上海市药学会学术年会暨2005年“上海药学科技奖”颁奖大会。年会以大会学术报告形式交流，特邀中科院上海药物所沈竞康教授、上海食品药品监督局医药情报所高惠君教授、中山医院蔡映云教授、瑞金医院蔡卫民教授、第二军医大学药学院张卫东教授、长征医院陈万生教授分别作"国内外新药研究与产业化状况"、"国内外医药市场"、"循证医学与合理用药"、"2005 年上半年上海地区抗菌药物使用调查分析报告"、"基于中医理论和现代生物技术的中药药效物质基础研究"、"中药知母的品质评价及新药研究"等报告。

上海市防痨协会

年内，与上海市疾病预防控制中心举办"上海市结核病防治工作例会暨专家咨询会"共 9 次。

3 月 21 日，上海市疾病预防控制中心、结核病定点医疗机构及社区卫生服务中心等联合举办"2005 年结核病防治工作学术报告暨慰问一线医务人员大会"，围绕世界防治结核病日的宣传主题做到"防治结核、早诊早治、强化基层"。

7 月 5～8 日，组织市内 10 位结核病专家赴西藏为当地结防、肺结核临床医务人员举办"西藏自治区结核病诊断与治疗新进展"学习班。

9 月 26 日，举办上海市科协第三届学术年会专题活动暨上海市防痨协会学术报告会，副理事长肖和平教授作题为"菌阴肺结核在结核病控制中的意义"专题报告。

上海市计划生育与生殖健康学会

2 月 23 日，召开"树立科学发展观，促进人口、资源、环境、建设协调发展"学术报告会，特邀上海市政协副主席左焕琛作专题报告。

3 月 30 日，召开"围绝经期激素替代治疗临床应用学术报告会"。

9 月 23 日，召开"口服避孕药与妇女健康研讨会"，就"口服避孕药与肿瘤关系"、"口服避孕药治疗妇科疾病"等作主题报告。

10 月 21 日，召开"上海市计划生育、生殖健康学术报告会"。

10 月 28 日，与上海市人口计生委联合主办"关注男性健康、促进家庭和谐"宣传活动，同时，还举办"关爱男性健康"科普讲座。

11 月 30 日，与上海市人口计生委、上海市教委联合举行"遏止艾滋，履行承诺"世界艾滋病日主题报告会。

上海市抗癌协会

年内，组织多次专题学术报告会。6 月 2 日，邀请复旦大学肿瘤医院蔡三军教授主讲"大肠癌治疗进展"专题学术报告；6 月 29 日，邀请复旦大学肿瘤医院王华英教授主讲"子宫内膜癌的诊疗进展"专题学术报告；9 月 14 日，邀请美国迈阿密大学肿瘤中心外科 Alan S. Livingstone 教授作专题学术报告；美国迈阿密大学肿瘤中心 Yu Hong 博士作"美国大学毕业后如何成为医生"专题学术报告；11 月 15 日，邀请复旦大学肿瘤医院赵森教授主讲"放疗现状"专题学术报告。

4 月，组织上海市肿瘤防治宣传周活动，围绕"关爱妇女，远离乳癌"主题开展多项活动。4 月 16 日，与复旦大学肿瘤医院联合举行"复旦大学肿瘤医院乳腺肿瘤专家大型义诊"活动；与复旦大学肿瘤医院、普陀区疾病预防控制中心联合举行"乳腺疾病防治大型科普报告"；与复旦大学肿瘤医院、普陀区中心医院、普陀区疾控中心联合举行"乳腺肿瘤防治大型义务咨询"。

6 月 27～29 日，与世界医学会、中华医学会等共同协办"第一届世界医学高峰会议"，主题为"医学全球化发展与合作"。来自 10 余个国家和地区的医学会界首脑，国内外卫生管理专家、医学家等围绕"医疗服务和医院经营模式"、"肿瘤的最新临床综合治疗进展"等议题作报告。

上海市法医学会

5 月 18 日，学会法医病理学专业学术组组织召开法医病理学学术研讨会，复旦大学上海医学院法医系硕士研究生张岚、司法部司法鉴定科学技术研究所邓建强博士分别作了题为"组织细胞 DNA 降解与死亡时间相关性的研究"、"代谢物组学及法医学的新机遇"专题学术报告。

7 月 8 日，学会法医物证专业学术组组织召开法医物证学术研讨会，上海市刑事科学技术研究所法医物证专家周怀谷博士、司法部司法鉴定科学技术研究所物证室副主任李莉分别作了题为"法医 DNA 鉴定中应该注意的问题"、"Y－STR 检测在同胞关系鉴定中的应用"专题学术报告。

8 月 11 日，学会法医临床专业学术组组织召开法医临床学术研讨会。以"《人体体表损伤创口及疤痕鉴定的操作规范》的修订意见"为蓝本进行探讨，以期对 1997 年 4 月 1 日以来由该学会达成的关于《损伤司法鉴定的时限及创口、疤痕长度的测量标准》进行进一步的规范和完善，从而形成一个更完善的《操作规范》。

8 月 30 日，学会法医物证专业学术组协办法医物证学术研讨会。

上海市预防医学会

5月19日，举办主题为“运动与健康”的大型青少年科普名家报告会，邀请上海体育研究所全民健身指导中心主任刘欣教授作专题报告。

8月9日，学会职业卫生与职业病专业委员会举办“纽约911恐怖事件后的环境健康效应”学术报告会，邀请美国医学院Joel Forman先生就911恐怖事件现场空气污染情况，世贸中心双子塔楼倒塌过程产生的粉尘中有害物质构成及有害物质对现场人员、尤其是消防队员的伤害作了深入的调查研究，并通过动物试验加以证明。

8月23日，与上海市卫生局卫生监督所、上海市疾病预防控制中心联合举办“中央空调——卫生与健康”研讨会。

8月31日，承办“2005年上海市环境与健康论坛”研讨会。

9月21日，职业卫生与职业病专业委员会组织专家考察闵行和国家职业卫生示范企业（候选）大金氟涂料有限公司的职业卫生工作。

9月22日，食品卫生专业委员会与上海交通大学医学院联合举办“全国食品和厨房安全”研讨会。

上海市生物医学工程学会

1月，生物材料专业委员会作为“第十五届国际多学科生物材料研究会议”学术评定委员会单位，参加了有关评审工作；3月18～20日，作为协办单位出席了此次国际性会议。

8月20日，体外循环专业委员会组织召开第二届全国体外循环学术交流会。

11月19日，2005年学术年会召开。

12月17日，第五届上海地区医用生物材料学术研讨会举行。

上海市环境诱变剂学会

针对“苏丹红事件”，学会组织专家及时作出正确导向。4月19日新华社报道国家质检总局密切关注三氯生，学会即于4月22日组织专家召开“三氯生、内烯酰胺安全性研讨会”，会后，集中专家意见，在有关媒体发布了新闻稿。4月29日，在《人与健康》周刊刊登了专稿——“牙膏致癌事件媒体反应过激”。

5月20日，组织专家召开了“正确认识生活中的致癌物”研讨会，提出要将毒性与安全性区分开的观点。5月24日，学会在《人与健康》周刊上对茶叶中添加铅络绿的毒性问题作了解答。

10月14日，学会专家组成员厉曙光教授作客“市民与社会”节目，就市民关注的热点问题——关于PVC保鲜膜的应用进行讲解，并回答了市民的电话咨询。

7月30日，在《新民晚报》刊登学会有关专家“家庭防癌，主妇应打头阵”文章。10月28日、11月11日，《人与健康》周刊分别采访学会有关专家，刊登“秋冬季装潢害处何在”和“切莫食用二手油”文章，为市民的科学生活提供指导。

9月22日，组织召开“基因检测技术在医学临床上的应用”研讨会。

上海市健康管理研究会

12月18日，上海市健康管理研究会成立大会召开。

上海市植物病理学会

11月10日，邀请法国发展和研究院研究员尼古拉为上海交通大学农业与生物技术学院学生就生理生化及分子生物学方面作了“棉花细菌性角斑病抗病机制研究进展和动态”的报告。

组织多次科普讲座。给学农的中学生作了题为“冬虫夏草的效用、生产、生物活性物质提取”的专题讲座；给周边企业技术人员作“北冬虫夏草栽培技术”的专题讲座；给郊县部分种菇农民作了“冬虫夏草的种类、主要功效及使用方法”和“其它药食用真菌的主要功效和使用方法”的专题讲座；给草莓种植地的种植户们作了“草莓病害的识别、测报与防治”报告。

组织专家作学术报告。如“青枯病、根癌病的防治”、“井岗霉素的作用机理与发展”报告、“绿化植物有害生物网络查讯系统”介绍；“上海市林业主要病害诊断与防治”报告和“药食两用真菌（植物）及其生物活性物质在菌物界（植物界）中的多样性与研发”等专题报告。

组织上海市和浦东新区农业技术推广中心的部分植保、蔬菜专家考察浦东新区富农蔬菜种子有限公司黄瓜抗白粉病品种，同时还考察了蕃茄和青椒抗病育种现场。

浦东新区机场镇自2003年首次发生洋葱软腐病后，即采取水旱轮作措施，2004年未发现病株，但8月再次发现病株，而且成点、片发生。为此，学会组织植病专家前往进行现场调查，并与菜农一同探讨此病发生的根本原因，提出防治方法。

上海市植物保护学会

3月1日,学会农作物病虫专业委员会与上海市农技中心联合举办上海市农田灭鼠技术培训班。2005年,全市1.9万余名专业投药员参加了投放工作,投放杀鼠剂饵料113.39吨。

3月4日,学会蔬菜病虫专业委员会在江苏常熟召开蔬菜新农药使用技术培训班,对重点推广的杀虫、杀菌新品种的防治效果、使用方法等有关注意事项进行了重点培训。

4月27日,举办"天敌利用"专题报告会,福建农科院张艳璇教授作了题为"胡瓜钝绥螨的利用及商品化探索"的专题报告;北京植物园熊德平高级工程师作了题为"蒲螨在防治蛀杆害虫中的应用"的报告。

为有效遏制水稻条纹叶枯病危害上升趋势,5月25日,上海市农技中心组织10个郊县开办"条纹叶枯病防治技术培训班",500余人参加,有效控制了水稻条纹叶枯病的危害。

10月10日,应学会和市农业科学院植物保护研究所邀请,英国剑桥大学纯数学与数学统计学系统计学实验室王海扣博士在上海市农业科学院作了题为"昆虫迁飞与扩散的检测与预测研究"专题报告,主要介绍了应用计算机自动控制的雷达网络实时监测底层大气中飞行的昆虫种群。

10月31日,举办上海市植物保护学会成立40周年暨学术年会。会议邀请加拿大专家罗伯特、上海农科院沈国辉研究员、农药研究所张一宾研究员分别作了学术报告。

2005年水稻稻飞虱、纵卷叶螟大发生和褐飞虱在长江中下游的大发生。中共上海市委、市政府领导高度重视,并作了重要批示。9月10日,上海市农委在奉贤召开了褐飞虱防治工作的紧急会议,全面布置稻飞虱防治工作,经过努力,市郊稻飞虱危害得到有效控制。

年内,学会农作物病虫专业委员会、蔬菜病虫专业委员会与上海市农业技术服务中心发布粮油病虫预报16期,发布蔬菜病虫预报12期。主要病虫预报准确率达到90%以上,测报的时效性达到10天以上。

年内,推广频振式杀虫灯800台,使全市郊县杀虫灯总数已达到2 500台,控害面积达到3 333.3ha(5万亩)。同时加强蔬菜安全生产监管工作,开展农药安全使用培训和农药残留检测工作。

基本搭建完成上海市有害生物预警平台,基础软件全部安装就位,同时,10个郊县的技术人员接受操作技能培训,目前10个郊县的历史数据已基本录入。

学会农作物病虫专业委员会与上海市农技中心共同推荐了25个农药新品种,喷雾器、杀虫灯、灭鼠药各1个,推广面积达到100万公顷(1 500万亩)。对引进的20多种高效、低毒安全农药进行试验工作,并对不同种类型的喷雾器进行试验测定。建立农药安全示范区8个,筛选出农药10余种。

上海市水产学会

11月18日,举行上海市水产学会成立40周年庆祝大会,编辑出版《上海市水产学会成立40周年》论文专刊。

年内组织4次学术报告会,同时还组织并参与了5次国际研讨会。除学会的专家教授担任主讲外,还邀请了来自英国、美国、日本、挪威、韩国、俄罗斯等国的专家学者作专题报告。

组织1次"安全水产品养殖与管理"培训、4期"渔业职业技术"培训、1期"档案渔业"培训、1次"我国农产品国际贸易竞争力"的讲座、3次水产科技下乡活动。7月,由金盾出版社出版了10 000册《七彩神仙鱼的养殖技术及鉴定》。

由于参与并完成上海市科协的各项活动,获上海市科协"一星级学会"称号。学会推荐的庄平获得"第九届上海市科技精英提名奖获得者"称号。

上海市科普作家协会

1月,组织学会科学家暨科普作家为上海图书馆赠送科普图书和专著活动,赠书提供该馆博览厅公开展阅并作为馆藏书籍。16位会员共赠藏书108种。

3月至4月,与上海市美术家协会漫画艺术委员会和上海市社会治安综合治理委员会办公室联合组织了"警钟长鸣——上海市禁赌漫画展"征集活动,全市70多名作者的110件作品参展。

4月,由上海市科协编著、学会组织汇编的《上海科普工作的实践与探索》一书,由上海科学普及出版社出版。

5月,由学会组织编著的《原来如此》丛书(包括动物、植物、环境、地理、能源、材料、交通、信息、宇宙和生命等10个分册),由上海科技文献出版社出版。该套丛书共有100多名科学家、科普作家参与创作。

9月7日,召开"钱平雷'科普与文学'创作思想研讨会暨《幸福相对论》首发式”。

10月至12月，与上海市禁毒委员会、上海市公安局和上海市美术家协会联合主办“利剑出鞘——上海市禁毒漫画征集活动”，共组织了80多位漫画家和科普美术家参与征集创作，并从中精选126幅作为入选作品。

10月29日至12月17日，与上海图书馆联合举办“上海科普创作讲习班”。

11月18日，与上海市科学与艺术学会、《上海科坛》编辑部共同承办“展现科学的魅力——院士科普创作谈”。市人大常委会主任龚学平与会题词：“一流城市需要一流科普作品”，并向出席会议的杨福家、吴孟超、徐至展、顾玉东、嵇汝运等两院院士授予“上海市科普作家协会荣誉会员”证书。

12月8日，第12期新民科学咖啡馆“百年科幻”主题活动举行。这次活动是纪念世界科幻大师凡尔纳逝世100周年、中国科幻跨过100年、科学文艺创作大师高士其诞辰100周年系列活动之一。

年内，会同举办“上海市第十二届高中学生、第四届初中学生科普英语竞赛”，全市共有20 000多名同学参赛。

上海市青少年科普促进会

由学会和上海市教育发展基金会共同设立的“上海市青少年科普促进奖”，旨在表彰和奖励从事青少年科技教育工作的科技辅导员、青少年科技活动组织者以及对青少年科技教育事业有突出贡献的社会人士。叶红等10人获第二届上海市青少年科普促进奖，另有19人获得上海市青少年科普促进奖提名奖。上海市政协副主席、上海市教育发展基金会会长谢丽娟和学会理事长俞立中在9月23日举办的“2005年上海市青少年科普促进会学术年会暨第二届上海市青少年科普促进奖”颁奖大会上，为获奖者颁奖。

4月14日，首期“科技辅导员骨干培训班”在上海市青少年科技教育中心开课。

7月15～18日，全国第五届科技教育工作者发明与科教制作展评活动在大连举行。上海共有20个项目参加展评，嘉定二中的“光电信号转换演示仪”等7个项目取得了一等奖；另有6个项目获得二等奖，7个项目获得三等奖，居全国之首。

7月，组织参加中国青少年科技辅导员协会的主题为“关注青少年科技教育的德育功能”的论文征集活动，学会遴选的42篇论文全部获奖，其中华师大一附中初中赵俊老师的“学生德育成长中一个不可忽视的优秀平台”等6篇获得一等奖，另有23篇获得二等奖，13篇获得三等奖。

7月，推出“科普名师讲坛”活动。

9月23～26日，台湾圣芳济教育基金会一行5人来沪，与学会进行了沪台两地青少年科技教育情况的交流。

11月18日，与上海市教育发展基金会联合主办以“科学家的故事”为主题的青年教师演讲会。经各区县辅协推荐的38位青年教师通过“讲故事”的形式，讲述了爱因斯坦、爱迪生、李四光、钱学森等科学家的生动事迹。

9月23日，召开学术年会，学会副秘书长、上海师范大学基础教育处钱源伟教授及上海市青少年科技教育中心曹晓清老师围绕“关注青少年科技教育的德育功能”这一主题作了专题报告。

上海市老科学技术工作者协会

5月，成立科普教育服务部。

上海科技节、科技活动周期间，主办或与相关学会联合主办各类科普活动117次，讲师团168人次，参与、受众面达31 320人次。

10月21日，上海市科协第三届学术年会期间，分主会场和6个分会场进行专业学术交流，共交流学术论文24篇。

10月，参与由中国老年学学会、中国老科协联合主办的“首届中国老年人才论坛”及由上海市老龄委、港澳台相关老龄组织举办的“第三届世界华人地区长期照护会议”。

尝试开展国际交流：7月4日，邀请美籍医生乐嘉正作专题报告，并进行演示检查；10月11日，与相关协会共同邀请日本东北大学沈宝龙博士作专业报告。

年内，学会讲师团和各委，深入基层以及在学会内部开展宣讲、咨询等活动890次，受众达105 940人次；开展科技下乡活动200批，受益乡镇63个，受益农户472户。7名讲师团成员被评为首届上海市优秀科普志愿者，讲师团获首届上海市科普志愿者优秀组织奖；2名获上海科技节“科普贡献奖”等。

积极建言献策，“建议内河通航标准作适当修改”、“关于市区老年人居住现状及发展老年住宅对策”课题、“外地来(回)沪老年人口的现状和养老保障对策研究”课题等，上报有关主管机关或正按计划进行。

发展上海市地震局老科协为团体会员单位；吸

收新会员723人,其中高级职称401人。

上海市科学技术研究所协会

1月28日,围绕"加强科技自主创新,大力推进科教兴市"主题,与上海市科委、《解放日报》社联合召开了上海市优秀科研院所长座谈会。

7月22日至8月2日,组织6位科研院所长赴德国、法国进行科技考察,学习欧洲发达国家在开展应用技术研究与成果转化方面的政策措施、成功经验、运作机制、发展模式;并针对性地进行科技交流,探讨与相关研究所及企业合作的方式和具体合作领域。

9月20日,召开"科研机构自主创新与发展"研讨会。会议围绕科研机构如何走自主创新的道路,推进发展,特别是科研院所如何推进共性技术的研发进行了交流。

11月10日,理事长孙正心带领近70位科研院所长、党委书记赴宝钢研究院参观、学习。考察团一行参观了宝钢研究院的实验室、中试实验室和分析测试技术研究中心及宝钢展示厅以及宝钢原料码头和三期工程热轧厂。

年内,承担的上海市科协"上海市现代科技发展史"课题通过专家评审,为科学会堂连接工程的科技发展史展览提供了翔实的资料;完成上海市科委"技术开发类研究所转制绩效评估与发展"课题。通过课题研究积累了上海市技术开发类研究所转制5年来绩效的基础数据,并对转制所进一步改革提出政策建议;接受上海市科委委托,与上海市科委体制改革与政策法规处联合编印《科技政策法规选编》(2003、2004年),供上海市人民政府有关部门及科研院所参考;配合上海市科委组织若干会员单位整理改革的情况与今后设想的资料,供科技部参考。

(张凤英)

【组织编写《上海市注册咨询师培训教材》】 年初,上海市咨询业行业协会接受上海市科委委托,编写《上海市注册咨询师培训教材》,包括《咨询概论》、《宏观经济环境与相关政策法规》、《市场分析》、《管理咨询导读》、《技术咨询实务》5本书。其中包含大量实践案例。

(汪　珉)

【组织评审第六届上海市信誉咨询企业机构】 2005年,上海市咨询业行业协会组织评审了第六届上海市信誉咨询企业机构,共收到90家申报2005年度上海市信誉评审的咨询企业(机构),最后评审出89家咨询企业(机构)。其中,工程咨询类37家,技术咨询类19家,管理咨询类33家。在89家信誉咨询企业(机构)中,既有年产值在亿元以上的咨询骨干企业,也有年产值百万元左右的小型咨询企业(机构)。其中,连续6届获得信誉企业(机构)的单位有25家(以单位名称笔画为序):

上海大学预测咨询研究所
上海上投国际咨询有限公司
上海专利商标事务所有限公司
上海中汇金融外汇咨询有限公司
上海东华工程咨询公司
上海东港水运工程咨询公司
上海申邑工程咨询有限公司
上海市工程建设咨询监理有限公司
上海市水利工程设计研究院
上海市外商投资服务中心有限公司
上海市城市规划设计研究院
上海市建设工程招标咨询公司
上海市科技咨询服务中心
上海市科学学研究所
上海社会科学院经济法律社会咨询中心
上海投资咨询公司
上海国际招标有限公司
上海图书馆上海科学技术情报研究所信息咨询与研究中心
上海科奕化肥工程技术中心
上海浦东新区投资咨询公司
上海船舶运输科学研究所
上海联合工程监理造价咨询有限公司
上海煌浦建设咨询有限公司
上海雷英技术咨询有限责任公司
上海新世纪信息咨询有限公司

(汪　珉)

【评选第四届上海青年咨询精英】 从1999年以来,上海市咨询业行业协会(前身上海市咨询协会)开展了4届上海青年咨询精英的评选工作。2005年共有24家单位推荐27名青年咨询精英候选人。经过评审委员会评审,授予于泠、万建军、王士林、张雁、陈超、陈晖、周国平、耿海玉、曹文宏、瞿辉等上海青年咨询精英荣誉称号。

(汪　珉)

【积极开展国内外咨询业同行交流】 2月25～26日，协助中国科技咨询协会举办第二届中国咨询业发展论坛。8月4日，沙麟会长、陈积芳副会长在科学会堂会见安徽省咨询协会(筹)考察团一行，双方表示将加强联系，携手合作，共同促进咨询业的发展。

5月，李小钢副秘书长代表协会参与上海现代服务业访问团访问香港。9月，协会理事、上海新世纪资信评估投资服务有限公司总经理朱荣恩教授率领的考察团一行9人在台湾进行了考察和交流。11月，与法国市场调研协会会长单位、法国ESTEL市场研究有限公司联合举行市场调研研讨会。协会还先后接待了法国未来学家、世界未来学研究会主席宝丁茂博士、比利时THE HOUSE MARKETING咨询公司执行董事马克·德汇先生、资深顾问约瑞斯·克拉斯先生一行。

(汪　珉)

【中科院上海分院成立中青年科学家联谊会】 12月23日，中国科学院上海分院中青年科学家联谊会成立。这是由中科院上海分院系统各研究所年龄在50周岁以下、具有副高级以上专业技术职称或博士学位的优秀中青年科学家(包括“百人计划”、“杰出青年基金”获得者以及其他有突出贡献的中青年科技工作者)组成的群众性团体，在中科院上海分院党组领导下开展活动。

联谊会将不定期举办学术沙龙、学术报告、科技考察等活动，为不同学科的科技工作者搭建一个平台，促进会员之间的沟通和学科之间的交叉融合，进而促进研究所之间更好地交流合作，加速科技创新的步伐。

(孔朝晖)

第十八章　区县科技

第一节　概　况

【区县科技概述】　2005年，上海区县科技工作继续围绕"一区一新"目标培育特色产业，大力促进科技成果产业化。长宁、浦东、崇明、杨浦、奉贤、金山、南汇、徐汇、闵行等区县通过市区联动协议及园区、校区、社区"三区"联动等方式，逐步集有限资源向特色产业聚集。经过努力，多媒体、数字娱乐、电子通信、生物医药、精细化工、光仪电等产业竞争优势已初步形成，崇明生态岛、临港新城等建设初显科技特色。

经初步统计，2005年度区县上报的532个项目被认定为高新技术成果转化项目，累计通过认定项目2 800多个；1 448家民营科技企业通过高新技术企业复审，278家民营科技企业被新认定为高新技术企业；区县完成技术合同登记16 492份，实现交易108.03亿，分别比2004年增长21.3%和68.2%。各区县申请专利2.6万件，比2004年增长29.0%。

2005年，浦东新区、长宁区、闵行区、徐汇区、杨浦区在"2003～2004年度全国科技进步考核"中荣获"全国科技进步先进区"称号，浦东新区、长宁区、闵行区、徐汇区、杨浦区、普陀区、闸北区、嘉定区获"2003～2004年度上海市科技进步先进区（县）"称号。

（彭建平）

第二节　区县科技

浦东新区

【浦东新区科技工作概述】　2005年，围绕中共上海市委、上海市政府对浦东新区"一个作用、三个区"的发展定位，浦东新区把完善推进科教兴市主战略的工作机制、构建区域创新体系、培育自主创新能力和推进科技公共服务平台建设，作为工作重点，大力推进信息化建设、知识产权工作、科技基金管理和科普工作。

(1) 完成科教兴市主战略推进计划及相关协调工作。形成推进科教兴市主战略2005年行动计划和"高举一面旗帜（张江园区）、实施四个一批（引进一批、培养一批、建设一批、做强一批）"的工作方案，组建了由20多家单位组成的推进工作网络，形成了长效的工作机制。

(2) 深化"聚焦张江"战略，促进高科技产业带发展。重点推进国家生物医药产业基地评定、张江现代医疗器械园区建设，参与推进张江文化科技创意产业基地、银行卡产业园、导航科技园等建设，积极培育文化创意和医疗器械等新兴产业的发展。将张江作为科技发展基金在区域投向上的重点，资助张江开发区各单位的金额占项目资助总额的72%。大部分的公共服务平台资源也布局张江。发挥张江在科技创新方面的辐射带动作用，将张江的部分功能性政策辐射到高新技术产业带，促进外高桥、金桥和陆家嘴等开发区、功能区自主创新能级提升，推进各园区与功能区域联动发展。高新技术产业占工业总产值比重进一步提高，达42.8%。

(3) 进一步提升创新能力，完善产学研结合机制。积极探索产学研结合的客观规律，加强对自主创新、产业集群、技术联盟的引导和支持。着力引进学、研资源。北京大学、清华大学的浦东微电子研究院已开工建设，中科院计算机研究所已设立浦东分部，复旦大学、上海交通大学有关研究机构陆续东迁，张江研究生联合培养基地揭牌启动。支持企业牵头组建产业技术联盟。如"浦东移动视音频产业联盟”、“抗体药物产学研联盟”、“中央商务区产学研联盟”、“生物医药研发外包中心(网络)”等。目前浦东企业发起的AVS产业联盟参与者遍及全国,成为产业技术标准的控制者;抗体药物联盟占领全国50%的同类药物新品种;3G产业联盟在手机基带芯片、射频芯片、嵌入式操作系统等方面处于产业链的高端;将产学研结合列为浦东科技发展基金的资助重点,按产学研结合的原则组织重大产业技术联合攻关,建立了促进产学研结合的政策环境和长效机制。

(盛雪锋)

【大力发展高新技术产业】　2005年,围绕深化“聚集张江”战略,形成创建国家自主创新示范园区、国家火炬创新试验区和国家知识产权制度试点园区的相关方案,加强产业基地建设,优化园区综合服务,畅通产学研结合的渠道,发挥企业的创新主体作用,推动高新技术产业蓬勃发展。高新技术产业实现工业产值1 678亿元,超过全市高新技术产业产值的1/3,同比增长11.5%,高新技术产业产值占工业总产值比重达42.8%。重点产业基地建设形势良好,集成电路产业基地累计引进了200多家集成电路产业相关企业(其中IC设计企业80余家)以及20余家研发机构,推动集成电路产业迅猛发展,产值已经占上海市的半壁江山、全国的20%,并且在第三代手机芯片等领域实现了重大突破。生物医药产业基地不断完善“人才培养—研发开发—中试孵化—规模生产”的现代生物医药技术创新链,已集聚了300多家科技创新企业和40多家研发机构。基地在生物技术、现代中药、新型制剂、医疗器械四大领域累计申请专利540余项,其中国际专利25项,进入临床试验的新药超过20个,进入实验室阶段的新药超过40个,完成临床研究的新药项目7项,并在基因工程药物等领域有望实现重大突破。软件产业基地软件企业总数近1 000家,软件产业研发和集成向高端迈进,基本形成了产业集群。2005年基地软件产业销售总收入约180亿元,占上海市的1/3,软件出口约为3.4亿美元,约占上海市的60%。

(盛雪锋)

【推进“四个一批”重点工程】　浦东新区集聚优势资源,积极推进“引进一批、培育一批、建设一批、做强一批”的“四个一批”重点工程。2005年,中共浦东新区区委召开专题会议,进一步明确要加强品牌企业和自主创新能力培育,将“四个一批”作为推进科教兴市主战略,提高自主创新能力的重要抓手。一是调动各方面的力量,多渠道筹措资金,以企业为主体,重点建设一批公共服务平台;二是对有意到新区投资发展的自主创新型企业进行汇总梳理,形成了重点跟踪企业名单,并由区领导带队分组到有关地区与企业进行调研洽谈,引进一批重点企业;三是组织专业咨询和投资管理机构开展调研,确定了企业遴选标准,制定了资金筹措方案和管理办法,努力培育一批自主创新企业,首批优选的12家企业发展势头良好;四是汇总分析了年主营收入超过5亿元企业档案,优选一批重点企业作为走访对象,及时了解其发展情况和战略,并设计相应的服务和支持政策,推动“做强一批”取得进展。

(盛雪锋)

【实施“慧眼工程”】　2005年,浦东新区实施“慧眼工程”,提升对中小科技型企业的支持力度。编制了“慧眼工程”工作方案,组织专业咨询和投资管理机构开展调研,确定了企业遴选标准,首批优选了12家拥有自主知识产权并具有快速成长潜力的企业,并有针对性地设计了扶持其快速成长的综合性措施,联合上海银行、工商银行上海分行等金融机构,积极落实企业贷款事宜。

(盛雪锋)

【五大公共服务平台建设取得重大进展】　重点推进科技创新平台建设,引进了上海市LED(半导体照明)工程技术研究中心,发挥了良好的创新服务功能;正在建设中的金融IT平台、抗体药物研发平台、新药临床研究平台、信息安全公共技术平台等项目进展顺利;软件增值服务平台功能逐步完善,已成为中国软件评测中心上海分中心、国家软件测试重点实验室;新近推出的生物医药科研设备共享网络、专利数据库与检索分析系统,得到了企业普遍欢迎。另外,2004年度的平台项目生物医药公共实验室和孵化单元公司已建成并投入运营。筹建了浦东知识产权中心,并积极完善其功能定位和运行机制,制定了鼓励专利申请的专项政策,填补了国内空白。以张江创建知识产权示范园为重点,组织了浦东知识产权国际论坛及成果展示等系列活动,有效开展了专利权质押贷款调研等工作。构建人力资源服务平台,扩大人才信息网络平台的辐射和影响,培育和发展网上人才市场,完成了浦东人才网、海外人才网和博士后工作网等三网的改版及并网运行工作。召开了人才工作协调小组会议和张江国家留学人才创业园示范建设联席会议，出台新一轮服务留学人员居住、子女入学、高级人才学术休假等相关政策，进一步激发在浦东创新创业的热情。推进投融资服务平台建设，形成了建设投融资信息服务平台、风险投资集聚地、创业投融资俱乐部的方案，提出了支持风险投资的扶持政策，引起国家有关部门的高度重视。探索在张江设立吸引投资公司集中入驻的基地，引进国家开发银行新推出的批发贷款业务，由浦东生产力促进中心作为受理平台，由国家创新基金对科技型中小企业贷款项目提供全额贴息，营造风险投资集聚浦东的软硬件环境。推动信息化服务平台建设，完成了为科技创新推进服务工作提供全方位信息化服务的ASP(Application Service Provider)平台设计方案；科技基金管理、科技项目管理、生物医药专利数据地图等信息化项目，正在实施建设中。全面启动社会诚信体系建设工作，诚信网在全市率先建成并开通，利用财力统筹资金和信息化专项资金支持新建80个有特色的信息化项目。推进“互联浦东人”信息化培训实事工程。信息化应用推广项目管理取得良好成效，配合落实上海市政府实事项目“付费通”、“市民信箱”在新区的实施。

（盛雪锋）

【产业基地和孵化体系建设成效卓然】　结合功能区域组织架构的完善工作，不断加强微电子、软件等重点基地资源集聚和整合，国家生物医药产业基地(张江)顺利通过了国家发改委的评估，浦东现代医疗器械园已顺利开园建设。张江文化科技创意产业基地集聚效应凸显。加速推进孵化服务平台和孵化基地建设，是张江产业可持续发展的重要环节，年内，张江有上海集成电路设计中心、国家新药筛选中心、国家上海新药安全评价中心、上海中药标准化研究中心、芬兰生物医药孵化器等一大批技术孵化公共服务平台。同时，张江的技术孵化基地建设已初具规模，园区内各类孵化楼的总面积已达33.5万平方米，入驻孵化区企业382家，其中200家企业达到了生产标准，并涌现了一批科技成果直接转化为生产力的旗舰企业。技术服务平台和孵化基地的不断完善，为科技成果的转化提供了全方位配套服务，进一步促进了产业的专业化、模块化分工与产业支撑体系的完善。

（盛雪锋）

【建立一批有影响的产学研联盟】　积极探索产学研结合的客观规律，加强对自主创新、产业集群、技术联盟的引导和支持。组建了“浦东移动视音频产业联盟”、“抗体药物产学研联盟”、“中央商务区产学研联盟”、“生物医药研发外包中心(网络)”等。目前浦东发起的AVS(Audio Video Coding Standard)是中国具备自主知识产权的第二代信源编码标准，参与者遍及全国，成为数字音视频产业技术标准的控制者；抗体药物联盟占领全国50%的同类药物新品种；3G产业联盟在手机基带芯片、射频芯片、嵌入式操作系统等方面，处于产业链的高端。

（盛雪锋）

【浦东自主创新成果显著】　2005年，浦东新区新引进外资研发机构14家，新认定研发机构23家，至年底经认定的研发机构达到161家，增长16.7%。新认定高新技术企业61家，至年底高新技术企业总数达到498家。高新技术成果转化项目108项，技术合同认定3 034项，增长28.5%，交易额38.64亿元，增长74.7%，占全市17.1%。专利申请量继续保持可持续增长，达3 141件，增长9.4%，其中发明专利1 794件。张江高科技园区成为国家知识产权试点园区；以企业为主体的新药临床研究中心、国际抗体组药物研究院等四个科技创新平台项目正式启动。建立了“移动视音频”等产学研联盟。2005年上海市政府组织实施的19个科教兴市重大产业科技攻关项目中，浦东企业承担了10项。

年内，浦东企业获国家科技进步奖4项，其中一等奖1项，实现零的突破；获上海市科技进步奖31项，获上海市发明创造专利奖10项。经过专家组评审、科技部审核批准，浦东新区被评为2003～2004年度全国科技进步城区。

（盛雪锋）

【研发机构能级进一步提升】　到2005年底，浦东新区经认定的各级企业研发机构共161家，形成了以国家级企业研发机构为龙头、市级企业研发机构为骨干和区级企业研发机构为基础的三级梯度结构的技术创新体系。浦东企业研发机构约占上海企业研发机构总数的近一半，汇聚了通信软件、生物医药、微电子产业的高新技术企业，涵盖了浦东的支柱产业和高新技术产业，代表了目前技术领域发展的高端水平，推动了新区产业结构调整。新区已认定的企业研发机构主要分布的产业领域是：信息与软件业(包括微电子、光电子、通讯)、生物医药产业、先进制造业(包括机电一体化、家电、汽车、船舶、港口设备等)、新材料产业和其他,基本符合新区产业结构的现状和实力。研发机构与国内外的科研院所和各高等院校的产学研联盟格局逐步形成,促进了科技资源的合理配置,完善了企业自身的创新体系。

(盛雪锋)

【科技发展基金运作成效显著】 进一步加强科技发展基金管理,发挥引导作用,放大引导扶持效能。2005年基金支持项目600项,合同资助额2.4亿元。改革浦东科技投入的功能定位和管理体制,将"慧眼工程"专项资金纳入基金管理框架。全年资助项目主要集中在生物医药、软件和集成电路等三大产业,并专门安排4 000多万元与国际著名的生物医药投资公司合作组建浦东生物医药基金。加强对科技基金监督,完善运作机制。一是加强了项目的新颖性和创新性审查,并在全国率先应用互联网共享数据库检查申请项目的创新性。二是加强项目的前期介入和跟踪报告的审批。三是加强监督,改进立项、评估、监管流程,并通过网上公示,接受公众监督。四是加强项目后评估,着眼基金资助后的效益,加强调查分析。

(盛雪锋)

【知识产权工作成效显著】 推进新区知识产权战略部署,推动张江高科技园区创建国家级自主创新示范园区和知识产权试点园区,申报创建张江高科技园区为国家知识产权示范园,现已通过上海市政府向国家知识产权局申报并获得批复。举办知识产权国际论坛,开展对外交流,促进技术转移。建设知识产权公共服务平台。在对平台方案深入调研、功能设计的基础上,建设知识产权公共服务平台,并成立了平台管理运营机构——浦东知识产权中心,为政府加强知识产权公共管理和服务奠定了基础。加强知识产权宣传和环境整治工作,策划并组织了"4·26"系列知识产权宣传普及活动,直接受众上万人;在上海市知识产权局对"4·26"宣传活动的评比中,新区名列前茅。联合有关部门开展了系列专利行政执法活动,规范市场秩序,维护法制环境。推进企业知识产权制度建设。推荐申报上海市第二批专利试点企业8个;辅导新区25家上海市专利试点企业和专利培育试点企业,建立企业知识产权制度和制定企业专利战略。

进一步加强会展业知识产权保护,11月,在第七届上海国际工业博览会和第十八届中国国际表面处理、涂装及涂料产品展览会举办期间,浦东知识产权局协同负责会展现场知识产权咨询、纠纷处理的接待工作。2004年8月至2005年10月,工商浦东分局先后组织了5 590人次的执法干部开展商标专项整治工作,对30 558户(次)的商铺(摊)、33个市场(1 057个次)、643户印刷业和定牌加工企业进行了检查,查获各种假冒商品7 074件,捣毁制、销、存假窝点22个,立案180件,移送司法机关2件。进一步加强了知识产权案件公开审理、宣判和宣传工作,自2004年9月开展"保护知识产权专项行动"以来,新区法院民三庭共收案124件,结案112件,案件收结数呈良性循环状态。

(盛雪锋)

【信息化工作稳步推进】 稳步开展GIS推广应用工作,已完成基础数据交换平台环境搭建和计划、建设、环保、劳动保障和社发5个部门的数据交换试运行。建成并开通浦东诚信网站,使之成为上海第一个整合了政府行政监管和相关行业组织信用服务等信息的综合性网站。积极推进"互联浦东人"信息化培训实事工程,为市民培训提供全方位服务,培训2.7万人,组织开展了"市民数码作品大赛"等市民信息化应用活动。"浦东新区政务办理中心条块信息系统联动试点"列入市试点,信息化应用推广项目管理取得良好成效。落实市政府实事项目"付费通"、"市民信箱"在新区的实施,"付费通"项目已签约92家,开通近50家,居各区县之首。"市民信箱"完成12 735个,占全年任务85%。信息化应用推进专项资金对19个项目按程序确定立项,并完成已建项目验收6个。

(盛雪锋)

【深化扩大信用产品使用范围】 在2004年科技系统试点的基础上,2005年继续深化在科技发展基金的创业人才专项资金管理中使用信用产品,有30家申请单位(人)使用了信用产品。借鉴杨浦区的做法,首次在政府采购招投标项目中试用信用产品7份,采购项目总预算达539万元,取得了较好的效果。在高新技术企业认定中,新区园区外通过复审的145家高新技术企业中有64家使用了信用产品,占44%。区外新申报的17家高新技术企业全部使用了信用产品。

(盛雪锋)

【投融资环境进一步优化】 在浦东,以政府基金为引导,社会风险投资为主体的创业投资体系正在逐渐形成。2005年,在张江建成"创业投资广场",引进了大量海内外创业投资机构。设立了1亿元的"浦东生物医药产业发展基金",与世界银行所属国际金融公司,以及淡马锡控股、HBM、百奥威达公司等国际知名风险投资机构合作,共同组建面向浦东新区生物医药产业的投资联盟。国家开发银行在浦东生产力促进中心设立了贷款平台,在政府支持企业运作的信用环境下,向张江中小型创新企业提供融资支持,初步缓解了中小企业的融资困难;大批银行、金融机构积极进入张江服务,在产业项目建设中发挥了关键的支撑作用。浦东新区政府与国家开发银行、工商银行等签订了巨额授信协议,支持浦东高新技术产业的发展。

(盛雪锋)

【人才高地建设成效显著】 基本完善了以"引进+培养"为主的人才支撑体系,一方面大力引进各领域的专家,特别是领军型人才,一方面积极培养本土型专业人才,积极打造张江的人才高地。2005年,仅张江"药谷"就有近万名生物医药科研人员,为浦东的持续创新奠定坚实的基础。浦东新区还利用"浦江人才计划",制定配套的人才政策和措施,吸引国内外人才到上海创业和发展,并为此制定服务于高级人才的相关政策,着重为其创造良好的生活及工作环境。积极发挥上海高校资源,创新专业和课程设置,培养满足企业需求的本土专业人才。发挥好生物医药职业培训中心等教育平台的功能,开展与澳大利亚TAFE机构合作,成立张江生物医药职业技能培训中心,为生物医药企业、研究机构、大专院校提供专业化的培训教育服务。

(盛雪锋)

【国内外科技合作成果斐然】 2005年,浦东新区加强国内外科技合作,有效推进技术转移和转化。与中国科学院初步达成共同建立"中国科学院知识创新工程浦东产业化基地"的合作意向,将聚焦下一代互联网关键技术、数字媒体技术等领域的产业化发展。与英国剑桥咨询公司、清华大学微电子学院、杨浦区等多次联合举办技术转移和项目推介活动,促进多家企业与海内外伙伴达成合作协议。积极开展国际科技合作,先后成立了浦东国际孵化基地、芬华创新中心、浦东-南荷兰协同创新项目办公室等。

(盛雪锋)

【生物医药创新成果显著】 一批新药成果在国际国内产生重大影响。中科院上海药物研究所研发的抗早老性痴呆一类新药希普林在欧洲30多家医院同时开展Ⅱ期临床研究,在国际上产生较大影响;药物所、绿谷集团等联合研发的丹参多酚酸盐粉针剂已于7月获得新药证书,有望在欧洲上市;微创医疗器械公司研制成功的第一代含药缓释血管支架,打破了进口同类产品对国内市场的垄断,成为为数不多的打入日本、欧洲、南美大部分国家的高端医疗器械。一批创新成果在生物医药前沿取得重大突破。单克隆抗体药物是国际上公认的生物技术高端领域,中信国健的人源化单克隆抗体新药申报,已占了此类新药全国申报量的半壁江山;泽生公司开发的1类新药——抗心力衰竭药物,被认为是世界上第一例可直接对心脏功能进行修复的特效药,已进入Ⅱ期临床试验;复旦悦达的乙肝治疗性疫苗、赛达生物公司的注射用重组改构人肿瘤坏死因子、美恩生物公司的碘[^{131}I]肿瘤细胞核人鼠嵌合单克隆抗体注射液等成果,均居各自领域前沿,与发达国家同类产品处在同一水平上,有望参与国际竞争。一批新药成果在攻克疑难重症方面取得重大进展。2005年上海市首批重大产业科技攻关项目之一的人源化单克隆抗体类新药益赛普,获准上市,成为中国首个批准上市的抗体类药物,是治疗中重度类风湿性关节炎、牛皮癣和强直性脊柱炎的特效药;迪赛诺生物医药公司研制的用司他夫定、奈韦拉平、去羟肌苷、齐多夫定等四种抗HIV药物组成的"鸡尾酒疗法"用药,标志着国产化治疗艾滋病药物的真正实现;三维生物医药公司的肿瘤药物H101,是世界上第一例有效杀灭肿瘤细胞却不伤害健康细胞的产品。在创新成果涌现的同时,张江"药谷"的产业化步伐也越来越快。2004年以张江为核心的浦东新区生物医药产业实现产值占上海市的41.4%,拥有全国最大的药品流通企业上药股份和上海最大的制药企业上海罗氏制药。

(盛雪锋)

【生物医药研发创新辐射效应显著】 张江"药谷"以创新研发能力为基础,为长三角甚至全国医药企业提供技术和产品创新的支撑。以张江为核心基地的产学研合作辐射全国。中科院上海药物研究所和陕西绿谷制药开展了产学研合作,沙尔威星、丹参多酚酸盐粉针剂等项目在绿谷制药的操作下都即将进入产业化的过程。几年来,国家中药制药工程技术中心不仅为张江的中药研发企业提供技术支持，而且为全国大量医药企业的产业化提供了有效的工艺研发服务。中科院上海药物研究所还与上海医药(集团)有限公司密切合作，启动了抗禽流感药物的紧急研制计划。

(盛雪锋)

【生物医药产业参与全球产业链】 张江“药谷”的国际化进程逐渐凸现，生物医药研发外包体系初露端倪。以强大的研发能力为依托，张江“药谷”在加快培育具有国际竞争力的骨干企业、促进浦东生物医药产业能级提升方面，取得了较快进展，正在快速地“走出去”，融入到全球的医药产业链中。在美国费城举办的Bio2005全球生物技术年会上，张江30余家研发外包企业第一次向世界展示“药谷”的研发外包实力，得到了高度评价。上海市生物医药外包服务基地和上海浦东生物医药研发外包服务中心2004年在张江成立，2005年2月22日挂牌。目前已有30家企业加盟，初步形成涵盖新药研发各阶段的“外包”服务链。

(盛雪锋)

【集成电路高端成果涌现】 2005年，浦东新区集成电路产业得到进一步发展，企业研发成果涌现，微电子产业基地蓬勃发展。展讯公司自主研发成功的3G手机核心芯片是目前全球惟一的TD－SCDMA/GSM/GPRS双模单芯片；鼎芯半导体DECT数字无绳电话功率放大器(PA)打入欧洲市场，开始批量生产；凯明信息科技股份有限公司推出第二代增强型基带芯片“火星”，支持TD－SCDMA/GSM/GPRS双模和丰富的多媒体应用，并在深圳举行的“第七届中国国际高新技术成果交易会”上展示；中芯国际开始生产90nm芯片；生产众多先进产品，包括90nm的光掩膜版、铜制程硅圆片、0.13～0.35 μm的动态存储器及逻辑电路产品以及在中芯北京四厂中产出的12英寸硅圆片等。

(盛雪锋)

【浦东软件产业基地建设功能升级】 2005年，浦东软件园企业入驻数415家，销售总收入为180亿元。浦东软件园本部由国家发改委、信息产业部和商务部批准的上海国家软件出口基地建设，被列为上海市重大建设工程项目，上海市发改委、信息委、外经贸委等11个主管部门参与上海市国家软件出口基地工作小组，重点推进上海国家软件出口基地的建设。陆家嘴软件分园由园区实施陆家嘴分园的产业发展规划，投入近3亿元，现有企业68家，办公房面积5.6万平方米，园区入驻软件人员超过5 000人，全年园区销售收入60亿元，上交税收3亿元。外高桥软件分园全年软件企业销售收入为23亿元，搭建了现代物流信息技术及无线射频技术应用推广服务平台，并参与制定RFID国家标准的工作，利用“国家动漫基地”的品牌效应发展动漫产业。金桥软件分园入驻的著名企业有惠普软件开发中心、禹华通讯、葡萄城软件公司，全年销售收入为9亿元。国家信息安全产业化基地针对上海市信息安全企业的特点，开发建设信息安全综合服务体系，其中技术市场服务成为吸引信息安全企业入驻的关键。已建成4栋孵化楼，面积2万平方米，60家企业入驻。

(盛雪锋)

【科普事业蓬勃发展】 加大推进科普工作力度，努力营造“科学浦东”氛围。进一步加强科普建设工作，落实实事工程，多次组织科技类学(协)会为浦东科技创新工作建言献策；先后举办4期以“产学研联盟”为主题的科技沙龙活动；对浦东集成电路、生物技术、光电子领域的科技活动和一批科普工程实行重点支持，专项费资助额达360万元。加强科普能力建设，在“市级科普示范社区”、“市科普示范企业”、“市科技特色示范学校”和“市级科普教育基地”评审中取得佳绩。广泛开展科普活动，科技节和科普进社区等活动推动了群众性科普和青少年科普跃上新台阶。举办了以“突出人本理念，聚焦科技热点，群众广泛参与”为特点的2005浦东新区科技节。全区组织六大板块29项区级重点活动，基层科普活动达到200多项，共有69.3万人次的市民在活动中受益。

(盛雪锋)

黄　浦　区

【黄浦区科技工作概述】　2005年，黄浦区科技工作围绕黄浦区的重点工作，营造科技发展优良环境，扶持和发展科技型中小企业，促进科技进步和成果转化，开展城区科普工作，发挥科学技术在推进区内经济和社会发展中的作用。全区共有民营科技企业726家，技工贸总收入571 199.9万元，税收22 946.2万元。

以知识产权为抓手，提高企业的市场竞争力，认真组织黄浦区保护知识产权宣传周活动和保护知识产权专项检查行动，指导和督促企业规范市场经济秩序，强化知识产权意识，加强知识产权保护。中百一店、东方商厦(南东店)、蔡同德堂、童涵春药业、置地广场商厦5家企业通过了市试点单位的验收检查。截至2005年底，全区共有市级专利试点单位5家，市级商业专利管理示范单位8家，市级培育专利试点企业5家，市级专利工作试点学校5家。2005年专利申请量达到799件。

科普方面，全区共有市级科普示范街道1个、市级科普示范企业1家、市级科普小区12个，标准化社区科普画廊13个，多媒体电子科普触摸屏10座。2005年，黄浦区科协被市科协评为科教进社区先进集体、青少年科技工作先进集体。8月，通过2003～2004年市、区、县科技进步考核。

(刘　宇)

【编制黄浦区科技发展“十一五”规划】　“十一五”时期是上海市科技发展的关键阶段，也是黄浦区抓住上海筹办世博会机遇，实施科教兴区战略，促进技术创新，提高产业能级的重要时期。为了落实《上海市实施科教兴市战略纲要》精神，进一步推动区内五大支柱产业快速增长，优化高科技的成长环境，根据区“十五”期间高新技术产业发展的实际情况，制定了《上海市黄浦区科技发展第十一个五年计划及2020年远景规划》。提出了“十一五”期间，黄浦区科技发展的目标、任务、措施等要求。

(姜丽娟)

【编制完成“黄浦区知识产权战略纲要推进计划”】　该计划由黄浦区知识产权局编制完成，共分黄浦区知识产权工作现状、指导思想、基本原则、未来五年的推进目标、主要任务和推进措施6部分，是黄浦区实施知识产权战略、贯彻科教兴市主战略的重要组成部分。

(姜丽娟)

【积极组织科技产业化项目】　全年组织国家及上海市产业化项目13项，组织了18个民营科技企业申请国家科技部创新基金、上海市创新资金。其中3个项目获得国家创新基金，无偿资助165万元；5个项目获得上海市创新基金，无偿资助175万元。有10家企业完成了创新基(资)金任务，项目已通过验收。上海市高新技术成果转化项目12项；区级三项计划受理60项，立项45项。全区共登记科技成果24项，在全市19个区县中名列前矛；共完成技术合同认定979项，成交金额3.68亿元。

(姜丽娟)

【技术合同交易额创新高】　据统计，2005年度全区共认定各类技术合同979项，技术成交金额达36 893.97万元，同比增长8.86%。主要特点：现代服务业中的软件开发类项目实现新突破，其数量、金额大幅上升，项目数162项，交易额12 896.49万元，同比分别增长40.9%和98.9%；百万元以上大项目增长较快，达58项，同比增长26.1%，单项最高标的额达2 500万元；新办合同认定的企业有所增多，其合同数约占总量的1/4。

(姜丽娟)

【被评为2005年上海市民营科技企业统计年报工作先进集体】　根据科技部和上海市对2004年度民营科技企业统计年报与年检工作的要求，黄浦区于2005年被评为“2005年上海市民营科技企业统计年报工作先进集体(一等奖)”，区科委董军、陈光剑两人被评为先进个人。

(姜丽娟)

【科技京城国家集成电路设计上海产业化基地改制】　科技京城国家集成电路设计上海产业化基地是黄浦区科技创新的典型，在国内外的集成电路设计领域内有较大知名度，年内实行改革，按企业化管理、市场化运作的模式建立了多元投资的基地发展公司。3月，组建了由上海市科委、黄浦区政府、新黄浦集团共同投资和管理的上海微电子设计有限公司，公司采取市场化运作，从机制上保障孵化器的持续发展。

在技术创新方面，年内，基地内有1家企业获得"国家科技型中小企业技术创新基金"资助55万元；3家企业获得"国家科技型中小企业技术创新基金创业项目"资助105万元；1家企业获得"上海市创新资金（市区联动）项目"资助35万元。8个项目被上海市信息委立项、有1个项目被上海市科委列为国际技术转移项目。基地内企业的科技项目技术含量不断提升。同时，通过与苏州高新区、济南高新技术创业中心、大庆国家高新技术产业开发区的交流，开拓了信息渠道，促进了业务合作。经过一年的运作，科技京城国家集成电路设计上海产业化基地注册企业16家，新增注册资本4 471万元，其中新引进IC设计企业10家，留学生创业企业1家，软件企业3家。

（姜丽娟）

【上海集成电路设计创业中心创建国家级创业中心】　11月，黄浦区科委所属的上海集成电路设计创业中心作为全国第一家专业孵化器通过了科技部火炬中心的国家级创业中心的评审，成为全国首批国家级的专业技术孵化器。

（姜丽娟）

【黄浦区科技京城人才信息采集点揭牌】　6月21日，黄浦区科技京城人才信息采集点正式揭牌，由上海集成电路设计创业中心负责人才信息采集。

（姜丽娟）

【法国专家考察在孵企业】　7月23日，法国创新署（ANVAR）和法中科技创新支持网络专家，来沪考察在孵企业上海超集电子有限公司。该公司为新成立的孵化企业（孵化器已正式决定参股），计划在法国蒙彼利埃大区（Montpellier）建立分公司开拓欧洲市场，并作为上海集成电路设计专业孵化器了解欧洲IC设计需求和市场的窗口。

（姜丽娟）

【科普工作取得新进展】　组织黄浦区保护知识产权宣传周活动。期间，分别组织了"让知识产权知识走近百姓"、"创意设计与知识产权保护研讨会"、"尊重他人知识产权，保护自主知识产权——销售盗版VCD、贺卡集中宣判"等10项活动，参与人或受益群众达1万人次。

9月13日，黄浦区在新世界商城底楼活动展厅举行"2005年全国科普日黄浦区品牌战略宣传活动"，围绕"活力品牌"、"魅力品牌"、"实力品牌"展开，通过形式多样的宣传活动，使黄浦区的老字号、老品牌得以发扬光大，黄浦区品牌发展战略得以构建，知识产权保护意识更深入人心。

以"享受科技成果，感受科普魅力"为主题的2005年上海科技节黄浦区活动按"闪亮南京路"、"飘扬科技馆"、"链接公务员"、"冲浪在社区"、"动感校园中"五大活动展开。举办了"自主创新、设计产业聚焦黄浦——上海设计产业孵化发展论坛"，组织了"南京路沿线电子屏幕科普风景线闪闪亮"、"名家科普讲坛"、"机关干部科普知识网上行"、"健康心连心——社区科普文艺汇演"和"科学创意嘉年华"等60余项活动（其中院士报告4场；科技讲座25场；科普专题报告10场；放映科教影片4场；科普板报展示200余块；科普演讲2场；科技咨询180人次）。科技节期间，全区直接参加各类活动的人数约3万人次。

6月29日，黄浦区在中华第一街南京路步行街举行"健康城市、美好生活'健康面对面'科普咨询"暨"第一医药科普园地"揭幕仪式。

黄浦区还充分利用科技馆这一吸取科技知识的场所，展示科技成果的平台，开展了"科教影片月月看，科普讲座双月谈，科普成果季季展"等活动。

（姜丽娟）

卢　湾　区

【卢湾区科技工作概述】　2005年，卢湾区科委积极打造"创新的希望在卢湾培育、创新的事业在卢湾发展、创新的人才在卢湾集聚、创新的成果在卢湾展示"的服务平台，努力落实"卢湾区科教兴区实施意见"，较好地完成了各项工作任务。

全年引进和发展民营科技企业62家，其中从事高新技术的企业 50 家，新增注册资金25 390万元，完成全年指标的 126.95%；30 家高新技术企业通过复审，总收入达到 22.51 亿元，其中高新技术性收入 18.43 亿元，占总收入的 92.4%；上缴税金 1.24 亿元；科研开发费用投入 1.61 亿元，占销售收入的 7.3%；认定技术合同 332 份(不含小额技术合同)，合同金额 1.47 亿元。组织申报国家、上海市科技型中小企业技术创新基金项目，有 6 个项目被受理，其中 2 个项目列入上海市科技型中小企业技术创新资金项目，并被推荐申报国家科技型中小企业技术创新基金项目，共获得 220 万元资助款；组织申报上海市重点新产品计划项目，2 个项目列入上海市重点新产品计划，其中 1 个项目获得 10 万元资助；组织申报上海市科技兴贸计划项目，“中韩合作研发生产 POS(信用卡交易终端)”项目列入上海市国际合作科技兴贸计划项目，获得 20 万元资助；组织开展“优秀科技企业”、“优秀科技企业家”、“优秀科技产品和科研成果”评选活动，评出各类奖项28 个。推荐上海市商业系统专利试点企业 2 家，1～12 月份专利申请量 736 件，其中发明专利 223 件，实用新型 263 件，外观设计 250 件。成功举办以“科技领先，创意无限”为主题的 2005 年卢湾科技节和以“树立科学发展观，共建和谐社会——科学普及，你我共参与”为主题的全国科普宣传日等活动。

(徐惠静)

【国家和市知识产权局领导视察卢湾区创意产业】 1 月 7 日，国家知识产权局副局长张勤和上海市知识产权局局长陈志兴考察了泰康路田子坊、“8 号桥”上海时尚创意中心和黄陂南路 700 号的动漫影视制作基地。对卢湾区知识产权工作在创意产业发展中发挥的作用给予高度评价，并就如何做大、做强和做好品牌，加强创新和知识产权保护，进一步发挥科技是第一生产力的作用等提出了建设性意见和建议。

(徐惠静)

【建立科技企业服务联系证制度】 尝试向区内中小型科技企业发放“科技企业联系服务证”，告知区科委的工作职责、联系服务内容以及联系方式，帮助企业了解高新技术企业和成果转化项目的认定、国家及市技术创新基(资)金、新产品的申报和国家及市火炬计划项目的申报等规定，使企业随时知晓有关科技政策和科技信息，并通过网络参与各类技术攻关项目、西部合作项目等的招投标。

(徐惠静)

【完善科技创业创新相关政策的制定】 完成《上海市卢湾区科技发展基金管理办法》的制订，旨在通过加强卢湾区科技发展资金的资助，发挥政府相对有限资金的最大效用，支持对区域经济社会发展有一定影响和促进的科技研发与有产业化前景的项目，如科技人员的创业资助、国家及上海市认定的各类项目的资金匹配、科技企业科研、中试、成果转化过程中的贷款贴息，区域内“产学研”重点项目的扶持等。

(徐惠静)

【加强科技中介服务机构的建设力度】 开展了“利用社会中介力量，优化社会资源，推进区域科技企业发展机制初探”软课题研究，探讨发挥社会中介机构在为科技企业技术创新服务工作中的作用。并结合区域经济发展的实际，提出发挥中介机构功能建议和措施，制订“卢湾区支持中介机构、技术经纪人发展的措施”，明确提出通过社会中介服务机构引进和支持高科技、高知识含量、高风险项目的创业人的具体措施。

(徐惠静)

【编制卢湾区创意产业发展规划蓝图】 完成了“创意卢湾——卢湾区创意产业发展规划”蓝图的编制工作，提出了重点发展广告策划、时尚设计、出版会展、艺术和文物交易、休闲软件与电脑服务及创新人才培养，以点、线、面相结合形成集群创新的发展格局，成为上海现代服务业发展亮点的总体目标和具体规划内容，逐步在全区上下形成推进创意产业发展的共识。

(徐惠静)

【制订“生命健康科技园区”运行方案】 提出并完成了建设“卢湾生命健康科技园”的方案。对该园区运行管理机制、市场前景和具体功能安排等问题进行了比较深入的探讨。同时听取上海市相关部门和专家意见，按照上海市中长期科技发展规划中——“健康上海”发展要求，对健康科技园的定位和发展范围进行了重新调整，提出了建设生命健康园区的发展目标和具体的措施。

(徐惠静)

【实施知识产权战略行动推进计划】 在全市率先制定《卢湾区实施知识产权战略行动推进计划(2005～2010)》,明确知识产权工作重点是抓好专利、商标和版权中音像制品及出版物的正版占有率等工作,并提出了未来5年全区知识产权工作的总体目标、阶段目标和具体目标,以及重点任务、主要措施,为进一步推进卢湾区知识产权工作,加大知识产权保护力度,建立维护公开、公平、公正的市场竞争秩序提供保障。

(徐惠静)

【率先创建淮海中路知识产权保护示范街】 制定"卢湾区创建淮海中路知识产权保护街行动方案",并于4月28日在全市率先开展淮海中路商业街知识产权保护示范街的创建活动。在方案实施期间,通过调查研究形成实施办法,确定分类指导对象,实施创建知识产权保护示范街具体项目,实行点上指导和面上推进相结合,开展检查和验收工作。

(徐惠静)

【建立防震减灾工作联席会议制度】 在全市率先建立卢湾区防震减灾工作联席会议制度,并于5月27日召开第一次会议,结合政府公共职能及构建和谐社会的工作职责,向各联席会议成员单位提出了具体工作要求。该制度以不定期会议形式进行研讨、沟通,以利于提高联席会议的工作效率,及时通报重大震情、上级政策方针和重要防震减灾工作。

(徐惠静)

【建立上海首个营养师协会】 12月28日,全市首个营养师协会在卢湾区成立。该协会是一个由拥有专业技术职称的营养保健专业人才组成的专业性、非盈利性的独立法人社团,首批会员50余名。协会将对广大市民进行营养知识普及,指导市民树立合理、科学的饮食习惯和健康意识,提供营养咨询和服务,加强与国外营养师组织的交流,引进发达国家最新的营养理念,为各企事业单位培养各类营养学人才。

(徐惠静)

【启动学会改革与发展工作】 学会改革与发展工作得到广大学会、协会会员的响应和支持,已完成会员重新登记和部分建卡建册档案登记工作。卢湾区科协原下属20个学会、协会、研究会及专业委员会的1 429名会员经过重新登记并新发展会员30名,重新登记率为66.4%,为学会进一步改革和发展奠定基础。

(徐惠静)

【开展青少年科普教育工作】 3月26～27日,第二十届英特尔上海市青少年科技创新大赛在卢湾区青少年活动中心举行。大赛包括19个区县的青少年科技创新项目,长三角地区及国外青少年科技创新成果竞赛和机器人创意设计等项目900余个。大赛共评选出创新发明一等奖52个,其中5个项目参加全国青少年科技创新大赛,获得一等奖1个、二等奖1个、三等奖3个。

建立"卢湾区青少年科技创新实践奖",用于奖励在科技创新教育中取得成绩的青少年、指导教师和单位组织者。年内共有符合条件的学生34人次、指导教师29人次和5所学校受到奖励。

11月22日,青少年科技探索馆建设项目正式签约并启动。建成后的场馆将是中心城区惟一的一家向社会开放的公益性青少年科普场馆。

(徐惠静)

【科普活动蓬勃开展】 主要活动包括:2005卢湾科技节——"绿色家园"主题科普展示,以图文、模型、实物和多媒体互动的展示形式,让市民一览环保、环卫产业的最新科技成果;"创意改变生活"主题活动,分别在医科馆、艺术馆、数码馆和建筑馆展出优秀创意设计项目,体现创意给生活带来的舒适与便捷;举办澳大利亚科普展,参展作品64件分别在"迷人的科学"和"科学动起来"两大展区展示,展览集互动性、趣味性、科学性于一体,深受同学们欢迎;协同"赛博"数码广场举办了"数码新体验"科普夏令营,教电脑文字处理、数码相机使用、数码MP3简介、数码摄像头简介等知识,培养青少年学科学、爱科学、用科学的精神;举行中意青少年慈善科普友好交流系列活动,250多名青少年和来自意大利的青少年科普志愿者共同用文艺表演的形式宣传科学知识,通过科普活动倾注对残障人员的关爱;全国科普日活动以"构建和谐社会——你我共参与"为主题,以摄、画、赛、讲、演、学、做、展等形式,直接面向公众,传播节约资源、保护环境、安全生产、健康生活等理念。

(徐惠静)

徐 汇 区

【徐汇区科技工作概述】 2005年,徐汇区科技实力进一步加强。区级财政用于科学事业费的支出为498.92万元,比2004年增长37.37%。科技成果产业化进程加快。新认定高新技术企业16家。通过上海市高新技术成果转化中心认定的成果转化项目43项,实现技术合同交易31.6亿元。新增国家级产业化计划项目4项,新增上海市科技产业化项目27项。新增国家和上海市创新基(资)金项目35项。区域内有9家科技型企业进入全市科技企业百强行列。知识产权保护得到加强。2005年共申请专利2 173项,其中发明专利1 005项,实用新型专利612项,外观设计专利556项。进一步加大科普宣传力度。全年共举办科普讲座23场,参与者8 630人次;开放科普教育基地17个,参观人数10 500人次;发放科普宣传资料3种,计53 200余份;制作展出科普展板85块,总长度110.5m。举办各类学术交流活动21次,参加人数1 600人次。

2005年,徐汇区荣获"2003～2004年度全国科技进步先进城区"荣誉称号。茅明贵、孙潮、吕晓慧三人荣获全国科技进步工作先进个人。

(鲍心洋)

【"21世纪未来数码港"专区信息发布会】 3月1日,第三届"中国国际数码互动娱乐产品及技术应用展览会"(英文简称ChinaJoy)之"21世纪未来数码港"专区信息发布会,在上海天文台多功能会议室召开。"21世纪未来数码港"展示区以"数码科技,宽广未来"为主题,以推广新产品、新技术、新理念为主线,展示当今时尚、先进的数码技术,全面体验数字生活。徐汇区在此次展会上,聚集数字娱乐领域的"制作"、"运行"及"培训"三大产业内的知名企业,建立沟通和交流平台,形成了数字娱乐产业链,营造了良好的市场环境。

(鲍心洋)

【国家信息中心上海DRS数据修复中心成立】 5月10日,上海三零卫士信息安全有限公司与国家信息中心联合成立的国家信息中心上海DRS数据修复中心,在徐汇区正式挂牌成立。这是国家信息中心DRS数据修复中心在北京以外成立的第一家分中心,也是国家信息中心与上海知名的信息安全公司——三零卫士的首次正式牵手。至此,上海及周边地区的计算机用户如果数据出现问题,将不再需要远赴北京修复。

(鲍心洋)

【上海数字娱乐中心成立】 3月17日,上海数字娱乐中心成立。该中心将构建起"版权服务中心"、"人力资源培训中心"和"资源交易中心",全方位打造一个推进上海地区乃至全国的数字娱乐产业发展的公共服务平台。

(鲍心洋)

【数字内容文化产业公共服务平台建设专家咨询会召开】 6月16日,徐汇区数字内容文化产业公共服务平台建设专家咨询会召开。

以上海数字娱乐中心为主体研发和建设的"徐汇区数字内容文化产业公共服务平台",分别由数字化版权交易公共服务平台、数字化资源交易公共服务平台、数字化才能资源开发训练公共服务平台,和规划中的数字化新技术增值公共服务平台、数字化信息资源开发利用公共服务平台组成,将在数字内容技术研发和制作企业的培育、产业人力资源的支持、产业技术和资源配置,以及在产业深度支持等方面发挥积极作用。

(鲍心洋)

【清华博士生在徐汇区科技企业开展科研实践】 6月27日,由清华大学20名博士生组成的科研实践分队奔赴区内高智科技、三零卫士、新生源等6家科技企业,开始为期6周的科研实践活动。徐汇区与清华大学研究生院签署了《共建研究生徐汇科研实践基地协议书》,通过博士生直接进入企业进行科研工作等方式,使高层次研究工作更好地与企业需求相结合,从而有效加强政府、企业、高校及科研院所的紧密合作。

(鲍心洋)

【上海徐汇生物医药技术国际外包服务中心成立】 8月3日,"上海徐汇生物医药技术国际外包服务中心"揭牌成立。该中心是区内生物医药企业基于市场发展的自身需求而成立的行业组织。中心将整合区内政府、协会、企业、研究机构的资源，以发挥区内生物医药行业发展、开展国际业务合作、承揽国际 CRO 服务业务、增强合作能力为目的，以生物医药研发和生产外包服务为内容，力争在枫林—漕河泾形成以生物医药国际 CRO 服务、生物医药国际知识产权合作为特征的国际化生物医药产业集群。

(鲍心洋)

【技术交易项目在工博会上结硕果】 11 月 4 日，在第七届上海国际工业博览会上，上海华腾软件系统有限公司、上海市计量测试技术研究院、上海启明软件股份有限公司等 3 家徐汇区科技企业，进行了现场技术开发和转让合同的签约仪式。此次在工博会上签约的项目是最近上海技术合同交易中有代表性的、价值较高的技术交易项目。

(鲍心洋)

【召开留学回国人员科技创业项目评审会】 11 月 15 日，徐汇区科委组织召开留学回国人员科技创业项目评审会。参与评审的 12 个项目的科技含量基本上均为国内领先和填补国内空白，接近或达到国际先进水平，并拥有自主知识产权，其中电子信息类 5 家、生物医药类 4 家、资源环境及新材料类 3 家。

(鲍心洋)

【举办上海市保护知识产权宣传周徐汇区系列活动】 4 月 24 日，徐汇区政府举行 2005 年上海市保护知识产权宣传周徐汇区系列活动，旨在进一步普及知识产权知识，增强全社会的知识产权保护意识，提高企业运用知识产权制度参与市场竞争的能力和水平，促进创新，规范竞争，树立徐汇保护知识产权的中心城区形象。会上同时宣布徐汇区的上海市首批商业系统专利保护工作示范单位、上海市首批专利新产品项目等名单，并举行徐家汇商圈商业企业知识产权保护联盟成立仪式及授牌活动。据悉，由企业自发成立此类知识产权保护联盟在上海地区尚属首次。

(鲍心洋)

【市区联手推动学校知识产权工作】 11 月 16 日，徐汇区知识产权局等有关部门在上海市第二初级中学举行了学校知识产权教育活动推进研讨会。会议认为：青少年的知识产权教育作为科技教育的一部分，是全面提高青少年综合素质的重要环节；青少年知识产权教育要从青少年易于接受和理解的方面做起，有所侧重、有所创新，不必贪多求全，重在观念教育和提高认识，对于活动中涌现出的优秀作品，可以在有关单位的指导和帮助下申请专利。

(鲍心洋)

【发布《徐汇区专利申请奖励办法(试行)》】 徐汇区制定了《徐汇区专利申请奖励办法(试行)》，并于 12 月 30 日于徐汇科技网发布。该办法对年发明专利申请量达到 5 件以上的企业和个人、年实用新型专利申请量达到 10 件以上的企业和个人、年外观设计专利申请量达到 10 件以上的企业和个人以及年专利申请总量达到 10 件以上的企业和个人，都给与不同程度的奖励，重在鼓励企业加强自身创新能力建设，注重创新成果尤其是专利技术的产出工作。

(鲍心洋)

【科技产业化项目量增质升】 截至 2005 年底，徐汇区获得国家创新基金资助立项 11 项，国家重点新产品立项 4 项，上海市创新资金资助立项 24 项，上海市火炬计划项目 15 项，上海市重点新产品计划立项 12 项，上海市高新技术企业认定 16 家，上海市高新技术成果转化项目 43 项，立项总量较 2004 年同期增长 104%。其中，上海科华生物工程股份有限公司的自主创新项目"核酸检测乙型肝炎、丙型肝炎及艾滋病毒在血液筛查系统中的应用及产业化"，获得 2005 年上海市科教兴市重大产业技术攻关项目的立项。另外，从反映技术交易活跃度和技术成果转化率的技术合同认定量来看，徐汇区 2005 年技术合同交易总量达到6 021件，合同金额达到 31.6 亿元，比 2004 年增长近 29%。科技产业项目量增质升，表明区政府一系列的科技产业政策的聚焦效应正在逐渐显现和释放，有力支持并鼓励了科技产业的自主创新和持续创新。

(鲍心洋)

【上海市高新技术企业复审工作顺利结束】 徐汇区在开展 2005 年度上海市高新技术企业复审工作时，注重支持具有创新能力和具有自主知识产权的企业，注重推进"知识生产中心、知识服务中心和高新技术产业化基地"的建设，注重网上审批、诚信体系建设以及专利、经济等指标，通过科技信息网公布、上门宣传服务等多种形式互动，再次作为全市第一批下放审批权的授权试点，顺利完成了上海市高新技术企业复审工作。

（鲍心洋）

【华腾、启明等企业被认定为“中国软件欧美出口工程”试点企业】 华腾、启明等软件公司获得科技部“中国软件欧美出口工程”证书，“中国软件欧美出口工程”是科技部为推进中国软件产业国际化，依托国家火炬计划软件产业基地，重点支持100家软件企业软件出口欧美而组织实施的一项系统工程。通过试点工作中的培训工程、渠道工程、平台工程和金融工程建设，对不同类型的试点企业分别采用有针对性地扶持措施，加强试点企业的能力培养和试点企业整体对外宣传力度，帮助试点企业拓展市场渠道，共享国家软件外包品牌和资源，提高中国软件欧美出口的整体水平。

（鲍心洋）

【第四届徐光启科技奖章评选】 2005年的第四届徐光启科技奖章的推荐评选中，向张岑等10人颁发了徐光启科技奖章金奖，向郑晟等20人颁发徐光启科技奖章银奖。自1998年起，徐汇区政府已经连续4届对区内优秀科技工作者与优秀科技企业家进行表彰，在区内形成一定的影响力。

（鲍心洋）

【完成徐汇区科技资源调查报告】 2005年下半年，徐汇区政府对区科技资源的状况开展深入调研工作，初步摸清了区内高校院所的机构基本情况、资源类型与特点，为资源的进一步有效整合提供依据。同时也掌握了区内科技企业在下一代互联网技术、无线通讯技术、新型网络经营模式、纳米材料技术等热点领域的最新进展。

（鲍心洋）

【大力推进社区青少年科技主题俱乐部项目实施】

社区青少年科技主题俱乐部项目，于2005年被徐汇区政府列入社区社会事业示范项目。目的是通过在社区建设青少年科技主题俱乐部，为广大青少年在社区增添一个开展科技教育活动的平台。为此，徐汇区科协积极探索一套由社区牵头组织、中小学生自主参与的科学运行机制，为社区青少年开展科普活动创造条件。其中，徐汇区科委、科协负责引进了“能工巧匠屋”、“电子迷宫”、“生物万象”等多种主题的青少年科技制作项目内容，供各社区建设相应主题俱乐部作参考；聘请专家进社区指导开展俱乐部工作以及社区科技活动方案，并组织不同社区之间的交流和学习。各社区根据自身特色需要选择主题，提供活动场所和其他必要设施，并负责俱乐部的组织、宣传工作。俱乐部运行后，逐步加强对社区青少年的宣传教育，积极引导他们利用课余时间积极参与俱乐部活动，培养动手能力和科技创新意识。目前，区内已有9个不同特色的社区青少年科技主题俱乐部分别开展了各项科技活动。

（鲍心洋）

【科普工作取得新成绩】 5月15日，2005年上海科技节徐汇区活动暨徐汇区第十八届中小学生科技节开幕仪式在上海植物园举行。市、区领导向社区代表发放了《我们的科学——社区科普系列手册之八》，向2003～2004年度徐汇区科技特色示范校以及新增的科技特色学校授牌，为2005年徐汇区“明日科技之星”授证，举办了科普版面社区巡展的揭幕仪式。现场还开展了科普文艺演出、青少年科技项目表演展示、黄道婆科普教育基地宣传、知识女性科普服务、医疗志愿者咨询服务、科技学会现场咨询与宣传、“倡导科学用能、共建节能型社会”科普版面展等展示与咨询服务活动。

6月22日，“2005北京公众科技传播国际研讨会”举行，经过国际评审委员会的严格评审，徐汇区科普名家系列工作室案例被入选研讨会，徐汇区科委副主任、科协副主席叶惠良在研讨会上作交流发言。徐汇区科普名家系列工作室之一——刘博士心理阳光工作室，2005年被徐汇区政府列入社区社会事业示范项目（创新项目）。在康健社区的模式基础上，工作室逐步向长桥、凌云、龙华、虹梅、漕河泾5个社区扩大宣传服务范围。

9月15日，徐汇区科协荣获2005年上海科技节优秀组织奖。区内另有3人荣获2005年上海科技节科普贡献奖。

10月10日是世界精神卫生日，徐汇区卫生局、科委、科协以及徐家汇街道在徐家汇公园联合举行了大型普及宣传、义务咨询活动。2005年世界精神卫生日的主题是“身心健康，幸福一生”，活动中近30块宣传版面展示了精神卫生方面的知识，现场发放了300多册心理健康科普宣传小册子和100多份精神卫生知识调查问卷。徐汇区精神卫生中心和区科普志愿者协会刘博士心理阳光工作室的10余名专家在现场接待了近百名咨询者。

为了进一步丰富外来务工人员的业余生活，向他们普及先进的科学知识，区科委、科协联合区建交委、区建筑业联合会于12月14日向部分工地送上了《科学家对你说》、《科学的魅力》等科普书籍和50多幅科普挂图，另将1 000多本科普小手册分发给外来务工人员。

（鲍心洋）

长　宁　区

【长宁区科技工作概述】　2005年，长宁区信息服务业税收达到5.45亿元，占全区现代服务业税收的24.8%；信息服务业税收超100万元的企业达到70家。新增市认定的软件企业15家，市认定的高新技术企业15家，市认定的高新技术成果转化项目28个。入选市科技型"百强"企业12家，获得国家"863"计划立项资助项目4个，国家创新基金资助项目8个，市创新基金资助项目11个，市科技攻关计划资助项目3个。通过市认定的技术开发、技术转让合同228份，成交金额6.01亿元；专利申请数1 854件，同比增长25.3%，其中发明专利749件，占专利申请量的40.4%。上海多媒体产业园被认定为"国家数字媒体技术产业化基地（上海）园区"。中科院上海微系统与信息技术研究所、上海宽带技术及应用工程研究中心、上海多媒体产业园被命名为上海市科普教育基地，天山路街道、周家桥街道被命名为上海市科普示范社区，延安中学被命名为上海市科技教育特色示范学校；长宁区被中国科协批准列为第三批全国科普示范县（市、区）创建单位。

2005年，长宁区通过科技部2003～2004年度全国科技进步考核，被评为全国科技进步先进城区。薛潮、陈超贤和杜建英获"2003～2004年度全国市（县、区）科技进步工作先进个人"称号。

（徐德生）

【全国政协委员视察长宁区科技创新体系建设】　6月17日，以全国政协副主席张梅颖为团长的全国政协委员视察团在上海市政协副主席谢丽娟陪同下，来到长宁区"上海多媒体产业园"。中共长宁区委书记薛潮作了题为"实施科教兴市主战略，加快数字长宁建设"的汇报；上海无线通信研究中心、上海宽带技术及应用工程研究中心负责人介绍了B3G项目和高性能宽带信息网项目推进情况；环球数码、复旦上科、水晶石等企业演示了多媒体作品。视察团还视察了上海职业培训指导中心。

（徐德生）

【邓楠、严隽琪等领导到上海宽带中心调研】　9月10日，中国科协党组书记邓楠在上海市副市长严隽琪、上海市科委主任李逸平、中共长宁区委书记薛潮等市、区领导陪同下到位于上海工程技术大学的上海宽带技术及应用工程研究中心调研，了解3TNET项目落地上海的进展情况。邓楠对项目进展给予充分肯定。她评价这个项目非常有特点，在整体设计上把各方力量包括制造商、运营商以及用户都集成到一起了。项目在设计方面有很大进步、很大突破，不仅仅考虑项目的技术含量，而且首先考虑其应用价值。

（徐德生）

【韩正调研长宁区科教兴市战略落实情况】　8月2日，上海市市长韩正调研长宁区多媒体产业园，听取长宁区落实科教兴市情况汇报，并参观了上海无线通信研究中心的第四代移动通信项目、新思科技公司的多媒体芯片研发项目、伟景行的多媒体制作和多媒体公共服务平台等。区长陈超贤随行介绍了长宁区多媒体产业园发展情况以及落实科教兴市主战略的情况。

（徐德生）

【周禹鹏调研长宁区现代服务业推进情况】　7月29日，上海市副市长周禹鹏参观上海多媒体产业园内的无线通信研究中心和上海多媒体公共服务平台、虹桥涉外贸易中心功能拓展模型以及神州数码科技园等。区长陈超贤参加座谈，汇报长宁区现代服务业发展基本情况和进一步推进的打算。周禹鹏充分肯定了长宁区加快建设现代服务业集聚区方面的工作举措，认为长宁区在发展现代服务业方面认识高，决心大，措施实，成效明显。同时，他指出现代服务业的发展，政府必须要通过服务平台的建设，使企业能够围绕大楼集聚。在加大集聚区建设的力度时，在规划上要进行功能、产业聚集；在形态上要做好。现代服务业集聚区的建设要做到成熟一个发展一个。从长宁区来看，多媒体产业要进一步聚焦动漫、网络游戏的软件开发，在这方面可以和市内的宣传、文化部门多结合、多配合。

（徐德生）

【市科委党组与区委中心组进行联组学习】 4月2日，上海市科委党组与长宁区委中心组成员在多媒体产业园举行联组学习会，落地长宁的国家“863”两个重大项目的3位专家组长作报告。会上，双方签署了《实施科教兴市主战略，市区联动推动“数字长宁”建设协议书》和《市区联动，共同推进落地长宁的国家“863”重大项目建设协议书》。

（徐德生）

【分众传媒公司在美国纳斯达克成功上市】 7月13日，由上海多媒体产业园创业有限公司（多媒体专业孵化器）培育的分众传媒公司成功登陆美国纳斯达克，挂牌上市。年底分众传媒以总计3.25亿美元的价格（其中9 400万美元以现金支付，2.31亿美元以股份的方式支付）并购聚众传媒。合并之后，分众传媒成为在纳斯达克上市的中国企业中市值最高的公司之一。

（徐德生）

【“B3G/4G”项目取得新进展】 上海无线通信研究中心承担的国家“863”“B3G/4G”项目，与诺基亚、西门子、法国电信、爱立信等10多家国内外企业签订了合作协议，其目标是推进下一代无线通信专利和标准的研究，共同向ITU（国际电联）提交新一代无线通信体制标准，争取掌握国际主流标准的10%～20%。“B3G移动通信系统测试与试验网组网关键技术”项目于2005年5月通过验收；“Beyond3G系统集成测试平台”项目也已基本完成，等待专家验收；“宽带无线接入系统研发与应用示范”项目进展迅速，还启动了与爱立信公司合作的“无线局域网高精度定位技术的多媒体业务推送研究”项目、与法国能源总署所属莱铁实验室合作的“3GPP长期演进研究”项目。在未来移动通信空中接口技术、无线分布式天线组网和移动切换等方面申请发明专利55项，发表学术论文20篇，提交国际标准提案25份。上海无线通信研究中心被任命为中国信息标准委员会主导的宽带无线多媒体标准工作组的基础技术组长单位。

（徐德生）

【古北小区率先开通高清电视和互动网络电视服务】 10月15日，由上海未来宽带技术及应用工程研究中心承担的国家“高性能宽带信息网”的试验项目——互动网络电视业务和高清电视在长宁区古北小区开通。成为目前全球接入互联网最快的小区，速度为普通宽带的近100倍，不仅可以看到高清晰度互动电视节目，还为小区用户提供了每秒46MB以上的独享带宽，该指标位居全球现有成规模、实际开通业务的试验网之首。12月15日实现了与南京、杭州的宽带联接。

（徐德生）

【专家组验收长宁区数字化城市管理中心】 12月14日，由中国科学院、中国工程院院士崔俊芝组成的专家组验收长宁区数字化城市管理中心。该区作为上海市确定的全国推行数字化城市管理10个试点区之一，数字化城市管理模式从筹建初期就不断吸取其他兄弟城区的经验，并结合长宁区情况，对该管理模式进行了丰富和创新，于10月1日起正式开通试运行。专家组成员对长宁区数字化城市管理模式的试运行情况表示满意，并现场观看了管理模式的实例演示。专家组在验收完成后，授予长宁区数字化城市管理试点城区证牌。

（徐德生）

【“虹桥东华纺织服饰科技园”项目通过验收】 该项目是由东华大学科技园投资建设的，总用地面积39 278m^2，总建设面积62 844m^2，由16幢楼组成，在10号楼筹建了基于互联网的纺织服饰类产品电子交易平台。该项目于4月份通过规划竣工验收。

（徐德生）

【上海多媒体产业园被认定为国家数字媒体技术产业化基地（上海）园区】 “兆丰广场”已成为多媒体产业园的标志性楼宇，在其周边形成了以联通为主的“新时空广场”，以铁通为主的“上海铭光多媒体通信科技园”；“亨通大厦”已由中科微系统信息科技园有限公司进驻，实施产业结构调整优化。按照管委会提出的“扩大体量，加快集聚，形成特色，打造品牌”的要求，园区积极推进凯旋路多媒体产业走廊的建设，启动了百脑通数码城等五个特色园。

2005年底,园区主体楼宇“兆丰广场”与多媒体专业孵化器集聚企业达到285家,税收21 958万元。12月13日,市科委“沪科(2005)第369号”文件认定上海多媒体产业园为“国家数字媒体技术产业化基地(上海)园区”。文件要求园区按照科技部“国科发高字(2005)150号”文件批复精神,进一步强化软硬件环境建设,围绕科教兴市主战略,促进科技与文化融合的数字媒体技术产业化发展,为上海现代服务业的发展奠定坚实基础。

(徐德生)

【上生慧谷生物科技园启动】　2月,中国生物技术集团批准启动生物科技园,生物制品研究所与上海交通大学、长宁区合作组建了上生慧谷生物科技园管理公司,实施了大厦装修工程(总面积2万平方米,总费用1 500万元),已有美国凯华生物医药、中国台湾某芯片公司、草莓资讯公司、上海上生景达生物原料等中外企业签订入驻协议。

(徐德生)

【上海市多媒体公共服务平台设备完成调整更新】　为满足CG产业(计算机图形图像设计和制作产业)发展需求,上半年,通过对平台设备进行一系列的调整,由120个CPU集群渲染增加到180个CPU集群渲染,大大提高了渲染的效率、质量以及分发软件的效率,解决了数据读写存储的瓶颈问题,使整个场景的渲染速度提高了5%～10%,平台已达到调用全部渲染节点服务器参与高清甚至电影级项目的渲染计算。平台申报的“数字媒体渲染关键技术研究及系统集成”、“数字媒体关键支撑技术研究”两项课题,得到了国家“863”计划立项资助,成为上海最大的动漫渲染中心。

(徐德生)

【完成长宁信息园信息服务基础平台二期项目】　该项目是在一期建设的基础上扩展若干应用,具体包括软件技术人才培训平台和嵌入式软件测试平台,于9月底通过验收。实现了应用层面的互联互通,为企业提供了有效、及时、有针对性的软件技术人才培训平台,将现场、远程学习和培训有机地结合,降低了软件技术培训成本。同时,该项目在网络基础和软件应用上实现了互联互通和资源共享,使慧谷白猫、思创、兆丰三个培训基地的结合更为密切,便于发挥整体作用;同时能够根据实际情况协调各个培训基地的培训内容和方向,整合培训资源,提高培训效率和质量,三个基地互相补充,共同形成长宁的软件人才培训品牌。三个软件技术人才培训基地都已经开班面向社会进行信息技术培训,其中开设的MAYA软件培训课程为全市首家。

(徐德生)

【举办“新长宁杯”第三届多媒体作品CG大奖赛颁奖晚会】　5月20日,“新长宁杯”第三届多媒体作品CG大奖赛颁奖晚会在多媒体产业园6楼会展中心隆重举行。搜狐网站为颁奖晚会开通了网上直播。与前两届相比,该届大奖赛的规模、质量和影响力都有了很大的飞跃,其影响力已经渗透到包括香港、台湾在内的全国大部分省市,得到了包括上海美术电影制片厂、香港艺术学校、北京广播电影学院、武汉江通动画等知名企业和院校的支持,收到了国内外近3 000件优秀CG作品。评出了“最佳二维动画奖”、“最佳视效创新奖”、“最佳校园CG作品奖”、“最佳视频短片奖”、“最佳建筑表现奖”、“最佳三维动画奖”等6个奖项的获奖作品及其相关入围作品。

(徐德生)

【无线通信研究中心承办“未来移动通信国际峰会”】　在科技部、信息产业部和上海市政府的支持下,入驻长宁区多媒体产业园的上海无线通信研究中心,于10月18～19日承办了“未来移动通信国际峰会”。来自中国、日本、韩国及欧盟主管未来移动通信发展的政府官员和Beyond3G移动通信研究计划的技术负责人,有关国际标准化组织及论坛负责人,欧美及亚洲著名移动通信运营商和制造商代表,大学及研究机构的著名专家与学者,就未来移动通信发展策略、远景规划与技术发展趋势等进行了研讨和交流。

(徐德生)

【推进实施科教兴市工作】　4月26日,长宁区科委召开区内高校、研究所的科研处长座谈会。来自中科院微系统所、中科院硅酸盐所、上海生物制品所、上海交通大学管理学院、东华大学、华东政法学院、上海公安高等专科学校等单位的科研处长及有关专家、学者参加会议,交流探讨“十一五”区域联动发展科技事业与高新技术产业的思路。

7月1日,中共长宁区委、区政府召开推进科教兴市工作会。

根据《中共上海市长宁区委关于制定长宁区国

民经济和社会发展第十一个五年规划的建议》和《上海市长宁区国民经济和社会发展第十一个五年规划纲要》的精神，长宁区科委组织编制完成了《长宁区高新技术产业"十一五"规划》和《长宁区科技事业"十一五"规划(科普)》。

(徐德生)

【与新闻媒体合作连续报道科技领军企业和领军人物】 与《科技日报》合作开展了"数字长宁创新创业领军人物"专栏介绍，每月1期，已推出12期。与《上海科技报》合作开展了"科技创造未来"专栏介绍，每月1期，已推出15期。

(徐德生)

【长宁区被确定为"2049"青少年科学素质培养行动计划试点区】 在13所高、初中内推进"2049"中国青少年科学素质培育行动计划长宁区试点实施计划，按"懂一点(知识)、会一点(能力)、爱一点(态度)"的要求，促进青少年科学素养的提高。

(徐德生)

【扎实开展科普工作】 3月30日，召开长宁区2005年度科普工作联席会议第一次会议，对区科普"十一五"规划的组织编制作出布置。

5月13日，由长宁区科委、长宁区民政局双拥办联合举办的"第八届上海科技节长宁区活动"的重点活动之一——"现代战争与现代武器"科普讲座在"好八连"礼堂举行。市科普教育基地——中科院上海微系统与信息技术研究所的专家对现代战争的特征、目前世界上最先进的武器，作了既浅显易懂又生动有趣的讲述。

5月14日，以"数字创造新生活"为主题的2005年上海科技节长宁区活动在多媒体产业园会展中心揭开序幕。中共长宁区委书记薛潮点击并开通"长宁网上科技节"网站。市、区有关领导还分别向2004年度市、区科普示范街道(社区)和市科技教育特色示范学校、市科普教育基地称号等单位授牌，还向由区妇联和区科委共同发起创建的"幸福家园网"俱乐部授牌。

7月12日，由长宁区科委、区科协和新华街道、浮山媒体有限公司共同举办的首轮数字科普进社区——暑期动漫技能培训暨竞赛活动在新华社区启动，来自社区的青少年以及家长通过Aura软件等动漫软件的普及学习，达到黏土动画的后期制作；通过学习动漫角色线稿，能借助软件在短期内掌握动漫画基本知识并完成漫画创作。这次活动利用暑期在10个街道(镇)全面展开，使社区居民、青少年能用动漫软件将所学的技能描绘现实生活中的美好，真切感受"数字创造新生活"。

9月15日是全国科普日，长宁区科委、区科协、区环保局、区河道所、新泾镇政府共同发起组织的"爱护水域资源，保护河道环境，做可爱长宁人"大型科普日宣传活动，在百联西郊购物中心广场举行。

上海儿童博物馆提升改造项目申报列入市科普重大项目，该项目获得上海市科委支持资金350万元，长宁区政府匹配资金100万元，项目实施单位投入300万元。

(徐德生)

静　安　区

【静安区科技工作概述】 2005年，静安区继续积极协调，整合资源，促进科技产业持续发展。民营科技企业技工贸总收入达到114.5亿元，上缴税金2亿元，同比分别增长15%。5家企业通过上海市软件企业认定，7家企业取得上海市高新技术企业认定。积极实施高新技术成果转化，完成38项国家和市级产业化科技项目，9个项目获得无偿资助370万元，高新技术成果转化项目13个，14个项目入围2005年上海市科技进步奖，其中2个项目荣获2005年度国家级科技进步二等奖。认真开展科技进步型企业评审工作，修改完善认定办法，鼓励区域内符合条件的科技型企业申报，上海文广科技发展有限公司等6家企业被授予"上海市静安区科技进步型企业"称号。北大方正等10家企业入选2004年度上海市民营科技"百强"企业。

全年共有8个单位创建成为市级科普示范单位和教育基地。同时认真开展"名家科普讲坛"工作，全面完成"星级学会"评选工作，帮助各科技社团完成换届改选、发展会员和办实体等工作。并根据社团的具体情况，及时提出意见和建议，确保学会工作顺利开展。

组织开展了2005年度国际专利、商标申请和保护策略上海论坛等“4·26”世界知识产权日系列活动。与区业余大学合作，开设第二期“知识产权基础”课程，使学生对知识产权知识有一个全面、系统的了解。建立知识产权联席会议制度，召开了第一次全体会议，明确了区知识产权联席会议的基本职责。深入企业，积极指导，做好商业系统“专利保护示范店”跟踪、服务及经验推广工作，加大对市级专利试点企业的培育力度，认真做好试点企业建立制度和学习培训等各项工作。全年全区专利申请量同比增长13%，完成技术合同登记770份，合同成交额2.8亿元。组建了静安区防震减灾联席会议，围绕“7·28”防震减灾日组织开展一系列防震减灾宣传活动。

（夏　麟）

【实施科教兴区战略取得新进展】　根据静安区贯彻落实科教兴市战略工作计划(2004～2005年度)，静安区科委充分发挥科教兴区工作领导小组办公室的组织协调作用，落实了“计划”的重点实施内容，按照时间节点，保质保量地完成了科教兴区各实事项目；组织召开了科教兴区工作领导小组会议，审议通过了“2005年静安区科教兴区工作要点”，完善了领导小组各成员单位间的沟通交流机制；向区人大常委会汇报了2004年以来科教兴区工作的执行情况，并落实了区人大视察科教兴区进展的各项工作。

（夏　麟）

【全力推进孵化器建设进程】　以阳光科技大厦为主体的静安科技企业孵化基地于4月28日正式启用。区科委将引进、培育企业和孵化项目作为孵化器工作的重心，全年引进高科技和现代服务业企业53家，集聚了资深专家队伍，初步建成人才培训、知识产权服务等公共服务平台。

（夏　麟）

【规范有序开展各项宣传工作】　针对国内外地震、海啸、禽流感等公共安全突发事件不断发生的情况，静安区科委制定了相关的工作制度。一旦发生公共安全突发事件，要求充分利用各类宣传渠道，及时、准确发布有关信息，主动引导舆论，最大程度地避免、缩小和消除因公共安全突发事件造成的各种负面影响。针对印度洋地震海啸和南亚大地震，举办了4次以青少年学生、社区居民、机关干部等为主要对象的地震科普知识讲座，在社区和机关展出防震减灾宣传展板，编制发放了防震减灾小册子，普及防震减灾知识，提高公众应对能力。针对国内禽流感发生的情况，邀请有关专家在静安科普频道开设防治禽流感的知识讲座，编辑《禽流感科普知识》宣传册，向全区机关干部、学校学生、社区居民、楼宇员工免费发放3 000册，宣传防治禽流感的正确方法。在丰富科普宣传的形式上，不断向新的科普宣传领域拓展，如使用了电子科普宣传屏、政务内网科普视频点播、有线台科普栏目等新的宣传媒介和手段，积极构筑传媒网，加快推进“科学传播”进程。

（夏　麟）

【大力发展计算机开发与应用业】　根据静安区发展现代服务业的功能定位，加强横向联系，深入开展调研，细化目标措施，加大计算机开发与应用企业的引进力度，进一步营造良好创业环境。加强对原有科技载体的指导，注重载体形象建设和自身服务功能开发的有机结合，创造一流服务品牌，进一步拓展载体功能；搭建平台，发展新的科技载体，进一步完善科技中介服务体系建设，加速载体功能开发。整合政策资源，通过宣传产业政策和提供全方位、个性化服务，引导企业开发具有自主知识产权的项目产品，不断提高企业自主创新能力；整合社会资源，加强与市相关部门和社会中介服务机构的合作与交流，进一步搭建政府与企业之间的信息传输平台。进一步加强产业分类指导，建立与高校、科研院所的战略合作关系，不断进行产业发展的前瞻性研究，解决产业发展中有关问题。

（夏　麟）

【编制区科技工作“十一五”规划】　结合静安区实际情况，深入开展调查研究，借助外脑，拓展思路，广泛听取专家、企业的意见和建议，以科学发展观统领静安区“十一五”科技发展规划的编制，注重对全区科技事业发展规律的总结和把握，注重科技规划的前瞻性和操作性。结合“明确区域功能定位”大讨论活动，抓住科技工作切入点，对今后发展的重点问题、难点问题进行深入思考，认真分析研究全区科技工作所面临的形势与任务、机遇与挑战，明确提出“十一五”期间全区科技工作的发展目标、指导方针、发展重点和重大举措，圆满完成了科技“十一五”规划的编制工作。

（夏　麟）

【拓展科普工作新途径】 (1)圆满完成科技活动周各项工作。5月15日,以"科技以人为本,全面建设小康社会"为主题的2005年静安科技周在静安公园拉开帷幕。科技活动周坚持"以人为本",科普内容贴近群众、贴近生活、贴近科技发展潮流,全区有10个委办局、5个街道、中小学等多家单位参与,还邀请了上海纺织科学院、上海大学、西米亚科技公司等单位加盟,荣获了"2005年上海科技节优秀组织奖"光荣称号。

(2)广泛开展干部科普系列活动。在全区机关干部范围内开展科普知识竞赛,共有49个部门1 469人参加竞赛,进一步强化了机关干部科普意识。在政务内网开设包含数百个多媒体资料的科普视频点播栏目,机关干部可以根据个人需求和喜好点击播放想了解的科普知识,进一步增强科普宣传的可看性、互动性和趣味性。向全区各党政机关等单位和部门赠送上海市科普教育基地参观护照240余本,凭参观护照可免费参观全市10所科普旅游示范基地,以进一步提高机关干部科学素质。在区政府机关内进行农业科技进城区——优质葡萄品种展示活动,宣传有关葡萄的科学知识,让中心城区机关干部了解生活中的农业科技知识。

(3)开展楼宇科普系列活动。在石门二路街道嘉发大厦建立了"楼宇科普俱乐部",向俱乐部赠送了一批科教报刊和书籍,制作了楼宇科普展板20个,还邀请专家为楼宇员工举办知识产权讲座和药学咨询服务,不断扩大科普覆盖面和影响力。在静安寺街道嘉园小区5幢大楼安装了电子科普宣传屏,全天定时播放内容丰富、生动有趣的视频科普知识,并召开了电子科普宣传屏启用仪式及推广现场会。通过创新科普宣传手段,探索建立有效的工作载体,全面提高了社区居民科学素质,区科协获得了上海市"2005年度科教进社区先进集体"光荣称号。

针对白领人群阅读习惯,编制了《办公一族》科普小画册,通过知识问答的形式,配以生动的插图,简明扼要地介绍心理健康、体育锻炼等方面的科学知识,使办公一族能够用科学的方法正确地处理可能出现的各类问题。

(夏 麟)

普 陀 区

【普陀区科技工作概述】 2005年,在"科教兴区"战略指引下,普陀区民营科技企业继续保持高速增长,全区民营科技企业总收入、净利润、税金、总资产连续几年在全市保持领先地位。加强校区、园区、社区联动,组建了区域科技园区建设大格局,为华东师大科技园孵化基地、产业基地的规模型发展夯实了基础。坚持不断完善以企业为主体、政府为引导、市场为导向、产学研相结合的自主创新体系,加大力度推进科技成果产业化进程。

科技专项计划的实施取得了较好的成效,获批国家、市科技专项计划58项,其中国家级专项计划12项,市级专项计划46项,共获各类无偿支持资金总额1 335万元,比去年同期增长30%;新认定上海市"高新技术企业"16家,现有"高新技术企业"120家,总产值突破110亿元,高新技术产品或技术性收入达到86亿元,创利税16.98亿元,出口创汇9 487万美元;获批上海市高新技术成果转化项目11项;截至12月15日,完成各类技术合同审核登记724项,合同成交金额25 993万元。

科技企业的创新意识和创新能力进一步提高。复星医药、化工院、电科所等科技企业积极实施自主创新,将"专利战略、技术标准战略、品牌战略"作为企业科技发展的主线,成为上海市首批知识产权示范企业。上海致达科技(集团)股份有限公司、上海华明电力设备制造有限公司、上海延华智能科技有限公司等一批科技企业注重技术创新和新产品开发,已成为区域科技创新的一支重要力量,并逐步成为区域产业结构调整的主力军。

普陀区科协在中共普陀区委、普陀区政府的领导下,在全体委员的共同努力下,围绕全区科技和经济工作的中心,开展学术交流,拓宽工作领域;开展科普活动,创建文明城区;开展科技咨询,组织科技攻关;开展科技培训,发挥基本功能,充分发挥了广大科技人员的创新精神和聪明才智,为推进科教兴区战略工程作出了新的贡献。

(张胜华)

【民营科技企业综合实力进一步提升】 2005年,普陀区民营科技企业总资产、总收入、税金、总利润等综合发展指标继续列全市民营科技企业前茅。在上海市民营科技企业100强中，普陀区的复星高科技(集团)有限公司、正方形钢铁有限公司等10家企业入围，其中，复星集团列百强之首。

民营科技企业具备了相当强的技术创新能力，开始将目光瞄准技术的原创性。如康鹏化学承担了液晶电视核心材料的开发和产业化工作，随着液晶电视的推广，企业获得了跨越式的发展，2005年销售额超过3个亿，税收超过2 700万元，利润1.2亿元。上海三瑞化学有限公司瞄准2008年北京奥委会，成立了体育新材料应用推广中心，专门从事体育新材料、新器械的开发。一批民营科技企业开始承担国家和上海市的技术攻关项目。在普陀区民营科技企业91 823名从业人员中，从事科技研发和产业化的人员占到5.29%，科技研发投入15.19亿元，占技工贸总收入的3.4%，科技研发实力得到提高。成长型骨干科技企业的资产规模日渐扩大。

骨干型企业主体作用明显。从销售收入看，集团型企业占到71.37%，除集团型企业外，1亿元以上的企业有24家，销售收入74.69亿元，占全区科技企业销售总额的17.21%，销售收入在1 000万元至1亿元的企业有127家，销售收入34.33亿元，占全区科技企业销售总额的7.91%。

(许厚恕)

【普陀区政府与华东师范大学签署新一轮合作协议】 9月，普陀区政府与华东师范大学联合召开“华东师范大学科技园创建国家大学科技园推进会”。包建强副区长和华东师范大学唐明建副校长签署了《华东师大技术转移中心入驻华东师大科技园的协议》，胡秉忠区长和华东师范大学王建磐校长签署区校双方《新一轮合作协议书》。协议明确提出要把双方在人才、科研、信息、实验设备等方面的资源优势和在区域综合社会资源方面的优势相结合，为技术创新和成果转化提供服务，进一步推进高等学校科技成果转化和高新技术产业化，培育区域经济新的增长点，使华东师范大学科技园成为技术创新基地、高新技术企业孵化基地、创业人才集聚和培育基地、产学研结合示范基地。

根据校区合作协议，华东师范大学科技园已建立了“上海市普陀区博士后创新实践基地”和“上海市普陀区留学人员创业园”。由研发机构加盟和提供的咨询、技术指导等综合服务，相继成立了华东师范大学科技园水科学与界面技术中心、华东师范大学计算机应用研究所和现代物流研究所。目前“水中心”17家园区企业运行良好，影响力已经辐射到北京、深圳等地，有效促进了科技园支柱产业的发展。现代物流研究所是区政府与华东师范大学发挥区校各自优势，汇集国内外优秀学者专家，联合创建的一流现代物流研究所。物流研究所已邀请德国、美国、新加坡等国际著名专家担任该所的技术顾问。园区内具有代表性的物流信息技术RFID(电子标签)技术是上海市科委科教兴市“登山行动计划”项目，已落户华东师范大学科技园分园——上海市科技创业中心西区分中心，集成了最尖端的现代物流信息技术，将为现代物流信息技术的发展发挥巨大的示范作用。

(许厚恕)

【科技园区建设取得初步绩效】 中共普陀区委、区政府领导高度重视科技园区建设，加强校区、园区、社区联动。组建了以华东师范大学科技园为母体，上海华大科技园、上海天地软件园、上海电子商务创业园、上海现代物流信息产业园、上海科技创业中心西区分中心五大分园区加盟的，以资金组合为纽带的区域科技园区建设大格局，为科技园孵化基地、产业基地的规模型发展夯实了基础。华东师范大学科技园围绕园区建设、招商引资、创业服务三大任务和体现孵化器功能一条基本主线，开展园区的科技成果转化及企业孵化工作。建园4年来，共引进科技型企业400多家，注册资金约7.8亿元，新增就业岗位约3 000多个。科技园内企业2004年完成技工贸总收入7.26亿元，完成年利润总额1.403亿元，税收总计0.346亿元。2005年已筛选学校、社会科技项目130多项，预计完成技工贸总收入为12亿元，预计完成年利润总额1.8亿元，完成税收总计0.5亿元。园区积极做好为企业服务工作，加强构建支撑服务体系，引进了专利(知识产权)、资产、法律、项目融资等中介服务公司加盟科技园，为园区企业提供度身定制的专业服务。

上海武宁科技园区以科研院所为依托，以科技成果产业化为重点，以集聚各类中小型检验、检测、认证和标准化等工作机构为特色，全国各地已有119家检测认证机构与园区签订了合作协议，加盟了园区的检测认证平台。截至年底，已入驻科技企业28家，注册资金2.8亿元，创利税1 010万元。

上海天地软件园以信息产业为特色。园区现入驻工作人员2 100余人，其中，海归和海外留学生40余人，本科以上学历的700余人。软件园11万平方米的标准厂房建设至6月基本竣工。园区一期5.5万平方米的招商工作基本完成，已引进各类科技企业67家,其中从事以软件开发为主和相关的IT企业约占84%,园区二期5.5万平方米的招商已经引入了各类IT企业20余家,另有多家企业达成了入驻意向。一批知名企业在软件开发、系统集成、创意产业等领域形成了一定的集聚效应。园区的信息化项目和安防系统建设取得初步成效。

(许厚恕)

【推进知识产权战略的实施】 普陀区知识产权工作围绕"一个中心、一项行动、两个促进"的工作重点,以提高全区专利申请量为中心,开展保护知识产权专项行动,促进专利试点企业建设、促进专利产品产业化,加强知识产权宣传和专利管理,推动制度创新和技术创新,全面提高企事业单位运用专利制度参与市场竞争的能力,促进区域经济可持续健康地发展。全年共申请专利1 758项,比2004年增长49.3%。为期一年的保护知识产权专项行动,严厉打击了一批违法犯罪行为,取得了明显实效。专利试点工作得到不断扩展和深化,已有市专利试点企业16家,培育试点企业8家。上海电器科学研究所(集团)有限公司被列为全国第三批知识产权试点企业,上海复星医药(集团)有限公司、上海化工研究院和上海电器科学研究所(集团)有限公司被评为上海市知识产权示范企业培育企业。专利产业化稳步推进,二次开发项目获市无偿拨款资助130万元。

(张胜华　许厚恕)

【复星医药企业技术中心被认定为国家级企业技术中心】 10月,国家发改委、财政部、海关总署、国家税务总局发布公告,经过严格筛选,全国37家企业技术中心被认定为国家级企业技术中心,区骨干民营科技企业——上海复星医药(集团)股份有限公司名列其中。复星医药实施专利战略,重点发展有知识产权的新产品等一系列研发战略,经过10余年的发展,在研发领域形成了一定的规模和优势。复星医药已建立了一支国内领先的医药研发团队,其中各类高级研发人员近400人,博士和享有国家专项津贴的专家近30人。企业技术中心已经制订详细的发现、培育、发展重磅产品的"九五"计划,目标是建成国内一流、并与国际接轨的新药研发中心。

(许厚恕)

【获部市创新基金资助】 2005年,全区有6个项目获上海市创新基金项目(市区联动项目),获市科委无偿资助60万元,区配套资金支持150万元。经上报科技部评审,有4个项目获科技部科技型中小企业技术创新基金支持,获无偿拨款资助225万元,创历年之最。

(许厚恕)

【支持博士后创新实践基地建设】 由普陀区、华东理工大学、上海三瑞化学有限公司联合创建的培养博士后创新实践基地签约仪式于12月14日在华东理工大学举行。政府、高校、企业联合培养博士后,为博士后提供创新实践、施展才华的平台,是一项新举措,既促进了高校与企业之间的结合,又为社会培养、储备了高级研发人才。为此,普陀区政府专门拨出款项支持博士后创新实践基地的建设。

(许厚恕)

【科普工作打造"精品"】 科普工作创特色、创亮点,打造普陀区"科普精品"。"科普智趣园"项目覆盖了全区街道、镇。每个街道、镇设立专职科普辅导员,专门从事社区科普,首批9名辅导员已颁发聘书。认真做好上海市"2211科普示范工程"建设和申报工作,长征镇、甘泉路街道、曹杨街道和石泉路街道被命名为"上海市科普示范街道、镇";上海复星高科技(集团)有限公司被命名为"上海市科普示范企业";曹杨二中被命名为"上海市科技教育特色示范学校"。全区已实现科普小区覆盖率达到80%以上的目标。精心组织了上海科技节和全国科普日普陀区主题活动。举办了八方人士话科普科技节专刊和全市第一个为外来建设者开放的科普教育活动场所"新长征人科普教育活动中心"揭牌仪式。各街道、镇充分整合社会资源,坚持项目支撑,开展"科技创意大赛"、"科普八进园区"、"科普走进菜市场"、"科普故事会"、"科普讲师团"等各具特色的活动。积极探索社区科普新路,建立社区、学校、科技社团、企业、基地五位一体的科普运作机制。为推进文明城区创建,首次命名了111个科普示范家庭。

(张胜华　许厚恕)

闸　北　区

【闸北区科技工作概述】　2005年,闸北区积极实施科教兴市主战略,努力营造科技创新、科学普及的良好环境。对重点科技企业实施动态跟踪管理,强化服务意识,抓重点,求突破,创造条件,扶大扶强,培育科技产业“小巨人”。落实专项资金扶持企业科技创新,资助企业专利申请,加速孵化基地建设,培育高新技术企业。加强知识产权管理,专利申请量创历史新高,开展专利行政执法活动,加大知识产权宣传力度。坚持“科技创新和科学普及一体两翼,发展并重”的方针,拓展科普工作新路。探索科普工作多元化投入,推动科普设施跨越式发展,抓住重点因人制宜,针对不同对象传播科学知识。各科技社团发挥桥梁纽带作用,为广大科技工作者服务,为提高全区人民的科学文化素质服务。年内通过科技部2003～2004年度全国科技进步考核。

（曹琦华）

【大力发展多媒体产业】　闸北区坚持“立足多媒体,发展高科技”的指导方针,一是编制了“上海多媒体谷产业发展规划”,为多媒体谷建设和发展奠定了基础。二是引进清华大学科技园,组建了上海多媒体谷投资有限公司,公司以上海多媒体谷建设为主题,推动多媒体谷核心区域的开发、招商、投融资和经营管理等工作。三是加强招商引资工作,依托行业协会和专业中介机构,引进上海民核科技有限公司、上海今日动画有限公司、上海腾武数码科技有限公司、国际多媒体协会联盟、韩国多媒体行

业协会等多媒体企业和机构,累计55家高科技企业入驻上海多媒体谷。四是加强与电信、文广等部门的合作,完善技术服务平台,加快互动电视服务项目的推广。五是举办了“2005上海国际茶文化节”多媒体谷主题推介活动,取得良好的成效。

（曹琦华）

小资料

上海多媒体谷

上海多媒体谷位于上海市区北部,闸北区中部,东邻大宁国际社区,南接大宁灵石公园,西倚现代教育园区,北靠市北工业新区,核心区域规划面积37.3ha。它包括上海市多媒体技术研发基地、多媒体产业化基地以及多媒体宽带网络应用示范基地。

上海多媒体谷核心区聚集多媒体企业和相关服务机构,实现研发、产业化和产业服务等功能;产业应用区建立产业化应用示范基地,以样板基地形式分布于核心区周边,实现推动闸北区产业联动和拓展市场的功能。重点发展以虚拟现实技术和流媒体技术为支撑的应用服务及其产品,包括智能交通、电子商务、数字印刷和多媒体旅游。鼓励发展多媒体会展、广告媒体、3D影视与游戏、多媒体教学、数字社区、电子政务和现代物流,积极引导高端多媒体及其相关产品制造业。

按照“上海多媒体谷产业发展规划”要求,上海多媒体谷建设拟用15年时间,分三个阶段,建立并完善37.3ha的产业核心区;推进研发、产业化、应用三个基地实体化,继而形成完整的产业链;建立优良的生态、信息基础设施、交通和居住四大环境;设立顾问团、孵化器公司、企业化管理机构、中介机构、政府机构五类服务组织;实现多媒体在工业、交通、商务、教育、社区、政务领域的六大应用。

上海多媒体谷力争建设成为国内一流的多媒体科技新园区。园区基础设施完善,信息网络发达,环境清新优美,文化氛围浓郁,企业富有活力,服务体系配套,成为中国信息产业链集成发展的先行区。

（曹琦华）

【互动电视闸北区示范区启动】　组织14家企业、高校、机构参加了9月26～28日举行的第二届中国(上海)国际多媒体技术与应用展览会。上海市多媒体行业协会主持召开了互动电视技术新闻发

布会，发布了上海互动电视闸北区示范区正式启动的信息，新华社、《人民日报》、中新社、《解放日报》、《洛杉矶时报》、《美国商业周刊》等境内外30家新闻媒体予以报道。会上，美国天河网络有限公司发布了106路H.264电视频道直播技术；长江计算机(集团)公司发布了端到端H.264解决方案；上海大宁多媒体谷宽带网络公司发布了互动电视技术的有关发明专利信息。

（曹琦华）

【扶大扶强科技企业】　全年新增科技企业206家，注册资金34 226万元，累计企业注册数达1 651家，年上缴税收总额5.5亿元。新增5家高新技术企业，累计高新技术企业达55家。区科创中心新增科技孵化企业20家，在孵企业总数达到60家。云华科技大厦8月建成启用以来，已有11家科技企业和3家机构入驻办公，6～15层办公房租用率已达75%。积极促进科技成果转化，列入上海市高新技术成果转化项目15项，列入上海市火炬计划项目4项，列入国家级和上海市重点新产品计划项目6项，申报国家中小型科技企业创新基金和上海市中小企业创新基金11项。全年共有17家科技企业申报闸北区科技型中小企业创业扶持资金项目，13家企业获得无偿资助105万元。组织6家留学生企业申报了2005年浦江人才计划项目。指导、帮助5家科技企业申报2005年度上海市科教兴市重大产业科技攻关项目。

（曹琦华）

【技术合同成交金额超6亿元】　2005年，认定登记技术合同619份，总金额为60 773.38万元。其中，技术开发合同70份，合同成交金额48 915.42万元；技术转让合同1份，合同成交金额2 000万元；技术咨询合同39份，合同成交金额420.48万元；技术服务合同509份，合同成交金额9 438.48万元。

（曹琦华）

【专利申请量创历史新高】　《闸北区专利费专项资助试行办法》于2月28日发布。提出了专利费专项资助对象为在区内工商注册、税务登记的科技型企业。专利费专项资助内容为当年申请的中国发明专利以及当年授权的实用新型专利、外观设计专利的部分代理费用。资助每件专利费的金额如下：当年申请的中国发明专利每项1 000元；当年授权的中国实用新型专利每项500元；当年授权的中国外观设计专利每项300元。

2005年，闸北区专利申请数为1 049件，同比增加37.5%。其中发明专利281件，占专利总申请数的26.8%，同比增加21.1%；实用新型专利490件，外观设计专利278件。闸北区知识产权局被评为2005年上海市区县专利事务管理工作先进单位。

（曹琦华）

【精心组织知识产权宣传活动】　在“4·26”知识产权宣传日期间，闸北区知识产权局在《闸北报》上刊登题为“保护知识产权，促进创新发展”的知识产权宣传专版，普及国家、上海市有关知识产权法律、法规和专利费资助的优惠政策以及《闸北区专利费专项资助办法》，营造有利于知识产权保护的良好社会氛围。4月26日，闸北区知识产权局与闸北工商分局在铁路上海站广场开展了“4·26”世界知识产权日宣传咨询活动，宣传《专利法》、《商标法》等法律法规；与闸北区教育局联合对全区在校师生开展知识产权宣传教育。

（曹琦华）

【开展第八届科技创新奖评审奖励工作】　9～12月，闸北区开展了第八届科技创新奖评审工作，评选表彰2003～2004年度在科技领域自主创新取得优异成绩的科技项目及参与项目完成的科技工作者。共受理申报项目34项，其中科技经济类项目14项，社会公益类项目8项，软科学课题类项目12项，涉及电子通信、机电一体化、临床医学等多个领域，经专家评审和奖励委员会审核，评选出一等奖3个、二等奖5个、三等奖7个。

（曹琦华）

【开展防震减灾宣传工作】　“7·28”防震减灾日宣传活动中，闸北区地震办公室在铁路南广场组织大型地震知识宣传咨询活动，发放相关资料，并在《闸北报》上刊登了防震减灾专刊。7月28日上午，在闸北区止园路小学举行了地震演练，内容包括紧急避险、搬运伤员、急救与包扎以及灭火等。闸北区地震办公室被评为2005年度上海市区县防震减灾工作优秀单位。

（曹琦华）

【区校合作取得实质进展】　闸北区人民政府、上海大学科教兴市区校合作联席会议召开了两次会议，达成了多项共识，并开始实质性运作。(1)上海大学选派了7名政治素质好、业务能力强、学历层次高的年轻教师到区政府有关部门挂职锻炼，区人事局参与了上海大学组织的应届毕业生专场招聘会，做好公务员人才储备工作。(2)上大多媒体应用技术研发中心和上大视听工程研究中心部分入驻上海多媒体产业大厦，中心的技术平台向多媒体谷企业开发，并提供相应的帮助和服务。(3)区校联手开展科技成果交流活动，为科技成果供需双方搭建合作桥梁。闸北区人民政府和上海大学产学研互动交流会于7月19日在上海大学举行。会上，上海大学发布了信息技术、新材料、机电一体化、多媒体技术、环境工程等领域的重要科技成果项目信息、转化成果项目达数百项，供需双方就多项科技成果和转化成果项目进行洽谈。5个区校合作项目在会上签约。(4)在"校会结合"培育青少年科技创新人才工作中，华东师范大学和上海大学的14位专家为该区中小学生进行辅导。(5)开展上海大学高新技术产业开发区"十一五"发展规划编制前期调研工作。

(曹琦华)

【两院院士为闸北发展建言献策】　9月17日，上海市闸北海外联谊会与上海市欧美同学会联合发起了"院士看闸北"活动。部分在沪的中国科学院和中国工程院院士10余人，在闸北区领导陪同下，参观了闸北发展规划馆、市北工业新区和上海多媒体产业化基地，听取了闸北发展的总体规划、市北工业新区的发展规划和上海多媒体产业化基地开发建设和功能定位的情况，积极为打造闸北现代交通商务区建言献策。

(曹琦华)

【建成上海第一座古生物化石主题科普馆】　12月1日，上海辽西古生物化石科普馆正式开馆。该馆是目前上海地区惟一一座以古生物化石为展示内容的主题科普馆，馆内展品以中华龙鸟、攀援始祖兽和辽宁古果化石为核心，由鸟类、昆虫类、鱼类、爬行类和植物类5大部分组成一个较完整的热河生物群，向观众展示了晚侏罗世至早白垩世地质时期(距今1.35亿年前至1.25亿年前)古生物的演化状况、生存的古生态环境及古地理、地质环境，揭示了生物(包括人类)与自然和谐发展的深刻内涵和重要意义，为地球演化及生物演化的专业研究提供了一个有价值的平台，也为广大市民特别是青少年学习地球科学知识提供了专业科普园地。

(曹琦华)

【拓展科普工作新路】　积极组织"2211"工程评审工作，天目西路街道办事处、临汾路街道办事处参加了项目评审，荣获上海市科普示范街道称号。共建成2座大型电子科普画廊(坐落在宝山路街道办事处和彭浦新村街道办事处内)、20台电子科普触摸屏以及1座科普馆(上海辽西古生物化石科普馆)。为了规范科普经费的使用，经过调查研究，广泛征求意见，制定了《闸北区科普经费使用办法》。

在上海科技节期间，闸北区组织活动近80项，包括市级活动2项、区级活动10项，开展各类讲座及科普沙龙、健康医疗咨询50余场次，参加活动的居民与青少年近10万人次，取得了良好的科普宣传效果。尤其是引进了澳大利亚国际科普巡展，积极进行国际科普的探索。

发挥学会的桥梁纽带作用，提高自我管理能力，积极组织学会进社区、进学校、进机关、进军营，开展学术交流；组织外出学习考察，探索学会发展新路。闸北区医学会、闸北区老科技工作者协会、闸北区职业安全技术协会、闸北区青少年科技辅导员协会被评为闸北区先进自律民间组织，闸北区医学会还被评为市级先进民间组织。

科普活动获得多个奖项。闸北区科协被评为2005年度上海市科教进社区先进集体、2005年度上海市电子科普画廊建设先进集体和2005年度上海科普统计先进集体；和田路小学被评为上海市科技教育特色示范学校；荣获上海市"明日科技之星"称号1人，荣获"希望之星"称号4人；在"英特尔"青少年科技大奖赛中荣获一等奖4个，二等奖12个，三等奖29个，专项奖4个；获得第六届大众科学奖提名奖1人；获得第六届大众科学奖推进奖1人。

(曹琦华)

虹　口　区

【虹口区科技工作概述】　2005年，虹口区科委深入贯彻落实科教兴市主战略，主要体现在“围绕一条主线，实施两大工程，推动三个园区建设”。即以贯彻落实科教兴市主战略为主线，重点推进虹口区科教兴市和知识服务业发展工作，重点推进材料所辉河路科技园区、虹口高新技术企业纪念路孵化基地和上海联合数字内容产业园的建设。

(1) 科技产业进一步发展壮大。预计2005年科技企业技工贸收入超过110亿元，区级财税2亿元。全区共新增科技企业354家，注册资金46 424万元。其中电子信息类216家，生物医药类37家，新材料类16家，其他类89家。科技创业中心共引进企业79家，在孵科技企业累计达279家。

(2) 科技创新能力进一步提高。全年共组织各级、各类科技项目申报101项，申报上海市科技进步奖5项；申报高新技术成果转化项目21项，经上海市科委认定批准14项；申报国家级火炬计划4项，上海市火炬计划7项，均被立项。申报上海市发明创造专利奖8项。申报国家级和上海市重点新产品共12项，11项获得立项，其中4项分别获国家和上海市重点新产品资金资助共计80万元；申报上海创新资金项目23项，其中获国家创新基金立项1项，获贷款贴息资助75万元，获上海市市区联动资金7项，资助205万元。申报上海市高新技术企业12家，批准12家，全区高新技术企业总数已达到63家。申报上海市重大产业科技攻关项目5项。完成技术合同认定596项，技术成交额为11 158万元。

(3) 专利工作有新进展。联合虹口区整规办、工商等部门开展知识产权保护专项整治执法共4次。新增专利培育型科技试点企业5家，上海市商业试点企业1家。专利成果转化获得新突破，获得上海市发明创造专利奖3项。

(4) 创新科普手段。建立科普教育基地，上海市邮政博物馆已于2006年1月1日正式开馆。丰富科普宣传手段，在9月16日全国科普日虹口区活动上，启用了全国第一辆大屏幕高清晰影视科普宣传车，成为虹口区科普宣传活动的新亮点。

年内，虹口区通过2003～2004年度国家科技进步先进城区考核。　(吴伟义)

【科技园区建设有新进展】　2005年，虹口区高度重视科技园区建设工作，积极推进材料所辉河路科技园区、技物所科技园区和赛格电子市场等重点项目建设。建筑面积为2.5万平方米的材料所科技园区已经由上海市发改委立项，建筑面积为5万平方米的赛格电子市场完成增资，已进入动拆迁阶段，建筑面积为1万平方米的“上海虹口高新技术企业纪念路孵化基地”二期开发进入筹划及报批阶段。建筑面积为7 254m²的“上海联合数字内容产业园”装修完成，已进入招商引资阶段。

(吴伟义)

【知识产权工作取得新成效】　贯彻实施《上海市知识产权战略纲要》精神，落实《上海市保护实施产权专项行动计划》。成立知识产权联席会议。组织“3·15”保护消费者合法权益日活动，组织策划“4·26”世界知识产权日宣传周咨询活动。制订《虹口区专利申请人给予专利申请代理费资助的意见》，举办专利试点企业座谈会。全区全年共申报专利617项，其中发明212项，实用新型271项，外观设计134项。获得上海市发明创造专利奖3项：维安热电股份有限公司获得发明专利一等奖，绿谷集团获得专利创造发明三等奖，欣泰通信技术有限公司获得实用新型专利奖。

(吴伟义)

【加强地震基础设施建设】　贯彻上海市地震局防震减灾工作会议精神，完成有感地震应急处置中心建设一期工程有关设备的安装和调试。召开了“虹口区防震减灾联席会议”，健全防震减灾工作联动机制，完成公共突发事件应急预案的编制。举办防震减灾知识讲座，做好和平公园地震前兆动物宏观行为观察点的走访工作。筹建北郊高级中学为防震减灾特色学校。

(吴伟义)

【积极推进知识服务业发展】　虹口区政府成立了知识服务业发展领导小组，开展了虹口区知识服务业重点行业、产业集聚发展和知识服务业人才需求的调研，制定了行业统计办法和企业认定办法，出台了《虹口区鼓励知识服务业发展的扶持政策》和相关实施细则；设立了产业发展基金。召开政策宣讲会，宣传虹口区知识服务业的政策和优势，扩大了知识服务业在虹口的影响和知晓率。

（吴伟义）

【虹口科协深入开展科技工作】 2005年，虹口区科协按照“三服务一加强”的新定位，围绕虹口经济建设、科技进步的重点工作和社会发展总体目标，发挥区科协下属学会、协会、联合会的专业特点，积极开展形式多样的学术交流、科技咨询活动。举办各类专题培训班，22个学会、协会、联合会全年共开展各类学术交流活动88次，各类讲座、培训活动18次。深入开展上海市“2211”科普示范单位创建工作，曲阳路街道再一次被评为“上海市科普示范街道”，实现了“三连冠”。华师大一附中也再一次被评为“上海市科技教育特色示范学校”。开展区“明日科技之星”、“科技希望之星”和“科技未来之星”的特色活动，组织科普讲师团、里弄科普推广员和社区科普志愿者组成社区科普网络，让科普渗透到日常生活和社区工作中去，市民科普意识和文化得到显著提高。虹口区科技活动中心完成主体结构建造。

10月14日至11月3日，举办“2005年虹口区科协学术年会”活动，邀请复旦大学经济研究中心主任石蕊作“中国经济的展望及当前经济运行中面临的几大问题”主题报告，科协下属18个学会举行了15场学术讲座、研讨会。

（吴伟义）

【成立科技企业党员服务中心】 4月12日，全市第一家科技企业党员服务中心——虹口区科技企业党员服务中心成立。中心向社会公开招聘专职工作人员和党务志愿者，以其为骨干力量开展科技企业科技学会(协会)党务工作。

（吴伟义）

【虹口区科技企业联合会成立】 3月18日，虹口区科技企业联合会成立，有50家企业成为第一批会员单位。联合会将为企业和投资者全方位地做好服务工作，落实好各项科技政策，为投资者创造更好的投资环境，进一步加快虹口区高新技术企业孵化基地建设，培育项目源和孵化科技企业，为虹口区发展高科技企业起到集聚作用。积极探索和尝试科技投融资的新形式，争取多元化科技投入，拓宽科技投入渠道。主动加强与市、区相关部门的联系，整合人才和政策优势，帮助企业积极申报和争取国家及市有关项目经费的支持，提升区内企业的科技水平。

（吴伟义）

【全国“‘2049’上海试点项目”取得新进展】 试点学校由12所扩大为20所。对试点学校采取评比淘汰制，建立听课、点评、总结、交流制度，通过去实践基地参观，在授课方式、运用模式上互相探讨，取长补短，理论联系实际，使虹口区试点工作更趋科学合理，并开通了区域性“2049”网站，达到全区试点工作信息化要求。

在虹口区科协和虹口区教育局共同指导下，华东师范大学一附中获“第26届世界头脑奥林匹克‘特技车’项目高中组世界冠军”。上海外国语大学附中邵晓琦同学获“上海市第20届青少年科技创新大赛一等奖”。海南中学教师黄宏伟等5人获“‘2049’上海试点项目第二届教师论坛论文评选二等奖”。华东师范大学一附中教师傅志良等5人获“‘2049’上海试点项目第二届教师论坛论文评选三等奖”。

（吴伟义）

【科技活动成果显著】 2005年，虹口区的科技工作成果显著，获得多项荣誉。虹口区科协获由上海市科协颁发的“2005上海科技节优秀组织奖”、“2005年度上海市科教进社区先进集体”、“2005年度上海市‘2049’上海试点项目和‘做中学’优秀组织奖”，由中国科协颁发的“2005年全国科普活动日先进单位”，由市“百万家庭网上行”计划领导小组颁发的“上海市‘百万家庭网上行’计划贡献奖”。区科委获由市科委颁发的“上海市科普统计先进集体”，并有多人荣获多项荣誉称号。

（吴伟义）

【成功举办2005年上海科技节虹口区活动】 上海科技节虹口区活动周5月13日在北外滩国际客运汇山码头拉开序幕，由中共虹口区委宣传部、虹口区文化局、虹口区科协等单位共同策划了一台以“启航，北外滩”为主题的上海科技节虹口区开幕式。科技活动周期间举办了虹口区青少年科技节，开展多项青少年科技活动；组织了报告会、志愿者活动、科普电子画廊、社区科普文化艺术节等活动，传播航运科技知识以及海洋科普知识，开展对海洋环境保护、海啸的形成、预报和地震知识的宣传。

"启航北外滩,走向海洋"科技节系列活动体现了海洋科普特色,围绕"科技以人为本,全面建设小康社会——走向海洋"的主题,社区、青少年共同参与,重点突出,覆盖面广,使科技节成为公众自我教育、自我提高的舞台。

（吴伟义）

杨　浦　区

【杨浦区科技工作概述】 2005年,杨浦区科技工作以"迎接复旦大学百年校庆"为主线,大力推进大学科技园和专业科技园建设,吸引和促进科技产业集聚和发展,取得了良好的社会效应和经济效益。

（李雪梅）

【市科委与杨浦区共商加强市区联动】 9月20日,上海市科委主任李逸平等领导赴杨浦区调查研究,共商加强市区联动工作。

上海市科委按照"围绕自主创新能力建设一条主轴、强化前瞻布局、资源整合、协同攻关、集群培育、环境营造五个环节"的基本工作思路,把加强市、区(县)联动推进区域创新体系建设作为2005年的一项重要工作任务。

杨浦区作为上海最大的一个中心城区,集聚了复旦大学、同济大学、上海财经大学等多所著名高校,沿江老工业区也具有很大的改造潜力。在实施科教兴市主战略过程中,杨浦区提出"三区联动,建设知识杨浦"的构想,以高校集聚形成的知识资源优势,推动区域经济持续发展。

上海市科委一行参观了新江湾城建设项目和复旦大学国秀路新校区,视察了上海杨浦科技创业中心,参观了圣景微电子(上海)公司和大学生创业园。

（李雪梅）

【科技园区建设成果显著】 科技园区重大工程建设项目顺利推进。复旦科技园国泰二期工程、杨浦科技创业中心国定二期工程、赤峰路同济设计街渔机所科研大楼项目、五角场高新技术产业园黄兴广场B楼项目等一批重大工程和项目,已经顺利竣工,有的已经投入使用。杨浦科技创业中心国定二期入驻率已达到95%。2005年底,全区科技产业用房面积达到105.8万平方米。

成功召开2005年全国国家大学科技园工作交流会。发挥区域高校、科研机构专业化资源优势,建设专业科技园区。打造环同济现代设计产业带,年产值已达20多亿元;积极创建上海新材料科技园,搭建环保企业专业孵化器,组建学习广场上海教育服务园区和白玉兰环保广场等专业化产业基地,形成一定的社会影响。

上海杨浦科技创业中心(国家级)1997年成立,已走过8年发展历程,到2005年底,基地规模已达6万多平方米,入驻企业400多家,孵化企业130多家,累计注册资金达7亿元。2005年,创业中心荣获"上海最具活力科技园"荣誉称号。复旦百年校庆期间,国务委员陈至立、中共上海市委副书记殷一璀、副市长严隽琪等领导莅临创业中心视察指导,对中心取得的成绩给予肯定,陈至立还亲笔写下了"发展高科技、促进产业化"的题词。

（李雪梅）

【上海理工大学科技园成立】 11月17日,上海理工大学和杨浦区人民政府为建设杨浦知识创新区,正式成立上海理工大学科技园有限公司。该园位于杨浦区翔殷路128号,将规划建设成为现代先进制造、现代先进能源与环境工程、现代先进医疗器械和现代先进出版印刷技术的研发创新基地、高端人才聚集和培训基地、高校科技成果转化辐射的高地。充分发挥上海理工大学科技园的研发、设计、孵化、培训和转化辐射功能,为杨浦区和上海市的经济建设服务。

（季剑平　席与亨）

【公共服务平台建设深入推进】 积极建设知识产权、研发服务等功能性服务平台。作为上海知识产权服务平台的有效载体，上海知识产权园不断拓展交易功能，上海专利交易中心于4月25日揭牌。9月23日，域名为“www.ip426.cn”的长三角地区专利交易合作网暨上海市专利交易网开通。不断发展版权品牌产业，建设利华大楼版权中心和华联仓库品牌基地。9月20日，上海版权中心建设推进会暨国际卡通形象授权展示会（以下简称会议）隆重召开，成为国内外版权事业的盛事。加快推进投资服务平台建设。引进上海非上市股权托管中心等要素市场，与国家开发银行联合建设中小企业融资辅导中心开展企业投融资服务，成为股权托管、股权融资的重要平台。持续推进研发服务平台，重点推进软件、纺织等行业的共性技术平台建设，组建环保、新材料技术转移中心，筹组上海中小企业研发外包服务中心。

（李雪梅）

【科技企业群体保持高速发展势头】　杨浦区已有中小型科技企业2 000余家，技工贸总收入达到80亿元，对区域经济的贡献率显著提升。自主创新和自主知识产权已成为杨浦科技企业的特色和生命线，重点企业和重大项目不断落户杨浦，上海复旦微电子股份有限公司、大亚科技股份有限公司已成为电子信息行业的领军企业，上海市科教兴市重大产业科技攻关项目“生物可降解材料——聚乳酸”的中试生产线，已落户新材料科技园。上海复旦天臣新技术有限公司的聚合物电子发光显示器(PLED)项目已列入市科委2005年重点科技项目。上海邮电设计院落户杨浦发展，与上海市政工程设计院、同济大学规划设计院等共同形成行业龙头。

（李雪梅）

【创新创业文化氛围逐步形成】　结合复旦百年校庆，杨浦区科委积极开展科普工作，通过推动中学与大学科技社团结对共建、举办中小学生知识产权网上知识竞赛、“百年复旦·知识杨浦”创业计划大赛和创业投资论坛，鼓励并营造“鼓励创新，宽容失败”的创新创业氛围，形成“知识杨浦”良好的创新创业氛围。

（李雪梅）

【大力推进科技交流合作】　杨浦、浦东合作进一步深化。3月8日，浦东新区政府与杨浦区政府召开会议，研究并确定了两地的合作机制以及合作重点。杨浦区各牵头单位根据会议明确的合作内容，积极与浦东对口单位接洽，建立联系渠道，成立工作小组，达成合作事项。

杨浦区与义乌市企业开展科技对接活动。6月27～28日，来自义乌市的18个科技型企业、纺织企业的20位企业家与上海市纺织科学研究院举行了科技对接洽谈会。义乌市科技局与杨浦区科委签订了《加强两地科技合作协议》。

杨浦知识创新区推介会在港举行。会上举行了项目签约仪式，杨浦中央社区发展有限公司与美国加州大学签订在知识创新区中央社区设立办事处的意向合作协议书；上海财经大学与香港金融管理学院签订在香港金融管理学院设立上海财经大学研究生教育教学点的合作意向；上海理工大学与香港管理专业学会、沪江大学香港同学会签订关于在香港设立上海理工大学沪江学院合作协议；复旦光华香港有限公司揭牌。此次活动得到香港方面的热烈反响，工商、经贸、教育等各界人士350人参加了推介会。

（李雪梅）

宝　山　区

【宝山区科技工作概述】　2005年，新增高新技术企业15家，60家高新技术企业通过复审，高新技术企业总数达到60家。截至年底，这60家高新技术企业总收入49.91亿元，产品销售收入44.73亿元，工业增加值12.6亿元，科技开发投入2.82亿元，净利润2.57亿元，上缴税收1.93亿元，出口创汇2.22亿美元。科研项目309项。全区列入国家、市科技计划项目和新产品项目共计26项，其中国家创新基金项目1项、市创新资金项目6项、市科技攻关项目3项、上海市火炬计划项目7项、国家级新产品项目3项、上海市新产品项目3项、上海市浦江人才计划项目1项。共获国家、市科技资助金额312万元。

全年科技成果转化项目35项，项目全部具有自主知识产权，产品技术指标均达到国际先进水平和国内领先水平。区科技发展基金全年共列项69项，匹配国家级、市级项目14项，安排经费743万元。上海宝山动保科技服务发展有限公司的“上海獭兔的培育与综合利用"、上海秋之友生物科技有限公司的"规模制造高纯度 5′－核苷酸(≥98%)的新工艺"两项目,入围 2005 年度上海市科技进步奖,并在网上公示。宝山区畜牧兽医站的何军与上海航发机械有限公司的王仲伟分别获得 2005 年度"上海农业科技创新人"、"上海市实施发明成果优秀总工程师和企业家"殊荣。

全年认定技术合同 83 项,合同额3 671.25万元。其中技术开发合同 61 项,合同额3 229.56万元;技术服务合同 20 项,合同额 381.69 万元;技术转让合同 2 项,合同额 60 万元。

(沈正行)

【区"十一五"科技发展规划为打造宝山品牌提供支撑】 宝山区"十一五"科技发展规划把打造以精品钢为重点的"品牌宝山"、发展以航运为中心的"流通宝山"、构筑以人为本和健康生活的"温馨宝山"、塑造人的全面发展的"素质宝山"、建设生态环境美好的"宜居宝山",作为今后五年科技服务经济和社会事业的主要任务。

(沈正行)

【成立"科教兴区"领导小组】 宝山区科教兴区领导小组年内成立,区委书记任组长,区长任副组长,相关委、办、局 18 个单位主要领导均参加。

(沈正行)

【上海市功能纳米粉体应用技术中试公共平台正式对外开放】 由上海大学与宝山区共同组建的上海市功能纳米粉体应用技术中试公共平台,年内已正式对外开放。主要涉及纳米材料表面处理、分散以及在提升传统产业技术等领域中的应用、测试、中试等服务,成为上海市宝山纳米产业化基地中的一个特色亮点工程。

(沈正行)

【评选 2004 年度宝山科技进步奖】 年初,宝山区科委对区内工业、农业和医学卫生等 48 个申报项目组织专家进行评审,共有 25 个项目入围。评出一等奖 3 项、二等奖 7 项、三等奖 15 项,并在"宝山政府门户网站"和《宝山报》上进行公示。

(沈正行)

【专利申请数量翻一番】 截至 2005 年底,宝山区专利申请量为1 931件,同比增长了 97.4%。其中:发明专利 516 件,同比增长 133.5%;实用新型专利 697 件,增长了 42.8%;外观设计专利 718 件,增长了 166.9%。

专利试点工作稳步推进,2 家企业被批准为上海市专利试点企业,6 家被批准为上海市培育专利试点企业,1 家被批准为上海市第二批商业系统专利保护工作试点单位。上海宝冶建设有限公司发明的"组合屋面压型钢板"实用新型专利获上海市第四届发明创造专利奖实用新型专利奖。宝山区第二届发明创造专利奖共评出发明专利奖 4 项、实用新型专利奖 9 项、外观设计专利奖 5 项;5 个单位获申请专利优胜奖、3 个单位获专利实施效益奖;9 位个人获优秀专利工作者奖。宝山区知识产权信息服务平台精品钢及相关行业专利信息数据库扩容 60 万条。

(沈正行)

【宝山区成为"做中学"和"2049"项目双试点区】 为克服长期以来中国儿童及青少年科学教育中存在的"重知识、轻能力,重结果、轻过程,重间接经验的传授、轻亲身体验的获得"等问题,提高幼儿园、小学以及中学的科学教育水平,促进国内儿童、青少年的科学素养的发展,中国科协制定了《2005 年"做中学"科学教育项目地方试点工作实施方案》,上海被首推为该项工作的试点城市,上海市科协、上海市教委就此下达了关于实施"做中学"及"2049"科学教育上海试点项目的通知。经申报评审,宝山区已被指定为上海市惟一一个同时承担"做中学"和"2049"项目的试点区,并成立了领导小组及工作小组,现各项工作正在积极开展之中("做中学"项目对象为幼儿园、小学;"2049"项目对象为中学生,其主要目标是提高青少年的科学素养)。

(沈正行)

【科普工作取得新进展】 2005 年,4 项科普工作列入宝山区政府实事项目。新建市民科技学校 8 所,达到 14 个街道(镇)全覆盖;创建科普村(居委)69 个,覆盖率达 75%以上;建造电子科普画廊 2 块,全区电子科普画廊总数达到 9 块;创建区级科普教育基地 1 个——金罗店生态农业园。

宝山区市民科技学校开设中老年保健、电脑培训、日常英语会话、家庭插花等讲座课程,培训市民近万人次。以友谊路街道宝钢八村为试点,对进城务工人员开展科普培训,内容涉及电脑、气象防灾科普知识、传染病的防治知识以及参观气象科普馆、上海淞沪抗战纪念馆等，引导他们不断提高自身科技素养。

5月13日，2005年上海科技节宝山区活动在区文化馆广场开幕，以“科技创新·和谐宝山”为科技节重要内容，分别展示和介绍区内高新技术企业、科技成果转化、知识产权保护、科学普及、青少年科技教育、人才的引进和培养等方面所取得的丰硕成果，以及区内54家企业在高新技术、生物医药、先进制造、新材料、信息技术等领域所取得的成绩。科技节期间还举办了网上科普知识竞赛、科普报告会、绿色食品推广周、科技进社区、青少年科技活动等12项活动。

全国科普日宝山区活动主题为：“树立科学发展观，共建和谐社会——科学普及，你我共参与”，共组织了5项活动：(1)市民科技学校科普系列培训。(2)气象科普与您亲密接触。(3)科普知识万人传播大行动。(4)电子科普画廊、传统科普画廊大展示。(5)外来人员系列培训活动。其中科普知识万人传播大行动竞赛，选择了保护资源、崇尚科学以及科学生活三方面共50题，有1万余人参加了竞赛活动。

科普活动体现宝山特色。(1)澳大利亚科普巡展活动：6月17～22日在永清中学体育馆举办以“科学动起来，迷人的科学”为主题的澳大利亚科普巡展，参观者达5 000人次。国外科普巡展直接进入校园，市内尚属首次。(2)科技下乡活动：4月28～29日，以“科技丰富生活——流动科技馆进宝山”为主题，针对区内农村实际情况和农业产业特点，将科技大篷车直接开到农民家门口，受益群众达4 000余人。(3)科普夏令营活动：暑期，组织青少年参观科普教育基地——上海天文博物馆、上海地震馆。(4)科技进军营：建军节前夕，向驻区部队赠送了近300册有关健康、环保、防灾、电脑等科普书籍，资助海军上海博览馆5万元建设贝壳科普馆。

（沈正行）

闵　行　区

【闵行区科技工作概述】　2005年，闵行区的科技工作坚持实施“科教兴区”战略，落实“大闵行，大科技”工作理念，推进科技创新体系建设，培育高新技术特色产业，服务于全区经济和社会发展大局，各项工作取得了新的进展。科技进步对经济和社会发展的贡献率达到56%。年内，闵行区被评为“2003～2004年度全国科技进步先进区”。

（张顶文）

【韩正赴莘庄工业区调研科技工作】　上海市市长韩正9月27日上午赴莘庄工业区调研科技工作。副市长严隽琪参加。

在察看上海建筑科学院生态建筑示范楼和太阳能科技有限公司产品及应用情况，听取上海市科委、上海建筑科学院和太阳能公司汇报后，韩正指出，要从建设节约型城市、促进资源可持续利用的高度，准确定位，因势利导，大力推进能源结构调整，积极利用再生能源。在推动可再生能源的技术进步、市场开发和产业化进程中，上海要在以下方面有所作为：一是要组织力量，加大研发力度，争取在自主创新上有所突破，努力形成技术优势和自主知识产权。二是围绕市场，做大做强品牌，依靠扩大应用带动产业化发展，努力打造产业链。三是对于此类产品的市场开发，政府部门要加大扶持力度，在公共设施、办公场所上带头应用，发挥示范效应。市发改委等有关部门要加强研究，将节约能源和推进再生能源利用等体现到全市“十一五”规划中。

（张顶文）

【确定“航天闵行”功能定位】　10月，中共上海市委原则同意新形势下闵行区功能定位是：立足国家战略产业与区域经济联动，依托科研文教产业结合的优势，以航天产业与事业发展为引领，把闵行建成自主创新推动、产业集群发展、生态环境良好的具有新型辅城功能的现代化新城区。至此，闵行区正式确定了以“航天闵行”为标志，以研发制造、现代服务、生态居住休闲为重点的功能定位。

（张顶文）

【深入推进科教兴区战略】　7月13日，闵行区政府与上海市科委举办市、区联动推进闵行科教兴区战略交流会，就有关合作事宜进行了商讨。还邀请中科院上海分院的院士专家就闵行区的科教兴区工作进行了专题研讨。闵行区政府主要领导带队到兄弟区县学习、到区内30多家单位和企业开展专题调研，组织召开了镇、街道党政领导、工业（科技）园区负责人、民营科技企业负责人等多个层面的座谈会，广泛听取社会各界对实施科教兴区战略的意见和建议，制定了闵行区“科技发展‘十一五’规划”、“闵行区专利战略”和闵行区“科普工作‘十一五’规划”。

9月26日，中共闵行区委、区政府召开科教兴区推进大会。会议颁布了《闵行实施科教兴区行动纲要》，出台了《关于完善闵行区科教兴区专项资金的试行意见》和《关于进一步推动科技研发和成果产业化的试行意见》。会上还成立了上海闵行科技创业投资有限公司。会议明确，自2005年起，闵行区每年用于科教兴区的专项资金不少于2亿元。

（张项文）

【搭建创新服务平台】　进一步完善了闵行区政府与区域内的高校、科研院所、市属企业的沟通平台和对话机制。闵行区科委与上海交通大学、华东师范大学、国家“863”软件专业孵化器（上海）基地分别签订合作协议，政府购买高校和科研院所的人才、技术、设备等资源，为区内企业科技研发服务。这种政府买单、企业得实惠的新举措收到良好的社会效应。为健全和完善园区、校区和城区“三区联动”的联络、沟通和协调机制，10月27日，成立了闵行区域科技处长联席会议，成员单位包括区域内24个高等院校、科研院所、企业集团和市属大型企业。年内，通过牵线搭桥，帮助企业与高校、科研院所建立联合研发机构8家。

（张项文）

【高新技术产业化进程加快】　全年新认定高新技术成果转化项目42项，成果技术均达到国际先进水平。全区高转项目认定总数累计达到214项，这些项目共投入科研经费7.8亿元，实现年销售收入58.9亿元、利润9.6亿元、税收3.4亿元。全年立项国家重点新产品14项，上海市重点新产品10项。

全年新增经认定的高新技术企业34家，累计达162户，其中产值超亿元的有57家；新认定外商投资“双密型”企业5家，总数达到17家。在上海市民营科技企业100强中，闵行区有25家企业榜上有名，连续3年名列全市第一。

（张项文）

【技术创新能力不断提高】　2005年，闵行区三项经费资助区级研发攻关项目及自然科学研究课题135项，资助企业研发资金500多万元，引导企业研发投入近亿元，预计项目完成后可形成产值7亿元、利税1.2亿元。全区获得批准的国家和上海市火炬计划项目26项、国家和上海市创新资金项目26项、国家和市级科技攻关项目56项，市级农业重点项目和产业化项目7项。全年获得科技系统市级以上研发经费资助7 225万元。获得市科技进步奖等各类奖项39项，其中一等奖8项。认定“四技服务”合同495项，技术交易额2.6亿元。

（张项文）

【加强区域知识产权工作】　2005年，闵行区共申请专利4 649件，连续第二年位居全市各区县第一，其中发明专利达1 760件，占总量的37.8%；企业申请专利3 318件，占总量的71.4%。编印了10万册《专利知识小册子》分送给全区各机关、企事业单位和社区居民。闵行区知识产权联席会议成员单位对七宝镇九星综合市场等12家单位进行专利执法检查，对标有专利号的商品开展检查并进行了分类处理。全区共有上海市专利试点企业12家，培育专利试点企业12家。有4所学校被评为上海市知识产权教育试点学校，1所学校被评为上海市知识产权教育示范学校。

（张项文）

【科普工作取得新成绩】　2005年，闵行区组织开展各类科普活动2 400多（场）次，参加科普活动总人数达到60万人次。闵行区科协被中国科协评为“全国科普日活动先进集体”，获得上海市科协颁发的“科教进社区先进集体”、“电子科普画廊建设先进集体”等荣誉。古美路街道、虹桥镇创建成功上海市科普示范镇（街道）。创建区级科普文明居委（村）15个，科普示范小区12个，科普示范企业5个。区内共有国家、市、区三级科普教育基地17个。

成功举办2005年闵行科技节。与国家“863”软件专业孵化器（上海）基地合作举办了“运用科学技术，创造美好未来”的开幕式，与国家“863”软件专业孵化器（上海）基地、上海交通大学科技处正式签订了“三区联动”合约。科技节期间，区层面安排了论坛、展示、竞赛、社区、网络和青少年等九大板块几十项活动，引进了英国科学秀表演、澳大利亚流动科技馆等国际科普项目。据不完全统计，科技节期间全区共开展各类活动600多项（次），受益市民超过28万人次。

成功组织全国科普日活动。9月17日,闵行区以节能型城区建设为重点,分层次举办了各种节能宣传活动。区科协举办了科普文艺大汇演,开展了百场节能讲座进社区、百支科普队伍参观科普教育基地和发放节能知识宣传单等活动,在市民中进行了一次节能总动员。依托闵行科技网,征集到600多户家庭在生活实践中总结出来的各类节能建议2 000多条。

选择20个区级学会与20个社区结成科普合作伙伴。据统计,自5月结对到年底,20个学会共组织科技工作者456人次到结对社区开展各类科普科技活动68次,受益群众13万人次。坚持每月组织一次专家、名人论坛活动,邀请有关专家学者深入社区面对面地向居民传授科普知识,全年共邀请院士、博士等专家开展20次专题讲座。科技节期间还组织有关委办局和科普讲师团专家,深入社区组织了7个专题30多场专题讲座。

整合科普工作者队伍。8月15日成立了闵行区科普志愿者协会,共有个人会员170名、团体会员70个、参与单位9个。分13批对各镇、街道和莘庄工业区的500多名科普志愿者骨干进行了专题培训。全年面向社会举办办公自动化等各类技术班和外语培训班,培训人员3 400多人次。各区级学会、企业科协、镇街道科协举办对科技人员的知识更新再教育培训班150个,2万多人次受教育。

推进科普信息化。依托闵行科技网、科技百花园、西陆网站BBS科普论坛等三个科普网站,组织了各类网上科普活动,全年各类网络科普活动和信息的点击率达到300多万人次。全区已建成电子科普画廊26个,年内在社区推广电子触摸屏100台。添置各类网络宣传资料近千份,编印10万册《专利知识100问》、3万册《防震减灾须知》、2万册《科普法100问》、1万多册《家庭节能三十六计》和预防禽流感知识的宣传册分发给市民。

科普为自主创新服务。2005年闵行区科协年会开设"自主创新与融资"论坛,邀请上海闵行创业投资有限公司和深圳证交所上海中心为区内企业传授"融资之道",邀请区内科技企业小巨人坦言"自主创新之路"。

广泛开展青少年科技创新活动。在各类科技创新大赛中,闵行区青少年共获得全国和上海市奖项百余项。成立了闵行区青少年科学研究院,开展了科普夏令营、科技论坛和课题研究等丰富多彩的科普活动。新上海市民子弟学校系列科普教育展示活动,被中国科普研究所作为农村学校开展科普教育的示范进行推广。闵行二中等30所学校被命名为新一轮区科技教育特色学校,10所学校被评为上海市科普示范学校。

(张顶文)

金 山 区

【金山区科技工作概述】 2005年,金山区把建设以企业为主体、市场为导向、产学研相结合的科技创新体系,当作科教兴区的重要工作;把建设一流的精细化工专业孵化器,当作提升化工自主创新能力的重要举措。按照"靠化吃化"、"一业特强"的发展规划,不断加大招商引资力度,从项目源头坚持科技含量、产业能级和环境生态要求;加大科普宣传力度,充分营造全区学化、懂化、亲化的良好科技创新氛围;切实注重企业科技创新工作,加大产业结构调整力度,大力发展化工产业链、提升产业能级、推进自主创新、推进高新技术成果转化;深入开展知识产权的服务和宣传工作,不断加强对知识产权的管理和保护。在工业区开发建设中,坚持"三个集中"(工业向园区集中、农业向规模经营集中、农民居住向城区集中),走集约发展之路,按照工业向园区集中的要求,形成"1+2+3"(1是金山工业区,2是金山第二工业区和上海化学工业区金山分区,3是金山西部工业区、金山北部工业区和金山中部工业区)的产业定位鲜明的工业园区发展布局,有利于产业的集群。

(杨红梅)

【高新技术企业工作有新进展】 2005年是金山区开展高新技术企业认定工作大发展的一年,区科委完成了对全区32家高新技术企业的复审工作,高新技术企业认定工作在数量和质量两方面在原有基础上又有突破。数量方面,高新技术企业增长了14家,总数从原来的32家增加到46家,增幅超过40%。质量方面,新认定的高新技术企业中,精细化工新材料这一金山重点发展领域企业取得了很大的突破，新增的企业中有7家是精细化工新材料领域的高新技术企业，比例超过50%。另外，在2005年公布的金山区50强企业中，高新技术企业占了8家。其中，上海干巷汽车镜(集团)有限公司和上海嘉乐股份有限公司获得上海市科技百强企业称号。

(杨红梅)

【59个工业科技项目获立项】 2005年，金山区的工业科技项目中，列入国家级项目有4个，市级项目47个，区级项目8个。获得国家资助55万元，中共上海市委、上海市科委资助8 303万元，金山区科委资助50万元，合计8 408万元。其中，上海市高新技术成果转化项目19个，上海侨茂建筑防水材料有限公司的"聚合物速效防水胶实验室建设及关键技术研发"项目列入2005年度市重点成果转化项目，获得市科委资助50万元；上海康文医药中间体有限公司的"茶条槭制备焦性醛(2,3,4－三羟基苯甲醛)"项目列入国家创新基金项目，获科技部资助55万元。国家级重点新产品项目2个；国家级火炬项目1个；上海市创新资金项目有6个，共获上海市科委资助165万元。上海市重点新产品项目5个，其中有3个项目获得上海市科委资助，计40万元。上海市火炬项目9个，其中上海默克高科技发展有限公司的"快速反应创成式CAPPV2.0软件"项目和上海向隆电子科技有限公司的"3.5英寸LED背光板"项目，分别获得上海市科委10万元和12万元的资助。各类市级科技攻关项目6项，其中上海华普汽车有限公司的"混合动力轿车"项目，获上海市科委资助800万元，其他5项获120万元。另外，上海华普汽车有限公司的"海域506整车开发"项目，被列入上海市科教兴市重大科技攻关项目。一批具有先进技术水平和市场发展潜力的科技企业脱颖而出，总收入超亿元的企业达到8家。

(杨红梅)

【3个农业科技项目获市科委立项】 2005年，3个农业科技项目获上海市科委立项。由上海板扎果业有限公司承担的"金山玉露蟠桃科技服务体系研究"、上海田野农业服务有限公司承担的"上海都市田野蔬菜种子科技服务体系"两个项目，作为农村科技服务体系项目获上海市科委立项，这两个项目都是以龙头企业带动农民合作组织的形式，立足于提升企业自主创新能力和竞争力，促进农业增效、农民增收。由上海菖梧生态农业开发有限公司承担的"上海优质高产水稻品种引种及示范"项目，作为科技引导项目获上海市科委立项，此项目从引进新品种、新技术出发，提高了水稻的品质和经济效益。

(杨红梅)

【举办知识产权周活动】 4月19日，金山区知识产权周活动拉开帷幕，在朱泾镇紫金广场举办"加强知识产权保护、规范市场经济秩序"大型咨询活动暨打假成果展，共展出宣传版面20块，内容涉及专利、商标、版权等方面的基本知识，典型案例及打假成果；共散发各类宣传资料400余份。

(杨红梅)

【企业专利申请量稳步上升】 2005年，金山区企业专利申请量逐年递增：累计专利申请量达729件，其中发明专利101件、实用新型专利105件、外观设计专利523件。区内大型商场、药店基本建立专利商品验货制度。积极开展了培育企业试点工作，已有上海市专利示范企业1家、上海市专利试点企业7家、上海市培育专利试点企业7家。

(杨红梅)

【金山第二工业区成为市级化工知识产权试点园区】 7月，上海市知识产权局批复同意在金山第二工业区内建立"上海金山化工知识产权试点园区"。根据政策规定，园区内的企业按照"沪知局[2005]41号文"的规定享受专利专项资助政策。金山第二工业区成为上海市化工知识产权试点园区，获批准以来专利申请量已达55件。

(杨红梅)

【加强防震减灾工作】 6月30日，召开全区性的防震减灾联席会议。

7月28日，值"7·28"唐山地震28周年纪念日，在枫泾镇开展防震减灾科普宣传咨询活动。通过版面宣传、口头咨询、播放关于印尼海啸的电视专题片等方式加大防震减灾宣传力度、提高宣传效果。

9月15日，在亭林镇组织"地震灾害与防震减灾"的专题知识讲座。

10月14日，金山区地震办组织南部地区中学地理教师参观了位于松江佘山的上海市地震局地震科普馆。观看了东南亚地震海啸录像、参观了地震科普知识展馆和中外地震测量仪器，还亲自参与了模拟救援活动。

12月28日，金山区地震办联合金山区教育局在兴塔中学举行了一次防震减灾应急避险疏散演练活动。各中小学科技干部和区安全片长到现场观摩演练，上海电视台、《城市导报》、金山电视台等多家媒体到现场采访。

（杨红梅）

【上海金山化工孵化基地开工建设】 12月31日，上海金山化工孵化基地开工典礼在金山第二工业区隆重举行。上海金山化工孵化器是以精细化工为主导产业的专业孵化器，是金山建设上海国际化工城，增强化工自主创新能力的基地，占地面积6ha，总建筑面积约为3.64万平方米，具有研发、中试、产业化的一流硬件设施，同时具有创新政策和良好的团队服务。其技术平台建设已列入上海市公共服务平台建设的子服务系统。孵化基地已与中科院上海有机所、上海化工研究院签订了产学研一体化协议，与华东理工大学、上海东升新材料有限公司等达成多个项目入驻意向。

（杨红梅）

【2005石油化工行业产学研合作洽谈会在金山举行】 2005石油化工行业产学研合作洽谈会于11月24～25日在上海市金山区召开。来自全国14所在石油、化工方面最具特色的高校及金山区20余家化工企业参加了会议。

教育部科技发展中心与上海市科委在会上签署了“石油化工成果推广频道”、“上海市能源化工技术转移平台”资源共享协议；各高校、地方政府、企业等联盟单位签署了“石油化工人才、科技资源战略联盟”合作协议。会议听取了中国石油和化学工业协会副秘书长冯世良、华东理工大学化工学院副院长田恒水教授“当前中国石油和化工经济形势与展望”、“发展绿色化工产业链，促进化工能源安全可持续发展”的专题报告。

（杨红梅）

【金山区召开科技企业技术创新与技术转移座谈会】 12月13日，金山区召开科技企业技术创新与技术转移座谈会。会上，上海市科委和上海市科学技术开发交流中心的有关领导就企业比较关心的问题，诸如“企业如何申请国家和地方的资金支持”、“获得高新技术企业称号和科技成果转化项目认定及新产品认定后可享受的各项优惠政策”、“企业如何通过技术经纪组织、技术经纪人来寻找高新技术项目及科技服务中介机构为科技企业可提供的服务”等作了讲解，并解答企业现场提问。

（杨红梅）

【“流动科技馆”进金山】 11月5～6日，上海科普教育发展基金会、金山区科委、金山区科协、金山区科技馆主办了“‘流动科技馆’进金山”展示活动。

此次活动共分6个展区：科普展板区、科学小讲台、动手做区、科学餐厅、科普纪念品区和科技类展品区。展品分光学、力学、电磁学、数学、声学、生理和体能六大类。“流动科技馆”展示的内容与生活中常见的但又蕴涵诸多科学知识的自然现象紧密结合，深入浅出，既使每位参观者充分体验亲自动手参与的乐趣，感受科学魅力，又激发了他们探索自然奥秘的兴趣和开拓求新的意识。短短两天，1.3万人次参加，留言130多条。

（杨红梅）

【农村科普工作创新出成效】 2005年，金山区在构建科技为“三农”服务体系进程中，不断加大科技兴农的力度，创新科技培训的形式，组建农民土专家队伍，加强农村适用技术培训。全年累计举办各类农业适用技术培训班288期，参加培训达17 622人次。由45名农民土专家组成的队伍中，37名种植专业土专家2005年种植面积达186.3ha，人均收入达到16万元，直接技术指导面积达125ha，帮困技术指导户数达到99户。经他们技术指导的农户，户均收入达到6.1万元。7名养殖专业户养殖面积达到18.8ha，户均年收入8.6万元，直接技术指导19名养殖户年均收入达到2.3万元。45名土专家为农村解决了大量闲散劳动力，34名土专家用工374人，支付农民工资达342.3万元，为促进农民增收作出了贡献。

金山区科协被评为“2005年度全国农村科普工作先进集体”和“上海市郊区党员、基层干部适用技术培训先进集体”，由45名农民土专家组成的队伍，被上海市文明委评为“上海市农村科普志愿者服务队先进集体”。金山区科协副主席蔡雷英被评为“2005年度全国农村科普工作先进个人”。

（杨红梅）

【科普宣传营造亲化良好氛围】 在科普宣传上，金山区加大科普宣传化工的力度，扩大金山创建国际化工城的影响，充分营造金山学化、懂化、亲化的良好氛围，做到了3个“面向”。

(1) 面向全区领导干部、公务员。4～10月,分别邀请上海市化学化工学会理事长、上海华谊集团董事长张培璋教授,市知识产权局董建平副局长,上海市石油学会理事长、原上海石化股份公司总工程师瞿国华教授,为全区处级干部、公务员、企业家们作了主题为"化学工业与金山经济腾飞"、"化工自主知识产权工程与专利"、"联合发展、共创金山发展之路"、"化工专利与商标"等系列专题报告;10月,组织全区性的公务员化工科普知识竞赛活动,全区机关参与率达到96.5%。

(2) 面向社区居民。5月,成功举办'2005金山科技活动周"活动;10月,抓住"9·17全国科普日"契机,举办主题为"科普宣传为社会添和谐"全区性的科普文艺汇演;11月,针对金山市民的科普需求,成功举办"'流动科技馆'进金山"大型活动。

(3) 面向青少年学生。金山区科委加强与金山区教育局和少科站的联系,成功举办了知识产权知识竞赛;各类科普知识讲座等系列科普活动。

(杨红梅)

嘉　定　区

【嘉定区科技工作概述】 2005年,嘉定区科技工作以推进产业集聚,提升产业发展能级,增强核心竞争力为目标,把科技创新放在科技工作的核心位置,加快科技产业化步伐,不断夯实创新基础和开辟新的产业链,促进传统经济发展模式向规模扩张与质量提升相结合的方向发展。科技进步对经济增长贡献率达到57%,并首次通过了科技部2003～2004年度全国科技进步考核。

(1) 聚焦优势领域,着力提高科技自主创新能力。在推进企业科技创新中,重点围绕调整产业结构和产业升级两大重点,坚持引导、激励、促进、服务"四管齐下",促使企业成为技术创新主体。建立规范的创新、运行、培训、综合开发的机制。引导企业拓展创新资源和创新观念,形成研发、中试、试产、投产的一整套技术创新流程。通过政策引导、提供后续服务等手段,促使企业将开发、技术、管理、市场四优势转化为综合竞争优势。通过重点和一般的引导,使企业逐步提升创新能力。

(2) 坚持品牌理念,精心培育科技"小巨人"企业。培育扶持科技"小巨人"企业,是嘉定区培育名牌企业,提升企业核心竞争力,做大做强企业规模、培育龙头企业和单项冠军的一项重点推进计划,也是科技特色工作。2005年,嘉定区在科学化管理、规模化生产、产业化经营、知识产权运用、品牌效应等方面全方位培育科技"小巨人"企业的同时,重点在创特色、抓成效上下功夫。

(3) 上下联动推进,加速促进科技成果转化和产业化。在逐步健全科技成果转化环节的基础上,设立科技成果转化嘉定联络站,与上海18个区县,以及上海交通大学、同济大学、复旦大学、上海大学、华东理工大学、中科院上海国家技术转移中心等合作,形成了一个联动开展科技成果转化的网络。

(4) 完善创新环境,助推科技型企业发展壮大。科技型企业是全区科技产业发展的主体。在实施科技"小巨人"企业计划的同时,根据科技与高科技产业发展3年行动计划的目标,以"市抓实力、区抓活力、企业抓动力"的战略安排,探索创新的着力点,聚焦100家中小型科技企业,既给予项目支撑,又给予智力支持,扶持企业加强"软实力"建设。

(5) 营造良好氛围,全方位推进知识产权创新。鼓励发明核心技术、推进专利技术转化和产业化,提高区域创新能力,是2005年嘉定区知识产权工作的重点。着重健全知识产权制度,推进专利工作的基础建设,引导企业加大知识产权的开发、利用和保护,提高企业核心竞争力。通过宣传和培训,进一步推进企业专利工作水平和知识产权运作能力,并初步制订了《上海知识产权战略纲要嘉定区推进计划》。2005年度嘉定区获上海市区县保护知识产权宣传工作优秀组织奖。

(6) 夯实科普基础,继续加大宣传和普及力度。在不断营造城乡科普氛围,推进群众性科普活动的同时,借鉴国内外科普教育的先进理念和成功经验,探索科普本土化,持续推广化的模式,加强科普基地的建设和"吐故纳新"的普及方式,将科普从社区、农村延伸到学校、企事业、商业领域,重点打造有特色、有亮点的"科普精品",促进企业文化与科普建设。

(谢雪平)

【实施科技创新项目550项】 2005年,嘉定区实施科技创新项目550余项,其中集成创新占43%,130项列为国家、市级和区级科技创新项目,重点产业科技攻关项目19项,投入专项资金4 665万元,配套资金320万元。在19项重点产业技术攻关项目中,重点加强提升以汽车零部件为核心的先进制造技术的开发,延伸先进制造业产业链。已有60%的项目取得了很好的市场前景。

(谢雪平)

【科技"小巨人"企业经济指标继续攀升】 前两批扶持的17家嘉定区科技"小巨人"企业的销售额,从2002年平均1.02亿元,增加到2005年的平均3.21亿元,增幅为47%。扶持的第三批14家科技"小巨人"企业,年底实现销售额22.31亿元,实现利润2.88亿元,上交税金755万,分别比2004年增长47%、56%和59%。

(谢雪平)

【推进实施科技产业化】 嘉定区全年共实施市、区级各类产业化项目197项,其中上海新傲科技有限公司的"高端硅基材料研发和产业化"项目,由于具有核心的自主知识产权,拥有重大产业化前景,并能迅速形成市场规模,已申报了上海市科教兴市重大产业化项目,并通过了前期的专家评审。

实施高新技术成果转化项目230项,其中重点成果转化项目和产业化项目48项,成果转化率达95%。

(谢雪平)

【规模型科技企业达到750家】 嘉定区拥有一定规模的科技型企业总数达到750家,其中高新技术企业168家,有30家高新技术企业已发展成为上海市知识和技术双密集型企业。科技产值在连续3年三大步的基础上,2005年增长31%以上。在生物医药、信息技术、新材料、先进制造等诸多领域开发新产品800项,其中重点新产品114项。

(谢雪平)

【认定技术合同528项】 嘉定区认定各类技术合同528项,实现技术合同额4.66亿元,其中成交额比2004年增长5倍以上。主要涉及到信息技术、微电子技术、光电子技术、生物工程技术、新材料技术、新药物和医疗器械、新能源等领域。

(谢雪平)

【实现专利申请量1 351件】 嘉定区专利申请量再创新高,达到1 351件,比2004年增长40%,其中发明专利410件,同比增长12%。通过政府少量资金的补贴,实施专利二次开发计划,一批在技术上创新、专利消化吸收上有较好基础的企业,产生了专利二次开发效应。

(谢雪平)

【多元结合新概念科普初显特色】 嘉定区开展多元结合的科普工作,重点开展"一居一特色"科普活动,发挥社区(居委)人文精神和利用企事业的科普资源,使科普工作根据各地的特点,在以人为本的前提下,百花齐放。在一段时间内,全区开展了"科普关注生活"、"科学节能进社区"、"科普日争做环保人"、"科普为经济社会服务"等一系列城乡科普活动,做到基础知识普及与前沿知识普及相结合、人文科学知识普及与自然科学知识普及相结合,有力地提升文明城区创建内涵。

(谢雪平)

松　江　区

【松江区科技工作概述】 2005年,松江区围绕完善和构建区域科技创新体系这一主线,大力发展先进制造业和高新技术产业。以国家级出口加工区、市级工业区、科技园区为载体,基本形成以电子信息、现代装备、生物医药、精细化工、新材料等为主导的新型工业体系。区级以上工业园区产出占全区工业总产值的73.6%,电子信息制造业产值占全区工业总产值的56.1%,达到1 194.9亿元,基本形成"一业特强,多业发展"的产业格局。

松江区科技管理紧扣提高科技创新能力和提高科普事业发展水平两大目标,坚持校区、园区、社区"三区"联动,坚持部门联手,坚持官产学研联合,积极探索科技创新机制,增强企业科技创新能力,推动科普事业协调发展,全面完成了《2003～2005

年松江区科技发展三年推进计划》提出的目标任务，为松江区“十一五”科技规划打下基础。

（曹　军）

【高新技术产业异军突起】　2005年，松江区高新技术产业产值达到1 421.7亿元，占全区工业总产值的67.7%。全年新增认定上海市高新技术企业10家，其中2家软件企业，全区累计达54家。据统计，2004年全区47家市级高新技术企业工业总产值503.99亿元，总收入493.42亿元，利润总额12.51亿元，上缴税金2.85亿元，出口创汇55.23亿美元，企业科技研发资金25.8亿元，占企业总收入的5.23%。

全年新增认定上海市高新技术成果转化项目35项，均达到国际先进水平。全区历年累计达203项，项目总产值17.18亿元，利润1.52亿元，实现税收6 807.5万元。

（曹　军）

【挖掘项目鼓励创新】　2005年，获准国家、市级科技项目立项共64项，扶持资金1 685万元。其中列入国家创新基金4项，获扶持资金165万元；立项上海市创新资金6项，获扶持资金60万元；列入上海市重点新产品项目2项，获得资金支持10万元；列入国家火炬计划项目1项，上海市火炬计划项目4项，一个项目获资金支持10万元；列入国家农业科技成果转化资金项目2项，获扶持资金165万元；列入上海市创新资金农业科技成果转化项目1项，获得资金支持30万元；立项上海市科委基础性研究项目1项，支持资金30万元；立项上海市科委国际合作项目1项，支持资金40万元；立项市科委专利技术再创新项目2项，资金支持90万元；列入浦江人才计划项目1项，资金支持35万元；列入优秀学科带头人1项，资金支持25万元；立项区县科技发展研究项目1项，资金支持35万元。推荐3家企业为上海市科教兴区重大科技攻关项目承担单位；组织推荐中国民营科技企业创新奖4家，并全部获奖。

（曹　军）

【区级投入逐年递增】　松江区区级科技项目投入资金逐年递增，经济效益日益突出。在2004年支持项目中，对已到期的7个项目进行验收，全部合格，其余均进展顺利。验收通过的项目承担单位在执行期内共投入资金4 864万元，政府资金拉动比为1:44。项目完成新增产值1.71亿元，实现利税2 800万元。

2005年，受理区级科技攻关项目39项，立项27个（其中，农业类项目19项、医药类和其他软课题项目8项），落实支持资金124万元；受理区级中小企业创新资金项目40项，通过形式审查和专家评审，确定立项30项，给予扶持资金389.5万元。项目预计总投资7 298万元，其中企业自筹6 908.5万元，政府资金拉动比为1:18。

（曹　军）

【营造民营科技“家”的投资环境】　松江区坚持“降低门槛、强化服务、鼓励创新、支持发展”的原则，为民营科技企业营造“家”的投资环境，以科技产业化基地为载体（松江高新技术园区和松江高科技园区），聚集了一批具有一定规模的民营高科技企业。2005年资质认定民营科技企业1 458家，发放了服务联系证。进一步强化松江区科技企业联合会自身建设，增补4家科技企业为理事单位。组织开展2004年度民营科技企业统计年报工作，克服取消科技证审批带来的影响，早做安排，深入发动，共有1 109家民营科技企业通过年检，企业资产总额累计达35.95亿元，全年实现技工贸总收入26.79亿元，完成利润3.88亿元，上缴国家税收2.03亿元。

（曹　军）

【深入调研做好规划】　2005年，松江区在广泛调研的基础上，做好《松江区“十一五”科技发展规划》的编制工作，力求做到“两个结合”，一是与上海市科技发展规划的对接，做到结合本地实际；二是与科技发展3年推进计划对接，做到承上启下。研究制定《松江区知识产权战略推进计划（2005～2010）》，通过征求区知识产权工作协调小组成员单位意见，充实有关商标、版权等内容，将《推进计划》修改完善。完成《上海市松江区地震应急预案》修订工作，启动筹建区防震减灾联席会议制度，待上级批准后将组织实施。

（曹　军）

【举行新“十八条”政策宣讲会】　3月9日，上海市高新技术成果转化服务中心在松江举行了新“十八条”政策宣讲会。宣讲会对新“十八条”政策从认定制度、要素分配、资金扶持、创业孵化、人才激励和实施保障6个方面进行了详实的讲解，将市政府修订政策的精神和主旨传达给与会人员；对科技部创新基金小额资助项目、科技型中小企业的融资问题做了专题报告。到会人员认真听讲，积极提问，充分交流思想。部分企业就税收政策的享受、人才引进、职称评审、担保贷款等方面提出问题，宣讲团均给予了圆满的解答。

（曹　军）

【专利申请含金量一路攀升】 2005年，松江区专利申请数1 113项，其中发明专利177项，较2004年增长84.4%，实用新型328项，外观设计608项；认定登记技术交易合同82项，累计合同金额12 771.34万元。确定上海市专利试点企业5家，累计11家；确定上海市培育专利试点企业9家，累计17家；组织开展专利执法检查2次；确定上海市知识产权示范学校1家、上海市知识产权试点学校2家、上海市专利试点商业单位2家；组织企业参加全国专利技术交易会，其中1项专利获得全国金奖。

（曹　军）

【万人签名保护知识产权活动】 4月24日，由松江区政府举办的"保护知识产权万人签名"活动，以万人签名传递为串联，突出进企业、进校区、进社区的特点，力争在全社会进一步树立尊重知识、崇尚科学、保护知识产权的意识，努力营造鼓励创新的文化氛围。4月18日，松江区知识产权局分别在松江工业区和岳阳街道荣乐居委会举行了保护知识产权签名承诺活动。企业代表和社区居民踊跃参与，通过签名了解知识产权知识，树立知识产权意识。校区方面，4月14～20日，松江区知识产权局在区内5所高校和10所中小学举行签名仪式，使广大学生深刻地感受到保护知识产权从我做起的责任和深刻意义，做出反对盗版、维护版权的郑重承诺。

（曹　军）

【支持民营经济技术、人才交流】 7月29日，松江区科委会同有关部门联合举办民营经济技术交易、科技人才交流洽谈会及民营企业科技发展论坛。通过政府搭台造市，把科技成果集中推向社会，使研发与利用变脱节为对接，以市场化手段，帮助民营企业解决在产品升级换代、第二次创业中遇到的技术难题、项目难题、开发难题、资金难题和科技人才难题，突破高新技术成果转化瓶颈和科技人才输入瓶颈。洽谈会期间，150多家企业开设展位，5家民营科技型企业与松江区知识产权局当场签下高新技术成果专利试点企业合同，10家民营规模型企业与10名中高级科技人才签订了聘用合同。有60多家民营企业招聘科技和其他各类人才900多名，80多家民营科技型企业和投资机构寻找合作伙伴，70多家单位和企业推介新产品、新项目，展出了200多个高新技术成果转化项目。

（曹　军）

【举行中小型企业创新资金项目签约仪式】 10月14日，2005年度松江区中小型企业创新资金项目签约仪式举行。30家项目承担单位负责人与松江区科委签订了资金项目合同和项目廉政责任书。企业均表示一定会用好资金，专款专用，按合同规定实施好项目。这30个项目中不仅有达到国际先进、国内领先水平的产品，更有数项已申请发明专利。技术含量高、发展前景好，是此批支持项目的共同特点。

（曹　军）

【成功启动"'2049'上海试点项目松江试点区"】 根据有关精神，经松江区科协与松江区教育局多次协调，组建了"'2049'上海试点项目松江试点区"领导小组名单，确定了"'2049'上海试点项目松江试点区"8所试点学校并授牌。

（曹　军）

【"万户家庭网上行"信息化培训】 由松江区相关部门联手开展的"万户家庭网上行"信息化培训，3年来，全区共设23个培训点，方便妇女群众电脑培训。截至2005年底，全区电脑培训并获得结业共15 138人，完成市培训计划的126%，其中女性为13 745名，占90.8%。2005年，松江区科协将"万户家庭网上行"信息化培训纳入社区科普考核指标，完成了岳阳等8个培训点的考核；举办"快乐家庭，绿色生活"信息技能竞赛，吸引了各镇、街道、园区33个家庭、近百人参赛；组织"健康新城区·和谐新松江"家庭数码摄影大赛，收到摄影爱好者的作品270余幅；完成"华东六省一市妇女法律知识网络竞赛"和"上海市婚检知识网上竞赛"，并获得"优秀组织奖"。

（曹　军）

【开展基层党员干部适用技术培训】 作为实施"科技兴农"的一项重要任务，松江区对开展党员基层干部适用技术培训工作常抓不懈。2005年，全区共举办适用技术培训班18期，参加培训人数达1 240

人次。开展了松江区适用技术培训示范基地、科技致富能手、科技致富带头人和群众性适用技术成果评选活动，评选出培训示范基地 10 家、科技致富能手 11 名、科技致富带头人 18 名、群众性适用技术成果 7 项。

（曹　军）

【苏浙沪地、县科技馆联谊会召开】 3 月 2～3 日，由浙江省嘉兴科技馆、浙江省绍兴科技馆、江苏省南通科技馆、江苏省无锡科普馆以及上海市松江区科技馆联合发起的第一届江浙沪地、县科技馆联谊会（以下简称“联谊会”）召开。

“联谊会”旨在为华东地区中小型科技馆提供一个针对性的交流经验的平台。此次会议通过了《江浙沪地、县科技馆联谊会章程》，与会代表就各馆 2004 年工作经验、2005 年工作计划作了交流。在会上，代表们针对中小型科技馆现有条件、发展方向、发展中遇到的问题等作了汇报，并针对一些普遍性的问题进行了讨论。

（曹　军）

【推进创建全国科普教育示范城区工作】 2005 年，松江区科技馆、五库农业园区科普教育基地被命名为市级科普教育基地，成立了松江区气象科普教育基地。松江区共拥有科普教育基地 13 个，其中国家级 3 个、市级 7 个、区级 6 个。推进松江区创建全国科普示范城区的工作，命名了中山街道等 3 个单位为松江区科普社区；松江区科技馆等 3 个单位为松江区科普教育基地；高乐居委会等 31 个单位为松江区科普居委会；马汤村等 8 个单位为松江区科普村；松江六中等 8 所中小学为松江区科技特色学校；荣乐幼儿园为松江区科技特色幼儿园。

（曹　军）

【推进青少年科普工作】 5 月 13 日，举办松江区第四届中小学生科普节，开展适合中小学生特点的科技竞赛、科技展览、科普考察等活动。采用区级活动与中小学校活动相结合，以中小学校活动为主。一是开展了市级科技特色学校和区级科技特色学校景观展示活动，用表演、演示和展板等形式展示中小学科技特色项目；二是启动了松江区第二届中小学生科技创新教育竞赛活动；三是举办了机器人、陆海空模型、计算机、环保、摄影、太阳能等科技竞赛；四是举办了松江区科技教育优秀论文评选；五是充分利用科普教育基地的资源，组织广大中小学生参观市、区级科普教育基地。

举办松江区 2005 年社区学生暑期科普夏令营，开展松江区中小学生“身边的科学”读书征文活动。松江区科技馆的“能工巧匠”和“星空小天地”科普活动室被列入中山小学教学内容，成为学生接受科普原理、启发创新思维的第二课堂。

成功举办松江区第一届中小学生科技创新教育竞赛活动，征集参赛项目 785 项，参赛学生达 16 873名。评出优秀创造发明项目 40 项、优秀科技论文项目 16 项、优秀科技实践活动项目 14 项、创意机器人设计项目 12 项。8 人获“明日科技之星”称号。

（曹　军）

【举办大型科普活动】 2005 年松江区科技节（周）活动围绕“科技以人为本，全面建设小康社会”的主题，制定了科普讲坛、科普展示、青少年科技活动、网络科普等 6 个板块的科普活动内容，松江区科协和各镇街道共组织各类科普项目 32 项，吸引了干部、学生、军人、残疾人、社区居民 5 万余人参与。“流动的科技馆”在岳阳休闲广场展出，开放式的、颇具亲和力的展览形式，吸引了大批居民和学生。展品将知识性、参与性、趣味性融于一体，让群众在动手实践中感受探索科学的乐趣。

5 月 23 日，“科教兴区、璀璨松江”纺织服装（艺术）科技文化周开幕式在松江区岳阳街道休闲广场举行。分别举行了松江区服装企业的品牌服装（成衣）发布、上海工程技术大学艺术团与时装模特表演、师生科学艺术成果展览、院士科技论坛等活动。所有活动采用开放的形式向社会大众展示，让更多松江区和大学城的大众享受科技文化。

2005 年度松江区政府科普实事工程项目“松江科技馆科普展厅扩建和上海农业科普展示馆一期工程”进展顺利，年底均结构封顶。同时启动了 2 个展馆的布置设计、展品收集等方面的工作，共收集江南地区部分传统农具和生活用品 120 件。

（曹　军）

青　浦　区

【青浦区科技工作概述】　2005年,青浦区在强化科技意识、营造创新氛围、完善创新体系、搭建服务平台、强化科普工作上下功夫,充分发挥科技在经济社会发展中的作用,为打造绿色青浦、构建和谐社会注入新的活力。全区形成实施科教兴区战略的工作格局,出台了《关于科教兴区的实施意见》,进一步完善了科教兴区目标考核制度,对乡镇、街道的科技工作考核增设了知识产权宣传培训、专利申请量和授权量、专利实施与保护等新的内容。制定了青浦区知识产权战略推进计划。全区高新技术产业不断发展,科技服务平台不断完善,专利工作取得新成绩,科普工作向纵深发展。

（张海峰）

【出台科教兴区的实施意见】　2005年,中共青浦区委、青浦区政府出台"关于科教兴区的实施意见",明确了青浦区到2010年科教兴区战略的指导思想、主要目标、任务和主要措施,为新一轮发展奠定了基础。

主要目标是:到2010年,基本形成与国内外科技、经济发展相适应的,与上海现代化国际大都市地位相匹配的区域性科技创新体系,全区高新技术产业产值占工业总产值的比重每年递增2个百分点,市级以上高新技术企业数、高新技术产品开发数名列郊区前茅;基本形成与上海率先基本实现教育现代化相适应的,与青浦经济社会发展和城市化进程相协调的现代国民教育体系和终身教育体系,全区新增劳动力受教育年限达到14年,力争14.5年;基本形成有利于技术创新,有利于经济社会发展的人才培育、人才流动、人才激励的机制,使人才资源的整体效益进一步提高,人才发展的环境进一步优化。努力把青浦建设成为资源利用合理、创新能力较强、产业能级较高、各类人才集聚的科技型城区。

（张海峰）

【青浦区知识产权战略推进计划出台】　2005年,青浦区政府推出"青浦区知识产权战略推进计划(2006～2010年)",明确了青浦区知识产权战略的指导思想和基本原则,明确了到2010年,基本建立起与经济社会协调发展的知识产权管理、保护和服务的新体制;基本建立起有利于知识产权创造和运用的新机制;建立起尊重和保护知识产权的良好社会环境,努力将青浦区建设成为创新活力强劲、知识产权基础坚实、保护有力、流转顺畅的上海知识产权示范区域。具体目标:(1)专利:到2010年全区每十万人年专利申请量达到250件,其中发明专利30件以上;创建市专利试点单位和示范单位50家左右;创建区级专利试点单位和示范单位100家左右。(2)商标:每年新增注册商标数在20%左右,到2010年全区注册商标有效数达10 000件左右,著名商标30件左右,争取有2件以上商标获中国驰名商标称号。(3)版权:区域内音像制品、出版物以及使用软件的正版率不断上升,到2010年全面提升正版覆盖面,并实现软件著作权登记数量与国内生产总值的同步增长。(4)植物新品种:重点培育具有青浦优势、地方特色的农业原创新品种。

（张海峰）

【严隽琪等市领导调研青浦知识产权工作】　6月16日,上海市副市长严隽琪及上海市知识产权局、上海市科委等有关部门领导在蒋耀区长的陪同下,视察了上海中大科技发展有限公司,听取了知识产权保护等方面的情况汇报。严隽琪主持召开了区县知识产权工作调研会,听取了青浦等6个区县知识产权局局长的工作汇报,并就进一步推动知识产权工作作了重要讲话。

（张海峰）

【专利工作取得新成果】　2005年,青浦区开展发明创造专利奖励和专利申请资助活动。有3家企业、4名专利工作者和28件专利获得区级发明创造专利奖励;有3个专利项目获得市级奖励。区内109家企业和个人的756件专利获得专利申请资助,资助金额共44.73万元。开展区市两级专利试点企业和培育专利试点企业工作。有2家企业被列入上海市知识产权示范企业名单,6家企业列入上海市第二批培育专利试点企业名单。全区共有上海市专利试点企业11家,培育专利试点企业8家。新增4家企业为青浦区专利试点企业,新增27家企业为青浦区培育专利试点企业。推进专利技术产业化。有5个专利项目列入年度专利产业化项目,预计产出2.5亿元。

青浦区专利申请情况

	申请量(件)	
发明专利	148	是2004年的2倍多
实用新型专利	344	
外观设计	799	
合计	1 291	比2004年增67.9%

青浦区专利授权情况

		授权量(件)
发明专利	公开	95
	授权	12
实用新型专利		128
外观设计专利		297
合计		532

(张海峰)

【青浦区专利申请费资助办法修订】 2005年,青浦区知识产权局修订青浦区专利申请资助办法。主要在三个方面:一是资助对象从全区企事业单位和个人扩大到全区的企事业单位、机关团体和个人;二是将区级以上重大项目、科研计划项目也列入了资助项目的范围;三是取消了对年产值1 000万元以上,一年内专利申请达到50件以上的企业给予专项资助的办法。

(张海峰)

【农业领域专利技术展现新貌】 2005年,青浦区在1 291件申请专利中,有农业领域或涉及农业产品的专利申请8件,其中发明5件,实用新型3件。上海铭新环卫工程科技有限公司的发明专利"芦苇塑料复合材料",是利用农作物秸秆如稻草、麦秆、芦苇等做成新型建筑材料的技术。潘甫荣的"盆花自动滴水装置"实用新型专利,对盆栽花具有自动调节自动供水之功能。潘甫荣发明的"摘果手指护套"已申请中国发明专利,并已通过专利初审。该手指护套能有效防止农民在采摘草莓等农作物果子时对大拇指、食指、中指的磨损和皮肉伤害,还可有效提高工作效率,保证采果质量。上海帕拉丁环保材料有限公司何悦的"生态型奶牛场废弃物处理系统和处理方法"项目申请了中国发明专利,并通过了专利初审,该技术已在多处进行牧场废弃物处理试验,其排放物达到国家达标排放的要求。上海普利特复合材料有限公司的"一种农药生物活性测定方法"技术,也是发明专利。

(张海峰)

【努力搭建科技服务平台】 2005年,青浦区完善知识产权信息服务。在2004年启动青浦区文体类(休闲)行业专利数据库检索分析系统的基础上扩大宣传力度,已有近1/3的文体休闲行业的青浦企业进行了网上注册,并在产品开发、申请专利前利用该系统进行检索分析。农业科技创新服务中心建设取得新进展,年内又建立了3家,总量达到6家。涉及的农业领域包括青浦农业特色品种草莓、茭白、食用菌、糯玉米、西甜瓜等,在农业发展中发挥了积极的作用。筹建了青浦先进制造业标准资料库。委托上海万方数据有限公司加工中国标准全文数据库,数据量达4.6万篇,汇集各类标准文本1 900册,方便了企业产品标准的查阅、制定和修改。

(张海峰)

【4所专利试点学校通过验收】 2003年11月确定朱家角中学、赵屯中学、白鹤中学、上海工商信息学校为第一批青浦区专利试点中学。4所学校通过2年的努力达到了试点学校的验收标准,于2005年顺利通过了专利试点学校的验收。

(张海峰)

【推动高新技术产业不断发展】 2005年,青浦区高新技术企业群体不断壮大。通过复审的上海市高新技术企业达69家,新认定上海市高新技术企业18家,占全市2005年总认定数的7.8%,全区经认定的上海市高新技术企业总数达87家。高新技术产业发展较快。规模以上企业的高新技术产业产值达201.1亿元,比2004年增长10.5%,占全区规模以上企业工业总产值的比重为28.3%。深入开展区级高新技术研发中心认定工作。巩固2004年认定的5家研发中心争创单位的成绩,共有105个新产品开发成功,其中56个新产品投入市场。认定研发中心5家(上海晨兴电子科技有限公司研究开发中心、上海中大科技发展有限公司研究开发中心、上海富臣化工有限公司研究开发中心、上海捷成白鹤木工机械有限公司研究开发中心、上海和达汽车配件有限公司研究开发中心)，使全区高新技术研发中心及争创单位的总数达到了10家。继续开展“青浦区技术创新示范企业”争创活动，完成了10家2004年度技术创新示范企业的考核工作，兑现资助奖励经费47.8万元。新增技术创新示范企业8家，使全区此类争创企业达到18家。

组织企业积极申报高新技术项目情况

	数量(项)	经费(万元)
2005年上海市创新资金(市区联动)项目	11	135(市科委)，200(区财政)
科技部2005年科技型中小企业创新基金项目	3	185
2005年上海市创新资金农业科技成果转化项目	2	57

高新技术成果转化项目认定数量多、技术含量高。全年申报45项，认定41项，占全市认定项目数的7.1%，大部分项目技术含量达到了国际先进水平。

新产品开发项目立项情况

	数量(项)
2005年度国家重点新产品计划	2
2005年度上海市重点新产品计划	11
上海市火炬计划项目	9
区级新产品项目	25

(张海峰)

【认定5家青浦区高新技术研究开发中心争创单位】　经对上海金发科技发展有限公司研究开发中心、上海乐美文具有限公司研究开发中心、上海实业联合集团药物研究有限公司研究开发中心、上海爱的发制药有限公司研究开发中心、上海轻良实业有限公司研究开发中心等5家企业的研发中心的考核，符合青浦区高新技术研究开发中心争创单位的要求，被认定为2005年青浦区高新技术研究开发中心争创单位。

(张海峰)

【区域技术创新载体建设有新进展】　2005年，青浦区科技创业中心签约入驻企业16家，入驻企业总数达32家，孵化用房出租率达60%，租金和物业管理费收入155万元。高新技术成果转化基地进入新一轮建设。全年引进外资4 778万美元。新增落户企业3家，老企业增资5家。累计入驻企业达35家，总投资达1.1亿美元。青浦科技园加大招商力度，吸收企业660户，累计达1 944户，实现税收1.4亿元，比2004年增长24%。

(张海峰)

【与上海科投公司合作推进科技成果产业化】
2005年，青浦区科技创业中心与上海科技投资股份有限公司达成协议，对区内需要资本金投入的高新技术企业、高新技术成果转化项目及高新技术产业化项目，由青浦区科技创业中心推荐，上海科技投资股份有限公司对符合条件的企业和项目给予优先风险投资。双方的合作，为青浦区高新技术企业发展、高新技术成果产业化提供了一条新的融资渠道，将有助于全区高新技术产业发展。

(张海峰)

【23个项目获青浦区科技进步奖】　为鼓励以企业为主体的技术创新工作，开展2005年度青浦区科技进步奖的评审。共计29个项目申报，23个项目获区级科技进步奖，其中一等奖4项，二等奖9项，三等奖10项。

(张海峰)

【8人当选第三届青浦区科技功臣】　青浦区政府2005年表彰奖励第三届青浦区科技功臣8人。

姓名	单　　位
卢广晓	上海和晓印花有限公司
刘　敏	中山医院青浦分院
李伟民	上海华新城乡建设总公司
杨伯荣	赵屯农业综合服务中心
郑少鸣	青浦区教师进修学院
倪巧林	上海青浦岑湖特种水产有限公司
倪建春	上海裕科(集团)有限公司
徐保度	上海翔山实业有限公司

(张海峰)

【3人被评为科技创新先进人物】　2005年，青浦区3人被评为全国、上海市科技创新先进人物。在农业部召开的2005年全国农业工作先进单位和个人颁奖大会上，重固镇农业综合服务中心主任胡新明获“全国农业技术推广先进工作者”称号。胡新明

积极推广适用农业先进技术,2005年率先在上海市郊实施菜农培训持证上岗新举措,共培训持证上岗农民1 300多人。徐清被评为2005年上海实施发明成果优秀企业家。曾余根被评为2005年上海农业科技创新优秀企业家。

（张海峰）

【表彰奖励高优高农业科技示范点和产业化基地争创活动优胜单位】 青浦区政府表彰奖励2005年高优高农业科技示范点争创活动获奖单位和项目,他们是:上海协旺特种水产品有限公司的鲥鱼高产养殖示范点,上海香花桥农业发展有限公司的珍稀食用菌高优高示范点,夏阳街道花菇栽培基地的花菇高产高效示范点。表彰奖励了2005年青浦区高优高农业科技产业化示范基地争创活动获奖单位和项目,他们是:上海鹤晖食用菌合作有限公司的食用菌高产示范基地,上海练塘叶绿茭白有限公司的茭白保护地栽培示范基地,上海民科园艺场的紫苏高产高效示范基地,上海特洁蔬菜有限公司的油桃高产示范基地,上海曾奇水产苗种有限公司的翘嘴红鲌套养花鲭鱼示范基地,赵巷镇特种水产养殖基地的特种水产养殖示范基地。

（张海峰）

【加强防震减灾工作】 8月19日,青浦区召开防震减灾第一次联席会议。建立了乡镇、街道、有关委局的防震减灾联络员制度,并进行业务培训。加强白鹤地震观测站、练塘奶牛场动物宏观观测点运行状况监测,基本完成金泽地震综合测报站的基础设施建设。开展防震减灾科普宣传活动,发放地震科普宣传资料,在防震减灾科普特色学校开展地震科普知识小论文评比等活动。

（张海峰）

【开展星级学会评比及“讲理想、比贡献”活动】 2005年,在区级学会中继续开展星级学会评比活动,以引导和推动学会更好地为科技与经济服务。区内会计学会被评为五星级学会;税务学会、审计学会、医学会为四星级学会;建筑业学会、气象学会为三星级学会;畜牧兽医学会、水利学会、财政学会为二星级学会;园艺学会为一星级学会。在厂、所科协组织中开展“讲理想、比贡献”活动。

（张海峰）

【科普工作向纵深发展】 2005年,青浦区广泛开展科学普及活动。举办了2005年全国科普日、2005年上海科技节青浦区活动,推出“科技以人为本,建设绿色青浦”的主题活动,活动内容涉及24项,受众人数达9万多人次。在科普“五进”(进农村、进社区、进学校、进军营、进家庭)的基础上,增设科普进企业的内容和形式。举办“六进”活动13次,组织7个区级学会及区地震办、区知识产权局、区商委、区供销社等单位的300多名科技人员开展科普活动,共展出科普展板1 241块次,分发各类科普资料5 264份,参加各类科技咨询达1万多人次。编印《科学在您身边》续集,印刷16.2万册分送到全区农村、街道居民家中。加强农村适用技术培训。青浦区科协以资助培训经费方式,支持乡镇科协培训来青浦安家的三峡移民。

在2004年为全区各镇、街道配置17台电子科普触摸屏的基础上,2005年增加到38台,配置地点增加到人流集中的医院、社区等地。推进电子科普画廊建设。全区已建成4台电子显示屏,总面积达45m^2,总投资403万元。

年内,青浦区政府命名表彰了20个在2005年开展科普村(居委)创建活动中成绩显著的村(居委)。这些单位在创建活动中,围绕加快推进“绿色青浦”目标,在科普设施建设、网络建设和科普活动等方面开展了卓有成效的工作。全区被命名表彰为青浦区科普村(居委)的单位累计已达37个。

（张海峰）

南汇区

【南汇区科技工作概述】 2005年,南汇区紧紧抓住“两港一城”开发建设大好机遇,以科教兴区主战略统领各项工作,大力发展高新技术产业,加快建设区域科技创新体系,强化科技管理,深化科技服务。在做好常规科技工作的基础上,重点聚焦临港新城、上海国际医学园、康桥工业区三大重点区域的科技创新工作,在智能新港城、国家级医疗器械产业基地和先进制造技术专业孵化基地建设方面加强服务、积极推进。科技创新环境进一步优化，企业创新主体地位得到强化，科技创新基地建设进展顺利，产学研合作初显成效，科普工作力度不断加大，全区科技工作迈上新台阶。

（方冰峰）

【科技创新基地建设顺利推进】　一是推进康桥先进制造技术专业孵化基地建设。经多次论证协调，确定由康桥集团公司、南汇区科委和上海市科技创业中心三方联手，在康桥工业区商务区共同创建“上海先进制造技术专业孵化基地”，一期工程规划6.7ha土地建造孵化大楼和研发中心，构建数字化设计、智能化加工、样品测试、快速制造、网上数据库等5个先进制造技术专业服务平台。目前项目规划设计工作基本完成并向上海市发改委提交了立项报告。二是积极创建国家级医疗器械产业基地。支持上海国际医学园区向科技部申报国家级医疗器械产业基地。国家火炬计划上海南汇医疗器械产业基地项目已获得科技部批准并于12月14日举行了揭牌仪式，一批有实力的项目已顺利签约进驻园区。在火炬计划项目基础上，积极推动医学园区功能性和创新性建设，促使其发展升级。三是促进临港新城科技发展工作。制定了“十一五”期间临港新城科技发展规划。为推进建立“南汇临港新城科技发展”市、区联席会商机制，上海市科委、临港新城和南汇区三方于12月29日签署了《加强市区联动，发挥科技支撑引领作用，提高临港新城现代化建设水平》的协议书，就共同推进临港新城科技发展、加快相关科技产业园区建设、加速高新技术成果示范应用等方面达成了共识。

（方冰峰）

【产学研合作初显成效】　年内，通过政策、资金引导，南汇区大力构建以企业为主体，以项目为纽带的产学研联盟。全区有12家科技企业与12家科研院所、高等院校签定了合作协议，建立了开放、长期、稳定的战略合作关系，并以此为基础培育了12个产学研合作项目。通过南汇区科技创新资金对产学研项目的375万元配套投入，带动企业投入项目资金约3 651万元，政府与企业投入比为1:9.7。目前多数产学研合作项目的研发工作已经取得了重大突破，部分项目已经申请专利并投入产业化生产。如上海博杰科技有限公司与同济大学合作开发的“高效率低谐波地铁紧急逆变电源”项目，打破了德国和西班牙对该项技术的垄断。另如“型钢机器人柔性划线切割系统”、“复方电解质转化糖注射液”、“直接着色高档腈纶纤维的着色剂中试技术”等项目，也都申请了专利，填补了国内技术空白，并将实现规模生产走向市场。

（方冰峰）

【科技创新项目快速发展】　全年有79个项目获科技部和上海市科委的立项支持，比2004年增长23.5%。其中国家级6项、市级73项，为企业获得资助资金581万元。2005年是南汇区科技创新资金建立并正式运作的第一年，成立了南汇区科技创新资金理事会，制订了《南汇区科技创新资金管理办法（试行）》和两项实施细则，公告了《南汇区科技创新资金项目申报指南》，建立了项目评审专家库，健全了“公示、受理、评审、会签、拨款”5道科技项目立项程序。全年共组织实施各类区级科技项目104项，比2004年有大幅度增长。

（方冰峰）

【高新技术企业加快发展】　全区通过年检的高新技术企业共有69家，比2004年增长38%。在高新企业复审中，有66家通过复审。新发展高新技术企业14家，目前南汇区共有高新技术企业80家。此外，全年共登记认定技术合同263项，合同金额8 478万元，比2004年增长71%。其中技术开发合同100项、技术转让合同6项、技术服务合同14项、技术咨询合同143项。

（方冰峰）

【知识产权工作成绩显著】　加快实施《上海市知识产权战略纲要》，加强了知识产权的宣传、培训和执法力度，全年共举办知识产权培训班5期，有350多人次参加；处理专利纠纷案件5件，维护了专利权人的合法权益。同时做好每年的“4·26”世界知识产权日的宣传活动。全年共完成专利申请926件，比2004年增长44%，其中发明专利129件，比2004年增长145%。

（方冰峰）

【科技强农工程有序推进】　严格实行科技强农项目的公开申报和专家评审制度。经过对各单位申报的64个科技强农项目、88家科技示范户进行论证评审，确定上海雪绵绿色农业发展中心等33个项目列入2005年度南汇区科技强农工程项目，授予48家单位为南汇区农业特色科技示范户。支持科技强农项目资金260万元。

（方冰峰）

【科技信息化服务平台基本建成】 南汇区科委不断完善“南汇科技网”等科技信息化服务载体，扩充信息服务资源，建设“电子政务系统”，努力构建面向南汇企业的科技信息化服务平台。根据政府信息公开工作的有关会议精神，对“南汇科技网”进行了二次改版，设置了科技咨询、政策法规、科普宣传、政务公开等栏目，扩充了科技项目网上申报、孵化器专栏等。

（方冰峰）

【风电科普馆加快建设】 由上海市科委、上海市电力公司、南汇区科委和南汇滨海森林公园等部门共同出资兴建的国内首家专门普及和宣传风力发电科学知识的科普馆——上海风电科普馆，在南汇启动建设。项目被列入上海市政府2005年度资助的10大科普教育场馆项目之一。根据规划，上海风电科普馆将设置风电成长之旅、风电揭密、“风”功伟绩等6大展区，通过各种风能利用装置模型、DIY制作室、风力测试场、互动电脑台等高科技设备、场景，来展示风力发电这一绿色能源的基本科学知识。

（方冰峰）

【科普教育活动扎实开展】 成功举办2005南汇科技节。在区、镇两个层面共开展了12项区级科普活动和40多项镇级科普活动，达到了区镇联动的效果。举行了2005年全国科普日活动、科普系列讲座等一系列科普宣传活动。积极组织农村适用技术培训，年内共举办农村适用技术培训班52次，有3 000多人次参加。同时组织开展了农村适用技术培训示范基地和适用技术推广项目的申报和评审工作，评选出示范基地5个和推广项目7个。组织、指导学(协)会开展了科普创新研讨会等学术交流活动。

（方冰峰）

奉　贤　区

【奉贤区科技工作概述】 奉贤区科技工作坚持“科教兴区”和可持续发展战略，不断树立和落实科学发展观，紧紧围绕奉贤经济和社会发展的要求，按照年初制定的工作目标任务，扎实有效地开展了各项工作。

全年申报国家级、市级、区级各类项目217项。其中：申报国家级各类项目25项；申报科技部科技型中小企业创新基金计划项目19项，立项8项，获无偿资助455万元；申报国家级新产品1项；申报国家级火炬计划项目2项；申报科技部农业科技成果转化项目2项，获无偿资助132万元；申报国家星火计划重点项目1项，获无偿资助60万元。另外，申报市级各类项目105项；申报上海市科技型中小企业创新资金计划项目32项，立项9项，获无偿资助115万元；申报上海市重点新产品计划项目9项，其中4项获无偿资助40万元；申报上海市火炬计划项目7项，其中1项获无偿资助12万元；申报上海市科技型中小企业公共信息服务体系建设项目1项，获无偿资助42万元。组织认定上海市高新技术成果转化项目27项；申报上海市高新技术成果转化再创新计划项目2项；申报上海市专利技术二次创新项目2项，立项1项，获无偿资助50万元；申报上海市重点科技攻关项目6项，立项5项，获无偿资助152万元；申报上海市科技进步奖5项，获二等奖1项、三等奖1项；组织认定上海市高新技术企业12家。申报上海市科技精英1人，上海神力科技有限公司总经理胡里清博士被评为第九届上海市十大科技精英；申报上海市农业科技创新人1人，上海大山合集团董事长毛传福被评为上海市农业科技创新人、优秀企业家。

（鞠　峰）

【上海市高新技术成果转化(奉贤)基地成立】 3月2日，上海市高新技术成果转化服务中心、奉贤区庄行镇人民政府、奉贤区科学技术委员会在庄行镇政府签署了合作协议，决定在奉贤区庄行镇开发区内设立上海市高新技术成果转化(奉贤)基地。

（鞠　峰）

【市科委主任李逸平调研奉贤区科技工作】 5月12日，上海市科委主任李逸平、副主任寿子琪、秘书长徐美华等一行领导在中共奉贤区委书记张立平、奉贤区政协主席胡镇寰等陪同下参观和考察了上海神力科技有限公司，并听取了奉贤区科委工作汇报，及奉贤区光仪电基地和高新技术成果转化基地的情况汇报，同时就市、区联动进行了座谈。

5月19日，上海市科委主任李逸平、奉贤区区长沈慧琪签订了市、区联动推进"奉贤光仪电产业发展"的协议书。

（鞠　峰）

【知识产权工作取得新进展】　年内，完成专利申请628件。其中：发明专利95项、实用新型207项、外观设计326项；确定奉贤区第二批知识产权教育试点学校2所；完成技术合同认定登记32项，技术交易额3 163万元。奉贤区知识产权局与上海专利商标事务所、上海世贸专利代理有限责任公司签约，每月一次为奉贤区企业和个人的申请专利、商标、版权、软件等进行咨询服务。推荐申报上海市知识产权示范企业4家；推荐申报上海市专利试点企业2家，批准2家；组织申报市级培育专利试点企业5家，批准5家；组织申报市发明创造专利奖7项；组织申报市专利新产品及专利技术再创新科研计划项目9项，批准8项；组织验收区级专利试点企业5家；组织审定区级专利试点企业5家；建立企业专利数据库2家。

（鞠　峰）

【"3·15"专利执法检查】　3月15日，金山区知识产权局和奉贤区知识产权局联合专利执法检查组，对奉贤区苏宁电器连锁南桥店和上海金叶商厦进行了执法检查，涉及商品达50余种。仁和堂国药店、古华集团、金叶超市、复星康德药房有限公司人仁堂药店等4家商业单位进行了自查。

（鞠　峰）

【开展"4·26"世界知识产权日宣传活动】　4月26日，奉贤区知识产权局结合世界知识产权日的宣传主题："思考，想象，创造"，会同工商奉贤分局和区文广局在奉贤区金叶商厦门前开展知识产权宣传、咨询活动，向路过的市民发送宣传资料；现场播放知识产权宣传片以及接受市民的有关咨询；奉贤区知识产权局还特别举办了"知识产权有奖征答活动"，吸引了众多市民热情参与。这次活动共发放宣传资料2 000份，有奖征答问卷共200份。

（鞠　峰）

【奉贤区企业在中国国际专利技术与产品交易会夺得4块金牌】　8月18日，在大连召开的中国国际专利技术与产品交易会上，由奉贤区知识产权局组织推荐的上海南桥变压器有限责任公司的YBP型预装式变电站、上海奉泰电子电器元件厂有限公司的甲烷报警矿灯多功能检查装置、上海东汇集团有限公司的DDSF517单相多费率电能表和上海三盛金属制品有限公司的一种防盗过滤球阀等新技术成果及产品，荣获金奖。

（鞠　峰）

【加强防震减灾知识宣传教育】　采取不同形式、通过不同渠道，加大防震减灾的宣传教育活动力度。编写和出版《防震减灾问答125题》和图文并茂的《防震减灾宣传画册》各5 000册，共投入资金3万余元；开展科技下乡等活动，下发宣传资料800余册；会同奉贤区民防办开展"增强市民防灾减灾意识"上街设摊咨询解答活动。会同奉贤区民防办、教育局、红十字会等有关部门于4月19日举行中学生"防灾减灾自救互救演练活动"，全区各中学的分管校长和专职教师等100多人观摩了该演练活动。在7月28日防震减灾宣传日，举办以"珍惜生命，增强防震减灾意识"为主题的活动，共下发宣传资料300多份，吸引了500余居民参加。

（鞠　峰）

【全面推进科普工作】　建立奉贤区科普工作联席会议制度，充分发挥各成员单位在组织、指导和统筹协调区科普工作中的作用。组织区级学会专家开展"科普进社区"现场咨询活动，历时7天，深入14个社区，接受咨询5 000余人次，发放各类科普书籍2 208册、科普宣传资料1万余份，参与有奖问答1 200人次。组织选手参加上海市科技节"新上海人科普演讲大赛"，奉贤中学教师徐琼获演讲比赛三等奖。参加奉贤区文明办举办的科技大篷车下乡活动。由奉贤区科委、科协班子成员带队历时11天，发放各类科普书籍2 200余册、宣传资料20 000余份，参与有奖问答280人次。组织"科普进学校"活动。向53所学校及外来建设者子弟学校赠送55套内容涉及天文、地理、环境保护等知识的动画科普碟片——"身边的科学"。在全国科普日期间，放映科普电影，观众达5 000人次。开展各类科技培训。对现有社区科普画廊的宣传板面进行更新；新建社区标准化科普画廊11座。

创建市级科普教育基地2个，创建区级科技教育特色示范学校5所,创建区级科普教育示范基地4个,创建区级科普示范村(居委会)3个,创建区级科普示范企业3家。以此形成科普工作的社会化格局,起到以点带面、辐射的效应。

创建市级科普教育基地2个,创建区级科技教育特色示范学校5所,创建区级科普教育示范基地4个,创建区级科普示范村(居委会)3个,创建区级科普示范企业3家。以形成科普工作的社会化格局,起到以点带面、辐射的效应。

(鞠　峰)

崇　明　县

【崇明县科技工作概述】　2005年,崇明县科技、科普工作围绕崇明现代化生态岛区建设的总目标,以《崇明县实施科教兴县战略行动纲要》为统领,以实施《上海崇明生态岛建设科技支撑方案》为重点,大力推进崇明生态岛科技创新基地建设;以科技项目为载体,组织实施农业科技攻关和农业科技成果推广;以创建企业科技研发中心为抓手,不断提升企业创新能力;以提高岛民的科技素质为目标,不断拓展科普工作的领域。10月,崇明县科协被中国科协评为全国农村科普工作先进集体。

(陈惠萍)

【市科委与崇明县政府签署《崇明生态岛建设科技支撑实施方案》】　按照中共上海市委、上海市政府"举全市之力支持崇明生态岛建设"的要求,上海市科委抓住崇明生态岛建设中长远和根本的问题,协调高校和科研机构,综合各方优势,聚焦海岛,在生态技术、生物技术、能源技术、水资源技术和信息技术等关键技术领域,开展课题研究和科技实践。3月26日,崇明县政府与上海市科委正式签署了《崇明生态岛建设科技支撑实施方案》协议。方案主要着眼于崇明生态岛生态安全保障系统、产业发展系统和基础设施建设系统等三大系统构建。方案中"崇明生态岛承载力与生态安全预警系统研究"、"东滩国际湿地的监测、维持与修复"等18个首批支撑项目已经上海市科委批准,陆续在崇明启动实施。为集聚全市智慧,共同推进方案实施,上海市科委还邀请科技界、经济界、社会科学界的专家,成立了"崇明生态岛建设科技咨询专家委员会",翁史烈院士、陈吉余院士等32位资深人士被聘为首批专家。

(陈惠萍)

【崇明生态科技创新基地正式启动】　根据《崇明生态岛建设科技支撑实施方案》,上海市科委和崇明县政府共同建设上海市崇明生态科技创新基地。为建设好这个基地,上海市科委、有关高校、科技投资公司等单位的专家、教授来崇明实地考察,双方进行多方案选址比较,最后将基地落户在前卫村。8月,科技部部长徐冠华和上海市副市长严隽琪为上海市崇明生态科技创新基地正式揭牌。基地内首批建成了5个实验室,分别是:上海交通大学的生态农业与食品安全实验室、复旦大学的湿地科学与生态工程实验室、同济大学的环境科学与污染防治实验室、华东师范大学的河口海岸科学与自然资源实验室和上海大学的生态人居与健康实验室。目前,5个高校的实验室仪器设备、科研人员等都已到位,并已开展研究工作。

(陈惠萍)

【实施"十个一"工程,打造前卫生态样板】　按照"全国生态看崇明"的理念,上海市科委组织协调有关高校、科研机构和其他社会力量,在前卫村实施了总投资8 000万元的"十个一"科技支撑工程。一批环保超级电容车已投入使用,一条生态道路(吸音、降噪)建设完成,一批风光互补的太阳能风力发电路灯已启用,一座50kW的太阳能光伏电站已经并网发电,一个科普新天地基本建成,一个主题广场着手改建,一个生态人居样板也将正式动工。

(陈惠萍)

【72个农业、工业科技项目获立项】　2005年,列入国家级项目6项、市级项目30项、县级项目36项。其中,达华医疗器械有限公司"血液成份分离器械的开发与成果转化"项目,被批准为国家级创新基金项目;上海天和制药机械有限公司"ZP37型触摸式旋转压片机"、上海达华医疗器械有限公司"一次性使用血浆单采离心分离器"等5项,被批准为国家级新产品。达华医疗器械有限公司"血液成份分离器械的开发与成果转化"、上海华源磁业有限公

司“PF－10 高磁导体磁性材料”，被批准为上海市创新资金项目；原创数码有限公司的“VISART 液晶广告机”、华源磁业有限公司的“PF－2 高频低损耗软磁铁氧体磁性材料”、上海庆安药业有限公司“枸橼酸托烷司琼”3 项，被批准为上海市火炬计划项目；上海德科电子仪表有限公司“上海通用 SGM18 轿车组合仪表”、上海耀通电子仪表有限公司“YT607D 发动机监视仪表”等 5 项，被批准为上海市高新技术成果转化项目；上海崇明机床厂“M7780Z 卧式钢球研球机”、上海同舟机械工具制造有限公司“SDWG 手电动液压弯管机”等 7 个项目，被批准为上海市级新产品；“轿车自动开门装置”、“SDWG 手电动液压弯管机”、“汽车行驶记录仪”等 3 个项目，被认定为“上海市专利新产品”。上海盛源众望信息科技有限公司、上海华源磁业有限公司等 6 家企业，被批准为上海市高新技术企业。上海永冠商业设备有限公司等四家企业，被批准为上海市专利试点企业。确定“林相结构研究”、“河蟹深加工技术研究”等 29 个项目列为崇明县重点科技攻关计划项目。“无公害水产品健康养殖技术推广”、“菜田化学肥料、农药减量使用技术推广”等 7 个项目列为崇明县农业科技成果示范推广计划。将“无源远传电子水表”等 7 个项目列为崇明县科技产业化计划项目。

2005 年确定的各类科技项目，均取得了明显的社会效益。“林相结构研究”项目落实和建立了面积为 10ha 的综合研究基地，其中树种结构研究林地面积 4.8ha，优化型生态林地循环系统配置研究林地面积 5.2ha。制订了不同类型林地的林相结构配置方案。“菜田化学肥料、农药减量技术推广”项目主要在金瓜、芦笋、花菜等作物上推广，2005 年，金瓜“双减”示范基地面积达 247.6ha，芦笋实施面积 47.9ha，花菜面积 133.3ha。化学纯氮用量从 40kg 下降到 30kg，减少 25%；化学农药用量从 200g 下降到 150g，减少 20%。

（陈惠萍）

【加大知识产权宣传和培训】　“4·26”知识产权宣传周期间，以“保护知识产权和促进创新发展”为主题，在《崇明报》专版刊登知识产权保护知识，在中心城区的主要街道悬挂宣传知识产权横幅 30 多条，在全县科普画廊和中学校园内张贴知识产权的宣传图片等资料，宣传普及知识产权保护知识。上街开展咨询活动，发送有关知识产权的图片、报纸、宣传小册子，接受咨询，对市民进行面对面，一对一的宣传和辅导。举办专利工作者培训班，15 家企业的 40 名工程技术人员、企业领导参加了培训。

（陈惠萍）

【加强民营科技企业和技术市场管理】　2005 年，对 376 家民营科技企业进行年检、年报统计工作。实现技工贸收入 22.6 亿元，利润 3.5 亿元，上缴税金 2.28 亿元，从业人员 7 968 人，其中科技人员 3 790 人，并对 376 家科技企业换发了上海市科技企业服务联系证。审核科技企业 16 家，注册资金 1 922 万元，从业人员 201 人，其中科技人员 148 人。认定技术合同 30 项，成交金额 1 070 万元。

（陈惠萍）

【做好防震减灾管理工作】　成立了“崇明县防震减灾联席会议”制度，对 57 项新建、改建、扩建工程进行了抗震设防行政审批，完成了新海地震观测站搬迁工作和水氡仪器设备的标定工作，完成了崇明县防震减灾“十一五”专项规划。“崇明县地震应急预案”的修订工作正在抓紧进行中。新海水氡资料质量在全市地下流体资料质量考评中获得第二名，扬子中学地震测报站水温、水位资料获全国优秀奖。

（陈惠萍）

【科技信息服务工作更贴近需求】　科技信息工作更加贴近县经济发展需求，编印“科技经济信息”24 期。另外，编印了 3 期有关生态岛建设的专题资料。基本完成崇明专家库的资料收集工作，共收集具有高级职称专业人才资料 100 多条。在普及信息化基础知识和基本技能方面，重点抓电子政务、电子商务、CAD、ERP 培训。举办 1 期 CAD 培训班，培训 40 人。上海斯米克威尔焊材有限公司、上海华源磁业有限公司等 6 家公司已使用中小企业管理软件，这些单位在进、销、存和财务管理方面的应用正逐步展开。

（陈惠萍）

【科普工作不断深化】　科普工作以举办科技节崇明地区活动为重点。在科技节期间，围绕“科技以人为本，全面建设小康社会”这一主题，分县、乡镇两个层面开展了科普早市、科普报告会、科普展板巡回展示、科普画廊展评等活动，并改版更新“崇明科普”网页。崇明县科协获上海市科技节优秀组织奖。

积极开展农村适用技术培训，全年共举办各类培训班18期，培训人数2 000余人次。2005年度县科协被评为上海市农村适用技术培训工作先进单位，陈家镇瀛东村被命名为上海市科普教育基地。

开展科普村创建活动。年初制定并印发崇明县科普村创建标准，年终进行考核，14个村被命名为科普村。

编印出版《海岛老中医经验集》、《天气谚语与应用》、《生态崇明》、《崇明生态岛建设学术研讨会材料汇编》、《2003～2004年优秀科技论文集》等书籍。

（陈惠萍）

小资料

崇明三岛总体规划

崇明、长兴、横沙三岛，是21世纪上海可持续发展的重要战略空间。党中央、国务院高度重视崇明的发展，提出了明确要求。2005年5月18日，国务院正式批复同意长兴、横沙两岛划归崇明县管辖，崇明岛域规划也相应调整为崇明三岛总体规划。根据中央要求和中共上海市委、市政府确立的功能定位，崇明三岛总体规划的编制经历了纲要编制和论证、国际方案征集、优化整合等阶段，为崇明未来发展勾画出了基本蓝图。崇明的发展将以科学发展观为统领，坚持三岛功能、产业、人口、基础设施联动，依托科技创新，推行循环经济，发展生态产业，努力建成环境和谐优美、资源集约利用、经济社会协调发展的现代化生态岛区。

总体空间布局：

规划建设用地约207km^2，占岛域土地面积的16.8%。长兴岛以现代船舶和港机制造为特色的海洋装备岛，规划城镇建设用地约31km^2，占岛域面积的38.8%。横沙岛以休闲度假为特色的休闲生态岛，规划城镇建设用地约6.4km^2，占岛域面积的12.3%。

按照“统一规划、资源整合、优势互补、联动发展”的要求，划分为7个功能分区：崇东分区、崇南分区、崇西分区、崇北分区、崇中分区、长兴分区、横沙分区。

遵循“循环经济和可持续发展”的理念，依照不同区域的生态保护和发展要求，将三岛划分为4类区域：永久保护区、开发控制区、战略储备区、适度建设区。

产业发展规划：

重点是旅游度假和户外运动产业、现代观光农业、现代办公服务业、海洋装备及清洁型工业。

（陈惠萍）

第四篇

PART FOUR
REGULATIONS, STATISTICS AND MAJOR EVENTS

法规·统计·大事记

第十九章　科技政策与法规

【科技政策与法规概述】 2005年，是上海市科教兴市主战略实施布局的关键年。上海市科委登山行动计划、研发公共服务平台建设、“部市合作”计划、中长期规划研究、“十一五”科技发展规划立法研究制订工作相继展开。年内行政审批制度改革、政务公开工作不断深入。切实转换政府职能，提高依法行政能力，努力营造有利于科技进步和技术创新环境，在深化行政审批制度改革，推进政务公开；开展科技立法研究，加强科技法制建设；完善知识产权保护，提升科技竞争力等方面开展了大量的工作，取得较好的成效。

（任荣祥）

【深化行政审批制度改革】 2005年，上海市科委认真做好有关行政审批事项、行政执法主体、行政执法依据、政务公开情况等清理、协调、上报工作，同时，修改完善有关规定，进一步深化行政审批制度改革，推进政务公开。

(1) 根据《上海市人民政府办公厅关于进一步做好本市行政处罚实施主体清理工作的通知》要求，将具有法定职责和法定授权的行政处罚实施主体，即上海市科委和上海市技术市场办公室的清理情况报送上海市政府法制办公室。

(2) 根据《上海市人民政府办公厅转发市监察委等三部门〈关于对本市贯彻行政许可法情况进行执法检查的意见〉的通知》要求，组织有关部门对贯彻执行《行政许可法》的情况进行自查，经调整后，共有行政审批项目14项、涉密行政审批项目1项、非行政审批项目9项。此外，对已取消和调整项目的落实情况进行了清理。

(3) 根据《上海市政府信息公开联席会议办公室关于实施免予公开政府信息报备制度的通知》要求，报送《关于报备上海市科委免予公开政府信息的函》。自2004年5月1日《上海市政府信息公开规定》实施以来，上海市科委已签发的免予公开政府文件共计224件(截至2005年5月底)。

(4) 梳理执法依据，报送《上海市科学技术委员会关于行政执法依据清理情况的报告》，清理行政执法主体1家；行政执法事项21项，其中行政许可事项9项、非行政许可审批事项9项、行政处罚事项3项；行政执法依据共26项，其中法律3项、行政法规2项、国务院决定4项、国务院部门规章10项、地方性法规2项、市政府规章5项。

(5) 根据《关于转发国务院审改工作领导小组(2005年行政审批制度改革工作要点)的通知》要求，组织有关部门进行对照检查，向上海市行政审批制度改革领导小组办公室报送《上海市科委贯彻实施〈国务院2005年行政审批制度改革工作要点〉情况报告》，对历次行政审批制度改革中取消和不再审批的22个项目的后续监管情况和规范保留项目的审批程序健全情况予以报告。

(6) 修订完善《上海市人民政府科学技术委员会工作规则》，使《行政许可法》贯彻实施工作纳入日常管理工作，进一步规范政务公开和政府信息公开工作。

（任荣祥）

【《上海市科技进步条例》修订预研究】 6月，上海市科委对《科技进步条例》修订进行预研究，由上海市人大教科文卫委员会、上海市科委、上海政法学院等单位为主共同组织各有关部门和专家进行研究。在调研工作基础上，收集了13份专题报告，形成了“上海市科技进步的主要瓶颈问题及其成因调研”、“我国国家中长期科技政策与法律制度建设”专家讲座报告节选、《中华人民共和国科学技术进步法》修订草案解读、对《中华人民共和国科技进步法(修订草案)》的修改意见等有关资料汇总。专题也为开展其他立法研究工作打下了基础。

（任荣祥）

【开展《科普条例》立法研究】 2005年，上海市科委委托上海市政协教科文卫委员会和有关部门专家，就上海科普立法问题进行专题研究。借鉴上海市科技中长期发展规划关于科普发展的研究成果，课题组广泛听取社会各界，尤其是科普工作者对科普工作的意见和需求，多次召开座谈会和到典型示范单位进行专项调研，形成了课题调研报告，以及《上海科普立法的必要性》和《上海市科学技术普及条例(建议稿)》。

（任荣祥）

【开展大型仪器设备共享立法研究】 2005年，上海市科委在科技协作网工作基础上拓宽调研范围。调研的主要内容包括：大型仪器设备开放服务的现状；开放服务运行与管理方式、方法；开放服务技术与管理队伍；开放服务评价体系与激励机制；开放服务政策办法；开放服务经验等内容。形成"共享管理的难点与对策"，分9个方面进行分析与探讨，提出对策与措施。起草了《上海市促进大型科学仪器设备设施共享管理办法(建议稿)》。

（任荣祥）

【健全完善科技管理制度】 2005年，为了适应科技计划项目评审制度改革，实现在网上公开、公平、公正地受理项目、组织评审、立项审核以及其他相关的监管活动，颁布实施《上海市科学技术委员会网上评审管理办法》，经运行，基本符合上海市科委网上评审管理工作应遵循程序规范、职责明确、决策备案、方便监督的原则要求。

为逐步解决大型科学仪器设备建设和管理中存在的条块分割、自我封闭、使用效率低下等问题，建立健全大型科学仪器设备共用共享机制，实现科技资源综合配置、合理布局、规范管理、有效使用的基本目标，上海市科委与上海市财政局、上海市教委共同制定《上海市新购大型科学仪器设备联合评议工作管理办法(试行)》，结合上海市市级财政项目支出预算管理工作，启动新购大型科学仪器设备联合评议工作。

研究修订《上海市科学技术奖励规定》(修订稿)。修订体现的基本原则：一是符合上海经济与社会发展的现状及国家科技奖励的有关政策，奖励种类与国家科技奖励种类相对应；二是重点奖励具有自主知识产权的优秀成果和创新人物，引导科技创新和掌握自主知识产权；三是保持科技奖励的严肃性和权威性，政府奖励坚持少而精，同时兼顾科技奖励的普遍性，以充分发挥科技奖励的激励作用；四是树立大科学技术的思想，科技奖励范围可以涵盖科学技术的绝大部分领域，重视调动科学技术奖励对社会发展的引导和示范作用，促进社会文明水平的提高。这次修订的主要内容有：一是奖励类别与国家科技奖励种类相对应；二是增加软科学成果奖励；三是完善上海市科技人物奖；四是恢复科普项目；五是增设复评程序；六是落实国务院《条例》和科技部2号令，增加两款内容。

为了更好地培养和选拔企业优秀科技人才，建立一支优秀的企业科技人才队伍，提高企业科技创新能力，上海市科委在做好原有针对高校和科研院所的"上海市青年科技启明星计划"和"上海市优秀学科带头人计划"的基础上，增设了针对企业科技人才的相应计划，颁发了《上海市青年科技启明星计划(B类)管理办法》和《上海市优秀学科带头人计划(B类)管理办法》。同时，颁发了《上海市大学生科技创业基金管理办法(试行)》，支持大学生创业，开展科技创新活动。

（任荣祥）

【健全完善知识产权管理】 《上海知识产权战略纲要》的颁布实施是贯彻落实《上海实施科教兴市战略行动纲要》的具体体现，是实施科教兴市主战略的重要保障。加强知识产权的创造、保护和运用，是加速科技创新步伐，提升科技创新层次，增强科技与经济竞争力的重要手段。从全局性、长远性和前瞻性，以及可持续发展角度进行规划布局。

(1) 完善计划项目管理，促进知识产权形成。《上海市科学技术委员会科研计划项目研究成果知识产权管理办法(试行)》实施以来，对于引导项目承担重视知识产权创造和保护起了重要的作用。2003年审批的191项计划项目中，预计将取得397项专利和一批技术标准。2004年至2005年底为止审批的655项计划项目中，预计取得809项专利。预计申请专利项目的统计已纳入项目合同立项审批流程中。

(2) 建立知识产权指标，改革和完善科技管理制度。进一步提高知识产权的数量和质量是全市科技工作的重要内容。上海市科委在高新技术企业认定、高新技术成果转化项目认定、新产品认定、职称评定、科技奖励、技术合同认定等各项与科技有关的知识产权管理工作都在已有的基础上予以加强和完善。

(3) 为了推进科研院所知识产权工作，上海市科委组织中科院上海分院、上海科学院和上海市农业科学院以及有关研究所等部门知识产权工作负责人与上海大学知识产权学院共同开展《上海市科研机构的知识产权战略研究》。该研究项目将重点以上海的三大研究机构——中科院上海分院、上海科学院和上海市农业科学院及其下属各级研究机构为主要研究对象，以上海为出发点，对比分析国外有关研发组织的先进经验和上海各类研发组织的现状、问题与困难，提出建立研发组织专利战略的基本框架和主要内容，分析国内外研发组织建立和实施专利战略成败得失的典型案例，最后为上海各类研发组织设计出建立专利战略的基本示范方案。课题成果为:不同类型研发组织专利战略研究综合报告;国内外研发组织典型案例分析报告;研发组织专利战略规范文件之示范文本。该研究工作已经通过中期节点审查。

（任荣祥）

2005年发布的有关科技文件及法律法规

关于本市转制科研机构深化产权制度改革的若干意见

沪府办(2005)1号

(2005年1月11日)

为全面贯彻落实党的十六届三中、四中全会和市委八届四次、五次全会精神,加快实施科教兴市主战略,根据《国务院办公厅转发国务院体改办等部门关于深化转制科研机构产权制度改革若干意见》(国办发[2003]9号)精神,结合实际,现就本市转制科研机构(指本市地方所属的已经由事业单位转制为具有独立法人资格、国有独资企业的科研院所,下同)深化产权制度改革提出以下意见:

一、指导思想和基本原则

(一) 指导思想

按照树立和落实科学发展观、实施科教兴市主战略的要求,通过实施产权主体多元化的改革。进一步转换体制机制,调动和发挥科技骨干、经营管理团队的积极性与创造性,增强科技生产型、服务型企业的竞争力,培育一批充满生机与活力的市场创新主体,着力构建城市创新体系。

(二) 基本原则

建立归属清晰、权责明确、保护严格、流转顺畅的现代产权制度;实施分类指导,重点推进与一般指导相结合;明确工作责任,科学规范,公开透明,循序渐进,稳步实施。

二、主要形式

(一) 转制科研机构可根据自身特点,分别改制为科技生产型企业或科技服务型企业。转制科研机构的国有出资者要积极支持并鼓励转制科研机构进行产权制度改革。

(二) 转制科研机构要积极引入战略投资者,通过增资扩股、产权转让等多种方式,改制为多种经济成分参股的有限责任公司、股份有限公司或其他企业组织形式。

(三) 实施产权制度改革的转制科研机构,不再设立职工持股会等职工集体股。由于历史原因已经设立职工持股会的,可委托信托投资机构进行管理;也可本着自愿协商的原则转为自然人持股,由本机构科技骨干和经营管理者购买,或吸收其他投资者认购。

三、基本程序

(一) 转制科研机构实施产权制度改革,必须制订改制方案。

市国资委出资监管的转制科研机构,其改制方案由市国资委会同市科委拟订,并报送市国资国企改革工作协调小组批准。

市国资委出资监管单位下属的转制科研机构,其改制方案由市国资委出资监管单位拟订和批准,并报送市国资委和市科委备案。

其他转制科研机构的改制方案,由转制科研机构国有产权持有单位拟订,报送其主管部门批准,并报送市科委和市国资委备案。

改制方案应按照有关规定,提交职工代表大会或职工大会审议,充分听取职工意见。其中,职工劳动关系处理方案须经职工代表大会或职工大会审议通过。改制方案、职工劳动关系处理方案应按规定公示。

(二) 转制科研机构实施产权制度改革,要按照国家和本市的有关规定,进行清产核资和审计,落实债权债务。由出资者委托具有资质的中介机构对转制科研机构资产进行评估,评估结果按规定实行公示后,评估报告报送市国资委核准或备案。

(三) 转制科研机构改制中涉及国有产权转让或者吸引社会资本实行增资扩股的,应按照《上海市产权交易市场管理办法》规定的相关程序,在本市产权交易机构通过拍卖、招投标、协议转让等方式进行,并办理相关手续。

四、具体要求

（一）鼓励和支持转制科研机构技术、管理骨干投资入股

1．充分发挥知识产权及人力资本在科技创新中的关键性作用。优先鼓励和支持转制科研机构的科技骨干和经营管理者投资入股，同时，可吸收社会的技术和经营管理人才投资入股。在公开、公正、公平的条件下，科技骨干和经营管理者可以持有较大比重的股份。

2．凡涉及向转制科研机构科技骨干和经营管理者转让国有产权尤其是无形资产，所占比例较大的，由出资者根据本市有关规定并结合科研机构实际，制定合理的实施方案。实施方案要充分体现鼓励和支持的原则。

3．鼓励技术、管理等生产要素按贡献参与收益分配。经认定的高新技术科研机构实施改制时，经国资监管部门批准，可将前三年国有净资产增值（扣除房地产增值部分）中一般不高于35%的部分作为股份，奖励给有贡献的员工特别是科技骨干和经营管理者。

（二）搞好国有资产处置与管理

1．按照国有资产监督管理的有关规定，改制后科研机构的国有产权应明确出资人。

2．对经市有关部门确定，主要承担行业共性技术开发、基础性研究以及鉴定、检测等科技服务功能的社会公益性国有资产，可采取两种方式处置：一种是委托管理。委托管理的公益性国有资产，应由占有使用单位到国资监管部门单独进行产权登记；另一种是对其中确属改制科研机构开展业务需要的公益性国有资产，可在改制时一并转让。处置方式需报送市国资委和市科委批准。

3．科研机构转让产权，涉及国有划拨土地的，受让方应按规定，与市房地资源部门签订国有土地使用权出让合同。

改制科研机构自用的国有房产，在不改变用途的情况下，可以继续租赁，并可以在与产权所有者协商的基础上、在一定的年限内，以优惠的租赁价格支持其发展。

4．科研机构改制时，涉及国有非经营性资产需要移交相关部门管理的，应到国资监管部门办理资产划转手续。

5．转制科研机构，凡涉及到转制时未处理完的不实资产，在此次改制时，应按照市国资委《关于印发〈本市国有资产战略性重组中不实资产核销的试行意见〉的通知》（沪国资产［2003］153号）的有关规定处理。

6．转制科研机构不得为管理层和个人筹集收购国有产权的资金，不得以转制科研机构的国有产权或实物资产作标的物，为融资提供保证、抵押、质押、贴现等。

五、配套措施

（一）转制科研机构在改制时，应依法处理好与职工的劳动关系。劳动合同可以由改制后的用人单位继续履行；经当事人协商一致，劳动合同也可以变更或者解除；当事人另有约定的，从其约定。

（二）对改制中依法解除劳动关系（或事业编制的聘用关系）的职工，应按本市有关规定，向其支付经济补偿金。

对与改制后单位继续履行劳动合同且未获取经济补偿的职工，其在原科研机构的工作年限，应视作改制后单位的同一用人单位连续工作年限；其养老保险待遇，按现行规定执行。

（三）国有产权的转让收入，应优先用于安置职工以及偿还拖欠职工的债务和企业欠缴的社会保险费，鼓励改制科研机构以现金方式支付职工的经济补偿。现金支付职工经济补偿：确有困难的，经与职工协商一致，可在科研机构净资产中予以抵扣，作为改制后单位对职工的负债；偿还期限最长不超过3年，也不得超过劳动合同期限。

对按照本市有关政策规定可以抵扣的抚恤对象安置费和退休人员的相关费用等，可在转制科研机构净资产中一次性抵扣。

（四）转制科研机构改制前的工资、福利性结余，按规定经出资者核准，可结转给改制后的单位，用于职工的补充养老保险和补充医疗保险。

（五）转制科研机构改制时，应按照中央和市委的有关规定，做好组织关系和有关干部管理关系的接转工作。涉及离休干部工作的，按照市委组织部《关于在国资管理体制改革中进一步做好企业老干部工作的若干意见》（沪委组［2003］907号）执行。

（六）改制科研机构可按有关规定，继续享受有关税收优惠政策。

（七）改制科研机构注册名称，应符合企业名称登记管理的规定。对有特殊情况需继续使用原名称的，经批准可以在保留原名（去掉原主管部门标识）后增加改制的组织形式。改制科研机构经营范围中含有法律、行政法规规定必须报送审批的项目的，在重新办理有关手续期间，可暂时保留原有的经营资质。

（八）科研机构改制后，要积极探索建立以岗位工资为主的基本工资制度。符合本市有关规定条件的，可试行自主决定工资水平的办法，

（九）对科研机构改制后具备上市条件、具有发展潜力的科技型企业，鼓励和支持其在境内外上市或借壳、买壳上市。

（十）今后，政府将更多地采取购买方式，获取相应的公共服务，并鼓励和支持社会机构开展公益性科技服务。

六、组织实施

由市科委牵头，建立市发展改革委、市国资委、市经委、市建委、市财政局、市劳动保障局、市总工会等部门组成的联席会议。联席会议下设工作小组，主要职责是研究和落实改革政策，建立协调机制，具体推进有关工作。

各有关部门应根据本意见的要求，制定具体实施办法。科研机构的国有出资监管单位应按照本意见精神，制定具体的工作规划和落实措施。力争到2005年底，基本完成本市转制科研机构的产权制度改革。

本市其他科研机构的产权制度改革，可参照本意见执行。

上海市新购大型科学仪器设备联合评议工作管理办法（试行）

沪科合（2005）013号

（2005年9月30日）

第一条（制定目的）

为推进和规范本市新购大型科学仪器设备购置管理工作，从源头上控制大型科学仪器设备的重复购置，实现合理布局，推动资源共享机制的建立，促进存量资源和新增资源的系统集成与高效利用，提高本市财政资金的使用效益，根据财政部、科技部、教育部、中国科学院《关于中央级新购大型科学仪器设备联合评议工作管理办法》，结合上海市市本级项目支出预算管理改革试点工作，制订本办法。

第二条（定义及范围）

本办法所称“大型科学仪器设备”是指在科学研究、技术开发及其他科技活动中使用的，价格在50万元人民币以上的单台或成套大型科学仪器设备（含配套附件及软件）。

凡由市财政安排的经费中购置价格超过50万元人民币（含自筹资金部分）的单件或成套大型科学仪器设备；国务院有关部门所属在沪单位与本市共建仪器中心或是共同承担国家科技计划项目，建立科研基地，申请本市财政经费支持的，购置价格超过50万元人民币（含自筹资金部分）的单件或成套大型科学仪器设备，均列入“评议”范围。其他另有文件规定的除外。

“评议”是指由市科委、市财政局、市教委等相关部门从本市实际情况出发，联合对新购大型科学仪器设备的必要性、合理性、有效性等方面进行综合评议；新购大型科学仪器设备评议工作由市科委牵头，市财政局、市教委等有关部门共同参与实施。

如已通过国务院有关部门联合评议的，本市不再予以评议，但须将评议结果及相关材料报“联合评议办公室”备案。

第三条（工作准则）

评议工作遵循“统筹规划、合理布局、需求导向”的原则，以新增资源为切入点，逐步建立大型科学仪器设备共用、共享机制。

第四条（评议机构及方法）

建立市级新购大型科学仪器设备联合评议工作协调机制，在上海研发公共服务平台协调指导小组下设立“上海市新购大型科学仪器设备联合评议办公室”（以下简称“联合评议办公室”），由市科委、市财政局、市教委等单位共同组成，办公室设在市科委，并在市科委相应设立“大型科学仪器联合评议项目库”。

“联合评议办公室”：负责组织专家或委托中介机构具体实施评议工作，根据市本级财政项目支出预算管理要求，将评议结果提交市财政局及相关主管部门。

第五条（申报程序）

申请购置大型科学仪器设备的单位，应于市财政局布置年度部门预算前，先行对大型科学仪器设

备进行可行性论证，并送交“联合评议办公室”进行评议，市财政局以最终评议结论为依据，结合财力情况确定是否将此购置仪器设备所需经费纳入部门预算。

大型科学仪器设备购置申请的内容包括：绩效目标(新购仪器设备的利用率、预计用户数量、对外开放时间等)、科研工作的需求程度、共享方案、购置的预算方案和项目实施管理能力等内容。

申请的市科技计划(专项)经费和市教委专项“计划”、“工程”经费购置的大型科学仪器设备预算，送交“联合评议办公室”进行评议，同时抄送市财政局。

第六条(评议程序)

“联合评议办公室”定期受理(每年根据实际情况公布受理期限)各预算主管部门报送的大型科学仪器设备购置计划，邀请技术、经济、管理等相关领域的专家或委托科技中介机构，按照公开、公平、公正、规范的原则，对提出的新购大型科学仪器设备及其预算进行综合评议。联合评议工作应于当年部门预算“一上”之前完成。

综合评议内容包括：

(一) 绩效目标的合理性；

(二) 相关科学发展和科研需要购置仪器设备的必要性；

(三) 本市现有同类仪器设备的资源状况(如分布、共享、使用状况)；

(四) 仪器设备功能、指标的先进性、适用性、业务指标的合理性；

(五) 申请单位现有大型科学仪器设备的使用情况、绩效考核结果；

(六) 新购仪器设备的安装条件、技术队伍等配套支撑保障；

(七) 共用共享方案；

(八) 购置经费预算的合理性；国内外同类设备性能、价格比较(鼓励采购国产仪器设备)；

(九) 实施计划安排(供货来源、采购方式、运行经费、预期效益)；

综合评议结束后，如被评单位对评议结果有异议，应及时将有关情况书面报“联合评议办公室”，由“联合评议办公室”对专家评议结果进行协调后提出最终评议结论，送市财政局及相关主管部门。

第七条(共享机制)

政府有关行政部门应逐步建立大型科学仪器设备的共享机制，制定有利于共享的规章制度或规范性文件，建立资源库及相关信息管理系统共同促进共享机制的形成，鼓励各种所有制单位参与国家大型科学仪器设备共享机制的建设，大型科学仪器设备依托单位对外提供服务，可以按照市场化定价方式收取费用。

除收取材料、水电气以及其他消耗等费用外，还可包括人员费用、税金和利润等。执行国家科研任务的科研项目，在编制项目预算时，应将使用大型科学仪器设备所需费用编入项目预算内。

大型科学仪器设备依托单位应重视调动技术人员与管理人员的积极性和创造性，采取积极有效措施，建立相应激励机制。

大型科学仪器设备依托单位应在优先保证国家、市级科学研究任务的前提下，积极向社会开放。

大型科学仪器设备依托单位应将仪器设备的名称、规格、数量、功能、对外服务规则等有关内容纳入信息管理系统。

第八条(监督制度)

市科委、市教委、市财政局及相关主管部门对有关部门、单位配套资金落实情况、预算执行情况，经费使用、设备管理及共享服务等情况进行不定期的监督检查。大型科学仪器设备购置完成，正式运行后，购置单位应当组织验收和总结，并将购置安装情况、开机时间、对内对外服务情况等上报市财政局、市科委和预算主管部门。

大型科学仪器设备依托单位应按照国家有关规定，加强对大型科学仪器设备的运行状况及相关技术支撑人员的考核，建立相应的考核档案，并将考核结果报主管部门和“联合评议办公室”备案。

各有关部门、单位应严格执行市财政局及相关主管部门批准的大型科学仪器设备购置计划和预算，如果需要调整变更，应事先向市财政局、主管部门及“联合评议办公室”报告。

第九条(绩效考核)

联合评议办公室对经评议后，同意购置大型科学仪器设备的单位，应根据其仪器设备的运行情况，定期进行绩效考评，并建立相应的考评档案。考评结果作为相关单位下一轮项目立项安排的重要依据。

第十条(解释)

本办法由市科委、市财政局、市教委联合解释。

第十一条(实施日期)

本办法自2005年10月1日起施行。

上海市浦江人才计划管理办法(试行)

沪人(2005)105号　沪科(2005)171号

(2005年6月29日)

第一章　总则

第一条　为进一步贯彻中共中央、国务院《关于进一步加强人才工作的决定》,全面实施科教兴市主战略,落实《上海实施人才强市战略行动纲要》,加快集聚海外优秀留学人员,进一步优化科技创新和自主创业环境,上海市人事局(以下简称市人事局)和上海市科学技术委员会(以下简称市科委)联合设立上海市浦江人才计划(以下简称浦江计划)。

第二条　浦江计划主要资助近期回国来沪工作和创业的海外留学人员及团队,主要资助对象为:

(1)应聘来本市从事自然科学、社会科学研究和工作的留学人员及团队。(2)在本市创办企业的留学人员及团队。(3)来本市讲学或进行咨询的留学人员及团队。(4)其他本市特殊急需的留学人员及团队。

第三条　浦江计划资助资金来源市财政拨款,主要用途为:

(1)科研开发、科技创业、教学、文化艺术创作等研究费用,包括:设备购置、材料(包括试剂等)购买、分析测试、人员费用、国际交流与合作旅差费、出版物(文献等信息传播)费用、知识产权事务费等。(2)申请项目的贷款贴息。(3)申请者部分生活补贴;(4)成就奖励。(5)解决特殊困难的费用。(6)其他相关费用。

第四条　浦江计划资助经费一次核定,根据使用需要一次或分年拨付。

第五条　浦江计划按照科研开发(A类)、科技创业(B类)、社会科学(C类)以及特殊急需人才(D类)四种类型项目申报和资助。

第六条　科研开发(A类)主要资助在沪高校、科研院所以及企业引进的留学回国科技人才及团队的研发项目。

第七条　科技创业(B类)主要资助留学回国科技人才及团队自主创办科技企业的技术研发项目,包括专利技术的产业化研究和后续技术研发工作等。

第八条　社会科学(C类)主要资助社会科学(包括文化、文艺、新闻、金融、保险、证券、财会、体育等)领域留学回国人员及团队的工作启动、来沪讲学(教学)或进行咨询和自主创业。

第九条　特殊急需人才(D类)主要资助上海急需的具有特殊专长的留学回国人员的工作启动项目。

第二章　组织机构

第十条　市人事局和市科委联合成立浦江计划领导小组(以下简称领导小组),组织实施浦江计划并监督资助经费使用。

第十一条　领导小组下设两个浦江人才计划管理办公室(以下简称管理办公室),分别设在市人事局留学人员工作处和市科委基础研究处。

第十二条　市人事局和市科委根据各自的职责,负责浦江计划的实施(包括申请受理、组织专家评审以及组织验收等)和各类资助资金的管理,定期向领导小组报告资金的使用管理情况。

第十三条　浦江计划受理窗口设在市人事局。

第三章　申请条件

第十四条　申请者必须符合以下基本条件:

(1)申请者必须通过市人事局的留学人员资格认定。(2)新近回国来沪工作或创业不超过2年。(3)必须具有本市户籍或持有有效期1年(含)以上的《上海市居住证》;应邀来本市讲学或进行咨询的留学人员除外。(4)申请当年1月1日年龄未满50周岁。(5)申请者申请项目的执行年限必须在申请者与所在单位签订的工作合同有效期内。

第十五条　申报创办企业资助的留学人员,还必须通过市人事局的留学人员企业资格认定,获得《出国留学人员来沪投资享受优惠资格认定证书》。

第十六条　申请科研开发(A类)资助人员必须符合以下条件之一:

(1)在国外获得博士学位或博士后。(2)在国内取得硕士(含)以上学位或者具有副高(含)以上专业技术职务任职资格并到国外高校、科研机构连续工作学习1年(含)以上的访问学者或进修人员。(3)在国内取得硕士(含)以上学位或者具有副高(含)以上专业技术职务任职资格,到海外知名跨国公司、企业从事专业技术或管理且连续工作1年(含)以上的海外留学人员。

第十七条 申请科技创业(B类)资助人员必须符合以下条件之一:

(1)持有已授权的发明专利技术或者专有技术急需开展产业化研究或后续技术研发。(2)留学回国人才必须在其创办的企业中担任副总经理(含副总经理)以上高级管理职务。

第十八条 申请社会科学(C类)资助人员必须符合以下条件之一:

(1)具有硕士(含)以上学位且被聘任为本市高等院校或研究院所副教授(或副研究员)以上(含)专业技术职务。(2)具有本科(含)以上学历在本市文化艺术院团担任二级导演、二级演员、二级演奏员、二级指挥、二级美术师、二级舞蹈设计师、高级工艺美术师等以上(含)专业技术职务。(3)获得硕士(含)以上学位,在本市新闻媒体单位担任主任记者、主任编辑、副编审以上(含)等专业技术职务。(4)获得博士学位,在本市金融单位(包括保险、证券、财会、基金组织等)担任部门经理以上(含)职务。(5)创办文化产业类经济实体的留学人员必须获得本科(含)以上学历、具有相关专业5年以上(含)工作经历且在其创办的经济实体中担任副总经理以上(含)高级管理职务。

第十九条 特殊急需人才(D类)资助将根据本市战略产业发展导向和《上海实施人才强市战略行动纲要》,另行公布申请条件。

第二十条 持有重要发明专利技术或专有技术来沪自主创业或上海急需的具有特殊专长的留学回国人员可不受学历、经历等条件限制。

第二十一条 申请者所在单位应在人力、物力、财力上给予大力支持,提供实验装备等必须的支撑保障条件,保证申请者主要精力和时间从事本计划资助项目的工作。

第二十二条 优先资助有单位、留学人员创业园区、区(县)科委或人事局匹配资金支持的项目。

第四章 申报

第二十三条 浦江计划资助采用个人申请,单位审核择优推荐,专家评审考核,管理办公室审定,由市人事局和市科委核准公布的方式进行遴选。

第二十四条 浦江计划每年申报评审一次,由管理办公室通过“上海科技”网(网址:http://www.stcsm.gov.cn)和“21世纪人才”网(网址:http://www.21cnhr.gov.cn)发布年度申请指南。

第二十五条 申请者在规定时间内,在“上海科技”网或“21世纪人才”网上填报《上海市浦江人才计划申请书》,并在线打印后连同有关附件材料,报送所在单位审核。

第二十六条 申请者所在单位应按照本办法规定对申请者的基本情况和申报内容进行审核,如实填写单位意见和经费匹配等有关承诺,择优向管理办公室推荐。

第二十七条 申报科研开发(A类)和社会科学(C类)中非创业资助的留学人员通过所在单位审核推荐。

第二十八条 申报科技创业(B类)资助的留学人员必须通过所在区(县)科委或留学人员创业园区审核推荐;区(县)科委应将有关情况抄送区(县)人事局;留学人员创业园区应将有关情况抄送区(县)科委和区(县)人事局。

第二十九条 申报社会科学(C类)资助的创业留学人员必须通过所在区(县)人事局或留学人员创业园区审核推荐;区(县)人事局应将有关情况抄送区(县)科委;留学人员创业园区应将有关情况抄送区(县)科委和区(县)人事局。

第三十条 申报特殊急需人才(D类)资助的留学人员应根据另行发布的申请条件和要求,直接向管理办公室提出申请。

第三十一条 网上填报并提交成功、报送的书面材料签章齐全并与网上提交的电子文档内容一致的申请为有效申请。

第五章 评审

第三十二条 管理办公室组织专家进行评审。

第三十三条 管理办公室提前10个工作日通知通过初评的申请者参加项目复评或答辩会(见面会),本人不参加复评的申请者视为自动放弃。

第三十四条 通过项目复评的申请者,由管理办公室报领导小组审定后,分别通过“上海科技”网和“21世纪人才”网向社会公示,公示期为5个工作日。

第三十五条 凡无异议或经异议调查后仍符合本办法规定的入选者,经市人事局和市科委批准,通过“上海科技”网和“21世纪人才”网予以公布,并颁发证书。

第三十六条 管理办公室与入选者所在单位

签订合同，共同对资助经费的使用和项目进展进行监督。

第六章　义务和责任

第三十七条　项目完成后，入选者应按规定时间和要求提交总结报告和项目资助预算执行情况表(经费决算表)等资料，经所在单位审核后报送管理办公室验收。

第三十八条　凡得到浦江计划经费资助所取得的成果或发表的文章，均应标注中文“上海市浦江人才计划资助”，英文为“Sponsored by Shanghai Pujiang Program”。

第三十九条　浦江计划入选者不得替换，资助经费不得截留、转让或挪用。在项目实施过程中，因患病、调离岗位等情况影响研究工作如期完成的，入选者及所在单位应及时向管理办公室书面报告，管理办公室按照有关规定，办理有关合同中止或变更手续。

第四十条　如发现入选者弄虚作假骗取资助，经管理办公室核实后，将撤消其入选资格、追回资助经费并取消其今后本计划的申请资格，情节严重者给予通报批评。

第七章　附则

第四十一条　本办法由市人事局和市科委负责解释。

第四十二条　本办法自发布之日起施行。

上海市大学生科技创业基金管理办法(试行)

沪科合(2005)11号

(2005年8月16日)

第一章　总则

第一条　为贯彻科教兴市主战略，进一步完善本市科技创新体系建设，特制定本管理办法(试行)。

第二条　上海市大学生科技创业基金(以下简称“创业基金”)是鼓励大学生依托科技自主创新、自主创业，培育技术创新人才，拓宽大学生就业渠道的专项资金。

第二章　资金来源与用途

第三条　创业基金主要来源于上海市政府财政专项拨款。资金规模为1.5亿，分三年实施，每年5 000万元。

第四条　创业基金鼓励上海市高等院校、区县政府出资配套，吸纳社会资助。

第五条　创业基金主要分“种子资金”、“创业资金”两种类型，用于培育大学生自主创新、创业能力。

第三章　管理机构与职能

第六条　上海市科学技术委员会、上海市教育委员会、上海市财政局、上海市工商行政管理局是创业基金的主管部门，并联合设立创业基金管理委员会(以下简称“管委会”)，负责创业基金的年度计划安排、立项审批、监督管理等重大事项的决策，制订资金具体管理办法。

第七条　管委会下设创业基金管理办公室(以下简称“基金办”)，是创业基金的常设管理机构，负责创业基金的日常管理，编制相应的操作规范、规程，定期向管委会作工作报告。

第八条　管委会委托上海科技投资公司负责创业基金的资金管理；委托上海科技投资公司与有关高等学校组建面向全市的创业基金项目管理机构(以下简称“委托机构”)，并制订相应的实施细则。

第九条　关于委托机构条件：必须依托大学科技园的创新、创业服务环境，落实有关创业基金的配套资金(不少于50%匹配)，设立独立的项目管理、资金管理部门；提供大学生创业过程的相关培训、咨询服务。

第四章　支持对象与支持方式

第十条　创业基金面向本市高校(含研究生培养单位)应届毕业生(含毕业阶段在校生和离校应届毕业生)、在读硕士、博士生及其所创办的企业(含上海户籍外地高校的专科、高职、本科生、硕士、博士研究生)。

支持对象的基本条件如下：

（一）身体健康，品学兼优，具有一定的组织协调能力和科技创新能力；

（二）原则上必须完成学业，提供毕业证书和学位证书，提供在沪居住证明；

（三）申请项目需符合国家、本市产业导向与就业需求，具有一定的技术先进性与开发价值；

（四）无不良信用和违法纪录；

第十一条　根据项目的不同特点，创业基金分为“种子资金”和“创业资金”两种方式支持大学生的技术创新与创业活动。

（一）种子资金（实施细则另定）

1. 以无偿资助方式，支持大学生从事高新技术领域的技术、产品研发，以形成自主知识产权，为创办企业及科技成果转化创造基础来源。

2. 支持经费一般项目不超过10万元，重点项目不超过20万元。

3. 项目实施周期一般不超过一年。

4. 探索投转股的项目投入机制。

（二）创业资金（实施细则另定）

1. 以无偿资助或投资资助方式，支持大学生依托自主技术成果创办企业（包括创办创意类、科技咨询服务类企业）；

2. 一般项目支持经费不超过30万元。

3. 创办企业者，必须有不低于申请资助经费30%的自筹资金；

4. 项目实施周期一般不超过两年。

5. 探索有偿资助或投转股的投入机制。

第五章　申请与受理

第十二条　符合创新基金支持条件的项目，由大学生按申请要求提供相应的申请材料，经所在学校校内主管部门推荐（需盖公章有效），向委托机构提出申请。实施常年受理。

第十三条　委托机构必须按照公开、公平、公正原则，负责受理全市创业基金项目的申请。

第六章　审理与审批

第十四条　在管委会指导下，委托机构遵循科学管理、竞争择优、公正透明的原则，负责创业基金的立项审理（组织专家对项目评审）。

第十五条　立项审理工作规范及审查标准由委托机构负责制订，报送管委会批准后执行。

第十六条　委托机构必须根据立项审理意见，提出创业基金支持项目建议，报管委会审批。

第七章　项目管理

第十七条　委托机构负责对创业基金支持项目进行跟踪、指导及过程管理。

第十八条　对实施效果好的项目，委托机构有义务协助创业者联系进一步的社会融资。

第十九条　因客观原因，项目承担人、承担企业需对创业基金项目的计划目标、进度和经费进行调整或撤消，必须提出书面申请，经委托机构审核，报基金办审批后执行。

第二十条　因运行不良或濒临破产的项目或企业，需履行清算核销手续，报基金办审核，报管委会批准。

第二十一条　项目验收由项目承担人、承担企业在合同到期后，向委托机构报送有关项目验收的必要材料，由委托机构提出初审意见后，报送基金办审核批准。

第八章　附　则

第二十二条　本管理办法由上海市科学技术委员会、上海市教育委员会、上海市财政局、上海市工商行政管理局负责解释和修改。

第二十三条　本管理办法自发布之日起施行。

上海市优秀学科带头人计划（B类）管理办法

沪科（2005）143号

（2005年6月6日）

第一章　总则

第一条　为实现上海市科技和产业发展的总体目标，提高企业的科技创新能力，培养和选拔一批引领企业技术创新的学科和技术带头人，上海市科学技术委员会（以下简称市科委）特设立上海市优秀学科带头人计划（B类）。

第二条　本计划是建设高水平企业科技人才队伍的有力措施，是推动产学研合作，提高上海市企业核心竞争力的重要措施。

第三条　凡符合本办法第二章规定的申请条件且没有得到过本计划资助的上海市杰出的企业科技工作者均可提出申请。

第四条　本计划以项目形式申报，采用个人申请，单位审核择优推荐，专家评审考核，市科委审定公布的方式进行遴选。

第五条　本计划项目经费主要用于资助上海市企业技术创新的学科和技术带头人，围绕上海高新技术发展以及企业重大技术攻关等开展研究，开展产学研合作以及申请发明专利等等。

第二章　申请条件

第六条　本项目计划支持对象是指在某一行业、专业技术领域做出过具有国际水平的科技成果；或对本行业或专业技术发展有较大影响，被国内外同行公认有创新性成果或业绩者；成功完成国外先进技术引进消化吸收工作的核心技术骨干；或掌握能影响高新技术发展的关键技术并对上海市经济和社会发展做出突出贡献者。

第七条　申请者必须拥护中国共产党、热爱社会主义祖国，具有良好的科研道德和团队协作精神，并符合以下条件之一者：

1. 国家科技计划项目的首席科学家和项目主要负责人；

2. 设立在企业中的国家、中央部委和上海市重点实验室、国家工程研究中心、国家工程技术研究中心的负责人或科研骨干人才；

3. 受聘于上海市高等院校的硕士生，博士生导师。

4. 国家、市级和区县级企业技术中心负责人或科研骨干人才；

5. 上海市重大工程项目技术负责人；

6. 上海市科委重大项目负责人；

7. 上海市高新技术企业或民营科技企业研发或技术部门负责人或科研骨干人才。

第八条　申请者应具有高级工程师（含高级工程师）或相当专业技术职称以上任职资格，且申请当年1月1日年龄未满50岁。

第九条　申请者应具有学士学位且有十年从事技术研发工作的经历；或取得硕士学位且具有五年从事技术研发工作的经历；或取得博士学位且有三年从事技术研发工作的经历。

第十条　在企业技术研发和产品开发等工作中做出过重大贡献者，可不受学历、经历的限制。

第十一条　申请者必须具有上海市户籍或持有有效期三年以上（含三年）的上海市居住证。

第十二条　申请者必须是企业的专职技术人员且与受聘企业的劳动合同期限覆盖本计划项目执行时间。

第十三条　申请者提出的项目应符合上海产业发展，满足所在企业技术需求，有较好的应用价值和市场前景。

第十四条　申请者所在企业应在人力、物力、财力上给予大力支持，提供良好的科研支撑环境：

1. 给予不低于1:1的经费匹配支持；

2. 提供从事项目研究必需的实验装备等科研支撑保障条件；

3. 保证申请者主要精力和时间从事本计划资助项目的研究工作。

第三章　申报与评审

第十五条　本计划项目每年申报评选一次，采用在“上海科技”网上发布通知方式公开受理申请。

第十六条　申请者在“上海科技”网上填报《上海市科学技术委员会科研计划项目课题可行性方案（人才计划）》，并在线打印后连同有关附件材料，报送所在企业审核推荐。

第十七条　申请者所在企业按照本办法规定对申请者条件和申报内容进行审核，如实填写单位审查意见和有关经费匹配承诺后择优向市科委集中推荐。

第十八条　网上填报并提交成功、报送的书面材料签章齐全且与网上提交的电子文档内容一致的申请为有效申请。

第十九条　市科委提前10工作日通知申请者参加项目评审答辩；本人不参加现场评审答辩的申请者视为自动放弃。

第二十条　通过专家评审答辩的申请者，由市科委通过“上海科技”网向社会公示，自公示之日起5个工作日为异议期。

第二十一条　凡无异议或经异议调查处理后仍符合本办法规定的，市科委审定公布本项目计划入选人员名单，并颁发证书。

第四章　管理与考核

第二十二条　本项目计划入选人员将获得专项经费资助，资助期限一般为两年；市科委与入选者所在企业签订合同，共同对项目进展和经费使用进行监督和管理。

第二十三条 本项目计划经费使用必须严格按照“上海市科研计划课题制管理办法”等科研项目经费管理的有关规定执行。

第二十四条 项目完成后，入选者应按规定时间和要求提交总结报告和项目经费决算表等资料，经所在企业审核后报送市科委验收。

第二十五条 凡得到本项目计划经费资助所取得的成果或发表的文章，均应标注中文“上海市优秀学科带头人计划(B类)资助”，英文为“Sponsored by Program Of Shanghai Subject Chief Scientist (B type)”。

第二十六条 本项目计划入选者不得替换，资助经费不得转让。在项目实施过程中，因患病、调离岗位等情况影响研究工作如期完成的，入选者及所在企业应及时向市科委书面报告，经市科委核准后办理有关合同中止或变更手续。

第二十七条 如发现入选者弄虚作假骗取资助，经市科委核实后，将撤消其资格，追回资助经费，并取消申请人以及企业本计划三年的申请资格，情节严重者给予通报批评。

第五章 附则

第二十八条 本办法由上海市科学技术委员会解释。

第二十九条 本办法自发布之日起施行。

上海市青年科技启明星计划(B类)管理办法

沪科(2005)144号

(2005年6月3日)

第一章 总则

第一条 为提高上海企业的核心竞争力，加强企业科技人才队伍建设，选拔和培养一批优秀企业青年科技人才，上海市科学技术委员会(以下简称市科委)特设立上海市青年科技启明星计划(B类)。

第二条 本计划以项目扶持的方式，支持企业青年科技人才领衔开展研发实践，促进企业优秀青年科技人才脱颖而出，成为企业科技骨干和技术带头人。

第三条 凡符合本办法第二章规定的申请条件且没有得到过本计划资助的企业青年科技人员均可提出申请。

第四条 本计划以项目形式申报，采用个人申请，单位审核择优推荐，专家评审考核，市科委审定公布的方式进行遴选。

第五条 本计划项目经费主要用于资助企业青年科技人才开展技术研发、产品开发和成果转化等科研工作。

第二章 申请条件

第六条 凡在当年1月1日未满35周岁、并具备以下条件的企业青年科技人员可以申请本计划项目：

1. 拥护中国共产党，热爱社会主义祖国，有良好的学风和科研道德；

2. 具有上海市户籍或持有有效期三年以上(含三年)的上海市居住证；

3. 企业的专职技术人员且与受聘企业的劳动合同期限覆盖本计划项目执行时间；

4. 具有学士学位且有五年从事技术研发工作的经历；或取得硕士学位且有二年从事技术研发工作的经历；或具有博士学位；

5. 获得工程师(含工程师)或相当专业技术职称以上任职资格。

第七条 在企业技术研发和产品开发等工作中做出过重大贡献者，可不受学历、经历的限制。

第八条 申请者提出的项目应符合上海产业发展，满足所在企业技术需求，有较好的应用价值和市场前景。

第九条 申请者所在企业应在人力、物力、财力上给予大力支持，提供良好的科研支撑环境：

1. 给予不低于1:1的经费匹配支持；

2. 提供从事项目研究必需的实验装备等科研支撑保障条件；

3. 保证申请者主要精力和时间从事本计划资助项目的研究工作。

第三章 申报与评审

第十条 本计划项目每年申报评选一次，采用在“上海科技”网上发布通知方式公开受理申请。

第十一条　申请者在“上海科技”网上填报《上海市科学技术委员会科研计划项目课题可行性方案（人才计划）》，并在线打印后连同有关附件材料，报送所在企业审核推荐。

第十二条　申请者所在企业按照本办法规定对申请者条件和申报内容进行审核，如实填写单位审查意见和有关经费匹配承诺后择优推荐，并按时将申请书和附件材料报送市科委。

第十三条　网上填报并提交成功、报送的书面材料签章齐全且与网上提交的电子文档内容一致的申请为有效申请。

第十四条　市科委提前10工作日通知申请者参加项目评审答辩；本人不参加现场评审答辩的申请者视为自动放弃。

第十五条　通过专家评审答辩的申请者，由市科委通过“上海科技”网向社会公示，自公示之日起5个工作日为异议期。

第十六条　凡无异议或经异议调查处理后仍符合本办法规定的，市科委审定公布本计划项目入选人员名单，并颁发证书。

第四章　管理与考核

第十七条　本计划项目入选人员将获得专项经费资助，资助期限一般为两年；市科委与入选者所在企业签订合同，共同对项目进行和经费使用进行监督和管理。

第十八条　本计划项目经费使用必须严格按照“上海市科研计划课题制管理办法”等科研项目经费管理的有关规定执行。

第十九条　项目完成后，入选者应按规定时间和要求提交总结报告和项目经费决算表等资料，所在企业应对其科研能力和成果及对企业科技产业发展的贡献等，提出综合评价意见，报送市科委验收。

第二十条　凡得到本计划项目经费资助所取得的成果或发表的文章，均应标注中文“上海市青年科技启明星计划（B类）资助”，英文为“Sponsored by Shanghai Rising-Star Program (B type)”。

第二十一条　本计划项目入选者不得替换，资助经费不得转让。在项目实施过程中，因患病、调离岗位等情况影响研究工作如期完成的，入选者及所在企业应及时向市科委书面报告，经市科委核准后办理有关合同中止或变更手续。

第二十二条　如发现入选者弄虚作假骗取资助，经市科委核实后，将撤消其资格，追回资助经费，并取消申请人以及企业本计划三年的申请资格，情节严重者给予通报批评。

第五章　附则

第二十三条　本办法由上海市科学技术委员会解释。

第二十四条　本办法自发布之日起施行。

第二十章　科 技 统 计

表1　上海市科学研究与技术开发机构概况(2005 年)

分　类	机构数(个)	科技活动人员(人)
国有独立科研机构	266	37 086
高等院校属科研机构(理工农医)	173	3 889(人年)
高等院校属科研机构(社会人文)	128	1 196
大中型工业企业属技术开发机构	313	22 790

表 1－1　上海市独立科研机构概况(一)(2005 年)

分　类	机构数(个)	从业人员(人)	从事科技活动人员	其中	
				科学家和工程师	占从业人员(%)
合计	266	53 502	37 086	23 579	44.07
县以上小计	245	52 469	36 388	23 233	44.28
自然科学技术	206	49 258	34 141	21 631	43.91
社会人文科学	27	1 179	997	818	69.38
科技信息文献	12	2 032	1 250	784	38.58
县属小计	21	1 033	698	346	33.49

表 1－2　上海市独立科研机构概况(二)(2005 年)

分　类	机构数(个)	从业人员(人)	从事科技活动人员	其中	
				科学家和工程师	占从业人员(%)
合计	266	53 502	37 086	23 579	44.07
县以上小计	245	52 469	36 388	23 233	44.28
中国科学院	8	5 586	4 023	2 973	53.22
地方	167	15 552	10 360	6 897	44.35
国务院部门	70	31 331	22 005	13 363	42.65
县属小计	21	1 033	698	346	33.49

表 1－3　上海市高等院校属科研机构概况(2005 年)

分　类	机构数(个)	从业人员(人)	其中	
			从事科技活动人员	占从业人员(%)
合计	301			
理工农医类	173	5 041(人)	3 889(人年)	77.15
社会人文类	128	1 196(人年)(科技活动人员)	905(人年)(R&D 人员)	75.67

表 1－4　上海市大中型工业企业所属技术开发机构概况(2005 年)

分　　类	企业数(个)	机构数(个)	机构科技活动人数(人)	其　　中	
				研究生	占科技活动人数(%)
合计	1 264	313	22 790	4 871	21.37
中央单位	58	34	6 666	1 704	25.56
地方单位	1 206	279	16 124	3 167	19.64

表 1－5　上海市民营科技机构发展概况(2000～2005 年)

分　　类	2000 年	2001 年	2002 年	2003 年	2004 年	2005 年
企业数(个)	12 316	15 462	18 441	21 516	16 373	16 128
技工贸总收入(亿元)	811.35	1 125.78	1 487	2 142.96	2 834.35	4 140.42
总产值(亿元)	311.22	382.28	527.8	781.73	1 216.39	2 949.93
其中:产品产值(亿元)	118.99	169.56	304.37	235.62	507.95	1 091.04
利润总额(亿元)	47.58	58.33	87.97	111.60	160.79	193.37
税金总额(亿元)	28.64	42.72	63.18	109.51	136.48	193.37
创汇(亿美元)	2.83	4.17	6.35	9.06	31.30	95.63
科技投入(亿元)	33.51	44.92	58.39	74.32	171.84	141.08
专利申请数(件)	452	1 374	1 826	3 697	5 452	8 010
专利授权数(件)	1 169	453	681	1 990	2 319	3 970
资产总额(亿元)	1 064	1 388.97	1 902.56	2 603.60	3 221.17	4 087.18
长期职工(万人)	26.33	32.79	36.09	45.33	47.99	53.68
其中:高中级人员(万人)	8.9	10.12	10.99	11.77	10.80	10.90
亿元以上企业(个)	111	138	195	260	363	484

表 2　上海市科技经费收入额(2000～2005 年)　　(单位:亿元)

分　　类	2000 年	2001 年	2002 年	2003 年	2004 年	2005 年
县以上独立科研机构	84.19	93.25	108.36	117.78	132.52	160.33
高等院校(理工农医类)	16.41	20.87	25.25	30.84	37.07	45.21
大中型工业企业	122.64	128.55	130.62	156.99	173.04	215.31

表 2－1　上海市科技经费支出额(2000～2005 年)　　(单位:亿元)

分　　类	2000 年	2001 年	2002 年	2003 年	2004 年	2005 年
县以上独立科研机构	70.66	77.60	90.36	96.49	117.37	139.65
高等院校(理工农医类)	13.51	16.55	19.78	26.22	28.54	39.20
大中型工业企业	91.63	92.87	106.08	134.99	166.41	184.59

表3　上海市县以上国有独立研究与开发机构经费收入情况(2005年)(单位:千元)

分　类	收入合计	政府资金小计	财政补助收入	政府科研项目	除政府资金外	来自企业	生产经营收入
合计	16 032 859	6 195 562	2 251 293	3 244 665	9 837 297	1 647 130	4 973 080
隶属关系							
中国科学院	2 026 132	1 409 723	869 877	324 595	616 409	101 413	75 675
地方	4 127 874	964 506	696 783	179 452	3 163 368	329 453	1 504 506
国务院部门	9 878 853	3 821 333	684 633	2 740 618	6 057 520	1 216 264	3 392 899
领域							
自然科学技术	15 506 263	5 795 484	1 890 780	3 220 209	9 710 779	1 641 216	4 972 723
社会人文科学	171 021	122 063	96 168	21 537	48 958	875	0
科技信息文献	355 575	278 015	264 345	2 919	77 560	5 039	357

表3－1　上海市县以上独立研究与开发机构经费支出情况(2005年)(单位:千元)

分　类	支出合计	人员费用	设备购置费用	其他日常支出	生产经营支出	#国际科技交流与合作费
合计	13 995 286	2 338 739	764 742	5 492 066	4 248 368	105 056
隶属关系						
中国科学院	1 736 382	390 927	312 862	924 314	73 433	23 360
地方	3 653 456	653 934	255 101	846 707	1 403 469	5 014
国务院部门	8 605 448	1 293 878	196 779	3 721 045	2 771 466	76 682
领域						
自然科学技术	13 523 139	2 198 066	651 900	5 302 075	4 247 843	103 626
社会人文科学	146 525	62 419	4 235	56 718	0	0
科技信息文献	325 622	78 254	108 607	133 273	525	1 430

表4　上海市从事科技活动人员数(2005年)

分　类	从事科技活动人员数(人)	其中	
		科学家和工程师	占从事科技活动人员数(%)
国有独立科研机构	37 086	23 579	63.58
中国科学院属	4 023	2 973	73.90
地方属	10 360	6 897	66.57
国务院各部门属	22 005	13 363	60.73
县属	698	346	49.57

（续表）

分　类	从事科技活动人员数（人）	其　中	
		科学家和工程师	占从事科技活动人员数（%）
高等院校属（理工农医类）	38 088	36 509	95.85
大中型工业企业	58 903	40 935	69.50
其中：中央	15 863	12 149	76.59
地方	43 040	28 786	66.88

表 4－1　上海市独立研究机构从事科技活动人员数（2005 年）

分　类	从事科技活动人员数（人）	其　中	
		科学家和工程师	占从事科技活动人员数（%）
合计	37 086	23 579	63.58
县以上小计	36 388	23 233	63.85
自然科学技术	34 141	21 631	63.36
社会人文科学	997	818	82.05
科技信息文献	1 250	784	62.72
县属小计	698	346	49.57

表 4－2　上海市县以上独立研究机构从事科技活动人员构成（2005 年）（单位：人）

按技术职称分		%	按文化程度分		%
合计	36 388	100.00	合计	36 388	100.00
高级	9 173	25.21	研究生	5 714	15.70
中级	9 971	27.40	大学	14 239	39.13
初级	9 536	26.21	大专	7 022	19.30
其他	7 708	21.18	其他	9 413	25.87

表 4－3　上海市高等院校（理工农医类）从事科技活动人员情况（2005 年）（单位：人）

分　类	从事科技活动人员数（人）	其　中	
		科学家和工程师	占从事科技活动人员数（%）
合计	38 088	36 509	95.85
自然科学	4 163	4 077	97.93
工程与技术	12 981	12 598	97.05
医学科学	16 345	15 953	97.60
农业科学	307	304	99.02
其他	4 292	3 578	83.36

表 4－4　上海市大中型工业企业技术开发人员和经费状况(2005 年)

分　类	从业人员(人)	从事科技活动人员(人)	科学家工程师	从事科技活动全时人员(人)	从事科技活动非全时人员(人)	科技活动经费内部支出*(千元)	科技活动经费外部支出(千元)
总计	1 166 996	58 903	40 935	33 782	25 121	18 459 037	2 263 818
隶属关系							
中央	153 695	15 863	12 149	7 150	8 713	3 461 503	467 060
地方	1 013 301	43 040	28 786	26 632	16 408	14 997 534	1 796 758
企业规模							
大型	388 332	26 409	20 123	14 024	12 385	10 786 862	1 707 513
中型	778 664	32 494	20 812	19 758	12 736	7 672 175	556 305
经济类型							
国有企业	124 681	9 222	6 154	4 563	4 659	1 674 216	235 055
集体企业	13 098	314	104	164	150	18 803	4 960
其他	261 884	18 576	12 600	9 457	9 119	4 689 295	547 871
“三资”企业	767 333	30 791	22 077	19 598	11 193	12 076 723	1 475 932

* 科技活动经费内部支出不包括用于科研的基建经费支出。

表 5　上海市研究与技术开发课题数及其经费构成(2005 年)

分　类	课题数(项)	%	经费支出(千元)	%
县以上独立科研机构	5 151	19.30	4 304 840	23.47
高等院校(理工农医类)	17 507	65.61	3 092 949	16.87
大中型工业企业	4 025	15.09	10 940 007	59.66

表 5－1　上海市县以上独立科研机构课题情况(2005 年)

分　类	课题数(项)	当年经费内部支出(千元)	#政府资金(千元)	投入人力(人年)	#科学家工程师
合计	5 151	4 304 840	3 075 945	19 842	13 269
隶属关系					
中国科学院	1 622	926 326	782 265	2 684	2 071
地方	2 172	375 590	205 720	4 208	2 990
国务院部门	1 357	3 002 924	2 087 960	12 950	8 208
领域					
自然科学技术	4 416	4 252 659	3 033 730	18 924	12 542
社会人文科学	583	37 030	29 206	654	572
科技信息文献	152	15 151	13 009	264	155

表 5－2　上海市大中型工业企业 R&D 活动和开发项目情况(2005 年)

分　类	从事科技活动人员(人)	R&D人员	R&D经费内部支出(千元)	项目数(项)	项目人员合计(人)	项目经费内部支出(千元)
总计	58 903	26 670	10 672 493	4 025	35 030	10 940 007
隶属关系						
中央	15 863	8 976	2 073 945	1 276	11 520	2 540 186
地方	43 040	17 694	8 598 548	2 749	23 510	8 399 821
企业规模						
大型	26 409	15 702	7 390 461	1 628	18 287	6 460 416
中型	32 494	10 968	3 282 032	2 397	16 743	4 479 591
经济类型						
国有	9 222	3 530	610 612	804	6 299	1 262 215
集体	314	102	5 140	15	126	14 641
其他	18 576	8 090	1 878 394	1 479	10 539	2 434 629
“三资”经济	30 791	14 948	8 178 347	1 727	18 066	7 228 522

表 6　上海市四大科技指标(2000～2005 年)

分　类	2000 年	2001 年	2002 年	2003 年	2004 年	2005 年
R&D经费/GDP(%)	1.69	1.78	1.89	2.06	2.29	2.34
科技进步贡献率(%)	50.30	50.98	53.08	54.4	56.2	57.6
高新产业产值/工业总产值(%)	20.6	21.8	23.4	26.5	28.2	28.6
高技术产品出口/出口总额(%)	18.96	19.65	23.34	33.75	39.27	39.95

表 6－1　上海市全社会研究与试验发展(R&D)经费与国内生产总值(GDP)的比重(2000～2005 年)

分　类	2000 年	2001 年	2002 年	2003 年	2004 年	2005 年
R&D经费/GDP(%)	1.69	1.78	1.89	2.06	2.29	2.34
R&D经费(亿元)	76.73	88.08	102.36	128.92	170.56	213.77
国内生产总值(GDP)(亿元)	4 771.2	5 210.1	5 741.0	6 694.2	8 072.8	9 144.0

表 6－2　上海市全社会研究与试验发展(R&D)经费按执行部门分类构成(2000～2005 年)

(单位:亿元)

分　类	2000 年	2001 年	2002 年	2003 年	2004 年	2005 年
合计	76.73	88.08	102.36	128.92	170.28	213.77
科研机构	25.58	27.76	27.20	38.43	43.27	44.91
企业	41.44	48.16	61.03	70.49	105.22	143.86
高等院校	7.43	9.89	11.81	17.19	18.92	23.72
其他	2.28	2.27	2.32	2.81	2.87	1.28

表 6－3　上海市地方政府科技拨款占地方财政支出比重(2000～2005 年)（单位:亿元)

分　类	2000 年	2001 年	2002 年	2003 年	2004 年	2005 年
地方政府科技拨款(A)	10.08	12.39	15.25	19.84	39.32	79.34
地方财政支出合计(B)	622.84	726.38	877.84	1 102.64	1 395.69	1 660.32
A/B(%)	1.62	1.71	1.74	1.80	2.82	4.78

表 7　上海市重大科技成果增长情况(2000～2005 年)

分　类	2000 年	2001 年	2002 年	2003 年	2004 年	2005 年
科技成果数(项)	1 102	1 338	1 418	1 508	1 629	1 701
对 1981 年的增长率(%)	97	139	154	169	191	204

表 7－1　上海市重大科技成果分类表(2000～2005 年)　(单位:项)

分　类	2000 年	2001 年	2002 年	2003 年	2004 年	2005 年
市级成果总计	1 102	1 338	1 418	1 508	1 629	1 701
按计划分类						
国家计划项目	80	319	313	168	222	200
省(部)计划项目	19	456	502	176	148	117
基层单位计划项目	195	413	397	501	414	399
其他	808	150	206	681	845	985
按单位分类						
独立科研单位	216	235	288	323	344	338
大专院校	438	280	468	421	477	386
工矿企业	257	521	510	549	538	679
其他	191	302	152	215	270	298
按应用成果分类						
基础理论成果	79	81	110	97	70	61
应用技术成果	953	1 196	1 250	1 281	1 488	1 555
软科学成果	70	61	58	130	71	85
按水平分类						
国际领先	45	78	65	71	147	123
国际先进	462	542	603	532	669	629
国内领先	452	444	463	481	480	588
国内先进	117	116	106	155	155	189
国内一般	26	158	181	42	37	26
按推广应用情况分类						
已推广、应用	809	929	948	1 045	1 204	1 261
未应用	293	409	289	236	284	294

表 8　上海市专利申请和批准数(2000～2005 年)　　(单位:件)

项　　目	2000 年	2001 年	2002 年	2003 年	2004 年	2005 年
专利申请量合计	11 337	12 777	19 970	22 374	20 471	32 741
发明	4 713	3 268	3 968	5 936	6 737	10 441
实用新型	2 760	3 610	4 952	5 992	6 131	8 711
外观设计	3 864	5 899	11 050	10 446	7 603	13 589
专利授权量合计	4 050	5 371	6 695	16 671	10 625	12 603
发明	304	242	341	880	1 687	1 997
实用新型	2 083	2 220	2 805	3 844	4 040	4 437
外观设计	1 663	2 909	3 549	11 947	4 898	6 169

表 9　上海市技术市场各类技术合同情况(2005 年)

分　　类	合　同　数		合同成交金额
	(项)	比重(%)	(万元)
合计	30 290	100	2 317 328.17
按合同类型分			
技术开发合同	5 256	17.35	874 708.67
技术转让合同	2 444	8.07	1 100 844.61
技术咨询合同	4 753	15.69	64 201.46
技术服务合同	17 837	58.89	277 573.43
按技术授让方分			
科研机构	6 409	21.16	213 641.89
大中专院校	1 901	6.28	38 607.02
企业	9 441	31.17	1 486 225.54
技术贸易机构	3 304	10.91	89 499.53
个体经营	67	0.22	2 054.53
其他	9 168	30.27	487 299.66
按受让技术方服务的社会经济目标分			
陆地海洋大气的开发与估价	72	0.24	2 593.76
民用宇宙空间	88	0.29	1 312.81
农业、林业和渔业发展	179	0.59	5 223.77
促进工业发展	7 359	24.30	944 416.35
能源的生产、储存和分配	1 528	5.04	102 862.87
交通、通讯事业的发展	3 121	10.30	206 199.41
教育事业的发展	200	0.66	6 089.34
卫生事业的发展	944	3.12	189 129.58
社会发展和社会经济服务	2 798	9.24	240 778.93
环境保护	2 594	8.56	29 638.88
知识的全面发展	446	1.47	51 046.95
其他民用目标	10 808	35.68	529 462.25
国防	153	0.51	8 573.27
按技术流向分			
其中:上海	23 208	76.62	1 452 407.87
江苏	1 479	4.88	42 679.15
浙江	1 260	4.16	53 380.07
北京	604	1.99	70 739.84
安徽	195	0.64	6 373.77
辽宁	195	0.64	14 574.89
福建	178	0.59	16 250.90
山东	274	0.90	14 580.00
广东	458	1.51	42 710.29

表 10　上海市国有企、事业单位专业技术人员数(2005 年)　　(单位:万人)

分　类	2005 年	分　类	2005 年
合计	71.99		
按传统学科领域分		翻译人员	0.17
工程技术人员	19.60	艺术人员	0.49
农业技术人员	0.30	其他	4.34
卫生技术人员	9.22	按文化程度分	
科学研究人员	1.62	大学专科及以上	54.60
教学人员	16.42	中等专科	11.99
经济人员	11.94	高中及以下	5.40
财务人员	6.46	按技术职称分	
统计人员	0.66	#高级职称	7.31
新闻出版人员	0.77	#中级职称	26.07

表 11　上海市高等教育机构情况(2005 年)

类　别	院校数(个)	职工总数(万人)	教师(万人)
普通高校	60	7.09	3.18
普通高校(本专科)	35	6.44	2.80
职业技术院校	25	0.65	0.38
按学校类别分			
综合大学	3	1.95	0.75
理工院校	24	2.83	1.23
农林院校	2	0.16	0.09
医药院校	2	0.12	0.04
师范院校	2	0.70	0.32
语文院校	2	0.17	0.09
财经院校	17	0.72	0.43
政法院校	3	0.21	0.11
体育院校	1	0.07	0.04
艺术院校	4	0.15	0.08
成人高校	21	0.32	0.15

表 12　上海市科学技术协会所属学会、区县科协机构情况(2001～2005 年)

类　别	2001 年	2002 年	2003 年	2004 年	2005 年
市级协会、学会、研究会(个)	162	168	172	176	176
会员(人)	205 066	203 757	182 197	174 524	176 402
科学家、工程师(人)	163 113	32 970	44 267	—	—
区县科协(个)	19	19	19	19	19
机关从业人员(人)	587	326	326	318	339
*科学家、工程师(人)	195	230	122	125	131

* 从 2003 年起为女性从业人员。

表 12－1　上海市科学技术协会所属学会科学普及活动(2005 年)

类　　别	合　计	市科协机关	市级学会	区科协	县科协
科普讲座(次)	6 609	375	2 263	3 896	75
科普展览(次)	1 385	24	101	1 198	62
科普宣传(次)	3 535	45	966	2 478	46
青少年科技竞赛(次)	704	11	64	627	2
科技夏(冬)令营(次)	248	3	35	207	3
实用技术培训(人次)	168 068	5 017	63 470	67 481	32 100
继续教育(人次)	14 940	602	14 338	—	—
完成技术项目(项)	3 431	679	1 448	1 304	—

表 13　上海市高新技术企业发展概况(2000～2005 年)

分　　类	2000 年	2001 年	2002 年	2003 年	2004 年	2005 年
高新企业(个)	1 136	1 398	1 743	1 916	2 161	2 303
其中:开发区内(个)	319	349	444	486	524	535
总收入(亿元)	1 380.72	1 766.30	2 405.59	2 531.24	3 612.32	4 671.98
#高技术及产品收入	1 064.61	1 432.30	1 864.78	2 047.66	3 026.09	3 896.87
总产值(亿元)	1 306	1 555.10	1 933.64	2 136.04	3 112.34	4 197.73
利税(亿元)	199.91	277.90	386.51	314.32	388.55	526.06
年创汇(亿美元)	28.14	62.40	59.54	74.31	131.82	156.13
科技投入(亿元)	72.36	112.90	180.80	177.16	222.35	286.39
年末职工数(万人)	27.83	31.14	37.15	38.30	46.97	50.30
其中:大专以上(万人)	9.81	11.89	13.88	17.01	20.68	22.91
开发完成高新园区(km^2)	22.13	22.13	22.13	22.13	22.13	22.13

(林锦伟　丁文龙)

第二十一章　2005 年上海市科技工作大事记

1 月

6 日　宝山区被教育部"青少年科技后辈人才创新能力培养的师训计划"领导小组办公室授予首家"全国科学教育实验区"称号。

7 日　华东师范大学教授桂世勋获第五届中华人口奖"科技奖"。

9 日　2005 年度中华人民共和国国际科学技术合作奖揭晓，5 名获奖者中，中科院上海神经科学研究所研究员蒲慕明榜上有名。

11 日　第十八届上海市优秀发明选拔赛评选出 390 项发明创造成果、34 项职工技术创新成果。275 项职务发明不仅是近年来职务发明参赛项目最多的一届，而且项目实施率达到 90％以上。

12 日　华东师范大学倪明康教授被俄罗斯自然科学院授予外籍院士称号。这是中国数学领域首位获此殊荣的学者。

14 日　上海市保持共产党员先进性教育活动动员大会在市委党校举行。中共中央政治局委员、上海市委书记、中共上海市委保持共产党员先进性教育活动领导小组组长陈良宇对全市开展先进性教育活动进行全面动员，并在会上以"党在我心中"为主题上党课。中央督导组组长刘是龙出席并讲话；市委副书记、市长韩正，市委副书记刘云耕、罗世谦出席；市委副书记、市委保持共产党员先进性教育活动领导小组副组长王安顺主持动员会。

中科院上海生命科学研究院研究生蒋辉等发现 GSK 蛋白激酶活性对确定神经细胞极性起关键作用，开拓了治疗神经损伤的新途径。这一研究成果发表于美国《细胞》(*Cell*)杂志上。

15 日　上海市经委、上海市工商联合会、上海市工商局联合召开"发展民营经济，推动产业升级"座谈会。上海市副市长胡延照出席会议并指出：广大民营企业要积极参与科教兴市主战略，参与全市科教兴市重大技术攻关项目，加快形成产学研战略联盟，打出上海的企业品牌和城市品牌。

16 日　上海市科委组织的科技下乡活动在金山区廊下镇举行。活动主题是：加大"农村科技服务体系建设"的实施力度，使科技服务体系进一步健全完善。上海市科委向金山区农民赠送了 20 万元的科技"大礼包"。

全国第一个地区性的 IPV6 互联网新一代上海教育与科研计算机网在上海交通大学成功运行。

18 日　上海博物馆文物保护与考古科学实验室主任王维达研究员及其课题组解决了辨别古陶瓷真伪的难题，其"前剂量饱和指数法测定瓷器热释光年代"荣获首届文物保护科学和技术创新一等奖。

19 日　中英联合举办的"精英科技年"在上海启动。英国科技大臣盛伯理勋爵与上海市副市长严隽琪出席了启动仪式。"精英科技年"活动持续一整年，包括研讨会和科普讲座等，每项活动都将在一个主要的中国城市举行。

上海交通大学附属第六人民医院历时 8 年，成功建立起一个迄今为止国际上数量最大的"中国人糖尿病家系库"。收集有1 074个糖尿病家系成员的 1.2 万份血清、DNA 标本和临床资料，并已在"病前诊断"等领域取得一系列成果。

20 日　上海市科委召开"2004 年度优秀学科带头人、青年科技启明星授证暨《科学的魅力》赠书仪式"和"启明星联谊会成立十周年"大会。26 位中青年科研生力军入选"2004 年度上海市优秀学科带头人"，人均资助 22 万元。86 名年轻才俊入选"2004 年度科技启明星"，每人获 10 万元资助。18 人获得启明星计划跟踪资助。14 年来，上海市共资助启明星 681 名，资助总金额达6 834万元。历届科技"启明星"联手编写的科普读物《科学的魅力》，在会上赠送给全市部分中小学生。

22 日　复旦大学微电子研究院等自主设计、上海宏力半导体和中芯国际制造，拥有完全自主知识产权的数字电视芯片"中视一号"，在上海通过了由教育部主持、中国科学院院士和中国工程院院士参与的技术验收。

23 日　上海交通大学医学院附属第九人民医院组织工程重点实验室和上海组织工程研究与开发中心从家兔角膜上成功分离了 $1mm^2$ 的角膜缘干细胞，这一发现为构建功能性的组织工程化角膜奠定了重要基础。

25 日　上海市科委召开第二届上海软件构件化推进会。会议以"构件化带动软件工业化"为主题，介绍了近两年来上海在推进软件构件化的进展情况。上海软件构件化服务平台同时开通服务。

28日　上海市经委、市科委、市教委联合召开上海市推进产学研合作、加强学科建设和先进制造业联动发展工作会议，全市高校和企业集团签约建立战略合作伙伴关系。上海市副市长严隽琪、胡延照出席会议。

上海市科委与《解放日报》等单位联合主办上海市优秀科研院所长座谈会。

29日　上海市科委、中科院上海分院、上海市中国工程院院士咨询与学术活动中心，在东方艺术中心联合举办"中国科学院、中国工程院沪区院士迎春联谊会"。上海市副市长严隽琪、中国科学院副院长李静海、中国工程院副院长杜祥琬出席联谊会并致辞。

30日　以"无限关爱——用科学技术帮助我们身边的人"为主题的第五届中国青少年电脑机器人竞赛上海赛区选拔赛暨第二届上海市家庭机器人挑战赛在上海科技馆举行。

2月

1日　科技部首届"国家集成电路设计产业化基地和香港科技园孵化创新产品竞赛活动"颁奖，前5名上海占3席：1个一等奖、2个二等奖，在获奖数量和整体质量上，处于国内领先地位。

4日　"世博科技行动计划"领导小组成立大会暨第一次全体会议在北京召开，标志着世博科技行动正式启动。科技部副部长马颂德、上海市副市长严隽琪担任领导小组组长。

上海第二医科大学附属瑞金医院上海血液学研究所执行所长、中国工程院院士陈赛娟获"中国十大女杰"称号。

《上海市促进高新技术成果转化的若干规定》完成第三次修订，上海市高新技术成果转化服务中心在张江高科技园区为新"十八条"政策举行首场宣讲。

上海汽轮发电机有限公司试制成功国内首台线圈UP 11 660MW汽轮发电机。

5日　上海市重大科研项目"游泳水槽实验室"在东方绿舟训练基地启用。

大型船用柴油机曲轴在上海电气(集团)上海船用曲轴有限公司完工，结束了中国大型船用曲轴依赖进口的历史。

16日　一项关于低氧诱导白血病细胞分化的新理论在上海被提出。研究人员发现一种新型衍生物在低浓度下可诱导急性髓细胞性白血病(AML)细胞凋亡，提出该化合物可能成为治疗AML的药物。

上海市科委"世博科技"、"崇明生态岛"等一大批重大科技专项启动。公共研发平台、科普教育基地等一批科技基建项目也纷纷启动。

18日　上海市科普基金会成立。

《2004上海科技进步报告》显示：上海科技进步水平综合指数61.64%，仅次于北京65.97%，增幅为全国首位。

20日　中国首台具有自主知识产权的国产地铁盾构"先行号"，由上海隧道工程股份有限公司研制成功。"洋盾构"在国内地下施工界一统天下的局面被打破。

21日　上海召开企业知识产权工作会议暨首批专利新产品领证仪式。

22日　上海市生物医药外包服务基地和上海浦东生物医药研发外包服务中心在浦东张江成立。上海市副市长严隽琪为基地揭牌。

由上海市科委组建、上海科学院承建的上海半导体照明工程技术研究中心在浦东张江高科技园区挂牌。

复旦大学附属眼耳鼻喉科医院的重要科技成果"国产多道程控人工耳蜗"实施技术转让并产业化。"国产版"人工耳蜗质量优良、价格较进口产品低一半，为数百万聋人送去了福音。

23日　中国科学院、中国工程院院士、同济大学名誉校长李国豪逝世。

24日　复旦大学生命科学院郑兆鑫课题组历经22年，研制成功猪口蹄疫O型基因工程疫苗。基因工程疫苗注射后，猪肉的安全性得到保障，开辟了猪口蹄疫防治新途径。这是世界上惟一的猪口蹄疫基因工程疫苗。该项研究获得了农业部授予一类"新兽药注册证书"。

上海市科委组织验收并通过由巴士集团、申沃客车等6家单位共同研制的新型无辫"电容蓄能变频驱动式无轨电车"，首批3辆无辫电车于年内投放到11路公交线上试营运。

3月

1日　2005年长三角区域创新体系建设联席会议办公室工作会议在江苏省扬州市召开。苏浙沪共商加强三地合作，推进长三角创新体系建设大计。上海市科委提出加强合作4项原则。

世界上自动化程度最高、功能最强,国内最大和最先进的首条5m宽厚板轧机在宝钢成功建成,结束了中国不能生产$4m^2$以上宽厚板的历史。

上海外高桥造船有限公司取得中国迄今为止吨位最大、造价最高、技术最新的30万吨海上浮式生产储油船(FPSO)船体建造合同。

2日 上海交通大学医学院与中科院上海生命科学研究院科研人员完成"骨桥蛋白在类风湿性关节炎中的病理机制"研究,论文刊登在美国《临床研究杂志》(*Journal of Clinical Investigation*)上。

3日 复旦大学附属中山医院为一名7岁儿童成功实施了心脏搭桥手术,这是中国首例为13岁以下儿童实施冠状动脉搭桥术。

由上海大学国家大学科技园等联合成立上海创业创新人才培训中心。

"一票通"单程票样已试制成功。全市年内所有轨道交通线都能"一票通",以IC卡单程票取代现有的磁制单程票,全面实现轨道交通一票换乘。

7日 上海市科委机关举行保持共产党员先进性教育活动党课,李逸平主任为机关全体党员上了一堂题为"准确把握当今科技发展趋势,在实施科教兴市主战略中争当先锋模范"的党课。

中科院上海生命科学研究院生物化学与细胞生物学研究所研究员张永莲和中科院上海光学精密机械研究所研究员胡丽丽荣获中国科学院第二届十大杰出妇女称号。

13日 上海绿谷集团的"双灵固本散"通过美国国家食品与药物管理局(FDA)审核,这是国内首个进入美国临床试验的抗癌中药。

17日 中国首部中药配方颗粒薄层色谱彩色图集在上海首发。天江药业有限公司引入国际先进的薄层色谱鉴别方法,将中药色谱图与原药材色谱图相对照来辨别真伪,为中药配方颗粒的质量控制提供了全新的量化检测标准。

19日 上海汉峰信息科技有限公司开发出Mini-Type字形技术,与同类字库相比,其占用的存储空间只有1/10,具有自主知识产权。

首届上海市优秀科普志愿者评选揭晓。168名科普志愿者受表彰,95家单位荣获科普志愿者优秀组织奖。

上海水产大学承建的农业部渔业动植物病原库项目通过验收。作为国内第一家、也是惟一一家水产行业培养物保藏机构,该"原库"成为中国水产疫病检疫和防治研究的重要技术平台。

21日 同济大学和附属同济医院共同研究发现,人类第21号染色体上一个离子通道基因KCNE2"功能获得"性突变,可导致心房颤动的发生。此成果发表于国际权威刊物《美国人类遗传学杂志》(*Am. J. Hum. Genet.*)上。

张江药谷技术服务中心成立。各种设备和仪器,包括显微镜室、精密仪器室、化学检测中心、细胞培养室等均对外开放。

24日 中国第二十一次南极科学考察队凯旋抵沪,完成了26项重大科考任务,在多个领域取得历史性突破。国家海洋局局长王曙光、上海市副市长杨雄出席欢迎仪式。

25日 中科院上海天文台景益鹏博士运用电脑为宇宙"画"了一张粒子数为512^3的模拟"图片"。该"图片"是目前全球精度最高的样本,它揭示了暗物质晕的分布规律。

26日 崇明生态岛建设科技工作推进会召开,科技部副部长马颂德、上海市副市长严隽琪出席。

"崇明生态岛建设"科技重大专项正式启动。上海市科委将与崇明县政府共建崇明生态科技创新基地,一期设立湿地科学与生态工程等六大实验室,同时启动10个优先项目,为崇明可持续发展提供科技支撑。

28日 2004年度国家科技奖揭晓。上海42个项目分获2004年度国家自然科学奖、国家科技进步奖,占获奖总数的13.95%,其中,中科院上海光学精密机械研究所完成的"小型化OPCPA(光学参量啁啾脉冲放大)超短超强激光装置研究"等4个项目摘取国家科技进步一等奖。获奖总数和一等奖数均创历史新高。42个获奖项目共申请专利206项,其中发明专利170项,显示出上海科技原创力不断增强。

29日 上海首批智能化"电子警察巡逻车"正式上路。新式警车"头顶"安装测速雷达和数码摄像头,车内配备了显示屏和移动硬盘。

30日 上海翔殷路北线隧道盾构进入浦西接收井,标志着中国直径最大的越江公路隧道全线贯通。

4月

1日 上海召开纪念《中华人民共和国专利法》实施20周年大型座谈会。

4～6日 ACM国际大学生程序设计竞赛第二十九届全球总决赛在沪举行。上海交通大学继2002年获得该项大赛冠军后,第二次夺冠,获"全球最聪明人"奖。

5日　上海交通大学启动"吴刚计划"，开展登月车研制工作。

中国首个活细胞图像采集系统在张江启用。

6日　马余刚、麻生明、曹俊诚、唐颐、陈国强、孔祥银等6位中青年科学家获"上海市自然科学牡丹奖"，上海市副市长严隽琪出席颁奖仪式。

由上海市科委和上海市合作交流办公室组织的共有几十家企业参加的上海展团，在第九届中国东西部合作与投资贸易洽谈会上亮相，推出100项涉及新材料、环保、生物医药、电子信息和适合西部开发的转化项目，受到了西部地区的青睐。

13日　上海市科委主任李逸平和党组成员率有关处室负责人到金山区就自主创新、市区联动等工作开展深入调研，商讨科技促进区域经济社会发展工作。李逸平强调提高自主创新能力是科技工作的首要任务。

中科院上海生命科学研究院发现老年性痴呆的致病原因：蛋白质中4个相邻的氨基酸率先"变形"，是带领整个蛋白质变形集聚的关键。《美国科学院院刊》(*PNAS*)发表了这一重大研究成果。

14日　第十二届"上海十大杰出青年"评选出10位获奖者中，科技界宋怀东、李儒新榜上有名。

英国《自然》(*Nature*)杂志发表中科院上海生命科学研究院神经科学研究所王以政、袁小兵等的研究论文。该研究发现引导神经生长方向的细胞膜离子通道机制。

20日　上海联合产权交易所杨浦分中心正式运营。该中心受理杨浦区及其周边地区科技型企业、自然人的知识产权挂牌交易等业务。

张江高科技园区获"ISO 14000国家示范区"称号，国家环保总局和科技部有关领导为园区揭牌。园内10余家企业同时通过ISO 14001环境管理体系认证。

20～26日　全市开展以"保护知识产权，促进创新发展"为主题的"保护知识产权宣传周"活动。

21日　上海科学院与德国弗朗霍夫应用研究促进协会签署知识产权合作协议。

22日　中科院上海生命科学院生物化学与细胞生物学研究所研究员徐国良在染色质组蛋白H3K79甲基化的调控机制和在白血病发生中的作用方面取得重要成果，该成果对治疗白血病和新药筛选有重要意义，论文发表在美国《细胞》(*Cell*)杂志上。

上海集通数码科技公司研制成功一种以国家汉字标准为依托的汉字库芯片，这种从点阵到曲线全系列汉字库芯片成套产品，具有自主的智能曲线汉字处理技术，今后使用IT产品时不必再为无法输入生僻汉字而烦恼，该成果已获得国家发明专利批准和专家验收。

上海软件人才联合培养基地在东华大学举行揭牌仪式，上海市副市长严隽琪参加。

25日　上海市专利交易中心在上海知识产权园挂牌成立。上海市副市长严隽琪出席仪式。同日，开放全国首家常年专利产品展销馆，正式开通知识产权"一门式"服务。

上海市科技创业中心和新疆生产力促进中心在乌鲁木齐市投资组建上海－新疆科技合作基地。

26日　华东师范大学脑功能基因组学研究所在世界上首次发现大脑记忆的编码单元，提供了解读大脑密码的可能性，这一成果刊登于《美国科学院院刊》(*PNAS*)杂志上。

上海第二医科大学蒋欣泉博士在骨缺损修复上的尝试获得了国际医学认可，在第八十三届国际牙科研究会年会上以其科研和临床密切结合的基础科研，获得了被誉为口腔领域"青年诺贝尔奖"的世界优秀口腔医学科学家大奖——Hatton奖。

27日　中科院上海光学精密机械研究所楼祺洪研究员和朱小磊研究员共同主持的研究小组成功研制出236W高功率激光输出的掺钕陶瓷激光器。这是国内首个超百瓦量级的陶瓷激光器。

28日　曾获诺贝尔奖的杰出科学家阿夫拉姆·赫什科，弗里德·穆拉德，约翰·戴森霍弗和哈特姆特·米歇尔应邀来沪参加"2005上海诺奖大师论坛"。大师们分别就自己正在关注的前沿课题为数百名听众作了演讲。

29日　全球最大的生物芯片研发制造商美国Affymetrix在张江设立研发中心，上海市副市长严隽琪出席揭牌典礼。

5月

8日　被列为"九五"、"十五"国家重点图书出版项目的《彩图科技百科全书》，经国内340余位专家历时8年的努力，在沪编纂完成。全书分为"宇宙"、"地球"、"生命"、"人与智能"、"器与技术"五卷。

10日　上海市科学技术奖励大会召开。中共中央政治局委员、上海市委书记陈良宇出席并讲话，市委副书记、市长韩正在会上宣读上海市人民政府表彰决定。市人大常委会主任龚学平，市政协主席蒋以任，市委常委、市委秘书长范德官等出席会议，上海市副市长严隽琪主持会议。2004年度上海市科技进步奖共授奖316项，其中一等奖41项、二等奖107项、三等奖168项。获奖项目中750项获得国内外专利。

11日　上海市市长韩正、副市长周禹鹏、严隽琪等市领导听取"十一五"科技发展规划纲要编制工作的汇报。

上海和意大利环境与领土部研究发展司签署"清洁能源合作谅解备忘录"，共建"中意合作上海氢能研究中心"，加强清洁能源研究合作。上海市政府副秘书长姜平、上海市科委主任李逸平和意大利驻沪总领事等出席签约仪式。

14日　以"科技以人为本，全面建设小康"为主题的2005年上海科技节在上海科技馆开幕，上海科技馆二期展馆同时试开放。上海市副市长严隽琪、市政协副主席左焕琛出席开幕式。

中国第一套向公众展示的宇航服在上海科技馆亮相。它曾经伴随着杨利伟进入太空，总造价达300万元。

《科普基地导游图》与市民见面。该导游图向社区市民、学校等免费分送，新区有关部门还配合旅游公司专门设计了6条科普线路，供市民选择。

16日　亚洲最大的人工气候室在中科院上海生命科学研究院植物生理生态研究所正式启用。

中科院上海技术物理研究所完成激光高度计的初样研制工作，将为"嫦娥一号"绕月探测卫星提供支持。

17日　上海交通大学历经8年研制的中国首台二甲醚城市客车，已通过国家权威部门检测，有助于解决城市公交车冒黑烟问题，对发展具有中国特色的汽车代用燃料体系具有重要意义。

"中国(上海)高技能人才实训中心"成立，全市的数字技师有了专业的实训基地。这是中国第一个国家级高技能人才实训基地。

19日　中科院上海生命科学研究院与上海交通大学医学院的健康科学研究所研究员臧敬五领衔的研究小组，在多发性硬化的免疫病理机制研究方面获突破性进展，为设计更有效的治疗自身免疫性疾病药物提供了理论基础。《美国科学院院刊》(*PNAS*)发表了有关研究结果。

23日　联合利华全球研发中心在长宁区虹桥临空经济园区奠基。

25日　东海大桥正式合龙。中共中央政治局委员、上海市委书记陈良宇出席贯通仪式，中共上海市委副书记、市长韩正和交通部副部长翁孟勇致辞，中共上海市委副书记罗世谦，市委常委、市委秘书长范德官等出席仪式，上海市副市长杨雄主持仪式。

漕河泾新兴技术开发区的研发中心兴建完毕。思科、3M、飞利浦、伟世通、本田等8家跨国公司将把自己的研发中心落户漕河泾。

26日　中科院上海生命科学研究院/上海第二医科大学健康科学研究所证实了PLSCR1可促进急性髓细胞性白血病的分化，这一发现为白血病治疗开辟了新的可能性。

29日　全国人大常委会副委员长、中国科学院院长路甬祥，中国科学院副院长江绵恒在上海分别和上海分院系统中青年科学家、党政领导干部座谈。

30日　2个由籼稻和粳稻亚种间杂交、筛选出的超级水稻新品种"金丰"和"申优一号"，正在苏、浙、沪地区推广。平均产量比目前栽培的品种高10%～15%。几年后有望成为沪上水稻的主栽品种。

31日　中共上海市委书记陈良宇会见中国科学院院长路甬祥一行，陈良宇希望通过视察调研进一步加强中国科学院与上海地区的合作交流。

6月

1日　上海第二医科大学附属新华医院成功地为出生仅75天、来自山西的连体女婴实施分离手术。

5日　68所中小学与上海科技馆、海军上海博物馆等23个科普教育基地，在"上海市中小学校科普教育基地共建结对"仪式上签约。

8日　上海城建集团市政二公司建设的世界最大断面的管幕法隧道工程——北虹路地道实现结构贯通。北虹路地道是中国首次采用管幕法工艺施工的地下工程，施工过程中采用的液压油缸推进箱涵工艺，也是中国建设者的首创。

11～20日　全国政协副主席张梅颖带领全国政协委员视察团来沪视察工作。中共中央政治局委员、上海市委书记陈良宇和中共上海市委副书记、上海市市长韩正接见了视察团成员。上海市政协主席蒋以任、中共上海市委副书记殷一璀、上海市副市长严隽琪等与视察团成员进行了座谈，听取他们对上海科技创新工作的意见建议。视察团视察了上海磁浮交通发展有限公司、上海科技馆、上海隧道股份有限公司和隧道科技馆、上海张江高科技园区等20多家单位，对上海科技创新工作予以高度评价。

亚洲首例胰岛细胞联合肾移植在沪完成，患者同时移入肾和胰岛细胞，揭开了根治糖尿病肾病新篇章。

13 日　全球最大的船舶除污装置在上海建成，其处理水面垃圾的能力是普通清漂船的 12 倍。

14 日　上海市副市长严隽琪、上海市科委主任李逸平与各省市驻沪办事机构和各地在沪企业代表，就上海如何为各地在沪企业提供科技创新服务共商对策，表示上海将进一步加大对各地在沪企业科技创新服务的力度。

中科院上海硅酸盐研究所成功研制出一种小型检测器，其体积只有半个手掌大小，0.5s 就能够准确地找出放射性物质伽玛射线源。

15 日　中国迄今为止最大的大科学装置和大科学平台“上海光源”在上海张江高科技园区开工，占地 19 万平方米。2009 年建成后可供科学家进行基础研究和技术开发，成为小型科研“联合国”。

中科院上海药物研究所历经 13 年研制出丹参多酚酸盐及其注射剂，使心血管疾病患者有了中国自主知识产权的特效药。该新药已获得国家新药证书和生产批文。

16 日　长三角标准化服务合作网正式开通，标志着长三角地区统一的标准化服务体系初步建成。

18 日　2005 上海科教兴市论坛在上海国际会议中心开幕，中共上海市委副书记殷一璀出席并致辞。科技部副部长刘燕华作主题演讲。

科技部副部长刘燕华视察上海生物医药科技工作，考察了国家新药筛选中心、上海中医药大学等，听取了上海生物医药科技发展的总体情况和国家新药筛选中心的建设情况，充分肯定了上海生物医药工作。

21 日　中国科学院副院长、上海血液研究所所长陈竺，复旦大学数学科学学院李大潜教授当选为法国科学院外籍院士。

27 日　首届世界医学高峰会议在沪开幕。中山医院的葛均波教授在会上演示了通过干细胞移植让梗死的心肌复活，从而达到治愈心肌梗死这一世界前沿医学技术。

28 日　基因组医学国际研讨会召开。全球华人科学家们纷纷提出，中国必须加快建立基因组学方面的规范，加强全国各实验室的合作，才能加快基因组医学的发展。

总投资 10 亿美元的上海力芯集成电路制造有限公司在上海紫竹科学园区奠基。该项目是上海市 2005 年以来引进的单个投资额最大的项目。

29 日　国内最大乙烯装置——上海赛科年产 90 万吨乙烯工程正式投入运行。

30 日　美国罗门哈斯中国研发中心奠基仪式在上海张江高科技园区举行，占地 330ha。

7 月

1 日　上海市人事局和上海市科委联合推出上海市“浦江人才计划”，每年投入 4 000 万元作为支持留学人员来沪工作、创业的政府专项资助。中共上海市委副书记王安顺、上海市副市长严隽琪出席仪式。

2 日　第二届“上海市青少年科技创新市长奖”揭晓，上海市市长韩正、副市长严隽琪为 10 名获奖者颁奖。

3～6 日　中共中央政治局常委、中央纪委书记吴官正来沪，先后考察了浦东张江高新技术开发园区、上海通用汽车公司、外高桥造船有限公司、上海港外高桥集装箱码头、磁浮高速列车等单位和项目。

4 日　中科院上海天文台光学天文联合开放实验室佘山基地，成功地观测并采集到被人类首次撞击后的坦普尔一号彗星图像。

中国首批产业化生产的欧Ⅲ标准柴油机 P11C 在沪下线，表明上海大功率柴油机的生产已经达到了世界级水平。

5 日　振华港机公司研制成功“双小车双 40 英尺起重机”，一次能同时搬运 4 个 40 英尺集装箱。

7 日　东华大学研制成功具有完全知识产权的“空调管道清洗机器人”。

10 日　中科院上海天文台宣布：天体物理研究室沈志强研究员的博士后宫崎敦史博士参与的一个国际研究小组成功地观测到了有记载的最大一次天体爆炸的余辉，首次计算出该中子星与地球的距离。论文发表在 4 月 28 日出版的英国《自然》(*Nature*)杂志上。

8 日　由交通部、国防科工委、国家海洋局、上海市政府主办，上海市科委、市建委、市港口局和市海洋局等单位承办的“郑和航海暨国际海洋博览会”在上海展览中心隆重开幕。中共中央政治局委员、上海市委书记陈良宇，交通部部长张春贤，中共上海市委副书记、市长韩正出席开幕式并致词，上海市人大常委会主任龚学平，交通部副部长徐祖远，国防科工委副主任张广钦，国家海洋局副局长孙志辉，国务院新闻办副主任王国庆，中共上海市委常委、市委秘书长范德官等出席开幕式，上海市副市长杨雄主持开幕式。

中科院上海生命科学研究院建立生命科学伦理委员会。

中科院上海生命科学研究院神经科学研究所郭爱克与郭建增等发现：果蝇在同时使用嗅觉和视觉时，它的记忆能力会得到增强。美国《科学》（*Science*）杂志刊登了此项研究。

9日　科技部技术创新战略与管理研究中心（上海）和科技部技术创新战略与管理研究中心培训基地（上海）正式落户上海杨浦科技孵化基地。

12日　以"科学技术与我们的生活"为主题的2005上海国际青少年科技博览会在上海科技馆开幕，上海市副市长严隽琪出席开幕式。博览会包括创新实践展示、创意机器人表演等一系列考察交流活动。吸引了14个国家和地区组团参加。

上海电器科学研究所转制为上海电器科学研究所有限公司。这是上海国资系统大型科研院所进行现代多元化改制的首次尝试。

13日　首批《上海市重点领域人才开发目录》发布。文化、金融、生物与医药、新材料、电子信息和港航六大领域的人才作为引进培养重点。

17日　中共中央政治局委员、湖北省委书记俞正声，湖北省省长罗清泉一行在中共中央政治局委员、上海市委书记陈良宇，中共上海市委副书记、上海市市长韩正等陪同下，考察了上海研发公共服务平台。

18日　同济大学历经8年，研制成功名为"聚乳酸"的"玉米塑料"。这种能全部降解的生物环保材料可全面取代化工塑料，可广泛应用于工程材料、包装材料、日用器具、农用地膜等，将使中国告别"白色污染"。

上海农业科学院育成南方稻区惟一的旱稻区域试验对照品种和南方稻区第一个通过国家审定的粳型旱稻品种，并建成国内最完善的水稻抗旱性鉴定和评价体系及种质资源平台。

中科院上海生命科学研究院旗下的《细胞研究》（*Cell Research*）杂志与英国自然出版集团签署发行协议，成为后者在亚洲地区的第一个合作伙伴。此举标志着本土科学杂志正式加入了国际发行阵营，有望进一步提升中国科技在全球的影响力和知名度。

20日　中科院上海光学精密机械研究所承担的中国首个"太阳能电池阵光照设备"项目通过了中国航天科技集团的验收。

中国科学院院士白春礼在美国《科学》（*Science*）杂志创刊125周年之际，应邀为该杂志撰文，点评中国的"纳米新时代"。

23日　九段沙湿地自然保护区、崇明东滩鸟类自然保护区经国务院审定，被批准成为国家级自然保护区。

24日　上海市科委和云南省红河州人民政府签约共建云南红河国家农业科技园区，上海市副市长严隽琪、云南省省长助理丹珠昂奔、红河州委书记罗寨敏出席签约仪式。

25日　沪滇合作共建的"上海－云南技术转移基地"在昆明成立，上海技术交易所和云南省科技情报研究所签署了联合建设"基地"的协议，上海市副市长严隽琪和云南省副省长吴晓青为基地揭牌。

同济大学姜礼尚教授获第七届华罗庚数学奖。

26日　"上海前卫生态农业示范园区"和"上海前卫生态科技实验项目"在崇明岛前卫生态村启动。中共上海市委常委、常务副市长冯国勤出席仪式。

三座5m高的碳通量观测塔开始监测崇明东滩湿地的水汽蒸发、阳光撒播等情况。向海滨湿地派驻"生态哨兵"在全球尚属首次。

28日　复旦大学培育出新一代转基因动物模型。目前持续表达乙肝病毒表面抗原的转基因小鼠已稳定繁殖了7代。这一动物模型的建立，对研究和治疗中国的乙肝病毒携带者具有重要意义。

中国船级社上海科研实验中心奠基。

8月

1日　《上海科技六千年》出版，全面地叙述了从远古时期至解放前夕上海地区科学技术、科研机构和科技社团发展的历史概貌。

2日　由上海创业投资有限公司、上海微小卫星工程中心、中国航空无线电电子研究所、上海交通大学和中科院上海天文台组成的上海伽利略导航有限公司正式参股中国伽利略卫星导航有限公司。标志着上海参与这项迄今为止中国最大的国际科技合作项目。

3日　全球最大的信息技术和咨询提供商之一Infosys与上海张江高科技园区签署了Infosys上海软件园投资协议。初期投资额为1 000万美元，计划2年内建成可容纳1 000名工程师的软件园区。

6日　装配有上海神力科技公司研制的氢燃料电池发动机的城市客车通过国家"863"专家组评审，将投入北京公交线路示范运行。

10日　同济大学与上海振华港口机械（集团）股份有限公司共同组建"上海市港口物流装备工程研究中心"。该项目已列入上海市科教兴市重大产业科技攻关项目，首期投入一亿元。

上海科教青年创新创意大赛结束。“科学小讲台”等8个创新创意作品获得优胜奖。

11日　国际水稻基因组计划提前完成，中国科学家对国际水稻基因组计划的贡献率达20%。以中科院上海生命科学研究院国家基因研究中心为首的项目组率先完成第四号染色体精确测序任务。

12日　复旦大学将一种源于飞蛾的PB转座因子用于小鼠和人类细胞的基因功能研究，在世界上首次创立了一个高效实用的哺乳动物转座因子系统，该成果在美国《细胞》(*Cell*)上发表。相关技术已申请国际专利。

上海市知识产权发展研究中心成立。

16日　中科院上海光学精密机械研究所以气体为介质，成功地将光“绊住”500μs(1微秒＝1^{-6}秒)，与国际同类研究同步。寻找让光停步的理论和技术将令更小载体、更大容量的光存储成为可能。

建设部在沪召开《大型混合动力电动客车标准》编制会议，启动国家大型混合动力客车开发工作。

《上海市大学生科技创新基金管理办法》出台。

18日　科技部与上海市“部市合作”委员会2005年工作会议在沪召开。中共中央政治局委员、中共上海市委书记陈良宇和中共上海市委副书记、市长韩正会见了科技部部长徐冠华一行，科技部副部长李学勇、上海市委副书记殷一璀、上海市副市长严隽琪出席了会议。

拥有当代世界最先进技术的F级重型燃气轮机在沪诞生。

18～19日　受国务委员陈至立委托，科技部部长徐冠华、副部长李学勇率国务院调研组在沪召开科技政策座谈会，就国家中长期科技发展的相关政策听取了上海市有关政府部门、高校、研究所和企业的意见和建议，上海市副市长严隽琪参加座谈。

20日　崇明生态岛建设科技支撑工作座谈会在沪召开。科技部部长徐冠华、上海市副市长严隽琪分别在会上讲话，并共同为上海市崇明生态科技创新基地揭牌。

20～21日　科技部部长徐冠华视察崇明生态岛建设。他说崇明不仅是上海生态科技的创新基地，也理应成为国家生态建设创新基地的重要组成部分。科技部与上海市之间的每个合作项目都掷地有声。此次崇明之行更加坚定了科技部与上海市合作的决心。

22日　宝钢与苏通大桥工程指挥部签订供货合同，宝钢生产的斜拉索用钢首次打破进口产品垄断，拉起世界第一跨度斜拉桥——苏通大桥。这是宝钢高等级建筑用钢在特大型桥梁应用上的新突破。

23日　第二届中国青少年科技创新奖颁奖，上海市共有7名青少年获奖，居全国之首。

上海首座“太阳能办公楼”通过上海市科委的验收并运行。这栋办公楼内部运作系统采用再生能源建筑一体化技术，也是全世界第一个集太阳能空调、地板辐射采暖、强化自然通风及全年热水供应功能于一体的太阳能复合能量系统。

24日　崇明被国家地质公园领导小组批准成为国家地质公园。

25日　中科院上海生命科学研究院神经科学研究所张旭、管吉松等揭示了吗啡镇痛作用的新原理，并找出其产生耐受性的“罪魁祸首”。为发展新型“持续奏效”的镇痛药提供了理论基础。该成果发表于美国《细胞》(*Cell*)杂志上。

由上海纺织控股集团公司自主研发的芳砜纶纤维千吨级生产线研制成功，填补了中国原创高性能纤维空白。

27日　上海汽车(集团)股份有限公司与上海交通大学、同济大学共同签署新能源汽车战略合作协议，将全力合作加快替代能源、混合动力、燃料电池车等车型的研发。

29日　上海市政府与中国科学院签订合作共建上海辰山植物园协议书，全国人大常委会副委员长、中国科学院院长路甬祥，中共上海市委副书记、市长韩正出席签约仪式。坐落于松江区佘山镇的辰山植物园将是集科研、科普和观赏游览于一体的综合性植物园。

中科院上海硅酸盐研究所合成一种纳米“药物分子运输车”，并给它装上了“开关”和“磁性导航仪”。药物有望搭载这种“运输车”，定时、准确地直达患处。该成果发表在《美国化学学会会志》(*JACS*)和德国《应用化学》(*Angew. Chem. Int. Ed*)杂志上。

9月

1日　“上海科技”网站全新改版。新增的虚拟政府信息公开受理处和网上办事大厅，让即便初次上网的网民也能感受到网上政府的方便与人性。新增全网搜索功能，更方便读者浏览。

3日　上海市慈善基金会、上海市科协和意大利Semplicement青少年科普志愿者协会共同主办的“蓝天下我们手拉手”——中意青少年慈善科普友好交流系列活动在卢湾区青少年活动中心开幕。

7日　微软亚洲工程院上海分院正式在沪成立，落户上海紫竹科学园区。

2004年度中华人民共和国国际科学技术合作奖颁奖仪式在上海科技馆举行，科技部副部长程津培和上海市副市长严隽琪为获奖者颁奖。

8日　上海汽车(集团)股份有限公司与大众汽车公司在德国汉堡共同签署联合声明，双方将联合开发混合动力轿车，首批500辆将为北京奥运会服务。

10日　中国科协党组书记邓楠在沪考察国家“863”计划。上海市副市长严隽琪、上海市科委主任李逸平等陪同参观。

11日　中科院上海生命科学院植物生理生态研究所植物分子遗传国家重点实验室研究员林鸿宣与美国加州大学伯克利分校栾升教授合作，成功地克隆出与水稻耐盐相关的数量性状基因SKC1，并阐明了该基因的生物学功能和作用机理。成果发表于英国《自然遗传学》(*Nature Genetics*)杂志上。

12日　中共中央政治局常委、全国政协主席贾庆林在上海考察工作期间，到中科院上海药物研究所视察自主研发新药状况，鼓励科学家要紧密配合，为建立创新型国家多作贡献。中共中央政治局委员、中共上海市委书记陈良宇，中共上海市委副书记、市长韩正，市政协主席蒋以任等市领导陪同视察。

上海市科委与芬兰国家技术局签署《关于开展合作的备忘录》。双方将共同推动科技界和企业界在信息与通讯技术、生物技术与医疗器械和以纳米技术为主的新材料领域进一步的合作与交流。

“相聚长三角——海外高新技术交流合作周”上海段活动在沪举行。

13日　全球领先的生命科学、性能材料和工业化工产品供应商帝斯曼公司中国研发中心在上海成立。

14日　国内首家科学与艺术联姻团体——上海市科学与艺术学会在沪成立。

15日　复旦大学神经生物学研究所教授卓敏、李葆明及合作者韩国国立汉城大学姜奉钧教授带领的研究团队首次发现：大脑前扣带皮层及其神经元NR2B受体在恐惧记忆形成过程中起到重要作用。该成果也有可能为消除人类恐惧记忆提供依据。该成果发表在美国《神经元》(*Neuron*)杂志上。

17日　上海浦东、青浦、南汇、虹口等区县在2005全国科普活动日展开了丰富多彩的科普活动。

20日　第九届上海市科技精英评选揭晓。丁健、马建学、史进渊、陈楠等10位科技精英获奖。平均年龄为44.8岁。

21日　上海农科院畜牧研究所在国内首次实现了猪胚胎的超低温(－196℃)成功保存：冷冻胚胎产下10头小猪，成活8头。这是该领域的首次突破，为有效保存优良的地方猪种并建立特有猪种胚胎库奠定了技术基础。

上海市科技企业自主创新推进会召开，上海市科委将实施科技“小巨人工程”计划，以资金、项目、平台、人才、政策为抓手，根据企业所处的不同阶段，提供相应的支持和服务。

22日　新一批科普场馆提升改造签约仪式举行。8家将要提升改造的科普场馆第一次被列入上海市政府实事工程。

23日　长三角知识产权圆桌会议举行，会上签署了《长三角地区知识产权局系统专利行政执法协作协议》，开通了长三角地区专利交易合作网。

23～25日　中共中央政治局常委、全国人大常委会委员长吴邦国与国务委员陈至立，先后到复旦大学、上海交通大学、中国船舶重工集团第七一一研究所、中科院上海医药研究所等科研院所考察，就落实科学发展观、提高科技自主创新能力等问题进行专题调研。考察期间吴邦国对上海市的工作给予了充分肯定。

25日　国务委员陈至立在中共上海市委副书记殷一璀和上海市副市长严隽琪的陪同下，视察上海杨浦科技创业中心。

26日　上海市和加拿大魁北克省政府在上海签署加强科技合作的协议，中共上海市委副书记、市长韩正，加拿大魁北克省省长夏雷出席签字仪式。

华东师范大学河口海岸学国家重点实验室与崇明县共同承担的西沙湿地生态修复实验基地科研项目正式启动。该项目将在原有湿地的基础上修复再建一个湿地生态示范区。

27日　上海电子标签与物联网“产、学、研”联盟正式成立。电子标签与物联网技术是继条形码技术之后，变革物流配送、产品跟踪管理模式及商品零售结算的一项新技术。

28日　第四十场工程科技论坛“科学发展观与工程哲学”在上海举行。全国政协副主席、中国工程院院长徐匡迪在论坛上发表主旨演讲。中共上海市委副书记、市长韩正出席论坛并致辞，上海市副市长严隽琪出席论坛。

上海市政府召开常务会议，研究进一步加快上海高新技术产业开发区发展的政策措施。

1995～2005上海最有影响的女性人物揭晓，20位获奖者中，科技界叶叔华、陈赛娟、郑珊、胡安康榜上有名。

29日　占地面积110ha的张江现代医疗器械园开园，总投资约12亿元。

10月

8日　科技部最新公布的《科技统计报告》显示：2004年上海地方财政科技拨款39.32亿元，比2003年翻了一番，约占全国的1/10，排名从全国第七跃升至第二。

9日　上海市科委启动危险品管理、动物食品源安全管理、医药物流管理等3个电子标签应用示范项目，对上海的危险品、动物食品及医药产品实现实时、动态和全过程的管理。

10日　上海临港新城首个重大市政工程项目——两港大道(一期)工程正式建成通车。

12日　中国载人飞船"神舟六号"发射成功。上海航天局承担了飞船推进舱、电源系统、航天员安全返回地面的测控通信等关键技术的研制工作。

13日　中共中央政治局委员、上海市委书记陈良宇主持召开市委常委会，听取上海中长期科技发展规划编制工作的汇报，审议并原则通过《上海中长期科技发展规划纲要》。

中国科学院和德国马普学会组建的中国科学院马普学会计算生物学伙伴研究所在沪揭牌，全国人大常委会副委员长、中国科学院院长路甬祥，中共上海市委副书记、市长韩正出席仪式并致辞。

在第七届中国国际高新技术成果交易会上，上海展团展示了30余家科研院所和企业的百余项产品和项目。

上海市高新技术成果转化服务中心与山东省淄博市人民政府，在淄川经济开发区联手设立33.3ha的"成果转化基地"。重点关注新材料、医药化工和先进制造等领域处于产业化实施阶段的高新技术项目。

14日　何梁何利基金2005年度颁奖大会在沪举行。中共中央政治局委员、上海市委书记陈良宇为获"科学与技术成就奖"的杰出科学家徐光宪、谷超豪颁奖。全国人大常委会副委员长、中国科学院院长路甬祥，国务委员陈至立分别向大会发来贺信。全国人大科教文卫委员会主任委员、中国发明协会会长朱丽兰，中共上海市委副书记殷一璀，科技部党组成员、纪检组长吴忠泽，中共上海市委常委、市委秘书长范德官，上海市副市长严隽琪等出席会议。上海有8位科学家获得何梁何利奖，占获奖总数的17%。

"科技创新促进新疆经济发展"研究班开班典礼在上海科技管理干部学院举行。

16～17日　国务委员陈至立来沪考察工作。在中共上海市委副书记、市长韩正等的陪同下，考察了张江高科技园区、紫竹科学园区和东海大桥、洋山深水港等，充分肯定了上海在自主创新和高新技术产业化方面取得的成绩。强调要深入贯彻党的十六届五中全会精神，切实提高自主创新能力。

17日　以"科学·发展·人"为主题的国际科学联合会第二十八次会议上海科学论坛举行，来自62个国家的世界顶级科学家们参加了论坛。

崇明县科协、金山区科协荣获全国农村科普先进集体称号。

19日　上海市功能磁共振成像重点实验室成立，面向全社会服务。

著名美籍华裔物理学家、诺贝尔物理学奖获得者李政道在复旦大学美国研究中心举行报告会。题目为"纪念爱因斯坦逝世50周年及相对论诞生100周年以及科学与艺术的关系"。

22日　第八届国际组织工程协会年会在沪召开。

"亿利达青少年发明奖"创立20周年庆祝大会在上海交通大学举行。

华东师范大学马龙生教授研究小组研究完成的"光梳"理论，为世界科技理论的发展做出了贡献，有力地证明了2005年诺贝尔物理奖的理论，为探索重大物理问题、揭示新的自然规律提供了新技术手段。

23日　上海市首届技术管理职业资格(高级)培训班开班。

24日　全球知名软件开发商塞贝斯(Sybase)在浦东张江高科技园区建立中国研发中心。

首次在中国举办的国际地面沉降会议——第七届国际地面沉降学术研讨会在沪举行，与会的联合国教科文组织对上海在地面沉降研究和控制方面取得的明显成效给予高度评价。

25日　上海市副市长严隽琪、上海市政府副秘书长姜平、上海市科委主任李逸平、副主任陈克宏、上海市质监局副局长沈伟民及市安全生产监督管理局、上海市环保局有关领导，到上海氯碱化工股份有限公司对电子标签在危化品气瓶管理中的应用进行调研。

上海市科委与壳牌国际天然气有限公司签署发展清洁能源研究及应用示范的合作谅解备忘录，双方将在清洁能源研发与应用方面加强合作，共同开发清洁替代燃料，并在广泛合作交流的基础上探索能源可持续发展策略。

同济大学生命科学与技术学院与上海市生物信息技术研究中心共同举行了“国家生命科学技术人才培养基地实训基地”揭牌仪式。

为表彰上海航天人为载人航天事业作出的突出贡献，团市委授予上海航天局“神舟六号”飞船发射试验队“上海市新长征突击队”称号。

27日　英国《自然》(*Nature*)杂志公布了由国际上6个国家的科学家合作完成的首张国际人类基因组单体型图谱。中国在整张图中承担了10%(3号染色体、21号染色体和8号染色体短臂)，即HapMap计划的“中国卷”——中华人类基因组单体型图计划。国家人类基因组南方研究中心完成了整条21号染色体的单体型图谱的构建。

27～28日　上海市科委主任李逸平向市十二届人大常委会述职。

31日　上海市市长韩正主持召开市政府常务会议，审议并原则通过《上海中长期科技发展规划纲要》。

全球性医药企业辉瑞公司将“辉瑞中国研发中心”正式落户上海。

同济大学物理实验室制造出新型“左手材料”，可让手机天线只对信号基站定向发射信号，而不对人脑方向发射，从而避免电磁波对人体的辐射。该技术还可以实现第四代、第五代手机天线智能化。

11月

1日　上海重型机器厂锻造完成重达50t的国内最大的吊钩。国际上只有德国能制造。

3日　上海市科委的科研项目网上评审系统自2005年4月投入试运行以来，先后有4 016个科研项目通过了1 106位专家的网上评审。在提高效率、节约资源的同时杜绝了学术腐败。

由中科院上海天文台担纲的一个国际天文研究小组，经过8年研究，发现银河系中心存在超大质量黑洞的证据，拍摄到最接近该黑洞的高分辨率“射电照片”。这是迄今为止最令人信服的证据。这一研究成果刊登在英国《自然》(*Nature*)杂志上。

4日　以“信息化与工业化(现代装备)”为主题的第七届上海国际工业博览会隆重开幕，1 298家企业参展。中共中央政治局委员、中共上海市委书记陈良宇出席开幕式，工博会组委会名誉主任、中共上海市委副书记、市长韩正致词，中共上海市委常委、副市长周禹鹏主持开幕仪式。

上海市高新技术成果转化(奉贤)基地揭牌。

中国科学院院士、中科院上海细胞生物学研究所副所长姚鑫逝世。

5日　科技部与上海市政府共同在沪发布《世博科技行动计划》。科技部副部长马颂德、上海市副市长严隽琪为上海市世博科技促进中心揭牌。

7日　上海设计完成科教兴市指标体系，指标总数180个。

8～9日　中共上海市委副书记、市长韩正和副市长严隽琪、杨雄赴崇明县调研，并召开推进崇明生态岛建设工作座谈会。调研过程中，韩正察看了东滩湿地公园、禽流感预防工作和生态科技展示馆等。

上海科学家运用全新基因技术建立神经系统疾病研究平台，首批帕金森模式动物问世。利用这一“动物替身”，有望更深入探索帕金森病发生机理。

9日　国家重大科技项目、上海市科教兴市重大产业科技攻关项目“组织工程国家工程研究中心”在紫竹科学园区举行奠基典礼。

第七届上海国际工业博览会闭幕。该届工博会完成了对722家国内外展商的1 368项参展展品的评审。共评出金奖3项，银奖9项，铜奖10项、创新奖16项以及产权交易最佳策划奖7项。下届上海工博会将更名为“中国国际工业博览会”。

2005年度“曙光计划”项目资助仪式举行，57人入选，其中41名为自然科学类。

中科院上海生命科学院生物化学与细胞生物学研究所研究员曾嵘获第二届中国青年女科学家奖。

10日　飞利浦全球研发中心在上海成立，将致力于研究开发低成本手机生产系统解决方案。

11日　中国科学社和《科学》杂志90周年纪念会在上海科学会堂举行。中国科协主席周光召院士，中共上海市委副书记殷一璀等出席会议。

15日　第七届上海国际工业博览会科技论坛之一“院士圆桌会议”召开，中国科协主席周光召院士、上海市人大常委会副主任张圣坤、副市长严隽琪、市政协副主席谢丽娟等领导出席论坛。

17日　2005年度京、津、沪、渝科委主任联席会议在上海举行，交流了编制“十一五”科技发展规划的有关情况，探讨了如何更好发挥科技支撑引领作用等问题。

19日　第九届“挑战杯”飞利浦全国大学生课外学术科技作品终审决赛在复旦大学隆重开幕。“挑战杯”竞赛被誉为中国大学生学术科技的“奥林匹克”

盛会，已经成为中国培养学生自主创新能力的重要平台。该届“挑战杯”有31个省、市的636支队伍参赛，701件作品进入终审决赛。

上海市“曙光计划”实施10周年庆祝大会在华东理工大学举行。上海市政协主席蒋以任、中共上海市委副书记殷一璀到会作重要讲话。“曙光计划”实施十年来，上海市20多所高校的445名青年教师，462个项目获得4 500多万元支持。

21日　同济大学与意大利环境国土部签署一系列科研合作项目谅解备忘录，“意大利—同济技术转移中心”同时揭牌成立。

上海首次在国际上发现并验证了可用于转基因棉花、番茄、水稻和油菜检测的内源参照基因，并在此基础上建立了转基因检测平台，同时成功地开发了多种适用于转基因农产品定性定量检测的试剂盒。

2005(上海)长三角高新技术成果展示交易洽谈会开幕，苏、浙、沪三地200多项科技成果参展。

22日　中科院上海光学精密机械研究所和上海应用物理研究所发现多壁碳纳米管对激光能量具有强烈吸收效应，并将光能量迅速转化为热能，瞬间产生高温导致细胞的爆炸崩溃。这一特性将为今后人类治疗癌症和其他多种疾病提供新途径。

中国最具权威的综合性专业电子展——第六十六届全国电子展在上海新国际博览中心开幕。来自世界各地的2 500家电子企业参展，吸引5万名电子业内的专业观众前来参观、交流。

23日　中科院上海生命科学院神经科学研究所研究员徐天乐及其博士后研究员高隽等发现酸敏感离子通道(ASICs)是介导缺血性神经细胞损伤的重要分子。研究内容发表在美国《神经元》(Neuron)杂志上。

24日　上海市科委与杨浦区政府签订协议，双方以实现区域功能定位和发展区域特色产业为目标，加强市区联动，进一步发挥各自职能特点，合作推进“知识杨浦”建设。上海市科委主任李逸平和杨浦区区长蒋卓庆签署了协议书。

《上海市促进科教兴市战略实施地方立法框架》研究总报告完成。

25～28日　首届长三角青年人才科技创新成果展示交流会举行。

26日　上海转基因研究中心从波尔山羊耳朵上提取细胞核，由莎能奶山羊代孕产仔，培育出世界上首批由亚种间体细胞克隆的波尔山羊。

首届长三角青年创新展“风险投资与科技成果转化”论坛在复旦大学举行。

12月

1日　上海石化在PTA(精对苯二甲酸)技术国产化方面取得重大突破。由该公司开发的年产80万吨工艺包和成套技术，达到国际先进水平，打破了国内长期以来国外少数大公司垄断的局面。

2日　中科院上海生命科学院生物化学与细胞生物学研究所裴钢研究组与复旦大学药理研究中心马兰研究组专家研究发现，原本被认为在细胞中仅起抑制作用的β抑制因子，同时具有向细胞核传递信息的功能。该研究成果揭示了受体信息传递和药物作用新途径，该成果发表于美国《细胞》(*Cell*)杂志上，并申请了国家专利。

2005上海知识产权国际论坛——“保护知识产权与发展创意产业”举行。

6日　第十三届中国国际海事会展在上海新国际博览中心开幕。

经两年攻关，上海交通大学牵头研制的无人驾驶智能车首辆样车问世。车头装有计算机图像分析技术和电脑摄像头、磁感应器和激光雷达指挥车辆前行。

7日　复旦大学高分子科学系教授邵正中研究发现蛛丝内部分子链排列方式，把两种截然相反的分子链排列过程称为“取向”和“解取向”。这种特性在合成高分子材料中广泛存在，这个发现将为“人造蛛丝”的生产指引新的方向。该成果被刊登在英国《自然材料学》(*Nature Materials*)杂志上。

7～10日　国务院保护知识产权专项行动第五督察组对上海开展保护知识产权专项行动情况进行督察，认为上海保护知识产权的态势是好的，是走在全国前列的，态度坚决，措施得力，专项行动成效明显。

8日　中科院上海天文台徐烨博士等4位中外科学家在内的一个国际天文小组成功测得太阳系到银河系最近的“英仙臂”距离为6 370光年。这是迄今为止人类精确测定的最远天体的距离，其对精确描述宇宙的大小和年龄具有重要意义。该成果率先发表于美国《科学》(*Science*)杂志网络版，2006年1月6日，美国《科学》(*Science*)杂志登载了4位科学家的论文。

9日　由科技部、上海市政府和全国智能交通运输系统协调指导小组主办，上海市科委与同济大学承办的第一届智能交通系统年会在上海举行。科技部副部长、全国智能交通运输系统协调指导小组组长马颂德到会并致辞。

10日　上海国际航运中心洋山深水港一期工程全面建成，中共中央政治局常委、国务院副总理黄菊宣布正式开港。

12日　石油化工技术转移联盟成立，清华大学、上海交通大学等全国16所高校和教育部科技发展中心、上海市科委、金山区人民政府、上海华谊（集团）公司等成为第一批联盟单位。

上海三维生物技术有限公司历经7年，自主研发重组人5型腺病毒注射液，获得国家一类新药证书，并成为国内第一个拥有全球知识产权的新型肿瘤生物治疗药物。上海实业集团旗下企业研发的H101、凯力康、TNF等3个新药，获得了国家食品药品监督管理局颁发的国家一类新药批准证书。

13日　中国工程院新增院士揭晓。在新当选的50名院士中，上海市有4名。他们是：林元培、沈祖炎、王红阳、曹雪涛。

14日　第五届中国创新投资年会在上海举行。科技部秘书长张景安、上海市副市长严隽琪出席会议。

上海银晨智能识别有限公司和中科院计算技术研究所历时7年研制成功的嵌入式人脸识别系统技术，在生物认证领域取得突破性进展，可依据人的面部特征自动进行身份鉴别，已获得12项国家专利、11项软件著作权，处于国际先进水平。

上海市科技京城、瑞萨科技和上海巨通电子有限公司三方合作设立的“上海科技京城瑞萨易悠通培训基地”在上海科技京城正式揭牌，这标志着嵌入式软件培训基地正式入驻上海。

14～15日　国家“火炬计划”上海南汇医疗器械产业基地揭牌。这是中国首个国家“火炬计划”医疗器械产业方面的特色产业基地。

15日　上海优秀博士后表彰大会暨博士后论坛在上海展览中心举行。中共中央政治局委员、上海市委书记陈良宇，中共上海市委副书记、市长韩正在上海展览中心会见了上海优秀博士后代表。人事部副部长王晓初，中共上海市委副书记王安顺等领导参加会见。

16日　中国科学院新增院士揭晓。在新当选的51名院士中，上海市有11名。他们是：江明、麻生明、颜德岳、王正敏、王恩多、邓子新、陈晓亚、贺林、赵国屏、何积丰、褚君浩。

17日　第四届上海IT青年十大新锐揭晓。丁乐佳等10人当选。

20日　全国人大常委会副委员长、中国科学院院长路甬祥视察位于浦东张江的“上海光源”国家重大科学工程，对上海光源工程的建设进展给予充分肯定，指出上海光源工程是“院地合作”的最大项目，工程进度快，施工质量好。

上海交通大学教授邓子新领衔的科研团队，联合英美科学家，在众多细菌DNA分子上发现了一种新的硫（S）修饰，阐明了一项长期令人不解的DNA不稳定现象的分子机理，预示着新的生物学功能的发现。相关论文在英国《分子微生物学》（*Molecular Microbiology*）上发表。

首个胃癌治疗性中药在张江高科技园区问世。该项新成果是我国中药抗癌领域第一个专门用于胃癌等消化系统肿瘤的治疗性药物，填补了中国空白。

21日　漕河泾现代服务业集聚区启动。中共中央政治局委员、上海市委书记陈良宇，中共上海市委副书记、市长韩正出席启动仪式。

24日　由上海、江苏、浙江三地农科院为主共建的长三角区域食药用菌工程研发中心在沪揭牌。

26日　中国第一架完全拥有自主知识产权的中短航程喷气支线客机——ARJ21飞机客户支援中心建设工程在闵行区紫竹科学园区奠基。

27日　上海研究生联合培养基地揭牌。上海宝钢集团公司等5家单位首批入选，另有上海市农科院等7家单位入选首批协作单位。上海市副市长严隽琪出席揭牌仪式。

上海市科委在原有人才计划基础上，针对企业科技人才，首次分设优秀学科带头人B类计划和青年科技启明星B类计划。共有59位企业科技人才入选。

28日　投资近5亿元的上海科教兴市首批重大产业科技攻关项目——上海地面交通工具风洞中心，在同济大学嘉定校区正式开建。这是国内首个地面交通工具风洞中心。

29日　总投资1.82亿元的纳米技术与应用国家工程研究中心在闵行紫竹科学园区举行奠基典礼。

APPENDIX

附　　录

2005 年上海市科委领导成员及机构设置

领导成员

党组书记、主任	李逸平
党组副书记、副主任	陆晓春*
党组成员、副主任	陈克宏　丁文江
副主任	乐景彭(兼)　寿子琪　王　奇(兼)
党组成员、纪检组长	王良虎
党组成员、秘书长	徐美华
党组成员、助理巡视员	蔡家琪

副秘书长、副总工程师

副秘书长	李元春
副总工程师	王建平　钮晓鸣*

机构设置及处室负责人

办公室

副主任(主持工作)	陈宏凯
副主任	刘海峰

人事教育处

处长	华庆城*

发展研究处

处长	刘俊彦

体制改革与法规处

处长	钱维锠
副处长	张剑波　任荣祥

发展计划处

处长	钮晓鸣
副处长	陈晓华　刘俊彦(兼)　陈　杰*(兼)

研发基地建设与管理处

处长	陈　杰*

条件财务处

处长	张肇平
副处长	樊美萍

国际合作处

处长	傅国庆
副处长	时建刚　刘海峰(兼)

高新技术产业开发区管理处

处长	吴山河
副处长	薛志明

基础研究处

处长	施强华
副处长	胡　睦

高新技术产业化处

副处长(主持工作)	缪文靖
副处长	郭延生　陆静峰*

信息技术处

处长	聂春泥

生物医药处

处长	朱启高
副处长	顾云飞　刘　勤

社会发展处

处长	马兴发

监察室

主任	王良虎(兼)
副主任	凌　刚

机关党委

书记	蔡家琪(兼)
副书记	金骏彪

注:“*”为 2005 年新任职(上述机构及干部名单以 2005 年 12 月 31 日为准)

主要领导简况

陆晓春

1961年2月生,男,汉族,浙江宁波人,1983年7月参加工作,1985年1月加入中国共产党。1983年7月毕业于北京航空学院飞行器设计专业(本科学历、学士学位)。1997年7月获研究员职称。现任中共上海市科学技术委员会党组副书记、上海市科学技术委员会副主任。

简　　历:

1983.07～1991.05	上海航天局第八设计部助理工程师、工程师、一室副主任
1991.05～1992.05	德国海尔布隆技术大学访问学者
1992.05～1993.06	上海航天局第八设计部武器系统副主任设计师
1993.06～1995.04	上海航天局预研处高级工程师、副处长
1995.04～2000.04	上海航天局局长助理、副局长、党委书记
2000.04～2002.11	中国航天科技国际集团有限公司党委书记、董事局主席、总裁
2002.11～2003.01	上海航天局正局级巡视员
2003.01～2003.07	上海市发展计划委员会副主任
2003.07～2005.06	黄浦区委副书记、副区长、代区长、区长
2005.06～	上海市科委党组副书记、市科委副主任

(华庆城)

2005年世界十大科技进展

(由570位中国科学院院士和中国工程院院士评出)

1. “惠更斯”号探测器成功登陆土卫六。

2. “深度撞击”计划获得成功。

3. 美国研究人员发明取代晶体管的新元件。

4. 天文学家首次拍到太阳系外行星照片。

5. 科学家公布人类基因组“差异图”。

6. 澳大利亚科学家成功地将光束“冻住”1秒钟。

7. 美国研究人员开发出高效率燃料电池。

8. 法国和瑞士科学家制造出超大容量纳米级信息存储材料。

9. 美国科学家制造出“夸克胶子等离子体”。

10. 法国科学家首次找到控制单分子行动的方法。

(摘自2006年1月17日《科技日报》)

2005年中国十大科技进展

(由570位中国科学院院士和中国工程院院士评出)

1. “神舟六号”载人航天飞行圆满成功。

2. 青藏铁路全线铺通。

3. 中国首款64位高性能通用CPU芯片问世。

4. 中国科考队首次登上南极冰盖最高点。

5. 全球记载种类最多的《中国植物志》全部出版。

6. 中国科学家成功实现首次单分子自旋态控制。

7. 中国测定珠峰新“身高”8 844.43m。

8. 中国大陆科学钻探深入地下5 158m。

9. 能在血管中通行的“药物分子运输车”研制成功。

10. 最高分辨率“中国数字人男1号”诞生。

(摘自2006年1月17日《科技日报》)

2005年上海十大科技新闻

1. 2004年度国家科技奖上海获奖数创历史新高。3月28日,上海42个项目分获2004年度国家自然科学奖和国家科技进步奖,4个项目获得国家科技进步一等奖,占获奖总数的13.95%,获奖总数和一等奖数均创历史新高。获奖项目中企业领衔完成15项,占获奖数的35.71%,比重明显提升。42个获奖项目共申请专利206项,其中发明专利170项,显示上海科技原创力不断增强。

2. 世博科技行动、崇明生态岛科技专项启动实施。11月5日,科技部与上海市政府共同在沪发布“世博科技专项行动计划”,提出“城市让生活更美好、科技让世博更精彩”的主题。“崇明生态岛建设”科技重大专项正式启动,上海市科委将与崇明县政府共建崇明生态科技创新基地,一期设立湿地科学与生态工程等六大实验室,同时启动10个优先项目。

3. 上海入选2005年两院新增院士比例为近年来最高。12月13~16日,中国工程院和中国科学院先后公布了2005年新增院士名单,上海共有15位科学家增选为院士。其中,中科院院士11人,约占新增总数的1/5多。上海此次入选院士人数之多、新增院士学科分布之广,为1991年以来最多的一届。

4. 三区联动,推动科教兴市。9月,中共上海市委领导在调研中确立新思路:上海将积极引导科技进步在地区发展中发挥更加积极的作用,充分整合科技、教育资源,推动城区、大学校区、科技园区三区融合联动。大学校区为园区提供创新创业人才、项目、手段，为城区的经济与社会发展提供智力支持；科技园区是大学师生和城区市民创新创业及就业的场所，是城区经济发展的一个增长极；城区主要为校区和园区提供公共服务，创造一个适宜居住、休闲、交流的环境。

5. 上海科学家基础研究原创成果频频在国际顶尖科学杂志亮相。1月14日，美国《细胞》(*cell*)杂志刊登中科院上海神经科学研究所蒋辉等有关神经细胞极性原理的论文，这是该杂志时隔25年后首次发表国内研究成果。12月2日，美国《细胞》(*cell*)杂志刊登中科院上海生命科学院裴钢和复旦大学医学院马兰的揭示受体信息传递和药物作用新途径的论文。7月8日，美国《科学》(*Science*)杂志采用中科院上海生命科学院神经科学研究所郭爱克等人对果蝇记忆能力的研究论文。11月3日，英国《自然》(*Nature*)杂志刊登中科院上海天文台领导的一个国际科学家小组，经8年潜心研究，发现银河系中心存在超大质量黑洞的证据和研究结果。

6. 上海科教兴市指标体系正式出台。11月7日，上海科教兴市指标体系正式发布。这套指标体系总计180个指标，其中核心指标共10项，既综合了国际上有影响的指标，也集成了国家"创新型国家"评价体系的主要指标，其中40%左右指标属上海创新，充分体现了上海科教兴市主战略内涵。

7. 上海科技界参与"中欧伽利略计划"。由上海创业投资有限公司、上海微小卫星工程中心、中国航空无线电电子研究所、上海交通大学和中科院上海天文台组成的上海伽利略导航有限公司，8月2日正式参股中国伽利略卫星导航有限公司。上海相关研发力量以"科研国家队"的身份参与这项国际科技合作项目。

8. 上海实业集团获批3个拥有自主知识产权的国家一类新药。12月，上海实业集团旗下企业研发的H101、凯力康、TNF 3个新药，获得国家食品药品监督管理局颁发的国家一类新药批准证书。上海实业集团成为中国拥有最多国家一类新药的企业。

9. 上海成功举办第九届全国大学生"挑战杯"竞赛。11月19～22日，有中国大学生学术科技"奥林匹克"之称的第九届全国大学生课外学术科技作品竞赛(挑战杯)在上海复旦大学进行，来自内地及港澳台地区700多名参赛选手参加了此次大赛的最终角逐。

10. "上海光源"主体建筑一期基础工程完成。截至12月20日，总投资达12亿元人民币，中国迄今为止最大的大科学装置和大科学平台——"上海光源"的主体建筑一期基础工程完成，进入上部结构施工阶段。能量将位居世界第四的"上海光源"2009年建成后，将成为中国自主创新能力的一个重要交叉平台。

(摘自2006年1月28日《解放日报》)

2005年世界科技发展回顾

科技政策

美国

8月初，布什签署了"全国能源法案"，决定在今后10年内为能源公司和可再生能源及节能领域提供145亿美元的税收优惠。而美国政府实际上将对石油和天然气、清洁煤、乙醇、电力及太阳能和风能等多种能源，提供高达850亿美元的补贴和税收优惠，同时增强对包括新型核反应堆设计、聚变能及小型粒子加速器的研究力度，并拨款18亿美元用于清洁煤的开发。

由于经济和科技的发展，美国面临改革专利法的压力。6月，美国众议员史密斯提出"专利改革法"法案：个人或公司可在专利颁发后9个月内提出上诉。法案同时提出，美国应采用国际专利准则，即"申请优先"(优先授予提出申请较早的发明人)。而在此之前，美国授予专利的准则为"发明优先"，即当存在多个发明者时，即使申请专利的日期较晚，专利权也将授予最先发明的人。

11月1日，布什在国立卫生研究院视察时，公布了"国家防疫计划"，要求国会提供71亿美元的紧急拨款，以应对禽流感以及其他流感在美国的爆发，包括投入28亿美元用于研发细胞培养疫苗技术。

应国会要求，美国国家科学院组织了由大学校长、大公司首席行政官及诺贝尔奖获得者组成的20人委员会，研究如何确保21世纪美国的持续繁荣。

委员会于10月15日发表《为使全体美国人在21世纪获得高质量就业,美政府应采取的紧急措施》的报告,提出四项措施:(1)培养1万名优秀教师以教育出1 000万名优秀学生,大幅改进12年级制学校数学和自然科学的教育。(2)增加基础研究投资。应在未来7年中,每年使基础研究的国家投资增加10%。政府每年应向杰出青年研究人员提供200个新的研究项目,每个项目拨款50万美元。(3)培养、招聘和留住最优秀的学生、科学家和工程师。(4)鼓励创新。通过使美国专利系统现代化、调整税收政策来鼓励创新。对合格的研发投资,政府应增加税惠程度,从优惠20%增加到优惠40%。

俄罗斯

其主要方向是解决俄罗斯基础科学研究分散、条块分割的局面,合并一些基础科学研究所,将从事基础研究的科研单位列入国家机构,研究经费由政府保障;从事应用和创新活动的研究机构将改组成股份公司,50%以上的股份属于国家所有,在现有的58个国家科学中心的基础上组建5~7个国家大型实验室,其中包括航空技术领域、原子能技术领域、武器装备技术、宇航研究以及生物技术和新材料等领域的实验室,它们将承担国家重点科研计划的实施。同时将国家科学中心的数量减少到25~35个;在2008年前将科研人员的月工资提高到1 000美元,年轻科研人员的工资增加到700美元;将现有的1 500个国有研究所的数量减少到250个,一半以上改组成为股份公司;科研经费的分配实行竞争申报制度;将科学院和高校适当结合起来,在科学院系统建立大学;组建科学院专门的固定资产管理公司等。

从上述改革的内容可以看出,这次改革是对俄罗斯科技研究领域的大规模重组,建立全新的科研体系。俄罗斯教育与科学部系统公布了相关改革的方案,以期在更广泛的层面上征求科技界的意见,推进改革工作的顺利进行。

日本

21世纪,只有在技术创新上胜出的国家,才可充分享受到经济的繁荣。因此,日本在制定第三期科学技术基本计划时,充分考虑到了世界主要国家的科技政策。该计划将于2006年开始执行,预计未来5年中政府对科技的投入为27万亿日元。该计划对日本的科技战略、科技发展走向以及经济建设具有极其重要的指导意义。计划提出了国家层面的科技发展三理念:通过创造知识、运用知识为世界作贡献(指通过科学研究创造出新知识,并运用这些新知识解决面临的各类问题。同时通过将这些知识向世界传播、解决人类共同面对的问题,提高世界各国对日本的依存程度);具有国际竞争力、可持续发展的国家(指通过创造高附加值的物品或服务、切实保证就业机会来提高日本以产业技术能力为代表的国际竞争力,通过保证持续发展提高国民生活水平);安全、稳定、生活质量高水平的国家(指维护老龄社会中的国民健康水平,减少灾害造成的损失,稳定供给食品、能源,协调地球环境与经济活动的关系,维持稳定的国际关系)。

第三期基本计划还规划了日本科技发展的四个基础研究重点领域:生命科学、纳米技术与材料、信息通讯、环境及其复合学科。

这四个重点领域以及重点学科的研发工作具有极高的波及效果。计划提出:对于那些将来有可能大幅度发展、有很强应用前景的学科要进行机动性资源分配,通过不断修正重点领域范围,把真正重要的学科切实囊括进来。另外,根据社会需要进行科研命题,积极谋求不同学科的融合,从基础阶段研究开始促进新学科的形成。并提出,基础研究项目需要从长期支持的角度推动处于萌芽阶段的、百花齐放式的研究工作。要用举国之力培育、维护"多样性温床"。许多优秀研究项目都是以个人或小型研究团队为主的研究。对于此类研究需要靠竞争性资金进行优先性、重点性资助。

预计到2007年,日本的人口总数开始趋于减少。而世界经济一体化不断深化,围绕人才、技术等知识资产展开的国际竞争也会越来越激烈。因此,日本要努力保证科技人才的质量。对策包括:给予研究资历不足但具有发展潜力的优秀年轻研究人员以崭露头角的机会;让优秀科学家退休后继续发挥余热;重视高级技工的培养教育等。

第三期计划还提及加强科技界与经济界、行政部门间的合作,加大成果转化、知识产权管理、占领标准化高地等方面的工作力度。建立"科技为社会服务,社会需要科技"的双向信息交互体制等。

法国

为加速成果转化,提高工业竞争力,2005年7月12日,法国政府出台了一项作为振兴国家经济发展重要举措之一的"竞争点"计划,旨在通过整合优势、突出重点、以点带面的方式促进法国企业的技术创新,提升法国工业的高新技术含量,进而推动法国经济和科技的发展。

按照目前的方案，法国政府将在今后3年内对66个“竞争点”提供15亿欧元的资金支持，其中3 000万欧元用于减免税务和减轻企业负担。

为了确保这项关系国家经济发展战略的技术创新计划能够有效实施，法国政府在2005年成立了“企业创新署”，还将“国家科技创新署”与“中小企业发展银行”合并，成立“OSEO”集团，会同原有的“国家研究署”以及法国最大的国营金融机构“储蓄与信托银行”，一起配合相关政府职能部门具体实施和运作这一计划，在技术推广和运用、资金筹集和发放、研究人员招聘到海内外市场推广等一系列环节上给法国的相关企业以具体而实在的服务。

德国

2005年德国新公布的技术能力国际比较研究报告显示，德国经济技术在研究密集型和知识密集型产业领域继续位于世界顶尖行列，德国科学家在本国及国际专业杂志上发表的论文都有所增加，在研究成果向产品和服务转化上更加富有成效。近年来，德国研究密集型产品的出口平均每年增幅超过8%，在全球贸易中的份额达到15.6%，仅次于美国。

为了持久保持领先地位，开辟未来市场，2004年，德国政府正式启动“主动创新”战略，其核心内容是联合经济界和科学界的力量，在研发领域缔结“创新伙伴”，开发出更多的高新技术产品。2005年，政府加大了这一创新战略的执行力度，提出要使研发投入占国内生产总值的比例到2010年达到3%。2005年6月，德国正式批准“顶尖科研资助项目”以及《研究和创新协定》，为今后10年德国的科学研究创造条件。

根据“顶尖科研资助项目”，德国将在2006年至2011年间投入19亿欧元，打造一批世界一流大学和一流科研机构，着力培养青年科学家。挑选出10所最有竞争力的大学，每年平均额外投入2 100万欧元。建立30个顶尖研究中心，每年分别投入650万欧元。此外，该项目将为青年科学家设立40个专项研究院所，每年分别资助100万欧元。《研究和创新协定》主要是针对大学以外的大型科研机构，根据这一《协定》，科研机构的研究经费每年至少要保持3%的增幅，为优秀青年科学家开展科研工作提供机会，实现跨机构间的合作。

加拿大

2005年，加拿大政府继续采取措施促进科研成果的商业化政策的进一步贯彻实施。

5月，加拿大政府宣布成立技术商业化专家小组，以促使更多的新技术和新产品商业化。专家小组的主要职责是在以下几方面向政府提出建议：(1)如何在保护公众利益的前提下促进鼓励新工艺、新产品的推广使用。(2)如何更好地利用公共资金支持使加拿大工业与普通大众受益的新知识、新技术的产生。(3)对加拿大技术商业化的环境进行评估，包括风险投资、高素质人员、基础设施和知识产权保护的有效性等。

为了更加有效地促使科研成果商业化，加拿大还调整深化了一些科研计划。9月份，加拿大工业部宣布，政府2006年将推出新的技术创新与成果转化支持项目“转化技术计划”(TTP)，以取代目前实施的“加拿大技术伙伴”计划(TPC)。TPC是加拿大于1996年创立，对加拿大私营性科研和创新活动进行资助，促进成果实用化的联邦基金计划，而“转化技术计划”把这一目的更加明确化，使先进的技术研发能力转化为产品。与前一个计划不同的是，“转化技术计划”将向所有的技术领域开放，并特别照顾中小企业。为了保证项目效果，“转化技术计划”将特别重视管理、责任、透明及遵守项目合同。它将设立专家委员会对申请项目从创新性及市场前景两方面进行评估，并聘请独立机构对计划执行情况进行评估。

英国

到2005年为止，英国对科技的投资10年来已增加了一倍，不仅如此，其十年科技发展框架还在不断修订中，以应对经济全球化所带来的挑战。

环境问题和能源问题是2005年英国科技政策的重点。布莱尔将全球气候变化问题列入政府优先考虑的议题，并借G8峰会及英国担任欧盟轮值国主席之机，积极展开外交斡旋，虽然由于美国的反对，英国所期待的后《京都议定书》未能实现突破，但毕竟各国领导人在G8峰会上达成了一定的共识。与环境问题相关的是能源政策。由于国际油价的暴涨，再加上英国已从油汽自给自足转变为进口国，提高能源利用效率及可替代能源的寻求问题引发了政府和民众的关注。除继续支持可再生能源的发展外，是否继续修建新的核电站也引发英国社会针锋相对的争论，并形成了支持与反对的两大阵营。在强大的民意压力下，布莱尔政府在左右未明之际，只能举棋待定，但随着英国现有的核电站不断退役，该议题迟早会得出定论。

英国政府投入5 000万英镑成立公私合作机构，全力支持干细胞研究，以保持英国在生物研究领域的世界领先地位。英国卫生部门与各大制药公司及生物公司联手，宣布投资5亿英镑，力争将英国打造成为全球制药和医疗中心。以企业为主体，政府、研究机构及各大院校之间紧密合作，国有、私营部门协调配合，成为英国创新的有力武器。

以色列

2005年，是中东安全形势趋于好转的一年，以色列经济发展也继续向好。在科技投入上，2005年，以色列继续维持去年的水平，研发投入约占GDP的4.4%，其中，政府的研发投入约占GDP的1%。共有325家高技术公司、530个项目获得了总计19.5亿谢克的政府投资。

2005年是以色列教育改革年，于2003年9月成立的研究如何巩固教育基础、对中小学教育实行系列改革的“国家教育改革委员会”，提交了最后研究报告，主要内容有：要求对规模较小的学校进行关停并转，减少教师数量，延长教学时间，集中财力改善学校基础设施等。同时要求政府大幅提高教师薪水，使教师的平均工资达到9 400谢克，超过全社会平均工资水准（约7 000谢克）。1月16日，以色列内阁以压倒性多数通过了这项教改方案，责成教育部和财政部成立协商小组，解决教师工资、定员等问题，并要求教育部长每两个月向内阁汇报一次改革进展情况。

经过两年多时间的蛰伏，以色列的风险投资基金从2004年开始活跃，2005年继续保持活跃势头。风险投资对以色列高技术及其产业发展发挥着重要作用。1992～2004年，风险投资基金共筹集到91亿美元，全部用于以色列的高技术及其产业的发展。2005年上半年，有200多家高技术企业接受了7.37亿美元的风险投资，比2004年同期增长15%。从2005年上半年的统计数据来看，吸引风险投资最多的是生物技术企业（包括医疗器械）和软件企业，两者吸引的风险投资所占比例分别达到65%和19%。这说明生命科学技术和软件业依然是风险投资最为看好的两大高技术产业。

韩国

2005年是韩国重塑科技管理体制的一年，韩国科技副总理制正式走上前台。科技部长官被提升到副总理级，并在科技部成立副总理级的管理部门：科学技术创新本部，由科技部长亲任本部长。

通过科技副总理制，成立于1999年的韩国国家科学技术委员会被赋予新内涵。该委员会由总统担任委员长，对科技投入、科技资金分配以及国家中长期科技发展计划的制定提出建议和意见。

随着基础科研排名连年下降，韩国政府对基础研究重要性的认识日益提高。8月，出台了《基础研究振兴综合计划》，计划建设世界一流大学、共同利用基础研究设备、建立更有利于长期基础研究的科研体系、鼓励个人研发活动等。

对理工科人才的重要性的认识日益加深，着手构筑新型人才培养体系。2005年出台了若干有利于培养人才的政策和措施。如《理工科技人才培养支援基本计划》、《大力培养科技人才，实现创新人才强国战略》计划，确定了2005年至2010年间的三大目标，包括通过完善大学间的竞争体制和激励措施促进大学管理体制的创新；建设世界一流研发型的大学和培养领军人才；强化产、学间的联系与合作，有针对性地为企业培养人才。按照这个强国战略，韩国将在未来5年间投资64 500亿韩元。

1月，韩国颁布实施《大德研究开发特区育成特别法》。5月，大德研发特区正式开始建设，目标是在未来10年内，将其建成韩国科技创新的中心基地、韩国的硅谷，成为推动韩国经济成长的加速器。

韩国2005年的科技发展工作主要体现在政策法规的制定方面，调整科技发展的方向和管理措施，奠定进一步发展的基础。在国家研发项目成果评估的制度化建设中态度积极，《研究开发成果评估及成果管理法》正在制定中。但在具体的科研领域，韩国拿得出来的重大成果不多。相反，一度令韩国人引以为傲的黄禹锡研究成果被发现存在造假问题，不仅其论文丧失了价值，也对韩国的科技事业造成了重大打击。

韩国国家级的“成长动力开发事业”主要包括三大计划，大型国家研发事业、下一代成长动力事业和21世纪尖端技术研发事业。其中大型国家研发事业是国家投资促进的、具有产业前景的大型应用技术集群。韩国2005年选定了今后5年政府推动的六大项目：高速列车、磁悬浮列车（政府投资4 500亿韩元）、大型地效飞行器（政府投资1 700亿韩元）、海水淡化核反应堆（政府投资4 388亿韩元）、早老性痴呆药物开发和小型废气发电用煤汽涡轮机。

巴西

长期以来，巴西科技资源配置结构不合理，绝大多数研发人员集中在高校、科研机构,企业基本没有自己的科研队伍,致使科研与企业需求脱钩,成果转化与市场需求矛盾,制约了企业创新能力的提高,影响了科研人员与企业科技创新的积极性。知识创新与技术创新协同性较差,科技体制束缚技术创新,许多研究成果不能转化为现实生产力。

2005年,巴西科技部致力于抓科研院所与企业的结合,已出台的《科技创新法》核心内容是允许科研院所的科技人员可同时在私人企业兼职从事科研与成果转化,并可申请专利。同时规定,公立科研机构可向任何研究公司或个人出租其实验室或研究设备,允许科研机构自行成立研发公司;对企业技术创新项目予以优惠贷款。这些措施将极大地调动科研人员和企业的积极性,对巴西科技的发展产生重大影响。

巴西国家科技委员会和科技部调整了科技投入政策,改变了以往科研投入集中于发达地区的做法,强调加快科技投入的分散化,尤其加大对欠发达地区的科技投入。2005年,将行业基金的30%投入到欠发达地区,鼓励欠发达地区高校与企业之间的合作。

巴西非常重视与发展中大国的科技合作,目前与印度科技合作的主要领域是人体健康与生物信息、生物技术、海洋科学、再生能源、新材料、气候研究、航天技术及基础研究等。与南非科技合作的主要领域是农贸、工业技术、生物多样性、生物技术、能源、环保及环保技术、信息产业、航天与航空、基础工业技术、海洋及南极、人力资源和科技政策等。

乌克兰

乌克兰继承了前苏联1/4的科技实力和3/4的科技专利,可见15年前独立之初,乌克兰科技底子之厚。如今,这一切都已是昨日黄花。最近10年,乌克兰科研课题减少一半,研究人员数量减少8/9。特别严重的是,乌克兰科技界青年人少,中年层已基本空白。

造成这种局面的主要原因为两个:科研经费太少、科技管理体制老套。2005年乌克兰"科研与科技活动"预算经费为20.28亿格里夫纳,占GDP的0.51%,离乌克兰法定的1.7%还远得很。在科技管理体制方面,普遍存在课题费给不到"真正搞研究者"手上的问题。

面对这种状况,新政权和昔日"库奇马时代"一样束手无策,还出现了一些决策性错误。其中最严重的是,2005年的国家预算法中止了原有的国家创新活动法、技术园法等法案;3月,宣布停止所有技术园的活动,几个月后又不得不恢复;5月,曾试图撤销国家航天局等。

5月下旬,尤先科总统提出国家科学院在保障乌克兰"实现积极转变和社会经济稳定发展中的作用与任务",以及关于科研部门及其管理体制改革的必要性的若干"要点"。5月25日,国家科学院主席团通过一项决议,表示支持成立直属总统的工作组来制定国家科研领域改革的"构想",同时提出了一些"要点"实施措施。

但直到10月3日,尤先科才签发了一项总统令,指示成立上述工作组。并规定工作组在2006年1月1日前将"构想"的草案制定出来送审。

联合国事务

禁止任何形式的克隆人,成为国际社会的最强音。3月8日,第五十九届联大以决议的形式通过一项政治宣言——《联合国关于人的克隆宣言》。宣言要求:各国考虑禁止任何形式的克隆人,"只要这种做法违反了人类尊严和保护人的生命原则,就应禁止";考虑采取措施,禁止应用可能违背人类尊严的遗传工程技术,在应用科学方面充分保护人的生命,同时防止在应用科学方面剥削妇女。宣言还敦促各国尽快立法以落实这些要求。

首次以法规形式限制温室气体排放,推动《京都议定书》进入生效执行阶段。旨在遏制全球气候变暖的《京都议定书》于2月16日正式生效。迄今已有150多个国家和地区签署该议定书,其中包括30多个工业化国家,不过,不包括二氧化碳排量超过全球1/4的美国。11月28日,作为《京都议定书》生效后的首次缔约方大会,《联合国气候变化框架公约》第十一次缔约方大会召开,会议确定监督实施工业国二氧化碳等温室气体减排目标的具体规则。

开展严防禽流感的全球大动员。2005年是禽流感肆虐的一年。世界卫生组织等将此作为工作中的头等大事,敦促国际社会共同应对禽流感。世界卫生组织及其国际实验室一方面对全球各地,特别是东南亚等地区出现的禽流感病毒进行确认,另一方面特别严格监控人患禽流感的病例、以遏制疫情。

在遏制艾滋病传播势头方面,联合国除了不断鼓励新技术疗法与技术救助外,更加关注实际的资金问题。2008年需要220亿美元来逆转艾滋病的蔓延势头。这些资金如果到位,就可以实现一系列的目标,包括到2010年建立起全球艾滋病综合防治体系;75%的艾滋病病毒感染者和病人到2008年均能获得抗逆转录药品等。

加强全球海啸预警系统建设。11月,联合国教科文组织召开的北大西洋和地中海地区海啸预警工作会议通过一项行动计划,将在此后两年里大力加强北大西洋和地中海地区的海啸预警工作,并正在建立印度洋海啸预警系统。

2005年,联合国还讨论和推动了一些国际公约的制定和执行,包括烟草控制和互联网管理等。

基础研究

美国

美国科学家在距地球110亿光年处发现宇宙最亮星系群,该星系群发出的光亮度相当于10万亿颗太阳。

美国哈佛－史密森天体物理中心利用"斯皮泽"太空望远镜发现围绕褐矮星旋转的行星很可能适合人类居住。

美国科学家在白羊座发现一颗与太阳极其类似的恒星。这颗恒星被大量温暖的星际尘埃紧紧包围,科学家猜测它的星系里正发生激烈的星体碰撞,并推测这个罕见的恒星系可能与诞生6亿年后的太阳系非常相似。

美国科学家在距地球100光年的遥远星系发现了生命必需的有机物——多环芳香烃。这是迄今人类在最遥远星系发现的多环芳香烃。

利用钱德拉X射线天文望远镜,美科学家在观测邻近的类太阳恒星时发现,太阳和类太阳恒星中存在的氖几乎是以前认为的3倍。如果属实,将能解释太阳内部活动机理等重要问题,这将是钱德拉X射线天文望远镜和恒星如何发光理论的双重胜利。

美国天文学家布朗宣称发现太阳系内第十大行星2003UB313。这颗行星位于柯伊伯带,距太阳约97天文单位,直径为2 250km,大小是冥王星的1.5倍。它是太阳系外围发现的第一颗比冥王星大的天体,也是迄今为止在太阳系观测到的最远行星。该发现如获证实,有关太阳系的天文常识都将改写。

美国科学家在银河系中心发现一长达数万光年、由数千万颗恒星组成的大"光柱",得到银河系中心为柱状的最直接证据。这个柱状体长约2.7万光年,比早先猜测的长7 000光年。里面有数千万颗年龄在百亿年以上的"高龄"红色恒星密集存在。这是目前支持"银心柱状说"的最有力证据。

美国科学家观测到宇宙第一代恒星产生的微弱光芒,获得高质量红外线图片。宇宙中第一代恒星形成于"大爆炸"后2亿年左右,在宇宙形成过程中发挥了最初始的作用,但它们距离地球非常遥远,很难被直接观测到。

以往只知道有冥卫一,美国科学家2005年发现冥王星还有另外两颗"月亮"。这两颗疑似小卫星的直径分别只有32km和70km,亮度只有冥王星的1/5 000,故直到现在才被发现。如果证实,冥王星将成为柯伊伯带中目前已知的、惟一一个拥有一颗以上自然卫星的天体。

借助"哈勃"太空望远镜和计算机模拟技术,美国科学家首次绘制出两个星系簇中宇宙暗物质的分布,这两个正在诞生中的星系簇位于南部天穹,距地球约70亿光年,各拥有约400个星系。支持了关于暗物质的理论假设。

美国科学家发现在一颗类似太阳的恒星周围可能有类地行星正在形成。这颗名为"HD12039"的恒星年龄约为3 000万年,距地球大约137亿光年,大致相当于我们的太阳在其形成80%、我们的地月系统刚刚诞生时的状态。

最近10年间,天文学家已发现100多颗太阳系外行星,但一直未能"看到"过任何一颗。美国科学家首次观测到两颗太阳系外行星——距地球500光年,位于天琴座的"TRes"和距地球约150光年,位于飞马座的HD209458b(又称"奥西里斯")发出的红外辐射。这是人类首次捕捉到距离地球数百光年之遥的太阳系外行星存在的直接证据。

美国科学家还在距地球15光年处的宝瓶星座发现了太阳系外迄今最小的岩状行星,质量约为地球的7.5倍,它有可能是人类发现的绕太阳系外恒星旋转的第一颗岩状行星,也是迄今发现的系外行星中与地球最相似的"表亲",但其温度不适合目前已知的生命形式。

此外,美国科学家还提出一些新的理论:

最初提出"雪球地球"理论的加州理工学院研究小组提出,造成早期地球成为大雪球的"罪犯",很可能只是一种普通细菌——23亿年前,一种叫蓝菌或称蓝绿藻的细菌突然产生出分解水及释放氧气的能力,最终破坏了当时大气中丰富的温室气体甲烷,使全球气候完全失常。如果目前地球环境继续恶化,地球仍有可能再次成为"雪球"。

现有理论认为,宇宙中的行星是由恒星诞生之后的宇宙尘埃所形成,但微小的尘埃如何形成行星？美科学家提出一个新观点:行星形成可能像

"滚雪球",微米尺寸的宇宙尘埃外面包裹有一层具有黏结性的,起到类似胶水作用的冰,当宇宙尘埃互相碰撞时,冰将其"黏"在一起,使这个"核"一点点变大,最终形成原始状态的行星。

传统理论认为,暗能量是使各星系彼此逐渐分离的力,它可能占宇宙构成的70%,宇宙几十亿年后是否被摧毁,暗能量也是一种决定性因素。但一项新研究认为,解释宇宙的力并不需要暗能量或宇宙常数这样的反引力因素。意大利和美国科学家对正在加速膨胀的宇宙提出另外一种有争议的解释:引起宇宙加速膨胀的不是暗能量,而是一种被忽视的"大爆炸"后效应。

由于火星上没有类似地球的板块运动,故一直被认为相对"平静"。但美国一研究小组分析火星表面热辐射成像系统的数据后发现,火星远比早先想象的复杂,它的地表下有复杂的火山成岩和矿物分离活动等地质活动,其中一些地质活动与地球类似。

2005年美国取得的其他基础研究成果还有:"大爆炸"理论认为,宇宙在大爆炸发生之初,首次出现的物质可能是"夸克-胶子等离子体"。美国布鲁克黑文实验室利用相对论重离子对撞机,在15万倍太阳中心温度的高温下,制造出了"夸克-胶子等离子体"。这是一种全新的物质形态,是物理学的一项重大进展。

美国科学家发现引发太阳风暴的新因素以及太阳风暴演变的模式。这一发现使人类可以较准确地长期预报太阳系中的"晴天",即最猛烈的太阳风暴发生几率较小的时候。

美国宇航局天文生物学家在"嗜极生物"领域获得最新进展:于阿拉斯加永久冻土地带发现一种称为"更新世菌"的新生命形式。进一步测试发现,它不是嗜冷菌,而是耐寒生物,能耐极冷环境,当温度上升时恢复正常活动。这种细菌具有酶和蛋白质,在长期休眠后又能成活,研究它有助于了解在宇宙中可能有更加广泛的生命形式存在,并有助于产生新的医学发现。

美国考古学家成功地从霸王龙等3种恐龙的化石中提取了类似于现代动物骨胶原的软组织,可观察到其中的血管和细胞结构。这一成就既挑战传统理论,也给恐龙等古生物研究带来新的悬念,显示人们对化石形成过程的了解远远不够,传统理论有误。

法国

法国在微观领域获得重大突破,让单分子做出了各种动作。在宏观宇宙也有斩获:首次在太阳系发现了第一个小行星多星系。

2005年,法国科学家在全球首次成功利用隧道显微镜,让单个分子做出各种动作。该成果将对今后精确控制分子级机械、进而开发出纳米机器人产生重要影响。人们从此可以简单控制单分子,通过刺激分子产生不同的电子状态,使其变成分子"机器"。

太阳系发生过剧烈的行星迁徙活动,土星、木星、海王星、天王星轨道变迁,互相影响,造就了太阳系今天的面貌。根据这个模型,由美国、法国和巴西科学家组成的研究小组试图解答太阳系中看似互不相关,但用传统理论难以解释的三个天文现象:太阳系大行星的轨道偏角,木星特洛伊小行星的形成,以及月球"迟到的大轰炸"的成因。

法国科学家与美国天文学家一起首次在太阳系发现第一个"三口之家"的小行星系统:两个小行星围绕一颗名为"87西尔维亚"、半径为136km的较大小行星旋转。这个由三颗小行星组成的小行星系统是迄今在太阳系中发现的第一个小行星多星系。

由多国核物理学家组成的国际研究合作组G-Zero通过电磁相互作用和弱相互作用观察质子,发现了影响质子结构的奇异夸克,证实了先前关于夸克胶子等离子体中存在特殊粒子影响质子性质的假设。

德国

2005年2月28日,国际梅森素数组织确认:德国眼科医生马丁·诺瓦克发现迄今最大的素数。它是梅森素数家族的第42位成员,也是目前已知最大的素数,比此前发现的最大素数多50万位,有780多万位,可写成2的25 964 951次方减1。

德、中、美、澳等国科学家共同提出一个新理论:2.5亿年前地球上发生的有史以来规模最大、对生物发展影响最深远的生物灭绝事件与古海洋透光层的硫化氢污染有关。这次污染导致气候变暖,全球变成一片"死海",并促使地球历史从古生代向中生代转折。

德国科学家与英国牛津大学联合发现,月球的准确年龄应是45.27亿年,月球的产生时间只比太阳系晚约3 000万至5 000万年。这是迄今为止有关月球年龄的最精确的测量结果,误差范围仅在

1 000万年左右。

德国科学家利用扫描热显微镜测量了间隙从200nm至1nm的热传导效率，发现在间隙从200nm减小到10～20nm时，热传导系数按照理论正常增长，但之后增长会停止。在公认理论范围内只有一种可能性来解释这一效应，即在物质中存在某种自然长度，这长度对于金属约为100nm，热辐射不是由单一原子或电子激发的，而是由整个区域同样大小的“电磁气泡”激发。这一发现对设计纳米工艺装置有很大价值。

德国科学家与美国天文学家分别发表论文称，他们对银河系中大型星团的观测表明，银河系最大恒星的质量可能不会超过太阳质量的150倍。

德国科学家开发出可对全球传染病传播进行预测的计算机模型，它将地方传染动态与模拟的全球民用航空运输网结合在一起，不仅可描述全球传染病的传播，借助计算机模拟技术预测疫情发展，尤其是预测可能遭到特别威胁的地区，在实施疫苗和控制措施前，还可以在计算机模型中先对各种防范策略的有效性进行测试和比较。

多国天文学家利用哈勃太空望远镜首次对离太阳系最近的白矮星——天狼星B的质量进行了精确测量，发现天狼星B拥有太阳质量的98%。

德、中、美天文学家联手首次成功测量了太阳系到最近的银河系旋臂——英仙座旋臂的距离。这一成就不仅解决了困扰天文学界多年的难题，也使准确绘制银河系旋臂结构图成为可能。

俄罗斯

由于发现弱电磁场可改变水、生物液体（如血液、淋巴液）和动物组织的结构性质，并使水中的某些生命过程发生改变，从而影响水中的生物化学反应速度。俄罗斯科学家提出用水的编织结构模型解释电磁场对水的作用原理，该理论不仅适用于建立水的模型，对具有氢键的其他液体也适用。

俄罗斯科学家观察到，国际空间站不仅有宇航员，还有一群不请自来的不速之客：大约20多种细菌和微生物。它们可能会对宇航员和空间站上复杂的电子设备和仪器造成威胁。

俄罗斯科学家对中子的半衰期做出了最精确测定，新测量值为878.5秒，比已公认的中子半衰期少7.2秒，这一差异将会对宇宙构成的了解产生重大影响，可能有助于解释为何天文学家在宇宙中发现的氦比预期的要少。

俄罗斯科学家发现，由于地球内在的固体核旋转的速度快于地幔，从而影响了地球自转的速度。该发现解释了地球自转角速度发生变化的原因，解决了多年来困扰在学术界的一个难题。

俄罗斯科学家通过对送入太空的老鼠进行多年研究发现，老鼠完全可以适应太空失重环境，并能保留在地面上形成的条件反射，太空中发生在老鼠身上的生物化学和生理变化经过一定时间后可以恢复。

日本

日本获得几项重大天文发现：找到固体核心最大的地外行星，发现初期银河团。此外，还与中、美、法科学家一起首次捕获了“地球中微子”。2005年，中、日、美、法科学家首次捕获“地球中微子”。地球内部的铀及钍等重元素发生核裂变时会产生中微子，并释放出巨大能量，从而引起地幔对流和大陆移动。中、日、美、法四国联合研究小组首次捕捉到产生于地球内部的这种物质——中微子，这一发现结束了过去无法检测地球中微子的历史。

日、美联合观测小组首次发现一颗固体核心最大的地外行星，该行星位于编号HD149026恒星附近，直径是木星的3/4，其核心大小相当于地球的70倍，其质量的1/2～2/3都来自集中在核心的重元素。它以极小的轨道半径绕HD149026旋转，周期为2.87天。

日本研究人员发现离地球460光年的褐矮星。该褐矮星绕金牛座DH恒星运转，约6 000年绕行一周，质量是木星的40倍、太阳的4%。

日本天文学家发现127亿年前宇宙诞生不久出现的银河团。银河团指在很小范围内聚集数十个银河系的星团，何时产生、如何产生仍是不解之谜。这是迄今发现的距地球最远、刚刚诞生10亿年的初期银河团，首次见证了银河团正在生成、成长的形态。

英国

英国在天文学领域收获颇丰：观察到宇宙伽马射线爆发，发现了第一个几乎全由暗物质构成的黑色星系。由美、英、意等国联合开发的雨燕号伽马射线探测器在测试期就已数次发现伽马射线爆发，它拍摄的首张照片现已公布。该计划的实施为人类观察宇宙最强烈的爆发事件、揭示黑洞秘密开启了一扇大门。

由美国、英国和澳大利亚天文学家组成的两个研究小组通过对宇宙中26万多个星系的观测，在星系的分布规律中发现了宇宙声波的“印记”。通过确定这些声波波纹间的距离,有望为测量宇宙膨胀速率提供一把有用的“尺子”。

英国科学家利用钱德拉 X 射线天文望远镜发现,在离银河系中央黑洞“半人马座 A”不到 1 光年的区域里,诞生了数十颗大质量恒星,它们生长在尘环区,质量介于太阳的 30～50 倍,由于发出很强的光,太快耗光其能源,因此生命非常短促。该研究有可能解释这种罕见大质量恒星是如何生成的。

发现几乎完全由暗物质构成的黑色星系。由英国卡地夫大学罗伯特·敏辛领导的国际天文研究小组,利用射电望远镜首次发现一个几乎完全由暗物质构成的黑色星系——室女 H21。它距地球约5 000万光年。这是第一个可以确定是黑色星系的天体,也是一项重要的突破性发现,有助于理解正常星系是如何形成的。

英国剑桥大学根据宇宙微波背景辐射研究认为,宇宙可能曾经充满微小黑洞,小黑洞独立生长并融合,才产生了今天的超大质量黑洞。而此前大多数宇宙学家都相信,超大质量黑洞是在大型星系中央经长时间吸引积累物质所形成的。

英、俄、荷三国科学家找到一种可在实验室证明爱因斯坦相对论的新方法——打磨石墨晶体制成二维碳原子薄膜片。这种“二维碳原子片”中带电粒子的行为,类似于静止质量为零的相对论性粒子,研究其带电粒子的行为,便可在实验室里验证相对论。

以色列

以色列科学家与德国科学家合作,首次在纳米量级观察到液态铝和固体蓝宝石界面的结构特征,这标志着固体与液体的界面特征应该用完全不同的方式去理解。

以色列科学家发现,目前恐怖分子常用的爆炸物——TATP 与所有其他常规爆炸物不同,它在爆炸过程中并不产生热量,而是通过将每个固态分子迅速分解为四个气态分子产生爆炸。这种罕见的现象科学上称之为“熵爆炸”,使人们对爆炸物又有了一个新认识。

以色列科学家成功使惰性气体与碳氢化合物结合,合成出新的化合物,开创了用惰性元素合成化合物的新方法,为麻醉学和高能燃料等领域的研究提供了更有效、安全和“绿色”的研究方法。

以色列科学家通过超级计算机对星系合并活动进行模拟发现:在那些看起来似乎不含“暗物质”的星系中,“暗物质”其实依然存在,并没有在合并过程中消失。

尽管死海海水里的含盐量高达 33%,却仍有藻类可以存活。以色列科学家提取了这类微生物中的蛋白质进行三维结构分析后发现,其实是因为它拥有一种耐盐性碳脱水酶。与其他动物身上的碳脱水酶的不同之处在于,耐盐性碳脱水酶的表面电荷一律为负,但在没有耐盐性的碳脱水酶表面,则运动着正电荷、负电荷和中性电荷 3 种。

韩国

2005 年初,韩国科学家进行了世界最大规模的宇宙进化模拟实验,为探究天体形成和演变的过程提供了数据资料,并绘制了包含银河系星体在内的宇宙空间模拟图。

航空航天

美国

1 月 3 日,美国宇航局为勇气号登陆火星 1 周年举行庆祝仪式。勇气号和机遇号火星车不仅拍摄了大量火星的立体图片和彩色全景图,发回许多重要科学数据,最关键的是它们都发现了火星上曾存在液态水并支持生命存在的证据。两辆火星车在火星上的探索活动虽早已超过 90 天的设计寿命,但美国宇航局已决定将这对孪生火星车的探测使命延长到 2006 年 9 月。

1 月 12 日,“深度撞击”号彗星探测器顺利发射升空,开始探测“坦普尔 - 1”号彗星之旅。它于 7 月 4 日发射“铜头撞击器”成功撞击了“坦普尔 - 1”号彗星,撞出了四大“惊奇”:(1)“坦普尔 - 1”号彗核是分层的,表面覆盖 10m 以上深的细粉状物质,其下是较硬的“彗核之核”。(2)彗核在飞近太阳时会喷发,特别是彗核表面朝向太阳的部分会经常有小规模喷发。(3)“坦普尔 - 1”号的彗核尽管很小,却有多种地貌,表明在“深度撞击”之前就已经常被太空中更小的天体撞击。(4)彗核内部存在大量含碳和氮的有机分子。

1 月 15 日,“惠更斯”号成功登陆土卫六,创下人类探测器登陆其他天体最远距离的新纪录。由此发现,土卫六是一颗非常活跃和复杂的星球,与地球有许多相似之处,各种气象和地质活动都很活跃,其表面有降水、侵蚀、海蚀等水文活动的痕迹,并存在液态或是气态的甲烷,土壤的构成成分不是岩石而是冰,且存在火山活动的迹象。

太阳帆代表未来太空飞行技术，有可能彻底改变人类探索太空的方式。美、俄合作开发的，由美国行星学会资助的太阳帆飞船“宇宙一号”发射升空。但在发射后的第83s，第一级运载火箭的发动机自发性停止工作，从而导致发射失败。

7月28日，经过5次紧急推迟，发现号航天飞机终于搭载着7名宇航员发射升空，并于8月9日结束14天的太空之旅安全降落。这是自哥伦比亚号航天飞机失事后，美航天飞机首次顺利重返太空并平安回家。

8月12日，“火星勘测轨道飞行器”成功发射。它重约2.1kg，长6.5m，装有高清晰度成像设备、火星背景照相机、彩色成像仪及气候探测仪等，将于2006年3月进入火星轨道。其使命是选择合适的登陆地点，为未来火星登陆做准备。

美国重要的宇宙探索活动还包括：28年前升空的“旅行者1”号即将飞出太阳系，成为第一个进入太阳系外空间的人造航天器。

俄罗斯

2005年，俄罗斯出台了《2006～2015年航天发展计划》。主要任务是保障全俄罗斯境内的通讯和电视转播，发展和完善俄罗斯现有的“格洛纳斯”卫星系统，获取地球遥感资料的数据，监测自然环境和大气，研究俄罗斯自然资源状况，进行太空科学实验，实施太空载人飞行，完成对国际空间站的组装等基础科学探测任务。

2005年，俄罗斯共完成了21次发射，其中包括2次通过“联盟－TM6”载人飞船向国际空间站运送常驻航天员，2次通过“进步”号货运飞船输送给养，还包括发射了第三位太空旅游者。但发射中也出现了一些重大失误，有5次发射未获得成功，包括俄美共同研制的“宇宙－1”号太阳帆飞船、欧洲航天局的“克里塞特”科研卫星等未能进入正常轨道。

2005年，俄罗斯还制定了至2015年的航空工业发展计划，各飞机制造企业今后将逐渐联合，并在2007年前建成联合航空制造集团。

法国

1月18日，世界最大同时也是第一种纯双层舱客机A380在法国正式面世，标志着人类航空史进入了一个新的里程碑，并由此结束了美国波音747在大型客机市场上长达35年的垄断地位。4月27日，A380在法国图卢兹—布拉雅克国际机场顺利升空，成功地完成首次试飞，这标志着A380飞行试验项目的正式启动，将有5架试验飞机完成共计2 500h的试飞。A380客机将于2006年开始投入运营，A380货机将于2008年开始投入运营。

2月12日，欧洲阿丽亚娜5EGA型火箭携带一颗通讯卫星、一颗实验卫星和一个测试火箭载重能力及各项技术标准的实体模型顺利升空，这是该型火箭首次发射成功，也是阿丽亚娜火箭自首次投入运营以来的第164次发射。

10月14日，阿丽亚娜5型火箭携带法国军事通信卫星“锡拉库斯－3A”和美国“银河－15”通信卫星顺利升空。“锡拉库斯－3A”是法国军方第三代通信卫星系统的第一颗，用于加强通讯安全，配有专为法国军方准备的电子设备，定位、通信能力与前两代卫星相比大为提高。

11月16日，阿丽亚娜5EGA型火箭携带两颗通信卫星升空，此次共携带了总重超过8t的两颗卫星升空，这一载重量也是迄今为止欧洲火箭运送卫星进入轨道的最高重量记录。

欧空局11月30日宣布，火星快车探测器发现火星曾经有水存在的重要证据，并探测到火星地表下储量丰富的冰层。科学家据此推断，35亿至38亿年前，火星表面曾被海洋覆盖。如果推论成立，意味着46亿年前形成的火星初期曾是颗“水星”。

12月28日，俄罗斯联盟－FG运载火箭搭载着欧洲“伽利略”全球卫星定位系统首颗实验卫星升空。这颗实验卫星重600kg，是“伽利略”系统首批两颗实验卫星中的第一颗，其发射目的是对“伽利略”系统进行技术测试。

德国

由德国承担主要技术任务的欧洲首枚月球探测器SMART－1经过17个月的漫长星际旅程，在年初抵达距月球表面470～2 900km的绕月轨道。它是首枚采用太阳能离子发动机作动力的探测器，利用自身的太阳能帆板所产生的电流喷射持续的带电粒子束来产生动力。

德国不莱梅大学研制出一种“蝎子机器人”，这种仿蝎子机器人有8条腿，比轮式机器人更具优势，能下陡坡、攀崖，甚至钻进裂隙，因而更适宜在诸如火星、“土卫六”等星球上进行科学探测。

欧空局12月召开部长级会议，各成员国同意2011年重启EXOMARS火星探测计划，借助着陆器、探测器和深地钻头，在火星表面和地下寻找生命痕迹。欧空局还决定继续出资6.5亿欧元，参与国际空间站项目,并考虑投入11亿欧元开发新型阿丽亚娜火箭以及意大利制造的“维加”火箭。

英国

英国皇家天文协会10月发布报告,要求政府重新考虑其反对载人航天的立场,使英国能在国际载人探月和火星探索活动中扮演更重要的角色。

英国建造的最大国际海事通信卫星——4F2从太平洋海上平台成功地发射升空。该卫星重6t,是第四代海事卫星系列3颗卫星中的第2颗,主要用于提高全球通信系统能力。

加拿大

加拿大积极参与国际空间站建设,为修复哈勃望远镜研发“加拿大手”。

加拿大是国际空间站的参与国之一。1月,美、俄、欧、日和加拿大的航天部门主管在加拿大蒙特利尔市商讨后承诺,将在2010年完成国际空间站的建设。

2月25日,加拿大工业部长与航天局局长共同宣布,政府将拨款30亿加元,开发3个地球观测卫星,用于研究和区域开发等。

曾为国际空间站研制出“加拿大臂”及“加拿大臂2”的MDA公司,1月与美国宇航局签约,为其开发一套利用信息与机器人技术修复哈勃太空望远镜的“在轨服务系统”——“加拿大手”,它将用于帮助修复哈勃太空望远镜。10月,MDA公司还承揽了另一项跨国工程,为美国宇航局将于2007年发射的“凤凰号着陆者”火星探测器建造一套完整的太空气象站。这套系统将帮助“凤凰号着陆者”探测火星北部地区的温度、气压及气象模型,为将来人类登陆火星做准备。

加拿大计划将在今后7年内投资1.15亿加元,开发新一代民用直升飞机,该项目总经费达7.256亿加元。

加拿大EMS技术获得美国一份超过2 000万加元的合同,要求其为美国航空航天局将于2013年发射的詹姆斯韦伯太空望远镜设计一套精确定位传感器和一套可调过滤器。精确定位传感器将帮助望远镜能稳定地“盯住”光线微弱的星辰,以获得高质量的照片。它的精确度相当于在100km以外盯住一枚一分硬币。

日本

日本小行星岩石样品采集计划受挫。日本“隼鸟”号小行星探测器在发射两年后,于11月12日向距地球3亿千米之遥的“丝川”小行星投放了小型观测器。但由于投放时机欠佳,登陆失败。11月26日,第二次登陆再度失败。日本宇宙航空研究开发机构12月7日称,据接收到的数据分析,“隼鸟”很可能根本就没有采集到“丝川”岩石样品。

1月,日本决定从2005年度开始研究第四代间谍卫星,以强化监视朝鲜核设施,使侦察卫星小型化,进一步提高机动性,对地面进行拍摄时在有限的最佳摄影瞬间拍摄更多的图像。

3月16日,日本宇宙航空研究开发机构提出日本航天长期计划,内容包括20年内实现载人航天飞行,30年内开发5马赫“极超音速”飞机并投入飞行。于2008年进行宇宙空间站转移飞行器(HTV)实验飞行。到2015年,在提高用H2A火箭发射转移飞行器可靠性的同时,完成转移飞行器密封舱回收技术,为转移飞行器安装机翼。接下来的10年,制成像俄罗斯“联盟”号一样一次性飞行的载人宇宙飞船,进而着手开发多次使用型载人航天飞机。预定2025年,建成可供人停留的国际月球基地。预定2006年发射探月卫星,以积累宇宙空间站经验,确立日本自己的载人航天技术。

以色列

以色列参与欧洲伽利略计划的技术研发,推出最新型商用宽体喷气式飞机。

欧洲伽利略计划中,以色列主要负责全球巡航卫星定位系统的开发和研制,投资约1 800万欧元。

在“金星计划”中,负责首个微型卫星的开发与发射,预计投资1 400万美元。

5月3日,以色列飞机工业公司制造的最新型商用宽体喷气式飞机G150首次试飞成功,标志着世界同类型商用飞机的性能又有进一步提高。飞机的最大飞行速度为0.85马赫,飞行高度为13 716m(45 000英尺),可无间断飞行5 000km(2 700海里)。12月,以色列“箭式”反弹道导弹系统又成功地进行了一次拦截更大高度导弹的试验,以检验“箭式”导弹系统改进后的系统性能,这是该系统迄今为止进行的第14次飞行拦截试验和第9次配备完整火力系统的拦截试验。

韩国

2005年5月,韩国颁布实施了《宇宙开发振兴法》,并修订了《宇宙开发中长期主要计划》,同时还选定了自己的宇航基地并开始开工建设。航天员的选拔也已正式开始，计划 2006 年派遣自己的宇航员到俄罗斯受训，并于 2007 年乘坐俄罗斯飞船上天。同时，韩国也加大了宇宙开发重要意义的公众宣传活动。

乌克兰

3 月，乌克兰完成无人飞行器"小鸨"基础模型研制，并于夏季开始进行飞行试验。

乌克兰"韦列斯"航空公司设计局的"卡尔松"号垂直起降飞机研制进入了由一架可用计算机控制的双座式模型机试飞的阶段。

在哈尔科夫州巴拉克列亚镇开始建造乌克兰第一个太空垃圾雷达探测站。它能接收被太空垃圾反射的雷达信号，哪怕它只有火柴头大小。

能源环境

美国

美国斯坦福大学绘制出地表以上 80m 高度的风速分布图。分布图显示，全球潜在风力发电能力超过 70 万亿瓦，只需开发这一风力发电能力的 20%，就能满足全球能源需求。

美国南加利福尼亚爱迪生公司 8 月 10 日宣布，拟在洛杉矶市东北 110km 外的沙漠中建立一个面积达 0.18 万公顷(2.7 万亩)的世界最大太阳能发电站，采用太阳能汇聚发电技术，比目前流行的太阳能光电电池板技术的效率高一倍，发电量可达 50 万千瓦。

外来物种入侵已使美国每年损失 1 250亿美元。据康乃尔大学估计，由世界其他地方进入美国的外来动植物有 5 万种，所造成的年经济损失为 1 250亿美元。2005 年，美国政府开始绘制全美外来物种分布图，以更好地跟踪外来入侵物种状况，确定如何应用化学药物、机械或生物方法更好地清除这类物种。

《京都议定书》于 2 月 16 日生效。但全球温室气体排放量最大的美国，以"减少温室气体排放将会影响美国经济发展"和"发展中国家也应该承担减排和限制温室气体的义务"为借口，拒绝执行。

德国

12 月，欧盟公布的一份报告指出，欧盟已有 16 国以 2004 年 8 月德国出台的《可再生能源法》为依据，推广可再生能源。根据德国环保部 2005 年 7 月统计，德国可再生能源占总发电量的比例已达 10%，德国政府希望在 2020 年前，将可再生能源占总发电量的比例至少提高到 20%。

德国政府颁布一项新规定，消费者在购买或租赁房屋时，开发商必须出具"能耗证明"。

德国亚琛技术大学的 6 个研究所联合进行了零污染发电厂技术开发。其原理是煤粉将不再用含有 79%的氮和其他微量气体的空气来燃烧，而是采用纯氧。这样可以减少 80%的废气排放，剩余的 20%二氧化碳，可以采用技术手段进行分离、收集。

德国自制的 U212A 级 U31 和 U32 潜艇交付德国海军使用。它们是目前世界上最先进的高技术潜艇，其动力采用钠汞燃料电池，是潜艇动力技术发展的一个里程碑。

俄罗斯

由俄罗斯科学院、原子能局和教育科学部共同筹建的俄罗斯首座束状反应堆开始施工，功率为 100 兆瓦，造价接近 1.6 亿美元，是东欧最大的束状反应堆，计划于 2007 年建成。

俄罗斯航天署署长佩尔米诺夫在 2005 年宣称，俄罗斯正在研究利用核能为火星探索提供动力的可能性。国际社会普遍认为，液燃火箭担不起未来大规模空间探测的重任，利用核能火箭发动机及其动力装置是惟一可行性的方案。

法国

法国在国际热核聚变实验堆选址中最后胜出。

6 月 28 日，来自欧盟、美国、俄罗斯、日本、韩国和中国的代表在莫斯科达成协议，将代表世界未来能源科技最高水平、世界最大核聚变反应堆——国际热核聚变实验堆 ITER 的建设地址确定为法国南部的卡达拉什。这一为期 30 年、投资超过 100 亿欧元的国际超大型科学合作项目将于 2006 年启动。

法国科研人员 4 月发现，环境污染竟然也是导致人类变胖的一个因素，某些形式的污染如：由汽车发动机制造的燃料不充分燃烧所形成的苯芘或二噁英，会使脂肪细胞的 β 键凝聚从而堵塞脂肪细胞的脂肪酸出路系统，导致脂肪细胞加速复制。

加拿大

加拿大资助风能发电，重视温室气体减排，承诺实现《京都议定书》目标。

在 2005 年财政预算中，加拿大政府对风能开发的资助增加了 3 倍。在今后 15 年内，政府将投入 9.2 亿加元用于风能开发。到 2010 年，加拿大风力发电能力将达4 000兆瓦，可满足 100 万个家庭的电力需求。

4 月 13 日，政府公布了《在气候变化上迈步向前——实现我们在〈京都议定书〉上承诺的计划》，提出通过 6 个方面工作，实现在 2008～2012 年间每年减少温室气体排放 270 兆吨的《京都议定书》的减排目标。加拿大政府在这份计划中估算，为了做好这六个方面的工作，实现《京都议定书》的目标，加拿大联邦政府需要投入最高约为 100 亿加元。这些投入中最重要的一部分为投入 40～50 亿加元设立气候基金。其他较大的投入是投入 20 亿～30 亿加元建立合作基金及投入 10 亿加元开发可再生能源。

加拿大巴拉德公司 3 月宣布，该公司研制的燃料电池可于 2010 年投入使用。其生产的车用燃料电池的产品寿命为5 000小时；低温 -30℃ 可以启动；功率密度达到每升2 500W；成本为 50 万单位电池组每千瓦功率 30 美元以下。

日本

日本海洋研究开发机构开发的以燃料电池为动力的无人深海探测器"浦岛"号，2005 年 3 月连续航行 317km，创造了无人深海探测器的续航距离新纪录。

12 月，日本 NEC 公司开发出可以卷起来的超薄型充电电池，这种电池不含金属，利用有机材料制成，30s 可完成充电，可广泛应用于 IC 卡和电子纸等薄型电子装置。该新电池只有 0.3mm 厚，电压 3.7V，和锂离子电池相同。

三菱重工业公司宣布，该公司和鸟取大学共同研究开发出一种使植物根部迅速生长的技术，这一新技术可调节育苗土壤的硬度、温度、含水量和营养成分，使树木在沙漠中的成活率更高。研究人员用大豆进行了试验，播种 7 天后，大豆根部生长了 38cm，而一般大豆根部在同样环境和时间里仅能生长 8cm。

以色列

以色列探索氢能技术，投巨资用于海水淡化和污水处理。以色列魏兹曼研究院与瑞典、瑞士和法国同行联手，利用最新太阳能技术，通过创造容易储存的中间能源的方法，使得利用氢能变得容易和可行。这一技术离工业应用要求已经非常接近。

以色列投资 6 亿美元用于海水淡化和污水处理项目，投资额度仅次于交通运输业，位居第二。目前在建和将要破土动工的海水淡化项目共有 4 个，其中在地中海南部城市阿诗科隆的海水淡化厂，水处理能力为每年 1 亿吨，是目前世界上最大的海水淡化项目。

在废水与垃圾的处理和回收方面，魏兹曼研究院与特拉维夫大学的有关研究人员发现了一种由分子联合体组成的纤维素分解剂，这种分解剂可以分解来自树木、棉花和其他植物的纤维素。并运用基因工程的方法，对这种人造分解剂的结构进行重新"设计"，将不同的结构要素进行重新组合，终于找到了提高人造纤维素分解效果的分解剂。

乌克兰

2005 年 3 月，乌克兰研制的重 350kg、1 千瓦马力的环保型液氮汽车实验模型首次展示。现在已开始研制下一个具有更好低温性能的模型车，研制者希望，第二部模型车将成为包括小公共汽车在内的乌克兰各种低温汽车的雏形。

乌克兰利沃夫"热仪表"科研生产联合公司研制出了对现代冶金、电力(特别是核电)、精密仪器等许多工业部门都具有重要意义的新一代缆式工艺温度测控仪，其测温最大误差远小于现有缆式测温仪器所能达到的 ±1%。

巴西

巴西的绝大多数交通工具由纯酒精发动，其他由 80% 的酒精和柴油混合驱动，成为世界上惟一不供应纯汽油的国家。估计几年之内，巴西蓖麻的年产量可达到 200 万吨，能生产生物柴油 1.12 亿升，并创造 10 万个新的就业机会。

巴西社会公共部门和环境组织要加强对自然资源特别是森林资源的保护和可持续利用。严格立法、建立监督机制和规范经济活动。巴西拥有世界 20% 的生物种群，建立环境保护区是当前和未来投资的重点之一。鼓励在不同区域开展有益于生物多样化的经济和社会活动，通过建设环境培植国家就业和收入的新增长点。

生命科学

美国

美国怀特黑德生物医学研究所和麻省理工学院发现，人类基因组中大约有 1/3 负责蛋白质合成的基因是由一类微小的 RNA 控制的。小 RNA 能通过阻断蛋白质合成的方式调控基因表达，新发现可能有助于RNA在医药领域的应用。

美国国家过敏症与传染病研究所研制的禽流感疫苗在人体试验中取得初步成功。这是首次有证据显示，注射疫苗可以成为对抗这种致命病毒的强大武器。

多国科学家完成水稻基因组序列全图图谱的绘制。该图谱的覆盖率和精确度均远远高于此前发表的草图，这是迄今在高等生物中最精确、最完整的测序工作之一。

哈佛大学一研究小组首次将普通皮肤细胞转变成胚胎干细胞，而无需采用人的卵子或制造新的人类胚胎。

由美国、以色列、德国、意大利和西班牙组成的国际黑猩猩基因测序与分析联盟初步完成黑猩猩基因组序列草图与人类基因组序列的比较工作。分析显示，黑猩猩与人类在基因上的相似程度达到96%以上。

芝加哥大学一研究小组搜集了世界各地59个民族、1 000多人的基因样本，发现人类体内管理脑容量大小的两个基因都正在进化中，现代人的大脑没有“定型”。

美国北卡罗来纳州立大学用跨物种基因移植的方法，为植物植入能忍耐各种极端条件——极高或极低温度、辐射、干旱和异常重力环境的基因，使植物能在火星等外太空环境生长。现已用嗜热火球菌初步验证了该设想。开创了“设计极端条件下生存植物”的先例，将有助于未来的太空探索。

美国科学家研制出一种能在11小时内检测出流感病毒株系的生物芯片。该芯片对H5N1型高致病性禽流感和H1N1、H3N2两种人类常见流感病毒的检测准确率达90%以上。

美国公布人类癌症基因工程计划，旨在找到所有致癌基因的微小变异，绘制癌症基因图谱，为癌症的诊断、预防与治疗提供线索。该计划将对1.25万份癌症肿瘤样本进行基因测序，涉及50种类型癌症，测序工作规模预计比人类基因组计划大100倍。

美国国家地理学会与IBM联合发起为期5年的“基因地图”项目，拟通过研究基因变异绘制出“人类迁移图”，内容包括人群迁移、民族和语言的产生和分化、人群间的基因交流等，以填补人类历史认识的空白。该项目将由多国专家共同完成，在世界各地采集不同人种的10万份样本进行分析。

俄罗斯

俄罗斯科学院分子生物所研制的用于诊断肺结核药理性质的生物芯片及其分析设备获得俄罗斯药检部门的许可证，这是世界上首次官方批准将生物芯片用于医学临床诊断。

俄罗斯科学家研制出用转基因土豆培育抗B型肝炎疫苗的方法，对利用植物培育抗病毒疫苗具有重要意义。转基因土豆将可能成为培育抗病毒疫苗的一种很有发展潜力的植物。

莫斯科大学开发出能代替针剂注射的，且完全保持了胰岛素功效的医用胶囊。这一成果有望解除糖尿病患者来自针剂注射的痛苦。

俄医学科学院心血管外科手术科学中心首次通过移植骨髓细胞成功地治愈了心肌梗死。

俄罗斯科学院圣彼得堡流感研究所正在试验使用方便、安全、高效的药片型抗流感疫苗。该疫苗含有失去活性的三种流感病毒（A1、A2和B）的成分。

俄罗斯农科院开发出一种植物转基因新方法：利用植物蛋白质——镶嵌蛋白质VL鄄RecA作为载体进行基因替换。该成果对转基因植物的安全性具有重要意义，已在转基因番茄实验中获得成功。

俄罗斯科学院生物有机化学研究所研制出能有效抵抗多种脑膜炎病毒的疫苗，并在实验鼠身上获得成功。

俄罗斯科学院基因研究所找到了DNA分子中最脆弱的位置，这些位置在细胞核中与核质相连，正是由于这些位置的存在才导致基因的变异、染色体的位错等后果。

英国

英国首次利用胚胎干细胞培育出对治疗性克隆技术发展有重要意义的原生殖细胞；将培养骨胶原细胞组织的时间由数天缩短至数十分钟，使边手术边培育组织成为可能。

为全面展现地球生物多样性，英国、美国科学家正在实施一项被称为“生命目录”的庞大生物科研项目，主要任务是记录所有地球生物，列出地球所有生物物种及栖息地的有关信息，其规模可与人类基因组工程相比。目前收入的各种生物已达50万种。

由英国、美国、中国、加拿大、日本和尼日利亚6个国家200多位科学家参加的“国际人类基因组单体型图计划（HapMap）”取得阶段成果，现已公布了第一阶段人类基因组单体型图。

英国谢菲尔德大学干细胞生物中心首次利用胚胎干细胞培育出原生殖细胞，对治疗性克隆技术的发展具有重要意义，有望利用干细胞制造出精子或卵子，征服不孕症。此外，英国科学家还创造了一个医学奇迹——用冷冻了21年的精子让一名妇女怀孕并产下了一名健康男婴。

英国剑桥兴根塔育种公司将黄水仙基因转移到水稻中，培育出一种名为“金稻－2”的新型转基因水稻，原维生素A的含量比传统水稻提高20多倍。原维生素A能在人体内转变成维生素A，对防治儿童夜盲症十分重要。

在医疗卫生方面，英国韦尔科姆基金会的医学研究机构公布研究报告说，H5N1型禽流感病毒能够攻击人体所有部位，而不仅是呼吸系统。

英国科学家找到一种新方法，能将培养骨胶原细胞组织的时间由数天缩短至数十分钟。这种培养速度意味着在今后的组织移植手术中，可能会一边手术一边培育组织。

英国帝国理工大学将在水母中发现的可表达绿色荧光蛋白的基因，嵌到由β－2－微管蛋白启动子控制启动的位置，使得该基因仅能在雄蚊的性腺得以激活，使雄蚊可以制造荧光蛋白，解决了蚊子雌雄难辨的难题。

英国伦敦哈默史密斯医院将转基因大肠杆菌和一种名叫6－MPDR的抗癌药物先后注射到实验鼠的肿瘤内，前者随后分泌的一种物质能将抗癌药物“激活”，形成一种有效毒素，将其周围的癌细胞杀死，而不伤害其他组织器官。

英国剑桥科德(KUDOS)制药公司对一种新的治疗艾滋病方法进行了概念验证。利用KU－55933分子抑制修复DNA损伤的ATM蛋白，阻止艾滋病病毒嵌合到受感染细胞的DNA上。为解决艾滋病毒的多重耐药性提供了新思路。

英国约翰因纳斯中心首次发现和识别出大麦中Ppd－H1的基因可控制大麦的开花期，是控制大麦日照反应的遗传途径之一。该研究有助于了解如何利用日照时间的长短，确保所种植的农作物选择最佳时期开花，也将有助于培育出新品种。

德国

德国马普学会所属的研究所与以色列希伯莱大学合作，揭开了名为NhaA的膜蛋白结构之谜。该蛋白质的结构能起到一种分子发动机的作用，可根据细胞内部的酸碱度，向“发动机”传递调节信号，蛋白质的活动可按照细胞的需要进行控制。

德国汉堡大学医学院专家开发出一种检测骨髓中“沉睡的肿瘤细胞”的方法，有助于诊断癌症病人复发的风险性，以及选择相应的治疗手段。

德国马普学会下属的传染病生物学研究所宣布，他们揭开了肺型炭疽病的致命之谜，有望找到治愈肺型炭疽病的新方法。通过对嗜中性粒细胞的研究确认，一种名为α防御素的蛋白质，在治疗炭疽病的过程中扮演了重要角色。

德国海德堡大学借助新开发的一种细胞培养系统，首次观察到乙肝病毒感染的早期阶段，并识别出乙肝病毒上负责附着和入侵肝脏细胞的一个关键蛋白质。该成果有助于深入分析乙肝病毒感染机制、开发新型治疗手段。

德国海德堡大学研究人员发现，被称为“衣壳生长抑制剂”的蛋白质片断，可以附着在不成熟病毒的部分膜层上，阻止它生长为成熟的膜。这一发现为开发抗艾滋病新药提供了新思路。

德国哥廷根大学开发的血液检测方法通过捕捉脱氧核糖核酸上很短的特定片断，对疯牛病进行诊断。

以色列

以色列希伯莱大学从遗传学角度，首次发现促使人类表现“利他主义”行为的基因。该基因通过促进受体对神经传递素多巴胺的接受，给予大脑一种良好的感觉，促使人们表现利他行为。

魏兹曼研究院在德国科学家帮助下，跟踪到协助逆转录病毒进入健康细胞的一种特殊蛋白质的活动过程，并描绘出它们的形状结构。

魏兹曼研究院发现了死海中藻类蛋白质的基础结构，为彻底揭示微小生物体耐盐能力的产生和进化奠定了基础。

魏兹曼研究院生物调节系找到一种称之为BID的蛋白质，它具有完全不同的两种功能：协助细胞进行自杀；帮助细胞修复受损DNA链。BID可以将自杀决定延长几个小时，让细胞DNA修复机制有充分的时间做出选择。

以色列心脏病专家成功地将一种病毒注入重症心脏病患者的心脏肌肉中，来创造新的带氧血管。这是世界上首次开展这类手术，是基因工程和导管插入术的突破。

魏兹曼研究院发明了一种方法，培育出一些特定的抗体，这些抗体不仅可以独立地约束特殊的癌症受体HER2，而且可以关闭与之相连的信号网。

铁可以导致一种称之为“大脑生锈”的反应,以色列理工学院医学系开发出三种药物(M30、HLA20 和 VK28),可在发生“大脑生锈”反应之前,将铁移走,以防止相关疾病的发生。

加拿大

加拿大和其他国家一起完成了目前世界上最大的细菌基因测序,还与美国一起研制出了非人类灵长类抗拉沙热疫苗。

加拿大研究理事会完成“基因和卫生计划”第三阶段项目的选择工作,根据研究质量、学科交叉、商业前景这三个指标,选定 6 个研究项目,周期从 2005 年 4 月至 2008 年。

加拿大一研究小组培育的两株胚胎干细胞株得到国际权威干细胞株认证组织核准,使加拿大成为世界上少数拥有自己的干细胞株的国家。

由加拿大微生物学家领导的一国际研究小组完成了一种土壤细菌——红球菌 RHA1 的基因测序与注释,这是目前为止世界上最大的细菌基因测序。研究发现,红球菌 RHA1 的基因与目前广泛应用于抗生素生产的链球菌极其相似,为开发新的抗生素和其他医药产品开辟了新途径。

加拿大、美国科学家共同研制出非人类灵长类抗拉沙热疫苗。拉沙热在西非部分地区很常见,每年导致大量人员死亡和致残,近年传入美国与欧洲,被认为有可能用于生物恐怖武器,因此,拉沙热疫苗的开发对保护人类免受疫病传染和生物恐怖袭击非常重要。

韩国

从 11 月中旬开始,围绕黄禹锡的研究,韩国和韩国之外的媒体和科研机构提出了研究中的伦理问题和研究成果真伪问题等两项质疑。随后揭露出来的事实证明,黄禹锡在科研伦理性问题上撒了谎,在论文内容上造了假。作为韩国首位“首席科学家”,黄禹锡的所作所为对韩国今后的科研活动都带来了无可估量的重大损失。韩国也因此丧失了生物科技领域领先一步的光环。

法国

法国巴斯德研究院研发出一种针对子宫颈癌的治疗疫苗。实验发现,只需一次注射,该疫苗就能使 100% 的患病老鼠体内的肿瘤退化。

马塞海洋研究中心在地中海水深3 000m以上、氯化镁含量高达每升 476g 的海沟内发现微生物组织。以往人们一直认为在此环境下不可能有生命形式存在。

法国、美国和加拿大组成的研究小组首次成功研制出两种分别对付埃博拉和马尔堡病毒的新疫苗,并在 12 只猕猴身上取得 100% 的成功。

自然杀伤细胞是人体免疫系统中重要的淋巴细胞,是人体抵抗病原体侵袭的第一道防线。法国健康与医学研究所研究发现,人体内的自然杀伤细胞(NK 细胞)在抵御体内疟原虫时往往“不亲自动手”,而是作为“幕后主使”,促使其他免疫细胞出击。这一成果有助于开发出新的疟疾治疗方法。

法国国家科研中心和巴斯德研究院同时发现肌肉干细胞的胚胎起源,有助于更好地开展肌肉干细胞研究、进一步了解和认识胚胎及成体的肌肉组织的生成和增长机制。

法国医学家为一名 38 岁的女病人实施了世界首例“换脸手术”,开启了全球医学界进行“换脸手术”的先河。

欧洲最大疫苗生产商——法国赛诺菲－巴斯德公司研制出 H5N1 型禽流感人类疫苗,其临床试验获得成功。

法国国家发展研究院发现,蝙蝠具有成为埃博拉病毒自然宿主的条件。这是人类第一次确认蝙蝠是埃博拉病毒的潜在自然宿主。

日本

东京大学发现人体中能延迟艾滋病病毒发病的变异基因。人体免疫细胞淋巴球蛋白质基因如果出现变异,将导致人体中产生大量保护淋巴球的蛋白质 RANTES,这种蛋白质可使艾滋病病毒对淋巴球的攻击减半,使感染者发病时间延迟 2 倍左右。

日本厚生劳动省研究小组开发出对艾滋病病毒增殖有抑制效果的疫苗,这种疫苗可调动猴子体内的免疫系统识别艾滋病病毒表面的蛋白质,并进而产生攻击艾滋病病毒的抗体,有望用于预防艾滋病病毒感染。

日本京都大学开发出避免艾滋病病毒在人体内与免疫细胞融合的物质。新开发的物质由 35 个氨基酸构成,是一种名为“C35EK”的肽。这种肽容易与艾滋病病毒表面蛋白质“gp41”结合。预先注入这种肽,可使“gp41”丧失功能。

由日本等 11 个国家参与的国际研究小组通过对白鼠基因组的研究,发现原来认为是“摆设”的 23 000多种 RNA 基因片断能够参与对遗传基因表现发出控制指令。这一发现改变了过去关于“RNA只不过是从DNA上读取遗传信息再合成蛋白质的配角”的认识。科学家对基因的研究很可能颠覆遗传理论常识。

日本名古屋大学发现命令癌细胞向其他脏器扩散的蛋白质“GIRDIN”,一旦该蛋白质发挥作用,癌细胞即向体内其他组织转移,从而使病情恶化。

日本东京大学医学研究所发现对癌细胞增殖有加速作用的基因“SMYD3”,其碱基序列重复次数存在个体差异,该差异可导致不同人患癌症的风险性相差数倍。

日本筑波大学新发现一种蛋白质,它可控制血糖值,增强胰岛素功能。这一发现有助于开发治疗糖尿病和高血脂的药物。

日本东北大学松居靖久教授通过老鼠实验发现,一种蛋白质在未成熟生殖细胞向精子和卵子变化的减数分裂过程中不可或缺。他认为,一些人的不育症也可能由该基因产生的蛋白质异常所致。

日本东京大学通过抑制水稻中的一种植物激素,让叶子笔直向上生长,培育出叶子笔直向上生长的水稻变异品种,使水稻产量增加30%。

巴西

巴西通过了新的生物安全法,启动了包括柑橘溃疡病菌、紫色色杆菌和甘蔗基因组测序在内的多个基因组项目。

2005年2月,巴西众议院通过新的生物安全法,内容包括规范转基因农产品的种植和销售。同时还将设立生物技术和转基因工程科研基金,对转基因研究提供资金支持。

巴西参与国际基因组测序工作,在农业、生物学和医药科学方面颇多收获。目前,巴西约有1 700个研究组在进行基因测序研究。巴西还成立了国家测序工作组,有多个基因组项目启动,包括柑橘溃疡病菌、紫色色杆菌和甘蔗基因组测序在内。

在人类疾病研究方面,巴西加大了对人类重要疾病基因的研究,圣保罗州立研究基金会和鲁德维格研究所正在进行癌症基因组研究。

材料科学

美国

美国莱斯大学利用单个分子中的微小成分,成功制造出世界最小、能像真车一样滚动运行的纳米“汽车”,整车长度不超过4nm,只比一个DNA链稍长一点,可进行原子或分子的运输。

美国纽约伦塞勒工艺研究所和夏威夷大学研制出世界上最小的刷子,其刷须用弹性极强,比钢强韧30倍,密度只有钢的1/5,而分子直径为三百亿分之一米的碳纳米管制成。这种神奇的纳米刷子用途很广,可用来清除纳米灰尘,清刷微细结构,甚至清刷水中污染物质。它在医学上也有奇妙应用前景,可帮助清除人体内的细微有害物质,如血栓和病毒。

美国加利福尼亚大学和克莱姆森大学通过化学气相沉积技术,利用铁-钛粒子使碳纳米管的主干上分出一个枝杈,最终形成尺寸仅为几十纳米的“Y”状碳纳米管。这种特殊形状的碳纳米管可直接用作计算机的晶体管。

美国研究人员制造出世界上第一个纳米阀门。阀门孔隙直径只有几纳米,可以控制分子的进出,阀门的开关是人工设计的伦烷分子。科学家设想用它向细胞内输送单个药物分子,实现“精确治疗”。

美国得克萨斯农业机械大学开发出一种名为“纳米阱”的探测设备,可探测到单个细菌的离子活动,可用来快速判断细菌种类,有望在医学、农业、环保等领域以及防御生物武器袭击方面得到广泛应用,并有望用于对SARS、禽流感等流行病病毒进行大规模监测。

美国宇航局开发出一种可供机器人感觉外界环境并做出反应的覆盖物——“高技术皮肤”。它包含1 000多个红外传感器,可感知到物体并将信息传送到机器人的“大脑”。“大脑”对信息进行分析,可在几毫秒之内做出反应。

美国加州大学则将“活的”肌细胞与纳米技术结合起来,首次研制出“身上长有肌肉”、高度不到1mm的超微型机器人。这些“活的”肌细胞收到信号后,会做出与真的肌肉一样的动作与反应。这是利用生物技术研制自我组装纳米材料取得的重大突破,可用在一系列微型器械中,甚至可以驱动微型发电机,为电脑芯片提供能量。

有3家美国公司利用几种新技术制成长度达到100m的第二代超导导线。由钇、钡、铜和氧组成的第二代高温超导导线不仅性能优异,而且成本有望大幅降低。

美国密歇根大学将一种能起到“韧带”作用的纤维加入混凝土,制成了重量轻、难断裂、可弯曲的新型材料。其抗裂性比目前修建人行道的材料高500倍,重量减轻大约40%,耐久性则是普通混凝土的两倍。

俄罗斯

俄罗斯科学院西伯利亚分院在单一分子上培育出外表像宝石一样闪闪发光，具有独特功能的磁性单晶材料。其存储信息能力巨大，比100万张CD盘的存储量还多，可用于量子计算机的存储器。

俄罗斯科学院化学物理问题研究所开发出一种新型安全车用气囊填充材料。该材料是在硝酸铵基础上通过水溶液沉积和熔合的方法合成的硝酸铵和甲酸铵的共结晶体，其温度稳定性能好，在汽车发生碰撞的瞬间完成爆炸，生成的物质不但无烟、无毒，并能长时间保持稳定。

加拿大

加拿大多伦多大学将3～4nm大小的半导体纳米微晶体与一种聚合物相结合，成功地研制出一种新的太阳能转换电能材料，它不仅能把一般太阳能电池探测不到的红外光转换成电能，大幅增加太阳能的转换效率，还可溶于很多普通溶剂，为制造可弯曲和折叠的太阳能电池开辟了道路。

2005年6月20日，加拿大政府宣布投资455万加元，与加拿大纳米商业联盟共同建立一个以纳米平面印刷为主的纳米制造中心。新建立的纳米制造中心将支持并加速加拿大纳米研究成果的商业化。

德国

德国拜罗伊特大学在200倍大气压、2 226℃高温下压缩碳60，得到了钻石纳米棒聚合物，其密度比钻石高0.2%～0.4%，耐压强度高于所有已知材料。

德国航空航天中心发明碳纤维耐热陶瓷瓦，有望解决目前美国航天飞机防热陶瓷瓦脱落的难题。采用新工艺制造的碳纤维增强碳化硅防热瓦可以反复经受1 700℃的高温，并具有很强的抗冲击性和耐化学性，在大尺寸下性能稳定，无裂纹。

慕尼黑理工大学利用基因改良的大肠杆菌刺激昆虫细胞，让其产生分泌蛛丝所需的特定蛋白质，得到质量极佳的人工丝，其韧度可达天然蛛丝的20%。可用于眼部或神经外科手术的精细缝合，也可用来制造胶布等伤口包扎材料或人造韧带及肌腱等。

德国GKSS研究中心和美国麻省理工学院联手，首次在世界上研制出能在不同波长光线下改变形状的塑料。它在工业、医学等领域将可能具有广泛用途。

英国

英国曼彻斯特大学发现一个以前不为人所知、成员多达数千种的材料新家族。这些材料只有一个原子厚，具有重量轻、强度高、柔韧性好、性质稳定的特性，且在不同环境下表现出不同性能，为工程师和设计师提供了多种可选择的新材料。

英国剑桥大学在硅表面上，让纳米级的碳硅导线在甲醛气体的作用下生长，通过控制温度和压力，这些导线逐渐熔合形成直径只有头发丝的千分之一、漂亮的花瓣形状。这种特殊的纳米结构有着令人惊奇的应用价值，可作为太阳能电池的基质，还可使物质具备不沾水的特性。

日本

日本理化研究所利用直径约1nm的筒状碳纳米管成功制造出极小的“人工原子”，其直径仅为以前利用半导体制造的“人工原子”的1/300，有望用于促进个人电脑的节能和小型化。

日本京都大学化学研究所首次使用有机化学合成法，成功地对富勒烯进行“分子手术”，往这种笼状碳分子中装入了氢分子。如果有关研究进展顺利，将可能用来大量生产装有金属原子的内生富勒烯，这将是纳米技术领域的一个突破。

以色列

以色列在6所高校分别建立了纳米技术研究中心，有关纳米科学技术研究的项目小组有100多个，拥有1 000多名高水平的纳米专职研究人员。在专业出版物上发表的研究成果已经位居世界前列。以色列政府表示，要通过政策优惠和加大资金投入，使纳米技术能够继信息技术和生命科学技术之后，成为以色列经济发展新的增长点。

魏兹曼研究院研制出一种由有机分子构成的分子级开关，可用于纳米级电子器件。研究人员将碳基有机分子和负微分电阻(NDR)金属导线用化学黏合剂黏合在一起，并为有机分子建造了一个长长的尾巴，即使电压升高，有机分子仍然能与金属线维持化学黏合状态，保持NDR的特性。这是首次成功地在室温状态下让分子级的NDR变得稳定、可逆并可再生。

巴西

巴西科技部和国家科技发展理事会制定了纳米科技计划，并拨出专项资金，重点扶持纳米材料、纳米生物与化学以及纳米机器领域的科研项目。

2005年8月,巴西总统卢拉在国家同步加速光实验室宣布实施国家纳米科技发展计划。根据该计划,巴西将建立由科技部下属科研机构、70所公立和私立大学、几十家企业和1 000多名科研人员、博士及硕士研究生组成的纳米研究网络,重点开发新的纳米产品和工艺流程。

乌克兰

2005年4月,乌克兰哈尔科夫技术物理科研中心在哈尔科夫飞机厂首次采用一项"独特的数字冶金技术"。这是一种纳米技术,它采用一套专门的设备和工艺在刚体表面可控地涂镀具有预定性能的各种复合材料薄层。

信息技术

美国

在计算机芯片技术方面,"多核心"芯片成为研发主流。2005年,IBM、先锋等几大计算机芯片制造厂纷纷推出"双核心"、"多核心"芯片。英特尔公司称已有一系列"多核心"芯片上市,传统的"奔腾"系列单核心芯片将会逐渐停止生产。

美国伊利诺伊大学研制出目前速度最快的晶体管。这种由磷化铟和铟砷化镓晶体构成的晶体管长为5nm,每秒可执行6 040亿次运算,为研制超级芯片铺平了道路。

美国达特茅斯学院计算机科学系研制出世界上最小无线可控微型机器人。比现有同类机器人小数十倍,质量小几千倍。它宽60μm、长250μm,本身自带动力、通讯以及可控的方向操作系统,是迄今为止带有功能如此之多的最小机器人。

拥有窃听海底光缆通信能力的卡特号核动力潜艇,2月19日在美国康涅狄克州的新伦敦潜艇基地正式服役。

美国西北大学量子器件中心首次实现量子级联激光器(QCL)在常温下高功率运行,发射出波长9.5μm、功率大于100mW的激光束。这种小型激光器实用化后,可对爆炸物和化学战剂快速进行早期探测。

美国哈佛大学和佐治亚技术研究所分别利用一束强激光轰击一团铷原子,生成具备这团铷原子量子态的单个光子,再将该光子传送过100m长的光缆,生成携带同样量子态的另一团铷原子,成功实现原子和光子之间的量子态隐形传输。这项关键的技术突破将为建造"坚不可摧"的全球通信网络和运算速度惊人的量子计算机奠定基础。

美国威斯康星-麦迪逊大学成功地采用电极调控5nm长、0.8nm宽的蕈状杆菌,使这种单个细菌细胞构成正负电极之间的导电桥梁,活细菌因此有可能成为纳米电路的组合元件,不但可使装配过程自动化,还可用来制造生物传感器,以探测炭疽菌等生物制剂。

2005年全球超级计算机500强名单6月22日揭晓,IBM研制的"蓝色基因/L"超级计算机系统蝉联冠军,运算速度达到每秒136.8兆次浮点运算。11月,"深蓝"再次刷新这个世界纪录,达到每秒280.6兆次。

美国科研人员采用发光二极管作为光源,发明出一种非常灵敏的"光电镊子",使科学家能在一瞬间将一些细胞按不同形状和不同大小进行分类。它可用于快速分离和研究胎儿细胞,或从健康生物体中分离出畸形生物体。

美国加州大学圣巴巴拉分校开发出智能纳米管,可依据电荷的不同封闭或开启,在负电荷环境下,其两端是打开的,呈"管"状;在正电荷环境下,其两端会封闭住,形成微型"胶囊"。该纳米管未来可用来制作智能胶囊,将药物精确输送到人体内。

加拿大

加拿大与英国联手研制出分子晶体管模型,首次实现了在室温下通过一个电子来转换通过一个纳米级分子的电流,显示了硅电子应用的潜力,为未来制造更小型和功能更强大的处理器打下了基础。

多伦多大学与德国一家大学合作,成功开发出一种光波在硅片上的传播技术,在飞秒的时间内实现了激光在硅片上的传播。该技术使电信号和光信号在同一芯片或光电设备中结合起来成为可能,利用这一技术可制造光线路板。

5月24日,加拿大国家研究理事会光纤中心正式成立。光纤中心将在光纤通讯系统、汽车工业用新的固态照明、平面计算机显示器、光盘信息存储(CD与DVD)、光感应器、医学诊断与成像、光连接、照明系统与激光打印等多个方面帮助加拿大公司提高国际竞争力。

俄罗斯

2005年,俄罗斯信息技术产值占GDP的比例从2002年的3.2%增长到5%,预计2008年将超过8%。

政府出台了《发展国家信息通讯技术基础设

施》联邦专项计划。具体包括五个方面:(1)将民用无线电频率的使用范围扩大。(2)发展数字电视。(3)改造国防和执法部门使用的信息网,提高该领域的技术含量。(4)建立统一的急救电话呼叫系统。(5)改造现有邮政服务系统,以先进的现代化技术装备邮政行业基础设施。

《俄罗斯信息技术园发展纲要》也在制定中。该计划分三个阶段:第一阶段(2005 年)筹建 IT 科技园,制定法律法规,总投资 4 亿卢布;第二阶段(2006 年～2007 年)技术园主要基础设施投入使用,总投资达 113.9 亿卢布;第三阶段(2008 年～2010 年)技术园正式开始,总投资 64.5 亿卢布。

日本

3 月,日本尼塔公司和东京大学联合开发出指尖感觉细腻的机器人手,握玻璃杯时用力恰到好处,杯子不会从手中滑落,也不会把杯子捏碎。这种机器人手的指尖装有硅树脂制的柔软触觉感知器,像人的皮肤一样感觉细腻,可以检测指尖极微小的受力。

4 月,日本国际电气通信基础技术研究所开发出一种新技术,通过观察大脑活动时血液状态的图像可分析出人能看到的景象。该技术可用于对颜色和运动方向等视觉信息、听觉和触觉等感觉信息以及记忆和意图等认知状态的掌握,将来还可用来解读人类感情。

8 月,东京大学开发出可测试自由曲面压力和温度分布的机器人用电子皮肤。电子皮肤由塑料网状薄布制造,能伸长 25%,可贴在鸡蛋等自由曲面上进行传感测量,伸缩寿命为2 000 次。

11 月,NEC 公司在世界上首次开发出在大规模集成电路中用光信号取代电流的半导体技术,使电子计算机处理数据能力可提高 100 倍左右。使用这种集成电路,将来手机的功能可与现在的计算机相媲美。

12 月,日本先锋公司开发出一种图像可触摸变形的立体图像显示器,能使感觉更为逼真。研究人员为 38cm(15 英寸)的显示器套上特殊的镜片,利用光的折射原理使显示器中的图像成为隆起的立体图像,如果有人用手触摸立体图像,红外线感应器就会感知触摸者的手指动作,显示器图像会根据手指的动作发生变形,让人感到是手指改变了立体图像的形状。

12 月,日本东北大学开发出由 10 个半导体芯片层叠而成,厚约 0.3mm 的立体大规模集成电路,打破此前 3 个芯片层叠的纪录。该技术有望使大规模集成电路突破电路集成的极限。

德国

2005 年 11 月,德国开始发放电子护照,含有护照持有者面部的二维数码照片,内嵌芯片可以加密储存护照持有者的脸型、虹膜、指纹等生物特征信息,使身份识别更加安全高效。

一个多国研究小组在德国电子同步加速器研究中心开发出由一个 250m 长的加速装置和一个 30m×50m 大小的实验厅组成的功能强大的自由电子激光器,能发出波长极短的激光,可用来观察纳米世界,帮助科学家开展从物理、化学到材料科学,以及地质研究和生命科学的一系列自然科学实验,为最终获得原子系统的结构和动力学信息提供重要手段。德国目前是世界上惟一拥有这种激光的国家。

德国英飞凌公司推出一款先进的硬盘驱动器读取信道内核,这是第一种采用该公司 90nm 工艺生产的集成电路,是适用于下一代硬盘驱动器的高集成控制器芯片开发过程中的一个里程碑。首例经过测试的内核芯片,锁相环路(PLL)能够达到 3.6GHz 的速度,而模拟前端信号通道可以实现高达 2.7Gb/s 的数据率。

英国

英国曼彻斯特大学正在开发一种与人眼视网膜功能相同,使机器人具有良好的周边视觉和中央视觉的芯片,并已研制出直径约 1cm,共有16 384个微处理器的视觉芯片原型,有望用于研制新一代具有人类本能的机器人。装备该视觉芯片的未来智能机器人将能对周围环境作出反应并自动进行自我修正,在机械加工、航天器零部件检修、残疾人辅助设施等方面有广泛应用价值。

英国曼彻斯特大学研制出一种类似喷墨打印机的皮肤再造机,所用“墨汁”是浸泡在营养液中的人体细胞。该“打印机”可按照医生要求将人体细胞连续喷出,形成很多薄层,而通过薄层的叠加,可形成三维组织结构,对严重受损的皮肤和组织进行修复。

英国电信公司 6 月展示了世界首个使手机和固定电话自由转换的系统。它只使用一个采用了蓝牙无线接口的话机,用户在户外拨打或接听电话,其功能等同手机。当用户回到家中,它便自动转接到固定电话线上。

法国

法国巴黎第七大学以及瑞士综合理工大学共同开发出一种名为"自动组合结构"的材料制造技术,每平方厘米可存储的信息量高达4兆比特。由此得到的纳米级材料,其结构可以突破信息存储的不少极限,使硬盘的信息存储密度进一步加大。

法国、西班牙和爱尔兰科学家合作研究发现,在合适条件下,一种分子化合物可从低自旋状态向高自旋状态转变,利用这两种状态间的相互转换,可不断存入或删除信息。科学家已利用绿色激光在常温下直接改变分子化合物的电子特性和状态,成功实现在分子级载体上存储和删除信息。这一成果在代表未来微型电器发展方向的分子元器件应用研究方面迈进一大步,有助于设计未来的分子计算机。

以色列

信息技术产业产值占GDP总额的比例已经达到15%,其中软件的销售收入占信息产业销售总额的比例超过了25%。以色列的信息技术产业是出口导向型产业,出口额超过其产值的85%。

以色列科学家利用DNA分子和酶做元件,在镀金芯片上成功制造出能运行更多程序的改良版"生物计算机",可容纳的程序量多达10亿个,有潜力觉察到细胞中与多种癌症有关的异常信使RNA(核糖核酸),为癌症诊断提供了信息。

韩国

韩国在IT领域取得不少成就。在IT领域,韩国的技术能力已经开始影响或主导国际标准的制定。韩国力推的WiBro标准被接受为IEEE标准,韩国即将开始提供这项服务。韩国型数字电视(DMB)不同于美国、欧洲或者日本的标准,已在2005年正式开始播出节目,并酝酿出口到欧洲等国家和地区。

在平板电视、内存芯片等许多领域,韩国都取得了较领先的技术成果,在世界上率先开发出了大幅度提高磁阻磁盘集成度的新材料。

(选摘于2006年1月《科技日报》)

供稿单位索引

（按汉语拼音音序排列）

（上海市　B）

上海市版权局

上海市宝山区科学技术委员会

（上海市　C）

上海市漕河泾新兴技术开发区发展总公司

上海市产学研联合工作协调办公室

上海市长宁区科学技术委员会

上海市城市建设设计研究院

上海市科学技术委员会

上海市科学技术委员会办公室

上海市科学技术委员会发展计划处

上海市科学技术委员会基础研究处

上海市科学技术委员会基地建设与管理处

上海市科学技术委员会人事教育处

上海市科学技术委员会社会发展处

上海市科学技术委员会生物医药处

上海市科学技术委员会体制改革与法规处

上海市科学技术委员会条件财务处

上海市科学技术委员会信息技术处

上海市科学技术协会

上海市南汇区科学技术委员会

上海市农业机械化管理办公室

上海市农业技术推广服务中心

上海市农业科学院

上海市农业委员会

（上海市　P）

上海市浦东新区科学技术局

上海市普陀区科学技术委员会

（上海市　Q）

上海市气象局

上海市青年联合会

上海市青浦区科学技术委员会

（上海市　R）

上海市人口和计划生育委员会

T

同济大学

Z

中港第三航务工程局

中共上海市委党校

中国船舶及海洋工程设计研究院

中国船舶科学研究中心上海分部

中国船舶重工集团公司第七一一研究所

中国极地研究中心

中国人民解放军第二军医大学

中国石化上海石油化工研究院

中科院上海技术物理研究所

中科院上海生命科学研究院

中科院上海生命科学研究院神经科学研究所

中科院上海生命科学研究院生物化学与细胞生物学研究所

中科院上海生命科学研究院植物生理生态研究所

中科院上海天文台

中科院上海微系统与信息技术研究所

中科院上海药物研究所

中科院上海应用物理研究所

中科院上海有机化学研究所

中科院声学研究所东海研究站

图书在版编目(CIP)数据

2006上海科技年鉴./《上海科技年鉴》编辑部编.上海:上海科学普及出版社,2006.8

ISBN 7-5427-3507-1

Ⅰ.上...　Ⅱ.上...　Ⅲ.科学研究事业—上海市—2006—年鉴　Ⅳ.G322.751-54

中国版本图书馆CIP数据核字(2006)第070881号

责任编辑　林晓峰

装帧设计　诸黎敏

2006上海科技年鉴

上海科技年鉴编辑部　编

上海科学普及出版社出版发行

(上海中山北路832号　邮政编码200070)

http://www.pspsh.com

各地新华书店经销

上海中华印刷有限公司印刷装订

开本787×1092　1/16　印张47　插页16　字数1398000

2006年8月第1版　2006年8月第1次印刷

印数1—1700

ISBN 7-5427-3507-1/N·93　定价:250.00元

(附只读光盘1张)